Klimawandel in Deutschland

Herausgeberschaft

Prof. Dr. Guy P. Brasseur,
ausführend für: Helmholtz-Zentrum hereon GmbH, *Climate Service Center Germany*, Hamburg
derzeit: Max-Planck-Institut für Meteorologie, Hamburg

Prof. Dr. Daniela Jacob,
Helmholtz-Zentrum hereon GmbH, *Climate Service Center Germany*, Hamburg

Susanne Schuck-Zöller,
Helmholtz-Zentrum hereon GmbH, *Climate Service Center Germany*, Hamburg

Projektleitung

Susanne Schuck-Zöller, Helmholtz-Zentrum hereon GmbH, *Climate Service Center Germany*, Hamburg

Dieses Buch ist ein Gemeinschaftswerk, das nur durch das Engagement sehr vieler Beteiligter zustande kommen konnte. Finanziert wurde das Buch durch das Helmholtz-Zentrum hereon GmbH, zu dem das *Climate Service Center Germany* (GERICS) gehört.

Guy P. Brasseur · Daniela Jacob · Susanne Schuck-Zöller

(Hrsg.)

Klimawandel in Deutschland

Entwicklung, Folgen, Risiken und Perspektiven

2., überarbeitete und erweiterte Auflage

Hrsg.
Prof. Dr. Guy P. Brasseur
ausführend für: Helmholtz-Zentrum hereon GmbH,
Climate Service Center Germany, Hamburg
derzeit: Max-Planck-Institut für
Meteorologie, Hamburg

Susanne Schuck-Zöller
Helmholtz-Zentrum hereon GmbH,
Climate Service Center Germany, Hamburg

Prof. Dr. Daniela Jacob
Helmholtz-Zentrum hereon GmbH,
Climate Service Center Germany, Hamburg

ISBN 978-3-662-66695-1   ISBN 978-3-662-66696-8   (eBook)
https://doi.org/10.1007/978-3-662-66696-8

Die Deutsche Nationalbibliothek verzeichnet diese Publikation in der Deutschen Nationalbibliografie;
detaillierte bibliografische Daten sind im Internet über ▶ http://dnb.d-nb.de abrufbar.

Planung/Lektorat: Simon Shah-Rohlfs
Springer Spektrum ist ein Imprint der eingetragenen Gesellschaft Springer-Verlag GmbH, DE und ist ein
Teil von Springer Nature.
Die Anschrift der Gesellschaft ist: Heidelberger Platz 3, 14197 Berlin, Germany

Beteiligte

Ausführende Herausgeber und Herausgeberinnen

Prof. Dr. Guy P. Brasseur

Guy Brasseur ist Herausgeber des vorliegenden Buches. Er initiierte in seiner Eigenschaft als Direktor des *Climate Service Center*, Einrichtung des Helmholtz-Zentrums Geesthacht, die Entstehung des Buches und rief das *editorial board* für die Erstauflage zusammen.

Als *senior scientist* und ehemaliger Direktor des Max-Planck-Instituts für Meteorologie in Hamburg ist Guy Brasseur ebenfalls *Distinguished Scholar* und ehemaliger stellvertretender Direktor des *National Center for Atmospheric Research* (NCAR) in Boulder, Colorado/USA. Brasseurs wissenschaftliche Interessen liegen im Bereich globaler Veränderungen, Klimawandel, Klimavariabilität, der Beziehung zwischen Chemie und Klima, der Interaktionen zwischen Biosphäre und Atmosphäre, der Abnahme des stratosphärischen Ozons, der globalen und regionalen Luftverschmutzung und solar-terrestrischer Beziehungen.

Guy Brasseur war von 2015 bis 2019 Vorsitzender des *Joint Scientific Committee* des Weltklimaforschungsprogramms (WCRP). Er war koordinierender Leitautor des Vierten Sachstandsberichts (WG-1) des Weltklimarats (IPCC), der 2007 mit dem Friedensnobelpreis ausgezeichnet wurde. Von 2009 bis 2014 baute Brasseur als Direktor das *Climate Service Center* in Hamburg auf. Er ist Mitglied verschiedener Wissenschaftsakademien (Hamburg, Brüssel, Oslo) und der Academia Europaea. An den Universitäten Hamburg und Brüssel unterrichtete Guy Brasseur als Professor. Darüber hinaus ist er Ehrendoktor der Universitäten Paris 6 (Pierre and Marie Curie), Oslo und Athen.

Prof. Dr. Daniela Jacob

Daniela Jacob ist Herausgeberin des vorliegenden Buches und hat Teil I editiert. Darüber hinaus ist sie Autorin von ▶ Kap. 4.

Sie hat Meteorologie studiert und wurde in Hamburg promoviert. Seit 2015 ist Daniela Jacob Direktorin des *Climate Service Center Germany* (GERICS), einer Einrichtung des Helmholtz-Zentrums Hereon. Darüber hinaus ist sie als Gastprofessorin an der Leuphana Universität Lüneburg tätig. Sie war koordinierende Hauptautorin des IPCC-Sonderberichts zu den Auswirkungen der globalen Erwärmung von 1,5 °C über dem vorindustriellen Niveau und eine der Hauptautorinnen des fünften IPCC-Sachstandsberichts (AG 2). Daniela Jacob ist Vorsitzende des Deutschen Komitees *Future Earth* (DKN) und Co-Vorsitzende der „Wissenschaftsplattform Nachhaltigkeit 2030" (WPN2030). Sie war Mitglied des Mission Boards der Europäischen Kommission für *Adaptation to Climate Change including Societal Transformation*. Ferner ist sie Mitglied der *Earth League* sowie des *Scientific Advisory Board* der europäischen *Destination Earth Initiative*. Seit 2021 ist Daniela Jacob *ECMWF Fellow*. Ihre Forschungsschwerpunkte liegen in den Bereichen regionale Klimamodellierung, Klimaservices und Anpassung an den Klimawandel sowie in der wissenschaftlichen Begleitung der gesellschaftlichen Transformation zu einem nachhaltigen und klimaresilienten 1,5 °C-Lifestyle. Darüber hinaus ist Daniela Jacob Chefredakteurin der Zeitschrift *Climate Services,* einer wissenschaftlichen Zeitschrift, die sie gemeinsam mit Elsevier gegründet hat.

Susanne Schuck-Zöller

Susanne Schuck-Zöller hat die Entstehung und Produktion des vorliegenden Buches als Herausgeberin, Projektleiterin, Koordinatorin und Redakteurin betreut. Sie ist darüber hinaus Erstautorin von ▶ Kap. 38.

Sie moderiert im *Climate Service Center Germany (GERICS)* des Helmholtz-Zentrums Hereon das Netzwerk, bestehend aus den wissenschaftlichen Partnern auf der einen und den Kunden aus Politik, Wirtschaft und Verwaltung auf der anderen Seite. Ihr wissenschaftliches Interesse liegt im Bereich der Qualität von transdisziplinärer Forschung (gemeinsam von Wissenschaftlern und Praxisakteuren betrieben). Die Journalistin, Literaturwissenschaftlerin und Supervisorin leitete von 2000 bis 2010 die Stabsstelle Presse und Kommunikation der Christian-Albrechts-Universität zu Kiel. Für GERICS baute sie unter anderem das Klimaportal der deutschen Klimaforschung „klimanavigator.eu" mit zahlreichen Partnern auf. Gegenwärtig richtet sie als *senior scientist* den Blick auf Qualitätskriterien und die formative Evaluation transdisziplinärer Forschung.

Editors der Teile I bis VI (Neuauflage)

Dr. Laurens M. Bouwer

hat Teil IV „Übergreifende Risiken und Unsicherheiten" editiert. Darüber hinaus ist er Autor des ▶ Kap. 25. Bouwer ist *senior scientist* am *Climate Service Center Germany* (GERICS) des Helmholtz-Zentrums Hereon. Er ist Experte für die Bewertung von Klimarisiken sowie für die Entwicklung und Anwendung von Wirkungs- und Vulnerabilitätsmodellen, insbesondere für Überschwemmungen. Er hat auch nationale und lokale Regierungen sowie internationale Organisationen bei der Bewältigung von Risiken durch extreme Wetterbedingungen beraten. Darüber hinaus hat er an mehreren Berichten des IPCC mitgewirkt, darunter der Dritte und Fünfte Sachstandsbericht, der Sonderbericht über Extreme (SREX) und der Sonderbericht über Ozeane und Kryosphäre (SROCC).

Prof. Dr. Bernd Hansjürgens

hat Teil V „Strategien zur Minderung des Klimawandels mit negativen Emissionen" editiert. Darüber hinaus ist er Erstautor des ▶ Kap. 34. Hansjürgens leitet das Department „Ökonomie" sowie den Themenbereich „Umwelt und Gesellschaft" am Helmholtz-Zentrum für Umweltforschung, Leipzig. Er promovierte und habilitierte an der Philipps-Universität Marburg. Er war am *Center for Study of Public Choice* in Fairfax/Virginia (1995–1996) sowie am Zentrum für interdisziplinäre Forschung (ZiF) der Universität Bielefeld (1997–1998) tätig. Er ist Vorsitzender des Wissenschaftlichen Beirats der ARL – Akademie für Raumentwicklung in der Leibniz-Gemeinschaft – sowie der Kommission Bodenschutz des Umweltbundesamtes. Von 2012 bis 2018 leitete er das Vorhaben „Naturkapital Deutschland – TEEB DE". Seine Forschungsgebiete umfassen Umweltökonomik, Bewertung von Natur und Instrumente der Umweltpolitik.

Prof. Dr. Daniela Jacob

hat Teil I „Beobachtungen sowie globale und regionale Klimaprojektionen für Deutschland und Europa" editiert. Darüber hinaus ist sie Herausgeberin des Buches sowie Autorin des ▶ Kap. 4. Jacob wird im vorhergehenden Abschnitt als eine der Herausgeberinnen vorgestellt.

Prof. Dr. Hermann Lotze-Campen

hat gemeinsam mit Harry Vereecken und Peggy Michaelis Teil III „Auswirkungen des Klimawandels in Deutschland" editiert. Darüber hinaus ist er Erstautor des ▶ Kap. 18. Lotze-Campen ist als Agrarökonom seit 2001 am Potsdam-Institut für Klimafolgenforschung (PIK) tätig. Er hat das globale Simulationsmodell MAgPIE zu Wechselwirkungen zwischen Landwirtschaft, Landnutzung und Klimawandel entwickelt. Hermann Lotze-Campen leitet die interdisziplinäre PIK-Forschungsabteilung „Klimaresilienz" und ist Professor für Nachhaltige Landnutzung und Klimawandel an der Humboldt-Universität zu Berlin.

Prof. Dr. Bruno Merz

hat Teil II „Klimawandel in Deutschland: regionale Besonderheiten und Extreme" editiert. Darüber hinaus ist er Autor des ▶ Kap. 10. Merz leitet die Sektion Hydrologie am Helmholtz-Zentrum Potsdam/Deutsches GeoForschungsZentrum und ist Professor an der Universität Potsdam. Seine Forschungsgebiete sind hydrologische Extreme, Hochwasserrisiken sowie Monitoring und Modellierung von hydrologischen und hydraulischen Prozessen. Er hat mehrere große Forschungsprojekte koordiniert, wie z. B. die BMBF-Projekte „Deutsches Forschungsnetz Naturkatastrophen" und „Risikomanagement von extremen Hochwasserereignissen" sowie die europäische Graduiertenschule *System-Risk*.

Prof. Dr. Heike Molitor

hat Teil VI „Integrierte Strategien zur Anpassung an den Klimawandel" editiert. Darüber hinaus ist sie Autorin der ▶ Kap. 38 und 39. Molitor ist seit 2008 Professorin für „Umweltbildung/Bildung für nachhaltige Entwicklung" an der Hochschule für nachhaltige Entwicklung Eberswalde. Ein Schwerpunkt ihrer Arbeit liegt im Nachhaltigkeitstransfer des formalen und non-formalen Bildungsbereichs, wie der Koordinationsstelle der Arbeitsgemeinschaft Nachhaltigkeit an Brandenburger Hochschulen oder der BNE-Servicestelle in Brandenburg. Klimawandel, Klimaanpassung und Biodiversität sind in ihren Forschungsaktivitäten ein Querschnittsthema im Bildungskontext. Zudem ist sie Mitglied in diversen Gremien, unter anderem im Forum Hochschule der Nationalen Plattform „Bildung für nachhaltige Entwicklung", im Nationalkomitee des Programms „Der Mensch und die Biosphäre" und in der Initiative „Bildung für nachhaltige Entwicklung in Brandenburg" (BNE).

Prof. Dr. Harry Vereecken

hat gemeinsam mit Peggy Michaelis und Hermann Lotze-Campen Teil III „Auswirkungen des Klimawandels in Deutschland" editiert. Darüber hinaus ist er Autor des ▶ Kap. 20. Vereecken promovierte an der Universität Leuven (Belgien) im Bereich Agrarwissenschaften im Jahr 1988. 1990 wechselte er zum Forschungszentrum Jülich als Leiter der Abteilung „Schadstoffe in geologischen Systemen". Seit 2000 ist er Direktor des Agrosphäre-Instituts am Forschungszentrum und Professor für Bodenkunde an der Universität Bonn. Er war wissenschaftlicher Direktor des Geoverbundes ABC/J (2015–2016), des *International Soil Modeling Consortium* (2016–2020) und ist wissenschaftlicher Koordinator von TERENO. Sein Forschungsgebiet umfasst Bodenkunde, Hydrologie und die Modellierung terrestrischer Systeme. 2014 wurde er *fellow* der American Geophysical Union (AGU) und 2016 wurde ihm der Dalton Award der *European Geosciences Union* (EGU) verliehen.

Peggy Michaelis

hat gemeinsam mit Harry Vereecken und Hermann Lotze-Campen Teil III „Auswirkungen des Klimawandels in Deutschland" editiert. Darüber hinaus ist sie Autorin des ▶ Kap. 18. Michaelis (vormals Gräfe) studierte an der Lebenswissenschaftlichen Fakultät der Humboldt-Universität zu Berlin und ist seit 1993 am Potsdam-Institut für Klimafolgenforschung (PIK) beschäftigt. Ihr inhaltlicher Fokus lag zu Beginn ihrer Tätigkeit am PIK auf Untersuchungen zu den Auswirkungen von erhöhtem CO_2 auf das Pflanzenwachstum. Später folgten verschiedene Projekte mit dem Schwerpunkt integrierter Analysen von Klimafolgen in Deutschland und in China. Seit 2009 ist sie wissenschaftliche Koordinatorin der Forschungsabteilung „Klimaresilienz" am PIK.

Autorinnen und Autoren

- **Erstautorinnen und -autoren**

  Dr. Jobst Augustin, Universitätsklinikum Hamburg-Eppendorf
  Prof. Dr. Jörn Birkmann, Universität Stuttgart
  Prof. Dr. Axel Bronstert, Universität Potsdam
  Prof. Dr. Nicolas Brüggemann, Forschungszentrum Jülich
  Dr. Andreas Dobler, Meteorologisches Institut Norwegen, Oslo

Prof. Dr. Heike Flämig, Technische Universität Hamburg-Harburg
Karsten Friedrich, Deutscher Wetterdienst, Offenbach
Prof. Dr. Thomas Glade, Universität Wien
Dr. Markus Groth, Helmholtz-Zentrum Hereon, *Climate Service Center Germany,* Hamburg
Prof. Dr. Bernd Hansjürgens, Helmholtz-Zentrum für Umweltforschung, Leipzig
Prof. Dr. Hermann Held, Universität Hamburg
Prof. Dr. Jesko Hirschfeld, Institut für Ökologische Wirtschaftsforschung, Berlin
Walter Kahlenborn, *adelphi consult,* Berlin
Dr. Frank Kaspar, Deutscher Wetterdienst, Offenbach
Dr. Stefan Klotz, Helmholtz-Zentrum für Umweltforschung, Halle
Prof. Dr. Michael Köhl, Universität Hamburg
Prof. Dr. Harald Kunstmann, Universität Augsburg & Karlsruher Institut für Technologie (Campus Alpin), Garmisch-Partenkirchen
Dr. Michael Kunz, Karlsruher Institut für Technologie
Prof. em. Dr. Wilhelm Kuttler, Universität Duisburg-Essen
Prof. Dr. Martin Lohmann, Institut für Tourismusforschung in Nordeuropa, Kiel
Prof. Dr. Hermann Lotze-Campen, Potsdam-Institut für Klimafolgenforschung
Petra Mahrenholz, Umweltbundesamt, Dessau-Roßlau
Dr. Andreas Marx, Helmholtz-Zentrum für Umweltforschung, Leipzig
Prof. Dr. Andreas Oschlies, Helmholtz-Zentrum für Ozeanforschung Kiel
Prof. Dr. Eva-Maria Pfeiffer, Universität Hamburg
Prof. Dr. Joaquim G. Pinto, Karlsruher Institut für Technologie
Dr. Diana Rechid, Helmholtz-Zentrum Geesthacht, *Climate Service Center Germany,* Hamburg
Prof. Dr. Ortwin Renn, Forschungsinstitut für Nachhaltigkeit (RIFS) Potsdam
Dr. Stefan Schäfer, Forschungsinstitut für Nachhaltigkeit (RIFS) Potsdam
Prof. Dr. Jürgen Scheffran, Universität Hamburg
Dr. Hauke Schmidt, Max-Planck-Institut für Meteorologie, Hamburg
Susanne Schuck-Zöller, Helmholtz-Zentrum Hereon*, Climate Service Center Germany,* Hamburg
Prof. Dr. Sven Schulze, Hochschule für Angewandte Wissenschaften (HAW) Hamburg
Prof. Dr. Daniela Thrän, Helmholtz-Zentrum für Umweltforschung, Leipzig
Dr. Sabine Undorf, Potsdam-Institut für Klimafolgenforschung
Andreas Vetter, Umweltbundesamt, Dessau-Roßlau
Prof. Dr. Andreas Wahner, Forschungszentrum Jülich
Dr. Ralf Weisse, Helmholtz-Zentrum Hereon, Geesthacht

- **Beitragende Autorinnen und Autoren**

Dr. Thomas Abeling, Umweltbundesamt, Dessau-Roßlau
Dr. Heiko Apel, Helmholtz-Zentrum Potsdam/Deutsches Geoforschungszentrum
Dr. Hubertus Bardt, Institut der deutschen Wirtschaft Köln
Dr. Steffen Bender, *Climate Service Center Germany,* Hamburg
Dr. Hendrik Biebeler, ehemals Institut der deutschen Wirtschaft Köln
Dr. Veit Blauhut, Universität Freiburg
Friedrich Boeing, Helmholtz-Zentrum für Umweltforschung, Leipzig
Prof. Dr. Andreas Bolte, Johann Heinrich von Thünen-Institut, Eberswalde
Prof. Dr. Helge Bormann, Jade Hochschule, Oldenburg
Dr. Laurens M. Bouwer, *Climate Service Center Germany,* Hamburg
Prof. Dr. Guy P. Brasseur, Max-Planck-Institut für Meteorologie, ehemals Helmholtz-Zentrum Hereon, *Climate Service Center Germany,* Hamburg
Dr. Marcus Breil, Universität Hohenheim
Dr. Gerd Bürger, Universität Potsdam
Dr. Katrin Burkart, Humboldt-Universität zu Berlin

Prof. Dr. Klaus Butterbach-Bahl, Karlsruher Institut für Technologie
Dr. Tobias Conradt, Potsdam-Institut für Klimafolgenforschung
Dr. Achim Daschkeit, Umweltbundesamt, Dessau-Roßlau
Dr. Thomas Deutschländer, Deutscher Wetterdienst, Offenbach
Prof. Dr. Ottmar Edenhofer, Potsdam-Institut für Klimafolgenforschung
Prof. Dr. Klaus Eisenack, Humboldt-Universität zu Berlin
Prof. Dr. Wilfried Endlicher, Humboldt-Universität zu Berlin
Prof. Dr. Annette Eschenbach, Universität Hamburg
Prof. Dr. Frank Ewert, Leibniz-Zentrum für Agrarlandschaftsforschung (ZALF), Müncheberg
Dr. Veronika Eyring, Deutsches Zentrum für Luft und Raumfahrt, Oberpfaffenhofen
Hendrik Feldmann, Karlsruher Institut für Technologie
Dr. Frauke Feser, Helmholtz-Zentrum Hereon, Geesthacht
Prof. Dr. Heinz Flessa, Johann Heinrich von Thünen-Institut, Braunschweig
Prof. Dr. Matthias Forkel, Technische Universität Dresden
Prof. Dr. Peter Fröhle, Technische Universität Hamburg-Harburg
Dr. Cathleen Frühauf, Deutscher Wetterdienst, Braunschweig
Prof. Dr. Carsten Gertz, Technische Universität Hamburg-Harburg
Dr. Horst Gömann, Landwirtschaftskammer Nordrhein-Westfalen, Bonn
Prof. Dr. Stefan Greiving, Technische Universität Dortmund
Dr. Markus Groth, Helmholtz-Zentrum Hereon, *Climate Service Center Germany,* Hamburg
Martin Gutsch, Potsdam-Institut für Klimafolgenforschung
Prof. Dr. Uwe Haberlandt, Leibniz Universität Hannover
Dr. Michael Hagenlocher, *United Nations University,* Bonn
Guido Halbig, Deutscher Wetterdienst, Essen
Anke Hannappel – Landesamt für Umwelt Rheinland-Pfalz, Mainz
Dr. Gerrit Hansen, Potsdam-Institut für Klimafolgenforschung
Dr. Fred F. Hattermann, Potsdam-Institut für Klimafolgenforschung
Dr. Claudia Heidecke, Johann Heinrich von Thünen-Institut, Braunschweig
Dr. Maik Heistermann, Universität Potsdam
Prof. Dr. Klaus Henle, Helmholtz-Zentrum für Umweltforschung, Leipzig
Dr. Mathias Herbst, Deutscher Wetterdienst, Zentrum für Agrarmeteorologische Forschung, Braunschweig
Dr. Alina Herrmann, Universität Heidelberg
Dr. Peter Hoffmann, Potsdam-Institut für Klimafolgenforschung
Dr. Shaochun Huang, *Norwegian Water Resources and Energy Directorate,* Oslo
Christian Iber, Landesamt für Umwelt Rheinland-Pfalz, Mainz
Prof. Dr. Daniela Jacob, Helmholtz-Zentrum Hereon, *Climate Service Center Germany,* Hamburg
Prof. Dr. Susanne Jochner-Oette, Katholische Universität Eichstätt-Ingolstadt
Dr. Michael Joneck, Bayerisches Landesamt für Umwelt, Hof
Dr. Melanie K. Karremann, Karlsruher Institut für Technologie
Dr. Elke Keup-Thiel, Helmholtz Zentrum Hereon, *Climate Service Center Germany,* Hamburg
Prof. Dr. Astrid Kiendler-Scharr[†], Forschungszentrum Jülich
Christian Kind, *adelphi consult,* Berlin
Dr. Dieter Klemp, Forschungszentrum Jülich
Prof. Dr. Gernot Klepper, ehemals Institut für Weltwirtschaft Kiel
Prof. Dr. Jörg Knieling, HafenCity Universität Hamburg
Prof. Dr. Andrea Knierim, Universität Hohenheim
Vassili Kolokotronis, Landesanstalt für Umwelt, Messungen und Naturschutz Baden-Württemberg, Karlsruhe
Dr. Christina Koppe, Deutscher Wetterdienst, Offenbach
Prof. Dr. Christoph Kottmeier, ehemals Karlsruher Institut für Technologie

Dr. Frank Kreienkamp, Deutscher Wetterdienst, Potsdam

Prof. Dr. Christian Kuhlicke, Helmholtz-Zentrum für Umweltforschung, Leipzig

Dr. Rohini Kumar, Helmholtz-Zentrum für Umweltforschung, Leipzig

Zbigniew W. Kundzewicz, Potsdam-Institut für Klimafolgenforschung

Petra Lasch-Born, Potsdam-Institut für Klimafolgenforschung

Prof. Dr. Mojib Latif, Helmholtz-Zentrum für Ozeanforschung, Kiel

Nora Leps, Deutscher Wetterdienst, Offenbach

Patrick Ludwig, Karlsruhe Institut für Technologie

Dr. Andrea Lüttger, Julius-Kühn-Institut, Kleinmachnow

Dr. Hermann Mächel†, Deutscher Wetterdienst, Offenbach

Dr. Mariana Madruga de Brito, Helmholtz-Zentrum für Umweltforschung, Leipzig

Prof. Dr. Mahammad Mahammadzadeh, Hochschule Fresenius, Köln

Petra Mahrenholz, Umweltbundesamt, Dessau-Roßlau

Prof. Dr. Jochem Marotzke, Max-Planck-Institut für Meteorologie, Hamburg

Dr. Grit Martinez, Ecologic Institute, Berlin

Dr. Andreas Marx, Helmholtz-Zentrum für Umweltforschung, Leipzig

Prof. Dr. Andreas Matzarakis, Deutscher Wetterdienst, Freiburg

Dr. Insa Meinke, Helmholtz-Zentrum Hereon, Geesthacht

Dr. Nadine Mengis, Helmholtz-Zentrum für Ozeanforschung, Kiel

Prof. Dr. Annette Menzel, Technische Universität München

Prof. Dr. Lucas Menzel, Universität Heidelberg

Prof. Dr. Günter Meon, Technische Universität Braunschweig

Dr. Edmund Meredith, Freie Universität Berlin

Prof. Dr. Bruno Merz, Helmholtz-Zentrum Potsdam/Deutsches Geoforschungszentrum

Prof. Dr. Dirk Messner, Umweltbundesamt, Dessau-Roßlau, ehemals Deutsches Institut für Entwicklungspolitik, Bonn

Dr. Andreas Meuser, Landesamt für Umwelt, Rheinland-Pfalz, Mainz

Peggy Michaelis, Potsdam Institut für Klimafolgenforschung

Dr. Susanna Mohr, Karlsruher Institut für Technologie

Prof. Dr. Heike Molitor, Hochschule für Nachhaltige Entwicklung Eberswalde

Dr. Hans-Guido Mücke, Umweltbundesamt, Berlin

Dr. Thorsten Mühlhausen, Deutsches Zentrum für Luft und Raumfahrt, Braunschweig

Prof. Dr. Michael Müller, Technische Universität Dresden

Prof. Dr. Jean-Charles Munch, Technische Universität München

Sandra Naumann, *Ecologic* Institut, Berlin

Prof. Dr. Claas Nendel, Leibniz-Zentrum für Agrarlandschaftsforschung (ZALF), Müncheberg

Dr. Manuela Nied, Landesanstalt für Umwelt, Baden-Württemberg, Karlsruhe

Anke Nordt, Ernst-Moritz-Arndt-Universität Greifswald

Alfred Olfert, Leibniz-Institut für ökologische Raumentwicklung, Dresden

Prof. Dr. Michael Opielka, Institut für Sozialökologie, Siegburg

Dr. Daniel Osberghaus, ehemals Zentrum für Europäische Wirtschaftsforschung, Mannheim

Prof. Dr. Jürgen Oßenbrügge, Universität Hamburg

Bernhard Osterburg, Johann Heinrich von Thünen-Institut, Braunschweig

Dr. Michael Pahle, Potsdam-Institut für Klimafolgenforschung

Prof. Dr. Eva Nora Paton, Technische Universität Berlin

Dr. Anna Pechan, Carl von Ossietzky Universität Oldenburg

Sophie Peter, Institut für Sozialökologie, Siegburg

Juliane Petersen, Helmholtz-Zentrum Hereon, *Climate Service Center Germany,* Hamburg

Dr. Theresia Petrow, ehemals Universität Potsdam

Dr. Susanne Pfeifer, Helmholtz-Zentrum Hereon, *Climate Service Center Germany,* Hamburg

Dr. Daniel Plugge, ehemals Universität Hamburg

Prof. Dr. Julia Pongratz, Ludwig-Maximilians-Universität München

Dr. Diana Rechid, Helmholtz-Zentrum Hereon, *Climate Service Center Germany,* Hamburg

Prof. Dr. Gregor Rehder, Leibniz-Institut für Ostseeforschung Warnemünde

Dr. Fritz Reusswig, Potsdam-Institut für Klimafolgenforschung

Dr. Christopher P. O. Reyer, Potsdam-Institut für Klimafolgenforschung

Dr. Mark Reyers, Universität zu Köln

Dr. Wilfried Rickels, Institut für Weltwirtschaft Kiel

Dr. Joachim Rock, Johann Heinrich von Thünen-Institut, Eberswalde

Dr. Erwin Rottler, Universität Potsdam

Prof. Dr. Luis Samaniego, Helmholtz-Zentrum für Umweltforschung, Leipzig

Kirsten Sander, Umweltbundesamt, Dessau-Roßlau

Prof. Dr. Rainer Sauerborn, Universität Heidelberg

Prof. Dr. Robert Sausen, Deutsches Zentrum für Luft und Raumfahrt, Oberpfaffenhofen

Achim Schäfer, Ernst-Moritz-Arndt-Universität Greifswald

Dr. Inke Schauser, Umweltbundesamt, Dessau-Roßlau

Prof. Dr. Jürgen Scheffran, Universität Hamburg

Prof. Dr. Oliver Schenker, *Frankfurt School of Finance and Management*

Prof. Dr. Eva Schill, Karlsruher Institut für Technologie

Dr. Sonja Schlipf, ehemals HafenCity Universität Hamburg

Dr. Martin G. Schultz, Forschungszentrum Jülich

Prof. Dr. Reimund Schwarze, Helmholtz-Zentrum für Umweltforschung, Leipzig

Dr. Peer Seipold, Helmholtz-Zentrum Hereon, *Climate Service Center Germany,* Hamburg

Olivia M. Serdeczny, *Climate Analytics,* Berlin

Prof. Dr. Josef Settele, Helmholtz-Zentrum für Umweltforschung, Halle

Dr. Gerhard Smiatek, Karlsruher Institut für Technologie (Campus Alpin), Garmisch-Partenkirchen

Michael Steubing, Stadtwerke Leipzig, ehemals Helmholtz-Zentrum für Umweltforschung, Leipzig

Dr. Wolfgang Stümer, Johann Heinrich von Thünen-Institut, Eberswalde

Dr. Ulrich Sukopp, Bundesamt für Naturschutz, Bonn

Dr. Claas Teichmann, Helmholtz-Zentrum Hereon, *Climate Service Center Germany*, Hamburg

Dr. Helmuth Thomas, Helmholtz-Zentrum Hereon, Geesthacht

Dr. Kirsten Thonicke, Potsdam-Institut für Klimafolgenforschung

Prof. Dr. Uwe Ulbrich, Freie Universität Berlin

Prof. Dr. Harry Vereecken, Forschungszentrum Jülich

Elisabeth Viktor, ehemals Helmholtz-Zentrum Hereon, *Climate Service Center Germany,* Hamburg

Prof. Dr. Ulli Vilsmaier, ehemals Leuphana Universität Lüneburg

Prof. Dr. Klaus Wallmann, Helmholtz-Zentrum für Ozeanforschung, Kiel

Dr. Andreas Walter, Deutscher Wetterdienst, Offenbach

Christian Wanger, Bayerisches Staatsministerium für Umwelt und Verbraucherschutz, München

Prof. Dr. Hans-Joachim Weigel, ehemals Johann Heinrich von Thünen-Institut, Braunschweig

Sabine Wichmann, Ernst-Moritz-Arndt-Universität Greifswald

Luise Willen, Deutsches Institut für Urbanistik, Köln

Dr. Henning Wilts, Wuppertal Institut

Dr. Markus Ziese, Deutscher Wetterdienst, Offenbach

Prof. Dr. Martin Zimmer, Leibniz-Zentrum für Marine Tropenökologie, Bremen

■ *Reviewers*

Prof. Dr. Bodo Ahrens, Goethe-Universität Frankfurt am Main

Prof. Dr. Almut Arneth, Karlsruhe Institute of Technology (KIT), Garmisch-Partenkirchen

Prof. Dr. Friedrich Beese*, ehemals Universität Göttingen

Prof. Dr. Karl-Christian Bergmann, Allergie-Centrum Charité, Berlin

Prof. Dr. Wolfgang Beywl, Fachhochschule Nordwestschweiz FHNW, Windisch

Dr. Paul Bowyer, Helmholtz-Zentrum Hereon, *Climate Service Center Germany*, Hamburg

Dr. Claus Brüning*, ehemals Europäische Kommission, Brüssel

Dr. Olaf Burghoff*, Gesamtverband der Deutschen Versicherungswirtschaft, Berlin

Elisabeth Czorny*, Landeshauptstadt Hannover

Dr. Matthias Damert, SR Managementberatung, Dresden

Dr. Claus Doll*, Fraunhofer-Institut für System- und Innovationsforschung, Karlsruhe

Dr. Fabian Dosch*, Bundesinstitut für Bau-, Stadt- und Raumforschung, Bonn

Prof. Dr. Dr. Felix Ekardt, Universität Rostock

Frank Endrich, Allianz der öffentlichen Wasserwirtschaft, Stuttgart

Peter Fehrmann, Senatsverwaltung für Umwelt, Verkehr und Klimaschutz, Berlin

Dr. Bernhard Gause*, ehemals Gesamtverband der Deutschen Versicherungswirtschaft, Berlin

Prof. Dr. Maximilian Gege*, ehemals Bundesdeutscher Arbeitskreis für Umweltbewusstes Management, Hamburg

Dr. Harald Ginzky, Umweltbundesamt, Berlin

Prof. Dr. Manfred Grasserbauer*, Technische Universität Wien

Dr. Peter Greminger*, ehemals Bundesamt für Umwelt, Bern

Prof. Dr. Edeltraud Günther*, Technische Universität Dresden

Prof. Dr. Heinz Gutscher*, Schweizerische Akademie der Geistes- und Sozialwissenschaften, Bern

Torben Halbe, Deutscher Forstwirtschaftsrat, Berlin

Andreas Hartmann*, ehemals Kompetenzzentrum Wasser Berlin

Sylvia Hartmann, Deutsche Allianz Klimawandel und Gesundheit, Berlin

Dr. Ralf Hedel, Fraunhofer-Institut für Verkehrs- und Infrastruktursysteme, Dresden

Dr. Sebastian Helgenberger*, Forschungsinstitut für Nachhaltigkeit (RIFS) Potsdam

Klaus Markus Hofmann*, ehemals Deutsche Bahn AG und *NETWORK Institute*, Berlin

Dr. Christian Huggel*, Universität Zürich

Prof. Dr. Lutz Katzschner*, Institut für Klima- und Energiekonzepte, Kassel

Dr. Thomas Kempka, Helmholtz-Zentrum Potsdam/Deutsches Geoforschungszentrum

Dr. Volker Klemann, Helmholtz-Zentrum Potsdam/Deutsches Geoforschungszentrum

Prof. Dr. Alexander Knohl*, Georg-August-Universität Göttingen

Dr. Christian Kölling*, Bayerische Landesanstalt für Wald und Forstwirtschaft, Freising

Dr. Kati Krähnert, Potsdam-Institut für Klimafolgenforschung

Susanne Krings, Bundesamt für Bevölkerungsschutz und Katastrophenhilfe, Bonn

Dr. Sinikka Tina Lennartz, Universität Oldenburg

Dr. Mark A. Liniger*, Bundesamt für Meteorologie und Klimatologie MeteoSchweiz, Zürich

---

* nur Erstauflage

Dr. Roland von Arx*, ehemals Bundesamt für Umwelt, Bern

Prof. Dr. Andreas von Tiedemann*, Georg-August-Universität Göttingen

Dr. Christof Voßeler, Senatsverwaltung für Klimaschutz, Umwelt, Mobilität, Stadtentwicklung und Wohnungsbau, Bremen

PD Dr. Ariane Walz, Ministerium für Landwirtschaft, Umwelt und Klimaschutz des Landes Brandenburg, Potsdam

Heiko Werner*, ehemals Bundesanstalt Technisches Hilfswerk, Bonn

Ronja Winkhardt-Enz, Deutsches Komitee Katastrophenvorsorge, Bonn

Dr. Andreas Wurpts*, Forschungsstelle Küste im Niedersächsischen Landesbetrieb für Wasserwirtschaft, Küsten- und Naturschutz, Norderney

Dr. Massimiliano Zappa, Eidgenössische Forschungsanstalt für Wald, Schnee und Landschaft, Birmensdorf

Prof. Dr. Yvonne Ziegler, *Frankfurt University of Applied Sciences*

Yvonne Zwick, Bundesdeutscher Arbeitskreis für Umweltbewusstes Management, Hamburg

Wissenschaftliche Redaktion und koordinierendes Management

- **Lektorat, Projektleitung, Management**

Susanne Schuck-Zöller

- **Wissenschaftliche Beratung**

Dr. Diana Rechid

- **Unterstützung**

Richard Donecker, Hanna Dunke (studentische Hilfskräfte Helmholtz-Zentrum Hereon, *Climate Service Center Germany*), ► Kap. 24: Vanessa Kükenthal (studentische Hilfskraft Zentrum für Europäische Wirtschaftsforschung, Mannheim), Constantin Rihaczek (studentische Hilfskraft *Frankfurt School of Finance Management*)

- **Reviewmanagement**

Susanne Schuck-Zöller,
► Kap. 38: Dr. Torsten Weber

- **Unterstützung Reviewmanagement**

Richard Donecker, Hanna Dunke (studentische Hilfskräfte Helmholtz-Zentrum Hereon, *Climate Service Center Germany*)

Inhaltsverzeichnis

1   **Vorwort**   1
     Susanne Schuck-Zöller, Guy P. Brasseur und Daniela Jacob

I   **Beobachtungen sowie globale und regionale
     Klimaprojektionen für Deutschland und Europa**

2   **Globale Modellierung des Klimawandels**   7
     *Hauke Schmidt, Veronika Eyring, Mojib Latif, Jochem Marotzke, Diana Rechid
     und Robert Sausen*

3   **Beobachtung von Klima und Klimawandel in Mitteleuropa
     und Deutschland**   19
     Frank Kaspar und Hermann Mächel

4   **Regionale Klimamodellierung**   31
     *Diana Rechid, Marcus Breil, Daniela Jacob, Christoph Kottmeier, Juliane Petersen,
     Susanne Pfeifer und Claas Teichmann*

5   **Grenzen und Herausforderungen der regionalen Klimamodellierung**   47
     Andreas Dobler, Hendrik Feldmann, Edmund Meredith und Uwe Ulbrich

II   **Klimawandel in Deutschland: regionale
     Besonderheiten und Extreme**

6   **Klimawandel und Extremereignisse: Temperatur inklusive Hitzewellen**   61
     *Karsten Friedrich, Thomas Deutschländer, Frank Kreienkamp, Nora Leps, Hermann Mächel
     und Andreas Walter*

7   **Auswirkungen des Klimawandels auf Starkniederschläge, Gewitter und
     Schneefall**   73
     Michael Kunz, Melanie K. Karremann und Susanna Mohr

8   **Der Klimawandel: Auswirkungen auf Winde und Zyklonen**   85
     Joaquim G. Pinto, Frauke Feser, Patrick Ludwig und Mark Reyers

9   **Mittlerer Meeresspiegelanstieg und Sturmfluten**   95
     Ralf Weisse und Insa Meinke

10   **Hochwasser und Sturzfluten an Flüssen in Deutschland**   109
     *Axel Bronstert, Heiko Apel, Helge Bormann, Gerd Bürger, Uwe Haberlandt, Anke Hannappel,
     Fred F. Hattermann, Maik Heistermann, Shaochun Huang, Christian Iber, Michael Joneck,
     Vassilis Kolokotronis, Zbigniew W. Kundzewicz, Lucas Menzel, Günter Meon, Bruno Merz,
     Andreas Meuser, Manuela Nied, Eva Nora Paton, Theresia Petrow und Erwin Rottler*

11   **Dürren und Waldbrände unter Klimawandel**   131
     *Andreas Marx, Veit Blauhut, Friedrich Boeing, Matthias Forkel, Michael Hagenlocher,
     Mathias Herbst, Peter Hoffmann, Christian Kuhlicke, Rohini Kumar, Mariana Madruga de
     Brito, Luis Samaniego, Kirsten Thonicke und Markus Ziese*

12   Gravitative Massenbewegungen und Naturgefahren der Kryosphäre 143
Thomas Glade

III   Auswirkungen des Klimawandels in Deutschland

13   Luftqualität und Klimawandel 157
Andreas Wahner, Astrid Kiendler-Scharr, Dieter Klemp und Martin G. Schultz

14   Klimawandel und Gesundheit 171
*Jobst Augustin, Katrin Burkart, Wilfried Endlicher, Alina Herrmann, Susanne Jochner-Oette,
Christina Koppe, Annette Menzel, Hans-Guido Mücke und Rainer Sauerborn*

15   Biodiversität und Naturschutz im Klimawandel 191
Stefan Klotz, Klaus Henle, Josef Settele und Ulrich Sukopp

16   Wasserhaushalt im Klimawandel 213
*Harald Kunstmann, Peter Fröhle, Fred F. Hattermann, Andreas Marx, Gerhard Smiatek
und Christian Wanger*

17   Auswirkungen des Klimawandels auf biogeochemische Stoffkreisläufe 227
Nicolas Brüggemann und Klaus Butterbach-Bahl

18   Klimawirkungen und Anpassung in der Landwirtschaft 237
*Hermann Lotze-Campen, Tobias Conradt, Frank Ewert, Cathleen Frühauf, Horst Gömann,
Peggy Michaelis, Andrea Lüttger, Claas Nendel und Hans-Joachim Weigel*

19   Wald und Forstwirtschaft im Klimawandel 249
*Michael Köhl, Martin Gutsch, Petra Lasch-Born, Michael Müller, Daniel Plugge und
Christopher P.O. Reyer*

20   Böden und ihre Funktionen im Klimawandel 263
Eva-Maria Pfeiffer, Annette Eschenbach, Jean Charles Munch und Harry Vereecken

21   Städte im Klimawandel 275
Wilhelm Kuttler, Guido Halbig und Jürgen Oßenbrügge

22   Klimawandel und Tourismus 289
Martin Lohmann und Andreas Matzarakis

23   Kaskadeneffekte und kritische Infrastrukturen im Klimawandel 297
Markus Groth, Steffen Bender, Alfred Olfert, Inke Schauser und Elisabeth Viktor

24   Kosten des Klimawandels und Auswirkungen auf die Wirtschaft 311
*Sven Schulze, Hubertus Bardt, Hendrik Biebeler, Gernot Klepper, Mahammad
Mahammadzadeh, Daniel Osberghaus, Wilfried Rickels, Oliver Schenker und
Reimund Schwarze*

IV   Übergreifende Risiken und Unsicherheiten

25   **Die Bewertung von Gefahren, Expositionen, Verwundbarkeiten und Risiken** 333
Jörn Birkmann, Laurens M. Bouwer, Stefan Greiving und Olivia M. Serdeczny

26   **Analyse von Anpassungskapazitäten** 345
Walter Kahlenborn, Fritz Reusswig und Inke Schauser

27   **Klimawandel als Risikoverstärker: Kipppunkte, Kettenreaktionen und komplexe Krisen** 361
Jürgen Scheffran

28   **Nachweis und Attribution von Änderungen in Klima und Wetter** 373
Sabine Undorf

29   **Entscheidungen unter Unsicherheit in komplexen Systemen** 383
Hermann Held

30   **Klimarisiken: Umgang mit Unsicherheit im gesellschaftlichen Diskurs** 391
Ortwin Renn

V   Strategien zur Minderung des Klimawandels mit negativen Emissionen

31   **Zielkonflikte, Synergien und negative Emissionen in der Klimapolitik** 405
Stefan Schäfer und Jürgen Scheffran

32   **Minderungsstrategien im Personen- und Güterverkehr** 415
Heike Flämig, Carsten Gertz und Thorsten Mühlhausen

33   **Minderungsansätze in der Energie- und Kreislaufwirtschaft** 429
Daniela Thrän, Ottmar Edenhofer, Michael Pahle, Eva Schill, Michael Steubing und Henning Wilts

34   **Emissionsreduktionen durch ökosystembasierte Ansätze** 439
Bernd Hansjürgens, Andreas Bolte, Heinz Flessa, Claudia Heidecke, Anke Nordt, Bernhard Osterburg, Julia Pongratz, Joachim Rock, Achim Schäfer, Wolfgang Stümer und Sabine Wichmann

35   **Mögliche Beiträge geologischer und mariner Kohlenstoffspeicher zur Dekarbonisierung** 449
Andreas Oschlies, Nadine Mengis, Gregor Rehder, Eva Schill, Helmuth Thomas, Klaus Wallmann und Martin Zimmer

VI   Integrierte Strategien zur Anpassung an den Klimawandel

36   **Die klimaresiliente Gesellschaft – Transformation und Systemänderungen** 461
Jesko Hirschfeld, Gerrit Hansen, Dirk Messner, Michael Opielka und Sophie Peter

37   Das Politikfeld „Anpassung an den Klimawandel" im Überblick 475
Andreas Vetter, Klaus Eisenack, Christian Kind, Petra Mahrenholz, Sandra Naumann,
Anna Pechan und Luise Willen

38   Klimakommunikation und Klimaservice 491
Susanne Schuck-Zöller, Thomas Abeling, Steffen Bender, Markus Groth,
Elke Keup-Thiel, Heike Molitor, Kirsten Sander, Peer Seipold und Ulli Vilsmaier

39   Weiterentwicklung von Strategien zur Klimawandelanpassung 507
Petra Mahrenholz, Achim Daschkeit, Jörg Knieling, Andrea Knierim, Grit Martinez,
Heike Molitor und Sonja Schlipf

Serviceteil
Glossar 520
Begriffe 520
Klimasimulationen 527

Vorwort

Susanne Schuck-Zöller, Guy P. Brasseur und Daniela Jacob

Bereits 1972 stellte die Konferenz der Vereinten Nationen über die Umwelt des Menschen in Stockholm fest, dass zur Lösung der Schlüsselprobleme, mit denen die Menschheit auf der Erde in den nächsten Jahrzehnten konfrontiert sein wird, wesentliche Beiträge aus Wissenschaft und Technik unabdingbar sind (UNEP 1972). In der Folge wurden internationale Forschungsprogramme aufgesetzt, die zu einer Mobilisierung und Neuausrichtung der Wissenschaftsgemeinschaft führten. Durch intensive wissenschaftliche Arbeit konnte mit inzwischen deutlicher Sicherheit dargestellt werden, dass das industrielle Wirtschaften des Menschen auf dem Planeten zu einer Veränderung des Klimas, zu einer Minderung der biologischen Vielfalt, aber auch zur Zunahme der Wasser- und Luftverschmutzung sowie zu einer Abnahme des stratosphärischen Ozons führt. Als langfristige Folge dieser Entwicklung wurde schon frühzeitig die Gefährdung der natürlichen Lebensgrundlagen und damit des Wohlergehens der Weltgemeinschaft vorausgesehen (Vogler 2014; Heinrichs und Grunenberg 2009).

Auch die Erkenntnis, dass es um globale Veränderungen geht, war eine Konsequenz dieser Konferenz: Es wurde klar, dass die Menschheit durch ihr Verhalten den Planeten insgesamt mit langfristigen Folgen verändert. Weltweite Forschungsanstrengungen wie etwa das *World Climate Research Programme* (WCRP) oder das *International Geosphere-Biosphere Programme* (IGBP) entwickelten eine anspruchsvolle Agenda, die von der internationalen Wissenschaftsgemeinschaft verfolgt wurde. Physikalische, chemische sowie biologische Prozesse und Rückkopplungseffekte, welche die Funktionsweise des Systems Erde maßgeblich bestimmen, wurden untersucht und auf ihre Anfälligkeit gegenüber menschlichen Einflüssen überprüft. Einige vorausschauende Persönlichkeiten, beispielsweise die ehemalige norwegische Ministerpräsidentin Gro Harlem Brundtland, verstanden schnell, dass die einzig denkbare zukünftige Form wirtschaftlichen Wachstums nachhaltigen Charakter besitzen muss (Vogler 2014; Brundtland 1987).

In den letzten zehn Jahren wandelte sich die internationale Forschung zu globalen Umweltveränderungen von einer vorwiegend auf das Verständnis des Erdsystems ausgerichteten Forschung zu einer mehr auf die Lösung von Problemen der Nachhaltigkeit ausgerichteten Forschung. Vor dem Hintergrund neuer wissenschaftlicher und gesellschaftlicher Herausforderungen wurden die Forschungsprogramme neu ausgerichtet und im Jahr 2012 auf der Konferenz zur nachhaltigen Entwicklung der Vereinten Nationen (Rio + 20) wurde das Programm *Future Earth*[1] als internationale Initiative zu globaler integrativer Nachhaltigkeitsforschung vorgestellt.

Der Klimawandel und die damit einhergehenden Veränderungen sind nur ein Teil dieser globalen Herausforderungen. Aber bereits sie sind äußerst komplex; sie bedingen sich teilweise gegenseitig und hängen vom gesellschaftlichen Rahmen ab, auf den sie auch wieder zurückwirken.

Mehr als 500 internationale Konventionen und Verträge, die sich mit dem Schutz der Umwelt beschäftigen, wurden seit 1972 unterschrieben. Die Wissenschaftsgemeinschaft veröffentlicht unablässig Berichte über die neuesten Erkenntnisse und stellt hierzu umfangreiche Erkenntnisse zur Unterstützung politischer Entscheidungsvorgänge bereit. Zu diesen Berichten gehören die detaillierten Einschätzungen, die der Zwischenstaatliche Ausschuss über Klimaänderungen *(Intergovernmental Panel on Climate Change*[2]*)*, in den Medien und hier ab jetzt „Weltklimarat" genannt, alle fünf bis sieben Jahre durchführt. Diese Dokumente und ihre Zusammenfassungen werden von Wissenschaftlerinnen und Wissenschaftlern aus vielen Ländern verfasst und sorgfältig von einer noch größeren Gruppe wissenschaftlicher und praxisnaher Fachleute zur Überarbeitung kommentiert. Die Berichte stellen eine einzigartige Zusammenschau der klimarelevanten Wissenschaftsbereiche dar, die in aller Welt bearbeitet werden. Das sind vor allem die naturwissenschaftlich-physikalischen Grundlagen, die sozioökologischen Folgen sowie Anpassungs- und Klimaschutzthemen. Dabei sind diese Berichte – und darin vor allem die *Summaries for Policymakers* – für politische Entscheidungen bedeutsam *(policy-relevant)*, zeichnen aber keine Entscheidungen vor *(not policy-prescriptive)* (IPCC 2023).

Ohne Zweifel sind die Sachstandsberichte des Weltklimarats für die internationalen Verhandlungen unerlässlich. Derzeit aktuell ist der Sechste Sachstandsbericht (IPCC 2021, 2022a, b), dessen Ergebnisse in ► Kap. 2 dargestellt sind. Obwohl inzwischen auch diese Berichte kleinräumige Informationen beinhalten und Aussagen für einzelne Regionen machen, sind spezielle Informationen zu einzelnen Regionen oder Sektoren nicht immer vorhanden. Deshalb sind zur Ergänzung der internationalen Berichte und unabhängig davon diverse nationale oder sogar subnationale Berichte entstanden.

Das Ziel des vorliegenden Berichts besteht darin, die wissenschaftlichen Informationen zum Klimawandel in Deutschland zu sammeln und im Zusammenhang zu betrachten. Es werden keine Handlungsempfehlungen gegeben. Vielmehr analysiert dieser Bericht bereits veröffentlichte Erkenntnisse der einschlägigen Fachleute und bewertet – soweit angebracht – die jeweiligen Schlussfolgerungen.

---

[1]   ► https://futureearth.org/

[2]   ► https://www.ipcc.ch/

Die Themen sind breit gefächert und reichen von der physikalischen Seite des Klimawandels bis zu dessen Auswirkungen auf die natürlichen (ökologische Aspekte) und gesellschaftlichen Systeme (sozioökonomische Aspekte). Die Einzelbeiträge benennen Verwundbarkeiten und untersuchen klimabedingte Risiken für verschiedene Wirtschaftssektoren und Gesellschaftsbereiche. Möglichkeiten, um die Elastizität der Gesellschaft gegenüber dem klimatischen Schaden (Resilienz) zu stärken, werden diskutiert und die Notwendigkeit hervorgehoben, Klimaschutz- und Anpassungsmaßnahmen zu entwickeln.

Für politische Entscheidungen zur Weiterentwicklung der Deutschen Anpassungsstrategie (Bundesregierung 2011) hat die Bundesregierung 2020 einen zweiten Fortschrittsbericht vorgelegt (Bundesregierung 2020). Er enthält den dritten Aktionsplan Anpassung mit Maßnahmen vorrangig des Bundes und beschreibt unter anderem die Schwerpunkte der künftigen Politik zur Anpassung an den Klimawandel in Deutschland. 2021 folgte die Klimawirkungs- und Risikoanalyse des Bundes (Kahlenborn et al. 2021), die die wesentlichen Klimarisiken und Handlungserfordernisse aus sektoraler und sektorübergreifender Sicht aufzeigt und auf die Arbeit des „Behördennetzwerks Klimawandel und Anpassung" der Bundesoberbehörden zurückgeht. Wesentliche Grundlage für die Klimaanpassungspolitik des Bundes sind wissenschaftliche Analysen, die mit einer einheitlichen Methodik Grundlagen für die Maßnahmenplanung und die Ableitung konkreter Ziele zur Anpassung bereitstellen. Im Koalitionsvertrag der aktuellen Bundesregierung („Ampelkoalition") sind viele Aktivitäten zur Anpassung an den Klimawandel enthalten, beispielsweise Bestrebungen für ein Klimaanpassungsgesetz des Bundes und zur gemeinschaftlichen Finanzierung der Klimaanpassung. Das vorliegende Buch ist als Ergänzung der IPCC-Berichte gedacht und legt den Schwerpunkt auf die Problematik in Deutschland. Es behandelt ganz verschiedene Facetten des Klimawandels und diskutiert die neuesten Erkenntnisse. Eine derartige Synthese von Wissen kann nur interdisziplinär erfolgen.

Die Initiative, die vorliegende Zusammenschau durchzuführen, wird seit den Vorbereitungen für die Erstauflage 2017 von einer vielfältigen Forschungs-*community* mitgetragen. Wissenschaftlerinnen und Wissenschaftler mehrerer Universitäten, der Helmholtz-Gemeinschaft, der Leibniz-Gemeinschaft, des Deutschen Wetterdienstes und der Max-Planck-Gesellschaft hatten die Entstehung des Berichts in der Erstauflage als *editorial board* begleitet. Sie alle sowie an die 200 Beitragende ganz verschiedener Fachrichtungen und aus einer breiten Palette unterschiedlicher deutscher Forschungseinrichtungen („Beteiligte" ab S. V) sind überzeugt, dass es die Aufgabe guter Forschung ist, ihre Ergebnisse mit der Gesellschaft zu teilen.

Alle Beiträge dieses Buches sind selbständige Kapitel und fungieren als eigenständige Veröffentlichungen. Um zu gewährleisten, dass die wiedergegebene Information neutral, genau und relevant ist, wurde für die Erstauflage jeder Text von mindestens zwei unabhängigen Fachleuten (*reviewers*) anonym begutachtet, davon eine Person aus der Wissenschaft und die andere eher von der Nutzungsseite, also aus der praktischen Anwendung (komplette Liste der *reviewers* ab S. XIII). Auf diese Weise wurde einerseits die fachliche Zuverlässigkeit und Qualität, andererseits aber auch die Anwendbarkeit sichergestellt. Für die vorliegende Zweitauflage wurde sowohl mit neu hinzugekommenen Texten als auch mit den Beiträgen, in denen viel geändert oder ergänzt worden war, ebenso verfahren. Die einzelnen Kapitel sind thematisch sechs Teilen zugeordnet. Jeder dieser Teile wurde durch *editors* strukturiert und durchgesehen.

Geschrieben wurde der vorliegende Bericht für eine Leserschaft mit einem Grundverständnis von klimarelevanten Fragen, die jedoch nicht über Spezialwissen in den einzelnen Disziplinen verfügen muss. Er wendet sich vor allem an Fachleute aus der öffentlichen Verwaltung, der Politik und dem Wirtschaftsleben sowie an die ganze wissenschaftliche Gemeinschaft.

Der erste Teil des Buches richtet den Blick auf das physikalische Klimasystem und skizziert den aktuellen Stand der Wetteraufzeichnungen und der Projektionen, welche die Klimamodelle auf der globalen und regionalen Skala derzeit liefern. Beobachtungen über das Klima der vergangenen 100 Jahre in Deutschland werden dargestellt und aus der Klimamodellierung resultierende Unsicherheiten diskutiert. Der zweite Teil handelt von den zu erwartenden physikalischen Klimafolgen. Besonders werden Temperatur, Niederschläge, Windfelder und die Häufigkeit von Extremereignissen wie Hochwasser, Dürren, Waldbrände und Stürme betrachtet. Um die potenziellen sozioökonomischen Klimafolgen geht es im dritten Teil; das Augenmerk liegt auf Luftqualität, Gesundheit, ökologischen Systemen, Land- und Forstwirtschaft sowie weiterer Wirtschaftssektoren und der Infrastruktur in Deutschland. Teil IV untersucht Verletzlichkeiten, Risiken – und systemische Ungewissheiten sowie die Probleme der Attribution von Wetter- und Klimaphänomenen. Für die Neuauflage ergänzt wurde Teil V über Emissionsminderungsstrategien und Dekarbonisierung. Schließlich fasst der letzte Teil die Diskussion zu integrierten Anpassungsstrategien zusammen, indem er sich mit den Ideen zu einer klimaresilienten Gesellschaft beschäftigt und in der Literatur dargestellte weitere Anpassungsmaßnahmen untersucht. Grundsätzlich betrachtet der Bericht Klimaschutz und Anpassung an den Klimawandel ganzheitlich und kennzeichnet, wo konkurrierende Maßnahmen oder auch *Win-win*-Situationen identifiziert werden.

1

Weil das Buch sehr interdisziplinär angelegt ist, alle Kapitel weitgehend selbständigen Charakter haben und auch einzeln heruntergeladen werden können, war die Herausgeberschaft mit der Vereinheitlichung von Fachbegriffen sehr zurückhaltend. Je nach Kapitel scheinen deshalb die Fächerkulturen sprachlich durch. Auch verschiedene wissenschaftliche Konzepte und Sichtweisen sind zu finden und wurden bewusst nicht harmonisiert. Eine Qualität des Buches liegt so auch in der Diversität der dargestellten Ansätze. Wo Aussagen aus Klimamodellprojektionen thematisiert werden, kann es aufgrund der unterschiedlichen Modelle und Ensembles, auf denen die jeweiligen Auswertungen basieren, Abweichungen in den Aussagen geben. Wir haben deshalb die zugrundeliegenden Projektionen, Modelle und Ensembles aus Gründen der Transparenz genannt – auch wenn das den Lesefluss an einigen Stellen hemmt.

Allerdings wurde versucht, die Fachbegriffe für ein interdisziplinäres Publikum verständlich zu machen. Begriffe, die immer wieder vorkommen, wurden in ein Glossar übernommen, das im Serviceteil von Buch und E-Book enthalten ist.

Trotz eingehender Diskussion konnten nicht alle Aspekte des Klimawandels angesprochen werden. So werden etwa soziale, gesamtgesellschaftliche, politische und psychologische Themen nur gestreift, da sie erst in letzter Zeit und damit nach dem Entwurf der Texte zunehmend Aufmerksamkeit erfahren. Auch auf der internationalen Ebene zu erwartende Sicherheitsprobleme – beispielsweise Konflikte um Trinkwasser oder Flüchtlingsbewegungen aufgrund von Dürren oder Verlust von fruchtbarem Boden – werden in diesem Bericht nur angerissen.

Für derart komplexe, globale Problemlagen wie den Klimawandel verändert sich die Situation praktisch täglich. So hat es zwischen der Originalausgabe und dieser Neuauflage bereits sehr viele Änderungen und Ergänzungen gegeben. Da an der vorliegenden Neuauflage mehr als drei Jahre gearbeitet wurde, konnten aktuelle Geschehnisse nur sehr begrenzt einfließen. Mit dem vorliegenden Bericht können die Beteiligten also naturgemäß nur einen kleinen Ausschnitt darstellen. Die Hauptaufgabe des Berichts ist deshalb in der Integration und Synthese des heutigen Wissensstandes (Herbst 2022) zu sehen. Einzelne wichtige Entwicklungen wurden während des Produktionsprozesses noch eingefügt.

Literatur

Brundtland GH (1987) Report of the World Commission on Environment and Development: Our Common Future. ▶ http://www.un-documents.net/our-common-future.pdf.

Bundesregierung (2011) Aktionsplan Anpassung der Deutschen Anpassungsstrategie an den Klimawandel. ▶ http://www.bmub.bund.de/fileadmin/bmu-import/files/pdfs/allgemein/application/pdf/aktionsplan_anpassung_klimawandel_bf.pdf.

Bundesregierung (2020) Zweiter Fortschrittsbericht zur Deutschen Anpassungsstrategie an den Klimawandel. Bonn, Germany. ▶ https://www.bmuv.de/fileadmin/Daten_BMU/Download_PDF/Klimaschutz/klimawandel_das_2_fortschrittsbericht_bf.pdf.

Heinrichs H, Grunenberg H (2009) Klimawandel und Gesellschaft. VS Verlag, Wiesbaden

IPCC (2021) Sixth Assessment Report (AR6) Climate Change 2021: The Physical Science Basis (WG I) ▶ https://www.ipcc.ch/report/sixth-assessment-report-working-group-i/.

IPCC (2022a) Sixth Assessment Report (AR6) Climate Change: Impacts, Adaptation and Vulnerability (WG II) ▶ https://www.ipcc.ch/report/sixth-assessment-report-working-group-ii/.

IPCC (2022b) Sixth Assessment Report (AR6) Climate Change: Mitigation of Climate Change (WG III) ▶ https://report.ipcc.ch/ar6wg3/pdf/IPCC_AR6_WGIII_FinalDraft_FullReport.pdf.

IPCC (2023) Summary for Policymakers. In: Climate Change 2023: Synthesis Report. A Report of the Intergovernmental Panel on Climate Change. Contribution of Working Groups I, II and III to the Sixth Assessment Report of the Intergovernmental Panel on Climate Change ▶ https://www.ipcc.ch/report/ar6/syr/downloads/report/IPCC_AR6_SYR_SPM.pdf. (Zugegriffen: 03. Juli 2023)

Kahlenborn W, Porst L, Voß M, Fritsch U, Renner K, Zebisch M, Wolf M, Schönthaler K, Schauser I (2021) Klimawirkungs- und Risikoanalyse für Deutschland 2021, Umweltbundesamt

UNEP (1972) Declaration of the United Nations Conference on the Human Environment. ▶ www.unep.org/Documents.Multilingual/Default.asp?documentid=97&articleid=1503.

Vogler J (2014) Environmental Issues. In: Baylis A, Smith S, Owens P (Hrsg) The Globalization of World Politics. An introduction to international relations. Oxford University Press, Oxford, New York, S 341–356

Beobachtungen sowie globale und regionale Klimaprojektionen für Deutschland und Europa

Eine wesentliche Rolle bei der Erforschung des Klimawandels auf der Erde und insbesondere der menschlichen Einflüsse auf das Klima spielen seit etwa einem halben Jahrhundert numerische Modelle. Diese Rechenmodelle sind die einzige Möglichkeit, mathematisch-physikalisch basierte und quantitative Aussagen über die Änderungen des Klimas in der Vergangenheit und auch für die Zukunft zu gewinnen. Die anfänglichen Modellansätze wurden dabei in international abgestimmter Forschung weiterentwickelt, indem neben Atmosphäre und Ozean auch das Eis, die Landoberflächen, die biologischen Prozesse, die Variabilität der Sonneneinstrahlung und beispielsweise auch Vulkanausbrüche Berücksichtigung fanden.

Mit globalen Klimamodellen werden sogenannte „Projektionen" des zukünftigen Klimas berechnet, die dann in bestimmten Regionen, beispielsweise Europa, mit Ausschnittsmodellen regionalisiert, also verfeinert werden. Globale Modelle sind geeignet, natürliche und menschenbeeinflusste Änderungen des Klimas für Zeiträume von Jahrzehnten bis Jahrhunderten abzubilden. Dagegen liefern Regionalisierungsverfahren eine realistischere Darstellung der Erdoberfläche und detaillierte Aussagen zu speziellen Fragestellungen. Für viele Anwendungsfragen, etwa zur Wasserverfügbarkeit und -nutzung, besteht Bedarf an solchen hochaufgelösten Ergebnissen.

Eine wichtige Validierung der Modelle stellt der Vergleich von Modellergebnissen mit Beobachtungen an der Erdoberfläche, in der freien Atmosphäre und vom Weltraum aus dar. Die auf diese Weise erprobten Modelle sind dann, angewandt auf die Zukunft, in sich konsistente Darstellungen des Klimas unter zukünftigen Bedingungen. Diese Bedingungen unterscheiden sich von den heutigen insbesondere hinsichtlich der atmosphärischen Zusammensetzung aufgrund der Freisetzung von Treibhausgasen wie Kohlendioxid, Methan und Distickstoffoxid (Lachgas). Aber auch Nutzungsänderungen der Erdoberfläche wie die Ausweitung von Siedlungsflächen oder Rodungen führen zu Änderungen des Klimas. Um zukünftige Änderungen dieser Bedingungen zu beschreiben, werden plausible Entwicklungspfade entwickelt, die auch Emissionsszenarien genannt werden. Je nach Emissionsszenario ergeben sich daraus unterschiedliche Modellergebnisse. Die Unterschiede zwischen den Ergebnissen verschiedener Modelle sind dabei nicht als Fehler einzelner Modelle zu verstehen, sondern als Unschärfe der Aussagen aufgrund der komplex ineinandergreifenden Prozesse in und zwischen den Komponenten des Klimasystems. Infolgedessen werden heute vielfach, global wie auch regional, mehrere Klimamodelle verwendet. Die Klimaprojektionen dieser Modelle zeigen insgesamt jedoch ein nach Richtung und Betrag der Änderungen, insbesondere der Temperaturen, weitgehend widerspruchsfreies Bild.

Zusätzlich zu der Verwendung mehrerer Modelle werden heute mit jedem dieser Modelle viele Klimasimulationen durchgeführt. Statt auf einer einzigen Simulation eines Modells basieren somit die Aussagen zum künftigen Klima heute auf einem Ensemble, einem Set von vielen Simulationen mehrerer Modelle. Dadurch wird zusätzlich zu den abgeleiteten Änderungen eine Abschätzung der Unsicherheiten ermöglicht. Globale wie auch regionale Klimamodelle liefern wichtige Informationen zum Klimawandel, aber sie haben immer noch ein großes Potenzial zur Weiterentwicklung, etwa in ihren physikalischen Grundlagen, der numerischen Umsetzung, den berücksichtigten Prozessen und ihren Kopplungen.

Daniela Jacob
Editor Teil I

Inhaltsverzeichnis

Kapitel 2 **Globale Modellierung des Klimawandels – 7**
*Hauke Schmidt, Veronika Eyring, Mojib Latif,
Jochem Marotzke, Diana Rechid und Robert Sausen*

Kapitel 3 **Beobachtung von Klima und Klimawandel in
Mitteleuropa und Deutschland – 21**
Frank Kaspar und Hermann Mächel

Kapitel 4 **Regionale Klimamodellierung – 31**
*Diana Rechid, Marcus Breil, Daniela Jacob,
Christoph Kottmeier, Juliane Petersen, Susanne Pfeifer
und Claas Teichmann*

Kapitel 5 **Grenzen und Herausforderungen der regionalen
Klimamodellierung – 47**
*Andreas Dobler, Hendrik Feldmann, Edmund Meredith und
Uwe Ulbrich*

Globale Modellierung des Klimawandels

Hauke Schmidt, Veronika Eyring, Mojib Latif, Jochem Marotzke, Diana Rechid und Robert Sausen

Inhaltsverzeichnis

2.1   Geschichte der Klimamodellierung – 8

2.2   Komponenten des Klimasystems, Prozesse und Rückkopplungen – 9

2.3   Ensembles von Klimamodellen und Szenarien – 10

2.3.1   Beschreibung der Szenarien – 11

2.4   IPCC-Bericht: Fortschritte und Schlüsselergebnisse – 11

2.4.1   Simulation des historischen Klimawandels – 12

2.4.2   Projektionen des zukünftigen Klimas – 14

2.5   Kurz gesagt – 16

Literatur – 16

© Der/die Autor(en) 2023
G. P. Brasseur et al. (Hrsg.), *Klimawandel in Deutschland*,
https://doi.org/10.1007/978-3-662-66696-8_2

Eine Vielzahl von Beobachtungen zeigt, dass sich das Klima ändert. Um der Gesellschaft eine fundierte Antwort darauf zu ermöglichen, ist es notwendig, Natur und Ursachen des Wandels zu verstehen und die mögliche zukünftige Entwicklung zu charakterisieren. In der Klimaforschung sind numerische Modelle dafür unverzichtbare Werkzeuge. Sie beruhen auf mathematischen Gleichungen, die das Klimasystem oder Teile davon abbilden und sich nur mithilfe von Computern berechnen lassen. Die Klimamodelle helfen uns, das komplexe Zusammenspiel verschiedener Komponenten und Prozesse im Erdsystem zu verstehen und Beobachtungen zu interpretieren. Mit Modellen lassen sich Projektionen des künftigen Klimas erstellen. Diese liefern Antworten auf die Frage: „Was wäre, wenn?" Wie entwickelt sich das Klima unter bestimmten Bedingungen, beispielsweise wenn der Mensch zusätzliche Treibhausgase in die Atmosphäre entlässt? Oder: Welchen Effekt hätte ein großer Vulkanausbruch auf das Klima?

2.1 Geschichte der Klimamodellierung

Die aktuell verwendeten Klimamodelle sind das Ergebnis einer seit über einem halben Jahrhundert andauernden und bei weitem nicht abgeschlossenen Entwicklung. Das erste Modell, das auf physikalischen Grundlagen beruht, war ein eindimensionales Strahlungskonvektionsmodell (Manabe und Möller 1961). Darin sorgen Sonneneinstrahlung und vertikale Luftströmungen für eine stabile vertikale Temperaturverteilung auf der Erde – es stellt sich eine Gleichgewichtstemperatur ein. Seit 1969 rechnen Energiebilanzmodelle mit der Energie von Strahlungs- und Wärmeflüssen (Budyko 1969; Sellers 1969). Obwohl die einfachsten dieser Modelle den horizontalen Wärmetransport vernachlässigen, lässt sich mit ihnen abschätzen, wie empfindlich die Gleichgewichtstemperatur an der Erdoberfläche etwa gegenüber Änderungen der Sonneneinstrahlung reagiert. Heute werden dreidimensionale atmosphärische Zirkulationsmodelle (*atmospheric general circulation models,* AGCMs) verwendet. Diese stammen aus der Wettervorhersage: Der Meteorologe Norman Phillips fragte sich 1956, ob die Modelle zur Wettervorhersage auch die allgemeine Zirkulation der Atmosphäre und damit das Klima wiedergeben würden (Phillips 1956). Obwohl er in seinem Experiment nicht mehr als 30 Tage simulieren konnte, wird es häufig als die erste Klimasimulation angesehen. Die moderne Klimamodellierung und Wettervorhersage basiert auch weiterhin auf der rechnerischen Lösung ähnlicher Gleichungssysteme.

Bahnbrechend war die Simulation der Klimaeffekte, die aus einer Verdopplung des Kohlendioxidgehalts in der Atmosphäre resultieren (Manabe und Wetherald 1967). Das Modell verwendete eine idealisierte Verteilung von Land und Meer und vernachlässigte den täglichen und saisonalen Zyklus der Sonneneinstrahlung. Dennoch zeigte die Berechnung erstmals das Temperaturmuster der Erde mit einem starken Land-See-Kontrast und einer maximalen Erwärmung in den hohen nördlichen Breiten. Die „Mutter" der heutigen Klimamodelle, das erste gekoppelte Atmosphäre-Ozean-Zirkulationsmodell, entstand 1969 (Manabe und Bryan 1969). Inzwischen werden vermehrt sogenannte Erdsystemmodelle (ESM) verwendet, die außer den Komponenten Atmosphäre, Landoberfläche, Ozean und Meereis auch den Kohlenstoffkreislauf und andere interaktive Komponenten wie Aerosole (atmosphärische Mikropartikel, die die Strahlungsbilanz beeinflussen und eine Lufttrübung bewirken) berücksichtigen. In einem solchen Modell kann z. B. berücksichtigt werden, dass ein wärmerer Ozean tendenziell weniger CO_2 aufnimmt, sodass mehr CO_2 in der Atmosphäre bleibt. Es handelt sich dabei also um einen positiven, d. h. einen die Reaktion des Klimas auf menschengemachte Antriebe verstärkenden Rückkopplungseffekt.

Der schwedische Physiker und Chemiker Svante August Arrhenius untersuchte 1896 als Erster die Änderung der Oberflächentemperatur in Abhängigkeit von der CO_2-Konzentration (Arrhenius 1896). Er berechnete eine Gleichgewichtsklimasensitivität (im Folgenden kurz „Klimasensitivität") von etwa 6 °C, spekulierte aber, dass sie möglicherweise überschätzt sein könnte. Die Klimasensitivität gibt an, wie sich die globale Erdoberflächentemperatur langfristig ändern würde, wenn sich die atmosphärische CO_2-Konzentration verdoppelte (▶ Abschn. 2.2). Auf der Basis von nur zwei Klimamodellen schätzte die US-amerikanische *National Academy of Sciences* 1979 einen Wert zwischen 1,5 und 4,5 °C (Charney et al. 1979). Bis vor kurzem hatten sich die Schätzungen nur geringfügig verändert. Auch im Fünften Sachstandsbericht des Weltklimarats (IPCC 2013a, b) findet man diese Temperaturspanne. Eine Bestandsaufnahme von Sherwood et al. (2020) konnte nach Analyse von historischen und Paläoklimadaten sowie des Prozessverständnisses diesen Bereich einschränken. Im aktuellen Sechsten Sachstandsbericht (AR6) wird der „wahrscheinliche" (d. h. die Wahrscheinlichkeit dafür liegt über 66 %) Bereich der Klimasensitivität jetzt mit 2,5 bis 4 °C angegeben, bei einer besten Schätzung von 3 °C (IPCC 2021a, b).

Die sogenannte transiente Klimareaktion gibt an, um wie viel Grad Celsius die globale Erdoberflächentemperatur bereits zum Zeitpunkt einer CO_2-Verdopplung angestiegen sein wird, und zwar konkret im Jahr 70 eines idealisierten Klimawandels, bei dem, ausgehend vom präindustriellen Zustand, die CO_2-Konzentration jährlich um 1 % erhöht wird. Im AR6 wird die „sehr wahrscheinliche" Spanne für diese

Klimareaktion mit 1,2 bis 2,4 °C angegeben (Forster et al. 2021). Selbst wenn die CO_2-Konzentration nach einer Verdopplung nicht mehr steigen sollte, würden sich die Troposphäre, d. h. die Atmosphäre bis in etwa 10 km Höhe, und die Ozeane über viele Jahrhunderte weiter erwärmen – so lange, bis eine Gleichgewichtstemperatur, also die oben definierte Klimasensitivität, erreicht ist.

Aktuell hat sich die globale Oberflächentemperatur im Mittel bereits um etwa 1,1 °C (2011–2020) im Vergleich zu vorindustriellen Zeiten (1850–1900) erwärmt (IPCC 2021b). Über den Kontinenten ist die Erwärmung etwa doppelt so stark wie über Ozeanen und liegt gemittelt über alle Landflächen bei etwa 1,6 °C (IPCC 2021b). Die bisher beobachtete Erwärmung hat also bereits fast den unteren Rand des „sehr wahrscheinlichen" Bereichs der transienten Klimareaktion erreicht, obwohl sich der atmosphärische CO_2-Gehalt gegenüber der vorindustriellen Zeit bisher nur um etwa 50 % erhöht hat. Allerdings spielen für die realen Beobachtungen auch andere Treibhausgase, wie Methan, und sonstige Änderungen eine Rolle, die in den eher theoretischen Größen Klimasensitivität und Klimareaktion nicht berücksichtigt sind.

Weltweit sind sich die Klimaforscher einig: Die Erde wird sich weiter erwärmen, wenn noch mehr Treibhausgase die Atmosphäre belasten. Wie sehr, wird von den zukünftigen Treibhausgasemissionen abhängen – das zeigen die Projektionen für verschiedene Zukunftsszenarien (▶ Abschn. 2.4.2). Außerdem ist zu erwarten, dass sich Regionen weiterhin unterschiedlich stark erwärmen. So erhöht sich die Temperatur in der Arktis wesentlich schneller als der globale Mittelwert, und die mittlere Erwärmung über dem Land wird weiterhin deutlich größer sein als über dem Meer.

2.2 Komponenten des Klimasystems, Prozesse und Rückkopplungen

Die wesentlichen Komponenten des Klimasystems für kürzere als geologische Zeiträume sind:
- die Atmosphäre,
- der Ozean mit seinem Meereis und seiner Biosphäre,
- die Landoberfläche mit der Landbiosphäre sowie den ober- und unterirdischen Wasserflüssen und
- die Eisschilde inklusive der Schelfeise.

Das Wettergeschehen spielt sich in der Troposphäre ab. Wichtige Kenngrößen des Wetters sind u. a. Druck, Temperatur, Wind und die Komponenten des Wasserkreislaufs wie Wasserdampfgehalt, Niederschlag und Bewölkung. Über diese Größen erfährt der Mensch das Wetter und seine langfristige Statistik – das Klima. Der entscheidende Antrieb des Klimasystems (◻ Abb. 2.1) ist die Sonneneinstrahlung, die vom Ort sowie von der

Tages- und Jahreszeit abhängt. Sowohl die Erdoberfläche als auch die Wolken streuen einen Teil dieser (kurzwelligen) Strahlung direkt zurück in den Weltraum. Der größere Teil der Strahlung wird jedoch vom Boden, also von den Ozeanen und dem Land, sowie von Wolken und Spurenstoffen (Gase und Mikropartikeln) in der Atmosphäre aufgenommen und führt zu deren Erwärmung. Die so vom Klimasystem aufgenommene Strahlungsenergie der Sonne wird letztendlich zu einem kleinen Teil direkt vom Boden und zu einem größeren Teil von strahlungsaktiven Substanzen in der Atmosphäre über (langwellige) Wärmestrahlung in den Weltraum geschickt. Diese Substanzen sind vor allem die Treibhausgase (s. u.), aber auch feste und flüssige Partikel wie Wolkentropfen, Eiskristalle oder Aerosole. Langfristig besteht ein Gleichgewicht zwischen einfallender und ausgehender Strahlung. Da die Ausstrahlung des Klimasystems in den Weltraum zeitlich und räumlich wesentlich gleichmäßiger erfolgt als die Sonneneinstrahlung, gibt es einen Energiegewinn in den Tropen und einen Energieverlust in hohen Breiten. Wärmetransport durch Strömungen in der Atmosphäre und im Ozean gleicht diesen Unterschied aus.

Ein großer Teil der langwelligen Ausstrahlung gelangt nicht direkt in den Weltraum, sondern wird von den Treibhausgasen, insbesondere Wasserdampf, Kohlendioxid, Methan, Distickstoffoxid (Lachgas) und Ozon, absorbiert und in alle Richtungen, also auch zum Erdboden hin, wieder emittiert. Dieser Treibhauseffekt sorgt dafür, dass in Bodennähe Temperaturen herrschen, die in den meisten Gebieten der Erde Leben ermöglichen.

Wasserdampf ist zwar für den größten Anteil am Treibhauseffekt verantwortlich, hat jedoch eine kurze Lebensdauer und reagiert schnell, insbesondere auf Temperaturveränderungen, die sowohl Verdunstung als auch Niederschlag beeinflussen. Wenn es aufgrund einer Erhöhung der Konzentration anderer, langlebiger und damit in der unteren Atmosphäre gut durchmischter Treibhausgase zu einem dauerhaften Temperaturanstieg in der Troposphäre kommt, zieht dies auch eine ebenso dauerhafte Erhöhung des Wasserdampfgehalts der Atmosphäre nach sich, da wärmere Luft mehr Wasserdampf aufnehmen kann, und verstärkt wiederum die Temperaturerhöhung – ein positiver Rückkopplungseffekt (z. B. Lacis et al. 2010).

Kohlendioxid, Methan, Distickstoffoxid und Ozon stammen zum Teil direkt aus natürlichen Quellen, gelangen durch menschliche Einflüsse in die Atmosphäre oder werden durch chemische Prozesse gebildet. Daher gehören auch die chemischen Kreisläufe mit ihren Quellen, Transporten, Senken und Prozessen zum Klimasystem, beispielsweise die Kreisläufe von Kohlenstoff, Stickstoff und Schwefel oder die Ozonchemie. Auch die Aerosole, ob fest oder flüssig, sind sowohl im Bereich der Sonneneinstrahlung als auch der

2

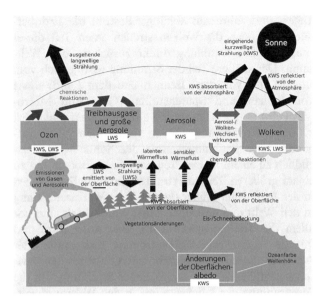

Abb. 2.1 Wesentliche Antriebe des Klimasystems: Globale Klimaantriebe stören das Strahlungsgleichgewicht zwischen einfallender kurzwelliger Strahlung (*KWS*) von der Sonne und in den Weltraum hinausgehender langwelliger Strahlung (*LWS*). Von Menschen verursachte Emissionen von Gasen und Aerosolen greifen in den Strahlungshaushalt ein: entweder direkt als Treibhausgase oder Aerosole oder indirekt über chemische Reaktionen wie die Änderung der Ozonkonzentration über sekundär gebildete Aerosole oder Änderungen der Wolkeneigenschaften und Wolkenbedeckung. Außerdem verändert der Mensch die Oberflächeneigenschaften der Erde, besonders die Rückstreuung von KWS durch das Erdsystem und das Verhältnis von latenten und sensiblen Wärmeflüssen. Zu den anthropogenen Antrieben kommen natürliche hinzu, z. B. Schwankungen der solaren Einstrahlung oder Emissionen durch Vulkane und natürliche Waldbrände. (Sausen nach IPCC)

Wärmestrahlung aktiv. Viele Aerosole dienen zudem als Kondensationskerne bei der Wolkenbildung und beeinflussen diese damit.

Der Mensch greift in das Klimasystem ein, indem er Spurenstoffe freisetzt und die Erdoberfläche durch Landnutzung verändert. Letzteres beeinflusst den Wasserkreislauf und die Rückstreuung der Sonneneinstrahlung. Insbesondere durch Nutzung fossiler Brennstoffe hat sich der atmosphärische Volumenanteil des Kohlendioxids (CO_2) von einem vorindustriellen Wert von ca. 280 ppm (*parts per million;* d. h. 280 von einer Million Luftmoleküle waren CO_2) auf im Mittel etwa 416 ppm im Jahr 2021 erhöht (gemessen am Mauna Loa, Hawaii). Diese erhöhte Treibhausgaskonzentration verstärkt, wie oben erläutert, den Treibhauseffekt und führt zur Erderwärmung. Durch anthropogene Emissionen von Schwefelverbindungen in die Atmosphäre hingegen kommt es durch verstärkte Rückstreuung der Sonneneinstrahlung zu einer Abkühlung, es leidet jedoch auch die Luftqualität und es entsteht saurer Regen.

Betrachtet man die von Menschen verursachten (anthropogenen) Änderungen der Konzentrationen von Treibhausgasen und anderer strahlungsaktiver Spurenstoffe sowie die direkten Folgen daraus für das Klima, so stellt man fest: Die tatsächliche Klimaänderung ist größer, als man es aufgrund des geänderten Strahlungsantriebs dieser Gase erwarten würde. Das liegt an den positiven Rückkopplungen im Klimasystem wie der oben genannten Wasserdampf- und der Eis-Albedo-Rückkopplung. Letztere beruht darauf, dass bei einer Erwärmung Schnee- und Eisbedeckung der Erde reduziert werden. Schnee und Eis reflektieren jedoch Sonneneinstrahlung besser als die meisten Landoberflächen und insbesondere Ozeanwasser. Durch geringere Reflexion von Sonneneinstrahlung erwärmt sich die Erde zusätzlich. Andererseits strahlt jeder Gegenstand, also auch die Erde, mit steigender Temperatur mehr Wärme ab. Das dämpft die Erwärmung der Atmosphäre – eine negative Rückkopplung.

Die gesamte Wirkung aller Rückkopplungen im Klimasystem kann man über die oben angesprochene Klimasensitivität erfassen. Sie lassen sich nicht direkt messen, sondern nur durch Kombination von Messungen, z. B. auch von Temperatur- und Treibhausgaskonzentrationsänderungen auf paläontologischen Zeitskalen, und numerischen Studien abschätzen. Die Unsicherheit dieser Abschätzungen (▶ Abschn. 2.1) ist eine der Ursachen für Streuungen in den Projektionen des zukünftigen Klimas (▶ Abschn. 2.4.2).

2.3 Ensembles von Klimamodellen und Szenarien

Politik, Wirtschaft und Gesellschaft sind auf wissenschaftlich fundierte Erkenntnisse über den Klimawandel angewiesen, um Entscheidungen zu treffen. Insbesondere ist die Frage von Interesse, wie die Menschheit das Klima der Zukunft beeinflusst. Diese Frage kann nur mithilfe von Klimamodellen untersucht werden, die das Klimasystem mit all seinen Prozessen möglichst genau und zuverlässig beschreiben.

Die Modellergebnisse des jüngsten Weltklimaberichts AR6 beruhen vor allem auf Simulationen mit ca. 60 verschiedenen komplexen Erdsystemmodellen (IPCC 2021a). Diese Simulationen wurden im Rahmen des internationalen Modellvergleichsprojekts *Coupled Model Intercomparison Project Phase 6* (CMIP6) koordiniert (Eyring et al. 2016). Ein Ziel des Projekts, wie auch seiner Vorgänger, ist es, vergangene und mögliche künftige Klimaänderungen aufgrund anthropogener und natürlicher Strahlungsantriebe mithilfe mehrerer Modelle zu verstehen. Dazu werden verschiedene Simulationen definiert und die Randbedingungen für die Simulationen vorgegeben. Klimamodellgruppen weltweit rechnen diese dann mit ihren Modellen und stellen die Ergebnisse in einem für die Gemeinschaft frei zugänglichen Datenarchiv für Analysen bereit. CMIP6 wurde erstmals in 23 Teilprojekten organisiert, die sich auf unterschiedliche Fragestellungen konzentrieren. Modellierungszentren müssen nicht an allen Teilprojekten teilnehmen. Voraussetzung für die Teilnahme ist allerdings die Durchführung der sogenannten DECK-Simulationen („Diagnostic, Evaluation and Characterization of Klima"), die unter anderem die Bestimmung der Klimasensitivität ermöglichen, sowie einer historischen Simulation von 1850 bis 2014, um die Modelle mit Beobachtungsdaten zu evaluieren.

Im Verlauf des CMIP wurden die Prozesse und Rückkopplungen in den Modellen erweitert und verbessert. In CMIP5 simulierten einige Modelle erstmals den Kohlenstoffkreislauf interaktiv (Friedlingstein et al. 2014). Einige Modelle berücksichtigten erstmals chemische Prozesse (Eyring et al. 2013) und Aerosole (Flato et al. 2013). In CMIP6 haben verschiedene Projektteilnehmer größere Ensembles fast identischer Simulationen berechnet. Bei diesen Ensembles unterscheiden sich die einzelnen Simulationen üblicherweise nur durch Startbedingungen, was eine Quantifizierung der internen Variabilität und damit eine Unterscheidung zufälliger und systematischer Klimaeffekte erlaubt (z. B. Maher et al. 2019). Ebenso hat die Gesamtzahl der Modelle weiter zugenommen. Die neueste Generation von Klimamodellen hat eine verbesserte Darstellung der physikalischen Prozesse und höhere Auflösung im Vergleich zu früheren Generationen. Ebenso hat die Zahl der Erdsystemmodelle zugenommen, die auch biogeochemische Zyklen, wie z. B. den Kohlenstoffkreislauf, darstellen. Verschiedene Modelle reagieren auf einen gleichen Strahlungsantrieb unterschiedlich. Die dadurch hervorgerufene Schwankungsbreite der Ergebnisse wird häufig im Hinblick auf die Unsicherheit künftiger Klimaänderungen interpretiert.

2.3.1 Beschreibung der Szenarien

Für die CMIP6-Simulationen, die in den Sechsten Sachstandsbericht eingeflossen sind, hat ein internationales Team von Klimawissenschaftlern, Ökonomen und Energiesystemmodellierern eine Reihe von *Shared Socioeconomic Pathways* kurz „SSPs" entwickelt, die in verschiedenen Entwicklungspfaden mögliche zukünftige Veränderungen der globalen Gesellschaft beschreiben (Riahi et al. 2017). In Kombination

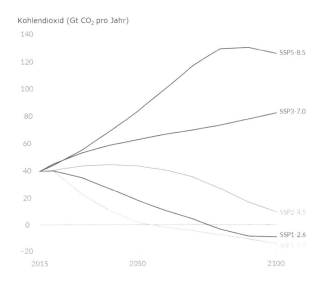

Kohlendioxid (Gt CO₂ pro Jahr)

◼ Abb. 2.2 Zukünftige jährliche anthropogene CO_2-Emissionen über fünf illustrative *Shared Socioeconomic Pathways (SSP)*. (Nach Abb. SPM.4, Tafel a), IPCC 2021c)

mit verschiedenen Emissionsminderungszielen bilden sie ab, wie sich gesellschaftliche Entscheidungen auf die Treibhausgasemissionen auswirken und wie die Klimaziele des Pariser Abkommens erreicht werden können. Je nach Modell und Experiment gehen die Konzentrationen oder die Emissionen der Szenarien in die Simulationen ein, deren Ergebnisse dann die Grundlage für Klimaprojektionen bilden. Die von den Szenarien abgedeckte Spanne von Treibhausgasemissionen wird in ◼ Abb. 2.2 am Beispiel von CO_2 gezeigt. Die Ziffer am Ende der Szenarienbezeichnung gibt den jeweiligen Strahlungsantrieb am Ende des 21. Jahrhunderts relativ zum präindustriellen Zustand in Watt pro m² an, was den repräsentativen Konzentrationspfaden (RCPs) (van Vuuren et al. 2011) entspricht, die im AR5 verwendet wurden. Im Vergleich zu den RCPs, decken die SSPs eine breitere Spanne möglicher Treibhausgasemissionen, -konzentrationen und daraus resultierender Strahlungsantriebe ab. Das SSP1-1.9 erweitert die Bandbreite deutlich in Richtung geringerer Emissionen. Im Vergleich zu den SRES-Szenarien aus dem Vierten Sachstandsbericht (IPCC 2007; Nakicenovic und Swart 2000) war bereits das Szenario RCP2.6 eine Erweiterung nach unten.

2.4 IPCC-Bericht: Fortschritte und Schlüsselergebnisse

Auch im Sechsten Sachstandsbericht behandelt der Bericht der ersten Arbeitsgruppe die physikalischen Grundlagen des Klimawandels und benutzt eine einheitliche Sprachregelung zur Angabe von Wahrscheinlichkeiten und Unsicherheiten (IPCC 2021a). So gilt

2

eine Aussage als *sehr wahrscheinlich*, wenn sie mit mehr als 90-prozentiger Sicherheit zutrifft. In diesem Kapitel sind derartige Angaben durch kursive Schrift als Zitat aus dem Bericht gekennzeichnet.

2.4.1 Simulation des historischen Klimawandels

Ein wichtiges Element des CMIP-Projekts, dessen Ergebnisse in den IPCC-Berichten verwendet werden, ist die Simulation des Klimas von 1850 bis nahe der Gegenwart (in CMIP6 bis 2014). Angetrieben wird diese Simulation mit Daten aus Beobachtungen, insbesondere der zeitlichen Entwicklung der Zusammensetzung der Atmosphäre und der Sonneneinstrahlung. Ziel dieser Simulationen der Vergangenheit ist insbesondere die Bewertung der Modelle: Wenn ein Modell das beobachtete Klima annähernd widerspiegelt, steigt das Vertrauen in seine Fähigkeit, mögliche zukünftige Entwicklungen des Klimas abzubilden. Darüber hinaus liefern historische Simulationen Anfangszustände für die Projektionen des zukünftigen Klimas und dienen als Referenz.

Zur Bewertung wird das simulierte Klima inklusive seiner räumlichen und zeitlichen Variabilität mit dem beobachteten Klima verglichen. Verlässliche Beobachtungen oder Rekonstruktionen bis in die vorindustrielle Zeit zurück sind allerdings rar. Erst seit Beginn des Satellitenzeitalters hat sich die Beobachtungslage deutlich verbessert. Wie realistisch können die heutigen Modelle also langfristige Entwicklungen, aber auch saisonale Klimaschwankungen und Schwankungen zwischen einzelnen Jahren darstellen? Im Vergleich zu ihren Vorgängern können die Modelle von CMIP6 die Entwicklung vieler Kenngrößen besser abbilden, etwa der regionalen Oberflächentemperaturen, Niederschlagsmuster oder Druckverteilungen (z. B. Eyring et al. 2021a). Dieses gilt sowohl für das Mittel aller Modelle als auch für die jeweils besten Modelle einer Generation. Es gibt aber immer noch Prozesse, deren Darstellung für einige Zwecke unzureichend erscheint. So gibt es seit CMIP6 nur eine geringe Verbesserung in der Simulation einiger Kenngrößen des tropischen Niederschlags, wie dessen Tagesgang und Frequenz (Fiedler et al. 2020). Es gibt deswegen Anstrengungen, die Horizontalauflösung von Modellen deutlich über die typischen etwa 100 km zu erhöhen und damit auch beispielsweise Konvektionsereignisse aufzulösen, wie sie z. B. Gewitterstürmen zugrunde liegen (Satoh et al. 2019). Des Weiteren werden neue auf maschinellen Lernverfahren basierende Parametrisierungen von subgridskaligen Prozessen entwickelt, die hochauflösende Simulationen und Beobachtungsdaten als Information nutzen, um neuronale Netze zu trainieren. Diese neura-

len Netze können dann im Erdsystemmodell zum Einsatz kommen und dort auch im grobaufgelösten Modell z. B. Wolken sehr viel genauer darstellen, als das heutzutage möglich ist (Gentine et al. 2018; Reichstein et al. 2019; Eyring et al. 2021b). Unter Verwendung nichthydrostatischer regionaler Klimamodelle können inzwischen Simulationen auf konvektionsauflösender Skala (<3 km) auch für dekadische Zeiträume durchgeführt werden (z. B. Coppola et al. 2019). Diese verwenden die Ergebnisse globaler Klimasimulationen als Antrieb an den seitlichen Rändern des Modellgebiets (▶ Kap. 4).

Zu CMIP6 haben neben dem Max Planck Institute Earth System Model (MPI-ESM, Mauritsen et al. 2019) zum ersten Mal zwei weitere Modelle deutscher Forschungsinstitute beigetragen, die jedoch alle Varianten des ECHAM-Modells (z. B. Stevens et al. 2013) als Atmosphärenkomponente nutzen: das Alfred Wegener Institute Climate Model (AWICM, Semmler et al. 2020) und das Chemie-Klima-Modell ECHAM5/*MESSy for Atmospheric Chemistry* (EMAC, Jöckel et al. 2016).

◨ Abb. 2.3 zeigt den Verlauf der mittleren globalen oberflächennahen Lufttemperatur aus Simulationen und Beobachtungen seit Mitte des 19. Jahrhunderts. Die meisten Modelle, und insbesondere das Multimodellmittel, geben die beobachtete Temperaturvariation und besonders den langfristigen Anstieg gut wieder, auch wenn die Mitteltemperatur einiger Modelle deutlich vom beobachteten Temperaturmittel abweicht. Deutlich erkennbar sind die Auswirkungen großer Vulkanausbrüche, insbesondere der zwei größten: Krakatau, 1883, und Pinatubo, 1991. In einer ähnlichen Grafik des AR5 (IPCC 2013a) lag zum Ende des damaligen Beobachtungszeitraums (2005) die Temperaturänderung des Modellmittels etwa 0,15 °C über der aus den Beobachtungen. Mögliche Ursachen des sogenannten Hiatus, d. h. der relativ geringen Erwärmung zwischen 1998 und 2012, und der Überschätzung der Erwärmung durch die CMIP5-Modelle wurden im AR5 intensiv diskutiert (IPCC 2013a). Seitdem ist festgestellt worden, dass die tatsächliche Erwärmung etwas stärker war als damals abgeschätzt, aber immer noch geringer als im Multimodellmittel sowohl von CMIP5 als auch CMIP6. Wegen verschiedener Unsicherheiten ist es unmöglich, die langsame Erwärmung während dieser Periode eindeutig einer einzelnen Ursache zuzuordnen (Hedemann et al. 2017). Es ist aber klar, dass der Hiatus ein temporäres Ereignis war, zu dem interne Klimavariabilität und natürliche Antriebe beigetragen haben (Cross-Chapter Box 3.1, Eyring et al. 2021a). Wie auch in ◨ Abb. 2.3 zu erkennen ist, hat sich die Erwärmung nach 2012 wieder verstärkt.

Dank besserer Modelle und längerer Beobachtungszeitreihen lässt sich im sechsten noch kla-

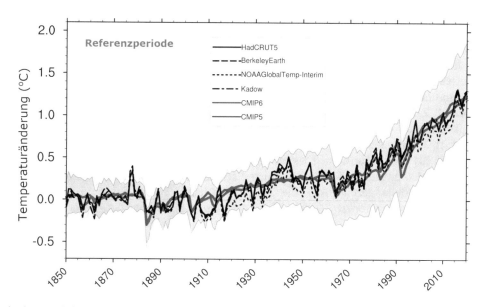

rer als in den vorangegangenen Sachstandsberichten nachweisen, dass der Mensch das Klima beeinflusst. So wird erstmals als eindeutig *(unequivocal)* bezeichnet, dass der Mensch Atmosphäre, Ozean und Land erwärmt hat. Als „wahrscheinlicher" Bereich für den Beitrag des Menschen zur gegenwärtigen Erwärmung der Erdoberfläche seit dem präindustriellen Vergleichszeitraum (1850–1900) gilt jetzt 0,8 bis 1,3 °C, wobei die beste Schätzung mit 1,07 °C angegeben wird, demnach also so gut wie die gesamte beobachtete Erwärmung anthropogen ist. Zudem gilt jetzt als „wahrscheinlich", dass der Mensch zur beobachteten Änderung von Niederschlagsmustern seit der Mitte des 20. Jahrhunderts beigetragen hat, und als „sehr wahrscheinlich", dass er hauptverantwortlich für den Rückgang von Gletschern seit den 1990er-Jahren und den Rückgang des arktischen Meereises seit 1979 ist (Eyring et al. 2021a). Neben verbesserten Modellen und Beobachtungen hat auch die Weiterentwicklung von Analysemethoden zu großen Fortschritte gegenüber AR5 bezüglich der Attribution (► Kap. 28) von Extremereignissen beigetragen. Es gilt jetzt beispielsweise als „so gut wie sicher", dass Hitzeextreme seit 1950 zugenommen haben, und es besteht „großes Vertrauen" darin, dass der menschliche Einfluss der wesentliche Antrieb dafür ist. Einige der extremen Hitzeereignisse der letzten Dekade wären

ohne menschlichen Einfluss „äußerst unwahrscheinlich". Für die Zunahme von Starkniederschlagsereignissen über den meisten Landgebieten seit den 1950er-Jahren ist die Menschheit „wahrscheinlich" hauptverantwortlich (gesamter Abschnitt: Seneviratne et al. 2021).

Seit AR5 werden CMIP-Modelle nicht mehr nur für Projektionen über Zeitskalen von mehreren Jahrzehnten bis Jahrhunderten genutzt, sondern sie werden auch im Hinblick auf die Qualität sogenannter dekadischer Vorhersagen analysiert. Man kann davon ausgehen, dass bei Vorhersagen von 10 Jahren die Unsicherheit aufgrund interner Klimavariabilität deutlich höher ist als die Unsicherheit, die sich aus dem Emissionsverlauf ergibt. Umgekehrt ist deren Verhältnis, wenn man mehrere Jahrzehnte betrachtet. Zur Evaluation der Vorhersagen auf der Zeitskala bis zu einer Dekade werden seit CMIP5 vergangene Dekaden mit beobachteten Anfangswerten simuliert und diese mit historischen Simulationen verglichen, die nicht mit Beobachtungen initialisiert wurden. Bezüglich der Oberflächentemperatur verbessert diese Initialisierung die Vorhersagen insbesondere für den Nordatlantik, aber auch für verschiedene Landregionen Eurasiens. Die Vorhersagequalität für Niederschlag ist im Allgemeinen geringer, mit der Ausnahme der Sahelregion (Lee et al. 2021).

2.4.2 Projektionen des zukünftigen Klimas

Bei Projektionen des Klimas für das weitere 21. Jahrhundert schaut die Öffentlichkeit häufig auf die mittlere globale Oberflächentemperatur oder die eng verwandte global gemittelte bodennahe Lufttemperatur (◘ Abb. 2.3). ◘ Abb. 2.4 zeigt den Anstieg der Oberflächentemperatur nach den verschiedenen SSP-Szenarien bis Ende des 21. Jahrhunderts im Vergleich zum Mittel der Jahre 1850 bis 1900. Traditionell wurden in solchen Abbildungen Mittelwerte und Schwankungsbereiche aller CMIP-Modelle gezeigt, die die entsprechenden Projektionssimulationen durchgeführt

hatten. Die Abschätzung der zukünftigen Erwärmung wurde in AR6 zum ersten Mal durch eine Kombination der Modellsimulationen mit dem Wissen um die Repräsentation der historischen Erwärmung sowie der Klimasensitivität und transienten Klimaantwort der einzelnen Modelle bestimmt (Lee et al. 2021). Für Szenario SSP5-8.5 wird der Anstieg der oberflächennahen Lufttemperatur bis Ende des Jahrhunderts (2081–2100) gegenüber dem vorindustriellen Referenzzeitraum (1850–1900) mit 4,4 °C angegeben. „Sehr wahrscheinlich" (5 %- bis 95 %-Bereich) liegt der Wert zwischen 3,3 und 5,7 °C. Für das Niedrigemissionsszenario SSP1-1.9 liegt der entsprechende Bereich bei

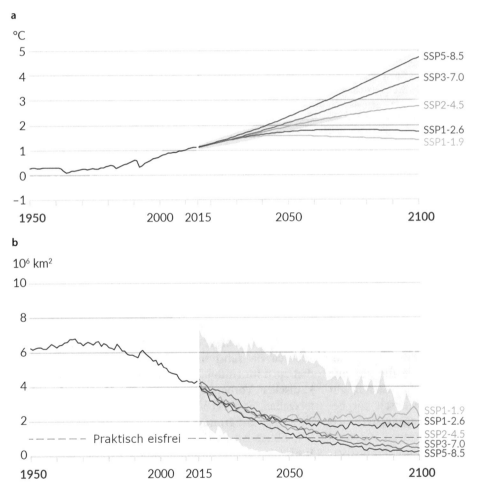

◘ **Abb. 2.4** Ausgewählte Indikatoren des globalen Klimawandels bei den fünf illustrativen Szenarien, die in IPCC (2021a) verwendet werden. Die Projektionen für jedes der fünf Szenarien sind in unterschiedlichen Farben dargestellt. Schattierungen stellen Unsicherheitsbereiche dar. Die schwarzen Kurven stellen die historischen Simulationen dar. Historische Werte sind in allen Grafiken enthalten, um den projizierten zukünftigen Änderungen Kontext zu geben. **a** Änderungen der globalen Oberflächentemperatur in °C gegenüber 1850–1900. Diese Änderungen wurden durch die Kombination von Modellsimulationen aus dem CMIP6-Projekt mit beobachtungsbasierten Eingrenzungen auf der Grundlage von simulierter vergangener Erwärmung sowie mit einer aktualisierten Bewertung der Klimasensitivität (s. Box SPM.1; IPCC, 2021c) ermittelt. Änderungen gegenüber 1850–1900 auf der Grundlage von 20-jährigen Mittelungszeiträumen werden berechnet, indem 0,85 °C (der beobachtete Anstieg der globalen Oberflächentemperatur von 1850–1900 bis 1995–2014) zu simulierten Änderungen gegenüber 1995–2014 addiert werden. „Sehr wahrscheinliche" Bandbreiten sind für SSP1-2.6 und SSP3-7.0 dargestellt. **b** Arktische Meereisfläche im September in 10^6 km² auf der Grundlage von CMIP6-Modellsimulationen. „Sehr wahrscheinliche" Bandbreiten sind für SSP1-2.6 und SSP3-7.0 dargestellt. Die Arktis wird laut Projektionen bei mittleren und hohen Treibhausgasemissionsszenarien etwa Mitte des Jahrhunderts praktisch eisfrei sein. (Nach Abb. SPM.8, Tafeln a und b, IPCC 2021c)

1,0 bis 1,8 °C. Die Bereiche liegen etwas niedriger als das CMIP6-Modellmittel, denn CMIP6 enthält einige Modelle, deren Klimasensitivität höher ist als im AR6 als „sehr wahrscheinlich" bewertet wird. In der nahen Zukunft (2021–2040) ist das Überschreiten des 1,5 °C-Ziels aus dem Pariser Klimaabkommen „sehr wahrscheinlich" in Szenario SSP5-8.5, „wahrscheinlich" in den Szenarien SSP2-4.5 und SSP3-7.0 und „wahrscheinlicher als nicht" (>50 %) in den Szenarien SSP1-2.6 und SSP1-1.9. Dabei sollte nicht vergessen werden, dass, wie oben für die bereits beobachtete Erwärmung diskutiert, auch in Zukunft über den Kontinentalregionen ein stärkerer Anstieg als im globalen Mittel zu erwarten ist (Referenz für alle Daten in diesem Abschnitt: Lee et al. 2021).

Wegen der langen Lebensdauer von Kohlendioxid und der Trägheit des Klimasystems hängt die Erwärmung der Erdoberfläche vor allem von den kumulativen, d. h. den über die Emissionshistorie angehäuften Gesamtemissionen ab (IPCC 2021b; ◘ Abb. 2.5). Wegen dieses Zusammenhangs lassen sich verbleibende Emissionsbudgets für das Erreichen bestimmter Erwärmungsziele bestimmen. So wird abgeschätzt, dass es eine 50 %-Chance gibt, das 1,5 °C-Ziel bzw. 2 °C-Ziel einzuhalten, wenn seit dem Beginn des Jahres 2020 insgesamt global nur noch 500 bzw. 1350 Mrd. t CO_2 ($GtCO_2$) emittiert werden (IPCC 2021b). Aktuell betragen die globalen Emissionen etwa 40 $GtCO_2$ pro Jahr. Daraus wird geschlossen, dass die Erwärmungsziele von 1,5 °C und 2 °C im Laufe des 21. Jahrhunderts überschritten werden, wenn es nicht in den nächsten Jahrzehnten zu einer drastischen Reduktion der Emissionen von CO_2 und anderer Treibhausgase kommt (IPCC 2021b).

Als weiteres Beispiel für einen häufig diskutierte Klimaparameter zeigt ◘ Abb. 2.4b den von den CMIP6-Modellen projizierten zukünftigen Rückgang des arktischen Meereises. Daraus ist abzuleiten, dass in den Szenarien SSP2-4.5, SSP3-7.0 und SSP5-8.5 die Arktis zum Ende des 21. Jahrhunderts im September praktisch eisfrei sein wird, je nach Szenario etwas früher oder später (Lee et al. 2021). In den Niedrigemissionsszenarien SSP1-2.6 und SSP1-1.9 wird zwar auch ein deutlicher Rückgang gegenüber dem aktuellen Zustand erwartet, aber die Wahrscheinlichkeit einer eisfreien Arktis ist deutlich geringer.

Bis Ende des 21. Jahrhunderts steigt der Abschätzung aus AR6 zufolge der Meeresspiegel global gemittelt „wahrscheinlich" um 0,33 bis 0,61 m in SSP1-2.6 und 0,63 bis 1,02 m in SSP5-8.5 verglichen mit der Zeit von 1995 bis 2014 (Fox-Kemper et al. 2021). Allerdings sind in dieser Projektion nur Prozesse berücksichtigt, in deren Kenntnis mindestens „mittleres Vertrauen" besteht, d. h. insbesondere die thermi-

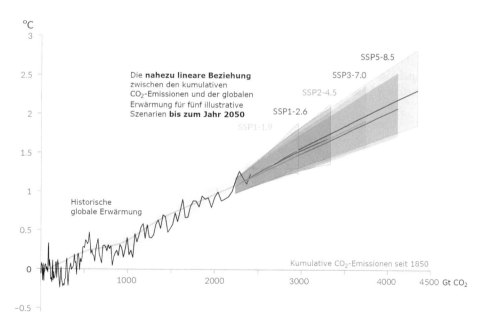

◘ **Abb. 2.5** Nahezu lineare Beziehung zwischen den kumulativen CO_2-Emissionen und dem Anstieg der globalen Oberflächentemperatur. Historische Daten (dünne schwarze Linie) zeigen den beobachteten Anstieg der globalen Oberflächentemperatur in °C seit 1850–1900 als Funktion der historischen kumulativen Kohlendioxidemissionen in Gt CO_2 von 1850–2019. Der graue Bereich mit seiner Mittellinie zeigt eine entsprechende Berechnung der historischen, vom Menschen verursachten Oberflächenerwärmung. Die farbigen Bereiche zeigen die bewertete „sehr wahrscheinliche" Bandbreite an Projektionen der globalen Oberflächentemperatur, und die dicken farbigen Mittellinien geben den Median als Funktion der kumulativen CO_2-Emissionen von 2020 bis zum Jahr 2050 für die verschiedenen illustrativen Szenarien (SSP1-1.9, SSP1-2.6, SSP2-4.5, SSP3-7.0 und SSP5-8.5, s. Abb. 2.2) an. Für die Projektionen werden die kumulativen CO_2-Emissionen des jeweiligen Szenarios verwendet, und die projizierte globale Erwärmung umfasst den Beitrag aller anthropogenen Antriebsfaktoren. (Nach Abb. SPM.10, obere Tafel, IPCC 2021c)

sche Ausdehnung des Wassers, Gletscherschmelze und einige Prozesse, die zur Schmelze der Eisschilde der Antarktis und Grönlands beitragen. Bezüglich dieser Eisschilde gibt es jedoch auch schlecht verstandene Prozesse, sodass ein deutlich stärkerer Meeresspiegelanstieg zwar nicht wahrscheinlich ist, aber auch nicht ausgeschlossen werden kann (Fox-Kemper et al. 2021). Bekannt ist, dass der Meeresspiegel nicht überall gleich ansteigt. Das liegt daran, dass sich Bodendruck und Ozeandynamik regional unterschiedlich ändern. Auch wirken sich Änderungen der Eisbedeckung auf der Erdoberfläche auf das Gravitationsfeld der Erde nicht überall gleich aus. Das heißt: Der Meeresspiegel steigt an einzelnen Küsten unterschiedlich stark.

Auch hinsichtlich der Entwicklung von Niederschlägen sagt der globale Wert wenig aus. Über globale Landmassen gemittelt steigt laut AR6 der Niederschlag von 2081 bis 2100 im Vergleich zur Periode 1995 bis 2014 im Szenario SSP1-1.9 um –0,2 bis 4,7 % und in Szenario SSP5-8.5 um 0,9 bis 12,9 % an (Lee et al. 2021). Regional kann es jedoch starke Unterschiede geben. Als Faustregel wird häufig *wet gets wetter, dry gets drier* (Held und Soden 2006) angegeben. Diese gilt näherungsweise auch für Europa: Während für den trockenen Mittelmeerraum weniger Niederschlag projiziert wird, soll es im nassen Skandinavien mehr Niederschlag geben. Detailliertere Untersuchungen des regionalen Klimawandels werden mit regionalen Modellen durchgeführt (▶ Kap. 4), die Ergebnisse der globalen Modelle als Randbedingungen nutzen. Im Zusammenhang mit dem AR6 hat der IPCC einen interaktiven Onlineatlas bereitgestellt in dem viele Informationen zu beobachteten und projizierten regionalen Klimaveränderungen abgerufen werden können (▶ https://inter-active-atlas.ipcc.ch).

2.5 Kurz gesagt

Computermodelle des Klimas sind die einzig verfügbaren Werkzeuge für belastbare Klimaprojektionen. Diese beschreiben mögliche Entwicklungen des Klimas unter der Annahme von Szenarien künftiger Emissionen von Treibhausgasen. Die im aktuellen Sachstandsbericht des IPCC (AR6) benutzten Szenarien beinhalten auch Niedrigemissionsszenarien, die massive Maßnahmen zur Eindämmung des Klimawandels bis hin zu negativen CO_2-Emissionen in der zweiten Hälfte des 21. Jahrhunderts voraussetzen würden. Die „besten Abschätzungen" des Anstiegs der global gemittelten bodennahen Temperatur bis zum Ende des 21. Jahrhunderts verglichen mit der Zeit von 1850 bis 1900 liegen laut AR6 je nach Szenario bei 1,4 bis 4,4 °C. Über den Kontinenten wird sich die Atmosphäre deutlich stärker erwärmen als über den Ozeanen. Daneben sind weitere spürbare Veränderungen des Klimas zu erwarten: So wird z. B. projiziert, dass der Meeresspiegel weiter ansteigt und das Meereis weiter zurückgeht.

Die Erwärmung ist bereits auf 1,1 °C im Vergleich zu vorindustriellen Zeiten angestiegen, d. h., wir sind von dem 1,5 °C-Ziel nicht mehr weit entfernt. Jedes der vergangenen vier Jahrzehnte war wiederum wärmer als jedes der vorangegangenen Jahrzehnte seit 1850. Die Erwärmungsrate in den fünfzig Jahren seit 1970 ist mindestens innerhalb der letzten 2000 Jahre beispiellos. Der AR6 zeigt auch, dass jeder weitere Anstieg der Erwärmung zu weiteren und schwerwiegenderen Auswirkungen des Klimawandels führt. Dies sind eindeutige Belege für die Dringlichkeit des Handelns. Es geht nun also darum, die Treibhausgasemissionen sofort, drastisch und nachhaltig zu reduzieren.

Literatur

Arrhenius S (1896) On the influence of carbonic acid in the air upon the temperature of the ground. The London, Edinburgh and Dublin Phil Mag J Sci 5:237–276

Bock L, Lauer A, Schlund M, Barreiro M, Bellouin N, Jones C, Meehl GA, Predoi V, Roberts MJ, Eyring, V (2020) Quantifying progress across different CMIP phases with the ESMValTool. J Geophys Res Atmos 125(21):e2019JD032321

Boden TA, Marland G, Andres RJ (2012) Global, regional and national fossil fuel CO_2-emissions. Carbon Dioxide Information Analysis Center, Oak Ridge National Laboratory, US Department of Energy, Oak Ridge

Bony S, Stevens B, Held IH, Mitchell F, Dufresne J-L, Emanuel KA, Friedlingstein P, Griffies S, Senior C (2013) Carbon dioxide and climate: perspectives on a scientific assessment. In: Climate Science for Serving Society. Springer, Netherlands, S 391–413

Budyko MI (1969) The effect of solar radiation variations on the climate of the earth. Tellus 21(5):611–619

Charney JG, Arakaw A, Baker DJ, Bolin B, Dickinson RE, Goody RM, Leith CE, Stommel HM, Wunsch CI (1979) Carbon Dioxide and Climate: a Scientific Assessment. National Academy of Sciences Press, Washington

Coppola E, Sobolowski S, Pichelli E, Raffaele F, Ahrens B, Anders I, Ban N, Bastin S, Belda M, Belusic D, Caldas-Alvarez A, Cardoso RM, Davolio S, Dobler A, Fernandez J, Fita L, Fumiere Q, Giorgi F, Goergen K, Güttler I, Halenka T, Heinzeller D, Hodnebrog Ø, Jacob D, Kartsios S, Katragkou E, Kendon E, Khodayar S, Kunstmann H, Knist S, Lavin-Gullon A, Lind P, Lorenz T, Maraun D, Marelle L, van Meijgaard E, Milovac J, Myhre G, Panitz H-J, Piazza M, Raffa M, Raub T, Rockel B, Schär C, Sieck K, Soares PMM, Somot S, Srnec L, Stocchi P, Tölle MH, Truhetz H, Vautard R, de Vries H, Warrach-Sagi K (2020) A first-of-its-kind multi-model convection permitting ensemble for investigating convective phenomena over Europe and the Mediterranean. Clim Dyn 55:3–34

Cubasch U, Wuebbles D, Chen D, Facchini MC, Frame D, Mahowald N, Winther J-G (2013) Introduction. In: Stocker TF, Qin D, Plattner G-K, Tignor M, Allen SK, Boschung J, Nauels A, Xia Y, Bex V, und Midgley PM (Hrsg) Climate Change 2013: The Physical Science Basis. Contribution of Working Group I to the Fifth Assessment Report of the Intergovernmental Panel on Climate Change, Cambridge University Press, Cambridge, United Kingdom

Eyring V, Arblaster JM, Cionni I, Sedlacek J, Perlwitz J, Young PJ, Bekki S, Bergmann D, Cameron-Smith P, Collins WJ, Faluvegi G, Gottschaldt K-D, Horowitz LW, Kinnison DE, Lamarque

J-F, Marsh DR, Saint-Martin D, Shindell DT, Sudo K, Szopa S, Watanabe S (2013) Long-term ozone changes and associated climate impacts in CMIP5 simulations. J Geophys Res Atmos 118

Eyring V, Bony S, Meehl GA, Senior CA, Stevens B, Stouffer RJ, Taylor KE (2016) Overview of the Coupled Model Intercomparison Project Phase 6 (CMIP6) experimental design and organization. Geosci Model Dev 9:1937–1958

Eyring V, Gillett NP, Achuta Rao KM, Barimalala R, Barreiro Parrillo M, Bellouin N, Cassou C, Durack PJ, Kosaka Y, McGregor S, S. Min S, Morgenstern O, Sun Y (2021a) Human Influence on the Climate System. In: Masson-Delmotte V, Zhai P, Pirani A, Connors SL, Péan C, Berger S, Caud N, Chen Y, Goldfarb L, Gomis MI, Huang M, Leitzell K, Lonnoy E, Matthews JBR, Maycock TK, Waterfield T, Yelekçi O, Yu R, und Zhou B (Hrsg) Climate Change 2021a: The Physical Science Basis. Contribution of Working Group I to the Sixth Assessment Report of the Intergovernmental Panel on Climate Change, Cambridge University Press, Cambridge, United Kingdom and New York, NY, USA, pp. 423–552. ▶ https://doi.org/10.1017/9781009157896.005.

Eyring V, Mishra V, Griffith G, Chen L, Keenan TF, Turetsky MR, Brown S, Jotzo F, Moore FC, van der Linden S (2021b) Reflections and projections on a decade of climate science. Nat Clim Chang 11:279–285

Fiedler S, Crueger T, D'Agostino R, Peters K, Becker T, Leutwyler D, Paccini L, Burdanowitz J, Buehler SA, Uribe Cortes A, Dauhut T, Dommenget D, Fraedrich K, Jungandreas L, Maher N, Naumann AK, Rugenstein M, Sakradzija M, Schmidt H, Sielmann F, Stephan C, Timmreck C, Zhu X, Stevens B (2020) Simulated tropical precipitation assessed across three major phases of the Coupled Model Intercomparison Project (CMIP). Mon Weather Rev 148(9):3653–3680

Flato G, Marotzke J, Abiodun B, Braconnot P, Chou SC, Collins W, Cox P, Driouech F, Emori S, Eyring V, Forest C, Gleckler P, Guilyardi E, Jakob C, Kattsov V, Reason C, Rummukainen M (2013) Evaluation of climate models. In: Stocker TF, Qin D, Plattner G-K, Tignor M, Allen SK, Boschung J, Nauels A, Xia Y, Bex V, Midgley PM (Hrsg) Climate Change 2013: The Physical Science Basis. Contribution of working group I to the fifth assessment report of the Intergovernmental Panel on Climate Change. Cambridge University Press, Cambridge, United Kingdom

Forster P, Storelvmo T, Armour K, Collins W, Dufresne JL, Frame D, Lunt DJ, Mauritsen T, Palmer MD, Watanabe M, Wild M, Zhang H (2021) The Earth's Energy Budget, Climate Feedbacks, and Climate Sensitivity. In: Masson-Delmotte V, Zhai P, Pirani A, Connors SL, Péan C, Berger S, Caud N, Chen Y, Goldfarb L, Gomis MI, Huang M, Leitzell K, Lonnoy E, Matthews JBR, Maycock TK, Waterfield T, Yelekçi O, Yu R, Zhou B (Hrsg) Climate Change 2021: The Physical Science Basis. Contribution of Working Group I to the Sixth Assessment Report of the Intergovernmental Panel on Climate Change, Cambridge University Press. In Press

Fox-Kemper B, Hewitt HT, Xiao C, Aðalgeirsdóttir G, Drijfhout SS, Edwards TL, Golledge NR, Hemer M, Kopp RE, Krinner G, Mix A, Notz D, Nowicki S, Nurhati IS, Ruiz L, Sallée J-B, Slangen ABA, Yu Y (2021) Ocean, Cryosphere and Sea Level Change. In: Masson-Delmotte V, Zhai P, Pirani A, Connors SL, Péan C, Berger S, Caud N, Chen Y, Goldfarb L, Gomis MI, Huang M, Leitzell K, Lonnoy E, Matthews JBR, Maycock TK, Waterfield T, Yelekçi O, Yu R, Zhou B (Hrsg) Climate Change 2021: The Physical Science Basis. Contribution of Working Group I to the Sixth Assessment Report of the Intergovernmental Panel on Climate Change, Cambridge University Press. In Press

Friedlingstein P, Meinshausen M, Arora VK, Jones CD, Anav A, Liddicoat SK, Knutti R (2014) Uncertainties in CMIP5 climate projections due to carbon cycle feedbacks. J Climate 27:511–526

Gentine P, Pritchard M, Rasp S, Reinaudi YG (2018) Could Machine Learning Break the Convection Parameterization Deadlock? Geophys Res Lett 45:5742–5751

Hedemann, C., Mauritsen, T., Jungclaus, J., & Marotzke, J. (2017). The subtle origins of surface-warming hiatuses. Nature Climate Change 7(5):336–339.

Held IM, Soden BJ (2006) Robust responses of the hydrological cycle to global warming. J Climate 19:5686–5699

IPCC (2007) Solomon S, Qin D, Manning M, Chen Z, Marquis M, Averyt KB, Tignor M, Miller HL (Hrsg) Contribution of Working Group I to the Fourth Assessment Report of the Intergovernmental Panel on Climate Change, Cambridge University Press, Cambridge, United Kingdom

IPCC (2013a) Stocker TF, Qin D, Plattner G-K, Tignor M, Allen SK, Boschung J, Nauels A, Xia Y, Bex V, Midgley PM (Hrsg) Climate Change 2013a: The physical science basis. Contribution of Working Group I to the Fifth Assessment Report of the Intergovernmental Panel on Climate Change. Cambridge University Press, Cambridge, United Kingdom

IPCC (2013b) Summary for policymakers. In: Stocker TF, Qin D, Plattner G-K, Tignor M, Allen SK, Boschung J, Nauels A, Xia Y, Bex V, Midgley PM (Hrsg) Climate Change 2013b: The physical science basis. Contribution of Working Group I to the Fifth Assessment Report of the Intergovernmental Panel on Climate Change. Cambridge University Press, Cambridge, United Kingdom

IPCC (2018) Summary for Policymakers. In: Masson-Delmotte V, Zhai P, Pörtner HO, Roberts D, Skea J, Shukla PR, Pirani A, Moufouma-Okia W, Péan C, Pidcock R, Connors S, Matthews JBR, Chen Y, Zhou X, Gomis MI, Lonnoy E, Maycock T, Tignor M, Waterfield T (Hrsg) Global Warming of 1.5°C. An IPCC Special Report on the impacts of global warming of 1.5°C above pre-industrial levels and related global greenhouse gas emission pathways, in the context of strengthening the global response to the threat of climate change, sustainable development, and efforts to eradicate poverty, World Meteorological Organization, Geneva, Switzerland, S 32

IPCC (2021a) Masson-Delmotte V, Zhai P, Pirani A, Connors SL, Péan C, Berger S, Caud N, Chen Y, Goldfarb L, Gomis MI, Huang M, Leitzell K, Lonnoy E, Matthews JBR, Maycock TK, Waterfield T, Yelekçi O, Yu R, Zhou B (Hrsg) Climate Change 2021a: The Physical Science Basis. Contribution of Working Group I to the Sixth Assessment Report of the Intergovernmental Panel on Climate Change, Cambridge University Press

IPCC (2021b) Summary for Policymakers. In: Masson-Delmotte V, Zhai P, Pirani A, Connors SL, Péan C, Berger S, Caud N, Chen Y, Goldfarb L, Gomis MI, Huang M, Leitzell K, Lonnoy E, Matthews JBR, Maycock TK, Waterfield T, Yelekçi O, Yu R, Zhou B (Hrsg) Climate Change 2021b: The Physical Science Basis. Contribution of Working Group I to the Sixth Assessment Report of the Intergovernmental Panel on Climate Change, Cambridge University Press

IPCC (2021c) Zusammenfassung für die politische Entscheidungsfindung. In: Masson-Delmotte V, Zhai P, Pirani A, Connors SL, Péan C, Berger S, Caud N, Chen Y, Goldfarb L, Gomis MI, Huang M, Leitzell K, Lonnoy E, Matthews JBR, Maycock TK, Waterfield T, Yelekçi O, Yu R, Zhou B (Hrsg) Naturwissenschaftliche Grundlagen. Beitrag von Arbeitsgruppe I zum Sechsten Sachstandsbericht des Zwischenstaatlichen Ausschusses für Klimaänderungen. Deutsche Übersetzung auf Basis der Druckvorlage, Oktober 2021c. Deutsche IPCC-Koordinierungsstelle, Bonn; Akademie der Naturwissenschaften Schweiz SCNAT, ProClim, Bern; Bundesministerium für Klimaschutz, Umwelt, Energie, Mobilität, Innovation und Technologie, Wien, Januar 2022

Jöckel P, Tost H, Pozzer A, Kunze M, Kirner O, Brenninkmeijer CAM, Brinkop S, Cai DS, Dyroff C, Eckstein J, Frank F, Garny H, Gottschaldt K-D, Graf P, Grewe V, Kerkweg A, Kern B, Matthes S, Mertens M, Meul S, Neumaier M, Nützel M, Oberländer-Hayn S, Ruhnke R, Runde T, Sander R, Scharffe D, Zahn A (2016) Earth System Chemistry integrated Modelling (ESCiMo) with the Modular Earth Submodel System (MESSy) version 2.51. Geosci Model Dev 9:1153–1200

Kadow C, Hall DM, Ulbrich U (2020) Artificial intelligence reconstructs missing climate information. Nat Geosci 13(6):408–413

Lacis AA, Schmidt GA, Rind D, Ruedy RA (2010) Atmospheric CO_2: Principal control knob governing earth's temperature. Science 330(6002):356–359

Lee JY, Marotzke J, Bala G, Cao L, Corti S, Dunne JP, Engelbrecht F, Fischer E, Fyfe JC, Jones C, Maycock A, Mutemi J, Ndiaye O, Panickal S, Zhou T (2021) Future Global Climate: Scenario-Based Projections and Near-Term Information. In: Masson-Delmotte V, Zhai P, Pirani A, Connors SL, Péan C, Berger S, Caud N, Chen Y, Goldfarb L, Gomis MI, Huang M, Leitzell K, Lonnoy E, Matthews JBR, Maycock TK, Waterfield T, Yelekçi O, Yu R, Zhou B (Hrsg) Climate Change 2021: The Physical Science Basis. Contribution of Working Group I to the Sixth Assessment Report of the Intergovernmental Panel on Climate Change, Cambridge University Press.

Manabe S, Bryan K (1969) Climate calculations with a combined ocean-atmosphere model. J Atmos Sci 26:786–789

Manabe S, Möller F (1961) On the radiative equilibrium and heat balance of the atmosphere. Mon Weather Rev 31:118–133

Manabe S, Wetherald RT (1967) Thermal equilibrium of the atmosphere with a given distribution of relative humidity. J Atmos Sci 24:241–259

Mauritsen T, Bader J, Becker T, Behrens J, Bittner M, Brokopf R, Brovkin V, Claussen M, Crueger T, Esch M, Fast I, Fiedler S, Fläschner D, Gayler V, Giorgetta M, Goll DS, Haak H, Hagemann S, Hedemann C, Hohenegger C, Ilyina T, Jahns T, Jiménéz-de-la-Cuesta D, Jungclaus J, Kleinen T, SKloster S, Kracher D, Kinne S, Kleberg D, Lasslop G, Kornblueh L, Marotzke J, Matei D, Meraner K, Mikolajewicz U, Modali K, Möbis B, Müller WA, Nabel JEMS, Nam CCW, Notz D, Nyawira S-S, Paulsen H, Peters K, Pincus R, Pohlmann H, Pongratz J, Popp M, Raddatz TJ, Rast S, Redler R, Reick CH, Rohrschneider T, Schemann V, Schmidt H, Schnur R, Schulzweida U, Six KD, Stein L, Stemmler I, Stevens B, von Storch J-S, Tian F, Voigt A, Vrese P, Wieners K-H, Wilkenskjeld S, Winkler, Roeckner E (2019). Developments in the MPI-M Earth System Model version 1.2 (MPI-ESM1. 2) and its response to increasing CO_2. J Adv Model Earth Syst 11(4):998–103

Maher N, Milinski S, Suarez-Gutierrez L, Botzet M, Dobrynin M, Kornblueh L, Kröger J, Takano Y, Ghosh R, Hedemann C, Li C, Li H, Manzini E, Notz D, Putrasahan D, Boysen L, Claussen M, Ilyina T, Olonscheck D, Raddatz T, Stevens B, Marotzke J (2019) The Max Planck institute grand ensemble: Enabling the exploration of climate system variability. J Adv Model Earth Syst 11(7):2050–2069

Nakicenovic N, Swart R (2000) IPCC Special report on emissions scenarios. Cambridge University Press, Cambridge, S 612

Phillips NA (1956) The General Circulation of the Atmosphere: A Numerical Experiment. Q J R Meteorol Soc 82:123–164

Reichstein M, Camps-Valls G, Stevens B, Jung M, Denzler J, Carvalhais N, Prabhat, (2019) Deep learning and process understanding for data-driven Earth system science. Nature 566:195–204

Riahi K, van Vuuren DP, Kriegler E, Edmonds J, O'Neill B, Fujimori S, Bauer N, Calvin K, Dellink R, Fricko O, WolfgangLutz W, Popp A, Crespo Cuaresma J, Samir KC, Leimbach M, Jiang L, TomKram T, Rao S, Emmerling J, Ebi K, Hasegawa T, Havlik P, Humpenöder F, Da Silva LA, Smith S, Stehfest E, Bosetti V, Eom J, Gernaat D, Masui T, RogeljJ JJ, Drouet L, Krey V, Luderer G, Harmsen M, Takahashi K, Baumstark L, Doelman JC, Kainuma M, Klimont Z, Marangoni G, Lotze-Campen H, Obersteiner M, Tabeau A, Tavoni M (2017) The shared socioeconomic pathways and their energy, land use, and greenhouse gas emissions implications: An overview. Glob Environ Chang 42:153–168

Satoh M, Stevens B, Judt F, Khairoutdinov M, Lin SJ, Putman WM, Düben P (2019) Global cloud-resolving models. Curr Clim Change Rep 5(3):172–184

Sellers WD (1969) A global climatic model based on the energy balance of the earth-atmosphere system. J Appl Meteorol 8(3):392–400

Semmler T, Danilov S, Gierz P, Goessling HF, Hegewald J, Hinrichs C, Koldunov N, Khosravi N, Mu L, Rackow T, Sein DV, Sidorenko D, Wang Q, Jung T (2020). Simulations for CMIP6 with the AWI climate model AWI-CM-1-1. J Adv Model Earth Syst 12(9):e2019MS002009

Seneviratne SI, Zhang X, Adnan M, Badi W, Dereczynski C, Di Luca A, Ghosh S, Iskandar I, Kossin J, Lewis S, Otto F, Pinto I, Satoh M, Vicente-Serrano SM, Wehner M, Zhou B (2021) Weather and Climate Extreme Events in a Changing Climate. In: Masson-Delmotte V, Zhai P, Pirani A, Connors SL, Péan C, Berger S, Caud N, Chen Y, Goldfarb L, Gomis MI, Huang M, Leitzell K, Lonnoy E, Matthews JBR, Maycock TK, Waterfield T, Yelekçi O, Yu R, Zhou B (Hrsg) Climate Change 2021: The Physical Science Basis. Contribution of Working Group I to the Sixth Assessment Report of the Intergovernmental Panel on Climate Change, Cambridge University Press. In Press

Sherwood SC, Webb MJ, Annan JD, Armour KC, Forster PM, Hargreaves JC, Hegerl G, Klein SA, KMarvel KD, Rohling EJ, Watanabe M, Andrews T, Braconnot P, Bretherton CS, Foster GL, Hausfather Z, von der Heydt AS, Knutti R, Mauritsen T, Norris JR, Proistosescu C, Rugenstein M, Schmidt GA, Tokarska KB, Zelinka MD (2020) An assessment of Earth's climate sensitivity using multiple lines of evidence. Rev Geophys 58(4): e2019RG000678

Stevens B, Giorgetta M, Esch M, Mauritsen T, Crueger T, Rast S, Salzmann M, Schmidt H, Bader J, Block K, Brokopf R, Fast I, Kinne S, Kornblueh L, Lohmann U, Pincus R, Reichler T, Roeckner E (2013) Atmospheric component of the MPI-M Earth System Model:ECHAM6. James 5: 146–172. ▶ https://doi.org/10.1002/jame.20015

Taylor KE, Stouffer RJ, Meehl GA (2012) An Overview of CMIP5 and the experiment design. Bull Amer Meteor Soc 93:485–549

Van Vuuren DP, Edmonds J, Kainuma M, Riahi K, Thomson A, Hibbard K, Hurtt GC, Kram T, Krey V, Lamarque J-F, Masui T, Meinshausen M, Nakicenovic N, Smith SJ, Rose SK (2011) The representative concentration pathways: an overview. Clim Change 109:5–31

Beobachtung von Klima und Klimawandel in Mitteleuropa und Deutschland

Frank Kaspar und Hermann Mächel

Inhaltsverzeichnis

3.1 Beobachtung des Klimawandels in Deutschland – 20
3.1.1 Geschichte der Wetterbeobachtung in Deutschland – 20
3.1.2 Das aktuelle Stationsmessnetz in Deutschland – 21
3.1.3 Die Beobachtung wichtiger Klimavariablen im Einzelnen – 22
3.1.4 Die beobachteten Klimatrends in Deutschland und den
Bundesländern – 23

3.2 Datensätze für Europa und Deutschland – 25
3.2.1 Europäische Stationsdaten – 25
3.2.2 Gerasterte Datensätze – 26
3.2.3 Modellbasierte Reanalysen – 27

3.3 Kurz gesagt – 28

Literatur – 28

© Der/die Autor(en) 2023
G. P. Brasseur et al. (Hrsg.), *Klimawandel in Deutschland*,
https://doi.org/10.1007/978-3-662-66696-8_3

3

Der weltweite Klimawandel wirkt sich regional unterschiedlich aus. Klimadaten mit größerer räumlicher Auflösung als bei globalen Betrachtungen (▸ Kap. 2) erlauben es, Klimaänderungen in Mitteleuropa und Deutschland genau zu beschreiben. Für Deutschland und die Nachbarländer gibt es viele regionale Beobachtungsdaten, sodass sich das hiesige Klima des vergangenen Jahrhunderts gut beschreiben lässt. Diese Datenbasis erlaubt auch eine Qualitätseinschätzung von Klimamodellen und Klimasimulationen auf der regionalen Skala (▸ Kap. 4), da sich die simulierten Ergebnisse mit den Beobachtungen vergleichen lassen. Zur Überprüfung von regionalen Klimamodellen werden häufig atmosphärische, bodennahe Variable herangezogen, insbesondere Temperatur und Niederschlag, da von diesen direkte Auswirkungen auf die Gesellschaft ausgehen.

Die Entwicklung der Wetterbeobachtung ist eng mit der Geschichte der Wetterdienste verknüpft. Heute beobachtet der Deutsche Wetterdienst (DWD) das Wetter systematisch und international abgestimmt. Neben den Beobachtungsdaten der Wetterstationen kommen zur Bewertung der Klimamodelle häufig aufbereitete Daten zum Einsatz, die, ausgehend von den Beobachtungen, auf ein regelmäßiges räumliches Gitter umgerechnet werden.

International strebt das *Global Climate Observing System* (Karl et al. 2010) ein langfristiges Beobachtungssystem an. Dafür wurde eine Liste „essenzieller Klimavariablen" definiert (▸ https://gcos.wmo.int/en/essential-climate-variables/table): Diese derzeit 54 Kenngrößen der Atmosphäre, des Ozeans und der Landoberfläche dienen einer ausführlichen Beschreibung des gesamten Klimasystems und machen eine systematische langfristige Beobachtung möglich. Auch deutsche Institutionen leisten dazu umfangreiche Beiträge (Deutscher Wetterdienst 2023).

Seit einigen Jahrzehnten stehen auch Satellitendaten zur Verfügung. Aus ihnen lassen sich Datensätze verschiedener Klimavariablen erstellen. Dabei ist aber zu berücksichtigen, dass die (frühen) Satelliteninstrumente nicht für diesen Zweck entwickelt wurden und daher zunächst die methodische Einheitlichkeit der Daten sichergestellt werden muss. Einige Projekte arbeiten an satellitenbasierten Datensätzen verschiedener essenzieller Klimavariablen. So bearbeitet beispielsweise die *Climate Change Initiative* der Europäischen Weltraumorganisation ESA Datensätze von inzwischen 21 Klimavariablen (Hollmann et al. 2013; Popp et al. 2020)[1]. Der europäische Copernicus-Klimawandeldienst (C3S) ermöglicht eine routinemäßige Fortsetzung und zentrale Bereitstellung solcher satellitenbasierten Klimadatensätze. Des Weiteren erstellt die Europäische Organisation für die Nutzung meteorologischer Satelliten EUMETSAT im Rahmen ihrer *Satellite Application Facility on Climate Monitoring* (CM SAF) satellitenbasierte klimatologische Datensätze zu Landoberflächentemperatur, Strahlung, Wasserdampf, Niederschlag und Bewölkung (s, z. B. Karlsson et al. 2017). Zusätzlich zu den traditionellen Beobachtungen und Satellitendaten liefern in letzter Zeit auch Wetterradare Aufzeichnungen.

Die gesamten zur Verfügung stehenden Daten erlauben Beschreibungen der Vorgänge in der Erdatmosphäre auf unterschiedlichen Zeitskalen, vom täglichen Wetter bis zur Klimaentwicklung über Jahrzehnte. Unter dem Begriff „Klima" versteht die Wissenschaft die statistische Beschreibung der relevanten Klimaelemente. Dabei muss ein ausreichend langer Zeitraum zur Verfügung stehen, sodass sich die statistischen Eigenschaften der Erdatmosphäre hinreichend genau charakterisieren lassen. Gemäß den Empfehlungen der Weltorganisation für Meteorologie (WMO 1959) werden daher bei der Berechnung von Klimavariablen üblicherweise drei aufeinanderfolgende Jahrzehnte verwendet, in der Vergangenheit überwiegend der Zeitraum 1961 bis 1990. Aufgrund der Klimaerwärmung ist die Zeit von 1961 bis 1990 allerdings nicht mehr repräsentativ für das derzeitige Klima (Scherrer et al. 2006). Für Anwendungen, die eine statistische Beschreibung des aktuellen Klimas benötigen, wird daher die Verwendung des jeweils aktuellsten Zeitraums empfohlen, d. h. des jüngsten 30-Jahres-Zeitraums, der mit einem Jahr mit einer Null am Schluss endet (WMO 2017). Viele Wetterdienste erstellen daher derzeit Auswertungen für den Vergleichszeitraum 1991 bis 2020 (Kaspar et al. 2021). Für die Bewertung von Klimaänderungen ist aber weiterhin der ursprüngliche Referenzzeitraum (also 1961–1990) angemessen und wird durch die WMO für diesen Zweck nach wie vor empfohlen (WMO 2017).

3.1 Beobachtung des Klimawandels in Deutschland

3.1.1 Geschichte der Wetterbeobachtung in Deutschland

Seit jeher fasziniert das Wetter die Menschen und sie versuchten, ihre Beobachtungen in Bild und Wort festzuhalten – vor allem bei außergewöhnlichen Ereignissen. Doch erst mit der Erfindung von Messinstrumenten begann die objektive Wetteraufzeichnung (Schneider-Carius 1955; ◘ Tab. 3.1). Im Jahr 1781 gründete sich in Mannheim die Pfälzische Meteorologische Gesellschaft *Societas Meteorologica Palatina*. Sie baute in Europa 39 Messstationen auf, 12 davon in Deutschland (Wege 2002) –

---

1 ▸ https://climatemonitoring.info/ecvinventory/

◻ **Tab. 3.1** Wichtige Schritte auf dem Weg zur systematischen Klimabeobachtung

Erfindung des Barometers und Alkoholthermometers	1643/1654
Erste Klimaaufzeichnungen in Deutschland: individuelle, zum Teil unregelmäßige Beobachtungen	1700
Erstes europaweites, meteorologisches Messnetz von der *Societas Meteorologica Palatina* in Mannheim	1781–1792
Gründung staatlicher Wetterdienste	ab 1848
Gründung der Internationalen Meteorologieorganisation IMO, dadurch zunehmend Vereinheitlichung der Beobachtungen	1873
Deutsche Seewarte veröffentlicht täglich Bodenwetterkarten von Zentraleuropa und dem Atlantik, telegrafische Verbreitung von Wettermeldungen	1876
Aufbau eines dichten Niederschlagsmessnetzes in Deutschland mit einheitlichen Messgeräten	1880
Deutschlandweiter Wetterdienst, der die Beobachtungen weiter vereinheitlicht	1934
Gründung der Weltorganisation für Meteorologie (*World Meteorological Organization*, WMO)	1950
Automatisierung des Messnetzes des Deutschen Wetterdienstes	ab 1995

alle mit den gleichen, geeichten Messinstrumenten, einer Anleitung sowie einheitlichen Formularen und Wettersymbolen. Die Messungen von Temperatur, Feuchte, Luftdruck, Sonnenschein und Niederschlag sowie die Schätzung von Bewölkung und Wind erfolgten dreimal täglich. Aus Geldmangel stellte diese Institution nach ein paar Jahren ihre Aktivitäten ein. Einige Messungen wurden aber eigenständig weitergeführt (Winkler 2006).

Es dauerte noch mehr als 50 Jahre, bis auf Initiative von Alexander von Humboldt 1848 der erste staatliche Wetterdienst in Preußen entstand (Hellmann 1887). Danach gründeten weitere Königreiche und Herzogtümer in Deutschland ihre eigenen Wetterdienste (Hellmann 1883). Allerdings formulierten die Wetterdienste erst im Laufe der Zeit auf Basis systematischer Untersuchungen die Anforderungen an die Beobachtungen und verbreiteten sie in den Beobachtungsanleitungen. Weitere Verbesserungen gingen mit der Schulung der Laienbeobachter und -beobachterinnen, einer repräsentativeren Auswahl der Beobachtungsstandorte und der technischen Entwicklung im Instrumentenbau einher.

Von Anfang an stützten sich die Wetterdienste auf Privatpersonen oder Institutionen, die schon vorher meteorologische Messungen durchgeführt hatten.

Bedingt durch den zunehmenden Flugverkehr entstanden nach dem ersten Weltkrieg Flugwetterwarten mit Berufsbeobachtern. Auch wurde es für die Wettervorhersagen immer wichtiger, das Wetter an vielen Standorten gleichzeitig zu beobachten. Daher wurden Wetterwarten eingerichtet, die rund um die Uhr mit professionellem Personal besetzt waren. Nebenbei schulten diese Profis die Laien ihres Kreises. Viele von ihnen hielten das tägliche Messen jedoch nicht lange durch, was häufig zu Stationsverlegungen und mehrmonatigen Lücken in den Messreihen führte. An fast allen Standorten gab es 1945 bei den Beobachtungen Unterbrechungen von Tagen bis zu mehreren Jahren (Mächel und Kapala 2013).

3.1.2 Das aktuelle Stationsmessnetz in Deutschland

Heute ist die Wetterbeobachtung durch einen gesetzlichen Auftrag geregelt: Der Deutsche Wetterdienst soll meteorologische Prozesse, Struktur und Zusammensetzung der Atmosphäre kurzfristig und langfristig erfassen, überwachen und bewerten. Dafür betreibt er ein Messnetz, archiviert die Beobachtungen, prüft deren Qualität und wertet sie aus (Deutscher Wetterdienst 2013). Zusammen mit den Beobachtungen der Vorgängerorganisationen ermöglichen diese Daten Aussagen darüber, wie sich das Klima in Deutschland entwickelt. Genug Daten für regionale Auswertungen liegen seit etwa 1881 vor (Kaspar et al. 2013). Der DWD ergänzt die elektronischen Datenkollektive ständig – auch durch die Digitalisierung historischer täglicher Klimaaufzeichnungen aus Papierarchiven (Kaspar et al. 2015; Mächel et al. 2009; Brienen et al. 2013).

Kernstück des DWD-Messnetzes sind 181 hauptamtlich betriebene Wetterwarten und -stationen (Stand 01.01.2021). Der Geoinformationsdienst der Bundeswehr betreibt 25 weitere in das Netz integrierte Bodenwetterstationen. Darüber hinaus betreuen ehrenamtliche Kräfte 1737 Mess- und Beobachtungsstationen. Wetterradare gibt es an 19 Standorten, mit denen eine flächendeckende Niederschlagserfassung über Deutschland möglich ist. Messungen mit Radiosonden werden an neun Stationen durchgeführt. Außerdem betreibt der DWD ein Netz mit 1098 phänologischen Beobachtungsstellen, an denen überwiegend Ehrenamtliche das Auftreten von Wachstumsphasen ausgewählter Pflanzenarten dokumentieren (Kaspar et al. 2014). Ein Großteil der Beobachtungsdaten wurde aufgrund neuer gesetzlicher Rahmenbedingungen während der letzten Jahre frei zugänglich gemacht und steht auf einem Open-Data-Server zur

3

Verfügung[2] sowie auszugsweise über ein interaktives Datenportal[3] (Kaspar et al. 2019) und über Schnittstellen, die eine direkte technische Einbindung in andere Systeme ermöglichen[4].

Neben dem DWD messen auch andere Institutionen und Privatpersonen verschiedene Klimavariablen. Diese Daten fließen aber nur zu einem geringen Teil in die Datenbank des DWD oder in andere internationale Datensätze ein, weil sie oft nicht repräsentativ sind, die Anforderungen an das Messprogramm und die Dauerhaftigkeit des Betriebs nicht erfüllen oder datenpolitische Aspekte im Wege stehen.

Ein wichtiger Aspekt bei der Auswertung längerfristiger Trends ist die Homogenität der Messreihen. Veränderungen in den Messbedingungen können Messreihen inhomogen machen. Es treten dann Sprünge auf, die nicht auf tatsächliche Klimaveränderungen zurückzuführen sind. Abhängig vom Messprinzip können die Ursachen der Inhomogenitäten sehr unterschiedlich sein. An Klimareferenzstationen wurden Vergleichsmessungen von automatischen und manuellen Messungen durchgeführt, um die Auswirkungen der Automatisierung des Messnetzes zu analysieren (Kaspar et al. 2016; Hannak und Brinckmann 2020). Der folgende Abschnitt diskutiert Einzelheiten der wichtigsten Parameter.

3.1.3 Die Beobachtung wichtiger Klimavariablen im Einzelnen

- **Temperatur**

Seit 60 Jahren wird an mehr als 500 Stationen die Temperatur gemessen, typischerweise in einer Messhöhe von zwei Metern. Zuvor war das Netz weniger dicht (Kaspar et al. 2015). Für die Zeit bis zum Zweiten Weltkrieg gibt es teilweise nur Monatswerte, viele Tageswerte gingen verloren. Weiter zurück (bis 1881) liegen Monatswerte von mehr als 130 Stationen digitalisiert vor. Noch ältere Messreihen gibt es nur wenige, die zudem aufgrund verschiedener Messverfahren und Beobachtungsprogramme meist inhomogen sind. Die längste dieser Reihen aus Berlin reicht bis 1719 zurück (Cubasch und Kadow 2011). Müller-Westermeier (2004) kommt bei der Untersuchung von Messreihen mit einer Dauer von mehr als 80 Jahren zu dem Ergebnis, dass die Mehrheit der Reihen eine oder mehrere Inhomogenität(en) aufweist. Diese betrugen bis zu 1,7 °C, wobei am häufigsten Inhomogenitäten von 0,2 °C auftraten, in den meisten Fällen verursacht durch Stationsverlegungen. Ein weiterer wichtiger Faktor sind Veränderungen beim Strahlungsschutz der Messgeräte.

Zwischen 1995 und 2005 lösten elektrische Thermometer die visuell abzulesenden Quecksilberthermometer und Registriergeräte auf Bimetallbasis an den meisten Stationen ab. An ausgewählten Stationen konnten Parallelmessungen mit analogen Thermometern zeigen, dass die Automatisierung keine systematischen Brüche in den Zeitreihen verursacht (Kaspar et al. 2016). An allen Stationen mit Temperaturmessungen wird auch Luftfeuchte gemessen.

- **Niederschlag**

Das DWD-Niederschlagsmessnetz besteht derzeit aus 1869 Messstellen. Seit etwa 70 Jahren liegen Tageswerte in hoher räumlicher Dichte vor, die in früheren Jahrzehnten teilweise aber noch deutlich höher war als heute. Von 1969 bis 2000 gab es mehr als 4000 Stationen. Monatswerte gibt es für die vergangenen 100 Jahre von mehr als 2000 Stationen und zurück bis 1881 liegt noch ein Netz von mehreren 100 Stationen vor. Noch ältere Messreihen basieren auf sehr verschiedenen Messverfahren. Die längste durchgehende Niederschlagsreihe in Deutschland besitzt die Station Aachen, die seit 1844 in Betrieb ist. Müller-Westermeier (2004) fand bei der Untersuchung von 505 Niederschlagsmessreihen mit einer Dauer von mindestens 80 Jahren weniger Inhomogenitäten als im Fall der Temperatur, was aber auch durch die schwierigere Identifikation der Inhomogenitäten aufgrund der hohen Variabilität des Niederschlags bedingt ist. Die Inhomogenitäten lagen im Bereich von -30 bis $+40\,\%$ und sind in den meisten Fällen (61 %) durch Stationsverlagerungen verursacht.

Seit etwa 1995 wird die Niederschlagsmessung zunehmend auf digitale Messsysteme umgestellt. Für diese Stationen liegen die Messungen zeitnah und in hoher zeitlicher Auflösung bis hin zu Minuten vor. Zusätzlich können auch Wetterradare Niederschlag erfassen. Für Deutschland besteht seit ca. dem Jahr 2000 ein flächendeckendes Radarmessnetz mit derzeit 17 operationell betriebenen Radarsystemen (Winterrath et al. 2017). Durch Aneichung an Bodenniederschlagsstationen lassen sich flächendeckend, räumlich und zeitlich hoch aufgelöst Niederschlagsmengen ableiten. Die nachträgliche Reprozessierung der Daten mit verbesserten Verfahren der Qualitätsprüfung liefert Datensätze, die auch für klimatologische Anwendungen geeignet sind (Winterrath et al. 2017; Lengfeld et al. 2019, 2020).

- **Schneehöhe**

An den Niederschlagsstationen wird auch die Gesamtschneehöhe gemessen. In Bayern begannen diese Messungen bereits 1887, in den nördlichen Teilen Deutschlands erst gegen Ende der 1920er-Jahre. Ab etwa 1951 sind ausreichend digitale Schneehöhenangaben für ganz Deutschland vorhanden, obwohl diese an den

---

2   ▶ https://opendata.dwd.de/climate_environment/CDC/

3   ▶ https://cdc.dwd.de/portal.

4   ▶ https://cdc.dwd.de/geoserver/

Niederschlagsstationen in den alten Bundesländern erst ab 1979 vollständig digitalisiert vorliegen. Für die Zeit vor 1979 sind in den alten Bundesländern die Schneehöhen für die Klimastationen und einige nachträglich digitalisierte Niederschlagsstationen vorhanden. Mit der Automatisierung der Stationen ersetzten Schneehöhensensoren die manuellen Messungen.

- **Luftdruck**

205 Messstellen erfassen derzeit den Luftdruck. Vor 1950 gab es weniger Stationen und vor etwa 1930 nur einzelne Messreihen, die oft aufgrund verschiedener Messverfahren und Beobachtungsprogramme inhomogen sind. Die Messreihe des Observatoriums am Hohenpeißenberg begann 1781. Zwischen 1995 und 2005 ersetzten digitale Geräte weitgehend die Quecksilber- und Dosenbarometer – ohne wesentliche Inhomogenitäten in den Zeitreihen.

- **Wind**

300 Stationen, die auch schon über die letzten Jahrzehnte in Betrieb waren, messen derzeit Windgeschwindigkeit und -richtung. Dazu kommen Windschätzungen von den nebenamtlich betriebenen Stationen. Vor 1950 gab es nur einzelne Messreihen. Zeitreihen von Windschätzungen gehen teilweise bis ins 19. Jahrhundert zurück, sind aber wegen unterschiedlicher Mess- und Auswertemethoden nur bedingt für längerfristige Auswertungen nutzbar. Als Alternative in vielen Anwendungsfällen haben sich hier globale und regionale Reanalysen etabliert (Kaspar et al. 2020b), die auch Informationen oberhalb der typischen Stationsmesshöhe von 10 m liefern.

- **Sonnenscheindauer**

Wie lange die Sonne scheint, erfassen seit ca. 70 Jahren rund 300 Stationen. Davor gab es nur einzelne, häufig inhomogene Messreihen. Ursprünglich wurden die Messungen auf der Basis des Brennglaseffekts durchgeführt, visuell ausgewertet und stündlich dokumentiert. Zwischen 1995 und 2005 stellte der Wetterdienst das Messnetz weitgehend auf automatische Messgeräte um, die mit hoher zeitlicher Auflösung arbeiten. Aufgrund des grundsätzlich anderen Messprinzips sind hier stärkere Inhomogenitäten durch die Automatisierung festgestellt worden als bei anderen Größen (Hannak et al. 2019). Sonnenscheindauer lässt sich auch unter Verwendung von Satellitendaten ableiten (z. B. Kothe et al. 2017).

- **Wolken**

Traditionell wurden Wolkenart, Bedeckungsgrad und Wolkenuntergrenze visuell erfasst und dokumentiert. Die Zeitreihen reichen zurück bis in die 1940er-Jahre, an einigen Stationen sogar bis ins 19. oder 18. Jahrhundert. Seit den 1990er-Jahren dienen laserbasierte

Wolkenhöhenmesser (auch Ceilometer oder Ceilograf genannt) dazu, die Wolkenbedeckung und die Wolkenuntergrenze genau zu bestimmen.

Weiterhin gibt es inzwischen ausreichend lange Beobachtungen per Wettersatelliten, um daraus Datensätze etwa für Bedeckungsgrad, Wolkentyp, optische Dicke, Wolkenphase und Wolkenobergrenze abzuleiten, z. B. in der *Satellite Application Facility on Climate Monitoring* (Karlsson et al. 2017) oder der *Climate Change Initiative* der ESA.

- **Strahlung**

116 Stationen messen Strahlung. Dabei kommen allerdings Messinstrumente unterschiedlicher Qualität zum Einsatz. Als höherwertig werden Pyranometer angesehen (Becker und Behrens 2012). Diese messen an 28 Stationen die kurzwellige Globalstrahlung. An 17 dieser Stationen erfassen auch Pyrgeometer die Wärmestrahlung der Atmosphäre. An den restlichen 88 Stationen ist zur Erfassung von Global- und Diffusstrahlung sowie der Sonnenscheindauer gegenwärtig noch das Scanning Pyrheliometer/Pyranometer im Einsatz, welches im Vergleich zum Pyranometer/Pyrgeometer eine deutlich höhere Unsicherheit aufweist. Bis zum Jahr 2025 wird die Anzahl der Bodenstationen reduziert und mit einheitlicher Sensorik (Pyranometer/Pyrgeometer) ausgerüstet. Die flächendeckende Erfassung der Strahlungsparameter erfolgt dann mit Satellitendaten in Kombination mit den Bodendaten. An neun Stationen liegen Messreihen der Globalstrahlung von mindestens 50 Jahren vor. Auch bereits vorhandene Satellitendaten können zur Ableitung vieljähriger flächendeckender Datensätze verwendet werden (z. B. Pfeifroth et al. 2018).

3.1.4 Die beobachteten Klimatrends in Deutschland und den Bundesländern

Aus den Beobachtungen der Messstationen lässt sich ableiten, wie sich das Klima in Deutschland in den vergangenen 140 Jahren verändert hat, auch speziell in einzelnen Regionen. Regelmäßig aktualisiert der Deutsche Wetterdienst ausgehend von diesen Daten seine Auswertungen, beispielsweise in Form von Karten im Deutschen Klimaatlas (s. Tab. 3.4). Aus den Karten lassen sich Mittelwerte und Trends für Gesamtdeutschland, die Bundesländer oder andere Regionen berechnen (Kaspar et al. 2013). Das Vorgehen im Einzelnen: Zunächst werden die beobachteten Werte zeitlich gemittelt. Dann wird unter Berücksichtigung der Höhenabhängigkeit der Klimavariablen ein Gitter mit einer Auflösung von 1 km² erzeugt (Müller-Westermeier 1995; Maier et al. 2003). Dieses Rasterfeld dient

3

dann dazu, Mittelwerte für bestimmte Regionen zu berechnen. Im Vergleich zu einer reinen Mittelwertbildung aus den Stationsdaten reduziert diese Vorgehensweise die Auswirkungen, die Veränderungen im Messnetz auf die Ergebnisse haben. Auch der Effekt von Inhomogeni-täten einzelner Stationsreihen, z. B. infolge von Verlegung, wird reduziert. Daten für dieses Verfahren liegen für Temperatur und Niederschlag für die Zeit seit 1881 und für Sonnenscheindauer seit 1951 ausreichend vor. ◘ Abb. 3.1 zeigt Ergebnisse dieser Auswertungen.

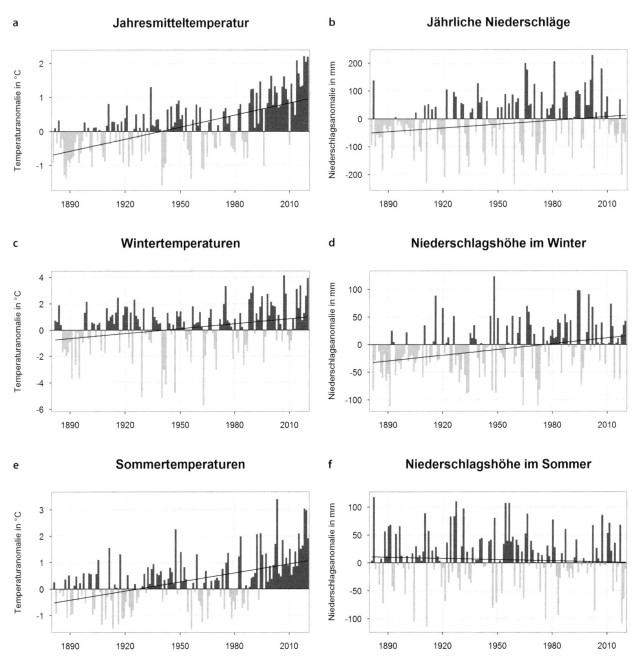

◘ **Abb. 3.1** Trends der Temperatur und Niederschlagshöhe in Deutschland von 1881–2020 jeweils als Abweichung vom Mittelwert des Zeit-raums 1961–1990. **a** Jahresmitteltemperaturen: Der lineare Trend von insgesamt 1,6 °C innerhalb von 140 Jahren ist statistisch hoch signi-fikant (p-Wert < 0,001). **b** Jährliche Niederschläge: Der lineare Trend über die Gesamtzeit ist statistisch signifikant (Zunahme um 62 mm; p-Wert~0,03). **c** Wintertemperaturen: Der lineare Trend von insgesamt 1,7 °C innerhalb von 139 Jahren ist statistisch signifikant (p-Wert~0,0013). **d** Niederschlagshöhe im Winter: Der lineare Trend über die Gesamtzeit ist statistisch hoch signifikant (Zunahme um 48 mm; p-Wert < 0,001). **e** Sommertemperaturen in Deutschland: Der lineare Trend von insgesamt 1,6 °C innerhalb von 140 Jahren ist statistisch hoch signifikant (p-Wert < 0,001). **f** Niederschlagshöhe im Sommer: Es besteht kein statistisch signifikanter linearer Trend über die Gesamtzeit (Ab-nahme um 10 mm; p-Wert~0,49). „Sommer" bezieht sich jeweils auf Juni bis August. „Winter" bezieht sich auf Dezember bis Februar und den Zeitraum von 1881/1882 bis 2019/2020.

◻ **Tab. 3.2** Temperatur- und Niederschlagstrends in Deutschland seit 1881 sowie seit 1971 (s. auch Deutscher Wetterdienst 2021)

Intervall	Frühling		Sommer		Herbst		Winter		Jahr	
Temperaturtrend in °C pro Dekade (links) sowie über den angegebenen Zeitraum (rechts)										
1881–2020	0,12	1,62	0,11	1,58	0,11	1,54	0,12	1,72	0,12	1,64
1971–2020	0,41	2,01	0,44	2,13	0,36	1,77	0,30	1,45	0,38	1,85
Niederschlagstrend in mm pro Dekade (links in jeder Spalte) sowie über den angegebenen Zeitraum (rechts in jeder Spalte)										
1881–2020	0,99	13,78	-0,7	-9,68	0,69	9,53	3,49	48,11	4,49	62,36
1971–2020	-3,54	-17,32	1,4	6,85	-1,68	-8,21	4,76	22,85	1,44	7,04
Mittelwert des Niederschlags für die Periode 1961–1990 in mm										
1961–1990	186		239		183		181		789	

Von 1881 bis 2020 stieg die Temperatur deutlich, sowohl im Jahresdurchschnitt (linearer Trend: +1,64 °C) als auch im Sommer (+1,58 °C) und Winter (+1,72 °C) (◻ Tab. 3.2). Insbesondere seit ca. 1970 zeigen die Daten eine kontinuierliche Erwärmung, sodass seitdem in Deutschland jedes Jahrzehnt (Dekade) deutlich wärmer war als das jeweils vorhergehende (Kaspar et al. 2023). Das zurückliegende Jahrzehnt 2011 bis 2020 war 2 °C wärmer als die ersten 30 Jahre (1881–1910) des Auswertungszeitraums (Imbery et al. 2021). Der kontinuierliche Anstieg seit ca. 1970 ist konsistent zum Verlauf der globalen Temperatur (Kaspar et al. 2020c), allerdings erwärmte sich Deutschland mehr als die Erde im Durchschnitt (Kaspar et al. 2020a). Im Zeitraum 1971 bis 2020 stellt sich der Temperaturanstieg in Deutschland mit 0,38 °C pro Jahrzehnt deutlich stärker ausgeprägt dar als bei Betrachtung des gesamten Zeitraums 1881 bis 2020 (0,12 °C pro Jahrzehnt) (◻ Tab. 3.2). Die wärmsten Jahre im Zeitraum von 1881 bis 2020 in Deutschland waren (in absteigender Reihenfolge): 2018, 2020, 2014 und 2019. Um einen Vergleich mit dem Zeitraum ab 1971 zu ermöglichen, sind die Änderungen in ◻ Tab. 3.2 zusätzlich jeweils pro Jahrzehnt angegeben.

Im Westen Deutschlands stieg die Temperatur etwas stärker als im Osten. Darüber hinaus nahm seit 1951 die jährliche Sonnenscheindauer deutschlandweit um etwa 9 % zu (Deutscher Wetterdienst 2021). Weitere Details und Aktualisierungen finden sich in der jeweils aktuellen Fassung des Klimastatusberichts des Deutschen Wetterdienstes (2021).

Die Niederschläge haben von 1881 bis 2020 um 8 % zugenommen, verglichen mit dem langjährigen Mittel von 1961 bis 1990. Im Winter stieg die Niederschlagsmenge um 27 % – dabei mehr im Westen Deutschlands als im Osten. Im Sommer gab es dagegen 4 % weniger Niederschläge.

3.2 Datensätze für Europa und Deutschland

3.2.1 Europäische Stationsdaten

Der niederländische Wetterdienst KNMI sammelt und aktualisiert Daten europäischer Wetterstationen im Projekt *European Climate Assessment and Data (ECA&D)* (Klok und Klein Tank 2008). Der Datenbestand dieses Projekts basiert auf Zulieferungen von Wetterdiensten, Observatorien und Universitäten in Europa, im Mittelmeerraum und Vorderasien. Dabei handelt es sich um tägliche Daten von 13 meteorologischen Kenngrößen: Minimum-, Mittel- und Maximaltemperatur, Niederschlagsmenge, Sonnenscheindauer, Wolkenbedeckung, Schneehöhe, Luftfeuchtigkeit, Windgeschwindigkeit, Windspitze, Windrichtung, Globalstrahlung und Luftdruck. Allerdings variiert die Menge der bereitgestellten Daten aus den einzelnen Ländern erheblich[5] und die freie Zugriffsmöglichkeit hängt von der jeweiligen nationalen Datenpolitik ab. Derzeit liegen 74.118 Zeitreihen von 20.097 meteorologischen Stationen vor, darunter mehr als 5600 für Deutschland (Stand aller Angaben 23.01.2021, abgerufen unter ecad.knmi.nl).

Da bei Trendanalysen, insbesondere im Fall von Extremwerten, die Homogenität der Zeitreihe zu beachten ist, wurden Tests der Homogenität durchgeführt: In einer Untersuchung bewerteten Wijngaard et al. (2003) für den Zeitraum von 1901 bis 1999 die Homogenität von 94 % der zu diesem Zeitpunkt vor-

---

5 ► https://www.ecad.eu/countries/country_overview.php

3

liegenden Temperaturreihen und 25 % der Niederschlagsreihen als „suspekt" oder „zweifelhaft". Weitere Untersuchungen zur Homogenität führten ebenfalls zu dem Ergebnis, dass sich die Anzahl der als homogen eingestuften Reihen stark zwischen den Klimavariablen unterscheidet: Für den Zeitraum von 1960 bis 2004 wurden dabei zwischen 12 % (Minimumtemperatur) und 59 % (Niederschlag) der Reihen als homogen bewertet (Begert et al. 2008). Squintu et al. (2019) haben eine Homogenisierung der täglichen Maximum- und Minimumtemperatur durchgeführt und konnten dabei 2100 Zeitreihen anpassen, sodass die Messreihen von einer Länge von fünf Jahren und mehr von Brüchen bereinigt wurden.

3.2.2 Gerasterte Datensätze

Die oben beschriebenen Auswertungen zu den Klimatrends in Deutschland dienen vor allem dazu, langfristige Entwicklungen zu bestimmen und eine Einordnung der aktuellen Monate vorzunehmen. Darüber hinaus gibt es für andere Zwecke weitere Datensätze, die für unterschiedliche räumliche Skalen auf ein regelmäßiges Gitter interpoliert wurden, also „gerastert" sind.

Rasterdaten für Deutschland basieren üblicherweise auf den oben beschriebenen Beobachtungen, können sich aber, etwa in Bezug auf die ausgewählten Messstationen, die zusätzlich genutzten Datenquellen oder die Methodik unterscheiden. Aufgrund unterschiedlicher Datenpolitiken basieren die Datensätze europäischer Nachbarländer oft auf einer deutlich geringeren Stationsdichte als vergleichbare nationale Datensätze aus Deutschland.

- **Daten für ganz Europa**

Ein häufig genutzter gerasterter Datensatz für Europa ist der Datensatz E-OBS, der auf den Stationsdaten des ECA&D-Projekts basiert. Als Rasterprodukte stehen Temperatur und Niederschlag (Haylock et al. 2008) sowie Luftdruck (van den Besselaar et al. 2011) und Globalstrahlung zur Verfügung. Für die Bewertung regionaler Klimamodelle und der Analyse von Extremereignissen ist er allerdings nur eingeschränkt verwendbar (Hofstra et al. 2009). Bei geringer Stationsdichte sind die Rasterdaten stark geglättet (Hofstra et al. 2010), was insbesondere bei der Bewertung von Trends in Extremen berücksichtigt werden muss. Beispielsweise zeigen Maraun et al. (2012), dass sich im Vergleich zu einem höher aufgelösten nationalen Datensatz für Großbritannien vor allem extreme Niederschläge in bergigen und datenarmen Regionen mit dem E-OBS-Datensatz nicht gut untersuchen lassen. Neuere Versionen des Datensatzes profitieren von der inzwischen erhöhten Zahl verfügbarer Zeitreihen (Cornes et al. 2018).

Zur Abschätzung der Unsicherheiten, die sich bei der Interpolation der Stationsdaten ergeben, erstellte der niederländische Wetterdienst inzwischen auch eine Ensembleversion des Datensatzes (Cornes et al. 2018).

◨ Tab. 3.3 gibt eine Übersicht über neuere Datensätze, die für die Überprüfung von Modellen in Deutschland und angrenzenden Regionen relevant sind.

- **Daten zu Deutschland und den Nachbarregionen**

Die HYRAS-Datensätze decken die deutschen Flusseinzugsgebiete inklusive der zugehörigen Regionen der Nachbarländer ab. Die Parameter Niederschlag, Temperatur und relative Feuchte stehen in täglicher Auflösung zur Verfügung. Der HYRAS-Niederschlags-Rasterdatensatz basiert auf insgesamt 6200 Stationen (Rauthe et al. 2013). Durch seine räumliche Auflösung von 1 km verfügt er über eine deutlich andere Häufigkeitsverteilung für Niederschläge als der E-OBS-Datensatz mit einer Auflösung von 25 km, da auf diesem groben Gitter insbesondere Extremereignisse nicht realistisch wiedergegeben werden. Die Verteilung im HYRAS-Datensatz stimmt gut mit der Verteilung überein, die direkt aus Stationen abgeleitet wird (Rauthe et al. 2013; Hu und Franzke 2020). Mittlere, Minimum- und Maximumtemperatur sowie relative Luftfeuchtigkeit stehen in einer Auflösung von 5 km für den Zeitraum 1951 bis 2020 zur Verfügung und basieren auf insgesamt mehr als 1300 Stationen (Razafimaharo et al. 2020).

Für Hochgebirge realistische Rasterfelder des Niederschlags zu erzeugen ist aufgrund ihrer komplexen Oberflächenstruktur besonders schwierig. Daher behandelten mehrere Projekte diese Fragestellung für den gesamten Alpenraum (insbesondere HISTALP, APGD).

- **Spezielle Datensätze für Deutschland**

Für die Anwendung im Bereich der technischen Klimatologie (beispielsweise zur Nutzung in der Dimensionierung von Heizungs- und Kühlanlagen) entwickelte der DWD einen Datensatz sogenannter Testreferenzjahre für Deutschland. Als Grundlage wurden zunächst Rasterfelder in stündlicher Auflösung von zwölf meteorologischen Parametern abgeleitet. Diese sog. „TRY-Basisdaten" in 1 km-Auflösung stehen für den Zeitraum 1995 bis 2012 ebenfalls zur Nutzung direkt zur Verfügung (Krähenmann et al. 2018). Sie wurden aus Stationsdaten erzeugt, teilweise in Kombination mit Satelliten- und Modelldaten.

Die bisher beschriebenen Datensätze basieren vorrangig auf Stationsmessungen. Für Niederschlag stehen für die beiden letzten Jahrzehnte zusätzlich Datensätze auf Basis von Radarbeobachtungen zur Verfügung. Durch Aneichung an Bodenniederschlagsstationen und nachträgliche Reprozessierung mit verbesserten Verfahren der Qualitätsprüfung ließ sich

◘ Tab. 3.3 Beispiele ausgewählter klimatologischer Rasterdaten für Deutschland und angrenzende Gebiete

Datensatz/ Projekt	Parameter	Gebiet	Räumliche Auflösung	Zeitraum und zeitliche Auflösung	Referenz
E-OBS	Temperatur, Niederschlag, Druck, Globalstrahlung	Europa	0,1°, 0,25°	Ab 1950; täglich; Globalstrahlung ab 1980	Haylock et al. (2008); van den Besselaar et al. (2011)
COSMO-REA6	Atmosphärische Reanalyse	Europa	6 km	01/1995–08/2019, stündlich	Bollmeyer et al. (2015); Kaspar et al. (2020b)
HYRAS	Niederschlag	Deutsche Flusseinzugsgebiete mit Nachbarländern	1 km	1931 - heute, täglich	Rauthe et al. (2013)
HYRAS	mittlere, minimale, maximale Temperatur, relative Luftfeuchtigkeit	Deutsche Flusseinzugsgebiete mit Nachbarländern	5 km	1951–2020, täglich	Frick et al. (2014); Razafimaharo et al. (2020)
DWD-Klimaüberwachung	Niederschlag, Temperatur, Sonnenscheindauer	Deutschland	1 km	1881 bis heute, Sonnenscheindauer ab 1951; monatlich	Kaspar et al. (2013)
RADKLIM	Niederschlag (radarbasiert)	Deutschland	1 km	2001 bis heute, stündlich; 5-minütig	Winterrath et al. (2017); Lengfeld et al. (2019, 2020)
TRY-Basisdaten	Temperatur, Taupunkt, Wolkenbedeckung, Windgeschwindigkeit und -richtung, kurz- und langwellige Strahlung, Druck, relative Feuchte und Dampfdruck	Deutschland	1 km	1995 2012, stündlich	Krähenmann et al. (2018)
HISTALP	Temperatur, Niederschlag	Alpen	5 min	Temperatur (1780–2009), Niederschlag (1801–2003), monatlich	Chimani et al. (2013, 2011)
APGD	Niederschlag	Alpen	5 km	1971–2008, täglich	Isotta et al. (2014)

eine radargestützte, hochaufgelöste Niederschlagsklimatologie für den Zeitraum 2001 bis heute in einer Auflösung von 1 km für Deutschland erzeugen, die in stündlicher und fünfminütiger Auflösung zur Verfügung steht (Winterrath et al. 2017; Lengfeld et al. 2019). Lengfeld et al. (2020) haben gezeigt, dass dieser Datensatz deutlich besser zur Erfassung von Extremereignissen geeignet ist als Stationsdaten: Die Stationen haben für den Zeitraum 2001 bis 2018 nur 17,3 % der stündlichen Starkregenereignisse erfasst, die durch den radargestützten Datensatz dokumentiert sind.

3.2.3 Modellbasierte Reanalysen

Eine weitere Möglichkeit zur Ableitung langjähriger meteorologischer Datensätze sind modellbasierte atmosphärische Reanalysen. Hier werden Modelle der numerischen Wettervorhersage in Kombination mit ihren Datenassimilationsverfahren genutzt, um unter Verwendung der Beobachtungsdaten der zurückliegenden Jahrzehnte realitätsnahe Datensätze der Atmosphäre zu erzeugen. Die Nutzung einer gleichbleibenden Modellversion auf aktuellem Stand für die zurückliegenden Jahre ermöglicht es, konsistente dreidimensionale Felder einer Vielzahl meteorologischer Größen zu erzeugen. Es stehen damit nicht nur die bodennahen Parameter zur Verfügung, sondern auch die vertikale Struktur der Atmosphäre und insbesondere auch Parameter, die nicht aus Beobachtungen vorliegen, beispielsweise die Windgeschwindigkeit in Nabenhöhe moderner Windkraftanlagen.

Derartige Datensätze stehen als globale Reanalysen zur Verfügung (beispielsweise ERA5 in einer räumlichen Auflösung von 31 km; Hersbach et al.

◻ Tab. 3.4   Ausgewählte Portale mit klimatologischer Information für Deutschland. Auch Klimaatlanten enthalten klimatologische Informationen, die üblicherweise aus den Beobachtungsdaten der Wetterstationen abgeleitet sind. Die Atlanten stehen inzwischen typischerweise als interaktive Internetinformationsportale zur Verfügung und liefern teilweise auch Ergebnisse aus Simulationen von Klimaszenarien.

Klimaatlas des Deutschen Wetterdienstes	▶ www.deutscher-klimaatlas.de
Klimaatlas der regionalen Klimabüros der Helmholtz-Gemeinschaft	▶ www.regionaler-klimaatlas.de
Norddeutscher Klimaatlas des Norddeutschen Klimabüros	▶ www.norddeutscher-klimaatlas.de
Klimaatlas Nordrhein-Westfalen	▶ www.klimaatlas.nrw.de
Norddeutscher Klimamonitor	▶ www.norddeutscher-klimamonitor.de
Informationsportal „KlimafolgenOnline"	▶ www.klimafolgenonline.com/

2020) sowie in höherer räumlicher Auflösung als regionale Reanalysen unter Verwendung von regionalen Wettervorhersagemodellen. Ein Beispiel sind die regionalen Reanalysen COSMO-REA6 (für Europa in einer Auflösung von ca. 6 km; Bollmeyer et al. 2015) sowie COSMO-REA2 (für Mitteleuropa in einer Auflösung von ca. 2 km; Wahl et al. 2017). Verschiedene Studien bewerteten die Qualität der Datensätze positiv und insbesondere im Bereich der erneuerbaren Energien werden die Datensätze erfolgreich eingesetzt (Kaspar et al. 2020b).

3.3 Kurz gesagt

Mit der Gründung staatlicher Wetterdienste im 19. Jahrhundert begannen umfangreiche Wetteraufzeichnungen weltweit. Heute beobachten die Wetterdienste in Deutschland und den Nachbarländern, wie sich das Klima in Mitteleuropa verändert. Auf Basis der gesammelten Beobachtungen lassen sich Aussagen über die Klimaentwicklung in Deutschland treffen: Von 1881 bis 2020 stiegen die mittleren Temperaturen in Deutschland deutlich, sowohl im Jahresdurchschnitt (linearer Trend: etwa +1,6 °C) als auch im Sommer (~ +1,6 °C) und Winter (~ +1,7 °C). Das letzte Jahrzehnt war bereits 2 °C wärmer als die ersten dreißig Jahre der Auswertung. Im gleichen Zeitraum haben die jährlichen Niederschläge um 8 % zugenommen (im Vergleich zum langjährigen Mittelwert 1961–1990). Dies lässt sich überwiegend auf die Zunahme der Winterniederschläge um 27 % zurückführen. Aus den Beobachtungen lassen sich auch Datensätze zur Überprüfung regionaler Klimamodelle ableiten. Dabei sind allerdings die spezifischen Eigenschaften der Datensätze zu berücksichtigen, die sich etwa aus der unterschiedlichen Stationsdichte ergeben. Insbesondere bei der Betrachtung von Extremen und Trends sind regionale Datensätze mit hoher Stationsdichte vorteilhaft.

Literatur

Becker R, Behrens K (2012) Quality assessment of heterogeneous surface radiation network data. Adv Sci Res 8:93–97. ▶ https://doi.org/10.5194/asr-8-93-2012

Begert M, Zenkusen E, Haeberli C, Appenzeller C, Klok L (2008) An automated homogenization procedure; performance assessment and application to a large European climate dataset. Meteor Z 17(5):663–672

van den Besselaar EJM, Haylock MR, van der Schrier G, Klein Tank AMG (2011) An European daily high-resolution observational gridded data set of sea level pressure. J Geophys Res 116:D11110. ▶ https://doi.org/10.1029/2010JD015468

Bollmeyer C, Keller JD, Ohlwein C, Wahl S, Crewell S, Friederichs P, Hense A, Keune J, Kneifel S, Pscheidt I, Redl S, Steinke S (2015) Towards a high-resolution regional reanalysis for the European CORDEX domain. Q J R Meteorol Soc 141:1–15. ▶ https://doi.org/10.1002/qj.2486

Brienen S, Kapala A, Mächel H, Simmer C (2013) Regional centennial precipitation variability over Germany from extended observation records. Int J Climatol 33. ▶ https://doi.org/10.1002/joc.3581

Chimani B, Böhm R, Matulla C, Ganekind M (2011) Development of a longterm dataset of solid/liquid precipitation. Adv Sci Res 6:39–43

Chimani B, Matulla C, Böhm R, Hofstätter M (2013) A new high resolution absolute temperature grid for the Greater Alpine Region back to 1780. Int J Climatol 33:2129–2141. ▶ https://doi.org/10.1002/joc.3574

Cornes R, Schrier G van der, Besselaar EJM van den, Jones PD (2018) An Ensemble Version of the E-OBS Temperature and Precipitation Datasets. J Geophys Res Atmos, 123. ▶ https://doi.org/10.1029/2017JD028200

Cubasch U, Kadow C (2011) Global climate change and aspects of regional climate change in the Berlin-Brandenburg region. Erde 142:3–20

Deutscher Wetterdienst (2023) Die deutschen Klimabeobachtungssysteme. Inventarbericht zum Global Climate Observing System (GCOS). Selbstverlag des Deutschen Wetterdienstes, Offenbach (▶ http://www.gcos.de/inventarbericht)

Deutscher Wetterdienst (2021) Klimastatusbericht Deutschland Jahr 2020. Deutscher Wetterdienst, Geschäftsbereich Klima und Umwelt, Offenbach, 29 Seiten. ▶ https://www.dwd.de/DE/leistungen/klimastatusbericht/klimastatusbericht.html

Frick C, Steiner H, Mazurkiewicz A, Riediger U, Rauthe M, Reich T, Gratzki A (2014) Central European high-resolution gridded daily data sets (HYRAS): mean temperature and relative humidity. Met Z 23(1):15–32

Hannak L, Friedrich K, Imbery F, Kaspar F (2019) Comparison of manual and automatic daily sunshine duration measurements at German climate reference stations. Adv Sci Res 16:175–183. ► https://doi.org/10.5194/asr-16-175-2019

Hannak L, Brinckmann S (2020) Parallelmessungen an deutschen Klimareferenzstationen: Schlussfolgerungen im Hinblick auf Homogenität und Messunsicherheiten Berichte des Deutschen Wetterdienstes, Bd. 253. Selbstverlag des Deutschen Wetterdienstes, Offenbach am Main

Haylock MR, Hofstra N, Klein Tank AMG, Klok EJ, Jones PD, New M (2008) A European daily high-resolution gridded dataset of surface temperature and precipitation for 1950–2006. J Geophys Res (Atmospheres) 113:D20119. ► https://doi.org/10.1029/2008JD10201

Hellmann G (1883) Repertorium der deutschen Meteorologie: Leistungen der Deutschen in Schriften, Erfindungen und Beobachtungen auf dem Gebiet der Meteorologie und dem Erdmagnetismus von den ältesten Zeiten bis zum Schluss des Jahres 1881. Engelmann-Verlag, Leipzig (XXIV: 996)

Hellmann G (1887) Geschichte des Königl. Preuß Meteorologischen Instituts von seiner Gründung im Jahre 1847 bis Reorganisation im Jahre 1885. In: Ergebnisse der Meteorologischen Beobachtungen im Jahre 1885. Königlich Preußisches Meteorologisches Institut, Berlin, S XX–LXIX

Hersbach H, Bell B, Berrisford P et al (2020) The ERA5 global reanalysis. Q J R Meteorol Soc ► https://doi.org/10.1002/qj.3803

Hofstra N, Haylock M, New M, Jones PD (2009) Testing E-OBS European high-resolution gridded data set of daily precipitation and surface temperature. J Geophys Res 114:D21101

Hofstra N, New M, McSweeney C (2010) The influence of interpolation and station network density on the distributions and trends of climate variables in gridded daily data. Clim Dyn 35(5):841–858

Hollmann R, Merchant CJ, Saunders R et al (2013) The ESA Climate Change Initiative: Satellite data records for essential climate variables. Bull Amer Meteor Soc 94:1541–1552. ► https://doi.org/10.1175/BAMS-D-11-00254.1

Hu G, Franzke CL (2020): Evaluation of daily precipitation extremes in reanalysis and gridded observation-based data sets over Germany. Geophys Resh Lett 47(18):e2020GL089624 ► https://doi.org/10.1029/2020GL089624

Imbery F, Kaspar F, Friedrich K, Plückhahn B (2021): Klimatologischer Rückblick auf 2020: Eines der wärmsten Jahre in Deutschland und Ende des bisher wärmsten Jahrzehnts. Bericht des Deutschen Wetterdienstes. ► https://www.dwd.de/DE/leistungen/besondereereignisse/temperatur/20210106_rueckblick_jahr_2020.pdf

Isotta FA, Frei C, Weilguni V et al (2014) The climate of daily precipitation in the Alps: development and analysis of a high-resolution grid dataset from pan-Alpine rain-gauge data. Int J Climatol ► https://doi.org/10.1002/joc.3794

Karl TR, Diamond HJ, Bojinski S, Butler JH, Dolman H, Haeberli W, Harrison DE, Nyong A, Rösner S, Seiz G, Trenberth K, Westermeyer W, Zillman J (2010) Observation needs for climate information, prediction and application: Capabilities of Existing and Future Observing Systems. Procedia Environ Sci 1:192–205. ► https://doi.org/10.1016/j.proenv.2010.09.013

Karlsson KG, Anttila K, Trentmann J et al (2017) CLARA-A2: the second edition of the CM SAF cloud and radiation data record from 34 years of global AVHRR data. Atmos Chem Phys 17:5809–5828 ► https://doi.org/10.5194/acp-17-5809-2017

Kaspar F, Müller-Westermeier G, Penda E, Mächel H, Zimmermann K, Kaiser-Weiss A, Deutschländer T (2013) Monitoring of climate change in Germany – data, products and services of Germany's National Climate Data Centre. Adv Sci Res 10:99–106. ► https://doi.org/10.5194/asr-10-99-2013

Kaspar F, Zimmermann K, Polte-Rudolf C (2014) An overview of the phenological observation network and the phenological data-

base of Germany's national meteorological service (Deutscher Wetterdienst). Adv Sci Res 11:93–99. ► https://doi.org/10.5194/asr-11-93-2014

Kaspar F, Tinz B, Mächel H, Gates L (2015) Data rescue of national and international meteorological observations at Deutscher Wetterdienst. Adv Sci Res 12:57–61. ► https://doi.org/10.5194/asr-12-57-2015

Kaspar F, Hannak L, Schreiber KJ (2016) Climate reference stations in Germany: Status, parallel measurements and homogeneity of temperature time series. Adv Sci Res 13:163–171. ► https://doi.org/10.5194/asr-13-163-2016

Kaspar F, Kratzenstein F, Kaiser-Weiss AK (2019) Interactive open access to climate observations from Germany. Adv Sci Res 16:75–83. ► https://doi.org/10.5194/asr-16-75-2019

Kaspar F, Friedrich K, Imbery F (2020a) Temperaturverlauf in Deutschland und global im Jahr 2019 und die langfristige Entwicklung. Mitteilungen DMG, 1, 41–44. Deutsche Meteorologische Gesellschaft

Kaspar F, Niermann D, Borsche M, Fiedler S, Keller J, Potthast R, Rösch T, Spangehl T, Tinz B (2020b) Regional atmospheric reanalysis activities at Deutscher Wetterdienst: review of evaluation results and application examples with a focus on renewable energy. Adv Sci Res 17:115–128. ► https://doi.org/10.5194/asr-17-115-2020

Kaspar F, Friedrich K, Imbery F (2020c) 2019 global zweitwärmstes Jahr: Temperaturentwicklung in Deutschland im globalen Kontext. Bericht des Deutschen Wetterdienstes. ► https://www.dwd.de/DE/leistungen/besondereereignisse/temperatur/20200128_vergleich_de_global.pdf

Kaspar F, Friedrich K, Imbery F (2021) Nutzung klimatologischer Referenzperioden ab 2021 – Empfehlungen der WMO und Umsetzung in der DWD-Klimaüberwachung. Mitteilungen DMG, 2, 9–10, Deutsche Meteorologische Gesellschaft

Kaspar F, Friedrich K, Imbery F (2023) Observed temperature trends in Germany: Current status and communication tools. Meteorologische Zeitschrift, angenommen.

Krähenmann S, Walter A, Brienen S, Imbery F, Matzarakis A (2018) High-resolution grids of hourly meteorological variables for Germany. Theor Appl Climatol 131:899–926. ► https://doi.org/10.1007/s00704-016-2003-7

Klok EJ, Klein Tank AMG (2008) Updated and extended European dataset of daily climate observations. Int J Climatol 29:1182. ► https://doi.org/10.1002/joc.1779

Kothe S, Pfeifroth U, Cremer R, Trentmann J, Hollmann R (2017) A Satellite-Based Sunshine Duration Climate Data Record for Europe and Africa. Remote Sens 9:429. ► https://doi.org/10.3390/rs9050429

Lengfeld K, Winterrath T, Junghänel T, Hafer M, Becker A (2019) Characteristic spatial extent of hourly and daily precipitation events in Germany derived from 16 years of radar data. Meteorologische Zeitschrift, 363-378. ► https://doi.org/10.1127/metz/2019/0964

Lengfeld K, Kirstetter PE, Fowler HJ, Yu J, Becker A, Flamig Z, Gourley JJ (2020) Use of radar data for characterizing extreme precipitation at fine scales and short durations. Environ Res Lett. ► https://doi.org/10.1088/1748-9326/ab98b4

Mächel H, Kapala A (2013) Bedeutung langer historischer Klimareihen. In: Goethes weiteres Erbe: 200 Jahre Klimastation Jena. Beiträge des Jubiläumskolloquiums „200 Jahre Klimamessstation Jena". Annalen d Meteorol, Bd. 46. Selbstverlag des Deutschen Wetterdienstes, Offenbach a M, S 172

Mächel H, Kapala A, Behrendt J, Simmer C (2009) Rettung historischer Klimadaten in Deutschland: das Projekt KLIDADIGI des DWD. Klimastatusbericht 2008. Deutscher Wetterdienst, Offenbach/Main

Maier U, Kudlinski J, Müller-Westermeier G (2003) Klimatologische Auswertung von Zeitreihen des Monatsmittels der Lufttemperatur und der monatlichen Niederschlagshöhe im 20. Jahrhundert. Berichte des Deutschen Wetterdienstes, Bd. 223. Selbstverlag des Deutschen Wetterdienstes, Offenbach am Main

Maraun D, Osborn TJ, Rust HW (2012) The influence of synoptic airflow on UK daily precipitation extremes. Part II: regional climate model and E-OBS data validation. Climate Dynamics 39(1–2):287–301

Müller-Westermeier G (1995) Numerisches Verfahren zur Erstellung klimatologischer Karten. Berichte des Deutschen Wetterdienstes, Bd. 193. Selbstverlag des Deutschen Wetterdienstes, Offenbach am Main

Müller-Westermeier G (2004) Statistical analysis of results of homogeneity testing and homogenization of long climatological time series in Germany. Fourth seminar for homogenization and quality control in climatological databases, Budapest, Hungary, 06–10 October 2003. World Climate Data and Monitoring Programme Series (WCDMP-No 56). WMO Technical Document, Bd. 1236. World Meteorological Organization, Geneva, Switzerland

Pfeifroth U, Sanchez-Lorenzo A, Manara V, Trentmann J, Hollmann R (2018) Trends and variability of surface solar radiation in Europe based on surface-and satellite-based data records. Journal of Geophysical Research: Atmospheres 123(3):1735–1754. ▶ https://doi.org/10.1002/2017JD027418

Popp T, Hegglin MI, Hollmann R et al (2020) Consistency of Satellite Climate Data Records for Earth System Monitoring. Bull Am Meteor Soc 101(11):E1948–E1971. ▶ https://doi.org/10.1175/BAMS-D-19-0127.1

Posselt R, Mueller RW, Stöckli R, Trentmann J (2012) Remote sensing of solar surface radiation for climate monitoring – the CM-SAF retrieval in international comparison. Remote Sens Environ 118:186–198. ▶ https://doi.org/10.1016/j.rse.2011.11.016

Razafimaharo C, Krähenmann S, Höpp S, Rauthe M, Deutschländer T (2020) New high-resolution gridded dataset of daily mean, minimum, and maximum temperature and relative humidity for Central Europe (HYRAS). Theoret Appl Climatol 142(3):1531–1553. ▶ https://doi.org/10.1007/s00704-020-03388-w

Rapp J (2000) Konzeption, Problematik und Ergebnisse klimatologischer Trend-analysen für Europa und Deutschland. Berichte des Deutschen Wetterdienstes, Bd. 212. Selbstverlag des Deutschen Wetterdienstes, Offenbach am Main

Rauthe M, Steiner H, Riediger U, Mazurkiewicz A, Gratzki A (2013) A Central European precipitation climatology. Part I: Generation and validation of a high resolution gridded daily data set (HYRAS). Meteorologische Zeitschrift 22(3):235–256. ▶ https://doi.org/10.1127/0941-2948/2013/0436

Scherrer SC, Appenzeller C, Liniger MA (2006) Temperature trends in Switzerland and Europe: implications for climate normal. Int J Climatol 26(5):565–580. ▶ https://doi.org/10.1002/joc.1270

Schneider-Carius K (1955) Wetterkunde Wetterforschung: Geschichte ihrer Probleme und Erkenntnisse in Dokumenten aus drei Jahrtausenden. Verlag Karl Alber, Freiburg/München

Squintu AA, van der Schrier G, Brugnara Y, Klein-Tank AMG (2019) Homogenization of daily ECA&D temperature series. Intern. J. Climatology 39(3):1243–1261. ▶ https://doi.org/10.1002/joc.5874

Wahl S, Bollmeyer C, Crewell S, Figura C, Friederichs P, Hense A, Keller JD, Ohlwein C (2017) A novel convective-scale regional reanalyses COSMO-REA2: Improving the representation of precipitation. Meteorol Z 26:345–361. ▶ https://doi.org/10.1127/metz/2017/0824

Wege K (2002) Die Entwicklung der meteorologischen Dienste in Deutschland. Geschichte der Meteorologie in Deutschland, Bd. 5. Selbstverlag des Deutschen Wetterdienstes, Offenbach am Main

Wijngaard JB, Klein Tank AMG, Konnen GP (2003) Homogeneity of 20th century European daily temperature and precipitation series. Int J Climatol 23:679–692

Winkler P (2006) Hohenpeißenberg 1781–2006: das älteste Bergobservatorium der Welt. Geschichte der Meteorologie in Deutschland 7:174

Winterrath T, Brendel C, Hafer M, Junghänel T, Klameth A, Walawender E, Weigl E, Becker A (2017) Erstellung einer radargestützten Niederschlagsklimatologie. Berichte des Deutschen Wetterdienstes, Bd. 251. Selbstverlag des Deutschen Wetterdienstes, Offenbach am Main

WMO (1959) Technical regulations. Volume 1: General meteorological standards and recommended practices. WMO Technical Document, Bd. 49. World Meteorological Organization, Geneva, Switzerland

WMO (2017) Guidelines on the Calculation of Climate Normals. WMO-No. 1203. World Meteorological Organization, Geneva, Switzerland

Regionale Klimamodellierung

Diana Rechid, Marcus Breil, Daniela Jacob, Christoph Kottmeier,
Juliane Petersen, Susanne Pfeifer und Claas Teichmann

Inhaltsverzeichnis

4.1   **Methoden der regionalen Klimamodellierung – 32**
4.1.1   Dynamische Regionalisierung – 32
4.1.2   Statistische Regionalisierung – 33

4.2   **Bestandteile regionaler Klimamodelle – 34**

4.3   **Modellvalidierung – 35**

4.4   **Ensembles und Bandbreiten regionaler Klimaprojektionen – 36**

4.5   **Projizierte Veränderungen von Temperatur und Niederschlag im 21. Jahrhundert[2 – 38]**

4.6   **Kurz gesagt – 41**

        Literatur – 42

© Der/die Autor(en) 2023
G. P. Brasseur et al. (Hrsg.), *Klimawandel in Deutschland*,
https://doi.org/10.1007/978-3-662-66696-8_4

Regionale Klimamodelle liefern räumlich detaillierte Informationen zu den Ausprägungen globaler Klimaänderungen in einzelnen Regionen, welche vielfach als Basis für die Forschung zu Klimafolgen, Vulnerabilität und Anpassung dienen. Für regionale Klimaprojektionen werden die Ergebnisse globaler Klimaänderungssimulationen als Startbedingung sowie als Randbedingung des regionalen Modellgebiets verwendet. Globale Klimamodelle sind geeignet, natürliche und menschenbeeinflusste Änderungen des Klimas in Jahrzehnten bis Jahrhunderten abzubilden. Dazu gehören auch die Wechselwirkungen innerhalb und zwischen den Komponenten des Klimasystems: der Atmosphäre, dem Wasser und Eis, der Vegetation und dem Boden (zur globalen Klimamodellierung ▶ Kap. 2). Die Ergebnisse globaler Klimamodelle können dann mittels regionaler Klimamodelle für kleinere Gebiete verfeinert (regionalisiert) werden. Mit den Ergebnissen lassen sich Anwendungsfragen, etwa aus der Wasserwirtschaft (▶ Kap. 10), oder z. B. Fragen nach extremen Wetterereignissen mit Relevanz für die Versicherungswirtschaft (▶ Kap. 24) und die Landwirtschaft (▶ Kap. 18) besser beantworten als mit den Ergebnissen globaler Modelle. Die Ergebnisse regionaler Modellrechnungen für die Vergangenheit lassen sich auch direkter mit Beobachtungen vergleichen. Im Folgenden werden die Ergebnisse solcher Modellrechnungen im Vergleich mit Beobachtungen und für zukünftige Zeiträume dieses Jahrhunderts dargestellt. Die eher methodischen Aspekte (▶ Abschn. 4.1) können von Leserinnen und Lesern mit vorrangig allgemeinem Interesse am Klimawandel übergangen werden.

4.1 Methoden der regionalen Klimamodellierung

Es werden dynamische regionale Klimamodelle und statistische Regionalisierungsverfahren unterschieden. Mit beiden Methoden können die räumlich gröber aufgelösten Informationen globaler Klimasimulationen regional höher aufgelöst dargestellt werden.

Die dynamische Regionalisierung erfolgt mit dynamischen regionalen Klimamodellen wie *COSMO model in CLimate Mode* (COSMO-CLM; Rockel et al. 2008; Berg et al. 2013), ICON-CLM (Pham et al., 2021), REMO (Jacob und Podzun 1997; Jacob et al. 2012), WRF-CLIM (Skamarock et al. 2008) oder RegCM (Giorgi et al. 2012). Mithilfe dieser Modelle können unterschiedliche globale Klimasimulationen, die mit verschiedenen globalen Klimamodellen und für unterschiedliche Emissionsszenarien erstellt wurden, regional verfeinert werden. In der Vergangenheit wurden zahlreiche globale Klimasimulationen für Europa und Deutschland dynamisch regionalisiert.

Dies umfasst zum einen Klimaprojektionen (Simulationen des zukünftigen Klimas für unterschiedliche Emissionsszenarien) bis ins Jahr 2100 in einer räumlichen Auflösung von ca. 12,5 km (EURO-CORDEX; Jacob et al. 2020), aber auch dekadische Klimavorhersagen in einer räumlichen Auflösung von 25 km (Feldmann et al. 2019; Reyers et al. 2019). Dekadische Klimavorhersagen versuchen, für das kommende Jahrzehnt klimatische Tendenzen über längere Zeiträume (z. B. Vierjahresmittel) abzuschätzen und als Abweichungen von einem Normalzustand darzustellen. Aufgrund technologischer Fortschritte im Bereich der Hochleistungsrechner werden in den letzten Jahren auch vermehrt Klimasimulationen in räumlichen Auflösungen von 3 km bis 1 km durchgeführt (z. B. Prein et al. 2015; Coppola et al. 2019; Purr et al. 2021). Einen Überblick zur historischen Entwicklung regionaler Klimamodelle hin zu regionalen Erdsystemmodellen gibt Giorgi (2019). Die Bedeutung hochaufgelöster Klimainformationen als Grundlage zur Bereitstellung von physikalisch robusten Klimainformationen für gesellschaftliche Entscheidungsträger wird u. a. in Gutowski et al. (2020) herausgestellt. Darin werden wissenschaftliche Fragen aufgezeigt, deren Beantwortung einen verstärkten Einsatz regionaler Klimamodelle erfordert.

Bei der statistischen oder statistisch-dynamischen Regionalisierung kommen unterschiedlichste Ansätze zum Einsatz (Maraun und Widmann 2017; Gutiérrez et al. 2018), wie beispielsweise die statistischen Modelle WETTREG (Kreienkamp et al. 2013), STARS (Gerstengarbe et al. 2013) und EPISODES (Kreienkamp et al. 2019). Da diese Methoden im Vergleich zur dynamischen Regionalisierung einen geringeren Rechenaufwand bedeuten, sind sie sehr gut dazu geeignet, große Ensembles von Globalmodellen zu regionalisieren.

4.1.1 Dynamische Regionalisierung

Die Modelle zur dynamischen Regionalisierung berechnen Klimaänderungen in einem dreidimensionalen Ausschnitt der Atmosphäre – nur mit höherer räumlicher Auflösung als die Globalmodelle. Hierbei wird auf einem Gitter das zugrundeliegende Gleichungssystem numerisch gelöst. Die Gleichungen repräsentieren die Erhaltungssätze für Energie, Impuls und Masse von Luft sowie Wasser und Wasserdampf. Ein solches dynamisches Regionalmodell wird mit den Ergebnissen eines globalen Klimamodells initialisiert und an seinen Modellgebietsgrenzen angetrieben. Mit diesem Verfahren lassen sich aus globalen Klimamodelldaten regionale Klimabedingungen hochaufgelöst und physikalisch konsistent darstellen. Dafür werden zunächst die bekannten Klimazustände der Vergangenheit nachsimuliert, um zu überprüfen, wie gut die regionalisierten Daten mit Beobachtungsdaten übereinstimmen. Zu diesem Zweck werden regionale Klimamodelle mit globalen Reanalysedaten des Europäischen Zentrums für mittelfristige Wettervorhersage (EZMWF) angetrieben. Anschließend können mit dem so validierten Klimamodell durch Antrieb mit Ergebnissen globaler Klimamodelle regionale Klimasimulationen für die Vergangenheit und die Zukunft erstellt und daraus regionale Klimaänderungssignale abgeleitet werden.

Aufgrund der höheren räumlichen Auflösung der regionalen Klimamodelle lassen sich Eigenschaften der Erdoberfläche wie Orografie, Landbedeckung und Küstenlinien besser abbilden als mit Globalmodellen. Atmosphärische Prozesse, die von diesen Eigenschaften der Erdoberfläche beeinflusst werden, wie Land-Atmosphären-Wechselwirkungen, Land-See-wind-Systeme und Gebirgsüberströmungen, aber auch die Wolken- und Niederschlagsbildung können dadurch besser beschrieben werden.

Da der räumlichen Auflösung von Klima-informationen eine besondere Bedeutung bei vielen ökologischen und sozioökonomischen Fragestellungen zukommt, werden immer häufiger sehr hochaufgelöste (< 4 km) Klimasimulationen durchgeführt (Prein et al. 2015). Bei diesen räumlichen Auflösungen können Konvektionsprozesse explizit in den Klimamodellen aufgelöst werden, wodurch sich vor allem konvektive Niederschlagsbildung und Extremniederschläge (Fosser et al. 2015) besser erfassen und abbilden lassen. Solche hochaufgelösten Simulationen schließen dadurch die Lücke zwischen grob aufgelösten Klimamodell-informationen und anwendungsorientierten Impakt-modellen (z. B. Warszawski et al. 2014). Um im Rahmen dieser hochaufgelösten Klimasimulationen großen Auflösungssprüngen an den Rändern und damit verbundenen numerischen Problemen vorzubeugen, wird durch ein sogenanntes Nesting die Auflösung schrittweise von Simulation zu Simulation erhöht. Um zukünftig in der Lage zu sein, konvektionsauflösende Simulationen auf der Klimazeitskala von mehreren Dekaden durchzuführen, sind weiterhin viele Herausforderungen zu adressieren, unter anderem die Grenzen der verfügbaren Rechenkapazitäten und der damit notwendigen großen Steigerung der Effizienz von Modellcodes sowie des verfügbaren Speicherplatzes für die sprunghaft ansteigenden Datenmengen (Schär et al. 2020).

Selbst bei hochaufgelösten regionalen Klimasimulationen können nicht alle Teilprozesse des Klimasystems explizit simuliert werden. Klimamodelle stellen stets ein vereinfachtes Abbild des realen Klimasystems dar, das mit gewissen Unsicherheiten verbunden ist. Um diese Modellunsicherheiten berücksichtigen und abschätzen zu können, werden Multimodellensembles verwendet. Dabei werden durch eine Kombination verschiedener globaler und regionaler Klimamodelle, Simulationen für den gleichen Zeitraum und die gleiche Modellregion durchgeführt (▶ Abschn. 4.4). Im Gegensatz zu globalen Modellensembles kann mit solchen regionalen Multimodellansätzen die Variabilität physikalischer Prozesse auf der regionalen Skala besser abgebildet werden[1]. Für die Abschätzung der zukünftigen Klimaentwicklung spielt neben der Modellunsicherheit die Unsicherheit über die Entwicklung zukünftiger Treibhausgasemissionen die zentrale Rolle. Diese Unsicherheit wird durch Ensembles von Klimasimulationen mit unterschiedlichen Emissionsszenarien (RCPs und SSPs) berücksichtigt (▶ Kap. 3).

4.1.2 Statistische Regionalisierung

Mit statistischer Regionalisierung lassen sich ebenfalls Simulationsdaten globaler Klimamodelle räumlich verfeinern. Für Deutschland wurden regionale Klimaprojektionen vor allem mit den statistischen Modellen WETTREG (WETTerlagen-basierte REGionalisierung; Kreienkamp et al. 2013), STARS (*STAtistical Regional model*; Gerstengarbe et al. 2013) und EPISODEs (Kreienkamp et al. 2019) erstellt. Dabei untersucht man die Zusammenhänge zwischen den großräumigen Wetterlagen oder globalen Zirkulationsmustern und den lokalen Klimadaten. WETTREG unterscheidet zehn Wetterlagen für die Temperatur und acht Wetterlagen für Feuchte im Frühling, Sommer, Herbst und Winter. Über eine Wetterlagenklassifikation werden die gefundenen Zusammenhänge auf die Projektionen mit einem globalen Klimamodell übertragen. Alternativ geben die Projektionsläufe dynamischer Klimamodelle Auskunft darüber, wie häufig ein Zirkulationsmuster auftritt. Bei STARS werden beobachtete oder modellierte Zeitreihen von Klimavariablen umsortiert, um vorgegebene lineare Trends zu berücksichtigen. EPISODES ist wiederum eine statistische Regionalisierungsmethode, bei der die Phasenbeziehungen zu den großskaligen Prozessen in Globalmodellen durch eine tageweise Regionalisierung der globalen Simulationsergebnisse erhalten bleiben.

Es entstehen synthetische vergleichbare Zeitreihen meteorologischer Größen an den Orten der Messstationen. Diese Zeitreihen basieren auf den von dynamischen Klimamodellen projizierten Änderungen in der großräumigen Zirkulation. Da statistische Modelle einen vergleichsweise geringen Rechenaufwand erfordern, können sie auch für viele Regionalisierungen und regionale Ensembleansätze genutzt werden.

---

1 CORDEX White Paper. ▶ https://cordex.org/publications/white-paper

Größere meteorologische Extreme, als sie in der Vergangenheit beobachtet wurden, können allerdings nicht direkt ermittelt werden.

Das Projekt ReKliEs-De (Hübener et al. 2017) kombinierte Ensemblesimulationen aus statistischen und dynamischen Regionalisierungsverfahren und schuf damit eine einzigartige Datenbasis für die Klimafolgenforschung in Deutschland.

4.2 Bestandteile regionaler Klimamodelle

Die regionalen Klimabedingungen werden von zahlreichen Faktoren beeinflusst (◘ Abb. 4.1). Neben der großskaligen atmosphärischen Zirkulation (Hoch- und Tiefdruckgebiete) und den allgemeinen Strahlungsbedingungen (solare Einstrahlung, Treibhauseffekt) spielen die Eigenschaften der Erdoberfläche und deren Wechselwirkungen mit der Atmosphäre eine zentrale Rolle. So werden z. B. die Wolken- und Niederschlagsbildung stark von der regionalen Orografie und deren Überströmung beeinflusst. Darüber hinaus führen Unterschiede in der Oberflächenbeschaffenheit (Meer, Land, Stadt, usw.) zu Temperaturkontrasten (Land–See, Stadt–Land), die wiederum regionale Windsysteme induzieren, wie Land-See- oder Berg-Tal-Winde. Die regionalen Klimabedingungen hängen somit in hohem Maße von der geografischen Lage ab. In Deutschland und Zentraleuropa sind daher Küsten- oder Gebirgsnähe wichtige Faktoren.

Solche regionalen Systeme und die darin ablaufenden physikalischen Prozesse werden mithilfe regionaler Klimamodelle beschrieben. Ein regionales Klimamodell berücksichtigt dabei die Eigenschaften des Bodens, der Vegetation und Landnutzung sowie von Schneedecken und beschreibt deren Wechselwirkungen mit der Atmosphäre. Dafür wird ein regionales Atmosphärenmodell mit einem Land-Atmosphären-Modell gekoppelt. Darüber hinaus werden regionale Klimamodelle mit Stadtmodellen zur Abbildung von Stadt-Umland-Beziehungen gekoppelt

(z. B. Karlický et al. 2018) oder mit Inlandseenmodellen zur besseren Abbildung der Land-See-Atmosphäre-Wechselwirkungen (z. B. Pietikäinen et al. 2018).

Da die regionalen Klimabedingungen aber nicht nur von den Landoberflächen beeinflusst werden, sondern je nach Region zum Teil stark von den Meeresbedingungen abhängen, werden regionale Klimamodelle immer häufiger mit regionalen Ozean- und Meereismodellen gekoppelt (Sein et al. 2015; Will et al. 2017; Primo et al. 2019). Dadurch entstehen sogenannte regionale Erdsystemmodelle. Durch die Kopplung mit einem Grundwassermodell kann darüber hinaus der terrestrische Wasserkreislauf auf regionaler Ebene geschlossen erfasst werden (Furusho-Percot et al. 2019).

Eine adäquate Beschreibung all dieser Prozesse und Wechselwirkungen auf klimatologischen Zeitskalen ist nur durch die hohe Auflösung eines regionalen Klimamodells möglich. Dabei werden auf dem hochaufgelösten dreidimensionalen Gitter des Modells die Gleichungen für Strömungen in einer wasserdampfhaltigen Atmosphäre gelöst. Je Gitterzelle erhält man einen gemittelten Wert, z. B. für die Temperatur, den Druck, die Windgeschwindigkeit, den Wasserdampf-, den Flüssigwasser- und Eisgehalt der Atmosphäre sowie die Luftdichte. Aber selbst bei sehr hochaufgelösten regionalen Klimasimulationen können nicht alle Prozesse im Klimasystem explizit berechnet werden. Physikalische Prozesse wie z. B. Turbulenz oder die Bildung von Wolkentröpfchen spielen sich auf so kleinen räumlichen Skalen ab, dass sie nicht von der Gitterstruktur des Modells aufgelöst werden können. Diese subskaligen Prozesse müssen daher parametrisiert werden, d. h., ihre Ausprägung und Wechselwirkung mit skaligen Prozessen werden auf Basis (semi-)empirischer Funktionen angenähert.

Ein Beispiel für solche subskaligen Prozesse, welche die Klimabedingungen besonders auf der regionalen Skala beeinflussen, sind die Wechselwirkungen zwischen der Landoberfläche und der Atmosphäre. An der Landoberfläche wird dabei die ankommende solare

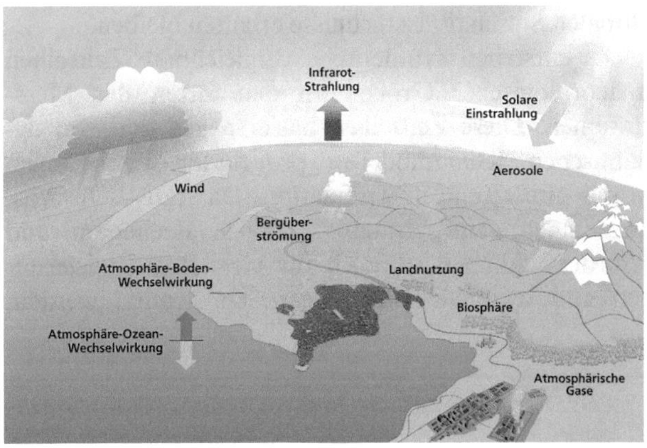

◘ **Abb. 4.1** Systemkomponenten regionaler Klimamodelle. (Abbildung: KIT)

Strahlung absorbiert, transformiert und als turbulente Energieflüsse (sensible und latente Wärmeflüsse) wieder in die Atmosphäre abgegeben. Die kleinskaligen Eigenschaften des Bodens und der Vegetation steuern somit den atmosphärischen Energieeintrag und sind von zentraler Bedeutung für die Dynamik des regionalen Klimasystems.

In regionalen Klimamodellen werden diese Wechselwirkungen zwischen Boden, Vegetation und Atmosphäre in Land-Atmosphären-Modellen parametrisiert. Beispiele für solche Modelle sind TERRA (Heise et al. 2003), VEG3D (Breil und Schädler 2017), CLM (Oleson et al. 2013), NoahMP (Niu et al. 2011) und REMO-iMOVE (Wilhelm et al. 2014). Die Modelle simulieren dabei den Wärme- und Wasserfluss im Boden und der Vegetation und deren Kopplung zur Atmosphäre. Dabei unterscheiden die Modelle verschiedene Boden- und Landnutzungsarten, denen wiederum unterschiedliche jahreszeitabhängige physikalische Parameter zugeordnet und die in einigen Modellen in Abhängigkeit von den atmosphärischen Bedingungen dynamisch berechnet werden. Des Weiteren werden Schnee-, Gefrier- und Schmelzprozesse berücksichtigt. In modernen Land-Atmosphären-Modellen ist darüber hinaus die Modellierung der regionalen Kohlenstoffbilanz und damit auch die Abbildung der Wechselwirkung zwischen biogeochemischen und biophysikalischen Prozessen möglich (Oleson et al. 2013; Wilhelm et al. 2014).

Zukünftig sollte die menschliche Komponente durch regionale Erdsystemmodelle interaktiv einbezogen werden (z. B. Giorgi 2019). Bislang wurden anthropogene Antriebe z. B. durch Emissionen oder Landnutzungsänderungen basierend auf Szenarien extern vorgegeben. Der Mensch reagiert auf die dadurch verursachten Änderungen z. B. durch Anpassungs- und Vermeidungsmaßnahmen, die wiederum auf das Klimasystem zurückwirken. Die Modellierung solcher wechselseitigen Interaktionen ist eine äußerst schwierige Aufgabe, da verschiedene sozioökonomische und umweltbedingte Faktoren dazu beitragen, die menschlichen Reaktionen zu bestimmen. Regionale Erdsystemmodelle bieten dafür einen besonders guten Rahmen, für die noch erheblicher Entwicklungsbedarf besteht.

4.3 Modellvalidierung

Um die Güte eines Modells beurteilen und es verbessern zu können, werden zur Validierung Modellergebnisse mit Beobachtungen verglichen. Hierzu wird das Regionalmodell mit globalen Reanalysedaten angetrieben. Durch die Randwerte von Temperatur, Druck, Feuchte und Strömungsgeschwindigkeit aus einem globalen Reanalysedatendatensatz wird das globale Klima berücksichtigt. Reanalysedaten werden mit Modellen der globalen Zirkulation unter Einbezug von täglichen Beobachtungen erstellt und sind damit nahe am beobachteten Klima. Sie bilden somit bestmöglich und physikalisch konsistent den Verlauf des vergangenen Klimas ab und bieten daher optimale Randbedingungen für die Validierung. Ein so angetriebenes regionales Klimamodell bildet die Prozesse auf regionaler Skala gut ab und simuliert dabei die Wetterlagen in ihrer zeitlichen Abfolge.

Zur Validierung des Regionalmodells werden beobachtete meteorologische Größen wie Temperatur und Niederschlag, für die es ein großflächiges, dichtes Messnetz gibt, mit den Modellergebnissen verglichen. Typischerweise werden in klimatologisch relevanten Zeiträumen von 30 Jahren Vergleiche durchgeführt. In diesen Simulationen, angetrieben mit Reanalysedaten, können auch einzelne Jahre und Jahreszeiten großräumig mit Beobachtungen in Bezug gesetzt werden.

Das validierte Regionalmodell wird unter Vorgabe von Randwerten eines globalen Klimamodells eingesetzt, um das global simulierte Klima im Referenzzeitraum (z. B. 1971–2000) zu regionalisieren. Hier können einzelne Jahre nicht mit beobachteten Jahren in Beziehung gesetzt werden, da ein globales Klimamodell eine eigene zeitliche Abfolge von Wetterlagen und jährlichen Schwankungen simuliert.

Vergleicht man jedoch das Klima über längere Zeiträume von mindestens 30 Jahren, ist die Erwartung, dass das simulierte Klima dem beobachteten entspricht, wobei Schwankungen, die sich über mehrere 10-Jahres-Perioden erstrecken (sogenannte multidekadische Schwankungen), auch bei 30-Jahres-Mitteln zu Unterschieden führen können.

Manche Impaktmodelle reagieren sehr empfindlich auf systematische Abweichungen zwischen dem simulierten und dem tatsächlich beobachteten Klima, auf dessen Basis sie kalibriert und validiert werden. Der Antrieb mit systematisch von Beobachtungsdaten abweichenden Klimamodelldaten kann zu starken Abweichungen und unrealistischen Ergebnissen der Impaktmodellierung führen. Eine mögliche Lösung ist die Erzeugung *bias*-angepasster Klimamodelldaten (Maraun und Widmann 2017). Dabei geht es um einzelne, für das entsprechende Wirkmodell relevante Klimagrößen. Die Anpassungen werden über den gemeinsamen Zeitraum kalibriert und dann auf die Klimaläufe für die Zukunft übertragen. Die Qualität der *Bias*-Anpassung hängt von der Qualität des eingehenden Beobachtungsdatensatzes und der *Bias*-Anpassungsmethode und auch der Länge des zur Kalibrierung verwendeten Zeitraums ab. Generell sind die Methoden von *Bias*-Anpassungen und ihre Auswirkung in Bezug auf die Eingaben für Impaktmodelle Gegenstand aktueller Forschung (z. B. Gobiet et al. 2015; Galmarini et al. 2019).

Eine gute Übersicht zu verschiedenen Evaluierungs-methoden und der Quantifizierung von Ungenauig-keiten regionaler Klima- und Klimaänderungs-simulationen in Mitteleuropa findet sich z. B. in Keuler (2006; Jacob et al. 2012; Gutiérrez JM et al. 2018). Neben den nationalen Evaluierungsaktivitäten wur-den zahlreiche international koordinierte Modell-evaluierungen auf europäischer und auch globaler Ebene durchgeführt. Eine Evaluierung auf europäischer und globaler Ebene hat den Vorteil, dass das regionale Klimamodell unter verschiedenen Klimabedingungen mit dem beobachteten Klima verglichen werden kann und somit die numerische Darstellung der physikali-schen Prozesse einer breiteren Überprüfung unterzogen wird. Außerdem können durch die Evaluierung inner-halb einer großen Modellierergemeinschaft verschiedene Aspekte und Indikatoren untersucht werden, da viele Wissenschaftler aus unterschiedlichen Modellier-gruppen dasselbe regionale Ensemble evaluieren.

Diese Evaluierung auf internationaler Ebene er-folgte z. B. in den europäischen Projekten PRU-DENCE (Christensen et al. 2002) und ENSEMBLES (Hewitt und Griggs 2004) sowie innerhalb der EURO-CORDEX Community (Jacob et al. 2019). Die Eva-luierung der Simulationen mit den Regionalmodellen RegCM, REMO und COSMO-CLM im Rahmen der neuen CORDEX-CORE-Initiative für unterschiedliche Regionen weltweit mit einer räumlichen Auflösung von 25 km zeigt die Robustheit und Anwendbarkeit der Regionalmodelle unter verschiedensten klimati-schen Bedingungen für Klimaänderungs- und Wirkstu-dien (Remedio et al. 2019; Ciarlo et al. 2021; Sørland et al. 2021). Für Europa wurden Klimasimulationen mit ca. 12,5 km Auflösung im Rahmen der EURO-CORDEX-Initiative erstellt (Jacob et al. 2014). In der Studie von Vautard et al. (2013) wird untersucht, wie gut Hitzewellen von den EURO-CORDEX-Model-len simuliert werden. In der Studie von Kotlarski et al. (2014) wird die zu der Zeit erreichbare Genauigkeit re-gionaler Klimasimulationen für Europa quantifiziert.

Bei der Modellvalidierung wird außerdem die Un-sicherheit berücksichtigt, die den Beobachtungs-daten anhaftet, indem verschiedene Beobachtungs-datensätze für dieselbe Region betrachtet werden. Die Unterschiede verschiedener Beobachtungsdatensätze ist in der Regel klein im Vergleich zur Bandbreite der Modellsimulationen, kann jedoch für bestimmte Kenn-werte in manchen Regionen vergleichsweise groß wer-den (Kotlarski et al. 2019).

Der Prozess der breiten Evaluierung ermöglicht es außerdem, den Mehrwert der regionalen räum-lich hochaufgelösten Simulationen zu analysieren. Einen klaren Mehrwert zeigen z. B. Prein et al. (2016) für mittlere und extreme Niederschläge für Simulatio-nen mit 50 km und 12,5 km Auflösung. Die höher auf-gelösten Simulationen liefern auch bei einem Vergleich

auf dem 50 km Gitter eine bessere Darstellung der Niederschläge, vor allem in orografisch stark struktu-rierten Gebieten wie der Alpenregion.

Ein ähnliches Ergebnis zeigen auch Ciarlo et al. (2021) auf globaler Ebene. Die Studie belegt eine ver-besserte Simulation des täglichen Niederschlags in den meisten der untersuchten Regionen gegenüber den an-treibenden Globalmodellen für Simulationen der COR-DEX-CORE-Initiative und der EURO-CORDEX-Si-mulationen. Diese Verbesserung wird besonders für sehr hohe Niederschlagsmengen und in geografisch stark strukturierten Gegenden ersichtlich.

In einer der ersten CORDEX-Flaggschiff-Pilot-studien (FPS) werden seit 2016 „Konvektive Phä-nomene mit hoher Auflösung über Europa und dem Mittelmeerraum" (FPS-CONV) mit einem Multi-modellensemble untersucht. Erste Tests auf der kon-vektionsauflösenden Skala um die 3 km zeigen eine realitätsgetreuere Reproduktion extremer Nieder-schlagsereignisse in Bezug auf die Niederschlagsintensi-tät und die räumliche Verteilung (Coppola et al. 2020). Die Auswertung der mit ERA-Interim angetriebenen zehnjährigen Simulationen im größeren Alpenraum zeigen im Vergleich zu Simulationen auf der 12,5 km-Skala gegenüber Beobachtungsdaten realistischere Abbildungen der Niederschläge, insbesondere von Starkniederschlägen sowie täglichen als auch stünd-lichen Niederschlagsintensitäten (Ban et al. 2021), was einen klaren Mehrwert konvektionsauflösender regio-naler Klimamodellsimulationen aufzeigt.

Im Zuge solcher Projekte werden die Modelle weiterentwickelt und stellen das gegenwärtige Klima immer besser und detailreicher dar. Dadurch steigt auch das Vertrauen in die mit den Modellen er-rechneten Klimaprojektionen für mögliche zukünftige Klimaentwicklungen (z. B. Sørland et al. 2018). Außer-dem wird mittels höherer Modellauflösungen eine neue Qualität erreicht, was die Abbildung der zeitlichen und räumlichen Genauigkeit des regionalen Klimas be-trifft. So wurden auf der konvektionsauflösenden Skala zehnjährige Zeitscheiben unter zukünftigen Klima-bedingungen simuliert, die im Vergleich zu gröber auf-gelösten Simulationen stärker ausgeprägte Änderun-gen von Niederschlagsextremen projizieren (Pitchelli et al. 2021). Langendijk et al. (2021) zeigen einen deut-lichen Mehrwert konvektionsauflösender Simulationen zur Abbildung von Stadt-Land-Kontrasten und boden-nahen Feuchtigkeitsextremen auf.

4.4 Ensembles und Bandbreiten regionaler Klimaprojektionen

Zunehmend werden mit regionalen Klimamodellen international koordinierte Multimodellensembles er-stellt, um die Unsicherheiten der Modellierung zu berücksichtigen und die Bandbreiten möglicher regionaler Klimaentwicklungen systematisch abzubilden (z. B. Déqué et al. 2007; Jacob et al. 2012; Moseley et al. 2012; Jacob et al. 2014, Rechid et al. 2014, Giorgi und Gutowski 2016). Dazu werden mehrere regionale Klimamodelle mit Ergebnissen der Simulationen mehrerer globaler Klimamodelle unter jeweils unterschiedlichen Emissionsszenarien angetrieben und so regionale Klimaprojektionen erstellt. Im Rahmen der internationalen Initiative CORDEX (Giorgi et al. 2009; Giorgi und Gutowski 2016), werden koordinierte regionale Klimaprojektionen für das 21. Jahrhundert für Regionen weltweit erstellt. Die CORDEX-Experimente sind Teil des Weltklimaforschungsprogramms (WCRP), und die Ergebnisse dieser Simulationen werden derzeit auch im sechsten Sachstandsbericht des Zwischenstaatlichen Ausschusses für Klimaänderungen verwendet (IPCC 2021).

Die neue Initiative CORDEX-CORE hat zum Ziel, für alle von Menschen bewohnten Kontinente eine vergleichsweise hochaufgelöste und einheitliche Basis an Klimainformationen zu schaffen. Dazu wurden Simulationen für ein Szenario mit starken Treibhausgasemissionen (RCP8.5) und für ein Szenario mit umfassenden Klimaschutzmaßnahmen (RCP2.6) durchgeführt. Für jedes Szenario wurden drei globale Klimasimulationen mit hoher, mittlerer und niedriger Klimasensitivität ausgewählt und mit jeweils zwei regionalen Klimamodellen für den Zeitraum 1970 bis 2100 in einer horizontalen Auflösung von 0,22° (~25 km) für alle Kontinente weltweit regionalisiert (Remedio et al. 2019; Teichmann et al. 2020; Ciarlo et al. 2021). Die CORDEX-CORE-Daten werden frei über die Earth System Grid Federation (ESGF) zur Verfügung gestellt. Sie bilden eine wichtige Basis für Untersuchungen zu regionalen Klimaänderungen weltweit und sind Grundlage für Analysen zu Vulnerabilität, Klimafolgen und Anpassung.

Verschiedene Klimamodelle reagieren unterschiedlich empfindlich auf die veränderten Treibhausgaskonzentrationen. Diese methodischen Unsicherheiten beruhen auf strukturellen Merkmalen der Modelle, die sich beispielsweise in numerischen Lösungsmethoden, physikalischen Parametrisierungen und der Repräsentierung und Kopplung der Teilsysteme und Prozesse des Klimasystems unterscheiden. Das dadurch abgebildete Spektrum möglicher globaler Klimaänderungen wird auch in die Simulationen der regionalen Klimamodelle übernommen. Es bestimmt einen großen Anteil der simulierten Bandbreiten regionaler Klimaentwicklungen. Die Unterschiede durch verschiedene physikalische Parametrisierungen und Konfigurationen der Regionalmodelle erweitern das Spektrum gegebenenfalls weiter. So spielt es z. B. eine Rolle, wie die regionale in die globale Simulation eingebettet ist, wie groß der simulierte Gebietsausschnitt ist und wo die geografischen Grenzen dieses räumlichen Ausschnittes liegen.

In regionalen Klimaprojektionen werden die in den Globalmodellen abgebildeten großskaligen Klimaschwankungen durch Regionalisierung mehrerer globaler Modellsimulationen erfasst. Die aus den globalen Simulationen übernommene interne Klimavariabilität prägt sich regional unterschiedlich aus. Auch im regionalen Klimasystem gibt es nichtlineare Prozesse, die in Regionalmodellen zusätzlich die interne Variabilität beeinflussen. Es wurden verschiedene Methoden verwendet, um den Anteil der internen Klimavariabilität, der allein von den Regionalmodellen simuliert wird, abzuschätzen (Alexandru et al. 2007; Lucas-Picher et al. 2008; Nikiéma und Laprise 2010; Sieck 2013). Diese zusätzliche Beeinflussung der internen Variabilität in Regionalmodellen spielt allerdings auf der Zeitskala von mehreren Jahrzehnten im Vergleich zu der in Globalmodellen abgebildeten großskaligen Variabilität im Klimasystem nur eine untergeordnete Rolle.

Insbesondere die Erforschung von Wetter- und Klimaextremen unter verschiedenen globalen Erwärmungsraten erfordert umfassende Ensemblesimulationen in zugleich räumlich hoher Auflösung. Zur Berechnung der Wahrscheinlichkeit, mit der ein Extremereignis durch den globalen Klimawandel verursacht wird, wurde im Rahmen der *Weather@Home*-Initiative ein Modellieransatz mittels umfassender Global-/Regionalmodellensembles entwickelt (Massey et al. 2015; Guillod et al. 2017). Mit dem kanadischen regionalen Klimamodell (CRCM5) wurde ein 50-Member-Ensemble des kanadischen Erdsystemmodells CanESM2 dynamisch für Nordamerika und Europa regionalisiert (Leduc et al. 2019). Die Simulationen liegen für den Zeitraum 1950 bis 2099 für das RCP8.5 vor und ermöglichen die Analyse der internen Klimavariabilität auf einer hohen räumlichen Auflösung von 12,5 km z. B. auch im Vergleich zu Simulationen der EURO-CORDEX-Initiative (z. B. von Trentini et al. 2019). Eine regionale und sektorspezifische Analyse von unterschiedlichen Klimafolgen bei 1,5°C und 2°C globaler Erwärmung wurde im Rahmen der internationalen Initiative *Half a degree Additional warming, Prognosis and Projected Impacts* (HAPPI) als Beitrag zum IPCC Sonderbericht über 1,5 °C globale Erwärmung (IPCC 2018) durchgeführt. Im HAPPI-De-Projekt wurde dazu eine neuartige Ensemblemethode entwickelt (Schleussner et al., 2018; Sieck et al. 2020). Mit dem regionalen Klimamodell REMO wurde ein Multi-Member Ensemble von 100 Simulationen pro Dekade für heutige, 1,5 °C und 2 °C globale Erwärmungsraten erstellt, angetrieben von HAPPI-Simulationen der globalen Erdsystemmodelle MPI-ESM und NorESM. Das große Ensemble verbessert im Vergleich zu anderen Simulationsmethoden erheblich das Verhältnis von Signalen zum „Rauschen" in Bezug auf die interne Klimavariabilität, was für die Erkennung signifikanter Änderungen in Extremen sehr wichtig ist.

Neben den in globalen Modellen berücksichtigten Emissionsszenarien (Moss et al. 2010; Riahi 2017) und großskaligen Landnutzungsänderungen (Hurtt et al. 2011; Hurtt et al. 2020) können in regionalen Modellen zudem regionale und lokale Änderungen der Landnutzung und Landbewirtschaftung implementiert werden. Im Rahmen der CORDEX-Flagship-Pilotstudie *Land Use and Climate Across Scales* (LUCAS) werden erstmals mittels eines Multimodellansatzes koordinierte regionale Klimamodellexperimente mit Landnutzungsänderungen für Europa durchgeführt (Rechid et al. 2017). Die lokalen und regionalen biophysikalischen Auswirkungen extremer Landnutzungsänderungen in Europa werden basierend auf dem LUCAS-Ensemble analysiert. Die Ergebnisse zeigen zum Teil Übereinstimmungen, zum Teil große Unterschiede zwischen den Modellen (z. B. Davin et al. 2020; Breil et al. 2020). Das bedeutet, dass die Ergebnisse zu klimatischen Auswirkungen von Landnutzungsänderungen einzelner Modelle im Vergleich zu Ergebnissen weiterer Modelle zu betrachten sind, und unterstreicht die Bedeutung von Ensemblesimulationen zur Berücksichtigung der Modellunsicherheiten.

4.5 Projizierte Veränderungen von Temperatur und Niederschlag im 21. Jahrhundert[2]

Für Deutschland stehen zahlreiche regionale Klimasimulationen auf relativ hochaufgelösten Gittern mit Kantenlängen von etwa 25 km bis zu 3 km zur Verfügung. Viele der älteren Simulationen basieren noch auf den globalen SRES-Emissionsszenarien, vielfach dem A1B Szenario. Die Regionalisierungen der Projektionen des globalen Modellsystems ECHAM5-MPIOM mit dynamischen und statistischen Methoden (z. B. Spekat et al. 2007; Hollweg et al. 2008; Jacob et al. 2008; Orlowsky et al. 2008; Jacob et al. 2012; Kreienkamp et al. 2011; Wagner et al. 2013) dienten damals in vielen deutschen Projekten zur Klimafolgenforschung wie in KLIMZUG, KLIFF, KLIWA und KLIWAS als Grundlage.

Seit 2014 stehen mit der Initiative EURO-CORDEX hochaufgelöste Klimaänderungssimulationen für ganz Europa auf Rastern mit Kantenlängen von 12,5 km zur Verfügung. Sie regionalisieren in europaweit koordinierten Modellexperimenten globale Klimasimulationen des CMIP5 in Multi-Global-/Regionalmodellensembles für verschiedene RCPs (Jacob et al. 2014). In den folgenden Jahren wurden diese durch Si-

mulationen im Projekt ReKliEs-DE (Bülow et al. 2019) ergänzt, welches für die Szenarien RCP8.5 und RCP2.6 auf dem EURO-CORDEX-Modellgebiet zusätzliche Regionalisierungen mit dynamischen Modellen bereitstellte. Für die Region Deutschland und nach Deutschland entwässernde Flusseinzugsgebiete wurden im Rahmen von ReKliEs-De auch Regionalisierungen mit den statistischen Modellen STARS und WETTREG erstellt (Hübener et al. 2017; Bülow et al. 2019).

Weitere dynamische Regionalisierungen auf dem EURO-CORDEX-Gebiet ergänzten im Rahmen des C3S[3]-Projektes PRINCIPLES das Ensemble der Simulationen, sodass nunmehr eine umfassende Datenbasis zur Analyse des zukünftigen Klimas zur Verfügung steht. Mit dem Episodes-Modell (Kreienkamp et al. 2019) stellt der DWD ein weiteres empirisch-statistisches Verfahren zur Verfügung, welches das Ensemble an Regionalisierungen auf dem EUR-11 Gitter ergänzt.

Im Folgenden werden wesentliche Ergebnisse, basierend auf 85 regionalen Klimasimulationen dynamischer Regionalmodelle der EURO-CORDEX-Initiative für die Szenarien RCP2.6, RCP4.5 und RCP8.5 vorgestellt. Dabei wurden die Klimaänderungen für alle Bundesländer sowie für Deutschland analysiert (Pfeifer et al. 2020a).

◘ Abb. 4.2 zeigt für ein Ensemble von 85 regionalen Klimaprojektionen dynamischer Modelle den zeitlichen Verlauf der Änderungen der Jahresmitteltemperatur (links) sowie für die Mitte des 21. Jahrhunderts (2036–2065) und das Ende des 21. Jahrhunderts (2070–2099) jeweils die Verteilung des Ensembles mit Median, Minimum, Maximum, 20. und 80. Perzentil für das gesamte Jahr sowie die Jahreszeiten (Frühling: März, April, Mai; Sommer: Juni, Juli, August; Herbst: September, Oktober, November; Winter: Dezember, Januar, Februar) (rechts). Das Ensemble (Zusammensetzung s. Anhang des Buches) umfasst 50 Simulationen für RCP8.5, 17 Simulationen für RCP4.5 und 18 Simulationen für RCP2.6.

Im Gebietsmittel über Deutschland projizieren die dynamischen Regionalmodelle eine deutliche Temperaturzunahme, sowohl im Jahresmittel als auch in allen Jahreszeiten. Regional sind die mittleren Temperaturänderungen in Deutschland ähnlich. Es ergeben sich jedoch deutliche Unterschiede bei schwellwertbasierten Temperaturkennwerten wie z. B. Sommertagen, heißen Tagen und tropischen Nächten, insbesondere bei RCP8.5 und zum Ende des 21. Jahrhunderts. Aufgrund des generell höheren Temperaturniveaus im Sommer in den südlichen Regionen nehmen die jährlichen Sommertage, heißen Tage und tropischen Nächte im Süden Deutschlands stärker zu als im Norden (z. B. Pfeifer et al. 2020b, c). Im Verlauf des Jahrhunderts unterscheiden sich die für das RCP8.5-Szena-

---

2   Liste der in diesem Abschnitt verwendeten Klimasimulationen
    ► „Klimasimulationen" im Serviceteil des Buches

3   *Copernicus Climate Change Service*

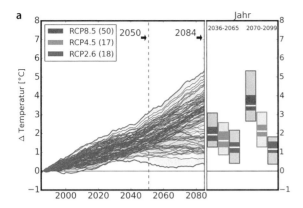
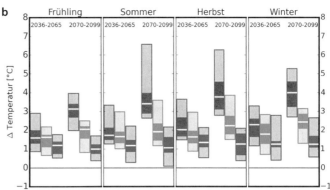

⬛ Abb. 4.2 a Zeitlicher Verlauf der projizierten Änderungen (im 30-jährigen gleitenden Mittel) der Jahresdurchschnittstemperatur in °C im Vergleich zur Referenzperiode von 1971–2000. Es ist jeweils die Mitte des 30-jährigen Zeitraums als Bezugspunkt in der Zeitreihendarstellung gewählt. Jede Linie zeigt die Ergebnisse einer Simulation des Ensembles. Änderungen zur Mitte des 21. Jahrhunderts und zum Ende des Jahrhunderts sind für die **a** jährlichen sowie die **b** saisonalen Änderungen in Form von Median (helle, waagerechte Linie), Minimum (untere Kante des Balkens), Maximum (obere Kante des Balkens), 20. und 80. Perzentil (untere und obere Grenze des dunklen Bereiches des Balkens) des Ensembles dargestellt. Farbig gekennzeichnet sind die unterschiedlichen RCP Szenarien: RCP8.5 rot, RCP4.5 blau, RCP2.6 grau

rio simulierten Temperaturen immer deutlicher von den Ergebnissen der RCP4.5- und RCP2.6-Szenarien. Das bedeutet, dass durch eine Verminderung der Treibhausgasemissionen und damit durch geringere Treibhausgaskonzentrationen in der Atmosphäre deutlich geringere Klimaänderungen zu erwarten sind. Ein Vergleich der statistischen und dynamischen Regionalisierungen ergab für die Temperaturkennwerte weitestgehend ähnliche Änderungssignale (Hübener et al. 2017).

Die mittleren Niederschlagsmengen schwanken erheblich von Jahr zu Jahr. Um auch für variable Größen, wie den Niederschlag valide Aussagen zu zukünftigen Änderungen treffen zu können, kann eine Analyse zur Robustheit der simulierten Änderungssignale z. B. nach Pfeifer et al. (2015) durchgeführt werden. Nach dieser Methode werden die Übereinstimmung der Modellergebnisse in der Richtung des Änderungssignals sowie die Signifikanz der Ergebnisse für jede Simulation untersucht und daraus eine Aussage zur Robustheit der projizierten Änderungen abgeleitet. Wenn zum Beispiel mindestens zwei Drittel der Simulationen eine Zunahme bzw. Abnahme und mindestens 50 % der Simulationen sogar eine signifikante Zunahme bzw. Abnahme zeigen, kann die Änderung als „robuste Zunahme bzw. Abnahme" bezeichnet werden (nach Pfeifer et al. 2015, 2020a–c).

Gegen Ende des 21. Jahrhunderts zeigt sich für Deutschland insbesondere für RCP8.5 eine Zunahme des Jahresniederschlags. Saisonal steht einer leichten Abnahme des Sommerniederschlags eine stärkere Zunahme der Winterniederschläge entgegen, woraus die resultierende Zunahme des Jahresniederschlags erklärt werden kann. ⬛ Abb. 4.3 zeigt den Verlauf der projizierten Niederschläge für Deutschland. Die Analyse der Robustheit ergibt in diesem Fall eine robuste Zunahme des Jahresniederschlags für RCP8.5 zum Ende des 21. Jahrhunderts.

Eine robuste Abnahme des Sommerniederschlags zeigt sich in den regionalen Analysen nur für das Saarland im Südwesten Deutschlands für RCP8.5 zum Ende des 21. Jahrhunderts (Pfeifer et al. 2021). Für den Winterniederschlag werden hingegen robuste Zunahmen gegen Ende des 21. Jahrhunderts für RCP8.5 in allen Regionen Deutschlands projiziert.

Für Klimakennwerte zu Niederschlagsextrema wie z. B. dem 95. oder 99. Perzentil der Tagesniederschläge oder der Anzahl der Tage pro Jahr mit Niederschlägen über 20 mm zeigt sich, dass die extremen Niederschlagsgrößen eine deutlichere Zunahme zeigen als der mittlere Niederschlag. Hier ergibt die Robustheitsanalyse für viele Regionen Deutschlands robuste Zunahmen bereits zur Mitte des 21. Jahrhunderts für RCP8.5 und RCP4.5.

Die projizierten Änderungen für Temperatur und Niederschlag für Deutschland sind in ⬛ Tab. 4.1 und 4.2 zusammengefasst. Dabei sind als robust klassifizierte Änderungen in fetter Schrift dargestellt. Deutlich erkennbar ist hier der große Unterschied der Belastbarkeit der Projektionen für die unterschiedlichen Klimagrößen. Robuste Aussagen zur Änderung der Temperatur können für beide Zeitperioden, alle betrachteten RCP-Szenarien und alle Jahreszeiten ermittelt werden, während für den Niederschlag nach der verwendeten Methode lediglich für RCP8.5 (Winter, Frühling und im Jahresmittel) zum Ende des Jahrhunderts eine robuste Zunahme konstatiert werden kann. Allerdings zeigt sich auch für RCP4.5 eine Tendenz zu zunehmenden Niederschlägen zum Ende des Jahrhunderts, ebenfalls vor allem für die Winter- und Frühjahrsmonate. Robuste Abnahmen zeigen sich gar nicht.

Da die Verarbeitung und Analyse des gesamten verfügbaren Ensembles an regionalen Klimaprojektionen für viele Anwender in der Klimafolgenforschung nicht möglich ist, wurden Ansätze entwickelt, um die Menge

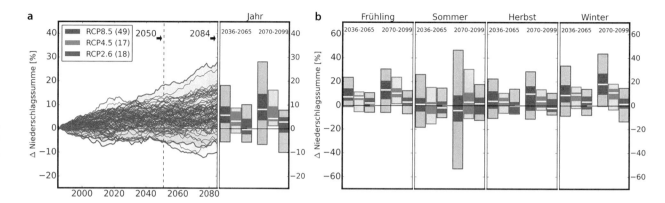

Abb. 4.3 **a** Zeitlicher Verlauf projizierter Änderungen (im 30-jährigen gleitenden Mittel) des durchschnittlichen jährlichen Niederschlags in Prozent im Vergleich zur Referenzperiode von 1971–2000. Es ist jeweils die Mitte des 30-jährigen Zeitraums als Bezugspunkt in der Zeitreihendarstellung gewählt. Jede Linie zeigt die Ergebnisse einer Simulation des Ensembles (Zusammensetzung s. Anhang des Buches). Änderungen zur Mitte des 21. Jahrhunderts (2036–2065) und zum Ende des Jahrhunderts (2070–2099) sind für die **a** jährlichen sowie **b** die saisonalen Änderungen in Form von Median (helle, waagerechte Linie), Minimum (untere Kante des Balkens), Maximum (obere Kante des Balkens), 20. und 80. Perzentil (untere und obere Grenze des dunklen Bereiches des Balkens) des Ensembles dargestellt. Farbig gekennzeichnet sind die unterschiedlichen RCP-Szenarien: RCP8.5 rot, RCP4.5 blau, RCP2.6 grau

Tab. 4.1 Projizierte Änderungen der jährlichen und saisonalen Temperatur in °C für Deutschland für 2036–2065 und 2070 2099 relativ zu 1971–2000. Angaben sind auf eine Nachkommastelle gerundet. Es werden ausschließlich Zunahmen projiziert, **alle Werte sind robust**. Kriterien der Robustheit nach Pfeifer et al. 2015 (Zusammensetzung des Ensembles: ▶ „Klimasimulationen" im Serviceteil hinten im Buch)

Projizierte Klimaänderung relativ zu 1971–2000 [°C]		Mitte des Jahrhunderts: 2036–2065			Ende des Jahrhunderts: 2070–2099		
		Minimum	Median	Maximum	Minimum	Median	Maximum
RCP8.5	Jahresmitteltemperatur	1,3	1,9	3,1	2,7	3,5	5,3
	Frühlingstemperatur	0,9	1,6	2,9	2,0	3,1	4,0
	Sommertemperatur	1,3	1,7	3,3	2,6	3,4	6,6
	Herbsttemperatur	1,5	2,0	3,7	2,8	3,8	6,3
	Wintertemperatur	1,2	2,3	3,3	2,7	4,0	5,3
RCP4.5	Jahresmitteltemperatur	0,9	1,6	2,6	1,3	2,1	3,1
	Frühlingstemperatur	0,7	1,6	2,2	0,8	2,0	2,5
	Sommertemperatur	1,0	1,7	3,0	1,2	1,9	3,6
	Herbsttemperatur	0,9	1,6	3,0	1,5	2,2	3,9
	Wintertemperatur	0,7	1,8	2,8	1,3	2,4	3,2
RCP2.6	Jahresmitteltemperatur	0,4	1,3	2,2	0,4	1,2	1,8
	Frühlingstemperatur	0,5	1,2	1,8	0,4	1,0	1,7
	Sommertemperatur	0,3	1,2	2,2	0,1	1,1	2,2
	Herbsttemperatur	0,5	1,4	2,1	0,4	1,3	2,1
	Wintertemperatur	0,4	1,3	2,8	0,6	1,3	2,7

an Daten für dafür geeignete Anwendungen zu reduzieren. Dabei gibt es unterschiedliche Konzepte:

1. Reduzierung der Datenmenge durch Auswahl besonders „passender" Simulationen. Grundlage hier ist eine Auswahl der Simulationen (globaler oder regionaler Klimamodelle) nach bestimmten Qualitäts-

kriterien, wie z. B. der Übereinstimmung von Simulationen des heutigen Klimas mit Beobachtungen. Dabei kann die Qualitätsprüfung an anwendungsspezifische Regionen und/oder Klimaparameter angepasst sein (z. B. Parding et al. 2020; Bayerisches Landesamt für Umwelt 2020).

◻ Tab. 4.2 Projizierte Änderungen der jährlichen und saisonalen Niederschläge in Prozent für Deutschland für 2036–2065 und 2070–2099 relativ zu 1971–2000. Angaben sind auf eine Nachkommastelle gerundet. **Robuste Änderungen** sind durch Fettschrift hervorgehoben. Kriterien der Robustheit nach Pfeifer et al. 2015 (Zusammensetzung des Ensembles: ▸ „Klimasimulationen" im Serviceteil hinten im Buch)

Projizierte Klimaänderung relativ zu 1971–2000 [%]		Mitte des Jahrhunderts: 2036–2065			Ende des Jahrhunderts: 2070–2099		
		Minimum	Median	Maximum	Minimum	Median	Maximum
RCP8.5	Jahresniederschlag	−5,6	5,7	18,1	**−6,6**	**8,2**	**28,1**
	Frühlingsniederschlag	−1,1	7,1	23,5	**−5,9**	**13,1**	**30,5**
	Sommerniederschlag	−18,4	0,9	26,0	−53,2	−4,2	46,7
	Herbstniederschlag	−10,6	3,7	22,4	−11,2	9,9	28,5
	Winterniederschlag	−8,6	8,8	33,3	**−0,4**	**18,1**	**43,8**
RCP4.5	Jahresniederschlag	−1,9	3,1	8,7	1,2	4,4	16,3
	Frühlingsniederschlag	−5,3	6,8	11,3	1,5	10,3	23,7
	Sommerniederschlag	−15,6	0,5	15,2	−10,9	2,9	30,4
	Herbstniederschlag	−6,4	3,2	10,4	−3,7	3,7	13,5
	Winterniederschlag	−2,2	9,2	15,8	−3,4	11,0	18,3
RCP2.6	Jahresniederschlag	−5,6	−0,3	10,2	−9,9	2,8	7,8
	Frühlingsniederschlag	−5,8	2,1	10,7	−7,0	3,0	12,5
	Sommerniederschlag	−10,2	−1,8	14,7	−12,3	1,6	17,7
	Herbstniederschlag	−6,9	−0,3	13,9	−7,7	−2,1	10,5
	Winterniederschlag	−7,9	2,2	13,9	−13,3	1,3	14,8

2. Reduzierung der Datenmenge durch Auswahl eines Subensembles, welches die Bandbreite der Änderungen des Gesamtensembles für einen oder mehrere Klimaparameter erhält. Auch diese Methoden können an anwendungsspezifische Regionen und/oder Klimaparameter angepasst werden (z. B. Dalelane et al. 2018; Mendlik und Gobiet 2015; Wilcke und Bärring 2016).

Für Deutschland hat der Deutsche Wetterdienst (DWD) basierend auf Methode 1 aus den verfügbaren regionalen Klimaprojektionen auf 0,11° für Europa ein Referenzensemble von Projektionen definiert, welches sich durch einen Ansatz nach Dalelane et al. (2018) mit Methode 2 weiter reduzieren lässt auf ein Kernensemble (DWD-Referenzensemble, Stand 2018). Das Bund-Länder-Fachgespräch, ein regelmäßiges Austauschforum zwischen Spezialisten von Bund und Ländern in Deutschland, hat ein weiteres Referenzensemble bereitgestellt (Linke et al. 2020).

Zahlreiche Forschungsarbeiten untersuchen die Auswirkungen einer globalen Erwärmung von 1,5 °C im Vergleich zu 2 °C (und 3 °C) als Beitrag zum IPCC-Sonderbericht über 1,5 °C globale Erwärmung (IPCC 2018). Der Ansatz besteht darin, aus den globalen Modellsimulationen Zeitperioden zur Analyse auszuwählen, zu denen die im jeweiligen Modell simulierte globale Erwärmung einen bestimmten Schwellwert relativ zum präindustriellen Klima überschritten hat, d. h., es wird für jedes Modell der 30-Jahreszeitraum untersucht, in dem die globale Erwärmungsrate von z. B. 1,5 °C oder 2 °C in diesem Modell erreicht wird (Jacob et al. 2018). Damit können die Bandbreiten, die sich aus den unterschiedlichen zeitlichen Verläufen der in den globalen Klimamodellen abgebildeten internen Klimavariabilität sowie Modellunsicherheiten ergeben, reduziert werden und die regionalen Klimaänderungen und die damit verbundene Ausprägung von Extremen unter verschiedenen globalen Erwärmungsraten untersucht werden (Jacob et al. 2018; Kjellström et al. 2018; Teichmann et al. 2018; Pfeifer et al. 2019).

4.6 Kurz gesagt

Regionale Klimamodelle liefern räumlich detaillierte Informationen zu den Ausprägungen globaler Klimaänderungen in einzelnen Regionen, welche vielfach als Basis für die Forschung zu Klimafolgen, Vulnerabilität und Anpassung dienen. Viele Fragen, etwa nach der Verfügbarkeit von Wasser oder der Änderung von Wetterextremen, lassen sich eher mit räumlich hochaufgelösten Daten regionaler Klimamodelle beantworten als mit den Ergebnissen globaler Klimamodelle.

Die Standardauflösung für multidekadische regionale Klimaprojektionen für Europa im 21. Jahrhundert beträgt derzeit 12,5 km. Die Ergebnisse der zur Verfügung stehenden EURO-CORDEX-Ensemblesimulationen (Stand 2020) zeigen für Deutschland im Jahresmittel einen möglichen Anstieg der bodennahen Lufttemperatur bis zum Ende des 21. Jahrhunderts im Vergleich zur Referenzperiode 1971 bis 2000 um 0,4 bis 1,8 °C für RCP2.6, um 1,3 bis 3,1 °C für RCP4.5 und um 2,7 bis 5,3 °C für RCP8.5.

Die simulierten Niederschlagsänderungen unterscheiden sich je nach Gebiet und weisen eine zeitlich hohe Variabilität auf. Gegen Ende des 21. Jahrhunderts zeigen die meisten Simulationen für Deutschland im Vergleich zur Referenzperiode 1971 bis 2000 im Winter einen Trend der Niederschlagszunahme mit einer Bandbreite für RCP4.5 von etwa −3 bis +18 % und für RCP8.5 von −0,5–44 %. Im Sommer, sowie für RCP2.6 auch im Winter, zeigen etwa gleich viele Simulationen Zunahmen wie Abnahmen, sodass kein Trend für eine Änderung des mittleren Sommerniederschlags abgeleitet werden kann.

Konvektionsauflösende Modelle auf der Kilometerskala besitzen ein hohes Potenzial zur zukünftig weiter verbesserten Abbildung insbesondere von Niederschlägen und Extremen. Es besteht erheblicher Forschungsbedarf zum interaktiven Einbezug der menschlichen Komponente in regionale Erdsystemmodelle, auch zur Abbildung von Vermeidungs- und Anpassungsmaßnahmen und ihrer Wechselwirkungen mit dem regionalen Klimasystem.

Literatur

Alexandru A, de Elia R, Laprise R (2007) Internal variability in regional climate downscaling at the Ssasonal scale. Mon Weather Rev 135:3221–3238

Ban N, Caillaud C, Coppola E, Pichelli E, Sobolowski S, Adinolfi M et al (2021) The first multi-model ensemble of regional climate simulations at kilometer-scale resolution, part I: evaluation of precipitation. Clim Dyn. ▶ https://doi.org/10.1007/s00382-021-05708-w

Bayerisches Landesamt für Umwelt (2020) (Hg.) Das Bayerische Klimaprojektionsensemble – Audit und Ensemblebildung. 55 Seiten. Broschüre. ▶ https://www.lfu.bayern.de/publikationen/. Zugegriffen: 21. Febr 2021

Berg P, Wagner S, Kunstmann H, Schädler G (2013) High resolution regional climate model simulations for Germany: Part 1 – validation. Clim Dyn 40:401–414

Breil M, Schädler G (2017) Quantification of the uncertainties in soil and vegetation parameterizations for regional climate simulations in Europe. J Hydrometeorol 18(5):1535–1548

Breil, M, Rechid D, Davin EL, de Noblet-Ducoudré N, Katragkou E, Cardoso RM, Hoffmann P, Jach LL, Soares PMM, Sofiadis G, Strada S, Strandberg G, Tölle MH, Warrach-Sagi K (2020) The opposing effects of re/af-forestation on the diurnal temperature cycle at the surface and in the lowest atmospheric model level in the European summer. J. Climate 1–58. ▶ https://doi.org/10.1175/JCLI-D-19-0624.1

Bülow K, Huebener H, Keuler K, Menz C, Pfeifer S, Ramthun H, Spekat A, Steger C, Teichmann C, Warrach-Sagi K (2019) User tailored results of a regional climate model ensemble to plan adaption to the changing climate in Germany. Adv Sci Res 16:241–249. ▶ https://doi.org/10.5194/asr-16-241-2019

Ciarlo JM, Coppola E, Fantini A et al. (2021) A new spatially distributed added value index for regional climate models: the EURO-CORDEX and the CORDEX-CORE highest resolution ensembles Climate Dynamics

Christensen JH, Carter TR, Giorgi F (2002) PRUDENCE employs new methods to assess European climate change. Eos, Trans Am Geophys Union 83:147–147

Coppola E, Sobolowski S, Pichelli E, Raffaele F, Ahrens B, Anders I et al (2020) A first-of-its-kind multi-model convection permitting ensemble for investigating convective phenomena over Europe and the Mediterranean. Clim Dyn 55(1–2):3–34. ▶ https://doi.org/10.1007/s00382-018-4521-8

Dalelane C, Früh B, StegerC, Walter A (2018) A pragmatic approach to build a reduced regional climate projection ensemble for Germany using the EURO-CORDEX 8.5 Ensemble. J Appl Meteorol Climatol 57(3): 477–491

Davin EL, Rechid D, Breil M et al (2020) Biogeophysical impacts of forestation in Europe: First results from the LUCAS regional climate model intercomparison. Earth Syst Dynam 11:183–200. ▶ https://doi.org/10.5194/esd-11-183-2020

Déqué M, Rowell PD, Lüthi D, Giorgi F, Christensen JH, Rockel B, Jacob D, Kjellström E, De Castro M, van den Hurk BJJM (2007) An intercomparison of regional climate simulations for Europe: assessing uncertainties in model projections. Clim Chang 8:53–70

DWD Referenzensemble (2018) ▶ https://www.dwd.de/DE/forschung/klima_umwelt/klimaprojektionen/fuer_deutschland/fuer_dtsl_rcp-datensatz_node.html. Zugegriffen: 15. Sept 2021

Feldmann H, Pinto JG, Laube N, Uhlig M, Moemken J, Pasternack A, Früh B, Pohlmann H, Kottmeier C (2019) Skill and added value of the MiKlip regional decadal prediction system for temperature over Europe. Tellus A: Dyn Meteorol Oceanogr 71(1):1618678

Fosser G, Khodayar S, Berg P (2015) Benefit of convection permitting climate model simulations in the representation of convective precipitation. Clim Dyn (2015)44:45–60. ▶ https://doi.org/10.1007/s00382-014-2242-1.

Furusho-Percot C, Goergen K, Hartick C, Kulkarni K, Keune J, Kollet S (2019) Pan-European groundwater to atmosphere terrestrial systems climatology from a physically consistent simulation. Sci data 6(1):1–9

Galmarini S, Cannon A, Ceglar A et al (2019) Adjusting climate model bias for agricultural impact assessment: How to cut the mustard. Clim Serv Elsevier BV 13:65–69. ▶ https://doi.org/10.1016/j.cliser.2019.01.004

Gerstengarbe F-W, Werner PC, Österle H, Burghoff O (2013) Winter storm- and summer thunderstorm-related loss events with regard to climate change in Germany. Theor Appl Climatol 114:715–724. ▶ https://doi.org/10.1007/s00704-013-0843-y

Giorgi F, Jones C, Asrar G (2009) Addressing climate information needs at the regional level: the CORDEX framework. WMO Bulletin 58:175–183

Giorgi F, Coppola E, Solmon F et al (2012) RegCM4: model description and preliminary tests over multiple CORDEX domains. Clim Res 52:7–29

Giorgi F, Gutowski WJ (2016) Coordinated experiments for projections of regional climate change. Curr Clim Change Rep 2:202–210. ▶ https://doi.org/10.1007/s40641-016-0046-6

Giorgi F (2019) Thirty years of regional climate modeling: Where are we and where are we going next? J Geophys Res Atmos 124:5696–5723. ▶ https://doi.org/10.1029/2018JD030094

Gobiet A, Suklitsch M, Heinrich G (2015) The effect of empirical-statistical correction of intensity-dependent model errors on the temperature climate change signal. Hydrol Earth Syst Sci Copernicus GmbH 19:4055–4066. ► https://doi.org/10.5194/hess-19-4055-2015

Guillod BP, Jones RG, Bowery A, Haustein K, Massey NR, MitchellDM, OttoFEL, Sparrow SN, Uhe P, Wallom DCH, Wilson S, Allen MR (2017) weather@home 2: validation of an improved global–regional climate modelling system. Geosci Model Dev 10:1849–1872. ► https://doi.org/10.5194/gmd-10-1849-2017

Gutiérrez JM, Maraun D, Widmann M et al (2018) An intercomparison of a large ensemble of statistical downscaling methods over Europe: results from the VALUE perfect predictor cross-validation experiment. Int J Climatol. ► https://doi.org/10.1002/joc.5462

Gutowski WJ, Ullrich PA, Hall A (2020) The ongoing need for high-resolution regional climate models: Process Understanding and Stakeholder Information. Bull Amer Meteor Soc 101:E664–E683. ► https://doi.org/10.1175/BAMS-D-19-0113.1

Heise E, Lange M, Ritter B, Schrodin R (2003) Improvement and validation of the multilayer soilmodel. COSMO Newsl 3:198–203. ► http://www.cosmo-model.org/content/model/documentation/newsLetters/default.htm

Hewitt CD, Griggs DJ (2004) Ensembles-based predictions of climate changes and their impacts (ENSEMBLES). Eos Trans AGU 85:566. ► https://doi.org/10.1029/2004EO520005

Hollweg H-D, Böhm U, Fast I, Hennemuth B, Keuler K, Keup-Thiel E, Lautenschlager M, Legutke S, Radtke K, Rockel B, Schubert M, Will A, Woldt M, Wunram C (2008) Ensemble simulations over Europe with the regional climate model CLM forced with IPCC AR4 Global Scenarios. Technical Report 3, Modelle und Daten at the Max Planck Institute for Meteorology: 150

Hübener H, Bülow K, Fooken C et al (2017) ReKliEs-De Ergebnisbericht, Tech. rep., Hessian Agency for Nature, Environment and Geology (HLNUG). ► http://reklies.hlnug.de/fileadmin/tmpl/reklies/dokumente/ReKliEs-De-Ergebnisbericht.pdf

Hurtt GC, Chini LP, Frolking S et al (2011) Harmonization of land-use scenarios for the period 1500–2100: 600 years of global gridded annual land-use transitions, wood harvest and resulting secondary lands. Clim Chang 109:117–161

Hurtt GC, Chini L, Sahajpal R et al (2020) Harmonization of global land use change and management for the period 850–2100 (LUH2) for CMIP6. Geosci Model Dev 13:5425–5464. ► https://doi.org/10.5194/gmd-13-5425-2020

IPCC (2018) Summary for Policymakers. In: Global Warming of 1.5°C. An IPCC Special Report on the impacts of global warming of 1.5°C above pre-industrial levels and related global greenhouse gas emission pathways, in the context of strengthening the global response to the threat of climate change, sustainable development, and efforts to eradicate poverty [Masson-Delmotte V, Zhai P, Pörtner HO, Roberts D, Skea J, Shukla PR, Pirani A, Moufouma-Okia W, Péan C, Pidcock R, Connors S, Matthews JBR, Chen Y, Zhou X, Gomis MI, Lonnoy E, Maycock T, Tignor M, Waterfield T (Hrsg)]. Cambridge University Press, Cambridge, pp. 3–24, ► https://doi.org/10.1017/9781009157940.001

IPCC (2021) Climate Change 2021: The physical science basis. Contribution of Working Group I to the Sixth Assessment Report of the Intergovernmental Panel on Climate Change [Masson-Delmotte V, Zhai P, Pirani A et al (Hrsg)]. Cambridge University Press. In Press

Jacob D, Podzun R (1997) Sensitivity studies with the regional climate model REMO. Meteorl Atmos Phys 63:119–129. ► https://doi.org/10.1007/BF01025368

Jacob D, Göttel H, Kotlarski S, Lorenz P, Sieck K (2008) Klimaauswirkungen und Anpassung in Deutschland: Erstellung regionaler Klimaszenarien für Deutschland mit dem Klimamodell REMO. Forschungsbericht, 204 41 138 Teil 2, iA des UBA Dessau

Jacob D, Bülow K, Kotova L, Moseley C, Petersen J, Rechid D (2012) Regionale Klimaprojektionen für Europa und Deutschland: Ensemble Simulationen für die Klimafolgenforschung. CSC Report, Bd. 6. Climate-Service-Center, Hamburg

Jacob D, Petersen J, Eggert B et al (2014) EURO-CORDEX: new high-resolution climate change projections for European impact research. Reg Envir Changes 14:563–578. ► https://doi.org/10.1007/s10113-013-0499-2

Jacob D, Kotova L, Teichmann C, Sobolowski SP, Vautard R, Donnelly C, Koutroulis AG, Grillakis MG, Tsanis IK, Damm A, Sakalli A, van Vliet MTH (2018) Climate impacts in Europe under +1.5°C global warming. Earth's Future [Online Ressource] 6(2):264-285. ► https://doi.org/10.1002/2017EF000710

Jacob, D, Teichmann, C, Sobolowski, S et al. (2020) Regional climate downscaling over Europe: perspectives from the EURO-CORDEX community. Regional Environmental Change, Springer Science and Business Media LLC, 20

Karlický J, Huszár P, Halenka T, Belda M, Žák M, Pišoft P, Mikšovský J (2018) Multi-model comparison of urban heat island modelling approaches. Atmos Chem Phys 18:10655–10674. ► https://doi.org/10.5194/acp-18-10655-2018

Keuler K (2006) Quantifizierung von Ungenauigkeiten regionaler Klima- und Klimaänderungssimulationen (QUIRCS) QUIRCS Abschlussbericht, 156 pp. ► http://www.tu-cottbus.de/meteo/Quircs/forschung/abschlussbericht.pdf

Kjellström E, Nikulin G, Strandberg G, Bøssing Christensen O, Jacob D, Keuler K, Lenderink G, Van Meijgaard E, Schär C, Somot S, Lund Sørland S, Teichmann C, Vautard R (2018) European climate change at global mean temperature increases of 1.5 and 2 °C above pre-industrial conditions as simulated by the EURO-CORDEX regional climate models. Earth Syst Dyn 9(2):459–478. ► https://doi.org/10.5194/esd-9-459-2018

Kotlarski S, Keuler K, Christensen OB, Colette A, Déqué M, Gobiet A, Goergen K, Jacob D, Lüthi D, van Meijgaard E, Nikulin G, Schär C, Teichmann C, Vautard R, Warrach-Sagi K, Wulfmeyer V (2014) Regional climate modeling on European scales: a joint standard evaluation of the EURO-CORDEX RCM ensemble. Geosc Model Dev 7:1297–1333

Kotlarski S, Szabó P, Herrera S et al (2019) Observational uncertainty and regional climate model evaluation: A pan-European perspective International Journal of Climatology 39:3730–3749

Kreienkamp F, Spektat A, Enke W (2011) Ergebnisse regionaler Szenarienläufe für Deutschland mit der statistischen Methode WETTREG auf der Basis der SRES-Szenarien A2 und B1 modelliert mit ECHAM5/MPI-OM. Bericht: Climate and Environment Consulting Potsdam GmbH, finanziert vom Climate-Service-Center. Eigenverlag der GmbH, Hamburg

Kreienkamp F, Spekat A, Enke W (2013) The weather generator used in the empirical statistical downscaling method wettreg. Atmosphere 4:169–197

Kreienkamp F, Paxian A, Früh B et al (2019) Evaluation of the empirical–statistical downscaling method EPISODES. Clim Dyn 52:991–1026. ► https://doi.org/10.1007/s00382-018-4276-2

Langendijk GS, RechidD SK, Jacob D (2021) Added value of convection-permitting simulations for understanding future urban humidity extremes: case studies for Berlin and its surroundings. Weather Clim Extrem 33:100367

Leduc M, Mailhot A, Frigon A, Martel J-L, Ludwig R, Brietzke GB, Giguére M, Brissette F, Turcotte R, Braun M, Scinocca J (2019) ClimEx project: a 50-member ensemble of climate change projections at 12-km resolution over Europe and northeastern North America with the Canadian Regional Climate Model (CRCM5). J Appl Meteorol Climatol. ► https://doi.org/10.1175/JAMC-D-18-0021.1

Linke C et al (2020) Leitlinien zur Interpretation regionaler Klimamodelldaten des Bund-Länder- Fachgespräches „Interpretation regionaler Klimamodelldaten", Potsdam, Nov. 2020. ► https://

lfu.brandenburg.de/sixcms/media.php/9/Leitlinien-Klima-modelldaten.pdf. Zugegriffen: 17. Sept 2021

Lucas-Picher P, Caya D, de Elia R, Laprise R (2008) Investigation of regional climate models' internal variability with a ten-member ensemble of 10-year simulations over a large domain. Clim Dyn 31:927–940. ► https://doi.org/10.1007/s00382-008-0384-8

Maraun D, Widmann, (2017) Statistical downscaling and bias correction for climate research. Cambridge University Press. ► https://doi.org/10.1017/9781107588783

Massey N, Jones R, Otto FEL et al (2015) Weather@home—development and validation of a very large ensemble modelling system for probabilistic event attribution. Q J R Meteorol Soc 141(690):1528–1545. ► https://doi.org/10.1002/qj.2455

Mendlik T, Gobiet A (2015) Selecting climate simulations for impact studies based on multivariate patterns of climate change. Clim Change 135(3–4):381–393

Moseley C, Panferov O, Döring C, Dietrich J, Haberlandt U, Ebermann V, Rechid D, Beese F, Jacob D (2012) Klimaentwicklung und Klimaszenarien. In: Empfehlung für eine niedersächsische Strategie zur Anpassung an die Folgen des Klimawandels. Niedersächsisches Ministerium für Umwelt, Energie und Klimaschutz, Regierungskommission Klimaschutz, Hannover

Moss RH, Edmonds JA, Hibbard KA et al (2010) The next generation of scenarios for climate change research and assessment. Nature 463:747–756

Nikiéma O, Laprise R (2010) Diagnostic budget study of the internal variability in ensemble simulations of the Canadian RCM. Clim Dyn 36:2313–2337. ► https://doi.org/10.1007/s00382-010-0834-y

Niu GY, Yang ZL, MitchellKE, ChenF, Ek MB, Barlage M, KumarA, ManningK, NiyogiD, Rosero E, Tewari M, Xia Y (2011) The community Noah land surface model with multiparameterization options (Noah-MP): 1. Model description and evaluation with local-scale measurements. J Geophys Res Atmos 116(D12)

Oleson KW, Lawrence DM, Bonan GB et al. (2013) Technical description of version 4.5 ofthe Community Land Model (CLM), Boulder, CO

Orlowsky B, Gerstengarbe FW, Werner PC (2008) A resampling scheme for regional climate simulations and its performance compared to a dynamical RCM. Theor Appl Climatol 92:209–223

Parding KM, Dobler A, McSweeney CF, Landgren OA, Benestad R, Erlandsen HB, Mezghani A, Gregow H, Räty O, Viktor E, El Zohbi J, Christensen OB, Loukos H, Meval GC (2020) An interactive tool for evaluation and selection of climate model ensembles. Clim Serv 18:100167. ► https://doi.org/10.1016/j.cliser.2020.100167

Pham TV, Steger C, Rockel B, Keuler K, Kirchner I, Mertens M, Rieger D, Zängl G, and Früh B (2021) ICON in Climate Limited-area Mode (ICON release version 2.6.1): a new regional climate model, Geosci. Model Dev., 14, 985–1005. ► https://doi.org/10.5194/gmd-14-985-2021

Pfeifer S, Rechid D, Bathiany S (2020a) Klimaausblick Deutschland. Climate Service Center Germany (GERICS). ► https://www.gerics.de/products_and_publications/fact_sheets/climate_fact_sheets/detail/088906/index.php.de

Pfeifer S, Rechid D, Bathiany S (2020b) Klimaausblick Schleswig-Holstein, Climate Service Center Germany (GERICS). ► https://www.gerics.de/products_and_publications/fact_sheets/climate_fact_sheets/detail/088906/index.php.de

Pfeifer S, Rechid D, Bathiany S (2020c) Klimaausblick Baden-Württemberg, Climate Service Center Germany (GERICS). ► https://www.gerics.de/products_and_publications/fact_sheets/climate_fact_sheets/detail/088906/index.php.de

Pfeifer S, Rechid D, Bathiany S (2021) Klimaausblick Saarland. Climate Service Center Germany (GERICS).

Pfeifer S, Bülow K, Gobiet A, Hänsler A, Mudelsee M, Otto J, Rechid D, Teichmann C, Jacob D (2015) Robustness of ensemble climate projections analyzed with climate signal maps: seasonal and extreme precipitation for Germany. Atmosphere 6:677–698

Pfeifer S, Rechid D, Reuter M, Viktor E, Jacob D (2019) 1.5°, 2°, and 3° global warming: visualizing European regions affected by multiple changes. Reg Environ Change 19(6):1777–1786. ► https://doi.org/10.1007/s10113-019-01496-6

Pietikäinen J-P, Markkanen T, Sieck K, Jacob D, Korhonen J, Räisänen P, Gao Y, Ahola J, Korhonen H, Laaksonen A, Kaurola J (2018) The regional climate model REMO (v2015) coupled with the 1-D freshwater lake model FLake (v1): Fenno-Scandinavian climate and lakes. Geosci Model Dev 11:1321–1342. ► https://doi.org/10.5194/gmd-11-1321-2018

Prein AF, Langhans W, Fosser G, Ferrone A, Ban N, Goergen K, Keller M, Tölle M, Gutjahr O, Feser F, Brisson E, Kollet S, Schmidli J, van Lipzig NPM, Leung R (2015) A review on regional convection-permitting climate modeling: Demonstrations, prospects, and challenges. Rev Geophys 53(2):323–361

Prein A, Gobiet A, Truhetz H, Keuler K, Goergen K, Teichmann C, Fox Maule C, van Meijgaard E, Déqué M, Nikulin G, Vautard R, Colette A, Kjellström E, Jacob D (2016) Precipitation in the EURO-CORDEX 0.11° and 0.44° simulations: high resolution, high benefits? Climate Dyn Springer, Berlin Heidelberg 46:383–412

Primo C, Kelemen FD, Feldmann H, Akhtar N, Ahrens B (2019) A regional atmosphere–ocean climate system model (CCLMv5.0clm7-NEMOv3. 3-NEMOv3. 6) over Europe including three marginal seas: on its stability and performance. Geoscientific Model Dev 12(12):5077–5095

Purr C, Brisson E, Ahrens B (2021) Convective rain cell characteristics and scaling in climate projections for Germany. Int J Climatol 41(5):3174–3185. ► https://doi.org/10.1002/joc.7012

Rechid D, Petersen J, Schoetter R, Jacob D (2014) Klimaprojektionen für die Metropolregion Hamburg. Berichte aus den KLIMZUG-NORD Modellgebieten, Bd. 1. TuTech Verlag, Hamburg

Rechid D, Davin E, de Noblet-Ducoudré N, Katragkou E, LUCAS Team (2017) CORDEX Flagship Pilot Study 'LUCAS - Land Use & Climate Across Scales" – a new initiative on coordinated regional land use change and climate experiments for Europe. Solicited presentation. Geophys Res Abstracts 19:EGU2017–13172. EGU General Assembly 2017

Remedio AR, Teichmann C, Buntemeyer L, Sieck K, Weber T, Rechid D, Hoffmann P, Nam C, Kotova L (2019) Jacob D (2019) Evaluation of new CORDEX simulations using an updated Köppen-Trewartha climate classification. Atmosphere 10:726. ► https://doi.org/10.3390/atmos10110726

Reyers M, Feldmann H, Mieruch S, Pinto JG, Uhlig M, Ahrens B, Früh B, Modali K, Laube N, Moemken J, Müller WA, Schädler G, Kottmeier K (2019) Development and prospects of the regional MiKlip decadal prediction system over Europe: Predictive skill, added value of regionalization and ensemble size dependency. Earth Syst Dyn 10:171–187

Riahi K, van Vuuren DP, Kriegler E, Edmonds J, O'Neill B, Fujimori S, Bauer N, Calvin K et al (2017) The shared socioeconomic pathways and their energy, land use, and greenhouse gas emissions implications: An overview. Glob Environ Chang 42:153–168. ► https://doi.org/10.1016/j.gloenvcha.2016.05.009

Rockel B, Will A, Hense A (2008) The regional climate model COSMO-CLM (CCLM). Meteorol Z 17(4):347–348

Schädler G (2007) A comparison of continuous soil moisture simulations using different soil hydraulic parameterisations for a site in Germany. J Appl Meteorol Clim 46:1275–1289. ► https://doi.org/10.1175/JAM2528.1

Schär C, Fuhre O, Arteaga A et al (2020) Kilometer-scale climate models: prospects and challenges. Bull Am Meteor Soc 101(5):E567–E587. ► https://doi.org/10.1175/BAMS-D-18-0167.1

Schleussner C-F, Saeed F, Nauels A, Trautmann T, Sieck K, Petersen J, Legutke S, Lierhammer L (2018) Klimafolgen bei 1,5°C und 2°C – Ergebnisse des HAPPI-DE Konsortiums. ► https://climateanalytics.org/media/happi_report_2018.11.26.pdf. Zugegriffen: 28. Febr. 2021

Sein DV, Mikolajewicz U, Gröger M, Fast I, Cabos W, Pinto JG, Hagemann S, Semmler T, Izquierdo A, Jacob D (2015) Regionally coupled atmosphere-ocean-sea ice-marine biogeochemistry model ROM: 1. Description and validation. J Adv Model Earth Sy. ► https://doi.org/10.1002/2014MS000357

Sieck K (2013) Internal Variability in the Regional Climate Model REMO. Berichte zur Erdsystemforschung, Bd. 142. Max-Planck-Institut für Meteorologie, Hamburg

Sieck K, Nam C, Bouwer LM, Rechid D, Jacob D (2020) Weather extremes over Europe under 1.5 °C and 2.0 °C global warming from HAPPI regional climate ensemble simulations. Earth Syst Dynam Discuss ► https://doi.org/10.5194/esd-2020-4

Skamarock WC, Klemp JB, Dudhia J, Gill DO, Barker DM, Duda MG, Huang X-Y, Wang W, Powers JG (2008) A description of the advanced research WRF version 3, NCAR technical note NCAR/TN-475+STR. National Center for Atmospheric Research, Boulder

Sørland SL, Schär C, Lüthi D, Kjellström E (2018) Bias patterns and climate change signals in GCM-RCM model chains. Environ Res Lett 13:07401

Sørland SJ, Brogli R, Pothapakula PK et al (2021) COSMO-CLM regional climate simulations in the CORDEX framework: a review. Geosci Model Dev Discuss ► https://doi.org/10.5194/gmd-2020-443

Spekat A, Enke W, Kreienkamp F (2007) Neuentwicklung von regional hoch aufgelösten Wetterlagen für Deutschland und Bereitstellung regionaler Klimaszenarien auf der Basis von globalen Klimasimulationen mit dem Regionalisierungsmodell WETTREG auf der Basis von globalen Klimasimulationen mit ECHAM5/MPI-OM T63 L31 2010–2100 für die SRES-Szenarien B1, A1B und A2. Endbericht. Umweltbundesamt, Dessau

Teichmann C, Bülow K, Otto J, Pfeifer S, Rechid D, Sieck K, Jacob D (2018) Avoiding extremes: benefits of staying below +1.5 °C compared to +2.0 °C and +3.0 °C global warming, Atmosphere (Basel) 9(4):1–19. ► https://doi.org/10.3390/atmos9040115

Teichmann C, Jacob D, Remedio AR et al (2020) Assessing mean climate change signals in the global CORDEX-CORE ensemble. Clim Dyn. ► https://doi.org/10.1007/s00382-020-05494-x

Vautard R, Gobiet A, Jacob D et al (2013) The simulation of European heat waves from an ensemble of regional climate models within the EURO-CORDEX project. Clim Dyn 41:2555–2575

von Trentini F, Leduc M, Ludwig R (2019) Assessing natural variability in RCM signals: comparison of a multi model EURO-CORDEX ensemble with a 50-member single model large ensemble. Clim Dyn. ► https://doi.org/10.1007/s00382-019-04755-8

Wagner S, Berg P, Schädler G, Kunstmann H (2013) High resolution regional climate model simulations for Germany: Part II-projected climate changes. Clim Dyn 40:415–427. ► https://doi.org/10.1007/s00382-012-1510-1

Warszawski L, Frieler K, Huber V, Piontek F, Serdeczny O, Schewe J (2014) The inter-sectoral impact model intercomparison project (ISI–MIP): project framework. Proc Natl Acad Sci 111(9):3228–3232

Wilhelm C, Rechid D, Jacob D (2014) Interactive coupling of regional atmosphere with biosphere in the new generation regional climate system model REMO-iMOVE. Geosci Model Dev 7:1093–1114. ► https://doi.org/10.5194/gmd-7-1093-2014

Wilcke RAI, Bärring L (2016) Selecting regional climate scenarios for impact modelling studies. Environ Model Softw 78(2016):191–201. ► https://doi.org/10.1016/j.envsoft.2016.01.002

Will A, Akhtar N, Brauch J, Breil M, Davin EL, Ho-Hagemann H, Maisonnaive E, Thürow M, Weiher S (2017) The COSMO-CLM 4.8 regional climate model coupled to regional ocean, land surface and global earth system models using OASIS3-MCT: description and performance. Geoscientific Model Dev 10(4):1549–1586

Grenzen und Herausforderungen der regionalen Klimamodellierung

Andreas Dobler, Hendrik Feldmann, Edmund Meredith und Uwe Ulbrich

Inhaltsverzeichnis

5.1   Mehrwert der regionalen Modellierung – 49

5.2   Anforderungen an Modelle – 50

5.3   Robustheit der Ergebnisse aus der regionalen Klimamodellierung – 51

5.4   Erzeugung und Interpretation von Ensembles – 52

5.5   Kurz gesagt – 53

        Literatur – 53

© Der/die Autor(en) 2023
G. P. Brasseur et al. (Hrsg.), *Klimawandel in Deutschland*,
https://doi.org/10.1007/978-3-662-66696-8_5

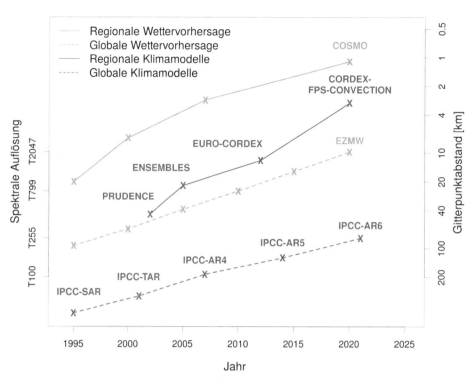

Abb. 5.1 Exemplarische Entwicklung der räumlichen Auflösung[1] von Modellen seit 1995. Blau: Werte für das regionale Wettervorhersage-modell COSMO und für das globale Wettervorhersagemodell des Europäischen Zentrums für mittelfristige Wettervorhersage (EZMW). Rot: Werte aus den regionalen Klimamodellprojekten PRUDENCE, ENSEMBLES, EURO-CORDEX und CORDEX-FPS-*Convection* sowie den globalen Klimamodellen, die in den unterschiedlichen Sachstandsberichten des IPCC verwendet werden. Kreuze geben die jeweils aktuelle Auflösung in den entsprechenden Jahren wieder, wobei die Termine oft nicht eindeutig festzulegen sind. Die Linien dienen der Illustration und stellen nicht die konkrete Auflösung in den einzelnen Jahren dar. Nur bei der räumlichen Auflösung des EZMW-Modells („spektrale Auflösung", angegeben auf der linken senkrechten Achse) handelt es sich um exakte Werte. Bei den anderen Modellen und der Umrechnung in km (rechte senkrechte Achse) handelt es sich um ungefähre Werte, da die Werte nicht eindeutig sind oder unterschiedliche Koordinatensysteme und Modellauflösungen zum Einsatz kommen.

Klimamodelle sind gängige Werkzeuge der Klima- und Klimafolgenforschung. Sowohl die globalen als auch die regionalen Klimamodelle entwickeln sich stetig weiter und die Rechenressourcen nehmen zu. Dadurch haben sich in den vergangenen Jahren die räumliche Auflösung und Zuverlässigkeit von dynamischen Regionalisierungen (d. h. regionale Klimamodellsimulationen mit erhöhter raumzeitlicher Auflösung) deutlich verbessert. Zudem hat sich die Interpretation der Modellergebnisse gewandelt: Basierten die Aussagen einst auf einer einzigen Simulation, liegt heute meist ein Ensemble von vielen Simulationen zugrunde. Dies erlaubt es, Wahrscheinlichkeiten der Modellergebnisse abzuschätzen. Dabei muss berücksichtigt werden, dass die regionalen Klimamodelle von den Randbedingungen abhängig sind, die ihnen vorgegeben werden: Am atmosphärischen Rand des Simulationsgebiets bestimmt das globale Modell die betrachteten Wettersituationen, am

unteren Rand sind die Verteilung der Landnutzung, des Meereises oder der Ozeantemperaturen wichtige Einflussgrößen. Ein Regionalmodell kann Fehler in diesen Randbedingungen nicht korrigieren.

Grundsätzlich gibt es Grenzen und Herausforderungen in der regionalen Klimamodellierung bei dem Mehrwert gegenüber Globalmodellen, bei den Anforderungen an die Modelle sowie bei der Robustheit der Ergebnisse und bei der Konstruktion von Ensembles. Auf all diese Punkte wird im vorliegenden Kapitel eingegangen. Es wird auch das Potenzial zur Weiterentwicklung der regionalen Klimamodellierung betrachtet. Beispiele hierfür sind die Berücksichtigung sehr kleinräumiger Prozesse wie der Wolken- und Niederschlagsbildung oder von Prozessen, die die unteren Randbedingungen innerhalb des Modellgebiets bestimmen. Weitere Entwicklungsmöglichkeiten bietet der Bereich der Ensemblekonstruktion. Wie in ▶ Abschn. 4.1 erwähnt, können hier statistische Regionalisierungen eine zusätzliche Methode darstellen, um mit vergleichsweise geringem Rechenaufwand ein größeres Ensemble von regionalen Entwicklungen zu erzeugen und somit Wahrscheinlichkeiten zukünftiger Entwicklungen besser abzuschätzen.

---

1   Quellen: ▶ www.cosmo-model.org, ▶ www.ecmwf.int, ▶ www.prudence.dmi.dk, ▶ www.ensembles-eu.metoffice.com, ▶ www.euro-cordex.net,   ▶ www.hymex.org/cordexfps-convection, ▶ https://archive.ipcc.ch

Abb. 5.2 Intensitätsverteilung des täglichen Niederschlags in Mitteleuropa (s. Kartenausschnitt). Die Häufigkeit gibt dabei die Anzahl der Ereignisse an, an denen im Zeitraum 2001–2010 an einem beliebigen Modellgitterpunkt innerhalb der ausgewählten Region eine gewisse Niederschlagsintensität überschritten wurde. Schwarze Linie: Beobachtungsdaten mit einer Auflösung von 25 km (Datensatz E-OBS, Haylock et al. 2008). Hellgraue Fläche: Globalmodell MPI-ESM, Auflösung etwa 200 km, Bandbreite des Ensembles mit zehn Realisierungen und Ensemblemittel als dunkelgraue Linie. Dunkelgraue Fläche: Regionalmodell COSMO-CLM, Auflösung 25 km, Bandbreite des Ensembles durch dynamische Regionalisierung der zehn Simulationen mit dem Globalmodell MPI-ESM und Ensemblemittel als hellgraue Linie.

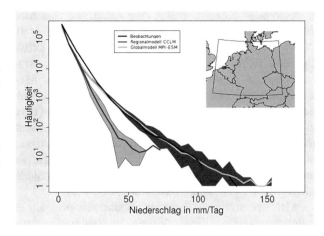

5.1 Mehrwert der regionalen Modellierung

Viele, die Daten von Klimamodellen nutzen, interessieren sich weniger für weltweite Änderungen als für das regionale oder lokale Klima: Wie ändert sich das Klima in „meiner" Region? Prinzipiell decken globale Modelle jede beliebige Region der Erde ab. Was ist also der Mehrwert der regionalen Modellierung, der den zusätzlichen Aufwand rechtfertigt?

Ähnlich wie die globalen Wettervorhersage- und Klimamodelle haben die regionalen Modelle in den vergangenen 25 Jahren eine deutlich höhere Auflösung erreicht und sind zuverlässiger geworden. Sie besitzen momentan eine Auflösung, die jene der globalen Modelle um das 10- bis 15-Fache übersteigt (**Abb. 5.1**). Das ermöglicht eine genauere und detailliertere Darstellung von Prozessen und führt somit zu einem möglichen Mehrwert.

Grundsätzlich ist ein Mehrwert besonders dort zu erwarten, wo kleinräumige Aspekte oder Prozesse einen starken Einfluss haben (Feser et al. 2011). Für Europa stellen z. B. die Alpen eine relevante Barriere für die großräumigen Strömungen dar und beeinflussen damit das Wetter: Sie sorgen etwa für verstärkte Niederschläge auf der dem Wind zugewandten Seite (Luv) oder für Föhn auf der abgewandten Seite (Lee). Auch an der Entwicklung extremer Niederschläge in Deutschland sind die Alpen beteiligt (Mudelsee et al. 2004). Solche, durch das Höhenprofil verursachte, Starkniederschläge führten in den vergangenen Jahren zu Überflutungen an Elbe, Oder und Donau (Schröter et al. 2013). Auch die Mittelgebirge beeinflussen das regionale Klima spürbar: Schwarzwald und Vogesen kanalisieren die Luftmassen im Rheintal. Auf der Luvseite der Mittelgebirge entstehen stärkere, auf der Leeseite dagegen schwächere Niederschläge. Werden in Klimafolgenstudien die Auswirkungen von Klimaänderungen auf die Wasserflüsse in Flusseinzugsgebieten untersucht, müssen diese Vorgänge räumlich gut wiedergegeben werden. Die dafür benötigte hohe Auflösung bieten Globalmodelle selten (Schlüter und Schädler 2010; Demory et al. 2020). Dies gilt insbesondere für Sommerniederschläge, da bei Starkniederschlägen kleinräumige Vorgänge eine große Rolle spielen. Winterniederschläge sind in den mittleren Breiten von großräumigen Wettersystemen geprägt, die in Globalmodellen bereits gut wiedergegeben sind.

Neben der besseren räumlichen Wiedergabe kann eine Regionalisierung dazu führen, dass auch überregionale Mittelwerte von Temperatur, Niederschlag und anderen Kenngrößen besser dargestellt werden als in Globalmodellen (Feser 2006; Diaconescu und Laprise 2013; Di Luca et al. 2013). Beispielsweise treten extreme Niederschläge mit mehr als 50 mm pro Tag in Globalmodellen deutlich seltener auf als in den Beobachtungen (**Abb. 5.2**). Regionalmodelle mit Gitterweiten unter 25 km können die Häufigkeitsverteilung der täglichen Niederschläge deutlich besser wiedergeben (**Abb. 5.2**; Heikkilä et al. 2011; Berg et al. 2013). Sie verbessern besonders die Sommerniederschläge, da hierbei kleinskalige Vertikalbewegungen in der Atmosphäre die Niederschlagsbildung wesentlich beeinflussen (Feldmann et al. 2008). Simulationen im Projekt EURO-CORDEX (Jacob et al. 2020) zeigen zudem: Erhöht man die Auflösung der Regionalmodelle von 50 km auf 12,5 km, passen die Modellergebnisse sowohl hinsichtlich der räumlichen Verteilung der Niederschläge als auch der räumlichen Variabilität über Deutschland besser zu den Beobachtungen, selbst wenn die Ergebnisse von 12,5 km auf 50 km interpoliert werden (Prein et al. 2016; Berg et al. 2013).

Obwohl also aktuelle Regionalmodelle einen Mehrwert gegenüber Globalmodellen bieten, weisen sie immer noch Mängel auf, die nicht übersehen werden dürfen. Diese Mängel sind am auffälligsten bei Niederschlagsereignissen, insbesondere bei extremem und konvektivem Niederschlag. Sie stammen hauptsächlich von der Art, wie Konvektion behandelt wird (Dirmeyer et al. 2012; Vergara-Temprado 2020). Derzeit ist in regionalen Klimamodellen eine Auflösung von etwa 10 km üblich (z. B. Jacob et al. 2014; Kotlarski et al. 2014). Diese Auflösung ist zu grob, um konvektive Prozesse aufzulösen. Daher muss die Konvektion parametrisiert, d. h. vereinfacht beschrieben werden. Modelle mit parametrisierter Konvektion tendieren jedoch dazu, zu viel leichten Niederschlag zu simulieren (Berg et al. 2013). Darüber hinaus zeigen sie einen Tageslauf mit zu frühem Niederschlagsmaximum (Brockhaus et al. 2008) und Starkniederschlagsereignisse, die zu andauernd und großflächig, jedoch auf kleiner Skala nicht intensiv genug sind (Kendon et al. 2012).

Mit der stetig wachsenden Rechenleistung ist es möglich geworden, die Auflösung der Regionalmodelle so weit zu erhöhen, dass hochreichende Konvektionsprozesse explizit simuliert werden können (z. B. Ban et al. 2014; Kendon et al. 2014; Fosser et al. 2015; Leutwyler et al. 2017; Berthou et al. 2020; Coppola et al. 2019; Lind et al. 2020). Diese sogenannten „konvektionserlaubenden" Modelle mit einer Gitterauflösung von rund 4 km oder weniger (Prein et al. 2015) bieten eine vielversprechende Möglichkeit, diesbezügliche Modellmängel zu beseitigen. Bisherige Studien zeigen, dass konvektionserlaubende Modelle den zeitlichen Versatz des sommerlichen Tagesniederschlagsmaximums reduzieren (z. B. Hohenegger et al. 2008; Ban et al. 2014; Fosser et al. 2015; Lind et al. 2020), stündlichen Niederschlag und konvektive Objekte realistisch simulieren (Brisson et al. 2018; Armon et al. 2020; Knist et al. 2020) und insbesondere, höhere, und damit realistischere, Extremniederschlagsintensitäten produzieren (Piazza et al. 2019; Adinolfi et al. 2021). Weitere resultierende Verbesserungen betreffen die Darstellung von Starkwind (Schaaf et al. 2018), vertikaler Durchmischung der Atmosphäre, Wolkenbedeckung und Strahlungsflüssen (Hentgen et al. 2019).

Bei konvektionserlaubenden Simulationen werden zum Teil meteorologische Phänomene simuliert, für die es kaum flächendeckende Beobachtungsdaten in der entsprechenden räumlichen und zeitlichen Dichte gibt, um eine systematische Bewertung zu ermöglichen (Prein et al. 2015). Für prozessorientierte Studien, z. B. zur regionalen Wasserbilanz, reichen die insgesamt vorhandenen Beobachtungsdaten höchstens während spezieller Messkampagnen aus (Sasse et al. 2013). Dies gilt besonders auf der substündlichen Zeitskala, welche für hydrologische und andere Anschlussmodelle von großem Interesse ist. Die wenigen existierenden Auswertungen zu substündlichen Niederschlägen zeigen jedoch Resultate von vergleichbarer Qualität wie auf der stündlichen Zeitskala (Meredith et al. 2020; Vergara-Temprado et al. 2021). Für Extremniederschläge bieten sich die Daten der Radarnetze an, die für qualitative Vergleiche in hoher Auflösung geeignet sein können (Lengfeld et al. 2020). Deren quantitative Auswertung ist aber durch den Einfluss systemisch bedingter Ab-

weichungen beschränkt (z. B. Jacobi und Heistermann 2016). Eine weitere Quelle hochaufgelöster Beobachtungsdaten stellt das WegenerNet[2] in der Feldbachregion in Österreich dar (Fuchsberger et al. 2022).

5.2 Anforderungen an Modelle

Regionale Modelle werden immer höher aufgelöst, damit steigen die Anforderungen. So muss bei einer detaillierteren Simulation der Detailgrad der im Modell repräsentierten physikalischen Prozesse und Gegebenheiten angepasst werden. Gegenüber Globalmodellen besitzen Regionalmodelle den Nachteil, dass sie zahlreiche für das Klimasystem wichtige Komponenten, wie. z. B. Ozeane, Aerosole oder Vegetation, nicht dynamisch in einem gekoppelten System modellieren. Um angesichts der Tatsache, dass die globalen Modelle ebenfalls immer höher aufgelöst werden, weiter einen Mehrwert der regionalen Modelle zu gewährleisten, müssen eigenständige regionale Erdsystemmodelle entwickelt werden, die die zentralen Wechselwirkungen berücksichtigen (Will et al. 2017; Primo et al. 2019; Boé et al. 2020; Sein et al. 2020).

Während bei der Wettervorhersage Wechselwirkungen mit langsam veränderlichen Komponenten des Klimasystems – wie Boden, Vegetation, Gletscher, Ozeane, Städte oder Aerosole – stark vereinfacht behandelt werden, erfordern Simulationen auf der Klimazeitskala eine detailliertere Berücksichtigung dieser Prozesse. Ein gutes Beispiel hierfür sind die Wechselwirkungen zwischen Boden und Atmosphäre in Europa während des Sommers, die das Klima in dieser Jahreszeit entscheidend beeinflussen (Seneviratne et al. 2006; Vautard et al. 2013). Eine unzureichende Behandlung dieser Prozesse in regionalen Modellen auf der Klimazeitskala kann beispielsweise dazu führen, dass für die Sommermonate Temperatur und Niederschlag im Modell nur beschränkt mit Beobachtungen übereinstimmen (Kotlarski et al. 2014). Durch die unterschiedlichen Anforderungen auf der Wetter- und Klimazeitskala bezüglich der Wechselwirkungen können regionale Klimamodelle hier nur wenig von den Entwicklungen in der Wettervorhersage profitieren. Für eine Weiterentwicklung ist auch ein verbessertes Prozessverständnis nötig. Dies benötigt wiederum geeignete Messdaten, die für die räumliche Skala der Regionalmodelle bisher nur unzureichend vorliegen (Kotlarski et al. 2019).

Da Regionalmodelle nur einen Gebietsausschnitt behandeln, benötigen sie Antriebsdaten an den Rändern des Modellgebiets (Randbedingungen). Dafür

---

2 ▶ www.wegenernet.org/portal/

müssen die Daten des jeweils verwendeten Global-modells dem Regionalmodell auf seiner höheren räumlichen und zeitlichen Auflösung zur Verfügung gestellt werden. Dabei treten grundsätzliche mathematische und physikalische Probleme auf. Ein Effekt, der in diesem Zusammenhang beobachtet wird, ist das Auftreten von Wolken und intensiven Niederschlägen an den Rändern der betrachteten Region, für die es im verwendeten Globalmodell keine Hinweise gibt. Auch wenn sich solche Fehler auf den Randbereich des Regionalmodells beschränken, können sie die Ergebnisse im inneren Modellgebiet beeinflussen (Giorgi et al. 1999; Becker et al. 2015). Eine aktuelle Forschungsrichtung zur Lösung dieser Probleme sind verfeinerte Gitter über einer beliebig gewählten Untersuchungsregion, z. B. Europa, innerhalb von Globalmodellen. Ein Beispiel hierfür ist das ICON-Modell des Deutschen Wetterdiensts und des Max-Planck-Instituts für Meteorologie (Zängl et al. 2015; Giorgetta et al. 2018; Pham et al. 2021).

Modellrechnungen mit höheren Auflösungen benötigen eine erhöhte Rechenleistung. Im Prinzip führt eine Verdoppelung der Auflösung in einem Regionalmodell zu einer achtfach erhöhten Anzahl von notwendigen Berechnungen (Verdoppelung der Gitterpunkte in Ost-West- und Süd-Nord-Richtung bei halbiertem Zeitschritt). Rechenzentren erfüllen die heutigen Anforderungen an einen generell gestiegenen Rechenbedarf durch innovative Rechnersysteme. Die damit verbundenen Umstellungen erfordern häufig eine Anpassung der inneren Strukturen und Codes der Regionalmodelle und damit jeweils einen erhöhten technischen Aufwand (Leutwyler et al. 2016). Viele regionale Klimamodelle basieren jedoch auf Wettervorhersagemodellen (▶ Kap. 4) welche bereits an die neuen Rechensysteme angepasst wurden. Daher lässt sich diese technische Anpassung meist einfach umsetzen.

5.3 Robustheit der Ergebnisse aus der regionalen Klimamodellierung

Viele Untersuchungen haben gezeigt, dass unterschiedliche Regionalmodelle und Modellkonfigurationen den beobachteten Jahresgang und das klimatologische Mittel von Niederschlag, Temperatur und großräumiger Zirkulation über Europa mehrheitlich gut wiedergeben (Giorgi et al. 1999; Déqué et al. 2007; Jacob et al. 2007; Kotlarski et al. 2014; Giorgi 2019). Die Regionalmodelle reproduzieren dabei generell die großräumige Zirkulation des antreibenden Globalmodells (Jacob et al. 2007), wobei die Wahl des antreibenden Globalmodells die Simulationen meistens mehr beeinflusst als die Wahl des Regionalmodells. Dies gilt besonders für

Simulationen der Temperatur oder der Wintermonate. Bei Simulationen von Sommerniederschlägen trägt die Wahl des Regionalmodells ungefähr genauso viel zur Gesamtunsicherheit bei wie das für den Antrieb gewählte Modell (Déqué et al. 2007).

Die Vielzahl an Möglichkeiten, ein Regionalmodell zu konfigurieren, ist ein Grund für uneinheitliche Modellergebnisse. So kann der Unterschied in der simulierten Temperatur zwischen zwei Konfigurationen desselben Modells genau so groß sein wie zwischen zwei verschiedenen Modellen (Kotlarski et al. 2014). Das betrifft großräumige und langfristige Mittelwerte weniger als beispielsweise die Simulationen von Extremereignissen wie etwa Starkniederschlägen oder Hitzeperioden (Giorgi et al. 1999; Rummukainen 2010). Ein Beispiel: Je nach verwendetem Schema zur Modellierung der Konvektion simuliert dasselbe Modell für Europa entweder rund 10 % oder mehr als 25 % Hitzetage im Sommer (Vautard et al. 2013).

Die Position und Ausdehnung des Modellgebiets kann die Modellergebnisse ebenfalls beeinflussen (Giorgi et al. 1999). Der Einfluss der Randbedingungen verringert sich jedoch mit zunehmendem Abstand von den Rändern (Giorgi et al. 1999; Rummukainen 2010).

Werden Klimaprojektionen auf Basis unterschiedlicher Emissionsszenarien erstellt, ergeben sich in den Regionalmodellen großräumig – also etwa auf kontinentaler Skala – ähnliche Muster in den Änderungssignalen von Niederschlag und Temperatur wie in den antreibenden Globalmodellen. Hauptsächlich unterscheiden sich die Simulationen dabei hinsichtlich der Amplitude der Änderungssignale, je nachdem wie stark das vorgegebene Emissionsszenario ist (Jacob et al. 2014). Dies gilt sowohl für die nach den RCP-Szenarien ausgeführten Klimaprojektionen als auch für die älteren SRES-basierten Simulationen. Kleinräumig, etwa auf Länderebene, unterscheiden sich die RCP-Simulationen jedoch von den SRES-Simulationen. Dies liegt weniger an den Unterschieden der Emissionsszenarien als u. a. an der höheren Auflösung der RCP-Simulationen und der Weiterentwicklung der Modelle (Jacob et al. 2014; Ban et al. 2014; Kendon et al. 2014). Oft zeigen Regionalmodelle mit steigender Auflösung zunehmende Niederschlagsmengen (Jacob et al. 2014; Kotlarski et al. 2014). Hinsichtlich der Dauer von Hitzeperioden finden Vautard et al. (2013) bei höherer Modellauflösung eine verringerte Überschätzung. Für die neuesten SSP *(shared socioeconomic pathways)* Entwicklungsszenarien (Riahi et al. 2017) stehen noch nicht ausreichend regionale Simulationen für eine neue Beurteilung zur Verfügung.

Eine weitere Herausforderung der regionalen Klimamodellierung stellt die Vergrößerung der Simulationsgebiete in konvektionserlaubenden Modellen hin zur kontinentalen Skala dar. In den letzten Jahren erschienen erste Evaluierungen (Leutwyler et al. 2017; Berthou et al. 2020) und Klimaprojektionen (Chan et al. 2020) mit konvektionserlaubenden Modellen auf paneuropäischer Skala sowie Ensembleklimaprojektionen für kleinere Gebiete (Helsen et al. 2020; Kendon et al. 2020). Dies bringt neue Herausforderungen mit sich, insbesondere hinsichtlich der Mengen von produzierten Daten: Durch die große Anzahl der Modellgitterpunkte werden die zu transferierenden Datenmengen so groß, dass der Energieverbrauch für den Transfer zum Speicher eine begrenzende Größe darstellt und eine Analyse der Ergebnisse während des Modelllaufs ohne Abspeicherung günstiger ist (Schär et al. 2020). Ebenfalls kann es herausfordernd sein, solche Mengen an Daten durch Standardwerkzeuge zu analysieren.

Anschlussmodelle arbeiten häufig mit Gitterweiten von einigen zehn Metern bis zu wenigen Kilometern – immer noch deutlich weniger als die meisten Regionalmodelle. Auch wenn dynamische Regionalmodelle die Verteilung von Niederschlägen bereits gut wiedergeben (Berg et al. 2013), erfüllen sie oft noch nicht die sehr hohen Ansprüche von Anschlussmodellen an die Wiedergabe der meteorologischen Eingangsdaten. So brauchen hydrologische Modelle – als Beispiel solcher Anwendungsmodelle – nicht nur Niederschlagsdaten, sondern auch Temperatur, Feuchte, Strahlung und Wind in hoher Genauigkeit, um die Wasserbilanz in einem Einzugsgebiet richtig beschreiben zu können. Um dieses Problem zu umgehen, findet oft eine Korrektur der Modellergebnisse mithilfe von Beobachtungen statt (Berg et al. 2012) (▶ Kap. 4).

5.4 Erzeugung und Interpretation von Ensembles

Aussagen über die zukünftige Entwicklung des Klimas sind immer mit Unsicherheiten behaftet (Foley 2010). Die Unsicherheiten lassen sich nicht vollständig beseitigen, es wird jedoch versucht, diese zu reduzieren.Im Zusammenhang mit der Modellierung des Klimawandels gibt es prinzipiell vier Gründe für Unsicherheiten in Bezug auf globale und regionale Klimamodelle:

1. Unvollständiges Verständnis des Klimasystems mit seinen Wechselwirkungen,
2. Defizite in der numerischen Umsetzung der Klimaprozesse,
3. Unkenntnis der zukünftigen Entwicklung der äußeren Klimaantriebe (Treibhausgasemissionen, solare Einstrahlung oder große Vulkanausbrüche) und
4. die interne Klimavariabilität auf verschiedenen Zeitskalen, die weitgehend durch natürliche Schwankungen und Rückkopplungen im Klimasystem zustande kommt.

Bei der regionalen Modellierung kommt jedoch ein weiterer Unsicherheitsfaktor hinzu (Giorgi 2019):
5. Unsicherheiten, die von den Regionalmodellen und der verwendeten Methodik herrühren.

Jede Stufe einer Modellkette, von den Globalmodellen über die Regionalmodelle bis zu den Anschlussmodellen, trägt zur Gesamtunsicherheit bei. Die oben unter Punkt 1 und 2 genannten Probleme können durch weitere Forschung reduziert werden. Diese bezieht sich nicht nur auf die Erdsystemwissenschaft und ihre numerische Umsetzung, sondern auch auf die Informatik und eine erhöhte Rechenkapazität, damit mehr kleinskalige Prozesse simuliert werden können (Schär et al. 2020). Die einzelnen Beiträge müssen nicht immer konstant sein. So ist die von einem einzelnen Regionalmodell stammende Unsicherheit im Sommer am höchsten und mit der eines Globalmodells vergleichbar (Déqué et al. 2007), da kleinskalige und konvektive Prozesse eine entscheidendere Rolle spielen als im Winter (Giorgi et al. 1999; Vautard et al. 2013).

Die Erfassung von Unsicherheitsquellen wird in der Klimamodellierung hauptsächlich mit sogenannten „Ensembles" angegangen. Hierbei handelt es sich um eine Reihe von Simulationen mit, im Rahmen der Unsicherheiten variierenden, Bedingungen. Ziel ist es mittels Statistiken, beispielsweise des Mittelwerts und der Bandbreite der Resultate, Aussagen über die Wahrscheinlichkeit möglicher Entwicklungen des Klimas zu gewinnen und den Einfluss der Unsicherheitsfaktoren auf die Ergebnisse zu reduzieren (Tebaldi et al. 2007; Sillmann et al. 2013). Die Bandbreite der unterschiedlichen Ergebnisse des Ensembles zeigt gut die Unsicherheiten: Eine geringe Bandbreite bedeutet beispielsweise, dass der Ensemblemittelwert eine robuste Schätzung innerhalb des Ensembles ist (Weigel 2011).

Ein Ensemble von verschiedenen (physikalisch realistischen) Konfigurationen eines Klimamodells (Piani et al. 2005) oder von mehreren unterschiedlichen Klimamodellen hilft, die Unsicherheit aus den Modellen und deren Implementierung (Punkt 1 und 2) abzuschätzen. Unsicherheiten aus der zukünftigen Entwicklung der äußeren Klimaantriebe (Punkt 3) und der internen Klimavariabilität (Punkt 4) werden durch Ensembles mit unterschiedlichen (gleich plausiblen) Emissionsszenarien bzw. unterschiedlichen Anfangsbedingungen (d. h. verschiedene Phasen der natürlichen Variabilität; Tebaldi und Knutti 2007) untersucht (Taylor et al. 2012).

Zusätzliche Unsicherheiten durch die Nutzung von Regionalmodellen (Punkt 5) können auf ähnliche Weise abgeschätzt werden. Dabei werden entweder mehrere Globalmodelle oder mehrere Simulationsläufe von einem Globalmodell (Feldmann et al. 2013) regionalisiert. Es können aber auch mehrere Regionalmodelle (Frei et al. 2006; Kotlarski et al. 2014) oder verschiedene Konfigurationen eines Regionalmodells (Lavin-Gullon et al. 2020) verwendet werden. Relevante europäische Projekte, in denen ein oder mehrere dieser Ensemblemethoden bei Regionalmodellen verwendet werden, sind PRUDENCE, ENSEMBLES und EURO-CORDEX (Christensen et al. 2007; van der Linden und Mitchell 2009; Jacob et al. 2014, 2020). In einer anderen (weniger verbreiteten) Ensemblemethode werden die Ränder des regionalen Simulationsgebiets systematisch geringfügig verschoben, sodass das Regionalmodell immer andersartige Randbedingungen vom gleichen Globalmodelllauf bekommt (Pardowitz et al. 2016).

Der Aufwand, ausreichend große regionale Ensembles durch das dynamische *downscaling* zu erzeugen, kann sehr groß sein, besonders auch in Bezug auf die auszuwertenden Datenmengen. Die hohe zeitliche und räumliche Auflösung der regionalen Klimamodelle erlaubt zwar eine Einschätzung von kurzzeitigen und kleinräumigen Extremereignissen, aber statistisch signifikante Ergebnisse verlangen wegen des schlechteren Signal-zu-Rausch-Verhältnisses eine große Anzahl an Ensemblemitgliedern (Ehmele et al. 2020). Zusätzlich stehen oft nur von wenigen Globalmodellen und Emissionsszenarien die notwendigen Antriebsdaten für ein Regionalmodell zur Verfügung. Damit kann nicht die ganze Spanne der möglichen Entwicklungen abgedeckt werden. Daher setzen sich die Ensembles bisher häufig aus dem zusammen, was verfügbar oder mit einem vertretbaren Aufwand machbar ist. Es werden aber Anstrengungen unternommen, um die Auswahl der Globalmodelle, die regionalisiert werden, so zu treffen, dass es sich um möglichst vertrauenswürdige Globalmodelle handelt, die einen möglichst großen Teil der möglichen Entwicklungen abdecken.

Große Ensembles von hochaufgelösten (1–3 km) regionalen Simulationen über mehrere Jahrzehnte oder gar Jahrhunderte sind aufgrund des Rechenaufwands bisher noch nicht realisierbar. Um von dem Mehrwert der hochaufgelösten Modelle für das Simulieren von – beispielsweise – Extremniederschlagsereignissen zu profitieren, wird daher statistisch-dynamisches *downscaling* für einzelne Gebiete benutzt. Indem eine selektive Regionalisierung von Wettersituationen mit einem erhöhten Starkniederschlagsrisiko durchgeführt wird, kann ein Ensemble von hochaufgelösten Starkniederschlagsereignissen mit reduziertem Rechenaufwand erstellt werden (Meredith et al. 2018; Gomez-Navarro et al. 2019).

Für Simulationen über Zeiträume von Monaten bis Dekaden, sogenannte saisonale oder dekadische Klimaprognosen, ist die Erfassung des Zustandes des Klimas, von welchem aus die Prognosen berechnet werden, entscheidend. In den letzten Jahren wurden verstärkt Anstrengungen unternommen, diesen Zustand und seine Unsicherheiten besser zu erfassen und Ensembles von Klimaprognosen zu erstellen (Feldmann et al. 2019). Der Deutsche Wetterdienst bietet solche Klimaprognosen inzwischen auch fortlaufend aktualisiert auf seiner Homepage an.

5.5 Kurz gesagt

Durch eine höhere Auflösung und Berücksichtigung zusätzlicher physikalischer Prozesse hat sich die Darstellung des regionalen Klimas in den letzten Jahren stark verbessert. Trotzdem steht die regionale Klimamodellierung weiterhin vor Herausforderungen. Derzeit wird die Modellentwicklung durch die Forschung in mehrere Richtungen vorangetrieben, so wird beispielsweise stark an der Entwicklung regionaler Erdsystemmodelle gearbeitet. Auch die informationstechnologische Seite der Klimamodellierung steht vor großen Herausforderungen: Die Anpassung regionaler Klimamodelle an die sich ständig ändernden Computersysteme ist zum Teil sehr aufwendig. Aus heutiger Sicht wird eine solche Anpassung aber notwendig sein, um die zügige Weiterentwicklung von Modellauflösung, Ensemblegröße und Modellkomplexität zu gewährleisten. Durch den Schritt in der Modellauflösung hin zu konvektionsauflösenden Skalen wurden zwar die Simulationsresultate erheblich verbessert, es fallen aber auch deutlich größere Mengen an auszuwertenden Daten und erheblich längere Rechenzeiten an. Nicht zuletzt müssen für die Validierung der Modelle entsprechend hochaufgelöste und dabei flächendeckend verfügbare Daten bereitgestellt werden. Dies ist für einige Regionen und Parameter (z. B. Radardaten für Wolken und Niederschlag) heute schon realisierbar oder in greifbarer Nähe. Eine weitergehende Überprüfung der Regionalmodelle verlangt dagegen eine Weiterentwicklung der Beobachtungsnetze. Eine Herausforderung stellt sich auch in der Koordination der regionalen Klimamodellierung, insbesondere in der Auswahl der zu regionalisierenden Globalmodelle und Szenarien. Hierbei stellt sich die Aufgabe, die möglichen Unsicherheiten sowohl abzudecken als auch zu quantifizieren, um robuste und zuverlässige Modellensembles bereitzustellen.

Literatur

Adinolfi M, Raffa M, Reder A, Mercogliano P (2021) Evaluation and Expected Changes of Summer Precipitation at Convection Permitting Scale with COSMO-CLM over Alpine Space. Atmosphere 12(1):54. ▸ https://doi.org/10.3390/atmos12010054

Armon M, Marra F, Enzel Y, Rostkier-Edelstein D, Morin E (2020) Radar-based characterisation of heavy precipitation in the eastern Mediterranean and its representation in a convection-permitting model. Hydrol Earth Syst Sci 24(3):1227–1249. ► https://doi.org/10.5194/hess-24-1227-2020

Ban N, Schmidli J, Schär C (2014) Evaluation of the convection-resolving regional climate modeling approach in decade-long simulations. J Geophys Res Atmos 119(13):7889–7907. ► https://doi.org/10.1002/2014JD021478

Becker N, Ulbrich U, Klein R (2015) Systematic large-scale secondary circulations in a regional climate model. Geophys Res Lett 42(10):4142–4149. ► https://doi.org/10.1002/2015GL063955

Berg P, Feldmann H, Panitz H-J (2012) Bias correction of high resolution RCM data. J Hydrol 448–449:80–92. ► https://doi.org/10.1016/j.jhydrol.2012.04.026

Berg P, Wagner S, Kunstmann H, Schädler G (2013) High resolution regional climate model simulations for Germany: part 1 – validation. Clim Dyn 40:401–414. ► https://doi.org/10.1007/s00382-012-1508-8

Berthou S, Kendon EJ, Chan SC, Ban N, Leutwyler D, Schär C, Fosser G (2020) Pan-European climate at convection-permitting scale: a model intercomparison study. Clim Dyn 55(1):35–59. ► https://doi.org/10.1007/s00382-018-4114-6

Boé J, Somot S, Corre L, Nabat P (2020) Large discrepancies in summer climate change over Europe as projected by global and regional climate models: causes and consequences. Clim Dyn 54(5):2981–3002. ► https://doi.org/10.1007/s00382-020-05153-1

Brisson E, Brendel C, Herzog S, Ahrens B (2018) Lagrangian evaluation of convective shower characteristics in a convection-permitting model. Meteorol Z 27(1):59–66. ► https://doi.org/10.1127/metz/2017/0817

Brockhaus P, Lüthi D, Schär C (2008) Aspects of the diurnal cycle in a regional climate model. Meteorol Z 17(4):433–444. ► https://doi.org/10.1127/0941-2948/2008/0316

Chan SC, Kendon EJ, Berthou S, Fosser G, Lewis E, Fowler HJ (2020) Europe-wide precipitation projections at convection permitting scale with the Unified Model. Clim Dyn 55(3):409–428. ► https://doi.org/10.1007/s00382-020-05192-8

Christensen JH, Carter TR, Rummukainen M, Amanatidis G (2007) Evaluating the performance and utility of regional climate models: the PRUDENCE project. Clim Chang 81:1–6. ► https://doi.org/10.1007/s10584-006-9211-6

Coppola E, Sobolowski S, Pichelli E et al (2019) A first-of-its-kind multi-model convection permitting ensemble for investigating convective phenomena over Europe and the Mediterranean. Clim Dyn 55(1):3–4. ► https://doi.org/10.1007/s00382-018-4521-8

Demory ME, Berthou S, Sorland S, Roberts MJ (2020) Can high-resolution GCMs reach the level of information provided by 12–50 km CORDEX RCMs in terms of daily precipitation distribution? ► https://doi.org/10.5194/gmd-2019-370.

Déqué M, Rowell DP, Lüthi D, Giorgi F, Christensen JH, Rockel B, Jacob D, Kjellström E, De Castro M, van den Hurk B (2007) An intercomparison of regional climate simulations for Europe: assessing uncertainties in model projections. Clim Chang 81(1):53–70. ► https://doi.org/10.1007/s10584-006-9228-x

Diaconescu EP, Laprise R (2013) Can added value be expected in RCM-simulated large scales? Clim Dyn 41:1789–1800. ► https://doi.org/10.1007/s00382-012-1649-9

Dirmeyer PA, Cash BA, Kinter JL, Jung T, Marx L, Satoh M, Stan C, Tomita H, Towers P, Wedi N, Achuthavarier D (2012) Simulating the diurnal cycle of rainfall in global climate models: Resolution versus parameterization. Clim Dyn 39(1):399–418. ► https://doi.org/10.1007/s00382-011-1127-9

Ehmele F, Kautz LA, Feldmann H, Pinto JG (2020) Long-term variance of heavy precipitation across central Europe using a large ensemble of regional climate model simulations. Earth Syst Dyn 11:469–490. ► https://doi.org/10.5194/esd-11-469-2020

Feldmann H, Früh B, Schädler G, Panitz HJ, Keuler K, Jacob D, Lorenz P (2008) Evaluation of the precipitation for south-western Germany from high resolution simulations with regional climate models. Meteorol Z 17:455–465. ► https://doi.org/10.1127/0941-2948/2008/0295

Feldmann H, Schädler G, Panitz HJ, Kottmeier CH (2013) Near future changes of extreme precipitation over complex terrain in Central Europe derived from high resolution RCM ensemble simulations. Int J Climatol 33:1964–1977. ► https://doi.org/10.1002/joc.3564

Feldmann H, Pinto JG, Laube N, Uhlig M, Moemken J, Pasternack A, Früh B, Pohlmann H, Kottmeier C (2019) Skill and added value of the MiKlip regional decadal prediction system for temperature over Europe. Tellus A: Dyn Meteorol Oceanogr 71(1):1618678. ► https://doi.org/10.1080/16000870.2019.1618678

Feser F (2006) Enhanced Detectability of Added Value in Limited-Area Model Results Separated into Different Spatial Scales. Mon Wea Rev 134:2180–2190. ► https://doi.org/10.1175/MWR3183.1

Feser F, Rockel B, von Storch H, Winterfeldt J, Zahn M (2011) Regional Climate Models add Value to Global Model Data: A Review and selected Examples. Bull Am Met Soc 92:1181–1192. ► https://doi.org/10.1175/2011BAMS3061.1

Foley AM (2010) Uncertainty in regional climate modelling: A review. Prog Phys Geogr 34(5):647–670. ► https://doi.org/10.1177/0309133310375654

Fosser G, Khodayar S, Berg P (2015) Benefit of convection permitting climate model simulations in the representation of convective precipitation. Clim Dyn 44:45–60. ► https://doi.org/10.1007/s00382-014-2242-1

Frei C, Schöll R, Fukutome S, Schmidli J, Vidale PL (2006) Future change of precipitation extremes in Europe: Intercomparison of scenarios from regional climate models. J Geophys Res 111(D6):D06105. ► https://doi.org/10.1029/2005JD005965

Fuchsberger J, Kirchengast G, Bichler C, Leuprecht A, Kabas T (2022) WegenerNet climate station network Level 2 data version 7.1 (2007–2021). University of Graz, Wegener Center for Climate and Global Change, Graz, Austria. ► https://doi.org/10.25364/WEGC/WPS7.1:2022.1

Giorgetta MA, Brokopf R, Crueger T et al (2018) ICON-A, the Atmosphere Component of the ICON Earth System Model: I. Model Description. J Adv Model Earth Syst 10:1613–1637. ► https://doi.org/10.1029/2017ms001242

Giorgi F, Mearns LO (1999) Introduction to special section: Regional climate modeling revisited. J Geophys Res Atmos 104(D6):6335–6352. ► https://doi.org/10.1029/98JD02072

Giorgi F, Torma C, Coppola E, Ban N, Schär C, Somot S (2016) Enhanced summer convective rainfall at Alpine high elevations in response to climate warming. Nat Geosci 9(8):584–589. ► https://doi.org/10.1038/ngeo2761

Giorgi F (2019) Thirty years of regional climate modeling: where are we and where are we going next? J Geophys Res Atmos 124(11):5696–5723. ► https://doi.org/10.1029/2018JD030094

Gómez-Navarro JJ, Raible CC, García-Valero JA, Messmer M, Montávez JP, Martius O (2019) Event selection for dynamical downscaling: a neural network approach for physically-constrained precipitation events. Clim Dyn. ► https://doi.org/10.1007/s00382-019-04818-w

Haylock MR, Hofstra N, Klein Tank AMG, Klok EJ, Jones PD, New M (2008) A European daily high-resolution gridded dataset of surface temperature and precipitation. J Geophys Res Atmos 113:D20119. ► https://doi.org/10.1029/2008JD010201

Heikkilä U, Sandvik A, Sorteberg A (2011) Dynamical downscaling of ERA-40 in complex terrain using the WRF regional climate model. Clim Dyn 37:1551–1564. ► https://doi.org/10.1007/s00382-010-0928-6

Helsen S, van Lipzig NP, Demuzere M, Broucke SV, Caluwaerts S, De Cruz L, De Troch R, Hamdi R, Termonia P, Van Schaeybroeck B, Wouters H (2020) Consistent scale-dependency of future increases in hourly extreme precipitation in two convection-permitting climate models. Clim Dyn 54(3):1267–1280. ▶ https://doi.org/10.1007/s00382-019-05056-w

Hentgen L, Ban N, Kröner N, Leutwyler D, Schär C (2019) Clouds in convection-resolving climate simulations over Europe. J Geophys Res Atmos 124:3849–3870. ▶ https://doi.org/10.1029/2018JD030150

Hohenegger C, Brockhaus P, Schär C (2008) Towards climate simulations at cloud-resolving scales. Meteorol Z 17(4):383–394. ▶ https://doi.org/10.1127/0941-2948/2008/0303

Jacob D, Barring L, Christensen OB et al (2007) An inter-comparison of regional climate models for Europe: model performance in present-day climate. Clim Chang 81(1):31–52. ▶ https://doi.org/10.1007/s10584-006-9213-4

Jacob D, Petersen J, Eggert B et al (2014) EURO-CORDEX: new high-resolution climate change projections for European impact research. Reg Env Change 14(2):563–578. ▶ https://doi.org/10.1007/s10113-013-0499-2

Jacob D, Teichmann C, Sobolowski S et al. (2020) Regional climate downscaling over Europe: perspectives from the EURO-CORDEX community. Reg Environ Change 20(51). doi:▶ https://doi.org/10.1007/s10113-020-01606-9

Jacobi S, Heistermann M (2016) Benchmarking attenuation correction procedures for six years of single-polarized C-band weather radar observations in South-West Germany. Geomat Nat Haz Risk 7(6):1785–1799. ▶ https://doi.org/10.1080/19475705.2016.1155080

Kendon EJ, Roberts NM, Senior CA, Roberts MJ (2012) Realism of rainfall in a very high-resolution regional climate model. J Climate 25(17):5791–5806. ▶ https://doi.org/10.1175/JCLI-D-11-00562.1

Kendon EJ, Roberts NM, Fowler HJ, Roberts MJ, Chan SC, Senior CA (2014) Heavier summer downpours with climate change revealed by weather forecast resolution model. Nat Clim Chang 4:570–576. ▶ https://doi.org/10.1038/nclimate2258

Kendon EJ, Roberts NM, Fosser G, Martin GM, Lock AP, Murphy JM, Senior CA, Tucker SO (2020) Greater future UK winter precipitation increase in new convection-permitting scenarios. J Climate 33(17):7303–7318. ▶ https://doi.org/10.1175/JCLI-D-20-0089.1

Knist S, Goergen K, Simmer C (2020) Evaluation and projected changes of precipitation statistics in convection-permitting WRF climate simulations over Central Europe. Clim Dyn 55(1):325–341. ▶ https://doi.org/10.1007/s00382-018-4147-x

Kotlarski S, Keuler K, Christensen OB et al (2014) Regional climate modeling on European scales: a joint standard evaluation of the EURO-CORDEX RCM ensemble. Geosci Mod Dev 7(4):1297–1333. ▶ https://doi.org/10.5194/gmd-7-1297-2014

Kotlarski S, Szabó P, Herrera S, Räty O, Keuler K, Soares PMM, Cardoso RM, Bosshard T, Pagé C, Boberg F, Gutiérrez JM (2019) Observational uncertainty and regional climate model evaluation: A pan-European perspective. Int J Climatol 39(9):3730–3749. ▶ https://doi.org/10.1002/joc.5249

Lavin-Gullon A, Fernandez J, Bastin S, Cardoso RM, Fita L, Giannaros TM, Goergen K, Gutierrez JM, Kartsios S, Katragkou E, Lorenz T, Milovac J, Soares PMM, Sobolowski S, Warrach-Sagi K (2020) Internal variability versus multi-physics uncertainty in a regional climate model. Int J Climatol. ▶ https://doi.org/10.1002/joc.6717

Lengfeld K, Kirstetter PE, Fowler HJ, Yu J, Becker A, Flamig Z, Gourley J (2020) Use of radar data for characterizing extreme precipitation at fine scales and short durations. Environ Res Lett 15:085003. ▶ https://doi.org/10.1088/1748-9326/ab98b4

Leutwyler D, Fuhrer O, Lapillonne X, Lüthi D, Schär C (2016) Towards European-scale convection-resolving climate simulations with GPUs: a study with COSMO 4.19. Geosc Model Dev 9:3393–3412. ▶ https://doi.org/10.5194/gmd-9-3393-2016

Leutwyler D, Lüthi D, Ban N, Fuhrer O, Schär C (2017) Evaluation of the convection-resolving climate modeling approach on

continental scales. J Geophys Res Atmos 122(10):5237–5258. ▶ https://doi.org/10.1002/2016JD026013

Lind P, Belušić D, Christensen OB, Dobler A, Kjellström E, Landgren O, Lindstedt D, Matte D, Pedersen RA, Toivonen E, Wang F (2020) Benefits and added value of convection-permitting climate modeling over Fenno-Scandinavia. Clim Dyn 55(7):1893–1912. ▶ https://doi.org/10.1007/s00382-020-05359-3

van der Linden P, Mitchell JFB (2009) ENSEMBLES: Climate Change and its impacts: Summary of research and results from the ENSEMBLES project. Technical report, Met Off Hadley Cent, Exeter, UK 56(2):167–189.

di Luca A, Elía R, Laprise R (2013) Potential for small scale added value of RCM's downscaled climate change signal. Clim Dyn 40(3–4):601–618. ▶ https://doi.org/10.1007/s00382-012-1415-z

Meredith EP, Rust HW, Ulbrich U (2018) A classification algorithm for selective dynamical downscaling of precipitation extremes. Hydrol Earth Syst Sci 22:4183–4200. ▶ https://doi.org/10.5194/hess-22-4183-2018

Meredith EP, Ulbrich U, Rust HW (2020) Subhourly rainfall in a convection-permitting model. Environ Res Lett 15(3):034031. ▶ https://doi.org/10.1088/1748-9326/ab6787

Mudelsee M, Börngen M, Tetzlaff G, Grünewald U (2004) Extreme floods in central Europe over the past 500 years: Role of cyclone pathway „Zugstrasse Vb". J Geophys Res 109:D23101. ▶ https://doi.org/10.1029/2004JD005034

Pardowitz T, Befort DJ, Leckebusch GC, Ulbrich U (2016) Estimating uncertainties from high resolution simulations of extreme wind storms and consequences for impacts. Meteorol Z 25:531–541. ▶ https://doi.org/10.1127/metz/2016/0582

Pham TV, Steger C, Rockel B, Keuler K, Kirchner I, Mertens M, Rieger D, Zängl G, Früh B (2021) ICON in Climate Limited-area Mode (ICON release version 2.6.1): a new regional climate model, Geosci. Model Dev., 14, 985–1005. ▶ https://doi.org/10.5194/gmd-14-985-2021

Piani C, Frame DJ, Stainforth DA, Allen MR (2005) Constraints on climate change from a multi-thousand member ensemble of simulations. Geophys Res Lett. ▶ https://doi.org/10.1029/2005gl024452

Piazza M, Prein AF, Truhetz H, Csaki A (2019) On the sensitivity of precipitation in convection-permitting climate simulations in the Eastern Alpine region. Meteorol Z 21:323–346. ▶ https://doi.org/10.1127/metz/2019/0941

Prein AF, Langhans W, Fosser G, Ferrone A, Ban N, Goergen K, Keller M, Tölle M, Gutjahr O, Feser F, Brisson E (2015) A review on regional convection-permitting climate modeling: Demonstrations, prospects, and challenges. Rev Geophys 53(2):323–361. ▶ https://doi.org/10.1002/2014RG000475

Prein AF, Gobiet A, Truhetz H, Keuler K, Görgen K, Teichmann C, Maule CF, van Meijgaard E, Déqué M, Grigory N, Vautard R, Kjellström E, Colette A (2016) Precipitation in the EURO-CORDEX 0.11° and 0.44° simulations: High resolution, High benefits? Clim Dyn 46(1):383–412. ▶ https://doi.org/10.1007/s00382-015-2589-y

Primo C, Kelemen FD, Feldmann H, Akhtar N, Ahrens B (2019) A regional atmosphere–ocean climate system model (CCLMv5.0clm7-NEMOv3.3-NEMOv3.6) over Europe including three marginal seas: on its stability and performance. Geosc Model Dev 12:5077–5095. ▶ https://doi.org/10.5194/gmd-12-5077-2019

Riahi K, van Vuuren DP, Kriegler E et al (2017) The Shared Socioeconomic Pathways and their energy, land use, and greenhouse gas emissions implications: An overview. Glob Environ Chang 42:153–168. ▶ https://doi.org/10.1016/j.gloenvcha.2016.05.009

Rummukainen M (2010) State-of-the-art with regional climate models. Wiley Interdisciplinary Reviews. Clim Chang 1(1):82–96. ▶ https://doi.org/10.1002/wcc.8

Sasse R, Schädler G, Kottmeier CH (2013) The Regional Atmospheric Water Budget over Southwestern Germany under Different

Synoptic Conditions. J Hydrometeor 14(1):69–84. ▶ https://doi.org/10.1175/JHM-D-11-0110.1

Schaaf B, Feser F (2018) Is there added value of convection-permitting regional climate model simulations for storms over the German Bight and Northern Germany? Meteorology Hydrology and Water Management. Res Oper Appl 6(2):21–37. ▶ https://doi.org/10.26491/mhwm/85507

Schär C, Fuhrer O, Arteaga A et al (2020) Kilometer-Scale Climate Models: Prospects and Challenges. Bull Am Met Soc 101:E567–E587. ▶ https://doi.org/10.1175/bams-d-18-0167.1

Schlüter I, Schädler G (2010) Sensitivity of Heavy Precipitation Forecasts to Small Modifications of Large-Scale Weather Patterns for the Elbe River. J Hydrometeor 11:770–780. ▶ https://doi.org/10.1175/2010JHM1186.1

Schröter K, Mühr B, Elmer F, Kunz-Plapp T, Trieselmann W (2013) Juni-Hochwasser 2013 in Mitteleuropa – Fokus Deutschland – Bericht 1 Update 2: Vorbedingungen, Meteorologie, Hydrologie. CEDIM Forensic Disaster Analysis Group (FDA): S. 13. ▶ https://www.cedim.de/download/FDA_Juni_Hochwasser_Bericht1.2.pdf

Sein DV, Gröger M, Cabos W, Alvarez-Garcia FJ, Hagemann S, Pinto JG, Izquierdo A, de la Vara A, Koldunov NV, Dvornikov AY, Limareva N (2020) Regionally Coupled Atmosphere-Ocean-Marine Biogeochemistry Model ROM: 2. Studying the Climate Change Signal in the North Atlantic and Europe. J Adv Model Earth Syst 12(8):e2019MS001646. ▶ https://doi.org/10.1029/2019MS001646

Seneviratne SI, Lüthi D, Litschi M, Schär C (2006) Land–atmosphere coupling and climate change in Europe. Nature 443(7108):205–209. ▶ https://doi.org/10.1038/nature05095

Sillmann J, Kharin VV, Zhang X, Zwiers FW, Bronaugh D (2013) Climate extremes indices in the CMIP5 multimodel ensemble: Part 1. Model evaluation in the present climate. J Geophys Res 118:1716–1733. ▶ https://doi.org/10.1002/jgrd.50203

Taylor KE, Stouffer RJ, Meehl GA (2012) An Overview of CMIP5 and the experiment design. Bull Am Met Soc 93:485–498. ▶ https://doi.org/10.1175/BAMS-D-11-00094.1

Tebaldi C, Knutti R (2007) The use of the multi-model ensemble in probabilistic climate projections. Phil Trans R Soc A 365(1857):2053–2075. ▶ https://doi.org/10.1098/rsta.2007.2076

Vautard R, Gobiet A, Jacob D et al (2013) The simulation of European heat waves from an ensemble of regional climate models within the EURO-CORDEX project. Clim Dyn 41(9–10):2555–2575. ▶ https://doi.org/10.1007/s00382-013-1714-z

Vergara-Temprado J, Ban N, Panosetti D, Schlemmer L, Schär C (2020) Climate Models Permit Convection at Much Coarser Resolutions Than Previously Considered. J Clim 33:1915–1933. ▶ https://doi.org/10.1175/jcli-d-19-0286.1

Vergara-Temprado J, Ban N, Schär C (2021) Extreme Sub-Hourly Precipitation Intensities Scale Close to the Clausius-Clapeyron Rate Over Europe. Geophys Res Lett. ▶ https://doi.org/10.1029/2020GL089506

Weigel AP (2011) Verifikation von Ensemblevorhersagen. PROMET 37(3/4):31–41

Will A, Akhtar N, Brauch J, Breil M, Davin E, Ho-Hagemann HTM, Maisonnave E, Thürkow M, Weiher S (2017) The COSMO-CLM 4.8 regional climate model coupled to regional ocean, land surface and global earth system models using OASIS3-MCT: description and performance. Geosc Model Dev 10:1549–1586. ▶ https://doi.org/10.5194/gmd-10-1549-2017

Zängl G, Reinert D, Rípodas P, Baldauf M (2015) The ICON (ICOsahedral Non-hydrostatic) modelling framework of DWD and MPI-M: Description of the non-hydrostatic dynamical core. Q J R Meteorol Soc 141:563–579. ▶ https://doi.org/10.1002/qj.2378

Klimawandel in Deutschland: regionale Besonderheiten und Extreme

Klimabezogene Naturgefahren haben eine große Bedeutung für Deutschland. Im Zeitraum zwischen 1970 und 2021 entstanden hierdurch volkswirtschaftliche Schäden von 140 Mrd. EUR (in Werten von 2021; www.emdat.be). 57 % der Schäden wurden durch hydrologische Gefahren, also im Wesentlichen durch Überschwemmungen, verursacht. Meteorologische Gefahren, wie Winterstürme, Hagel oder Temperaturextreme trugen mit 42 % dazu bei. Geophysikalische Ereignisse wie Erdbeben, Tsunami oder Vulkanausbruch spielen in dieser Statistik mit weniger als 1 % eine geringe Rolle (www.emdat.be). Der größte Einzelschaden für Deutschland entstand durch das Hochwasser im Juli 2021 in Nordrhein-Westfalen und Rheinland-Pfalz in der Größenordnung von ca. 40 Mrd. Euro (in Werten von 2021; www.emdat.be).

Der Klimawandel beeinflusst Häufigkeit und Intensität solcher klimabezogenen Naturgefahren. Aber haben sich klimabezogene Extreme in der Vergangenheit in Deutschland verändert? Inwieweit kann dies dem Klimawandel zugewiesen werden und inwieweit spielen andere Faktoren eine Rolle? Welche Veränderungen sind in der Zukunft zu erwarten?

Auf diese Fragen können keine pauschalen Antworten gegeben werden. Die Veränderungen variieren je nach Prozess, Region, Jahreszeit, Indikator und Bezugszeitraum. Die Zusammenschau in diesem Buchteil macht deutlich, dass der Wissensgehalt und die Zuverlässigkeit der Aussagen sehr unterschiedlich sind. Während in einigen Fällen relativ sichere Antworten gegeben werden können, beispielsweise zur Veränderung von Temperaturextremen, sind in vielen Fällen heute (noch) keine gesicherten Aussagen möglich. Beispielsweise haben Kreienkamp et al. (https://www.worldweatherattribution.org/wp-content/uploads/Scientific-report-Western-Europe-floods-2021-attribution.pdf) den Einfluss des anthropogenen Klimawandels auf Starkniederschläge, die die Hochwasserkatastrophe im Juli 2021 verursacht haben, abgeschätzt. Sie folgern, dass sich im Vergleich zu einer 1,2 °C kühleren Welt die Wahrscheinlichkeit für das Auftreten eines vergleichbaren Starkniederschlags in Westeuropa um den Faktor 1,2 bis 9 erhöht hat. Diese große Spanne zeigt die Unsicherheiten, mit denen beispielsweise Starkregen noch behaftet ist.

Dieser Buchteil liefert einen Überblick über den Wissensstand zu Veränderungen von klimarelevanten Naturgefahren in Deutschland und den fundamentalen Klimaparametern wie Temperatur, Niederschlag und Wind, die hierfür eine besondere Rolle spielen. Es werden die Veränderungen der letzten Dekaden, basierend auf Analysen von Beobachtungsdaten, sowie Projektionen für die Zukunft, basierend auf Modellsimulationen, beleuchtet. Des Weiteren wird dargestellt, wie sich diese Veränderungen regional ausprägen, sofern genügend Erkenntnisse dafür vorliegen. Zudem wird herausgearbeitet, wie sicher beziehungsweise unsicher heutige Aussagen zu Veränderungen sind. Wegen des frühen Redaktionsschlusses konnten die derzeit wiederholt auftretenden Bergstürze, die klar auf den Klimawandel zurückgehen, noch nicht berücksichtigt werden.

Bruno Merz
Editor Teil II

Inhaltsverzeichnis

6   **Klimawandel und Extremereignisse: Temperatur inklusive Hitzewellen – 61**
       Karsten Friedrich, Thomas Deutschländer, Frank Kreienkamp, Nora Leps, Hermann Mächel und Andreas Walter

7   **Auswirkungen des Klimawandels auf Starkniederschläge, Gewitter und Schneefall – 73**
       Michael Kunz, Melanie K. Karremann und Susanna Mohr

8   **Der Klimawandel: Auswirkungen auf Winde und Zyklonen – 85**
       Joaquim G. Pinto, Frauke Feser, Patrick Ludwig und Mark Reyers

9   **Mittlerer Meeresspiegelanstieg und Sturmfluten – 95**
       Ralf Weisse und Insa Meinke

10   **Hochwasser und Sturzfluten an Flüssen in Deutschland – 109**
       Axel Bronstert, Heiko Apel, Helge Bormann, Gerd Bürger, Uwe Haberlandt, Anke Hannappel, Fred F. Hattermann, Maik Heistermann, Shaochun Huang, Christian Iber, Michael Joneck, Vassilis Kolokotronis, Zbigniew W. Kundzewicz, Lucas Menzel, Günter Meon, Bruno Merz, Andreas Meuser, Manuela Nied, Eva Nora Paton, Theresia Petrow und Erwin Rottler

11   **Dürren und Waldbrände unter Klimawandel – 131**
          Andreas Marx, Veit Blauhut, Friedrich Boeing,
          Matthias Forkel, Michael Hagenlocher, Mathias Herbst,
          Peter Hoffmann, Christian Kuhlicke, Rohini Kumar,
          Mariana Madruga de Brito, Luis Samaniego,
          Kirsten Thonicke und Markus Ziese

12   **Gravitative Massenbewegungen und Naturgefahren der**
          Kryosphäre – 143
          Thomas Glade

Klimawandel und Extremereignisse: Temperatur inklusive Hitzewellen

Karsten Friedrich, Thomas Deutschländer, Frank Kreienkamp, Nora Leps, Hermann Mächel und Andreas Walter

Inhaltsverzeichnis

6.1   Beobachtete Temperaturänderungen – 62
6.1.1   Klimatologische Kenntage und Häufigkeitsverteilung – 62
6.1.2   Hitzewellen – 64

6.2   Zukunftsprojektionen – 65
6.2.1   Klimatologische Kenntage – 67
6.2.2   Wärmeperioden – 69
6.2.3   Regionale Datensätze auf der Basis von CMIP6 – 70

6.3   Kurz gesagt – 70

Literatur – 70

© Der/die Autor(en) 2023
G. P. Brasseur et al. (Hrsg.), *Klimawandel in Deutschland*,
https://doi.org/10.1007/978-3-662-66696-8_6

6

Neben den im Zuge der globalen Erwärmung erwarteten Änderungen der Mitteltemperaturen in Deutschland sind es ins besondere die Temperaturextreme, die unser Leben prägen. Es wird davon ausgegangen, dass es nicht nur zu einer allgemeinen Verschiebung der Temperaturverteilung hin zu höheren Werten kommen wird, sondern auch zu einer Zunahme der Klimavariabilität (Fischer und Schär 2008). Hieraus ergibt sich die Frage, inwieweit es auch zu neuen, in einer bestimmten Region bislang noch nicht beobachteten Rekordwerten kommen könnte. Die Hitzewellen der Jahre 2018 und 2019 zeigen sowohl für Deutschland als auch den europäischen Raum, dass neue Temperaturrekorde vermehrt auftreten. Attributionsanalysen (▶ Kap. 28), wie die für Hitzewellen im Juni und Juli 2019 (Vautard et al. 2020), bestätigen den anthropogenen Klimawandel als Ursache. Der Klimawandel hat sowohl die Wahrscheinlichkeit als auch die Intensität von Hitzewellen erhöht.

Die Mehrzahl der wissenschaftlichen Untersuchungen beschäftigt sich vorwiegend oder gar ausschließlich mit den Veränderungen am warmen Ende der Temperaturverteilung, da dort ein höheres Schadenspotenzial zu erwarten ist. Hier spielen oft medizinische Implikationen eine wesentliche Rolle, wie der Sommer 2003 mit einer deutlich erhöhten Sterblichkeitsrate infolge der beiden Hitzewellen im Juni und insbesondere im August im westlichen und zentralen Europa deutlich gezeigt hat (z. B. Koppe et al. 2003; Robine et al. 2008). Auch die Veränderungen bei den kalten Werten sind von sozioökonomischer Bedeutung, wurden aber nur vereinzelt untersucht (Auer et al. 2005; Matulla et al. 2016).

Die Aussagen für die Zukunft werden dabei von den Ergebnissen einer Reihe europäischer Forschungsprojekte gestützt, in deren Rahmen gezielt Ensembles regionaler Klimaprojektionen erstellt und kollektiv für den Kontinent ausgewertet (Jacob et al. 2014, 2020; Matulla et al. 2014; Hübener et al. 2017). Untersuchungsgrößen sind dabei häufig die sogenannten Kenn- oder Ereignistage (s. Box in 6.2.3). Teilweise werden die zu über- oder unterschreitenden Schwellenwerte aber auch mittels statistischer Quantile bestimmt. Hierbei werden bevorzugt moderate Schwellen wie z. B. das 10. oder 90. Perzentil betrachtet, was den 10 % der niedrigsten bzw. höchsten Werte der vorliegenden Daten oder jeweils 36 Werten pro Jahr entspricht. Durch diese Vorgehensweise werden zwar nicht nur die stärksten Extreme und somit die besonders impaktrelevanten Ereignisse, sondern die 10 % der höchsten oder niedrigsten Werte insgesamt in die Analyse einbezogen. Dafür nimmt aber die Verlässlichkeit der Ergebnisse zu.

Über die Untersuchungen auf Tagesbasis hinaus wurde auch das Verhalten von länger andauernden Ereignissen bereits ausgewertet – insbesondere Hitzewellen. Eine absolut einheitliche Definition gibt es dabei zwar nicht, die unterschiedlichen Ergebnisse sind jedoch trotzdem gut miteinander vergleichbar. In Einzelfällen wurden auch aggregierte Werte vordefinierter Länge wie Monats- oder Jahreszeitenwerte betrachtet.

6.1 Beobachtete Temperaturänderungen

In den letzten drei Jahrzehnten wurden zahlreiche Studien zu dem seit der Industrialisierung zu beobachtenden Temperaturanstieg und den damit verbundenen Änderungen extremer Temperaturereignisse – global und für Europa – publiziert. Zusammenfassungen dieser Ergebnisse finden sich in den Sonderberichten des IPCC (IPCC 2012, 2019) und dem Fünften Sachstandsberichts des IPCC (Hartmann et al. 2013). Der Beitrag der Arbeitsgruppe „Naturwissenschaftliche Grundlagen des Klimawandels" für den Sechsten Sachstandsbericht des IPCC wurde im August 2021 veröffentlicht (IPCC 2021). Diese Studien zeigen die generelle Tendenz zur Verschiebung der Tagesmitteltemperatur in Richtung hoher Quantilwerte und eine höhere Wahrscheinlichkeit für das Auftreten von extrem heißen Tagen. Es gilt als sicher, dass die Anzahl der warmen Tage und Nächte angestiegen und die Anzahl der kalten Tage und Nächte in Europa seit den 1950er-Jahren zurückgegangen ist. Als ebenso gesichert gilt, dass in den meisten Regionen Europas in den letzten Dekaden überproportional viele Hitzewellen (s. Box „Klimatologische Kenngrößen" in ▶ Abschn. 6.2.3) aufgetreten sind (Hartmann, et al. 2013). Die Häufigkeit und die Intensität einiger extremer Wetter- und Klimaereignisse (z. B. Anzahl von heißen Tagen, Dauer und Intensität von Hitzewellen) haben als Folge der globalen Klimaerwärmung zugenommen und werden bei mittleren und hohen Emissionsszenarien weiter steigen (IPCC 2019, 2021).

Für die statistische Auswertung stationsbezogener Messungen in Europa stehen neben den Daten der nationalen Wetterdienste auch europaweite und globale Datensammlungen zur Verfügung. Eine der am häufigsten verwendeten ist die des *European Climate Assessment & Dataset* (ECA&D) mit einer Auswahl an europäischen Stationen mit Tageswerten verschiedener meteorologischer Messgrößen (Klok und Klein Tank 2009; ▶ Kap. 3).

6.1.1 Klimatologische Kenntage und Häufigkeitsverteilung

Zur Ableitung klimatologischer Kenntage wird, ausgehend von beobachteten Temperaturen, beispielsweise die Anzahl der Über- bzw. Unterschreitungen festgesetzter Schwellenwerte bestimmt (s. Box ▶ Abschn. 6.2.1). ◻ Abb. 6.1 zeigt Zeitreihen für zwei

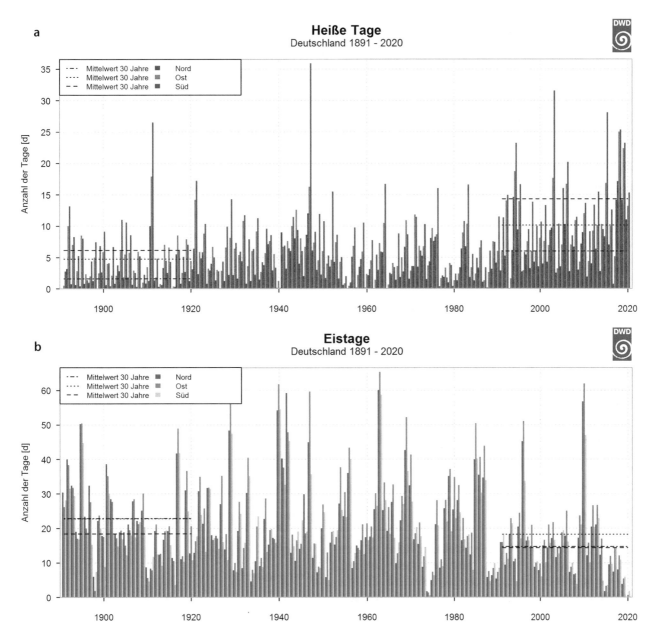

a

Heiße Tage
Deutschland 1891 - 2020

DWD

	Mittelwert 30 Jahre ■ Nord
	Mittelwert 30 Jahre ■ Ost
	Mittelwert 30 Jahre ■ Süd

b

Eistage
Deutschland 1891 - 2020

DWD

	Mittelwert 30 Jahre ■ Nord
	Mittelwert 30 Jahre ■ Ost
	Mittelwert 30 Jahre ■ Süd

◻ Abb. 6.1 Zeitreihe der jährlichen Anzahl an **a** heißen Tagen und **b** Eistagen für den Zeitraum 1891–2020 für Nord-, Ost- und Süddeutschland (Mittel jeweils über 14, 13 und 15 Stationen). (Deutscher Wetterdienst)

Kenntage an ausgewählten Stationen für den Zeitraum zwischen 1891 und 2020. Dabei werden heiße Tage und Eistage an 42 deutschen Stationen betrachtet. Eine Berechnung der Kenntage für ganz Deutschland ist aufgrund der Datenlage erst ab 1951 möglich. Die Abbildung stellt die Zeitreihen der Anzahl von Hitze- und Eistagen pro Jahr für die drei Subregionen Nord-, Ost- und Süddeutschland als Mittel über 14, 13 und 15 Stationen dar. Erkennbar ist, dass heiße Tage häufiger in Süddeutschland auftreten als in Ost- und Norddeutschland, während in Ostdeutschland die höchsten Zahlen an Eistagen registriert werden. Ferner ist ersichtlich, dass die von Jahr zu Jahr stark variierende Anzahl

der Hitze- und Eistage von dekadischen Schwankungen überlagert ist. Dies gilt ebenso für die weniger extremen Sommer- und Frosttage (nicht dargestellt). Trotz der starken Schwankungen ist anhand der vieljährigen Mittelwerte zu Beginn und am Ende des Beobachtungszeitraumes zu erkennen, dass sich bei den heißen Tagen eine deutliche Zunahme ergibt, während es bei den Eistagen zu einer Abnahme kommt. Die Zunahme der heißen Tage beträgt im Ost und Süden mehr als das Doppelte, im Norden sogar mehr als das Dreifache. Die Abnahme der Eistage bewegt sich im Bereich von 20 bis 35 %. Der Trend der Abnahme ist im Osten und Süden nicht signifikant. Die Anzahl der hei-

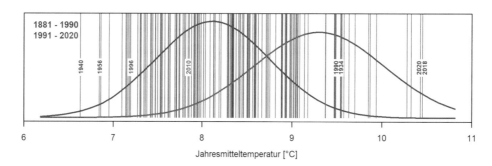

◻ Abb. 6.2 Häufigkeitsverteilungen der Jahresmitteltemperaturen für Deutschland für den Zeitraum 1881–1990 und 1991–2020. (Deutscher Wetterdienst)

6

ßen Tage in Süddeutschland im Jahr 1947 wurde bisher noch nicht wieder erreicht. Die Häufung von Jahren mit einer sehr hohen Anzahl von heißen Tagen in den letzten drei Dekaden wird jedoch deutlich.

Imbery et al. (2021) zeigen die Häufigkeitsverteilung der Jahresmitteltemperatur der letzten 30 Jahre im Vergleich zum Zeitraum zwischen 1881 und 1990 (◻ Abb. 6.2). Die Verschiebung der mittleren Jahrestemperaturen (Scheitelpunkt der Kurven) um über 1 °C ist deutlich zu erkennen. Die in dem früheren Zeitraum wärmsten Jahre liegen im aktuellen Zeitraum im Bereich des Durchschnitts. Diese Verschiebung kann auch bei den Extremtemperaturen beobachtet werden und macht das Auftreten von heißen Tagen wahrscheinlicher.

6.1.2 Hitzewellen

Bei der Betrachtung von Hitzewellen gibt es mittlerweile ein breites Portfolio an Herangehensweisen. Oft werden feste Temperaturschwellenwerte für die Maximumtemperatur verwendet. Aber auch die Abkühlung in den Nachtstunden hat einen hohen Einfluss auf die Belastung durch Hitze für den menschlichen Körper. Deshalb wird die Minimumtemperatur bei bestimmten Analysen einbezogen. Um Auswertungen in unterschiedlichen Regionen durchführen zu können, werden Perzentile der lokalen Temperaturmaxima und -minima verwendet. Auch die Andauer und die räumliche Ausdehnung von Hitzewellen wird unterschiedlich definiert. In ◻ Abb. 6.3 wurde für jedes Jahr für acht deutsche Städte die wärmste 14-tägige Periode mit einem mittleren Tagesmaximum von mindestens 30 °C ausgewählt. Die Datenlage lässt hier eine Auswertung ab 1951 zu. Für einzelne Stationen lassen sich aber auch über diesen Zeitraum hinaus Aussagen machen. So wurde an der Station Hamburg im Jahr 1994 das erste Mal die 30 °C-Marke beim 14-tägigen Mittelwert seit Beobachtungsbeginn im Jahr 1936 überschritten.

Markante Hitzewellen seit 1951

14-tägige Hitzeperioden mit einem mittleren Tagesmaximum der Lufttemperatur von mindestens 30,0 °C für ausgewählte deutsche Großstädte

▪ mittleres Tagesmaximum der jeweiligen Hitzewelle
▪ größtes mittleres Tagesmaximum bei einer Hitzewelle

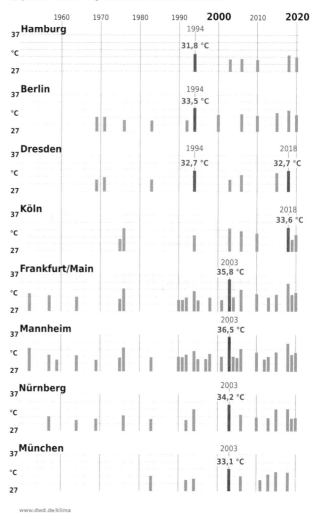

◻ Abb. 6.3 Maximale jährliche 14-tägige Hitzewellen mit einem mittleren Tagesmaximum von 30 °C oder mehr für acht deutsche Großstädte. (Deutscher Wetterdienst)

Die Station Mannheim verzeichnet für das Jahr 1947, indem die bisherige höchste Anzahl von heißen Tagen für Süddeutschland (◘ Abb. 6.1 a) beobachtet wurde, einen Mittelwert der Maximumtemperatur von 32,2 °C und liegt damit unter dem im Jahr 2003 registrierten Wert von 36,5 °C. Trotz der in den letzten Jahren beobachteten neuen Temperaturrekorde für Deutschland war die Hitzewelle 2003 in Bezug auf die Höhe der gemessenen Temperaturen und der Andauer der Hitze weiterhin herausragend. Der Schwerpunkt der Hitzewelle lag über dem südlichen Mitteleuropa und beeinflusste besonders den Südwesten Deutschlands. Im Jahr 2015 erreichte die Station Kitzingen am 5. Juli mit 40,3 °C einen neuen Temperaturrekord, der am 7. August erneut eingestellt wurde (Becker et al. 2015). Dieser Rekord wurde im Jahr 2019 deutlich übertroffen. Am 25. Juli kletterte das Thermometer an den Stationen Tönisvorst und Duisburg-Baerl auf eine Temperatur von 41,2 °C (DWD 2020). Eine Maximumtemperatur von mehr als 40 °C zeigte das Thermometer an verschiedenen Stationen an drei aufeinanderfolgenden Tagen zwischen dem 24. und 26. Juli (Bissolli et al. 2019). Bisher wurden hierzulande Werte von 40 °C und mehr nur an einzelnen Tagen und räumlich sehr eng begrenzt registriert. Auch wenn in dieser Phase die Hitzebelastung sehr hoch war, beschränkte sich die Andauer in dieser Höhe auf wenige Tage. Auch in den anderen Jahren seit 2003 kam es zu einer Unterbrechung der sehr heißen Phasen durch kühlere Temperaturen. Im Jahr 2018 sorgte eine Hitzewelle von Mitte Juli bis Mitte August für sehr hohe Temperaturen (Imbery et al. 2018). In dieser Zeit wurden die bisherigen Rekorde der 14-tägigen Mittelwerte für die Stationen Dresden und Köln überschritten (◘ Abb. 6.3). Neben den hohen Temperaturen im Sommer war der Zeitraum zwischen März und November 2018 von extremer Trockenheit gekennzeichnet. Zscheischler und Fischer (2020) schätzten das Auftreten der sehr hohen Temperaturen und der sehr geringen Niederschläge auf höchstens alle paar hundert Jahre.

Die Hitzewelle im Jahr 2018 war verbunden mit einer lang andauernden Trockenheit in vielen Regionen. Diese Kombination wird in der englischsprachigen Literatur *compound event* genannt. Hier ist ein Anstieg des Auftretens solcher Ereignisse zu erwarten (Manning et al. 2019; IPCC 2021).

Die Hitzewelle über Mitteleuropa im Juli 2019 wurde in einer Attributionsstudie untersucht (Vautard et al. 2020). In einer solchen Studie wird die Auftrittswahrscheinlichkeit von Ereignissen und der eventuelle Zusammenhang mit dem anthropogenen Klimawandel bestimmt (► Kap. 28). Demnach ergibt sich für Deutschland eine Häufigkeit des Auftretens einer solchen dreitägigen Hitzewelle einmal innerhalb von 10 bis 30 Jahren. Des Weiteren stieg durch den Klimawandel die Wahrscheinlichkeit solcher Hitzewellen um mindestens das Dreifache. Die Maximumtemperaturen wären ohne Klimawandel etwa 1,5 bis 3 °C niedriger gewesen.

Die Hitzewellen in den Jahren 2003, 2006, 2015 und 2018 sind nach Kornhuber et al. (2019) verbunden mit einem bestimmten Zirkulationsmuster der Rossby-Wellen (großräumige Wellenbewegungen in der Erdatmosphäre[1]). Auch Mann (2019) hat die Ursachen für langanhaltende stabile Witterungsphasen untersucht. Durch die starke Erwärmung der Arktis, für die vor allem die geringe Meereisbedeckung verantwortlich ist, ergibt sich eine Verringerung des Temperaturgradienten zwischen dem Äquator und dem Pol. Aktuell gibt es in der Wissenschaft die These, dass es dadurch zu einer Verlangsamung des Jet-Streams, des Windbands in ungefähr 10 km Höhe, kommt und die Amplitude der Rossby-Wellen größer wird. In den Wellenbergen und -tälern setzen sich Hoch- und Tiefdruckgebiete mit langen Verweilzeiten fest. Somit werden längere heiße und trockene oder kühle und feuchte Witterungsphasen wahrscheinlicher (Kornhuber et al. 2020).

6.2 Zukunftsprojektionen

Wie im ► Kap. 2 beschrieben, basieren Analysen des zukünftigen Klimas auf definierten Szenarien, die unterschiedliche Zukunftspfade beschreiben. Für die nachfolgenden Aussagen wird auf Datensätze zurückgegriffen, die den RCP-Szenarien (Moss et al. 2010; van Vuuren et al. 2011a) folgen. Der Schwerpunkt wird dabei auf die Szenarien RCP2.6 (van Vuuren et al. 2011b) und RCP8.5 (Riahi et al. 2011) gelegt. Im weiteren Text wird das Szenario RCP2.6 als **Klimaschutz-Szenario** und das Szenario RCP8.5 als **Hochemissionsszenario** bezeichnet. Diese Szenarien wurden im Rahmen des CMIP5-Projektes (Taylor et al. 2012) für eine Vielzahl an Projektionen mit unterschiedlichen globalen Klimamodellen (GCMs) als Randbedingungen verwendet. Die Untersetzung der grob aufgelösten GCM-Rechnungen erfolgte im Rahmen der Projekte EURO-CORDEX (Jacob, et al. 2014, 2020; Ciarlo et al. 2021) und ReKliEs-De (Hübener, et al. 2017). Mehr zu regionalen Klimamodellen ist im ► Kap. 4 zu finden. Da bisher nur wenige regionale Datensätze auf der Basis des Teilprojektes ScenarioMIP (O'Neill et al. 2016) vom CMIP6-Projekt (Eyring et al. 2016) verfügbar sind, erfolgt hier nur ein kurzer Ausblick.

Die für die nachfolgenden Auswertungen genutzten regionalen Datensätze wurden vor der Nutzung auf

1 ► https://www.dwd.de/DE/wetter/thema_des_tages/2015/11/24.html

◻ Abb. 6.4 Änderung der mittleren jährlichen Lufttemperatur über Deutschland als Zeitreihe (1951–2100; **a** 30-jähriges gleitendes Mittel und **b** als Änderungssignale für die nahe (dunkler Farbton) und die ferne Zukunft (heller Farbton) im Vergleich zum Bezugszeitraum. Die Zeitreihendarstellung erfolgt für Beobachtungsdaten (HYRAS) und zwei der DWD-Referenzensembles (für die Szenarien Klimaschutzszenario RCP2.6 und Hochemissionsszenario RCP8.5). Die violett gestrichelte Linie zeigt den Mittelwert aus den historischen Modellläufen für den Bezugszeitraum. Die Änderungssignale (Ensemblemedian als schwarzer Punkt sowie die Bandbreite als dicke Linie) werden für die Jahreszeiten (Winter/DJF, Frühling/MAM, Sommer/JJA, Herbst/SON) und das Jahr für das Klimaschutzszenario (blau) und das Hochemissionsszenario (rot) dargestellt

Unstimmigkeiten (Zier et al. 2020) und kritische Annahmen (z. B. stationäre Treibhausgase, Jerez et al. 2018) geprüft. Auf der Basis dieser Erkenntnisse wurde der vorhandene Datensatz reduziert[2].

Alle nachfolgenden Aussagen geben eine Änderung gegenüber dem Bezugszeitraum zwischen 1971 und 2000 an. Die Nutzung des Zeitraumes widerspricht zwar den WMO-Vorgaben (World Meteorological Organization 2017), nach denen der Zeitraum 1961 bis 1990 als Referenz für den Klimawandel zu nutzen ist. Da aber eine Vielzahl der Datensätze erst Daten ab 1970 umfasst, war eine WMO-konforme Auswertung nicht möglich. Beschrieben werden zwei Zeitfenster: 2031 bis 2060 für die Mitte des Jahrhunderts/**nahe Zukunft** und 2071 bis 2100 für das Ende des Jahrhunderts/**ferne Zukunft**. Details dazu sind in Hänsel et al. (2020) zu finden. Für einige Aspekte wurde die Abschätzung der Änderung von Extremen mit der Kernschätzermethode durchgeführt (Dalelane und Deutschländer 2013).

Wie ◻ Abb. 6.4 zeigt, geben die Ergebnisse der genutzten Ensembles für jedes Szenario eine Bandbreite an möglichen Klimaänderungen wieder. Um diese mit abzubilden, wird neben der Information der mittleren Änderung auch das 15. und 85. Perzentil der Modellergebnisse mit benannt. Die Daten decken somit 70 % der Bandbreite ab.

Je nach gewähltem Szenarienpfad wird sich die globale Temperatur bis zum Ende des 21. Jahrhunderts gegenüber der vorindustriellen Zeit (1850–1900) um

knapp unter 2 °C (Klimaschutzszenario) bzw. 3,2 bis 5,4 °C (Hochemissionsszenario) erhöhen (IPCC 2014). Das Paris-Ziel einer Welt mit weniger als 1,5 °C Erwärmung ist mit beiden Szenarienpfaden nicht erreichbar. Die Erwärmung über Land übertrifft dabei die globale Erwärmungsrate (IPCC 2014, 2021). Werden diese globalen Datensätze auf die regionale Skala herunterskaliert, bleibt die Bandbreite erhalten. Analysen zeigen, dass die Lage der aufgezeigten Bandbreite einer einzelnen Projektion im Szenarienzeitraum im Wesentlichen vom globalen Klimamodell abhängt. Der Einfluss des regionalen Klimamodelles ist gering (Hübener et al. 2017).

Die Projektionen zeigen für sämtliche Jahreszeiten, Regionen und Emissionsszenarien steigende Temperaturen. Der stärkste Temperaturanstieg wird zum Ende des 21. Jahrhunderts für das Hochemissionsszenario projiziert. Für dieses Szenario liegt der mittlere Temperaturanstieg des Modellensembles – je nach Region und Jahreszeit – zwischen 3,0 °C und 4,2 °C. Der untere Bereich des Ensembles (15. Perzentil) reicht von 1,9 °C bis 3,3 °C, der obere Bereich (85. Perzentil) liegt zwischen 3,2 °C und 6,1 °C (s. Abb. 6.4).

Für die nahe Zukunft hat das gewählte Szenario einen geringen Einfluss auf die Temperaturänderung. Die Bandbreite der Szenarien weist einen ähnlichen Wertebereich auf. In der fernen Zukunft liegen die Projektionen der beiden Szenarien deutlich auseinander. Abhängig von Region und Jahreszeit liegen die mittleren Änderungswerte um bis zu 3,3 °C höher.

Beim Klimaschutzszenario liegt das Temperaturniveau in der fernen Zukunft auf vergleichbarem Niveau wie in der nahen Zukunft. Beim Hochemissionsszenario ergibt sich ein Anstieg der Tem-

---

2   Dieser reduzierte Datensatz (DWD-Referenz-Ensembles v2018) ist unter ▶ www.dwd.de/ref-ensemble beschrieben.

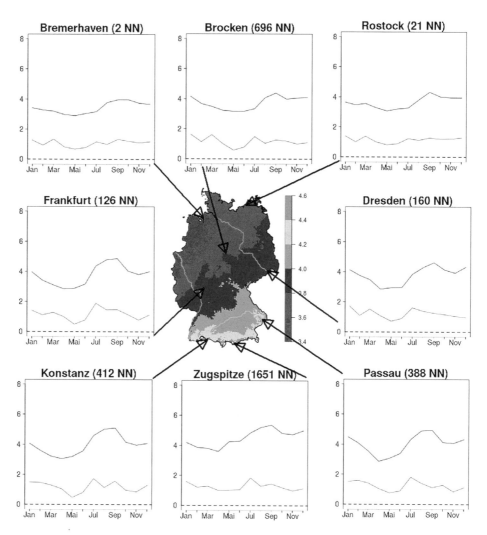

■ **Abb. 6.5** Median der mittleren Temperaturänderung [°C] für das Hochemissionsszenario (Mitte) aus dem DWD-Referenzensemble und den Zeitraum 2071–2100 gegenüber dem Bezugszeitraum 1971–2000. Umliegende Grafiken zeigen den mittleren Jahresgang der Temperaturänderung [°C] für das Klimaschutzszenario (RCP 2.6) und Hochemissionsszenario (RCP 8.5) im Zeitraum 2071–2100. Linien repräsentieren die Änderung des Ensemblemedians, schattierte Bereiche zeigen die Modellunsicherheit (15. bis 85. Perzentil). Die Ergebnisse basieren jeweils auf dem Mittelwert der nächsten 3×3-Gitterzellen des Standorts

peratur um ca. 4 °C gegenüber dem Bezugszeitraum. Dabei ist ein Gradient von Nord nach Süd sichtbar (s. Abb. 6.5). Beispielhaft werden für acht Orte Jahresgänge der Änderungssignale gezeigt. Diese Diagramme zeigen einen prägnanten Jahresgang.

6.2.1 Klimatologische Kenntage

Im Folgenden wird die projizierte Veränderung der schwellwertbasierten Indizes für Deutschland für das 21. Jahrhundert in Form von Gebietsmitteln und als räumliche Muster von Änderungswerten für die zwei Szenarien dargestellt. Für die Definitionen der Kenntage, s. Box „Klimatologische Kenngrößen".

Die Analyse der klimatologischen Kenntage zeigt deutlich, dass auch in Deutschland zukünftig mit einer wesentlich höheren Anzahl warmer Temperaturextreme zu rechnen ist. Damit verbunden wird der Hitzestress deutlich steigen (Coffel et al. 2017; Casanueva et al. 2020). Bei den kalten Kenntagen beschränken sich die Untersuchungen zumeist auf die Analyse der Frosttage

und Eistage, deren Anzahl merklich zurückgehen wird (■ Abb. 6.6). Erwartungsgemäß gilt das insbesondere für das Hochemissionsszenario sowie die ferne Zukunft.

Infolge des Klimawandels werden etliche Regionen deutlich häufiger betroffen sein als bisher. Entsprechend des Hochemissionsszenario in der fernen Zukunft würde die Anzahl der heißen Tage im Deutschlandmittel um +28 Tage ansteigen, in weiten Teilen Deutschlands sind über 40 heiße Tage pro Jahr zu erwarten. In Zukunft werden Sommertage besonders in tiefen Lagen deutlich öfter auftreten. Das Hochemissionsszenario projiziert für die ferne Zukunft deutlich über 100 Sommertage pro Jahr. Dies entspräche einem Zuwachs von rund 50 Tagen pro Jahr. Auch in den Mittelgebirgslagen und den Alpen unterhalb rund 2000 m ü. NN werden Sommertage häufig auftreten (rund 20 Tage pro Jahr). Dem Hochemissionsszenario zufolge werden zukünftig auch im Frühjahr bzw. im Herbst deutlich mehr Sommertage sowie heiße Tage auftreten.

Aufgrund des starken Anstiegs von heißen Tagen und Tropennächten steigt auch die Häufigkeit von län-

6

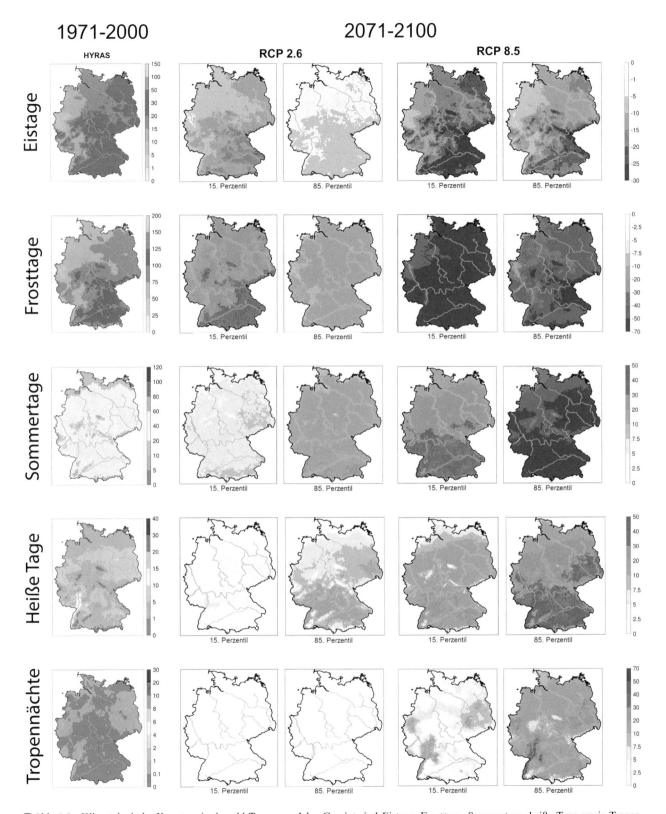

■ **Abb. 6.6** Klimatologische Kenntage in Anzahl Tagen pro Jahr. Gezeigt sind Eistage, Frosttage, Sommertage, heiße Tage sowie Tropennächte (Definitionen ▶ Abschn. 6.2.1). Die linke Spalte stellt die mittlere Anzahl Tage pro Jahr im Bezugszeitraum dar. Die vier rechten Spalten zeigen die projizierte Änderung in Anzahl der Tage für den Zeitraum bis Ende des Jahrhunderts, jeweils 15. und 85. Perzentil des Klimaschutzszenarios (RCP2.6) und Hochemissionsszenario (RCP8.5)

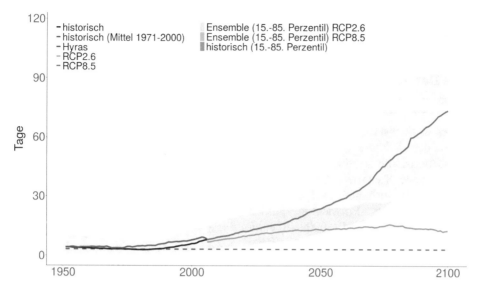

Abb. 6.7 Entwicklung des *warm spell duration index* auf Grundlage der Beobachtungsdaten (HYRAS, dunkelrote Linie) und des Klima-schutzszenarios (RCP2.6, blaue Linie) und Hochemissionsszenario (RCP8.5, rote Linie). Gezeigt werden die Medianwerte (Linie) und die Bandbreite (Farbereich um die jeweilige Linie) auf der Basis des 15. und 85. Perzentils. Die gestrichelte violette Linie zeigt das Mittel des Zeit-raumes 1971–2000 aus dem historischen Zeitraum der Klimamodelldaten

geren Wärme- und Hitzeperioden an. Während solche Phasen im Beobachtungszeitraum kaum auftraten, ist unter Annahme des Hochemissionsszenario in der nahen Zukunft im Deutschlandmittel bereits alle 5 bis 21 Jahre mit einem solchen Ereignis zu rechnen; in der fernen Zukunft wird im Mittel jedes Jahr ein solches Ereignis erwartet. Dabei ist zu beachten, dass sich Wärmeperioden im Gegensatz zu Hitzewellen nicht nur auf die warmen Monate beschränken, sondern – aufgrund ihrer Definition – in allen Jahreszeiten auftreten können.

Klimatologische Kenngrößen

Es gibt unterschiedliche Systematiken klimato-logischer Kenngrößen. Dieses Kapitel und diese Box bezieht sich auf die vom Deutschen Wetterdienst (DWD) verwendeten Definitionen. Ins Glossar zu die-sem Buch wurden die international gängigen Defini-tionen aufgenommen, die teilweise von den hier be-schriebenen abweichen.

- Frosttag: Die Minimumtemperatur des Tages bleibt unterhalb von 0 °C.
- Eistag: Die Maximumtemperatur des Tages bleibt unterhalb von 0 °C.
- Sommertag: Die Maximumtemperatur des Tages erreicht oder überschreitet 25 °C.
- Heißer Tag: Die Tageshöchsttemperatur erreicht oder überschreitet 30 °C.
- Extrem heißer Tag: Die Tageshöchsttemperatur überschreitet 40 °C.

- Tropennacht: Die Minimumtemperatur des Tages bleibt bei über 20 °C.
- *Warm spell duration index (WSDI):* Wärme-perioden bestehen aus mind. sechs aufeinander-folgenden Tagen mit Tageshöchsttemperaturen über dem 90. Perzentil; gezählt wird die Jahres-summe der Wärmeperioden zugeordneten Tage.
- Hitzewelle: Mehrtägige Periode mit ungewöhnlich hoher thermischer Belastung. International exis-tiert keine einheitliche Definition des Begriffs. De-finitionen basieren häufig auf einer Kombina-tion von Schwellenwerten (z. B. 98. Perzentil eines Tagesmaximumwertes von mindestens 30 °C sowie einer minimalen Dauer z. B. drei Tage).
▶ https://www.dwd.de/DE/service/lexikon/Functions/glossar.html?lv3=101452

6.2.2 Wärmeperioden

Zur Bewertung der Veränderungen länger andauernder warmer Temperaturextreme existieren ebenfalls meh-rere Indizes. Hier wird am Beispiel des *warm spell du-ration index* (Definition ▶ Abschn. 6.2.1) gezeigt, wel-che Entwicklungen auf der Basis des Klimaschutz- und Hochemissionsszenario zu erwarten sind. Grundlage bildet der Zustand im Zeitraum zwischen 1971 und 2000. ◻ Abb. 6.7 zeigt einen deutlichen Anstieg im Szenarienzeitraum. Das gilt sowohl für das Klima-schutz- als auch insbesondere für das Hochemissionsszenario. Gemäß einigen Simulationen könnten diese Perioden mehr als 100 Tage andauern.

6.2.3 Regionale Datensätze auf der Basis von CMIP6

In Vorbereitung des 6. Sachstandberichtes des IPCC wurden im Rahmen der 6. Phase des CMIP-Projektes neue Klimaprojektionsläufe erstellt. Basis für diese Projektionsläufe sind neue Szenarien. Es sind Kombinationen aus den schon vorhandenen RCP-Szenarien und sozioökonomischen Entwicklungspfaden *Shared Socioeconomic Pathways*/*SSPs* (O'Neill et al. 2016; Riahi et al. 2017). Die beiden Szenarienprojekte (RCP + SSP) wurden so konzipiert, dass sie sich gegenseitig ergänzen. Die RCPs legen Pfade für die Treibhausgaskonzentrationen fest und damit auch das Ausmaß der Erwärmung, die bis zum Ende des Jahrhunderts eintreten könnte. Die SSPs hingegen geben die Bühne vor, auf der Emissionsreduzierungen erreicht – oder eben nicht erreicht – werden. Es ist daher immer eine Kombination aus einem RCP und einem SSP-Szenario. Beispiele für diese Kombinationen sind das SSP1-1.9 oder SSP5-8.5). Erste Auswertungen zeigen, dass die Schätzwerte der sogenannten *equilibrium climate sensitivity* (ECS)[3] teilweise deutlich zugenommen haben (The CMIP6 landscape 2019; Flynn und Mauritsen 2020). Während dieser Wert bei CMIP5 noch bei 2.1 bis 4,7 °C lag, sind es in CMIP6 1,8 bis 5,6 °C. Damit verbunden ist ein verstärktes Klimasignal. Laut Hausfather (2020) steigt das globale Klimasignal für das Ende des Jahrhunderts vom RCP8.5-Szenario von 4,6 (3,3 bis 5,9 °C) auf 5,0 °C (3,8 bis 7,4 °C) beim SSP5-8.5. In der Literatur läuft aktuell eine intensive Diskussion, inwiefern die ECS-Werte der Modelle problematisch sind (Meehl et al. 2020; Zelinka et al. 2020).

Es gibt bisher nur einen regionalen Datensatz auf Basis dieser erweiterten Szenarien für Europa. Kreienkamp et al. (2020) haben erste regionale Datensätze erzeugt und mit bestehenden verglichen. Während zwischen den mit EPISODES herunterskalierten CMIP5- und CMIP6-Datensätzen von MPI-ESM und NorESM kaum Unterschiede für Deutschland vorhanden sind, ist der Unterschied bei den Modellen CanESM und EC-Earth deutlich. Bei beiden Modellen ist ein Anstieg des Änderungssignales von CMIP5 hin zu CMIP6 in der Größenordnung von ca. 2 °C zu erkennen. Das Klimasignal für Deutschland liegt hier für CanESM5 bei 6,5 °C (2071–2100 versus 1971–2000, bisher 4,8 °C

– CanESM2) und für EC-Earth3 bei 5,2 °C (2071–2100 versus 1971–2000, bisher 3,1 °C – EC-Earth2).

6.3 Kurz gesagt

Teilweise bis in das 19. Jahrhundert zurückreichende Beobachtungsdaten zeigen eine allgemeine Zunahme warmer Temperaturextreme bei gleichzeitiger Abnahme kalter Extreme. Besonders deutlich ist diese Entwicklung im Fall der jahreszeitlichen Mitteltemperaturen von meteorologischem Sommer und Winter zu erkennen.

Aber nicht nur die jahreszeitlichen Mittelwerte haben sich verändert, auch die Verteilung der Tagesmitteltemperaturen zeigt eine Verschiebung in Richtung höherer Temperaturwerte. Damit geht auch eine erhöhte Wahrscheinlichkeit für das Auftreten heißer Tage einher. Deutlich zeigt sich, dass die Anzahl warmer Tage und Nächte angestiegen und die Anzahl kalter Tage und Nächte seit den 1950er-Jahren zurückgegangen ist.

Für die Zukunft lassen Klimaprojektionen insbesondere bei unverminderter Treibhausgasemission (Hochemissionsszenario) eine deutliche Verschärfung der bereits beobachteten Entwicklung erwarten. Unter den Annahmen des Hochemissionsszenario steigt die globale Mitteltemperatur bis zum Ende des 21. Jahrhunderts im Mittel um 3 bis 4,2 °C. Im Vergleich zur Tagesmitteltemperatur ist mit einem mindestens ähnlich hohen Anstieg der Tagesextrema zu rechnen. Die Klimaprojektionen zeigen eine deutliche Änderung aller temperaturbezogenen Extremindizes an, besonders für das Hochemissionsszenario sowie die ferne Zukunft. Die Änderungskarte weist auf ein regional stark unterschiedliches Klimasignal hin. Beim Klimaschutzszenario ist die Änderung deutlich geringer.

Literatur

Auer I, Matulla C, Böhm R, Ungersböck M, Maugeri M, Nanni T, Pastorelli R (2005) Sensitivity of frost occurrence to temperature variability in the European Alps. Int J Climatol 25:1749–1766

Becker P, Imbery F, Friedrich K, Rauthe M, Matzarakis A, Grätz A, Janssen W (2015) Klimatologische Einschätzung des Sommer 2015. Abteilung Klimaüberwachung, Deutscher Wetterdienst

Bissolli P, Deutschländer T, Imbery F, Haeseler S, Lefebvre C, Blahak J, Fleckenstein R, Breyer J, Rocek M, Kreienkamp F, Rösner S, Schreiber K-J (2019) Hitzewelle Juli 2019 in Westeuropa – neuer nationaler Rekord in Deutschland. Abteilung Klimaüberwachung, Deutscher Wetterdienst

Casanueva A, Kotlarski S, Fischer AM, Flouris AD, Kjellstrom T, Lemke B, Nybo L, Schwierz C, Liniger MA (2020) Escalating environmental summer heat exposure—a future threat for the European workforce. Reg Environ Change 20:40

Ciarlo JM, Coppola E, Fantini A et al (2021) A new spatially distributed added value index for regional climate models: the

---

3 Die *equilibrium climate sensitivity* beschreibt den Temperaturanstieg, der bei einer Verdopplung der CO_2-Konzentrationen in der Atmosphäre auftritt.

EURO-CORDEX and the CORDEX-CORE highest resolution ensembles. Clim Dyn 57:1403–1424

Coffel ED, Horton RM, de Sherbinin A (2017) Temperature and humidity based projections of a rapid rise in global heat stress exposure during the 21st century. Environ Res Lett 13:014001

Dalelane C, Deutschländer T (2013) A robust estimator for the intensity of the Poisson point process of extreme weather events. Weather and Clim Extremes 1:69–76

DWD (2020) DWD-Stationen Duisburg-Baerl und Tönisvorst jetzt Spitzenreiter mit 41,2 Grad Celsius. Deutscher Wetterdienst annulliert deutschen Temperaturrekord in Lingen. Deutscher Wetterdienst

Eyring V, Bony S, Meehl GA, Senior CA, Stevens B, Stouffer RJ, Taylor KE (2016) Overview of the Coupled Model Intercomparison Project Phase 6 (CMIP6) experimental design and organization. Geosci Model Dev 9:1937–1958

Fischer EM, Schär C (2008) Future changes in daily summer temperature variability: driving processes and role for temperature extremes. Clim Dyn 33:917

Flynn CM, Mauritsen T (2020) On the climate sensitivity and historical warming evolution in recent coupled model ensembles. Atmos Chem Phys 20:7829–7842

Hänsel S, Brendel C, Fleischer C, Ganske A, Haller M, Helms M, Jensen C, Jochumsen K, Möller J, Krähenmann S (2020) Vereinbarungen des Themenfeldes 1 im BMVI-Expertennetzwerk zur Analyse von klimawandelbedingten Änderungen in Atmosphäre und Hydrosphäre

Hartmann DL, Klein Tank AMG, Rusticucci M, Alexander LV, Brönnimann S, Charabi YAR, Dentener FJ, Dlugokencky EJ, Easterling DR, Kaplan A, Soden BJ, Thorne PW, Wild M, Zhai P, (2013) Observations: Atmosphere and surface. Climate Change, (2013) the Physical Science Basis: Working Group I Contribution to the Fifth Assessment Report of the Intergovernmental Panel on Climate Change. Cambridge University Press, Cambridgee, United Kingdom and New York, NY, US

Hausfather Z (2020) CMIP6: the next generation of climate models explained. Carbon Brief

Hübener H, Bülow K, Fooken C et al. (2017) ReKliEs-De Ergebnisbericht. World Data Center for Climate (WDCC) at DKRZ

Imbery F, Friedrich K, Koppe C, Janssen W, Pfeifroth U, Daßler J, Bissolli P (2018) 2018 wärmster Sommer im Norden und Osten Deutschland. Abteilungen für Klimaüberwachung, Hydrometeorologie und Agrarmeteorologie, Deutscher Wetterdienst

Imbery F, Kaspar F, Friedrich K, Plückhahn B (2021) Klimatologischer Rückblick auf 2020: Eines der wärmsten Jahre in Deutschland und Ende des bisher wärmsten Jahrzehnts. Abteilungen für Klimaüberwachung und Agrarmeteorologie, Deutscher Wetterdienst

IPCC (2014) Climate Change 2014: Synthesis Report. Contribution of Working Groups I, II and III to the Fifth Assessment Report of the Intergovernmental Panel on Climate Change. In: Pachauri RK and Meyer LA (Hrsg). IPCC, Geneva, Switzerland

IPCC (2021) Climate Change 2021: The Physical Science Basis. Contribution of Working Group I to the Sixth Assessment Report of the Intergovernmental Panel on Climate Change. In: Masson-Delmotte V et al. (Hrsg). Cambridge University Press, Cambridge, United Kingdom and New York, NY, USA

IPCC (2019) Climate Change and Land: an IPCC special report on climate change, desertification, land degradation, sustainable land management, food security, and greenhouse gas fluxes in terrestrial ecosystems. In: Shukla PR et al. (Hrsg). Intergovernmental Panel on Climate Change

IPCC (2012) Managing the Risks of Extreme Events and Disasters to Advance Climate

Change Adaptation. In: Field CB, Barros V, Stocker TF, Dahe Q, Jon Dokken D, Ebi KL, Mastrandrea MD, Mach KJ, Plattner GK, Allen SK, Tignor M and Midgley PM (Hrsg) A Special

Report of Working Groups I and II of the Intergovernmental Panel on Climate Change. Cambridge University Press, Cambridge, UK, and New York, NY, USA

Jacob D, Petersen J, Eggert B et al (2014) EURO-CORDEX: new high-resolution climate change projections for European impact research. Reg Environ Change 14:563–578

Jacob D, Teichmann C, Sobolowski S et al (2020) Regional climate downscaling over Europe: perspectives from the EURO-CORDEX community. Reg Environ Change 20:51

Jerez S, López-Romero JM, Turco M, Jiménez-Guerrero P, Vautard R, Montávez JP (2018) Impact of evolving greenhouse gas forcing on the warming signal in regional climate model experiments. Nat Commun 9:1304

Klok EJ, Klein Tank AMG (2009) Updated and extended European dataset of daily climate observations. Int J Climatol 29:1182–1191

Koppe C, Jendritzky G, Pfaff G (2003) Die Auswirkungen der Hitzewelle 2003 auf die Gesundheit. Klimastatusbericht 2003. Deutscher Wetterdienst, Offenbach am Main

Kornhuber K, Coumou D, Vogel E, Lesk C, Donges JF, Lehmann J, Horton RM (2020) Amplified Rossby waves enhance risk of concurrent heatwaves in major breadbasket regions. Nat Clim Chang 10:48–53

Kornhuber K, Osprey S, Coumou D, Petri S, Petoukhov V, Rahmstorf S, Gray L (2019) Extreme weather events in early summer 2018 connected by a recurrent hemispheric wave-7 pattern. Environ Res Lett 14:054002

Kreienkamp F, Lorenz P, Geiger T (2020) Statistically downscaled CMIP6 projections show stronger warming for Germany. Atmosphere 11:1245

Mann ME (2019) The Weather Amplifier Strange waves in the jet stream foretell a future full of heat waves and floods. Sci Am 320:42–49

Manning C, Widmann M, Bevacqua E, Van Loon AF, Maraun D, Vrac M (2019) Increased probability of compound long-duration dry and hot events in Europe during summer (1950–2013). Environ Res Lett 14:094006

Matulla C, Namyslo J, Andre K, Chimani B, Fuchs T (2016) Design Guideline for a Climate Projection Data Base and Specific Climate Indices for Roads: CliPDaR. Materials and Infrastructures 2

Matulla C, Namyslo J, Andre K, Chimani B, Fuchs T (2014) Design guideline for a climate projection data base and specific climate indices for roads: CliPDaR. Transport Research Arena

Meehl GA, Senior CA, Eyring V, Flato G, Lamarque J-F, Stouffer RJ, Taylor KE, Schlund M (2020) Context for interpreting equilibrium climate sensitivity and transient climate response from the CMIP6 Earth system models. Science Advances 6:eaba1981

Moss RH, Edmonds JA, Hibbard KA et al (2010) The next generation of scenarios for climate change research and assessment. Nature 463:747–756

O'Neill BC, Tebaldi C, van Vuuren DP, Eyring V, Friedlingstein P, Hurtt G, Knutti R, Kriegler E, Lamarque JF, Lowe J, Meehl GA, Moss R, Riahi K, Sanderson BM (2016) The Scenario Model Intercomparison Project (ScenarioMIP) for CMIP6. Geosci Model Dev 9:3461–3482

Riahi K, Rao S, Krey V, Cho C, Chirkov V, Fischer G, Kindermann G, Nakicenovic N, Rafaj P (2011) RCP 8.5—A scenario of comparatively high greenhouse gas emissions. Climatic Change 109:33

Riahi K, van Vuuren DP, Kriegler E et al (2017) The Shared Socioeconomic Pathways and their energy, land use, and greenhouse gas emissions implications: An overview. Glob Environ Chang 42:153–168

Robine J-M, Cheung SLK, Le Roy S, Van Oyen H, Griffiths C, Michel J-P, Herrmann FR (2008) Death toll exceeded 70,000 in Europe during the summer of 2003. CR Biol 331:171–178

Taylor KE, Stouffer RJ, Meehl GA (2012) An Overview of CMIP5 and the Experiment Design. Bull Am Meteor Soc 93:485–498

The CMIP6 landscape (2019) Nature Clim Change 9:727–727

Vuuren DP van, Edmonds J, Kainuma M et al (2011a) The representative concentration pathways: an overview. Clim Change 109:5

Vuuren DP van, Stehfest E, den Elzen MGJ, Kram T, van Vliet J, Deetman S, Isaac M, Klein Goldewijk K, Hof A, Mendoza Beltran A, Oostenrijk R, van Ruijven B (2011b) RCP2.6: exploring the possibility to keep global mean temperature increase below 2 °C. Climatic Change 109:95

Vautard R, van Aalst M, Boucher O et al (2020) Human contribution to the record-breaking June and July 2019 heatwaves in Western Europe. Environ Res Lett 15:094077

World Meteorological Organization (2017) WMO guidelines on the calculation of climate normals. World Meteorological Organization Geneva, Switzerland

Zelinka MD, Myers TA, McCoy DT, Po-Chedley S, Caldwell PM, Ceppi P, Klein SA, Taylor KE (2020) Causes of higher climate sensitivity in CMIP6 models. Geophysical Research Letters 47. ▶ https://doi.org/10.1029/2019GL085782

Zier C, Müller C, Komischke H, Steinbauer A, Bäse F, Poschinger A (2020) Das Bayerische Klimaprojektionsensemble Audit und Ensemblebildung. Bayerisches Landesamt für Umwelt

Zscheischler J, Fischer EM (2020) The record-breaking compound hot and dry 2018 growing season in Germany. Weather and Climate Extremes 29:100270

6

Auswirkungen des Klimawandels auf Starkniederschläge, Gewitter und Schneefall

Michael Kunz, Melanie K. Karremann und Susanna Mohr

Inhaltsverzeichnis

7.1   Starkniederschläge – 74
7.1.1   Beobachtete Änderungen in der Vergangenheit – 74
7.1.2   Änderungen in der Zukunft – 76

7.2   Gewitter – 77
7.2.1   Entstehung von Gewittern – 77
7.2.2   Gewitterklimatologie und Trends – 78

7.3   Hagel – 79
7.3.1   Hagelklimatologie – 79
7.3.2   Änderungen in der Vergangenheit – 79
7.3.3   Zukunftsszenarien – 80

7.4   Schnee – 81
7.4.1   Änderung der Schneedecke in der Vergangenheit – 81
7.4.2   Änderungen in der Zukunft – 81

7.5   Kurz gesagt – 81

Literatur – 82

© Der/die Autor(en) 2023
G. P. Brasseur et al. (Hrsg.), *Klimawandel in Deutschland*,
https://doi.org/10.1007/978-3-662-66696-8_7

Das Niederschlagsgeschehen an einem bestimmten Ort ist vor allem von dessen naturräumlicher Gliederung, seiner Topografie sowie der Entfernung zum Meer geprägt. In Deutschland werden die höchsten jährlichen Niederschlagsmengen von über 2000 mm in den Alpen und auf den Höhenlagen der Mittelgebirge beobachtet. Die niederschlagsärmsten Regionen sind die Magdeburger Börde in Sachsen-Anhalt und das Thüringer Becken in Thüringen mit jeweils weniger als 500 mm pro Jahr. Im Sommer überwiegen kurz andauernde, meist intensive Niederschläge (konvektiv), die oft mit Gewittern verbunden sind, während im Winter länger anhaltende, meist großflächige Niederschläge (stratiform) das Niederschlagsgeschehen bestimmen.

Niederschlag kann in flüssiger Form als Niesel oder Regen oder in fester Form als Graupel, Hagel oder Schnee zu Boden fallen. Der gefallene flüssige Niederschlag wird entweder als Niederschlagshöhe bzw. -summe in einem bestimmten Zeitraum (in Millimeter, entspricht Liter pro Quadratmeter) oder als Niederschlagsintensität (Niederschlagshöhe pro Zeiteinheit, meist angegeben als Millimeter pro Stunde) angegeben. Bisherige Niederschlagsrekorde für Deutschland waren 126 mm in 8 min (Füssen, 1920), 200 mm in 1 h (1968 in Miltzow), 245 mm in 2 h (Münster, 2014) und 312 mm an einem Tag (2002 in Zinnwald). Das niederschlagsreichste Jahr war 2002 mit einem Jahresniederschlag für Deutschland von 1018 mm. Der nasseste Sommer war im Jahr 1882 mit 358 mm, der nasseste Winter 1947/1948 mit 304 mm. Die höchste Schneedecke betrug 830 cm (1944 auf der Zugspitze), das größte Hagelkorn hatte einen Durchmesser von 14,1 cm (2013 in Sonnenbühl).

Die globale Erwärmung intensiviert den Wasserkreislauf. Damit nehmen auch die Niederschlagssummen zu, da wärmere Luft neben einer höheren Verdunstungsleistung auch mehr Feuchtigkeit enthalten kann (Held und Soden 2000). Stehen ausreichende Wassermengen für die Verdunstung zur Verfügung, nimmt nach der sogenannten Clausius-Clapeyron-Skalierung die Feuchtigkeit um rund 7 % pro Temperaturanstieg von 1 °C zu (dies gilt aber nur für die in Deutschland im Mittel vorherrschenden Temperaturen, denn tatsächlich hängt der Sättigungsdampfdruck exponenziell von der Temperatur ab). Außerdem hat der Klimawandel einen Einfluss auf die Häufigkeit von Wetterlagen, die das Niederschlagsgeschehen grundsätzlich bestimmen. Bereits jetzt ist ein Trend sowohl zu niederschlagsträchtigen als auch zu konvektionsrelevanten Wetterlagen zu erkennen (Kapsch et al. 2012; Hoy et al. 2014). Damit verändern sich auch Häufigkeiten und Intensitäten von Überschwemmungen (▶ Kap. 10) als Folge von Starkniederschlägen bzw. von Dürren (▶ Kap. 11) als Folge längerer Trockenzeiten (IPCC 2012, 2013).

Durch die natürliche Klimavariabilität kommt es zu jährlichen und mehrjährigen Schwankungen des Niederschlagsgeschehen. Daher sind für Trendanalysen möglichst lange Zeitreihen notwendig. Aufgrund der hohen natürlichen Niederschlagsvariabilität weisen Trends insbesondere bei Starkniederschlägen häufig eine geringe statistische Signifikanz auf (in den verschiedenen Studien wird hier uneinheitlich ein Signifikanzniveau von 90 oder 95 % berücksichtigt).

7.1 Starkniederschläge

Niederschläge, die im Verhältnis zu ihrer Dauer eine hohe Summe aufweisen und daher nur selten auftreten, werden generell als Starkniederschläge bezeichnet. Genauere Definitionen basieren auf der Überschreitung einer bestimmten Niederschlagshöhe (Schwellenwert), berücksichtigen einen bestimmten Teil einer Datenmenge (Perzentile der Verteilungsfunktion) oder verwenden Methoden der Extremwertstatistik und geben die Niederschlagshöhe (Wiederkehrwert) als Funktion der Wahrscheinlichkeit (Wiederkehrperiode) an. Auch die hier betrachteten Studien verwenden unterschiedliche Definitionen. Die Wahl des Schwellenwerts wirkt sich jedoch überwiegend im Winterhalbjahr aus und zeigt für das Sommerhalbjahr sowie das gesamte Jahr nur einen geringen Effekt (Deumlich und Gericke 2020).

7.1.1 Beobachtete Änderungen in der Vergangenheit

Niederschlagsmessungen werden in Deutschland an einer Vielzahl von Messstationen durchgeführt (▶ Kap. 3). Deren Daten eignen sich aufgrund der hohen Stationsdichte und des langen Beobachtungszeitraums besonders gut für statistische Analysen. Allerdings sind die Messungen aufgrund von Stationsverlegungen, Messgerätewechsel oder der Veränderung der Umgebung an einer Station häufig nicht homogen. Reanalysedaten liegen zwar über mehrere Jahrzehnte vor, sind aber aufgrund der stetigen Veränderung der Art und Anzahl an Beobachtungsdaten, die in das Modell einfließen (Datenassimilation), zeitlich nicht homogen. Diese Einschränkungen erschweren die statistische Analyse der Niederschlagszeitreihen und führen zu einer nicht vermeidbaren Unsicherheit der Ergebnisse (Grieser et al. 2007).

■ **Sommerniederschläge**
Sommerliche Starkniederschläge (April bis September) weisen aufgrund ihres primär konvektiven Verhaltens meist eine hohe räumliche und zeitliche

Variabilität auf. Dies schränkt die Repräsentanz einzelner Punktmessungen ein. Außerdem sind die Trends oft statistisch nicht signifikant – vor allem bei selten auftretenden Starkniederschlägen. Insgesamt zeigen die meisten Studien im Sommer an den meisten Stationen in Deutschland eine leichte Abnahme der Niederschlagssummen. Murawski et al. (2016) beispielsweise quantifizieren eine Abnahme der Starkniederschläge (95. Perzentil) zwischen 1951 und 2006 für weite Teile Deutschlands (■ Abb. 7.1, links). Je nach Region fallen die Trends jedoch sehr unterschiedlich aus. Die Abnahme ist vor allem in den westlichen Mittelgebirgen signifikant. Hier hat beispielsweise die 7-Tagessumme mit einer Wiederkehrperiode von 100 Jahren (ca. 90–160 mm) um bis zu 30 mm signifikant abgenommen. Im Nordwesten Deutschlands wird eine nicht signifikante Abnahme der Häufigkeit extremer Niederschläge (> 27,4 mm/d) zwischen Mai und September identifiziert (Zeitraum 1931–2014; Cabral et al. 2020). Schaller et al. (2020) zeigen für Sachsen zwischen April und Juni eine Abnahme der Häufigkeit extremer Niederschlagsereignisse (1961–2015; 95. Perzentil), während zwischen Juli und September eine Zunahme zu beobachten ist. Deumlich und Gericke (2020) beobachten im Gegensatz dazu für den Zeitraum 1951 bis 2019 deutschlandweit eine geringe Zunahme der Anzahl der Tage mit Starkniederschlägen (≥ 10, 20 und 30 mm). In den letzten 30 Jahren stagnierte dieser Trend jedoch. Positive Trends treten v. a. im Süden und teilweise auch im Norden Deutschlands auf. Zusätzlich zeigt sich im Westen ein Trend zu längeren Trockenperioden im Sommer (Murawski et al. 2016). Brienen et al. (2013) weisen zudem darauf hin, dass in den beiden Hälften des 20. Jahrhunderts bei verschiedenen Starkniederschlagsindizes teilweise entgegengesetzte Trends vorherrschen (z. B. Zunahme der Niederschlagssummen

in der ersten Hälfte des Jahrhunderts und Abnahme in der zweiten Hälfte).

- **Winterniederschläge**
Im Winterhalbjahr (Oktober bis März) sind Änderungen der Starkniederschläge im Vergleich zum Sommerhalbjahr deutlicher ausgeprägt. Auch sind die Trends mehrheitlich signifikant (Moberg und Jones 2005), vor allem im Nordwesten und Südosten Deutschlands (Hattermann et al. 2013; Murawski et al. 2016; ■ Abb. 7.1, rechts). Insgesamt haben sowohl sehr hohe als auch sehr geringe Niederschläge (90./95. bzw. 5. Perzentile) auf Kosten der mittleren Niederschläge im Winter zugenommen (Hänsel et al. 2005; Hattermann et al. 2013). Dabei konnten in vielen Regionen Zunahmen sowohl der Niederschlagssummen (Bartels et al. 2005; Murawski et al. 2016) als auch der Anzahl der Starkniederschlagstage (Malitz et al. 2011) beobachtet werden.

Wie schon für den Sommer zeigen sich auch für das Winterhalbjahr erhebliche räumliche Unterschiede in den Trends. Überwiegend im Norden, Westen und Südosten nahmen die Trends der Intensität der Starkniederschläge signifikant zu (Hattermann et al. 2013; Murawski et al. 2016). Die 7-tägigen Niederschlagsummen für eine Wiederkehrperiode von 100 Jahren (entspricht ca. 50–100 mm, in den Alpen bis zu 260 mm) zeigen in nahezu allen Regionen zwischen 1952 und 2006 eine Zunahme von 10 bis 40 %. In den Alpen, dem Alpenvorland und über einigen Mittelgebirgen liegt die beobachtete Änderung mit bis zu +60 % noch höher (Murawski et al. 2016). Zusätzlich wird im Bereich der Nordseeküste eine Zunahme der Häufigkeit extremer Niederschläge (>21,3 mm/d) zwischen November und März beobachtet (1931–2014; Cabral et al. 2020). Andere Studien wie von Deumlich und Gericke (2020) zeigen für fast ganz Deutschland

■ **Abb. 7.1** Änderung der 95. Perzentile der täglichen Niederschlagssummen im Sommer (links) und Winter (rechts) in mm für den Zeitraum 1952–2006. Die Punkte zeigen Stationen mit einem signifikanten Trend (Signifikanzniveau 90 %) (Murawski et al. 2016; Abb. 4, modifiziert)

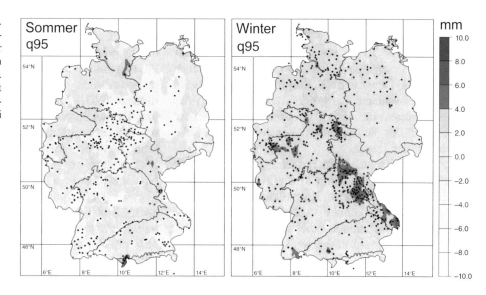

eine Zunahme von Tagen mit Starkniederschlägen zwischen 1951 und 2019, insbesondere nach 1961. Im Gegensatz zu den Untersuchungen von Cabral et al. (2020) sind der Nordwesten und Norden davon ausgenommen. Darüber hinaus wird für extremere Ereignisse (> 20 mm/Tag) nur im Süden und der Mitte Deutschlands eine Zunahme zwischen 1951 und 2010 beobachtet.

- **Jahresniederschläge**

Über das gesamte Jahr betrachtet sind Änderungen bei Starkniederschlägen eher gering, da – wie in den oberen Abschnitten dargelegt – in einigen Regionen entgegengesetzte Trends für das Sommer- und Winterhalbjahr vorherrschen (◘ Abb. 7.1). Dennoch zeigen einige Studien für weite Teile Deutschlands sowohl eine Zunahme der Niederschlagsintensität (z. B. Passow und Donner 2019) als auch der Zahl der Tage mit Starkniederschlägen (Hattermann et al. 2013). Malitz et al. (2011) kommen zum Schluss, dass in weiten Teilen Deutschlands die Anzahl der Tage mit Starkniederschlägen (Wiederkehrperiode 100 Tage; Vergleich 1951–2000 und 1901–1950) deutlich zugenommen hat (im Mittel um 22 %). Im Gegensatz dazu finden Deumlich und Gericke (2020) keinen deutschlandweiten Langzeittrend in der Häufigkeit der Tage mit Summen ≥ 10 mm (1951–2019). Eine Ausnahme bildet der Zeitraum zwischen 1971 und 2000; hier dominieren positive Trends.

Die beobachteten Änderungssignale zeigen auch für die Jahresniederschläge erhebliche regionale Unterschiede, die vor allem von der jeweiligen Orografie und dem Abstand zum Meer bestimmt sind. Passow und Donner (2019) beispielsweise finden die stärksten Änderungen der Niederschlagsintensität im Südosten und in der Mitte Deutschlands oberhalb von 500 m (Zeitraum 1951–2006). In Übereinstimmung mit Gerstengarbe und Werner (2009) werden über dem flachen Nordosten Deutschlands nur eine geringe Zunahme bzw. teilweise sogar eine Abnahme der Häufigkeit von Starkniederschlägen beobachtet. Deumlich und Gericke (2020) zeigen ähnliche Ergebnisse mit dominierenden positiven Trends vor allem im Süden nahe der Alpen und deren Ausläufern sowie negative Trends in der Mitte Deutschlands. Zusätzlich zeigt sich im Winter ein Zusammenhang der Trends zur Wahl des Schwellenwertes für die Definition von Extremen: Je geringer der Schwellenwert, desto höher ist die Variabilität der Trends.

Zusammenfassend kann festgehalten werden, dass in weiten Teilen Deutschlands bereits Änderungen in der Häufigkeit und Intensität von Starkniederschlägen beobachtet werden können. Allerdings sind regionale und saisonale Variationen erheblich. In vielen Regionen haben die Anzahl und Intensität von Starkniederschlagsereignissen im Winter zugenommen, wobei diese Änderungen meist statistisch signifikant sind.

Bei sommerlichen Starkniederschlägen dagegen ist das Bild uneinheitlich, jedoch mit Tendenz zu einer leichten Verringerung der Niederschlagssummen. Diese Änderungsmuster zeigen sich in ähnlicher Weise für die meisten Regionen Europas, für die generell die meist positiven Trends im Winter konsistenter und in mehr Regionen signifikant sind als im Sommer (IPCC 2012, 2013).

7.1.2 Änderungen in der Zukunft

Die in den letzten Jahren veröffentlichten Arbeiten über zukünftig zu erwartende Änderungen des Niederschlags verwenden nun fast ausschließlich die sogenannten „Repräsentativen Konzentrationspfade" (RCPs), welche die SRES-Szenarien ersetzt haben. In den letzten fünf Jahren ist außerdem die Zahl der in den Ensembles berücksichtigten Klimamodelle stark angestiegen, und die Modelle weisen eine höhere räumliche Auflösung auf; einige sind sogar konvektionsauflösend (~3 km).

Für die meisten Regionen Deutschlands zeigen die Zukunftsprojektionen bei mittleren Niederschlägen im Winter eine Zunahme, im Sommer dagegen eine Abnahme (Rajczak et al. 2013; Jacob et al. 2014; Sillmann et al. 2014; Pfeifer et al. 2015; Rajczak und Schär 2017; Knist et al. 2020). Bei Starkniederschlägen ist zu allen Jahreszeiten mit einer Zunahme sowohl der Häufigkeit als auch der Intensität zu rechnen (◘ Abb. 7.1). Diese Änderungen sind in erster Linie auf den Zusammenhang zwischen Temperatur und Wasserdampfgehalt gemäß der Clausius-Clapeyron-Skalierung zurückzuführen (Knist et al. 2020). Das zukünftige Niederschlagsgeschehen wird zudem durch eine Veränderung bei den großräumigen Zirkulationsmustern (IPCC 2013) sowie durch besonders niederschlagsrelevante Wetterlagen bestimmt (Santos et al. 2016).

Trotz unterschiedlicher regionaler Klimamodelle und Szenarien (RCP4.5 und 8.5, SRES A1B) zeigen die Projektionen der Studie von Pfeifer et al. (2015) für saisonale und für extreme Niederschläge viele Gemeinsamkeiten. In allen betrachteten 30-Jahres-Zeiträumen (2031–2060, 2041–2070 bis 2061–2090) projizieren die Ensembles für den Winter eine Zunahme sowohl der mittleren als auch der extremen Niederschläge, wobei das Änderungssignal zum Ende des Jahrhunderts am stärksten ausfällt. Während saisonale Niederschläge in allen Szenarien nur gebietsweise um über 15 % zunehmen (RCP4.5 nur Südhälfte, RCP8.5 auch Mitte Deutschlands, A1B vor allem in der Nordhälfte), steigen Extremniederschläge vielerorts um über 45 % an. Für den Sommer kann eine robuste Abnahme mittlerer Niederschläge nur für kleine Gebiete im Südwesten Deutschlands und nur in zwei der drei Ensembles festgestellt werden, während keines der Ensembles eine robuste Zunahme des extremen Sommerniederschlags projiziert (robust bedeutet, dass die Mehrheit der Klimamodelle in der Richtung der Trends übereinstimmen).

Für das Ende des Jahrhunderts berechnen Rajczak und Schär (2017) für ein großes Multimodellensemble mit über 100 regionalen Klimamodellen mit einer Auflösung von 12 und 50 km (RCP2.6, 4.5 und 8.5) über dem größten Teil Europas und über Deutschland ein verstärktes Auftreten von Stark- und Extremniederschlägen (99. Perzentile und Wiederkehrperiode 100 Jahre). Im Herbst und Winter zeigt sich eine robuste Intensivierung der Extreme um oft mehr als +20 %, vor allem in der Nordhälfte Deutschlands. Für den Sommer projizieren die Modelle ebenfalls eine Intensivierung der Stark- und Extremniederschläge, wobei das Änderungssignal mit bis zu +30 % für ein 100-jährliches Ereignis in der Nordhälfte Deutschlands am größten ist. Insgesamt sind die Variabilität der Modelle und damit die Unsicherheiten der Ergebnisse im Sommer größer als im Winter.

Nach Rajczak und Schär (2017) hat die horizontale Modellauflösung kaum einen Einfluss auf die räumliche Verteilung von Extremniederschlägen und verändert die Magnitude der Änderungssignale nur geringfügig. Konvektionsauflösende Simulationen können jedoch sowohl den Tagesgang als auch die stündliche Verteilung der Niederschläge realistischer wiedergeben (Knist et al. 2020), auch wenn Fosser et al. (2017) für die nahe Zukunft kaum Unterschiede zwischen konvektionsauflösenden und konvektionsparametrisierenden Auflösungen für die Tagesgänge von Niederschlag und Konvektionsindizes für Süddeutschland fanden. Für die Zukunft projizieren hochauflösende Simulationen von Knist et al. (2020) sowohl für die Mitte als auch zum Ende des Jahrhunderts bei den Extremniederschlägen (99.9 Perzentil) im Sommer (Juni–August) gebietsweise eine Zunahme von bis zu 30 % (◘ Abb. 7.2). Im Winter fällt diese Zunahme etwas geringer aus.

Insgesamt ist für die Zukunft zu erwarten, dass die bereits in der Vergangenheit beobachtete Tendenz einer Zunahme winterlicher Starkniederschläge sich weiter fortsetzen wird und sommerliche Starkniederschläge erheblich ansteigen. Allerdings fallen die Änderungen räumlich sehr differenziert aus. Da die betrachteten Studien verschiedene Modelle, Emissionsszenarien, Realisierungen, und statistische Methoden verwenden, sind deren Ergebnisse zum Teil unterschiedlich – nicht jedoch hinsichtlich ihrer generellen Tendenz. Bei Extremereignissen sind die projizierten Änderungssignale nur in einigen Gebieten statistisch signifikant und robust. Die Unsicherheiten sind bei den neuen RCPs erheblich geringer gegenüber den älteren SRES-Szenarien (Pfeifer et al. 2015).

7.2 Gewitter

7.2.1 Entstehung von Gewittern

Gewitter sind Wettererscheinungen, die mit elektrischen Entladungen und Donner einhergehen. In Deutschland treten sie bevorzugt in den Nachmittags- und Abendstunden der Sommermonate (Mai–September) auf (Wapler 2013; Schucknecht und Matschullat 2014; Enno et al. 2020; Taszarek et al. 2020). Gewitter sind häufig mit Starkregen und Sturmböen verbunden, in seltenen Fällen mit Hagel und Tornados. Rund 30 % aller Elementarschäden an Gebäuden werden in Mitteleuropa und in Deutschland durch Schwergewitter verursacht (Munich Re 2021), wobei der größte Teil davon auf Hagel (▶ Abschn. 7.3) zurückzuführen ist. Während Starkregen und konvektive Windböen in ganz Deutschland annähernd mit der gleichen Wahrscheinlichkeit auftreten (GDV 2019; Mohr et al. 2017), zeigen sowohl die Gewitterwahrscheinlichkeit als auch die Hagelwahrscheinlichkeit erhebliche räumliche Unterschiede mit den meisten Ereignissen im Süden Deutschlands bzw. über dem und im Lee der Mittelgebirge (▶ Abschn. 7.2.2 und 7.3; ◘ Abb. 7.3).

Für die Entstehung von Gewitter sind verschiedene Umgebungsbedingungen notwendig (die aber nicht hinreichend sind): ein hoher Feuchtegehalt in den unteren Luftschichten, eine instabil geschichtete Luftmasse (großer vertikaler Temperaturgradient) und ein Hebungsmechanismus für die Auslösung der Konvektion. Die Entstehung sogenannter organisierter Gewittersysteme (Multizellen, Superzellen, mesoskalige konvektive Systeme) erfordert zusätzlich eine Änderung von Windgeschwindigkeit und -richtung mit der Höhe (vertikale Windscherung). In einigen Studien konnte außerdem gezeigt werden, dass besonders schwere Gewitter oder mehrtätige Gewitterepisoden, wie sie beispielsweise in den Jahren 2016 (Piper et al. 2016) und 2018 (Mohr et al. 2020) beobachtet wurden, häufig mit bestimmten Großwetterlagen (Wapler und James 2015), blockierenden Wetterlagen (großräumiges Hochdruckgebiet; Mohr et al. 2019) oder bestimmten Telekonnektionen (Fernwirkungen in der atmosphärischen Zirkulation wie z. B. die Nordatlantische Oszillation NAO; Piper und Kunz 2017; Piper et al. 2019) verbunden sind.

Das Auftreten von Gewittern kann sehr gut aus Blitzdetektionssystemen bestimmt werden, die seit einigen Jahren flächendeckend vorliegen (Piper und Kunz 2017; Enno et al. 2020). Die mit Gewittern verbundenen Phänomene wie konvektive Sturmböen oder Hagel werden dagegen aufgrund ihrer geringen räumlichen Ausdehnung von konventionellen Messsystemen nur unzureichend erfasst. Sie lassen sich daher nur indirekt aus Datensätzen von Fern-

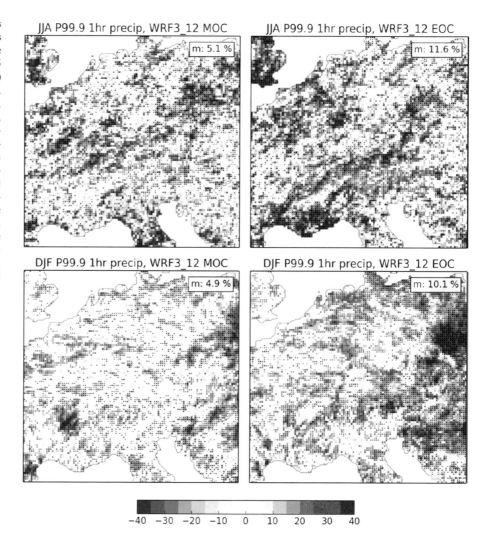

■ **Abb. 7.2** Änderungen des stündlichen Extremniederschlags (99.9 Perzentil) für das mittlere Treibhausgasszenario RCP4.5 im Sommer (Juni–August, oben) und Winter (Dezember–Februar, unten) für die Mitte (2038–2050, links) und das Ende (2088–2100, rechts) des Jahrhunderts, basierend auf Simulationen des WRF-Modells mit einer Auflösung von 3 km (Antrieb: Globale Klimaläufe des Earth System Model des Max-Planck-Instituts/MPI-ESM-LR r1i1p1). Mittelwerte für das gesamte Gebiet sind oben rechts eingezeichnet, Punkte markieren signifikante Änderungen (95 % Signifikanz). (Nach Abbildungen 9 und 10 in Knist et al. 2020)

erkundungssystemen (Niederschlagsradar, Satellit) oder aus Modelldaten unter Berücksichtigung der für Konvektion relevanten Umgebungsbedingungen rekonstruieren (Rädler et al. 2018). Letztgenannte Datensätze spiegeln aber nur das Potenzial der Atmosphäre für die Entstehung von Gewittern und die sie begleitenden Phänomene wider.

7.2.2 Gewitterklimatologie und Trends

Gewitter werden überall in Deutschland beobachtet, treten jedoch in den südlichen Landesteilen wesentlich häufiger auf im Vergleich zu Norddeutschland (Piper und Kunz 2017; Taszarek et al. 2020; Enno et al. 2020). Die Zahl jährlicher Gewittertage, beobachtet an Wetterstationen und abgeleitet aus Blitzdaten (Umkreis 15 km), variiert zwischen rund 15 Tagen an der Ostseeküste und fast 50 Tagen im bayerischen Voralpenraum (Wapler und James 2015). Neben dem südlichen Bayern kommt es außerdem über Bayerischem Wald, Schwarzwald und Schwäbischer Alb sowie über Erzgebirge und

Taunus zu einer deutlichen Häufung von Gewittern (Piper und Kunz 2017).

In den vergangenen Jahren und Jahrzehnten sind in Deutschland Schäden durch Schwergewitter erheblich angestiegen (Púčik et al. 2019). Von allen wetterbedingten Schadenereignissen in Mitteleuropa haben Schäden durch konvektive Stürme am stärksten zugenommen (Höppe 2016). Dabei muss berücksichtigt werden, dass Objektveränderungen wie beispielsweise nachträglich wärmegedämmte Fassaden oder Photovoltaikanlagen und Solarthermie, die besonders schadenanfällig für konvektive Extreme sind (insbesondere für Hagel), die Schadensummen nach oben treiben.

Gewitterbegünstigende Wetterlagen haben in den vergangenen drei Jahrzehnten überall in Deutschland in ihrer Häufigkeit zugenommen; statistisch signifikant allerdings nur in der Mitte Deutschlands (Piper et al. 2019). Mithilfe eines additiven logistischen Modellansatzes, der Stabilitätsgrößen und vertikale Windscherung miteinander kombiniert, berechneten Rädler et al. (2018) aus Reanalysedaten (ERA-Interim, 1979–

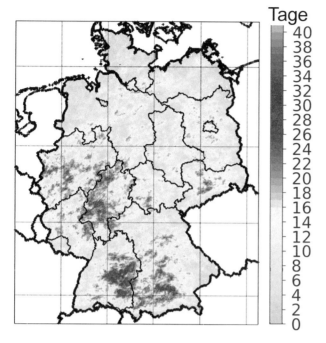

Tage

◙ Abb. 7.3 Anzahl der aus dreidimensionalen Radarreflektivitäten abgeleiteten Hageltage summiert über den Zeitraum 2005–2021 für Flächen der Größe 1 × 1 km². (Schmidberger 2018, aktualisiert bis 2021)

2016) für Deutschland einen Anstieg von 6-stündigen Perioden mit Blitzen um 23 %, mit konvektiven Windböen sogar um 56 %. Diese Trends sind vor allem auf eine Zunahme der (absoluten) Luftfeuchtigkeit in den unteren Höhen der Troposphäre und damit auf eine Zunahme der Instabilität zurückzuführen (Púčik et al. 2017; Taszarek et al. 2018; Rädler et al. 2018).

Für die Zukunft ist damit zu rechnen, dass dieser Anstieg weiter anhält. Basierend auf einem Ensemble aus 14 regionalen Klimamodellen ergeben sich für die Mitte des Jahrhunderts für die Klimaszenarien RCP4.5 und RCP8.5 nur relativ geringe Änderungen in der Häufigkeit des Auftretens instabiler Bedingungen, die außerdem wenig robust sind (Púčik et al. 2017). Gegen Ende des Jahrhunderts dagegen zeigt sich eine robuste Zunahme der Instabilitätsbedingungen für das RCP8.5-Szenario mit Änderungen um bis zu 50 % für die Südhälfte Deutschlands, die, wie schon in der Vergangenheit beobachtet, vor allem auf eine Zunahme der Luftfeuchtigkeit in den unteren Schichten zurückzuführen ist. Daraus ergibt sich eine erhebliche Zunahme der Häufigkeit konvektiver Phänomene wie Blitzschlag (◙ Abb. 7.4a–c), Sturmböen und insbesondere von großem Hagel (► Abschn. 7.3). Die vertikale Windscherung, die für die Organisationsform der Gewitter und damit ihre Schwere relevant ist, zeigt dagegen nur sehr geringe Änderungen und ist für die Änderung der Gewitterhäufigkeit weniger relevant (Púčik et al. 2017; Rädler et al. 2019).

7.3 Hagel

Hagel bildet sich im Aufwindbereich organisierter Gewittersysteme, wenn sich eine Vielzahl unterkühlter Tröpfchen – Flüssigwasser im Temperaturbereich zwischen 0 und rund -38°C – an die wenigen verfügbaren Eisteilchen anlagern. Hagelkörner haben definitionsgemäß einen Durchmesser von über 5 mm. In seltenen Fällen erreichen sie die Größe von Tennisbällen oder Grapefruits, die dann Schäden in Milliardenhöhe an Gebäuden, Fahrzeugen oder landwirtschaftlichen Kulturen verursachen können (Púčik et al. 2019; Wilhelm et al. 2021). Sechs der zehn bisher teuersten Hagelereignisse in Europa ereigneten sich in Deutschland. Damit ist Deutschland das in Europa am meisten von Hagel betroffene Land (Púčik et al. 2019; Allen et al. 2020).

7.3.1 Hagelklimatologie

In den vergangenen Jahren wurden mehrere Hagelklimatologien für Deutschland veröffentlicht, die vor allem auf Radarbeobachtungen basieren, zum Teil aber auch mit weiteren Datensätzen wie Blitzdaten, Stationsmeldungen oder Reanalysedaten kombiniert wurden (Puskeiler et al. 2016; Junghänel et al. 2016; Punge et al. 2017; Schmidberger 2018; Fluck et al. 2021). Die Ergebnisse zeigen eine graduelle Zunahme der Hageltage von Norden nach Süden sowie einige Maxima meist im Lee der Mittelgebirge (◙ Abb. 7.3). Am häufigsten hagelt es im Südwesten Deutschlands in einem Streifen, der sich südlich von Stuttgart über die Schwäbische Alb bis nach Ulm erstreckt. Hier fällt Hagel im Mittel an zwei Tagen pro Jahr und pro km². Nach Kunz und Puskeiler (2010) sowie Fluck et al. (2021) werden die lokalen Maxima der Hageltage auf der Leeseite der Berge durch Umströmungseffekte und damit verbundene Strömungskonvergenzen im Lee verursacht.

Weiterhin verwenden einige Arbeiten Strahlungstemperaturen im Mikrowellenbereich aus Satellitendaten (Bedka 2011; Punge et al. 2017) oder meteorologische Größen aus Modelldaten (Mohr et al. 2015a; Rädler et al. 2018; Allen et al. 2020). Ergebnisse dieser Arbeiten, deren räumliche Auflösung zum Teil relativ gering ist, bestätigen das vorherrschende Nord-Süd-Gefälle der Hagelgefährdung in Deutschland. Dieses kann plausibel mit der vorherrschenden Klimatologie erklärt werden, insbesondere mit der geringeren atmosphärischen Stabilität im Süden Deutschlands.

7.3.2 Änderungen in der Vergangenheit

Aussagen über eine Änderung der Häufigkeit von Hagelstürmen sind noch schwieriger abzuleiten als über deren Klimatologie. Hierfür wären homogene

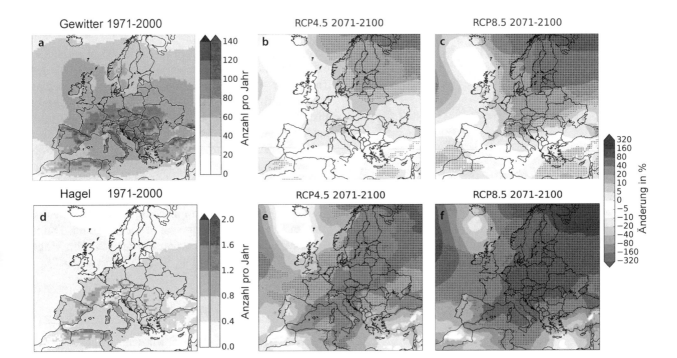

Abb. 7.4 Jährliche Anzahl 6-stündiger Perioden mit Gewitter (oben) und Hagel (≥ 2 cm; unten) für **a**, **d** und einen historischen Zeitraum von 1971–2000. Prozentuale Änderung für 2071–2100 in **b**, **e** Szenario RCP4.5 und **c**, **f** Szenario RCP8.5. Trends in **b, c, e** und **f** werden als (sehr) robust bezeichnet, wenn die Änderung größer (doppelt) als die anfängliche Standardabweichung des Modellensembles ist. (Sehr) robuste Änderungen sind durch schwarze Punkte gekennzeichnet. Bereiche, in denen die Modelle bereits für den historischen Zeitraum stark voneinander abweichen, sind grau eingefärbt (Rädler et al. 2019, modifiziert)

Datensätze über einen möglichst langen Zeitraum notwendig, die nicht vorliegen. Reanalysen oder regionale Klimamodellierungen, die zwar für lange Zeitperioden verfügbar sind, können Hagelstürme nicht zuverlässig simulieren. Selbst konvektionsauflösende Klimamodelle simulieren aufgrund der komplexen und rechenintensiven Wolkenmikrophysik keinen Hagel. Daher muss auch bei Trendanalysen auf geeignete *proxies* zurückgegriffen werden. Diese umfassen Größen, mit denen sich die Schichtungsstabilität und die vertikale Windscherung quantifizieren lässt (Rädler et al. 2018; Taszarek et al. 2020), oder Großwetterlagen, welche die großräumigen synoptischen Bedingungen widerspiegeln (Kapsch et al. 2012).

Die Untersuchungen zeigen übereinstimmend, dass das Potenzial für die Entstehung von Hagelstürmen in den vergangenen rund 30 Jahren in Deutschland erheblich zugenommen hat. Eine Zunahme zeigt sich sowohl bei den Extremwerten der Stabilitätsbedingungen als auch bei der Anzahl der Tage über bestimmten Schwellenwerten der Größen, die für Hagel relevant sind. Durch Vergleich mit Schadendaten von Versicherungen konnten Kapsch et al. (2012) vier Großwetterlagen identifizieren, die besonders häufig mit Hagelschlag verbunden sind. Diese Wetterlagen haben im Zeitraum zwischen 1971

und 2000 zwar nur leicht, aber statistisch signifikant zugenommen. Das Analyseverfahren von Rädler et al. (2018) berechnet aus Reanalysen (ERA-Interim) eine Zunahme des Hagelpotenzials um 86 % in Deutschland seit den 1980er-Jahren, wobei die Zunahme nur an den Gitterpunkten in der Nordhälfte signifikant ist. Nach Púčik et al. (2019) hat sich die mittlere jährliche Wahrscheinlichkeit von großem Hagel (≥ 2 cm) und sehr großem Hagel (≥ 5 cm) pro Gitterpunkt der ERA-Interim Reanalysen gemittelt über Deutschland seit 1990 fast verdoppelt. Trendanalysen über einen langen Zeitraum seit 1950 zeigen allerdings auch, dass die große jährliche und mehrjährige Variabilität des Klimasystems beispielsweise infolge dominanter Telekonnektionsmuster (z. B. NAO) das Trendsignal stark modifizieren und häufig der Grund für nicht-signifikante Trends ist (Mohr et al. 2015b; Piper et al. 2019).

7.3.3 Zukunftsszenarien

Mögliche Änderungen zukünftiger Hagelwahrscheinlichkeiten werden ebenfalls indirekt über geeignete *Proxy*-daten bestimmt. Umgebungsbedingungen mit hohem Hagelpotenzial zeigen für Europa bzw. Deutschland meist eine (leichte) Zunahme (Kapsch et al. 2012; Mohr et al. 2015b; Rädler et al. 2019). Je nach Projektionszeitraum (vor/nach 2050) und RCP-Szenario liefern die in den Studien berücksichtigten Klimaläufe jedoch unterschiedliche und teilweise widersprüchliche Entwicklungen. Probleme sind die hohe jährliche Variabilität der untersuchten Variablen und die Streuung des Ensembles, die dann oft zu geringen (zunehmenden) Trends mit geringer statistischer Signifikanz führen. Dies gilt insbesondere für die nahe Zukunft bis 2050 (Raupach et al. 2021).

Hinsichtlich hagelförderlicher Großwetterlagen und Hagelpotenzial erwarten Kapsch et al. (2012) und Mohr et al. (2015b) bis zur Mitte des 21. Jahrhunderts in Deutschland eine leichte Zunahme, wobei positive Änderungen des Hagelpotenzials nur im Nordwesten und Süden signifikant sind (Mohr et al. 2015b). Mithilfe ihres Regressionsmodells berechnen Rädler et al. (2019) für das Ende des 21. Jahrhunderts ebenfalls eine Zunahme der Wahrscheinlichkeit von Hagel (≥ 2 cm; ◻ Abb. 7.4d–f). Darüber hinaus wird die Wahrscheinlichkeit von sehr großem Hagel (≥ 5 cm) bis zum Jahr 2100 von den Autoren auf das Doppelte geschätzt.

7.4 Schnee

Schneehöhe und Schneedauer spielen im Klimasystem von Deutschland vor allem in den Alpen und den Mittelgebirgen eine wichtige Rolle, da Veränderungen des Schneedeckenregimes dort nachhaltige Auswirkungen auf den hydrologischen Kreislauf haben. Dies betrifft beispielsweise die Grundwasserneubildung und die Entstehung von Hochwasserereignissen infolge starker Schneeschmelze (▶ Kap. 10). Zur Beschreibung der Schneeverhältnisse werden meist die Schneedeckendauer, also die Anzahl der ununterbrochenen Schneedeckentage in einer bestimmten Zeitspanne, oder die Schneedeckenzeit, die Zeitspanne zwischen erstem und letztem Auftreten der Schneedecke, berücksichtigt.

Statistische Auswertungen der Schneedeckenparameter werden einerseits durch die inhomogene Verteilung der Messstationen erschwert, anderseits durch die hohe jährliche Variabilität des fallenden Niederschlags im alpinen Raum. Zusätzlich zu dem bereits zu beobachteten Einfluss der Schneeverhältnisse durch den Klimawandel zeigt sich auch, dass großräumige atmosphärische Zirkulationsmuster wie beispielsweise die NAO nachweislich die saisonale Variabilität des Schneefalls beeinflussen (Scherrer und Appenzeller 2006; Zampieri et al. 2013; Weber et al. 2016; Beniston et al. 2018). Außerdem führt das gehäufte Auftreten von blockierenden Wetterlagen meist zu größeren Schneemengen (Scherrer und Appenzeller 2006; Kautz et al. 2022).

7.4.1 Änderung der Schneedecke in der Vergangenheit

Die Schneeverfügbarkeit veränderte sich in den letzten Jahrzehnten deutlich, da es aufgrund der Temperaturzunahme öfters regnet als schneit und gefallener Schnee schneller schmilzt. Der DWD (2020) berichtet, dass die mittlere Anzahl der Tage mit geschlossener Schneedecke deutlich abnahm. Beispielsweise werden in München heute im Mittel rund neun Tage weniger mit Schneedecke gegenüber dem Beginn des 20. Jahrhunderts beobachtet, während es in Berlin dagegen zehn Tage weniger gegenüber dem Mittel des Zeitraums seit 1951 sind. Änderungen der Schneedeckenparameter sind vor allem höhenabhängig, sodass in niedrigen Höhenlagen stärkere und in hohen Höhenlagen geringere Änderungen beobachtet werden (Beniston et al. 2018; Matiu et al. 2021). In höheren Lagen über 800 m zeigen sich derzeit noch wenig signifikante Änderungen – wegen der Zunahme von Winterniederschlägen (▶ Abschn. 7.1) und der niedrigen vorherrschenden Temperaturen.

7.4.2 Änderungen in der Zukunft

Grundsätzlich setzt sich der Trend aus der Vergangenheit mit einer Abnahme von Schneehöhe und Schneedauer auch in der Zukunft fort. Regionale Klimasimulationen zeigen eine dramatische Abnahme der Schneefallmengen und Schneedeckendauer für Europa bis zum Ende des 21. Jahrhunderts (Jacob et al. 2008; Gobiet et al. 2014; de Vries et al. 2014; Frei et al. 2018). Insbesondere in tiefen Lagen werden Schneemengen durch die Klimaerwärmung deutlich weniger; dabei spielt die Temperatur eine entscheidendere Rolle als die Wetterlagen. Die in der Zukunft zu erwartenden regionalen Schneedeckenänderungen sind sehr variabel und stark von den verwendeten Emissionsszenarien und dem betrachteten Zeitraum abhängig (Beniston et al. 2018).

7.5 Kurz gesagt

In Deutschland ist bereits eine Änderung der Niederschlagsregime zu beobachten. In vielen Regionen haben winterliche Starkniederschläge zugenommen, während bei sommerlichen eine geringfügige, oft nicht signifikante Abnahme zu verzeichnen ist. Außerdem werden bereits höhere Intensitäten bei Starkniederschlagsereignissen beobachtet. Änderungssignale von Hagel, der insbesondere im Süden Deutschlands häufiger auftritt, können nicht direkt aus Stationsdaten bestimmt werden. Analysen indirekter Klimadaten (*proxies*) deuten jedoch auf eine leichte Zunahme des Gewitter- und Hagelpotenzials in der Vergangenheit hin. Bedingt durch die beobachtete Temperaturzunahme zeigen Schneedeckendauer und Schneedeckenzeit eine erhebliche Abnahme vor allem in tieferen Lagen.

Bei den in der Zukunft zu erwartenden Niederschlagsänderungen sind die Ergebnisse sehr unsicher. Sie unterscheiden sich zum Teil erheblich je nach Klimamodell, Realisierung und Emissionsszenario. Insgesamt ist zu erwarten, dass sich die in der Vergangenheit beobachteten Trends mit einer Zunahme vor allem von winterlichen Starkniederschlägen weiter fortsetzen werden. Dies ist jedoch stark von der jeweiligen Region abhängig. Durch mehr Wasserdampf in der Atmosphäre wird wahrscheinlich auch das Potenzial für schwere Gewitter und Hagel weiter ansteigen. Dagegen ist zu erwarten, dass Winterniederschläge vor allem in geringen Höhenlagen zukünftig deutlich häufiger als Regen und nicht als Schnee fallen.

Literatur

Allen JT, Giammanco IM, Kumjian MR, Punge HJ, Zhang Q, Groenemeijer P, Kunz M, Ortega K (2020) Understanding hail in the earth system. Rev Geophys 58:e2019RG000665. ► https://doi.org/10.1029/2019RG000665

Bartels H, Dietzer B, Malitz G, Albrecht FM, Guttenberger J (2005) Starkniederschlagshöhen für Deutschland (1951–2000). Fortschreibungsbericht, KOSTRA-DWD-2000. Deutscher Wetterdienst, Offenbach

Bedka KM (2011) Overshooting cloud top detections using MSG SEVIRI infrared brightness temperatures and their relationship to severe weather over Europe. Atmos Res 99:175–189. ► https://doi.org/10.1016/j.atmosres.2010.10.001

Beniston M, Farinotti D, Stoffel M et al (2018) The European mountain cryosphere: A review of its current state, trends, and future challenges. Cryosphere 12:759–794. ► https://doi.org/10.5194/tc-12-759-2018

Brienen S, Kapala A, Mächel H, Simmer C (2013) Regional centennial precipitation variability over Germany from extended observation records. Int J Climatol 33:2167–2184. ► https://doi.org/10.1002/joc.3581

Cabral R, Ferreira A, Friedrichs P (2020) Space-time trends and dependence of precipitation extremes in North-Western German. Environmetrics 31:e2605. ► https://doi.org/10.1002/env.2605

Deumlich D, Gericke A (2020) Frequency trend analysis of heavy rainfall days for Germany. Water 12:1950. ► https://doi.org/10.3390/w12071950

Deutscher Wetterdienst (2020) Winter in Deutschland, Österreich und der Schweiz – Immer milder, in tieferen Lagen weniger Schnee. Pressemitteilung vom 19.11.2020, Deutscher Wetterdienst (DWD), Offenbach, Deutschland. ► https://www.dwd.de/DE/presse/pressemitteilungen/DE/2020/20201119_dach.html?nn=714786. Zugegriffen: 24. Febr 2021

Enno S-E, Sugier J, Alber R, Seltzer M (2020) Lightning flash density in Europe based on 10 years of ATDnet data. Atmos Res 235:104769. ► https://doi.org/10.1016/j.atmosres.2019.104769

Fluck E, Kunz M, Geissbuehler P, Ritz SP (2021) Radar-based assessment of hail frequency in Europe. Nat Hazards Earth Syst Sci 21:683–701. ► https://doi.org/10.5194/nhess-21-683-2021

Fosser G, Khodayar S, Berg P (2017) Climate change in the next 30 years: What can a convection-permitting model tell us that we did not already know? Clim Dyn 48:1987–2003. ► https://doi.org/10.1007/s00382-016-3186-4

Frei P, Kotlarski S, Liniger MA, Schär C (2018) Future snowfall in the Alps: Projections based on the EURO-CORDEX regional climate models. Cryosphere 12:1–24. ► https://doi.org/10.5194/tc-12-1-2018

GDV (2019) Forschungsprojekt Starkregen, Gesamtverband der Deutschen Versicherungswirtschaft e.V. ► https://www.gdv.de/de/themen/news/forschungsprojekt-starkregen-52866. Zugegriffen: 24. Febr 2021

Gerstengarbe F-W, Werner PC (2009) Klimaextreme und ihr Gefährdungspotential für Deutschland. Geogr Rundsch 9:12–19

Gobiet A, Kotlarski S, Beniston M, Heinrich G, Rajczak J, Stoffel M (2014) 21st century climate change in the European Alps – A review. Sci Total Environ 493:1138–1151. ► https://doi.org/10.1016/j.scitotenv.2013.07.050

Grieser J, Staeger T, Schönwiese C-D (2007) Estimates and uncertainties of return periods of extreme daily precipitation in Germany. Meteor Z 16:553–564. ► https://doi.org/10.1127/0941-2948/2007/0235

Hänsel S, Küchler W, Matschullat J (2005) Regionaler Klimawandel Sachsen. Extreme Niederschlagsereignisse und Trockenperioden 1934–2000. UWSF-Z Umweltchem Ökotox 17:159–165

Hattermann FF, Kundzewicz ZW, Huang S, Vetter T, Gerstengarbe F-W, Werner PC (2013) Climatological drivers of changes in flood hazard in Germany. Acta Geophys 61:463–477. ► https://doi.org/10.1201/b12348-14

Held IM, Soden BJ (2000) Water vapor feedback and global warming. Annu Rev Energy Environ 25:441–475. ► https://doi.org/10.1146/annurev.energy.25.1.44

Hoeppe P (2016) Trends in weather related disasters – Consequences for insurers and society. Wea Clim Extr 11:70–79. ► https://doi.org/10.1016/j.wace.2015.10.002

Hoy A, Schucknecht A, Sepp M, Matschullat J (2014) Large-scale synoptic types and their impact on European precipitation. Theor Appl Climatol 116:19–35. ► https://doi.org/10.1007/s00704-013-0897-x

IPCC (2012) Managing the risks of extreme events and disasters to advance climate change adaptation. A special report of working groups I and II of the Intergovernmental Panel on Climate Change. Cambridge University Press, Cambridge

IPCC (2013) Working group I, Contribution to the IPCC fifth assessment report (AR5), Climate Change 2013: The physical science basis. Cambridge University Press, Cambridge

Jacob D, Göttel H, Kotlarski S, Lorenz P, Sieck K (2008) Klimaauswirkungen und Anpassung in Deutschland – Phase 1: Erstellung regionaler Klimaszenarien für Deutschland. Forschungsbericht 204 41, 138, UBA-FB 000969. Umweltbundesamt, Dessau

Jacob D, Petersen J, Eggert B et al (2014) EURO-CORDEX: New high-resolution climate change projections for European impact research. Reg Environ Change 14:563–578. ► https://doi.org/10.1007/s10113-013-0499-2

Junghänel T, Brendel C, Winterrath T, Walter A (2016) Towards a radar- and observation-based hail climatology for Germany. Meteor Z 25:435–445. ► https://doi.org/10.1127/metz/2016/0734

Kapsch M-L, Kunz M, Vitolo R, Economou T (2012) Long-term variability of hail-related weather types in an ensemble of regional climate models. J Geophys Res 117:D15107. ► https://doi.org/10.1029/2011JD017185

Kautz L-A, Martius O, Pfahl S, Pinto JG, Ramos AM, Sousa PM, Woollings T (2022) Atmospheric blocking and weather extremes over the Euro-Atlantic sector – a review, Weather Clim Dynam 3:305–336. ► https://doi.org/10.5194/wcd-3-305-2022

Knist S, Goergen K, Simmer C (2020) Evaluation and projected changes of precipitation statistics in convection-permitting WRF climate simulations over Central Europe. Clim Dyn 55:325–341. ► https://doi.org/10.1007/s00382-018-4147-x

Kunz M, Puskeiler M (2010) High-resolution assessment of the hail hazard over complex terrain from radar and insurance data. Meteor Z 19:427–439. ► https://doi.org/10.1127/0941-2948/2010/0452

Matiu M, Crespi A, Bertoldi G et al (2021) Observed snow depth trends in the European Alps: 1971 to 2019. Cryosphere 15:1343–1382. ► https://doi.org/10.5194/tc-15-1343-2021

Malitz G, Beck C, Grieser J (2011) Veränderung der Starkniederschläge in Deutschland (Tageswerte der Niederschlagshöhe im 20. Jahrhundert). In: Lozán JL, Graßl H, Hupfer P, Karbe L, Schönwiese CD (Hrsg) Warnsignal Klima: Genug Wasser für alle? 3. Aufl. Universitätsverlag, Hamburg, S 311–316

Moberg A, Jones PD (2005) Trends in indices for extremes in daily temperature and precipitation in central and western Europe 1901–1999. Int J Climatol 25:1149–1117. ► https://doi.org/10.1002/joc.1163

Mohr S, Kunz M, Geyer B (2015a) Hail potential in Europe based on a regional climate model hindcast. Geophys Res Lett 42:10904–10912. ► https://doi.org/10.1002/2015GL067118

Mohr S, Kunz M, Keuler K (2015b) Development and application of a logistic model to estimate the past and future hail potential in Germany. J Geophys Res Atmos 120:3939–3956. ► https://doi.org/10.1002/2014JD022959

Mohr S, Kunz M, Richter A, Ruck B (2017) Statistical characteristics of convective wind gusts in Germany. Nat Hazards Earth Syst Sci 17:957–969. ► https://doi.org/10.5194/nhess-17-957-2017

Mohr S, Wandel J, Lenggenhager S, Martius O (2019) Relationship between atmospheric blocking and warm-season thunderstorms over western and central Europe. Quart J Roy Meteor Soc 145:3040–3056. ► https://doi.org/10.1002/qj.3603

Mohr S, Wilhelm J, Wandel J, Kunz M, Portmann R, Punge HJ, Schmidberger M, Quinting JF, Grams CM (2020) The role of large-scale dynamics in an exceptional sequence of severe thunderstorms in Europe May–June 2018. Wea Clim Dynam 1:325–3481. ► https://doi.org/10.5194/wcd-1-325-2020

Munich Re (2021) NatCatSERVICE. ► https://natcatservice.munichre.com. Zugegriffen: 24.Febr 2021

Murawski A, Zimmer J, Merz B (2016) High spatial and temporal organization of changes in precipitation over Germany for 1951–2006. Int J Climatol 36:2582–2597. ► https://doi.org/10.1002/joc.4514

Passow C, Donner RV (2019) A rigorous statistical assessment of recent trends in intensity of heavy precipitation over Germany. Front Environ Sci 7:143. ► https://doi.org/10.3389/fenvs.2019.00143

Pfeifer S, Bülow K, Gobiet A, Hänsler A, Mudelsee M, Otto J, Rechid D, Teichmann C, Jacob D (2015) Robustness of ensemble climate projections analyzed with climate signal maps: Seasonal and extreme precipitation for Germany. Atmosphere 6:677–698. ► https://doi.org/10.3390/atmos6050677

Piper DA, Kunz M, Ehmele F, Mohr M, Mühr B, Kron A, Daniell JA (2016) Exceptional sequence of severe thunderstorms and related flash floods in May and June 2016 in Germany. Part I: Meteorological background. Nat Hazards Earth Syst Sci 16:2835–2850. ► https://doi.org/10.5194/nhess-16-2835-2016

Piper DA, Kunz M (2017) Spatio-temporal variability of lightning activity in Europe and the relation to the North Atlantic Oscillation teleconnection pattern. Nat Hazards Earth Syst Sci 17:1319–1336. ► https://doi.org/10.5194/nhess-17-1319-2017

Piper DA, Kunz M, Allen JT, Mohr S (2019) Investigation of the temporal variability of thunderstorms in central and western Europe and the relation to large-scale flow and teleconnection patterns. Quart J Roy Meteor Soc 145:3644–3666. ► https://doi.org/10.1002/qj.3647

Púčik T, Groenemeijer P, Rädler AT, TijssenL NG, Prein AF, van Meijgaard E, Fealy R, Jacob D, Teichmann C (2017) Future changes in European severe convection environments in a regional climate model ensemble. J Climate 30:6771–6794. ► https://doi.org/10.1175/JCLI-D-16-0777.1

Púčik T, Castellano C, Groenemeijer P, Kühne T, Rädler AT, Faust AB, E, (2019) Large hail incidence and its economic and societal impacts across Europe. Mon Wea Rev 147:3901–3916. ► https://doi.org/10.1175/MWR-D-19-0204.1

Punge HJ, Bedka K, Kunz M, Reinbold A (2017) Hail frequency estimation across Europe based on a combination of overshooting top detections and the ERA-INTERIM reanalysis. Atmos Res 198:34–43. ► https://doi.org/10.1016/j.atmosres.2017.07.025

Puskeiler M, Kunz M, Schmidberger M (2016) Hail statistics for Germany derived from single-polarization radar data. Atmos Res 178–179:459–470. ► https://doi.org/10.1016/j.atmosres.2016.04.014

Rädler AT, Groenemeijer P, Faust E, Sausen R (2018) Detecting severe weather trends using an additive regressive convective hazard model (AR-CHaMo). J Appl Meteor Climatol 57:569–587. ► https://doi.org/10.1175/JAMC-D-17-0132.1

Rädler AT, Groenemeijer PH, Faust E, Sausen R, Púčik T (2019) Frequency of severe thunderstorms across Europe expected to increase in the 21st century due to rising instability. npj Clim Atmos Sci 2. doi:► https://doi.org/10.1038/s41612-019-0083-7

Rajczak J, Pall P, Schär C (2013) Projections of extreme precipitation events in regional climate simulations for Europe and the Alpine Region. J Geophys Res 118:3610–3626. ► https://doi.org/10.1002/jgrd.50297

Rajczak J, Schär C (2017) Projections of future precipitation extremes over Europe: A multimodel assessment of climate simulations. J Geophys Res Atmos 122:10–773. ► https://doi.org/10.1002/2017JD027176

Raupach TH, Martius O, Allen JT, Kunz M, Lasher-Trapp S, Mohr S, Rasmussen KL, Trapp RJ, Zhang Q (2021) The effects of climate change on hailstorms. Nature Rev Earth Environ 2:213–226. ► https://doi.org/10.1038/s43017-020-00133-9

Santos JA, Belo-Pereira M, Fraga H, Pinto JG (2016) Understanding climate change projections for precipitation over western Europe with a weather typing approach. J Geophys Res Atmos 121:1170–1189. ► https://doi.org/10.1002/2015JD024399

Schaller AS, Franke J, Bernhofer C (2020) Climate dynamics: Temporal development of the occurrence frequency of heavy precipitation in Saxony, German. Meteorol Z 29:335–348. ► https://doi.org/10.1127/metz/2020/0771

Scherrer SC, Appenzeller C (2006) Swiss Alpine snow pack variability: major patterns and links to local climate and large-scale flow. Clim Res 32:187–199. ► https://doi.org/10.3354/cr032187

Schmidberger M (2018) Hagelgefährdung und Hagelrisiko in Deutschland basierend auf einer Kombination von Radardaten und Versicherungsdaten. Dissertation, Wiss Ber Inst Meteorol Klimaf des KIT 78: 262 S. doi:► https://doi.org/10.5445/KSP/1000086012

Sillmann J, Kharin VV, Zwiers FW, Zhang X, Bronaugh D, Donat MG (2014) Evaluating model-simulated variability in temperature extremes using modified percentile indices. Int J Climatol 34:1097–88. ► https://doi.org/10.1002/joc.3899

Schucknecht A, Matschullat J (2014) Blitzaufkommen im Freistaat Sachsen. In: LfULG (Hrsg) Schriftenreihe 12: 64 S. ► https://publikationen.sachsen.de/bdb/artikel/21713. Zugegriffen: 29. Juli 2021

Taszarek M, Allen JT, Púčik T, Groenemeijer P, Czernecki B, Kolendowicz L, Lagouvardos K, Kotroni V, Schulz W (2018) A climatology of thunderstorms across Europe from a synthesis of multiple data sources. J Clim 32:1813–1837. ► https://doi.org/10.1175/JCLI-D-18-0372.1

Taszarek M, Allen JT, Groenemeijer P, Edwards R, Brooks HE, Chmielewski V, Enno SE (2020) Severe convective storms across Europe and the United States. Part I: Climatology of lightning, large hail, severe wind, and tornadoes. J Clim 33:10239–10261. ► https://doi.org/10.1175/JCLI-D-20-0345.1

de Vries H, Lenderink G, van Meijgaard E (2014) Future snowfall in western and Central Europe projected with a high-resolution regional climate model ensemble. Geophys Res Lett 41:4294–4299. ► https://doi.org/10.1002/2014GL059724

Wapler K (2013) High-resolution climatology of lightning characteristics within Central Europe. Meteorol Atmos Phys 122:175–184. ► https://doi.org/10.1007/s00703-013-0285-1

Wapler K, James P (2015) Thunderstorm occurrence and characteristics in Central Europe under different synoptic conditions. Atmos Res 158:231–244. ► https://doi.org/10.1016/j.atmosres.2014.07.011

Weber M, Bernhardt M, Pomeroy JW, Fang X, Härer S, Schulz K (2016) Description of current and future snow processes in a small basin in the Bavarian Alps. Environ Earth Sci 75:1223. ► https://doi.org/10.1007/s12665-016-6027-1

Wilhelm J, Mohr S, Punge HJ, Mühr B, Schmidberger M, Daniell JE, Bedka KM, Kunz M (2021) Severe thunderstorms with large hail across Germany in June 2019. Weather 76:228–237. ► https://doi.org/10.1002/wea.3886

Zampieri M, Scoccimarro E, Gualdi S (2013) Atlantic influence on spring snowfall over the Alps in the past 150 years. Environ Res Lett 8:034026. ► https://doi.org/10.1088/1748-9326/8/3/034026

7

Der Klimawandel: Auswirkungen auf Winde und Zyklonen

Joaquim G. Pinto, Frauke Feser, Patrick Ludwig und Mark Reyers

Inhaltsverzeichnis

8.1 Gegenwärtiges Klima und beobachtete Trends – 87

8.2 Trends im zukünftigen Klima – 89

8.3 Kurz gesagt – 91

Literatur – 92

© Der/die Autor(en) 2023
G. P. Brasseur et al. (Hrsg.), *Klimawandel in Deutschland*,
https://doi.org/10.1007/978-3-662-66696-8_8

Stärkere gerichtete Bewegungen der Luft werden als Wind bezeichnet. Sie entstehen durch Unterschiede des Luftdrucks in der Erdatmosphäre, wobei die Luft durch die Druckgradientkraft von Gebieten mit hohem Druck in Richtung des tiefen Drucks beschleunigt wird. Durch die Erdrotation wirkt die Corioliskraft, welche die Luft auf der Nordhalbkugel zusätzlich nach rechts relativ zur Strömungsrichtung ablenkt, sodass der großskalige Wind parallel zu Bereichen mit gleichem Druck weht. Der großskalige Wind stellt sich oberhalb der planetaren Grenzschicht ab etwa 1,5 bis 2 km Höhe ein, wo sich Druckgradientkraft und Corioliskraft im Gleichgewicht befinden und es keinen Einfluss der Bodeneigenschaften gibt. Der Großteil Europas befindet sich in den mittleren Breiten, wo im Mittel der Druck von Süden nach Norden hin abnimmt. Damit liegen weite Teile Europas und speziell Deutschland in einem Bereich, in dem der mittlere Wind aus Westen kommt. Die Stärke der Westwinde über Europa wird vor allem durch den Druckunterschied zwischen den niederen und höheren Breiten über dem östlichen Nordatlantik bestimmt: Je stärker der Druckunterschied zwischen Azorenhoch und Islandtief ist, desto stärker ist der großskalige Wind. Der Druckunterschied zwischen subtropischen und subpolaren Luftmassen ist im Winter am größten, weshalb der großskalige Wind im Winter in der Regel stärker ist als im Sommer.

Der lokale Wind kann sich durch den Einfluss von Bodeneigenschaften, Höhenstrukturen, atmosphärischen Bedingungen und lokalen Gegebenheiten stark vom großskaligen Wind unterscheiden. Dabei sind Böen – also kurzfristige Abweichungen vom Mittelwind – von besonderer Bedeutung, da sie deutlich höhere Geschwindigkeiten als der mittlere Wind aufweisen. Böen können beispielsweise auftreten, wenn Luftströmungen aus größeren Höhen, die meist höhere Windgeschwindigkeiten besitzen als bodennahe Luftströmungen, durch atmosphärische Turbulenzen Richtung Erdboden transportiert werden.

Die stärksten Winde und Böen in Nord- und Zentraleuropa treten in Verbindung mit Zyklonen der mittleren Breiten auf – Tiefdruckwirbel mit einem Durchmesser von bis zu einigen Tausend Kilometern. Damit verbundene Winde werden ab einer Stärke von mindestens 9 Beaufort (ca. 75 km/h) als Sturm bezeichnet. Im Zentrum von Zyklonen herrschen typischerweise tiefe Werte des Luftdrucks von 970 bis 1000 hPa, in manchen Extremfällen können diese auch auf weniger als 920 hPa fallen. Aufgrund der oben genannten Kräfte kann es zu einer starken Bewegung von Luftmassen mit Geschwindigkeiten von bis zu 200 km/h entgegen dem Uhrzeigersinn um das Zyklonenzentrum kommen. Somit beeinflussen Zyklonen maßgeblich die Winde in den mittleren Breiten und tragen zudem in erheblichem Maße zu den Witterungs-

und klimatischen Bedingungen in Europa bei. Zum einen sind sie für den Transport von Feuchte und Wärme nach Europa verantwortlich und bestimmen somit das Klima in Deutschland. Zum anderen sind Zyklonen für einen Großteil von extremen Wetterereignissen wie Starkniederschlägen (▶ Kap. 7), Sturmböen und Überflutungen (▶ Kap. 10) bzw. Sturmfluten (▶ Kap. 9) in den mittleren Breiten verantwortlich (Ulbrich et al. 2009; Schwierz et al. 2010), die somit auch in Deutschland zu erheblichen Schäden führen können. Für Deutschland ist im gegenwärtigen Klima im Mittel alle 20 Jahre mit Sturmschäden von der Größenordnung des sehr schadenintensiven Jahres 1990 zu rechnen (Walz und Leckebusch 2019). Ein prominentes Beispiel für einen besonders schadenträchtigen Sturm ist Kyrill (Fink et al. 2009), der zwischen dem 17. und 19.01.2007 über Mitteleuropa Dutzende Todesopfer forderte sowie erhebliche Forst- und Gebäudeschäden verursachte. Weitere Beispiele aus der jüngeren Vergangenheit sind die Stürme Xynthia (Februar 2010), Christian (Oktober 2013), Xaver (Dezember 2013), Friederike (Januar 2018) und Sabine (Februar 2020).

Zyklonen entstehen in Regionen mit hohen Temperaturunterschieden (Temperaturgradienten), indem sie Energie, die durch die Hebung von Luftpaketen aufgebaut wird (z. B. durch Erwärmung), in Bewegungsenergie in Form von Wind umwandeln. Diese ausgeprägten Temperaturgradienten können zum einen durch die unterschiedlich starke solare Erwärmung niedriger und hoher Breiten entstehen, oder sie bilden sich aufgrund der unterschiedlich starken Erwärmung von Land- und Meeresoberflächen. Die günstigsten Bedingungen für das Entstehen und die weitere Entwicklung von Zyklonen herrschen über dem Nordatlantik – besonders über dem westlichen Nordatlantik in der Nähe von Neufundland, wo die beiden genannten Effekte zur Bildung von Temperaturgradienten in der Regel gegeben sind. Die sich entwickelnden Zyklonen wandern anschließend mit der westlichen Grundströmung nach Europa, wo sie meistens Richtung Britische Inseln und Skandinavien weiterziehen. Gemessen an der Gesamtzahl treffen vergleichsweise wenige Zyklonen auf das westeuropäische Festland. Ihre Zugbahnen werden dabei stark von den oben genannten Druckunterschieden über dem Nordatlantik beeinflusst. Zum Beispiel werden im Falle eines stark ausgeprägten Azorenhochs und ebensolchen Islandtiefs Zyklonen hauptsächlich Richtung Skandinavien abgelenkt, während sie bei einem schwach ausgeprägten Azorenhoch und Islandtief auch weiter südlich auf das europäische Festland treffen können (Pinto et al. 2009). Der Bereich über dem Nordatlantik, in dem vermehrt Zyklonen entstehen und sich Richtung Europa bewegen, wird auch nordatlantischer *storm track* genannt (Hoskins und Valdes 1990). Der Begriff steht in diesem Zusammenhang für die mittleren Zugbahnen von Tiefdruckgebieten. Der *storm track* bildet daher ein geeignetes Maß zur Bewertung der Auswirkung des Klimawandels auf die für Europa und Deutschland relevanten Zyklonen. So geht eine mögliche Verlagerung des *storm track* in den vergangenen Jahrzehnten und in einem zukünftigen Klima mit veränderten Zugbahnen der Zyklonen und somit veränderten klimatischen Bedingungen und bodennahen Winden über Deutschland einher.

In den vergangenen Jahren wurden verschiedene objektive Verfahren zur Identifizierung von Zyklonen sowie deren Zugbahnen in Reanalysen und globalen Klimamodellen *(global climate models)* entwickelt. Dabei hat sich gezeigt, dass sich die Ergebnisse dieser Verfahren stark unterscheiden können. So ist die Identifizierung von Zyklonen nicht nur sensitiv gegenüber der Wahl des Verfahrens an sich, sondern auch gegenüber den Eingangsdaten, auf die das Verfahren angewendet wird (Raible et al. 2008; Ulbrich et al. 2009; Neu et al. 2013). Diese Unsicherheiten sollten bei der Bewertung von Zukunftsszenarien berücksichtigt werden.

8.1 Gegenwärtiges Klima und beobachtete Trends

Regional unterschiedliche Windgeschwindigkeiten prägen das gegenwärtige Klima in Deutschland. Im klimatologischen Mittel ist der Wind im küstennahen Bereich am stärksten. Mit zunehmendem Abstand von der Küste ist ein deutlicher Rückgang der mittleren Windgeschwindigkeit zu verzeichnen. Ausnahmen bilden die höheren Lagen wie z. B. der Nordrand der Alpen oder die Mittelgebirge, wo im Durchschnitt höhere Windgeschwindigkeiten auftreten. Im Gegensatz dazu herrschen in Tallagen – etwa im Rheintal – niedrigere mittlere Windgeschwindigkeiten vor.

Die mit starken Zyklonen verbundenen Böengeschwindigkeiten zeigen ein ähnliches Muster wie der mittlere Wind, mit hohen Werten in Küstennähe, vor allem entlang der Nordsee-Küste, und einer Abnahme landeinwärts (◘ Abb. 8.1; Jung und Schindler 2019). In Tallagen sind die Böengeschwindigkeiten besonders niedrig, so z. B. im Rhein- oder Donautal. Eine besonders heterogene Verteilung der Wind- und Böengeschwindigkeit ist in Gebieten mit komplexen Höhenstrukturen zu finden, etwa im Schwarzwald und in den Alpen.

Die Windverteilung in Deutschland, speziell das Nord-Süd-Gefälle der Wind- und Böengeschwindigkeiten, ist entscheidend von der Stärke und den Zugbahnen der vom Nordatlantik kommenden Zyklonen geprägt (◘ Abb. 8.2). Während die Mehrzahl von ihnen über den Bereich der Nordsee zieht und somit

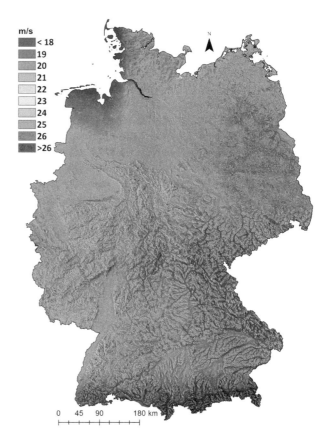

◘ **Abb. 8.1** Mittlere Böengeschwindigkeit der stärksten 98 Winterstürme in Deutschland zwischen 1981 und 2018 in Metern pro Sekunde. (Aus Jung und Schindler 2019)

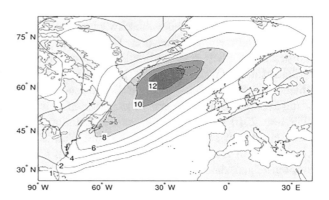

◘ **Abb. 8.2** Flächengewichtete Dichte der Zyklonenzugbahnen von starken Zyklonen für den Zeitraum 1958–1998, abgeleitet aus den stärksten 10 % aller Zyklonen. Die Isolinien geben an, an wie vielen Tagen pro Winter Zyklonen an entsprechender Stelle auftreten. (Pinto et al. 2009)

für starke Winde in den Küstenregionen sorgt, wird der Süden Deutschlands seltener von starken Zyklonen getroffen.

Da der *storm track* stark von den Temperaturgradienten im Nordatlantikbereich abhängt, ist zu erwarten, dass der Klimawandel zu einer Veränderung des *storm track* und somit der Zyklonenaktivität führt, was sich wiederum auf die Windverhältnisse über Deutschland auswirkt. Studien zu historischen Trends dieser Aktivität liefern jedoch unterschiedliche Aussagen (für eine Literaturübersicht: Ulbrich et al. 2009 oder Feser et al. 2015). Die meisten Studien, die auf Reanalysen für die zweite Hälfte des 20. Jahrhunderts beruhen, zeigen eine generelle Zunahme der nordatlantischen *Storm-track*-Aktivität (Chang und Fu 2002; Hu et al. 2004). Die Reanalysen zeigen dabei in ihrer zeitlichen Variabilität eine große Übereinstimmung (z. B. Wang et al. 2016), insbesondere seit der Einführung von Satellitendaten. Damit übereinstimmend lässt sich ein Anstieg der Anzahl von starken Zyklonen über dem östlichen Nordatlantik und der südlichen Nordsee nach 1958 feststellen (Weisse et al. 2005). Für Europa wiederum ergeben sich heterogene Trends in Bezug auf die beobachtete Anzahl an Zyklonen: So stellte Trigo (2006) für den Zeitraum von 1958 bis 2002 eine Zunahme der Zyklonenanzahl über Nordeuropa fest, aber eine Abnahme über Mittel- und Südeuropa. In einigen Studien wird für Zeiträume seit dem 19. Jahrhundert ebenfalls eine Zunahme der Zyklonenanzahl über dem Nordatlantik identifiziert (z. B. Wang et al. 2009, 2011), während Hanna et al. (2008) einen Rückgang feststellen.

Neuere Studien, die vermehrt auf Daten aus dem 21. Jahrhundert zurückgreifen, deuten darauf hin, dass sich der Trend zu stärkerer *Storm-track*-Aktivität und zu einer Zunahme der Zyklonen seit dem Ende des 20. Jahrhunderts abgeschwächt oder sogar umgekehrt hat. So wurde etwa für den nordatlantischen *storm track* im Winter eine Abschwächung während der letzten Jahrzehnte beobachtet. Dies ist auf höhere Temperaturen über dem nordöstlichen Nordamerika zurückzuführen (Wang et al. 2017). Ein Vergleich verschiedener Reanalysen und Radiosondendaten in Bezug auf Trends der Wintersturmzugbahnen zwischen 1959 und 2010 ergab eine nur geringe Zunahme des nordatlantischen *storm track* (Chang und Yau 2016). Alexandersson et al. (2000) und Krueger et al. (2019) konnten zeigen, dass der positive Trend seit den 1950er-Jahren und die Abschwächung zum Ende des 20. Jahrhunderts auch in Stationsdaten erkennbar sind. Diese Stationsmessungen ermöglichen ebenfalls eine Abschätzung des großskaligen Windes und haben zudem den Vorteil, dass sie viel weiter in die Vergangenheit zurückreichen als Reanalysen. Die Betrachtung solcher Stationsmessungen weist allerdings auch darauf hin, dass diese Schwankungen innerhalb der natürlichen Variabilität des Sturmklimas liegen.

Aktuell wird an sogenannten Attributionsstudien (▶ Kap. 28) zu einzelnen Stürmen geforscht. So wurde unter anderem der Zusammenhang der Stürme Eleanor und Friederike aus dem Jahr 2018 mit dem Klimawandel untersucht (Vautard et al. 2019). Beobachtungen zeigen einen abnehmenden Trend der Windgeschwindigkeiten für solch starke Stürme, während regionale Klimamodelle diesen Trend nicht widerspiegeln. Es wird geschlussfolgert, dass bisher eine Zunahme der Oberflächenrauigkeit infolge dichterer Bebauung in der Umgebung von Messstationen und nicht der anthropogene Klimawandel den größten Einfluss auf diese Entwicklung hat.

Der aktuelle Sechste Sachstandsbericht des Weltklimarates (IPCC 2021) weist auf eine niedrige Zuverlässigkeit von Trends der Sturmanzahl und -intensität hin. Die Ursachen dafür sind stark ausgeprägte Schwankungen auf Zeitskalen von Jahren bis Jahrzehnten sowie eine zeitlich und räumlich uneinheitliche Datenlage von Reanalysen, besonders in der Zeit vor Einführung der Satelliten. Feser et al. (2015) haben die Ergebnisse von Studien zusammengefasst, die sich ausschließlich mit Stürmen über dem Nordatlantik und Europa befassen, und sind zu folgendem Schluss gekommen: Während Studien, die auf Daten aus Stationsmessungen der vergangenen gut 140 Jahre basieren, für Mitteleuropa und die Nordsee häufig eine multidekadische Variabilität der Sturmaktivität, aber keinen Langzeittrend zeigen, weisen Reanalysen ab Mitte des 20. Jahrhunderts oft auf einen positiven Trend hin. Ein Grund für diese teils widersprüchlichen Aussagen liegt vor allem in den unterschiedlichen Zeiträumen, die bei diesen Studien verwendet werden. Krueger et al. (2019) haben aus Druckbeobachtungen der letzten gut 140 Jahre Windgeschwindigkeiten über dem östlichen Nordatlantik abgeleitet. Ihre Ergebnisse zeigen nach einer hohen Sturmaktivität Ende des 19. Jahrhunderts einen allmählichen Rückgang zu niedrigerer Sturmaktivität in den 1960er-Jahren. Danach folgt ein Anstieg bis zu den 1990ern mit hoher Sturmaktivität, die vergleichbar zum späten 19. Jahrhundert ist. In den jüngsten Jahren werden wieder durchschnittliche Werte erreicht. Ähnliche Ergebnisse können auch Befort et al. (2016) aus hundertjährigen Reanalysen ableiten. Feser et al. (2021) bestätigen diese Resultate für aktuelle Reanalysen und druckbasierte Beobachtungen für die letzten Jahrzehnte. Weitere wichtige Faktoren für die genannten Unsicherheiten sind dabei auch die verschiedenen Verfahren zur Quantifizierung der Zyklonenaktivität und die verwendeten unterschiedlichen Datensätze (Raible et al. 2008; Neu et al. 2013). Zudem liegt ein weiteres wichtiges Problem in dem begrenzten Zeitraum von ungefähr 50 Jahren, für den flächendeckende Beobachtungen vorliegen (▶ Abschn. 3.2.3). So ist es schwierig festzustellen, ob eine beobachtete Änderung in diesem Zeitraum einem langzeitlichen Trend entspricht oder auf Zeitskalen von einzelnen oder mehreren Dekaden innerhalb der natürlichen Variabilität liegt, die für die Zyklonenaktivität sehr ausgeprägt ist (Donat et al. 2011b; Krueger et al. 2013; Wang et al. 2011). Die geringere Dichte von Beobachtungsdaten vor den 1960er-Jahren trägt zusätzlich zu diesen Unsicherheiten bei. So unterscheiden sich etwa die beiden Reanalysedatensätze ERA20C und 20CR für das letzte Jahrhundert stark bei den langfristigen Trends der Windgeschwindigkeit (Wohland et al. 2019). Wie oben erwähnt, sind jedoch sehr lange Beobachtungsreihen erforderlich, um verlässliche Aussagen über die tatsächliche Veränderung des Sturmklimas über Deutschland treffen zu können (Bärring und von Storch 2004; Matulla et al. 2008). Entsprechend kann für Deutschland ebenfalls kein klarer Trend der Zyklonenaktivität gefunden werden, da auch hier die zwischenjährlichen und dekadischen Schwankungen weitaus stärker sind als ein möglicher langzeitlicher Trend (Bett et al. 2017). Zu diesem Ergebnis kommen auch Krieger et al. (2020), die die Sturmtätigkeit über der Deutschen Bucht zwischen 1897 und 2018 mithilfe von aus Druckbeobachtungen abgeleiteten Windgeschwindigkeiten untersuchen. Es zeigt sich eine starke multidekadische Variabilität, mit einem Anstieg von den 1960er-Jahren bis in die 1990er und einem anschließenden Abfall bis in die 2000er-Jahre hinein (◘ Abb. 8.3).

Die oben genannten Schlussfolgerungen bezüglich der Unsicherheit der beobachteten Zyklonenaktivität innerhalb der letzten Jahrzehnte gelten auch für die beobachteten Windverhältnisse über Europa und Deutschland (IPCC AR6). So weisen beispielsweise Beobachtungen für Europa auf eine generelle Abnahme der bodennahen Windgeschwindigkeiten für die letzten vier Dekaden hin (Tian et al. 2019). Wang et al. (2011) hingegen zeigen für die Nordsee und die Alpen eine Zunahme für das Auftreten starker Winde bis Ende des 20. Jahrhunderts. Allerdings hat sich dieser positive Trend über der Nordsee seit Mitte der 1990er-Jahre wieder umgekehrt und auf durchschnittliche Werte eingependelt. Der Sturmmonitor (Hereon-Sturmmonitor 2022), der Informationen zu aktuellen Sturmereignissen und zur Sturmaktivität der letzten Jahrzehnte in Norddeutschland liefert, bestätigt diesen Sachverhalt.

Insgesamt ist somit für Deutschland in Bezug auf Zyklonen und Winde kein eindeutiger historischer Langzeittrend zu finden (Hofherr und Kunz 2010). Dies steht im Einklang mit Studien, die sich mit dem Windstauklima über der Nordsee – also der Veränderung des Wasserspiegels durch Windeinfluss – und den damit verbundenen Sturmfluten befassen (▶ Kap. 9). Auch das Windstauklima zeigt ausgeprägte dekadische Schwankungen, aber keinen erkennbaren historischen Trend (▶ Abschn. 9.1.2).

8.2 Trends im zukünftigen Klima

Das *World Climate Research Programme* hat die sogenannten *Coupled Model Intercomparison Projects* (CMIP) ins Leben gerufen, um eine umfassende Evaluierung von verschiedenen Klimamodellen und Klimaprojektionen zu ermöglichen. Eine Vielzahl der Modelle vergangener CMIP-Projekte (CMIP3, CMIP5 und CMIP6) simuliert für die Nordhemisphäre im Mittel eine Verschiebung der Zyklonenzugbahnen bzw. des *storm track* nach Norden bis Ende des 21. Jahrhunderts (Yin 2005; Gastineau und Soden 2009; Harvey et al. 2012; Harvey et al. 2020). Hierbei ist hervorzuheben, dass die aktuellsten CMIP6-Modelle deutlich geringere Abweichungen im Vergleich mit Reanalysedaten für das heutige Klima aufweisen, als dies in CMIP3/ CMIP5 der Fall ist (Harvey et al. 2020; Oudar et al. 2020). Während es kaum grundlegende Änderungen zwischen den CMIPs gibt, nimmt die Stärke des Klimaänderungssignals in CMIP6 in Vergleich zu CMIP5 deutlich zu, was auf eine höhere Klimasensitivität der neueren Modelle zurückzuführen ist (▶ Kap. 2). Des Weiteren herrscht eine gute Übereinstimmung bezüglich einer generellen Abnahme der Anzahl aller Zyklonen im globalen Mittel (Catto et al. 2019). Große Unsicherheiten gibt es dagegen im Hinblick auf mögliche regionale Änderungen der Zyklonenaktivität (Ulbrich

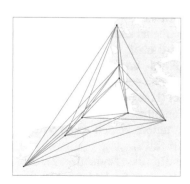
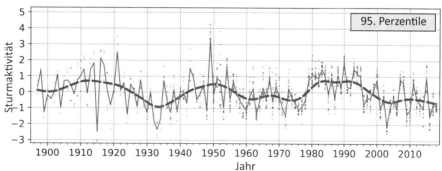

◘ **Abb. 8.3** Karte von Stationen der Deutschen Bucht, an denen Druckmessungen des großskaligen Windes, berechnet über die gezeigten Winddreiecke, eingingen (links), und (rechts) standardisierte jährliche 95. Perzentile des aus Druckbeobachtungen abgeleiteten Windes über der Deutschen Bucht von 1897–2018. Die rote schmale Linie zeigt das Mittel über alle 18 Dreiecke, die rote gestrichelte Linie zeitlich geglättete Werte und die blauen Punkte zeigen Werte für einzelne Dreiecke. (Krieger et al. 2020)

et al. 2009; Zappa et al. 2013) sowie den damit verbundenen zukünftigen Trends der regionalen Charakteristika von Windböen und Böen. Diese Unsicherheiten basieren hauptsächlich auf einer von Klimamodellen unterschiedlich projizierten Veränderung der Temperaturgradienten zwischen den Subtropen und der Polarregion in der oberen und unteren Troposphäre, also jenem Teil der Atmosphäre, der je nach Klimazone bis in eine Höhe von ungefähr 8 bis 15 km reicht (Harvey et al. 2014). Zusätzlich beeinflussen lokale, nur schwer vorhersagbare Prozesse die regionale Änderung der *Storm-track*-Aktivität (Kirtman et al. 2013). In einigen Studien wird beispielsweise ein Einfluss des Meereisrückgangs auf die Zyklonenaktivität nachgewiesen (Bader et al. 2011; Deser et al. 2010; Screen et al. 2018). Für Zyklonen über dem Nordatlantik spielen vermutlich Änderungen in der Ozeanzirkulation eine wichtige Rolle, die in den verschiedenen Klimamodellen teils sehr unterschiedlich wiedergegeben werden (Woollings et al. 2012). Darüber hinaus spielen auch die Änderungen der Strahlungseigenschaften der Wolken eine wichtige Rolle (Bony et al. 2015; Ceppi und Shepherd 2017; Albern et al. 2019).

Einige Klimaprojektionen anhand des CMIP3-Ensembles deuten auf eine Ausdehnung des nordatlantischen *storm track* nach Osten hin und damit auf eine Verschiebung der Zyklonenzugbahnen in Richtung Europa (Bengtsson et al. 2006, 2009; Catto et al. 2011; Pinto et al. 2007b; Ulbrich et al. 2008). Auch in den CMIP5-Modellen zeigt sich eine solche Verschiebung Richtung Europa, die hier jedoch schwächer ausgeprägt ist (Harvey et al. 2012; Zappa et al. 2013). In einer ersten Analyse des CMIP6-Ensembles zeigt sich ebenfalls eine Verschiebung in Richtung Europa, deren Ausprägung wieder stärker ist und der von CMIP3 ähnelt (Harvey et al. 2020). Des Weiteren ist anzunehmen, dass in einer wärmeren Atmosphäre mehr verfügbare latente Wärme durch den Phasenübergang von Wasserdampf zu Flüssigwasser freigesetzt wird, was bessere Wachstumsbedingungen für starke Zyklonen und somit auch potenziell stärkere Stürme zur Folge hat (Pinto et al. 2009; Fink et al. 2012; Hawcroft et al. 2018). Eine Erhöhung der Sturmaktivität über Westeuropa wäre die Folge (Pinto et al. 2009; Donat et al. 2010; McDonald 2011; Catto et al. 2019). Dies stimmt mit kürzeren Wiederkehrperioden von starken Zyklonen über der Nordsee und Westeuropa bis zum Jahr 2100 überein, wie sie Della-Marta und Pinto (2009) gefunden haben. Ein anderer Ansatz, um die regionalen Auswirkungen der globalen Erwärmungen auf die Sturmaktivität im Nordatlantik zu untersuchen, wird in Barcikowska et al. (2018) beschrieben. Regionale Simulationen für Erwärmungsszenarien von 1,5 °C und 2 °C weisen auf eine Zunahme der Niederschlagsintensität und Sturmaktivität in Nordeuropa hin, wobei eine

Analyse der Daten zeigt, dass Änderungen erst nach Überschreitung der 1,5 °C-Erwärmung zu erwarten sind. Insgesamt zeigt der größte Teil der Studien, die sich mit der Sturmaktivität befassen, eine Zunahme der Intensität und Anzahl von Stürmen über Mitteleuropa und der Nordsee bis zum Ende des 21. Jahrhunderts (für eine Literaturübersicht: Feser et al. 2015).

Studien mit globalen und regionalen Modellen mit Fokus auf Deutschland stimmen darin überein, dass es durch die Zunahme starker Zyklonen zu einer Häufung von Starkwindereignissen kommt. So simulieren einige globale CMIP3-Klimamodelle für das Ende des 21. Jahrhunderts stärkere maximale tägliche Windgeschwindigkeiten über Nordwesteuropa, der Nordsee und Deutschland (Pinto et al. 2007a; Donat et al. 2010) oder auch mehr Starkwindereignisse über Nordeuropa (Gastineau und Soden 2009). Studien auf Basis von CMIP5-Klimamodellen kommen zu dem Schluss, dass die Anzahl von Starkwindereignissen im Zusammenhang mit Zyklonen über Mitteleuropa steigen kann (Zappa et al. 2013). Regionale Klimamodelle (RCMs) liefern einige übereinstimmende Ergebnisse vor allem für den nördlichen Bereich Zentraleuropas (Beniston et al. 2007; Rockel und Woth 2007; Fink et al. 2009; Rauthe et al. 2010; Hueging et al. 2013; Tobin et al. 2015; Barcikowska et al. 2018; Moemken et al. 2018). So identifizieren Rockel und Woth (2007) anhand eines Ensembles von Regionalmodellsimulationen für den Zeitraum zwischen 2071 und 2100 eine Zunahme der täglichen maximalen Windgeschwindigkeiten in Mitteleuropa im Winter, während im Herbst eine Abnahme festzustellen ist. Ein negativer Trend bis zum Ende des 21. Jahrhunderts für die höchsten Wind- bzw. Böengeschwindigkeiten über Deutschland findet sich in verschiedenen hochaufgelösten Modellen auch für den Sommer (Bengtsson et al. 2009; Hueging et al. 2013; Walter et al. 2006; Tobin et al. 2015; Moemken et al. 2018). Der Sechste Sachstandsbericht des IPCC (IPCC AR6) kommt zu der Schlussfolgerung, dass es zu einer leichten Zunahme sowohl in der Häufigkeit als auch in der Stärke von Zyklonen, Stürmen, und Starkwinden über Nord-, West-, und Mitteleuropa für Erwärmungsszenarien von 2 °C und mehr kommen wird (Ruosteenoja et al. 2019; Vautard et al. 2019). In den meisten Klimamodellen für Nord- und Mitteleuropa wird eine Zunahme des Windes und somit des Windenergieertrags im Winter erwartet (Hueging et al. 2013), wobei sich die Stärke dieser Zunahme in den verschiedenen Klimamodellen deutlich unterscheiden kann (Reyers et al. 2016; Moemken et al. 2018).

◻ Abb. 8.4. zeigt die für das Ende des 21. Jahrhunderts projizierte Veränderung des bodennahen Windes (in 10 m Höhe) für Mitteleuropa nach Moemken et al. (2018) anhand eines regionalen Klimamodellensembles (CMIP5-Antrieb). Im Jahresdurchschnitt

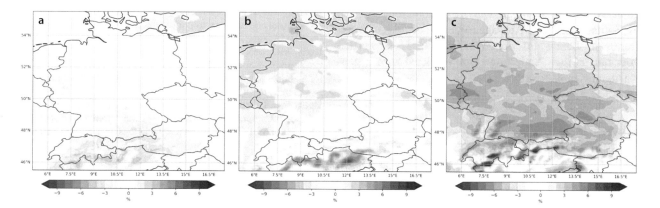

⬛ Abb. 8.4 Veränderungen des Windes in 10 m Höhe für **a** ganzjährig, **b** Winterhalbjahr, **c** Sommerhalbjahr anhand eines Ensembles von regionalen Klimaprojektionen für 2071–2100 (RCP8.5) im Vergleich zum Referenzzeitraum (1971–2000) in Europa. (Adaptiert aus Moemken et al., 2018, Abb. 6)

(⬛ Abb. 8.4a) sind für Deutschland im Ensemblemittel nur geringfügige Veränderungen zu erwarten (±3 %). Im Winter, und analog zu den oben beschriebenen Veränderungen, ist im Ensemblemittel ein leichter Anstieg der Windgeschwindigkeiten über Mitteleuropa zu erwarten (⬛ Abb. 8.4b), auch wenn nicht alle Modelle übereinstimmen (nicht gezeigt). In alpinen Bereichen sind die projizierten Abweichungen aufgrund des stark gegliederten Geländes teilweise etwas höher. Im Gegensatz dazu wird für den Sommer (⬛ Abb. 8.4c) ein stärkerer und konsistenter Rückgang der Windgeschwindigkeit projiziert. Dies betrifft vor allem Mittel- und Süddeutschland, mit Veränderung von bis zu -6 %. In Teilen der Schweiz und Österreich ist der Rückgang im Hochgebirge sogar noch stärker.

Die Projektionen für den jährlichen Windenergieertrag abgeleitet aus dem Wind in 100 m Höhe über Deutschland variieren hingegen je nach Modell zwischen einer Ab- und Zunahme von bis zu 10 % (Tobin et al. 2015). Moemken et al. (2018) weisen zudem darauf hin, dass ein häufigeres Auftreten von niedrigen Windgeschwindigkeiten (unter 3 m/s in 100 m Höhe) zu erwarten ist, bei denen keine Windenergieproduktion stattfindet, sogenannten Dunkelflauten. Das bedeutet eine höhere Volatilität der Windenergieproduktion, was die Energiebranche vor eine zusätzliche Herausforderung stellt (z. B. Elsner et al. 2016; Weber et al. 2019).

Für Deutschland zeigen die meisten Regionalisierungen insgesamt einen generellen Anstieg der Böengeschwindigkeit im Norden und Nordwesten sowie an der Nord- und Ostseeküste (Walter et al. 2006; Rauthe et al. 2010; Pinto et al. 2010). Die projizierte Zunahme von Starkwindereignissen und Böengeschwindigkeiten, vor allem im Winter, hätte einen Anstieg der potenziellen Gebäudeschäden im Zusammenhang mit Winterstürmen über Mitteleuropa zur Folge (Schwierz et al. 2010; Donat et al. 2011a; Pinto et al. 2012; Held et al.

2013; Prahl et al. 2015). Für eine detaillierte Analyse der ökonomischen Auswirkungen des Klimawandels sei hier auf ► Kap. 24 verwiesen.

8.3 Kurz gesagt

In Beobachtungen der vergangenen Jahrzehnte und in Klimaprojektionen für das zukünftige Klima wird eine starke zwischenjährliche bis multidekadische Variabilität der Zyklonenaktivität über dem Nordatlantik festgestellt. Unsicherheit herrscht dagegen über einen langzeitlichen Trend der Zyklonenanzahl und -intensitäten, vor allem in Regionen des europäischen Festlands. So zeigt sich in Reanalysedaten für die zweite Hälfte des 20. Jahrhunderts eine ausgeprägte dekadische Variabilität der Zyklonenaktivität über dem östlichen Nordatlantik, Europa, Deutschland und der Nordsee. Druckmessungen an Stationen über Nordeuropa und Deutschland belegen eine starke derartige Variabilität sogar für einen noch längeren Zeitraum. Ein langzeitlicher Trend kann jedoch nicht identifiziert werden. Dasselbe gilt für die Windverhältnisse über Deutschland in den vergangenen 50 Jahren.

Für das zukünftige Klima ist eine Verschiebung des nordatlantischen *storm track* in Richtung Europa wahrscheinlich, was jedoch nicht durch eine Zunahme der Gesamtzahl aller Zyklonen, sondern durch ein häufigeres Auftreten starker Zyklonen bedingt ist. Die Wiederkehrperiode starker Zyklonen über der Nordsee und Westeuropa wird sich demnach verkürzen, während es bis 2100 allgemein weniger Zyklonen geben wird. Daher ist es wahrscheinlich, dass bereits ab Mitte des 21. Jahrhunderts mehr Starkwindereignisse und starke Böen über der Nordsee und Nordwestdeutschland auftreten werden. Diese werden vor allem im Winter zunehmen, während es im Sommer eher zu einer Abnahme kommen wird. Für andere Regionen in Deutschland sind Aussagen über zukünftige Klimatrends in Bezug auf den Wind unsicher; es werden aber nur geringe Änderungen im Vergleich zum gegenwärtigen Klima erwartet.

Literatur

Albern N, Voigt A, Pinto JG (2019) Cloud-radiative impact on the regional responses of the midlatitude jet streams and storm tracks to global warming. J Adv Model Earth Syst 11:1940–1958. ► https://doi.org/10.1029/2018MS001592

Alexandersson H, Tuomenvirta H, Schmith T, Iden K (2000) Trends of storms in NW Europe derived form an updated pressure data set. Climate Res 14:71–73

Bader J, Mesquita MDS, Hodges KI, Keenlyside N, Osterhus S, Miles M (2011) A review on Northern hemisphere sea-ice, storminess and the North Atlantic Oscillation: Observations and projected changes. Atmos Res 101:809–834

Barcikowska MJ, Weaver SJ, Feser F, Russo S, Schenk F, Stone DA, Wehner MF, Zahn M (2018) Euro-Atlantic winter storminess and precipitation extremes under 1.5 °C vs. 2 °C warming scenarios. Earth Syst Dynam 9:679–699. ► https://doi.org/10.5194/esd-9-679-2018

Bärring L, von Storch H (2004) Scandinavian storminess since about 1800. Geophys Res Lett 31:L20202

Befort DJ, Wild S, Kruschke T, Ulbrich U, Leckebusch GC (2016) Different long-term trends of extra-tropical cyclones and windstorms in ERA-20C and NOAA-20CR reanalyses. Atmos Sci Let 17:586–595

Bengtsson L, Hodges KI, Roeckner E (2006) Storm tracks and climate change. J Clim 19(15):3518–3543

Bengtsson L, Hodges KI, Keenlyside N (2009) Will extratropical storms intensify in a warmer climate? J Clim 22:2276–2301

Beniston M, Stephenson DB, Christensen OB, Ferro CAT, Frei C, Goyette S, Halsnaes K, Holt T, Jylha K, Koffi B, Palutikof J, Scholl R, Semmler T, Woth K (2007) Future extreme events in European climate: an exploration of regional climate model projection. Clim Change 81:71–95

Bett PE, Thornton HE, Clark RT (2017) Using thetTwentieth century reanalysis to assess climate variability for the European wind industry. Theor Appl Climatol 127:61–80

Bony S, Stevens B, Frierson DMW, Jakob C, Kageyama M, Pincus R, Shepherd TG, Sherwood SC, Pier Siebesma A, Sobel AH, Watanabe M, Webb MJ (2015) Clouds, circulation and climate sensitivity. Nat. Geosci. 8: 261–268. ► https://doi.org/10.1038/ngeo2398

Catto JL, Shaffrey LC, Hodges KI (2011) Northern hemisphere extratropical cyclones in a warming climate in the HiGEM high resolution climate model. J Clim 24:5336–5352

Catto JL, Ackerley D, Booth JF, Champion AJ, Colle BA, Pfahl S, Pinto JG, Quinting JF, Seiler C (2019) The future of midlatitude cyclones. Curr Clim Change Rep 5:407–420. ► https://doi.org/10.1007/s40641-019-00149-4

Ceppi P, Shepherd TG (2017) Contributions of climate feedbacks to changes in atmospheric circulation. J Clim 30(22):9097–9118

Chang EKM, Fu Y (2002) Interdecadal variations in Northern hemisphere winter storm track intensity. J Clim 15:642–658]

Chang EKM, Yau AMW (2016) Northern Hemisphere winter storm track trends since 1959 derived from multiple reanalysis datasets. Clim Dyn 47:1435–1454

Della-Marta PM, Pinto JG (2009) Statistical uncertainty of changes in winter storms over the North Atlantic and Europe in an ensemble of transient climate simulations. Geophys Res Lett 36:L14703

Deser C, Tomas R, Alexander M, Lawrence D (2010) The seasonal atmospheric response to projected Arctic Sea ice loss in the Late 21st Century. J Clim 23:333–351

Donat MG, Leckebusch GC, Pinto JG, Ulbrich U (2010) European storminess and associated circulation weather types: future changes deduced from a multi-model ensemble of GCM simulations. Climate Res 42:27–43

Donat MG, Leckebusch GC, Wild S, Ulbrich U (2011a) Future changes of European winter storm losses and extreme wind speeds in multi-model GCM and RCM simulations. Nat Hazard 11:1351–1370

Donat MG, Renggli D, Wild S, Alexander LV, Leckebusch GC, Ulbrich U (2011b) Reanalysis suggests long-term upward trends in European storminess since 1871. Geophys Res Lett 38:L14703

Elsner P, Erlach B, Fischedick M, Lunz B, Sauer U (2016) Flexibilitätskonzepte für die Stromversorgung 2050: Technologien, Szenarien, Systemzusammenhänge

Feser F, Barcikowska M, Krueger O, Schenk F, Weisse R, Xia L (2015) Storminess over the North Atlantic and Northwestern Europe – a review. Q J R Meteorol Soc 141:350–382

Feser F, Krueger O, Woth K, van Garderen L (2021) North Atlantic winter storm activity in modern reanalyses and pressure-based observations. J Clim. ► https://doi.org/10.1175/JCLI-D-20-0529.1

Fink AH, Brücher T, Ermert E, Krüger A, Pinto JG (2009) The European storm Kyrill in january 2007: Synoptic evolution and considerations with respect to climate change. Nat Hazard 9:405–423

Fink AH, Pohle S, Pinto JG, Knippertz P (2012) Diagnosing the influence of diabatic processes on the explosive deepening of extratropical cyclones. Geophys Res Lett 39:L07803

Gastineau G, Soden BJ (2009) Model projected changes of extreme wind events in response to global warming. Geophys Res Lett 36:L10810

Hanna E, Cappelen J, Allan R, Jónsson T, le Blancq F, Lillington T, Hickey K (2008) New insights into North European and North Atlantic surface pressure variability, storminess and related climatic change since 1830. J Clim 21:6739–6766

Harvey BJ, Shaffrey LC, Woollings TJ, Zappa G, Hodges KI (2012) How large are projected 21st century storm track changes? Geophys Res Lett 39:L18707

Harvey BJ, Shaffrey LC, Woollings TJ (2014) Equator-to-pole temperature differences and the extra-tropical storm track responses of the CMIP5 climate models. Clim Dyn 43:1171–1182

Harvey BJ, Cook P, Shaffrey LC, Schiemann R (2020) The response of the Northern hemisphere storm tracks and jet streams to climate change in the CMIP3, CMIP5, and CMIP6 climate models. Journal of Geophysical Research: Atmospheres 125: e2020JD032701. ► https://doi.org/10.1029/2020JD032701

Hawcroft M, Walsh E, Hodges K, Zappa G (2018) Significantly increased extreme precipitation expected in Europe and North America from extratropical cyclones. Environ Res Lett 13:124006. ► https://doi.org/10.1088/1748-9326/aaed59

Held H, Gerstengarbe FW, Pardowitz T et al (2013) Projections of global warming-induced impacts on winter storm losses in the German private household sector. Clim Change 121:195–207

Hereon-Sturmmonitor (2022) ► https://www.sturm-monitor.de

Hofherr T, Kunz M (2010) Extreme wind climatology of winter storms in Germany. Climate Res 41:105–123

Hoskins BJ, Valdes PJ (1990) On the existence of storm tracks. Journal of Atmospheric Sciences 47:1854–1864

Hu Q, Tawaye Y, Feng S (2004) variations of the Northern hemisphere atmospheric energetics. J Clim 17:1975–1986

Hueging H, Born K, Haas R, Jacob D, Pinto JG (2013) Regional changes in wind energy potential over Europe using regional climate model ensemble projections. J Appl Meteorol Climatol 52:903–917

8

IPCC (2021) Climate Change 2021: The physical science basis. Contribution of working group I to the sixth assessment report of the intergovernmental panel on climate change. In Masson-Delmotte, V., P. Zhai, A. Pirani, S.L. Connors, C. Péan, S. Berger, N. Caud, Y. Chen, L. Goldfarb, M.I. Gomis, M. Huang, K. Leitzell, E. Lonnoy, J.B.R. Matthews, T.K. Maycock, T. Waterfield, O. Yelekçi, R. Yu, and B. Zhou (Hrsg). Cambridge University Press. In Press

Jung C, Schindler D (2019) Historical winter storm atlas for Germany (GeWiSA). Atmosphere 10 (387)

Kirtman B, Power SB, Adedoyin JA et al. (2013) Near-term climate change: projections and predictability. In: Stocker TF, Qin D, Plattner G-K, Tignor M, Allen SK, Boschung J, Nauels A, Xia Y, Bex V, Midgley PM (Hrsg) Climate Change 2013: The physical science basis. contribution of working group I to the fifth assessment report of the intergovernmental panel on climate change. Cambridge University Press, Cambridge, United Kingdom and New York, NY, USA

Krieger D, Krueger O, Feser F, Weisse R, Tinz B, von Storch H (2020) German bight storm activity, 1897–2018. Int J Climatol 41(S1):E2159–E2177. ▶ https://doi.org/10.1002/joc.6837

Krueger O, Feser F, Weisse R (2019) Northeast atlanticstorm activity and its uncertainty from the late 19th to the 21st Century. J Clim 32:1919–1931

Krueger O, Schenk F, Feser F, Weisse R (2013) Inconsistencies between long-term trends in storminess derived from the 20th CR Rranalysis and observations. J Clim 26:868–874

Matulla C, Schöner W, Alexandersson H, von Storch H, Wang XL (2008) European Storminess: Late 19th century to present. Clim Dyn 31:125–130

McDonald RE (2011) Understanding the impact of climate change on Northern hemisphere extra-tropical cyclones. Clim Dyn 37:1399–1425

Moemken J, Reyers M, Feldmann H, Pinto JG (2018) Future changes of wind speed and wind energy potentials in EURO-CORDEX ensemble simulations. J Geophys Res Atmos 123:6373–6389. ▶ https://doi.org/10.1029/2018JD028473

Neu U, Akperov MG, Bellenbaum N et al (2013) IMILAST: A community effort to intercompare extratropical cyclone detection and tracking algorithms. Bull Am Meteorolo Soc 94:529–547

Oudar T, Cattiaux J, Douville H (2020) Drivers of the northern extratropical eddy-driven jet change in CMIP5 and CMIP6 models. Geophys Res Lett 47: e2019GL086695. ▶ https://doi.org/10.1029/2019GL086695

Pinto JG, Fröhlich EL, Leckebusch GC, Ulbrich U (2007a) Changing European storm loss potentials under modified climate conditions according to ensemble simulations of the ECHAM5/MPI-OM1 GCM. Nat Hazard 7:165–175

Pinto JG, Ulbrich U, Leckebusch GC, Spangehl T, Reyers M, Zacharias S (2007b) Changes in storm track and cyclone activity in three SRES ensemble experiments with the ECHAM5/MPI-OM1 GCM. Clim Dyn 29:195–121

Pinto JG, Zacharias S, Fink AH, Leckebusch GC, Ulbrich U (2009) Factors contributing to the development of extreme North Atlantic cyclones and their relationship with the NAO. Clim Dyn 32:711–737

Pinto JG, Neuhaus CP, Leckebusch GC, Reyers M, Kerschgens M (2010) Estimation of wind storm impacts over Western Germany under future climate conditions using a statistical-dynamical downscaling approach. Tellus A 62:188–201

Pinto JG, Karremann MK, Born K, Della-Marta PM, Klawa M (2012) Loss potentials associated with European windstorms under future climate conditions. Clim Res 54:1–20]

Prahl BF, Rybski D, Burghoff O, Kropp JP (2015) Comparison of storm damage functions and their performance. Nat Ha-

zards Earth Syst Sci 15:769–788. ▶ https://doi.org/10.5194/nhess-15-769-2015

Raible CC, Della-Marta PM, Schwierz C, Wernli H, Blender R (2008) Northern hemisphere extratropical cyclones: A comparison of detection and tracking methods and different reanalyses. Mon Weather Rev 136:880–897

Rauthe M, Kunz M, Kottmeier C (2010) Changes in wind gust extremes over Central Europe derived from a small ensemble of high resolution regional climate models. Meteorol Z 19:299–312

Reyers M, Moemken J, Pinto JG (2016) Future changes of wind energy potentials over Europe in a large CMIP5 multi-model ensemble. Int J Climatol 36:783–786. ▶ https://doi.org/10.1002/joc.4382

Rockel B, Woth K (2007) Extremes of near-surface wind speed over Europe and their future changes as estimated from an ensemble of RCM simulations. Clim Change 81:267–280

Ruosteenoja K, Vihma T, Venäläinen A (2019) Projected Changes in European and North Atlantic Seasonal Wind Climate Derived from CMIP5 Simulations. J Clim 32:6467–6490. ▶ https://doi.org/10.1175/jcli-d2419-0023.1

Schwierz C, Zenklusen Mutter E, Vidale PL, Wild M, Schär C, Köllner-Heck P, Bresch DN (2010) Modelling European winterwind storm losses in current and future climate. Clim Change 101:485–514

Screen JA, Deser C, Smith DM, Zhang X, Blackport R, Kushner PJ, Oudar T, McCusker KE, Sun L (2018) Consistency and discrepancy in the atmospheric response to Arctic sea-ice loss across climate models. Nature Geosci 11:155–163. ▶ https://doi.org/10.1038/s41561-018-0059-y

Tian Q, Huang G, Hu K, Niyogi D (2019) Observed and global climate model based changes in wind power potential over the Northern Hemisphere during 1979–2016. Energy 167:1224–1235. ▶ https://doi.org/10.1016/j.energy.2018.11.027

Tobin I, Vautard R, Balog I, Breon F-M, Jerez S, Ruti PM, Thais F, Vrac M, Yiou P (2015) Assessing climate change impacts on European wind energy from ENSEMBLES high-resolution climate projections. Clim Change 128:99–112

Trigo IF (2006) Climatology and interannual variability of storm tracks in the Euro-Atlantic sector: a comparison between ERA40 and NCEP/NCAR reanalyses. Clim Dyn 26:127–143

Ulbrich U, Pinto JG, Kupfer H, Leckebusch GC, Spangehl T, Reyers M (2008) Changing Northern hemisphere storm tracks in an ensemble of IPCC climate change simulations. J Clim 21:1669–1679

Ulbrich U, Leckebusch GC, Pinto JG (2009) Extra-tropical cyclones in the present and future climate: a review. Theoret Appl Climatol 96:117–131

Vautard R, van Oldenborgh GJ, Otto FEL, Yiou P, de Vries H, van Meijgaard E, Stepek A, Soubeyroux JM, Philip S, Kew SF, Costella C, Singh R, Tebaldi C (2019) Human influence on European winter wind storms such as those of January 2018. Earth Syst Dyn 10:271–286

Walter A, Keuler K, Jacob D, Knoche R, Block A, Kotlarski S, Mueller-Westermeier G, Rechid D, Ahrens W (2006) A high resolution reference data set of German wind velocity 1951–2001 and comparison with regional climate model results. Meteorologische Zeitschrift 15:585–596

Walz MA, Leckebusch GC (2019) Loss potentials based on an ensemble forecast: How likely are winter windstorm losses similar to 1990? Atmos Sci Lett 20:e891

Wang XL, Feng Y, Chan R, Isaac V (2016) Inter-comparison of extra-tropical cyclone activity in nine reanalysis datasets. Atmos Res 181:133–153

Wang J, Kim HM, Chang EKM (2017) Changes in Northern Hemisphere Winter Storm Tracks under the Background of Arctic Amplification. J Clim 30:3705–3724

Wang XL, Zwiers FW, Swail V, Feng Y (2009) Trends and variability of storminess in the Northeast Atlantic region, 18742007. Clim Dyn 33:1179–1195

Wang XL, Wan H, Zwiers FW, Swail V, Compo GP, Allan RJ, Vose RS, Jourdain S, Yin X (2011) Trends and low-frequency variability of storminess over western Europe 1878–2007. Clim Dyn 37:2355–2371

Weber J, Reyers M, Beck C, Timme M, Pinto JG, Witthaut D, Schäfer B (2019) Wind Power Persistence Characterized by Superstatistics. Sci Rep 9:19971. ▶ https://doi.org/10.1038/s41598-019-56286-1

Weisse R, von Storch H, Feser F (2005) Northeast Atlantic and North Sea Storminess as simulated by a regional climate model during 1958–2001 and comparison with observations. J Clim 18:465–479

Wohland J, Omrani NE, Witthaut D, Keenlyside NS (2019) Inconsistent wind speed trends in current twentieth century reanalyses. J Geophys Res Atmos 124:1931–1940

Woollings T, Gregory JM, Pinto JG, Reyers M, Brayshaw DJ (2012) Response of the North Atlantic storm track to climate change shaped by ocean-atmosphere coupling. Nat Geosci 5:313–317

Yin JH (2005) A consistent poleward shift of the storm tracks in simulations of 21st century climate. Geophys Res Lett 32:L18701

Zappa G, Shaffrey LC, Hodges KI, Sansom PG, Stephenson DB (2013) A multimodel assessment of future projections of North Atlantic and European extratropical cyclones in the CMIP5 climate models. J Clim 26:5846–5862

8

Mittlerer Meeresspiegelanstieg und Sturmfluten

Ralf Weisse und Insa Meinke

Inhaltsverzeichnis

9.1   Mittlerer Meeresspiegel – 96
9.1.1   Globaler Meeresspiegelanstieg – 96
9.1.2   Meeresspiegelanstieg in der Nordsee – 97
9.1.3   Meeresspiegelanstieg in der Ostsee – 98

9.2   Sturmfluten – 100
9.2.1   Ursachen und Wechselwirkungen mit dem mittleren
         Meeresspiegelanstieg – 100
9.2.2   Veränderungen und Variabilität in der Nordsee – 101
9.2.3   Veränderungen und Variabilität in der Ostsee – 103

9.3   Kurz gesagt – 105

Literatur – 105

© Der/die Autor(en) 2023
G. P. Brasseur et al. (Hrsg.), *Klimawandel in Deutschland*,
https://doi.org/10.1007/978-3-662-66696-8_9

Im Gegensatz zum mittleren Meeresspiegelanstieg, der als schleichende Folge des Klimawandels gesehen werden kann, stellen extreme Sturmflutwasserstände für die deutschen Küstenregionen an Nord- und Ostsee schon seit Beginn der Besiedlung eine beträchtliche Gefährdung dar. Sie werden durch eine Reihe verschiedener Faktoren beeinflusst, deren Bedeutung je nach Region variiert. Durch den Meeresspiegelanstieg und ein möglicherweise verändertes Windklima kann sich auch das Sturmflutgeschehen an den deutschen Küsten ändern. Bisher laufen Nordseesturmfluten vor allem durch den Meeresspiegelanstieg höher auf. Infolgedessen hat auch die Sturmfluthäufigkeit zugenommen. An der deutschen Ostseeküste lässt sich diese Entwicklung bisher nicht nachvollziehen. Es ist davon auszugehen, dass hohe Sturmfluten an den deutschen Küsten künftig mindestens um den Betrag des künftigen mittleren Meeresspiegelanstiegs höher auflaufen werden. Zudem können Sturmfluten häufiger auftreten, da unter ansonsten unveränderten Bedingungen weniger Wind notwendig ist, um Wasserstände auf heutiges Sturmflutniveau anzuheben.

9.1 Mittlerer Meeresspiegel

9.1.1 Globaler Meeresspiegelanstieg

Als eine Folge des Klimawandels steigt der globale mittlere Meeresspiegel *(global mean sea level)*, einerseits durch die thermische Ausdehnung der sich erwärmenden Ozeane, anderseits durch den Eintrag zusätzlichen Wassers von schmelzenden Landeismassen (Gletscher und Eisschilde in Grönland und der Antarktis). Während diese Prozesse den Meeresspiegel im globalen Mittel steigen lassen, ist die regionale Ausprägung dieses Anstiegs sehr unterschiedlich. Dabei spielen verschiedene klimatische Faktoren wie etwa Änderungen in der Ozeandynamik, im Salzgehalt oder im Windklima eine Rolle. Daneben liefern in einigen Regionen vertikale Landbewegungen wesentliche Beiträge. Diese können z. B. durch großräumige, weiterhin andauernde Ausgleichsprozesse der Erde auf eine durch Eisschilde verursachte Belastung während der letzten Eiszeit herbeigeführt werden (z. B. BIFROST 1996) oder infolge von Trinkwasserentnahmen auftreten. Letztere gehören neben dem anthropogenen Klimawandel zu den stärksten menschlichen Einflüssen auf den Anstieg des regionalen relativen Meeresspiegels (z. B. Pelling und Blackburn 2013).

Zur Erfassung von Meeresspiegeländerungen werden zwei wesentliche und grundsätzlich verschiedene Messmethoden eingesetzt, Pegel- und Satellitenmessungen. Pegelmessungen erfassen Änderungen des sogenannten relativen mittleren Meeressspiegels (RMSL) und stehen hauptsächlich küstennah und teilweise über mehr als 100 Jahre zur Verfügung. Satellitenmessungen stehen kontinuierlich seit etwa Anfang 1990 zur Verfügung und erfassen Änderungen des absoluten mittleren Meeresspiegels (AMSL) im Wesentlichen über den offenen Ozeanen. Änderungen des RMSL beziehen sich auf Änderungen in Bezug auf den Meeresboden, Änderungen des AMSL beziehen sich auf das Geoid (Bezugsfläche im Schwerefeld der Erde, die in guter Näherung durch den mittleren Meeresspiegel repräsentiert wird). Im Gegensatz zu Änderungen des AMSL schließen Änderungen des RMSL weitere Faktoren wie z. B. vertikale Landbewegungen ein.

Zeitreihen des globalen mittleren Meeresspiegels werden aus diesen Daten, je nach Veröffentlichung und Betrachtungszeitraum, unterschiedlich erzeugt und berechnet. Betrachtet man hier die letzten etwa 100 Jahre, ergeben sich Anstiegsraten von etwa 1 bis 2 mm/Jahr (z. B. Oppenheimer et al. 2019). Für die kürzeren Zeiträume seit etwa 1990, in denen auch Satellitenmessungen zur Verfügung stehen, werden deutlich höherer Anstiegsraten von ca. 3 bis 4 mm/Jahr ermittelt (z. B. Oppenheimer et al. 2019; Nerem et al. 2018).

Eine der erwarteten Auswirkungen des anthropogenen Klimawandels ist eine Beschleunigung des globalen Meeresspiegelanstiegs. Eine wesentliche Frage ist deshalb, inwieweit sich eine solche Beschleunigung bereits aus den Daten ablesen lässt. Die Mehrzahl von Studien geht derzeit davon aus, dass sich eine solche Beschleunigung bereits nachweisen lässt (z. B. Nerem et al. 2018). In anderen Studien wird die Frage z. B. unter Verweis auf Inhomogenitäten in den Daten zum Teil noch kontrovers diskutiert (z. B. Kleinherenbrink et al. 2019; Veng und Andersen 2020). Der Umfang des Konsenses ist unter anderem im IPCC-Sonderbericht über den Ozean und die Kryosphäre (Oppenheimer et al. 2019) und im jüngsten IPCC Sachstandsbericht (Fox-Kemper et al. 2021) dokumentiert.

Projektionen für den künftigen globalen Meeresspiegelanstieg sind im Verlauf der letzten Jahrzehnte relativ konstant geblieben, wobei die angegebenen Unsicherheitsbereiche allerdings erheblich geschwankt haben (Garner et al. 2018). So gab bereits der erste Sachstandsbericht des IPCC einen Meeresspiegelanstieg von etwa 31 bis 110 cm für den Zeitraum 1990 bis 2100 an (Warrick und Oerlemans 1990). Während die Zahlen der nachfolgenden Berichte je nach Annahmen zum Teil etwas darunter lagen, geht der 2019 erschienene IPCC-Sonderbericht über den Ozean und die Kryosphäre in einem sich wandelnden Klima bis 2100 wieder von einem etwas höheren Anstieg von etwa 43 bis 110 cm beginnend ab dem Zeitraum von 1986 bis 2005 aus (Oppenheimer et al. 2019). Die Anstiege im jüngsten Sachstandsbericht des IPCC liegen je nach Treibhausgasszenario bezogen auf den Zeitraum von 1995 bis 2014 zwischen 28 und 101 cm (Fox-Kemper et al. 2021). Gleichzeitig wird darauf hingewiesen, dass ein sehr hoher Anstieg von bis zu 2 m bis 2100 bei hohen Treibhausgasemissionen aufgrund sehr hoher Unsicherheiten bei der Abschätzung von Schmelzraten der großen Eisschilde in Grönland und der Antarktis nicht ausgeschlossen werden kann (IPCC 2021).

Auch nach 2100 wird der Meeresspiegel weiter ansteigen. Selbst bei sehr geringen Treibhausgasemissionen ist bis 2150 mit einem Anstieg von rund 40 bis 90 cm (37–86 cm, Fox-Kemper et al. 2021) zu rechnen. Bei weiterhin starkem Treibhausgasausstoß wird zum Ende des 21. Jahrhunderts mit einer deutlichen Beschleunigung des Meeresspiegelanstiegs gerechnet (z. B. Oppenheimer et al. 2019; Fox-Kemper et al. 2021). Diese kann sich im 22. Jahrhundert noch verstärken. Diese Entwicklung ist insbesondere im Hinblick auf Anpassungsmaßnahmen relevant, deren Umsetzung nur über einen langen Zeithorizont erfolgen kann. Hierzu zählen u. a. viele Küstenschutzmaßnahmen.

9.1.2 Meeresspiegelanstieg in der Nordsee

- **Jüngere Vergangenheit**

Für die Nordsee existiert eine Vielzahl von Studien, die vergangene Änderungen des Meeresspiegels für unterschiedliche Regionen mit unterschiedlichen Methoden und Datensätzen untersuchen. Für den Küstenschutz sind dabei vor allem relative Veränderungen wichtig, d. h. Veränderungen, die sich durch Überlagerung des absoluten Meeresspiegelanstiegs und lokaler Landhebung oder -senkung ergeben. Aufgrund der Verschiedenheit der vorliegenden Arbeiten sind ihre Ergebnisse zum Teil nur schwer vergleichbar. Beispielsweise untersuchten Woodworth et al. (2009) absolute Meeresspiegeländerungen für England, Haigh et al. (2009) Pegeldaten für den englischen Kanal, Wahl et al. (2010) und Albrecht et al. (2011) Pegeldaten und relative Änderungen für die Deutsche Bucht und Madsen (2009, 2019) Satellitendaten und Änderungen an der dänischen Küste. Eine umfassende Analyse, basierend auf einem einheitlichen Datenmaterial und einheitlicher Methodik, wurde von Wahl et al. (2013) vorgestellt. Die Autoren analysierten dabei die Meeresspiegeländerungen in der Nordsee seit 1800 anhand eines homogenisierten Pegeldatensatzes, der Pegel aus allen Nordseeanrainerstaaten berücksichtigte. Basierend auf ihren Auswertungen ermittelten Wahl et al. (2013) einen mittleren Trend von 1,6 mm/Jahr für die gesamte Nordsee bezogen auf den Zeitraum von 1900 bis 2011. Dies entspricht in etwa dem Anstieg des globalen Mittelwerts über einen annähernd gleichen Zeitraum (1,7 mm/Jahr für die Zeitspanne 1901–2010; Church et al. 2013). Für die deutsche Nordseeküste wurden für denselben Zeitraum Anstiegsraten zwi-

schen 1,6 und 1,8 mm/Jahr gefunden, mit höheren Werten entlang der schleswig-holsteinischen und geringeren Werten entlang der niedercsächsischen Küste (Wahl et al. 2010; Albrecht et al. 2011). Innerhalb des untersuchten Zeitraums wurden mehrere Perioden mit beschleunigtem Meeresspiegelanstieg identifiziert, die zum Teil mit entsprechenden Schwankungen im großräumigen Luftdruckfeld verbunden waren. Dabei waren in jüngerer Vergangenheit relativ hohe Anstiegsraten zu finden, die jedoch mit denen früherer Perioden (z. B. zu Beginn des 20. Jahrhunderts) vergleichbar sind (Albrecht et al. 2011; Wahl et al. 2013).

Jeweils aktuelle Zahlen und Einschätzungen sind seit Anfang 2021 im Meeresspiegelmonitor (2022) abrufbar, der auf historischen (z. B. Wahl et al. 2013) und aktuellen Pegelmessungen (Pegelonline 2022) beruht. Demnach ist der mittlere Meeresspiegel am Pegel Cuxhaven in den letzten 100 Jahren (1921–2020) um etwa 18 cm gestiegen, was einer Rate von 1,8 mm/Jahr und damit in etwa dem über den gleichen Zeitraum beobachteten Anstieg des globalen mittleren Meeresspiegels entspricht (🖸 Abb. 9.1). Während für den globalen mittleren Meeresspiegelanstieg durch den Vergleich von z. B. 10-, 20-, 40-, 50- und 100-jährigen gleitenden Trends eine (wenn zum Teil auch noch kontrovers diskutierte, z. B. Kleinherenbrink et al. 2019; Veng und Andersen 2020) Beschleunigung erkennbar ist (🖸 Abb. 9.2a), liegen die gegenwärtigen Anstiegsraten z. B. am Pegel Cuxhaven in den jüngsten beobachteten 10-, 20-, 40- und 50- jährigen Trends zwar über dem Median der Vergangenheit, aber noch innerhalb der beobachteten Schwankungsbreite der letzten ca. 140 Jahre (🖸 Abb. 9.2b). Ähnliche Ergebnisse ergeben sich für weitere Pegel an der deutschen Nordseeküste (Meeresspiegelmonitor 2022). Ein beschleunigter Anstieg des Meeresspiegels ist an den Nordseepegeln

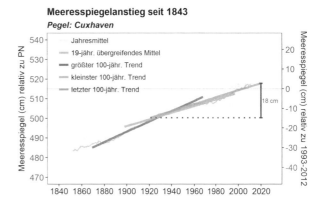

🖸 **Abb. 9.1**   Beobachteter Meeresspiegelanstieg am Pegel Cuxhaven seit 1843. Die Angaben sind einmal auf das Pegelnull (PN, linke vertikale Achse) und einmal auf den Mittelwert der Periode 1993–2012 (rechte vertikale Achse) bezogen. Der Referenzzeitraum 1993–2021 ist durch einen grauen vertikalen Balken hinterlegt. (Quelle: ▶ www. meeresspiegel-monitor.de)

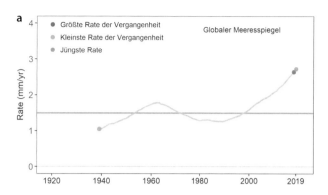
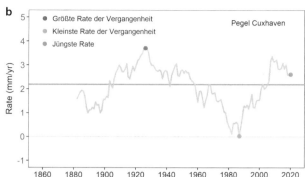

□ Abb. 9.2 Raten des Meeresspiegelanstiegs in mm/Jahr (mm/yr) über jeweils 40 Jahre für **a** den globalen Meeresspiegel und **b** den Pegel Cuxhaven. Dargestellt sind die Trends der jeweils vorausgegangenen 40 Jahre. So zeigt z. B. der Wert in 2010 den Trend des Zeitraums 1971–2010, der in 2011 den des Zeitraums 1972–2011 usw. Der Median aller Trends ist in Orange, der Bereich, in den 90 % aller beobachteten Trends fallen, in Gelb dargestellt. (Quelle: ▶ www.meeresspiegel-monitor.de)

im Gegensatz zum globalen mittleren Meeresspiegelanstieg damit zurzeit nicht erkennbar. Für die Pegel an der niederländischen Küste kamen van den Hurk und Geertsema (2020) zu einem ähnlichen Ergebnis.

■ **Projektionen für die Zukunft**

In Bezug auf mögliche zukünftige Änderungen des mittleren Meeresspiegels existiert eine Reihe von Projektionen für verschiedene Nordseeregionen, etwa Katsman et al. (2011) für die niederländische, Lowe et al. (2009) für die englische und Simpson et al. (2012) sowie Nilsen et al. (2012) für die norwegische Küste. Anhand eines Ensembles von Klimamodellrechnungen (Teilmenge des CMIP3-Ensembles) für drei unterschiedliche Emissionsszenarien (SRES A1B, A2, B1) analysierten Slangen et al. (2012) mögliche zukünftige relative Meeresspiegeländerungen. Demnach können zukünftige relative Anstiegsraten in der Nordsee zum Teil, hauptsächlich infolge der postglazialen (nacheiszeitlichen) Landsenkung (Wanninger et al. 2009; Wahl et al. 2013), höher als der globale Meeresspiegelanstieg ausfallen. Eine entscheidende Frage bei der Abschätzung des relativen Meeresspiegelanstiegs ist die Frage, inwieweit Wattflächen mit dem Anstieg mitwachsen können. Hofstede et al. (2019) gehen davon aus, dass die Wattflächen auch bei stärkeren Anstiegsraten des Meeresspiegels noch effektive Sedimentsenken darstellen und die Wattflächen mitwachsen können. Dieses ändert sich, wenn die Geschwindigkeit des Meeresspiegelanstiegs einen kritischen Wert überschreitet. Letzterer ist nicht genau bekannt und abhängig von der Höhe des mittleren Tidenhubs (Hofstede et al. 2019).

In Bezug auf zukünftige Änderungen des absoluten Meeresspiegels gelangen das Deutsche Klima-Konsortium e. V. (DKK) und das Konsortium Deutsche Meeresforschung e. V. (KDM) in einer 2019 gemeinsam herausgegebenen Broschüre zu der Einschätzung, dass sich die Projektionen des absoluten Meeresspiegel-anstiegs in der Nordsee zum Ende des 21. Jahrhunderts nur unwesentlich vom globalen Mittel unterscheiden und dass je nach zugrundeliegendem Emissionsszenario mit Anstiegen im Bereich von 30 bis 110 cm zum Ende des Jahrhunderts zu rechnen ist (DKK und KDM 2019). Die 2021 vom IPCC veröffentlichten regionalen Projektionen des künftig möglichen Meeresspiegelanstiegs in Cuxhaven lassen bis 2050 im Vergleich zu „heute" (1995 bis 2014) je nach Treibhausgasemissionen einen Meeresspiegelanstieg von 13 bis 42 cm plausibel erscheinen. Bis 2100 kann der Meeresspiegel hier 26 bis 116 cm ansteigen. Sollten sich die Schmelzprozesse der großen Eisschilde in Grönland und der Antarktis stärker als derzeit erwartet beschleunigen ist bis 2100 ein Anstieg bis 139 cm möglich (Garner et al. 2021).

9.1.3 Meeresspiegelanstieg in der Ostsee

■ **Jüngere Vergangenheit**

Wie für die Nordsee sind auch für die Ostsee im Hinblick auf den Küstenschutz vor allem relative Meeresspiegeländerungen von Bedeutung. Im Vergleich zur Nordsee spielen kontinentale Bewegungskomponenten eine noch größere Rolle. So übertrifft die kontinuierliche Hebung der Landmassen seit der letzten Eiszeit (isostatischer Ausgleich) im gesamten nördlichen Teil der Ostsee den klimatisch bedingten Anstieg des absoluten Meeresspiegels. Dies führt z. B. dazu, dass der relative Meeresspiegel im Finnischen Meerbusen um derzeit etwa 8 mm/Jahr sinkt (z. B. Liebsch 1997; Hünicke et al. 2015). Im südlichen Teil der Ostsee und somit auch an der deutschen Ostseeküste senken sich hingegen die Landmassen seit der letzten Eiszeit. Hierdurch und infolge des globalen Meeresspiegelanstiegs steigt der Meeresspiegel in der südlichen Ostsee relativ zum Land an (z. B. Lampe und Meyer 2003; Richter et al. 2012; Groh et al. 2017;

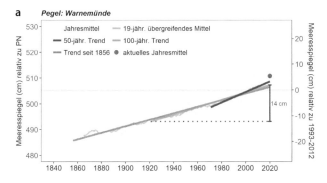
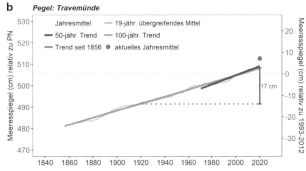

◘ Abb. 9.3 Beobachteter Meeresspiegelanstieg am Pegel **a** Warnemünde und **b** Travemünde seit 1856. Die Angaben sind einmal auf das Pegelnull (PN, linke vertikale Achse) und einmal auf den Mittelwert der Periode 1993–2012 (rechte vertikale Achse) bezogen. Der Referenzzeitraum 1993–2021 ist durch einen grauen vertikalen Balken hinterlegt. (Quelle: ▶ www.meeresspiegel-monitor.de)

Kelln 2019). Je nach betrachtetem Zeitraum und Pegel variieren die Anstiegsraten im letzten Jahrhundert zwischen etwa 1 bis 2 mm/Jahr (z. B. Weisse et. al. 2021; Mudersbach und Jensen 2008; Richter et al. 2012; Meinke 1999).

Aktuelle Auswertungen des Meeresspiegelmonitors (▶ www.meeresspiegel-monitor.de) zeigen für die letzten 100 Jahre (1921–2020) Anstiegsraten zwischen 1,4 mm/Jahr in Warnemünde und 1,7 mm/Jahr in Travemünde (◘ Abb. 9.3). Werden den Auswertungen kürzere Zeiträume zugrunde gelegt, etwa 50 Jahre, sind die aktuellen Raten des Meeresspiegelanstiegs in der südwestlichen Ostsee höher, mit Werten zwischen 2 mm/Jahr in Warnemünde und 2,2 mm/Jahr in Travemünde (◘ Abb. 9.3, 50-jähriger Trend, dunkelblau).

Dies ist konsistent mit vorherigen Auswertungen einzelner Pegel, bei denen Anstiegsraten für kürzere Zeiträume von bis zu 3 bis 4 mm/Jahr beobachtet wurden (z. B. Kelln 2019). Modellstudien legen nahe, dass Unterschiede in den Anstiegsraten zum Teil auf Änderungen und Schwankungen in atmosphärischen Zirkulationsmustern zurückzuführen sind (z. B. Lehmann et al. 2011; Gräwe et al. 2019; Männikus et al. 2020).

Anstiegsraten des absoluten mittleren Meeresspiegels in der Ostsee wurden von Stramska und Chudziak (2013) und von Madsen et al. (2019) basierend auf Satellitendaten ermittelt. Für den Zeitraum 1992–2012 (bzw. 1993–2015/2017 in Madsen et al. 2019) kommen die Arbeiten auf eine Rate von 3,3 mm/Jahr, die in etwa konsistent mit dem Anstieg des globalen Meeresspiegels über den gleichen Zeitraum ist. Auch Auswertungen des relativen Meeresspiegelanstiegs zeigen von Anfang der 1990er-Jahre bis 2010 an verschiedenen Ostseepegeln (z. B. Flensburg, Travemünde und Warnemünde) sehr hohe gemessene Anstiegsraten. Das fortlaufende Monitoring des Meeresspiegels in der südwestlichen Ostsee zeigt allerdings, dass sich die Anstiegsraten in den nach-

folgenden überlappenden 20-jährigen Zeitfenstern bis heute wieder verringern (Meeresspiegelmonitor 2022).

Aussagen in Bezug auf Beschleunigungen des Meeresspiegelanstiegs in der Ostsee hängen stark vom betrachteten Ort, Zeitraum und Bezug (relativer oder absoluter Meeresspiegel) ab. Basierend auf der Analyse von Pegeldaten des Zeitraums 1900 bis 2012 fanden Hünicke und Zorita (2016) zwar positive Beschleunigungen; die Trends waren jedoch aufgrund der hohen Variabilität an den einzelnen Pegeln statistisch nicht signifikant. Dies ist konsistent mit den Auswertungen von Richter et al. (2012), die für größere Zeitfenster von 60 oder 80 Jahren eine langsame Beschleunigung des relativen Meeresspiegelanstiegs in Warnemünde erkennen lassen, wobei dieser Trend statistisch jedoch ebenfalls nicht signifikant ist.

Ähnliche Ergebnisse zeigen auch die aktuellen Auswertungen des Meeresspiegelmonitors (2022): Legt man den Auswertungen 100-jährige überlappende Perioden zugrunde, zeigt sich, dass die Anstiegsraten der 100-jährigen überlappenden Meeresspiegeltrends in Warnemünde und Travemünde ab etwa zwei Jahrzehnten zunehmen (◘ Abb. 9.4, kleinster 100-jähriger Trend 1898 bis 1997: grüner Punkt). In Warnemünde haben die 100-jährigen Anstiegsraten bereits zuvor unter Schwankungen leicht zugenommen. In Travemünde zeigen die Auswertungen jedoch, dass frühere 100-jährige Perioden noch höhere Anstiegsraten als die aktuelle aufweisen. So ist die größte Anstiegsrate innerhalb eines 100-jährigen Zeitraums in Travemünde bisher in der Periode 1872 bis 1971 aufgetreten (◘ Abb. 9.4, roter Punkt). Die Anstiegsrate der letzten 100 Jahre (1921–2020) ist mit 1,7 mm/Jahr zwar hoch und liegt über dem Median vergangener Anstiegsraten. Dennoch liegt die aktuelle Rate derzeit innerhalb des typischen Schwankungsbereichs vergangener Trends in Travemünde (◘ Abb. 9.4b, gelbe Fläche). Auch die Analyse kürzerer (10-, 20- 40- und 50-jähriger) Perioden lässt derzeit keine systemati-

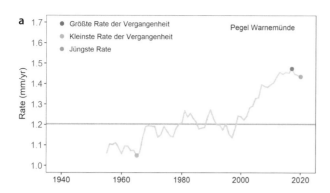
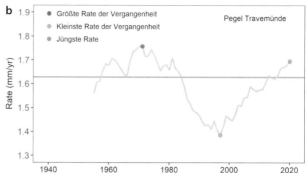

◻ Abb. 9.4   Raten des Meeresspiegelanstiegs über jeweils 100 Jahre für die Pegel **a** Warnemünde und **b** Travemünde. Dargestellt sind jeweils die Trends der jeweils vorausgegangenen 100 Jahre. So zeigt z. B. der Wert in 2010 den Trend des Zeitraums 1911–2010. Der Median aller Trends ist in Orange, der Bereich, in den 90 % aller beobachteten Trends fallen, in Gelb dargestellt. Die grünen Punkte markieren die kleinsten 100-jährigen Trends (Warnemünde 1866–1965, Travemünde 1898–1997), die roten Punkte die jeweils größten (Warnemünde 1919–2018, Travemünde 1872–1971). (Quelle: ▶ www.meeresspiegel-monitor.de)

9

sche Beschleunigung des Meeresspiegelanstiegs an den untersuchten Pegeln der deutschen Ostseeküste erkennen. Vor dem Hintergrund des möglicherweise beschleunigten globalen mittleren Meeresspiegelanstiegs erscheint jedoch ein fortlaufendes Monitoring des Meeresspiegelanstiegs an der deutschen Ostseeküste notwendig.

■ **Projektionen für die Zukunft**

Es ist davon auszugehen, dass der Meeresspiegelanstieg sich auch künftig weltweit nicht gleichmäßig vollziehen wird, sondern in räumlich sehr heterogenen Mustern. In der Ostsee erfolgt zudem auch künftig die Überlagerung durch glazial-isostatische Ausgleichsbewegungen der Erdkruste sowie die regionalspezifische Beeinflussung des Meeresspiegels durch verschiedene Faktoren, insbesondere durch atmosphärische Komponenten. Verschiedenen Studien zufolge ist jedoch zu erwarten, dass der globale mittlere Meeresspiegelanstieg auch künftig den stärksten Einfluss auf den Meeresspiegelanstieg in der Ostsee haben wird (Grinsted, 2015; Hieronymus und Kalén 2020, Weisse et al. 2021). Durch Skalierung globaler Projektionen kommen Pellikka et al. (2020) zu dem Ergebnis, dass die absolute Meeresspiegeländerung zum Ende des 21. Jahrhunderts am schwedischen Pegel Forsmark etwa 87 % des globalen Anstiegs betragen wird. Die 2021 vom IPCC veröffentlichten regionalen Projektionen des künftig möglichen Meeresspiegelanstiegs in Travemünde lassen bis 2050 im Vergleich zu „heute" (1995 bis 2014) je nach Treibhausgasemissionen einen Meeresspiegelanstieg von 11 bis 45 cm plausibel erscheinen. Bis 2100 kann der Meeresspiegel hier 22 bis 116 cm ansteigen. Sollten sich die Schmelzprozesse der großen Eisschilde in Grönland und der Antarktis stärker als derzeit erwartet beschleunigen, ist bis 2100 ein Anstieg bis 139 cm möglich (Garner et al. 2021).

9.2   Sturmfluten

9.2.1   Ursachen und Wechselwirkungen mit dem mittleren Meeresspiegelanstieg

Sturmfluten und die damit verbundenen extremen Wasserstände sind ein globales Phänomen (z. B. Weisse und Storch 2009). Sie treten vorwiegend an flachen Küstenabschnitten mit weitem Kontinentalschelf auf, die zumindest saisonal von Stürmen beeinflusst werden. Für die deutschen Nord- und Ostseeküsten stellen Sturmfluten und deren mögliche Veränderungen im Zuge des Klimawandels ein wesentliches Problem dar.

Hauptverantwortlich für die Entstehung von Sturmfluten sind länger anhaltende auflandige Starkwinde und Stürme, die das Wasser an der Küste aufstauen (Windstau). Je nach Küstenabschnitt ist die Richtung, aus der die Starkwinde dazu kommen müssen, unterschiedlich. Neben dem Windstau verursacht der Wind noch eine weitere Bewegung an der Wasseroberfläche in der Form von Wellen (Seegang). Seegang tritt zusätzlich zum Windstau auf und erhöht damit, insbesondere im Sturmflutfall, die Belastung von Küstenschutzbauwerken und den Wasserstand an der Küste.

Im Zusammenwirken mit dem Wind tragen weitere Faktoren zu hohen Wasserständen an der Küste bei. Für die Nordsee sind dabei insbesondere das Zusammentreffen von hohen Windstauereignissen mit hohen Gezeitenwasserständen und/oder sogenannten Fernwellen zu erwähnen, die von außen in die Nordsee eindringen und den Wasserstand kurzfristig stark erhöhen können (z. B. Rossiter 1958). Für die Ostsee spielt die sogenannte Vorfüllung eine Rolle, bei der langanhaltende Westwinde das Volumen des Wassers in der Ostsee erhöhen, indem zusätzliches Wasser durch Skagerrak und Kattegat in die Ostsee gelangt

(z. B. Weisse et al. 2021). Dadurch entstehen im Mittel um bis zu einige Dezimeter höhere Wasserstände, wodurch Sturmfluten bereits ein höheres Ausgangsniveau vorfinden können (z. B. Weisse und Weidemann 2017; Meinke 1998). Für manche Bereiche spielen Eigenschwingungen in der Form von Seiches eine Rolle, die ebenso zu extremen Wasserständen führen können (z. B. Weisse et al. 2021; Meinke 1998).

Alle Faktoren können über die Zeit schwanken oder sich langfristig und systematisch verändern. Weiterhin können die durch sie verursachten Wasserstandsschwankungen wechselwirken und sich gegenseitig beeinflussen (z. B. Horsburgh und Wilson 2007). Der langfristige Anstieg des mittleren Meeresspiegels trägt dazu bei, dass sich die Wasserstände im Mittel erhöhen und sich die Beiträge und Wechselwirkungen der einzelnen Komponenten verändern können. So werden z. B. zukünftige Sturmfluten allein aufgrund des mittleren Meeresspiegelanstiegs höher auflaufen. Dabei muss ein Anstieg des mittleren Meeresspiegels nicht notwendigerweise mit einer gleich großen Erhöhung der Sturmflutwasserstände einhergehen, sondern kann aufgrund nichtlinearer Rückkopplungen zum Teil deutlich höher ausfallen (Arns et al. 2015).

9.2.2 Veränderungen und Variabilität in der Nordsee

▪ Windstau und Seegang

Vergangene Änderungen im Windstau- und Seegangklima der Nordsee sind sowohl anhand von Beobachtungen als auch mit Modellen und statistischen Methoden untersucht worden. Basierend auf einer Idee von de Ronde bereinigten von Storch und Reichardt (1997) die Wasserstandszeitreihe von Cuxhaven um ihre jährlichen Mittelwerte und verwendeten das Ergebnis als *proxy* für den Windstauanteil. Bezogen auf den Gesamtzeitraum von 1876 bis 1993 fanden sie dabei keine systematischen Veränderungen im Windstau, jedoch ausgeprägte annuale und dekadische Schwankungen, die konsistent mit den Schwankungen der Sturmaktivität in der Region sind (z. B. Krüger et al. 2013; Dangendorf et al. 2014; Krüger et al. 2019; Krieger et al. 2020). Updates der Analysen für die Zeiträume von 1843 bis 2006 (Weisse et al. 2012) und von 1843 bis 2012 (Emeis et al. 2015) bestätigen diese Ergebnisse. Eine aktuelle Bewertung der langfristigen Veränderung des Sturm- und Sturmflutklimas in der Deutschen Bucht ermöglichen zwei in 2018 bzw. 2020 entwickelte Webtools, in denen tagesaktuell die laufende Sturm[1]- bzw.

Sturmflutaktivität[2] analysiert und in Bezug zu historischen Veränderungen eingeschätzt werden kann.

Neben der Auswertung von Beobachtungsdaten stellen Studien mit hydrodynamischen Modellen einen zusätzlichen Ansatz dar, langfristige Variabilität und Veränderungen abschätzen zu können. Die Modelle werden dabei durch reanalysierte Wind- und Luftdruckfelder angetrieben. Typischerweise kann mit solchen Simulationen das Windstauklima für die letzten etwa 60 Jahre rekonstruiert werden. Da in diesen Rechnungen andere Einflüsse, wie z. B. der Meeresspiegelanstieg oder Veränderungen durch wasserbauliche Maßnahmen, explizit nicht berücksichtigt werden, ergibt sich damit eine Abschätzung langfristiger Änderungen im Windstauklima. Die Ergebnisse solcher Modellstudien (z. B. Langenberg et al. 1999; Weisse und Plüß 2006) stimmen mit den oben beschriebenen beobachteten Veränderungen im Stauklima tendenziell dahingehend überein, dass das Stauklima ausgeprägte Schwankungen, jedoch keinen substanziellen Langzeittrend im Zeitbereich von Jahren und Dekaden aufweist. Ähnliche Ergebnisse ergeben sich aus Analysen beobachteter und modellierter Veränderungen des Seegangklimas (z. B. WASA 1998; Günther et al. 1998; Vikebø et al. 2003; Weisse und Günther 2007; Groll und Weisse 2017). Obwohl sich die Windstauanteile in den letzten Jahrzehnten nicht systematisch verändert haben, laufen Sturmfluten aufgrund des gestiegenen Meeresspiegels heute dennoch höher und öfter auf als noch vor 100 Jahren (z. B. Weisse 2018; Liu et al. 2022).

Zukünftige Änderungen im Windstau- und Seegangklima hängen von entsprechenden Änderungen in den atmosphärischen Windfeldern ab, die sehr unsicher sind (z. B. Christensen et al. 2007; Ulbrich et al., 2009). Diese Unsicherheit pflanzt sich in den entsprechenden Studien zu Änderungen im Windstau- und Seegangklima fort. Die Mehrheit der Studien zeigt dabei keine (z. B. Sterl et al. 2009) oder nur geringe Änderungen im Windstau- (z. B. Langenberg et al. 1999; Kauker und Langenberg 2000; Woth 2005; Woth et al. 2006; Debernhard und Roed 2008; Gaslikova et al. 2013) und Seegangklima (z. B. Grabemann und Weisse 2008; Debernhard und Roed 2008; Groll et al. 2014; Grabemann et al. 2015). Für den Windstau werden die größten möglichen zukünftigen Änderungen größtenteils für den Bereich der Deutschen Bucht gefunden (z. B. Woth 2005; Gaslikova et al. 2013). Jedoch sind nicht alle Änderungen in allen Studien detektierbar, was bedeutet, dass sie zum Teil innerhalb der beobachteten Schwankungsbreite liegen. Abweichend davon kommen einige Studien zu deutlich größeren Änderungen. So beschreiben beispielsweise

---

1   Hereon-Sturmmonitor ▶ https://sturm-monitor.de

2   ▶ https://sturmflut-monitor.de

Lowe und Gregory (2005) einen Anstieg der 50-jähri- gen Wiederkehrwerte des Windstaus um bis zu 50 bis 70 cm zum Ende des 21. Jahrhunderts als Folge des anthropogenen Klimawandels. Zu einem ähnlichen Schluss kommen Lang und Mikolajewicz (2020) an- hand der Auswertung entsprechender Daten aus einem großen Ensemble gekoppelter Klimasimulationen. Die Autoren betonen, dass dieser Anstieg ausschließ- lich auf eine Veränderung der Sturmstatistik zurück- zuführen und unabhängig vom Anstieg des mittle- ren Meeresspiegels ist. Eine mögliche Einschränkung besteht nach Lang und Mikolajewicz (2020) im ver- wendeten Modellsystem, das im Vergleich mit ande- ren durch eine erhöhte Sensitivität im Bereich extremer Windgeschwindigkeiten gekennzeichnet war (De Win- ter et al. 2013).

Unsicherheiten in Bezug auf die zukünftige Ent- wicklung im Wind- und Sturmklima spiegeln sich in Aussagen zu zukünftigen Änderungen im Wind- stau- und Seegangklima wider. Solche Unsicherheiten entstehen zum einen infolge der Spannbreite mög- licher gesellschaftlicher Entwicklungen (verschiedene Emissionsszenarien), zum anderen liefern Klima- modelle, die mit demselben Szenario angetrieben wer- den, ebenfalls eine Bandbreite an möglichen Änderun- gen. Letzteres reflektiert u. a. unser unvollständiges Wissen über die relevanten Prozesse im Klimasystem. Die Bandbreite an Ergebnissen eines Modells unter Verwendung eines Emissionsszenarios, jedoch mit ver- schiedenen leicht geänderten Anfangsbedingungen, lässt Rückschlüsse auf die interne Variabilität des Klimasystems zu. Ein Beispiel hierfür liefern Sterl et al. (2009), die mit einem globalen Klimamodell unter Ver- wendung des A1B-SRES-Szenarios 17-mal den Zeit- raum von 1950 bis 2100 simulierten. Die Windfelder dieser Rechnungen wurden anschließend mit Hilfe eines statistischen *downscaling* (▶ Kap. 4) verwendet, um Bandbreiten möglicher Änderungen im Windstau- klima an der deutschen Nordseeküste abzuschätzen (Weisse et al. 2012). Die Ergebnisse zeigen, dass sich das Windstauklima der einzelnen Realisationen zum Ende des 21. Jahrhunderts zum Teil beträchtlich unter- scheidet und dass die interne Klimavariabilität bei der Interpretation von Ergebnissen anhand einzelner Simu- lationen oder eines begrenzten Ensembles entsprechend berücksichtigt werden muss.

Wechselwirkungen zwischen Windstau und Meeres- spiegeländerungen oder Seegang und Sturmflutwasser- ständen (z. B. Melet et al. 2018) können ebenfalls zu Änderungen im Sturmflutklima führen. Statistische Analysen globaler Pegeldatensätze zeigen eine Zu- nahme von Sturmfluthöhen, die primär durch einen Anstieg des Meeresspiegels verursacht wurden (Me- néndez und Woodworth 2010). Auch in der Deut- schen Bucht lässt sich diese Tendenz bisher beobachten (Weisse 2011, 2018). Zukünftig kann der Anstieg von

Sturmfluthöhen, insbesondere in Flachwassergebieten, aufgrund von Wechselwirkungen allerdings stärker als der zugrundeliegende Meeresspiegelanstieg ausfallen (z. B. Arns et al. 2015). Wechselwirkungen und Ände- rungen im Gezeitenregime können diese Effekte ver- stärken, wobei die Größenordnungen derzeit kontro- vers diskutiert werden.

- **Gezeiten**

An der Nordseeküste stellen die durch die Gezeiten verursachten Wasserstandsschwankungen einen wesentlichen Beitrag zur Variabilität der Gesamt- wasserstände dar. Obwohl primär durch astronomi- sche Einflüsse verursacht, können sich Tidewasser- stände aufgrund nichtastronomischer Faktoren ver- ändern (z. B. Haigh et al. 2020). Diese können sowohl auf großräumige Entwicklungen (z. B. als Folge des Meeresspiegelanstiegs oder von Veränderungen von Zirkulationsmustern) als auch auf kleinräumige Ef- fekte (z. B. durch natürliche morphologische Prozesse oder durch Umsetzung wasserbaulicher Maßnahmen) zurückzuführen sein (Jensen et al. 2021; Haigh et al. 2020). Für die Nordsee existiert eine Reihe von Arbei- ten, die sich mit Änderungen im Gezeitenregime und der Tidedynamik beschäftigen. Mudersbach et al. (2013) analysierten langfristige Änderungen in Extrem- wasserständen in Cuxhaven und fanden, dass ein Teil des Anstiegs auf Änderungen im Tidenhub zurückzu- führen ist. Ähnliche Ergebnisse werden von Jensen und Mudersbach (2004) und von Ebener et al. (2021) für eine Reihe von Pegeln in der Deutschen Bucht sowie von Hollebrandse (2005) für die niederländische Küste beschrieben. Mit Hilfe der Analyse eines globalen Datensatzes kommt Woodworth (2010) zu ähnlichen Ergebnissen für die Nordsee. Anhand seiner Analyse ist ferner erkennbar, dass die größten Änderungen haupt- sächlich im Bereich der Deutschen Bucht zu finden sind.

Obwohl solche Änderungen in den Beobachtungs- daten sichtbar sind, sind die Ursachen dafür bisher nur unzureichend bekannt und erforscht. Eine Reihe von Autoren diskutiert Änderungen im mittleren Meeres- spiegel als potenzielle Ursache (z. B. Mudersbach et al. 2013). Es wurde deshalb versucht, die Änderungen in der Tidedynamik infolge eines Meeresspiegelanstiegs mit hydrodynamischen Modellen zu untersuchen (z. B. Kauker 1999; Plüß 2006; Pickering et al. 2011; Yi und Weisse 2021). Die von den Modellen simulierten Än- derungen sind jedoch generell zu klein, um die be- obachteten Änderungen in der Tidedynamik durch den beobachteten Meeresspiegelanstieg vollständig zu er- klären. Als weitere mögliche Ursachen werden deshalb u. a. der Einfluss wasserbaulicher Maßnahmen (z. B. Hollebrandse 2005; Jensen et al. 2021; Yi und Weisse 2021), morphologische Änderungen (Hubert et al. 2021; Yi und Weisse 2021) sowie Änderungen im atlantischen Gezeitenregime (z. B. Woodworth et al. 1991; Yi und Weisse 2021) diskutiert. Nach gegenwärtigem Kenntnisstand wird davon ausgegangen, dass jährliche und dekadische Schwankungen im Windklima und der großräumigen atmosphärischen Zirkulation einen wesentlichen Teil der beobachteten jährlichen und dekadischen Variabilität insbesondere im mittleren Hochwasser erklären können (Yi und Weisse 2021). Langfristige Veränderungen im Tidenhub können durch ein Zusammenspiel von steigendem Meeresspiegel, von morphologischen Änderungen und Veränderungen von Küstenlinien durch Baumaßnahmen verursacht werden, wobei insbesondere die beiden letzten Faktoren in der Lage zu sein scheinen, den Tidenhub wesentlich zu beeinflussen (Hubert et al. 2021; Yi und Weisse 2021).

Langfristige periodische Änderungen im mittleren Tidenhub können weiterhin durch den sogenannten Nodaltidezyklus (astronomische Tide; z. B. Pugh und Woodworth 2014) mit einer Periode von etwa 18,6 Jahren verursacht werden. In der Deutschen Bucht haben solche Änderungen eine Größenordnung von etwa 1 bis 2 % des mittleren Tidenhubs (Hollebrandse 2005).

9.2.3 Veränderungen und Variabilität in der Ostsee

Die Ostseesturmflut vom 12./13. November 1872 gilt als eine der bisher schwersten Naturkatastrophen an der westlichen Ostseeküste. Mindestens 270 Menschen starben, mehrere Tausend Bewohner wurden obdachlos. Nachfolgend werden wissenschaftliche Erkenntnisse zur bisherigen und zukünftigen Entwicklung von Häufigkeit, Höhe und Verweilzeit von Sturmfluten an der deutschen Ostseeküste dokumentiert.

- **Sturmfluthäufigkeit**

In der südwestlichen Ostsee ist das bisherige Sturmflutklima anhand von Wasserstandsmessungen und mit Modellen untersucht worden (z. B. Baerens 1998; Hupfer et al. 2003; Meinke 1998, Weidemann 2014). Basierend auf der Idee von de Ronde bereinigte Meinke (1998) die Wasserstandszeitreihe von Warnemünde um ihre jährlichen Mittelwerte und verwendete die Residuen als *proxy* für den meteorologisch bedingten Anteil von Sturmfluten. Bezogen auf den Untersuchungszeitraum 1883 bis 1997 lässt sich eine Zunahme der Sturmfluthäufigkeit erkennen. Die Häufigkeitszunahme der Sturmfluten dieses Untersuchungszeitraums ist jedoch statistisch nicht signifikant.

Einen alternativen Ansatz, Änderungen im Sturmflutklima der Ostsee zu analysieren, verfolgte Weidemann (2014) unter Verwendung numerischer Modelle. Da die Modellläufe ausschließlich mit beobachteten Wind- und Luftdruckfeldern angetrieben werden,

bleiben andere Einflüsse unberücksichtigt, z. B. der Meeresspiegelanstieg oder Veränderungen durch wasserbauliche Maßnahmen. Somit ist davon auszugehen, dass langfristige Änderungen der Wasserstände in den Modellläufen meteorologischen Ursachen zuzuordnen sind. Nach diesem Ansatz rekonstruierte Weidemann (2014) die Wasserstände der Ostsee von 1948 bis 2011. Die Auswertungen der Modellläufe zeigen eine leichte Zunahme der Sturmfluthäufigkeit in der südwestlichen Ostsee, beispielhaft in Flensburg, Wismar und Greifswald. Während die Häufigkeit der Ereignisse in den 1950er- und 1960er-Jahren unter dem langjährigen Durchschnitt liegt, weist insbesondere der Zeitraum von 1980 bis 1995 auf erhöhte Sturmfluthäufigkeit hin. Ab etwa 1996 ist im langjährigen Mittel wiederum eine Abnahme der Sturmfluthäufigkeit zu beobachten. Weidemann (2014) untersuchte weiterhin die Beiträge von Eigenschwingungen und Füllungsgrad der Ostsee (Vorfüllung) zu den Sturmflutwasserständen. Er zeigte, dass beide Faktoren einen wesentlichen Einfluss auf die Sturmflutwasserstände haben können. Sturmfluten mit und ohne Beiträge von Vorfüllung traten demnach in den letzten Dekaden zu ungefähr gleichen Anteilen auf. Bei etwa einem Drittel der Fälle wurden Beiträge von Eigenschwingungen von mehr als 10 cm zum Höchstwasserstand nachgewiesen. Zeitreihenanalysen zeigen außerdem, dass die erhöhten Sturmfluthäufigkeiten in der südwestlichen Ostsee mit einer erhöhten Häufigkeit von Eigenschwingungen in der Ostsee zusammenfallen (Weidemann 2014). Diese Ergebnisse sind konsistent mit den Ergebnissen von Meinke (1998), bei denen gezeigt wird, dass die gestiegene Gesamtzahl der Sturmfluten in Warnemünde innerhalb des Zeitraums von 1953 bis 1997 mit einer Zunahme leichter Sturmfluten zusammenfällt, bei deren Entstehung Beiträge von Eigenschwingungen ermittelt wurden. Zudem fällt die Häufigkeitszunahme der Sturmfluten insgesamt mit einer Häufigkeitszunahme von Sturmfluten mit erhöhter Vorfüllung zusammen.

Vor dem Hintergrund des Klimawandels und des damit einhergehenden Meeresspiegelanstiegs erscheint auch ein fortlaufendes Monitoring der Sturmflutaktivität an den deutschen Küsten als notwendig, um rechtzeitig notwendige Anpassungsmaßnahmen in die Wege zu leiten. Bezüglich der Sturmfluthäufigkeit zeigt der Sturmflutmonitor (Liu et al. 2022) seit den 1950er-Jahren bis heute (2021) zwar leichte Häufigkeitszunahmen der Sturmfluten in Travemünde und Warnemünde (◘ Abb. 9.5), statistisch sind die Trends an den untersuchten Ostseepegeln jedoch nicht signifikant.

- **Höhe der Sturmfluten**

Bei Untersuchungen von Langzeitänderungen der Sturmfluttätigkeit ist neben der Häufigkeit solcher Ereignisse auch von Interesse, ob Sturmfluten heute

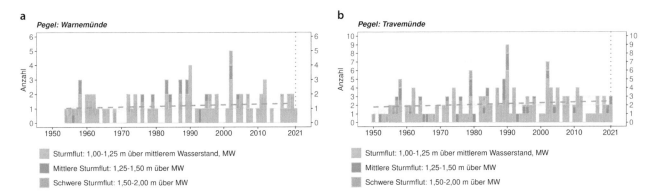

■ **Abb. 9.5** Sturmfluthäufigkeiten nach Stärke an den Pegeln **a** Warnemünde und **b** Travemünde (MW = mittlerer Wasserstand im Referenzzeitraum 1961–1990). Sehr schwere Sturmfluten mit Höhen von mehr als 2 m über MW sind an beiden Pegeln im Untersuchungszeitraum nicht beobachtet worden. Die graue, gestrichelte Linie gibt eine Schätzung des linearen Trends über den dargestellten Zeitraum an. Das hellgraue Band zeigt die mit dieser Schätzung verbundenen Unsicherheiten. (Quelle: ▶ www.sturmflut-monitor.de)

höher auflaufen als in der Vergangenheit. Die Ergebnisse solcher Auswertungen sind abhängig vom zugrundeliegenden Zeitfenster und variieren räumlich. Richter et al. (2012) haben Zeitreihen der Wasserstandspegel in der südwestlichen Ostsee analysiert und um historische Dokumente und Flutmarken ergänzt. Innerhalb der letzten 200 Jahre konnten keine klimabedingten Änderungen der Wasserstandsmaxima nachgewiesen werden (Hünicke et al. 2015). Diese Ergebnisse sind konsistent mit den Ergebnissen einer Auswertung der jährlichen maximalen Wasserstände am Pegel Warnemünde innerhalb des Zeitraums von 1905 bis 1995 (Meinke 1998). Nach Bereinigung um die jährlichen Mittelwasserstände zeigen die Wasserstandsextreme starke jährliche und dekadische Schwankungen (Meinke 1998). Weidemann (2014) fand zwar innerhalb des Zeitraums von 1948 bis 2011 positive lineare Anstiege der maximalen Sturmflutwasserstände an der deutschen Ostseeküste (Flensburg, Wismar und Greifswald) und auch Mudersbach und Jensen (2008), deren Pegelaufzeichnungen größtenteils ab 1920 vorlagen, kamen zu ähnlichen Ergebnissen, insgesamt sind hinsichtlich der Sturmfluthöhen jedoch bisher keine Untersuchungen bekannt, die statistisch signifikante Änderungen belegen. Zusammenfassend scheint der Trend bei den maximalen Sturmfluthöhen vom jeweils betrachteten Zeitfenster abhängig zu sein. Dies bestätigt auch das fortlaufende Monitoring der maximalen jährlichen Sturmfluthöhen an der deutschen Ostseeküste, welches verdeutlicht, dass die jährlichen maximalen Sturmfluthöhen seit den 1950er-Jahren bis zur aktuellen Saison (2021) weiterhin starken Schwankungen unterliegen. Die schweren Sturmfluten im Januar 2017 und 2019 zählen zwar an manchen Ostseepegeln zu den höchsten Ereignissen in den letzten Jahrzehnten, dennoch sind sie kein Indikator für einen bereits erfolgten statistisch signifikanten Anstieg maximaler Sturmfluthöhen oder einer bereits eingetretenen systematischen Zunahme schwerer Sturmfluten.

■ **Andauer von Sturmfluten**

Bezüglich der Auswirkungen von Sturmfluten sind auch die Verweilzeiten relevant. Die erhöhten Wasserstände stellen sich wegen der schwachen Gezeitenwirkung während der gesamten Sturmdauer ein und können somit über mehrere Tage unvermindert anhalten. Hierdurch ergeben sich auch bei mittleren Hochwasserständen hohe Energieeinträge auf die Küste und auf Küsten- und Hochwasserschutzbauwerke. Gefährdet sind insbesondere Hochwasserschutzdünen, die bereits bei Wasserständen, die den Dünenfuß erreichen, abgetragen werden (Koppe 2013). Insbesondere im Höhenbereich von 552 bis 626 cm über Pegelnull (etwa 50–125 cm über Normalhöhen Null) fand Meinke (1998) am Pegel Warnemünde Zunahmen der absoluten jährlichen Verweilzeiten und Wellenenergien innerhalb des Beobachtungszeitraums von 1953 bis 1997. Diese sind jedoch nicht auf eine zunehmende Dauer einzelner Sturmfluten zurückzuführen, sondern vor allem auf die zunehmende Häufigkeit von leichten Sturmfluten bzw. erhöhten Wasserständen. Weidemann (2014) untersuchte die Änderung der maximalen jährlichen Verweilzeit von Wasserständen oberhalb eines definierten Schwellenwertes und beschrieb eine leicht zunehmende, nicht signifikante Tendenz der maximalen Verweilzeiten innerhalb des Zeitraums von 1948 bis 2010 für Flensburg, Greifswald und Wismar. Unter Berücksichtigung der letzten Dekaden bis zur aktuellen Sturmflutsaison (2020/2021), können jedoch in jüngster Zeit weder Zunahmen in den absoluten jährlichen Verweilzeiten von Sturmfluten noch Zunahmen in der maximalen Sturmflutintensität festgestellt werden (▶ www.sturmflutmonitor.de; Liu et al. 2022).

■ **Projektionen für die Zukunft**

Szenarien für mögliche zukünftige Entwicklungen von Ostseesturmfluten wurden bislang von Meier et al. (2004, 2006) sowie von Gräwe und Burchard (2011) durchgeführt. Beide Studien weisen drauf hin, dass Ostseesturmfluten bis zum Ende des 21. Jahrhunderts höher auflaufen können. Gräwe und Burchard (2011) testen die Sensitivität der Sturmfluthöhen in Bezug auf einen vorgegebenen Meeresspiegelanstieg von 50 cm und eine Windgeschwindigkeitserhöhung von 4 %. Bei diesen Vorgaben kommen sie zu der Erkenntnis, dass der Einfluss des Meeresspiegelanstiegs auf den Anstieg der Sturmflutwasserstände größer ist als der Einfluss des Windstaus. Hundertjährige Wasserstände an den Pegeln Lübeck, Koserow und Geedser würden sich demnach von 2,10 auf 2,70 m erhöhen. Da ein Meeresspiegelanstieg von 50 cm vorgegeben war, entfallen lediglich 10 cm der Wasserstandserhöhung auf den Windstau. Zu ähnlichen Ergebnissen kommen Meier et al. (2004, 2006), wobei die Ergebnisse darauf hindeuten, dass Sturmfluthöhen auch in der Ostsee stärker ansteigen können als der mittlere Meeresspiegel, beispielsweise wenn sich künftig die Eisbedeckung in der Ostsee verringert und so die Stauwirksamkeit des Windes erhöht. Zusätzliche Auswertungen des Windklimas in unterschiedlichen Klimaszenarien zeigen uneinheitliche Entwicklungen der Windgeschwindigkeiten bis zum Ende des 21. Jahrhunderts (Weisse et al. 2021).

Für die deutsche Ostseeküste ist davon auszugehen, dass hohe Sturmfluten künftig mindestens um den Betrag des künftigen mittleren Meeresspiegelanstiegs höher auflaufen. Zudem würden Sturmfluten häufiger auftreten, da weniger Wind notwendig ist, um Wasserstände auf heutiges Sturmflutniveau anzuheben. Beispielsweise tritt eine hohe Sturmflut wie am 02.01.2019 in Warnemünde im gegenwärtigen Klima statistisch etwa alle 48 Jahre auf. Unter Annahme eines weiterhin ungebremsten Treibhausgasausstoßes (wie im RCP8.5-Szenario) ist dann in Warnemünde zum Ende des Jahrhunderts ein- bis zweimal pro Jahr mit solch schweren Sturmfluten zu rechnen (Meeresspiegelmonitor 2022). Selbst wenn es gelingt, die Treibhausgasemissionen erheblich zu reduzieren (wie im RCP2.6-Szenario), können solche Sturmfluten deutlich häufiger, statistisch etwa alle vier Jahre, auftreten. Bei weiterhin starken Treibhausgasemissionen könnte zudem ein 200-jähriges Ereignis, das eine wichtige Referenz für Küstenschutzmaßnahmen darstellt, an der deutschen Ostseeküste etwa alle zwei bis drei Jahre geschehen.

9.3 Kurz gesagt

Der mittlere Meeresspiegel ist an den deutschen Küsten mit 10 bis 20 cm in den letzten 100 Jahren etwa im selben Maße angestiegen wie der globale mittlere Meeresspiegel. Die sich in den letzten Dekaden abzeichnende Beschleunigung des globalen mittleren Meeresspiegelanstiegs lässt sich an den Pegeln der deutschen Küsten bisher nicht erkennen. Künftig ist damit zu rech-

nen, dass der Meeresspiegel immer schneller ansteigt, sodass, je nach Ausmaß künftiger Treibhausgasemissionen, der globale mittlere Meeresspiegelanstieg bis Ende des Jahrhunderts zwischen 30 und 110 cm liegen kann. Auch an den deutschen Küsten kann der Meeresspiegeln bis Ende des Jahrhunderts in diesem Ausmaß ansteigen. Vor allem durch den Meeresspiegelanstieg laufen Sturmfluten heute bereits höher und häufiger auf als noch vor einigen Jahrzehnten. Diese Entwicklung kann sich an Nord- und Ostseeküste künftig weiter verstärken.

Literatur

Albrecht F, Wahl T, Jensen J, Weisse R (2011) Determining sea level change in the German Bight. Ocean Dyn 61(12):2037–2050. ► https://doi.org/10.1007/s10236-011-0462-z

Arns A, Dangendorf S, Wahl T, Jensen J (2015) The impact of sea level rise on storm surge water levels in the northern part of the German Bight. Coast Eng 96:118–131. ► https://doi.org/10.1016/j.coastaleng.2014.12.002

Baerens Chr (1998): Extremwasserstandsereignisse an der Deutschen Ostseeküste. Dissertation, FU Berlin, 163 S

BIFROST project members (1996) GPS measurements to constrain geodynamic processes in Fennoscandia. Eos Trans AGU 77(35):337–341. ► https://doi.org/10.1029/96EO00233

Christensen J, Hewitson B, Busuioc A et al Climate Change 2007: The physical science basis. Contribution of working group I to the fourth assessment report of the intergovernmental panel on climate change. Cambridge University Press, Cambridge, United Kingdom and New York, NY, USA

Church JA, Clark PU, Cazenave A, Gregory JM, Jevrejeva S, Levermann A, Merrifield MA, Milne GA, Nerem RS, Nunn PD, Payne AJ, Pfeffer WT, Stammer D, Unnikrishnan AS (2013) Sea Level Change. In: Stocker TF, Qin D, Plattner G-K, Tignor M, Allen SK, Boschung J, Nauels A, Xia Y, Bex V, Midgley PM (Hrsg) Climate Change 2013: The physical science basis. Contribution of working group I to the fifth assessment report of the intergovernmental panel on climate change. Cambridge University Press, Cambridge, United Kingdom and New York, NY, USA

Dangendorf S, Müller-Navarra S, Jensen J, Schenk F, Wahl T, Weisse R (2014) North Sea storminess from a novel storm surge record since AD 1843. J Climate 27:3582–3595. ► https://doi.org/10.1175/JCLI-D-13-00427.1

Debernhard J, Roed L (2008) Future wind, wave and storm surge climate in the Northern Seas: a revist. Tellus A 60:427–438. ► https://doi.org/10.1111/j.1600-0870.2008.00312.x

DKK und KDM (2019) Zukunft der Meeresspiegel. Fakten und Hintergründe aus der Forschung. ► https://www.deutsches-klima-konsortium.de/fileadmin/user_upload/pdfs/Publikationen_DKK/dkk-kdm-meeresspiegelbroschuere-web.pdf. Zugegriffen: 20. Sept 2021

De Winter R, Sterl A, Ruessink B (2013) Wind extremes in the North Sea basin under climate change: an ensemble study of 12 CMIP5 GCMs. J Geophys Res Atmos 118(4):1601–1612. ► https://doi.org/10.1002/jgrd.50147

Ebener A, Jänicke L, Arns A, Dangendorf S, Jensen J (2021) Untersuchungen zur Entwicklung der Tidedynamik an der deutschen Nordseeküste – Ein Ansatz zur Identifizierung und Quantifizierung von Tideveränderungen durch lokale Systemänderungen, Die Küste, 89. ► https://doi.org/10.18171/1.089106

Emeis K, van Beusekom J, Callies U et al (2015) The North Sea – a shelf sea in the anthropocene. J Mar Syst 141:18–33. ► https://doi.org/10.1016/j.jmarsys.2014.03.012]

Fox-Kemper B, Hewitt HT, Xiao C et al. (2021) Ocean, cryosphere and sea level change. In Climate Change 2021: The Physical Science Basis. Contribution of Working Group I to the Sixth Assessment Report of the Intergovernmental Panel on Climate Change [Masson-Delmotte V, Zhai P, Pirani A, Connors SL, Péan C, Berger S, Caud N, Chen Y, Goldfarb L, Gomis MI, Huang M, Leitzell K, Lonnoy E, Matthews JBR, Maycock TK, Waterfield T, Yelekçi I, Yu R, Zhou B (eds.)]. Cambridge University Press. In Press

Garner AJ, Weiss JL, Parris A, Kopp RE, Horton RM, Overpeck JT, Horton BP (2018) Evolution of 21st century sea level rise projections. Earth's Future 6:1603–1615. ► https://doi.org/10.1029/2018EF000991

Garner GG, Hermans T, Kopp RE, Slangen ABA, Edwards TL, Levermann A, Nowikci S, Palmer MD, Smith C, Fox-Kemper B, Hewitt HT, Xiao C, Aðalgeirsdóttir G, Drijfhout SS, Edwards TL, Golledge NR, Hemer M, Kopp RE, Krinner G, Mix A, Notz D, Nowicki S, Nurhati IS, Ruiz L, Sallée JB, Yu Y, Hua L, Palmer T, Pearson B (2021) IPCC AR6 Sea-Level Rise Projections. Version 20210809. PO.DAAC, CA, USA. Dataset accessed at ► https://podaac.jpl.nasa.gov/announcements/2021-08-09-Sea-level-projections-from-the-IPCC-6th-Assessment-Report.

Gaslikova L, Grabemann I, Groll N (2013) Changes in North Sea storm surge conditions for four transient future climate realizations. Nat Hazards 66:1501–1518. ► https://doi.org/10.1007/s11069-012-0279-1

Grabemann I, Weisse R (2008) Climate change impact on extreme wave conditions in the North Sea: an ensemble study. Ocean Dyn 58:199–212. ► https://doi.org/10.1007/s10236-008-0141-x

Grabemann I, Groll N, Möller J, Weisse R (2015) Climate change impact on North Sea wave conditions: a consistent analysis of ten projections. Ocean Dyn 65:255–267. ► https://doi.org/10.1007/s10236-014-0800-z

Gräwe U, Burchard H (2011) Storm surges in the Western Baltic Sea: the present and a possible future. Clim Dyn 39:165–183. ► https://doi.org/10.1007/s00382-011-1185-z

Gräwe U, Klingbeil K, Kelln J, Dangendorf S (2019) Decomposing mean sea level rise in a semi-enclosed basin, the Baltic Sea. J Climate 32:3089–3108. ► https://doi.org/10.1175/JCLI-D-18-0174.1

Grinsted A (2015) Changes in the Baltic Sea Level. In: BACC II (Hrsg) Second assessment of climate change for the Baltic Sea Basin, 253–263. ► https://doi.org/10.1007/978-3-319-16006-1_14

Groh A, Richter A, Dietrich, R (2017) Recent Baltic Sea Level changes induced by past and present ice masses. In: Coastline Changes of the Baltic Sea from South to East, Harff J, Furmańczyk K, von Storch H (Hrsg), 19, Springer International Publishing, Cham, 55–68 ► https://doi.org/10.1007/978-3-319-49894-2_4

Groll N, Grabemann I, Gaslikova L (2014) North Sea wave conditions: an analysis of four transient future climate realization. Ocean Dyn 64:1–12. ► https://doi.org/10.1007/s10236-013-0666-5

Groll N, Weisse R (2017) A multi-decadal wind-wave hindcast for the North Sea 1949–2014: coastDat2. Earth Syst Sci Data 9(2):955–968. ► https://doi.org/10.5194/essd-9-955-2017

Günther H, Rosenthal W, Stawarz M, Carretero J, Gomez M, Lozano I, Serrano O, Reistad M (1998) The wave climate of the Northeast Atlantic over the period 1955–1994: the WASA wave hindcast. Global Atmos Ocean Syst 6(2):121–164

Haigh ID, Nicholls RJ, Wells NC (2009) Mean sea-level trends around the English Channel over the 20th century and their wider context. Cont Shelf Res 29:2083–2098. ► https://doi.org/10.1016/j.csr.2009.07.013

Haigh ID, Pickering MD, Green JAM et al. (2020) The tides they are a-changin': a comprehensive review of past and future nonastronomical changes in tides, their driving mechanisms and future implications. Revi Geophys 58(1):e2018RG000636. ► https://doi.org/10.1029/2018RG000636

Hieronymus M, Kalén O (2020) Sea-level rise projections for Sweden based on the new IPCC special report: The ocean and cryosphere in a changing climate. Ambio 49:1587–1600. ► https://doi.org/10.1007/s13280-019-01313-8

Hofstede J, Becherer J, Burchard H (2019) Morphologische Projektionen für zwei Tidesysteme im Wattenmeer von Schleswig-Holstein: SH-TREND. Die Küste 87:115–131. ► https://doi.org/10.18171/1.087101

Hollebrandse F (2005) Temporal development of the tidal range in the southern North Sea, PhD, TU Delft ► http://resolver.tudelft.nl/uuid:d0e5cb29-1c09-4de3-a1e6-0b17a9cb43ec

Horsburgh K, Wilson C (2007) Tide-surge interaction and its role in the distribution of surge residuals in the North Sea. J Geophys Res 112:C08003. ► https://doi.org/10.1029/2006JC004033

Hünicke B, Zorita E, Soomere T, Madsen KS, Johansson M, Suursaar Ü (2015) Recent change – sea level and wind waves. In second assessment of climate change for the Baltic Sea Basin, Springer. ► https://doi.org/10.1007/978-3-319-16006-1_9

Hünicke B, Zorita E (2016) Statistical analysis of the acceleration of Baltic mean sea-level rise, 1900–2012. Front Mar Sci 3:125. ► https://doi.org/10.3389/fmars.2016.00125

Hubert K, Wurpts A, Berkenbrink C (2021) Interaction of estuarine morphology and adjacent coastal water tidal dynamics (ALADYN-C), Die Küste, 89. ► https://doi.org/10.18171/1.089108

Hupfer P, Harff J, Sterr H, Stigge HJ et al (2003) Die Wasserstände an der Ostseeküste, Entwicklung – Sturmfluten – Klimawandel. Die Küste:66(Sonderheft). ► https://hdl.handle.net/20.500.11970/101485

[IPCC, 2021: Summary for Policymakers. In: Climate Change 2021: The physical science basis. Contribution of working group I to thesixth assessment report of the intergovernmental panel on climate change [Masson-Delmotte V, Zhai P, Pirani A, Connors SL, Péan C, Berger S, Caud N, Chen Y, Goldfarb L, Gomis MI, Huang M, Leitzell K, Lonnoy E, Matthews JBR, Maycock TK, Waterfield T, Yelekçi O, Yu R, Zhou B (eds.)]. Cambridge University Press. In Press

Jensen J, Mudersbach C (2004) Zeitliche Änderungen in den Wasserstandszeitreihen an den Deutschen Küsten. In: Gönnert G, Graßl H, Kelletat D, Kunz H, Probst B, von Storch H, Sündermann J (Hrsg) Klimaänderung und Küstenschutz, Proceedings, Universität Hamburg

Jensen J, Ebener A, Jänicke L, Arns A, Dangendorf S, Hubert K, Wurpts A, Berkenbrink C, Weisse R, Yi X, Meyer E (2021) Untersuchungen zur Entwicklung der Tidedynamik an der deutschen Nordseeküste (ALADYN), Die Küste 89. ► https://doi.org/10.18171/1.089105

Katsman CA, Sterl A, Beersma JJ et al (2011) Exploring high-end scenarios for local sea level rise to develop flood protection strategies for a low-lying delta – the Netherlands as an example. Clim Change 109:617–645. ► https://doi.org/10.1007/s10584-011-0037-5

Kauker F (1999) Regionalization of climate model results for the North Sea. PhD thesis, Univ Hamburg, GKSS 99/E/6

Kauker K, Langenberg H (2000) Two models for the climate change related development of sea levels in the North Sea – a comparison. Climate Res 15:61–67. ► https://doi.org/10.3354/cr015061

Kelln, J. (2019) Untersuchungen zu Änderungen und Einflussgrößen des mittleren Meeresspiegels in der südwestlichen Ostsee. Mitteilungen des Forschungsinstituts Wasser und Umwelt der Universität Siegen, Heft 11, S 185

Kleinherenbrink M, Riva R, Scharroo R (2019) A revised acceleration rate from the altimetry-derived global mean sea level record. Sci Rep 9:10908. ► https://doi.org/10.1038/s41598-019-47340-z

9

Koppe B (2013) Hochwasserschutzmanagement an der deutschen Ostseeküste. Rostocker Berichte aus dem Fachbereich Bauingenieurswesen, Heft 8, Dissertation Universität Rostock

Krieger D, Krueger O, Feser F, Weisse R, Tinz B, von Storch H (2020) German Bight storm activity, 1897–2018. Int J Climatol 41(S1):E2159–E2177. ▶ https://doi.org/10.1002/joc.6837

Krueger O, Schenk F, Feser F, Weisse R (2013) Inconsistencies between long-term trends in storminess derived from the 20th CR reanalysis and observations. J Climate 26:868–874. ▶ https://doi.org/10.1175/JCLI-D-12-00309.1

Krueger O, Feser F, Weisse R (2019) Northeast Atlantic storm activity and its uncertainty from the late nineteenth to the twenty-first century. J Climate 32(6):1919–1931. ▶ https://doi.org/10.1175/JCLI-D-18-0505.1

Lampe R, Meyer M (2003) Wasserstandsentwicklungen in der südlichen Ostsee während des Holozäns. Die Küste 66:4–21

Lang A, Mikolajewicz U (2020) Rising extreme sea levels in the German Bight under enhanced CO_2 levels: a regionalized large ensemble approach for the North Sea. Clim Dyn 55:1829–1842. ▶ https://doi.org/10.1007/s00382-020-05357-5

Langenberg H, Pfizenmayer A, von Storch H, Sündermann J (1999) Storm-related sea level variations along the North Sea coast: natural variability and anthropogenic change. Continental Shelf Res 19:821–842. ▶ https://doi.org/10.1016/S0278-4343(98)00113-7

Lehmann A, Getzlaff K, Harlaß J (2011) Detailed assessment of climate variability in the Baltic Sea area for the period 1958 to 2009. Clim Res 46(2):185–196. ▶ https://doi.org/10.3354/cr00876

Liebsch (1997) Aufbereitung und Nutzung von Pegelmessungen für geodätische und geodynamische Zielsetzungen. Dissertation Universität Leipzig (1997), S 105

Liu X, Meinke M, Weisse R (2022) Still normal? Near-real-time evaluation of storm surge events in the context of climate change. Nat Hazards Earth Syst Sci 22:97–116. ▶ https://doi.org/10.5194/nhess-22-97-2022

Lowe J, Gregory J (2005) The effects of climate change on storm surges around the United Kingdom. Phil Trans R Soc A 363:1313–1328. ▶ https://doi.org/10.1098/rsta.2005.1570

Lowe JA, Howard TP, Pardaens A, Tinker J, Holt J, Wakelin S, Milne G, Leake J, Wolf J, Horsburgh K, Reeder T, Jenkins G, Ridley J, Dye S, Bradley S (2009) UK climate projections science report: marine and coastal projections. Met Office Hadley Centre, Exeter, UK

Männikus R, Soomere T, Viška M (2020) Variations in the mean, seasonal and extreme water level on the Latvian coast, the eastern Baltic Sea, during 1961–2018. Estuar Coast Shelf Sci 245:106827. ▶ https://doi.org/10.1016/j.ecss.2020.106827

Madsen KS (2009) Recent and future climatic changes in temperature, salinity and sea level of the North Sea and the Baltic Sea. PhD thesis, Niels Bohr Institute, University of Copenhagen

Madsen KS, Høyer JL, Suursaar Ü, She J, Knudsen P (2019) Sea level trends and variability of the Baltic Sea from 2D statistical reconstruction and altimetry. Front Earth Sci 7:243. ▶ https://doi.org/10.3389/feart.2019.00243

Meeresspiegelmonitor (2022) Near-real-time analyzes, available at: ▶ https://meeresspiegel-monitor.de. Zugegriffen: 21 Apr 2022

Meier HEM (2006) Baltic Sea climate in the late twenty-first century: a dynamical downscaling approach using two global models and two emission scenarios. Clim Dynam 27:39–68. ▶ https://doi.org/10.1007/s00382-006-0124-x

Meier HEM, Broman B, Kjellström E (2004) Simulated sea level in past and future climates of the Baltic Sea. Clim Res 27(1):59–75. ▶ https://doi.org/10.3354/cr027059

Melet A, Meyssignac B, Almar R, Le Cozannet G (2018) Underestimated wave contribution to coastal sea-level rise. Nature Clim Change 8:234–239. ▶ https://doi.org/10.1038/s41558-018-0088-y

Meinke I (1998) Das Sturmflutgeschehen in der südwestlichen Ostsee – dargestellt am Beispiel des Pegels Warnemünde. Diplomarbeit am Fachbereich Geographie der Universität Marburg, S 171

Meinke I (1999) Sturmfluten in der südwestlichen Ostsee – dargestellt am Beispiel des Pegels Warnemünde. Marburger Geographische Schriften 134:1–23

Menéndez M, Woodworth PL (2010) Changes in extreme high water levels based on a quasi-global tide-gauge data set. J Geophys Res Oceans 115:C10011. ▶ https://doi.org/10.1029/2009JC005997

Mudersbach C, Jensen J (2008) Statistische Extremwertanalyse von Wasserständen an der Deutschen Ostseeküste. In: Abschlussbericht 1.4 KFKI-VERBUNDPROJEKT Modellgestützte Untersuchungen zu extremen Sturmflutereignissen an der Deutschen Ostseeküste (MUSTOK), S 114. ▶ https://doi.org/10.2314/GBV:609714708

Mudersbach C, Wahl T, Haigh I, Jensen J (2013) Trends in high sea levels of German North Sea gauges compared to regional mean sea level changes. Continental Shelf Res 65:111–120. ▶ https://doi.org/10.1016/j.csr.2013.06.016 NASA IPCC AR6 sea level projection tool (2022). ▶ https://sealevel.nasa.gov/data_tools/17. Zugegriffen: 21 Apr 2022

Nerem RS, Beckley BD, Fasullo JT, Hamlington BD, Masters D, Mitchum GT (2018) Climate-change-driven accelerated sea-level rise detected in the altimeter era. Proc Natl Acad Sci USA 115:2022–2025. ▶ https://doi.org/10.1073/pnas.1717312115

Nilsen JEØ, Drange H, Richter K, Jansen E, Nesje A (2012) Changes in the past, present and future sea level on the coast of Norway. NERSC Special Report, Bd. 89. Bjerknes Centre for Climate Research, Bergen, S 48

Oppenheimer M, Glavovic BC, Hinkel J, van de Wal R, Magnan AK, Abd-Elgawad A, Cai R, Cifuentes-Jara M, DeConto RM, Ghosh T, Hay J, Isla F, Marzeion B, Meyssignac B, Sebesvari Z (2019) Sea level rise and implications for low-lying islands, coasts and communities. In: IPCC Special Report on the Ocean and Cryosphere in a Changing Climate, Pörtner H-O, Roberts DC, Masson-Delmotte V, Zhai P, Tignor M, Poloczanska E, Mintenbeck K, Alegría A, Nicolai M, Okem A, Petzold J, Rama B, Weyer, NM (Hrsg)]

Pegelonline (2022) Real-time data ▶ https://www.pegelonline.wsv.de/. Zugegriffen: 21 Apr 2022

Pellikka H, Särkkä J, Johansson M, Pettersson H (2020) Probability distributions for mean sea level and storm contribution up to 2100 AD at Forsmark. Rep. SKB TR-19-23. Verfügbar auf: ▶ https://www.skb.com/publication/2494748/TR-19-23.pdf. Zugegriffen: 12. Febr 2021

Pelling M, Blackburn S (Hrsg) (2013) Megacities and the coast. Risk, resilience and transformation. Routledge, London. ISBN 978-0-415-81512-3

Pickering M, Wells N, Horsburgh K, Green J (2011) The impact of future sea-level rise on the European Shelf tides. Continental Shelf Res 35:1–15. ▶ https://doi.org/10.1016/j.csr.2011.11.011

Plüß A (2006) Nichtlineare Wechselwirkung der Tide auf Änderungen des Meeresspiegels im Küste/Ästuar am Beispiel der Elbe. In: Gönnert G, Grassl H, Kellat D, Kunz H, Probst B, von Storch H, Sündermann J (Hrsg) Klimaänderung und Küstenschutz. Proceedings

Pugh DT, Woodworth PL (2014) Sea-level science: understanding tides, surges tsunamis and mean sea-level changes. Cambridge University Press, Cambridge

Richter A, Groh A, Dietrich R (2012) Geodetic observation of sea-level change and crustal deformation in the Baltic Sea region. Phys Chem Earth 53–54:43–53. ▶ https://doi.org/10.1016/j.pce.2011.04.011

Rossiter JR (1958) Storm surges in the North Sea, 11 to 30, (December 1954) Philosophical transactions of the Royal Society of London. Series A, Mathematical and Physical Sciences 251(991):139–160. ▶ https://doi.org/10.1098/rsta.1958.0012

Simpson M, Breili K, Kierulf HP, Lysaker D, Ouassou M, Haug E (2012) Estimates of future sea-level changes for Norway. Technical Report of the Norwegian Mapping Authority

Slangen ABA, Katsman CA, van de Wal RSW, Vermeersen LLA, Riva REM (2012) Towards regional projections of twenty-first century sea-level change based on IPCC SRES scenarios. Climate Dyn 38:1191–1209. ► https://doi.org/10.1007/s00382-011-1057-6

Sterl A, van den Brink H, de Vries H, Haarsma R, van Meijgaard E (2009) An ensemble study of extreme storm surge related water levels in the North Sea in a changing climate. Ocean Sci 5:369–378. ► https://doi.org/10.5194/os-5-369-2009

von Storch H, Reichardt H (1997) A scenario of storm surge statistics for the German Bight at the expected time of doubled atmospheric carbon dioxide concentration. J Climate 10:2653–2662. ► https://doi.org/10.1175/1520-0442(1997)010%3C2653:A SOSSS%3E2.0.CO;2

Stramska M, Chudziak N (2013) Recent multiyear trends in the Baltic Sea level. Oceanologia 55:319–337. ► https://doi.org/10.5697/oc.55-2.319

Ulbrich U, Leckebusch GC, Pinto JG (2009) Extra-tropical cyclones in the present and future climate: A review. Theor Appl Climatol 96:117–131. ► https://doi.org/10.1007/s00704-008-0083-8

van den Hurk B, Geertsema T (2020) An assessment of present day and future sea level rise at the Dutch coast. Position paper 2020-05, Waddenacademie April 2020. ISBN 978–94–90289–46–1

Veng T, Andersen OB (2020) Consolidating sea level acceleration estimates from satellite altimetry. Adv Space Res 68(2):496–503. ► https://doi.org/10.1016/j.asr.2020.01.016

Vikebø F, Furevik T, Furnes G, Kvamstø N, Reistad M (2003) Wave height variations in the North Sea and on the Norwegian Continental Shelf, 1881–1999. Cont Shelf Res 23(3):251–263. ► https://doi.org/10.1016/S0278-4343(02)00210-8

Wahl T, Jensen J, Frank T (2010) On analysing sea level rise in the German Bight since 1844. Natural Hazards Earth Sys Sci 10:171–179. ► https://doi.org/10.5194/nhess-10-171-2010

Wahl T, Haigh I, Woodworth PL, Albrecht F, Dillingh D, Jensen J, Nicholls R, Weisse R, Wöppelmann G (2013) Observed mean sea level changes around the North Sea coastline from 1800 to present. Earth-Sci Rev 124:51–67. ► https://doi.org/10.1016/j.earscirev.2013.05.003

Wanninger L, Rost C, Sudau A, Weiss R, Niemeier W, Tengen D, Heinert M, Jahn C-H, Horst S, Schenk A (2009) Bestimmung von Höhenänderung im Küstenbereich durch Kombination geodätischer Messtechniken. Die Küste 76:121–180. ► https://hdl.handle.net/20.500.11970/101641

Warrick RA, Oerlemans J (1990) Sea level rise. In Houghton JT, Jenkins GJ, Ephraums JJ (Hrsg), Climate change. The IPCC assessment (S 257– 281). Cambridge, UK: Cambridge University Press

WASA (1998) Changing waves and storms in the Northeast Atlantic? Bull Amer Met Soc 79:741–760. ► https://doi.org/10.1175/1520-0477(1998)079%3C0741:CWASIT%3E2.0.CO;2

Weidemann H (2014): Klimatologie der Ostseewasserstände: Eine Rekonstruktion von 1949–2011. Dissertation Universität Hamburg. ► https://ediss.sub.uni-hamburg.de/handle/ediss/5561

Weisse R, Günther H (2007) Wave climate and long-term changes for the southern North Sea obtained from a high-resolution hindcast 1958–2002. Ocean Dyn 57:161–172. ► https://doi.org/10.1007/s10236-006-0094-x

Weisse R, Plüß A (2006) Storm-related sea level variations along the North Sea coast as simulated by a high-resolution model 1958–2002. Ocean Dyn 56:16–25. ► https://doi.org/10.1007/s10236-005-0037-y

Weisse R, Storch H von (2009) Marine climate and climate change. Storms, wind Waves and storm surges. Springer Praxis S. 219 ► https://doi.org/10.1007/978-3-540-68491-6

Weisse R (2011) Das Klima der Region und mögliche Änderungen in der Deutschen Bucht. In: von Storch H, Claussen M (Hrsg) Klimabericht für die Metropolregion Hamburg. Springer Berlin, Heidelberg, New York, ISBN 978-3-642-16034-9, 91–120

Weisse R, von Storch H, Niemeyer H, Knaack H (2012) Changing North Sea storm surge climate: An increasing hazard? Ocean Coast Manag 68:58–68. ► https://doi.org/10.1016/j.ocecoaman.2011.09.005

Weisse R, Weidemann H (2017) Baltic Sea extreme sea levels 1948–2011: Contributions from atmospheric forcing. Proc IUTAM 25:65–69. ► https://doi.org/10.1016/j.piutam.2017.09.010

Weisse R (2018) Sturmfluten und Seegang. In: Lozán JL, Breckle S-W, Graßl H, Kasang D, Weisse R (Hrsg) Warnsignal Klima: Extremereignisse. S 222–227. ► https://doi.org/10.25592/uhhfdm.9511

Weisse R, Dailidiene I, Hünicke B, Kahma K, Madsen KS, Omstedt AS, Parnell K, Schöne T, Soomere T, Zhang W, Zorita E (2021) Sea level dynamics and coastal erosion in the Baltic Sea region. Earth System Dynamics 12:871–898. ► https://doi.org/10.5194/esd-12-871-2021

Woodworth PA (2010) Survey of recent changes in the main components of the ocean tides. Cont Shelf Res 30:1680–1691. ► https://doi.org/10.1016/j.csr.2010.07.002

Woodworth PL, Shaw SM, Blackman DB (1991) Secular trends in mean tidal range around the British Isles and along the adjacent European coastline. Geophys J Int 104(3):593–609. ► https://doi.org/10.1111/j.1365-246X.1991.tb05704.x

Woodworth PL, Teferle FN, Bingley RM, Shennan I, Williams SDP (2009) Trends in UK mean sea level revisited. Geophys J Int 176(22):19–30. ► https://doi.org/10.1111/j.1365-246X.2008.03942.x

Woth K (2005) North Sea storm surge statistics based on projections in a warmer climate: How important are the driving GCM and the chosen emission scenario? Geophys Res Lett 32:L22708. ► https://doi.org/10.1029/2005GL023762

Woth K, Weisse R, von Storch H (2006) Climate change and North Sea storm surge extremes: An ensemble study of storm surge extremes expected in a changed climate projected by four different Regional Climate Models. Ocean Dyn 56:3–15. ► https://doi.org/10.1007/s10236-005-0024-3

Yi X, Weisse R (2021) Modellgestüze Untersuchungen zum Einfluss großräumiger Faktoren auf die Tidedynamik in der Deutschen Bucht. Die Küste, 89. ► https://doi.org/10.18171/1.089107

Hochwasser und Sturzfluten an Flüssen in Deutschland

*Axel Bronstert, Heiko Apel, Helge Bormann, Gerd Bürger,
Uwe Haberlandt, Anke Hannappel, Fred F. Hattermann,
Maik Heistermann, Shaochun Huang, Christian Iber, Michael Joneck,
Vassilis Kolokotronis, Zbigniew W. Kundzewicz, Lucas Menzel,
Günter Meon, Bruno Merz, Andreas Meuser, Manuela Nied,
Eva Nora Paton, Theresia Petrow und Erwin Rottler*

Inhaltsverzeichnis

10.1   Hochwasser in Flussgebieten der Mesoskala – 111
10.1.1   Ergebnisse für Deutschland insgesamt – 111
10.1.2   Ergebnisse für Flussgebiete in Südwest- und Süddeutschland – 113
10.1.3   Ergebnisse für den Rhein – 116
10.1.4   Ergebnisse für das obere Elbegebiet – 118
10.1.5   Ergebnisse für das Weser- und Emsgebiet – 120
10.1.6   Ergebnisse für das deutsche Donaugebiet – 122

**10.2   Konvektive Starkregen und daraus resultierende
            Sturzfluten – 123**
10.2.1   Spezifika von Sturzfluten – 123
10.2.2   Datenanalyse zur Entwicklung von hochintensiven
            Starkregenereignissen – 124
10.2.3   Zur künftigen Entwicklung von hoch intensiven
            Starkregenereignissen – 125
10.2.4   Pluviale urbane Hochwasser als Folge konvektiver
            Starkregenereignisse – 126

10.3   Kurz gesagt – 127

Literatur – 127

© Der/die Autor(en) 2023
G. P. Brasseur et al. (Hrsg.), *Klimawandel in Deutschland*,
https://doi.org/10.1007/978-3-662-66696-8_10

Durch Starkniederschläge ausgelöste Hochwasser in Flussgebieten, seien es lokale und plötzliche Sturzfluten oder länger andauernde und großflächige Überschwemmungen an größeren Flüssen, sind in Deutschland die Naturereignisse, die die größten wirtschaftlichen Schäden verursachen. Neben der regen- und schneeschmelzbedingten Abflussbildung wirken häufig weitere Mechanismen, die zu lokalen Überschwemmungen führen und die in diesem Bericht nicht behandelt werden können, so etwa der Verschluss von Fließgewässerquerschnitten durch Treibgut an Brücken und Durchlässen, Rückstau an hydraulischen Engstellen oder Abflusshindernisse durch Hangrutschungen oder Eisblockaden. Ein besonderes Risiko kann sich auch aus dem Versagen von Hochwasserschutzanlagen wie beispielsweise Deichen ergeben.

Die Frage des möglichen Einflusses der Klimaänderungen auf die Hochwasserverhältnisse in Deutschland wird von der Öffentlichkeit sowie der Fachwelt intensiv diskutiert, vor allem während und kurz nach starken Hochwasserereignissen. Für solche Diskussionen ist eine Zusammenschau des Wissens für Deutschland von hoher Relevanz, umso mehr als in globalen *assessment reports* wenig Konkretes zur Situation in Deutschland vorhanden ist. Im Fünften Sachstandsbericht (AR5) des Weltklimarats (IPCC) ist im zweiten Kapitel der 1. Arbeitsgruppe im Unterkapitel 2.6.2.2 (Hartmann et al. 2013) zu Hochwasser lediglich zu finden:

» „… Trends regionaler Hochwasser sind stark von Wassermanagementmaßnahmen beeinflusst …" und „… andere Studien in Europa und Asien zeigen Belege für steigende, fallende oder gar keine Trends …".

Im dritten Kapitel der 2. Arbeitsgruppe wird im Unterkapitel 3.2.7 (Jiménez Cisneros 2014) zu extremen hydrologischen Ereignissen und deren Wirkungen noch erwähnt:

» „Es gibt keine starken Belege für eine Zunahme der Hochwasser in den USA, Europa, Südamerika und Afrika. Allerdings ist in kleineren Raumskalen in Teilen von Nordwesteuropa eine Zunahme des maximalen Abflusses beobachtet worden, wogegen in Südfrankreich eine Abnahme beobachtet wurde."

Daraus wird klar, dass diese Aussagen zu Flusshochwasser im Allgemeinen und Deutschland im Besonderen regional recht unspezifisch sind und dadurch für Management- oder Anpassungsmaßnahmen in Deutschland direkt kaum relevant sein können.

Bei der Kategorisierung von Hochwasserereignissen in Flussgebieten ist es sinnvoll, nach Entstehungs- und Wirkungsmechanismen sowie den typischen Raum- und Zeitskalen zu unterscheiden. Demnach sind Sturzfluten plötzlich eintretende Hochwasserereignisse, die durch kleinräumige Regenereignisse kurzer Dauer, aber hoher Intensität ausgelöst werden. Sie haben insbesondere für kleinere Einzugsgebiete mit kurzen Reaktionszeiten (Zeitabstand zwischen dem Schwerpunkt der auslösenden Niederschlags- und der zugehörigen Abflussganglinie) ein hohes Schadenspotenzial. Kleinräumige Starkregen haben zudem auch für urbane Gebiete eine große Bedeutung und werden in diesem Zusammenhang meist als „urbane Starkregenereignisse", seltener – aber inhaltlich zutreffender – als „urbane Einstauereignisse" bezeichnet. In urbanen Gebieten ist die Infiltrations- bzw. Regenrückhaltemöglichkeit verringert und die Abflusskonzentration deutlich schneller. Zudem ist dort das Schadenspotenzial oft hoch, weshalb solche Ereignisse auch lokal und/oder sogar fernab von Fließgewässern erhebliche Schäden verursachen können.

Die Reaktionszeiten von Sturzfluten liegen meist unter sechs Stunden (Borga et al. 2011). In großen Flussgebieten werden Hochwasser dagegen durch langanhaltende, großräumige Regenereignisse ausgelöst, weswegen auch die Dauer der Hochwasserabflüsse mehrere Tage oder gar Wochen betragen kann. Weitere Differenzierungsmerkmale liefern die verschiedenen Entstehungsmechanismen, z. B. Winter- oder Sommerhochwasserereignisse, Hochwasser aufgrund von Schneeschmelze, Hochwasser als Folge von Regen auf gesättigte Böden oder als Folge von Starkniederschlag auf wenig durchlässige Böden.

Bei der Untersuchung der Klimaänderungswirkungen auf die Hochwasser wird die Komplexität der Hochwasserentstehung häufig missachtet, was zu falschen Kausalitätsannahmen oder Fehlinterpretationen führen kann. Eine vollumfassende, d. h. flächendeckende, regionsspezifische und ereignisdifferenzierende Beurteilung möglicher Klimaänderungseffekte auf das Hochwasserregime erfordert Aussagen zu Veränderungen der Größe (sowohl nach Abflusshöhe als auch nach räumlicher Ausdehnung), der Dauer des jahreszeitlichen Auftretens und der Häufigkeit der Hochwasserereignisse in der passenden Raum- und Zeitskala (s. u.). Infolge der Prozess- und Systemvielfalt sind regional differenzierte Aussagen notwendig, die nicht nur die maßgebenden Mechanismen der Hochwasserentstehung, sondern auch fundierte Aussagen zu Veränderungen der meteorologischen Ursachen der Hochwasserentstehung sowie klimatischer Randbedingungen (z. B. der Vorfeuchte) berücksichtigen. Die aktuell verfügbaren pragmatischen Ansätze der Datenanalyse von Hochwasserzeitreihen und/oder die prozessbasierte Modellierung in gekoppelten meteorologisch-hydrologisch-hydraulischen Modellsystemen sind die für diese Problemstellung adäquaten Werkzeuge. Gleichwohl sind deren Ergebnisse infolge begrenzter Datenverfügbarkeit und einer modellbedingten Vereinfachung der Komplexität meist nur von eingeschränkter Aussagefähigkeit.

Es ist zu beachten, dass zur Hochwasseranalyse adäquate Skalen zugrunde gelegt werden sollten, d. h. Skalen, in denen die Prozesse der Abflussentstehung und -konzentration auftreten und zudem Managementmaßnahmen wirken können. Diese typische Raumskala ist die „obere hydrologische Mesoskala" von etwa 1000 bis 100.000 km^2 für Hochwasser an den größeren Flüssen. Für Sturzfluten ist die adäquate Raumskala die „untere hydrologische Mesoskala" von etwa 50 bis 1000 km^2. Die relevante Zeitskala der Hochwasserentstehung liegt für große Flusshochwasser meist bei mehreren Tagen bis Wochen, bei einer zeitlichen Auflösung von Tagen. Für Sturzfluten ist die relevante Zeitskala zwischen Stunden und ca. einem Tag, bei einer stündlichen bis ca. fünfminütlichen zeitlichen Auflösung.

In den nachfolgenden Abschnitten wird nun der aktuelle Wissensstand zu klimabedingten Änderungen einerseits der Hochwasserbedingungen an den größeren Flüssen Deutschlands und andererseits infolge lokaler konvektiver Starkregen zusammengefasst. Es werden sowohl Erkenntnisse über die Entwicklungen in den letzten Jahrzehnten präsentiert als auch über mögliche Zukunftsprojektionen. Für die historischen Analysezeiträume der einzelnen Flussgebiete gibt es in der Regel unterschiedliche Zeitabschnitte, entsprechend der Datenlage der jeweiligen Studien.

10.1 Hochwasser in Flussgebieten der Mesoskala

10.1.1 Ergebnisse für Deutschland insgesamt

■ **Datenanalyse der Vergangenheit bis heute**
Untersucht man langjährige Veränderungen in den hydrologischen Prozessen einer Region oder eines Einzugsgebiets wird zwischen der Detektion eines Trends durch Verfahren der statistischen Zeitreihenanalyse und der Attribution des Trends, also der Zuschreibung der Ursachen (Merz et al. 2012), unterschieden. Schwierig ist es, wenn mehrere Einflussgrößen als Ursache für einen beobachteten Trend infrage kommen, wie es beim Hochwasser der Fall ist. Neben dem Klima als wichtiger Einflussgröße können auch Änderungen in der Landschaft, die in den letzten 100 Jahren besonders intensiv waren, ursächlich für Trends im Hochwassergeschehen sein – z. B. Flussbegradigungen, Bau von Stauanlagen, Versiegelung und Landschaftswandel. Zusätzlich werden Aussagen zu Veränderungen des Hochwassergeschehens dadurch erschwert, dass in der Regel nur ein Hochwassermerkmal betrachtet wird. Bei diesem Merkmal handelt es sich meist um den Hochwasserscheitel, der sowohl von den Merkmalen des Niederschlagsereig-

nisses abhängig ist, aber auch durch anthropogene Einflussfaktoren stark beeinflusst werden kann, dies bedingt eine hohe Unsicherheit. Außerdem treten große Hochwasser oft gehäuft auf. Je nachdem, ob eine derartige Häufung am Beginn oder Ende des analysierten Zeitraums auftritt, ergibt sich ein (durchaus statistisch signifikanter) fallender oder steigender Trend. Hochwassertrendanalysen sind deshalb vorsichtig zu interpretieren (grundsätzliche Diskussion in Merz et al. 2012).

Petrow und Merz (2009) analysierten die Hochwassertrends an 145 Abflusspegeln für Einzugsgebiete über 500 km^2 Fläche, die über ganz Deutschland verteilt sind. Sie ermittelten für diese Pegel folgende Hochwasserindikatoren: jährliche und saisonale Höchstabflüsse (jeweils ein Wert pro Jahr) sowie Hochwasserscheitelabflüsse, die vorgegebene Schwellenwerte überschritten. Dabei wurden auch die jährlichen Häufigkeiten dieser Überschreitungen sowohl für das Winter- als auch das Sommerhalbjahr betrachtet. Diese Analysen wurden für alle Pegel für den identischen Zeitraum von 1951 bis 2002 durchgeführt. Die Ergebnisse lassen sich wie folgt zusammenfassen:

– Die jährlichen Maxima der Tagesabflussmittelwerte zeigten an 28 % der insgesamt 145 Pegel signifikant zunehmende Trends, an nur zwei Pegeln waren fallende Trends zu beobachten. 23 % der Pegel zeigten einen steigenden Trend der Wintermaxima. Die Sommermaxima wiesen an jeweils 10 % der Pegel steigende bzw. fallende Trends auf. Bei der Interpretation dieser Prozentanteile muss beachtet werden, dass Hochwasserzeitreihen an benachbarten Pegeln häufig korreliert sind und somit per se ein ähnliches Trendverhalten aufweisen.

– Für die verschiedenen Hochwasserindikatoren und Flusseinzugsgebiete ergaben sich erhebliche Unterschiede. Die Einzugsgebiete der Donau und des Rheins beinhalten die meisten Pegel mit Trends, Weser und Elbe deutlich weniger. So wies etwa ein Drittel der Pegel im westlichen und südwestlichen Teil Deutschlands signifikant steigende Trends der jährlichen Höchstabflüsse auf, wogegen fast keine steigenden Trends in Ostdeutschland (Elbe) zu verzeichnen waren.

– Die Mehrheit aller Pegel in den verschiedenen Gebieten zeigten keine signifikanten Trends. Wenn signifikante Änderungen gefunden wurden, waren diese fast durchweg positiv, d. h., in diesen Fällen nahmen die Hochwasserscheitel bzw. -häufigkeiten zu.

– Interessant waren räumliche *cluster* sowie saisonale Differenzierungen von Trends: z. B. im Winter ausschließlich steigende Trends, im Sommer steigende und fallende Trends (◘ Abb. 10.1). Trends der Wintermaxima wurden insbesondere für Pegel in Mitteldeutschland gefunden. Die Sommerhochwasser zeigten in Süddeutschland einen zunehmenden, in Ostdeutschland einen abnehmenden Trend.

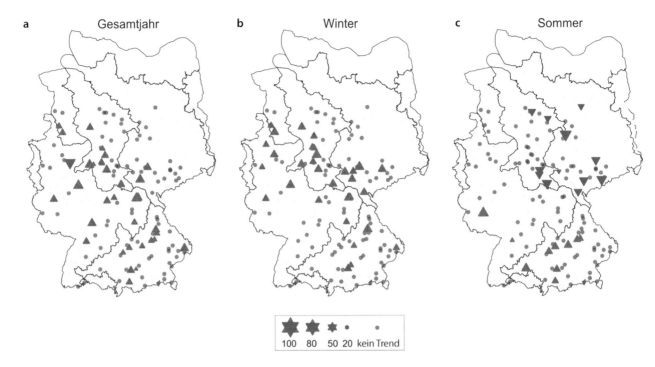

10

□ **Abb. 10.1**   Räumliche Verteilung von signifikanten Trends in Jahreshöchstabflüssen im Zeitraum 1950–2002. **a** Gesamtjahr, **b** Winter (November–März), **c** Sommer (April–Oktober). Dreiecke: signifikante Trends, graue Punkte: keine signifikanten Veränderungen, Größe der Dreiecke: Stärke des Trends, blau: abnehmender Trend, rot: ansteigender Trend. (Petrow und Merz 2009, geändert)

— Die räumliche und saisonale Konsistenz von Trends lässt auf großräumige und saisonal unterschiedliche Ursachen schließen. Daher vermuten Petrow und Merz (2009) die Klimavariabilität und/oder den Klimawandel als Ursache.

Diese Folgerung wurde durch zwei europaweite Studien zu Veränderungen von Hochwassersaisonalität (Blöschl et al. 2017) und Scheitelwerten (Blöschl et al. 2019) für die Periode 1960 bis 2010 bestätigt. Beide Studien fanden regionale, d. h. großräumige Muster, die durch die vorherrschenden Prozesse der Hochwasserentstehung erklärt werden können. Für Nordwestdeutschland zeigte sich beispielsweise ein späterer Eintritt der jährlichen Maximalabflüsse von wenigen Tagen bis zu zwei Wochen pro Dekade. Die Ergebnisse der regionalen Trends in Scheitelwerten (Blöschl et al. 2019) stimmen für Deutschland mit den Analysen von Petrow und Merz (2009) überein, auch wenn die beiden Studien teilweise unterschiedliche Perioden und Pegel betrachten. Interessant ist, dass regionale Trends in Hochwassercharakteristika durch Änderungen der spezifischen hydro-klimatischen regionalen Charakteristika erklärt werden – trotz der vielfältigen nichtklimatischen Eingriffe in Einzugsgebieten und Flusssystemen.

Darüber hinaus fanden sich in einer weiteren europaweiten Studie (Kemter et al. 2020) durchweg positive Trends in der räumlichen Ausdehnung von Hochwasserereignissen für Deutschland für die Periode 1960 bis 2010. Als Ursache wurden Änderungen in der Hochwasserentstehung aufgrund des Klimawandels identifiziert. Diese Tendenz fällt in vielen Regionen in Deutschland, insbesondere im südlichen Teil Deutschlands, mit ansteigenden Trends in den Hochwasserscheitelwerten zusammen. Sollten sich diese gemeinsamen Trends fortsetzen, sind nicht nur höhere Flusshochwasser zu erwarten, sondern es werden auch größere Regionen gleichzeitig betroffen sein.

Die genannten Studien belegen, dass sich zwischen 1951 und 2010 die Hochwasserverhältnisse in einigen Einzugsgebieten in Deutschland verändert haben. Eine zeitliche Extrapolation dieser Trends ist trotz der großen Hochwasser in den Jahren 2005, 2006 und 2013 an Elbe und Donau nicht zulässig, da diese auch Teil von langfristigen zyklischen Schwankungen des Hochwasserregimes sein können (Schmocker-Fackel und Naef 2010).

■ **Attribution von Veränderungen des Hochwasserregimes über die Entwicklung der Großwetterlagen**

Insbesondere für große Flüsse besteht ein statistischer Zusammenhang zwischen den Häufigkeiten der Hochwasserereignisse und von Großwetterlagen. In Petrow et al. (2009) wird ein Zusammenhang zwischen den oben beschriebenen Trendänderungen und den täglichen Großwetterlagen über Europa nach Hess et al., Urhebern einer subjektiven Wetterlagenklassifizierung, untersucht (Gerstengarbe et al. 1999). Dazu wurde Deutschland in drei Regionen mit jeweils homogenem

Hochwasserregime zusammengefasst. Die potenziell hochwasserauslösenden Großwetterlagen (GWL) wurden für jede Region ermittelt und anschließend die Trends in Hochwasserindikatoren für jede Region mit Trends in Häufigkeit und Persistenz von GWL verglichen. Es lässt sich ein statistisch signifikanter Trend hin zu einer geringeren Vielfalt, dafür aber einer längeren Dauer der GWL beobachten. Dies gilt auch insbesondere für hochwasserauslösende GWL (Petrow et al. 2009). Dieser Anstieg der Anzahl und Andauer hochwasserträchtiger GWL kann als Ursache für den genannten Trend der zunehmenden Häufigkeit von Hochwasserereignissen im Winterhalbjahr in Deutschland interpretiert werden.

Diese Trendanalysen der GWL stützen die Hypothese, dass die Zunahme des (häufigen, also nicht extremen) Hochwasserauftretens klimatisch bedingt ist. Allerdings muss beachtet werden, dass Hochwasserzeitreihen auch längerfristige Fluktuationen zeigen können, sodass die Ergebnisse von Trendanalysen vom betrachteten Zeitraum abhängen. Hattermann et al. (2013) verglichen für denselben Zeitraum die Regionen, in denen die Hochwasser signifikant ansteigen, mit Trends in der jährlichen Häufigkeit von Tagen mit starken Niederschlägen (von mehr als 30 mm pro Tag) und zeigten, dass es hier eine deutliche regionale Übereinstimmung gab.

Eine weitere Möglichkeit, die beobachteten Ursachen einer Umweltänderung kausal zuzuordnen, ist die Anwendung von prozessbasierten Modellansätzen, welche die relevanten hydrologischen Prozesse im Modell integrieren. So betrieben Hattermann et al. (2013) für ganz Deutschland ein hydrologisches Modell (SWIM, *Soil and Water Integrated Model*; Krysanova et al. 1998) mit täglicher Auflösung für 1951 bis 2003. Dabei hielten sie die Landnutzung und die wasserwirtschaftlichen Einflüsse konstant und belegten durch die hohe Übereinstimmung zwischen beobachteten und simulierten Abflüssen (◙ Abb. 10.2), dass die Ursachen der durch Petrow und Merz (2009) ermittelten Trends in den jährlichen Hochwasserabflüssen für 1951 bis 2002 nicht in der Wasserbewirtschaftung und dem Landschaftswandel, sondern eher in Änderungen der meteorologischen Eingangsgrößen liegen.

Auch Hundecha und Merz (2012) untersuchten mit einer Modellierungsstudie acht deutsche Einzugsgebiete mit unterschiedlichen Hochwasserregimen für den Zeitraum von 1951 bis 2003. Mit einem Wettergenerator wurden sowohl stationäre als auch instationäre meteorologische Felder für Niederschlag und Temperatur erzeugt. Damit wurde das hydrologische Modell SWIM angetrieben, ohne Veränderungen in den Landnutzungs- oder anderen Modellparametern. Das Ergebnis: Wo die simulierten mit den beobachteten Hochwassertrends übereinstimmen, waren diese durch Veränderungen im Niederschlag bedingt. Temperaturänderungen waren dagegen untergeordnet. Allerdings konnten die beobachteten Hochwassertrends nicht in allen Fällen durch Klimaeinflüsse erklärt werden. Dann spielten vermutlich andere Ursachen eine wesentliche Rolle, etwa Änderungen in der Landnutzung oder im Flussbau.

■ **Modellierungsergebnisse zu künftigen Klimabedingungen**

Was die Modellierung zukünftiger Hochwasserereignisse betrifft, kann bislang nur auf vergleichsweise wenige wissenschaftliche Arbeiten zurückgegriffen werden. Ott et al. (2013) untersuchten den möglichen Einfluss des künftigen Klimawandels auf Hochwasser für den Zeitraum von 2021 bis 2050 in drei mesoskaligen Einzugsgebieten mit verschiedenen Hochwasserregimen: Ammer, Mulde und Ruhr. Als Basisklimaszenario wurde das SRES-Szenario A1B gewählt. Davon wurde ein (kleines) klimatologisch-hydrologisches Ensemble von zehn regionalen Simulationen abgeleitet, bestehend aus der Kombination zweier hydrologischer Modelle (WaSim und SWIM) mit zwei hochaufgelösten regionalen Klimamodellen (WRF und CLM) und den Ergebnissen von zwei globalen Klimamodellen mit insgesamt vier Realisationen – drei Realisationen mit ECHAM5 (E5R1 bis E5R3) und eine Realisation vom kanadischen Modell CCCma3 (C3). Die Ergebnisse (◙ Abb. 10.3) zeigen, dass die durch das Ensemble abgebildete Unsicherheit groß ist und mit der Saison und dem Einzugsgebiet variiert.

In einer Studie, in der für die großen deutschen Flussgebiete auf Basis verschiedener Klimaszenarien die künftige Auftretenswahrscheinlichkeit und Schadensentwicklung von Hochwasserereignissen an den großen Flüssen Deutschlands unter Klimaänderungsbedingungen modelliert wurde, kommen Hattermann et al. 2014 und 2016 zu dem Schluss, dass in allen Gebieten die Hochwasser und die damit verbundenen potenziellen Schäden in der zweiten Hälfte des 21. Jahrhunderts sowohl häufiger als auch verstärkt auftreten werden. So würde ein Hochwasser am Unterlauf der Elbe, welches unter heutigen Klimabedingungen ein statistisches Wiederkehrintervall von 50 Jahren aufweist, in etwa 50 Jahren ein Wiederkehrintervall von ca. 30 Jahren haben.

10.1.2 Ergebnisse für Flussgebiete in Südwest- und Süddeutschland

■ **Datenanalyse der Vergangenheit bis heute**
Im Kooperationsvorhaben KLIWA stehen die Ermittlung bisheriger Veränderungen des Klimas und des Wasserhaushalts sowie die Abschätzung der

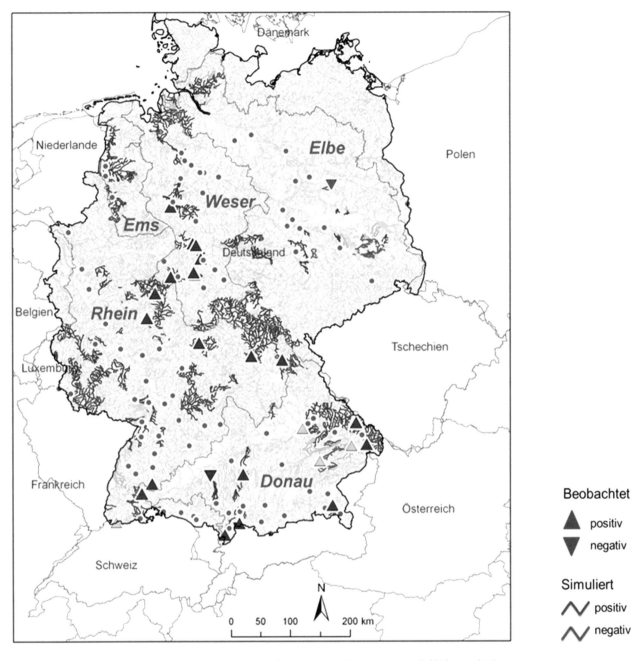

■ **Abb. 10.2**   Beobachtete und simulierte Hochwassertrends für 1951–2003. (Hattermann et al. 2012, geändert)

■ **Abb. 10.3** Simulierte Änderungen der Hochwasserabflüsse in zwei deutschen Flussgebieten (**a** Mulde, Sommerhalbjahr, **b** Mulde, Winterhalbjahr, **c** Ruhr, Winterhalbjahr). Gezeigt werden die relativen Unterschiede der Perioden 2021–2050 und 1971–2000, für Wiederkehrintervalle zwischen 1 und 50 Jahren. Die grau hinterlegten Bereiche markieren die Bandbreite für die Ensembleläufe. (Ott et al. 2013, geändert)

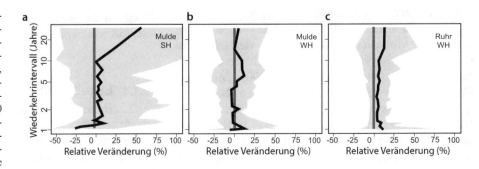

Auswirkungen möglicher zukünftiger Klimaveränderungen auf den Wasserhaushalt für Flüsse und Einzugsgebiete in Südwest- und Süddeutschland der Bundesländer Baden-Württemberg, Bayern und Rheinland-Pfalz im Vordergrund. Für die Analyse des Langzeitverhaltens der Hochwasserkennwerte dienten Zeitreihen der Monatshöchstwerte HQ(m) der Jahre 1932 bis 2020 von insgesamt 116 Pegeln an allen relevanten Flüssen in dieser Region (KLIWA 2021).

Für die Analyse des Langzeitverhaltens der jährlichen und halbjährlichen Abflusshöchstwerte eines Pegels wurden die monatlichen Höchstwerte des Abflusses zu Jahresserien für das hydrologische Jahr, das Sommer- und das Winterhalbjahr zusammengefasst. Für diese Serien wurde anschließend die langjährige Veränderung in Form von linearen Trends und deren statistischer Signifikanz ermittelt. Ein Trend liegt vor, wenn die Änderung des Abflussverhaltens im Mittel mindestens 5 % beträgt. Die Ergebnisse der Trenduntersuchungen sind für alle 116 Pegel in ◘ Tab. 10.1 zusammengefasst. Die Analyse für 1932 bis 2020 zeigt für 62 Pegel bezogen auf das Gesamtjahr einen ansteigenden Trend; 34 Pegel weisen eine Abnahme auf. Bei der Bewertung der Ergebnisse muss berücksichtigt werden, dass die Trends an den 62 Pegeln mit zunehmenden Trends lediglich bei 23 Pegeln,

also zu 37 % signifikant sind, bei einem relativ niedrig gewählten Signifikanzniveau von α ≥ 80 % (entsprechend einer Irrtumswahrscheinlichkeit ≤ 20 %). An den Pegeln mit abnehmenden Trends sind lediglich 26 % der Trends signifikant, 20 Pegel weisen keinen Trend auf.

Das hydrologische Winterhalbjahr zeigt mit zunehmenden Trends an 55 % der Pegel ein dem gesamten hydrologischen Jahr weitgehend ähnliches Verhalten. Etwa die Hälfte der zunehmenden Trends ist dabei signifikant. Im hydrologischen Sommerhalbjahr zeigen 45 % der Pegel ansteigende Trends der Hochwasserabflüsse, davon ungefähr die Hälfte (56 %) mit signifikanten Zunahmen. Bezogen auf die 116 betrachteten Pegel ist im Mittel der Anteil von Pegeln mit signifikant zunehmendem Trend (25 %) höher als von Pegeln mit abnehmendem Trend (8 %).

Bei der Betrachtung der einzelnen Bundesländer treten in Bayern und Baden-Württemberg nur geringfügige Unterschiede im Verhalten der Hochwasserabflüsse für den Zeitraum von 1932 bis 2020 auf: Während in Baden-Württemberg bis zu 70 % der Pegel Zunahmen im Gesamtjahr und Winterhalbjahr zeigen, sind dies in Bayern ca. 60 %. In Rheinland-Pfalz ergibt sich hingegen ein höherer Anteil mit Abnahmen. Dieser beträgt sowohl für das Winterhalbjahr als auch für das Sommerhalbjahr ca. 60 %.

◘ **Tab. 10.1** Überblick über das Trendverhalten der Hochwasserabflüsse an den 116 untersuchten Pegeln in Baden-Württemberg, Bayern und Rheinland-Pfalz im Zeitraum 1932–2020

Tendenzen	Anzahl der Pegel mit Trend	Anzahl der Pegel mit signifikantem Trend*	Prozentualer Anteil der Pegel mit Trend	Davon prozentualer Anteil der Pegel mit signifikantem Trend*
Hydrologisches Gesamtjahr (November–Oktober)				
Pegel mit abnehmenden Trend/**signifikant**	34	**9**	29	**26**
Pegel mit zunehmenden Trend/**signifikant**	62	**23**	53	**37**
Hydrologisches Winterhalbjahr (November–April)				
Pegel mit abnehmenden Trend/**signifikant**	39	**9**	34	**23**
Pegel mit zunehmenden Trend/**signifikant**	64	**34**	55	**53**
Hydrologisches Sommerhalbjahr (Mai–Oktober)				
Pegel mit abnehmenden Trend/**signifikant**	45	**9**	39	**20**
Pegel mit zunehmenden Trend/**signifikant**	52	**29**	45	**56**

* 80 % bzw. Irrtumswahrscheinlichkeit <20 %

10.1.3 Ergebnisse für den Rhein

■ **Analyse der Abflussdaten seit 1927**

Eine durch die globale Erwärmung bedingte Änderung des hydrologischen Regimes eines Flusssystems ist besonders bei durch Schnee geprägten (nivalen) Abflussregimetypen zu erwarten, da hier die zeitliche Verteilung der Abflüsse im Jahresverlauf von der Schneeschmelze (mit-)geprägt wird. Diese Frage ist auch für den Rhein sehr relevant, da dieser zu den am stärksten genutzten und bewirtschafteten Flüssen der Erde gehört und entlang des Flusslaufs Wirtschaftsgüter von sehr hohem Wert konzentriert sind. Im alpinen Teil des Rheineinzugsgebietes sind Schnee- und Eisschmelze die dominierenden Abflussbildungskomponenten, insbesondere bei Hochwasser. Außerhalb der Alpen ist es vor allem Regen, welcher ein Hochwasser im Flusssystem hervorruft, ein sogenanntes pluviales Hochwasserregime. Bereits im Hochrhein (zwischen Bodensee und Basel) beginnen sich nival und pluvial geprägte Abflüsse zu überlagern und das Abflussregime wird zunehmend komplex.

Statistische Analysen meteohydrologischer Daten weisen auf Veränderungen sowohl in nival als auch pluvial geprägten Abfussregimen im Rheingebiet hin. Neben dem Rückgang der winterlichen Schneedecke durch steigende Temperaturen nehmen zudem aber auch der Bau und Betrieb von Stauseen zur Stromproduktion aus Wasserkraft und veränderte Niederschlagscharakteristika Einfluss auf die Abflussregime, und zwar sowohl hinsichtlich Hochwasser- und Mittelwasser- als auch Niedrigwasserverhältnissen (Rottler et al. 2020, 2021a).

Sich in den letzten Jahrzehnten abzeichnende Klimaänderungseffekte von Temperatur und Niederschlag auf das Abflussregime des Rheins werden mit fortschreitender Klimaerwärmung weiter verstärkt. Allerdings sind diese Veränderungen oft komplex und müssen für Teilgebiete und Jahreszeiten einzeln untersucht werden.

Da am Rhein und seinen Nebenflüssen in den vergangenen Jahrzehnten und Jahrhunderten massive flussbauliche Veränderungen vorgenommen wurden, versuchten Vorogushyn und Merz (2013) die beobachteten Trends der Abflüsse am Rhein in einen Zusammenhang mit unterschiedlichen Umweltänderungen zu setzen. Sie untersuchten explizit den Einfluss von Flussbaumaßnahmen wie den Bau der Staustufen am Oberrhein mit umfangreichen Verlusten an Überflutungsflächen im Zeitraum von 1957 bis 1977 und den Einsatz von Poldern auf die beobachtete Veränderung von Jahresmaximalabflüssen im Zeitraum von 1952 bis 2009. Methodisch wurde diese Frage durch eine Homogenisierung der beobachteten Hochwasserzeitreihen am Rhein von Karlsruhe-Maxau bis zur deutsch-niederländischen Grenze angegangen: Es wurden Hochwasserzeitreihen am Rhein für die hypothetische Situation ohne Flussbaumaßnahmen abgeleitet. Anschließend wurden die Trends in den beobachteten und homogenisierten Hochwasserzeitreihen verglichen.

Die Ergebnisse zeigen, dass die homogenisierten Hochwasserzeitreihen nur unwesentlich reduzierte Trends gegenüber den Trends in den beobachteten Zeitreihen aufweisen (bis max. 15 % geringere relative Änderung). Vorogushyn und Merz (2013) schlussfolgern dazu, dass die Flussbaumaßnahmen nur einen geringen Einfluss auf die beobachteten Trends hatten. Ein Großteil der Veränderung sollte somit durch die Summe von Klima- und Landnutzungsänderungen sowie von Einflüssen der Wasserbaumaßnahmen am Rhein und an dessen Zuflüssen hervorgerufen werden. Dieses Ergebnis stützt somit die Hypothese von Petrow et al. (2009), wonach der Klimaeinfluss die Trends der Hochwasserabflüsse am Rhein dominiert. Diese Aussage gilt allerdings nur mit zwei Einschränkungen: Zum einen wurden die weitreichenden Flussbaumaßnahmen vor dem Zweiten Weltkrieg und im 19. Jahrhundert nicht in diese Analyse einbezogen. Zum anderen wirkt die Bereitstellung zusätzlichen Retentionsvolumens (Retention = Wasserrückhalt) nur abflussreduzierend bei sehr großen – d. h. seltenen – Ereignissen, also etwa bei einem Wiederkehrintervall von 50 bis 100 Jahren und darüber.

Umfangreiche Untersuchungen der Internationalen Hochwasserstudienkommission (HSK 1978) zeigen etwa für den Oberrhein, Pegel Maxau und Worms deutliche Einflüsse des Stauhaltungsbaus auf die Hochwasserdynamik. Der hier geführte Nachweis der Hochwasserverschärfung im Oberrhein als Folge des Oberrheinausbaus führte zu einer vertraglichen Vereinbarung zwischen Deutschland und Frankreich, die u. a. umfangreiche Retentionsmaßnahmen zur Kompensation der Hochwasserverschärfung durch den Oberrheinausbau vorsieht. Von denen waren bis 2020 über 60 % des vereinbarten Retentionsvolumens einsatzbereit. Auch detaillierte Untersuchungen der Internationalen Kommission zum Schutz des Rheins IKSR (2012) weisen auf den deutlichen Einfluss von Flussbau- und Retentionsmaßnahmen auf die Hochwasserverhältnisse am Rhein hin.

■ **Modellierungsergebnisse zu künftigen Klimabedingungen**

Hydrologische Modellsimulationen weisen darauf hin, dass zukünftige Veränderungen im Rheingebiet vor allem durch starke Rückgänge in der saisonalen Schneebedeckung und höheren Niederschlagsraten geprägt sein werden (Rottler et al. 2021b). Für den Hochrhein bis zum Pegel Basel bedeutet dies einen deutlichen Anstieg der Abflussspitzen im Winter, wenn höhere Temperaturen die Schneegrenze und die Schneeschmelze nach oben verschieben und mehr flüssiger Niederschlag zusammen mit der Schneeschmelze aus hohen Lagen direkt zum Abfluss gelangt (■ Abb. 10.4). Bei den bekannten hohen Schadenspotenzialen entlang des Rheins – insbesondere am Niederrhein – bedeutete selbst eine nur geringfügige Erhöhung der Auftretenswahrscheinlichkeit eines Extremhochwassers eine beachtliche Zunahme des Hochwasserrisikos. Es besteht jedoch auch die Möglichkeit, dass sich zunehmende Niederschlagsmengen und niedrigere Beiträge der Schneeschmelze zukünftig ausgleichen und sich Abflussspitzen nur gering und/oder vorübergehend intensivieren.

Im Projekt KLIWA werden auch Simulationen für die Abflussbedingungen im Rhein unter Klimabedingungen für die „nahe Zukunft" von 2021 bis 2050 durchgeführt (KLIWA 2018). Exemplarisch werden hier Ergebnisse bis zum Pegel Worms (Größe des Einzugsgebiets ca. 69.000 km²) gezeigt. Zur Simulation der Hydrologie wurde in einer 1-km²-Auflösung das Modellsystem LARSIM eingesetzt. Für die Hydrodynamik des Flusslaufs des Oberrheins zwischen Basel und Worms kam das sogenannte synoptische Rheinmodell zum Einsatz. Wie bereits dargelegt, ist zu beachten, dass das Abflussregime des Oberrheins aufgrund der Dominanz der Zuflüsse aus den schweizerischen Alpen nival geprägt ist, mit einem Abflussmaximum im Sommer. Dagegen sind die deutschen Zuflüsse, beispielsweise aus dem Schwarzwald, eher pluvial geprägt, mit einem Abflussmaximum im Winter.

■ Tab. 10.2 zeigt die mit dem regionalen Klimamodell CCLM ermittelten Klimaänderungssignale – Temperatur und Niederschlag – bis 2050 für drei CCLM-Realisationen auf Basis des Emissionsszenarios SRES A1B. Es ergibt sich eine Niederschlagsabnahme im Sommerhalbjahr und eine Zunahme im Winter (KLIWA 2013).

Die Ergebnisse für die mittleren monatlichen Hochwasserabflüsse auf Basis der genannten drei CCLM-Realisationen für das Szenario „Nahe Zukunft" (2021–2050), SRES A1B, sind in ■ Abb. 10.5 für den Pegel Worms dargestellt. Die Unterschiede zwischen den verschiedenen Realisationen von CCLM sind teilweise ausgeprägt. Zum Vergleich ist der mit meteorologischen Messdaten simulierte Ist-Zustand gezeigt (grüne Linie). Zudem sind auch frühere Ergebnisse auf Basis zweier Varianten des statistischen regionalen Klimamodells WETTREG eingetragen, die größere Abweichungen aufweisen. Bei dem noch eher nival geprägten Abflussregime des Rheinpegels Worms macht sich für die Zukunft auch der Einfluss des Neckars als zusätzliches pluviales Abflussregime bemerkbar. Dies zeigt sich dann an den höheren Abflüssen im Winterhalbjahr. Auf Basis der CCLM-Klimaprojektionen wurde im Winterhalbjahr eine Zunahme im Mittel um 8 %, im Sommerhalbjahr eine Abnahme um 4 % ermittelt (KLIWA 2013).

Die Abflusszeitreihen bis 2050 wurden extremwertstatistisch ausgewertet und den entsprechenden Ergeb-

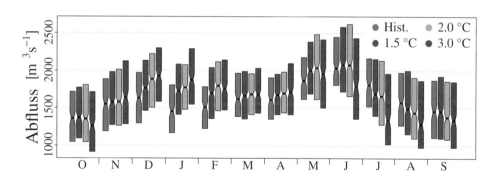

■ **Abb. 10.4** Monatsmaxima in Kubikmetern pro Sekunde (m³s–1) simulierter Tagesabflüsse im Jahresgang (Oktober–September) am Rhein, Pegel Basel, für unterschiedliche Erwärmungsszenarien (plus 1,5 oder 2 oder 3 °C). (Rottler et al. 2021b)

■ **Tab. 10.2** Veränderung von Temperatur und Niederschlag im Rheineinzugsgebiet bei Vergleich der Zukunft (2021–2050) mit dem Ist–Zustand (1971–2000) auf Basis von CCLM 4.8

ECHAM 5, A1B, CCLM 4.8	Sommerhalbjahr (Mai–Oktober)		Winterhalbjahr (November–April)	
	Temperatur (°C)	Niederschlag (%)	Temperatur (°C)	Niederschlag (%)
Realisation 1	+1,3	−3,8	+0,9	+7,6
Realisation 2	+1,2	−6,1	+1,3	+11,4
Realisation 3	+0,9	−2,2	+0,9	+3,1

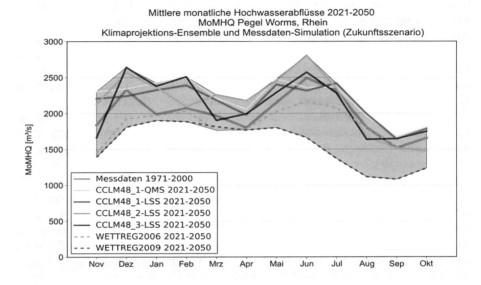

◘ Abb. 10.5 Mittlere monatliche Hochwasserabflüsse am Pegel Worms/Rhein beim Zukunftsszenario 2021–2050. (KLIWA 2013)

nissen des simulierten Ist-Zustands gegenübergestellt. In ◘ Abb. 10.6 sind für Hochwasserabflüsse unterschiedlicher Wiederkehrintervalle an verschiedenen Pegeln im Rheineinzugsgebiet die relativen Veränderungen zwischen simulierter Zukunft und simuliertem Ist-Zustand dargestellt (KLIWA 2013). Es ergibt sich meist eine Tendenz zu höheren Abflüssen, d. h., der Faktor auf der y-Achse ist größer als 1: Die Zunahme liegt beispielsweise beim HQ100 (100-jährliches Hochwasser) bei den Pegeln am Oberrhein mit nivalem Regime bei 3 bis 5 % (Basel, Maxau, Worms) im Bereich der statistischen Unschärfe und fällt somit geringer aus als bei den Pegeln mit pluvialem Regime, wie etwa beim Pegel Rockenau/Neckar mit 12 %.

Im Rahmen von KLIWA werden derzeit Abflüsse für das Rheineinzugsgebiet bis zum Pegel Köln für den Zeitraum bis 2100 simuliert. Dabei kommt ein Ensemble aus neun regionalen Klimaprojektionen mit dem Klimaänderungsszenario RCP8.5) zum Einsatz. Dieses sogenannte KLIWA-Ensemble wurde durch ein Klima-Auditverfahren festgelegt (BayLfU 2020).

10.1.4 Ergebnisse für das obere Elbegebiet

Das „obere Elbegebiet" umfasst hier den Mittelgebirgsteil des Elbegebiets – im Wesentlichen Riesen-, Erz- und Elstergebirge. Wenngleich Dresden damit streng genommen nicht zum Oberlauf des Flusses gehört, schließt die Betrachtung dennoch Hochwasser bis zum Elbepegel Dresden mit ein.

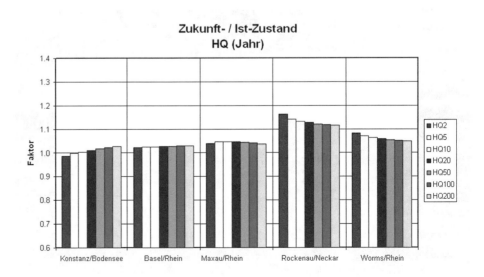

◘ Abb. 10.6 Extremwertstatistische Hochwasserauswertungen von Rhein und Neckar bis Worms. (KLIWA 2013)

- **Analyse der Abflussdaten der letzten 150 Jahre**

Die Jahreshöchstwerte des Durchflusses am Pegel Dresden zeigen über die letzten ca. 150 Jahre einen abnehmenden Trend (Kundzewicz und Menzel 2005; Menzel 2008). Dies könnte einerseits auf ein Klimasignal hindeuten., denn es ist bekannt, dass sich die Häufigkeit starker winterlicher Hochwasser in der Elbe in diesem Zeitraum verringert hat (Mudelsee et al. 2003). Dies könnte auf eine geringere Bedeutung von Schneeschmelze für die Hochwasserentstehung und einen Rückgang der winterlichen Eisbedeckung und der damit häufig verbundenen Eisstauereignisse durch wärmere Wintertemperaturen zurückgeführt werden. Andererseits hat sich durch Flusslaufverkürzungen und Begradigungen auch die Fließgeschwindigkeit der Elbe erhöht, was die Ausbildung einer winterlichen Eisdecke ebenfalls verzögert. Weiterhin reduzieren Kühlwasser- und Salzeinträge die Eisentstehung. Beides hat die Wahrscheinlichkeit des Auftretens von Eisstauhochwassern erheblich verringert. Während das Hochwasser von 1845 im März auftrat, also im Winterhalbjahr – wie der größte Teil der Elbehochwasser in den letzten Jahrhunderten –, handelte es sich bei den Hochwasserereignissen 2002 und 2013 um Sommerfluten. Solche extreme Sommerhochwasser kommen vor allem durch großräumige, langanhaltende und ergiebige Niederschläge im Mittelgebirgseinzugsgebiet der Elbe zustande. Diese werden durch advektive Wetterlagen, hier durch den großräumigen Transport warm-feuchter auf relativ kalte aufgleitende Luftmassen, bedingt. Sie werden verstärkt durch orografische Effekte, d. h., der Regen verstärkt sich durch Hebung der Luftmassen an Gebirgen. Wenn etwa Zugbahnen der sogenannten Vb-Zyklone (eine Wetterlage, die gekennzeichnet ist durch die Zugbahn eines Tiefdruckgebiets von Italien hinweg nordostwärts) die Quellgebiete von Elbe und Oder queren, können solche Konstellationen auftreten Kundzewicz et al. 2005). Ihre absolute Zahl ist jedoch so gering, dass sich daraus keine statistisch signifikanten Trends erkennen lassen. Somit ist an der Elbe bis zum Pegel Dresden in den letzten 150 Jahren bislang keine statistisch signifikante Erhöhung der Hochwasserhäufigkeit erkennbar.

- **Modellierungsergebnisse zu künftigen Klimabedingungen**

Bezüglich der zukünftigen Entwicklung der Abflussverhältnisse im oberen Elbegebiet ist zuerst auf die Zunahme der mittleren Lufttemperaturen hinzuweisen. Temperaturbedingt höhere Regenanteile an den Winterniederschlägen verändern das zeitliche Auftreten und die Höhe von Abflussspitzen bzw. von Hochwasserereignissen. Die Frühjahrsschmelze findet entweder zeitlich früher oder mangels Schneebedeckung kaum noch statt. Menzel (2008) hat anhand des Einzugsgebiets der Weißen Elster gezeigt, dass sich in

einem hydrologischen Szenario (Basis: statistisches *downscaling* und IPCC SRES A1-Szenario) die mittlere Schneedeckendauer für den Zeitraum von 2021 bis 2050 in diesem Gebiet gegenüber dem Referenzzeitraum von 1961 bis 1990 um ein Drittel verkürzt. Einer Erhöhung der winterlichen Abflüsse in den Mittelgebirgsregionen stehen verringerte Abflüsse infolge erhöhter Verdunstungsaktivität in den Sommermonaten gegenüber. Das wird vermutlich zu einem deutlicher ausgeprägt verlaufendem Jahresgang der Abflussregime der Elbe und ihrer Zuflüsse führen. Menzel und Bürger (2002) zeigen für das Einzugsgebiet der Mulde, dass dem gewählten Szenario zufolge (statistisches *downscaling* auf Basis des IPCC-Szenarios IS95a [ältere Version der SRES-Szenarien]) sowohl die mittleren Jahresabflüsse als auch die mittleren saisonalen Abflüsse zum Teil deutlich zurückgehen, was von Menzel (2008) für das Einzugsgebiet der Weißen Elster bestätigt wurde. Beide Studien beinhalten einen prognostizierten großräumigen Rückgang der Jahresmittel des Niederschlags, was auch von Christensen und Christensen (2003) ähnlich projiziert wird. Diese Aussagen betreffen die mittleren saisonalen Abflussverhältnisse.

Simulationen zum künftigen Auftreten von Starkniederschlägen sind in der für Hochwasserstudien erforderlichen räumlich-zeitlichen Auflösung derzeit kaum verfügbar und mit nicht quantifizierbaren Unsicherheiten behaftet (Bronstert et al. 2007), insbesondere für das gebirgige Einzugsgebiet der Elbe. Christensen und Christensen (2003) kommen in ihrer Untersuchung zu dem Ergebnis, dass in weiten Teilen Europas – so auch im oberen Elbeeinzugsgebiet – die zukünftigen Niederschlagsintensitäten in den Sommermonaten deutlich ansteigen könnten, auch wenn die mittleren Sommerniederschlagsmengen abnehmen. Zu ähnlichen Ergebnissen kommen Kundzewicz et al. (2005) für die Quellgebiete von Elbe, Oder und Weichsel. Sie argumentieren, dass potenziell hochwasserauslösende Vb-Zyklone in Zukunft noch intensivere Niederschläge als bisher liefern würden. Es bleibt allerdings offen, inwieweit diese möglicherweise zunehmenden Niederschlagsintensitäten das Hochwasserrisiko im oberen Elbegebiet verschärfen könnten oder ob ein genereller Trend zur Abnahme mittlerer Niederschlagsmengen die Häufigkeiten und Intensitäten von Hochwasser künftig reduziert. Hattermann et al. 2014 legen in ihrer Studie dar, dass die Häufigkeit von Hochwasserereignissen und dadurch bedingte potenzielle Schäden sich unter Klimawandelbedingungen im oberen Elbeeinzugsgebiet möglicherweise deutlich erhöhen wird. So könnte besonders in den Wintermonaten ein unter den heutigen Klimabedingungen 50-jährliches Hochwasser unter geänderten Bedingungen in der Szenarienperiode 2041 bis 2070 doppelt so häufig auftreten. Die durch die Klimaszenarien und die antreibenden regionalen Klimamodelle bedingten Unsicherheiten sind aber bei diesen Modellierungsstudien nach wie vor erheblich.

10.1.5 Ergebnisse für das Weser- und Emsgebiet

■ **Analyse der Abflussdaten der letzten 150 Jahre**

Analysen der Hochwasserentwicklung an der Weser zeigen, dass die maximalen jährlichen Abflüsse an den Quellflüssen Werra und Fulda zwischen 1950 und 2005 signifikant zugenommen haben (Petrow und Merz 2009; Bormann et al. 2011). Die Weserpegel flussabwärts bis zu den Pegeln Vlotho und Porta weisen für denselben Untersuchungszeitraum ebenfalls signifikant steigende Hochwasserabflüsse auf. Werden Beobachtungen mehrerer Dekaden vor 1950 bei der Trendanalyse berücksichtigt, sind diese Trends aber nur mehr schwach signifikant, wofür hier eine Irrtumswahrscheinlichkeit von >10 % angesetzt wird. Weiter flussabwärts führen die Zuflüsse aus östlicher Richtung von Aller und Leine zu einer abnehmenden Signifikanz der positiven Trends. Jahreszeitliche Analysen ergaben, dass die Weser durch die Zunahme von Winterhochwassern seit Mitte des 20. Jahrhunderts geprägt ist (Petrow und Merz 2009), was auch die Ergebnisse der gesamtjährlichen Analyse dominiert. Sommerliche Hochwasser zeigen für den analysierten Zeitraum keine zunehmende Tendenz.

Die Trends im Abflussverhalten zwischen 1950 und 2005 stehen in einem engen statistischen Zusammenhang mit einem veränderten Niederschlagsverhalten in den jeweiligen Einzugsgebieten (Bormann 2010). Die Winter sind durch zunehmende maximale Niederschläge geprägt, wie Haberlandt et al. (2010) sowohl für 24-h-Niederschläge als auch für 5-Tages-Niederschläge gezeigt haben. Diese Zunahme spiegelt sich in den Trends steigender Hochwasserabflüsse wider (Petrow und Merz 2009; Bormann et al. 2011).

Die Trends der Spitzenabflüsse an der Ems zeigen dieselben Muster wie die an der Weser. Winterhochwasser nahmen von 1951 bis 2002 am Oberlauf zu (Petrow und Merz 2009), während im Sommer kein Trend zu erkennen ist. Insgesamt führte dies zu einer statistisch signifikanten Zunahme der jährlichen Höchstabflüsse am Oberlauf (z. B. Pegel Greven, Bormann et al. 2011). Ähnlich wie am Rhein werden die Spitzenabflüsse allerdings auch von flussbaulichen Veränderungen beeinflusst (Busch et al. 1989; Bormann et al. 2011), die zum Teil zu einer Kompensation von Abflusstrends, an einigen Pegeln aber auch zu einer Verstärkung des Trends geführt haben (z. B. Pegel Rethem/Aller, Herrenhausen/Leine, Rheine/Ems).

Während die maximalen Hochwasserabflüsse der letzten 50 bis 60 Jahre vielfach steigende Trends aufweisen, zeigen Vergleiche mit Pegelmessungen aus dem 19. Jahrhundert und die Analyse längerer Datenreihen, dass die seit 1950 an der Weser aufgetretenen Hochwasserereignisse moderat im Vergleich zu historischen Hochwassern – vor allem aus der zweiten Hälfte des 19. Jahrhunderts – sind (Sturm et al. 2001; Mudelsee et al. 2006; Bormann et al. 2011, ❏ Abb. 10.7). Zwischen 1870 und 1890 tritt eine Häufung von Hochwasserereignissen auf, die die maximalen Abflüsse des 20. Jahrhunderts deutlich übertreffen. Diese Hochwasser wurden aber u. a. durch Eisstau hervorgerufen, was heute aufgrund des Klimawandels und anthropogener Einflüsse zunehmend unwahrscheinlich ist. Für die Ems liegen an keinem der verfügbaren Pegel entsprechende Datenlängen vor, sodass diese Aussage nicht direkt von der Weser auf die Ems übertragbar ist.

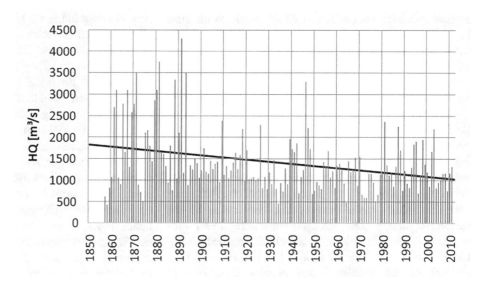

❏ **Abb. 10.7** Jährliche Abflussmaxima am Pegel Intschede (Weser) von 1857–2011 sowie der dazugehörige lineare Trend

- **Modellierungsergebnisse zu künftigen Klimabedingungen**

Dieser Abschnitt gibt eine Zusammenschau zum möglichen (projizierten) Einfluss der Klimaänderung auf die Hochwasserabflüsse im 15.000 km² großen Aller-Leine-Einzugsgebiet in Niedersachsen und im Flussgebiet der Ems (13.100 km², in Nordrhein-Westfalen und Niedersachsen). Die Ergebnisse stammen aus den niedersächsischen Forschungsprojekten KliBiW (NLWKN 2012) und KLIFF (NN 2013) sowie aus dem BMU-Forschungsprojekt KLEVER und dem aktuell (2020) noch laufenden WAKOS-Forschungsprojekt im RegIKlim-Programm des BMBF.

Als globale klimatische Ausgangsinformationen wurden Ergebnisse des globalen Klimamodells ECHAM5 genommen. Für die hier vorgestellten Untersuchungen wurden darauf basierend zwei dynamische *Downscaling*-Datensätze des regionalen Klimamodells REMO („BfG-Realisierung" und „UBA-Realisierung") (Jacob et al. 2008) und drei ausgewählte *Downscaling*-Ergebnisse des statistischen Modells WETTREG 2006 (Spekat et al. 2007) herangezogen. Es wurden jeweils 30-jährige Perioden aus dem Kontrolllauf (1971–2000), der das Klima des späten 20. Jahrhunderts widerspiegelt, und aus dem A1B-Zukunftsszenario („Nahe Zukunft": 2021–2050, „Ferne Zukunft": 2071–2100) verwendet. Die hydrologischen Simulationen erfolgten mit den Modellen PANTA RHEI (LWI-HYWA 2012) und einer modifizierten Version von HBV (SMHI 2008). Mit PANTA RHEI wurde eine flächendeckende Simulation für das Aller-Leine-Gebiet in Tageszeitschritten durchgeführt. Änderungssignale wurden für acht Referenzpegel mit vergleichsweise großen Einzugsgebieten (800–15.000 km²) analysiert, für die die Modelle validiert werden konnten. Zusätzlich wurden mit PANTA RHEI für sechs ausgewählte, vergleichsweise kleine Teilgebiete

(45–600 km²) und mit HBV für 41 Teilgebiete Simulationen in Stundenzeitschritten durchgeführt (Wallner et al. 2013). Die Modelle zeigten für die untersuchten Einzugsgebiete sowohl im Hinblick auf die Wasserbilanz als auch auf die Hochwasserstatistik (z. B. HQ, MHQ) eine gute Wiedergabe (NLWKN 2012) der Beobachtungen im Referenzzeitraum (1971–2000).

◘ Abb. 10.8 zeigt die simulierten Änderungssignale (relative Änderung zu den Bedingungen um die Jahrtausendwende) für die acht relativ großen Einzugsgebiete aus der Tageswertsimulation (PANTA RHEI) und für die sechs kleineren Gebiete aus der Stundenwertsimulation (PANTA RHEI und HBV) für zwei Zukunftszeiträume: für kleine Hochwasser (HQ5), die im statistischen Mittel alle 5 Jahre auftreten, sowie große Hochwasser (HQ100), die im statistischen Mittel einmal in 100 Jahren auftreten. Für die großen Einzugsgebiete werden relativ geringe Zunahmen der Hochwasser projiziert, wobei die HQ5 mit 10 und 16 % Zunahme (d. h. Änderungsfaktor 1,10 bzw. 1,16) prozentual etwas stärker zunehmen als die HQ100 mit 5 und 8 %. Die Spannweite der Änderung über alle Realisationen und Einzugsgebiete sind insgesamt sehr groß. Für die kleineren Einzugsgebiete werden etwas stärkere Zunahmen projiziert, wobei hier die Änderung der HQ100 mit 15 und 38 % bedeutender ist als die der HQ5 mit 15 und 31 %. Die große Spannweite zeigt jedoch, dass die Unsicherheit von Projektionen für die kleinen Gebiete deutlich höher ist als für die großen.

Die Ergebnisse zeigen eine projizierte Zunahme der Hochwasserabflüsse im Aller-Leine-Gebiet, die physikalisch plausibel ist und mit projizierten Änderungen des Niederschlags korrespondiert. Die Anzahl der hier untersuchten Realisationen (unter anderem: nur ein globales Klimamodell, ein Klimaszenario) ist jedoch zu gering, um daraus konkrete Anpassungsmaßnahmen ableiten zu können.

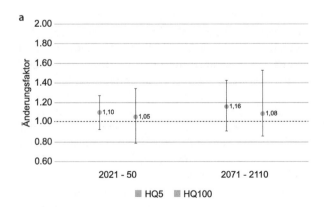
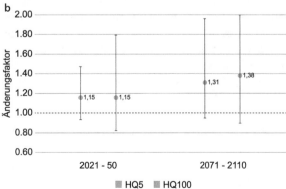

◘ **Abb. 10.8** Projiziertes Änderungssignal für häufige/kleine (HQ5) und seltene/große (HQ100) Hochwasser im Aller-Leine-Flussgebiet. Dargestellt sind die simulierten Änderungsfaktoren für die Perioden 2021–2050 und 2071–2100 gegenüber den Bedingungen um die Jahrtausendwende. **a** Mittelwerte für acht relativ große Teilgebiete, **b** Mittelwerte für sechs kleine Einzugsgebiete

Neue Modellprojektionen für Teileinzugsgebiete der Ems weisen darauf hin, dass sowohl die mittleren Abflussraten in den Wintermonaten als auch die Häufigkeit von Extremereignissen bis Ende des 21. Jahrhunderts zunehmen werden. Bormann et al. (2018) modellierten die besonderen Hochwasserbedingungen des nordwestdeutschen küstennahen Tieflandes, welche durch saisonal hohe Grundwasserstände, dadurch geringe Kapazitäten zur Aufnahme von Regenwasser sowie durch tidebedingt fluktuierende reduzierte Abflussraten in das Meer (sog. Sielkapazitäten) gekennzeichnet sind. Die Simulationen für das Gebiet des 1. Entwässerungsverbandes Emden, als typisches Einzugsgebiet des nordwestdeutschen Küstenraums, für ausgewählte SRES-Szenarien (A1B, A2, B1) sowie die RCP8.5- und -4.5-Szenarien ergaben Zunahmen der Abflüsse in den Abflussstarken Wintermonaten um bis zu 25 % für den Zeithorizont am Ende dieses Jahrhunderts (2071–2100). Nach Spiekermann et al. (2018) ist in diesem küstennahen Gebiet für denselben Zeithorizont zudem mit einer Verdopplung der Häufigkeiten extremer großflächiger Überstauungen infolge der kombinierten Wirkung von Starkniederschlägen, Reduktion der Wasseraufnahme und verringerten Sielkapazitäten aufgrund des erwarteten Meeresspiegelanstiegs zu rechnen.

10.1.6 Ergebnisse für das deutsche Donaugebiet

■ **Analyse der Abflussdaten der letzten 90 Jahre**
In Bezug auf Hochwasserabflüsse lassen sich für den Zeitraum von 1932 bis 2015 an über 40 % der Pegel des Donauraumes, vor allem entlang der Donau selbst und im Südosten Bayerns, signifikante Zunahmen und an ca. 6 % der Pegel signifikante Abnahmen der jährlich höchsten Abflussmenge nachweisen (FGG Donau 2020). Zudem wurden im letzten Jahrzehnt Rekordwasserstände an wichtigen Pegeln der deutschen Donau gemessen: Am Pegel Passau/Donau wurde z. B. am Abend des 3. Juni 2013 ein neuer Rekordpegel von beinahe 13 m gemessen, rund 70 cm höher als beim Donauhochwasser 1954 (damals circa 12,20 m), dem bis dahin größten Donauhochwasser des 20. Jahrhunderts (KLIWA 2016).

■ **Modellierungsergebnisse zu künftigen Klimabedingungen.**
Hinsichtlich der zukünftigen Hochwassersituation liegen zum einen Modellierungsanalysen der Flussgebietsgemeinschaft Donau mit den Klimaszenarien des 4. IPCC-Berichts als Basis vor (FGG Donau 2020). Demnach zeichnen sich über das gesamte Jahr bis in die „ferne Zukunft" (Szenarienzeitraum 2070–2100) gegen-

über dem Referenzzeitraum (1971–2000) unterschiedlich starke Entwicklungen ab.

An den Donaupegeln und ihrer nördlichen Zuflüsse zeigen die Modellergebnisse im Mittel Zunahmen der Hochwasserabflüsse. Südlich der Donau werden ebenfalls Zunahmen in der „nahen Zukunft" (Szenarienzeitraum 2030–2060) projiziert. Auf Basis dieser Szenarienbedingungen und Modellierungsanalysen schwächen sich dann diese Zunahmen zum Ende des Jahrhunderts jedoch ab oder verkehren sich vereinzelt sogar zu Abnahmen. Im hydrologischen Winterhalbjahr zeigen besonders die Pegel an den südlichen Donauzuflüssen eine zunehmende Tendenz. Dies trifft auch für die Pegel direkt an der Donau zu. An den nördlichen Donauzuflüssen ergeben sich keine einheitlichen Signale. Im hydrologischen Sommerhalbjahr fällt für die Regionen nördlich der Donau eine klare Zunahme auf, die deutlicher ausfällt als an den Pegeln entlang oder südlich der Donau.

Zum anderen führten Hattermann et al. (2018) eine Szenarien- und Modellierungsstudie für das gesamte internationale Donaugebiet durch. Im Folgenden werden hier die Ergebnisse für das deutsche Teilgebiet zusammengefasst. Es wurden mithilfe eines Wettergenerators lange synthetische Zeitreihen von Wettervariablen in täglicher Auflösung für das Donaueinzugsgebiet generiert, und zwar sowohl für historische als auch für zukünftige Klimabedingungen. Diese generierten Zeitreihen sollen die Wetter- und Klimabedingungen der jeweiligen Periode repräsentieren. Es lassen sich zudem mit diesem stochastischen Wettergeneratorverfahren eine große Anzahl „typischer Wetterbedingungen" (Ensembles) erzeugen, und somit erhält man auch eine größere Anzahl von hydrometeorologischen Extrema und damit eine breite statistische Basis für die Analyse von Hochwasserereignissen sowie für eine nachfolgende Extremwertstatistik.

Unter Verwendung dieser Klimarandbedingungen wurden dann mithilfe des räumlich verteilten hydrologischen Modells SWIM Abflusszeitreihen für alle Teileinzugsgebiete der Donau simuliert und auf deren Basis die Werte der 100-jährlichen Hochwasserabflüsse geschätzt, wie in ◘ Abb. 10.9 (oben) exemplarisch für das RCP-8.5-Szenario und den Zeitraum von 2020 bis 2049 dargestellt: Aus den Ensemble-Simulationen resultiert, dass ein heutiges 100-jährliches Hochwasser im Donau-Einzugsgebiet bis Budapest mit einigen Ausnahmen im Nordosten des Einzugsgebietes schon im Zeitraum von 2020 bis 2049 häufiger auftreten wird, beispielsweise im deutschen Teil des Einzugsgebiets im statistischen Mittel alle 20 bis 40 Jahre und im österreichischen und ungarischen Teil alle 40 bis 60 Jahre. Exemplarisch wird die Hochwasserstatistik in ◘ Abb. 10.9 (unten) für das Einzugsgebiet bis zum Donaupegel Achleiten an der deutsch-österreichischen Grenze dargestellt, wobei auch hier deutlich wird, dass

◻ Abb. 10.9 Simulierte Änderung der Jährlichkeit eines heutigen 100-jährlichen Hochwassers im deutschen Donaugebiet (Pegel Achleiten) nach dem RCP8.5-Szenario. Ensemble-Medianwerte für den Zeitraum 2020–2049. 100-jährliche Hochwasserereignisse treten häufiger in den blau gekennzeichneten und seltener in den rot gekennzeichneten Abschnitten auf

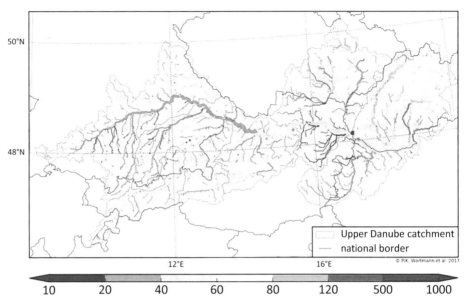

Zukünftiges Wiederkehrinterval eines historischen 100-jährlichen HWs

trotz Szenarien- und Modellunsicherheit die Hochwasserwahrscheinlichkeit mit fortschreitendem Klimawandel ansteigt.

10.2 Konvektive Starkregen und daraus resultierende Sturzfluten

10.2.1 Spezifika von Sturzfluten

Sturzfluten sind plötzlich eintretende Hochwasserereignisse, die typischerweise durch kleinräumige, konvektive Starkregenereignisse ausgelöst werden. Solche Ereignisse gibt es auf der Erde in vielen Regionen. Da konvektive, labilisierende atmosphärische Bedingungen eher bei warmen Lufttemperaturen auftreten und warme, aufsteigende Luft dann relativ viel Wasserdampf beinhalten kann, sind warme Regionen oder Jahreszeiten besonders von diesen Ereignissen betroffen. Aus dem positiven Zusammenhang zwischen Lufttemperatur und Wasseraufnahmekapazität/der Luft lässt sich zudem ableiten, dass eine globale Erwärmung auch vermehrt solche Ereignisse mit sich bringt. Die daraus entstehenden Starkregen und Hochwasser („Sturzfluten") können aufgrund der Plötzlichkeit und Stärke der Abflussraten schwere Schäden und mitunter auch Todesfälle verursachen. Historische Aufzeichnungen über Starkniederschläge, welche Sturzfluten und schwere Schäden verursachten, finden sich hauptsächlich im deutschen Sprachraum unter den Stichworten „Hochwasser", „Unwetter„ oder „Sturzflut". So verursachten Starkregen, beispielsweise die sog. Thüringer Sintflut 1613, verschiedene Sturzfluten

im Müglitztal, Osterzgebirge, in den Jahren 1897, 1927 und 2002, eine Sturzflut in Apolda, Thüringen, im Jahr 1909 sowie eine Sturzflut in Cröffelbach, Baden Württemberg, im Jahr 1927. Die letzten schweren Ereignisse traten u. a. 2014 in Münster, 2016 in Braunsbach, Baden- Württemberg und Simbach, Bayern, sowie 2017 in Berlin und Brandenburg auf. Das kürzlich – im Juli 2021 – in der Eifel und den angrenzenden Regionen aufgetretene katastrophale Hochwasserereignis kann als relativ großräumige Sturzflut bezeichnet werden. Das heißt, dass einerseits die örtlich aufgetretenen Niederschlagsintensitäten sehr hoch waren, dass die räumliche Ausdehnung dieser Extremniederschläge aber auch ungewöhnlich groß war. Hier liegt also die Kombination einer Sturzflut mit einem großräumigen Hochwasserereignis vor.

Kleinräumige Sturzfluten lassen sich nur selten und mit großer Unsicherheit erfassen, da sie sehr plötzlich, kurz andauernd, und räumlich begrenzt auftreten. Gleichwohl, falls Siedlungsgebiete von den Auswirkungen betroffen sind, verursachen Sturzfluten große Schäden, wie etwa eine Reihe dieser Ereignisse im Süden Deutschlands im Jahr 2016 zeigte (Bronstert et al. 2018). Sie werden gegenüber Hochwasser in größeren Flüssen durch die Zeit der Verzögerung zwischen dem auslösenden Niederschlagsereignis und dem Eintreten des Hochwasserscheitels abgegrenzt („Reaktionszeit"). Von Sturzfluten wird typischerweise bei einer Reaktionszeit von nicht mehr als 6 h gesprochen (Borga et al. 2011). Sie treten in Gebieten kleiner als ca. 500 km^2 auf, insbesondere in gebirgigen/deutlich reliefierten und urbanen Räumen: Dort ist die Aufnahmefähigkeit des Bodens eher gering. Zudem begünstigen geringe Oberflächenrauigkeiten und die kurzen Fließwege in kleinen Gebieten, zum Teil mit stark geneigten Hängen, eine rasche Abflusskonzentration. Die besondere Gefährdung, die von Sturzfluten ausgeht, wird durch folgende Merkmale geprägt:

- **Geringe Vorwarnzeit:** Die Vorwarnzeit ist bei Sturzfluten *per definitionem* sehr kurz. Die Vorwarnung wird nicht nur durch die rasche Reaktion des Abflusses erschwert, sondern auch durch Probleme bei der Erfassung und Vorhersage der auslösenden Niederschlagsereignisse. Damit sind die Handlungsoptionen zur Einleitung von Gegenmaßnahmen begrenzt. Jonkman (2005) konnte zeigen, dass die Mortalitätsrate, berechnet aus der Zahl der Todesfälle geteilt durch die Zahl der Betroffenen, bei Sturzfluten deutlich größer ist als bei Flusshochwasserereignissen.
- **Hohe Fließgeschwindigkeiten:** Die für Quelleinzugsgebiete typische hohe Reliefenergie führt zusammen mit extremen Abflüssen nicht nur im Gerinne selbst, sondern auch in Überflutungsbereichen zu sehr hohen Fließgeschwindigkeiten. Zusammen mit der großen Menge und Geschwindigkeit des mitgeführten Materials führt dies potenziell zu extremen Schäden an Gebäuden und der Infrastruktur.
- **Singuläres (chaotisches) Verhalten:** Das Ausuferungs- und Überflutungsverhalten ist bei Sturzfluten schwer vorhersagbar und wird oft durch singuläre Gegebenheiten maßgeblich beeinflusst. Ein typisches Beispiel dafür sind Reduktion oder gar Verschlüsse des Abflussquerschnittes durch Treibgut bzw. Feststoffablagerungen (sog. Verklausungen) an Brücken oder sonstigen Verengungen, die je nach Menge und Beschaffenheit des mitgeführten Materials zu spontanem Rückstau und Änderungen des Fließweges führen können. Spontane Wiederauflösungen derartiger Hindernisse können darüber hinaus zu einer massiven Verstärkung der Abflussspitzen führen.

Daher ist es viel schwieriger, Sturzfluten zu erfassen als Flussüberschwemmungen. Insofern liegen nur wenige fundierte Aussagen zu zeitlichen Veränderungen der Sturzflutgefährdung vor, und es ist nicht möglich, eine regionale Differenzierung wie bei den Flussüberschwemmungen vorzunehmen.

10.2.2 Datenanalyse zur Entwicklung von hochintensiven Starkregenereignissen

In einer Studie berichten Müller und Pfister (2011) über die Analyse langer Niederschlagszeitreihen, die für acht Stationen im Emscher-Lippe-Gebiet in Nordrhein-Westfalen in einer außergewöhnlich hohen zeitlichen Auflösung (1 min) für die letzten 70 Jahre

(1940er-Jahre bis 2009) zur Verfügung standen. Aus diesen Datenreihen wurden Ereignisse mit Dauern von 1 min bis 30 min herausgefiltert, die jeweils Niederschlagsmengen von 1 bis 10 mm überschritten. Ereignisse über einem Schwellenwert der Niederschlagsintensität von 0,3 mm/min bzw. >20 mm/h wurden hinsichtlich Trends und Änderungen statistisch untersucht. Die Ergebnisse zeigen, dass für alle untersuchten Stationen die Anzahl dieser kurz andauernden Niederschlagsereignisse mit starken Intensitäten in den letzten Jahrzehnten zugenommen hat. Diese Trends haben sich in den letzten 35 Jahren noch ausgeprägter gezeigt als in der Zeit davor. Die Trendzunahme war besonders in den Sommermonaten von Juli bis September stark klar erkennbar Diese Studie belegte zum ersten Mal quantitativ, dass sich das Auftreten solcher hoch intensiven Regenereignisse im Untersuchungsgebiet deutlich verstärkt hat. In einer neuen Studie von Bürger et al. 2021 wurde auf Basis einer ähnlichen Datengrundlage für 21 Stationen in NRW der langjährige (1930er-Jahre bis heute) Trend der 10-minütigen Starkregenintensitäten analysiert. Die statistische Auswertung fand u. a. für die Anzahl der Ereignisse/Jahr für Regenmengen >5 mm/10 min und für die Regenmenge eines dreijährlichen Ereignisses der Zehn-Minuten-Dauerstufe statt. Diese Auswahl erlaubt sowohl eine Darstellung zeitlich sich ändernder Extremwertstatistiken als auch von deren langfristigen Trends.

In ◻ Abb. 10.10 sind die Ergebnisse der über alle 21 Stationen gemittelten Statistiken dargestellt, zusammen mit der Temperatur. Für den Zeitraum von 1931 bis 2016 ergeben sich positive Jahrhunderttrends sowohl für die Anzahl der Ereignisse (+37 % über 100 Jahre bei einem Signifikanzniveau von $p < 0,01$) als auch für den Wert der dreijährlichen Starkniederschläge (+11 %, $p < 0,04$); die mittlere Erwärmung beträgt hier +1,6 °C pro Jahrhundert. Ähnliche Analysen wurden von Bürger et al. (2021) auch für Daten aus Österreich und der Schweiz durchgeführt. Das Ergebnis solcher Studien ist umso bemerkenswerter, da durch die reine Stationsmessung aufgrund der geringen räumlichen Ausdehnung der Starkregenzellen und der geringen räumlichen Dichte des Stationsnetzes viele Starkniederschläge in vielen Regionen gar nicht erfasst werden können. Um diesem Problem zu begegnen, hat der deutsche. Wetterdienst im Rahmen des Projekts „Radarklimatologie" ein Verfahren zur Kombination von Radar- und Stationsmessdaten entwickelt (Winterradt et al. 2019). Damit können Starkniederschläge seit 2001 flächendeckend und räumlich und zeitlich hochauflösend (1 × 1 km, 1 h) für Deutschland erfasst werden. Mit diesen Daten konnte schon gezeigt werden, dass Starkregenereignisse kurzer Dauerstufen losgelöst von der Orografie seit 2001 in allen Regionen Deutschlands gleichermaßen aufgetreten sind. Trends sind aufgrund der relativ kurzen Zeitreihe noch nicht verlässlich extrahierbar.

◻ Abb. 10.10 Entwicklung der Starkregenintensitäten für (maximal) 21 Stationen in NRW. **a** Jährliche Entwicklung der Anzahl extremer Ereignisse, an denen eine Überschreitung (ÜS > 5 mm/10 min, gemittelt über alle Stationen) vorlag (durchgezogene Linie), mit Trend (gestrichelt). Zum Vergleich die Zahl der verfügbaren Stationen (schwarz gestrichelt). **b** Entwicklung des Extremregens mit einer Dauerstufe von 10 Minuten, Jährlichkeit (WN) 3 Jahre (durchgezogene Linie), mit Trend (gestrichelt). **c** Temperaturentwicklung (1,6 K entspricht 1,6 °C). Zum Vergleich die Zahl der verfügbaren Stationen (schwarz gestrichelt). (Müller und Pfister 2011)

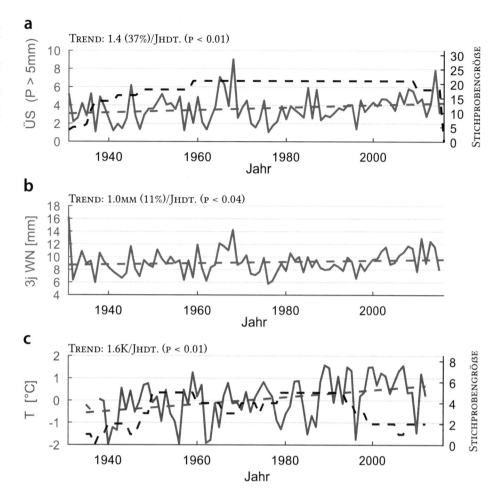

Zwei weitere Studien analysierten denselben Datensatz: Die Studie von Fiener et al. (2013) für das gleiche Untersuchungsgebiet bestätigt die Kernaussagen, dass der erosionsrelevante Starkregen seit Mitte der 1970er-Jahre signifikant zunimmt; in ihrer Studie gehen sie von einer Zunahme von 21 % pro Jahrzehnt aus. In der Analyse von 5-Mimuten-Dauerstufen der ExUS-Studie (NRW 2010) wurden keine statistisch signifikanten Trends für das Auftreten von Extremereignissen in ihrem Analysezeitraum von 1950 bis 2008 gefunden; eine nach Zeiträumen differenzierte Analyse erfolgte in dieser Studie nicht.

Für die Stadtentwässerung kann der Anstieg dieser Starkregen von Bedeutung sein. In der bisherigen Kanalbemessung wird typischerweise eine Dauerstufe von 15 min für den Konzentrationszeitraum von Abflussspitzen eingesetzt. Es bleibt zu überprüfen, inwiefern Starkregen von geringerer Dauerstufe, aber dafür sehr starken Intensitäten in Zukunft etwa bei der Kanalnetzplanung in der Siedlungsentwässerung berücksichtigt werden müssen. Für landwirtschaftlich genutzte Flächen könnte ein vermehrtes Auftreten an erosionsrelevanten Starkregen zu einem Anstieg der Bodenerosionserscheinungen an Hängen, einem Auslaugen der Böden, verstärkten Ausspülen von Nähr-

und Schadstoffen und einer Verlagerung dieser Stoffe in die Oberflächengewässer mit entsprechend negativen Auswirkungen auf die Gewässerökologie führen. Um diese Aussage zu überprüfen, ist die zuvor genannte Radarklimatologie eine vielversprechende Ergänzung zu Stationsdaten. Des Weiteren sind Untersuchungen erforderlich, inwieweit die Entstehungsmechanismen von Niederschlägen und ggf. dazugehörigen Wetterlagen, die Starkregen der beschriebenen Intensitäts- und Dauerstufen ermöglichen, durch eine weitere Klimaerwärmung beeinflusst werden.

10.2.3 Zur künftigen Entwicklung von hoch intensiven Starkregenereignissen

Um zukünftige Auswirkungen des Klimawandels auf die Häufigkeit und Amplitude von Sturzflutereignissen zu ermitteln, bedürfte es Niederschlagsprojektionen für kurze Dauerstufen kleiner als einer Stunde. Derartige Projektionen sind auf Grundlage gegenwärtiger Simulationsmodelle noch kaum verfügbar. So betrachtet beispielsweise eine Auswertung im Rahmen einer ressortübergreifenden Behördenallianz (DWD 2012) lediglich extreme Niederschläge auf Tagesbasis. Ergänzend zur Betrachtung simulierter Niederschlagshöhen aus Klimamodellen hat sich in den vergangenen Jahren eine neue Perspektive entwickelt: die Betrachtung der Abhängigkeit extremer Niederschläge kurzer Dauer von der Lufttemperatur. Grundsätzlich hängt der Einfluss der Lufttemperatur auf den Niederschlag stark von der betrachteten zeitlich-räumlichen Skala ab. Der globale Gesamtniederschlag nimmt im Mittel um etwa 3 % pro Grad Erwärmung zu und ist im Wesentlichen über den latenten Wärmefluss, also in erster Linie Verdunstung und Kondensation, beschränkt (Allen und Ingram 2002). Der Zusammenhang zwischen extremen lokalen Niederschlägen und der Lufttemperatur scheint hingegen deutlich stärker ausgeprägt zu sein. Aus langjährigen Beobachtungsreihen in Westeuropa (Lenderink und van Meijgaard 2008), Deutschland (u. a. Haerter und Berg 2009; Haerter et al. 2010; Bürger et al. 2014) und anderen Kontinenten (Panthou et al. 2014 für Kanada, Mishra et al. 2012 für die USA, Hardwick Jones et al. 2010 für Australien) ergaben sich für Extremintensitäten des stündlichen Niederschlags Werte, die recht gut durch die Clausius-Clapeyron-Beziehung beschrieben werden. Diese besagt – verkürzt –, dass die extremen Regenintensitäten kurzer Dauer nur durch den maximalen Feuchtigkeitsgehalt der Atmosphäre bestimmt werden, welcher seinerseits exponenziell mit der Temperatur zunimmt. Wahrscheinlich variiert der Zusammenhang zwischen Temperatur und Extremniederschlag auch auf subtäglicher Skala (Loriaux et al. 2013) und ist ferner abhängig von der Wetterlage und von den regionalen hydroklimatischen Bedingungen.

Dadurch bietet sich eine neue Perspektive, aus Projektionen über die zukünftige Erwärmung auch Veränderungen zukünftiger Niederschlagsextreme kurzer Dauerstufen abzuleiten. So werden gegenwärtig Ansätze entwickelt, die genannten Beziehungen direkt auf globale Klimaprojektionen anzuwenden und Abschätzungen für zukünftiges Kurzfristverhalten zu gewinnen (Bürger et al. 2014). Aber auch die Möglichkeiten regionaler dynamischer Klimamodellierung zur plausiblen Wiedergabe solcher Starkregenintensitäten, auch in Abhängigkeit von der Lufttemperatur, haben sich verbessert, wie etwa eine neue Studie von Vergara-Temprado et al. (2021) für das Gebiet der Schweiz zeigt.

10.2.4 Pluviale urbane Hochwasser als Folge konvektiver Starkregenereignisse

Pluviale urbane Hochwasser sind Überschwemmungen bzw. Einstauereignisse, die direkt aus Starkregenereignissen in urbanen Gebieten bzw. Ortschaften entstehen

ohne vorherige Abflusskonzentration in einem Fließgewässersystem. Sie können prinzipiell überall auftreten, wo es konvektive, hochintensive Starkniederschläge gibt. Die Lage des Gebietes innerhalb des Einzugsgebietes und die Entfernung zu einem Fluss hat vergleichsweise geringeren Einfluss. Daher ist eine Analyse für die Risiken aus pluvialen urbanen Hochwasserereignissen und ein entsprechendes Management für jede Kommune angeraten. Für die Entstehung eines pluvialen Hochwassers ist zum einen die Intensität des Starkregens verantwortlich, zum anderen auch der Anteil der versiegelten Flächen und die Wasserableitungs- und Wasserspeicherkapazität des Abwasserkanalsystems. Daher ist für die beobachtete Häufung von pluvialen Hochwassern in den letzten Jahrzehnten nicht alleine die in 10.2.2 beschriebene Häufung von Starkregenereignissen in Deutschland verantwortlich, sondern dazu kann auch eine örtliche zunehmende Versiegelung der urbanen Räume oder zunehmende Verdichtung von Bodenoberflächen beigetragen haben. Natürlich ist für das letztliche Hochwasserrisiko auch eine eventuelle Zunahme des Schadenspotenzials sehr relevant. Detaillierte Studien zur Ausdifferenzierung der für zunehmende pluviale urbane Ereignisse und dadurch verursachte Schäden verantwortlichen Faktoren existierten in der Literatur allerdings bislang nur vereinzelt. Kaspersen et al. (2017) haben jedoch eine Studie zur pluvialen Hochwassergefährdung für drei mitteleuropäische Städte – Wien, Odense und Straßburg – durchgeführt, deren Ergebnisse auch für deutsche Kommunen aufgrund der ähnlichen klimatischen und städtebaulichen Verhältnisse relevant sein dürften. In dieser Studie wurde die Änderung der Starkniederschläge über die Auswertung von zehn regionalen CORDEX-Klimasimulationen für den Referenzzeitraum von 1986 bis 2005 im Vergleich zum Zeitraum von 2081 bis 2100 mittels Extremwertstatistik abgeschätzt, jeweils für das „milde" Klimaszenario RCP4.5 (+1,8 °C in 2100) und das extreme Szenario RCP8.5 (+3,7 °C in 2100). Die horizontale Auflösung der regionalen Klimamodelle betrug hierbei 50 km, für solche Ereignisse also sehr grob. Das bedeutet, dass sehr kleinräumige konvektive Ereignisse mit Dauern von unter einer Stunde, wie in 10.2.3 beschrieben, nicht berücksichtigt wurden.

Bei der Auswertung der Simulationen zeigte sich, dass sich im Mittel über alle Klimamodelle die Intensitäten der Starkregenereignisse – wie auch für ländliche Gebiete – für alle drei Städte unter beiden Klimaszenarien und für alle betrachteten Wiederkehrintervalle (10–100-jährlich) erhöhen würden. Für Wien und Straßburg wurde berechnet, dass sich im Mittel über alle Klimamodelle die 10-jährlichen Starkniederschlagsereignisse um ca. 12 % (RCP4.5) bzw. ca. 25 % (RCP8.5) erhöhen würden. Für die Intensität der 100-jährlichen Ereignisse wurde hingegen eine Erhöhung um ca. 20 % (RCP4.5), bzw. ca. 35 % im Mittel abgeleitet. Für Odense in Dänemark wurden geringere Erhöhungen zwischen 7 und 20 % ermittelt. Die Unsicherheit, die sich aus den verschiedenen Klimamodellen ergibt, ist zwar relativ hoch, insbesondere für die hohen Wiederkehrintervalle, aber die Wahrscheinlichkeit einer Erhöhung der Intensitäten der Starkniederschläge für Mitteleuropa – und damit auch Deutschland – muss aufgrund der weiterhin fortschreitenden Erwärmung des Erdklimas als sehr hoch angenommen werden. Aufgrund der ähnlichen Klimazonen können die Ergebnisse für Wien und Straßburg als Anhaltspunkt für die Entwicklung der Starkniederschläge im Süden Deutschlands angesehen werden, während die Ergebnisse für Odense für den Norden Deutschlands relevanter erscheinen.

Entsprechend der Erhöhung der Intensitäten der Starkniederschläge ermittelten Kaspersen et al. (2017) auch eine Ausdehnung der potenziellen Überflutungsflächen, die ebenfalls für die extremen Ereignisse (50- bis 100-jährliche Wiederkehrintervalle) prozentual größer ausfallen als für die 10- bis 20-jährlichen Ereignisse. Die ermittelte zukünftige erhöhte Überschwemmungsgefährdung für relativ häufige Starkregenereignisse (< 10–0-jährlich) lag in dieser Studie in der gleichen Größenordnung wie diejenige, welche infolge der Zunahmen der Versiegelung in den drei Städten (zwischen 7,5 % bis 11,6 %) für den Zeitraum von 1984 bis 2014 errechnet wurde. Eine erhöhte Überschwemmungsgefährdung bzw. -wahrscheinlichkeit kann für diese relativ häufig auftretenden Ereignisse aber zumindest teilweise durch einen fortschreitenden Ausbau der urbanen Entwässerungssysteme und/oder dezentraler urbaner Wasserrückhalte ausgeglichen werden, wie es etwa in den genannten Städten bereits gezeigt wurde. Für die extremen Ereignisse müssen allerdings weitere, ergänzende Anpassungsmaßnahmen gefunden werden.

10.3 Kurz gesagt

Hochwasser in Flussgebieten werden in lokale, plötzliche Sturzfluten und in Hochwasser größerer Flüsse unterschieden. Hinzu kommen pluviale Hochwasser und Überschwemmungen, welche im Prinzip unabhängig von Flusssystemen auftreten können.

Für Deutschland zeigen sich für die Periode von 1951 bis 2002 an größeren Flüssen Trends in den jährlichen Höchstabflüssen an etwa einem Drittel der untersuchten Pegel. Die große Mehrheit dieser Trends ist positiv, also zunehmende Hochwasserwerte. Die Einzugsgebiete der Donau und des Rheins zeigen die meisten Trends, Weser und Elbe deutlich weniger.

Bezüglich der für Sturzfluten relevanten extremen Niederschlagsintensitäten in kurzen Zeiträumen (wenige Minuten) zeigen neue Analysen, u. a. im Emscher-Lippe-Gebiet, dass solche Ereignisse in den letzten Dekaden signifikant zugenommen haben, was für agrar- und urbanhydrologische Fragestellungen von hoher Bedeutung sein kann. Diese Erhöhung der Starkregenintensitäten kann eine Ertüchtigung der urbanen Abwassersysteme – inklusive urbaner Rückhaltemöglichkeiten – erfordern, um die Folgen der erhöhten pluvialen Hochwassergefährdung für die Kommunen abzumildern. Mit dem in der Zukunft weitergehende Erwärmung wird auch die Häufigkeit und Intensität von konvektiven Starkregenereignissen zunehmen und damit auch die Wahrscheinlichkeit von Sturzfluten und pluvialen urbanen Überschwemmungen.

Bei den Simulationen der bis ca. 2100 zu erwartenden Hochwasserbedingungen an den größeren Flüssen fällt die enorme Unsicherheit der Ergebnisse ins Gewicht. Es wird an manchen Flüssen eine Zunahme der Hochwasserabflüsse projiziert, die bei Pegeln mit nivalem Regime geringer ausfällt als bei den Pegeln mit pluvialem Regime. Diese Projektionen sind physikalisch plausibel und korrespondieren mit den projizierten Niederschlagsänderungen. Die Unsicherheiten sind allerdings immer noch beträchtlich. Gleichwohl sollten aufgrund der überwiegend positiven Tendenzen Möglichkeiten von Anpassungsmaßnahmen bei neuen Vorhaben des Hochwassermanagements erwogen werden.

Literatur

Allen MR, Ingram WI (2002) Constraints on future changes in climate and the hydrologic cycle. Nature 419(6903):224–232

Bayerisches Landesamt für Umwelt (2020) Das Bayerische Klimaprojektionsensemble, Audit und Ensemblebildung. S 55

Blöschl G, Hall J, Parajka J et al (2017) Changing climate shifts timing of European floods. Science 357(6351):588–590. ▶ https://doi.org/10.1126/science.aan2506

Blöschl G, Hall J, Viglione A et al (2019) Changing climate both increases and decreases European river floods. Nature 573(7772):108–111. ▶ https://doi.org/10.1038/s41586-019-1495-6

Borga M, Anagnostou EN, Bloeschl G, Creutin J-D (2011) Flash flood forecasting, warning and risk management: the HYDRATE project. Environ Sci Policy 14:834–844

Bormann H (2010) Runoff regime changes in German rivers due to climate change. Erdkunde 64(3):257–279

Bormann H, Pinter N, Elfert S (2011) Hydrological signatures of flood trends on German rivers: flood frequencies, flood heights and specific stages. J Hydrol 404:50–66

Bormann H, Kebschull J, Ahlhorn F, Spiekermann J, Schaal P (2018) Modellbasierte Szenarioanalyse zur Anpassung des Entwässerungsmanagements im nordwestdeutschen Küstenraum. Wasser und Abfall 20(7/8):60–66

Bronstert A, Kolokotronis V, Schwandt D, Straub H (2007) Comparison and evaluation of regional climate scenarios for hydrological impact analysis: general scheme and application example. Int J Climatol 27:1579–1594

Bronstert A, Kneis D, Bogena H (2009) Interaktionen und Rückkopplungen beim hydrologischen Wandel: Relevanz und Möglichkeiten der Modellierung. Hydrol Wasserbewirtsch 53(5):289–304

Bronstert A, Agarwal A, Boessenkool B, Crisologo I, Fischer M, Heistermann M, Köhn-Reich L, López-Tarazón JA, Moran T, Ozturk U, Reinhardt-Imjela C, Wendi D (2018) Forensic hydrometeorological analysis of an extreme flash flood: the 2016-05-29 event in Braunsbach, SW Germany. Sci Total Environ 630:977–991. ► https://doi.org/10.1016/j.scitotenv.2018.02.241

Bronstert A, Agarwal A, Boessenkool B, Fischer M, Heistermann M, Köhn-Reich L, Moran T, Wendi D (2017) Die Sturzflut von Braunsbach am 29. Mai 2016 – Entstehung, Ablauf und Schäden eines „Jahrhundertereignisses". Teil 1: meteorologische und Hydrologische Analysen. Hydrologie und Wasserbewirtschaftung 61(3):150–162

Bürger G (2003) Rhein-Hochwasser und ihre mögliche Intensivierung unter globaler Erwärmung: die Überlagerung von Schmelz- und Niederschlagseffekten. Universität Potsdam, Institut für Geoökologie (unveröffentlichte Studie)

Bürger G, Heistermann M, Bronstert A (2014) Towards sub-daily rainfall disaggregation via Clausius-Clapeyron. J Hydrometeorol 15:1303–1311

Bürger G, Pfister A, Bronstert A (2021) Zunehmende Starkregenintensitäten als Folge der Klimaerwärmung. datenanalyse und Zukunftsprojektion; Hydrologie und Wasserbewirtschaftung 65(6). ► https://doi.org/10.5675/HyWa_2021.6_1

Busch D, Schirmer M, Schuchardt B, Ullrich P (1989) Historical changes of the river Weser. In: Petts GE (Hrsg) Historical change of large alluvial rivers: Western Europe. Wiley, Chichester, S 297–321

Christensen JH, Christensen OB (2003) Severe summertime flooding in Europe. Nature 421:805–806

DWD (2012) Auswertung regionaler Klimaprojektionen für Deutschland hinsichtlich der Änderung des Extremverhaltens von Temperatur, Niederschlag und Windgeschwindigkeit. Abschlussbericht, Oktober 2012, Offenbach, Main, S 153

FGG Donau (2020). Bewirtschaftungsplan Donau; Umsetzung der Wasserrahmenrichtlinie; Bewirtschaftungszeitraum 2022 bis 2027. Flussgebietsgemeinschaft Donau. München, 2020, S 218 ► http://www.fgg-donau.bayern.de/wrrl/anhoerung/doc/01a_bwp3_donau_entwurf_dez2020_aj.pdf

Fiener P, Neuhaus P, Botschek J (2013) Long-term trends in rainfall erosivity – analysis of high resolution precipitation time series (1937–2007) from Western Germany. Agric For Meteorol 171–172(2013):115–123

Gerstengarbe F-W, Werner PC, Rüge U (1999) Katalog der Großwetterlagen Europas (1881–1998). Nach Paul Hess und Helmuth Brezowsky, 5. Aufl. Potsdam/Offenbach a. M.

Haberlandt U, Belli A, Hölscher J (2010) Trends in beobachteten Zeitreihen von Temperatur und Niederschlag in Niedersachsen. Hydrol Wasserbewirtsch 54:28–36

Haerter JO, Berg P (2009) Unexpected rise in extreme precipitation caused by a shift in rain type? Nat Geosci 2:372–373

Haerter JO, Berg P, Hagemann S (2010) Heavy rain intensity distributions on varying time scales and at different temperatures. J Geophys Res: Atmospheres 115(D17):2156–2202

Hardwick Jones R, Westra S, Sharma A (2010) Observed relationships between extreme sub-daily precipitation, surface temperature, and relative humidity. Geophys Res Lett 37:L22805

Hartmann DL, Klein Tank AMG, Rusticucci M, Alexander LV, Brönnimann S, Charabi Y, Dentener FJ, Dlugokencky EJ, Easterling DR, Kaplan A, Soden BJ, Thorne PW, Wild M, Zhai PM (2013) Observations: atmosphere and surface. In: Stocker TF, Qin D, Plattner G-K, Tignor M, Allen SK, Boschung J, Nauels A, Xia Y, Bex V, Midgley PM (Hrsg) Climate change 2013: the physical science basis. Contribution of working group I to the fifth assessment report of the intergovernmental panel on climate change. Cambridge University Press, Cambridge

Hattermann FF, Kundzewicz ZW, Huang S, Vetter T, Kron W, Burghoff O, Merz B, Bronstert A, Krysanova V, Gerstengarbe F-W,

Werner P, Hauf Y (2012) Flood risk in holistic perspective – observed changes in Germany. In: Kundzewicz ZW (Hrsg) Changes in flood risk in Europe. Special Publication No 10. IAHS Press, Wallingford, Oxfordshire, UK (Ch 11)

Hattermann FF, Kundzewicz ZW, Huang S, Vetter T, Gerstengarbe FW, Werner P (2013) Climatological drivers of changes in flood hazard in Germany. Acta Geophys 61(2):463–477

Hattermann FF, Huang S, Burghoff O, Willems W, Österle H, Büchner M, Kundzewicz ZW (2014) Modelling flood damages under climate change conditions – a case study for Germany. Nat Haz Earth Sys Sci 14(12):3151–3168. ► https://doi.org/10.5194/nhess-14-3151-2014

Hattermann FF, Huang S, Burghoff O, Hoffmann P, Kundzewicz ZW (2016) An update of the article ‚Modelling flood damages under climate change conditions – a case study for Germany' [Brief Communication]. Nat Haz Earth Sys Sci 16(7):1617–1622. ► https://doi.org/10.5194/nhess-16-1617-2016

Hattermann FF, Wortmann M, Liersch S et al (2018) Simulation of flood hazard and risk in the Danube basin with the future Danube model. Clim Serv 12:14–26. ► https://doi.org/10.1016/j.cliser.2018.07.001

HSK (1978) Schlussbericht der Hochwasser-Studienkommission für den Rhein

Hundecha Y, Merz B (2012) Exploring the relationship between changes in climate and floods using a model-based analysis. Water Resour Res 48:W04512. ► https://doi.org/10.1029/2011WR010527

IKSR (2012) Nachweis der Wirksamkeit von Maßnahmen zur Minderung der Hochwasserstände im Rhein. Internationale Kommission zum Schutze des Rheins, Bericht 199. ► www.iksr.org/uploads/media/199_d.pdf

Jacob D, Göttel H, Kotlarski S, Lorenz P, Sieck K (2008) Klimaauswirkungen und Anpassung in Deutschland – phase 1: erstellung regionaler Klimaszenarien für Deutschland. Climate Change 11/08. Umweltbundesamt, Dessau-Roßlau

Jiménez Cisneros BE, Oki T, Arnell NW et al (Hrsg) Climate change 2014: impacts, adaptation, and vulnerability. Part A: global and sectoral aspects. Contribution of working group II to the fifth assessment report of the intergovernmental panel on climate change. Cambridge University Press, Cambridge, S 229–269

Jonkman SN (2005) Global Perspectives on loss of human life caused by floods. Nat Hazards 34:2

Kaspersen PS, Høegh Ravn N, Arnbjerg-Nielsen K, Madsen H, Drews M (2017) Comparison of the impacts of urban development and climate change on exposing European cities to pluvial flooding. Hydrol Earth Syst Sci 21:4131–4147. ► https://doi.org/10.5194/hess-21-4131-2017

Kemter M, Merz B, Marwan N, Vorogushyn S, Blöschl G (2020) Joint trends in flood magnitudes and spatial extents across Europe. Geophys Res Lett 47(7):e2020GL087464. ► https://doi.org/10.1029/2020gl087464

KLIWA (2013) Klimaveränderung und Konsequenzen für die Wasserwirtschaft. Fachvorträge beim 5. KLIWA-Symposium, Würzburg, 06. und 07.12.2012. KLIWA Heft, Bd. 19

KLIWA (2016) Klimawandel in Süddeutschland – Veränderungen von meteorologischen und hydrologischen Kenngrößen. Klimamonitoring im Rahmen des Kooperationsvorhabens KLIWA. Monitoringbericht 2016

KLIWA (2018) KLIWA-Kurzbericht: Ergebnisse gemeinsamer Abflussprojektionen für KLIWA und Hessen basierend auf SRES A1B, im Rahmen des Kooperationsvorhabens KLIWA – klimaveränderungen und Konsequenzen für die Wasserwirtschaft

KLIWA (2021) Klimawandel in Süddeutschland – Veränderungen von meteorologischen und hydrologischen Kenngrößen, Klimamonitoring im Rahmen des Kooperationsvorhabens KLIWA, Monitoringbericht 2021

Krysanova V, Müller-Wohlfeil DI, Becker A (1998) Development and test of a spatially distributed hydrological/water quality model for mesoscale watersheds. Ecol Model 106:261–289

Kundzewicz ZW, Menzel L (2005) Natural flood reduction strategies – a challenge. Int J River Basin Manage 3(2):125–131

Kundzewicz ZW, Ulbrich U, Brücher T, Graczyk D, Krüger A, Leckebusch G, Menzel L, Pinskwar I, Radziejewski M, Szwed M (2005) Summer floods in Central Europe – climate change track? Nat Hazards 36:165–189

Lenderink G, van Meijgaard E (2008) Increase in hourly precipitation extremes beyond expectations from temperature changes. Nat Geosci 1(8):511–514

Loriaux JM, Lenderink G, De Roode SR, Siebesma AP (2013) Understanding convective extreme precipitation scaling using observations and an entraining plume model. J Atmo Sci 130814132040006. ▶ https://doi.org/10.1175/JAS-D-12-0317.1

LWI-HYWA (2012) PANTA RHEI Benutzerhandbuch – Programmdokumentation zur hydrologischen Modellsoftware. Leichtweiß-Institut für Wasserbau (LWI), Abteilung Hydrologie, Wasserwirtschaft und Gewässerschutz (HYWA), Technische Universität Braunschweig, Braunschweig

Menzel L (2008) Modellierung hydrologischer Auswirkungen von Klimaänderungen. In Kleeberg H-B (Hrsg) Klimawandel – was kann die Wasserwirtschaft tun? Forum für Hydrologie und Wasserbewirtschaftung, Bd. 24.08. Eigenverlag, Hennef, S 35–51

Menzel L, Bürger G (2002) Climate change scenarios and runoff response in the Mulde catchment (Southern Elbe, Germany). J Hydrol 267:53–64

Merz B, Vorogushyn S, Uhlemann S, Delgado J, Hundecha Y (2012) HESS opinions, more efforts and scientific rigour are needed to attribute trends in flood time series. Hydrol Earth Syst Sci 16:1379–1387. ▶ https://doi.org/10.5194/hess-16-1379-2012

Mishra V, Wallace JM, Lettenmaier DP (2012) Relationship between hourly extreme precipitation and local air temperature in the United States. Geophys Res Lett 39:L16403

Mudelsee M, Börngen M, Tetzlaff G, Grünewald G (2003) No upward trends in the occurrence of extreme floods in central Europe. Nature 425:166–169

Mudelsee M, Deutsch M, Börngen M, Tetzlaff G (2006) Trends in flood risk of the river Werra (Germany) over the past 500 years. Hydrol Sci J 51(5):818–833

Müller EN, Pfister A (2011) Increasing occurrence of high-intensity rainstorm events relevant for the generation of soil erosion in a temperate lowland region in Central Europe. J Hydrol 411(3):266–278

NLWKN (2012) Globaler Klimawandel – Wasserwirtschaftliche Folgenabschätzung für das Binnenland. Oberirdische Gewässer, Bd. 33. Niedersächsischer Landesbetrieb für Wasserwirtschaft, Küsten- und Naturschutz, Hildesheim

NN (2013) KLIFF – Klimafolgenforschung Niedersachsen. ▶ http://www.kliff-niedersachsen.de.vweb5-test.gwdg.de/

NRW (2010) ExUS Extremwertstatistische Untersuchungen von Starkregen in Nordrhein-Westfalen, aqua_plan GmbH, hydro & meteo GmbH & Co. KG und dr. papadakis GmbH

Ott I, Duethmann D, Liebert J, Berg P, Feldmann H, Ihringer J, Kunstmann H, Merz B, Schaedler G, Wagner S (2013) High-resolution climate change impact analysis on medium-sized river catchments in Germany: an ensemble assessment. J Hydrometeorol 14:1175–1193. ▶ https://doi.org/10.1175/JHM-D-12-091.1

Panthou G, Mailhot A, Laurence E, Talbot G (2014) Relationship between surface temperature and extreme rainfalls: a multi-time-scale and event-based analysis. J Hydrometeorol 15:1999–2011

Petrow T, Merz B (2009) Trends in flood magnitude, frequency and seasonality in Germany in the period 1951–2002. J Hydrol 371(1–4):129–141. ▶ https://doi.org/10.1016/j.jhydrol.2009.03.024

Petrow T, Zimmer J, Merz B (2009) Changes in the flood hazard in Germany through changing frequency and persistence of circulation patterns. Nat Hazards Earth Syst Sci (HNESS) 9:1409–1423 (▶ www.nat-hazards-earth-syst-sci.net/9/1409/2009)

Pfister A (2006) Niederschlag als Input für Niederschlag-Abfluss-Modelle im Emscher- und Lippegebiet. Niederschlag – input für hydrologische Berechnungen: Beiträge zum Seminar am 26./27. April 2006 in Magdeburg, 103–123

Rottler E, Francke T, Bürger G, Bronstert A (2020) Long-term changes in Central European river discharge 1869–2016: impact of changing snow covers, reservoir constructions and an intensified hydrological cycle. Hydrol Earth Syst Sci 24:1721–1740. ▶ https://doi.org/10.5194/hess-24-1721-2020

Rottler E, Vormoor K, Francke T, Warscher M, Strasser U, Bronstert A (2021a) Elevation-dependent compensation effects in snowmelt in the Rhine River Basin upstream gauge Basel. Hydrol Res. ▶ https://doi.org/10.2166/nh.2021.092

Rottler E, Bronstert A, Bürger G, Rakovec O (2021b) Projected changes in Rhine river flood seasonality under global warming. Hydrol Earth Sys Sci 25(5):2353–71. ▶ https://doi.org/10.5194/hess-25-2353-2021

Schmocker-Fackel P, Naef F (2010) More frequent flooding? Changes in flood frequency in Switzerland since 1850. J Hydrol 381:1–2 (1–8)

SMHI (2008) Integrated hydrological modelling system – manual version 6.0. Swedish Meteorological and Hydrological Institute

Spekat A, Enke W, Kreienkamp F (2007) Neuentwicklung von regional hoch aufgelösten Wetterlagen für Deutschland und Bereitstellung regionaler Klimaszenarios auf der Basis von globalen Klimasimulationen mit dem Regionalisierungsmodell WETTREG auf der Basis von globalen Klimasimulationen mit ECHAM5/MPI-OM T63L31 2010 bis 2100 für die SRESSzenarios B1, A1B und A2, Forschungsprojekt im Auftrag des Umweltbundesamtes (UBA). FuE-Vorhaben Förderkennzeichen 204(41):138

Spiekermann J, Ahlhorn F, Bormann H, Kebschull J (2018) Zukunft der Binnenentwässerung: Strategische Ausrichtung in Zeiten des Wandels. Eine Betrachtung für das Verbandsgebiet des I. Entwässerungsverbandes Emden, Universität Oldenburg, ▶ https://uol.de/klever/ergebnisbroschuere/

Sturm K, Glaser R, Jacobeit J, Deutsch M, Brazdil R, Pfister C, Luterbacher J, Wanner H (2001) Hochwasser in Mitteleuropa seit 1500 und ihre Beziehung zur atmosphärischen Zirkulation. Petermanns Geogr Mitt 145(6):14–23

Vergara-Temprado J, Ban N, Schär C (2021) Extreme sub-hourly precipitation intensities scale close to the Clausius-Clapeyron rate over Europe. Geo Res Let 48:e2020GL089506. ▶ https://doi.org/10.1029/2020GL089506

Vorogushyn S, Merz B (2013) Flood trends along the Rhine: the role of river training. Hydrol Earth Syst Sci 17(10):3871–3884

Wallner M, Haberlandt U, Dietrich J (2013) A one-step similarity approach for the regionalization of hydrological model parameters based on Self-Organizing Maps. J Hydrol 494:59–71

Winterradt T, Brendel T, Junghänel T, Klameth A, Lengfeld K, Walawender E, Weigl E, Hafer M, Becker A (2019) An overview of the new radar-based precipitation climatology of the Deutscher Wetterdienst – data, methods, products. 11th International Workshop on Precipitation in Urban Areas. ETH-Research Collection. ▶ https://doi.org/10.3929/ethz-b-000347607

10

Dürren und Waldbrände unter Klimawandel

Andreas Marx, Veit Blauhut, Friedrich Boeing, Matthias Forkel, Michael Hagenlocher, Mathias Herbst, Peter Hoffmann, Christian Kuhlicke, Rohini Kumar, Mariana Madruga de Brito, Luis Samaniego, Kirsten Thonicke und Markus Ziese

Inhaltsverzeichnis

11.1 Dürre – 132
11.1.1 Meteorologische Dürre – 132
11.1.2 Agrarische Dürre – 133
11.1.3 Hydrologische Dürre – 134
11.1.4 Dürrefolgen und -risiken – 135

11.2 Waldbrände – 137
11.2.1 Bestandsaufnahme – 137
11.2.2 Projektionen – 137
11.2.3 Perspektiven – 138

11.3 Kurz gesagt – 139

Literatur – 140

© Der/die Autor(en) 2023
G. P. Brasseur et al. (Hrsg.), *Klimawandel in Deutschland,*
https://doi.org/10.1007/978-3-662-66696-8_11

11.1 Dürre

Dürren sind natürliche Phänomene, die durch unterdurchschnittliche Wasserverfügbarkeit gekennzeichnet sind. Daher können Dürren auch in einer insgesamt wasserreichen Region wie Deutschland auftreten (z. B. Hirschfeld 2015). Im Gegensatz zur Trockenheit (oder „Aridität"), die auf der Basis langjähriger mittlerer Wasserverfügbarkeit bestimmt wird, sind Dürren zeitlich begrenzte Extremereignisse. Sie haben in der öffentlichen Wahrnehmung in Deutschland lange Zeit eine untergeordnete Rolle gespielt, obwohl einzelne Ereignisse wie 2003 große multisektorale Auswirkungen mit Schäden von 8,7 Mrd. € in Mittel- und Südeuropa hervorgerufen haben (EC 2007). Die langanhaltende Dürre 2018 bis 2020 mit den multisektoralen Auswirkungen (z. B. de Brito et al. 2020) hat zu einer erhöhten Aufmerksamkeit geführt. Dürre entwickelt sich schleichend, ist großräumig, meist persistent und verursacht oftmals Kaskadeneffekte (Wilhite 2016).

Die Komplexität von Dürren zeigt sich in der Dauer von Wochen bis hin zu Jahrzehnten sowie der Schwierigkeit, Beginn und Ende des Ereignisses eindeutig zu definieren. Der Zeitpunkt des Auftretens, die Dauer und Intensität sowie damit einhergehende Folgen machen jedes Dürreereignis einzigartig (Blauhut et al. 2016).

Zur Komplexität trägt bei, dass dabei, je nach Kontext, zwischen unterschiedlichen Dürrearten differenziert werden kann (◘ Abb. 11.1) – etwa zwischen meteorologischen (z. B. Niederschlag), agrarischen

(Bodenfeuchte, Pflanzenzustand) und hydrologischen (Oberflächen- oder Grundwasser) Dürren. Um mögliche Dürrefolgen besser vorhersehen und abwenden zu können, werden Dürrerisiken zudem verstärkt für unterschiedliche Sektoren als auch multisektoral betrachtet (z. B. Hagenlocher et al. 2019; Zink et al. 2016).

Dürrearten werden mithilfe einer Vielzahl von Indizes klassifiziert. Dabei kann im Wesentlichen zwischen statistischen Ansätzen, Schwellenwertverfahren (z. B. Unterschreitung von Werten der nutzbaren Feldkapazität) oder einer Kombination aus beiden (z. B. McKee 1993; Samaniego et al. 2013) unterschieden werden. Je nach Indexauswahl und betrachteter Referenzperiode werden so unterschiedliche und schwer vergleichbare Ergebnisse produziert sowie unterschiedliche Aspekte der physischen Eigenschaften der Dürre beleuchtet. Ein umfassendes Verständnis über das Ereignis kann nur durch eine multidisziplinäre Herangehensweise einschließlich der sozioökonomischen Auswirkungen gewonnen werden (Erfurt et al. 2020).

11.1.1 Meteorologische Dürre

Unter meteorologischen Dürren sind über mindestens ein bis zwei Monate andauernde, ungewöhnlich niedrige Niederschlagsmengen zu verstehen (McKee 1993). Dies tritt in Deutschland vor allem dann auf, wenn ein ausgeprägtes Hochdruckgebiet über Mittel-, Ost- oder Nordeuropa liegt. Derartige Großwetterlagen sind mit geringen Niederschlagsmengen und zumeist im Som-

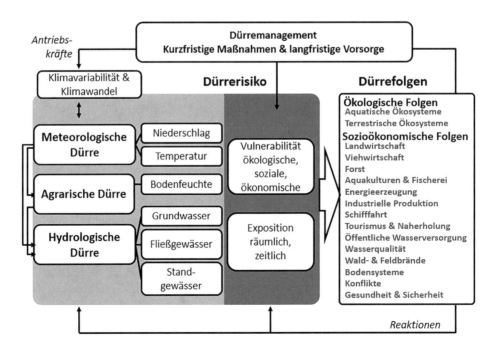

◘ **Abb. 11.1** Schematische Darstellung unterschiedlicher Dürrearten und ihrer Wechselwirkungen, Dürrerisiko und Dürrefolgen aus dem *European Drought Impact Report Inventory* (EDII)

mer mit Hitze- und im Winter mit Kältewellen verbunden. Eine Hitzewelle begünstigt zudem die Verdunstung, was das Niederschlagsdefizit nochmals verschärft.

Zur Detektion meteorologischer Dürren werden neben Niederschlagsanomalien auch Dürreindizes verwendet. Häufig werden dazu der *Standardized Precipitation Index* (SPI; McKee 1993), der *Standardized Precipitation Evapotranspiration Index* (SPEI; Vicente-Serrano 2010) oder der *Palmer Drought Severity Index* (PDSI; Palmer 1965) verwendet, es gibt jedoch eine Vielzahl weiterer Dürreindizes (WMO und GWP 2016). Analysen des Deutschen Wetterdienstes (DWD) zeigen keinen Trend im Jahresmittel der Niederschlagsmengen über die Jahre 1951 bis 2005 (Rustemeier et al. 2017). Jahreszeitlich nehmen die Niederschlagsmengen im Sommer ab, kompensiert durch Zunahmen im Herbst und Winter. Dieses Ergebnis wird durch Dai und Zhao (2017) bestätigt, welche Trends des PDSI für den Zeitraum von 1950 bis 2012 berechneten. Trotz der gleichbleibenden Niederschlagsmenge kommt es häufiger zu Dürren infolge der klimawandelbedingten Temperaturzunahme. Nach Spinoni et al. (2016) ergibt sich 1950 bis 2012 eine Zunahme der Dürrehäufigkeit im Nordwesten und eine Abnahme im Südosten Europas, während über Deutschland kein eindeutiger Trend erkennbar ist. Breinl et al. (2020) untersuchten Trends in der Länge der längsten Trockenperioden im Zeitraum von 1958 bis 2017. Hier zeigt sich, dass Deutschland im Grenzbereich zwischen einer Verkürzung im Westen und Verlängerung im Osten liegt. Die trockenen aufeinanderfolgenden Sommer 2018 und 2019 wiederum sind beispiellos für die vergangenen 250 Jahre. Seit 1766 hat es in Mitteleuropa keine zweijährige Sommerdürre dieses Ausmaßes gegeben, mehr als 50 % des Ackerlandes waren davon betroffen (Hari et al. 2020).

Je nach verwendetem Dürreindex zeigen sich Unterschiede in den projizierten Trends: der SPEI zeigt bis zum Ende des Jahrhunderts (SRES-Szenario A1B) eine Zunahme der Dürrehäufigkeit im ganzen Land während der SPI eine Abnahme im Westen und Süden und eine Zunahme im Osten zeigt (Spinoni et al. 2016). Unter starkem Klimawandel (Szenario RCP8.5) erwarten Zhou und Tao (2013) eine Dürreabnahme für die ferne Zukunft (2081–2100). Pascale et al. (2016) simulieren eine Zunahme der Anzahl der Trockentage trotz unveränderter Jahresniederschlagsmengen für die ferne Zukunft (2070–2100, RCP8.5). Steigende Temperaturen werden zukünftig das Auftreten von Dürren durch die steigende potenzielle Verdunstung beeinflussen.

Da die Darstellung des Niederschlags in den Klimaprojektionen mit Unsicherheiten behaftet ist, werden alternativ bestimmte Großwetterlagen zur Einschätzung künftiger Entwicklungen genutzt (Samaniego und Bárdossy 2007). Darauf aufbauend wurde basierend auf Beobachtungsdaten in Hoffmann und Spekat (2020) die Tendenz einer zunehmenden Frühjahrstrockenheit, die von Südwesteuropa bis nach Mitteleuropa reicht, abgeleitet.

11.1.2 Agrarische Dürre

Die agrarische Dürre zeichnet sich insbesondere durch ein Bodenfeuchtedefizit (▶ Kap. 16) aus. Die Bodenfeuchte spiegelt die komplexen Wechselwirkungen zwischen dem Wasser-, Energie- und Kohlenstoffkreislauf wider (Berg und Sheffield 2018). Für Agrarökosysteme ist die Menge des pflanzenverfügbaren Wassers im Boden wichtig. Sie hängt neben meteorologischen Variablen z. B. von der Bodenart und dem Humusgehalt ab. Ein Lehmboden kann mehr Wasser halten als ein Sandboden, und Humus kann bis zum 20-Fachen seines Eigengewichts an Wasser speichern. Außerdem spielen Grundwasserstand und die aktuelle Wurzeltiefe und ihre jahreszeitliche Veränderlichkeit bei der Entstehung von Dürren eine Rolle. Wenn der Wasserbedarf der Pflanzen nicht mehr gedeckt wird, können eine Einschränkung des Pflanzenwachstums, eine stärkere Anfälligkeit der Pflanzen gegenüber Krankheiten und Schädlingen oder Ernteeinbußen resultieren.

Für die Dürreklassifizierung werden zumeist modellierte Variablen wie der Bodenwassergehalt, die nutzbare Feldkapazität oder Bodenfeuchte und der Pflanzenzustand aus der Fernerkundung genutzt. Die Auswahl des Impaktmodells stellt dabei eine nicht zu vernachlässigende Unsicherheitsquelle dar (z. B. Samaniego et al. 2018). Auch bei der agrarischen Dürre werden methodisch unterschiedliche Indizes genutzt. Die Mächtigkeit des betrachteten Bodenvolumens beeinträchtigt zudem die Trägheit des Systems. Auslöser für agrarische Dürren sind neben ausbleibendem Niederschlag zunehmend auch die Verdunstung durch überdurchschnittliche Temperaturen und Hitzewellen (Ionita et al. 2020). Kurzanhaltende Dürren müssen nicht zwangsläufig zu Schäden führen und können bei überdurchschnittlichem Strahlungsdargebot sogar zu erhöhter Pflanzenproduktivität beitragen (van Hateren 2020). Agrarische Dürrefolgen finden sich vorwiegend in der Land- und Forstwirtschaft (▶ Kap. 18 und 19).

Studien zu historischen Trendabschätzungen agrarischer Dürren haben aufgrund methodischer Unterschiede in den letzten Jahren nicht zu eindeutigen Ergebnissen geführt. In Samaniego et al. (2013) wurden simulierte tägliche Bodenfeuchtefelder des Gesamtbodens (mittlere Tiefe über Deutschland ca. 180 cm) für die Quantifizierung großer Dürreereignisse in Deutschland verwendet. Die Ergebnisse zeigen auch, dass die Unsicherheiten durch die Kalibrierung von Modellparametern die resultierenden Dürrestatistiken beeinflussen. Basierend auf 200 Simulationen hat das Ereig-

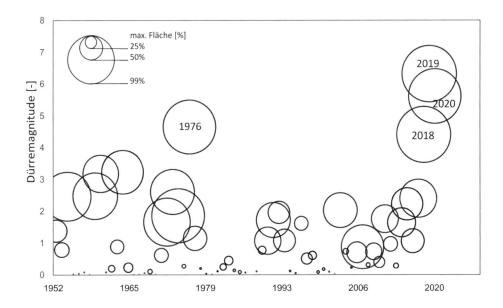

◘ Abb. 11.2 Jährliche Dürremagnitude (aus Andauer, betroffener Fläche und Dürrestärke) des Gesamtbodens in Deutschland für die Vegetationsperiode (April–Oktober) sowie die maximale Dürreausdehnung in Prozent der Fläche Deutschlands (Größe der Blase). Die Jahre 2018–2020 waren unter den vier größten Ereignissen. (Quelle: A. Marx. & F. Boeing, Deutscher Dürremonitor, UFZ)

nis von 1971 bis 1974 eine 67-prozentige Wahrscheinlichkeit, das längste und schwerste Dürreereignis im Zeitraum von 1950 bis 2010 zu sein. Ein *Update* der Studie wurde in Zink et al. (2016) und danach fortlaufend im Deutschen Dürremonitor[1] durchgeführt. Hierbei hat sich gezeigt, dass die größten jährlichen Dürren des Gesamtbodens in der Vegetationsperiode (April–Oktober) in den Jahren 2018 bis 2020 und 1976 auftraten (◘ Abb. 11.2). Dazu wurde eine Magnitude aus Andauer, betroffener Fläche und Dürrestärke berechnet.

Demgegenüber waren die größten Vegetationsperiodedürren des Oberbodens (bis in eine Tiefe von 25 cm), in der Reihenfolge ihrer Größe, die Jahre 2018, 1959, 2003 und 1976.

Laut Daten des Deutschen Wetterdienstes hat die mittlere Bodenfeuchte in der Hauptwurzelzone vieler Ackerpflanzen (0–60 cm) im Frühjahr und Frühsommer seit 1961 deutschlandweit deutlich abgenommen. Dürren können aber auch regional sehr unterschiedlich ausgeprägt sein. In Baden-Württemberg waren nach Größe geordnet in den Jahren 2018, 2003, 1991 und 2015 die größten Flächen von Dürre in der durchwurzelten Zone betroffen (Tijdeman und Menzel 2020). Besonders gelitten unter der zunehmenden Bodentrockenheit haben der Nordosten Deutschlands sowie das Rhein-Main-Gebiet (UBA 2019), wo es bereits jetzt im Zeitraum April bis Juni durchschnittlich etwa 40 Trockentage (weniger als 50 % nutzbare Feldkapazität) und örtlich bis zu 20 Tage mit extremer Bodentrockenheit (weniger als 30 % nutzbare Feldkapazität) pro Jahr gibt. Geht der Klimawandel ungebremst weiter, ist mit einer starken Risikozunahme in Bezug auf Dürren und deren Folgen zu rechnen. Basierend auf Daten aus Samaniego et al. (2018) ergab

sich bei einer globalen Erwärmung von drei Grad Celsius und unveränderter Landnutzung im Bundesdurchschnitt eine Verlängerung der Zeiten unter Dürre um mehr als die Hälfte. Für Teile Südwestdeutschlands wurde eine Verdoppelung der Zeiten unter Dürre abgeschätzt. Eine Eindämmung der Erderwärmung auf 2 °C bzw. 1,5 °C würde den Anstieg der Dürredauer im deutschlandweiten Mittel auf ungefähr 18 % reduzieren (Thober et al. 2018). In der gesamten Bundesrepublik nimmt die Wasserverfügbarkeit innerhalb der Vegetationsperiode ab, sodass sich vor allem eine Notwendigkeit zur Anpassung in der Landwirtschaft ergibt (▶ Kap. 18).

11.1.3 Hydrologische Dürre

Hydrologische Dürren sind, genau wie agrarische Dürren, langsam entstehende und langanhaltende Extremereignisse, die mehrere Monate bis Jahre andauern können (Brunner und Tallaksen 2019). Sie können sich sowohl auf ungewöhnlich niedrige Wasserstände in Oberflächengewässern wie Flüssen oder Seen als auch Grundwasserstände beziehen. Die Geschwindigkeit des Dürresignals im hydrologischen System variiert regional stark und hängt maßgeblich von den Eigenschaften eines Einzugsgebiets ab. Die Wasserspeicherkapazität des Einzugsgebiets wird von Klima (z. B. Schnee, Staudinger et al. 2014), Geologie, Topografie, Boden, Landnutzung und Vegetation bestimmt (van Loon 2015; Kumar 2016).

Ökonomische Auswirkungen durch Niedrigwasser treffen unter anderem die Binnenschifffahrt, Energiewirtschaft, Trinkwasserversorgung, Industrie und Landwirtschaft (Stahl et al. 2016). Bei abnehmenden Wasserdurchflüssen und gleich-

---

1   ▶ www.ufz.de/duerremonitor

bleibenden Schadstoffeinträgen erhöhen sich zudem die Schadstoffkonzentrationen. In Kombination mit erhöhten Wassertemperaturen kann es z. B. zu Beeinträchtigungen von thermischen Kraftwerken oder ökologischen Auswirkungen kommen.

Zur Bestimmung hydrologischer Dürren werden unterschiedliche Indizes und Methoden auf der Basis von Gewässermengendaten genutzt. Ein aktueller Überblick mit einer Einschätzung der Anwendbarkeit findet sich bei Stahl et al. (2020). Meteorologische Indizes sind weniger geeignet, da die unterschiedlichen Reaktionszeiten von Einzugsgebieten nur bedingt dargestellt werden können (u. a. Kumar et al. 2016). Um Niedrigwasser zu beschreiben, wird häufig ein Schwellenwertverfahren (z. B. 90 % Perzentil), der minimale 7-Tages-Abfluss oder die maximale Niedrigwasserdauer verwendet. Sutanto et al. (2020) haben gezeigt, dass unterschiedliche Methoden die Dürreeinschätzungen stark beeinflussen können, während bei extremen Dürren die Ergebnisse unterschiedlicher Indizes konvergieren (Moravec et al. 2019).

Niedrigwassersituationen sind in Deutschland vor allem in der ersten Hälfte des 20. Jahrhunderts (etwa 1921, 1947) häufiger aufgetreten (BfG 2019). Für Südwestdeutschland wurden in einer Studie Dürren für den Zeitraum von 1901 bis 2018 klassifiziert. Dabei sind beispielsweise 1921, 1949, 2003 und 2018 an Rhein und Donau als extreme Dürrejahre identifiziert worden, ohne dass ein signifikanter Trend festgestellt werden konnte (Erfurt et al. 2019). Parry et al. (2012) haben u. a. eine mehrjährige Dürreperiode von 1962 bis 1964 und als ausgeprägte Sommerdürre 1976 in den Flüssen Nordwest- und Westdeutschlands identifiziert. Grundwasserdürren traten in Süddeutschland beispielsweise in den Jahren 1996 und 1998 auf (Kumar et al. 2016). Als Folge der agrarischen Dürre 2018 und 2019 sind die mittleren Grundwasserstände in Niedersachsen 2019 ganzjährig niedriger gewesen als im Referenzzeitraum von 1988 bis 2017. Insgesamt wurde der mittlere Jahrestiefstand im Jahr 2019 an 96 % der Messstellen unterschritten (NLWKN 2020).

Für die ferne Zukunft (2071–2100) wird eine Zunahme der Niedrigwassersituationen im Sommer und eine Abnahme im Winter erwartet (BMVI 2015; Marx et al. 2018). Bereits heute bestehende Nutzungskonflikte zwischen Trinkwasserversorgung, Energiegewinnung, Industrie, landwirtschaftlichen Bewässerung und Naturschutz würden sich bei extremeren Niedrigwasserverhältnissen verschärfen (NLWKN 2019).

11.1.4 Dürrefolgen und -risiken

Die Folgen der zuletzt häufiger aufgetretenen Dürreereignisse (2003, 2011, 2015, 2018–2020) verdeutlichen die multiplen Risiken durch diese Naturgefahr

in Deutschland (z. B. Erfurt et al. 2020). Beispielsweise konnten in Baden-Württemberg von 2015 bis 2019 jährlich auftretende Folgen für die Wasserversorgung und Wasserkraft nachgewiesen werden (Blauhut et al. 2020). De Brito et al. (2020) zeigten für die Dürren von 2018/19, dass in Deutschland die Forstwirtschaft einer der am stärksten betroffenen Sektoren war, gefolgt von Land- und Viehwirtschaft sowie der Energieproduktion. 2019 wurde erstmalig eine Risikoanalyse des Bundesamtes für Bevölkerungsschutz und Katastrophenhilfe (BBK) zu Dürren vorgelegt (Deutscher Bundestag 2019). Dabei wurden auf einem *reasonable worst case scenario* sowohl Handlungsempfehlungen gegeben als auch Wissenslücken identifiziert.

Informationen zu Dürrefolgen finden sich in erhobenen und modellierten Daten der statistischen Landesämter und Verbände. Letzteren fehlt allerdings meist eine eindeutige Attribution zu Dürre (Kreibich et al. 2019). Mittels einer raum-zeitlich referenzierten und nach Handlungsfeldern kategorisierten Sammlung von Dürrefolgenberichten, dem *European Drought Impact Report Inventory* (EDII) konnte länderübergreifend dargestellt werden, dass Dürrefolgen in Deutschland weit über den Sektor Landwirtschaft hinausgehen und weitere Bereiche wie den Tourismus, die Wasserversorgung, Gesundheit aber auch Ökosysteme betreffen (Stahl et al. 2016). Je nach Art und Intensität direkter Dürrefolgen (z. B. auf Ernteerträge) entstehen und verbreiten sich weitere, sekundäre Folgen, welche in Abhängigkeit des Ereignisses einem kaskadierenden Muster folgen können. In den Dürrejahren 2018/19 waren Ernteverluste und reduziertes Waldwachstum die Hauptauswirkung, welche dann in Kaskadeneffekten zu sekundären Folgen (z. B. Futtermangel, frühzeitiges Schlachten, monetäre Verluste) geführt haben (de Brito 2021).

Die Wahrscheinlichkeit, dass Dürrefolgen auftreten, also das Dürrerisiko, leitet sich ab aus dem Dürreereignis sowie der Exposition von sozioökonomischen und ökologischen Systemen, deren Vulnerabilitäten, insbesondere deren Anfälligkeit und Bewältigungskapazität (z. B. Vogt et al. 2018; Hagenlocher et al. 2019). Unterschieden werden Dürrerisikoanalysen dabei in Anbetracht ihres Fokus (generell oder sektorspezifisch), ihrer Dynamik (statisch oder dynamisch), Datengrundlage (ursachenbasierter Ansatz versus folgenbasierter Ansatz) und Methodik (Blauhut 2020). Aufgrund der Vielzahl zu berücksichtigender Faktoren und inhärenten Dynamiken ist eine Bewertung des Dürrerisikos komplex. Um jedoch Dürrefolgen besser verstehen und mindern zu können, ist es wichtig, über eine reine Schadensanalyse hinauszugehen und auch die Ursachen sowie raumzeitlichen Dynamiken von Dürrerisiken zu evaluieren. Notwendige Informationen zur Charakterisierung der Vulnerabilität unter-

Anzahl Berichte/Bundesland
- ☐ 21 – 70
- ☐ 70 – 109
- ☐ 109 – 247
- ■ 247 – 272
- ■ 272 – 1481

Ökologische Auswirkungen

Aquatische Ökosysteme
Terrestrische Ökosysteme

Sozio-ökonomische Auswirkungen

Landwirtschaft
Viehwirtschaft
Forst

Energieerzeugung
Industrielle Produktion
Schifffahrt
Tourismus & Naherholung
Öffentliche Wasserversorgung
Wasserqualität
Wald- & Feldbrände
Bodensysteme
Konflikte
Gesundheit & Sicherheit

■ **Abb. 11.3** Anzahl von Dürrefolgenberichten je Bundesland (unterschiedliche Grauwerte) sowie Verteilung auf die unterschiedlichen Handlungsfelder (farbige Tortendiagramme), die Risiken verzeichnen. Daten stammen aus dem *European Drought Impact Report Inventory* (EDII). (Quelle: Blauhut und Stahl 2018)

schiedlicher Sektoren, wie beispielsweise politischer Umsetzungswille oder Ökosystemdienstleistungen, sind jedoch oft nur schwer quantifizierbar. Daher ist die Integration von Expertenwissen ein essenzieller Bestandteil von umfassenden Risikoanalysen (Hagenlocher et al. 2019; Blauhut 2020). Ein Katalog kontextspezifischer Methoden und grundlegenden Ansprüchen an Informationen (wie z. B. Ursachen der Verwundbarkeit und entsprechende Indikatoren), basierend auf vergleichenden Studien, fehlt. Daher bedarf es weiterführender methodischer Ansätze, fachlicher Standards und praxisrelevanter Konzepte zur Analyse und zum Monitoring von Dürre hinsichtlich Dürregefahren, Exposition, Vulnerabilität und Risiken aller potenziell betroffenen Sektoren und Systeme (Hagenlocher et al. 2019; Kreibich et al. 2019; Blauhut et al. 2020).

Erste bundesweite, EDII-basierte Analysen zeigen die Vielfalt an Dürrerisiken (■ Abb. 11.3) sowie

die regionalen und handlungsfeldspezifischen Unterschiede. Hinzu kommen regionale Risikoanalysen, beispielsweise zum Dürrerisiko der Wasserkraft in Baden-Württemberg (Siebert et al. 2021) oder der Landwirtschaft in Nordost- und Mitteldeutschland (Schindler et al. 2007). Für ein flächendeckendes, einheitliches und zielgerichtetes Dürrerisikomanagement fehlen in Deutschland zurzeit explizite gesetzliche Regelungen, fachliche Standards und eine etablierte Praxis (Caillet et al. 2018). Um dies zu ändern, sollte für zukünftige Arbeiten der Begriff „Dürre" im deutschen Wasserhaushaltsgesetz grundlegend definiert werden (Zoth 2020). Während viele Sektoren in Deutschland von einer hohen Anfälligkeit gegenüber Dürren charakterisiert sind, haben die vergangenen Dürrejahre gezeigt, dass Deutschland und die Europäische Union im globalen Vergleich eine hohe Bewältigungskapazität haben. So konnten 2018 beispielsweise in sehr kurzer

Zeit Ausgleichszahlungen an durch Dürre betroffene Landwirte geleistet werden.

11.2 Waldbrände

11.2.1 Bestandsaufnahme

Vegetationsbrände in Wäldern, Wiesen, Mooren oder auf landwirtschaftlichen Flächen ergeben sich aus dem Zusammenspiel von Wetterbedingungen, dem verfügbaren Brennmaterial und den Entzündungsquellen (Pyne et al. 1996). Diese Faktoren sind ständigen Veränderungen und Anpassungen unterworfen, die durch Klimaschwankungen, Veränderungen der Vegetationsstruktur, dem Aufbau einer Streuschicht und durch den Menschen hervorgerufen werden. Brände treten in Deutschland vornehmlich als Waldbrände auf oder werden gezielt zur Landschaftspflege und zum Erhalt geschützter Biotope (z. B. Heideflächen) gelegt. Sie sind in Deutschland im Vergleich mit anderen Regionen Europas (z. B. Mittelmeerraum) vergleichsweise selten und eher klein, da es in der Regel keine sehr heißen und extrem trockenen Bedingungen gibt, die eine Entzündung und Ausbreitung von Bränden befördern würden. Die Hauptursache für Waldbrände sind menschliche Aktivitäten. Blitzschlag ist die einzige natürliche Waldbrandursache in Deutschland und führt meist nur zu kleineren Bränden (Müller 2019). Die meisten Waldbrände treten in Nordostdeutschland, insbesondere in Brandenburg und Nordsachsen, auf. Diese Regionen weisen v. a. sandige und trockene Böden und eine weitreichende Verbreitung von Kiefernwäldern mit Bodenstreuauflagen auf, die eine Entzündung von Waldbränden begünstigen können.

In Deutschland treten im Durchschnitt ca. 1100 Waldbrände pro Jahr auf, die eine Brandfläche von ca. 800 ha verursachen (EFFIS 2020). Dabei ist sowohl bei der Anzahl der Waldbrände als auch bei der Brandfläche ein Rückgang festzustellen (Abb. 11.4). Seit 1991 ging die Anzahl der Brände in Deutschland signifikant um 3,4 % pro Jahr zurück. Der Rückgang der Waldbrände in Brandenburg und in Deutschland insgesamt lässt sich vor allem mit einer verringerten militärischen Nutzung der Wälder, dem Aufbau moderner Waldbrandbeobachtungssysteme und einer veränderten Altersstruktur der Wälder erklären. Allerdings hat über den gleichen Zeitraum die Klimavariabilität zugenommen, was die zunehmende Anzahl an Tagen mit hoher Waldbrandwarnstufe (Wittich et al. 2011) zeigt. Trotz des allgemeinen Rückgangs der Waldbrandaktivität in Deutschland zeigen insbesondere die Jahre 2018 und 2019, dass in extremen Dürrejahren weiterhin große Brände vor allem in Nadelwäldern auftreten können.

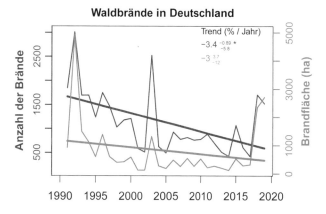

Waldbrände in Deutschland

 Abb. 11.4 Anzahl (rot) und Flächen (blau) der Waldbrände in Deutschland 1991–2019. Der lineare Trend (durchgezogene Linie) ergibt eine Abnahme von −3,4 % pro Jahr bei der Anzahl der Brände (rot) und −3 % pro Jahr bei der Brandfläche (blau). (Quelle: Bundesanstalt für Landwirtschaft und Ernährung 2020)

In diesen beiden Jahren brannten Wälder insbesondere in Brandenburg sowie in Niedersachsen, Bayern, Sachsen und Sachsen-Anhalt. Nur 1992 verbrannte eine größere Fläche (knapp 5000 ha) in Deutschland. Zudem können in extremen Dürrejahren einzelne Waldbrandereignisse für über die Hälfte der gesamten Waldbrandfläche verantwortlich sein, wie 2018 und 2019 in Brandenburg in Mecklenburg-Vorpommern geschehen (Bundesanstalt für Landwirtschaft und Ernährung 2020). Zudem hat sich die Waldbrandsaison vom Sommer immer weiter auch in Richtung Frühjahr ausgedehnt. Insgesamt führte der bisherige Klimawandel zu einer Verstärkung der Waldbrandgefahr in Deutschland: Extrem hohe Waldbrandgefahrenstufen treten in kürzeren Intervallen auf (Wastl et al. 2012) und die Waldbrandgefahr innerhalb einer Saison nahm seit 1958 in Mittel- und Nordostdeutschland signifikant zu (Lavalle et al. 2009). Obwohl also die klimatisch bedingte Waldbrandgefahr steigt, können Maßnahmen wie effektive Monitoringsysteme, die Anlage von Schutzstreifen und weniger brennbaren Waldbrandriegeln die Feuerausbreitung einschränken (Müller 2020).

11.2.2 Projektionen

Inwiefern die zunehmende Feuergefährdung in der Zukunft das tatsächliche Auftreten von Waldbränden beeinflusst, hängt nicht nur vom projizierten Klimawandel selbst ab, sondern auch wie sich das Waldwachstum, die Waldstruktur und der Wasserhaushalt der Waldökosysteme, inklusive seiner Böden, verändern. Offenere, stärker mit Gräsern bewachsene Nadelwälder können bei gleicher klimatischer Gefährdung die Feuerausbreitung begünstigen. Hingegen verringern dichte Wälder mit hohem Laubbaumanteil und einer Krautschicht das Waldbrandrisiko, auch weil das geschlossene Kronendach für ein feuchteres Mikroklima sorgen kann. Eine entsprechende Fortsetzung des Waldumbaus mit einem erhöhten Laubbaumanteil zu mehrschichtigen Mischwäldern und mit mehr Baumarten könnte auch in der Zukunft das Waldbrandrisiko weiter reduzieren. Für die Entwicklung des zukünftigen Waldbrandgeschehens kommt der Streuauflage eine besondere Bedeutung zu. Die Feuchtigkeit, Menge und Dichte der Streu und des Totholzes regulieren die Sauerstoffzufuhr bei der Verbrennung und bestimmen dabei maßgeblich die Intensität und Ausbreitungsgeschwindigkeit der Flammenfront und damit die Ausdehnung der Waldbrände. Jedoch kann eine zunehmende Streuauflage im Rahmen einer naturnahen Waldgestaltung das Waldbrandrisiko in extremen Dürrejahren erhöhen, was eine fortlaufende Abwägung und Einbettung in lokale Gegebenheiten erfordert. Um die zukünftige Entwicklung von Waldbränden abzuschätzen, sollte also zusätzlich zu den Projektionen der Waldbrandgefahr auch die Veränderung der Feuerregime (Feueranzahl, Waldbrandfläche und Feuerintensität) berücksichtigt werden, die mithilfe von statistischen Modellen oder gekoppelten Vegetation-Feuer-Modellen simuliert werden können.

Da Waldbrände im Mittelmeerraum ein größeres Problem darstellen, sind vor allem Projektionen der Waldbrandgefahr und der Veränderung der Feuerregime für diese Region (Amatulli et al. 2013; San-Miguel-Ayanz et al. 2013) oder für Europa, jedoch nur wenige speziell für Deutschland erstellt worden. Diese Studien verwenden globale oder regionale Klimaprojektionen des Vierten (AR4) und Fünften Sachstandsberichts (AR5) des Weltklimarates (IPCC). Um das zukünftige Waldbrandrisiko abzuschätzen, wird häufig das physikalisch basierte kanadische System für Waldbrandrisikoabschätzung FWI (*Fire Weather Index*; van Wagner 1987) verwendet. Auch der vom Deutschen Wetterdienst operationell bereitgestellte Waldbrandgefahrenindex (WBI; Wittich et al. 2014) beruht auf dem FWI, unterscheidet sich jedoch von diesem durch ein eigenes Streufeuchtemodell und eine empfindlichere Dynamik aufgrund von stündlichen Berechnungen. Statistische Modelle, die auf die Beziehungen zwischen zunehmender Trockenheit, höheren Temperaturen und Waldbrandgefahr zurückgreifen, werden ebenfalls verwendet (Lung et al. 2013). Gekoppelte Vegetation-Feuer-Modelle quantifizieren die Veränderung des klimatischen Waldbrandrisikos, der Feuerausbreitung, die Menge der verbrannten Biomasse sowie die Mortalität der durch das Feuer geschädigten Bäume (Hantson et al. 2016).

Generell ist das Bild der projizierten Veränderungen zukünftiger Waldbrände heterogen (◻ Abb. 11.5), aber qualitativ einheitlich. Für Mitteleuropa wird eine zunehmende Waldbrandgefahr unter Klimawandel

prognostiziert (Wittich et al. 2011; Lung et al. 2013), die sich auch in eine Zunahme der Waldbrandflächen übertragen könnte (Miggliavacca et al. 2013b; Wu et al. 2015). Je stärker der Klimawandel ausfällt, umso größer wird die zukünftige Waldbrandgefahr und umso höher die mögliche zukünftige Schadensfläche. Durch zunehmende Trockenheit und hohe Temperaturen in den Sommermonaten könnte die Feuersaison länger andauern und die Feuergefahr in Deutschland steigen (Holsten et al. 2013). Migliavacca et al. (2013b) führen die erhöhte Waldbrandfläche in Zentral- und Osteuropa auf zunehmend hohe Temperaturen zurück. Selbst bei Einhaltung des Zwei-Grad-Zieles würde sich die Waldbrandfläche in Nordostdeutschland merklich erhöhen. Unter stärkerem Klimawandel (Emissionsszenario RCP8.5) würde sich die zukünftige Waldbrandfläche wahrscheinlich in allen Bundesländern mindestens verdoppeln (Wu et al. 2015), was eine neue Dimension für die Organisation der Waldbrandbekämpfung bedeuten könnte, während das Forstmanagement das zunehmende Waldbrandrisiko stärker in seinen Maßnahmen hinsichtlich des Brennmaterials berücksichtigen müsste.

Wie stark diese Veränderungen ausfallen könnten, ist sehr unsicher und hängt von der zukünftigen Entwicklung der Treibhausgasemissionen und damit dem Ausmaß der Erwärmung ab. Anderseits kann die Komplexität der klimatischen und Vegetationsfaktoren sowie der forstlichen Praktiken noch nicht ausreichend in Waldbrandmodellen abgebildet werden. Des Weiteren ist die Vergleichbarkeit der Ergebnisse durch die unterschiedlichen räumlichen und zeitlichen Aggregationen in den jeweiligen Studien erschwert. Aktuellste Projektionen der Waldbrandgefahr sind im Klimaatlas[2] des Deutschen Wetterdienstes zusammengefasst.

11.2.3 Perspektiven

Projektionen zukünftiger Waldbrände beinhalten bisher nur die klimatische Gefährdung, jedoch nicht die Interaktionen zwischen Bestandsstruktur, menschlicher Nutzung und Feuer, die Feuereffekte verstärken oder abschwächen können. Entsprechende Simulationsexperimente mit gekoppelten Vegetation-Feuer-Modellen, die ebenfalls durch Klimaprojektionen angetrieben wurden, zeigen für Zentraleuropa eine Zunahme der Waldbrandflächen und damit möglicherweise starke Änderungen der Feuerregime unter Klimawandel. Zunehmende Trockenheit und Temperaturen überwiegen mögliche Veränderungen im Nährstoff- und Wasser-

2 ► www.deutscher-klimaatlas.de/forstwirtschaft

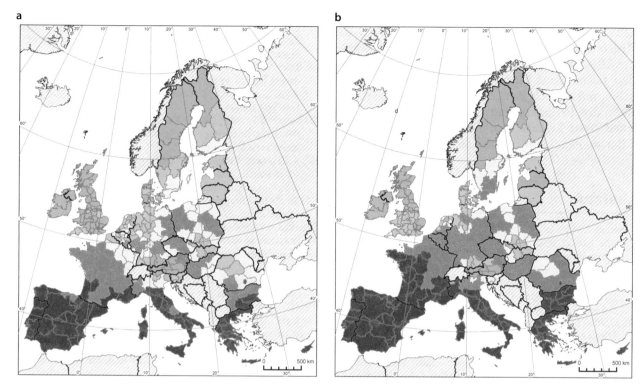

◘ Abb. 11.5 Klimatisches Waldbrandrisiko im Vergleich zwischen **a** 1961–1990 und **b** 2041–2070: für europäische NUTS-2-Regionen unter **a** historischen Klimabedingungen 1961–1990 und **b** unter Emissionsszenario SRES A1B für 2041–2070. Durch zunehmende Trockenheit steigt in Deutschland zukünftig die Waldbrandgefahr deutlich: Zunehmend große Flächen zeigen eine sehr große (rot) oder große (orange) Gefahr. Die Gebiete mit mittelgroßer (gelb), nur kleiner (hellgrün) oder gar sehr kleiner (dunkelgrün) Gefahr schrumpfen zwischen den beiden Zeitperioden in nicht zu übersehendem Ausmaß (grau: keine Angaben). In Deutschland werden im Zeitraum von 2041–2070 kaum noch Gebiete ausgemacht, die nur mittel oder wenig gefährdet sind. (IPCC 2014, Kap. 23, nach Lung et al. 2013)

haushalt der Bäume wie dem CO_2-Düngeeffekt (Migliavacca et al. 2013a; Wu et al. 2015). Das Waldbrandgeschehen wird auch in Zukunft durch menschliche Nutzung bestimmt, was insbesondere in extremen Dürrejahren zu starken Feuerereignissen führen kann.

Während Projektionen der Waldbrandgefahr den klimatischen Rahmen möglicher Veränderungen darstellen, quantifizieren gekoppelte Vegetation-Feuer-Modelle die Veränderung der Feuerregime in natürlicher Vegetation unter Klimawandel. Das bedeutet, dass die von ihnen projizierte Erhöhung der Waldbrandflächen für Laub- und Mischwälder Mitteleuropas gilt und die Gefährdung für angepflanzte Nadelwälder (etwa Kiefernmonokulturen) noch höher sein könnte. Waldbrände könnten in gleichaltrigen, gleichhohen Beständen ein leichtes Spiel haben, sollten die Flammen durch die hohe Feuerintensität die Baumkrone erreichen. Der fortgesetzte Umbau der Wälder zu vielschichtigen und artenreichen Wäldern erhöht nicht nur deren Anpassungsfähigkeit an den Klimawandel, sie trägt auch zur Reduzierung der Waldbrandgefahr bei, wenn das Klimaziel des Pariser Klimaabkommen eingehalten werden kann.

11.3 Kurz gesagt

Dürren und Waldbrände, und die damit verbundenen Risiken und möglichen Folgen, sind jeweils auf vielfältige Faktoren zurückzuführen, deren Zusammenwirken in der Gesamtheit betrachtet werden muss. Der menschliche Einfluss auf natürliche Prozesse erschwert oft die klare Zuordnung von Naturgefahren zum Klimawandel, besonders bei Waldbränden. Die vorbereitenden, auslösenden und kontrollierenden Faktoren werden in unterschiedlichster Weise vom Klimawandel beeinflusst. Dürren entwickeln sich schleichend mit oft nicht eindeutig definierbarem Anfang und Ende. Einflussfaktoren sind z. B. stabile Hochdruckwetterlagen mit ausbleibendem Niederschlag und zunehmender Verdunstung, abnehmende Schnee- und Gletscherschmelze, aber auch Eigenschaften von Böden oder hydrologischen Einzugsgebieten. Neben den biophysikalischen Betrachtungen nimmt die Bedeutung der Dürrerisiko- und Dürrefolgenermittlung sowie kaskadierender Effekte in Deutschland zu, sodass eine einheitliche Datenbasis dazu entwickelt werden sollte.

Für die Vergangenheit sind weder eindeutige und signifikante Dürre- noch Waldbrandtrends erkennbar, wenn auch die Jahre 2018 bis 2020 ausgeprägte Schadensjahre waren. Unter Klimawandel wird das Risiko sowohl für Dürren als auch für Waldbrände in vielen Regionen Deutschlands steigen, was den Bedarf für ein gutes Monitoring und angepasstes Feuermanagement auch in der Zukunft unterstreicht. Die Rolle der Früherkennung und der Entwicklung entsprechender Systeme wird für die Anpassung an den Klimawandel eine entscheidende Rolle spielen.

Literatur

Amatulli G, Camia A, San-Miguel-Ayanz J (2013) Estimating future burned areas under changing climate in the EU-Mediterranean countries. Sci Total Environ 450:209–222. ► https://doi.org/10.1016/j.scitotenv.2013.02.014

Berg A, Sheffield J (2018) Climate change and drought: the soil moisture perspective. Curr Clim Change Rep 4:180–191. ► https://doi.org/10.1007/s40641-018-0095-0

BfG (2019) Das Niedrigwasser 2018. ► https://doi.org/10.5675/BfG-Niedrigwasserbroschuere_2018

BMVI (Hrsg) (2015) KLIWAS Auswirkungen des Klimawandels auf Wasserstraßen und Schifffahrt – Entwicklung von Anpassungsoptionen Synthesebericht für Entscheidungsträger KLIWAS-57/2015. 10 5675/Kliwas_57/2015_Synthese

Blauhut V (2020) The triple complexity of drought risk analysis and its visualisation via mapping: a review across scales and sectors. Earth-Sci Rev 210:103345. ► https://linkinghub.elsevier.com/retrieve/pii/S0012825220303913

Blauhut V, Stahl K (2018) Risikomanagement von Dürren in Deutschland: von der Messung von Auswirkungen zur Modellierung. S. 203–213. In: Schütze N et al (Hrsg) Forum für Hydrologie und Wasserbewirtschaftung. Heft 39.18. Tagungsband zum Tag der Hydrologie 2018

Blauhut V, Stahl K, Falasca G (2020) Dürre und die öffentliche Wasserversorgung in Baden-Württemberg: Folgen, Umgang und Wahrnehmung Wasserwirtschaft 2020/11

Blauhut V, Stahl K, Stagge JH, Tallaksen LM, De SL, Vogt J (2016) Estimating drought risk across Europe from reported drought impacts, drought indices, and vulnerability factors. Hydrol Earth Syst Sci 20:2779–2800

Breinl K, Di Baldassarre G, Lun D, Vico G (2020) Extreme dry and wet spells face changes in their duration and timing. Environ Res Lett 15:074040. ► https://doi.org/10.1088/1748-9326/ab7d05

Brunner MI, Tallaksen LM (2019) Proneness of European catchments to multiyear streamflow droughts. Water Resour Res 55(11):8881–8894. ► https://doi.org/10.1029/2019WR025903

Bundesanstalt für Landwirtschaft und Ernährung (2020) Waldbrandstatistik der Bundesrepublik Deutschland 2019. Bonn (Tabelle 7B). ► https://www.ble.de/SharedDocs/Downloads/DE/BZL/Daten-Berichte/Waldbrandstatistik/Waldbrandstatistik-2019.pdf?__blob=publicationFile&v=4

Caillet V, Kraft M, Maurer V, Zoth P (2018) Die Mindestwasserführung als Instrument des Gewässerschutzes vor den Auswirkungen von Niedrigwasserereignissen. Zeitschrift für Umweltpolitik und Umweltrecht (ZfU) 3:385–409

Chamorro A, Houska T, Singh SK, Breuer L (2020) Projection of droughts as multivariate phenomenon in the Rhine River. Water 12:2288

Dai A, Zhao, T (2017) Uncertainties in historical changes and future projections of drought Part I: estimates of historical drought changes. Clim Change 519–533 ► https://doi.org/10.1007/s10584-016-1705-2

de Brito MM, Kuhlicke C, Marx A (2020) Near-real-time drought impact assessment: a text mining approach on the 2018/19 drought in Germany. Environ Res Lett. ► https://iopscience.iop.org/article/10.1088/1748-9326/aba4ca

de Brito MM (2021) Compound and cascading drought impacts do not happen by chance: a proposal to quantify their relationships. Sci Total Environ. ► https://doi.org/10.1016/j.scitotenv.2021.146236

Deutscher Bundestag (2019) Drucksache 19/9521. Unterrichtung durch die Bundesregierung. Bericht zur Risikoanalyse im Bevölkerungsschutz 2018

EC - European Commission (2007) Addressing the challenge of water scarcity and droughts in the European Union. ► http://ec.europa.eu/environment/water/pdf/1st_report.pdf

EFFIS (2020) European Forest Fire Information System. ► https://effis.jrc.ec.europa.eu/

Erfurt M, Glaser R, Blauhut V (2019) Changing impacts and societal responses to drought in southwestern Germany since 1800. Reg Environ Chang

Erfurt M, Skiadaresis G, Tijdeman E, Blauhut V, Bauhus J, Glaser R, Schwarz J, Tegel W, Stahl K (2020) A multidisciplinary drought catalogue for southwestern Germany dating back to 1801. Nat Hazards Earth Syst Sci 20:2979–2995. ► https://doi.org/10.5194/nhess-20-2979-2020

Hagenlocher M, Meza I, Anderson CC, Min A, Renaud FG, Walz Y, Siebert S, Sebesvari Z (2019) Drought vulnerability and risk assessments: state of the art, persistent gaps, and research agenda Environ. Res Lett 14:083002

Hantson S, Arneth A, Harrison SP et al (2016) The status and challenge of global fire modelling. Biogeosciences 13:3359–3375. ► https://doi.org/10.5194/bg-13-3359-2016

Hari V, Rakovec O, Markonis Y, Hanel M, Kumar R (2020) Increased future occurrences of the exceptional 2018–2019 Central European drought under global warming. Sci Rep 10

Hirschfeld J (2015) Wo ist Wasser in Deutschland knapp und könnte es in Zukunft knapper werden? Korrespondenz Wasserwirtschaft. 8(11):711–715

Holsten A, Dominic AR, Costa L, Kropp JP (2013) Evaluation of the performance of meteorological forest fire indices for German federal states. For Ecol Manage 287:123–131

Hoffmann P, Spekat A (2020) Identification of possible dynamical drivers for long-term changes in temperature and rainfall patterns over Europe. Theor Appl Climatol. ► https://doi.org/10.1007/s00704-020-03373-3

Ionita M, Nagavciuc V, Kumar R, Rakovec O (2020) On the curious case of the recent decade, mid-spring precipitation deficit in central Europe. npj Clim Atmosp Sci. ► https://doi.org/10.1038/s41612-020-00153-8

IPCC (2014) Climate Change 2014: Impacts, Adaptation, and Vulnerability. Part A: Global and Sectoral Aspects. Contribution of Working Group II to the Fifth Assessment Report of the Intergovernmental Panel on Climate Change. In: Field, CB, Barros VR, Dokken DJ, Mach KJ, Mastrandrea MD, Bilir TE, Chatterjee M, Ebi KL, Estrada YO, Genova RC, Girma B, Kissel ES, Levy AN, MacCracken S, Mastrandrea PR, White LL (eds.). Cambridge UniversityPress, Cambridge, 1132 pp

Kreibich H, Blauhut V, Aerts JCJH, Bouwer LM, Van Lanen HAJ, Mejia A, Mens M, Van Loon AF (2019) How to improve attribution of changes in drought and flood impacts Hydrol. Sci J 64:1–18. ► https://doi.org/10.1080/02626667.2018.1558367

Kumar R, Musuuza JL, Van Loon AF, Teuling AJ, Barthel R, Ten Broek J, Mai J, Samaniego L, Attinger S (2016) Multiscale evaluation of the standardized precipitation indexStandardized Precipitation Index as a groundwater drought indicator. Hydrol Earth Syst Sci 20(3):1117–1131. ► https://doi.org/10.5194/hess-20-1117-2016

Lavalle C, Micale F, Houston TD, Camia A, Hiederer R, Lazar C, Genovese G (2009) Climate change in Europe. 3. Impact on agriculture and forestry. A review (Reprinted). Agron Sustain Dev 29(3):433–446. ► https://doi.org/10.1051/agro/2008068

Lung T, Lavalle C, Hiederer R, Dosio A, Bouwer LM (2013) A multi-hazard regional level impact assessment for Europe combining indicators of climatic and non-climatic change. Glob Environ Chang 23(2):522–536

McKee T, Doesken N, Kleist J (1993) The relationship of drought frequency and duration to time scales, Eighth Conference on Applied Climatology

Migliavacca M, Dosio A, Kloster S, Ward DS, Camia A, Houborg R, Cescatti A (2013a) Modeling burned area in Europe with the community land model. J Geophys Res: Biogeosci 118(1):265–279. ► https://doi.org/10.1002/jgrg.20026

Migliavacca M, Dosio A, Camia A, Houborg R, Houston-Durrant T, Kaiser JW, Khabarov N, Krasovskii A, San Miguel-Ayanz J, Ward DS, Cescatti A (2013b) Modeling biomass burning and related carbon emissions during the 21st century in Europe. J Geophys Res: Biogeosci 118(4):1732–1747. ► https://doi.org/10.1002/2013JG002444

Marx, A, Kumar R, Thober S, Zink M, Wanders N, Wood EF, Ming P, Sheffield J, Samaniego L (2018) Climate change alters low flows in Europe under a global warming of 1,5, 2, and 3 degrees. Hydrol Earth Syst Sci 22:1017–1032. ► https://doi.org/10.5194/hess-2017-485.

Moravec V, Markonis Y, Rakovec O, Kumar R, Hanel M (2019) A 250-year European drought inventory derived from ensemble hydrologic modeling. Geophys Res Lett 46:5909–5917

Müller M (2019) Waldbrände in Deutschland Teil 1. AFZ-DerWald 18/2019

Müller M (2020) Waldbrände in Deutschland Teil 2. AFZ-DerWald 01/2020

NLWKN (2020) Grundwasserbericht Niedersachsen. Sonderausgabe zur Grundwasserstandssituation in den Trockenjahren 2018 und 2019. ► https://www.nlwkn.niedersachsen.de/download/156169/NLWKN_2020_Grundwasserbericht_Niedersachsen_Sonderausgabe_zur_Grundwasserstandssituation_in_den_Trockenjahren_2018_und_2019_Band_41_.pdf

NLKWN (2019) Der Klimawandel und seine Folgen für die Wasserwirtschaft im niedersächsischen Binnenland. Informationsdienst Gewässerkunde | Flussgebietsmanagement 2/2019

Palmer WC (1965) Meteorological Drought, Research paper no.45

Parry S, Hannaford J, Lloyd-Hughes B, Prudhomme C (2012) Multiyear droughts in Europe: analysis of development and causes. Hydrol Res 43:689–706. ► https://doi.org/10.2166/Nh.2012.024

Pascale S, Lucarini V, Feng X, Porporato A, ul Hasson S (2016) Projected changes of rainfall seasonality and dry spells in a high greenhouse gas emissions scenario. Clim Dynam 46:1331–1350. ► https://doi.org/10.1007/s00382-015-2648-4

Pyne SJ, Andrews PL, Laven RD (1996) Introduction to wildland fire, 2. Aufl. Wiley, New York, S 769

Rustemeier E, Meyer-Christoffer A, Becker A Finger P, Schneider U, Ziese M (2017) GPCC Homogenized precipitation analysis HOMPRA for Europe version 1,0 at 1,0°, Homogenized Monthly Land-Surface Precipitation and Precipitation Normals from Rain-Gauges built on GTS-based and Historic Data. ► https://doi.org/10.5676/DWD_GPCC/HOMPRA_EU_M_V1_100

Samaniego L, Thober S, Kumar R, Wanders N, Rakovec O, Pan M, Zink M, Sheffield J, Wood EF, Marx A (2018) Anthropogenic warming exacerbates European soil moisture droughts. Nat Clim Chang. ► https://doi.org/10.1038/s41558-018-0138-5

Samaniego L, Kumar R, Zink M (2013) Implications of parameter uncertainty on soil moisture drought analysis in germany. J Hydrometeorol 14:47–68

Samaniego L, Bárdossy A (2007) Relating macroclimatic circulation patterns with characteristics of floods and droughts at the mesoscale. J Hydrol 335:109–123. ► https://doi.org/10.1016/j.jhydrol.2006.11.004

San-Miguel-Ayanz J, Moreno JM, Camia A (2013) Analysis of large fires in European Mediterranean landscapes: lessons learned and perspectives. For Ecol Manage 294:11–22

Schindler U, Steidl J, Müller L, Eulenstein F, Thiere J (2007) Drought risk to agricultural land in Northeast and Central Germany. J Plant Nutr Soil Sci 170:357–362. ► https://doi.org/10.1002/jpln.200622045

Schneider U, Becker A, Finger P, Rustemeier E, Ziese M (2020) GPCC Full data monthly product version 2020 at 0,25°: Monthly land-surface p recipitation from rain-gauges built on GTS-based and historical data. ► https://doi.org/10.5676/DWD_GPCC/FD_M_V2020_025

Siebert C, Blauhut V, Stahl K (2021) Das Dürrerisiko des Wasserkraftsektors in Baden-Württemberg WasserWirtschaft Themenheft 6/2021

Spinoni J, Naumann G, Vogt J, Barbosa P (2016) Meteorological droughtsDroughts in Europe: events and impactsImpacts – ast trendsTrends and future projections Future Projections. Publications Office of the European Union. ► https://doi.org/10.2788/450449

Stahl K, Kohn I, Blauhut V et al (2016) Impacts of European drought events: insights from an international database of text-based reports Nat. Haz Earth Syst Sci 16:801–19

Stahl K, Vidal JP, Hannaford J, Tijdeman E, Laaha G, Gauster T, Tallaksen LM (2020) The challenges of hydrological drought definition, quantification and communication: an interdisciplinary perspective. Proc. IAHS 383:291–295. ► https://doi.org/10.5194/piahs-383-291-2020

Staudinger M, Stahl K, Seibert J (2014) A drought index accounting for snow, water resour. Res 50:7861–7872. ► https://doi.org/10.1002/2013WR015143

Sutanto SJ, Vitolo C, Di Napoli C, D'Andrea M, Van Lanen HAJ (2020) Heatwaves, droughts, and fires: Exploring compound and cascading dry hazards at the pan-European scale. Environ Int 134. ► https://doi.org/10527610.1016/j.envint.2019.105276

Thober S, Boeing F, Marx A (2018) Auswirkungen der globalen Erwärmung auf hydrologische und agrarische Dürren und Hochwasser in Deutschland. ► https://www.ufz.de/export/data/2/207531_HOKLIM_Brosch%C3%BCre_final.pdf

Tijdeman E, Menzel L (2020) Controls on the development and persistence of soil moisture drought across Southwestern Germany. Hydrol Earth Syst Sci Discuss [preprint]. ► https://doi.org/10.5194/hess-2020-307

UBA - Umweltbundesamt (Hrsg) (2019) Monitoringbericht 2019 zur Deutschen Anpassungsstrategie an den Klimawandel. ► https://www.umweltbundesamt.de/publikationen/umweltbundesamt-2019-monitoringbericht-2019-zur.

van Hateren TC, Chini M, Matgen P, Teuling AJ (2020) Asynchrony of recent European soil moisture and vegetation droughts. submitted to GRL 2020

Van Loon AF (2015) Hydrological drought explained. Wiley Interdiscip Rev Water 2(4):359–392

van Wagner CE (1987) Development and structure of the Canadian Forest Fire Index. Canadian Forestry Service, Technical Report 35:37

Vogt JV, Naumann G, Masante D, Spinoni J, Cammalleri C, Erian W, Pischke F, Pulwarty R, Barbosa P (2018) Drought risk assessment and management – a conceptual framework vol EUR 29464, Publications Office of the European Union, Luxembourg

Wastl C, Schunk C, Leuchner M, Pezzatti GB, Menzel A (2012) Recent climate change: long-term trends in meteorological forest fire danger in the Alps. Agric For Meteorol 162:1–13. ► https://doi.org/10.1016/j.agrformet.2012.04.001

Wilhite DA (Hrsg) (2016) Drought – a global assessment vol I, Routledge, New York

Wittich K-P, Bock L, Zimmermann L (2014) Neuer Waldbrand-gefahrenindex des Deutschen Wetterdienstes (2): der WBI und dessen Anwendung auf bayerische Waldbrände. AFZ – Der Wald 9/2014, 22–25

Wittich K-P, Löpmeier F-J, Lex P (2011) Waldbrände und Klimawandel in Deutschland. AFZ/Wald 18:22–25

WMO - World Meteorological Organization, GWP - Global Water Partnership (2016) Handbook of Drought Indicators and Indices. ISBN 978-92-63-11173-9, WMO-1173

Wu M, Knorr W, Thonicke K, Schurgers G, Camia A, Arneth A (2015) Sensitivity of burned area in Europe to climate change, atmospheric CO_2 levels, and demography: a comparison of two fire-vegetation models J Geophys Res Biogeosci 120. ▶ https://doi.org/10.1002/2015JG003036.

Zhou TJ, Tao H (2013) Projected changes of palmer drought severity index under an RCP8.5 Scenario. Atmospheric and Oceanic Science Letters 6:273–278. ▶ https://doi.org/10.3878/j.issn.1674-2834.13.0032

Zoth P (2020) Anpassung an Trockenheit und Dürre–welche wasser-rechtlichen Handlungsmöglichkeiten gibt es? Zeitschrift für Deutsches und Europäisches Wasser-, Abwasser-und Bodenschutzrecht 9(2):91–98

Zink M, Samaniego L, Kumar R, Thober S, Mai J, Schaefer D, Marx A (2016) The German drought monitor. Environ Res Lett 11 ▶ https://doi.org/10.1088/1748-9326/11/7/074002

11

Gravitative Massenbewegungen und Naturgefahren der Kryosphäre

Thomas Glade

Inhaltsverzeichnis

12.1   Gravitative Massenbewegungen – 144

12.1.1   Felsstürze, Felsgleitungen und Felslawinen – 144

12.1.2   Muren – 145

12.1.3   Rutschungen – 146

12.2   Gefahren der Kryosphäre – 147

12.2.1   Auftauender Permafrost – 147

12.2.2   Glaziale Systeme – 147

12.2.3   Schneelawinen – 148

12.3   Ausblick – 148

12.4   Kurz gesagt – 149

Literatur – 150

© Der/die Autor(en) 2023

G. P. Brasseur et al. (Hrsg.), *Klimawandel in Deutschland,*

https://doi.org/10.1007/978-3-662-66696-8_12

12.1 Gravitative Massenbewegungen

Die Naturgefahren der gravitativen Massenbewegungen beinhalten Prozesse wie Felsstürze, Muren, flach- und tiefgründige Rutschungen sowie andere komplexe Bewegungen (Glade et al. 2005; Glade und Zangerl 2020). Diese sind auf verschiedenste Art von klimarelevanten Faktoren abhängig (Crozier 2010; Glade und Crozier 2010; Huggel et al. 2012; Nie et al. 2017; Rupp et al. 2018; Wiedenmann et al. 2016) und werden ganz unterschiedlich direkt und indirekt vom Menschen beeinflusst (Klose et al. 2015; Schmidt und Dikau 2004). Gravitative Massenbewegungen treten an vollkommen natürlichen, vom Menschen unbeeinflussten Hängen auf, z. B. im hochalpinen Gebiet ( Abb. 12.1) (z. B. Knapp et al. 2021; Krautblatter et al. 2012), an Hängen von eingeschnittenen Tälern und Schichtstufen in Mittelgebirgen (u. a. Bell et al. 2010; Damm 2005; Hardenbicker et al. 2001; Leinauer et al. 2020; Terhorst 2001, 2009; Schmidt und Beyer 2001; Finkler et al. 2013; Bock et al. 2013; Garcia et al. 2010; Oeltzschner 1997) oder an Steilküsten (Abb. 12.2) (Günther und Thiel 2009; Kuhn und Prüfer 2014). Sie treten aber auch an Böschungen auf, die vom Menschen geschaffen wurden, oder an modifizierten Hängen, etwa in Gebieten, in denen Baugebiete ausgewiesen (Bell et al. 2010; Kurdal et al. 2006) oder flächenhafte Flurbereinigungen durchgeführt wurden. Je nach Lokalität sind demzufolge die Dispositionen der Gebiete gegenüber klimatischen und hydrometeorologischen Auslösern sehr divers (u. a. Dikau und Schrott 1999; Glade et al. 2020; Mergili und Glade 2020; Schmidt und Dikau 2004).

12.1.1 Felsstürze, Felsgleitungen und Felslawinen

Neben den hier nicht weiter behandelten Erdbeben sind besonders Starkniederschläge Auslöser von Felsstürzen, Felsgleitungen und Felslawinen, die häufig durch hydrometeorologische Vorgänge vorbereitet werden (Krautblatter et al. 2010a, b, 2012; Preh et al. 2020; Zangerl et al. 2020). Hierzu gehört z. B. ein langanhaltender Niederschlag, der die offenen Gesteinsklüfte ausfüllt und dort zu großen Porenwasserdrücken führen kann. Diese können besonders bei Felsgroßbewegungen auch durch eine Schneeschmelze im Frühjahr erreicht werden (Zangerl et al. 2020).

Solche vorbereitenden Faktoren lösen gravitative Massenbewegungen nicht direkt aus, sondern erhöhen die Disposition der entsprechenden stabilitätsbeeinflussenden Variablen. Einen weiteren derartigen Faktor im Hochgebirge stellt der Permafrost bzw. sein Rückgang dar. Der dauergefrorene Bereich stabilisiert die steilen alpinen Felswände zusätzlich (Haas et al. 2009). Durch die Klimaerwärmung werden bisher steile Gesteinsformationen in einen labilen Zustand versetzt und können sich dann entsprechend aus der Felswand ablösen (Krautblatter et al. 2009, 2013) oder ganze Felswände können in einer Felsgleitung oder einer Felslawine mobilisiert werden (Knapp et al. 2021; Zangerl et al. 2020).

Eine ganz andere Situation ist an den Steilküsten Norddeutschlands zu beobachten (Günther und Thiel 2009; Kuhn und Prüfer 2014). Für deren Stabilität sind wieder die Klüftung des Gesteins und der anzutreffende Porenwasserdruck maßgeblich verantwortlich. Hinzu kommt hier aber auch noch die Wellen-

 Abb. 12.1 Das Tal des Alpenrheins mit Ablagerungen verschiedener gravitativer Massenbewegungen an den Unterhängen und im Talboden. (Foto: Horst Meyenfeld)

Abb. 12.2 Steilküste auf der Insel Rügen. Die Ablagerung einer gravitativen Massenbewegung, die bereits von Wellen wieder erodiert wird, ist deutlich sichtbar. (Foto: Horst Meyenfeld)

wirkung über die Brandung: Sie erodiert die Steilküsten kontinuierlich am Hangfuß, bis die darüber gelagerte Masse so instabil wird, dass sie kollabiert (□ Abb. 12.2). Diese Grenze zwischen der Stabilität des Kliffs und der Bewegungsauslösung kann durch interne Kräfteverschiebungen überschritten werden (verursacht z. B. durch die Verwitterung des Gesteins), kann aber auch durch externe Kräfte, beispielsweise über einen Sturm mit sehr hoher Brandung oder über Starkniederschläge, erreicht werden. Die klimatischen und hydrometeorologischen Faktoren beeinflussen folglich langfristig über die Wellenbewegungen und die Ausbildung der Brandungshohlkehlen die Stabilität ganzer Küstenabschnitte, lösen aber bei extremen Situationen wie Starkniederschlägen oder einer starken Wellenbrandung auch direkt Felsstürze aus.

Weiterhin treten Felsstürze an künstlichen Geländeanschnitten in vielfältigster Weise auf. Solche Anschnitte entstehen sehr häufig beim Bau der Verkehrsnetze (Straßen oder Eisenbahn, z. B. Röhlich et al. 2003; Schlögl und Matulla 2018) oder beim Hausbau in Hangbereichen. Hier kann es auch zur Auslösung von Felsstürzen durch hydrometeorologische Faktoren kommen, die eigentliche Ursache im Sinne eines vorbereitenden Faktors ist jedoch in der anthropogenen Übersteilung zu sehen. Untersuchungen zeigten auch, dass zwischen dem Zeitpunkt solcher Übersteilung (□ Abb. 12.3) und dem eigentlichen Auslösen der Felsstürze viele Jahre, manchmal sogar viele Jahrzehnte liegen können. Dies erschwert die klare Trennung zwischen dem menschlichen Einfluss und den deutlich auf die Klimaänderungen zurückzuführenden Folgewirkungen.

Zusammenfassend ist festzuhalten, dass Felsstürze in den verschiedensten Regionen in Deutschland an natürlichen und künstlich übersteilten Felswänden auftreten (Röhlich et al. 2003). Die klimatischen und hydrometeorologischen Wirkungen sind dabei als vorbereitende Faktoren genauso wichtig wie für die Auslösung an sich (Krautblatter et al. 2006; Schmidt und

Dikau 2004). Eine klare Trennung zwischen den natürlichen und damit klar auf den Klimawandel zu beziehenden Gegebenheiten und den vom Menschen beeinflussten Faktoren ist überaus schwierig.

12.1.2 Muren

Muren sind Ströme aus Wasser mit einem sehr hohen Anteil an Schlamm- und Gesteinsmassen, die sich im Gebirge an Talflanken (Hangmuren) oder in Tiefenlinien (Gerinnemuren) bergabwärts bewegen. Die klimatischen und hydrometeorologischen Gegebenheiten wirken auch hier als vorbereitende und auslösende Faktoren: Wassergesättigtes Material ist leichter mobilisierbar als trockene Sedimente. Auftauender Permafrost ermöglicht in ausgewählten alpinen Hochlagen die Mobilisierung früherer gefrorener Bereiche. Weiterhin spielen auch Vegetationsänderungen für die Muraktivität eine große Rolle. Im Falle einer Rodung, eines Waldbrands oder eines natürlichen Windwurfs können bisher durch die Vegetation geschützte Bereiche bei einem folgenden Sturmereignis zu potenziellen Quellgebieten von Muren werden. Außerdem können Murverbauungen den Prozessablauf maßgeblich verändern, indem sie beispielsweise die Muren im Quellgebiet aufhalten oder im Verlauf abbremsen bzw. ganz aufhalten. All dies beeinflusst, wie oft Muren auftreten und wie stark sie sind, und es überlagert mögliche Klimafolgen. Zentral bei allen Untersuchungen ist eine detaillierte multitemporale Analyse der Muraktivität, also eine Untersuchung derselben Stelle zu unterschiedlichen Zeitpunkten (Dietrich und Krautblatter 2019; Ozturk et al. 2018).

Es ist festzustellen, dass sich die durch Klimaereignisse ausgelöste Muraktivität verändert (Damm und Felderer 2013; Kaitna et al. 2020). Dies wurde bei-

Abb. 12.3 Eisenbahntunnel im Ahrtal: Anthropogene Übersteilung einer Felswand durch den Bau von Verkehrsinfrastruktur.

spielsweise auch in dendromorphologischen Untersuchungen erkannt (Schneider et al. 2010), die in den veränderten Jahresringen die Wachstumsveränderungen von Bäumen, verursacht durch die Bewegung der Erdoberflächen, analysieren. Es ist aber nicht eindeutig, welche dieser Veränderungen auf die klimarelevanten Parameter zurückzuführen sind und welche von anderen Einflüssen in welcher Stärke überlagert werden.

12.1.3 Rutschungen

Bei Rutschungen werden meist Lockersedimente, aber auch geklüftete Felsmassen auf einer hangparallelen (Translationsrutschung) oder rotationsförmigen Gleitfläche (Rotationsrutschung) hangabwärts transportiert (◘ Abb. 12.4). Rutschungen treten an natürlichen sowie an künstlich übersteilten Hängen gleichermaßen auf und bewegen sich mit den verschiedensten Geschwindigkeiten: von langsam kriechend bis spontan ausbrechend und extrem schnell (Glade und Zangerl 2020). Wichtig ist zu beachten, ob es Neuinitiierungen von Rutschungen sind oder ob es sich um Reaktivierungen bereits früherer Bewegungen handelt. Denn diese reagieren ganz unterschiedlich auf klimatische und hydrometeorologische Gegebenheiten.

Auch Rutschungen werden vorbereitet, werden nach Überschreitung von Schwellenwerten ausgelöst, und ihre Bewegung wird durch die Situation am Hang beeinflusst (Schmidt und Dikau 2005; Glade et al. 2020) – besonders davon, welche Pflanzen in welchem Alter den Hang bewachsen und durchwurzeln (Papathoma-Köhle et al. 2013), wie die Geländeoberfläche geformt ist, wie stark der Boden verwittert ist, welches Gestein ansteht und wie viel Material und Wasser verfügbar sind. So kann z. B. eine gleiche Niederschlagsmenge manchmal Rutschungen auslösen und manchmal nicht – je nach Situation am Hang. Viele Untersuchungen zu Rutschungen zeigen auch, dass besonders der Wege- und Siedlungsbau und veränderte Hangdrainagen einen großen Einfluss auf das Rutschungsverhalten haben (Bell et al. 2010; Röhlich et al. 2003; Andrecs et al. 2007; Klose et al. 2016).

Wasser wird oberflächig und unterirdisch gesammelt und umgeleitet, was wiederum die Hanghydrologie und -stabilität stark beeinflusst. Weiterhin werden auch agrarwirtschaftlich genutzte Flächen im Hangbereich sehr häufig von Landwirtinnen und Landwirten dräniert, um die Nutzung zu intensivieren. Von besonderer Bedeutung sind auch linienhafte Infrastrukturen wie Straßen und Wege oder Eisenbahnlinien (Wohlers et al. 2017; Schlögl und Matulla 2018). An diesen Strukturen wird die Oberflächengeometrie verändert, sei es durch Aufschüttungen oder Eintiefungen mit übersteilten Böschungen. Alle genannten Aktivitäten verändern die Hanghydrologie, d. h. vorher natürlich vorhandene Fließwege an der Erdoberfläche und/oder im Untergrund werden verändert. Das führt zu einer geänderten Rutschungsanfälligkeit, entweder zu einer Stabilisierung oder, im ungünstigsten Fall, auch zu einer Destabilisierung. Durch diese baulichen Eingriffe wird auf jeden Fall die Rutschungsaktivität beeinflusst.

Natürliche Auslöser von Rutschungen sind neben Erdbeben (z. B. Nepal-Erdbeben, 25.04.15; Kaikoura-Erdbeben, Neuseeland, 14.11.16; Palu, Indonesien, 28.09.18) besonders hydrometeorologische Faktoren. Hierzu zählen lang anhaltende Feuchteperioden (Klose et al. 2012a) oder eine schnelle Schneeschmelze genauso wie Starkregenereignisse (Krauter et al. 2012). Es gibt aber auch Untersuchungen, die eine erhöhte Rutschungsaktivität besonders nach lang anhaltenden Trockenperioden mit anschließenden, von der Stärke eher vernachlässigbaren Niederschlagsereignissen feststellen konnten (Glade et al. 2001). Analysen haben gezeigt, dass sich in der Trockenperiode tiefgreifende Risse im Oberboden bilden können, über die dann der Niederschlag sehr schnell in den Untergrund eindringen kann und eine Rutschung reaktiviert, obwohl die eigentliche Niederschlagsmenge sehr gering ist.

Aus diesen Ausführungen ist ersichtlich, dass es sicherlich einen Zusammenhang zwischen klimatischen Veränderungen und einer daraus resultierenden Rutschungsaktivität gibt (Dehn und Buma 1999; Krauter et al. 2012). Von besonderer Bedeutung sind bei den klimatischen Änderungen die starken, häufig lokal begrenzten Gewitterregen, die ein hohes Potenzial besitzen, auch Rutschungen auszulösen. Wie jedoch auch aus internationalen Studien abgeleitet werden kann (Mathie et al. 2007), ist aus den bisherigen Untersuchungen kein zwingender und eindeutiger Zusammenhang nachweisbar (Mayer et al. 2010), da es viele, sich teilweise überlagernde Faktoren gibt, die eine Rutschung auslösen (Mergili und Glade 2020). Eine

◘ Abb. 12.4   Rotationsrutschung bei Ockenheim, Rheinhessen.

eindeutige Trennung zwischen den Auswirkungen des Klimawandels und den Konsequenzen menschlicher Eingriffe lässt sich momentan noch nicht direkt und gesichert ableiten.

12.2 Gefahren der Kryosphäre

Naturgefahren in der Kryosphäre – in Gebieten mit gefrorenem Wasser – sind ganz unterschiedlich in ihrer räumlichen Verbreitung, in ihrer zeitlichen Aktivität und in Bezug auf ihre Wechselwirkung mit der Gesellschaft zu betrachten (Damm et al. 2012). Jedoch greift der Mensch in die Kryosphäre weniger direkt ein, sodass die Auswirkungen seines Handelns auf diese Naturgefahren nicht so stark sind wie auf die Bereiche der gravitativen Massenbewegungen. Dieser Beitrag konzentriert sich auf die Naturgefahren, ausgelöst durch den flächenhaften Rückgang des Permafrosts, durch Veränderungen von glazialen Systemen und Schneelawinen (Haeberli und Beniston 1998).

12.2.1 Auftauender Permafrost

Dauergefrorener Boden und Fels unterliegen momentan global massiven Veränderungen (Kääb 2007; Otto et al. 2020). Auch in Deutschland werden – wenn auch nur in Hochgebirgsregionen – seit einigen Jahren signifikante Veränderungen dokumentiert (Krautblatter et al. 2010a; Nötzli et al. 2010), die sicherlich auch mit dem Klimawandel in Verbindung stehen (Verleysdonk et al. 2011). Der Anstieg der durchschnittlichen Jahrestemperatur und die damit verbundene Erhöhung der Null-Grad-Isotherme (Linie gleicher Temperaturen) im Hochgebirge führen dazu, dass sich der Permafrost kontinuierlich abbaut (Gude und Barsch 2005).

Wie bei den Felsstürzen und den Muren bereits ausgeführt, kann erwartet werden, dass der Rückgang des Permafrosts massive Veränderungen im Prozessgefüge und in der Dynamik der Naturgefahren bewirkt (Damm und Felderer 2013). In Regionen der Kryosphäre mit steilen Felswänden ist bereits zu beobachten, dass die Felssturzaktivität steigt (Krautblatter et al. 2010a). Durch den verschwindenden Permafrost tauen ganze Bergregionen auf, was besonders große Auswirkungen auf die dort vorhandene Infrastruktur hat, seien es die Bergbahnen mit den Bergstationen für den Tourismus, das Observatorium der Zugspitze oder die bewirtschafteten Berghütten der Alpenvereine sowie deren Zuwege (Weber 2003; Gude und Barsch 2005; Krautblatter et al. 2010b). Auch hochgelegene Schutthalden und Moränenzüge wurden bisher durch den Permafrost stabilisiert. Durch das

Auftauen des gefrorenen Schutts kann dieser bei Starkniederschlägen leichter mobilisiert werden, und es besteht die Gefahr von häufigeren und größeren Murabgängen (Damm und Felderer 2013).

Neben diesen klassischen Naturgefahren verändert sich durch eine Klimaerwärmung auch das komplette Prozessgefüge in Hochgebirgsgebieten, die zwar unvergletschert, aber dennoch durch Frost geprägt sind. Es kann erwartet werden, dass sich die Solifluktion – die fließende Bewegung von Schutt- und Erdmassen an Hängen auf gefrorenem Untergrund – mit dem Auftauen des Permafrosts durch die erhöhte Wasserverfügbarkeit zuerst auf Bewegungsraten von bis zu mehreren Zentimetern bis Metern pro Jahr verstärkt. In einer nächsten Phase erwartet man allerdings wieder eine starke Reduktion der Solifluktion auf Millimeter bis Zentimeter pro Jahr. Der Einfluss des Klimawandels auf die komplexen Solifluktionsprozesse ist noch nicht komplett verstanden, was eine Vorhersage auf den Klimawandeleinfluss schwierig macht (Matsuoka 2001).

Der Eisanteil in aktiven Blockgletschern kann stark abnehmen. Durch das Verschwinden des Eisanteils wird sich die interne Reibung der Schutt- und Geröllmasse kontinuierlich erhöhen, bis sich diese Massen nicht weiter bewegen (Kellerer-Pirklbauer und Kaufmann 2012). All diese Veränderungen werden u. a. die Oberflächenprozesse in ihren Eigenschaften und in ihrem räumlichen und zeitlichen Auftreten nachhaltig modifizieren.

12.2.2 Glaziale Systeme

Bereits seit vielen Jahren wird beobachtet, dass die glazialen Systeme global einer großen Veränderung unterliegen, was in den meisten Fällen einen massiven Gletscherrückzug bedeutet (Owen et al. 2009; Weber 2003; Zemp et al. 2006). Viele Studien zeigen, dass auch die in Deutschland befindlichen Gletscher an Masse verlieren und sich zurückziehen (Haeberli und Beniston 1998; Weber 2003). Bereits jetzt schmilzt der Schneeferner auf der Zugspitze im Sommer nahezu komplett ab, wie ein Vergleich der Bilder 12.5 (Winter) und 12.6 (Sommer), allerdings aufgenommen von unterschiedlichen Standorten, eindrücklich zeigt.

Dieser Trend wird sich in den kommenden Jahren noch fortsetzen (Fischer et al. 2020), und es ist bei einer anhaltenden Klimaerwärmung bis zum Ende des 21. Jahrhunderts sogar zu erwarten, dass auch die letzten Gletscher in Deutschland bald verschwunden sein werden.

Dies wird signifikante Auswirkungen in den hochalpinen Gebieten, aber auch in den glazial geprägten Flusssystemen haben (Blöschl et al. 2020). Momentan ist in den europäischen Alpen zu beobachten, dass durch die erhöhten Schmelzraten im Sommer die Wasserverfügbarkeit in manchen Gebieten bedeutend steigt und deshalb die sommerliche Wasserführung in den glazialen Flussregimen zunimmt (Collins 2007). Hierdurch nehmen die Sedimentfrachten in den Flüssen zu. Es ist jedoch zu erwarten, dass sich diese erhöhte Wasserführung mit dem Abschmelzen der Gletscher umgehend vermindert, wie dies bereits in anderen Regionen festgestellt wird (u. a. in Chile, Baraer et al. 2012). Wie es sich bereits andeutet, wird sich das Abflussregime von einem glazialen Regime mit sommerlichen Abflussspitzen zu einem schneegeprägten Abflussregime mit Spitzen im Frühjahr verändern (Blöschl et al. 2020). Dies wird sicherlich massive Auswirkungen auf das komplette hochalpine Ökosystem haben, aber auch das raumwirksame Handeln der Menschen in den Tallagen der Gebirge verändern. Besonders ist hier zu beachten, dass diese Veränderungen in den gesamten Alpen stattfinden. Für Deutschland bedeutet dies, dass sich auch Flusssysteme, die ihr Quellgebiet in den an Deutschland angrenzenden alpinen Gebieten haben (z. B. in Österreich und der Schweiz), stark verändern werden (Blöschl et al. 2020).

Auch das von Gletschern frei werdende Gebiet wird sich massiv wandeln. Es beginnen geomorphologische Prozesse in den bisher durch Eis bedeckten Regionen. Flächenmäßig sind dies, besonders in der Relation der gesamten Bundesrepublik, nur marginale Flächen. Diese werden sich jedoch signifikant verändern und auch angrenzende Tallagen potenziell betreffen.

◻ Abb. 12.5 Blick vom Zugspitzplateau auf den Schneeferner im Februar 2022.

12.2.3 Schneelawinen

Mit der gemessenen Erwärmung steigt die Null-Grad-Isotherme in den Hochgebirgen, und es ist zu erwarten, dass sich der Anteil des als Schnee fallenden Niederschlags in Zukunft zugunsten des Anteils des in flüssiger Form fallenden Niederschlags verschiebt. Die Erhöhung der Schneegrenze wird dazu führen, dass weniger Schnee als Wasserspeicher zur Verfügung steht (Matiu et al. 2021). Dies wird auch einen Einfluss auf den Schneedeckenaufbau haben, da in höheren Lagen aufgrund der veränderten Gegensätze der Tag-Nacht-Temperatur die Anzahl der Frost-Tau-Zyklen steigen wird und somit eine stärkere Schichtung der Schneedecke mit verändertem Wasserhaushalt zu erwarten ist (Bernhardt et al. 2012; Steinkogler et al. 2014; Studeregger et al. 2020).

Neben der Schneedecke selbst sind gerade für Schneelawinen die Schneeakkumulationen durch Windverfrachtung von zentraler Bedeutung (Warscher et al. 2013). Inwieweit sich mit der Klimaerwärmung auch Windfelder und die Verteilung der winterlichen Schneeakkumulationen ändern werden, ist schwer zu beurteilen. Weiterhin wird sicherlich weniger Schnee in tiefen Lagen fallen (Eckert et al. 2010; Lavigne et al. 2015). Es ist aber auch zu erwarten, dass Extremereignisse große Schneemengen in kurzen Zeiträumen in die Hänge bringen und, kombiniert mit schnellen Wetteränderungen, in kurzen Perioden die Schneelawinenaktivität massiv erhöhen. Dies wird in manchen Teilen der europäischen Alpen bereits beobachtet (Pielmeier et al. 2013). Zusätzlich könnte die Schneelawinenaktivität über den ganzen Winter verteilt eher abnehmen, Extremniederschlagsereignisse mit entsprechenden Lawinenabgängen wird es aber durchaus weiterhin geben.

12.3 Ausblick

Die Auswirkungen des Klimawandels auf die Naturgefahren der gravitativen Massenbewegungen und ausgewählter hochalpiner Prozesse (Permafrost, glaziale Systeme, Schneelawinen) müssen sehr differenziert betrachtet werden. Einfache Kausalschlüsse zwischen Klimaveränderungen und natürlichen Prozessen an der Erdoberfläche können irreführend sein, da das Auftreten der präsentierten Naturgefahren von vielen vorbereitenden, auslösenden und kontrollierenden Faktoren abhängig ist. Wie dargelegt, unterscheidet sich die Bedeutung der jeweiligen Faktoren für die verschiedenen Naturgefahren signifikant (Glade et al. 2020). Zusätzlich wird die Einschätzung der Situation noch erschwert, da auch der Mensch direkt oder indirekt massiv in die Umwelt eingreift (Birkmann et al. 2011; Mergili und Glade 2020). Dadurch verändern

12

sich die Wirkungsketten bei den jeweiligen Naturgefahren und somit auch die Konsequenzen (Klose et al. 2012b; Wohlers und Damm 2021). Diese lassen sich dadurch schwerer von den aus dem Klimawandel resultierenden Kräften differenzieren.

Von besonderer Bedeutung für diesbezügliche Untersuchungen sind umfassende Datenbanken der angesprochenen Prozessbereiche, die zeitlich und räumlich hochauflösend sein müssen (Glade 2001).

Bei gravitativen Massenbewegungen gibt es besonders in den letzten Jahren aktuelle Forschungsaktivitäten (Damm und Klose 2015; Herrera et al. 2018; Jäger et al. 2018; Rupp und Damm 2020), die teilweise auch zusätzlich die sozioökonomischen Schäden erheben (Klose et al. 2016; Schlögl und Matulla 2018; Wohlers und Damm 2021; Wohlers et al. 2017). Datenbanken zu Permafrost, glazialen Systemen und Schneelawinen liegen lokal vor, sind jedoch größtenteils auch nur dort verfügbar. Es wäre unbedingt erstrebenswert, die durch öffentliche Mittel finanzierten Datenbanken zusammenzuführen und für eine bestmögliche Nutzung, gerade im Hinblick der Identifikation von klimainduzierten Veränderungen, auch frei zugänglich zu machen.

Um die Aspekte der gravitativen Massenbewegungen und von Naturgefahren in der Kryosphäre in der Zukunft umfassend und im Sinne eines besseren Verständnisses der möglichen Auswirkungen des Klimawandels auch hinsichtlich einer Nachhaltigkeit besser verstehen zu können, sollten einige der angesprochenen Themenkomplexe bearbeitet werden. Neben vielen anderen Bereichen beinhaltet dies Folgendes:

- Die vielfältigen Wechselwirkungen der klimatologischen und hydrometeorologischen Faktoren müssen prozessorientiert durch Geländeuntersuchungen und ergänzende Modellierungen aufgearbeitet werden.
- Die unterschiedlichen Naturgefahren müssen in Monitoringprogrammen für ausgewählte Standorte langfristig und kontinuierlich an repräsentativen Standorten gemessen werden, um mögliche Veränderungen festzustellen und die verantwortlichen Faktoren charakterisieren zu können.
- Die vergangenen Situationen müssen den momentanen Gegebenheiten und den möglichen zukünftigen Entwicklungen gegenübergestellt werden.
- In Prozessuntersuchungen muss eindeutig zwischen vorbereitenden, auslösenden und kontrollierenden Faktoren unterschieden werden. Dies wird eine bessere Abschätzung der Auswirkungen der Änderungen im Klimasystem bei den verschiedenen Naturgefahren erlauben. Spezifisch müssten für jede Naturgefahr die möglichen menschlichen Eingriffe identifiziert und ihre Bedeutung für die jeweilige Kinematik abgeschätzt und kalkuliert werden.

◻ Abb. 12.6 Der nördliche Schneeferner im September 2020. (Foto: UFS Schneefernerhaus,)

- Die natürlichen und die menschlichen Eingriffe müssen vergleichend bewertet werden, um die Auswirkungen der Änderungen einzelner Faktoren für spezifische Naturgefahren eindeutig identifizieren und abschätzen zu können.
- Die Kaskadeneffekte zwischen den einzelnen Naturgefahren müssen stärker berücksichtigt werden. Beispielsweise können ein Waldbrand (▶ Kap. 11) oder eine Schneelawine dazu führen, dass in der darauffolgenden Zeit Felsstürze in tiefer gelegene Gebiete gelangen, da die frühere Schutzwirkung des Waldes entfällt. Oder Muren können Flüsse blockieren: Es bilden sich Seen, die dann den Damm durchbrechen und große Überschwemmungen in den talabwärtsgelegenen Gebieten verursachen können.
- Existierende Datenbanken müssen zusammengeführt werden, um die bestmögliche Inwertsetzung der verfügbaren Daten zu erreichen.

12.4 Kurz gesagt

Die Naturgefahren der gravitativen Massenbewegungen (Felsstürze, Muren, Rutschungen), ausgehend vom Permafrost und den glazialen Systemen sowie den Schneelawinen, sind auf vielfältige Faktoren zurückzuführen, deren Zusammenwirken in der Gesamtheit betrachtet werden muss. Die vorbereitenden, auslösenden und kontrollierenden Faktoren werden in unterschiedlichster Weise vom Klimawandel beeinflusst. Dieses Zusammenspiel zeigt sich durch schleichende Veränderungen wie beim Rückgang des Permafrosts und kriechenden gravitativen Massenbewegungen sowie an schnell ablaufenden Naturgefahren wie Muren, Fels- und Bergstürzen sowie Schneelawinen. Klimatische und hydrometeorologische Faktoren beeinflussen hierbei die Naturgefahren langfristig auch überregional, beispielsweise lang anhaltende Niederschläge. Sie bestimmen aber auch ganz kurzfristig in kleinen Gebieten entsprechende Prozesse, etwa Muren nach einem lokal konzentrierten Starkniederschlagsereignis. Weiterhin erschwert der menschliche Einfluss auf diese natürlichen Prozesse die klare Zuordnung, welche der Veränderungen in der Häufigkeit oder der Stärke von Naturgefahren tatsächlich ausschließlich dem Klimawandel zuzuschreiben sind und welche Anteile hierbei der direkte menschliche Einfluss hat (z. B. besonders hinsichtlich Landnutzungsänderungen). Dies werden einige der zukünftigen Forschungsfelder im Kontext der klimarelevanten Naturgefahren ergründen.

Gravitative Massenbewegungen und andere klimarelevante Naturgefahren der Kryosphäre lassen sich zwar auf den Klimawandel zurückführen, dürfen aber auch nicht darauf reduziert werden. Es gibt neben den klimatischen Steuerungen noch viele weitere, vom Klima nicht direkt beeinflusste Faktoren, die diese Naturgefahren sehr stark beeinflussen und sich erschwerend mit den Klimaveränderungen überlagern.

Literatur

Andrecs P, Hagen K, Lang E, Stary U, Gartner K, Herzberger E, Riedel F, Haiden T (2007) Dokumentation und Analyse der Schadensereignisse 2005 in den Gemeinden Gasen und Haslau (Steiermark). BFW-Dokumentation. Schriftenreihe des Bundesforschungs- und Ausbildungszentrums für Wald, Naturgefahren und Landschaft, Bd. 6. Bundesforschungs- und Ausbildungszentrum für Wald, Naturgefahren und Landschaft, Wien, S 75

Baraer M, Mark BG, McKenzie JM, Condom T, Bury J, Huh K-I, Portocarrero C, Gomez J, Rathay S (2012) Glacier recession and water resources in Peru's Cordillera Blanca. J Glaciol 58(207):134–150

Bell R, Mayer J, Pohl J, Greiving S, Glade T (Hrsg) (2010) Integrative Frühwarnsysteme für gravitative Massenbewegungen (ILEWS) – Monitoring, Modellierung Implementierung. Klartext Verlag, Essen, S 271

Bernhardt M, Schulz K, Liston GE, Zängl G (2012) The influence of lateral snow redistribution processes on snow melt and sublimation in alpine regions. J Hydrol 424–425:196–206

Birkmann J, Böhm HR, Buchholz F et al (2011) Glossar Klimawandel und Raumplanung Bd. 10. Akademie für Raumforschung und Landesplanung, Hannover (E-Paper der ARL)

Blöschl G, Hall J, Viglione A et al (2020) Current European floodrich period exceptional compared with past 500 years. Nature 583:560–566

Bock B, Wehinger A, Krauter E (2013) Hanginstabilitäten in Rheinland-Pfalz – Auswertung der Rutschungsdatenbank Rheinland-Pfalz für die Testgebiete Wißberg, Lauterecken und Mittelmosel. Mainzer Geowiss Mitt 41:103–122

Collins DN (2007) Changes in quantity and variability of runoff from Alpine basins with climatic fluctuation and glacier decline. IAHS Publ 318:75–86

Crozier M (2010) Deciphering the effect of climate change on landslide activity: a review. Geomorphology 124:260–267

Damm B (2005) Gravitative Massenbewegungen in Südniedersachsen. Die Altmündener Wand – analyse und Bewertung eines Rutschungsstandorts, Zeitschrift für Geomorphologie NF Suppl-Bd 138:189 209

Damm B, Felderer A (2013) Impact of atmospheric warming on permafrost degradation and debris flow initiation – a case study from the eastern European Alps. E&G Quaternary Sci J 62:2

Damm B, Klose M (2015) The landslide database for Germany: closing the gap at national level. Geomorphology 249:82–93

Damm B, Pröbstl U, Felderer A (2012) Perception and impact of natural hazards as consequence of warming of the cryosphere in tourism destinations. A case study in the Tux Valley, Zillertaler Alps. Austria. Interpraevent 12:90–91

Dehn M, Buma J (1999) Modelling future landslide activity based on general circulation models. Geomorphology 30(1–2):175–187

Dietrich A, Krautblatter M (2019) Deciphering controls for debris-flow erosion derived from a LiDAR-recorded extreme event and a calibrated numerical model (Roßbichelbach, Germany). Earth Surf Proc Land 44(6):1346–1361

Dikau R, Schrott L (1999) The temporal stability and activity of landslides in Europe with respect to climatic change (TESLEC): main objectives and results. Geomorphology 30:1–12

Eckert N, Baya H, Deschatres M (2010) Assessing the response of snow avalanche runout altitudes to climate fluctuations using hierarchical modeling: application to 61 winters of data in France. J Clim 23:3157–3180

Finkler C, Emde K, Vött A (2013) Gravitative Massenbewegungen im Randbereich des Mainzer Beckens: das Fallbeispiel Roterberg (Langenlonsheim, Rheinland-Pfalz). Mainzer Geowiss Mitt 41:51–102

Fischer A, Schöner W, Otto J-C (2020) Gletschergefahren. In: Glade T, Mergili M, Sattler K (Hrsg) ExtremA 2019: aktueller Wissenstand zu Extremereignissen alpiner Naturgefahren in Österreich. S 563–586

García A, Hördt A, Fabian M (2010) Landslide monitoring with high resolution tilt measurements at the Dollendorfer Hardt landslide. Germany. Geomorphology 120(1–2):16–25

Glade T (2001) Landslide hazard assessment and historical landslide data – an inseparable couple? Glade T, Frances F, Albini P (Hrsg) The use of historical data in natural hazard assessments 7:153–168

Glade T, Anderson M, Crozier MJ (Hrsg) (2005) Landslide hazard and risk. Wiley, Chichester, West Sussex, S 803

Glade T, Crozier MJ (Hrsg) (2010) Landslide geomorphology in a changing environment.- Special Volume in Geomorphology 120(1–2):90

Glade T, Dikau R (2001) Landslides at the tertiary escarpments in Rheinhessen, Southwest Germany. Z Geomorphol, (Supplementband) 125:65–92

Glade T, Zangerl C (2020) Gravitative Massenbewegungen – terminologie und Charakteristika. In: Glade T, Mergili M, Sattler K (Hrsg) ExtremA 2019: Aktueller Wissensstand zu Extremereignissen alpiner Naturgefahren in Österreich, S 367–382

Glade T, Mergili M, Sattler K (Hrsg) (2020) ExtremA 2019: aktueller Wissensstand zu Extremereignissen alpiner Naturgefahren in Österreich. Vienna University Press, S 776

Gude M, Barsch D (2005) Assessment of geomorphic hazards in connection with permafrost occurrence in the Zugspitze area (Bavarian Alps, Germany). Geomorphology 66(1–4):85–93

Günther A, Thiel C (2009) Combined rock slope stability and shallow landslide susceptibility assessment of the Jasmund cliff area (Rügen Island, Germany). Nat Hazards Earth Syst Sci 9(3):687–698

Haas F, Heckmann T, Klein T, Becht M (2009) Rockfall measurements in alpine catchments (Germany, Austria, Italy) by terrestrial laserscanning first results. Geophys Res Abstr 11:1607–7962

Haeberli W, Beniston M (1998) Climate Change and its impacts on glaciers and permafrost in the Alps. Ambio 27(4):258–265

Hardenbicker U, Halle S, Grunert JM (2001) Temporal occurrence of mass movements in the Bonn area. Z Geomorphol, Supplementband 125:14–24

Herrera G, Mateos RM, García-Davalillo JC et al (2018) Landslide databases in the geological surveys of Europe. Landslides 15:359–379

Huggel C, Clague JJ, Korup O (2012) Is climate change responsible for changing landslide activity in high mountains? Earth Surf Proc Land 37(1):77–91

Jäger D, Kreuzer T, Wilde M, Bemm S, Terhorst B (2018) A spatial database for landslides in northern Bavaria: a methodological approach. Geomorphology 306:283–291

Kääb AFP (2007) Climate change impacts on mountain glaciers and permafrost. Glob Planet Chang 56:vii–ix

Kaitna R, Prenner D, Hübl J (2020) Muren. In: Glade T, Mergili M, Sattler K (Hrsg) ExtremA 2019: aktueller Wissenstand zu Extremereignissen alpiner Naturgefahren in Österreich. S 489–515

Kellerer-Pirklbauer A, Kaufmann V (2012) About the relationship between rock glacier velocity and climate parameters in central Austria. Austrian J Earth Sci 105(2):94–112

Klose M, Damm B, Gerold G (2012a) Analysis of landslide activity and soil moisture in hillslope sediments using a landslide database and a soil water balance model. GEOÖKO 33(3–4):204–231

Klose M, Damm B, Terhorst B, Schulz N, Gerold G (2012b) Wirtschaftliche Schäden durch gravitative Massenbewegungen. Entwicklung eines empirischen Berechnungsmodells mit regionaler Anwendung. Interpraevent 12:979–990

Klose M, Damm B, Terhorst B (2015) Landslide cost modeling for transportation infrastructures: a methodological approach. Landslides 12:321–334

Klose M, Maurischat P, Damm B (2016) Landslide impacts in Germany: a historical and socioeconomic perspective. Landslides 13(1):183–199

Knapp S, Anselmetti FS, Lempe B, Krautblatter M (2021) Impact of an 0,2 km3 rock avalanche on lake Eibsee (Bavarian Alps, Germany) – Part II: catchment response to consecutive debris avalanche and debris flow. Earth Surface Processes and Landforms 46(1):307–319

Krautblatter M, Funk D, Günzel FK (2013) Why permafrost rocks become unstable: a rock-ice-mechanical model in time and space. Earth Surf Proc Land 38(8):876–887

Krautblatter M, Moser M (2006) Will we face an increase in hazardous secondary rockfall events in response to global warming in the foreseeable future? In: Price MF (Hrsg) Global change in mountain regions. Sapiens Publishing, Duncow, S 253–254

Krautblatter M, Moser M (2009) A nonlinear model coupling rockfall and rainfall intensity based \newline on a four year measurement in a high Alpine rock wall (Reintal, German Alps). Nat Hazards Earth Syst Sci 9(4):1425–1432

Krautblatter M, Moser M, Schrott L, Wolf J, Morche D (2012) Significance of rockfall magnitude and solute transport for rock slope erosion and geomorphic work in an Alpine trough valley (Reintal, German Alps). Geomorphology 167:21–34

Krautblatter M, Moser M, Kemna A, Verleysdonk S, Funk D, Dräbing D (2010a) Climate change and enhanced rockfall activity in the European Alps. Z Dtsch Ges Geowiss 68:331–332

Krautblatter M, Verleysdonk S, Flores-Orozco A, Kemna A (2010b) Temperature-calibrated imaging of seasonal changes in permafrost rock walls by quantitative electrical resistivity tomography (Zugspitze, German/Austrian Alps). J Geophys Res 115(F2):F02003

Krauter E, Kumerics C, Feuerbach J, Lauterbach M (2012) Abschätzung der Risiken von Hang- und Böschungsrutschungen durch die Zunahme von Extremwetterereignissen. Berichte der Bundesanstalt für Straßenwesen, Straßenbau (Heft 75, 61 S)

Kuhn D, Prüfer S (2014) Coastal cliff monitoring and analysis of mass wasting processes with the application of terrestrial laser scanning: a case study of Rügen, Germany. Geomorphology 213:153–165

Kurdal S, Wehinger A, Krajewski W (2006) Entwicklung von Baugebieten in Rheinhessen/Rheinland-Pfalz bei möglicher Hangrutschgefährdung. Mainz Geowiss Mitt 34:135–152

Lavigne A, Eckert N, Bel L, Parent E (2015) Adding expert contributions to the spatiotemporal modelling of avalanche activity under different climatic influences. J R Stat Soc: Series C (Applied Statistics) 64(4):651–671

Leinauer J, Jacobs B, Krautblatter M (2020) Anticipating an imminent large rock slope failure at the Hochvogel (Allgäu Alps). Geomechanics and Tunnelling 13(6):597–603

Mathie E, McInnes R, Fairbank H, Jakeways J (2007) Landslides and climate change: challenges and solutions. proceedings of the International Conference on Landslides and Climate Change, Ventnor, Isle of Wight, UK, 21.–24.05.2007

Matiu M, Crespi A, Bertoldi G et al (2021) Observed snow depth trends in the European Alps: 1971 to 2019. Cryosphere 15(3):1343–1382

Matsuoka N (2001) Solifluction rates, processes and landforms: a global review. Earth Sci Rev 55(1):107–134

Mayer K, Patula S, Krapp M, Leppig B, Thom P, von Poschinger A (2010) Danger map for the Bavarian Alps. Z Dtsch Ges Geowiss 161(2):119–128

Mergili M, Glade T (2020) Synthese. In: Glade T, Mergili M, Sattler K (Hrsg) ExtremA 2019: aktueller Wissenstand zu Extremereignissen alpiner Naturgefahren in Österreich. S 31–41

Nie W, Krautblatter M, Leith K, Thuro K, Festl J (2017) A modified tank model including snowmelt and infiltration time lags for deep-seated landslides in alpine environments (Aggenalm, Germany). Nat Hazard 17(9):1595–1610

Nötzli J, Gruber S, von Poschinger A (2010) Modeling and measurement of permafrost temperatures in the summit crest of the Zugspitze Germany. Geogr Helv 65(2):113–123

Oeltzschner H (1997) Untersuchungen von Massenbewegungen im südlichen Bayern durch das Bayerische Geologische Landesamt. Wasser Boden 49(1):46–50

Otto J-C, Krautblatter M, Sattler K (2020) Permafrostgefahren. In: Glade T, Mergili M, Sattler K (Hrsg) ExtremA 2019: aktueller Wissenstand zu Extremereignissen alpiner Naturgefahren in Österreich. S 537–586

Owen LA, Thackray G, Anderson RS, Briner J, Kaufman D, Roe G, Pfeffer W, YiC (2009) Integrated research on mountain glaciers: current status, priorities and future prospects. Geomorphology 103(2):158–171

Ozturk U, Wendi D, Crisologo I, Riemer A, Agarwal A, Vogel K, López-Tarazón JA, Korup O (2018) Rare flash floods and debris flows in southern Germany. Sci Total Environ 626:941–952

Papathoma-Köhle M, Glade T (2013) The role of vegetation cover change for landslide hazard and risk. In: Renaud G, Sudmeier-Rieux K, Estrella M (Hrsg) The role of ecosystems in disaster risk reduction. UNU-Press, Tokio, S 293–320

Pielmeier C, Techel F, Marty C, Stucki T (2013) Wet snow avalanche activity in the Swiss Alps – trend analysis for mid-winter season. In: Naaim-Bouvet F, Durand Y, Lambert R (Hrsg) International Snow Science Workshop 2013 Proceedings. ISSW 2013, Grenoble – Chamonix Mont Blanc, 07.–11.10.2013. ANENA, Grenoble, S 1240–1246

Preh A, Mölk M, Illeditsch M (2020) Steinschlag und Felssturz. In: Glade T, Mergili M, Sattler K (Hrsg) ExtremA 2019: aktueller Wissenstand zu Extremereignissen alpiner Naturgefahren in Österreich. S 425–460

Röhlich B, Jehle R, Krauter E (2003) Systematische Bestandsaufnahme des Gefährdungspotentials an Bahnstrecken durch Steinschlag, Felssturz und Hangrutsch im Mittelrhein-, Mosel- und Lahngebiet. 14. Tagung für Ingenieurgeologie, Kiel, 26.–29.03.2003, S 281–286

Rupp S, Damm B (2020) A national rockfall dataset as a tool for analysing the spatial and temporal rockfall occurrence in Germany. Earth Surf Proc Land 45(7):1528–1538

Rupp S, Wohlers A, Damm B (2018) Long-term relationship between landslide occurrences and precipitation in southern Lower Saxony and northern Hesse. Z Geomorphol 61(4):327–338

Schlögl M, Matulla C (2018) Potential future exposure of European land transport infrastructure to rainfall-induced landslides throughout the 21st century. Nat Hazard 18(4):1121–1132

Schmidt KH, Beyer I (2001) Factors controlling mass movement susceptibility on the Wellenkalk-scarp in Hesse and Thuringia. Z Geomorphol, (Supplementband) 125:43–63

Schmidt J, Dikau R (2004) Modeling historical climate variability and slope stability. Geomorphology 60(3–4):433–447

Schmidt J, Dikau R (2005) Preparatory and triggering factors for slope failure: analyses of two landslides near Bonn. Germany. Z Geomorphol 49(1):121–138

Schneider H, Höfer D, Irmler R, Daut G, Mäusbacher R (2010) Correlation between climate, man and debris flow events – a palynological approach. Geomorphology 120(1):48–55

Steinkogler W, Sovilla B, Lehning M (2014) Influence of snow cover properties on avalanche dynamics. Cold Reg Sci Technol 97:121–131. ► https://doi.org/10.1016/j.coldregions.2013.10.002

Studeregger A, Podesser A, Mitterer C, Fischer J-T, Ertl W, Nairz P, Mair R (2020) Lawinen. In: Glade T, Mergili M, Sattler K (Hrsg) ExtremA 2019: aktueller Wissenstand zu Extremereignissen alpiner Naturgefahren in Österreich. S 511–536

Terhorst B (2001) Mass movements of various ages on the Swabian Jurassic escarpment geomorphologic processes and their causes. Z Geomorphol 125, (Supplementband 125):105–127

Terhorst B (2009) Landslide susceptibility in cuesta scarps of SW-Germany (Swabian Alb). In: Bierman P, Montgomery P (Hrsg) Key concepts in geomorphology

Verleysdonk S, Krautblatter M, Dikau R (2011) Sensitivity and path dependence of mountain permafrost systems. Geogr Ann Ser B 93(2):113–135

Warscher M, Strasser U, Kraller G, Marke T, Franz H, Kunstmann H (2013) Performance of complex snow cover descriptions in a distributed hydrological model system: a case study for the high Alpine terrain of the Berchtesgaden Alps. Water Resour Res 49(5):2619–2637. ► https://doi.org/10.1002/wrcr.20219

Weber M (2003) Informationen zum Gletscherschwund – gletscherschwund und Klimawandel an der Zugspitze und am Vernagtferner (Ötztaler Alpen). Kommission für Glaziologie der Bayerischen Akademie der Wissenschaften, S 10

Wiedenmann J, Rohn J, Moser M (2016) The relationship between the landslide frequency and hydrogeological aspects: a case study from a hilly region in Northern Bavaria (Germany). Environ Earth Sci 75(7):1–16

Wohlers A, Damm B (2021) Analysis of historical data for a better understanding of post construction landslides at an artificial Waterway. Earth Surf Proc Land 46:344–356

Wohlers A, Kreuzer TM, Damm B (2017) Case histories for the investigation of landslide repair and mitigation measures in NW Germany. In: Sassa K, Mikoš M, Yin Y (Hrsg) Advancing culture of living with landslides. WLF 2017. Springer, S 519–525

Zangerl C, Mergili M, Prager C, Sausgruber J-T, Weidinger J-T (2020) Felsgleitung, Felslawine und Erd-/Schuttstrom. In: Glade T, Mergili M, Sattler K (Hrsg) ExtremA 2019: aktueller Wissenstand zu Extremereignissen alpiner Naturgefahren in Österreich. S 383–424

Zemp M, Haeberli W, Hoelzle M, Paul F (2006) Alpine glaciers to disappear within decades? Geophys Res Lett 33(13):L13504

12

Auswirkungen des Klimawandels in Deutschland

Die Auswirkungen des globalen Klimawandels sind von Region zu Region sehr unterschiedlich ausgeprägt und können sich in ihrer Intensität stark unterscheiden. Das hängt im Wesentlichen von der geografischen Lage einer Region und deren Beschaffenheit ab: Welche natürlichen Bedingungen kennzeichnen sie? Welcher Nutzung durch den Menschen unterliegt die Region? Allein schon aus diesen Fragen geht hervor, dass für ein so hoch industrialisiertes Land wie Deutschland die Auswirkungen des Klimawandels außerordentlich vielfältig und komplex sind.

Die in diesem Teil ausgewählten Schwerpunkte können deshalb nur eine grobe Übersicht über die Gesamtproblematik geben. Dabei sind die einzelnen Schwerpunkte durch Wechselwirkungen miteinander verknüpft. So hängen z. B. die Land- und Forstwirtschaft immer eng mit dem Wasserhaushalt zusammen. Und die Auswirkungen klimatischer Änderungen auf die Luftqualität sowie in Städten und urbanen Räumen führen schon jetzt und mit großer Wahrscheinlichkeit zunehmend auch in der Zukunft zu höheren Gesundheitsrisiken. Als problematisch können sich auch im Gesamtkontext des Klimawandels eine abnehmende Biodiversität in Deutschland, ein fortschreitender Verlust nutzbarer Böden und eine steigende Belastung der naturnahen Ökosysteme erweisen. Bei allen aufgeführten Zusammenhängen steigt im Rahmen der globalen Erwärmung grundsätzlich die Gefahr, dass sogenannte positive Rückkopplungen auftreten. Das bedeutet, dass sich Prozesse aufgrund der Rückkopplung verstärken und zu nicht mehr beherrschbaren Situationen führen können. Nachhaltig spürbar werden solche Auswirkungen dann, wenn die Wirtschaft davon betroffen wird, die weit gefächert ist und von der Industrie über die Infrastrukturen bis hin zum Tourismus reicht.

Sämtliche Themen dieses Kapitels sind dazu gedacht, Anregungen zu geben und sich ausführlicher mit dem Klimawandel und seinen Folgen auseinanderzusetzen. Es gibt bereits eine Fülle von Forschungsarbeiten über die Auswirkungen des Klimawandels auf Deutschland, von denen die wichtigsten Publikationen in den Literaturverzeichnissen aufgeführt sind. Das gesamte Themenfeld befindet sich in einem ständigen Prozess der Weiterentwicklung. Daher wird dem Leser empfohlen, auch künftig Veröffentlichungen aufmerksam zu verfolgen.

Peggy Michaelis, Hermann Lotze-Campen, Harry Vereecken
Editors Teil III

Inhaltsverzeichnis

13 **Luftqualität und Klimawandel – 157**
Andreas Wahner, Astrid Kiendler-Scharr, Dieter Klemp und
Martin G. Schultz

14 **Klimawandel und Gesundheit – 171**
Jobst Augustin, Katrin Burkart, Wilfried Endlicher,
Alina Herrmann, Susanne Jochner-Oette, Christina Koppe,
Annette Menzel, Hans-Guido Mücke und Rainer Sauerborn

15 **Biodiversität und Naturschutz im Klimawandel – 191**
Stefan Klotz, Klaus Henle, Josef Settele und Ulrich Sukopp

16 **Wasserhaushalt im Klimawandel – 213**
Harald Kunstmann, Peter Fröhle, Fred F. Hattermann,
Andreas Marx, Gerhard Smiatek und Christian Wanger

17 **Auswirkungen des Klimawandels auf biogeochemische**
Stoffkreisläufe – 227
Nicolas Brüggemann und Klaus Butterbach-Bahl

18 **Klimawirkungen und Anpassung in der Land-**
wirtschaft – 237
Hermann Lotze-Campen, Tobias Conradt, Frank Ewert,
Cathleen Frühauf, Horst Gömann, Peggy Michaelis,
Andrea Lüttger, Claas Nendel und Hans-Joachim Weigel

19 **Wald und Forstwirtschaft im Klimawandel – 249**
Michael Köhl, Martin Gutsch, Petra Lasch-Born,
Michael Müller, Daniel Plugge und Christopher P. O. Reyer

20 **Böden und ihre Funktionen im Klimawandel – 263**
Eva-Maria Pfeiffer, Annette Eschenbach,
Jean Charles Munch und Harry Vereecken

21 **Städte im Klimawandel – 275**
Wilhelm Kuttler, Guido Halbig und Jürgen Oßenbrügge

22 **Klimawandel und Tourismus – 289**
Martin Lohmann und Andreas Matzarakis

23   **Kaskadeneffekte und kritische Infrastrukturen im Klimawandel – 297**
Markus Groth, Steffen Bender, Alfred Olfert, Inke Schauser und Elisabeth Viktor

24   **Kosten des Klimawandels und Auswirkungen auf die Wirtschaft – 311**
Sven Schulze, Hubertus Bardt, Hendrik Biebeler, Gernot Klepper, Mahammad Mahammadzadeh, Daniel Osberghaus, Wilfried Rickels, Oliver Schenker und Reimund Schwarze

Luftqualität und Klimawandel

Andreas Wahner, Astrid Kiendler-Scharr, Dieter Klemp und Martin G. Schultz

Inhaltsverzeichnis

13.1   Physikalische und chemische Grundlagen – 158

13.2   Entwicklung der Luftverschmutzung in Deutschland seit Mitte der 1990er-Jahre – 160

13.3   Zukünftige Entwicklung der Luftqualität – 164

13.4   Kurz gesagt – 167

Literatur – 168

© Der/die Autor(en) 2023

G. P. Brasseur et al. (Hrsg.), *Klimawandel in Deutschland*,

https://doi.org/10.1007/978-3-662-66696-8_13

Die Verschmutzung der Luft durch Beimengung gesundheitsschädlicher Substanzen – gasförmig oder als Partikel – wurde lange Zeit als ausschließlich lokales Problem betrachtet. Die ersten Maßnahmen zur Luftreinhaltung in Deutschland waren demzufolge auf die Identifikation und Beseitigung einzelner Emissionsquellen gerichtet (Uekötter 2003). Bis in die 1960er-Jahre wurde Luftverschmutzung im Wesentlichen als unmittelbar erfassbare Belastung durch Rauchgas wahrgenommen (ebd.); erst danach rückten andere Spurenbestandteile wie das im sogenannten Sommersmog enthaltene Ozon in den Vordergrund. Während eine akute Gesundheitsgefährdung aufgrund verschmutzter Außenluft in Deutschland heute höchstens in Ausnahmefällen auftritt, bleibt das Thema Luftqualität dennoch weiterhin relevant, weil zumindest einige Studien auf die Langzeitwirkung selbst geringfügiger Schadstoffkonzentrationen hinweisen (WHO 2008; Beelen et al. 2013) und es den Städten und Regionen in Deutschland oftmals nicht gelingt, die neuesten europäischen Zielwerte zur Feinstaub-, Stickoxid- oder Langzeitozonbelastung einzuhalten. Hinzu kommt ein langsamer Anstieg der großräumigen, deutschland-, europa- oder hemisphärenweiten Belastung, der sogenannten Hintergrundbelastung oder dem Hintergrund, durch verschiedene Spurengase, wie etwa durch Ozon (HTAP 2010).

Gerade in Deutschland ist neben die lokale Extremwertbekämpfung die Notwendigkeit einer großflächigen Reduktion der Hintergrundbelastung getreten. Dieses bedarf einer Ausweitung des Verständnisses luftchemischer Prozesse, da die Schadstoffkonzentrationen in diesem Bereich nicht mehr nur durch die Stärke der Emissionsquellen und die primäre Abbaurate bestimmt werden, sondern eine Vielzahl von chemischen und physikalischen Umwandlungsprozessen eine Rolle spielt. Weil diese Umwandlungsprozesse und auch die Emissionen von klimatischen Faktoren wie Sonneneinstrahlung, Temperatur und Niederschlag abhängen, ist zu erwarten, dass die projizierten Klimaänderungen für Deutschland auch die Luftschadstoffkonzentrationen beeinflussen werden. Gemäß dem Fünften und Sechsten Sachstandsbericht des Weltklimarates (IPCC 2013, 2021) wird die zukünftige Luftqualität zwar hauptsächlich von den Änderungen der Emissionsstärken beeinflusst, allerdings könnten Temperaturerhöhungen in verschmutzten Gebieten zu einer Zunahme der Schadstoffbelastung führen. Die Erforschung dieser Problematik steht jedoch noch am Anfang, sodass eine quantitative Abschätzung dieser Änderungen vor allem regional derzeit nicht möglich ist. Dieses Kapitel soll einen Überblick über die Zusammenhänge vermitteln und zumindest qualitativ auf mögliche künftige Entwicklungen hinweisen.

13.1 Physikalische und chemische Grundlagen

Luftverschmutzung wird hier ausschließlich als Belastung der Luft durch Feinstaub, Ozon (O_3), Stickstoffdioxid (NO_2) und andere Ozonvorläufersubstanzen wie Kohlenwasserstoffe und Kohlenmonoxid aufgefasst. Die geltende EU-Richtlinie 2008/50 EC[1] und ihre nationale Umsetzung in der 39. Bundesimmissionsschutzverordnung[2] zählen daneben auch Schwefeldioxid und Blei auf, die in der Praxis jedoch kaum noch relevant sind. Es gibt weitere Richtlinien (z. B. 2004/107 EC[3]), die sich mit Grenzwerten für Arsen, Cadmium, Quecksilber, Nickel sowie polyzyklischen aromatischen Kohlenwasserstoffen auseinandersetzen. Eine Diskussion dieser Substanzen würde den Rahmen dieses Kapitels sprengen.

Feinstäube – oder allgemeiner: partikelförmige Luftbestandteile (*particulate matter,* PM) – bestehen gewöhnlich aus Mineralien, elementarem oder organischem Kohlenstoff (Ruß, kondensierte Kohlenwasserstoffe, biologische Partikel), Sulfat, Nitrat und Ammonium. In küstennahen Regionen können Natrium und Chlor in Form von Seesalz hinzukommen. Die in der Luft enthaltenen Partikel weisen Größen zwischen wenigen Nanometern und einigen Mikrometern auf und sind oft von einer Schicht flüssigen Wassers umgeben. Sie spielen eine bedeutende Rolle für die Bildung von Wolken und Niederschlag und reflektieren oder absorbieren sowohl sichtbare als auch infrarote Strahlung, wodurch sie das Klima beeinflussen. Die Partikel werden entweder direkt emittiert, z. B. durch Verbrennung, Staubaufwirbelung oder Reifenabrieb, oder sie bilden sich in der Atmosphäre durch die Nukleation von Gasen mit niedrigen Dampfdrücken. Existierende Partikel können sich zusammenballen (Koagulation), kleinere Partikel können sich auf größeren ansammeln (Akkumulation), oder sie wachsen durch Kondensation weiterer gasförmiger Bestandteile und durch die Aufnahme von Wasser. Die meisten Partikel werden durch Niederschlag aus der Atmosphäre entfernt, sie können jedoch auch in trockener Luft absinken (Sedimentation) und am Boden deponiert werden.

Für die Luftreinhaltung lassen sich die luftgebundenen Partikel nach Größenklassen unterscheiden. Feinstaubbestandteile (PM) mit Durchmessern von weniger als 10 Mikrometern werden als PM_{10} bezeichnet, während die Bestandteile mit Durch-

---

1   ▶ https://eur-lex.europa.eu/legal-content/de/ALL/?uri=CELEX%3A32008L0050

2   ▶ https://www.gesetze-im-internet.de/bimschv_39/BJNR106510010.html

3   ▶ https://eur-lex.europa.eu/legal-content/DE/TXT/?uri=celex%3A32004L0107

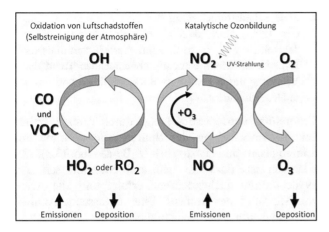

◻ Abb. 13.1 Schematische Darstellung der chemischen Prozesse, die zur Bildung von troposphärischem Ozon führen. CO: Kohlenmonoxid, VOC: volatile organische Kohlenstoffverbindungen, OH: Hydroxylradikal, HO_2: Hydroperoxyradikal, RO_2: organische Peroxyradikale, NO_2: Stickstoffdioxid, NO: Stickstoffmonoxid, O_3: Ozon

messern kleiner 2,5 Mikrometern als $PM_{2,5}$ gekennzeichnet werden. Da kleinere Partikel tiefer in den menschlichen Organismus eindringen können, üben sie eine stärkere Wirkung auf den menschlichen Organismus aus.

Die Belastung der Luft mit Partikeln kann vor allem in den Wintermonaten problematisch werden. Dann bilden sich aufgrund der niedrigeren Temperaturen häufiger stabile Inversionswetterlagen aus, sodass der Austausch der schadstoffbelasteten bodennahen Grenzschicht mit den darüber liegenden Luftschichten behindert wird und die Partikel sich über mehrere Tage hinweg ansammeln können. Dies wird stark durch die Gestalt der Landoberfläche beeinflusst. Generell weisen Städte in Kessellagen (z. B. Stuttgart) die höchsten Feinstaubkonzentrationen im Winter auf (Luftbilanz Stuttgart 2011).

Im Gegensatz zur Feinstaubbelastung ist die Belastung der bodennahen Luft durch Ozon vorwiegend im Sommer akut. Ozon wird nicht direkt emittiert, sondern bildet sich in der Atmosphäre unter Lichteinwirkung aus den Vorläufersubstanzen NO_x (also Stickstoffmonoxid und Stickstoffdioxid), Kohlenmonoxid und Kohlenwasserstoffen und kann die Atmosphäre durch Deposition (Ablagerung) verlassen (Ehhalt und Wahner 2003; Seinfeld und Pandis 1998; Warneck 2000). Es gibt zwei wesentliche Schlüsselprozesse bei der Ozonentstehung: Erstens werden Kohlenmonoxid und Kohlenwasserstoffe durch Radikale oxidiert, wodurch diese Schadstoffe letztlich aus der Atmosphäre entfernt werden. Zweitens wird Stickstoffmonoxid katalytisch in Stickstoffdioxid umgewandelt und zurück – erst das ermöglicht eine Zunahme der Ozonkonzentration (◻ Abb. 13.1). Die meisten Stickoxide stammen aus der Verbrennung fossiler Kraftstoffe bei

hohen Temperaturen, vor allem im Straßenverkehr. Kohlenmonoxid wird ebenfalls zu einem großen Teil in Motoren gebildet, allerdings spielt für die Kohlenmonoxidemissionen auch die Verbrennung pflanzlicher Materialien eine bedeutende Rolle, vor allem in Entwicklungsländern.

Kohlenwasserstoffe haben viele verschiedene Quellen. Für die Ozonchemie sind neben den anthropogenen Emissionen auch natürliche Emissionen aus Pflanzen relevant, insbesondere weil die von Pflanzen freigesetzten Kohlenwasserstoffe besonders schnell oxidiert werden und daher in besonderem Maß Ozon bilden können. Wie viel Ozon gebildet wird, hängt neben der Menge an verfügbaren Vorläufersubstanzen auch von deren Zusammensetzung, von der Sonneneinstrahlung (UV-Licht) und von der Temperatur ab. Episoden mit besonders hohen Ozonkonzentrationen (Sommersmog) treten vor allem bei mehrtägigen stabilen Hochdruckwetterlagen auf.

Ozon wirkt in höheren Konzentrationen als Reizgas und kann vor allem bei an Asthma erkrankten Personen Atemprobleme verursachen und zu einer erhöhten Sterblichkeit führen (z. B. Filleul et al. 2006). Neuere Studien deuten darauf hin, dass auch niedrigere Ozonkonzentrationen den menschlichen Organismus langfristig schädigen können (EEA 2012). Neben den gesundheitlichen Auswirkungen wurden auch Schädigungen von Pflanzen nachgewiesen, was insbesondere zu reduzierten Ernteerträgen oder einer verminderten Qualität von Agrarprodukten führen kann (Lesser et al. 1990). Hierfür ist die Ozonbelastung der Pflanzen während der Wachstumsphase ausschlaggebend, und daher finden sich in der oben erwähnten EU-Richtlinie zur Luftreinhaltung (2008/50 EC) zwei unterschiedliche Grenzwerte für Ozon: Zum Schutz der Gesundheit darf ein Acht-Stunden-Mittelwert von 120 µg/m^3 an höchstens 25 Kalendertagen pro Jahr überschritten werden, während zur Vermeidung von Vegetationsschäden die maximale Ozondosis bezogen auf die Vegetationsperiode auf 18.000 µg/m^3 h festgelegt wird.

Stickoxide und einige Kohlenwasserstoffe wirken ebenfalls gesundheitsschädigend. Vor allem Stickstoffdioxid kann die Lungenfunktion beeinträchtigen (Kraft et al. 2005). Für die folgenden Diskussionen von Bedeutung ist in diesem Zusammenhang der katalytische Kreislauf der Stickoxide. Da Stickstoffmonoxid schnell mit Ozon reagiert und dabei Stickstoffdioxid bildet und weil aus der Spaltung von Stickstoffdioxid im UV-Licht wiederum Ozon entsteht, werden diese Schadstoffe sehr schnell ineinander überführt, und die Reduktion des einen kann zur Erhöhung der Konzentration des anderen führen. Bei einer wissenschaftlich fundierten Analyse des Ozon- und Stickstoffdioxidproblems sollte daher immer die Summe der beiden Bestandteile ($O_x = O_3 + NO_2$) betrachtet werden, diese ist ein Maß der Belastung (Guicherit 1988; Klemp et al. 2012).

13.2 Entwicklung der Luftverschmutzung in Deutschland seit Mitte der 1990er-Jahre

Die folgenden Bewertungen beziehen sich größtenteils auf den Zeitraum von 1995 bis 2018, da 1995 bei vielen statistischen Betrachtungen als Referenzjahr herangezogen wird. Für eine weitreichendere historische Betrachtung wird auf das Werk von Uekötter (2003) verwiesen.

Wie ◪ Abb. 13.2 verdeutlicht, nahmen die Emissionen der meisten Luftschadstoffe in Deutschland seit Mitte der 1990er-Jahre kontinuierlich ab. Dabei ist der Rückgang zunächst vor allem auf die Reduktion der Emissionen aus stationären Quellen zurückzuführen, während seit dem Jahr 2000 die verschärften Abgasnormen im Straßenverkehr ihre Wirkung zeigen (Klemp et al. 2012). Ein gleichartiger Trend ist auch bei den Partikelemissionen erkennbar. Dieses Verhalten spiegelt sich auch in den Konzentrationsverläufen von PM_{10} wider (◪ Abb. 13.3), wo für verkehrsnahe Stationen (u. a. infolge der flächendeckenden Einführung von Dieselpartikelfiltern) die bedeutendsten Reduktionen zu beobachten sind. Die Emissionen der Ozonvorläufersubstanzen Stickoxide, Kohlenmonoxid (CO) und Nicht-Methan-Kohlenwasserstoffe (NMKW; Abb. 13.2) haben seit 1995 um mindestens 40 % abgenommen. Eine Ausnahme ist das primär in der Landwirtschaft produzierte Ammoniak, dessen emittierte Menge sich kaum reduziert hat.

Das deutsche Umweltbundesamt veröffentlichte auf seiner Webseite (Umweltbundesamt 2013) den folgenden Kommentar zur Entwicklung der Luftqualität in Deutschland:

» „Die Schadstoffbelastung der Luft nahm seit Beginn der 1990er-Jahre deutlich ab. Seit Anfang dieses Jahrzehnts gibt es trotz kontinuierlich verminderter Emissionen keinen eindeutig abnehmenden Trend der Belastung durch Feinstaub, Stickstoffdioxid und Ozon in Deutschland mehr […].“

Unterstützt wird diese Aussage durch diverse Trends bei der Entwicklung der Spurenstoffe (Summe aus Spurengasen und Partikeln) (z. B. ◪ Abb. 13.3). Zu erkennen ist, dass die Feinstaubreduktion seit den 1990er-Jahren flächendeckend erfolgt und alle Arten von Messstationen umfasst. Eine umfassende Analyse der Entwicklung der Feinstaubbelastung findet sich in Dämmgen et al. (2012).

Während im Allgemeinen keine gesundheitsschädigenden Konzentrationen von Kohlenmonoxid und Nicht-Methan-Kohlenwasserstoffen in der Außenluft gemessen werden, kommt es bei Stickstoffdioxid immer wieder zu Überschreitungen der Grenzwerte, und dies trotz der verminderten Gesamtemissionen von Stickoxiden. An praktisch allen Messstationen gibt es seit 1995 einen sehr viel geringeren Rückgang der Stickstoffdioxidkonzentration im Jahresmittel (◪ Abb. 13.4), als es die Entwicklung der Emissionen (◪ Abb. 13.2) vermuten ließe. Hierfür gibt es laut der Analyse von Klemp et al. (2012) zwei wesentliche Ursachen: Zum einen wird die städtische NO_2-Konzentration tagsüber bei den gegenwärtigen Stickoxidniveaus immer noch durch die Konzentration von sogenanntem Hintergrundozon, also dem aus der Umgebung herantransportierten Ozon, begrenzt und eben nicht durch die Stickoxidemissionen selbst. Zum anderen gibt es vor allem bei Dieselfahrzeugen in jüngerer Zeit vermehrt di-

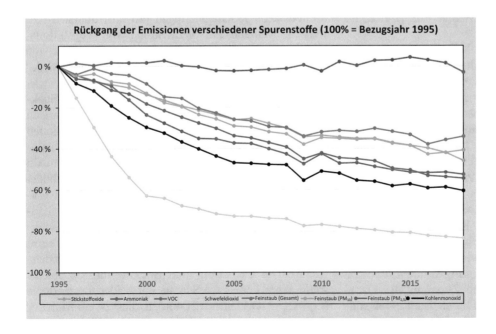

Rückgang der Emissionen verschiedener Spurenstoffe (100% = Bezugsjahr 1995)

◪ **Abb. 13.2** Rückgang der Emissionen verschiedener Luftschadstoffe in Deutschland zwischen 1995 und 2018. Die Emissionsmengen sind auf die Werte von 1995 normiert. *VOC:* volatile organische Kohlenstoffverbindungen. (Quelle: Umweltbundesamt)

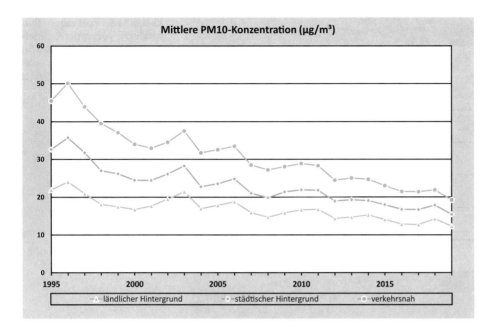

■ **Abb. 13.3** Zeitliche Entwicklung der mittleren PM$_{10}$-Feinstaubkonzentrationen an deutschen Messstationen im Zeitraum 1995–2019. (Quelle: Umweltbundesamt)

rekte Emissionen von NO$_2$, während früher die allermeisten Emissionen als Stickstoffmonoxid in die Luft gelangten. Die jüngsten Entwicklungen legen nahe, dass auch die illegalen Abschaltvorrichtungen von Dieselkraftfahrzeugen nicht unwesentlich dazu beigetragen haben, dass der erwartete Emissionsrückgang nicht eingetreten ist.

Diese Änderungen der Ozonvorläuferemissionen und -konzentrationen bewirken verschiedene Änderungen der Ozonkonzentrationen in Deutschland (Volz-Thomas et al. 2003):

— Anstieg von Hintergrundozon
Trotz einer Reduktion der Vorläufersubstanzen ist die durchschnittliche Ozonkonzentration im Jahresmittel sogar leicht angestiegen (■ Abb. 13.5). Vor allem im städtischen Raum lässt sich dies durch die Abnahme der Stickstoffmonoxidemissionen erklären, da NO schnell mit Ozon reagiert (dabei wird Stickstoffdioxid gebildet) und die Ozonkonzentration in der Nähe starker NO-Quellen somit sehr niedrig wird. Dieses Phänomen der Ozontitration tritt vor allem im Winter auf, weil dann eine stabile Schich-

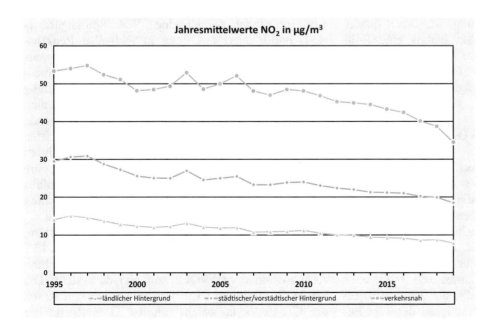

■ **Abb. 13.4** Zeitliche Entwicklung der NO$_2$-Konzentrationen an Stationen des deutschen Luftmessnetzes im Zeitraum 1995–2019. (Quelle: Umweltbundesamt)

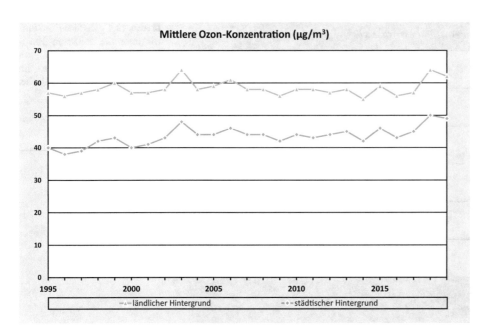

Mittlere Ozon-Konzentration (µg/m³)

— ländlicher Hintergrund   — städtischer Hintergrund

◘ Abb. 13.5 Zeitliche Entwicklung der durchschnittlichen Ozonkonzentrationen an deutschen Messstationen zwischen 1995 und 2019. (Quelle: Umweltbundesamt)

tung für weniger Durchmischung der Luft sorgt und zudem die Rückumwandlung von Stickstoffdioxid zu -monoxid durch ultraviolettes Licht (Fotolyse) verlangsamt abläuft. Der beobachtete Anstieg der Konzentration von Hintergrundozon hängt jedoch nicht nur mit lokalen Änderungen zusammen, sondern wird durch eine Zunahme des Ferntransports von Luftverschmutzung aus dem übrigen Europa sowie Nordamerika und Asien überlagert (HTAP 2010). Hinzu kommen Langzeitänderungen, die durch die Zunahme der Methankonzentration hervorgerufen werden: Methan wirkt ebenso wie Kohlenmonoxid oder andere Kohlenwasserstoffe als „Brennstoff" der Ozonchemie. Es ist derzeit allerdings noch kaum möglich, belastbare quantitative Aussagen darüber zu erhalten, welcher Anteil der Änderung auf welche Ursache zurückzuführen ist. Auch beginnende Klimaänderungen mögen bereits eine Rolle spielen, wie der deutlich höhere Jahresmittelwert der Ozonkonzentration des Jahres 2003 suggeriert, als es im Sommer zu einer ausgeprägten Hitzewelle über Europa kam.

— Abnahme der sommerlichen Ozonspitzenkonzentrationen

Auf der anderen Seite haben die Ozonspitzenkonzentrationen und die Tage mit Überschreitung der gesetzlichen Werte über die Jahre deutlich abgenommen (◘ Abb. 13.6). Allerdings spielen auch meteorologische Effekte eine nicht zu unterschätzende Rolle. So zeigt sich, dass die Zahl der Tage mit Ozonkonzentrationen von mehr als $180\,\mu g/m^3$ im besonders heißen Sommer des Jahres 2003 (69) in etwa so groß war wie im Durchschnitt der Jahre 1990 bis 1993 (65). Die Abnahme der Häufigkeit der Tage mit Ozonspitzenwerten über fast 30 Jahre ist allerdings

eindeutig: Insbesondere die Häufigkeit der Tage mit Ozonspitzenwerten $> 240\,\mu g/m^3$ nimmt im dargestellten Untersuchungszeitraum um etwa einen Faktor 10 (von 22 zu 2) ab.

Für ein quantitatives Verständnis der hierfür verantwortlichen Zusammenhänge zwischen Ozonvorläufern und fotochemischer Ozonproduktion ist es nützlich, sich mit dem Reaktivitätskonzept vertraut zu machen. Da in der Troposphäre am Tage mehr als 90 % der volatilen organischen Kohlenstoffverbindungen (VOCs) über Hydroxylradikale (OH) abgebaut werden (◘ Abb. 13.1), kann deren Prozessierung in guter Näherung durch den Parameter „OH-Reaktivität" (R_{VOC}) beschrieben werden. Die OH-Reaktivität eines VOC-Spurengasgemisches errechnet sich demnach aus der Summe der gemessenen Konzentrationen der einzelnen VOC Spurengase jeweils multipliziert mit ihren individuellen Reaktivitätskonstanten mit OH. Der Parameter R_{VOC} erweist sich als besonders nützlich, da mit ihm unterschiedliche VOC-Mixe in ihrer Wirkung zur Ozonbildung unmittelbar miteinander verglichen werden können. Allerdings stehen die Prozesse des fotochemischen VOC-Abbaus in Konkurrenz zu einem weiteren Reaktionspfad: dem Abbau der Stickoxide durch OH-Radikale. NO_x wird aus der Atmosphäre in Form von Stickstoffdioxid (NO_2) ebenfalls durch die Reaktion von OH unter HNO_3-Bildung entfernt. Das Reaktivitätsverhältnis von R_{VOC}/R_{NO2} kontrolliert auf diese Weise die relative Bedeutung der beiden Spurengasabbaupfade: In ◘ Abb. 13.7 sind die Zusammenhänge anhand eines vereinfachten Abbauschemas von VOCs und NO_x dargestellt: Die lokale Ozonbildung wird bestimmt durch den Anteil der OH-Radikale, welche mit der Gesamtheit aller VOCs reagieren.

13

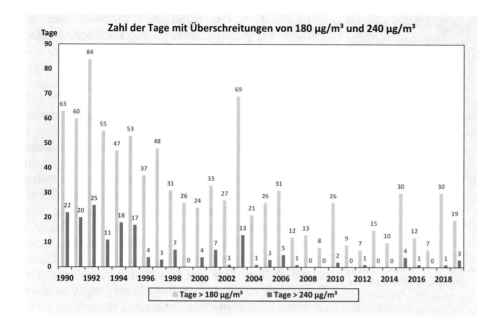

■ **Abb. 13.6** Anzahl der Tage mit Überschreitungen der maximalen stündlich gemittelten Ozonkonzentration von 180 und 240 µg/m³ an deutschen Stationen. (Quelle: Umweltbundesamt)

Dieser Zusammenhang ermöglicht eine für verschiedene Belastungssituationen vergleichende Bewertung der Luftqualitätsmaßnahmen und die Wirksamkeit der Maßnahmen zur lokale Ozonbildung in guter Näherung (Klemp et al. 2012) durch einen einzigen Parameter (R_{VOC}) beschreiben zu können. Die ■ Abb. 13.8 zeigt als Beispiel das Resultat dieses Ansatzes, bei dem die berechnete lokale Ozonproduktionsrate als Funktion der Vorläuferreaktivitäten von VOC und NO_2 dargestellt ist. Ebenfalls skizziert sind die Veränderungen der Ozonproduktionsrate auf dem hypothetischen Weg eines Luftpaketes aus einer städtischen Quellregion bis hin in biogen dominerte Hintergrundgebiete. Die beide Kurven zeigen Beispiele für innerstädtische Belastungssituationen in den Jahren 1994 und 2014 (Startpunkte der Luftpakete). Im Verlauf des Transports werden die anfänglichen Vorläuferreaktivitäten sowohl durch Verdünnung mit weniger belasteten Luftmassen (außerhalb der Innenstadt) als auch infolge luftchemischer Prozessierung auf ihrem Weg in die Hintergrundgebiete immer weiter reduziert.

Bei Annahme gleicher Transportzeit für beide Luftpakete ist die integrale Ozonbildung über den gesamten Transportweg im Jahre 2014 wesentlich niedriger als 20 Jahre zuvor. Noch ein zweiter Aspekt ist aus der ■ Abb. 13.8 ableitbar: Anders als in den 1990er-Jahren erfolgt in neuerer Zeit die fotochemische Ozonbildung vornehmlich während des Transports außerhalb der Städte.

Mit dem Aufbau und erfolgreichen Betrieb eines mobilen Messlabors mit umfangreicher Gas- und Partikelanalytik ergab sich die Möglichkeit, den in ■ Abb. 13.8 dargestellten Verlauf für unterschiedliche Belastungsszenarien experimentell zu überprüfen. In der Tat lieferten die Resultate von R_{VOC}- und R_{NO_2}-Messungen aus den Jahren 2014 bis 2018 (Klemp et al. 2020) in und im Umfeld von Berlin eine Bestätigung des von Ehlers et al. (2016) vorhergesagten schematischen Verdünnungs- und Prozessierungs„weges". Allerdings stellt der von Ehlers et al. (2016) vorhergesagte Weg eine untere Grenze der tatsächlich unter unterschiedlichen Belastungsszenarien beobachtbaren R_{NO_2}/R_{VOC}-Verhältnisse dar. Es wird Gegenstand weiterer Untersuchungen von Langzeitstudien sein, in welchem Ausmaß unterschiedliche Treibstoffzusammensetzungen (u. a. erhöhte Alkoholbeimischungen, synthetische Kraftstoffe) oder Veränderungen biogener VOC-Emissionen infolge beginnender Klimaänderungen die fotochemische Prozessierung gasförmiger Spurenstoffe beeinflussen.

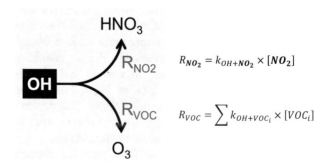

$$R_{NO_2} = k_{OH+NO_2} \times [NO_2]$$

$$R_{VOC} = \sum k_{OH+VOC_i} \times [VOC_i]$$

■ **Abb. 13.7** Vereinfachtes Schema der Reaktionspfade der OH-Radikale beim Abbau von NO_x und VOCs. Nur der Reaktionspfad R_{VOC} führt zu einer Netto-Ozonproduktion verbunden mit einer Radikalrezyklierung (vgl. auch ■ Abb. 13.1), während der Reaktionspfad R_{NO_2} einen irreversiblen Radikalverlustprozess darstellt.

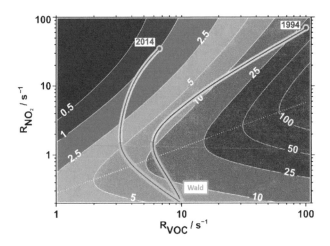

⊡ Abb. 13.8 Lokale Ozonproduktionsrate (Änderung des Mischungsverhältnisses pro Stunde ppb/h) für typische Sommerbedingungen in Deutschland (Ergebnis von MCM-Modellrechnungen) in Abhängigkeit von VOC und NO$_2$, ausgedrückt durch ihre Reaktivität gegenüber OH-Radikalen (R$_{VOC}$ und R$_{NO2}$). Die beiden Trajektorien stellen typische Luftmassen für 1994 (blau) und 2014 (rot) dar, die von innerstädtischen Standorten (Straßentunnel, Haupt- und Nebenstraßen, Stadtgrenze) in Regionen transportiert werden, welche von biogenen Emissionen (Wald) dominiert sind. (Aus Ehlers et al. 2016, Fig. 26)

13.3 Zukünftige Entwicklung der Luftqualität

Die zu erwartenden Klimaänderungen werden die zukünftige Entwicklung der Luftqualität in Deutschland vermehrt beeinflussen, da die Luftschadstoffkonzentrationen nicht nur von Emissionen, sondern auch von einer Vielzahl miteinander gekoppelter physikalischer und chemischer Prozesse abhängen, deren Bedeutung u. a. von der Temperatur, der Häufigkeit bestimmter Wetterlagen oder der Bewölkung bestimmt wird. Da zu erwarten ist, dass die vom Menschen verursachten Emissionen von Luftschadstoffen in Deutschland in den kommenden Jahren weiter zurückgehen, werden natürliche Prozesse und klimatische Einflüsse immer wichtiger werden. Zudem gewinnen Emissions- und Konzentrationsänderungen in den Nachbarländern und selbst weltweit immer mehr an Bedeutung, da bei geringen lokalen Emissionen die sogenannten Hintergrundbelastungen das allgemeine Schadstoffniveau bestimmen. Bislang gibt es keine Studie, die sich unter Berücksichtigung aller dieser Zusammenhänge speziell mit der zukünftigen Entwicklung in Deutschland befasst. Die folgenden Ausführungen beruhen daher weitestgehend auf Analysen für Europa als Ganzes. Die angegebenen Zahlenwerte für Deutschland sind oft aus Abbildungen entnommen. Die verschiedenen im Text zitierten Modellstudien basieren auf unterschiedlichen Klima- und Emissionsszenarien, und die verwendeten Modelle weisen zudem deutliche Unterschiede in den berechneten Konzentrationsverteilungen bei gleichen Anfangs- und Randbedingungen auf (z. B. Solazzo et al. 2012a, b). Ganz exakte zukünftige Werte für Deutschland oder für einzelne deutsche Regionen können daher kaum angegeben werden.

Die Zusammenhänge zwischen Klimaänderung und bodennahen Ozon- sowie Feinstaubkonzentrationen sind in ⊡ Tab. 13.1 zusammengefasst. Wie in ▶ Kap. 6 und 7 diskutiert wird, gehen derzeitige Projektionen künftiger Temperatur- und Niederschlagsänderungen davon aus, dass in Deutschland in den kommenden Jahrzehnten neben einer Änderung der mittleren Temperaturen vor allem eine prägnante Zunahme von Extremwetterereignissen zu erwarten ist (▶ Teil II). Mit Bezug auf die Faktoren, welche die Luftqualität beeinflussen, ist hier vor allem die prognostizierte Zunahme extrem heißer Tage (▶ Kap. 6) mit einhergehender Trockenheit zu nennen, da diese Bedingungen zu einer erhöhten fotochemischen Produktion sekundärer Luftschadstoffe führen. Längere Trockenperioden können dafür sorgen, dass Schadstoffe länger in der Luft verweilen, während umgekehrt die Zunahme von Starkniederschlägen für ein effizienteres Auswaschen löslicher Spurengase und Feinstaub sorgen würde. Generell wirken die erwarteten Klimaänderungen eher in Richtung einer Zunahme der Schadstoffbelastung, sodass sie das Erreichen von Reduktionszielen erschweren werden (Giorgi und Meleux 2007).

Speziell für den süddeutschen Raum untersuchten Forkel und Knoche (2006) die Auswirkungen des Klimawandels auf die bodennahen Ozonkonzentrationen im Sommer. Ausgehend von einer durchschnittlichen Erwärmung um fast 2 °C zwischen den 1990er- und 2030er-Jahren finden sie eine Zunahme der Tageshöchstkonzentrationen um 4 bis 12 μg/m^3, was zu häufigeren Ozongrenzwertüberschreitungen führen würde. Der tägliche Acht-Stunden-Mittelwert von 120 μg/m^3 darf an höchstens 25 Tagen im Jahr überschritten werden (EU-Richtlinie 2008/50 EC). Durch diese Erwärmung um 2 C würde die Zahl der Tage mit Ozonkonzentrationen über dem Grenzwert um 5 bis 12 Tage zunehmen. Dabei wurde angenommen, dass anthropogene Emissionen unverändert bleiben, während die Emissionen biogener Kohlenwasserstoffe aufgrund der Temperaturerhöhung zunehmen. Neben den in ⊡ Tab. 13.1 aufgeführten Wechselwirkungen trägt die prognostizierte Abnahme der Wolkenbedeckung zu einer Erhöhung der UV-Strahlung und damit zu einer vermehrten fotochemischen Aktivität bei.

Varotsos et al. (2013) führten eine ähnliche Untersuchung für Mitteleuropa durch, wobei sie die Ergebnisse dreier Modelle vergleichen, die jeweils auch eigene Temperaturprojektionen für den Zeitraum um 2050 verwenden. Die Modelle differieren deutlich und berechnen für die Region um Deutschland eine Zunahme

◘ **Tab. 13.1** Zusammenfassung der wichtigsten Auswirkungen des Klimawandels auf die Luftqualität. Auswirkungen auf bodennahes Ozon nach Royal Society (2008); Auswirkungen auf Feinstaub nach eigenen Recherchen

Zunahme von …	bewirkt …	Auswirkung auf bodennahes Ozon	Auswirkung auf Feinstaub
Temperatur	Schnellere Fotochemie, weniger Kondensation von Spurengasen auf Partikeln	Anstieg bei hohen Stickoxidwerten oder Abnahme bei niedrigen Stickoxidwerten	Abnahme wegen reduzierter Partikelbildung
	Anstieg biogener Kohlenwasserstoffemissionen	Anstieg	Anstieg durch vermehrte Bildung sekundärer organischer Aerosole
Luftfeuchte	Erhöhter Ozonverlust und vermehrte Produktion von Hydroxylradikalen	Anstieg bei hohen Stickoxidwerten oder Abnahme bei niedrigen Stickoxidwerten	Abnahme durch beschleunigte Koagulation, verstärkte Sedimentation und vermehrtes Auswaschen
Starkniederschlägen	Auswaschen von Ozonvorläufersubstanzen und Partikeln	Keine Änderung der Mittelwerte	Keine Änderung der Mittelwerte
Dürreperioden	Erhöhte Temperatur und reduzierte Feuchte	Anstieg	Anstieg
	Pflanzenstress und reduzierte Größe der Spaltöffnungen	Anstieg	Keine Angabe
	Zunahme von Waldbränden	Anstieg	Anstieg
	Zunahme von Feinstaubemissionen	Keine Angabe	Anstieg
	Weniger Auswaschen von Ozonvorläufersubstanzen und Partikeln aufgrund reduzierter Niederschlagshäufigkeit	Anstieg	Anstieg
Blockierende (lang anhaltende) Wetterlagen	Häufigere stagnierende Bedingungen und längere Verweildauer von Schadstoffen in der Atmosphäre	Anstieg	Anstieg
	Häufigere Hitzewellen	Anstieg	Anstieg

der Ozongrenzwertüberschreitungen von 8 bis 16 Tagen im Jahr, wobei die obere Grenze insofern zweifelhaft ist, als die von diesem Modell berechnete Temperaturerhöhung (90-Prozent-Wert) mit 4 °C etwas hoch erscheint. Im Norden Deutschlands wird nach dieser Studie die Zahl der Überschreitungen nur etwa halb so viel zunehmen wie im Süden. Dies ist konsistent mit den Ergebnissen von Giorgi und Meleux (2007), die für den Zeitraum von 2071 bis 2100 eine Zunahme der sommerlichen Ozonkonzentrationen um bis zu 20 µg/ m³ im Südwesten Deutschlands und um weniger als 4 µg/m³ im Norden und Osten Deutschlands erwarten. Im Südwesten spielen dabei vor allem die durch die erhöhten Sommertemperaturen zunehmenden Emissionen von Isopren eine Rolle. Die Studie von Varotsos et al. (2013) findet eine deutliche Korrelation zwischen Temperatur und Ozonkonzentration für die untersuchten ländlichen Messstationen in Deutschland.

Andersson und Engardt (2010) untersuchten die Auswirkungen von Änderungen der Isoprenemissionen und der Ozontrockendeposition, also der Zerstörung von Ozon an Materialoberflächen wie z. B. an Pflanzenblättern, auf die zukünftigen Ozon-konzentrationen in Europa. Sie stellten fest, dass Änderungen der Deposition eine größere Rolle spielen können als die pflanzlichen Emissionen. Bei gleichbleibenden anthropogenen Emissionen finden sie eine Zunahme der mittleren Ozonbelastung im Süden und Westen Europas, während im Norden niedrigere Ozonkonzentrationen zu erwarten sind. Colette et al. (2013) heben die Unsicherheit bei der Abschätzung künftiger biogener Emissionen hervor, die vor allem auf Unsicherheiten in der Berechnung von Wolken im Klimamodell zurückzuführen ist. Änderungen der Bewölkung bewirken auch Veränderungen der für die Fotosynthese in Pflanzen zur Verfügung stehenden Lichtintensität. Dadurch variiert auch die Menge an Kohlenwasserstoffen, die von Pflanzen emittiert werden.

Colette et al. (2013) sind ebenso wie die Autoren anderer Studien der Ansicht, dass die durch den Klimawandel bewirkten Effekte in der Regel deutlich kleiner sind als die Änderungen der atmosphärischen Zusammensetzung aufgrund von Emissionsminderungen, die durch weitere Maßnahmen zur Verbesserung der Luftqualität zu erwarten sind. Die

◘ Abb. 13.9 Simulierte Änderungen **a** der mittleren jährlichen NO$_2$-Konzentrationen und **b** Ozonkonzentrationen über Deutschland für den Zeitraum 2005–2030. Dargestellt ist ein Ensemble-Medianwert aus fünf regionalen Chemietransportmodellen. (Colette, persönliche Mitteilung, nach Colette et al. 2012, Szenario „High CLE")

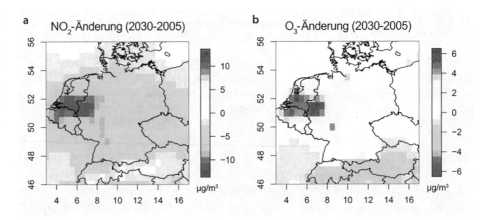

verfügbaren Projektionen über zukünftige Schadstoffemissionen in Europa stimmen darin überein, dass diese weiter zurückgehen werden, obwohl erste Zweifel aufkommen, ob sich die ambitionierten Reduktionsziele in die Praxis umsetzen lassen (Klemp et al. 2012; Langner et al. 2012). Basierend auf Emissionsszenarien des *Global Energy Assessment* (GEA) (Riahi et al. 2012) haben Colette et al. (2012) die Auswirkungen zukünftiger Emissionen auf die bodennahen Ozonkonzentrationen in Europa anhand eines Ensembles von fünf verschiedenen Chemietransportmodellen simuliert. Stickoxid- und Kohlenwasserstoffemissionen würden demnach bis 2030 um etwa 50 % abnehmen, wenn alle bereits beschlossenen Maßnahmen umgesetzt würden. Im Durchschnitt zeigen die Modelle über Deutschland dann eine Abnahme der NO$_2$-Konzentrationen um ca. 3 bis 10 µg/m^3, wobei die stärkste Reduktion im Westen (Nordrhein-Westfalen, Rheinland-Pfalz) erwartet wird (◘ Abb. 13.9). Im Jahresdurchschnitt würden die bodennahen Ozonkonzentrationen um etwa 2 bis 7 µg/m^3 zunehmen, was vor allem auf die geringere Titration (die Reaktion von Ozon mit Stickstoffmonoxid) im Winter zurückgeführt werden kann. Die sommerlichen Ozonkonzentrationen würden hingegen reduziert, sodass die gesundheitswirksame Dosis abnehmen sollte. Diese wird ausgedrückt durch die SOMO35-Diagnostik, die definiert ist als die Jahressumme der täglichen maximalen Acht-Stunden-Mittelwerte der Ozonkonzentration oberhalb von 35 ppb *(parts per billion)*; das entspricht 70 µg/m^3 (WHO 2008; ◘ Abb. 13.10). Gemäß Colette et al. (2012) würde der Anteil der Stationen in Europa, an denen der Ozongrenzwert von 120 µg/m^3 an mehr als 25 Tagen im Jahr überschritten wird, mit diesen Reduktionen von 43 % im Jahr 2005 auf 2 bis 8 % sinken.

Neben den Einflüssen der veränderten Meteorologie und der reduzierten Emissionen in Deutschland müssen bei der Betrachtung der künftigen Ozonbelastung auch die Änderungen des regionalen und globalen Hintergrunds berücksichtigt werden. So haben Szopa et al. (2006) verschiedene Szenarien berechnet, in denen die Emissionen von Ozonvorläufersubstanzen in verschiedenen Weltregionen variiert wurden. Daraus ergibt sich, dass die angestrebte Reduktion der Ozonkonzentrationen in Europa von der Zunahme der Hintergrundkonzentration fast vollständig zunichtegemacht wird. Die lokalen Emissionsminderungen bewirken allerdings eine Abnahme der sommerlichen Spitzenkonzentrationen. Ein nicht zu unterschätzender Parameter beim Anstieg der Ozonhintergrundkonzentration ist die Zunahme der Methankonzentration in der Atmosphäre (Fiore et al. 2008). Wegen der Langlebigkeit von Methan – die chemische Verweildauer von Methan in der Atmosphäre beträgt

◘ Abb. 13.10 Mittlere simulierte Ozonbelastung in der Metrik SOMO35 über Deutschland **a** für den Zeitraum 2000–2010 und **b** Änderung der Ozonbelastung zwischen 2005–2030. (Nach Colette et al. 2012, Szenario „High CLE")

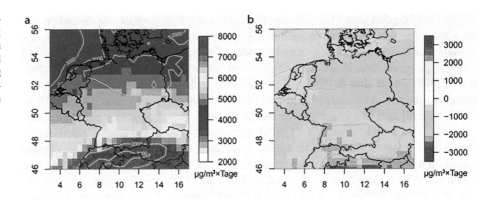

etwa 10 Jahre – sind hier globale Anstrengungen vonnöten, um die Emissionen und damit die Konzentrationen zurückzuschrauben.

Die höchsten und damit schädlichsten Ozonkonzentrationen treten während Hitzewellen (▶ Kap. 6) auf. Die extreme Zunahme der Ozonkonzentrationen unter Hitzebedingungen ist vor allem auf die dann stagnierende Luftzirkulation zurückzuführen, die einen Aufbau der Spitzenwerte über mehrere Tage zulässt (z. B. Jacob und Winner 2009; Katragkou et al. 2011). Hinzu kommen erhöhte Emissionen biogener Kohlenwasserstoffe und eine reduzierte Trockendeposition von Ozon aufgrund der bei Dürre geschlossenen Spaltöffnungen der Pflanzen. Die zu erwartende Zunahme biogener Emissionen variiert stark zwischen verschiedenen Modellrechnungen, und dies hat einen erheblichen Einfluss auf die projizierten zukünftigen Ozonkonzentrationen (Langner et al. 2012). Wie sich die zukünftige Klimaentwicklung im Einzelnen auf die Emissionen von Pflanzen auswirken wird, ist noch unklar. Verschiedene Pflanzen können je nach Stressbelastung durch Hitze, Trockenheit oder Insektenbefall unterschiedliche Stoffe freisetzen, die dann auf verschiedene Weise die Ozonproduktion und die Bildung sekundärer organischer Partikel beeinflussen (Mentel et al. 2013). Langfristig ist hier zusätzlich zu berücksichtigen, dass es in Deutschland zu einer Veränderung des Waldbestands kommen wird, da vor allem die Fichte bei einer durchschnittlichen Erwärmung um 2 bis 3 °C an vielen Standorten nicht mehr kultiviert werden kann (▶ Kap. 19; Kölling et al. 2009).

Fischer und Schaer (2010) erwarten bis zum Ende des 21. Jahrhunderts eine Zunahme von tropischen Tagen (Temperatur >35 °C) und Nächten (Temperatur >20 °C) um 2 bis 6 Tage pro Jahr. Die extreme Hitzeperiode des Sommers 2003 kann hier als Modellfall betrachtet werden. In diesem Jahr wurden an den deutschen Messstationen an insgesamt 69 Tagen Ozonkonzentrationen jenseits des EU-Warnwertes von $180\,\mu g/m^3$ gemessen, und an 13 Tagen überstiegen die Konzentrationen sogar den Wert von $240\,\mu g/m^3$ (◨ Abb. 13.6), was der Situation Anfang der 1990er-Jahre sehr nahekommt. Die zwischenzeitlich erreichte Reduktion der Spitzenkonzentrationen wurde also durch wenige Wochen mit besonders hohen Temperaturen konterkariert.

Eine Zunahme der Häufigkeit von stagnierenden Hochdruckwetterlagen könnte gemäß Giorgi und Meleux (2007) zu einem Anstieg von Isoprenemissionen und Ozonkonzentrationen führen, aber auch zu einer Zunahme der Stickoxidkonzentration in Ballungsräumen, da bei diesen Wetterbedingungen der Abtransport der Luftschadstoffe reduziert ist. Ähnliche Auswirkungen sind für die Feinstaubkonzentrationen zu erwarten.

Während die Ozonbelastung vor allem in den Sommermonaten relevant ist, treten Überschreitungen der Konzentrationsgrenzwerte für Partikel vornehmlich im Winter auf, wenn die kalte Luft stabil geschichtet ist. Da die verfügbaren Klimaprojektionen für Deutschland eher mildere Winter mit erhöhten Niederschlagsmengen erwarten lassen (▶ Kap. 6 und 7), sollte der Klimawandel zu einer Reduktion der Häufigkeit von Grenzwertüberschreitungen bei der Feinstaubkonzentration führen. Die verfügbaren Emissionsszenarien für Partikel und Partikelvorläufersubstanzen lassen ebenfalls eher eine weitere Reduktion erwarten (Cofala et al. 2007). Insgesamt gibt es hierzu jedoch bislang kaum quantitative Abschätzungen, und auch die Unsicherheiten bei der Modellierung von Partikelkonzentrationen sind nach wie vor sehr groß. Scheinhardt et al. (2013) erwarten – basierend auf einer statistischen Analyse von Messdaten aus Dresden – eine leichte Abnahme urbaner Partikelkonzentrationen aufgrund klimatischer Änderungen. Mues et al. (2012) finden für den extrem heißen Sommer 2003 eine Zunahme der gemessenen Partikelkonzentrationen, die von den Modellen jedoch nicht wiedergegeben wird. Es ist nicht klar, inwieweit diese Zunahme auf anthropogene oder natürliche Quellen wie Staub zurückzuführen ist oder ob unter solchen Wetterbedingungen weniger Aerosole deponiert oder ausgewaschen werden. Eine andere Erklärungsmöglichkeit besteht in der verstärkten Emission biogener Kohlenwasserstoffe aus Pflanzen, deren chemische Abbauprodukte effizient organische Partikel bilden können (Ehn et al. 2014; Mentel et al. 2013). Colette et al. (2013) erwarten eine Abnahme der sekundär gebildeten Partikel aufgrund der reduzierten Emissionen von Vorläufersubstanzen. Der Anteil natürlicher Aerosole am Feinstaub soll nach dieser Studie jedoch deutlich zunehmen. Insgesamt ergibt sich aus ihren Rechnungen eine Abnahme der mittleren $PM_{2,5}$-Konzentration über Europa um 7 bis 8 $\mu g/m^3$ – und diese Abnahme ist praktisch ausschließlich auf Emissionsminderungen zurückzuführen.

13.4 Kurz gesagt

Aufgrund gezielter Maßnahmen zur Reduktion von Stickoxid-, Kohlenwasserstoff- und Feinstaubemissionen seit den 1990er-Jahren hat sich die Luftqualität in Deutschland in den vergangenen Jahrzehnten grundlegend verbessert. Die zu erwartenden Klimaänderungen würden bei gleichbleibenden Emissionen im Allgemeinen eine Zunahme der bodennahen Ozon- und Feinstaubkonzentrationen bewirken, sodass in Zukunft vermehrte Anstrengungen bei der Vermeidung von Emissionen erforderlich werden, um weitere Reduktionen zu erzielen. Während die Feinstaubbelastung überwiegend durch lokale Quellen hervorgerufen wird, gilt es beim Ozon, auch die Änderungen der Hintergrundkonzentration aufgrund von Ferntransport zu berücksichtigen. Ozonspitzenkonzentrationen sollten aufgrund lokaler Emissionsminderungen abnehmen. Dies wird allerdings durch die zukünftig wärmeren Sommer und vor allem bei einer Zunahme von extremen Hitzeperioden zumindest teilweise kompensiert. Um eine quantitative und regional aufgelöste Analyse vornehmen zu können, die auch urbane Ballungsräume umfasst und zu konkreten Politikempfehlungen führen könnte, bedarf es aufgrund der bestehenden Unsicherheiten und der komplexen Zusammenhänge weiterer Forschung.

Literatur

Amt für Umweltschutz (2011) Luftbilanz Stuttgart 2010/2011. ► http://www.stadtklima-stuttgart.de/stadtklima_filestorage/download/luft/Luftbilanz-Stgt-2010-2011.pdf. Zugegriffen: 22. Aug. 2016

Andersson C, Engardt M (2010) European ozone in a future climate: importance of changes in dry deposition and isoprene emissions. J Geophys Res 115(D2). ► https://doi.org/10.1029/2008JD011690

Beelen R, Raaschou-Nielsen O, Stafoggia M et al (2013) Effects of long-term exposure to air pollution on natural-cause mortality: an analysis of 22 European cohorts within the multicentre ESCAPE project. Lancet online publication. ► https://doi.org/10.1016/S0140-6736(13)62158-3

Cofala J, Amann M, Klimont Z, Kupiainen K, Höglund-Isaksson L (2007) Scenarios of global anthropogenic emissions of air pollutants and methane until 2030. Atmos Environ 41(38):8486–8499

Colette A, Granier C, Hodnebrog Ø et al (2012) Future air quality in Europe: a multi-model assessment of projected exposure to ozone. Atmos Chem Phys 12:10613–10630

Colette A, Bessagnet B, Vautard R, Szopa S, Rao S, Schucht S, Klimont Z, Menut L, Clain G, Meleux F, Curci G, Rouïl L (2013) European atmosphere in 2050, a regional air quality and climate perspective under CMIP5 scenarios. Atmos Chem Phys 13:7451–7471

Dämmgen U, Matschullat J, Zimmermann F, Strogies M, Grünhage L, Scheler B, Conrad J (2012) Emission reduction effects on bulk deposition in Germany – results from long-term measurements. 1. General introduction. Gefahrstoffe – Reinhalt Luft 72(1/2):49–54

EEA (2012) Climate change, impacts and vulnerability in Europe 2012 – an indicator-based report (EEA Technical report No 12/2012). European Environment Agency, Kopenhagen. ► http://www.eea.europa.eu/publications/climate-impacts-and-vulnerability-2012. Zugegriffen: 22. Aug. 2016

Ehhalt DH, Wahner A (2003) Oxidizing capacity. In: Holton JR, Curry JA, Pyle JA (Hrsg) Encyclopedia of atmospheric sciences, Bd. 6. Academic Press, Amsterdam, S 2415–2424

Ehn M, Thornton JA, Kleist E et al (2014) A large source of low-volatility secondary organic aerosol. Nature 106:476. ► https://doi.org/10.1038/nature13032

Ehlers C, Klemp D, Rohrer F, Mihelcic M, Wegener R, Kiendler-Scharr A, Wahner A (2016) Twenty years of ambient observations of nitrogen oxides and specified hydrocarbons in air masses dominated by traffic emissions in Germany. Faraday Discuss 189:407. ► https://doi.org/10.1039/c5fd00180c

EU Directive 2004/107 EC: ► http://eur-lex.europa.eu/LexUriServ/LexUriServ.do?uri=OJ:L:2005:023:0003:0016:EN:PDF. Zugegriffen: 22. Aug. 2016

EU Directive 2008/50 EC: ► http://eur-lex.europa.eu/LexUriServ/LexUriServ.do?uri=CELEX:32008L0050:EN:NOT. Zugegriffen: 22. Aug. 2016

Filleul L, Cassadou S, Médina S, Fabres P, Lefranc A, Eilstein D, Le Tertre A, Pascal L, Chardon B, Blanchard M, Declercq C, Jusot JF, Prouvost H, Ledrans M (2006) The relation between temperature, ozone, and mortality in nine French cities during the heat wave of 2003. Environ Health Perspect 114(9):1344–1347. ► https://doi.org/10.1289/ehp.8328

Fiore A, West JJ, Horowitz LW, Naik V, Schwarzkopf MD (2008) Characterizing the tropospheric ozone response to methane emission controls and the benefits to climate and air quality. J Geophys Res 113:D08307. ► https://doi.org/10.1029/2007JD009162

Fischer EM, Schaer C (2010) Consistent geographical patterns of changes in high-impact European heatwaves. Nat Geosci 3(6):398–403

Forkel R, Knoche R (2006) Regional climate change and its impact on photooxidant concentrations in southern Germany: simulations with a coupled regional climate-chemistry model. J Geophys Res 111:D12302. ► https://doi.org/10.1029/2005JD006748

Giorgi F, Meleux F (2007) Modelling the regional effects of climate change on air quality. C R Geosci 339:721–733

Guicherit R (1988) Ozone on an urban and a regional scale with special reference to the situation in the Netherlands. In: Isaksen I (Hrsg) Tropospheric ozone – regional and global interactions. NATO ASC Series C, Bd. 227. D Reidel, Dordrecht, Niederlande, S 49–62

HTAP (2010) Dentener F, Keating T, Akimoto H (Hrsg) Hemispheric transport of air pollution, Part A: Ozone and particulate matter, Economic Commission for Europe, Air Pollution Studies No 17, Genf, 2010

IPCC (2013) Intergovernmental panel on climate change, climate change 2013 – the physical science basis. Cambridge University Press, New York, USA

Jacob DJ, Winner DA (2009) Effect of climate change on air quality. Atmos Environ 43(1):51–63. ► https://doi.org/10.1016/j.atmosenv.2008.09.051

Katragkou E, Zanis P, Kioutsioukis I, Tegoulias I, Melas D, Krüger BC, Coppola E (2011) Future climate change impacts on summer surface ozone from regional climate-air quality simulations over Europe. J Geophys Res 116:D22307. ► https://doi.org/10.1029/2011JD015899

Klemp D, Mihelcic D, Mittermaier B (2012) Messung und Bewertung von Verkehrsemissionen. Schriften des FZJ, Reihe Energie und Umwelt, Bd. 21, ISBN 978-3-89336-546-3

Klemp D, Wegener R, Dubus D, Javed U (2020) Acquisition of temporally and spacially highly resolved data sets of relevant trace substances for model development and model evaluation purposes using a mobile measuring laboratory. Schriften des FZJ, Energy and Environment, Volume 497, ISBN 978-3-95806-465-2

Kölling C, Knoke T, Schall P, Ammer C (2009) Überlegungen zum Risiko des Fichtenanbaus in Deutschland vor dem Hintergrund des Klimawandels. Forstarchiv 80:42–54. ► http://www.waldundklima.de/klima/klima_docs/forstarchiv_2009_fichte_01.pdf. Zugegriffen: 22. Aug. 2016

Kraft M, Eikmann T, Kappos A, Künzli N, Rapp R, Schneider K, Seitz H, Voss JU, Wichmann HE (2005) The German view: effects of nitrogen dioxide on human health – derivation of health-related short-term and long-term values. Int J Hyg Environ Health 208:305–318

Langner J, Engardt M, Baklanov A, Christensen JH, Gauss M, Geels C, Hedegaard GB, Nuterman R, Simpson D, Soares J, Sofiev M, Wind P, Zakey A (2012) A multi-model study of impacts of climate change on surface ozone in Europe. Atmos Chem Phys 12:10423–10440

Lesser VM, Rawlings JO, Spruill SE, Somerville MC (1990) Ozone effects on agricultural crops: statistical methodologies and estimated dose-response relationships. Crop Sci 30:148–155

Mentel TF, Kleist E, Andres S, Dal Maso M, Hohaus T, Kiendler-Scharr A, Rudich Y, Springer M, Tillmann R, Uerlings R, Wahner A, Wildt J (2013) Secondary aerosol formation from stress-induced biogenic emissions and possible climate feedbacks. Atmos Chem Phys 13:8755–8770. ▶ https://doi.org/10.5194/acp-13-8755-2013

Mues A, Manders A, Schaap M, Kerschbaumer A, Stern R, Builtjes P (2012) Impact of the extreme meteorological conditions during the summer 2003 in Europe on particulate matter concentrations. Atmos Environ 55:377–391

Riahi K, Dentener F, Gielen D, Grubler A, Jewell J, Klimont Z, Krey V, McCollum D, Pachauri S, Rao S, van Ruijven B, van Vuuren DP, Wilson C (2012) Energy pathways for sustainable development. In: Nakicenovic N, IIASA (Hrsg) Global energy assessment: Toward a sustainable future. Laxenburg, Austria and Cambridge University Press, Cambridge

Royal Society (2008) Ground-level ozone in the 21st century: future trends, impacts and policy implications. Fowler D (Chair) (Science policy report no 15/08). The Royal Society, London. ▶ https://royalsociety.org/~/media/Royal_Society_Content/policy/publications/2008/7925.pdf. Zugegriffen: 22. Aug. 2016

Saunders S, Jenkin M, Derwent R, Pilling M (2003) Protocol for the development of the Master Chemical Mechanism, MCM V3 (Part A): tropospheric degradation of non-aromatic volatile organic compounds. Atmos Chem Phys 3:161–180

Scheinhardt S, Spindler G, Leise S, Müller K, Linuma Y, Zimmermann F, Matschullat J, Herrmann H (2013) Comprehensive chemical characterisation of size-segregated PM10 in Dresden and estimation of changes due to global warming. Atmos Environ 75:365–373

Seinfeld JH, Pandis SN (1998) Atmospheric chemistry and physics. Wiley, New York

Solazzo E, Bianconi R, Vautard R et al (2012a) Model evaluation and ensemble modelling of surface-level ozone in Europe and North America in the context of AQMEII. Atmos Environ 53:60–74

Solazzo E, Bianconi R, Pirovano G et al (2012b) Operational model evaluation for particulate matter in Europe and North America in the context of AQMEII. Atmos Environ 53:75–92

Szopa S, Hauglustaine DA, Vautard R, Menut L (2006) Future global tropospheric ozone changes and impact on European air quality. Geophys Res Lett 33:L14805. ▶ https://doi.org/10.1029/2006GL025860

Uekötter F (2003) Von der Rauchplage zur ökologischen Revolution. Eine Geschichte der Luftverschmutzung in Deutschland und den USA 1880–1970. Veröffentlichungen des Instituts für soziale Bewegungen, Schriftenreihe A: Darstellungen Bd. 26. Klartext, Essen

Umweltbundesamt (2013) Entwicklung der Luftqualität in Deutschland. ▶ http://www.umweltbundesamt.de/themen/luft/daten-karten/entwicklung-der-luftqualitaet. Zugegriffen: 29. Nov. 2013

Varotsos KV, Tombrou M, Giannakopoulos C (2013) Statistical estimations of the number of future ozone exceedances due to climate change in Europe. J Geophys Res 118:6080–6099. ▶ https://doi.org/10.1002/jgrd.50451

Volz-Thomas A, Beekman M, Derwent R, Law K, Lindskog A, Prevot A, Roemer M, Schultz M, Schurath U, Solberg S, Stohl A (2003) Tropospheric ozone and its control. Eurotrac synthesis and integration report, Bd. 1. Margraf, Weikersheim

Warneck P (2000) Chemistry of the natural atmosphere. Academic, San Diego

WHO (2008) Health risks of ozone from longrange transboundary air pollution. World Health Organization, Regional Office for Europe, Kopenhagen. ▶ http://www.euro.who.int/__data/assets/pdf_file/0005/78647/E91843.pdf. Zugegriffen: 22. Aug. 2016

Klimawandel und Gesundheit

Jobst Augustin, Katrin Burkart, Wilfried Endlicher,
Alina Herrmann, Susanne Jochner-Oette, Christina Koppe,
Annette Menzel, Hans-Guido Mücke und Rainer Sauerborn

Inhaltsverzeichnis

14.1   Überblick – 172

14.2   Direkte Auswirkungen – 172
14.2.1   Gesundheitliche Beeinträchtigungen durch thermische
         Belastung – 172
14.2.2   Gesundheitliche Beeinträchtigungen durch UV-Strahlung – 175
14.2.3   Extremwetterereignisse und Gesundheit – 176

14.3   Indirekte Auswirkungen – 176
14.3.1   Gesundheitliche Beeinträchtigungen durch Luftschadstoffe – 176
14.3.2   Pollenflug und Allergien – 179
14.3.3   Infektionserkrankungen – 180

14.4   Synergien von Klima- und Gesundheitsschutz – 182

14.5   Kurz gesagt – 184

Literatur – 184

© Der/die Autor(en) 2023
G. P. Brasseur et al. (Hrsg.), *Klimawandel in Deutschland*,
https://doi.org/10.1007/978-3-662-66696-8_14

Bereits im Jahr 2009 hat die Weltgesundheits-organisation (WHO 2009) den Klimawandel als bedeutende und weiterhin zunehmende Bedrohung für die Gesundheit eingestuft, obwohl multikausale Zusammenhänge konkrete Aussagen und Prognosen zu den gesundheitlichen Folgen des Klimawandels erschweren. Der Weltklimarat weist im aktuellen Sechsten Sachstandsbericht (IPCC 2022) erneut darauf hin, dass klimatische Veränderungen in zunehmendem Maße zu einer wachsenden Zahl negativer Gesundheitsfolgen (einschließlich übertragbarer und nicht übertragbarer Krankheiten) führen. Der *Lancet Countdown 2020* (Watts et al. 2020), eine internationale Kooperation zum globalen Monitoring der Folgen des Klimawandels für die Gesundheit, weist in seinem aktuellen Report auch nochmals eindringlich auf die negativen Folgen klimatischer Veränderungen für die Gesundheit hin. Es wird zudem verdeutlicht, dass bisherige Veränderungen bereits zu erheblichen Verschiebungen der sozialen und ökologischen Determinanten von Gesundheit geführt haben und sich dieser Trend noch fortsetzen wird. In diesem Kapitel betrachten wir die direkten und indirekten gesundheitlichen Auswirkungen des Klimawandels in Deutschland und die jeweils spezifischen Anpassungsmaßnahmen.

14.1 Überblick

Die multikausalen Zusammenhänge erschweren konkrete Aussagen und Prognosen zu den gesundheitlichen Folgen des Klimawandels. Trotzdem kann ein Einfluss klimatischer Veränderungen auf die Gesundheit der Menschen in Deutschland als sehr wahrscheinlich angesehen werden. Gefährdet sind dabei insbesondere vulnerable Gruppen wie Kinder oder ältere Menschen. Um die Folgen klimatischer Veränderungen auf die Gesundheit zu minimieren, sind Maßnahmen zur Klimawandelanpassung und -vermeidung notwendig. Dabei gibt es spezifische Anpassungsmaßnahmen, z. B. im Bereich der Prävention von Hitzetoten oder UV-Schäden. Darüber hinaus führt die Stärkung von Gesundheitssystemen im Allgemeinen zu einer höheren Widerstandskraft von Gesellschaften gegenüber klimabedingten Gesundheitsrisiken. Bemerkenswert ist, dass Maßnahmen der Klima- und Gesundheitspolitik auch synergistisch wirken können, so etwa die Förderung von aktivem Transport (z. B. Fahrradfahren). Solche Maßnahmen können nur in einer intersektoralen Zusammenarbeit entwickelt und evaluiert werden.

14.2 Direkte Auswirkungen

14.2.1 Gesundheitliche Beeinträchtigungen durch thermische Belastung

Die Häufigkeit von Hitzewellen, mehrtägigen Perioden mit ungewöhnlich hoher thermischer Belastung (▶ Kap. 6), hat in den vergangenen Jahren in Deutschland zugenommen, wie entsprechende Episoden in den Jahren 1994, 2003, 2006, 2010, 2015, 2018 und 2019 belegen (Coumou und Robinson 2013; Schär und Jendritzky 2004; Seneviratne et al. 2014). Auch künftig muss mit einer Zunahme an Hitzetagen und Hitzewellen gerechnet werden (IPCC 2012, 2013), möglicherweise mit einer Vervierfachung schon bis 2040 (Rahmstorf und Coumou 2011; Coumou und Robinson 2013). Bei Hitzewellen kommt es zu einer erhöhten Krankheitslast (Michelozzi et al. 2009; Scherber et al. 2013a, b) sowie zu gesteigerten Sterberaten (Koppe et al. 2004). Während der dreiwöchigen Hitzewelle im Sommer 1994 verstarben im überwiegend ländlich geprägten Brandenburg 10 bis 50 %, in einigen Bezirken Berlins sogar 50 bis 70 % mehr Menschen als in dieser Jahreszeit sonst üblich (Gabriel und Endlicher 2011). 2003 verstarben während der sommerlichen Hitzewellen in zwölf europäischen Ländern schätzungsweise 70.000 Menschen zusätzlich, was als eine der größten europäischen „Naturkatastrophen" anzusehen wäre (Robine et al. 2008). Der Nachweis einer hitzebedingten Übersterblichkeit wurde während dieser Hitzewelle für Baden-Württemberg erbracht (◘ Abb. 14.1). Wenn auch von 2005, sind die Aussagen dieser grundsätzlichen Arbeit weiterhin aktuell.

Erhöhte Sterblichkeitsraten während Wetterlagen mit extrem hohen Temperaturen können aber auch für ganz Deutschland nachgewiesen werden (Koppe 2005; Heudorf und Meyer 2005; Schneider et al. 2009). Nach dem Robert Koch-Institut dürften sich die hitzebedingten Todesfälle in Deutschland in den Sommern 2003 auf 7600, 2006 auf 6200 und 2015 auf 6100 Fälle belaufen haben (an der Heiden et al. 2020). Im Sommer 2018 starben allein in Berlin etwa 490 Menschen zusätzlich aufgrund der Hitzeeinwirkung, in Hessen wurden die hitzebedingten Todesfälle dieses Sommers auf ca. 740 geschätzt. In den besonders gefährdeten Altersgruppen der 75- bis 84-Jährigen betrug die hitzebedingte Mortalität etwa 60/100.000 und bei den über 84-Jährigen etwa 300/100.000 Einwohner (an der Heiden et al. 2020). In einer im Fachjournal „The Lancet" veröffentlichen Modellierung schätzen die Autoren die Anzahl der Hitzetoten über 65 Jahren im Jahr 2018 allein in Deutschland auf rund 20.200 noch vor den USA mit knapp 19.000! Als Gründe werden sowohl die Zu-

Klimawandel und Gesundheit

173 **14**

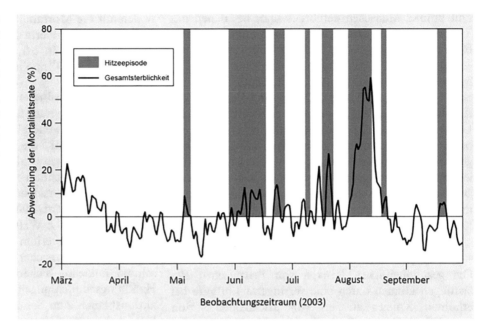

Abb. 14.1 Hitzewellen im Jahr 2003 in Baden-Württemberg (grau) und Abweichungen der täglichen Mortalitätsraten zwischen März und September vom Erwartungswert in %; die Vorverlegung des Sterbezeitpunkts – und der sich daran anschließende leichte Rückgang der Sterblichkeit – wird als *harvesting effect* bezeichnet. (Koppe und Jendritzky 2005)

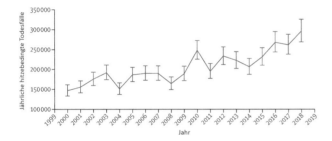

Abb. 14.2 Globale Zunahme der jährlichen hitzebedingten Mortalität in den letzten 20 Jahren bei Menschen über 65 Jahren (Watts et al. 2020, verändert); die senkrechten Balken beschreiben die Bandbreite der Hitzebelastungs-Reaktions-Beziehung.

nahme der Hitzetage infolge des Klimawandels als auch die alternde Bevölkerung genannt. Nur in den weltweit bevölkerungsreichsten Ländern China und Indien sollen die Zahlen noch höher gelegen haben. Zu erwähnen ist, dass die Zahlen methodisch auf einem globalen Modellierungsansatz basieren und auf die nationale Ebene heruntergebrochen wurden.

Die Zunahme der hitzebedingten Mortalität ist ein weltweites Phänomen. In den vergangenen 20 Jahren ist die mit Hitze verbundene Mortalität bei Menschen über 65 Jahren um 53,7 % gestiegen, wobei Europa besonders betroffen ist (◻ Abb. 14.2). Diese Größenordnung hat auch Auswirkungen auf die Wirtschaftsleistung. In Europa entsprachen 2018 die mortalitätsbedingten monetären Kosten der hitzebedingten Sterblichkeit ca. 1,2 % des europäischen Bruttoinlandsprodukts (Watts et al. 2020).

Aber nicht nur die Sterblichkeit ist erhöht, auch die Aufnahme von Patienten mit Erkrankungen des Herz-Kreislauf- und Atmungssystems in Kliniken ist gesteigert, wie Scherber (2014) an Morbiditätsanalysen während Hitzewellen in den Jahren 1994 bis 2010 in Berlin nachweisen konnte. In Frankfurt am Main konnte eine Steigerung der Morbidität 2014 bis 2018 etwa durch die Zunahme der Rettungsdiensteinsätze wegen hitzeassoziierter Erkrankungen um +198 % festgestellt werden (Steul et al. 2019).

Die thermischen Umweltbedingungen werden allerdings nicht nur durch die Temperatur der Umgebungsluft, sondern auch durch Luftfeuchtigkeit, Windgeschwindigkeit und Strahlungsverhältnisse gesteuert. Entsprechende Daten werden in thermischen Indizes berücksichtigt und in Modellen, z. B. vom Deutschen Wetterdienst (Gefühlte Temperatur; GT) oder international (Universal Thermal Climate Index; UTCI), verwendet (Jendritzky et al. 2009). Die thermische Belastung wird dabei nach Kältereiz und Wärmebelastung unterschieden (Deussen 2007; Menne und Matthies 2009).

Der Wärmehaushalt des Menschen ist im Körperinneren auf eine gleichbleibende Temperatur von etwa 37 °C ausgerichtet (entspricht dem Temperaturkomfortbereich). Mit zunehmender Wärme- oder Kältebelastung steigen die Anforderungen an das Herz-Kreislauf-System, den Bewegungsapparat und die Atmung, was in einer Zunahme der Erkrankungs- und Sterberaten resultiert. Studien zeigen, dass bei Hitzestress besonders Säuglinge, Kleinkinder, ältere und kranke Menschen gefährdet sind, bei denen das Thermoregulationssystem nur eingeschränkt funktionsfähig ist bzw. mangelndes Durstempfinden zu einer ungenügenden Flüssigkeitsaufnahme und damit zur Dehydratation führt (D'Ippoliti et al. 2010; Bouchama et al. 2007; Eis et al. 2010). Zudem sind Personen, die Arbeitsschutzkleidung tragen, eine geringe Fitness oder Übergewicht haben, regelmäßig Alkohol, Drogen oder bestimmte Medikamente einnehmen, verstärkt hitzegefährdet (Koppe et al. 2004). Insgesamt gesehen variiert der thermische Komfortbereich jedoch auch nach geografischer Lage, Jahreszeit und individueller Akklimatisation (physiologische Anpassungsfähigkeit des Körpers an die Umgebung) (Parsons 2003).

■ **Wechselwirkungen**

Die gesundheitlichen Risiken von thermischen Belastungen können durch eine verringerte Luftgüte bei erhöhten Konzentrationen von Stickoxiden, Ozon und Feinstaub verstärkt werden (◻ Abb. 14.3 und ▶ Abschn. 14.3.1; Burkart et al. 2013; Ren et al. 2006, 2008; Roberts 2004). Dieser Zusammenhang ist insbesondere für die städtische Bevölkerung von Bedeutung. Menschen in Städten sind zudem eher gefährdet als Menschen auf dem Land, da Städte abends und nachts bis zu 10 °C wärmer als ihre Umgebung sein können (▶ Kap. 21). Warme, „tropische" Nächte mit Temperaturen über 20 °C kommen in diesen „städtischen Wärmeinseln" häufiger vor und erschweren die notwendige nächtliche Erholung. In der europaweiten EuroHEAT-Studie zu den Auswirkungen von Hitze-

wellen auf die Mortalität in Großstädten wurden während Hitzewellen Werte der Übersterblichkeit zwischen 7,6 und 33,6 %, in extremen Einzelfällen auch über 50 % gefunden (D'Ippoliti et al. 2010).

■ **Anpassungsmaßnahmen**

Aus den dargelegten Sachverhalten ergibt sich die dringliche Notwendigkeit von Anpassungsmaßnahmen. So hat die Weltgesundheitsorganisation (WHO) mehrfach aktualisierte Gesundheitshinweise zur Prävention hitzebedingter Gesundheitsschäden für unterschiedliche Zielgruppen veröffentlicht (Matthies et al. 2008; Menne et al. 2008; Menne und Matthies 2009; WHO 2009). Inzwischen hat auch das Bundesministerium für Umwelt, Naturschutz, Bau und Reaktorsicherheit (heute: Umwelt, Naturschutz, nukleare Sicherheit und Verbraucherschutz) Handlungsempfehlungen für die Erstellung von Hitzeaktionsplänen zum Schutz der menschlichen Gesundheit publiziert (Umweltbundesamt 2008; Bundesministerium für Umwelt 2017). WHO und BMU unterscheiden dabei mehrere Kernelemente. Zu den Kernelementen der Vorsorge während einer akuten Hitzeperiode zählen dabei die Nutzung des Hitzewarnsystems des Deutschen Wetterdienstes, die besondere Beachtung der Risikogruppen und die Reduzierung von Hitze in Innenräumen. Die Risikogruppen umfassen ältere, isoliert lebende oder pflegebedürftige Menschen sowie Personen mit schweren gesundheitlichen Einschränkungen, etwa durch die bereits erwähnten Herz-Kreislauf- und Atemwegserkrankungen. Auch Patienten mit neurologischen, chronischen und psychiatrischen Erkrankungen, Menschen mit Demenz, Schwangere, Säuglinge und Kleinkinder sind betroffen. Weitere Risikofaktoren sind anstrengende körperliche Tätigkeit, geringe Fitness, Übergewicht, Alkohol- und Drogenmissbrauch und das Wohnen in überwärmten Räumen, beispielsweise schlecht isolierte Dachgeschosse. Das derzeitige Hitze-Gesundheits-Warnsystem ist allerdings noch sehr unvollkommen und bedarf insbesondere in seiner Auswirkung „auf der letzten Meile" hin zum Hausarzt, den Pflegediensten oder dem betagten Mitbürger weiterer Verbesserungen. Ein Kernelement in einem mittleren Zeithorizont wäre beispielsweise die Vorbereitung der Gesundheits- und Sozialsysteme auf die zusätzlichen Belastungen in Hitzesommern. Im Langzeithorizont schließlich müssen unsere Städte so (um-)gebaut werden, dass in ihnen nicht nur die Emission von Treibhausgasen so rasch und so weit wie möglich eingeschränkt, sondern auch durch Stadtplanung und Bauwesen – etwa durch eingebrachte grüne und blaue Infrastruktur – eine Anpassung an die schon nicht mehr zu verhindernden Folgen des Klimawandels erreicht wird (Koppe et al. 2004; Endlicher 2012). Auch sind die Handlungsempfehlungen (Trinkpläne in Alten- und Pflegeheimen)

14

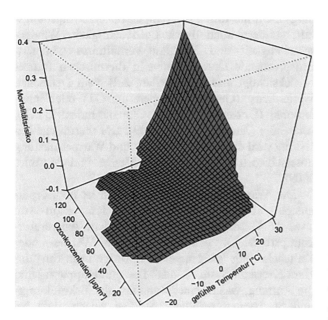

◻ **Abb. 14.3** Wirkung kombinierter Effekte von hohen gefühlten Temperaturen und Ozonkonzentrationen auf die Mortalität in Berlin, Zeitraum 1998–2010. Temperatur und Ozonkonzentration beziehen sich jeweils auf Zweitagesmittel. (Burkart et al. 2013)

und Instrumente (z. B. Hitzewarnsystem) zur Reduzierung der Folgen von Extremereignissen immer wieder hinsichtlich ihrer Effektivität zu evaluieren (Augustin et al. 2011). Das Bewusstsein über die gesundheitlichen Gefahren, die im Klimawandel zunehmen, ist immer noch zu gering ausgebildet und bedarf dringend einer weiteren Verbesserung.

14.2.2 Gesundheitliche Beeinträchtigungen durch UV-Strahlung

Die ultraviolette (UV-)Strahlung hat aufgrund ihrer strahlungsphysikalischen Eigenschaften einen bedeutenden Einfluss auf den menschlichen Körper. Beim Durchgang durch die Atmosphäre wird die Intensität der UV-Strahlung aufgrund von Streuung und Absorption geschwächt. Vor allem die stratosphärische Ozonschicht in einer Höhe von etwa 20 km (mittlere Breiten) sorgt dafür, dass wellenlängenabhängig Teile der UV-Strahlung herausgefiltert werden. Anzumerken ist, dass das stratosphärische Ozon vom bodennahen Ozon (▶ Abschn. 14.3.1) hinsichtlich Entstehung und Wirkung zu unterscheiden ist. Stark von der Ozonschichtdicke abhängig ist die biologisch besonders wirksame UVB-Strahlung, die aufgrund ihrer krebserregenden (karzinogenen) Wirkung als Hauptrisikofaktor für die Entstehung von Hautkrebserkrankungen angesehen wird (Greinert et al. 2008). Neben der Ozonschicht wird die UV-Strahlung beim Durchgang durch die Atmosphäre von weiteren Faktoren beeinflusst, insbesondere von der Bewölkung. Sowohl die Bewölkung als auch das stratosphärische Ozon (Ozonchemie und -dynamik) unterliegen dem Einfluss klimatischer Gegebenheiten und sind damit auch sensitiv gegenüber klimatischen Veränderungen.

Der verstärkte Eintrag ozonzerstörender Substanzen in der Stratosphäre (Stichwort „Ozonloch"), vor allem von Fluorchlorkohlenwasserstoffen, hat in der Vergangenheit dazu geführt, dass die natürliche, vor der UV-Strahlung schützende Ozonschicht in der Stratosphäre geschädigt wurde. Damit einhergehend zeigte sich eine merkliche Zunahme von Hautkrebserkrankungen in der Bevölkerung (Breitbart et al. 2012), die nach Greinert et al. (2008) neben Verhaltensaspekten auch auf die sich erhöhende UV-Strahlung zurückzuführen ist. Hautkrebs ist inzwischen mit 275.595 Neuerkrankungen pro Jahr (2017) die häufigste Krebserkrankung in Deutschland (Katalinic 2020).

Neben Hautkrebs ist der Graue Star (Katarakt) eine der wesentlichen Folgeerscheinungen einer erhöhten UV-Exposition des Menschen (Shoham et al. 2008). Der Vollständigkeit halber ist zu erwähnen, dass die UVB-Strahlung die Vitamin-D-Produktion im Körper anregt und damit bei richtiger Dosierung auch einen positiven Effekt auf die Gesundheit hat, da beispielsweise das Risiko reduziert wird, an Osteoporose zu erkranken oder einen Herzinfarkt zu bekommen (Norval et al. 2011).

Internationale Abkommen – u. a. das Montrealer Protokoll von 1994 – zur Reglementierung des Eintrags ozonzerstörender Substanzen zeigen mittlerweile Wirkung, sodass etwa bis Mitte des Jahrhunderts mit einer Regeneration der Ozonschicht gerechnet werden kann (Bekki und Bodeker 2010). Noch nicht vollends geklärt ist der Einfluss des Klimawandels auf den Ozonhaushalt sowie auf jene Faktoren (z. B. Bewölkung), welche die UV-Strahlung zusätzlich beeinflussen. Prognosen zur zukünftigen UV-Strahlung und zu den Folgeerscheinungen für die Gesundheit sind jedoch komplex, mit Unsicherheiten behaftet und zudem von Region zu Region unterschiedlich, da mit Hinblick auf die Ozonregeneration von unterschiedlichen regionalen Veränderungen ausgegangen werden kann. Bais et al. prognostizieren einen Rückgang der UV-Strahlung über der Arktis, also einer Erholung der Ozonschicht, von bis zu 40 % (Bais et al. 2015). In anderen Regionen, etwa in den mittleren oder nördlichen Breitengraden kann damit einhergehend von einer Reduzierung der UV-Strahlung von 5 bis 15 % ausgegangen werden (Bais et al. 2019). Allerdings erschwert insbesondere die Bewölkung aufgrund ihrer hohen räumlichen und zeitlichen Variabilität eine Prognose der UV-Strahlung. So ist denkbar, dass die bisherigen Veränderungen der bodennahen UV-Strahlung in den mittleren Breiten vor allem auch durch die Veränderung der Bewölkung hervorgerufen werden (Bais et al. 2018) und weniger durch globale Veränderungen des Ozonhaushaltes. Mit Hinblick auf die Bewölkung ist indirekt auch die Sonnenscheindauer von Bedeutung. Diese hat sich in den letzten Jahrzehnten in Deutschland erhöht hat (Deutscher Wetterdienst 2019), was in der Regel mit einem Anstieg der Tagessummen der UV-Bestrahlungsstärke einhergeht. Untersuchungen des Bundesamtes für Strahlenschutz (BfS) konnten diese Korrelation an der Messstation Dortmund insbesondere für die Jahre 2003 und 2018 zeigen (Baldermann und Lorenz 2019).

Darüber hinaus werden vermutlich lokale, temporäre Extremereignisse wie die sogenannten Ozonniedrigereignisse an Bedeutung gewinnen. Dabei handelt es sich um lokal begrenzte ozonarme Luftmassen, die aus den polaren Regionen bis nach Mitteleuropa vordringen können und mit teilweise sehr hohen UV-Strahlungswerten einhergehen (Schwarz et al. 2016). Sie treten insbesondere im Frühjahr auf, also zu einer Zeit, zu der die Haut besonders empfindlich gegenüber UV-Strahlung ist. Während der vergangenen Jahrzehnte wurde eine Häufigkeitszunahme dieser etwa drei bis fünf Tage dauernden Ereignisse ausgemacht (Rieder et al.

2010), die möglicherweise durch die globale Erwärmung begünstigt wird (v. Hobe et al. 2013).

■ **Expositionsverhalten**

Unabhängig von einer (klimatisch bedingten) Veränderung der UV-Strahlung zeigen Studien (Bharath und Turner 2009; Dobbinson et al. 2008; Ilyas 2007), dass klimatische Veränderungen das menschliche Expositionsverhalten gegenüber UV-Strahlung, wie z. B. durch einen vermehrten Aufenthalt im Freien, beeinflussen können. Sonnenreiche Tage mit Temperaturen im thermischen Komfortbereich führen zu einer deutlich erhöhten UV-Exposition, weil Menschen beispielsweise mehr im Garten arbeiten oder sich im Schwimmbad aufhalten (Knuschke et al. 2007). Eisinga et al. (2011) haben in einer Studie den täglichen Fernsehkonsum im Zeitraum von 1996 und 2005 in den Niederlanden ausgewertet. Es ergab sich bei einer Tagesmitteltemperatur von 20 °C ein, im Vergleich zu 10 °C, um bis zu 18 min geringerer Fernsehkonsum der Studienteilnehmer, d. h., auch hier zeigt sich der Zusammenhang zwischen der Temperatur bzw. dem Wetter und einem Aufenthalt im Freien. Hill und Boulter (1996) konnten zudem zeigen, dass sich die Wahrscheinlichkeit eines Sonnenbrandes verdoppelt, wenn die Umgebungstemperatur im Bereich von 19 °C bis 27 °C liegt, verglichen mit niedrigeren oder höheren Temperaturen. Versuche mit Mäusen haben darüber hinaus verdeutlicht, dass die Umgebungstemperatur die karzinogene Wirkung der UV-Strahlung beeinflusst (van der Leun und de Gruijl 2002) und erhöhen kann (van der Leun et al. 2008). Nach van der Leun und de Gruijl (2002) lassen sich die Ergebnisse annäherungsweise auch auf Menschen übertragen. Diese Erkenntnis um den Zusammenhang zwischen den äußeren (thermischen) Bedingungen und der UV-Expositionswahrscheinlichkeit ist im Kontext klimatischer Veränderungen von Bedeutung, wird in Studien aber oftmals vernachlässigt. Es muss jedoch erwähnt werden, dass der Zusammenhang zwischen einer erhöhten UV-Expositionswahrscheinlichkeit und Temperatur primär innerhalb des thermischen Komfortbereichs besteht. Nimmt die Temperatur ab oder steigt sie weiter an, stellt sich für die Menschen ein thermischer Diskomfort ein und es wird entweder der Schatten oder das Warme aufgesucht und damit eine UV-Exposition vermieden.

Hinsichtlich der Prognose zur Veränderung UV-assoziierter Erkrankungen unter einem sich wandelnden Klima ist ein Defizit an quantitativen Studien festzustellen. Kelfkens et al. (2002) haben die veränderte Hautkrebshäufigkeit unter dem Klimawandel für Europa modelliert. Die Ergebnisse zeigen, dass die durch den Klimawandel zusätzlich auftretenden Hautkrebsfälle in Mitteleuropa noch mehrere Jahrzehnte zunehmen werden. Norval et al. (2011) prognostizieren für die Vereinigten Staaten von Amerika einen Anstieg des Grauen Stars bis zum Jahr 2050 um 1,3 bis 6,9 %.

■ **Anpassungsmaßnahmen**

Um den negativen Einfluss der UV-Strahlung auf die Gesundheit zu minimieren, wurden Instrumente wie der UV-Index (BfS 2018) entwickelt. Studien zur Evaluierung solcher Anpassungsmaßnahmen verdeutlichen jedoch, dass die Maßnahmen bzw. ihre Kommunikation bislang noch Defizite aufweisen. So zeigt sich, dass der UV-Index in der Bevölkerung noch relativ unbekannt ist und wenn bekannt, dann oftmals nicht richtig interpretiert werden kann (Capellaro 2015; Wiedemann et al. 2009). Daher sollte einer guten Kommunikation zielgruppenspezifischer Anpassungsmaßnahmen zukünftig verstärkt Beachtung geschenkt werden.

14.2.3 Extremwetterereignisse und Gesundheit

Der Sechste Sachstandsbericht des Weltklimarats sagt für Zentral- und Westeuropa eine Zunahme von Extremwetterereignissen, insbesondere von Hitzewellen, Überflutungen, Starkregen und Flusshochwasser sowie von Dürreperioden voraus (IPCC 2022). Extremereignisse dieser Art können Auswirkungen auf die Gesundheit haben, die mit einer Gefahr für Leib und Leben, etwa durch Unfälle und dadurch hervorgerufene Verletzungen oder Ertrinken, verbunden ist. Darüber hinaus kann die Verunreinigung von Trinkwasser das Auftreten von Infektionserkrankungen begünstigen und eine geschädigte Infrastruktur den Zugang zum Trinkwasser und zur medizinischen Versorgung erschweren (Curtis et al. 2017). Zudem kann Feuchtigkeit in Gebäuden längerfristig zu Schimmelbildung und als Folge davon, zu Atemwegserkrankungen führen. Besonders zu beachten sind auch die psychischen Folgen von Extremwetterereignissen. Die Ereignisse an sich oder auch der Verlust enger Bezugspersonen und von Hab und Gut können zu posttraumatischen Belastungsstörungen führen und weitere psychische Krankheitsbilder wie Depressionen oder Angststörungen begünstigen (Cianconi et al. 2020; Fontalba-Navas et al. 2017).

14.3 Indirekte Auswirkungen

14.3.1 Gesundheitliche Beeinträchtigungen durch Luftschadstoffe

Luftverunreinigungen beeinträchtigen die Gesundheit des Menschen. Sie gelten nach Einschätzung der Weltgesundheitsorganisation (WHO) als Auslöser für nichtübertragbare Krankheiten, wie zum Beispiel Herz-Kreislauf- und Atemwegserkrankungen. Anthropogenes Wirken und Handeln verursacht Luftverschmutzung. Die Emission von Treibhausgasen ist wesentliche Ursache der globalen Klimaerwärmung, die Umwelt und Gesundheit nachhaltig negativ beeinflusst (Li et al. 2017; Chen et al. 2018). Der Anstieg der mittleren Lufttemperatur verändert die atmosphärische Zirkulation, das kurzzeitige Wetter- und Witterungsgeschehen wie auch langfristig das Klima. Änderungen atmosphärischer Transport- und Durchmischungsprozesse nehmen Einfluss auf physikalisch-chemische Prozesse und auf den Zustand der Luftqualität. Über die letzten zwei Dekaden wurde festgestellt, dass lufthygienisch relevante Extremwetterereignisse vor allem während der Sommerhalbjahre in Europa, aber auch in Deutschland zugenommen und sich verstärkt haben. Hierzu zählen insbesondere Perioden extremer Hitze mit gleichzeitig erhöhten Luftschadstoffkonzentrationen, die gesundheitliche Effekte auslösen können (Vandentorren und Empereur-Bissonnet 2005; Analitis et al. 2014; Kap. 13). Trockenheiße Witterung mit intensiver Sonneneinstrahlung verstärkt die Bildung des bodennahen Luftschadstoffs Ozon (Mücke 2014, ◘ Abb. 14.4). Zudem kann sich die Belastung durch Feinstaub (PM_{10}) erhöhen, dessen Emissionen sowohl aus anthropogen und natürlichen Quellen stammen können. Der anthropogene Anteil wird durch Verbrennungsprozesse der Industrie und des Verkehrs emittiert. Natürliche Prozesse wie Vegetationsbrände (Kislitsin et al. 2005) und die Windverfrachtung staubtrockenen Bodens während langanhaltender sommerlicher Trockenheit, wie im Dürresommer 2018 (Umweltbundesamt 2019), können eine erhebliche Zusatzbelastung der Gesamtfeinstaubemission sein. Darüber hinaus können die Einzelkomponenten eines Luftschadstoffgemisches die Allergenität und Wirkung von natürlichen, biologischen Luftbeimengungen, wie zum Beispiel Pollen,

verändern und eine Quelle für zusätzliche gesundheitliche Belastungen sein bzw. Symptome bei Allergikern verschlimmern (Carlsten und Melen 2012; D'Amato et al. 2018). Mittels Flusszytometrie konnte anhand von Feinstaubproben (PM_{10}) nachgewiesen werden, dass das klinisch relevante Allergen der Birke (Bet v1) an PM_{10} anhaftet und während der Birkenpollensaison die PM_{10}-Partikel einen signifikant höheren Bet v1-Anteil enthalten als in der Nachpollensaison (Süring et al. 2016). Die Interaktion zwischen Feinstaub und allergenen Pollen erzeugt allergenhaltige Aerosole, die tief in die Lunge eindringen und bei sensibilisierten Personen Asthma auslösen können (Behrendt und Becker 2001; Beck et al. 2013).

Ozon und Feinstaub ($PM_{10/2.5}$) sind besonders gesundheitsrelevante Luftschadstoffe während trocken-heißer sommerlicher Hochdruckwetterlagen. Ergebnisse gesundheitsbezogener Studien weisen auf die Evidenz des Einflusses von Luftschadstoffen bei gleichzeitig auftretender Hitze hin, dies betrifft vor allem Menschen in städtischen Ballungsräumen (Bell et al. 2004; Noyes et al. 2009; Stieb et al. 2009; ► Kap. 13). Die expositionsabhängige Ausprägung gesundheitlicher Wirkungen (parallele Einzelwirkung vs. synergistisch-additive Kombinationseffekte auf Morbidität und Mortalität) kann wegen der Effektmodifikation und des Zusammenwirkens der Einzelfaktoren untereinander derzeit noch nicht abschließend beurteilt werden und bedarf weiterer Studien (Noyes et al. 2009; Li et al. 2017 Infobox).

Im Nachgang des extremen Hitzesommers 2003 wurde u. a. im europaweiten Projekt *EuroHeat* belegt, dass der Effekt von Hitzetagen auf die Mortalität durch erhöhte Konzentrationen von Ozon und Feinstaub (PM_{10}) verstärkt wird (D'Ippoliti et al. 2010).

◘ **Abb. 14.4** Gemittelte Anzahl der Tage pro Jahr in Deutschland zwischen 2000 und 2019, an denen die Acht-Stunden-Mittelwerte von Ozon den gesundheitsbezogenen Zielwert von 120 µg/m³ überschritten (gerundeter Mittelwert über alle Stationen der ländlichen bzw. städtischen Kategorie) und gleichzeitig ein Lufttemperaturmaximum von 30 °C oder mehr auftrat (Gebietsmittel sog. „heißer Tag"). Fett gedruckte Jahreszahlen: sehr heiße Sommer der Jahre 2003, 2006, 2015, 2018 und 2019. (Quellen: Umweltbundesamt 2020, Deutscher Wetterdienst 2020)

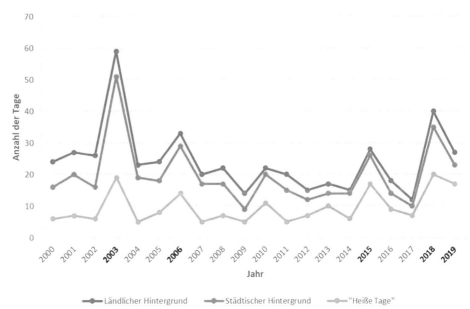

Dieser Kombinationseffekt trifft insbesondere für die Risikogruppe der älteren Menschen mit geschwächter Konstitution und eingeschränkter Thermoregulation, Kleinkinder sowie chronisch kranken Personen zu (WHO 2009). Dass die lokale Luftverschmutzung durch Ozon und PM_{10} in Verbindung mit heißer Witterung ein synergistisches Wirkungspotenzial hat, wodurch ggf. die Gesamtmortalität gesteigert wird, untersuchten Burkart et al. (2013) für Lissabon und Berlin. Eine Analyse von stationären Patientenaufnahmen (Atemwegs- und Herz-Kreislauf-Erkrankungen) und Sterbefällen in Krankenhäusern in Berlin-Brandenburg im Zeitraum 1994 bis 2010 ergab eine statistisch signifikant positive Korrelation mittlerer Konzentrationen von Ozon und Feinstaub mit erhöhter Lufttemperatur sowie einen Anstieg des relativen Mortalitätsrisikos ausgelöst durch starke Wärmebelastung (Scherber 2014).

Studien zum Kombinationseffekt von Lufttemperatur und unterschiedlichen Konzentrationsniveaus von Luftschadstoffen zeigen, dass der Einfluss der Temperatur auf die Mortalität in Gebieten mit niedriger bis mittlerer Luftschadstoffbelastung stärker ist als der der Luftschadstoffe (Krstic 2011). Doch stellten Katsouyanni et al. (2001) auch fest, dass eine hohe Lufttemperatur den ungünstigen Einfluss von Schadstoffen auf die Gesundheit verstärkt: In einer warmen Klimaregion bewirkt ein Feinstaubanstieg von 10 μg/m³ eine Zunahme der Gesamtmortalität um 0,8 %, hingegen beträgt die Zunahme in kühlerem Klima nur 0,3 %.

Eine stärkere Luftschadstoffwirkung bei hoher Lufttemperatur wirkt sich zum einen besonders auf Herz-Kreislauf-Erkrankungen und die dadurch bedingte Sterblichkeit aus, also z. B. Herzinfarkte (Choi et al. 2007; Lin und Liao 2009; Ren et al. 2009). Zum anderen werden Erkrankungen der Atemwege wie Asthma (Hanna et al. 2011; Lavigne et al. 2012), chronisch-obstruktive Atemwegserkrankungen (Yang und Chen 2007) und Lungenentzündungen (Chiu et al. 2009) begünstigt. Dies wird u. a. damit begründet, dass sich die Menschen in der warmen Jahreszeit mehr im Freien aufhalten und deshalb auch gegenüber Luftschadstoffen wie Ozon verstärkt exponiert sind (Barnett et al. 2005; Stieb et al. 2009).

Eine Trennung bzw. Zuordnung der Einflüsse verschiedener Umweltfaktoren auf die Gesundheit ist nach wie vor komplex und mit Unsicherheiten behaftet. Zwar wurde für einzelne Faktoren, wie Ozon und Feinstaub, nachgewiesen, dass Gesundheitseffekte evident sind, jedoch nicht für die Kombinationsbetrachtung. Das bedeutet, dass die zwischen den Einflussfaktoren Lufttemperatur (auch Hitze), Luftschadstoffen und Aeroallergenen bestehenden Wechselwirkungen mit Hinblick auf ihre Wirkung auf die Gesundheit bislang nur wenig verstanden, aber auch nicht auszuschließen sind.

▪ Anpassungsmaßnahmen

Um durch Luftschadstoffe hervorgerufene gesundheitliche Belastungen zu vermeiden, sollte die Bevölkerung auf längere körperliche Anstrengungen zu Zeiten hoher Konzentrationen verzichten, dies gilt insbesondere für gesundheitlich vorbelastete Risikopersonen zum Beispiel während der Mittags- und Nachmittagsstunden bei erhöhter Ozonkonzentrationen. Aus Sicht des vorbeugenden Gesundheitsschutzes sollten Umwelt-, Klima- und Luftreinhaltepolitik verstärkt für die Einhaltung der Obergrenzen der Luftschadstoffkonzentrationswerte dauerhaft Sorge tragen. Einem unkontrollierten Anstieg des Energieverbrauchs und damit einhergehender Emissionen – etwa von Ozonvorläufersubstanzen, wie sie im Sommer vermehrt in Klimaanlagen eingesetzt werden – ist vorzubeugen.

Aus Anpassungsperspektive ist es wichtig, dass effektive Warnsysteme installiert sind, um die lokale Bevölkerung rechtzeitig zu informieren und vor materiellen und immateriellen Schäden zu bewahren. Zudem muss die kritische Infrastruktur, vor allem die des Gesundheitswesens, geschützt werden. Präventive Maßnahmen, wie beispielsweise die weitere Versiegelung von Flächen zu verhindern, können dazu beitragen (▶ Kap. 10).

Herausforderungen bei der Projektion zukünftiger klimabedingter Gesundheitsrisiken

Bisher gibt es noch einen Mangel an quantitativen und prognostischen Studien zu den Auswirkungen klimatischer Veränderungen auf die Gesundheit. Eine Ursache hierfür ist vor allem die Berücksichtigung des Menschen als Individuum in seiner Komplexität. Die Gesundheit des Menschen ist schon auf individueller Ebene von einer Vielzahl von Faktoren abhängig, beispielsweise Alter, Geschlecht, genetische Prädisposition, Ernährung, Lebensstil, Gesundheitsverhalten und Gesundheitsbewusstsein. Die Bedeutung dieser Faktoren für die Gesundheit konnten Yusuf et al. (2004) aufzeigen. Zusätzlich wird die Gesundheit auch von gesellschaftlichen Faktoren beeinflusst (z. B. soziales Umfeld, Veränderungen von Bildungs-, Gesundheits- und Ernährungssystemen und Mobilitätsinfrastruktur). Bei der Abschätzung zukünftiger klimawandelbedingter Auswirkungen auf die Gesundheit sind darüber hinaus noch mögliche Anpassungsmechanismen auf individueller (z. B. physische Anpassung, Verhalten) und gesellschaftlicher Ebene (z. B. Hitzeaktionspläne) zu berücksichtigen. All diese Faktoren unterliegen einer räumlichen, zeitlichen sowie oftmals verhaltensbedingten Veränderung und sind bei der Prognose des Einflusses klimatischer Veränderungen auf die Gesundheit eine bedeutende Quelle der Unsicherheit (◨ Abb. 14.5). So ist mit Hin-

14

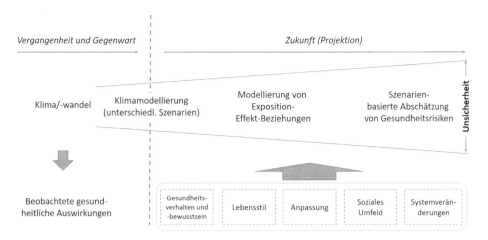

◘ Abb. 14.5 Die Unsicherheiten bei der Projektion zukünftiger klimabedingter Gesundheitsrisiken nehmen von links nach rechts zu. (Quelle: Augustin und Andrees 2020, verändert nach Eis et al. 2010)

blick auf die Modellierung der Expositions-Effekt-Beziehungen beispielsweise die Wirkung von Hitze auf den Menschen stark abhängig von seinem Alter (und damit physiologischem Zustand), seinem Gesundheitsbewusstsein (gegenüber thermischen Belastungen) und damit Verhalten (Durchführung von Anpassungsmaßnahmen) oder auch seinem sozialen Umfeld (z. B. Familie, Nachbarschaft) und Aufenthaltsort. Erschwerend kommt hinzu, dass die die Gesundheit beeinflussenden Faktoren meistens nicht alleine, sondern in Kombination (z. B. Hitze und Luftschadstoffe) wirken und sich ihr negativer Einfluss auf die Gesundheit damit nochmals verstärken kann.

Diesen komplexen Herausforderungen und den damit verbundenen Unsicherheiten (◘ Abb. 14.1) sollte vor allem mit einer weiter verstärkten interdisziplinären Zusammenarbeit zwischen den Natur-, Sozial- und Gesundheitswissenschaften (inklusive Medizin) begegnet werden. Darüber hinaus sollte der Zugang zu gesundheitsspezifischen Langzeitdaten vereinfacht werden, um eine verbesserte Datengrundlage zur Abschätzung langfristiger Veränderungen zu erhalten.

14.3.2 Pollenflug und Allergien

Weltweit leiden 10 bis 40 % der Bevölkerung an Allergien (Pawankar et al. 2013). In Deutschland sind laut einer Studie des Robert Koch-Instituts 30 % der Bevölkerung von Allergien betroffen, wobei 14,8 % der erwachsenen Bevölkerung unter Heuschnupfen leiden (Langen et al. 2013). Der Klimawandel hat u. a. Auswirkungen auf allergene Pflanzen und kann zu einer Veränderung der Pollensaison, Erhöhung der Pollenmenge sowie Pollenallergenität führen und die Verbreitung von invasiven Arten begünstigen. All diese Faktoren beeinflussen die Allergieentstehung und

können massive allergische Erkrankungen hervorrufen (D'Amato et al. 2020). Der Beginn der Pollensaison wird maßgeblich von der Pflanzenphänologie bestimmt. Da phänologische Frühjahrsphasen überwiegend temperaturgesteuert sind, hat der Klimawandel in den vergangenen drei Jahrzehnten zu deutlichen Veränderungen in Deutschland geführt (Menzel und Estrella 2001; Chmielewski 2007). Wie europaweite Studien zeigen, haben sich Frühjahrsphasen durchschnittlich um etwa zwei Wochen verfrüht (Menzel et al. 2006, 2020a, b; ► Kap. 16). Aufgrund der milderen Witterung im Frühjahr startet die Pollensaison heute bereits merklich früher (Werchan et al. 2018), kann aber, wie bei den Birken, auch früher enden (Bergmann et al. 2020). Daraus resultiert eine längere Dauer der Pollensaison (Ziska et al. 2019), vor allem für Gräser (Fernandez Rodriguez et al. 2012) und andere krautige Pflanzen, welche durch einen höheren CO_2-Gehalt der Atmosphäre besonders profitieren (Wayne et al. 2002).

■ **Pollenmenge und -allergenität**

Faktoren, die sehr wahrscheinlich auch zu häufigeren, schwereren allergischen Erkrankungen und neuen Sensibilisierungen führen, sind die gestiegene Pollenproduktion sowie die Pollenkonzentration in der Luft in den vergangenen Jahrzehnten. Als Ursachen werden die Temperaturzunahme sowie die erhöhte atmosphärische CO_2-Konzentration genannt (Beggs 2004). Ziello et al. (2012) dokumentieren eine generelle Zunahme der gesamten Pollenkonzentration auch in Deutschland: Von 584 Zeitreihen waren 21 % statistisch signifikanten Veränderungen unterworfen, 65 % davon zeigten wiederum einen Anstieg der Pollenkonzentrationen. Experimente in Klimakammern (Ziska und Caulfield 2000) oder entlang eines Stadt-Land-Gradienten (Ziska et al. 2003) bestätigten, dass höhere CO_2-Werte zu einer verstärkten Pollenproduktion der Ambrosia führen. Für einige Arten könnten sich hohe Temperaturen und

Schadstoffe in Städten jedoch auch negativ auswirken (Jochner et al. 2013): So war etwa die Pollenproduktion der Birke (*Betula pendula* Roth) in München gegenüber dem ländlichen Umland verringert.

Aber auch die lokalen meteorologischen Gegebenheiten sind von Bedeutung: So war etwa während der Dürreperiode im Jahr 2003 eine deutlich geringere atmosphärische Pollenkonzentration von Beifuß, Ampfer und Brennnessel in der Südschweiz zu beobachten (Gehrig 2006). Andererseits sind beispielsweise Gewitter mit einer abrupten Allergenfreisetzung verbunden, die zur Ausprägung des sogenannten Gewitterasthmas beitragen kann (D'Amato et al. 2020). Damialis et al. (2020) zeigen einen synchronen Verlauf von hohen Pollen- und Sporenkonzentration und Gewitterereignissen sowie einen Zusammenhang zwischen diesen Ereignissen und Asthmafällen in Bayern.

Neuere Studien auch für Deutschland zeigen, dass Pollentransport vor oder nach der Hauptpollensaison lokale Konzentrationen und die Länge der Pollensaison maßgeblich beeinflussen kann (Ghasemifard et al. 2020; Menzel et al. 2021). Grünlandnutzung und Bewirtschaftung (z. B. Schnittzeitpunkte) haben einen starken Einfluss auf die Gräserpollenkonzentrationen (Menzel 2019).

Pollenallergene sind spezifische Proteine, die bei bestimmten Menschen zu einer immunologischen Überreaktion führen (Huynen et al. 2003). Ob die jüngst zu beobachtende Temperaturerhöhung eine Veränderung der Allergenität mit sich bringt, ist noch nicht abschließend geklärt. Europäische Studien belegen, dass das Hauptallergen der Birke (Bet v 1) verstärkt bei höheren Temperaturen gebildet wird (Hjelmroos et al. 1995; Ahlholm et al. 1998). Im Gegensatz dazu waren der Allergengehalt von Ambrosia (Ziska et al. 2003) sowie des Weißen Gänsefußes (*Chenopodium alba,* Guedes et al. 2009) in Städten – also unter wärmeren Bedingungen – reduziert.

In Gebieten mit starker Luftverschmutzung reagieren Pollen mit Luftschadstoffen wie Ozon und Feinstaub, was die Allergenität der Pollen erhöht (Beck et al. 2013; D'Amato et al. 2010). So erzeugt z. B. die Interaktion zwischen Feinstaub und Pollen allergenhaltige Aerosole, die aufgrund ihrer Größe tief in die Lunge eindringen und bei sensibilisierten Personen Asthma auslösen können (Behrendt und Becker 2001). Zusätzlich begünstigen Dieselrußpartikel die Entstehung von Allergien (Fujieda et al. 1998).

■ **Invasive Arten**

Freigesetzte Pollen von invasiven Arten, wie vor allem der *Ambrosia artemisiifolia* L. (Ambrosia, Beifußblättriges Traubenkraut), verlängern die Zeit mit Pollenflug bis in den Herbst hinein, womit fast ganzjährig allergene Pollen in der Luft zu finden sind.

Die ursprünglich in Nordamerika beheimatete Ambrosia wächst seit den 1980er-Jahren in größeren Beständen in Teilen Südeuropas (Zink et al. 2012). Sie gedeiht in Deutschland unter anderem im Rheintal, Südhessen und Berlin (Otto et al. 2008) und weist im Jahr 2020 die größten Bestände in Brandenburg (> 2000 Standorte, Freie Universität Berlin 2020) und Bayern (> 500 Standorte, Bayerisches Staatsministerium für Gesundheit und Pflege 2020) auf. Aufgrund ihrer ausgeprägten Wärmebedürftigkeit wird sich die Art mit steigenden Temperaturen sehr wahrscheinlich weiter ausbreiten. Städte als Wärmeinseln (▶ Kap. 21) können dabei das Vorkommen dieser invasiven Art ebenfalls begünstigen. Ambrosiapollen werden als hochallergen eingestuft (Eis et al. 2010). Eine höhere Exposition gegenüber Ambrosiapollen wird zwangsläufig auch zu einer höheren Sensibilisierung in der Bevölkerung führen (Buters et al. 2015). Dies trifft nicht nur auf Ambrosia zu, sondern auch auf andere invasive/exotische allergieauslösende Pflanzenarten, etwa der Olive (Höflich et al. 2016), sodass deren Neuanpflanzungen auch unter dem Gesichtspunkt der Gesundheit entschieden werden sollten.

■ **Anpassungsmaßnahmen**

Ein wichtiges und gleichzeitig einfaches Instrumentarium zur Reduktion allergener Pollen ist die Stadtplanung (Bergmann et al. 2012). Durch die Auswahl von geeigneten Baumarten für die Begrünung von Straßenzügen, öffentlichen Plätzen und Parkanlagen kann die Pollenkonzentration allergologisch relevanter Arten maßgeblich gesteuert werden (Jochner-Oette et al. 2018).

Die Kontrolle von kontaminierten Gütern wie z. B. Vogelfutter trägt zur Reduktion der weiteren Ausbreitung von Ambrosia bei. Ferner verringert eine Bekämpfung mit entsprechender Kontrolle der invasiven Pflanze durch Ausreißen und Mahd die Pollenkonzentration. In Deutschland existiert keine Meldepflicht für Ambrosiavorkommen, jedoch kann das Vorkommen, vor allem von größeren Beständen mit mehr als 100 Einzelpflanzen regionalen Meldestellen übermittelt werden. Eine verpflichtende Meldung nach dem Vorbild der Schweiz könnte das Vorkommen drastisch dezimieren.

14.3.3 Infektionserkrankungen

Das Auftreten vieler Infektionserkrankungen ist u. a. von klimatischen Bedingungen abhängig, denn veränderte Temperaturen, Niederschlagsmuster und häufigere Extremwetterereignisse können sich auf die Vermehrung und Verbreitung von Krankheitserregern und deren Überträger (Vektoren) auswirken. Eine deutschlandspezifische Perspektive ist hierbei nicht ausreichend, da Tourismus, Migration und Warentransport dazu führen, dass sich Krankheitserreger leicht über Ländergrenzen hinweg ausbreiten. Hier werden nur Erkrankungen angesprochen, bei denen es deutliche Hinweise gibt, dass sie durch den Klimawandel in Deutschland und/oder Europa vermehrt auftreten werden.

- **Durch Nahrungsmittel oder Wasser übertragene Erkrankungen**

Durch Nahrungsmittel verursachte Magen-Darm-Infektionen werden in Deutschland vor allem durch die Erreger *Campylobacter* und *Salmonella Typhi* ausgelöst und treten gehäuft im Frühjahr und im Sommer auf. Obwohl diese Infektionen temperaturabhängig sind, ist eine deutliche Steigerung der Fallzahlen durch den Klimawandel aufgrund von guten Hygienestandards in europäischen Ländern wie Deutschland eher nicht zu erwarten (Kovats et al. 2004; Lake 2017). Krankheitserreger können auch durch Trinkwasser und Badegewässer oder bei Überschwemmungen auf den Menschen übertragen werden (Bezirtzoglou et al. 2011). In Europa beobachtete Verunreinigung von Trinkwasser mit *E.coli* oder *Cryptosporidien* durch Starkregenereignisse o. ä. (Boudou et al. 2020) wurden in Deutschland bisher nicht dokumentiert. In den vergangenen Jahren wurden jedoch vermehrt Vibrioneninfektionen in der Ostsee registriert, die zu Wundinfektionen, Durchfallerkrankungen und in Einzelfällen bei Patienten mit geschwächtem Immunsystem auch zu Todesfällen geführt haben (Gyraite et al. 2019; Metelmann et al. 2020). Auch die bei steigenden Wassertemperaturen oft sprunghafte Vermehrung von Cyanobakterien (= Blaualgen, daher Algenblüte) in Binnenseen oder Küstengewässern birgt Gesundheitsrisiken, da teilweise Toxine freigesetzt werden, die z. B. zu Hautreizungen führen können (Stark et al. 2009). Insgesamt ist der Klimawandel ein wichtiger Treiber für umweltbedingte Infektionserkrankungen in Europa (Semenza et al. 2016a, b).

- **Durch Vektoren übertragene Erkrankungen**

„Vektoren" sind in unserem Zusammenhang Überträger von Krankheitserregern, die Infektionskrankheiten auslösen. Tropische Infektionserkrankungen treten in Deutschland bisher fast ausschließlich auf, wenn infizierte Personen aus dem Ausland nach Deutschland einreisen (Jansen et al. 2008). Die Gefahr von autochthonen Infektionen – also einer Ansteckung innerhalb Deutschlands – setzt voraus, dass der Krankheitserreger und der passende Vektor hierzulande vorkommen und dass es ausreichend warm für die Erregerentwicklung im Vektor ist. Diese beiden Bedingungen werden durch steigende Durchschnittstemperaturen begünstigt (Hemmer et al. 2007).

In Deutschland sind die Lyme-Borreliose und die Frühsommer-Meningoenzephalitis (FSME) die bedeutendsten Vektorerkrankungen, denn sie werden durch die in Deutschland etablierten Zecken wie den gemeinen Holzbock *(Ixodes ricinus)* übertragen. Zecken, die den Borreliose-Erreger *Borrelia burgdorferi* übertragen, kommen im ganzen Bundesgebiet vor, FSME-Virus übertragende Zecken eher im Süden (Robert Koch-Institut 2013). Grundsätzlich begünstigt der zu erwartende Temperaturanstieg die Populationsdichte der Zecken sowie deren Ausbreitung nach Norden und in die Höhenzüge hinein. Zudem werden eine frühere Zeckenaktivität und damit eine verlängerte Zeckensaison erwartet (Süss et al. 2008). Des Weiteren wurden in Deutschland zuletzt vereinzelt tropische Zeckenarten wie *Hyalomma* registriert, welche neben den in den *Ixodes*-Arten üblichen Krankheitserregern tropische Erkrankungen wie das Krim-Kongo-Hämorrhagische-Fieber übertragen können (Chitimia-Dobler et al. 2019). Diese potenziell tödliche Erkrankung kommt bereits gehäuft in der Türkei und vereinzelt in Spanien vor (GERICS 2020). Bisher zeigen sich in Deutschland jedoch keine eindeutigen Trends in den Fallzahlen meldepflichtiger Erkrankungen wie FSME. Doch auch wenn der Klimawandel das Zeckenvorkommen in der beschriebenen Weise begünstigt, sind Infektionsraten in der Bevölkerung von vielen weiteren Faktoren abhängig, z. B. vom Anteil geimpfter Personen (bei FSME), von der Landnutzung und vom Freizeitverhalten der Menschen. In diesen Bereichen liegt auch das Potenzial für Anpassungsmaßnahmen (Lindgren und Jaenson 2006).

Für invasive Mückenarten, die tropische Erkrankungen übertragen, verbessern sich durch die klimatischen Veränderungen die Bedingungen. So sind bereits einzelne Populationen der Tigermücke, *Aedes albopictus,* insbesondere im Südwesten Deutschlands vorzufinden und eine Etablierung wird erwartet (Thomas et al. 2018a, b). Durch solche Populationen kam es in den vergangenen Jahren bereits zu örtlich begrenzten autochthonen Ausbrüchen von Dengue-Fieber in Europa (Tomasello und Schlagenhauf 2013). Für Deutschland wird aufgrund des zu erwartenden Verbreitungsgebiets der Tigermücke und soziogeografischen Gegebenheiten damit gerechnet, dass die Verbreitung von Dengue-, Zika- und Chikungunya-Viren insbesondere in Baden-Württemberg, Rheinland-Pfalz, Nordrhein-Westphalen und Südhessen relevant wird (Thomas et al. 2018a, b). Auch das West-Nil-Fieber wurde in den vergangenen Jahren in zunehmenden Einzelfällen in Europa und auch in Deutschland übertragen, wobei hier auch die Übertragung durch infizierte Vögel eine Rolle spielt (ECDC 2020). Was Malaria angeht, bleibt festzuhalten, dass diese bis Mitte des 20. Jahrhunderts in Europa verbreitet war, sie jedoch durch die Trockenlegung von Brutgebieten, Mückenbekämpfung und verbesserte Gesundheitsversorgung ausgerottet wurde

(Dalitz 2005). Unter Fortführung dieser Maßnahmen ist eine Wiederausbreitung der Malaria bis 2050 in Deutschland daher unwahrscheinlich (Holy et al. 2011).

Die Leishmaniose (Erreger: *Leishmania infantum*) ist eine in mediterranen Ländern etablierte Erkrankung, die Geschwüre der Haut und Organschäden hervorruft. Der eigentliche Vektor der Leishmanien ist die Sandfliege *(Phlebotomus spp.)*. Autochthone, d. h. in Deutschland originär entstandene Fälle der Leishmaniose traten bisher so gut wie nicht auf, da die Temperaturen für die Etablierung von Sandfliegen und Leishmanien bisher zu niedrig sind. Unter Zuhilfenahme von Klimaprojektionen konnte jedoch gezeigt werden, dass im Zuge des Klimawandels die autochthone Übertragung von Leishmaniose bis Ende des Jahrhunderts in einigen Regionen Deutschlands wahrscheinlicher wird, so zum Beispiel in der Kölner Bucht oder dem Rheingraben (Fischer et al. 2010). ◘ Tab. 14.1 gibt eine vereinfachte Übersicht über wesentliche klimasensible Infektionskrankheiten für Deutschland, häufige Erreger oder Vektoren und eine Einschätzung zum Gesundheitsrisiko je nach Zeitrahmen und Klimaprojektion.

- **Anpassungsmaßnahmen**

Zum Schutz vor Infektionskrankheiten könnte das bisher passive Meldesystem durch ein aktives Warnsystem ergänzt werden, in dem Daten aus Epidemiologie, Veterinärmedizin und Ökologie integriert werden. Auch sind Maßnahmen der Vektorkontrolle, insbesondere bei invasiven Mückenarten sowie die Aufklärung der Menschen bezüglich gesundheitsrelevanter Verhaltensweisen wichtig, z. B. in Bezug auf Schutz vor Zeckenbissen. Durch die Schulung von medizinischem Personal sollte das Bewusstsein für bisher in Deutschland nicht oder kaum auftretende Infektionskrankheiten erhöht und deren rasche Diagnose und Behandlung gewährleistet werden (Panic und Ford 2013). In einer globalisierten Welt ist das Infektionsgeschehen in anderen Ländern auch für Deutschland relevant. Deswegen sollte Deutschland sich im eigenen Land und anderswo für eine Stärkung der gesundheitlichen Basisversorgung einsetzen (Menne et al. 2008).

14.4 Synergien von Klima- und Gesundheitsschutz

Auch wenn dieses Kapitel vornehmlich den Auswirkungen des Klimawandels auf die Gesundheit und spezifischen Anpassungsmaßnahmen gewidmet ist, so soll hier noch auf wichtige Zusammenhänge

von Gesundheit und Klima, in diesem Fall besonders Klimaschutz, eingegangen werden.

Klima- und Gesundheitspolitik sowie Gesundheitsverhalten können synergistisch wirken und sogenannte *Win-win*-Situationen oder *health co-benefits* von Klimaschutzmaßnahmen erzeugen. Nur eine kurze Liste von Beispielen für solche Effekte in Deutschland sei hier wiedergegeben:

Mobilität: Fahrradfahren und andere Formen des aktiven Transports vermeiden nicht nur CO_2-Emissionen, sondern reduzieren auch das Herz-Kreislauf-Risiko (Woodcock et al. 2009).

Energie: Verminderte Treibhausgasemissionen durch verminderten Kfz-Verkehr, Energieeinsparungen und saubere Energiegewinnung verringern insbesondere in Städten die gesundheitlichen Risiken durch Luftverschmutzung (Markandya et al. 2009).

Gebäude: Eine Steigerung der Energieeffizienz durch gute Gebäudeisolierung kann die Anzahl von Krankheits- und Sterbefällen durch Hitze und Kälte reduzieren (Wilkinson et al. 2009).

Städtebau: Städtebauliche Maßnahmen wie der Ausbau städtischer Grünflächen bewirken eine CO_2-Reduktion in der Luft und verringern durch kühlere Luft und Schatten (▶ Kap. 21) das Risiko hitzebedingter Gesundheitsschäden (UN-HABITAT und EcoPlan International 2011).

Ernährung: Etwa 66 % der landwirtschaftlichen Treibhausgasemissionen in Deutschland – insbesondere Methan – werden durch Viehzucht verursacht (Umweltbundesamt 2022). Eine Ernährung mit einem hohen Anteil gesättigter Fettsäuren aus tierischen Produkten bringt ein höheres Risiko von Herz-Kreislauf-Erkrankungen mit sich als eine Ernährung mit ungesättigten Fettsäuren aus pflanzlichen Produkten (Siri-Tarino et al. 2015). Zudem erhöht ein starker Konsum von verarbeiteten Fleisch- und Wurstwaren sowie der Konsum von rotem Fleisch das Risiko für die Entwicklung von Darmkrebs (Behrens et al. 2018; Boada et al. 2016). Eine Verringerung des Konsums tierischer Produkte und eine damit einhergehende Verringerung des Viehbestands kann somit dem Klima- und Gesundheitsschutz zuträglich sein (Friel et al. 2009).

Eine Förderung dieser und ähnlicher Maßnahmen würde dem Klima- und dem Gesundheitsschutz gleichermaßen gerecht.

- **Klimaresiliente und nachhaltige Gesundheitssysteme**

Der deutsche Gesundheitssektor ist für etwa 6 bis 7 % der deutschen Treibhausgasemissionen verantwortlich (Pichler et al. 2019). Diese entstehen zu etwa einem Drittel durch Emissionen aus Heizung und Energieverbrauch von Gesundheitseinrichtungen und zu etwa zwei Dritteln durch vor- und nachgelagerte Prozesse (HCWH 2019).

■ **Tab. 14.1** Übersicht über wesentliche klimasensible Infektionskrankheiten, ihre Erreger, den Übertragungsweg (ggf. Vektor) und eine Einschätzung der Zunahme des Risikos je nach Zeitrahmen und Ausmaß der globalen Erwärmung (+2 °C bis +4 °C)

Krankheitsbilder	Übertragung durch:			Studienbeispiel	Gefährdungspotenzial (Szenarien, wenn abweichend von RCP)				Quelle
	Nahrungsmittel	Vektoren	Wasser		Aktuell	Bis 2050	Bis 2100 +2 °C*1	Bis 2100 +4 °C*2	
Magen-Darm-Infektionen	x			Campylobakter Infektionen in Nordeuropa	++	++	K.A	++	Kuhn et al. 2020
Weichteilinfektionen, Sepsis			x	Eignung der Bedingungen für Vibrionen in der Ostsee	+	++	k.A	k.A	Semenza et al. 2017
Borreliose, FSME*3, andere		Zecken		Eignung der Bedingungen für vier Zeckenspezies in Europa	++	++	++	+++	Williams et al. 2015
Leishmaniose		Sandfliegen		Übertragungsrisiko für den Erreger *Leishmania infantum complex* in Deutschland	0	+	++ (A1b)	+++ (A2)	Fischer et al.2010
Malaria		Anopheles-Mücken		Globale Modellierung von Malaria-Erkrankungen	0	0	+	+	Cólon-Gonzáles et al. 2021
Dengue-Fieber		Aedes-Mücken		Projektionen zur Dengue-Virus-Übertragung in Europa	0	+	++	++	Liu-Helmersson et al. 2016
Chikungunya-Fieber		Aedes-Mücken		Chikungunya Ansteckungsgefahr global	0	+	+	++	Tjaden et al. 2017
West-Nil-Fieber		Culex-Mücken		Projektion für WNV-Infektionen in Europa	+	++	No Data	No Data	Semenzaet al. 2016b

*1 RCP2.6 oder RCP4.5 Szenario; *2 RCP8.5 Szenario; *3Frühsommer-Meningo-Enzephalitis;
0= praktisch keine Gefährdung; + = Krankheit kommt vereinzelt vor;+ + =Krankheit häufiger, gut beherrschbar; + + + =Krankheit häufiger, Herausforderung für Anpassung

Diese Prozesse beinhalten beispielsweise die Produktion von Pharmazeutika und Medizinprodukten, die Mobilität von Patienten und Mitarbeitern oder die Entsorgung von Abfall. Nach dem ärztlichen Prinzip, vor allem nicht zu schaden („primum non nocere"), ist auch der Gesundheitssektor dazu aufgerufen, bei gleichbleibender Versorgungsqualität seine Treibhausgasemissionen zu minimieren. Der britische nationale Gesundheitsdienst (*National Health Service*, NHS) hat sich bereits das Ziel der Treibhausgasneutralität bis 2040 gesetzt (NHS 2020).

Zudem veröffentlichte die Weltgesundheitsorganisation bereits 2015 ein Rahmenwerk für klimaresiliente Gesundheitssysteme, welches 2020 um den Aspekt der Nachhaltigkeit ergänzt wurde (WHO 2020). Klimaresiliente Gesundheitssysteme sollen trotz sich verändernder und steigender klimabedingter Belastungen weiter ihrer Grundfunktion nachkommen und ihre Leistung sogar verbessern können (WHO 2015). Dazu ist vorgesehen, dass Gesundheitssysteme einerseits ihre Kapazitäten im Katastrophenfall ausbauen und klimawandel- und nachhaltigkeitsspezifische Aspekte berücksichtigen. Die WHO fasst dazu zehn Punkte zusammen, zu denen beispielsweise die politische Verpflichtung und effektive Steuerung zum Aufbau von Klimaresilienz, die Integration des Klimawandels in die Aus- und Weiterbildung von Gesundheitspersonal, die multidisziplinäre Forschung zum Thema Gesundheit und Klimawandel und die Entwicklung und Nutzung klimaresilienter und nachhaltiger Produkte, Technologien und Infrastruktur zählt.

Die gesundheitlichen Auswirkungen des Klimawandels wurden in diesem Kapitel ausführlich dargestellt und werden Länder im globalen Süden noch stärker betreffen als Deutschland (Patz et al. 2007). Um diesen Auswirkungen zu begegnen, gilt es also, Klimaschutzmaßnahmen zu ergreifen, die auch gesundheitliche *co-benefits* mit sich bringen, und Gesundheitssysteme klimaresilient und nachhaltig zu gestalten.

14.5 Kurz gesagt

Die WHO hat 2009 den Klimawandel als bedeutende und weiterhin zunehmende Bedrohung für die Gesundheit eingestuft. Auf die potenziellen Gefahren, die klimatische Veränderungen für die Gesundheit bedeuten können, wurde zuletzt durch den *Lancet Countdown* 2020 (Watts et al. 2020) hingewiesen. Dies gilt auch für Deutschland. Direkte Auswirkungen, die wir in Deutschland beobachten, sind beispielsweise eine steigende Anzahl von warmen Tagen und Hitzewellen, die vor allem chronisch Kranke und alte Menschen belasten. Zudem wirken sich Wetterphänomene auf Erreger und Überträger von Infektionskrankheiten, Pollenflug sowie Luftschadstoffe aus und beeinflussen dadurch indirekt die Gesundheit. Beispiele hierfür sind eine verlängerte Pollensaison mit verstärkter Belastung von Allergikern und die steigende Wahrscheinlichkeit,

dass bestimmte Infektionserkrankungen auftreten. Darüber hinaus ist davon auszugehen, dass klimatische Veränderungen verstärkt auch zur psychischen Belastung führen können (z. B. durch Extremereignisse) und das (Freizeit-)Verhalten der Menschen beeinflussen, die sich z. B. mehr im Freien aufhalten werden. Dadurch bedingt kann es zu einer erhöhten Exposition gegenüber UV-Strahlung, Vektoren wie Zecken oder auch Luftschadstoffen kommen, was die Gesundheit nochmals beeinträchtigen würde.

Klima- und Gesundheitspolitik weisen erhebliche Synergien auf. Diese müssen genutzt werden, um sowohl klimatische Veränderungen insgesamt als auch deren Folgen für die Gesundheit zu minimieren. Solche Maßnahmen zur Vermeidung sowie Anpassung an den Klimawandel sollten in intersektoraler Zusammenarbeit entwickelt und evaluiert werden.

Literatur

Ahlholm JU, Helander ML, Savolainen J (1998) Genetic and environmental factors affecting the allergenicity of birch (Betula pubescens ssp czerepanovii [Orl] Hamet–ahti) pollen. Clin Exp Allergy 28:1384–1388

an der Heiden M, Muthers S, Niemann H, Buchholz U, Grabenhenrich L, Matzarakis A (2020) Hitzebedingte Mortalität. Eine Analyse der Auswirkungen von Hitzewellen in Deutschland zwischen 1992 und 2017. Dtsch Arztebl Int 117:603–609. ▶ https://doi.org/10.3238/arztebl.2020.0603

Analitis A, Michelozzi P, D'Ippoliti D et al (2014) Effects of heat waves on mortality: effect modification and confounding by air pollutants. Epidemiology 25(1):15–22

Augustin J, Andrees V (2020) Auswirkungen des Klimawandels auf die menschliche Gesundheit. GGW 20(1):15–22

Augustin J, Paesel KH, Mücke H-G, Grams H (2011) Anpassung an die gesundheitlichen Folgen des Klimawandels. Untersuchung eines Hitzewarnsystems am Fallbeispiel Niedersachsen. Präv Gesundheitsf 6:179–184

Bais AF, Lucas RM, Bornman JF et al (2018) Environmental effects of ozone depletion, UV radiation and interactions with climate change: UNEP Environmental Effects Assessment Panel, update 2017. Photochemical & photobiological sciences. Official J Eur Photochem Assoc Eur Soc Photobiol 17(2):127–179. ▶ https://doi.org/10.1039/c7pp90043k

Bais AF, McKenzie RL, Bernhard G, Aucamp PJ, Ilyas M, Madronich S, Tourpali K (2015) Ozone depletion and climate change: impacts on UV radiation. Photochemical & photobiological sciences. Official J Eur Photochem Assoc Eur Soc Photobiol 14(1):19–52. ▶ https://doi.org/10.1039/c4pp90032d

Bais, AF, Bernhard G, McKenzie RL et al (2019) Ozone-climate interactions and effects on solar ultraviolet radiation. Photochemical & photobiological sciences. Official J Eur Photochem Assoc Eur Soc Photobiol 18(3):602–640. ▶ https://doi.org/10.1039/c8pp90059k

Baldermann C, Lorenz S (2019) UV-Strahlung in Deutschland: einflüsse des Ozonabbaus und des Klimawandels sowie Maßnahmen zum Schutz der Bevölkerung. Bundesgesundheitsblatt 62:639–645

Bayerisches Staatsministerium für Gesundheit und Pflege (2020) Aktionsprogramm Ambrosia Bekämpfung in Bayern. ▶ https://www.stmgp.bayern.de/vorsorge/umwelteinwirkungen/ambrosia-bekaempfung/. Zugegriffen: 30. Nov. 2020

14

Beck I, Jochner S, Gilles S, McIntyre M, Buters JTM, Schmidt-Weber C, Behrendt H, Ring J, Menzel A, Traidl-Hoffmann C (2013) High environmental ozone levels lead to enhanced allergenicity of birch pollen. PLoS ONE. ► https://doi.org/10.1371/journal.pone.0080147

Becker N, Geier M, Balczun C, Bradersen U, Huber K, Kiel E, Tannich E (2013) Repeated introduction of Aedes albopictus into Germany, July to October 2012. [Research Support, Non-US Gov't. Parasitol Res 112(4):1787–1790. ► https://doi.org/10.1007/s00436-012-3230-1

Beggs PJ (2004) Impacts of climate change on aeroallergens: past and future. Clin Exp Allergy 34:1507–1513

Behrendt H, Becker WM (2001) Localization, release and bioavailability of pollen allergens: the influence of environmental factors. Curr Opin Immunol 13:709–715

Behrens G, Gredner T, Stock C, Leitzmann MF, Brenner H et al (2018) Krebs durch Übergewicht, geringe körperliche Aktivität und ungesunde Ernährung. Deutsches Arzteblatt International 115(35–36):578–585

Bekki S, Bodeker GE (2010) Future ozone and its impact on surface UV. Ozone assessment report 2010. World Meteorological Organization, Global ozone research and monitoring project, Report no 52

Bell ML, McDermott A, Zeger SL, Samet JM, Dominici F (2004) Ozone and short-term mortality in 95 US urban communities 1987–2000. JAMA 292:2372–2378

Bergmann KC, Buters J, Karatzas K, Tasioulis T, Werchan B, Werchan M, Pfaar O (2020) The development of birch pollen seasons over 30 years in Munich, Germany-An EAACI Task Force report. Allergy. 2020 Dec 75(12):3024–3026. ► https://doi.org/10.1111/all.14470. Epub 2020 Aug 31. PMID: 32575167

Bergmann K-C, Zuberbier T, Augustin J, Mücke H-G, Straff W (2012) Klimawandel und Pollenallergie: städte und Kommunen sollten bei der Bepflanzung des öffentlichen Raums Rücksicht auf Pollenallergiker nehmen. Allergo J 21(2):103–108

Bezirtzoglou C, Dekas K, Charvalos E (2011) Climate changes, environment and infection: facts, scenarios and growing awareness from the public health community within Europe. Anaerobe 17(6):337–340. ► https://doi.org/10.1016/j.anaerobe.2011.05.016

Bharath AK, Turner RJ (2009) Impact of climate change on skin cancer. J R Soc Med 102:215–218

Boada LD, Henríquez-Hernández LA, Luzardo OP (2016) The impact of red and processed meat consumption on cancer and other health outcomes: epidemiological evidences. Food Chem Toxicol 92:236–244. ► https://doi.org/10.1016/j.fct.2016.04.008

Bouchama A, Dehbi M, Mohamed G, Matthies F, Shoukri M, Menne B (2007) Prognostic factors in heat related deaths: a meta-analysis. Arch Intern Med 12 167(20):2170–2176

Boudou M, Cleary E, Hynds P, O'Dwyer J, Garvey P, ÓhAiseadha B, McKeown P (2020) Climate change, flood risk prediction and acute gastrointestinal infection in the Republic of Ireland, 2008–2017. 22nd EGU General Assembly, held online 4–8 May, 2020, id.10162. ► https://ui.adsabs.harvard.edu/abs/2020EGUGA..2210162B/abstract. Zugegriffen: 10. Dez. 2020

Breitbart EW, Waldmann A, Nolte S, Capellaro M, Greinert R, Volkmer B, Katalinic A (2012) Systematic skin cancer screening in Northern Germany. J Am Acad Dermatol 66(2):201–211

Bundesamt für Strahlenschutz (2018) Was ist der UV-Index? ► https://www.bfs.de/DE/themen/opt/uv/uv-index/einfuehrung/einfuehrung_node.html. Zugegriffen: 23. Juli 2021

Bundesministerium für Umwelt, Naturschutz, Bau und Reaktorsicherheit - BMU (2017) Handlungsempfehlungen für die Erstellung von Hitzeaktionsplänen zum Schutz der menschlichen Gesundheit. Bundesgesundheitsblatt, Gesundheitsforschung, Gesundheitsschutz 662–672

Burkart K, Canário P, Scherber K, Breitner S, Schneider A, Alcoforado MJ, Endlicher W (2013) Interactive short-term effects of equivalent temperature and air pollution on human mortality in Berlin and Lisbon. Environ Pollut 183:54–63

Buters JTM, Alberternst B, Nawrath S, Wimmer M, Traidl-Hoffmann C, Starfinger U, Behrendt H, Schmidt-Weber C, Bergmann K-C (2015) Ambrosia artemisiifolia (ragweed) in Germany. Current presence, allergologic relevance and containment procedure. Allergo Journal International 24:108–120

Capellaro M (2015) Evaluation von Informationssystemen zu Klimawandel und Gesundheit. Umwelt & Gesundheit 03/2015, Band 1. Umweltbundesamt, Dessau

Carlsten C, Melen E (2012) Air pollution, genetics, and allergy: an update. Curr Opin Allergy Clin Immunol 12:455–461

Chen K, Wolf K, Breitner S et al (2018) Two way effect modifications of air pollution and air temperature on total natural and cardiovascular mortality in eight European urban areas. Environ Int 116:186–196

Chitimia-Dobler L, Schaper S, Rieß R, Bitterwolf K, Frangoulidis D, Bestehorn M, Springer A, Oehme R, Drehmann M, Lindau A, Mackenstedt U, Strube C, Dobler G (2019) Imported Hyalomma ticks in Germany in 2018. Parasit Vectors 12(1):134. ► https://doi.org/10.1186/s13071-019-3380-4

Chiu HF, Cheng MH, Yang CY (2009) Air pollution and hospital admissions for pneumonia in a subtropical city: Taipei. Taiwan Inhal Toxicol 21(1):32–37. ► https://doi.org/10.1080/08958370802441198

Chmielewski F-M (2007) Phänologie – ein Indikator der Auswirkungen von Klimaänderungen auf die Biosphäre. Promet 33(1/2):28–35

Choi JH, Xu QS, Park SY, Kim JH, Hwang SS, Lee KH, Lee HJ, Hong YC (2007) Seasonal variation of effect of air pollution on blood pressure. J Epidemiol Community Health 61:314–318

Cianconi P, Betrò S, Janini L (2020) The impact of climate change on mental health: a systematic descriptive review. Frontiers in psychiatry, 11

Colón-González FJ, Sewe MO, Tompkins AM, Sjödin H, Casallas A, Rocklöv J, Caminade C, Lowe R (2021) Projecting the risk of mosquito-borne diseases in a warmer and more populated world: a multi-model, multi-scenario intercomparison modelling study. The Lancet Planetary Health 5(7):e404–e414

Coumou D, Robinson A (2013) Historic and future increase in the frequency of monthly heat extremes. Environ Res Lett 8:034018. ► https://doi.org/10.1088/1748-9326/8/3/034018

Curtis S, Fair A, Wistow J, Val DV, Oven K (2017) Impact of extreme weather events and climate change for health and social care systems. Environ Health 16(1):128. ► https://doi.org/10.1186/s12940-017-0324-3

D'Amato G, Cecchi L, D'Amato M et al (2010) Urban air pollution and climate change as environmental risk factors of respiratory allergy: an update. J Investig Allergol Clin Immunol 20(2):95–102

D'Amato G, Chong-Neto H, Monge Ortega OP et al (2020) The effects of climate change on respiratory allergy and asthma induced by pollen and mold allergens. Allergy 75:2219–2228

D'Amato M, Cecchi L, Annesi-Maesano I, D'Amato GD (2018) News on climate change, air pollution, and allergic triggers of Asthma. J Investig Allergol Clin Immunol 28(2):91–97

D'Ippoliti D, Michelozzi P, Marino C et al (2010) The impact of heat waves on mortality in 9 European cities: results from the EuroHEAT project. Environ Health 9:37

Dalitz MK (2005) Autochthone Malaria in Mitteldeutschland. Dissertation, Martin-Luther-Universität, Halle-Wittenberg

Damialis A, Bayr D, Leier-Wirtz V et al (2020) Thunderstorm asthma: in search for relationships with airborne pollen and fungal spores from 23 sites in Bavaria, Germany. A rare incident or a common threat? J Allergy Clin Immunol 145(2):AB336

Deussen A (2007) Hyperthermia and hypothermia – effects on the cardiovascular system. Anaesthesist 56(9):907–911

Deutscher Wetterdienst - DWD (2019) Klimastatusbericht Deutschland 2018. Offenbach

Deutscher Wetterdienst - DWD (2020) Klimastatusbericht Deutschland 2019. Offenbach

Dobbinson S, Wakefield M, Hill D, Girgis A, Aitken JF, Beckmann K, Reeder AI, Herd N, Fairthorne A, Bowles K-A (2008) Prevalence and determinants of Australians adolecents and adults weekend sun protection and sunburn, summer 2003–2004. J Am Acad Dermatol 59(4):602–614

ECDC – European Centre for Disease Prevention and Control (2020) West Nile virus in Europe in 2020 – human cases compared to previous seasons, updated 26 November 2020. ▶ https://www.ecdc.europa.eu/en/publications-data/west-nile-virus-europe-2020-human-cases-compared-previous-seasons-updated-26

Eis D, Helm D, Laußmann D, Stark K (2010) Klimawandel und Gesundheit – ein Sachstandsbericht. Robert-Koch-Institut, Berlin

Eisinga R, Franses PH, Vergeer M (2011) Weather conditions and daily television use in the Netherlands, 1996–2005. Int J Biometeorol 55(4):555–564. ▶ https://doi.org/10.1007/s00484-010-0366-5

Endlicher W (2012) Einführung in die Stadtökologie. Ulmer, Stuttgart

European Center for Disease Prevention and Control (2013) Annual epidemiological report 2012. Reporting on 2010 surveillance data and 2011 epidemic intelligence data. Stockholm

Fernandez Rodriguez S, Adams-Groom B, Tormo Molina R, Palacios S, Brandao RM, Caeiro E, Gonzalo Garijo A, Smith M (2012) Temporal and spatial distribution of Poaceae pollen in areas of southern United Kingdom, Spain and Portugal. The 5th European Symposium on Aerobiology. 3–7 September 2012, Krakow, Poland. Alergologia Immunologia 9(2–3):153

Fischer D, Thomas SM, Beierkuhnlein C (2010) Temperature-derived potential for the establishment of phlebotomine sandflies and visceral leishmaniasis in Germany. Geospat Health 5(1):59–69

Fontalba-Navas A, ME Lucas-Borja V, Gil-Aguilar JP, Arrebola JM, Pena-Andreu, Perez J (2017) Incidence and risk factors for post-traumatic stress disorder in a population affected by a severe flood. Public Health 144:96–102

Freie Universität Berlin (2020) Berliner Aktionsprogramm gegen Ambrosia. ▶ https://ambrosia.met.fu-berlin.de/ambrosia. Zugegriffen: 30. Nov. 2020

Friel S, Dangour AD, Garnett T, Lock K, Chalabi Z, Roberts I, Haines A (2009) Public health benefits of strategies to reduce greenhouse-gas emissions: food and agriculture. Lancet 374(9706):2016–2025. ▶ https://doi.org/10.1016/S0140-6736(09)61753-0

Fujieda S, Diaz-Sanchez D, Saxon A (1998) Combined nasal challenge with diesel exhaust particles and allergen induces in vivo IgE isotype switching. Am J Respir Cell Mol Biol 19(3):507–512

Gabriel K, Endlicher W (2011) Urban and rural mortality rates during heat waves in Berlin and Brandenburg. Germany Environ Pollut 159:2044–2055

Gehrig R (2006) The influence of the hot and dry summer 2003 on the pollen season in Switzerland. Aerobiologia 22:27–34

GERICS, Climate Service Center Germany (2020) Gesundheit und Klimawandel. 2. Aufl. Hamburg

Ghasemifard H, Ghada W, Estrella N, Lüpke M, Oteros J, Traidl-Hoffmann C, Damialis A, Buters J, Menzel A (2020) High post-season Alnus pollen loads successfully identified as long-range transport of an alpine species. Atmos Environ 231:117453. ▶ https://doi.org/10.1016/j.atmosenv.2020.117453

Greinert R, Breitbart EW, Volkmer B (2008) UV-induzierte DNA-Schäden und Hautkrebs. In: Kappas M (Hrsg) Klimawandel und Hautkrebs. Ibidem, Stuttgart, S 145–173

Guedes A, Ribeiro N, Ribeiro H, Oliveira M, Noronha F, Abreu I (2009) Comparison between urban and rural pollen of Chenopodium alba and characterization of adhered pollutant aerosol particles. Aerosol Science 40:81–86

Gyraite G, Katarzyte M, Schernewski G (2019) First findings of potentially human pathogenic bacteria Vibrio in the south-eastern Baltic Sea coastal and transitional bathing waters. Mar Pollut Bull 149:110546. ▶ https://doi.org/10.1016/j.marpolbul.2019.110546

Hanna AF, Yeatts KB, Xiu A, Zhu Z, Smith RL, Davis NN, Talgo KD, Arora G, Robinson PJ, Meng Q, Pinto JP (2011) Associa-tions between ozone and morbidity using the spatial synoptic classification system. Environ Health 10:49

Health Care Without Harm (HCWH) (2019) Health Care's Climate Footprint. ▶ https://noharm-uscanada.org/ClimateFootprintReport. Zugegriffen: 4. Dez. 2020

Hemmer CJ, Frimmel S, Kinzelbach R, Gurtler L, Reisinger EC (2007) Globale Erwärmung: wegbereiter für tropische Infektionskrankheiten in Deutschland? Dtsch Med Wochenschr 132(48):2583–2589. ▶ https://doi.org/10.1055/s-2007-993101

Heudorf U, Meyer C (2005) Gesundheitliche Auswirkungen extremer Hitze am Beispiel der Hitzewelle und der Mortalität in Frankfurt a. M. im August 2003. Gesundheitswesen 67:369–374

Hill D, Boulter J (1996) Sun protection behaviour: determinants and Trends. Cancer Forum, 20:204–210.

Hjelmroos M, Schumacher MJ, van Hage-Hamsten M (1995) Heterogeneity of pollen proteins within individual Betula pendula trees. Int Arch Allergy Appl Immunol 108:368–376

Höflich C, Balakirski G, Hajdu Z et al (2016) Potential health risk of allergenic pollen with climate change associated spreading capacity: ragweed and olive sensitization in two German federal states. Int J Hyg Environ Health 219(3):252–260

Holy M, Schmidt G, Schröder W (2011) Potential malaria outbreak in Germany due to climate warming: risk modelling based on temperature measurements and regional climate models. Environ Sci Pollut Res 18(3):428–435. ▶ https://doi.org/10.1007/s11356-010-0388-x

Huynen M, Menne B et al. (2003) Phenology and human health: allergic disorders. Report on a WHO meeting, Rome, Italy, 16–17 January 2003

Ilyas M (2007) Climate augmentation of erythemal UV-B radiation dose damage in the tropics and global change. Curr Sci 93(11):1604–1608

Intergovernmental Panel on Climate Change (IPCC) (2012) Managing the risks of extreme events and disasters to advance climate change adaptation: special report of the Intergovernmental Panel on Climate Change. Intergovernmental Panel on Climate Change, Geneva

Intergovernmental Panel on Climate Change (IPCC) (2013) Summary for policymakers. In: Stocker TF, Qin D, Plattner G-K et al. (Hrsg) Climate change 2013: the physical science basis. Contribution of working group I to the fifth assessment report of the Intergovernmental Panel on Climate Change. Cambridge University Press, Cambridge, United Kingdom and New York

Intergovernmental Panel on Climate Change (IPCC) (2014) Human health: impacts, adaptation, and co-benefits. In: Field CB, Barros VR, Dokken DJ et al (Hrsg) Climate Change 2014: impacts, Adaptation, and Vulnerability. Part A: global and Sectoral Aspects. Contribution of Working Group II to the Fifth Assessment Report of the Intergovernmental Panel on Climate Change. Cambridge University Press, Cambridge, United Kingdom and New York

Intergovernmental Panel on Climate Change (IPCC) (2022) Health, wellbeing and the changing structure of communities. In: Pörtner H-O, Roberts DC, Tignor M, Poloczanska ES, Mintenbeck K, Alegría A, Craig M, Langsdorf S, Löschke S, Möller V, Okem A, Rama B (Hrsg) Climate Change 2022: impacts, Adaptation, and Vulnerability. Contribution of Working Group II to the Sixth Assessment Report of the Intergovernmental Panel on Climate Change. Cambridge University Press, Cambridge, United Kingdom and New York

Jansen A, Frank C, Koch J, Stark K (2008) Surveillance of vector-borne diseases in Germany: trends and challenges in the view of disease emergence and climate change. Parasitol Res 103(1):11–17. ▶ https://doi.org/10.1007/s00436-008-1049-6

Jendritzky G, Bröde P, Fiala D, Havenith G, Weihs P, Batcherova E, De Dear R (2009) Der Thermische Klimaindex UTCI. In: Wetterdienst D (Hrsg) Klimastatusbericht 2009. Deutscher Wetterdienst, Offenbach (Selbstverlag), Offenbach a. M., S 96–101

14

Jochner S, Höfler J, Beck I, Göttlein A, Ankerst DP, Traidl-Hoffmann C, Menzel A (2013) Nutrient status: a missing factor in phenological and pollen research? J Exp Bot 64(7):2081–2092

Jochner-Oette S, Stitz T, Jetschni J, Cariñanos P (2018) The influence of individual-specific plant parameters and species composition on the allergenic potential of urban green spaces. Forests 9:6–14

Katalinic A (2020) Update – Zahlen zu Hautkrebs in Deutschland. Gesellschaft der epidemiologischen Krebsregister in Deutschland. ▶ https://www.krebsregister-sh.de/wp-content/uploads/2020/05/Zahlen_Hautkrebs_2020.pdf. Zugegriffen: 25. Nov. 2020

Katsouyanni K, Touloumi G, Samoli E et al (2001) Confounding and effect modification in the short-term effects of ambient particles on total mortality: results from 29 European cities within the APHEA2 project. Epidemiology 12:521–531

Kelfkens G, Verlders GJM, Slaper H (2002) Integrated risk assessment. In: Kelfkens G, Bregmann A, de Gruijl FR, van der Leun JC, Piquet A, van Oijen T, Gieskes WWC, van Loveren H, Velders GJM, Martens P, Slaper H (Hrsg) Ozone layer – climate change interactions. Influence on UV levels and UV related effects. Summary report of OCCUR (Ozone and Climate Change interaction effects for Ultraviolet radiation and Risks)

Kislitsin V, Novikov S, Skvortsova N (2005) Moscow smog of summer 2002. Evaluation of adverse health effects 255–265. In: Kirch W, Menne B, Bertollini R (Hrsg) Extreme weather events and public health responses. WHO Regional Office for Europe. Springer, Berlin-Heidelberg-New York

Knuschke P, Unverricht I, Ott G, Janssen M (2007) Personenbezogene Messung der UV-Exposition von Arbeitnehmern im Freien. Abschlussbericht zum Projekt „Personenbezogene Messung der UV-Exposition von Arbeitnehmern im Freien" – Projekt F 1777. Bundesanstalt für Arbeitsschutz und Arbeitsmedizin, Dortmund

Koppe C (2005) Gesundheitsrelevante Bewertung von thermischer Belastung unter Berücksichtigung der kurzfristigen Anpassung der Bevölkerung an die lokalen Witterungsverhältnisse. Dissertation, Fakultät für Forst- und Umweltwissenschaften, Albert-Ludwigs-Universität, Freiburg i Brsg

Koppe C, Kovats S, Jendritzky G, Menne B (2004) Heat-waves: risks and responses. World Health Organisation (WHO) Europe, Kopenhagen

Kovats RS, Edwards SJ, Hajat S, Armstrong BG, Ebi KL, Menne B (2004) The effect of temperature on food poisoning: a time-series analysis of salmonellosis in ten European countries. Epidemiol Infect 132(3):443–453. ▶ https://doi.org/10.1017/s0950268804001992

Krstic G (2011) Apparent temperature and air pollution vs. elderly population mortality in Metro Vancouver. PLoS ONE 6:e25101

Kuhn KG, Nygård KM, Guzman-Herrador B, Sunde LS, Rimhanen-Finne R, Trönnberg L, Jepsen MR, Ruuhela R, Wong WK, Ethelberg S (2020) Campylobacter infections expected to increase due to climate change in Northern Europe. Sci Rep 10(1):13874

Lake IR (2017) Food-borne disease and climate change in the United Kingdom. Environ Health 16(1):117. ▶ https://doi.org/10.1186/s12940-017-0327-0

Langen U, Schmitz R, Steppuhn H (2013) Häufigkeit allergischer Erkrankungen in Deutschland. Ergebnisse der Studie zur Gesundheit Erwachsener in Deutschland (DEGS1). Bundesgesundheitsbl 56:698–706

Lavigne E, Villeneuve PJ, Cakmak S (2012) Air pollution and emergency department visits for asthma in Windsor, Canada. Can J Public Health 103:4–8

Li J, Woodward A, Hou XY, Zhu T, Zhang J, Brown H, Yang J, Qin R, Gao J, Gu S, Li J, Xu L, Liu X, Liu Q (2017) Modification of the effects of air pollutants on mortality by temperature: a systematic review and meta-analysis. Sci Total Environ 575:1556–1570

Lin CM, Liao CM (2009) Temperature-dependent association between mortality rate and carbon monoxide level in a subtropical city: Kaohsiung. Taiwan. Int J Environ Health Res 19:163–174

Lindgren E, Jaenson T (2006) Lyme Borreliosis in Europe: influences of climate and climate change, epidemiology, ecology and adaptation measures. World Health Organisation (WHO). ▶ http://www.euro.who.int/__data/assets/pdf_file/0006/96819/E89522.pdf. Zugegriffen: 12. März 2014

Liu-Helmersson J, Quam M, Wilder-Smith A, Stenlund H, Ebi K, Massad E, Rocklöv J (2016) Climate change and aedes vectors: 21st century projections for dengue transmission in Europe. EBioMedicine 7:267–277

Markandya A, Armstrong BG, Hales S, Chiabai A, Criqui P, Mima S, Tonne C, Wilkinson P (2009) Public health benefits of strategies to reduce greenhouse-gas emissions: low-carbon electricity generation. Lancet 374(9706):2006–2015. ▶ https://doi.org/10.1016/S0140-6736(09)61715-3

Matthies F, Bickler G, Cardeñosa Marín N, Hales S (2008) Heat-health action plans. World Health Organisation Europe, Kopenhagen

Menne B, Apfel F, Kovats S, Racioppi F (2008) Protecting health in Europe from climate change. World Health Organisation (WHO) Europe, Kopenhagen

Menne B, Matthies F (Hrsg) (2009) Improving public health responses to extreme weather/heat-waves – EuroHEAT. World Health Organisation/Europe, Kopenhagen

Menzel A, Sparks T, Estrella N et al (2006) European phenological response to climate change matches the warming pattern. Glob Chang Biol 12:1969–1976

Menzel A, Estrella N (2001) Plant phenological changes. In: Walther G-R, Burga CA, Edwards PJ (Hrsg) „Fingerprints" of climate change: adapted behaviour and shifting species ranges. Kluwer Academic/Plenum, New York, S 123–137

Menzel A, Ghasemifard H, Yuan Y, Estrella N (2021) A first pre-season pollen transport climatology to Bavaria, Germany. Frontiers in Allergy Feb 25;2:627863. doi: ▶ https://doi.org/10.3389/falgy.2021.627863. PMID: 35386987; PMCID: PMC8974717.

Menzel A (2019) The allergen riddle. Nature Ecology and Evolution 3:716–717

Menzel A, Yuan Y, Matiu M, Sparks TH, Scheifinger H et al (2020b) Climate change fingerprints in recent European plant phenology. Glob Change Biol 26:2599–2612

Metelmann C, Metelmann B, Gründling M et al (2020) Vibrio vulnificus, eine zunehmende Sepsisgefahr in Deutschland? Anaesthesist 69(9):672–678. ▶ https://doi.org/10.1007/s00101-020-00811-9

Michelozzi P, Accetta G, De Sario M et al (2009) High temperature and hospitalizations for cardiovascular and respiratory causes in 12 European cities. Am J Respir Crit Care Med 179:383–389

Mücke H-G (2014) Gesundheitliche Auswirkungen von klimabeeinflussten Luftverunreinigungen. In: Lozán JL et al (Hrsg) Warnsignal Klima: gesundheitsrisiken; Gefahren für Pflanzen, Tiere und Menschen, GEO Wissenschaftliche Auswertungen, Hamburg. Kapitel 3.1.3, 1–7. 3. Aktuelle und potenzielle Gefahren für die Gesundheit

National Health Service (NHS) (2020) NHS becomes the world's first national health system to commit to become ‚carbon net zero', backed by clear deliverable and milestones. ▶ https://www.england.nhs.uk/2020/10/nhs-becomes-the-worlds-national-health-system-to-commit-to-become-carbon-net-zero-backed-by-clear-deliverables-and-milestones/. Zugegriffen: 4. Dez. 2020

Norval M, Lucas RM, Cullen AP, de Gruijl FR, Longstreth J, Takizawa Y, van der Leun JC (2011) The human health effects of ozone depletion and interactions with climate change. Photochem Photobiol Sci 10:199–255

Noyes PD, McElwee ME, Miller HD, Clark BW, Van Tiem LA, Walcott KC, Erwin Levin KNED (2009) The toxicology of climate change: environmental contaminants in a warming world. Environ Int 35(6):971–986. ▶ https://doi.org/10.1016/j.envint.2009.02.006. Epub 2009 Apr 16

Otto C, Albernst B, Klingenstein F, Nawrath S (2008) Verbreitung der Beifußblättrigen Ambrosie in Deutschland. BfN–Skripten,

Bd. 235. Bundesamt für Naturschutz (BfN), Bonn, Bad Godesberg

Panic M, Ford JD (2013) A review of national-level adaptation planning with regards to the risks posed by climate change on infectious diseases in 14 OECD nations. Int J Environ Res Public Health 10(12):7083–7109. ► https://doi.org/10.3390/ijerph1012708

Parsons KC (2003) Human thermal environments: the effects of hot, moderate and cold environments on human health, comfort and performance, 2. Aufl. Taylor & Francis, London

Patz JA, Gibbs HK, Foley JA, Rogers JV, Smith KR (2007) Climate change and global health: quantifying a growing ethical crisis. EcoHealth 4(4):397–405. ► https://doi.org/10.1007/s10393-007-0141-1

Pawankar R, Canonica GW, Holgate ST, Lockey RF, Blaiss MS (2013) World Allergy Organization (WAO) white book on allergy: update 2013. World Allergy Organization, Milwaukee 248

Pichler PP, Jaccard IS, Weisz U, Weisz H (2019) International comparison of health care carbon footprints. Environmental Research Letters, 14(6). ► https://doi.org/10.1088/1748-9326/ab19e1

Rahmstorf S, Coumou D (2011) Increase of extreme events in a warming world. Proc Natl Acad Sci USA 108(44):17905–17909

Ren C, Williams GM, Mengersen K, Morawska L, Tong S (2009) Temperature enhanced effects of ozone on cardiovascular mortality in 95 large US communities, 1987–2000: assessment using the NMMAPS data. Arch Environ Occup Health 64:177–184

Ren C, Williams GM, Morawska L, Mengersen K, Tong S (2008) Ozone modifies associations between temperature and cardiovascular mortality: analysis of the NMMAPS data. Occup Environ Med 65:255–260

Ren C, Williams GM, Tong S (2006) Does particulate matter modify the association between temperature and cardiorespiratory diseases? Environ Health Perspect 114:1690–1696

Rieder HE, Staehelin J, Maeder JA, Peter T, Ribatet M, Davison AC, Stübi R, Weihs R, Holawe F (2010) Extreme events in total ozone over Arosa – part 1: application of extreme value theory. Atmos Chem Phys 10:10021–10031

Robert Koch-Institut (2013) FSME: Risikogebiete in Deutschland (Stand: Mai 2013). Epidemiologisches Bulletin 18:

Roberts S (2004) Interactions between particulate air pollution and temperature in air pollution mortality time series studies. Environ Res 96:328–337

Robine JM, Cheung SLK, Le Roy S, Van Oyen H, Griffiths C, Michel JP, Herrmann FR (2008) Death toll exceeded 70,000 in Europe during the summer of 2003. C R Biol 331(2):171–178

Schär C, Jendritzky G (2004) Climate change: hot news from summer 2003. Nature 432(7017):559–560

Scherber K (2014) Auswirkungen von Wärme- und Luftschadstoffbelastungen auf vollstationäre Patientenaufnahmen und Sterbefälle im Krankenhaus während Sommermonaten in Berlin und Brandenburg. Diss. Math.-Nat. Fak. II, Humboldt-Universität zu Berlin, S 210 ► http://edoc.hu-berlin.de/18452/17671

Scherber K, Endlicher W, Langner M (2013a) Spatial analysis of hospital admissions for respiratory diseases during summer months in Berlin taking bioclimatic and socio-economic aspects into account. Erde 144(3–4):217–237

Scherber K, Endlicher W, Langner M (2013b) Klimawandel und Gesundheit in Berlin-Brandenburg. In: Jahn H, Krämer A, Wörmann T (Hrsg) Klimawandel und Gesundheit. Internationale, nationale und regionale Herausforderungen. Springer-Verlag, Berlin-Heidelberg, S 25–38

Schneider A, Breitner S, Wolf K, Hampel R, Peters A, Wichmann H-E (2009) Ursachenspezifische Mortalität, Herzinfarkt und das Auftreten von Beschwerden bei Herzinfarktüberlebenden in Abhängigkeit von der Lufttemperatur in Bayern (MOHIT). Helmholtz Zentrum München – Deutsches Forschungszentrum für Gesundheit und Umwelt, Institut für Epidemiologie (Hrsg),

München. ► http://www.helmholtzmuenchen.de/fileadmin/EPI_II/PDF/Schlussbericht_Endfassung_MOHIT_Dec2009.pdf. Zugegriffen: 13. Dez. 2013

Schwarz M, Baumgartner DJ, Pietsch H, Blumthaler M, Weihs P (2018) Rieder HE (2016) Influence of low ozone episodes on erythemal UV-B radiation in Austria. Theor Appl Climatol 133:319–329. ► https://doi.org/10.1007/s00704-017-2170-1

Semenza JC, Lindgren E, Balkanyi L, Espinosa L, Almqvist S, Penttinen P, Rocklöv J (2016a) Determinants and drivers of infectious disease threat events in Europe. Emerg Infect Dis 22(4):581–589. ► https://doi.org/10.3201/eid2204

Semenza JC, Tran A, Espinosa L, Sudre B, Domanovic D, Paz S (2016b) Climate change projections of West Nile virus infections in Europe: implications for blood safety practices. Environ Health 15(1):125–136

Semenza JC, Trinanes J, Lohr W, Sudre B, Löfdahl M, Martinez-Urtaza J, Nichols GL, Rocklöv J (2017) Environmental suitability of Vibrio infections in a warming climate: an early warning system. Environ Health Perspect 125(10):107004

Seneviratne SI, Donat M, Mueller B, Alexander LV (2014) No pause in the increase of hot temperature extremes. Nat Clim Chang 4:161–163

Shoham A, Hadziahmetovic M, Dunaief JL, Mydlarski MB, Shipper HM (2008) Oxidative stress in diseases of the human cornea. Free Radic Biol Med 45:1047–1055

Siri-Tarino PW, Chiu S, Bergeron N, Krauss RM (2015) Saturated fats versus polyunsaturated fats versus carbohydrates for cardiovascular disease prevention and treatment. Annu Rev Nutr 35:517–543

Stark K, Niedrig M, Biederbick W, Merkert H, Hacker J (2009) Die Auswirkungen des Klimawandels. Welche neuen Infektionskrankheiten und gesundheitlichen Probleme sind zu erwarten? Bundesgesundheitsblatt Gesundheitsforschung Gesundheitsschutz 52(7):699–714. ► https://doi.org/10.1007/s00103-009-0874-9

Steul K, Jung HG, Heudorf H (2019) Hitzeassoziierte Morbidität: surveillance in Echtzeit mittels rettungsdienstlicher Daten aus dem Interdisziplinären Versorgungsnachweis (IVENA). Bundesgesundheitsblatt Gesundheitsforschung Gesundheitsschutz 62(5):589–598

Stieb DM, Szyszkowicz M, Rowe BH, Leech JA (2009) Air pollution and emergency department visits for cardiac and respiratory conditions: a multi-city time-series analysis. Environ Health 8:25

Süring K, Bach S, Bossmann K, Wolter E, Neumann A, Straff W, Höflich C (2016) PM10 contains particle-bound allergens: Dust analysis by Flow Cytometry. Env Technology Innovation 5:60–66

Süss J, Klaus C, Gerstengarbe FW, Werner PC (2008) What makes ticks tick? Climate change, ticks, and tick-borne diseases. J Travel Med 15(1):39–45. ► https://doi.org/10.1111/j.1708-8305.2007.00176.x

Thomas SM, Tjaden NB, Frank C, Jaeschke A (2018a) Zipfel L (2018) Areas with high hazard potential for autochthonous transmission of aedes albopictus-Associated arboviruses in Germany. Int J Environ Res Public Health 15:1270

Thomas SM, Tjaden NB, Frank C, Jaeschke A, Zipfel L, Wagner-Wiening C, Faber M, Beierkuhnlein C, Stark K (2018b) Areas with high hazard potential for autochthonous transmission of aedes albopictus-Associated arboviruses in Germany. Int J Environ Res Public Health 15(6):1270. ► https://doi.org/10.3390/ijerph15061270

Tjaden NB, Suk JE, Fischer D, Thomas SM, Beierkuhnlein C, Semenza JC (2017) Modelling the effects of global climate change on Chikungunya transmission in the 21st century. Sci Rep 7(1):3813

Tomasello D, Schlagenhauf P (2013) Chikungunya and dengue autochthonous cases in Europe. Travel Med Infect Dis:2007–2012. ► https://doi.org/10.1016/j.tmaid.2013.07.006

14

Umweltbundesamt - UBA (2008) Ratgeber: Klimawandel und Gesundheit. Informationen zu gesundheitlichen Auswirkungen sommerlicher Hitze, Hitzewellen und Tipps zum vorbeugenden Gesundheitsschutz. Dessau-Roßlau. ► http://www.umweltbundesamt.de/publikationen/ratgeber-klimawandel-gesundheit. Zugegriffen: 13. Dez. 2013

Umweltbundesamt - UBA (2019) Luftqualität 2018. Vorläufige Auswertung. Dessau-Roßlau. ► https://www.umweltbundesamt.de/sites/default/files/medien/1410/publikationen/190211_uba_hg_luftqualitaet_dt_bf.pdf

Umweltbundesamt - UBA (2020) Luftqualität 2019. Vorläufige Auswertung. Dessau-Roßlau. ► https://www.umweltbundesamt.de/sites/default/files/medien/1410/publikationen/hgp_luftqualitaet2019_bf.pdf

Umweltbundesamt - UBA (2022) Beitrag der Landwirtschaft zu den Treibhausgas-Emissionen. ► https://www.umweltbundesamt.de/daten/land-forstwirtschaft/beitrag-der-landwirtschaft-zu-den-treibhausgas#treibhausgas-emissionen-aus-der-landwirtschaft. Zugegriffen: 16. Juni 2022

UN-HABITAT, EcoPlan International Inc (2011) Planning for climate change – a strategic, value-based approach for urban planners. ► www.unhabitat.org/downloads/docs/pfcc-14-03-11.pdf. Zugegriffen: 3. Jan. 2014

v. Hobe M, Bekki S, Brönnimann S et al (2013) Reconcilation of essential process parameters for an enhanced predictability of Arctic stratosphere ozone loss and its climate interactions (RECONCILE): Activities and results. Atmos Chem Phys 13:9233–9268

Van der Leun JC, de Gruijl FR (2002) Climate change and skin cancer. Photochem Photobiol Sci 1:324–326

Van der Leun JC, Piacentini RD, de Gruijl FR (2008) Climate change and human skin cancer. Photochem Photobiol Sci 7:730–733

Vandentororen S, Empereur-Bissonet P (2005) Health impact of the 2003 heat wave in France. In: Kirch W, Menne B, Bertollini R (Hrsg) Extreme weather events and public health responses. WHO Regional Office for Europe, Kopenhagen. Springer, Berlin, S 81–87

Watts N, Amann M, Arnell N et al (2020) The 2020 report of the Lancet Countdown on health and climate change: responding to converging crises. ► https://doi.org/10.1016/S0140-6736(20)32290-X

Wayne P, Forster S, Connolly J, Bazzas F, Epstein P (2002) Production of allergenic pollen by ragweed (Ambrosia artemisiifolia L.) in increased CO_2 enriched atmosphere. Ann Asthma & Immunol 88(3):279–282

Werchan M, Werchan B, Bergmann K-C (2018) German pollen calendar 4.0 – update based on 2011–2016 pollen data. Allergo J Int 27(3):69–71

Wiedemann PM, Schütz H, Börner F, Walter G, Claus F, Sucker K (2009) Ansatzpunkte zur Verbesserung der Risikokommunikation im Bereich UV. Ressortforschungsberichte zur kerntechnischen Sicherheit und zum Strahlenschutz. Urn:nbn:de:0221-2009011236. Bundesamt für Strahlenschutz, Salzgitter

Wilkinson P, Smith KR, Davies M, Adair H, Armstrong BG, Barrett M, Chalabi Z (2009) Public health benefits of strategies to reduce greenhouse-gas emissions: household energy.

Lancet 374(9705):1917–1929. ► https://doi.org/10.1016/S0140-6736(09)61713-X

Williams HW, Cross DE, Crump HL, Drost CJ, Thomas CJ (2015) Climate suitability for European ticks: assessing species distribution models against null models and projection under AR5 climate. Parasit Vectors 8(1):1–15

Woodcock J, Edwards P, Tonne C et al (2009) Public health benefits of strategies to reduce greenhouse-gas emissions: urban land transport. Lancet 374(9705):1930–1943. ► https://doi.org/10.1016/S0140-6736(09)61714-1

WHO – World Health Organisation (2009) Improving public health responses to extreme weather/heat waves – EuroHEAT. Technical summary; 60 p. WHO Regional Office for Europe, Kopenhagen WHO Weltgesundheitsorganisation-Regionalbüro für Europa (2011, 2019) Gesundheitshinweise zur Prävention hitzebedingter Gesundheitsschäden. Neue und aktualisierte Hinweise für unterschiedliche Zielgruppen. ► https://www.euro.who.int/de/health-topics/environment-and-health/Climate-change/publications/2011/public-health-advice-on-preventing-health-effects-of-heat.-new-and-updated-information-for-different-audiences. Zugegriffen: 1. Okt. 2020

WHO – World Health Organisation (2015) Operational framework for building climate resilient health systems (ISBN 978 92 4 156507 3). Geneva, Switzerland. ► https://apps.who.int/iris/rest/bitstreams/849464/retrieve

WHO – World Health Organisation (2020) WHO Guidance forClimate-Resilient and Environmentally Sustainable Health Care Facilities. ► https://apps.who.int/iris/bitstream/handle/10665/335909/9789240012226-eng.pdf?sequence=1&isAllowed=y

Yang CY, Chen CJ (2007) Air pollution and hospital admissions for chronic obstructive pulmonary disease in a subtropical city: Taipei. Taiwan. J Toxicol Env Heal A 70:1214–1219

Yusuf S, Hawken PS, Ôunpuu S et al (2004) Effect of potentially modifiable risk factors associated with myocardial infarction in 52 countries (the INTERHEART study): case-control study. Lancet 364(9438):937–952

Ziello C, Sparks TH, Estrella N et al (2012) Changes to airborne pollen counts across Europe. PLoS ONE 7(4):e34076

Zink K, Vogel H, Vogel B, Magyar D, Kottmeier C (2012) Modeling the dispersion of Ambrosia artemisiifolia L. pollen with the model system COSMO–ART. Int J Biometeorol 26:669–680

Ziska LH, Caulfield FA (2000) Rising atmospheric carbon dioxide and ragweed pollen production: implications for public health. Aust J Plant Physiol 27:893–898

Ziska LH, Gebhard DE, Frenz DA, Faulkner S, Singer BD, Straka JG (2003) Cities as harbingers of climate change: common ragweed, urbanization, and public health. J Allergy Clin Immunol 111:290–295

Ziska LH, Makra L, Harry SK et al (2019) Temperature-related changes in airborne allergenic pollen abundance and seasonality across the northern hemisphere: a retrospective data analysis. Lancet Planet. Health 3(3):124–131

Biodiversität und Naturschutz im Klimawandel

Stefan Klotz, Klaus Henle, Josef Settele und Ulrich Sukopp

Inhaltsverzeichnis

15.1   Direkte Auswirkungen des Klimawandels auf die Biodiversität – 192

15.1.1   Wandel der Biodiversität in Deutschland – 192

15.1.2   Biodiversität und Klima – 193

15.1.3   Der Klimawandel als Selektionsfaktor – mikroevolutionäre Konsequenzen – 193

15.1.4   Veränderung in der Physiologie und im Lebensrhythmus von Tier- und Pflanzenarten – 194

15.1.5   Veränderung der Verbreitung von Tier- und Pflanzenarten – 194

15.1.6   Einfluss des Klimawandels auf Lebensgemeinschaften und biologische Interaktionen – 196

15.1.7   Biotope, Ökosysteme und Landschaften – 196

15.2   Indirekte Auswirkungen des Klimawandels auf die Biodiversität – 197

15.2.1   Landwirtschaft – 197

15.2.2   Forstwirtschaft – 199

15.2.3   Siedlungen – 200

15.2.4   Wasserwirtschaft und Hochwasserschutz – 201

15.2.5   Erneuerbare Energien – 202

15.3   Naturschutz und Klimawandel – 204

15.3.1   Maßnahmen und Strategien des Naturschutzes – 204

15.3.2   Monitoring und Indikatoren zu Naturschutz und Klimawandel – 205

15.3.3   Akteure des Naturschutzes – 206

15.4   Kurz gesagt – 208

Literatur – 208

© Der/die Autor(en) 2023
G. P. Brasseur et al. (Hrsg.), *Klimawandel in Deutschland*,
https://doi.org/10.1007/978-3-662-66696-8_15

Die Vielfalt des Lebens (Biodiversität) steht im Fokus der öffentlichen Diskussion und vieler Wissenschaftsdisziplinen. Das hat vor allem zwei Gründe: Erstens werden das zunehmende Aussterben von Arten und die fortschreitende Zerstörung von Lebensräumen beklagt, besonders wenn es um sehr auffällige, „schöne" oder wirtschaftlich bedeutende Arten oder um bekannte Lebensräume wie den tropischen Regenwald geht. Zweitens wird diskutiert: Wenn es weniger Arten und weniger funktionsfähige Lebensräume gibt, dann verringern sich Ökosystemleistungen für den Menschen, z. B. die Produktion von Biomasse oder die Kohlenstoff- und Stickstoffbindung.

Die Öffentlichkeit setzt Biodiversität oft vereinfachend mit Artenvielfalt gleich. Biodiversität umfasst aber weit mehr: die genetische Vielfalt innerhalb von Arten und die Vielfalt physiologischer Leistungen und biologischer Wechselwirkungen, z. B. in Nahrungsnetzen, Konkurrenzbeziehungen oder Symbiosen zwischen Arten. Sie schließt auch die Vielfalt an Lebensgemeinschaften und Ökosystemen ein. Der Klimawandel beeinflusst alle Elemente der Biodiversität auf allen Organisationsstufen des Lebens. Neben der Intensivierung von Landnutzungen und der Umweltverschmutzung ist insbesondere der vom Menschen verursachte Klimawandel einer der wesentlichen Treiber von Artenverlusten, Zerstörungen von Biotopen und Beeinträchtigungen von Ökosystemleistungen. Dies haben zuletzt der Globale Bericht zum Zustand der Natur (Brondizio et al. 2019) und *Global Biodiversity Outlook 5* (CBD 2020) auf Grundlage umfassender Auswertungen wissenschaftlicher Einzelstudien weltweit belegt.

In diesem Beitrag werden zunächst die weitreichenden **direkten Auswirkungen** des Klimawandels auf die Organisationsstufen des Lebens von der Genetik der Organismen bis zur Biosphäre dargestellt (▶ Abschn. 15.1). Weiterhin werden die **indirekten Auswirkungen** auf die biologische Vielfalt über Maßnahmen zum Klimaschutz und zur Anpassung an den Klimawandel behandelt, wenn der Mensch durch Veränderungen in der Landnutzung auf den Klimawandel reagiert und dadurch biologische Systeme beeinflusst (▶ Abschn. 15.2). Diese indirekten Wirkungen werden hier entsprechend den Veränderungen in der Land-, Forst- und Wasserwirtschaft sowie im Bereich von Siedlungen und erneuerbaren Energien thematisiert. Direkte und indirekte Wirkungen des Klimawandels auf die biologische Vielfalt werden aller Voraussicht nach künftig noch deutlich zunehmen. Dies stellt den Naturschutz vor große Herausforderungen (▶ Abschn. 15.3).

15.1 Direkte Auswirkungen des Klimawandels auf die Biodiversität

15.1.1 Wandel der Biodiversität in Deutschland

Seit der Entstehung des Lebens auf der Erde hat sich die Vielfalt an biologischen Formen und funktionellen Typen der Lebewesen ständig verändert. Generell hat die biologische Vielfalt immer zugenommen. Im Verlauf der Erdgeschichte haben jedoch fünf bisher bekannte große Massensterben diese Entwicklung unterbrochen (Klotz et al. 2012). Dafür verantwortlich waren erdgeschichtliche Prozesse wie große Vulkanausbrüche, Meteoriteneinschläge und die Kontinentaldrift. Mit der Vorherrschaft des Menschen auf der Erde setzte das sechste Massensterben ein – verursacht durch die massive Nutzung und Übernutzung natürlicher Ressourcen (Barnosky et al. 2011). Im Jahr 2019 wurde ein umfassender Bericht zur Situation der Biodiversität vorgelegt (Brondizio et al. 2019).

Im Unterschied zu den ersten fünf Massensterben wird das gegenwärtige sich exponentiell entwickelnde Massensterben vom Menschen verursacht. Immer stärker nutzt die wachsende Weltbevölkerung Flächen und Ressourcen, sodass die aktuelle Aussterberate stark zugenommen hat. Die Ursachen dafür sind weitgehend bekannt. Fünf Faktoren, gewichtet nach deren Bedeutung, treiben den Biodiversitätswandel an (Sala et al. 2000):

1. intensive Landnutzungen durch den Menschen, also die Umwandlung von natürlichen Lebensräumen und Ökosystemen in genutzte Ökosysteme,
2. der Klimawandel mit den damit verbundenen direkten Wirkungen,
3. zunehmende Nährstoffeinträge (z. B. Nitrat),
4. biologische Invasionen, d. h. absichtliche Einführung oder unabsichtliche Einschleppung und anthropogen verursachte Einwanderung (z. B. durch Bau neuer Kanäle) von Arten in neue geografische Regionen und neue Lebensräume,
5. steigende globale CO_2-Konzentration in der Atmosphäre, die die Konkurrenzverhältnisse zwischen Organismen in Ökosystemen beeinflusst.

Letztlich verschärft der Klimawandel die kritische Situation. Wie groß die Rolle des Klimawandels in der aktuellen Biodiversitätskrise ist, lässt sich aufgrund vieler weiterer Einflüsse schwer abschätzen. Nach neueren Erkenntnissen ist in Zukunft von einer deutlichen Zunahme des Einflusses des Klimawandels auf die Biodiversität auszugehen (Pörtner et al. 2021).

Seit der zweiten Hälfte des 20. Jahrhunderts gehen viele Pflanzen- und Tierarten in Deutschland und Mitteleuropa massiv zurück. Die Menschen intensivieren die Landwirtschaft; Städte, Infrastruktur und Industrieflächen dehnen sich aus. Dadurch wird Lebensraum zerstört oder fragmentiert und die Nährstoffbelastung (Eutrophierung) der Lebensräume steigt. Berücksichtigt man die Gefährdungsangaben in Roten Listen und generell in der floristischen und faunistischen Literatur, ist der Artenschwund dramatisch. Früher häufig vorkommende und auffällige Arten sind aus vielen Landschaftsräumen verschwunden oder es leben dort nur noch kleine Restpopulationen. Bei vielen Arten hat bereits ein drastischer Rückgang in der Fläche stattgefunden (z. B. Zahn et al. 2021). Grob geschätzt ist fast jede zweite Art in irgendeiner Form gefährdet oder geht zurück. Der durch den Menschen verursachte (anthropogene) Klimawandel verschärft diese Situation.

15.1.2 Biodiversität und Klima

Klimatische Faktoren bestimmen wesentlich die Verbreitung von Genotypen, Populationen, Arten, Ökosystemen und Großlebensräumen (Biomen, z. B. der Laubwaldzone). Viele Verbreitungsgebiete von Pflanzen und Tieren zeichnen die Klimazonen nach, sind an bestimmte ozeanische oder kontinentale Klimabedingungen gebunden oder beschränken sich auf klimatisch abgrenzbare Höhenstufen in den Gebirgen. Diese direkte Abhängigkeit vom Klima wird überlagert von den jeweiligen Ansprüchen an die Böden oder an die Lebensräume insgesamt. Dabei spielen physikalische und chemische ebenso wie biotische Faktoren eine Rolle. Biotische Einflüsse sind vor allem Konkurrenz, Symbiosen und Nahrungsnetze.

Aufgrund gut bekannter klimatischer Abhängigkeiten dienen bestimmte Pflanzen und Tiere als Zeigerorganismen für bestimmte klimatische Verhältnisse. In Deutschland und in Mitteleuropa eignen sich bei Gefäßpflanzen die Zeigerwerte nach Ellenberg: Mithilfe der Ansprüche der Pflanzen an Klima oder Boden – etwa Temperatur, Kontinentalität und Feuchtigkeit – kann man auf klimatische Bedingungen an ihrem Standort schließen (Ellenberg et al. 1992). Ebenso sind die Klimaansprüche bestimmter Tiere gut bekannt. Vor allem mit den Untersuchungen zum Einfluss des Klimawandels auf die Biodiversität sind Indikatoren und Indikationssysteme entwickelt worden (vgl. Settele et al. 2008; Schliep et al. 2020).

Das Klima bestimmt wesentlich auch die natürliche Ausdehnung der Ökosysteme und Großlebensräume. Daher kann jede Form des Klimawandels einschneidende Konsequenzen für genetische Strukturen, das Verhalten und Vorkommen von Arten, biologische Wechselbeziehungen sowie die Struktur und Funktion von Ökosystemen haben – das betrifft auch die essenziellen Ökosystemleistungen für den Menschen (MEA 2005).

15.1.3 Der Klimawandel als Selektionsfaktor – mikroevolutionäre Konsequenzen

Wenn Individuen einer Art wandern und sich ausbreiten können, werden sich bei Änderungen des Klimas die Lebensräume von Populationen verschieben. Sie können sich sowohl vergrößern als auch verkleinern. Bei Arten mit großen oder fragmentierten Lebensräumen ist zu erwarten, dass sich deren Populationen klimabedingt stärker aufgliedern: Populationen aus wärmeren Regionen sollten frostempfindlicher, Populationen aus kühleren Teilen des Verbreitungsgebiets hitzeempfindlicher sein (vgl. Kerth et al. 2014; Streitberger et al. 2016). Populationen an den Arealrändern sind oft besser an klimatischen Stress angepasst (Bridle et al. 2010). Dadurch dürften Arten eine erweiterte Temperaturtoleranz entwickeln und wahrscheinlich eine größere innerartliche Variabilität aufweisen: Populationen an den Rändern ihres Verbreitungsgebiets sind oft genetisch weniger heterogen als Populationen aus dem Zentrum (vgl. Henle et al. 2017). Dennoch kann man nicht direkt von der Herkunft der Population einer Art auf deren Klimaanpassungsfähigkeit schließen (Beierkuhnlein et al. 2011). Der weit verbreitete Glatthafer *(Arrhenatherum elatius)*, eines der häufigsten Wiesengräser in Deutschland und Europa, zeigt genetische Differenzierungen in Populationen mit unterschiedlichen Klimaansprüchen (Michalski et al. 2010). Dieses Beispiel verdeutlicht die praktischen Konsequenzen: Bei Renaturierung in Gebieten, in denen langfristig mit Klimaveränderungen gerechnet werden muss, sollten einheimische Pflanzen klimatisch angepasster Herkunft ausgesät oder gepflanzt werden. Für Renaturierungs-, Ausgleichs- und Ersatzmaßnahmen sollten also nicht nur streng lokale Populationen infrage kommen. Wenn weitere Forschungsergebnisse vorliegen, wird man die Auswahl der Saatgutherkünfte ggf. anpassen müssen.

Der Klimawandel ist ein wesentlicher Selektionsfaktor. Regionale klimatische Unterschiede im Gesamtareal einer Art haben die Populationen bereits in der Vergangenheit genetisch differenziert. Klimaveränderungen können zudem mikroevolutionäre Prozesse in Gang setzen. So sind beim Kleinen Wiesenknopf *(Sanguisorba minor)* durch Mikroevolution veränderte Populationen entstanden: Als Folge erhöhten CO_2-

Gehalts der Luft nimmt die Zahl der Blätter zu. Diese Eigenschaft bleibt bei Verpflanzung erhalten, auch wenn die CO_2-Konzentration nicht mehr erhöht ist (Wieneke et al. 2004) – es hat sich also die genetische Konstitution der Populationen verändert. Auch Tiere zeigen genetische Veränderungen aufgrund schnellen Klimawandels (Karell et al. 2011; Durka und Michalski 2013). Mikroevolutionäre Anpassungen dürften weiter verbreitet sein als bisher belegt. Dies hat Konsequenzen für Verbreitungsmodelle, die bisher von genetischer und ökologischer Konstanz der Arten ausgehen. In einem Review geben Hoffmann und Srgo (2011) eine Übersicht zu klimawandelbedingten evolutionären Anpassungen, die die oben genannten Annahmen bestätigen.

15.1.4 Veränderung in der Physiologie und im Lebensrhythmus von Tier- und Pflanzenarten

Auf den Klimawandel reagieren Arten nicht nur genotypisch, sondern vor allem sehr schnell phänotypisch mit physiologisch-anatomischen und morphologischen Veränderungen: z. B. mehr Behaarung als Schutz gegen erhöhte UV-Strahlung und Austrocknung (Beckmann et al. 2012). Arten mit großer Flexibilität ihres Erscheinungsbildes können besser auf den Klimawandel reagieren. Viel auffälliger sind jedoch die Veränderungen im Lebensrhythmus von Pflanzen und Tieren. Besonders hervorzuheben sind die phänologischen Untersuchungen an Pflanzen, d. h. die Erfassung der Entwicklungsstadien wie zum Beispiel Blühbeginn oder Beginn der Blattentfaltung. Die besten Messnetze dazu haben die nationalen und internationalen Wetterdienste. Mithilfe eines phänologischen Beobachtungsnetzes erfassen sie seit den 1950er-Jahren systematisch die Entwicklung von Kultur- und Wildpflanzen im Jahresverlauf. Die Daten ermöglichen, global die Vegetationsphasen abhängig vom Klima räumlich und zeitlich gut aufgelöst zu erfassen. Diese nationalen und globalen Daten bestätigen eindeutig die Verlängerung der Vegetationsperiode in Mitteleuropa (s. dazu die phänologische Uhr in ◨ Abb. 15.7). Die Daten dieser Beobachtungen korrelieren in vielen Fällen hochgradig signifikant mit Veränderungen bestimmter klimatischer Parameter, was als Beleg für direkte Auswirkungen des Klimawandels auf die Phänologie der beobachteten Pflanzenarten gewertet wird (vgl. Menzel et al. 2006).

Auch der Lebensrhythmus von Tieren verändert sich. Das Tierbeobachtungsprogramm (▶ http://zacost.zamg.ac.at/pha-eno_portal/anleitung/tiere.html) sammelt seit 1951 Informationen zu den Zeitpunkten der Aktivitäten bestimmter Tierarten, etwa zum Reinigungs- und Sammelflug der Honigbiene *(Apis mellifera)*, zum Flug des Kleinen Fuchses *(Aglais urticae)* und des Zitronenfalters *(Gonepteryx rhamni)*, aber auch zum ersten Ruf des Kuckucks *(Cuculus canorus)*. Viele Veröffentlichungen belegen Veränderungen im Lebensrhythmus von Tieren: Zugvögel kommen früher zurück (Sudfeldt et al. 2011), die Eiablage beginnt früher, aber der Bruterfolg nimmt ab (Grimm et al. 2015). Bei Fischen wurde beispielsweise eine frühere Laichzeit nachgewiesen (Wedekind und Küng 2010). Neue Lebensrhythmen zeigen nicht nur den Klimawandel an, sondern können auch die Wechselbeziehungen zwischen Organismen verändern (s. Abschn. 15.1.5).

Datenreihen zur Phänologie eignen sich hervorragend, den Einfluss des Klimawandels auf lebende Organismen zu erkennen. Gemessen wird dabei nicht der Klimawandel selbst, sondern die unterschiedlichen Auswirkungen auf bestimmte Organismen werden ermittelt. Der Wandel hat Konsequenzen für die Landwirtschaft, z. B. bei Aussaat- und Erntezeiten, aber auch für die Planung von Managementmaßnahmen des Naturschutzes. Nach den Ergebnissen des Weltklimaberichts gehören die veränderten Lebensrhythmen zu den wenigen Veränderungen, die größtenteils dem Klimawandel zuzuschreiben sind (Settele et al. 2014). Bei fast allen anderen Phänomenen – etwa bei Veränderungen der Verbreitung oder dem Aussterben von Arten – kommen meist viele weitere Faktoren hinzu.

15.1.5 Veränderung der Verbreitung von Tier- und Pflanzenarten

Historische Daten zeigen, wie sich die Verbreitung bestimmter Arten in Deutschland verändert hat – besonders gut dokumentiert bei Gefäßpflanzen. Natürlich ist nicht jede Änderung klimabedingt. Viele Faktoren beeinflussen die Verbreitung, beispielsweise Landnutzungen, Nährstoffeinträge und Einschleppung gebietsfremder Arten. Dennoch lassen sich einige Arealveränderungen auf den Klimawandel zurückführen, gerade wenn es sich um sehr klimaempfindliche Arten handelt. Wärmere Winter führen dazu, dass aus klimatisch stärker durch den Atlantik bestimmten nordwestlichen Gebieten Deutschlands Arten weiter nach Nordosten vordringen und gleichzeitig Arten aus Süddeutschland ihr Verbreitungsgebiet weiter nach Norden ausdehnen (Walther et al. 2002). Umgekehrt verschiebt sich die Westgrenze der Areale vieler „Steppenarten" in den mitteldeutschen Trockengebieten mit besonders heißen und trockenen Sommern immer weiter nach Westen. Zum Beispiel dringt die im Westen Deutschlands heimische Stechpalme *(Ilex aquifolium)* weiter nach Norden und Osten vor und das Affen-Knabenkraut *(Orchis simia)* breitet sich weiter nach Norden aus. Das Echte Federgras *(Stipa pennata)* hat als westasiatisch-kontinentale Art trockenwarme

Gebiete in Mitteldeutschland erreicht. Viele gebietsfremde Pflanzen, die als Zierpflanzen nach Deutschland kamen, profitieren von der Klimaerwärmung – besonders immergrüne Arten (Pompe et al. 2011), etwa die Lorbeerkirsche *(Prunus laurocerasus)* und der Meerfenchel *(Crithmum maritimum)*. Auch andere Arten, die relativ kalte Winter ertragen, profitieren von hohen Sommertemperaturen. In urbanen Ballungsräumen findet man neue, wärmeangepasste Arten zuerst, da hier zusätzlich das Stadtklima für trockenere und wärmere Bedingungen sorgt (Wittig et al. 2012).

Auch viele Tierarten breiten sich klimabedingt weiter aus, so etwa einige Libellenarten und Tagfalter (Trautmann et al. 2012). Dagegen lassen sich Rückgänge von Pflanzen- und Tierarten in Deutschland bisher meist nicht eindeutig dem Klimawandel zuordnen (Pompe et al. 2011; Rabitsch et al. 2013). Zwar haben viele feuchtigkeitsliebende Arten deutliche Verluste in verschiedenen Regionen und Lebensräumen zu verzeichnen, verursacht wird dies allerdings meist durch veränderte Landnutzungen. Da jedoch Aussterbeprozesse nicht sofort nach Veränderung der Lebensbedingungen, sondern oft verzögert einsetzen, ist eine Zunahme des Aussterbens von Arten aufgrund von Klimaveränderungen erst in Zukunft zu erwarten (Pompe et al. 2011). Mit sogenannten „Nischenmodellen", die Klimawandelszenarien nutzen und das aktuelle Verbreitungsgebiet einer Art abhängig

von den aktuellen Umweltbedingungen berücksichtigen, lassen sich Projektionen künftiger Verbreitungsgebiete erstellen. Würde die Jahresmitteltemperatur um 4 °C steigen, wird etwa ein Fünftel von 550 modellierten Pflanzenarten Deutschlands bis 2080 mehr als drei Viertel der heute geeigneten Gebiete nicht mehr besiedeln. Diese Angaben sind Ergebnisse von Berechnungen auf der Basis verschiedener Klimaszenarien. Modellberechnungen können jedoch mögliche genetische Anpassungen von Arten derzeit nur bedingt berücksichtigen. Verbesserte Nischenmodelle schließen neben dem Klima zunehmend auch andere abiotische und anthropogene Umweltkenngrößen ein (Hanspach et al. 2011; Martin et al. 2020). Mit zunehmenden Kenntnissen zur Biologie und Ökologie von Arten, oft aus Experimenten resultierend, werden solche Nischenmodelle detaillierter.

Besonders stark bedroht sind insektenbestäubte Arten, weniger windbestäubte (Hanspach et al. 2013), weil Erstere von zum Teil spezialisierten Bestäubern abhängen. Auch die Verbreitung von Tagfaltern könnte sich ändern: Simulationen zufolge geht der Dunkle Wiesenknopf-Ameisenbläuling *(Maculinea nausithous)* stark zurück (Settele et al. 2008). Der Große Feuerfalter *(Lycaena dispar)* hingegen scheint sich, wie in Freilandbeobachtungen bestätigt wurde, auszubreiten. Die Entwicklungen, wie sie für eine Vier-Grad-Welt projiziert wurden, sind für beide Arten in ◘ Abb. 15.1 dargestellt.

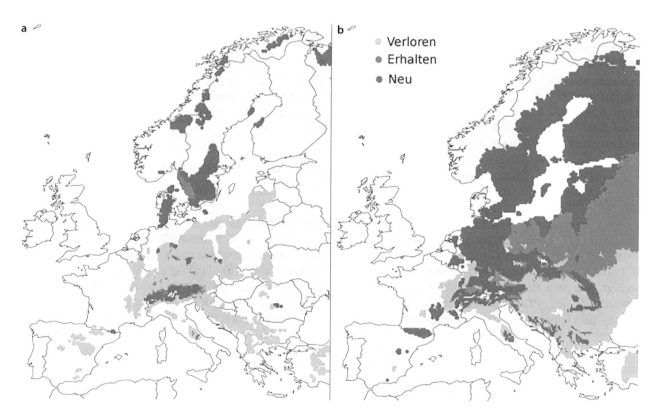

a

b

● Verloren
● Erhalten
● Neu

◘ **Abb. 15.1** Klimatischer Nischenraum in einer Welt mit Anstieg der Jahresmitteltemperatur um 4 °C im Jahr 2080 im Vergleich zum Jahr 2000 für **a** den Dunklen Wiesenknopf-Ameisenbläuling *(Maculinea nausithous)* und **b** den Großen Feuerfalter *(Lycaena dispar)*; deutlich sind die Verluste für *P. nausithous* und die Gewinne für *L. dispar* in Deutschland. (Aus Settele et al. 2008)

Wie empfindlich ist die deutsche Tierwelt gegenüber dem Klimawandel? Eine Analyse von 500 ausgewählten Arten zeigte, dass für 63 dieser Arten der Klimawandel ein hohes Risiko bedeutet (Rabitsch et al. 2010). Am stärksten betroffen sind Schmetterlinge, Weichtiere (z. B. Schnecken) und Käfer. Besonders viele klimasensible Arten finden sich im Süden, Südwesten und Nordosten des Landes. Auch Säugetiere sind durch den Klimawandel gefährdet (Rabitsch et al. 2010) und massive Verluste sind für Amphibien besonders in den letzten außergewöhnlich trockenen und warmen Jahren aufgetreten (Zahn et al. 2021). Wenngleich sich aktuell noch keine generelle Bilanz der Artenverluste und -gewinne durch Aussterben oder Einwanderung aufgrund des Klimawandels ziehen lässt, ist ein größerer Artenwandel zu erwarten.

15.1.6 Einfluss des Klimawandels auf Lebensgemeinschaften und biologische Interaktionen

Der Klimawandel beeinflusst die Wechselwirkungen zwischen Organismen, wie beispielsweise Bestäubung, Konkurrenz, Parasitismus, Pflanzenfraß und Räuber-Beute-Beziehungen. Am meisten weiß man über Einflüsse auf die Bestäubung. Mehr als ein Drittel der Kulturpflanzen und gut zwei Drittel der Wildpflanzen werden von Insekten bestäubt. Der Klimawandel greift in die Beziehungen zwischen Pflanzen und Bestäubern ein. Denn er verändert die Entwicklungsphasen der Pflanzen und der Bestäuber. Die zentrale Frage ist: Wie sehr entkoppeln sich die Pflanzenentwicklung sowie die Entwicklung und Aktivität der Bestäuber (vgl. Hegland et al. 2009)? Wenn Pflanzen deutlich vor der Aktivitätsperiode ihrer Bestäuber blühen, kommt es seltener zu Bestäubung und Befruchtung und es entstehen weniger Früchte und Samen. Bei Kulturpflanzen führt dies zu erheblichen Verminderungen der Erträge (Kearns et al. 1998). Diese zeitliche Diskrepanz in der Entwicklung von Pflanzen und Bestäubern wurde an zahlreichen Beispielen nachgewiesen (Schweiger et al. 2010). Zudem verringern höhere Temperaturen die Nektarproduktion, sodass es bestimmten Bestäubern an Nahrung mangelt (Petanidou und Smets 1996). Veränderungen im Pflanze-Bestäuber-Verhältnis beeinflussen also direkt die Populationsentwicklung von Pflanzen und deren Bestäubern (Settele et al. 2016).

Konkurrenzverhältnisse zwischen Arten werden beeinflusst, wenn aufgrund von Klimaveränderungen neue Arten in das Konkurrenzgeschehen eingreifen, die Vitalität von Arten in den Lebensräumen geschwächt, die Vitalität von bereits in den Lebensgemeinschaften vorkommenden Arten gestärkt wird oder durch Aussterben Konkurrenten entfallen (Harvey et al. 2010).

Generell stehen die Untersuchungen dazu noch am Anfang. Bekannt ist bei Vögeln die Konkurrenz um Insektennahrung: Wenn durch mildere Winter die Populationen der überwinternden Vogelarten weniger reduziert werden, stehen für zurückkehrende Zugvögel weniger Nahrungsressourcen zur Verfügung (Visser et al. 2006). Bei höheren Temperaturen kann der Parasitenbefall von Organismen steigen (z. B. Møller et al. 2011). Hauptsächlich beeinflussen jedoch Veränderungen im Lebensrhythmus (▶ Abschn. 15.1.4) das Wirt-Parasit-Verhältnis. Wie bei der Bestäubung kann es zur Entkoppelung von Wechselbeziehungen kommen oder völlig neue Wirt-Parasiten-Kombinationen können entstehen. Früher beginnende oder verlängerte Vegetationsperioden beeinflussen direkt pflanzenfressende Tiere. Generell könnte man zwar von einer besseren Verfügbarkeit von Ressourcen ausgehen, wenn aber Extremereignisse wie Dürren auftreten, ändert sich die Situation gravierend. Bei hoch spezialisierten Pflanzenfressern kann die Verschiebung der Phänologie der Nahrungspflanzen zur Verringerung der Ressourcen zu bestimmten Zeiten führen. Außerdem können sich Pflanzenfresser aufgrund veränderter Klimabedingungen eventuell auch neue Nahrungspflanzen erschließen (Schweiger et al. 2010).

Auch Räuber-Beute-Beziehungen verändern sich mit dem Klimawandel. Da der Siebenschläfer (*Glis glis*) seinen Winterschlaf früher beendet, ist ein höherer Räuberdruck auf verschiedene Singvögel entstanden (Adamik und Kral 2008). Zudem beeinflussen Veränderungen der Lebensphasen die Räuber-Beute- Beziehungen. ◘ Abb. 15.2 zeigt modellhaft die Möglichkeiten der Veränderungen ökologischer Beziehungen einschließlich Entkoppelung und neuer Wechselbeziehungen (Schweiger et al. 2010).

15.1.7 Biotope, Ökosysteme und Landschaften

Für Deutschland gibt es eine Übersicht über die Gefährdung von Schutzgebieten und deren wichtigen Lebensgemeinschaften und Ökosystemen im Zuge des Klimawandels (Vohland et al. 2013). Wie stark der Klimawandel ein Ökosystem gefährdet, ist viel schwieriger einzuschätzen als die Gefährdung einzelner Arten oder ökologischer Wechselbeziehungen. Denn zu viele weitere Faktoren bestimmen, wie sich ein Ökosystem zusammensetzt und wie leistungsfähig bzw. resilient es ist. Noch schwieriger sind Schwellenwerte oder Kipppunkte (*tipping points*) zu bestimmen – also Bereiche, in denen ein Ökosystem irreversibel in einen anderen Zustand übergeht (Essl und Rabitsch 2013). Dazu gibt es nur wenige Untersuchungen von einzelnen Ökosystemen.

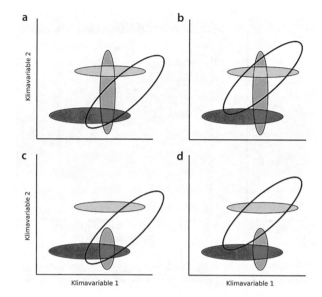

Abb. 15.2 Fundamentale Klimanischen sind der Klimabereich, in dem eine Art theoretisch überleben kann. Gezeigt sind hier die Klimanischen der Arten 1–3, dargestellt als farbige Ellipsen in Blau, Rot und Grün. Die transparenten Ellipsen zeigen die gegenwärtigen (**a, c**) und künftigen Klimabedingungen (**b, d**). Wo sich Klimanischen überlappen, sind Wechselbeziehungen zwischen zwei Arten möglich (nur die gemischtfarbigen überlappenden Bereiche). Zwei Arten können nur dann miteinander interagieren, wenn ihre Klimanischen innerhalb der gegebenen Klimabedingungen einander überlappen. Art 1 (blau) hat zwar das Potenzial, mit den beiden Arten 2 (rot) und 3 (grün) zu interagieren, kann aber aufgrund der momentan herrschenden Klimabedingungen nur mit Art 2 interagieren (**c**). Bei Verschiebung der Klimabedingungen (Änderung der beiden Klimavariablen auf der x- und y-Achse) kann die evtl. lang etablierte Interaktion mit Art 2 nicht mehr stattfinden, wohingegen eine neue mit Art 3 möglich wird (**b**). Ob neue Wechselbeziehungen entstehen, hängt allerdings vom Grad der Spezialisierung ab. Generalisten mit einer breiteren Klimanische und einem größeren Potenzial zu Interaktionen werden seltener relevante Interaktionen verlieren (**a, b**). wohingegen Spezialisten mit enger Nische und geringem Potenzial zu Interaktionen diese ganz verlieren können (**c, d**). (Verändert nach Schweiger et al. 2010, 2013)

Anhand der erwarteten Dynamik der betroffenen Arten lässt sich die Gefährdung von Lebensräumen abschätzen. Unberücksichtigt bleiben dabei aber die Wechselbeziehungen in einem Ökosystem. Deshalb liefern diese Analysen zwar wertvolle Hinweise, erlauben aber nur eingeschränkt Aussagen zu Veränderungen und Gefährdungen von Ökosystemen im Klimawandel (Hanspach et al. 2013). Die wesentlichen entscheidenden Umweltfaktoren für bestimmte Ökosystemtypen sind jedoch bekannt, sodass man auf deren Basis die Empfindlichkeit von Ökosystemen oder Habitaten zumindest grob abschätzen kann. Besonders empfindlich sind in Deutschland Ökosysteme der Hochgebirge, verschiedene Typen von Feuchtgebieten, Moore, Dünen, stehende Gewässer und Fließgewässer sowie Feuchtwälder und natürliche Nadelwälder.

Wie genau sich ein Ökosystem als Ganzes verändert, ist bisher nicht bekannt. Zuerst werden sich Mengenverhältnisse von Arten untereinander verschieben: Besonders empfindliche Arten sterben zuerst aus, aber auch neue Arten kommen hinzu. Dabei erwarten wir neue Ökosysteme, die nur bedingt mit den gegenwärtigen Systemen vergleichbar sein werden (Hobbs et al. 2009). Jedoch werden die Übergänge eher fließend sein, da voraussichtlich der Prozess relativ langsam ablaufen wird. Kommen jedoch Änderungen der Landnutzung – z. B. durch ökologisch ungeeignete Klimaanpassungsmaßnahmen (Biomasseanbau) oder Stickstoffeinträge – dazu, werden die Auswirkungen schneller und drastischer sein.

Dieser Wandel der Ökosysteme sowie die Einflüsse des Klimawandels müssen auch im landschaftlichen Kontext gesehen werden. Ein höherer Anteil naturnaher Lebensräume in der Landschaft kann mit deutlich höherer Wahrscheinlichkeit z. B. die negativen Auswirkungen des Klimawandels auf die Artenvielfalt kompensieren oder zumindest abschwächen. Das konnte in der mitteldeutschen Agrarlandschaft am Beispiel von Wildbienengemeinschaften (■ Abb. 15.3) gezeigt werden (Papanikolaou et al. 2017). Bemerkenswert ist dabei der Befund, dass bei 10 % naturnahem Landschaftsanteil immer noch die Artenzahl mit steigender Temperatur abnimmt und dies erst bei 17 % nicht mehr der Fall ist. Das bedeutet, dass der Anteil naturnaher Flächen in den Kulturlandschaften als Klimaanpassungsmaßnahme erhöht werden sollte, will man Biodiversität und deren Leistungen systematisch schützen.

15.2 Indirekte Auswirkungen des Klimawandels auf die Biodiversität

Indirekte Auswirkungen auf die biologische Vielfalt ergeben sich aus gesellschaftlichen Reaktionen auf den Klimawandel, die entweder dem **Klimaschutz** (z. B. Eingriffe in den Naturhaushalt im Zuge eines verstärkten Ausbaus erneuerbarer Energien, insbesondere beim großflächigen Biomasseanbau) oder der **Anpassung** an den Klimawandel dienen und zu veränderten Landnutzungen führen (z. B. Waldumbau, Maßnahmen zum Schutz vor Extremwetterereignissen wie Deichausbau aus Hochwasserschutzgründen).

15.2.1 Landwirtschaft

Mehr als 52 % der Landesfläche Deutschlands werden landwirtschaftlich genutzt. Landwirtschaftsflächen besitzen eine spezifische Tier- und Pflanzenwelt. Die seit dem Neolithikum durch extensive Landwirtschaft ent-

◘ Abb. 15.3 Wechselseitige Effekte von Temperatur und Landschaftszusammensetzung auf den Artenreichtum von Wildbienen in mitteldeutschen Agrarlandschaften. **a** Bei geringem Anteil an naturnahen Elementen (2 %) sinkt die Artenzahl mit steigenden Temperaturen beträchtlich. **b, c** Dieser negative Einfluss wird mit zunehmendem Anteil an naturnahen Elementen (6 % oder 10 %) abgemildert. Bei einem noch höheren Anteil an naturnahen Flächen (17 %) haben steigende Temperaturen keinen Einfluss mehr. Gefärbte Streifen zeigen das 95 %-Konfidenzintervall. (Verändert nach Papanikolaou et al. 2017)

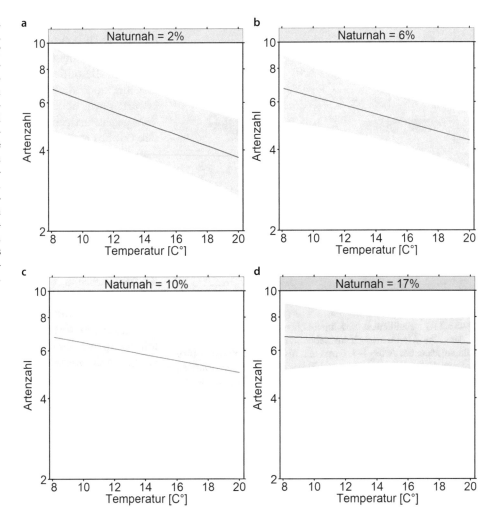

standenen und vom Menschen ständig veränderten Lebensräume sind für die Biodiversität sowohl aufgrund ihrer ökologischen Besonderheiten als auch aufgrund ihres Umfangs von großer Bedeutung. Mit der Entwicklung der Landwirtschaft hat die biologische Vielfalt in Mitteleuropa bis in das 19. Jahrhundert insgesamt deutlich zugenommen, infolge der Industrialisierung der Landwirtschaft ist sie jedoch wieder stark zurückgegangen und der Klimawandel verstärkt diesen Trend (von Haaren und Albert 2016).

Heute sind viele Arten der Agrarlandschaften gefährdet oder schon ausgestorben. Die bekanntesten betroffenen Arten sind z. B. der Feldhamster *(Cricetus cricetus)*, der Feldhase *(Lepus europaeus)*, die Großtrappe *(Otis tarda)* und das Rebhuhn *(Perdix perdix)* (Meinig et al. 2020). Auch die Wildkrautflora der Felder hat aufgrund massiven Herbizideinsatzes und der Monokulturen stark abgenommen. Artenreiche Wiesen und Weiden sind nur noch in Resten vorhanden. Damit gehen entscheidende Nahrungsquellen für Insekten verloren, was wiederum zum Rückgang beispielsweise vieler Vogelarten der Agrarlandschaften geführt hat.

Wie in ► Kap. 18 beschrieben, haben die Intensivierung der Landwirtschaft und der Klimawandel (Fuglie 2021) eine Verschärfung schon vorhandener Umweltprobleme zur Folge. Zu nennen sind hier u. a.:

- Der Feldfruchtanbau konzentriert sich auf immer weniger Arten und Sorten.
- Pestizideinsatz und Düngereinsatz lassen die Flora und Fauna verarmen, die Randflächen werden gleichfalls beeinträchtigt. Dadurch gehen wichtige Bestäuber verloren, Nützlinge können nicht mehr die notwendigen Populationsgrößen erreichen, um eine natürliche Schädlingsbekämpfung zu gewährleisten, der Bedarf an Pestiziden steigt weiter.
- Der Grünlandumbruch und die Intensivierung der Grünlandnutzung zur Biomasseproduktion sind Maßnahmen, die die Folgen des Klimawandels abmildern sollen, verschärfen aber die negativen Auswirkungen auf die Biodiversität (► Abschn. 15.2.5).

Die steigenden Importe von landwirtschaftlichen Produkten, z. B. Soja, lassen den Bedarf an landwirtschaftlichen Flächen in Drittländern wachsen. Infolgedessen erhöhen sich in diesen Ländern die Biodiversitätsverluste (u. a. Abholzung tropischer Regenwälder) und der Klimawandel wird beschleunigt mit globalen Auswirkungen auf die Biodiversität (► Abschn. 15.1).

Als eine Anpassungsmaßnahme an den Klimawandel, insbesondere an die Reduktion der verfügbaren Wassermengen (Rückgang der Niederschläge in der Vegetationsperiode), sind Konzepte zur Verstärkung der Bewässerung von Kulturen und zu wassersparenden Anbaumethoden in Erprobung und Anwendung. Großflächige Bewässerungen würden den Wasserhaushalt in Deutschland insbesondere in Dürrezeiten erheblich beanspruchen. Eine Verringerung der Wasserressourcen durch großflächige Bewässerung in der Landwirtschaft führt zur Abnahme des Wasserdargebots in anderen Lebensräumen und wird zu einem deutlichen Rückgang an Arten der Feuchtbiotope (Moore, Sumpfstandorte usw.) und Kleinstgewässer führen. Dies hat erhebliche Konsequenzen für den Artenbestand dieser Lebensräume (von Haaren und Albert 2016). Eine großflächige Bewässerungslandwirtschaft wird aber voraussichtlich nicht eingeführt werden, da wichtige Feldfrüchte (Weizen, Gerste, Roggen) in anderen Ländern ohne Bewässerung auch in Zukunft wesentlich billiger zu produzieren sind. Das Bild sieht jedoch ganz anders bei Sonderkulturen aus (Obstbau, Weinbau, Gemüse), die deutlich höhere Einnahmen erzielen. Hier ist eine Zunahme der Bewässerung wahrscheinlich (von Haaren und Albert 2016).

Eine weitere Strategie zur Anpassung der Landwirtschaft an den Klimawandel ist die pfluglose oder pflugarme Bewirtschaftung der Ackerflächen *(non tillage, strip tillage)*. Durch diese Verfahren kann das Bodenleben geschützt, können Emissionen aus den Böden verringert und kann mehr organische Substanz im Boden erhalten werden. Das hat positive Effekte für die Bodenflora und -fauna. Durch die fehlende mechanische Kontrolle der Ackerwildkräuter wird jedoch bei diesen Verfahren auf Totalherbizide zurückgegriffen, um Ackerwildkräuter zu kontrollieren. Dies schädigt wiederum die Bodenflora und -fauna und auch auf Ackerwildkräuter direkt oder indirekt über die Nahrungskette angewiesene Arten.

Für die Landwirtschaft stehen jedoch andere Bewirtschaftungsmöglichkeiten und Technologien zur Verfügung, um sich an den Klimawandel anzupassen bzw. die landwirtschaftlichen Klimagasemissionen zu verringern und gleichzeitig die Biodiversität und wichtige Ökosystemfunktionen zu sichern (ZKL 2021). Hierzu gehören:

- Ausweitung und Diversifizierung der Fruchtfolgen einschließlich der Verstärkung des Zwischenfruchtanbaus. Dies führt zu einer stabileren Erntemenge über die Jahre hinweg und hat positive Effekte für die Agrobiodiversität (Seppelt et al. 2020).

- Stärkere Strukturierung der Agrarlandschaften durch Erhaltung linearer Biotopelemente wie Hecken, Waldstreifen, Knicks, Gräben und Kleinstgewässern und Einführung von Agrarforstsystemen und Permakulturanbau. Beide Wege führen zur Verringerung der Erosion und des Austrags von Nähr- und Schadstoffen aus den Agrarflächen, insbesondere von Stickstoffverbindungen, sowie zur Verbesserung der Lebensbedingungen für wichtige Bestäuber. Darüber hinaus werden auf diese Weise Populationen von Insekten gefördert, die für die biologische Schädlingsbekämpfung von großer Bedeutung sind. Gleichzeitig wird durch eine größere Biotopvielfalt mehr Wasser in der Landschaft gehalten und die mikroklimatischen Effekte sorgen für eine Pufferung von Witterungsextremen.

- Erweiterung des ökologischen Landbaus, der weitgehend auf Pestizide und Mineraldünger verzichten kann u. a. durch enge Kopplung der Tier- und Pflanzenproduktion.

- Reduktion der Tierbestände auf ein Niveau, das deren Ernährung durch lokal produziertes Futter ermöglicht.

Positiv kann die Biodiversität durch zeitweilige Brachen, Blühstreifen und dauerhafte Renaturierungsmaßnahmen im Grünland beeinflusst werden (Tscharntke et al. 2021). Letzteres sollte die dominante Landnutzung in Auen sein (Verringerung des Boden- und Nährstoffabtrags bei Hochwässern).

15.2.2 Forstwirtschaft

Wälder stellen in Deutschland mit 32 % der terrestrischen Fläche einen der bedeutendsten Lebensräume dar (BMEL 2012). Naturnahe Wälder sind sehr artenreich (Dorow et al. 2007). Beispielsweise beherbergen im Leipziger Auwald Stieleichen und Winterlinden eine geschätzte Anzahl von jeweils ca. 300 bzw. 400 Käferarten, ohne Kurzflügelkäfer (Familie *Staphylinidae*) (Haack et al. 2021, ❏ Abb. 15.4). Wälder stellen auch einen wichtigen CO_2-Speicher dar, der CO_2 der Atmosphäre entziehen und damit dem Klimawandel entgegenwirken kann (Le Quéré et al. 2018).

Traditionell hat die Forstwirtschaft weltweit und auch in Deutschland vorwiegend auf schnellwachsende Baumarten gesetzt. Zunehmende Waldschäden durch eine tendenziell steigende Stärke und Häufigkeit von Stürmen und – vor allem in den letzten Jahren – durch extreme Trockenheit (BfN 2020) haben zu einem Umdenken in der Forstwirtschaft geführt (► Abschn. 19.2): weg von Nadelwaldmonokulturen hin zu artenreichen Laub- und Mischwäldern. Während die Forstwirtschaft vor allem auf eine Effizienzsteigerung und auch verstärkt auf den Anbau gebiets-

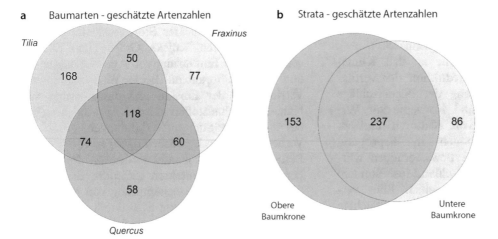

a Baumarten - geschätzte Artenzahlen

Tilia

Fraxinus

50

168

77

118

74

60

58

Quercus

b Strata - geschätzte Artenzahlen

153

237

86

Obere
Baumkrone

Untere
Baumkrone

▣ **Abb. 15.4** Diagramm **a** der geschätzten Anzahl von Käferarten, die exklusiv auf einer von drei in der Luppeaue in Leipzig charakteristischen Baumarten (Gewöhnliche Esche/*Fraxinus excelsior*, Stieleiche/*Quercus robur*, Winterlinde/*Tilia cordata*), auf jeweils zwei oder allen drei dieser Baumarten vorkommen, und **b** der geschätzten Anzahl von Arten, die exklusiv in einer Schicht der Baumkronen oder in beiden Schichten (Strata) auftreten. (Verändert nach Haack et al. 2021)

fremder Arten setzt, fordert der Naturschutz eine Ausweitung der Bannwaldflächen, auf denen Prozessschutz betrieben wird, um das 5-Prozent-Ziel der Nationalen Strategie zur biologischen Vielfalt für natürliche Waldentwicklung zu erreichen (BfN 2020). Strukturreiche, naturnahe Wälder haben eine höhere Widerstandsfähigkeit gegenüber klimatisch bedingten Extremereignissen, sind stabiler und können somit Auswirkungen des Klimawandels besser abpuffern als artenarme, naturferne Forsten (BfN 2020).

In Naturwaldreservaten ist der Totholzanteil meist deutlich höher als in Nutzwäldern (Sandström et al. 2019). Totholz reguliert aufgrund seiner großen Wasserspeicherkapazität (Duncker et al. 2012) das Waldmikroklima und wirkt sich positiv auf die Humusanreicherung aus. Dadurch werden besonders in alten Wäldern erhebliche Mengen an Kohlenstoff im Totholz festgelegt (Körner 2017). Totholz ist auch ein essenzieller Lebensraum für zahlreiche gefährdete Arten (Engelmann et al. 2019). Allerdings ist die Artenvielfalt bei alleinigem Prozessschutz nicht immer höher als in genutzten Wäldern. Auch wenn sich die Standortbedingungen zu sehr geändert haben oder eine wertvolle Artendiversität in Jahrhunderten durch Nutzung entstanden ist, kann ein naturnahes Management für die Erreichung von Naturschutzzielen erforderlich sein (Engelmann et al. 2019). Dies trifft insbesondere für viele Eichenwälder als Jahrhunderte alte Kulturwälder zu, die Lebensraum für viele spezialisierte licht- und wärmeliebende Tierarten sind, die in Deutschland besonders gut an den Klimawandel angepasst sein sollten (Müller-Kroehling 2014).

Erstaufforstungen von Ackerflächen können zur Kohlenstoffbindung beitragen. Auch wenn es erst nach 60 bis 80 Jahren zu einer starken Anreichung von Kohlenstoff im Oberboden kommt, können sie einen kleinen Beitrag zur Verbesserung der Kohlenstoffproblematik leisten (Dohrenbusch 1996). Anderer-

seits wird die Biodiversität der in Wald umgewandelten Lebensräume in bestimmten Fällen verringert. So sind durch Aufforstung und natürliche Sukzession beispielsweise im Regierungsbezirk Stuttgart in den letzten hundert Jahren über 50 % der Trockenrasenflächen auf Kalkstandorten verloren gegangen (Kiefer und Poschlod 1996). Durch Erstaufforstungen können darüber hinaus Barrieren für die Ausbreitung von Arten entstehen und funktionale Zusammenhänge in der Landschaft gestört werden.

Wichtig aus Naturschutzsicht ist daher, dass landschaftstypische, artenreiche Wälder bei der Erstaufforstung angestrebt werden, die in ausgeräumten intensiven Agrarlandschaften als Gliederungselemente wertvoll sein können, und dass keine Aufforstungen auf extensiv genutzten und gefährdeten Offenlandbiotopen erfolgen (Herbert 2003).

15.2.3 Siedlungen

Siedlungen generell und besonders Städte haben auf der einen Seite in vielen Bereichen eine besonders vielfältige und interessante Biodiversität, auf der anderen Seite sind Städte besonders vom Klimawandel betroffen. Aufgrund der großen Unterschiedlichkeit an Lebensräumen (Reste natürlicher Habitate, wie z. B. Wälder, halbnatürliche Lebensräume, wie z. B. Gebüsche und Wiesen, agrarische Habitate, wie z. B. Äcker, und typisch urbane Strukturen, wie z. B. Parks, Friedhöfe, Verkehrs- und Industrieanlagen, Deponien und urbane Brachen) weisen Städte eine vielfältige Flora und Fauna auf (Kowarik et al. 2016). Durch die spezifischen Lebensräume, das von der Umgebung deutlich abweichende Stadtklima und durch die gute Verkehrsanbindung für den Transport von Menschen und Gütern konnten und können gebietsfremde Arten leicht einwandern oder aus Gärten und Tierhaltungen verwildern.

15

Die spezifischen urbanen Bedingungen führen in Städten zu einer Zunahme thermophiler Tier- und Pflanzenarten, zur Verlängerung der Vegetationsperiode und zu einer Verfrühung phänologischer Phasen, wie Blühbeginn von Pflanzenarten oder Brutbeginn bei Vögeln. Es gibt allerdings Möglichkeiten zur Vermeidung zahlreicher negativer Auswirkungen der aktuellen Stadtentwicklung und zur Anpassung an die sich verändernden Bedingungen in Städten (Netz und Gerbich 2020). Der Weg liegt in einer kombinierten Stärkung, Vernetzung und Erweiterung der Grünen Infrastruktur. Dies hat quantitative und qualitative Aspekte. Zuerst geht es um die Sicherung und Erweiterung der Vegetationsflächen, die besonders klimarelevant sind. Temperaturspitzen werden abgemildert, die Luftfeuchtigkeit wird erhöht, Regenwasser in der Stadt gespeichert. Grünflächen leisten weiterhin einen Beitrag zur Kohlenstoffspeicherung in der Vegetation selbst und in Böden und tragen zur Verbesserung der Luftqualität bei. Zur Erreichung dieses Ziels sind die folgenden Maßnahmen erforderlich: Entwicklung und Sicherung eines Schutzgebietssystems in der Stadt, das nicht nur die Reste natürlicher Lebensräume einschließt, sondern auch halbnatürliche Lebensräume und spezifisch urbane Strukturen wie Parks und Friedhöfe. Je nach den gesetzlichen Regelungen in den Bundesländern umfasst das Schutzgebietssystem FFH-Gebiete, Naturschutzgebiete, flächenhafte Naturdenkmale, geschützte Parks und besonders geschützte Biotope und Landschaftsschutzgebiete. Grünflächen sollten durch Korridorstrukturen miteinander verbunden werden, damit ein netzartiges System der Grünen Infrastruktur entsteht (Kabisch et al. 2016). Durch zielgerichtete Maßnahmen der Fassaden- und Dachbegrünung kann die Vegetationsfläche zusätzlich vergrößert werden. Besonders problematisch im Sinne der Klimaanpassung ist der oft schlechte Zustand der stark belasteten Straßenbäume. Diese sind in den Städten ein wichtiger Teil der Grünen Infrastruktur zur Abmilderung von Wetterextremen.

Neben diesen quantitativen Aspekten der Vermehrung des Stadtgrüns steht eine ganze Reihe qualitativer Größen, die zielgerichtet verbessert werden sollten, um sowohl den Bestand der Biodiversität zu sichern als auch die Ökosystemleistungen der Grünflächen zu erhöhen. Eine Steigerung der Qualität kann durch Diversifizierung der Vegetationsstruktur erreicht werden. Gemeint ist damit u. a. eine Vergrößerung des Baum- und Strauchbestandes auf Grünflächen, eine Reduktion der Mahdintensität auf Grünflächen zur Erhöhung der Biomasse und damit der klimatischen Wirkung der Vegetation. Brachflächen sollten zu Wildnisflächen entwickelt werden, damit eine strukturiertere und vielfältigere Vegetation entsteht, die auch der Erholung und Umweltbildung dienen kann. Auf städti-

schen Freiflächen ist der Versiegelungsgrad deutlich zu reduzieren (Arndt und Werner 2017).

15.2.4 Wasserwirtschaft und Hochwasserschutz

Der Klimawandel zeigt sich nicht nur in erhöhten Temperaturen (▶ Kap. 6), sondern auch in veränderten Mustern des Niederschlags (▶ Kap. 7), inklusive erheblich häufiger und in höherem Ausmaß auftretender Extremereignisse, was sowohl Hochwasser als auch Niedrigwasser betrifft (Harris et al. 2020; ▶ Kap. 6 und 10) und zu erheblichen Veränderungen der Biodiversität führt (◘ Abb. 15.5).

Global reagiert die Wasserwirtschaft auf die veränderten hydrologischen Bedingungen mit dem Neubau von Staudämmen zur Produktion erneuerbarer Energien und zur Sicherung der Wasserversorgung (Thieme et al. 2020) sowie mit Maßnahmen zum Schutz des Menschen vor Hochwasserereignissen. Ersteres spielt in Deutschland bisher keine Rolle, aber prognostizierte weitere Abnahmen des Niederschlags (▶ Kap. 11), damit verbundene geringere Erträge in der Landwirtschaft (▶ Kap. 18) und 2020 bereits regional, z. B. in Sachsen, verhängte Verbote der Wasserentnahme lassen erwarten, dass die Forderung nach zusätzlichen Wasserspeichern steigen wird.

Staudämme haben besonders gravierende Auswirkungen auf die Biodiversität. Im Staubereich werden Arten der Flüsse, der Auen und weiterer angrenzender terrestrischer Biotope durch Arten von Seen ersetzt, die Durchgängigkeit des Flusses für wandernde Arten wird stark herabgesetzt oder komplett verhindert und unterhalb der Staudämme wird die natürliche Flussdynamik so stark verändert, dass viele darauf angewiesene Arten lokal aussterben (Schmutz und Moog 2018).

Indirekte Auswirkungen veränderter Niederschlagsverhältnisse auf die Biodiversität entstehen bezüglich der Wasserwirtschaft in Deutschland vor allem durch Maßnahmen zum Hochwasserschutz. Drei komplementäre Maßnahmen werden hierbei eingesetzt: Ausbau und Erhöhung der Eindeichung von Flüssen, Schaffung von Poldern, die bei Hochwasser gezielt geflutet werden können, sowie die Anbindung natürlicher Überschwemmungsflächen durch Deichrückbau oder -schlitzung. Die Eindeichung schneidet einen großen Teil der ursprünglichen Auen von der natürlichen Dynamik ab. Diese natürliche Dynamik ist jedoch essenziell für die hohe Diversität und den Artenreichtum von Auen, sowohl für Pflanzen als auch für viele Tierarten (Schmutz und Moog 2018). Durch Eindeichung sind in Deutschland ca. 70 % der ursprünglichen Überschwemmungsflächen verloren gegangen (Scholz et al. 2012). Neben dem massiven

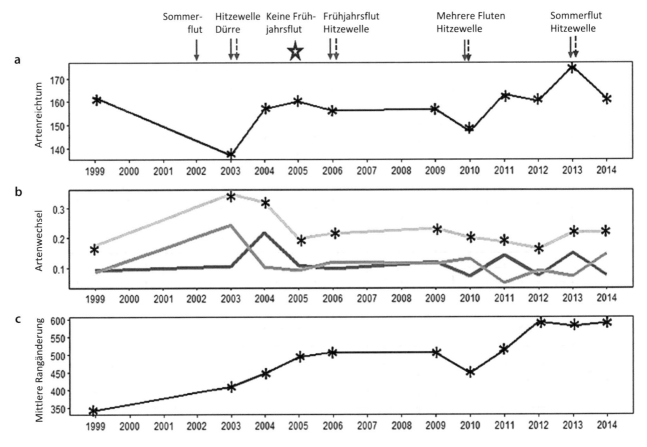

□ **Abb. 15.5** Extremereignisse und Veränderungen im Artenbestand von Pflanzen an der Mittleren Elbe; **a** Artenreichtum; **b** Artenwechsel (insgesamt: hellblau; neue Arten: grün; verschwundene Arten: orange); **c** Änderung des mittleren Ranges in der relativen Häufigkeit der erfassten Arten im Vergleich zu früheren Erfassungsjahren. Pfeile zeigen Jahre an, in denen Extremereignisse aufgetreten sind, Sternchen zeigen Stichprobenjahre an. Das erste Jahr der Probenahme (1998) wird nicht dargestellt, da alle Indizes außer dem Artenreichtum als Differenz zwischen aufeinanderfolgenden Jahren berechnet werden. Der Artenreichtum lag 1998 bei 161 Arten. Im Herbst 2002 wurden Proben entnommen, aber hier nicht berücksichtigt, da Frühjahrsproben für 2002 fehlen. Die Veränderungen für 2003 beziehen sich daher auf Veränderungen von 1999 bis 2003. (Verändert nach Harris et al. 2020)

15

Biodiversitätsverlust ist damit auch ein Verlust des Hochwasserretentionspotenzials von ca. 65 % sowie des Treibhausgasrückhalts in organischen Böden von ca. 75 % erfolgt.

Dort, wo keine Deichrückverlegungen möglich sind, sollten Polder, ungesteuert oder mit sogenannten ökologischen Flutungen, entwickelt werden (Wilkens 2021). Jedoch haben technische Polder, die nur bei extremem Hochwasser geflutet werden, aufgrund der seltenen Flutung keine positiven Wirkungen auf die Biodiversität und die meisten Ökosystemleistungen (Schindler et al. 2014). Bei ökologischer Flutung können aber durchaus positive Effekte für die Biodiversität erzielt werden (Wilkens 2021), auch wenn diese geringer bleiben als die Effekte renaturierter Auen (Fischer et al. 2019).

Deichrückverlegungen müssen nicht nur für die Förderung der Biodiversität von Auen, sondern auch zur Verlangsamung des Klimawandels hohe Priorität erhalten. Die Kohlenstoffspeicher in Auen sind im Ver-

gleich zu vielen anderen terrestrischen Ökosystemen in Europa enorm. Beispielsweise betragen sie in Böden der Donauauen 350 t/ha und in Hartholzauen bis zu 500 t/ha, was deren Potenzial als Kohlenstoffsenke hervorhebt (Cierjacks et al. 2010). Wenn Auen jedoch durch Eindämmung degradiert oder in andere Landnutzungen überführt werden, können sie wichtige Quellen von CH_4, CO_2 und N_2O werden und dadurch zum Klimawandel beitragen (Kayranli et al. 2010; Mitsch et al. 2013).

15.2.5 Erneuerbare Energien

Eine Umstellung der Energieerzeugung von fossilen Energieträgern zu erneuerbaren Energien ist eine zentrale Komponente im Versuch, die globale Erwärmung zu begrenzen. In Deutschland spielen dabei Windenergie, Bioenergie und Fotovoltaik die größten Rollen (▶ Kap. 33). Die indirekten Auswirkungen dieser

Umstellung sind komplex. Zum einen werden die in ▶ Abschn. 15.1 aufgeführten Auswirkungen des Klimawandels reduziert, zum anderen entstehen neue, für den Naturschutz meist negative Auswirkungen durch neue Flächennutzungen für den Ausbau erneuerbarer Energiequellen (Sánchez-Zapata et al. 2016). Hinzu kommen Auswirkungen durch die Reduzierung und Aufgabe der Ausbeutung von Lagerstätten fossiler Energieträger. Der Abbau von Kohle beispielsweise hat einerseits Lebensräume komplett zerstört, andererseits sind in vielen Fällen dynamische sekundäre Lebensräume entstanden, die insbesondere vielen Pionierarten wertvolle Ersatzlebensräume für die in unseren Kulturlandschaften ansonsten weitgehend verschwundenen Primärlebensräume bieten (Landeck et al. 2017). Trotzdem bleibt insbesondere der großflächige Bergbau eine Bedrohung bestehender wertvoller Habitate, die jedoch durch die schrittweise Reduktion der Kohleförderung künftig reduziert werden wird.

Bei Windkraftanlagen entstehen Risiken durch Kollisionen mit den Rotorblättern, die insbesondere für Vögel und Fledermäuse belegt sind (u. a. Brinkmann et al. 2011). Fledermäuse können bereits durch Barotraumata aufgrund von Druckunterschieden nahe den Rotorblättern geschädigt werden (Brinkmann et al. 2011). Aussagen über die Bedeutung für die betroffenen Populationen lassen sich aber kaum treffen, da bisher u. a. kein systematisches Monitoring der quantitativen Verluste existiert, das berücksichtigt, dass nur ein Teil der Opfer gefunden wird (Erickson et al. 2014). Zugleich sind mit der Errichtung von Windkraftanlagen auch Habitatverluste und Störungen verbunden. Die Auswirkungen hängen jedoch stark davon ab, wo in der Landschaft Windkraftanlagen errichtet werden (Bose et al. 2020a). Beispielsweise erhöht sich für Mäusebussarde *(Buteo buteo)* mit der Entfernung von den Rändern von Grünland und Gebüsch das Kollisionsrisiko (Bose et al. 2020b). Die Auswirkungen hängen außerdem insbesondere von der Architektur von Windturbinen und den Abschaltalgorithmen ab, die ein effektives und leicht implementierbares Instrument sind, um das Tötungsrisiko von Fledermäusen durch Windkraftanlagen zu reduzieren (Gasparatos et al. 2017; Lindemann et al. 2018).

Marine Windkraftanlagen werden wegen des Unterwasserlärms bei der Konstruktion von marinen Säugetieren gemieden und der Lärm führt u. a. zu Gehörschäden und Orientierungslosigkeit bei Schweinswalen *(Phocoena phocoena)* und anderen Meeressäugern (Southall et al. 2007; Brandt et al. 2011). Bei marinen Vögeln besteht neben dem Risiko von Kollisionen mit Windkraftanlagen eine Attraktionswirkung der Beleuchtung solcher Anlagen während der Nacht (Dierschke et al. 2021). Andererseits profitieren benthische Arten und Fische vor allem wegen des strikten und ganzjährigen Fischereiverbots im nahen Umfeld

von Windkraftanlagen und eventuell auch aufgrund zusätzlicher Strukturen, die als Habitat genutzt werden können (Übersicht in Gasparatos et al. 2017).

Der Ausbau der Windenergie erfordert auch einen Ausbau von Stromtrassen und Erdkabeln, um die Energie von den Windkraftanlagen in Regionen mit Energiebedarf zu transportieren. Stromtrassen können zum Tod von Vögeln durch Stromschlag führen, wobei die Wirkung von der Landschaftsstruktur und technischen Maßnahmen zur Vermeidung von Stromschlag abhängt und artspezifisch sehr unterschiedlich ist (Sánchez-Zapata et al. 2016). Außerdem zerschneiden sie Lebensräume und beeinträchtigen insbesondere Arten, für die schmale offene Landschaftselemente als Barriere wirken. Andererseits schaffen Stromtrassen offene Lebensräume, von denen Arten offener und halboffener Habitatstrukturen, wie beispielsweise die Zauneidechse *(Lacerta agilis),* profitieren. Solche positiven Wirkungen können durch ein gezieltes Ökologisches Trassenmanagement (ÖTM) deutlich gesteigert werden (Noll und Grohe 2020). Beim Bau von Erdkabeltrassen können vielfältige Beeinträchtigungen von Natur und Landschaft auftreten, die durch Vermeidungs- und Minderungsmaßnahmen abgemildert werden sollten (Runge et al. 2021).

Bioenergie basiert in Deutschland vor allem auf der Produktion von Biomasse auf landwirtschaftlichen Flächen (Gasparatos et al. 2017). Der Anbau von Biomasse für Treibstoffe und für die energetische Nutzung galt zwar als eine wichtige Maßnahme zur Abmilderung der Folgen des Klimawandels, führt aber bei Betrachtung aller Produktionsfaktoren tatsächlich zu einer weiteren Steigerung der Treibhausgasemissionen und des Biodiversitätsverlustes durch die Landwirtschaft (Leopoldina 2019). Das heißt, dass nur anfallende Reststoffe wie Gülle und Stroh aus der Landwirtschaft effektiv zur Energieproduktion eingesetzt werden sollten. Mahdgut, das beim Management geschützter Grünlandlebensräume anfällt, kann sowohl zur Erzeugung erneuerbarer Energien als auch zur Erhaltung von gefährdeten Lebensräumen und deren Arten beitragen (Noll et al. 2020).

Der Anbau von Energiepflanzen wirkt sich auf die Biodiversität dagegen gravierend aus, vor allem durch den massiven Einsatz von Düngern und durch Habitatverluste sowohl lokal als auch weltweit durch globale Verlagerung der Nahrungsmittelproduktion (Gasparatos et al. 2017). Die Stärke des Einflusses hängt davon ab, welche Lebensräume zur Bioenergieproduktion umgewandelt werden und wie empfindlich die davon betroffenen Arten auf den Verlust und die Fragmentierung ihrer Lebensräume reagieren (Schliep et al. 2017). Wenn gebietsfremde Energiepflanzen verwendet werden, kann es durch invasive Ausbreitungen zu erheblichen weiteren Problemen kommen (Barney und DiTomaso 2011; vgl. ▶ Abschn. 15.2.1).

Energieerzeugung durch Fotovoltaik wirkt sich bisher vor allem lokal auf die Biodiversität aus. Anlage und Betrieb von Solarparks und deren Versorgungsinfrastruktur führen zu Habitatveränderungen und -fragmentierung (Gasparatos et al. 2017). Außerdem wirken das polarisierte Licht und der Glanz von Solarzellen für Insekten als Falle (Horváth et al. 2010). Deswegen gilt für die Fotovoltaik im Besonderen, dass dezentrale Anlagen auf bereits existierender Infrastruktur (Dächer) das Mittel der Wahl sind, um Eingriffe in den Naturhaushalt zu minimieren.

Da auch andere Formen der Erzeugung erneuerbarer Energien, die bisher noch keine große Rolle in Deutschland spielen, nicht „biodiversitätsneutral" sind (Sánchez-Zapata et al. 2016), gilt es, verschiedene Formen erneuerbarer Energien optimal und räumlich differenziert miteinander zu kombinieren. Hierfür müssen die Vor- und Nachteile für die Erhaltung der Biodiversität, für die Energieerzeugung und für die Gesundheit des Menschen nicht nur regional und deutschlandweit, sondern sogar global gegeneinander abgewogen werden (Henle et al. 2016).

15.3 Naturschutz und Klimawandel

Für alle Bereiche des Naturschutzes stellt sich vor dem Hintergrund weitreichender direkter und indirekter Auswirkungen des Klimawandels auf die biologische Vielfalt die Frage, mit welchen Mitteln diese Herausforderungen aufgenommen werden können. Erschwerend kommt hinzu, dass die tatsächlichen Auswirkungen des Klimawandels auf die Natur regional und lokal höchst unterschiedlich ausfallen können und bisher bestenfalls teilweise vorhersagbar sind. Darüber hinaus bestehen große Wissensdefizite hinsichtlich der Reaktionen von Pflanzen, Tieren, Biozönosen und Ökosystemen auf die Veränderung relevanter Klimaparameter. Schließlich ist auch das ökologische Grundlagenwissen etwa hinsichtlich zahlreicher Wechselwirkungen innerhalb und zwischen den Ebenen der biologischen Vielfalt als unzureichend einzuschätzen (vgl. Schliep et al. 2017).

Auf diese Herausforderungen kann der Naturschutz im Wesentlichen auf drei Ebenen reagieren:

- durch Anwendung, Anpassung und Weiterentwicklung seiner klassischen Maßnahmen und Strategien (▶ Abschn. 15.3.1),
- durch Ausbau und Verbesserung von Monitoringprogrammen und darauf aufbauender Information von Öffentlichkeit und Politik (▶ Abschn. 15.3.2),
- durch verbesserte Einbindung aller wichtigen Akteure in Regierungen und Verwaltungen *(whole of government approach)* sowie in Wirtschaft, Wissenschaft, Verbänden und der Zivilgesellschaft *(whole of society approach)* (▶ Abschn. 15.3.3).

Dabei wird einer gezielten Nutzung von Synergien zwischen Maßnahmen zur Anpassung an den Klimawandel und zum Schutz der Biodiversität eine besonders wichtige Rolle zukommen. Hierzu zählen etwa Renaturierungen von Mooren (Parish et al. 2008) oder die Rückgewinnung natürlicher Überschwemmungsflächen in Auen (Mitsch et al. 2013). Die gezielte Förderung solcher naturbasierten Lösungen im Bereich der Klimafolgenanpassung eröffnet große Chancen sowohl für den Naturschutz als auch für nachhaltige Lösungen zur Bewältigung der Folgen des Klimawandels.

15.3.1 Maßnahmen und Strategien des Naturschutzes

Im Zeichen der vom Klimawandel verursachten Veränderungen der biologischen Vielfalt müssen auch die bisher etablierten Maßnahmen und Strategien des Naturschutzes überdacht, angepasst und ergänzt werden (vgl. Heiland et al. 2008). Dies gilt ebenso für die Instrumente der Landschaftsplanung als Fachplanung des Naturschutzes. Insbesondere die große Dynamik der Folgen des Klimawandels und die damit verbundenen Unsicherheiten verdeutlichen die Notwendigkeit von Anpassungen und Ergänzungen solcher Instrumente des Naturschutzes.

Klassische Strategien sowohl des „bewahrenden Naturschutzes" als auch des „dynamischen Naturschutzes" zielen auf Schutzobjekte, deren Eigenschaften klar definiert sind, und orientieren sich zumeist an historischen Referenzzuständen (Heiland und Kowarik 2008). Im Zuge des Klimawandels sind aber ergänzend Strategien zur Erhaltung biologischer Vielfalt vor allem dann erfolgversprechend, wenn sie natürliche Dynamik zulassen und sogar unterstützen (vgl. Zebisch et al. 2005; Doyle und Ristow 2006). Dementsprechend sollten Naturschutzstrategien im Zuge des Klimawandels alle Formen von Anpassungsmöglichkeiten der biologischen Vielfalt auf der Ebene von Genen und Arten, aber auch von Biozönosen und Biotopen fördern (Doyle und Ristow 2006). Dabei sind grundsätzlich Synergien mit Maßnahmen zum Klimaschutz und zur Anpassung an den Klimawandel möglich (Paterson et al. 2008; von Haaren et al. 2010; ◘ Abb. 15.6).

Der Naturschutz steht im Zuge der Fragen des Klimawandels auch vor grundlegenden normativen Problemen (vgl. Heiland et al. 2008). Denn nicht alle bewährten Ansätze zur Bewertung von Arten und Biotopen eignen sich auch angesichts der Dynamik des Klimawandels. So funktioniert das klassische Bewertungskriterium der Natürlichkeit/Naturnähe mit einem historischen Referenzpunkt aufgrund absehbar irreversibler Veränderungen durch den Klimawandel nur noch bedingt (Boye und Klingenstein 2006). Hieraus wird deutlich, dass Anpassungen auch bei grund-

◻ **Abb. 15.6** Auswirkungen von Maßnahmen zum Klimaschutz und zur Anpassung an den Klimawandel auf die biologische Vielfalt (verändert nach Paterson et al. 2008). Die schwarzen Linien zeigen die Bandbreite möglicher Wirkungen; beispielsweise. sind Maßnahmen zum technischen Hochwasserschutz oftmals mit negativen Wirkungen auf die biologische Vielfalt verbunden, leisten jedoch einen positiven Beitrag zur Anpassung an den Klimawandel.

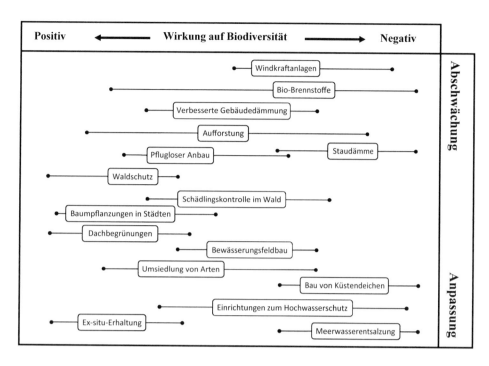

legenden Werthaltungen und Normen des Naturschutzes erforderlich sind.

Folgende wichtige Ansätze zur Anpassung naturschutzfachlicher Maßnahmen, Instrumente und Strategien werden im Zusammenhang mit dem Klimawandel diskutiert, mit denen grundsätzlich eine Verringerung der Vulnerabilität und eine Erhöhung der Anpassungsfähigkeit biologischer Vielfalt angestrebt werden (Zebisch et al. 2005; Doyle und Ristow 2006; Bundesregierung 2008; Lawler 2009; Wilke et al. 2011; Loss et al. 2011; Ibisch et al. 2012; Schliep et al. 2017):

- **Belastungsreduktion:** Belastungen, die nicht durch den Klimawandel hervorgerufen werden (z. B. Zersiedlung und Fragmentierung, Schadstoffeinträge), sollten so weit wie möglich reduziert werden.
- **Schutzgebietssysteme:** Zahl und Fläche von Schutzgebieten sollten vergrößert werden, um Arten und Biozönosen ausreichend Raum zur Anpassung an veränderte Umweltbedingungen im Klimawandel zu geben.
- **Biotopverbundsysteme:** Der Biotopverbund sollte von der lokalen bis zur nationalen und globalen Ebene ausgebaut werden, um Wanderungs- und Ausbreitungskorridore für möglichst viele Arten im Klimawandel zu eröffnen. Dies ist erforderlich, da sich die Verbreitungsgebiete vieler Arten im Klimawandel irreversibel verschieben.
- **Artenhilfsprogramme:** Umsiedlungen oder Verpflanzungen von Individuen oder Populationen sind eine weitere Option. Jedoch sind hiermit stets Risiken verbunden – etwa die Möglichkeit, dass umgesiedelte Arten in ihrem neuen Verbreitungsgebiet ein invasives Verhalten zeigen.

- **Genetische Vielfalt:** Die genetische Vielfalt der Arten sollte als eine wichtige Voraussetzung für Anpassungen an veränderte Klimabedingungen erhalten und gefördert werden. Dies sollte vor allem in situ (u. a. durch Erhaltung großer, miteinander vernetzter Populationen) oder – falls in situ nicht möglich oder nicht ausreichend – ergänzend auch ex situ (u. a. in Genbanken und Zuchtprogrammen) erfolgen.
- **Erfassung und Bewertung von Veränderungen der biologischen Vielfalt:** Naturschutzfachliche Monitoringprogramme müssen ausgebaut werden, um gezielt die Auswirkungen des Klimawandels auf die biologische Vielfalt zu erfassen (Dröschmeister und Sukopp 2009; Heiland et al. 2018; ▶ Abschn. 15.3.2). Auch das Instrument der Roten Listen zur Dokumentation der Dynamik von Flora und Fauna auf der Ebene einzelner Arten muss den Klimawandel als Ursache für Gefährdungen und Rückgänge von Arten möglichst genau abbilden (vgl. Ludwig et al. 2009).

15.3.2 Monitoring und Indikatoren zu Naturschutz und Klimawandel

Auf die fortschreitenden Veränderungen der biologischen Vielfalt infolge des Klimawandels hat die Bundesregierung im Bereich der Naturschutzpolitik reagiert. Bereits in der Nationalen Strategie zur biologischen Vielfalt (BMU 2007) wurden ambitionierte Ziele und zahlreiche Maßnahmen festgelegt, mit deren

◘ Tab. 15.1 Indikatoren im Handlungsfeld „Biologische Vielfalt" der Deutschen Anpassungsstrategie an den Klimawandel (Schliep et al. 2017, 2020)

Nr.	Bezeichnung des Indikators
BD-I-1	Phänologische Veränderungen bei Wildpflanzenarten
BD-I-2	Temperaturindex der Vogelartengemeinschaft
BD-I-3	Rückgewinnung natürlicher Überflutungsflächen
BD-R-1	Berücksichtigung des Klimawandels in Landschaftsprogrammen und -rahmenplänen
BD-R-2	Gebietsschutz

Hilfe Natur und Landschaft geschützt werden sollen – u. a. soll hier auch den Auswirkungen des Klimawandels so weit wie möglich begegnet werden. Weiterhin wurden Ziele und Maßnahmen im Handlungsfeld „Biologische Vielfalt" in der Deutschen Anpassungsstrategie an den Klimawandel (DAS) (Bundesregierung 2008) und im ersten Aktionsplan Anpassung definiert (APA I) (Bundesregierung 2011). Die Aktionspläne zur DAS werden seither regelmäßig fortgeschrieben.

Neben den politischen Beschlüssen solcher Maßnahmen ist für eine effiziente Naturschutzpolitik immer auch eine gezielte Überwachung von Zustand und Entwicklung der biologischen Vielfalt und eine Kontrolle der Umsetzung und Wirksamkeit der beschlossenen Maßnahmen erforderlich (Dröschmeister und Sukopp 2009; Heiland et al. 2018). Hierzu können einerseits geeignete Daten aus bestehenden Monitoringprogrammen genutzt, andererseits müssen solche Programme gezielt ergänzt und ausgebaut werden (Sukopp 2009; Schliep et al. 2018). Vor diesem Hintergrund wurde im Rahmen zweier Forschungs- und Entwicklungsvorhaben des Bundesamtes für Naturschutz (BfN) ein Set von Indikatoren entwickelt, das komplexe Zusammenhänge zwischen Klimawandel und biologischer Vielfalt anschaulich darstellen und hierdurch klima- und biodiversitätsrelevante Planungen und Entscheidungen fachlich unterstützen kann (Schliep et al. 2017, 2020). Die Berichterstattung auf Grundlage der Indikatoren dient der Information der interessierten Öffentlichkeit und der gezielten Politikberatung. Das Set aus derzeit fünf Indikatoren (◘ Tab. 15.1) wurde bisher in den beiden sogenannten Monitoringberichten 2015 und 2019 zur DAS dargestellt (UBA 2015, 2019).

Ein besonders anschauliches Beispiel für die Entwicklung eines solchen Indikators ist die Aufbereitung phänologischer Daten von Wildpflanzenarten in Deutschland in Form einer phänologischen Uhr (◘ Abb. 15.7). Diese zeigt folgendes Muster: Die phänologischen Jahreszeiten vom Vorfrühling über den Sommer bis zum Frühherbst setzten in der Periode nach 1992 jeweils früher ein als in den beiden älteren Zeiträumen, Vollherbst, Spätherbst und Winter hingegen jeweils später. Dadurch war insbesondere der Frühherbst im Mittel der Jahre 1992 bis 2021 um etwa 17 Tage länger, der Winter jedoch um etwa zehn Tage kürzer als noch zwischen 1951 und 1980. Analysiert man die Eintrittsdaten der phänologischen Jahreszeiten im Vergleich der beiden Perioden (1951–1980 und 1992–2021), so ergeben sich statistisch signifikante Unterschiede zwischen den beiden Perioden für alle Jahreszeiten mit Ausnahme des Vorfrühlings. Ein weiteres Beispiel für einen auf phänologischen Daten basierenden aussagekräftigen Indikator ist der Indikator „Dauer der Vegetationsperiode" in der Nationalen Strategie zur biologischen Vielfalt (vgl. den aktuellen Indikatorenbericht 2019, hierzu: BMU 2021).

Um einschlägige Monitoringprogramme und die darauf aufbauenden Indikatorensysteme künftig systematisch weiterzuentwickeln (vgl. Braeckevelt et al. 2018; Schliep et al. 2018), muss die Klimafolgenforschung zu Auswirkungen des Klimawandels auf die biologische Vielfalt vorangetrieben werden. Deren Ergebnisse können nicht nur zum Ausbau und zur Verbesserung der Monitoringprogramme beitragen, sondern müssen in die Entwicklung und den Ausbau weiterer Instrumente und Strategien des Naturschutzes (u. a. Artenschutz, Biotopschutz, Gebietsschutz und Vertragsnaturschutz) einfließen (vgl. zu dieser Form des Wissenstransfers aus der Forschung in die Praxis: Hoffmann et al. 2014).

15.3.3 Akteure des Naturschutzes

Um den großen Herausforderungen im Zuge des Klimawandels zu begegnen, müssen alle Akteure des Naturschutzes verstärkt aktiv werden und miteinander kooperieren. Dies umfasst insbesondere:

- **Verwaltungen** auf der Ebene von Bund, Ländern und Kommunen *(whole of government approach)*: Über die für den Naturschutz zuständigen Fachbehörden hinaus ist ein umfassendes, ressortübergreifendes Verwaltungshandeln erforderlich, das alle Politikfelder und Verwaltungsbereiche einbindet, die direkt oder indirekt Auswirkungen des Klimawandels auf die biologische Vielfalt steuern. Dabei gewinnen zusehends Klimaschutzpläne auf der lokalen Ebene der Kommunen an Bedeutung, die konkrete und bedeutsame Beiträge zur Erreichung nationaler und globaler Ziele in diesem Bereich leisten (z. B. Stadt Leipzig 2020).
- Staatliche und private **Unternehmen** müssen in allen Bereichen ihrer wirtschaftlichen Aktivitäten ihren Anteil am Klimawandel, der direkte oder indirekte Auswirkungen auf die biologische Vielfalt nach sich zieht, bilanzieren. Solche Schäden an der biologischen Vielfalt sollten allerdings besser von

Gegenüberstellung des mittleren Beginns und der mittleren Dauer (Zahl der Tage) zehn phänologischer Jahreszeiten in den Zeiträumen 1951 – 1980, 1981 – 2010 und 1992 – 2021

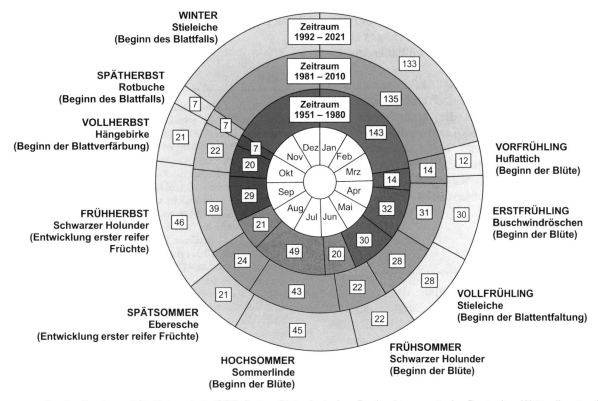

Quelle: Bundesamt für Naturschutz (BfN), Daten: Phänologisches Beobachtungsnetz des Deutschen Wetterdienstes (DWD)

◨ **Abb. 15.7** Der Indikator „Phänologische Veränderungen bei Wildpflanzenarten" bildet die klimawandelbedingten Veränderungen im jährlichen Eintrittsdatum der phänologischen Jahreszeiten seit 1951 in Form einer phänologischen Uhr ab (vgl. DWD 2013; UBA 2019). Der Beginn der phänologischen Jahreszeiten wird durch das Eintreten sogenannter phänologischer Leitphasen in der Entwicklung ausgewählter einheimischer Wildpflanzenarten markiert, beispielsweise der Beginn des Vorfrühlings durch den Beginn der Blüte des Huflattichs *(Tussilago farfara)*. Es werden die bundesweiten Mittelwerte der Eintrittsdaten und die sich daraus ergebende Dauer jeder der zehn phänologischen Jahreszeiten aus einem 30-jährigen Referenzzeitraum entsprechenden Werten 1992–2021 gegenübergestellt. Die Eintrittsdaten jeder phänologischen Jahreszeit wurden statistisch auf Unterschiede zwischen den Zeiträumen untersucht. (Heiland et al. 2018; Schliep et al. 2020)

vornherein vermieden werden. Soweit dies nicht in vollem Umfang möglich sein sollte, müssen sie im Sinne des Verursacherprinzips von den Unternehmen ausgeglichen bzw. ersetzt werden.

- **Umwelt- und Naturschutzverbände:** Ein aktives Mitwirken dieser Verbände mit ihren zahlreichen Mitgliedern ist unabdingbar, da von hier unschätzbare Impulse für den Schutz der biologischen Vielfalt ausgehen und in ungezählten kleinen und großen Projekten praktische Arbeit vor Ort für den Schutz und die Förderung von Arten und Biotopen geleistet wird.
- *Citizen science:* Für die aufwändigen Datenerhebungen im Bereich von Forschungsprojekten und Monitoringprogrammen ist das freiwillige und ehrenamtliche Engagement fachlich qualifizierter Bürgerinnen und Bürger unerlässlich.
- Beiträge aus **Wissenschaft und Forschung** zu den Folgen des Klimawandels müssen die großen

Wissenslücken, die im Bereich der Auswirkungen des Klimawandels auf die biologische Vielfalt nach wie vor bestehen, schließen (▶ Abschn. 15.3.2). Dabei geht es einerseits um einen gezielten Transfer von Ergebnissen der Wissenschaft in die Naturschutzpraxis, andererseits auch umgekehrt um die Weitergabe von Fragen aus der Praxis als Auftrag an Wissenschaft und Forschung (Riecken et al. 2020).

Eine erfolgreiche Einbindung und Stärkung der hier genannten und weiterer Akteure bedeutet nichts weniger als eine gesamtgesellschaftliche Anstrengung *(whole of society approach)*, die aber für das Gelingen einer sozialökologischen Transformation der gesamten Gesellschaft erforderlich ist.

Hervorzuheben sind auch die in vielen Bundesländern laufenden Programme für ein Monitoring der Folgen des Klimawandels in allen Bereichen von

Natur und Gesellschaft sowie darauf aufbauende Internetportale und Publikationen, um die Ergebnisse zu kommunizieren (z. B. das Klimafolgen- und Klimaanpassungsmonitoring in Nordrhein-Westfalen, LANUV 2021; das im Klimaschutzplan Hessen adressierte Monitoring und die darauf aufbauenden Indikatoren, HLNUG 2021).

Die Landschaftsplanung als Managementansatz im Bereich von Naturschutz und biologischer Vielfalt sollte künftig verstärkt die dynamischen Veränderungen von Natur und Landschaft durch den Klimawandel vorausschauend berücksichtigen. Dies zielt darauf, Anpassungsoptionen sowie flexible Entwicklungsmöglichkeiten von Natur und Landschaft mit planerischen Mitteln zu unterstützen (Heiland et al. 2008; Schliep et al. 2017).

15.4   Kurz gesagt

Der Klimawandel hat auf vielfältige Weise direkten und indirekten Einfluss auf alle Komponenten der Biodiversität. Betroffen sind alle Organisationsstufen des Lebens, Physiologie und Genetik der Organismen sowie Lebensrhythmus und Verbreitung der Arten. Auch die Wechselwirkungen zwischen Organismen wie Konkurrenz, Räuber-Beute-Beziehungen und Parasitismus können sich klimabedingt verändern, biologische Invasionen können beschleunigt werden. Sehr wahrscheinlich wird der Klimawandel neue Ökosysteme hervorbringen und damit Funktionen und Leistungen von Ökosystemen für den Menschen dauerhaft verändern.

Neben weiteren anthropogenen Triebkräften ist der Klimawandel ein besonders wichtiger Faktor der aktuellen Biodiversitätskrise. Wenn sich Krankheitserreger und ihre Überträger infolge des Klimawandels stärker ausbreiten, berührt das den Menschen ebenso wie Veränderungen von Ökosystemen, wenn sich deren Leistungen und Produktivität verringern.

Wer kann auf die Veränderungen der Biodiversität durch den Klimawandel reagieren? Einflussmöglichkeiten haben sowohl die hauptsächlichen Landnutzer, insbesondere die Land-, Forst- und Wasserwirtschaft, die Stadtentwicklung, der Hochwasserschutz, die Erzeuger erneuerbarer Energien, aber auch der Naturschutz. Letzterer reagiert durch Anwendung, Anpassung und Weiterentwicklung seiner klassischen Maßnahmen und Strategien wie z. B. verschiedene Instrumente des Arten-, Biotop- und Prozessschutzes, durch den Ausbau und die Verbesserung von Monitoringprogrammen für die Information der Öffentlichkeit und die Beratung der Politik. Die Einbindung aller wichtigen Akteure in Regierungen und Verwaltungen *(whole of government approach)* sowie in Wirtschaft, Wissenschaft, Verbänden und der Zivil-

gesellschaft *(whole of society approach)* sind wichtige Voraussetzungen für die Lösung der mit dem Klimawandel verbundenen Herausforderungen, nicht nur im Hinblick auf die Gefährdung der Biodiversität.

Literatur

Adamik P, Kral M (2008) Climate- and resource-driven long-term changes in dormice populations negatively affect hole-nesting songbirds. J Zool 275:209–215

Arndt T, Werner P (2017) Möglichkeiten zum Schutz und zur Weiterentwicklung der biologischen Vielfalt in der Stadt, im Rahmen der integrierten Stadtentwicklung. Nat Landsch 92(6):245–250

Barney JN, DiTomaso JM (2011) Global climate niche estimates for bioenergy crops and invasive species of agronomic origin: potential problems and opportunities. PLoS ONE 6:e17222

Barnosky AD, Matzke N, Tomiya S, Wogan GOU, Swartz B, Quental TB, Marshall C, McGuire JL, Lindsey EL, Maguire KC, Mersey B, Ferrer EA (2011) Has the Earth's sixth mass extinction already arrived? Nature 471(7336):51–57

Beckmann M, Hock M, Bruelheide H, Erfmeier A (2012) The role of UV-B radiation in the invasion of *Hieracium pilosella* – comparison of German and New Zealand plants. Environ Exp Bot 75:173–180

Beierkuhnlein C, Jentsch A, Thiel D, Willner E, Kreyling J (2011) Ecotypes of European grass species respond specifically to warming and extreme drought. J Ecol 99:703–713

BfN (Hrsg) (2020) Wälder im Klimawandel: Steigerung von Anpassungsfähigkeit und Resilienz durch mehr Vielfalt und Heterogenität. Ein Positionspapier des BfN. Bundesamt für Naturschutz. Bonn-Bad Godesberg

BMEL (Hrsg) (2012) Dritte Bundeswaldinventur 2012. Bundesministerium für Ernährung und Landwirtschaft. Bonn. ► https://www.bundeswaldinventur.de/dritte-bundeswaldinventur-2012/waldland-deutschland-waldflaeche-konstant/. Zugegriffen: 3. Mai 2022

BMU (2007) Nationale Strategie zur biologischen Vielfalt. Bundesministerium für Umwelt, Naturschutz und Reaktorsicherheit, Berlin

BMU (2021) Indikatorenbericht 2019 der Bundesregierung zur Nationalen Strategie zur biologischen Vielfalt. Bundesministerium für Umwelt, Naturschutz und nukleare Sicherheit, Berlin

Bose A, Dürr T, Klenke RA, Henle K (2020a) Assessing the spatial distribution of avian collision risks at wind turbine structures in Brandenburg, Germany. Conserv Sci Pract 2:e199

Bose A, Dürr T, Klenke RA, Henle K (2020b) Predicting strike susceptibility and collision patterns of the common buzzard at wind turbine structures in the federal state of Brandenburg, Germany. PLOS ONE 15(1):e0227698

Boye P, Klingenstein F (2006) Naturschutz im Wandel des Klimas. Nat Landsch 81(12):574–577

Braeckevelt E, Heiland S, Schliep R, Sukopp U, Trautmann S, Züghart W (2018) Indikatoren zu Auswirkungen des Klimawandels auf die biologische Vielfalt. Stand und Perspektiven am Beispiel von Meereszooplankton und Vögeln in Deutschland. Nat Landsch 93(12):538–544

Brandt MJ, Diedrichs A, Bethge K, Nehls G (2011) Responses of harbour porpoises to pile driving at the Horns Rev II offshore wind farm in the Danish North Sea. MEPS 421:205–216

Bridle JR, Polechová J, Kawata M, Butlin RK (2010) Why is adaptation prevented at ecological margins? New insights from individual-based simulations. Ecol Lett 13:485–494

Brinkmann R, Behr O, Niermann I, Reich M (Hrsg) (2011) Entwicklung von Methoden zur Untersuchung und Reduktion des

15

Kollisionsrisikos von Fledermäusen an Onshore-Windenergieanlagen: Ergebnisse eines Forschungsvorhabens. Schriftenreihe Institut für Umweltplanung, Leibnitz Universität, Hannover

Brondizio ES, Settele J, Díaz S, Ngo HT (Hrsg) (2019) Global Assessment Report on Biodiversity and Ecosystem Services. Intergovernmental Science-Policy Platform on Biodiversity and Ecosystem Services Secretariat. Bonn

Bundesregierung (2008) Deutsche Anpassungsstrategie an den Klimawandel. Bundesregierung. Berlin. ▶ https://www.bmu.bund.de/fileadmin/bmu-import/files/pdfs/allgemein/application/pdf/das_gesamt_bf.pdf. Zugegriffen: 3. Mai 2022

Bundesregierung (2011) Aktionsplan Anpassung der Deutschen Anpassungsstrategie an den Klimawandel. Bundesregierung. Berlin. ▶ https://www.bmu.de/fileadmin/bmu-import/files/pdfs/allgemein/application/pdf/aktionsplan_anpassung_klimawandel_bf.pdf. Zugegriffen: 3. Mai 2022

CBD (2020) Global Biodiversity Outlook 5. Secretariat of the Convention on Biological Diversity. Montreal

Cierjacks A, Kleinschmit B, Babinsky M, Kleinschroth F, Markert A, Menzel M, Ziechmann U, Schiller T, Graf M, Lang F (2010) Carbon stocks of soil and vegetation on Danubian floodplains. J Plant Nutr Soil Sci 173:644–653

Dierschke V, Rebke M, Hill K, Weiner CN, Aumüller R, Hill R (2021) Auswirkungen der Beleuchtung maritimer Bauwerke auf den nächtlichen Vogelzug über dem Meer. Nat Landsch 96(6):285–292

Dohrenbusch A (1996) Ökologische und ökonomische Aspekte bei der Waldvermehrung durch Erstaufforstung. LÖBF-Mitteilungen 3(96):18–26

Dorow WH, Kopelke JP, Flechtner G (2007) Wichtigste Ergebnisse aus 17 Jahren zoologischer Forschung in hessischen Naturwaldreservaten. Forstarchiv 78:215–222

Doyle U, Ristow M (2006) Biodiversitäts- und Naturschutz vor dem Hintergrund des Klimawandels. Für einen dynamischen integrativen Schutz der biologischen Vielfalt. Nat Landschaftsplan 38(4):101–107

Dröschmeister R, Sukopp U (2009) Monitoring der Auswirkungen des Klimawandels auf die biologische Vielfalt in Deutschland. Nat Landsch 84(1):13–17

Duncker PS, Raulund-Rasmussen K, Gundersen P, Katzensteiner K, DeJong J, Ravn HP, Smith M, Eckmüller O, Spieker H (2012) How forest management affects ecosystem services, including timber production and economic return: synergies and trade-offs. E&S 17(4):50

Durka W, Michalski SG (2013) Genetische Vielfalt und Klimawandel. In: Essl F, Rabitsch W (Hrsg) Biodiversität und Klimawandel: Auswirkungen und Handlungsoptionen für den Naturschutz in Mitteleuropa. Springer, Berlin, S 132–136

DWD (Hrsg) (2013) Phänologische Uhr. Online Wetterlexikon des Deutschen Wetterdienstes. Deutscher Wetterdienst. Offenbach. ▶ https://www.dwd.de/DE/service/lexikon/Functions/glossar.html?nn=103346&lv2=101996&lv3=102060. Zugegriffen: 3. Mai 2022

Ellenberg H, Weber HE, Düll R, Wirth V, Werner W, Paulißen D (1992) Zeigerwerte von Pflanzen in Mitteleuropa. Scr Geobot 18:1–258

Engelmann RA, Haack N, Henle K, Kasperidus HD, Nissen S, Schlegel M, Scholz M, Seele-Dilbat C, Wirth C (2019) Reiner Prozessschutz gefährdet Artenvielfalt im Leipziger Auenwald. UFZ Discussion Papers 8/2019. Helmholtz-Zentrum für Umweltforschung. Leipzig

Erickson W, Wolfe M, Bay K, Johnson D, Gehring JL (2014) A comprehensive analysis of small-passerine fatalities from collision with turbines at wind energy facilities. PLoS ONE 9(9):e107491

Essl F, Rabitsch W (Hrsg) (2013) Biodiversität und Klimawandel: Auswirkungen und Handlungsoptionen für den Naturschutz in Mitteleuropa. Springer, Berlin

Fischer C, Damm C, Foeckler F, Gelhaus M, Gerstner L, Harris RMB, Hoffmann TG, Iwanowski J, Kasperidus H, Mehl D, Podschun SA, Tumm A, Stammel B, Scholz M (2019) The "habitat provision index" for assessing floodplain biodiversity and restoration potential as an ecosystem service-method and application. Front in Ecol Evol 7:483

Fuglie K (2021) Climate change upsets agriculture. Nat Clim Chang 11(4):294–295

Gasparatos A, Doll CN, Esteban M, Ahmed A, Olang TA (2017) Renewable energy and biodiversity: implications for transitioning to a green economy. Renew Sustain Energy Rev 70:161–184

Grimm A, Weiß BM, Kulik L, Mihoub J-B, Mundry R, Köppen U, Brueckmann T, Widdig A (2015) Earlier breeding, lower success: does the spatial scale of climatic conditions matter in a migratory passerine bird? Ecol Evol 5(23):5722–5734

Haack N, Grimm-Seyfarth A, Schlegel M, Wirth C, Bernhard D, Henle K (2021) Patterns of richness across forest beetle communities – a methodological comparison of observed and estimated species numbers. Ecol Evol 11:626–635

Hanspach J, Kühn I, Schweiger O, Pompe S, Klotz S (2011) Geographical patterns in prediction errors of species distribution models. Glob Ecol Biogeogr 20:779–788

Hanspach J, Kühn I, Klotz S (2013) Risikoabschätzung für Pflanzenarten, Lebensraumtypen und ein funktionelles Merkmal. In: Vohland K, Badeck F, Böhning-Gaese K, Ellwanger G, Hanspach J, Ibisch PL, Klotz S, Kreft S, Kühn I, Schröder E, Trautmann S, Cramer W (Hrsg) Schutzgebiete Deutschlands im Klimawandel – Risiken und Handlungsoptionen. Ergebnisse eines F+E-Vorhabens (FKZ 806 82 270). Bundesamt für Naturschutz. Bonn-Bad Godesberg. Natur Biolog Vielfalt 129:71–85

Harris RM, Loeffler F, Rumm A, Fischer C, Horchler P, Scholz M, Foeckler F (2020) Biological responses to extreme weather events are detectable but difficult to formally attribute to anthropogenic climate change. Sci Rep 10:14067

Harvey JA, Bukovinszky T, van der Putten WH (2010) Interactions between invasive plants and insect herbivores: a plea for a multitrophic perspective. Biol Conserv 143:2251–2259

Hegland SJ, Nielsen A, Lázaro A, Bjerknes AL, Totland Ø (2009) How does climate warming affect plant-pollinator interactions? Ecol Lett 12:184–195

Heiland S, Kowarik I (2008) Anpassungserfordernisse des Naturschutzes und seiner Instrumente an den Klimawandel und dessen Folgewirkungen. IzR 6(7):415–422

Heiland S, Geiger B, Rittel K, Steinl C, Wieland S (2008) Der Klimawandel als Herausforderung für die Landschaftsplanung. Probleme, Fragen und Lösungsansätze. Naturschutz Landschaftsplan 40(2):37–41

Heiland S, Schliep R, Bartz R, Schäffler L, Dziock S, Radtke L, Trautmann S, Kowarik I, Dziock F, Sudfeldt C, Sukopp U (2018) Indikatoren zur Darstellung von Auswirkungen des Klimawandels auf die biologische Vielfalt. Nat Landsch 93(1):2–13

Henle K, Gawel E, Ring I, Strunz S (2016) Promoting nuclear energy to sustain biodiversity conservation in the face of climate change: response to Brook and Bradshaw 2015. Conserv Biol 30:663–665

Henle K, Andres C, Bernhard D, Grimm A, Stoev P, Tzankov N, Schlegel M (2017) Are species genetically more sensitive to habitat fragmentation on the periphery of their range compared to the core? A case study on the sand lizard *(Lacerta agilis)*. Landscape Ecol 32:131–145

Herbert M (2003) Erstaufforstungen in Deutschland – Leitvorgaben zur Koordinierung widerstreitender Flächennutzungen aus Naturschutzsicht. In: Gottlob T, Englert H (Hrsg) Erstaufforstung in Deutschland – Referate und Ergebnisse des gleichnamigen Workshops vom 9. und 10. Dezember 2002 in Hamburg. Bundesforschungsanstalt für Forst- und Holzwirtschaft &

Institut für Ökonomie, Universität Hamburg, Hamburg, S 45–56

HLNUG (2021) Klimafolgenindikatoren Hessen. Hessisches Landesamt für Naturschutz, Umwelt und Geologie. Wiesbaden. ▶ https://www.hlnug.de/themen/nachhaltigkeit-indikatoren/indikatorensysteme/klimafolgenindikatoren-hessen. Zugegriffen: 3. Mai 2022

Hobbs RJ, Higgs E, Harris JA (2009) Novel ecosystems: implications for conservation and restoration. Trends Ecol Evol 24:599–605

Hoffmann A, Penner J, Vohland K et al (2014) Improved access to integrated biodiversity data for science, practice, and policy – the European Biodiversity Observation Network (EU BON). Nat Conserv 6:49–65

Hoffmann AA, Sgro CM (2011) Climate change and evolutionary adaptation. Nature 470(7335):479–485

Horváth G, Blahó M, Egri Á, Kriska G, Seres I, Robertson B (2010) Reducing the maladaptive attractiveness of solar panels to polarotactic insects. Conserv Biol 24:1644–1653

Ibisch P, Kreft S, Luthardt V (Hrsg) (2012) Regionale Anpassung des Naturschutzes an den Klimawandel: Strategien und methodische Ansätze zur Erhaltung der Biodiversität und Ökosystemdienstleistungen in Brandenburg. Hochschule für nachhaltige Entwicklung Eberswalde. Eberswalde

Kabisch N, Frantzeskaki N, Pauleit S, Naumann S, Davis M, Artmann M, Haase D, Knapp S, Korn H, Stadler J, Zaunberger K, Bonn A (2016) Nature-based solutions to climate change mitigation and adaptation in urban areas: perspectives on indicators, knowledge gaps, barriers, and opportunities for action. Ecol Soc 21(2):39

Karell P, Ahola K, Karstinen T, Valkama J, Brommer JE (2011) Climate change drives microevolution in a wild bird. Nat Commun 2:208

Kayranli B, Scholz M, Mustafa A, Hedmark Å (2010) Carbon storage and fluxes within freshwater wetlands: a critical review. Wetlands 30:111–124

Kearns CA, Inouye DW, Waser NM (1998) Endangered mutualisms: the conservation of plant-pollinator interactions. Annu Rev Ecol Syst 29:83–112

Kerth G, Blüthgen N, Dittrich C, Dworschak K, Fischer K, Fleischer T, Heidinger I, Limberg J, Obermaier E, Rödel M-O, Nehring S (2014) Anpassungskapazität naturschutzfachlich wichtiger Tierarten an den Klimawandel. Ergebnisse des F+E-Vorhabens (FKZ 3511 86 0200). Bundesamt für Naturschutz. Bonn-Bad Godesberg. Natursch Biolog Vielfalt 139:1–511

Kiefer S, Poschlod P (1996) Restoration of fallow or afforested calcareous grassland by clear-cutting. In: Settele J, Margueles CR, Poschlod P, Henle K (Hrsg) Species survival in fragmented landscapes. Kluwer, Dordrecht, S 209–218

Klotz S, Baessler C, Klussmann-Kolb A, Muellner-Riehe AN (2012) Biodiversitätswandel in Deutschland. In: Mosbrugger V, Brasseur GP, Schaller M, Stribrny B (Hrsg) Klimawandel und Biodiversität – Folgen für Deutschland. WBG, Darmstadt, S 38–56

Körner C (2017) A matter of tree longevity. Science 355:130–131

Kowarik I, Bartz R, Brenck M, Hansjürgens B (2016) Naturkapital Deutschland – TEEB DE (2016). Ökosystemleistungen in der Stadt – Gesundheit schützen und Lebensqualität erhöhen. Kurzbericht für Entscheidungsträger. Technische Universität Berlin, Helmholtz-Zentrum für Umweltforschung – UFZ. Berlin, Leipzig

Landeck I, Kirmer A, Hildmann C, Schlenstedt J (2017) Arten und Lebensräume der Bergbaufolgelandschaften. Chancen der Braunkohlesanierung für den Naturschutz im Osten Deutschlands. Shaker. Aachen

LANUV (2021) Indikatoren zum Klimawandel – Das Klimafolgen- und -anpassungsmonitoring (KFAM). Landesamt für Natur, Umwelt und Verbraucherschutz Nordrhein-Westfalen. Recklinghausen. ▶ https://www.lanuv.nrw.de/klima/klimaanpassung-in-nrw/indikatoren-zum-klimawandel. Zugegriffen: 3. Mai 2022

Lawler JJ (2009) Climate change adaptation strategies for resource management and conservation planning. Ann N Y Acad Sci 1162:79–98

Leopoldina (2019) Biomasse im Spannungsfeld zwischen Energie- und Klimapolitik. Deutsche Akademie der Naturforscher Leopoldina. Halle (Saale). ▶ https://www.leopoldina.org/uploads/tx_leopublication/2019_ESYS_Stellungnahme_Biomasse.pdf. Zugegriffen: 3. Mai 2022

Le Quéré C, Andrew RM, Friedlingstein P et al (2018) Global carbon budget 2018. Earth Syst. Sci. Data 10:2141–2194

Lindemann C, Runkel V, Kiefer A, Lukas A, Veith M (2018) Abschaltalgorithmen für Fledermäuse an Windenergieanlagen. Nat Landschaftsplan 50:418–425

Loss SR, Terwilliger LA, Peterson AC (2011) Assisted colonization: integrating conservation strategies in the face of climate change. Biol Conserv 144:92–100

Ludwig G, Haupt H, Gruttke H, Binot-Hafke M (2009) Methodik der Gefährdungsanalyse für Rote Listen. In: Haupt H, Ludwig G, Gruttke H, Binot-Hafke M, Otto C, Pauly A (Red.) Rote Liste gefährdeter Tiere, Pflanzen und Pilze Deutschlands. Bd. 1: Wirbeltiere. Bundesamt für Naturschutz. Bonn-Bad Godesberg. Natursch Biolog Vielfalt 70(1):19–71

Martin Y, Van Dyck H, Legendre P, Settele J, Schweiger O, Harpke A, Wiemers M, Ameztegui A, Titeux N (2020) A novel tool to assess the effect of intraspecific spatial niche variation on species distribution shifts under climate change. Global Ecol Biogeogr 29(3):590–602

MEA – Millennium Ecosystem Assessment (2005) Ecosystems and human well-being. Synthesis report. Island Press, Washington

Meinig H, Boye P, Dähne M, Hutterer R, Lang J (2020) Rote Liste und Gesamtartenliste der Säugetiere (Mammalia) Deutschlands. Bundesamt für Naturschutz. Bonn-Bad Godesberg. Natursch Biolog Vielfalt 170(2):1–73

Menzel A, Sparks TH, Estrella, et al (2006) European phenological response to climate change matches the warming pattern. Glob Chang Biol 12:1969–1976

Michalski SG, Durka W, Jentsch A, Kreyling J, Pompe S, Schweiger O, Willner E, Beierkuhnlein C (2010) Evidence for genetic differentiation and divergent selection in an autotetraploid forage grass (*Arrhenatherum elatius*). Theor Appl Genet 120:1151–1162

Mitsch WJ, Bernal B, Nahlik AM, Mander U, Zhang L, Anderson CJ, Jørgensen SE, Brix H (2013) Wetlands, carbon, and climate change. Landscape Ecol 28:583–597

Møller AP, Saino N, Adamik P, Ambrosini R, Antonov A, Campobello D, Stokke BG, Fossoy F, Lehikoinen E, Martin-Vivaldi M (2011) Rapid change in host use of the common cuckoo *Cuculus canorus* linked to climate change. Proc R Soc B: Biol Sci 278:733–738

Müller-Kroehling S (2014) Eichenwälder in FFH-Gebieten – Kulturwald für den Naturschutz. LWF Wissen 75:65–69

Netz BU, Gerbich C (2020) Sicherung der Qualität und Quantität von Hamburgs Natur in einer sich verdichtenden Metropole: Ergebnisse der Volksinitiative „Hamburgs Grün erhalten". Nat Landsch 95(7):325–330

Noll I, Grohe S (2020) Ökologisches Trassenmanagement unter Freileitungen auf Flächen naturschutzaffiner Eigentümerinnen und Eigentümer. Nat Landsch 95(12):546–555

Noll F, Wern B, Peters W, Schicketanz S, Kinast P, Müller-Rüster G, Clemens D (2020) Naturschutzbezogene Optimierung der Rohstoffbereitstellung für Biomasseanlagen. Bundesamt für Naturschutz. Bonn-Bad Godesberg. BfN-Skripten 555:1–127

Papanikolaou AD, Kühn I, Frenzel M, Schweiger O (2017) Landscape heterogeneity enhances stability of wild bee abundance under highly varying temperature, but not under highly varying precipitation. Landsc Ecol 32(3):581–593

15

Parish F, Sirin A, Charman D, Joosten H, Minayeva T, Silvius M, Stringer L (Hrsg) (2008) Assessment on peatlands, biodiversity and climate change: main report. Global Environment Centre, Kuala Lumpur and Wetlands International, Wageningen

Paterson JS, Araújo MB, Berry PM, Piper JM, Rounsvelle MD (2008) Mitigation, adaptation, and the threat to biodiversity. Conserv Biol 22(5):1352–1355

Petanidou T, Smets E (1996) Does temperature stress induce nectar secretion in Mediterranean plants? New Phytol 133:513–518

Pompe S, Berger S, Bergmann J, Badeck F, Lübbert J, Klotz S, Rehse AK, Söhlke G, Sattler S, Walther GR, Kühn I (2011) Modellierung der Auswirkungen des Klimawandels auf die Flora und Vegetation in Deutschland: Ergebnisse aus dem F+E-Vorhaben FKZ 805 81 001. Bundesamt für Naturschutz. Bonn-Bad Godesberg. BfN-Skripten 304:1–192

Pörtner HO, Scholes RJ, Agard J et al (2021) IPBES-IPCC co-sponsored workshop report on biodiversity and climate change. IPBES and IPCC. ▶ https://doi.org/10.5281/zenodo.4782538

Rabitsch W, Essl F, Kühn I, Nehring S, Zangger A, Bühler C (2013) Arealänderungen. In: Essl F, Rabitsch W (Hrsg) Biodiversität und Klimawandel: Auswirkungen und Handlungsoptionen für den Naturschutz in Mitteleuropa. Springer, Berlin, S 59–66

Rabitsch W, Winter M, Kühn E, Kühn I, Götzl M, Essl F, Gruttke H (2010) Auswirkungen des rezenten Klimawandels auf die Fauna in Deutschland. Bundesamt für Naturschutz. Bonn-Bad Godesberg. Natursch Biolog Vielfalt 98:1–265

Riecken U, Ammer C, Baur B, Bonn A, Diekötter T, Hotes S, Krüß A, Klimek S, Leyer I, Werk K, Farwig N, Ziegenhagen B (2020) Notwendigkeit eines Brückenschlags zwischen Wissenschaft und Praxis im Naturschutz – Chancen und Herausforderungen. Nat Landsch 95(8):364–371

Runge K, Müller A, Gronowski L, Rickert C (2021) Hinweise und Empfehlungen zu Vermeidungs- und Minderungsmaßnahmen bei der Verlegung von Höchstspannungs-Erdkabeltrassen. Nat Landsch 96(12):588–594

Sala OE, Chapin SF, Armesto JJ et al (2000) Global biodiversity scenarios for the year 2100. Science 287:1770–1774

Sánchez-Zapata JA, Clavero M, Carrete M, DeVault TL, Hermoso V, Losada MA, Polo MJ, Sánchez-Navarro S, Pérez-García JM, Botella F, Ibáñez C, Donázar JA (2016) Effects of renewable energy production and infrastructure on wildlife. In: Mateo R, Arroyo B, Garcia JT (Hrsg) Current trends in wildlife research. Wildlife Research Monographs 1. Springer, Cham, S 97–123

Sandström J, Bernes C, Junninen K, Lohmus A, Macdonald E, Müller J, Jonsson BG (2019) Impacts of dead wood manipulation on the biodiversity of temperate and boreal forests. A systematic review. J Appl Ecol 56:1770–1781

Schindler S, Sebesvari Z, Damm C et al (2014) Multifunctionality of floodplain landscapes: relating management options to ecosystem services. Landscape Ecol 29:229–244

Schliep R, Ackermann W, Aljes V, Baierl C, Fuchs D, Kretzschmar S, Miller A, Radtke L, Rosenthal G, Sudfeldt S, Trautmann S, Walz U, Braeckevelt E, Sukopp U, Heiland S (2020) Weiterentwicklung von Indikatoren zu Auswirkungen des Klimawandels auf die biologische Vielfalt. Bundesamt für Naturschutz. Bonn-Bad Godesberg. BfN-Skripten 576:1–154

Schliep R, Bartz R, Dröschmeister R, Dziock F, Dziock S, Fina S, Kowarik I, Radtke L, Schäffler L, Siedentop S, Sudfeldt C, Trautmann S, Sukopp U, Heiland S (2017) Indikatorensystem zur Darstellung direkter und indirekter Auswirkungen des Klimawandels auf die biologische Vielfalt. Bundesamt für Naturschutz. Bonn-Bad Godesberg. BfN-Skripten 470:1–249

Schliep R, Walz U, Sukopp U, Heiland S (2018) Indicators on the impacts of climate change on biodiversity in Germany – data driven or meeting political needs? Sustainability 10(11):3959

Schmutz S, Moog O (2018) Dams: ecological impacts and management. In: Schmutz S, Sendzimir J (Hrsg) Riverine ecosystem management. Springer, Cham, S 111–127

Scholz M, Mehl D, Schulz-Zunkel C, Kasperidus HD, Born W, Henle K (2012) Ökosystemfunktionen von Flussauen. Analyse und Bewertung von Hochwasserretention, Nährstoffrückhalt, Kohlenstoffvorrat, Treibhausgasemissionen und Habitatfunktion. Bundesamt für Naturschutz. Bonn-Bad Godesberg. Natursch Biolog Vielfalt 124:1–257

Schweiger O, Biesmeijer JC, Bommarco R et al (2010) Multiple stressors on biotic interactions: how climate change and alien species interact to affect pollination. Biol Rev 85:777–795

Schweiger O, Essl F, Kruess A, Rabitsch W, Winter M (2013) Erste Änderungen in ökologischen Beziehungen. In: Essl F, Rabitsch W (Hrsg) Biodiversität und Klimawandel: Auswirkungen und Handlungsoptionen für den Naturschutz in Mitteleuropa. Springer, Berlin, S 75–83

Seppelt R, Arndt C, Beckmann M, Martin EA, Hertel TW (2020) Deciphering the biodiversity-production mutualism in the global food security debate. Trends Ecol Evol 35(11):1011–1020

Settele J, Bishop J, Potts SG (2016) Climate change impacts on pollination. Nature Plants 2(7):16092

Settele J, Kudrna O, Harpke A et al (2008) Climatic risk atlas of European butterflies. BioRisk 1:1–710

Settele J, Scholes R, Betts R, Bunn S, Leadley P, Nepstad D, Overpeck JT, Taboada MA (2014) Terrestrial and inland water systems. In: Climate change 2014: Impacts, adaptation, and vulnerability. Part A: Global and sectoral aspects. In: Field CB, Barros VR, Dokken DJ et al (Hrsg) Contribution of working group II to the fifth assessment report of the Intergovernmental Panel on Climate Change. Cambridge University Press, Cambridge, United Kingdom and New York, NY, USA. ▶ https://www.ipcc.ch/report/ar5/wg2/. Zugegriffen: 3. Mai 2022

Southall BL, Bowles AE, Ellison WT, Finneran JJ, Gentry RL, Greene CR, Kastak D, Ketten DR, Miller JH, Nachtigall PE, Richardson WJ, Thomas JA, Tyack PL (2007) Marine mammal noise exposure criteria: initial scientific recommendations. Aquat Mamm 33(4):411–521

Leipzig S (2020) Sofortmaßnahmenprogramm zum Klimanotstand 2020. Stadt Leipzig, Leipzig

Streitberger M, Ackermann W, Fartmann T, Kriegel G, Ruff A, Balzer S, Nehring S (2016) Artenschutz unter Klimawandel: Perspektiven für ein zukunftsfähiges Handlungskonzept. Bundesamt für Naturschutz. Bonn-Bad Godesberg. Natursch Biolog Vielfalt 147:1–368

Sudfeldt C, Dröschmeister R, Langgemach T, Wahl J (Hrsg) (2011) Vögel in Deutschland – 2010. Dachverband Deutscher Avifaunisten. Münster

Sukopp U (2009) A tiered approach to develop indicator systems for biodiversity conservation. In: BfN (Ed.) Second Sino-German workshop on biodiversity conservation. Management of ecosystems and protected areas: facing climate change and land use. Bundesamt für Naturschutz. Bonn-Bad Godesberg. BfN-Skripten 261:38–40

Thieme ML, Khrystenko D, Qin S, Golden Kroner RE, Lehner B, Pack S, Tockner K, Zarfl C, Shahbol N, Mascia M (2020) Dams and protected areas: quantifying the spatial and temporal extent of global dam construction within protected areas. Conserv Lett 13:e12719

Trautmann S, Lötters S, Ott J, Buse J, Filz K, Rödder D, Wagner N, Jaeschke A, Schulte U, Veith M, Griebeler EM, Böhning-Gaese K (2012) Auswirkungen auf geschützte und schutzwürdige Arten. In: Mosbrugger V, Brasseur GP, Schaller M, Stribrny B (Hrsg) Klimawandel und Biodiversität: Folgen für Deutschland. WBG, Darmstadt, S 260–289

Tscharntke T, Grass I, Wanger TC, Westphal C, Batáry P (2021) Beyond organic farming – harnessing biodiversity-friendly landscapes. Trends Ecol Evol 36:919–930

UBA - Umweltbundesamt (Hrsg) (2015) Monitoringbericht 2015 zur Deutschen Anpassungsstrategie an den Klimawandel. Bericht der Interministeriellen Arbeitsgruppe Anpassungsstrategie der Bundesregierung. Umweltbundesamt. Dessau. ▶ https://www.umweltbundesamt.de/sites/default/files/medien/376/publikationen/monitoringbericht_2015_zur_deutschen_anpassungsstrategie_an_den_klimawandel.pdf. Zugegriffen: 3. Mai 2022

UBA - Umweltbundesamt (Hrsg) (2019) Monitoringbericht 2019 zur Deutschen Anpassungsstrategie an den Klimawandel. Umweltbundesamt. Dessau. ▶ https://www.umweltbundesamt.de/sites/default/files/medien/1410/publikationen/das_monitoringbericht_2019_barrierefrei.pdf. Zugegriffen: 3. Mai 2022

Visser ME, Holleman LJ, Gienapp P (2006) Shifts in caterpillar biomass phenology due to climate change and its impact on the breeding biology of an insectivorous bird. Oecologia 147:164–172

Vohland K, Badeck F, Böhning-Gaese K, Ellwanger G, Hanspach J, Ibisch PL, Klotz S, Kreft S, Kühn I, Schröder E, Trautmann S, Cramer W (Hrsg) (2013) Schutzgebiete Deutschlands im Klimawandel – Risiken und Handlungsoptionen: Ergebnisse eines F+E-Vorhabens (FKZ 806 82 270). Bundesamt für Naturschutz. Bonn-Bad Godesberg. Natursch Biolog Vielfalt 129:1–240

von Haaren C, Albert C (Hrsg) (2016) Naturkapital Deutschland – TEEB DE. Ökosystemleistungen in ländlichen Räumen – Grundlage für menschliches Wohlergehen und nachhaltige wirtschaftliche Entwicklung. Leibniz Universität Hannover, Helmholtz-Zentrum für Umweltforschung – UFZ. Hannover, Leipzig

von Haaren C, Saathoff W, Bodenschatz T, Lange M (2010) Der Einfluss veränderter Landnutzungen auf Klimawandel und Biodiversität. Bundesamt für Naturschutz. Bonn-Bad Godesberg. Natursch Biolog Vielfalt 94:1–181

Walther GR, Post E, Convey P, Menzel A, Parmesan C, Beebee TJ, Fromentin J-M, Hoegh-Guldberg O, Bairlein F (2002) Ecological responses to recent climate change. Nature 416:389–395

Wedekind C, Küng C (2010) Shift of spawing season and effects of climate warming on developmental stages of a grayling (Salmonidae). Conserv Biol 24:1418–1423

Wieneke S, Prati D, Brandl R, Stöcklin J, Auge H (2004) Genetic variation in *Sanguisorba minor* after 6 years in situ selection under elevated CO_2. Glob Chang Biol 10:1389–1401

Wilke C, Bachmann J, Hage G, Heiland S (2011) Planungs- und Managementstrategien des Naturschutzes im Lichte des Klimawandels. Bundesamt für Naturschutz. Bonn-Bad Godesberg. Natursch Biolog Vielfalt 109:1–235

Wilkens H (2021) Naturschutz in Flutpoldern – eine Chance für den Löcknitz-Rückstauraum (UNESCO-Biosphärenreservat „Flusslandschaft Elbe"). Nat Landsch 96(5):245–253

Wittig R, Kuttler W, Tackenberg O (2012) Urban-industrielle Lebensräume. In: Mosbrugger V, Brasseur GP, Schaller M, Stribrny B (Hrsg) Klimawandel und Biodiversität: Folgen für Deutschland. WBG, Darmstadt, S 290–307

Zahn A, Pankratius U, Pellkofer B, Hoiß B (2021) Bye, bye Grasfrosch? Klimabedingte, dramatische Bestandsabnahme in Bayern. Anliegen Natur 43(1):67–76

Zebisch M, Grothmann T, Schröter D, Hasse C, Fritsch U, Cramer W (2005) Klimawandel in Deutschland. Vulnerabilität und Anpassungsstrategien klimasensitiver Systeme. Climate Change 08/2005. Umweltbundesamt. Dessau

ZKL (2021) Zukunft Landwirtschaft. Eine gesamtgesellschaftliche Aufgabe. Empfehlungen der Zukunftskommission Landwirtschaft. Zukunftskommission Landwirtschaft. Berlin. ▶ https://www.bmel.de/SharedDocs/Downloads/DE/Broschueren/abschlussbericht-zukunftskommission-landwirtschaft.pdf?__blob=publicationFile&v=6. Zugegriffen: 3. Mai 2022

15

Wasserhaushalt im Klimawandel

Harald Kunstmann, Peter Fröhle, Fred F. Hattermann, Andreas Marx, Gerhard Smiatek und Christian Wanger

Inhaltsverzeichnis

16.1 Wissenschaftliche Grundlagen, Methoden und Unsicherheiten der hydrologischen Klimafolgenanalyse – 214

16.2 Auswirkungen der Klimaänderung auf ausgewählte Aspekte des Wasserhaushalts – 215
16.2.1 Beobachtungen – 215
16.2.2 Projektionen für die Zukunft – 220

16.3 Wissenschaftliche Basis und Optionen von Anpassungsmaßnahmen – 223

16.4 Kurz gesagt – 224

Literatur – 225

© Der/die Autor(en) 2023
G. P. Brasseur et al. (Hrsg.), *Klimawandel in Deutschland*,
https://doi.org/10.1007/978-3-662-66696-8_16

16.1 Wissenschaftliche Grundlagen, Methoden und Unsicherheiten der hydrologischen Klimafolgenanalyse

Aussagen über die zu erwartenden Auswirkungen des globalen Klimawandels auf die regionale Hydrologie werden in der Regel auf der Basis von drei hierarchisch angeordneten Modellsystemen gewonnen. Das erste Modellsystem ist ein globales Klimamodell, das die klimatischen Folgen eines angenommenen Emissionsszenarios abschätzt. Seine Ergebnisse bilden den Antrieb für dynamische oder statistische regionale Klimamodellsysteme (▶ Kap. 4), die das regionale Klima auf Skalen bis zu einigen Kilometern beschreiben. Diese Resultate, also die so generierten meteorologischen Felder, z. B. von Niederschlag, Temperatur, aber auch Strahlung, Luftfeuchte und Wind, werden anschließend in hydrologische Modellsysteme unterschiedlicher Komplexität eingegeben, die nun die einzelnen Prozesse des hydrologischen Kreislaufs auf Skalen bis hin zu einigen zehn bis hundert Metern Auflösung simulieren. Auf dieser Basis werden dann lokale hydrologische Klimafolgenanalysen möglich.

Derzeit wird die Modellhierarchie insofern verändert, als regionale Wetter-/Klima- und Hydrologiemodelle zunehmend auf Programmcodeebene (Fersch et al. 2020) oder mithilfe von dynamischen Kopplern verbunden werden (Shrestha et al. 2014).

Die Unsicherheiten in den so abgeleiteten hydrologischen Aussagen können gegenwärtig jedoch weiterhin beträchtlich sein (Blöschl und Montanari 2010). Neben den inhärenten Unsicherheiten der beteiligten Modelle führen vor allem Mittelungen und Glättungen an den Modellrändern im Skalenübergang sowie eine fehlende Rückkopplung zwischen den drei hierarchisch angeordneten Modellen zu zusätzlichen Unsicherheiten.

Für die meisten in der hydrologischen Klimafolgenanalyse eingesetzten hydrologischen Modelle sind Temperatur und Niederschlag die wichtigsten antreibenden Klimavariablen. Die möglichst genaue Abbildung ihrer raumzeitlichen Dynamik ist eine zentrale Anforderung an die regionale Klimamodellierung. Gegenwärtige regionale Klimasimulationen haben in der Regel Schwierigkeiten, die beobachteten statistischen Kenngrößen in den sogenannten Kontrollsimulationen befriedigend zu reproduzieren. Die Evaluierung zahlreicher regionaler Modelle mit Beobachtungen der Jahre 1989 bis 2008 offenbart in Mitteleuropa Bandbreiten in der Reproduktion der gemessenen Werte in der Größenordnung von 1,5 °C für die Temperatur und ($\pm$) 40 % im Niederschlag (z. B. Kotlarski et al. 2014). ◘ Tab. 16.1 zeigt Bandbreiten der Abweichungen von simulierter Temperatur und Niederschlag für verschiedene Regionen. Abweichungen in den saisonalen Gebietsmittelwerten für den meteorologischen Winter (Dezember–Februar) und Sommer (Juni–August) von −1,7 bis 0,8 °C für die Temperatur und −50 bis 60 % im Niederschlag zeigen beispielhaft, dass regionale Klimamodelle für den Raum Deutschland noch Defizite aufweisen.

16

◘ **Tab. 16.1** Bandbreiten der Abweichungen von simulierten und beobachteten Temperaturwerten T und Niederschlagswerten N in verschiedenen Gebieten (Differenz zwischen den simulierten und den beobachteten Werten)

Gebiet	Parameter	Zeitraum	Mittelwert	Bandbreite	Einheit	Anzahl der Modelle	Quelle
Mitteleuropa	T	Winter		−1,4–0,6	°C		Kotlarski et al. (2014)
	T	Sommer		−1,5–0,8	°C		
	N	Winter		−20–60	%		
	N	Sommer		−50–50	%		
Deutschland	T	Winter	−0,33		°C	9	Berg et al. (2013)
	T	Sommer	−1,1		°C	9	
	N	Winter	64		%	9	
	N	Sommer	33,6		%	9	
Alpen	T	Winter	−1,7		°C	5	Smiatek et al. (2016)
		Sommer	−1,1		°C	5	
	N	Winter	39,7		%	5	
		Sommer	1,2		%	5	
D-Alpen	T	Jahr	−0,3		°C	1	Warscher et al. (2020)
	N	Jahr	19		%	1	

Die Anforderungen der hydrologischen Klimafolgenanalyse und der hydrologischen Modelle gehen aber weit über die saisonalen Mittelwerte hinaus. Saisonalität, Frequenz und Intensität des simulierten Niederschlags sind ebenso wichtig wie die korrekte räumliche Verteilung. Regionale Untersuchungen zeigen, dass die Fehlerbandbreiten in der Reproduktion von spezifischen Größen der lokalen, kleinräumigen Klimavariabilität noch größer sind. CPM-Modelle *(convection-permitting models)*, die mit extrem hoher Auflösung von unter 4 km betrieben werden, weisen regional geringere Fehler auf. Eine grundsätzliche Überlegenheit dieser Modelle konnte jedoch noch nicht nachgewiesen werden (Berthou et al. 2020). Weitere Reduktion der Unsicherheiten wird ferner auch von regionalen Simulationen mit Antrieben aus hochaufgelösten globalen Simulationen erwartet, die im Rahmen der CMIP6 Aktivitäten (Gutowski et al. 2016) durchgeführt werden (Haarsma et al. 2016).

Auch wenn gewisse Unsicherheiten in den meteorologischen Beobachtungen unterstellt werden können, sind diese Unsicherheitsspannen und Fehler aufgrund ihrer Größenordnung nicht zu vernachlässigen. Klimaantriebe für hydrologische Modellsysteme werden deshalb in gewissen Grenzen mithilfe von statistischen Verfahren nachträglich korrigiert (Laux et al. 2011). In einer solchen statistischen Korrektur wird aus dem Vergleich der simulierten und der beobachteten Größen z. B. der gerichtete Fehler *(bias)* berechnet und zur Ermittlung einer korrigierenden Transferfunktion eingesetzt, die wiederum auf die mit dem regionalen Klimamodell simulierten Daten angewandt wird (▶ Kap. 4).

Die so korrigierten meteorologischen Antriebsdaten können die Reproduktion hydrologischer Kenngrößen in hydrologischen Klimafolgensimulationen verbessern. Grundsätzlich problematisch ist dabei jedoch, dass die unterschiedlichen Zustandsgrößen (z. B. Temperatur und Niederschlag) in der Regel unabhängig voneinander *bias*-korrigiert werden und dadurch mögliche physikalische Abhängigkeiten der Variablen untereinander verlorengehen. Zudem wird davon ausgegangen, dass eine Stationarität der Modellfehler gegeben ist, dass sich die Modellfehler also mit der Zeit bzw. über die Simulationszeiträume hinweg und damit für die Zukunft nicht ändern. Zudem sind nicht alle *Bias*-Korrekturverfahren trenderhaltend, sodass unterschiedliche Klimafolgenstudien zu gegensätzlichen Ergebnissen gelangen können (Marx et al. 2018). Gegenwärtig wird in der Anwendung korrigierter Datenensembles die optimale Lösung für den Antrieb in hydrologischen Simulationen gesehen.

Der Einsatz von großen Modellensembles ermöglicht die Quantifizierung der Modellunsicherheiten (Smiatek und Kunstmann 2019). Dabei hat sich gezeigt, dass die Unsicherheiten durch die Auswahl des hydrologischen Modells durchaus genauso groß sein

kann wie die Unsicherheiten im Klimaantrieb. Daher sollten Modellensembles sowohl mehrere Klimamodelle als auch mehrere hydrologische Modelle enthalten (Marx et al. 2018).

In Untersuchungen zur Auswirkung der Klimaänderung auf den Wasserhaushalt müssen die hier genannten Einschränkungen der Leistungsfähigkeit regionaler Klimaprojektionen in jedem Fall berücksichtigt und in jeder Untersuchung transparent dargelegt werden.

16.2 Auswirkungen der Klimaänderung auf ausgewählte Aspekte des Wasserhaushalts

16.2.1 Beobachtungen

Deutschland ist grundsätzlich ein wasserreiches Land. Pro Einwohner und Jahr stehen etwa 2300 m³ Wasser zur Verfügung, was deutlich über dem Grenzwert von 1700 m³ pro Jahr und Einwohner liegt, den die Weltorganisation für Meteorologie (*World Meteorological Organization,* WMO) als Grenzwert für Gebiete mit Wasserknappheit definiert hat (z. B. Falkenmark und Lindh 1976). Regional gibt es jedoch deutliche Unterschiede. Das obere Einzugsgebiet der Donau liegt mit 4000 m³ pro Einwohner und Jahr weit über der WMO-Marke, das deutsche Einzugsgebiet des Rheins aufgrund der großen Bevölkerungsdichte mit 1450 m³ pro Einwohner und Jahr aber darunter. Im kontinental geprägten Einzugsgebiet der Elbe beträgt der Wert sogar nur etwa 1000 m³ pro Einwohner und Jahr.

Der Wasserkreislauf ist an das Klima gekoppelt. Durchschnittlich fallen in Deutschland ca. 770 mm Niederschlag pro Jahr; davon gelangen etwa 280 mm in die Oberflächengewässer und letztlich zum Meer. Der Rest wird durch Pflanzen aufgenommen oder verdunstet direkt vom Boden oder aus den Gewässern. Trends in der Temperatur und der Strahlung können als wichtigste Einflussgrößen für die Verdunstung ähnlich starke Auswirkungen auf den Landschaftswasserhaushalt haben wie Änderungen im Niederschlag.

Die jährlichen Niederschlagsmengen sind nicht gleichmäßig über Deutschland verteilt, und insbesondere im Osten gibt es Regionen, in denen die maximal mögliche Verdunstung den Niederschlag übersteigt. Dazu kommt, dass der Wasserbedarf der Landschaft im Sommer durch den Wasserverbrauch der Pflanzen wesentlich höher ist als im Winter. Deshalb kann es auch in Deutschland in bestimmten Regionen oder Jahreszeiten zu Wassermangelsituationen kommen.

Werden nun langjährige Veränderungen in den Wasserhaushaltsgrößen einer Region oder eines Einzugsgebiets untersucht, so muss berücksichtigt werden, dass neben dem Klima der Mensch nicht nur indirekt, sondern durch seine Aktivitäten in der Landschaft und durch Infrastrukturmaßnahmen (z. B. dem Bau von Talsperren und Rückhaltebecken) direkt in den Wasserhaushalt eingegriffen hat.

So zeigen beispielsweise Koch et al. (2010) für die Niedrigwasserabflüsse der Elbe, dass sich diese seit der Errichtung der Speicherkaskade in der Moldau durch Speicherabgaben im Oberlauf während längerer Trockenperioden erhöht haben, obwohl die durchschnittlichen Abflüsse keinen deutlichen Trend aufweisen. Für das Abflussregime des alpinen Teils des Rheins zeigen Maurer et al. (2011) auf, dass der Rückgang der Abflüsse im Sommer und die Zunahme im Winter zwar einerseits durch die Temperaturerhöhung und eine damit einhergehende Häufung von Regenniederschlägen und Tauperioden bereits im Winter erklärt werden könnte. Andererseits kann aber auch die Bewirtschaftung von Talsperren im Alpenraum einen ähnlich starken Umverteilungseffekt haben.

Hattermann et al. (2012) zeigen, dass die von Petrow et al. (2009) diskutierten Trends in den jährlichen Hochwasserabflüssen für den Zeitraum 1951 bis 2002 ihre Ursache wahrscheinlich nicht im Wassermanagement oder Landschaftswandel haben, sondern auf Änderungen in den klimatischen Eingangsgrößen zurückgehen (▶ Kap. 10).

Mittlere Abflüsse und Abflussregime

◧ Abb. 16.1 zeigt die beobachteten Veränderungen von Klima und Abfluss für die Einzugsgebiete von Rhein, Donau und Elbe (▶ Kap. 10). Es ist zu sehen, dass im Einzugsgebiet des Rheins, der mit seinen Zuflüssen einen wesentlichen Teil Westdeutschlands umfasst, der Niederschlag im Winter und teilweise im Frühjahr in den vergangenen 50 Jahren leicht zugenommen und im Sommer abgenommen hat, wobei insgesamt weiterhin die meisten Niederschläge im Sommer fallen. Ebenfalls leicht zugenommen hat die Verdunstung, allerdings nicht so stark wie die Niederschläge, sodass im Rheineinzugsgebiet die Abflüsse im Winter relativ stark zugenommen haben. Dies ist in den vergangenen zwei Jahrzehnten besonders ausgeprägt. Im Sommer dagegen haben die Abflüsse etwas abgenommen. Die Tendenz einer Zunahme der winterlichen und einer Abnahme der sommerlichen Abflüsse ist, ebenfalls für die vergangenen zwei Jahrzehnte, noch stärker an der Elbe ausgeprägt. Das potenzielle Wasserangebot, also die Differenz zwischen den langjährigen Mittelwerten von Niederschlag und Verdunstung, ist ebenfalls dargestellt. Für die meisten untersuchten Gebirgspegel in den Alpen finden Kormann et al. (2015) Trends in den Abflüssen besonders im Frühjahr und Frühsommer, was sie mit dem Klimawandel in Verbindung bringen. Für die Donau bei Achleiten, die aufgrund

der Schneeschmelze in den Alpen ihre Abflussspitze in den Sommermonaten hat, lassen sich noch keine starken Trends erkennen. Gletscher- und Schneeschmelzanteile im Donau- bzw. Rheinabfluss werden ausführlich in den nationalen Berichten zum Klimawandel in Österreich (APCC 2014) und in der Schweiz (CCHydro 2012) erörtert.

Bodenfeuchte

Der Boden ist der wichtigste Umsatzraum für den Landschaftswasserhaushalt (▶ Kap. 20). Er bildet die Schnittstelle zwischen atmosphärischen und terrestrischen Prozessen und ist außerdem das Substrat für die ihn bedeckende Vegetation. Für die Wasserflüsse und Speicherung von Wasser entscheidend sind seine hydrologischen Eigenschaften, so z. B. für die Bildung von Oberflächenabfluss und damit für die Entstehung von Hochwasser (▶ Kap. 10). Zusammen mit der Vegetationsbedeckung steuert der Boden die Verdunstung und Abflussbildung in einem Flusseinzugsgebiet. Für die meteorologischen Prozesse ist er das „Gedächtnis des Niederschlags", da er Niederschlagswasser speichert und über die Verdunstung zu einem späteren Zeitpunkt wieder abgibt. Die Bodenfeuchte steuert insbesondere die Aufteilung der solaren Nettostrahlung in die Flüsse fühlbarer und latenter Wärme sowie den Bodenwärmestrom. Für Deutschland ist kein einheitlicher Trend in der Veränderung der mittleren jährlichen Bodenfeuchte feststellbar. Während im Süden und Südwesten der Boden tendenziell feuchter wird, wird er im Osten und Nordosten eher trockener. Die Größenordnung bewegt sich in beiden Fällen bei ± 1 mm/Jahr.

Grundwasserneubildung und Grundwasserspiegel

Stark anthropogen überprägt sind in Deutschland Trends in den Grundwasserständen. Durch Eindeichung von Auengebieten und Marschen zum Schutz der hier siedelnden Menschen und Entwässerung von landwirtschaftlichen Flächen zur Überführung von Weideland in Ackerland hat der Mensch großflächig in den Grundwasserhaushalt eingegriffen und reguliert seitdem künstlich den flurnahen Wasserstand. Für die weniger regulierten Grundwasserstände in den aus dem Pleistozän stammenden Hochlagen Nordostdeutschlands gibt Lischeid (2010) maximale Absenkungen um bis zu 100 mm pro Jahr an. In Grundwassererneuerungsgebieten liegt die Abnahme des Grundwasserspiegels zwischen 10 und 30 mm pro Jahr. Etwa 75 % der Gesamtfläche Brandenburgs weisen eine Abnahme der Grundwasserstände auf (Lischeid 2010; Germer et al. 2011). Die Grundwasserneubildung liegt wegen der klimatischen und naturräumlichen Unterschiede regional in der Spanne von weniger als 25 mm/a bis hin zu mehr als 500 mm/a (◧ Abb. 16.2). Für Deutsch-

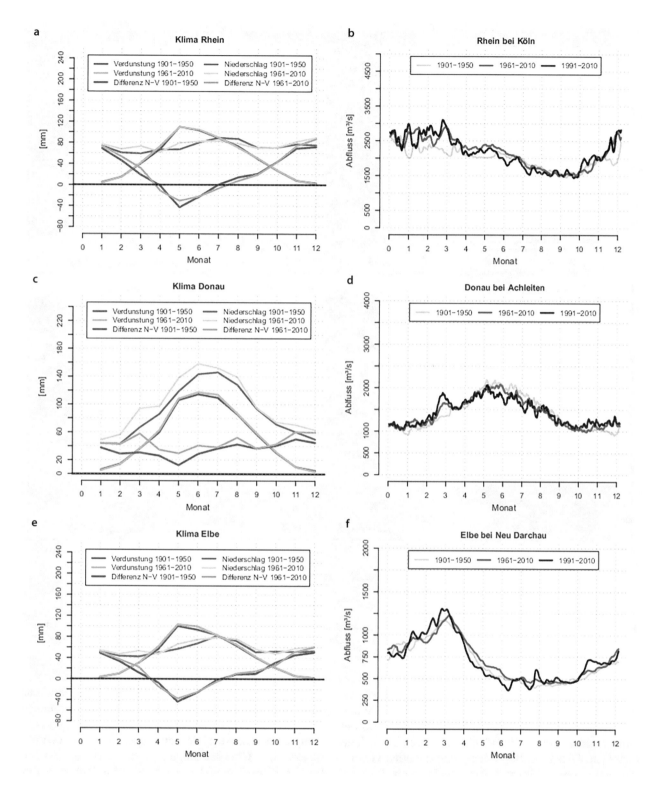

□ Abb. 16.1 Änderungen von flächengewichtetem Niederschlag *N,* der aktuellen Verdunstung *V,* der Differenz von Niederschlag und Verdunstung *N–V (links)* und dem beobachteten Abfluss *(rechts)* für die Einzugsgebiete von Rhein **a, b,** Donau **c, d** und Elbe **e, f.** (Klimadaten: Deutscher Wetterdienst, Abflussdaten: *Global Runoff Data Centre*)

land insgesamt ergibt sich aus Daten des Deutschen Dürremonitors (Zink et al. 2016) in der Grundwasserneubildung kein einheitlicher Trend, während die Gebiete mit abnehmender Neubildung dominieren. Im

Zeitraum von 1951 bis 2020 sind vor allem im Frühjahr und im Sommer großflächig Abnahmen zu beobachten, während sich in Herbst und Winter ein uneinheitliches Bild zeigt.

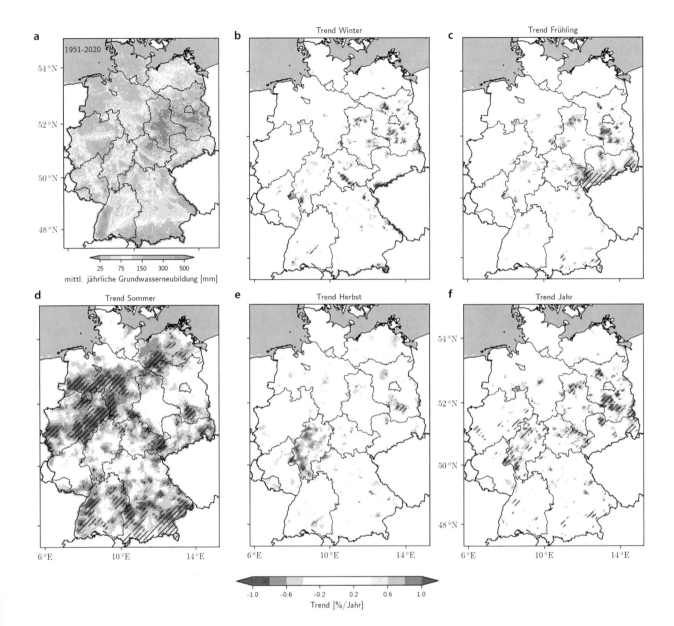

■ Abb. 16.2 **a** Langjährige durchschnittliche jährliche Grundwasserneubildung, **b–e** Trend der jahreszeitlichen Grundwasserneubildung, **f** Trend der jährlichen Grundwasserneubildung, abgeleitet aus dem Deutschen Dürremonitor (Zink et al. 2016) 1951–2020. Schraffierte Flächen in **b–f** zeigen Regionen mit einem signifikanten Trend

In ■ Abb. 16.3 sind die Auswirkungen der zunehmenden Trockenheit in Ostdeutschland anhand von Messdaten des Deutschen Wetterdienstes und des Landesumweltamtes Brandenburg deutlich nachzuverfolgen. Dies ist z. B. an dem abnehmenden Grundwasserstand in Seddin zu sehen. Die Daten der Klimastation Potsdam, die als repräsentativ für die Klimaentwicklung in Brandenburg gelten können, zeigen, dass es immer schon große Schwankungen in den jährlichen Niederschlägen gegeben hat. Im langjährigen Mittel gehen die Niederschläge in den letzten Jahrzehnten nur langsam und statistisch nicht signifikant zurück. Neu indes ist die starke Zunahme der Temperatur seit den 1980er-Jahren (nicht in der Grafik dargestellt) und die damit verbundene deutliche Zunahme der durch die Vegetation aufgenommenen und von der Bodenoberfläche verdunsteten Wassermenge. Insgesamt bleibt zur Speisung von Grundwasser und Oberflächengewässern, und damit auch für die menschliche Nutzung, nur die Differenz aus Niederschlag und Verdunstung übrig. Besorgniserregend ist, dass sich die Trendgeraden des Niederschlages und der Verdunstung immer mehr annähern, sich also der dazwischenliegende Korridor des Wassers, welches nicht wieder verdunstet, deutlich verengt. Das heißt, die verfügbare Wassermenge nimmt ab und damit auch die Bandbreite der Anpassungsoptionen an den Klimawandel.

a

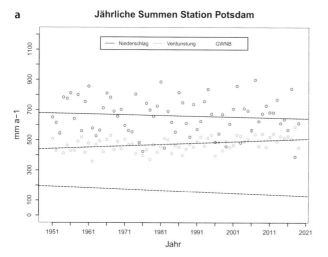

b

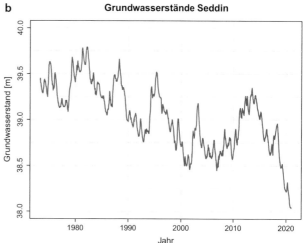

Abb. 16.3 **a** Langjährige Entwicklung der Niederschläge, der tatsächlichen Verdunstung und der Grundwasserneubildung an der Klimastation des Deutschen Wetterdienstes in Potsdam. **b** Langjährige Entwicklung der Grundwasserstände in Seddin/Brandenburg (Daten: Deutscher Wetterdienst und Landesamt für Umwelt Brandenburg, Auswertung und Grafik: Fred Hattermann/PIK)

- **Schnee**

Zur Veränderung der Schneedecke liegen insbesondere für einige Mittelgebirge Untersuchungen vor: **Abb. 16.4** zeigt verschiedene für die Entwicklung

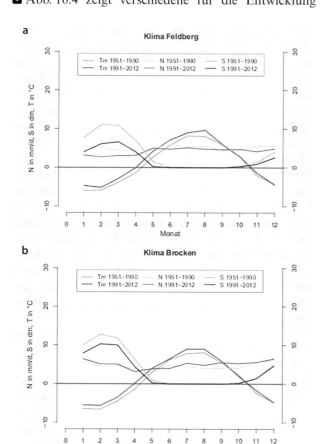

Abb. 16.4 Mittlere monatliche Minimumtemperatur am Boden™, Niederschläge N und Schneedeckenhöhe S der Klimastationen **a** Feldberg und **b** Brocken. (Klimadaten: Deutscher Wetterdienst)

von Schnee wichtige klimatische Kenngrößen für den Feldberg (Baden-Württemberg, 1490 m) und für den Brocken (Sachsen-Anhalt, 1142 m) und die Perioden 1951 bis 1990 und 1991 bis 2012. Beide Beispiele zeigen, dass die mittlere Schneedecke in der zweiten Periode abgenommen und die schneefreie Zeit, bedingt durch die ebenfalls gezeigte Temperaturerhöhung, zugenommen hat, obwohl am Brocken auch der winterliche Niederschlag leicht angestiegen ist. Für die Entwicklung der Schneedecke in den Schweizer Alpen zeigen Scherrer et al. (2013), dass die Summen für den jährlich akkumulierten Neuschnee starke dekadische Schwankungen aufweisen, die ihr Minimum in den späten 1980er- und 1990er-Jahren hatten und seitdem wieder ansteigen, wobei die tiefer gelegenen Messstationen vom Rückgang stärker betroffen sind (▶ Kap. 7).

Extreme Abflüsse (▶ Kap. 10) entstehen oft, wenn Regen auf eine Schneedecke fällt. Die Anzahl derartiger Ereignisse steigt seit dem Jahr 1990 in den Monaten Januar und Februar in den höher gelegenen Bereichen der Einzugsgebiete von Rhein, Weser und Elbe (Freudiger et al. 2014; Merz et al. 2020).

- **Seen**

Ebenfalls schwierig, da stärker durch menschliche Eingriffe überprägt, ist die Untersuchung von Trends in der Wasserstandsentwicklung in Seen. Hupfer und Nixdorf (2011) berichten, dass seit mehr als 30 Jahren sinkende Seespiegel in Norddeutschland beobachtet werden. Allerdings waren für verschiedene Seen in Brandenburg und Mecklenburg-Vorpommern die Wasserstände im 20. Jahrhundert mehrfach auf einem ähnlich niedrigen Niveau wie in den vergangenen Dekaden (Kaiser et al. 2012). Periodische Seespiegelschwankungen mit Amplituden von 1 bis 2 m sind ein Charakteristikum der durch Regen- und Grundwasserzufluss gespeisten Seen in dieser Region (Kaiser et al. 2014). In LUBW (2011) werden die Trends und Ursachen für insgesamt fallende Wasserspiegel im Bodensee im 20. Jahrhundert diskutiert, wobei eine Hauptursache in den Wassernutzungen im Einzugsgebiet gesehen wird. In der nahen Vergangenheit, in der es kaum noch gravierende menschliche Eingriffe gegeben hat, sind die Wasserstände eher konstant geblieben.

16.2.2 Projektionen für die Zukunft

Eine Vielzahl von Studien diskutiert die Unsicherheiten für die zukünftige Entwicklung der hydrologischen Prozesse und der Wasserressourcen in Deutschland (z. B. Maurer et al. 2011; Merz et al. 2012). Blöschl und Montanari (2010) sind der kontroversen Meinung, dass viele Studien die Unsicherheit der Modellergebnisse unterschätzen, die Auswirkungen für die Gesellschaft aber überschätzen. Die Formulierung von Emissionsszenarien selbst ist eine Möglichkeit, die Unsicherheit der Projektionen abzubilden, indem z. B. mittlere Szenarien und insbesondere *Worst-case*-Szenarien gebildet werden. Um außerdem eine gewisse Einschätzung der möglichen Unsicherheit der für jedes Szenario berechneten Modellprojektionen zu erlangen, haben sich Ensemble-Rechnungen etabliert.

- **Abflüsse und Abflussregime**

Die möglichen Folgen des Klimawandels auf den Rhein, die Donau und Teile der Elbe werden für zwei zukünftige Zeitperioden bis zum Ende dieses Jahrhunderts in KLIWAS (2011) umfassend untersucht. Hier wird ein hydrologisches Modell jeweils durch ein Ensemble von über 20 statistischen und dynamischen regionalen Klimamodellen angetrieben, die durch verschiedene nationale und internationale Forschungsinitiativen erstellt wurden. Darauf aufbauend werden Bandbreiten der monatlichen Abflussänderungen ermittelt. Für den Rhein ergeben sich in der nahen Zukunft von 2021 bis 2050 im Mittel der Projektionen keine signifikanten Änderungen im Jahresabfluss, aber höhere Abflüsse im Winter- und niedrigere im Sommerhalbjahr. In der ferneren Zukunft bis 2100 würden die Abflüsse im Szenarienkorridor um 10 bis 25 % fallen, mit einer noch stärkeren Verlagerung der Abflüsse vom Sommer in den Winter (Nilson et al. 2011). Für die Donau zeigen Klein et al. (2011) mit demselben Szenarien- und Modellaufbau und für dieselben Szenarienperioden, dass die sommerlichen Abflüsse am Pegel Achleiten in naher Zukunft leicht fallen und die durchschnittlichen Jahresabflüsse in der

fernen Zukunft um bis zu 40 % abnehmen werden, wobei insgesamt das Abflussregime einen stärker pluvialen Charakter annimmt und damit die sommerlichen Abflüsse relativ stark sinken. Kling et al. (2012) bestätigen diese Ergebnisse für die Donau bis Wien in hydrologischen Simulationen, angetrieben mit 21 Klimaprojektionen aus dem ENSEMBLES-Projekt und für das Szenario A1B.

Ebenfalls angetrieben durch ein Ensemble von statistischen und dynamischen regionalen Klimamodellen kommen Hattermann et al. (2014) und Hattermann et al. (2016) unter Nutzung des ökohydrologischen Modells SWIM für den Rhein, die Elbe, die Weser und die Donau zu sehr ähnlichen Ergebnissen (◘ Abb. 16.5), wobei in Hattermann et al. (2016) eine neuere Szenariengeneration genutzt wird (RCP4.5 und RCP8.5). Während die Abflüsse im Einzugsgebiet von Rhein und Donau im Winter zu- und im Sommer abnehmen, besonders ausgeprägt in der zweiten Szenarienperiode zum Ende des Jahrhunderts (2071–2100), zeigt sich für die Elbe kein einheitliches Bild.

Huang et al. (2013) treiben ein hydrologisches Modell für die großen Flussgebiete in Deutschland durch Szenarienergebnisse (Szenario A1B) aus drei regionalen Klimamodellen an. Sie folgern, dass sich in der Mehrheit der Ergebnisse im Vergleich der Perioden 1961 bis 2000 und 2061 bis 2100 Niedrigwassersituationen in Zukunft häufen und länger dauern werden. Die Niedrigwasserperiode von Flüssen, die durch ein schnee-regengespeistes Abflussregime geprägt sind, verschiebt sich weiter in den späten Herbst. Die Untersuchung von Sommerniedrigwasserereignissen aus 45 Klima-Hydrologie-Simulationen unter einem 3 °C-Erwärmungsszenario hat insgesamt für Deutschland eine Abnahme der Wasserstände mit zunehmender Temperaturerhöhung gezeigt (Thober et al. 2019). Während bei einer Erderwärmung von 1,5 °C flächendeckend noch eine leichte Zunahme verglichen mit dem Zeitraum von 1971 bis 2000 zu beobachten ist, verschärfen sich die Niedrigwassersituationen unter dem 2 °C-Erwärmungsszenario bereits in Teilen des Rhein-, Elbe- oder Donaueinzugsgebietes. Bei einer Erwärmung von 3 °C zeigt sich flächendeckend eine Abnahme der Wasserstände im Niedrigwasserfall, mit mehr als 10 % am Rhein.

In einer Studie, in der drei verschiedene hydrologische Modelle durch zwei regionale Klimamodelle angetrieben werden (Wagner et al. 2013), kommen Ott et al. (2013) für die Einzugsgebiete von Ammer, Mulde und Ruhr zu dem Schluss, dass die Unsicherheit der Änderung für die nahe Zukunft bis 2050 groß ist. Die Unterschiede des Klimaantriebs aus den zwei Regionalmodellen sind dabei größer als die der Ergebnisse der hydrologischen Modelle. Auch Vetter et al. (2013) berichten für ein Ensemble aus fünf regiona-

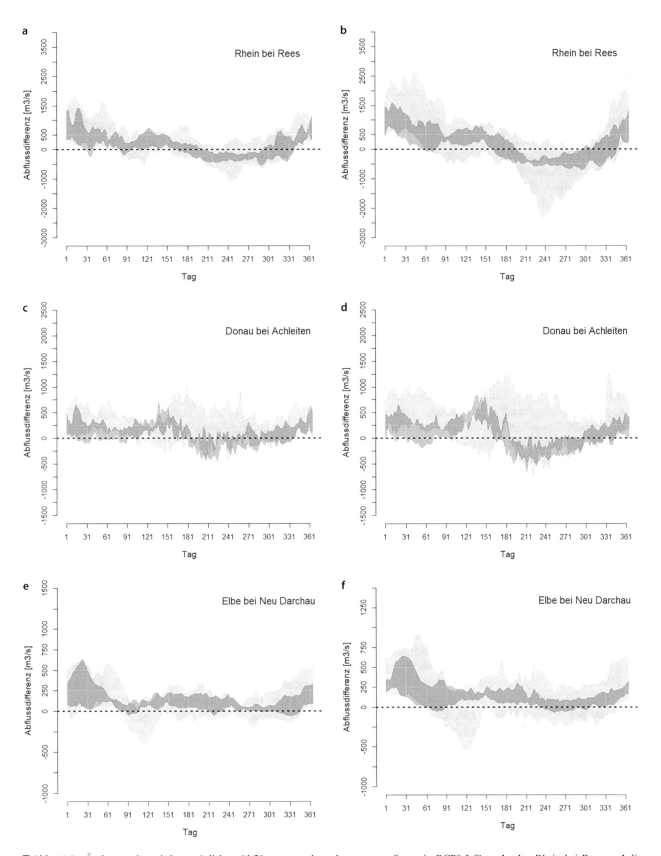

◻ **Abb. 16.5** Änderung der mittleren täglichen Abflüsse unter dem eher warmen Szenario RCP8.5 für **a, b** den Rhein bei Rees, **c, d** die Donau bei Achleiten und **e, f** die Elbe bei Neu Darchau als Differenz zwischen der Referenzperiode 1971–2000 und **a, c, e** der Simulationsperiode 2041–2070 bzw. **b, d, f** der Simulationsperiode 2071–2100. Die blassroten Flächen zeigen die Änderung als Bandbreite über elf Simulationen mit nicht *bias*-korrigierten Klimadaten als Input für das ökohydrologische Modell SWIM, die lilafarbenen Flächen die Bandbreite über vier *bias*-korrigierte Simulationen. Die dunkelroten Flächen zeigen die Schnittmengen. (Verändert nach Hattermann et al. 2014, 2016)

len Klimamodellen für das Szenario RCP8.5, durch das drei hydrologische Modelle für drei Flussgebiete angetrieben werden, dass die durch den Klimaantrieb generierte Unsicherheit größer ist als die Unsicherheit, die durch die hydrologischen Modelle erzeugt wird.

Diese klimabedingte Änderung der Abflusscharakteristika in den großen Einzugsgebieten Deutschlands hin zu mehr pluvialen Regimen, wie sie schon Bormann (2010) für die beobachteten Abflüsse beschreibt, würde sich also für die Mehrheit der deutschen Einzugsgebiete und in der Mehrheit der Simulationsergebnisse in Zukunft fortsetzen: insgesamt weniger Abfluss im Sommer, teilweise eine Zunahme im Winter, höchster Abfluss früher im Jahr und der niedrigste Abfluss später im Jahr. Eine generelle Aussage zu klimabedingten Änderungen von extremen Hoch- und Niedrigwassersituationen in Deutschland ist dabei aber nicht möglich.

- **Grundwasser**

Besonders sensitiv auf Änderungen im Klima reagiert die Grundwasserneubildung. Das liegt zum einen daran, dass zum Grundwasser nur der Teil des Niederschlags gelangt, der nicht durch die Pflanzen aufgenommen wird, oberflächlich verdunstet oder abgeflossen ist. Zum anderen ist die Jahreszeit mit der höchsten Grundwasserneubildung die vegetationsfreie Zeit, also der Winter. Durch die in vielen Regionen Deutschlands beobachtete Verlagerung von Niederschlag aus dem Sommer in den Winter kann die Grundwasserneubildung insgesamt steigen. Allerdings verringert sich die vegetationsfreie Zeit durch den Anstieg der Temperatur, und die Verdunstung steigt insgesamt. Hattermann et al. (2008) ermitteln für das deutsche Einzugsgebiet der Elbe einen Rückgang der Grundwasserneubildung um ca. 30 %. Barthel et al. (2011) zeigen die Änderung der Grundwasserneubildung für das obere Donaueinzugsgebiet bis zur österreichischen Grenze – hier unter Nutzung des regionalen Klimamodells REMO und des Szenarios A1B. Die Grundwasserneubildung nimmt als Ergebnis im Vergleich der Perioden 1971 bis 2000 und 2011 bis 2060 ab, und der Monat mit der höchsten Grundwasserneubildung verschiebt sich um bis zu zwei Monate in den Winter. Demgegenüber finden Jing et al. (2020) unter 15 Klimaantrieben mit einem Wasserhaushaltsmodell und einem Grundwassermodell sowohl leicht steigende Grundwasserneubildungsraten als auch Grundwasserspiegel im Nägelstedt-Einzugsgebiet an der Unstrut. Die Richtung der Änderung war, abhängig vom Klimaantrieb, uneinheitlich.

Die Grundwasserneubildung findet in Deutschland vorwiegend im Winterhalbjahr statt. Da die hydrologischen Modelle z. B. unterschiedliche Ansätze zur Schneemodellierung oder zum Bodenfrost haben, sind die Ergebnissen mit großen Unsicherheiten behaftet.

- **Schnee**

Modellbasierte Klimaprojektionen zeigen eine Erhöhung der mittleren Temperatur und eine gewisse Steigerung der Winterniederschläge. Daraus wird auf eine weitere Verschiebung von Schneefall zu Regen und auf ein verstärktes Auftreten von Ereignissen geschlossen, in denen Regen auf die vorhandene Schneedecke fällt (Schneider et al. 2013). Für den alpinen Raum zeigen Steger et al. (2013) eine relative Abnahme des Schneewassers bis Mitte des 21. Jahrhunderts in der Größenordnung von 40 bis 80 % bezogen auf die Referenzperiode 1971 bis 2000. Die größten Veränderungen finden in Gebieten bis zu einer Höhe von 1500 m statt. Frei et al. (2018) leiten aus EURO-CORDEX-Simulationen eine Abnahme des Schneefalls um -25 % für das RCP4.5 und um -45 % für das RCP8.5-Szenario ab. Im Alpenvorland kann die Veränderung -85 % erreichen. Schneider et al. (2013) erwarten in der Zukunft keine substanzielle Beeinflussung der Abflüsse durch Schnee, gleichwohl führen geringerer Schneefall und eine frühere Schneeschmelze zu einer Vorverlagerung der Abflüsse im Jahr (Wolf-Schumann und Dumont 2010) und zu einem leicht erhöhten Potenzial für die Wasserkraftnutzung. Regional kann auch Regen, der auf eine vorhandene Schneedecke fällt, den Winterabfluss erhöhen und seine Variabilität verändern (▶ Kap. 7).

- **Küstengewässer**

Der Anstieg des mittleren Meeresspiegels wird seit Jahrzehnten für die Weltmeere, aber auch für die deutsche Nord- und Ostsee beobachtet und beschrieben. Seit den 1950er-Jahren wurde für küstenwasserbauliche Fragestellungen von einem sogenannten säkularen Meeresspiegelanstieg von 25 cm/Jahrhundert in der Nordsee und von rund 15 cm/Jahrhundert in der Ostsee ausgegangen. Aktuelle Untersuchungen gehen für die Zukunft von einem beschleunigten Meeresspiegelanstieg auch in der Nord- und Ostsee aus (IPCC 2013; IPCC 2019; BACC II 2015). Die meisten Angaben für den Meeresspiegelanstieg bis Ende des 21. Jahrhunderts liegen in einer Größenordnung von bis zu einem Meter oder leicht darüber, bezogen auf den mittleren Meeresspiegel Anfang des 21. Jahrhunderts. Einzelne Autoren geben teilweise deutlich höhere Werte für den zu erwartenden Meeresspiegelanstieg an (vgl. auch ▶ Kap. 9).

Zusätzlich zu den Änderungen des mittleren Wasserstands sind zukünftig auch Veränderungen des Seegangsklimas zu erwarten (z. B. Dreier et al. 2021), die im Wesentlichen aus den Veränderungen der Windgeschwindigkeiten und der Windrichtungen resultieren. Für die deutsche Nordsee und für die deutsche Ostsee wurden auf der Grundlage von Ergebnissen des Modells COSMO-CLM mittlere Anstiege der signifikanten Wellenhöhen in einer Größenordnung von 5 bis 10 % abgeschätzt.

16.3 Wissenschaftliche Basis und Optionen von Anpassungsmaßnahmen

Anpassungsmaßnahmen sind in Deutschland auf den Schutz vor Hochwasser, auf die Wasserqualität, den Umgang mit Niedrigwassersituationen und den Küstenschutz fokussiert. Diese reichen hier von der Erarbeitung von Handlungsstrategien über verändertes Management bis hin zu technischer Anpassung. In der Bundesrepublik Deutschland liegen für Gewässer Zuständigkeiten von der Bundes- über die Landesebene bis hin zu den Kommunen vor. Daher kommt der vertikalen Integration – oder *multilevel governance,* also dem Zusammenspiel der zuständigen Ebenen – eine besondere Bedeutung zu (Beck et al. 2011). ◘ Tab. 16.2 gibt einen grundsätzlichen Überblick über mögliche Anpassungsoptionen, technische Maßnahmen und Managementstrategien.

Auf Bundesebene wurde mit der Deutschen Anpassungsstrategie (Bundesregierung 2008) der Rahmen zur Anpassung an die Folgen des Klimawandels gesetzt, und mit dem Aktionsplan Anpassung (2011) wurden die in der Deutschen Anpassungsstrategie an den Klimawandel genannten Ziele und Handlungs-optionen mit konkreten Aktivitäten unterlegt. In direkter Bundesverantwortung im Projekt KLIWAS wurden z. B. wissenschaftliche Grundlagen erarbeitet, um die möglichen Auswirkungen des Klimawandels auf die schiffbaren Gewässer und die Wasserstraßeninfrastruktur in Deutschland abzuschätzen. Hieraus wird schließlich der konkrete Anpassungsbedarf abgeleitet, und es werden Anpassungsoptionen erarbeitet. Die Integration von Anpassungserfordernissen in Normen und technische Regelwerke wird durch die neue Technische Regel Anlagensicherheit (TRAS) „Vorkehrungen und Maßnahmen wegen der Gefahrenquellen Niederschläge und Hochwasser" angestrebt. Damit werden Betreiberpflichten hinsichtlich der Berücksichtigung der Gefahrenquellen durch Niederschläge und Hochwasser durch einen grundsätzlich anzuwendenden Aufschlag für Neuanlagen und eine Nachrüstungspflicht bis 2050 konkretisiert (Aktionsplan Anpassung 2011).

Die Länder Baden-Württemberg und Bayern sowie der Deutsche Wetterdienst kamen im Dezember 1998 zum Kooperationsvorhaben „Klimaveränderung und Konsequenzen für die Wasserwirtschaft (KLIWA)" zusammen, dem sich 2007 auch Rheinland-Pfalz angeschlossen hat. Dieses hat zu einer Fokussierung auf

◘ **Tab. 16.2** Anpassungsoptionen, technische Maßnahmen und Managementstrategien. (Verändert nach Hattermann et al. 2011)

Hochwasserschutz	Wiederherstellung der natürlichen Rückhalteräume und Erhöhung der Infiltrationskapazität, z. B. Auenrenaturierung und Änderung der Landnutzung
	Einschränkung der Siedlung und Bebauung in Risikogebieten
	Standards im Bausektor wie Objektschutz, Oberflächendurchlässigkeit und Dachbegrünungen
	Verbesserung des technischen Hochwasserschutzes, z. B. Erhöhung von Deichen, Erhöhung des Speicherraums und Erneuern von Entwässerungssystemen
	Verbesserung der Prognoseverfahren und des Informationsflusses
	Verbesserung der Versicherungen gegen Hochwasserschäden
	Aufhebung des Anschluss- und Benutzungszwangs der öffentlichen Regenwasserkanalisation in den Ortssatzungen
	Berücksichtigung von abflussmindernden Maßnahmen bei der Bauleitplanung
Trockenheit und Niedrigwasserschutz	Verbesserung technischer Maßnahmen zur Erhöhung der Wasserverfügbarkeit, z. B. Vorratsmengen, Wassertransfers, und künstliche Grundwasseranreicherung
	Steigerung der Effizienz der Wassernutzung, z. B. durch bessere Wasserinfrastruktur, Nutzung von Grauwasser und effizientere landwirtschaftliche Bewässerung
	Wirtschaftliche Anreize, etwa durch Wasserpreisgestaltung
	Beschränkung von Wasser in Zeiten der Knappheit
	Landschaftsplanerische Maßnahmen zum Schutz des Wasserhaushalts, z. B. Änderung der Landnutzung, Waldumbau und weniger Flächenversiegelungen
	Verbesserung der Prognoseverfahren, Überwachung des Informationsflusses
	Verbesserung der Versicherungsangebote gegen Dürreschäden
Allgemeine Maßnahmen zur Anpassung	Sensibilisierung, Informationskampagnen
	Aufbau finanzieller Ressourcen
Küstenschutz	Verbesserung des technischen Hochwasserschutzes, z. B. Erhöhung von Deichen, Ufermauern, Deckwerken, Verstärkung von Dünen, Verbesserung der Situation im Vorland (Watt und Strand/Vorstrand), Sperrwerke für Ästuare
	Adaptive Bauwerke und Bauweisen (z. B. Klimadeich) zur Berücksichtigung der Bandbreite und der Unsicherheiten der Klimafolgen
	Anpassung von Erosionsschutzmaßnahmen an die geänderten Wellen- und Strömungsbedingungen
	Ausgleich von Sanddefiziten als Folge von Erosion durch Ersatzmaßnahmen und Vorspülungen
	Rückzug aus/angepasste Nutzung in den überflutungsgefährdeten Gebieten

die Erhöhung der Resilienz geführt, indem beispielsweise der „Lastfall Klimaänderung" in die Festlegung des Bemessungshochwassers für Anlagen des technischen Hochwasserschutzes eingegangen ist. So wird in Bayern z. B. auf den Scheitelabfluss eines hundertjährlichen Hochwassers ein Klimafaktor von 15 % aufgeschlagen. Die Infobox zeigt konkret die bereits erfolgten und die zukünftig geplanten Anpassungsmaßnahmen an den Klimawandel im Wasserbereich am Beispiel Bayerns auf.

Im Projekt RAdOst werden auf Gebietsebene konkrete Anpassungsoptionen für Hochwasser- und Küstenschutzanlagen an der deutschen Ostseeküste gegeben (Fröhle 2012), die zudem Anforderungen aus der touristischen Nutzung sowie aus Sicht des Natur- und Umweltschutzes einbeziehen. Auf administrativer Ebene wird derzeit von den Küstenschutzbehörden der Küstenländer Niedersachsen, Bremen, Hamburg, Schleswig–Holstein und Mecklenburg-Vorpommern für die Bemessung von Deichen, Hochwasserschutzdünen sowie anderen Hochwasserschutzanlagen erstmals einheitlich ein sogenannter Klimazuschlag für den Bemessungshochwasserstand von 0,5 m angenommen und in den General- und Fachplänen festgelegt. Angesichts der Projektionen des mittleren globalen Meeresspiegelanstiegs im 21. Jahrhundert von bis zu 1 m (IPCC 2013; IPCC 2019) ist dieser Wert als sehr niedrig einzuschätzen. Die aktuellen Planungen für die Fortschreibung der General- und Fachpläne sieht entsprechend vor, den Wert auf einen Meter zu erhöhen.

Bayern: Trockenheit bedrohlicher als Hochwasser
Nach dem Niedrigwasserbericht für 2018, 2019 und 2020 hatten Flüsse, Seen und Grundwasser in Bayern wieder deutlich zu wenig Wasser. 2018 lag etwa der Wasserspiegel des Starnberger Sees rd. 40 cm niedriger – der tiefste Wasserstand seit 110 Jahren. Auch das Grundwasser sinkt regional stark ab. Jede zweite Messstelle zeigt zeitweise die geringsten Grundwasserstände seit der Jahrtausendwende. Als Reaktion darauf hat Bayern das Programm „Wasserzukunft Bayern 2050" vorgestellt. Dies ist ein gesamtgesellschaftliches und interministerielles Programm für eine sichere Wasserversorgung und einen intakten Wasserhaushalt. Es schließt den Bedarf der Landwirtschaft, Landschaften, Gewässer und Wälder sowie das Leben in den Städten ein:

- Wasserspeicherfähigkeit der Böden und Landschaft wiederherstellen, Management von Entwässerungsgräben und Drainagen, Moore und Feuchtgebiete erhalten/vernässen, Flächenversiegelung minimieren, Versickerungsstrukturen schaffen.
- Empfehlungen für wassersensible Siedlungsentwicklung und Planung von zehn Pilotprojekten

„Klimaanpassung beim Wohnungsbau". Die Ziele sind: Schutz vor Starkregen durch Speicherung von Wasser für Dürre- und Hitzephasen um Bewässerung von Stadtgrün, Verdunstung, Kühlung und Schatten zu ermöglichen.
- Niedrigwassermanagement für oberirdische Gewässer durch zusätzliche staatliche Speicher und überregionalen Wasserausgleich (Donau – Main) verbessern.
- Gewinnungsanlagen zur Wasserversorgung erhalten und durch wirksame Wasserschutzgebiete sichern, Anlagen regional weiter vernetzen, Redundanzen herstellen, Wasserversorgungsbilanzen für Prognosehorizont 2035/2050 erstellen, Fernwassersysteme überprüfen sowie Ausfallsicherheit und Dargebot absichern, vierte Reinigungsstufe bei ca. 90 Kläranlagen nachrüsten.
- Bewässerung übergreifend planen, 17 Landschaftswasserhaushaltmodelle etablieren, Grundwasser schonen und oberirdisches Wasser aus abflussreichen Zeiten nutzen, staatliche Förderung von 17 nachhaltigen Bewässerungskonzepten und drei großräumigen Bewässerungsinfrastrukturprojekten.

16.4 Kurz gesagt

Mit der globalen Erwärmung verändert sich der Wasserhaushalt. Dies ist regional sehr unterschiedlich. Regionale Klimamodelle zeigen für Deutschland weiterhin große gerichtete Fehler in der Reproduktion des Jetztzeitklimas. Während für die Temperaturen Fehler von bis zu 1 °C ausgemacht werden können, werden saisonale Niederschläge um bis zu 60 % von den Modellen über- oder unterschätzt. Rhein und Elbe zeigen wie die meisten Flüsse in Deutschland eine Zunahme der mittleren winterlichen Abflüsse und einen Rückgang im Sommer. Gebirgspegel in den Alpen zeigen Zunahmen mittlerer Abflüsse eher im Frühjahr. Insgesamt sind Änderungen im Abflussregime aber noch nicht stark ausgeprägt. Für einige Pegel kann kein statistisch signifikanter Trend abgeleitet werden. Regionale Klimaprojektionen und Ensembleauswertungen auf der Basis unterschiedlicher Klimaszenarien und Modellsysteme zeigen, dass die mittleren Abflüsse z. B. an Rhein und Donau im Winter zu- und im Sommer weiter abnehmen werden. Bei starker regionaler Differenzierung wird insgesamt eine Entwicklung hin zu mehr pluvialen Regimen erwartet, und die höchsten mittleren Abflüsse werden früher im Jahr auftreten. Für Küstengewässer wird neben dem steigenden Meeresspiegel ein verändertes Seegangsklima erwartet, u. a. ein mittlerer Anstieg der Wellenhöhen um bis zu 10 %.

16

Literatur

APCC (2014) Österreichischer Sachstandsbericht Klimawandel 2014 (AAR14). Austrian Panel on Climate Change (APCC). Verlag der Österreichischen Akademie der Wissenschaften, Wien

BACC II (2015) Second assessment of climate change for the Baltic Sea Basin, Series: Regional climate studies, BACC II Author Team. Springer, Berlin. ► https://doi.org/10.1007/978-3-319-16006-1

Barthel R, Reichenau T, Muerth M, Heinzeller C, Schneider K, Hennicker R, Mauser W (2011) Folgen des Globalen Wandels für das Grundwasser in Süddeutschland – Teil 1: Naturräumliche Aspekte. Grundwasser – Zeitschrift der Fachsektion Hydrogeologie 16:247–257. ► https://doi.org/10.1007/s00767-011-0179-4

Beck S, Bovet J, Baasch S, Reiß P, Görg C (2011) Synergien und Konflikte von Strategien und Maßnahmen zur Anpassung an den Klimawandel. UBA-FBNr: 001514. FKZ: 3709 41 126 Climate Change 18. Umweltbundesamt, Dessau-Roßlau

Berg P, Wagner S, Kunstmann H, Schädler G (2013) High resolution regional climate model simulations for Germany: Part I – Validation. Clim Dyn 40:401–414

Berthou S, Kendon EJ, Chan SC et al (2020) Pan-European climate at convection-permitting scale: a model intercomparison study. Clim Dyn 55:35–59. ► https://doi.org/10.1007/s00382-018-4114-6

Blöschl G, Montanari A (2010) Climate change impacts – throwing the dice? Hydrol Process 24(3):374–381. ► https://doi.org/10.1002/hyp.7574

Bormann H (2010) Runoff regime changes in German rivers due to climate change. Erdkunde 64(3):257–279. ► https://doi.org/10.3112/erdkunde.2010.03.04

Bundesregierung (2011) Aktionsplan Anpassung der Deutschen Anpassungsstrategie an den Klimawandel ► http://www.bmub.bund.de/fileadmin/bmu-import/files/pdfs/allgemein/application/pdf/aktionsplan_anpassung_klimawandel_bf.pdf

Bundesregierung (2008) Deutsche Anpassungsstrategie an den Klimawandel (DAS) ► http://www.bmu.de/themen/klima-energie/klimaschutz/anpassung-an-den-klimawandel/

CCHydro (2012) Effects of climate change on water resources and waters. Synthesis report on "Climate change and hydrology in Switzerland" (CCHydro) project. Federal Office for the Environment FOEN, Bern. ► http://www.bafu.admin.ch/publikationen/publikation/01670/index.html?lang=en

Dreier N, Nehlsen E, Fröhle P, Rechid D, Bouwer LM, Pfeifer S (2021) Future changes in wave conditions at the German Baltic Sea coast based on a hybrid approach using an ensemble of regional climate change projections. Water 13(2):167. ► https://doi.org/10.3390/w13020167

Falkenmark M, Lindh G (1976) in UNEP/WMO. "Climate change 2001: Working group II: Impacts, adaptation and vulnerability". UNEP. Zugegriffen: 3 Febr. 2009

Fersch B, Senatore A, Adler B, Arnault J, Mauder M, Schneider K, Völksch I, Kunstmann H (2020) High-resolution fully coupled atmospheric–hydrological modeling: a cross-compartment regional water and energy cycle evaluation. Hydrol Earth Syst Sci 24:2457–2481. ► https://doi.org/10.5194/hess-24-2457-2020

Frei P, Kotlarski S, Liniger MA, Schär C (2018) Future snowfall in the Alps: projections based on the EURO-CORDEX regional climate models. Cryosphere 12:1–24. ► https://doi.org/10.5194/tc-12-1-2018

Freudiger D, Kohn I, Stahl K, Weiler M (2014) Large-scale analysis of changing frequencies of rain-on-snow events with flood-generation potential. Hydrol Earth Syst Sci 18:2695–2709. ► https://doi.org/10.5194/hess-18-2695-2014

Fröhle P (2012) To the effectiveness of coastal and flood protection structures under terms of changing climate conditions. Proc 33rd International Conference on Coastal Engineering, ICCE, Santander, Spain, 2012, July 1–6

Germer S, Kaiser K, Bens O, Hüttl RF (2011) Water balance changes and responses of ecosystems and society in the Berlin-Brandenburg region, Germany – a review. Erde 142(1/2):65–95

Gutowski WJ Jr, Giorgi F, Timbal B, Frigon A, Jacob D, Kang HS, Raghavan K, Lee B, Lennard C, Nikulin G, O'Rourke E, Rixen M, Solman S, Stephenson T, Tangang F (2016) WCRP COordinated Regional Downscaling EXperiment (CORDEX): a diagnostic MIP for CMIP6. Geosci Model Dev 9:4087–4095. ► https://doi.org/10.5194/gmd-9-4087-2016

Haarsma RJ, Roberts MJ, Vidale PL, Senior CA, Bellucci A, Bao Q, Chang P, Corti S, Fučkar NS, Guemas V, von Hardenberg J, Hazeleger W, Kodama C, Koenigk T, Leung L et al (2016) High Resolution Model Intercomparison Project (HighResMIP v1.0) for CMIP6. Geosci Model Dev 9:4185–4208. ► https://doi.org/10.5194/gmd-9-4185-2016

Hattermann FF, Post J, Krysanova V, Conradt T, Wechsung F (2008) Assessment of water availability in a Central European river basin (Elbe) under climate change. Adv Clim Change Res 4:42–50

Hattermann FF, Weiland M, Huang S, Krysanova V, Kundzewicz ZW (2011) Model-supported impact assessment for the water sector in Central Germany under climate change – a case study. Water Resour Manage 25:3113–3134

Hattermann FF, Kundzewicz ZW, Vetter HST, Kron W, Burghoff O, Hauf Y, Krysanova V, Gerstengarbe F-W, Werner P, Merz B, Bronstert A (2012) Flood risk in holistic perspective – observed changes in Germany. Changes of flood risk in Europe. IAHS Press, Wallingford, S 212–237

Hattermann FF, Huang S, Koch H (2014) Climate change impacts on hydrology and water resources in Germany. Meteorol Z. ► https://doi.org/10.1127/metz/2014/0575

Hattermann FF, Huang S, Burghoff O, Hoffmann P, Kundzewicz ZW (2016) An update of the article 'Modelling flood damages under climate change conditions – a case study for Germany' [Brief Communication]. Nat Hazards Earth Syst. Sci 16(7):1617–1622

Huang S, Krysanova V, Hattermann FF (2013) Projection of low flow conditions in Germany under climate change by combining three RCMs and a regional hydrological model. Acta Geophys 61(1):151–193. ► https://doi.org/10.2478/s11600-012-0065-1

Hupfer M, Nixdorf B (2011) Zustand und Entwicklung von Seen in Berlin und Brandenburg. Materialien der Interdisziplinären Arbeitsgruppen, IAG Globaler Wandel – Regionale Entwicklung. Diskussionspapier, Bd. 11. Berlin-Brandenburgische Akademie der Wissenschaften, Berlin

IPCC (2013) Summary for policymakers. In: Stocker TF, Qin D, Plattner G-K, Tignor M, Allen SK, Boschung J, Nauels A, Xia Y, Bex V, Midgley PM (Hrsg) Climate change 2013: The physical science basis. Contribution of working group I to the fifth assessment report of the Intergovernmental Panel on Climate Change. Cambridge University Press, Cambridge, United Kingdom and New York, NY, USA

IPCC (2019) Climate Change and Land: an IPCC special report on climate change, desertification, land degradation, sustainable land management, food security, and greenhouse gas fluxes in terrestrial ecosystems. ► https://spiral.imperial.ac.uk/bitstream/10044/1/76618/2/SRCCL-Full-Report-Compiled-191128.pdf

Jing M, Kumar R, Heße F, Thober S, Rakovec O, Samaniego L, Attinger S (2020) Assessing the response of groundwater quantity and travel time distribution to 1.5, 2, and 3 °C global warming in a mesoscale central German basin. Hydrol Earth Syst Sci 24:1511–1526. ► https://doi.org/10.5194/hess-24-1511-2020

Kaiser K, Lorenz S, Germer S, Juschus O, Küster M, Libra J, Bens O, Hüttl RF (2012) Late quaternary evolution of rivers, lakes and peatlands in northeast Germany reflecting past climatic and human impact – an overview. E&G Q Sci J 61(2):103–132. ► https://doi.org/10.3285/eg.61.2.01

Kaiser K, Koch PJ, Mauersberger R, Stüve P, Dreibrodt J, Bens O (2014) Detection and attribution of lake-level dynamics in northeastern central Europe in recent decades. Reg Environ Change 14:1587–1600

Klein B, Lingemann I, Krahe P, Nilson E (2011) Einfluss des Klimawandels auf mögliche Änderungen des Abflussregimes an der Donau im 20. und 21. Jahrhundert. In: KLIWAS-Tagungsband „Auswirkungen des Klimawandels auf Wasserstraßen und Schifffahrt in Deutschland" 2. Statuskonferenz, 25. und 26. Oktober 2011. BMVBS, Berlin

Kling H, Fuchs M, Paulin M (2012) Runoff conditions in the upper Danube basin under an ensemble of climate change scenarios. J Hydrol 424(425):264–277. ▶ https://doi.org/10.1016/j.jhydrol.2012.01.011

KLIWAS (2011) Tagungsband „Auswirkungen des Klimawandels auf Wasserstraßen und Schifffahrt in Deutschland". 2. KLIWAS (Klima, Wasser, Schifffahrt) -Statuskonferenz, 25. und 26. Oktober 2011. BMVBS, Berlin

Koch H, Wechsung F, Grünewald U (2010) Analyse jüngerer Niedrigwasserabflüsse im tschechischen Elbeeinzugsgebiet. Hydrol Wasserbewirtsch 54(3):169–178

Kormann C, Francke T, Bronstert A (2015) Detection of regional climate change effects on alpine hydrology by daily resolution trend analysis in Tyrol, Austria. J Water Clim Change 6(1):124–143

Kotlarski S, Keuler K, Christensen OB et al (2014) Regional climate modeling on European scales: A joint standard evaluation of the EURO-CORDEX RCM ensemble. Geosci Model Dev 7(4):1297–1333. ▶ https://doi.org/10.5194/gmd-7-1297-2014

Laux P, Vogl S, Qiu W, Knoche HR, Kunstmann H (2011) Copula-based statistical refinement of precipitation in RCM simulations over complex terrain. Hydrol Earth Syst Sci 15:2401–2419. ▶ https://doi.org/10.5194/hess-15-2401-2011

Lischeid G (2010) Landschaftswasserhaushalt in der Region Berlin-Brandenburg. Materialien der Interdisziplinären Arbeitsgruppen IAG Globaler Wandel – Regionale Entwicklung. Diskussionspapier, Bd 2. Berlin-Brandenburgische Akademie der Wissenschaften, Berlin. ▶ http://www.mugv.brandenburg.de/cms/media.php/lbm1.a.3310.de/udb_wasser.pdf

LUBW (2011) Langzeitverhalten der Bodensee-Wasserstände. Landesanstalt für Umwelt, Messungen und Naturschutz Baden-Württemberg, Karlsruhe

Marx A, Kumar R, Thober S, Zink M, Wanders N, Wood EF, Ming P, Sheffield J, Samaniego L (2018) Climate change alters low flows in Europe under a global warming of 1.5, 2, and 3 degrees. Hydrol Earth Syst Sci 22:1017–1032. ▶ https://doi.org/10.5194/hess-2017-485

Maurer T, Nilson E, Krahe P (2011) Entwicklung von Szenarien möglicher Auswirkungen des Klimawandels auf Abfluss- und Wasserhaushaltskenngrößen in Deutschland. acatech Materialien, Bd 11. Eigenverlag, München

Merz B, Maurer T, Kaiser K (2012) Wie gut können wir vergangene und zukünftige Veränderungen des Wasserhaushalts quantifizieren? Hydrol Wasserbewirtsch 56(5):244–256

Merz R, Tarasova L, Basso, S (2020) The flood cooking book: ingredients and regional flavors of floods across Germany. Environ Res Lett 15. ▶ https://doi.org/10.1088/1748-9326/abb9dd

Nilson E, Carambia M, Krahe P, Larina M, Belz JU, Promny M (2011) Ableitung und Anwendung von Abflussszenarien für verkehrswasserwirtschaftliche Fragestellungen am Rhein. In: KLIWAS-Tagungsband „Auswirkungen des Klimawandels auf Wasserstraßen und Schifffahrt in Deutschland" 2. Statuskonferenz, 25. und 26. Oktober 2011. BMVBS, Berlin

Ott I, Duethmann D, Liebert J, Berg P, Feldmann H, Ihringer J, Kunstmann H, Merz B, Schaedler G, Wagner S (2013) High resolution climate change impact analysis on medium sized river catchments in Germany: an ensemble assessment. J Hydrometeorol. ▶ https://doi.org/10.1175/JHM-D-12-091.1

Petrow T, Merz B (2009) Trends in flood magnitude, frequency and seasonality in Germany in the period 1951–2002. J Hydrol 371(1–4):129–141

Scherrer SC, Wüthrich C, Croci-Maspoli M, Weingartner R, Appenzeller D (2013) Snow variability in the Swiss Alps 1864–2009. Int J Climatol. ▶ https://doi.org/10.1002/joc.3653

Schneider C, Laizé CL, Acreman RMC, Flörke M (2013) How will climate change modify river flow regimes in Europe? Hydrol Earth Syst Sci 17:325–339. ▶ https://doi.org/10.5194/hess-17-325-2013

Shrestha P, Sulis M, Masbou M, Kollet S, Simmer C (2014) A scale-consistent terrestrial systems modeling platform based on COSMO, CLM, and ParFlow. Mon Weather Rev 142(9):3466–3483

Smiatek G, Kunstmann H (2019) Simulating future runoff in a complex terrain Alpine catchment with EURO-CORDEX data. J Hydrometeorol. ▶ https://doi.org/10.1175/JHM-D-18-0214.1

Smiatek G, Kunstmann H, Senatore A (2016) EURO-CORDEX regional climate model analysis for the Greater Alpine Region: Performance and expected future change. J Geophys Res Atmos 121:7710–7728. ▶ https://doi.org/10.1002/2015JD024727

Steger C, Kotlarski S, Jonas T, Schär C (2013) Alpine snow cover in a changing climate: a regional climate model perspective. Clim Dyn 41:735–754. ▶ https://doi.org/10.1007/s00382-012-1545-3

Thober S, Boeing F, Marx A (2018) Auswirkungen der globalen Erwärmung auf hydrologische und agrarische Dürren und Hochwasser in Deutschland. ▶ https://www.ufz.de/export/data/2/207531_HOKLIM_Brosch%C3%BCre_final.pdf

Vetter T, Huang S, Yang T, Aich V, Gu H, Krysanova V, Hattermann FF (2013) Intercomparison of climate impacts and evaluation of uncertainties from different sources using three regional hydrological models for three river basins on three continents. Impacts World 2013, International Conference on Climate Change Effects, Potsdam

Wagner S, Berg P, Schädler G, Kunstmann H (2013) High resolution regional climate model simulations for Germany: Part II – Projected climate changes. Clim Dyn 40(1):415–427. ▶ https://doi.org/10.1007/s00382-012-1510-1

Wolf-Schumann U, Dumont U (2010) Einfluss der Klimaveränderung auf die Wasserkraftnutzung in Deutschland. Wasserwirtschaft 8:28

Zink M, Samaniego L, Kumar R, Thober S, Mai J, Schäfer D, Marx A (2016) The German drought monitor. Environmental Research Letters 11, 074002, ▶ https://doi.org/10.1088/1748-9326/11/7/074002

Auswirkungen des Klimawandels auf biogeochemische Stoffkreisläufe

Nicolas Brüggemann und Klaus Butterbach-Bahl

Inhaltsverzeichnis

17.1   Wald – 228
17.1.1   Temperaturänderungen – 228
17.1.2   Veränderte Wasserverfügbarkeit – 229
17.1.3   Änderungen der Baumartenzusammensetzung – 230
17.1.4   Einfluss erhöhter Stickstoffdeposition in Kombination mit dem
             Klimawandel – 231
17.1.5   Reaktive Spurengase und ihre Rückkopplungseffekte – 231
17.1.6   Austrag gelöster organischer Kohlenstoffverbindungen – 232

17.2   Moore – 232

17.3   Küstengebiete – 234

17.4   Kurz gesagt – 234

Literatur – 234

© Der/die Autor(en) 2023
G. P. Brasseur et al. (Hrsg.), *Klimawandel in Deutschland*,
https://doi.org/10.1007/978-3-662-66696-8_17

Der Klimawandel wirkt sich auf die biogeochemischen Stoffkreisläufe von Kohlenstoff und Stickstoff in der Biosphäre aus und beeinflusst deren Stoffaustausch mit der Atmosphäre, dem Grundwasser und den Oberflächengewässern. Der Schwerpunkt dieses Kapitels liegt auf wenig intensiv bis nicht genutzten terrestrischen Ökosystemen, die knapp ein Drittel der Fläche Deutschlands ausmachen, da intensiv landwirtschaftlich genutzte Systeme deutlich stärker durch Nutzung und Management beeinflusst werden als durch den Klimawandel.

Die Änderungen der biogeochemischen Stoffflüsse durch den Klimawandel ist sowohl aufgrund der großen räumlichen Heterogenität von Umweltfaktoren wie Bodenart, Flurabstand, Topografie, Landnutzung und Vegetationsbedeckung als auch wegen der hohen räumlich-zeitlichen Klimavariabilität nach wie vor mit großen Unsicherheiten behaftet. Gleichwohl kann davon ausgegangen werden, dass sich die ökosystemaren Kohlenstoff- und Stickstoffflüsse zwischen Biosphäre, Atmosphäre und Hydrosphäre zukünftig deutlich verändern werden – mit positiven wie auch negativen Rückkopplungseffekten auf den Klimawandel. Im Folgenden werden die zu erwartenden Veränderungen für die einzelnen betroffenen terrestrischen Ökosysteme, soweit möglich, nach Faktoren getrennt dargestellt.

17.1 Wald

Wälder sind von großer Bedeutung für den Kohlenstoff-, Stickstoff- und Wasserkreislauf der Erde. Global betrachtet sind Wälder herausragende Kohlenstoff- und Stickstoffspeicher sowie Regulatoren des Wassergehalts der Atmosphäre. Sie spielen damit eine maßgebliche Rolle in der Regulation des Klimas. In ▶ Kap. 19 werden die Bedeutung der Waldbiomasse als Kohlenstoffspeicher und ihre Beeinflussung durch Bewirtschaftung, Nutzung und Klimawandel näher beleuchtet. Hier werden insbesondere die Stoffumsetzungen im Boden, der Stoffaustausch mit der Atmosphäre und dem Grund- und Oberflächenwasser sowie deren Beeinflussung durch unterschiedliche Aspekte des Klimawandels betrachtet.

17.1.1 Temperaturänderungen

Die Temperatur ist neben der Wasserverfügbarkeit die wichtigste Kontrollvariable für biogeochemische Prozesse. Im Allgemeinen werden Stoffumsetzungen durch Erhöhung der Temperatur beschleunigt. Dies gilt auch für die Prozesse, die an der Entstehung von Spurengasen beteiligt sind. So war in einem Fichtenwald in der Nähe von Augsburg über einen Beobachtungszeitraum von fünf Jahren die Bodentemperatur der entscheidende Parameter, der die Höhe der Bodenemissionsraten von Kohlendioxid (CO_2) und Stickstoffmonoxid (NO) steuerte, wobei die höchsten Emissionsraten bei den höchsten Bodentemperaturen auftraten (Wu et al. 2010). Bei weiterer Temperaturzunahme ist damit zu rechnen, dass auch die Emissionen dieser beiden Gase aus Böden zunehmen werden, wenn nicht die Wasserverfügbarkeit im Boden limitierend wirkt (▶ Abschn. 17.1.2). Die Menge des im Boden gespeicherten Kohlenstoffs hängt stark von klimatischen Faktoren ab. Daher ist bei fortgesetztem Anstieg der minimalen Bodentemperaturen in Deutschland (Kreyling und Hnery 2011) insbesondere im Winter mit einer vermehrten Zersetzung der organischen Bodensubstanz zu rechnen. Das hätte eine Verringerung der ökosystemaren Kohlenstoffspeicherfunktion zur Folge.

Jeder biologische und biogeochemische Prozess besitzt seine eigene spezifische Temperaturabhängigkeit, was dazu führen kann, dass bei Temperaturerhöhung zuvor eng gekoppelte, im Gleichgewicht stehende Prozesse entkoppelt werden und aus dem Gleichgewicht geraten. Dies tritt beispielsweise bei der Fotosynthese und der Atmung der Pflanzen auf – den beiden wichtigsten Prozessen der Kohlenstoffaufnahme und -abgabe in allen Ökosystemen. Während die Fotosyntheserate bei den meisten Pflanzenarten, insbesondere der gemäßigten und kühleren Klimazonen, oberhalb von 30 °C rasch abfällt, nimmt die Atmung mit weiter steigender Temperatur zunächst weiter zu, bis es dann auch hier, meist oberhalb von 40 °C, ebenfalls zu einer Abnahme kommt (◘ Abb. 17.1). Bei intensiveren sommerlichen Hitzeperioden ist deshalb mit einer Abnahme der CO_2-Aufnahmekapazität der Wälder in Deutschland zu rechnen, auch wenn dabei wie im Rekordsommer 2003 die Gesamtökosystemrespiration trockenheitsbedingt ebenfalls, aber deutlich weniger stark als die Fotosynthese abnimmt (Ciais et al. 2005). Das bedeutet, dass die Funktion von Wäldern, atmosphärisches CO_2 aufzunehmen, bei weiterer Erwärmung stark abnehmen könnte, wie während des ebenfalls extrem trockenen und heißen Sommers 2018 beobachtet werden konnte (Fu et al. 2020; Gourlez de la Motte et al. 2020; Smith et al. 2020). Andererseits können erhöhte Temperaturen durch erhöhte Mineralisierung organischer Bodensubstanz auch die Stickstoffversorgung von Wäldern verbessern und dadurch das Waldwachstum stimulieren.

Nicht nur hohe Temperaturen, sondern auch Änderungen in der Häufigkeit und Dauer von Frostperioden mit nachfolgenden Auftauphasen können den Stoffumsatz und Treibhausgasausstoß im Boden stimulieren. In Freilanduntersuchungen in Fichtenwäldern konnte gezeigt werden, dass in Auftauphasen, die längeren, intensiven Frostperioden folgen, mehr als 80 % der jährlichen Lachgas-(N_2O-)Emissionen freigesetzt

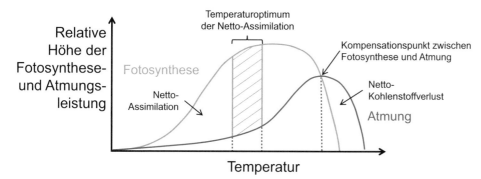

◻ **Abb. 17.1** Schema der Temperaturabhängigkeiten der pflanzlichen Fotosynthese und Atmung. Netto-Assimilation ist die Differenz zwischen der Fotosynthese und der Atmung der Pflanze. Netto-Kohlenstoffverlust bedeutet, dass die Pflanze mehr Kohlenstoff über die Atmung verliert, als sie über die Fotosynthese aufnimmt, sich somit also selbst „verzehrt". (Verändert nach Larcher 2003)

werden können und dabei die jährlichen N_2O-Flüsse signifikant höher sind als in weitgehend frostfreien Jahren (Papen und Butterbach-Bahl 1999; Matzner und Borken 2008; Goldberg et al. 2010; Wu et al. 2010). Dabei ist die Höhe der N_2O-Emissionen abhängig von der Länge sowie der Intensität und Eindringtiefe des der Auftauphase vorausgehenden Frostes. Bei fehlender oder nur geringmächtiger Schneedecke ist die Eindringtiefe besonders groß. Obwohl in Deutschland in tieferen Lagen mit einer Abnahme der winterlichen Frostwahrscheinlichkeit zu rechnen ist und der Boden in vielen Gebieten in Zukunft frostfrei bleiben wird (▶ Abschn. 6.2), ist in höheren Lagen, die bisher im Winter eine weitgehend kontinuierliche Schneebedeckung aufwiesen, zukünftig eine Zunahme von Frost-Auftau-Zyklen bei geringerer Schneebedeckung denkbar. Da unter diesen Umständen in Kälteperioden ein tieferes Eindringen des Frostes ermöglicht wird, könnten in diesen Gebieten die winterlichen Boden-N_2O-Emissionen zukünftig ansteigen. Inwieweit und in welchem Ausmaß sich zukünftige Temperaturänderungen auf die Treibhausgasbilanz von Wäldern bzw. allgemein von Landökosystemen in Deutschland auswirken werden, ist derzeit unklar und muss durch Langzeitbeobachtungen im Freiland abgesichert werden.

17.1.2 Veränderte Wasserverfügbarkeit

In Zukunft ist mit längeren und stärker ausgeprägten Phasen von Sommertrockenheit in Deutschland zu rechnen (▶ Kap. 11 und 16), die den ökosystemaren Stoffumsatz und Stoffaustausch deutlich beeinflussen werden. Langanhaltende Bodentrockenheit kann auch bei hohen Bodentemperaturen die Aktivität der Bodenmikroorganismen, aber auch die Atmung der Pflanzenwurzeln hemmen. Hierbei ist die Länge der Trockenheit und der darauffolgenden Wiederbewässerungsphase für die Gesamtwirkung hinsichtlich der Kohlenstoffbilanz des Bodens von entscheidender Bedeutung. So führte in Simulationen längere Sommertrockenheit in einem Fichtenwald nicht zu einer Zunahme der jährlichen

CO_2-Emissionen aus dem Boden, auch nicht nach Wiederbewässerung (Borken et al. 1999). Im Gegensatz dazu führte in derselben Studie eine kürzere Sommertrockenheit mit längerer Wiederbewässerungsphase zu einer Zunahme der jährlichen Bodenrespirationsrate um ca. 50 %. Die Bodenrespiration setzt sich hierbei aus der Atmung der Pflanzenwurzeln, der Mikroorganismen und der höheren Bodenlebewesen zusammen.

Auch die Emission anderer Gase, die im Boden gebildet, aber z. T. auch aufgenommen werden, wie Lachgas (N_2O), Stickstoffmonoxid (NO) und Methan (CH_4), ist stark abhängig vom Wassergehalt des Bodens und wird durch länger anhaltende Bodentrockenheit stark beeinflusst. So können längere Trockenperioden mit anschließender Wiederbewässerung zu einer signifikanten Verringerung der Flüsse von CO_2, N_2O und NO führen, wie in einem Laborexperiment mit Bodenkernen aus einem Fichtenwald im Fichtelgebirge gezeigt werden konnte (Muhr et al. 2008). Hier erreichten nach Wiedereinstellung des ursprünglichen Bodenwassergehalts lediglich die Bodenatmungsraten rasch wieder das Ausgangsniveau, während die N_2O- und NO-Flüsse auf einem niedrigeren Niveau blieben. In einem vergleichbaren Experiment mit Bodenkernen aus demselben Waldökosystem konnte eine durch Trockenheit bedingte Verringerung der Kohlenstoff- und Stickstoffmineralisation sowie der CO_2-Abgabe aus dem Boden festgestellt werden, die mit größerer Intensität der Trockenheit zunahm (Muhr et al. 2010). Auch die CH_4-Aufnahme in den Boden ist stark von der Bodenfeuchte abhängig. So konnte in einem Mischwald in Thüringen (Hainich) mit abnehmendem Bodenwassergehalt eine Zunahme der CH_4-Aufnahme beobachtet werden (Guckland et al. 2009).

Zusammenfassend kann festgestellt werden, dass starke, langanhaltende sommerliche Bodentrockenheit mit hoher Wahrscheinlichkeit zu einer Abnahme der Bodenemissionen von Treibhausgasen aus Waldböden führen wird. Allerdings kann diese trockenheitsbedingte Verringerung der Bodenemissionen, die für sich betrachtet gut für unser Klima wäre, durch eine noch stärkere Reduktion der pflanzlichen CO_2-

Aufnahme mehr als wettgemacht werden, was dann in der Summe zu einer negativen Gesamttreibhausbilanz führen kann. Auf besonders drastische Weise konnte dies in den „Jahrhundertsommern" 2003, 2010 und 2018 beobachtet werden, als ein Zusammenspiel sehr hoher Temperaturen mit wochenlanger Trockenheit zu einer deutlichen Abnahme der ökosystemaren Netto-CO_2-Aufnahme bis hin zur Netto-Abgabe von CO_2 aus Waldökosystemen in weiten Teilen Europas führte (Ciais et al. 2005; Bastos et al. 2020). Im Gegensatz dazu kann ein durch höhere Winterniederschläge bedingter phasenweiser starker Anstieg der Bodenwassergehalte zu Episoden von erhöhten CH_4- und N_2O-Emissionen führen. Welche dieser Prozesse für die Gesamttreibhausgasbilanz ausschlaggebend sein werden, ist derzeit unklar.

17.1.3 Änderungen der Baumartenzusammensetzung

Der Klimawandel wird im Zusammenwirken mit menschlichen Eingriffen wahrscheinlich durch Hitzestress, sommerliche Trockenphasen, Sturmschäden, zunehmende Brandhäufigkeit und Förderung des Schädlingsbefalls zu Verschiebungen der Baumartenverteilung und -häufigkeit in Deutschland führen (► Kap. 19). Die forstliche Umstellung auf eine neue Baumart bzw. eine Veränderung der Baumartenzusammensetzung können zu erheblichen Veränderungen im Kohlenstoff- und Stickstoffhaushalt führen. Bei einer Untersuchung an 18 Standorten in Bayern, an denen Fichten oder Kiefern durch Douglasien oder Buchen ersetzt wurden, konnte einerseits eine signifikante Abnahme der Bodenkohlenstoffvorräte bis in eine Tiefe von 50 cm einschließlich der Streuschicht von durchschnittlich 7 bis 11 % beobachtet werden, andererseits war eine deutliche Zunahme der Stickstoffvorräte im Mineralboden von 5 bis 8 % zu verzeichnen (Prietzel und Bachmann 2012). In einer Laborstudie wurde der Effekt der Baumart auf die Kohlenstoff- und Stickstoffmineralisation sowie die N_2O-Emission untersucht. Es konnte gezeigt werden, dass die N_2O-Emissionen aus Buchenboden im Vergleich zu Fichtenboden mehr als 3-mal und verglichen mit Eichenboden sogar mehr als 20-mal höher lagen (Papen et al. 2005). Dieses Muster wurde durch Freilandbeobachtungen bestätigt (Butterbach-Bahl et al. 2002; Papen et al. 2005).

Zunehmende Trockenperioden können insbesondere in Kombination mit Schäden durch Windwurf den Borkenkäferbefall in Fichtenbeständen verstärken, der bei Ausbleiben von Gegenmaßnahmen ein Absterben der Fichte auch auf größeren Flächen zur Folge haben kann (Temperli et al. 2013). Eine derartige Entwicklung konnte in Folge der Trockenjahre 2018 bis 2020 in weiten Teilen Deutschlands, insbesondere in den Mittelgebirgsregionen, beobachtet werden. Die abgestorbenen Baumbestände, meist Fichtenwirtschaftswald, wurden großflächig durch Kahlschlag geräumt, was starke Auswirkungen auf die biogeochemischen Stoffumsetzungen im Boden zur Folge hat. So konnte in der Vergangenheit gezeigt werden, dass Kahlschlag zu erhöhten Lachgasemissionen (Papen und Brüggemann 2006) und Nitratausträgen (Weis et al. 2006) sowie zu einer Verringerung der Methanaufnahme in den Boden führt (Wu et al. 2011).

Wie sich zukünftig in Deutschland die Baumartenzusammensetzung und -verteilung verändern werden, hängt von vielerlei Faktoren ab (► Kap. 19). Beispielsweise ist die Buche eine trockenstress- und überflutungssensitive Baumart. In einem zukünftigen Klima mit intensiveren sommerlichen Hitze- und Trockenphasen, aber auch mit häufigeren Starkniederschlägen im Herbst und Winter werden deshalb sowohl für den süddeutschen Raum (Rennenberg et al. 2004) als auch für Nordostdeutschland (Scharnweber et al. 2011) erschwerte ökologische Rahmenbedingungen für die Buche projiziert. Diese dürften langfristig zu einer Abnahme der Buchenbestände führen, wie die seit 2018 verbreitet auftretenden Schädigungen an Buchen in Deutschland befürchten lassen (West et al. 2022). Auch häufiger auftretende Sturmschäden könnten die Baumartenzusammensetzung zukünftig verändern. So wird z. B. für den Solling, ein Mittelgebirge im niedersächsischen Weserbergland, eine deutliche Zunahme der Schäden in Fichten- und Kiefernbeständen durch Windwurf im Laufe des 21. Jahrhunderts projiziert (Panferov et al. 2009). Das Ausmaß der Schäden ist hierbei stark abhängig von den lokalen Gegebenheiten, insbesondere der Kombination aus klimatischen und Bodenfaktoren mit Baumart, Baumalter und Bestandsstruktur.

Simulationen zeigen, dass auch die Brandhäufigkeit in natürlichen Ökosystemen in Deutschland zunehmen könnte (s. auch ► Kap. 11). Hierbei erwies sich die relative Luftfeuchtigkeit als beste Projektionsvariable für die Feuerhäufigkeit in 9 von 13 untersuchten Bundesländern (Holsten et al. 2013). Die gleiche Studie sagt bis zum Jahr 2060 für Deutschland eine deutliche Abnahme der durchschnittlichen relativen Luftfeuchtigkeit voraus, besonders in den Sommermonaten. Dies impliziert ein im entsprechenden Maße steigendes Brandrisiko und damit auch eine Zunahme der Freisetzung von gespeichertem Kohlenstoff durch Waldbrände, wie in den letzten Jahren in extremem Maße in Nordamerika, Sibirien und Australien beobachtet werden konnte.

Den erhöhten Risiken für die Stabilität der Wälder in Deutschland wird bereits vielerorts mit einem Umbau des Waldes hin zu stabileren, laubbaumbasierten Wäldern begegnet (► Kap. 19). Inwieweit sich dieser Umbau auf die Stoffumsetzungen im Boden und den

Treibhausgasaustausch auswirken wird, hängt sehr stark von den hierfür gewählten Baumarten ab. Nicht nur hinsichtlich der Trockenresistenz, sondern auch bezüglich der N_2O-Emissionen sind hierbei die Kiefer, die Eiche und die Esskastanie der Buche vorzuziehen. Auch nichtheimischen Baumarten, wie der Douglasie oder der nordamerikanischen Roteiche, kann hier in Zukunft eine größere Bedeutung zukommen.

17.1.4 Einfluss erhöhter Stickstoffdeposition in Kombination mit dem Klimawandel

Die Auswirkungen des Klimawandels können durch gleichzeitige Änderungen weiterer Einflussgrößen verstärkt werden. So wird für weite Teile Europas, auch für Deutschland, eine Zunahme des Eintrags von reaktivem Stickstoff aus der Atmosphäre für die kommenden Jahrzehnte vorhergesagt (Galloway et al. 2004; Simpson et al. 2011), auch wenn die nationalen und internationalen Reduktionsmaßnahmen für N-Emissionen langsam Wirkung zeigen (Forsius et al. 2021). Da Waldwachstum zumeist stickstofflimitiert ist, ist der durch den atmosphärischen Stickstoffeintrag hervorgerufene Düngeeffekt zunächst mit einer Steigerung der Kohlenstoffaufnahme durch die Wälder in der Größenordnung von 20 bis 40 kg Kohlenstoff pro Kilogramm Stickstoff verbunden (de Vries et al. 2009). Eine chronisch erhöhte Stickstoffdeposition kann allerdings langfristig wieder zu einer Abnahme des Baumwachstums führen (Etzold et al. 2020). In Kombination mit einer Temperaturerhöhung und einer Veränderung von Niederschlagsmustern kann erhöhter Stickstoffeintrag aus der Atmosphäre allerdings auch zu einer deutlichen Steigerung der Gasemission aus dem Boden, insbesondere der Stickstoffspurengase N_2O und NO, führen. Für Waldgebiete in Deutschland wurde für den Zeitraum von 2031 bis 2039 eine mittlere Zunahme der N_2O-Emissionen von 13 % sowie eine Zunahme der NO-Emissionen von im Mittel 10 % im Vergleich zum Zeitraum von 1991 bis 2000 vorhergesagt (Kesik et al. 2006). In der gleichen Arbeit wurden allerdings für andere Teile Europas auch deutliche, durch die für diese Gebiete prognostizierte Zunahme sommerlicher Bodentrockenheit hervorgerufene Rückgänge der Stickstoffspurengasemissionen simuliert. Diese Prognosen sind allerdings aufgrund der großen Bandbreite der mit verschiedenen regionalen Klimamodellen erstellten Niederschlagsszenarien mit großer Unsicherheit behaftet (Smiatek et al. 2009).

Eine europaweite Untersuchung, inwieweit Fichtenwurzeln mit Pilzen vergesellschaftet sind, also eine sogenannte Symbiose bilden, ergab, dass an den Standorten mit den geringeren Jahresdurchschnittstempe-

raturen und den geringeren Stickstoffeinträgen aus der Luft der Pilzbesiedlungsgrad um ein Vielfaches höher lag als an den wärmeren Standorten mit höherem Stickstoffeintrag (Ostonen et al. 2011). Dieser Befund lässt darauf schließen, dass eine Temperaturerhöhung sowie eine Zunahme der Stickstoffeinträge zu einer Abnahme der Besiedlung der Wurzeln durch Pilze und damit zu einer Verringerung der Widerstandsfähigkeit von Fichtenbeständen gegenüber Umweltveränderungen führen könnte, da die symbiontischen Pilze eine überaus wichtige Rolle in der Nährstoff- und Wasserversorgung der Bäume spielen.

17.1.5 Reaktive Spurengase und ihre Rückkopplungseffekte

Stickstoffmonoxid spielt eine entscheidende Rolle bei der Bildung troposphärischen Ozons (▶ Kap. 13), das nicht nur toxisch auf Pflanzen, Tiere und Menschen wirkt (▶ Kap. 14), sondern auch ein starkes Treibhausgas ist. Die Emission von NO aus Böden ist stark temperaturabhängig (Wu et al. 2010; Oertel et al. 2012) und kann daher zu einer positiven Rückkopplung mit dem Klimawandel führen. NO-Emissionen aus Wäldern tragen zwar nur in geringem Umfang zur Jahresgesamtemission von NO in Deutschland bei, jedoch kann dieser Beitrag im Sommer regional auf über 20 % anwachsen (Butterbach-Bahl et al. 2009) und in dieser Phase einen signifikanten Beitrag zur bodennahen Ozonbildung und damit zur Verschlechterung der Luftqualität leisten. In den für Deutschland erwarteten heißeren und trockeneren Sommern könnten zukünftig deutlich höhere Ozonkonzentrationen auftreten. Die Ursache liegt im Zusammenwirken von durch Hitzestress verstärkten pflanzlichen Emissionen flüchtiger organischer Verbindungen (*biogenic volatile organic compounds*, BVOC) und erhöhten Emissionen von Stickoxiden (NO_x) aus Böden, aus zunehmend häufiger auftretenden Bränden sowie aus energetischen Verbrennungsprozessen (Meleux et al. 2007). In Kombination mit hoher Strahlungsintensität führte diese Faktorenkombination während der Hitzewelle (Definition ▶ Kap. 6) im Extremsommer 2003 europaweit zu weit überdurchschnittlichen bodennahen Ozonkonzentrationen (Solberg et al. 2008).

Erhöhte troposphärische Ozonkonzentrationen können das Pflanzenwachstum durch Schädigung des fotosynthetisch aktiven Gewebes erheblich mindern. So führte die Langzeiteinwirkung der doppelten Umgebungskonzentration von Ozon auf ausgewachsene Buchen im Freiland zu einer Verringerung des Stammwachstums um 44 %, jedoch gleichzeitig zu einer Zunahme der Bodenrespiration (Matyssek et al. 2010). Für die Schädigung des Fotosyntheseapparats ist die von den Blättern aufgenommene Ozonmenge von entscheidender Bedeutung (Matyssek et al. 2004). Diese kann jedoch durch Einwirkung von Trockenheit, auf die die Pflanzen mit einer Verringerung der Leitfähigkeit der Spaltöffnungen der Blätter reagieren, deutlich reduziert werden, sodass sommerliche Bodentrockenheit prinzipiell zu einer Verringerung der negativen Ozonwirkungen führen könnte. Ist die sommerliche Trockenphase allerdings sehr stark ausgeprägt, können die hierdurch bedingten negativen Auswirkungen auf die pflanzliche Fotosyntheseleistung und damit auf das Pflanzenwachstum gravierender sein als der Ozonstress bei guter Wasserversorgung (Löw et al. 2006). Unter Berücksichtigung all dieser Faktoren schätzen Sitch et al. (2007), dass durch ansteigende troposphärische Ozonkonzentrationen die pflanzliche Primärproduktion bis zum Jahr 2100 im Vergleich zum Jahr 1901 global um 14 bis 23 % zurückgehen könnte.

17.1.6 Austrag gelöster organischer Kohlenstoffverbindungen

Bedingt durch den Klimawandel, durch erhöhte Stickstoffdeposition sowie durch erhöhte atmosphärische Kohlendioxidkonzentrationen ist mit einer Zunahme der Primärproduktion in naturnahen Ökosystemen der gemäßigten Klimazone zu rechnen, die aller Wahrscheinlichkeit nach auch zu einer Zunahme der pflanzlichen Streuproduktion und damit der Streufallmenge führen wird (Butterbach-Bahl et al. 2011). Diese könnte wiederum die Ursache für einen verstärkten Austrag von gelöstem organischen Kohlenstoff- (*dissolved organic carbon,* DOC) und Stickstoffverbindungen (*dissolved organic nitrogen,* DON) in die Oberflächengewässer sein, insbesondere bei erhöhten Jahresniederschlägen (Kalbitz et al. 2007). So zeigten Streumanipulationsexperimente in einem Fichtenwald im Fichtelgebirge, dass eine Erhöhung der Streufallmenge um 80 % mit einem signifikanten Anstieg der DOC-Flüsse, insbesondere aus der unmittelbar unter der frischen Streuschicht liegenden, noch kaum zersetzten organischen Auflageschicht verbunden war (Klotzbücher et al. 2012). Dies weist darauf hin, dass frische Streu den Abbau der organischen Auflage stimulieren und somit zu einer Erhöhung der DOC-Konzentrationen im Sickerwasser führen kann.

Nicht nur die Streufallmenge, sondern auch Temperatur und Niederschlag haben einen entscheidenden Einfluss auf den DOC-Austrag. In einer 22 Waldökosysteme in Bayern umfassenden Studie über einen Zeitraum von 12 bis 14 Jahren konnte gezeigt werden, dass in den untersuchten Wäldern die DOC-Austräge im Sickerwasser mit steigender Temperatur und vermehrtem Niederschlag zunahmen (Borken et al. 2011). In 12 von 22 Untersuchungsgebieten wurde im

Untersuchungszeitraum eine deutliche Zunahme der DOC-Konzentrationen im Sickerwasser beobachtet. Dies könnte auf längere Sicht, insbesondere bei weiter zunehmenden Temperaturen und steigenden Jahresniederschlägen, zu einem erheblichen Kohlenstoffverlust aus den Wäldern in Deutschland sowie zu einer Zunahme der Belastung von Oberflächengewässern mit gelösten organischen Verbindungen führen. Um diesen Trend auch für andere Gebiete in Deutschland bestätigen zu können, sind allerdings weitere Langzeitbeobachtungen in bestehenden und noch zu etablierenden Messnetzen erforderlich.

17.2 Moore

Moore haben über Jahrhunderte bis Jahrtausende Kohlenstoff im Moorkörper akkumuliert und stellen auch für Deutschland wichtige Kohlenstoffspeicher dar (▶ Kap. 20 und 37). Die Akkumulation von Kohlenstoff in Mooren liegt an den sehr niedrigen Zersetzungsraten ihrer organischen Substanz, die überwiegend durch die mangelhafte bzw. in größeren Tiefen vollständig fehlende Sauerstoffverfügbarkeit sowie oft auch durch den sehr geringen Stickstoffgehalt des organischen Materials bedingt ist. Die Stabilität dieses Kohlenstoffspeichers ist allerdings sehr eng an die hydrologischen Rahmenbedingungen geknüpft, insbesondere an einen ganzjährig hohen Grundwasserstand bis knapp unterhalb der Bodenoberfläche. Besonders große Kohlenstoffverluste treten in trockenen Sommern auf, in denen hohe Temperaturen mit einem großen Flurabstand einhergehen. Diese Bedingungen fördern den aeroben (also durch Sauerstoff bewirkten) vollständigen Abbau (Mineralisierung) der organischen Substanz unter Freisetzung des Kohlenstoffs als Kohlendioxid. Es können sogar Torfbrände entstehen, die einen sehr großen Kohlenstoffverlust darstellen und schwer zu löschen sind, wie beim verheerenden Moorbrand bei Meppen (Niedersachsen) im Trocken- und Hitzejahr 2018. Ist der Flurabstand allerdings natürlicherweise im Sommer bereits recht groß, führt eine weitere Zunahme desselben nicht notwendigerweise zu einer weiteren Stimulation der Kohlendioxidemissionen, wie in einem Feldexperiment mit künstlicher Absenkung des Wasserspiegels in einem Niedermoor im Fichtelgebirge gezeigt wurde (Muhr et al. 2011).

Für ein flussnahes Niedermoor in Nordostdeutschland wurden durchschnittliche Abbauraten der organischen Bodenhorizonte von 0,7 cm Mächtigkeit pro Jahr über einen Zeitraum von 40 Jahren gemessen (Kluge et al. 2008). Für ein zukünftiges Klima mit im Schnitt 2 °C höheren Temperaturen und 20 % geringerem Niederschlag im Sommerhalbjahr sagt dieselbe Studie eine Zunahme der Abbaurate um ca. 5 % innerhalb der nächsten 50 Jahre voraus. In Hochmooren entlang einer Linie von Nordschweden bis Nordostdeutschland – und damit mit zunehmender Temperatur – wurde eine deutliche Zunahme der Zersetzbarkeit insbesondere von Gefäßpflanzenrückständen gefunden, in diesem Fall beim Scheidigen Wollgras *(Eriophorum vaginatum)* (Breeuwer et al. 2008). Dies ist insbesondere deshalb von Bedeutung, da mit zunehmender Erwärmung der Anteil der Gefäßpflanzen in Mooren deutlich steigt (Breeuwer et al. 2010) und somit die Stabilität des gespeicherten Kohlenstoffs aufgrund der höheren Abbauraten der Pflanzenstreu abnehmen wird.

Eine Klimaerwärmung kann auch zu einer deutlichen Zunahme der CH_4-Emissionen aus Feuchtgebieten führen, wie anhand von Modellergebnissen für bestimmte zwischeneiszeitliche Phasen gezeigt wurde (van Huissteden 2004). Die alles entscheidende Steuergröße hierfür ist der Flurabstand, insbesondere im Sommer. Ist der Flurabstand auch im Sommer niedrig, kann die Temperaturzunahme die Methanemission weiter steigern. Ist der Flurabstand hoch, nehmen die Methanemissionen zugunsten der Kohlendioxidemissionen deutlich ab (◘ Abb. 17.2).

Atmosphärischer Stickstoffeintrag kann vor allem in nährstoffarmen Hochmooren zu deutlichen Veränderungen in der Zusammensetzung der Pflanzenarten und den Stoffumsetzungen und damit zu einer Abnahme der Stabilität der organischen Substanz führen (Bobbink et al. 1998). Insbesondere für die vom Torfmoos *(Sphagnum)* herrührende organische Substanz konnte eine erhöhte Zersetzbarkeit bei erhöhter Stickstoffzufuhr beobachtet werden (Breeuwer et al. 2008). Dies hat Implikationen für die Langzeitstabilität des gespeicherten Kohlenstoffs, besonders für die mitteleuropäischen Hochmoorgebiete, die bereits jetzt, und zukünftig wahrscheinlich verstärkt, einem er-

höhten atmosphärischen Stickstoffeintrag ausgesetzt sind.

Nordostdeutsches Niedermoorsubstrat zeigte eine hohe Nitrataufnahme- und -abbaukapazität, die mit zunehmendem Zersetzungsgrad und zunehmender Temperatur deutlich stieg (Cabezas et al. 2012). Der Grund für die erhöhte Nitrataufnahme des stärker zersetzten Torfmaterials lag in der erhöhten Konzentration von gelöster organischer Substanz, die eine wichtige Rolle in der Denitrifikation, d. h. im mikrobiellen Abbau von Nitrat, spielt. Dies hat Auswirkungen auf das Management von Mooren, denn die stark zersetzte oberste Torfschicht sollte vor einer Wiedervernässung nicht entfernt werden, wenn mit erhöhtem Stickstoffeintrag zu rechnen ist oder sogar Wasser mit hohem Stickstoffgehalt für die Wiedervernässung genutzt werden soll (Cabezas et al. 2012). Im umgekehrten Fall kann bei niedrigem Stickstoffgehalt die Wiedervernässung insbesondere aus der bereits stark abgebauten obersten Schicht erhebliche Mengen gelösten organischen Kohlenstoffs (DOC) freisetzen, die dann mit dem Oberflächenabfluss aus dem Moor ausgetragen werden können (Cabezas et al. 2013).

Durch Klimawandel und Änderung der Flurabstände oder Nährstoffeintrag ausgelöste Änderungen der Pflanzenartenzusammensetzung können ebenfalls einen entscheidenden Einfluss auf die Stoffumsetzungen und Treibhausgasemissionen von Feuchtgebieten haben. So wurden in einem degradierten und wieder vernässten Brackwasser-Niedermoor an der Ostseeküste Mecklenburg-Vorpommerns die mit Abstand höchsten Methanemissionen in Beständen der Gemeinen Strandsimse *(Bolboschoenus maritimus)* gefunden (Koebsch et al. 2013). Unterschiede in den biogeochemischen Prozessen zwischen zwei Niedermooren in Süddeutschland wurden trotz deutlicher hydrologischer Unterschiede zwischen bei-

◘ **Abb. 17.2** Schematische Darstellung des Einflusses des Wasserstands auf die Methan(CH_4)-Emission eines Moorökosystems. Autotrophe Respiration bezeichnet die Atmung lebenden Pflanzengewebes, wohingegen heterotrophe Respiration für die Atmung von Bodenmikroorganismen steht, die abgestorbenes organisches Material zersetzen. Bei Wurzelexsudaten handelt es sich um durch Pflanzenwurzeln ausgeschiedene lösliche organische Substanzen (wie Säuren und Zuckerverbindungen). (Verändert nach van Huissteden 2004)

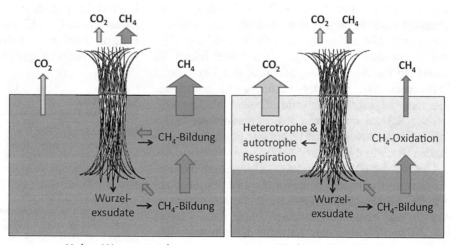

den Gebieten auf den Einfluss von Gefäßpflanzen zurückgeführt. Daraus kann gefolgert werden, dass eine durch den Klimawandel bedingte Veränderung der Pflanzenartenzusammensetzung in Zukunft die Treibhausgasbilanz von Mooren und anderen Feuchtgebieten entscheidend beeinflussen könnte.

Die Renaturierung von Feuchtgebieten durch Wiedervernässung (▶ Kap. 34) kann durch die Erhöhung der Kohlenstoffspeicherkapazität eine volkswirtschaftlich vergleichsweise günstige Maßnahme zur Erreichung von Klimaschutzzielen darstellen (Grossmann und Dietrich 2012a). Hierbei müssen jedoch einerseits die durch die Wiedervernässung zunächst ansteigenden Methanemissionen berücksichtigt werden, die das Erreichen der Klimaschutzziele erschweren können. Andererseits muss auch die Wasserverfügbarkeit in die Rechnung einbezogen werden, da hierbei Kosten an anderer Stelle, z. B. dem Wassertransfer zwischen verschiedenen Einzugsgebieten, auftreten können, die einer Umsetzung der Maßnahme entgegenstehen (Grossmann und Dietrich 2012b). Eine vollständige Renaturierung von Hochmooren gelingt jedoch nur, wenn die dafür notwendigen Voraussetzungen einer geschlossenen hydrologischen Schutzzone um das zu renaturierende Moorgebiet geschaffen werden können (Bönsel und Sonneck 2012). Ist der laterale Wasserabfluss aus der zentralen Hochmoorzone, in der die typische Moorvegetation vorherrschen sollte, zu groß, so dominieren Bäume das Vegetationsbild und führen durch ihren starken Wasserentzug zu einer negativen Rückkopplung auf die Wasserbilanz und damit auf den Renaturierungserfolg.

17.3 Küstengebiete

Das Wattenmeer kann aus biogeochemischer Sicht als ein Reaktor angesehen werden, in dem die aus dem Meer angespülte organische Substanz durch das regelmäßige zweimal tägliche Trockenfallen beschleunigt mineralisiert wird (Beck und Brumsack 2012). Die hierbei freigesetzten Nährstoffe werden mit der nächsten Flut vom Meerwasser wieder aufgenommen und bilden die Grundlage für die hohe Produktivität des Ökosystems Wattenmeer. Wie sich der zukünftig zu erwartende Meeresspiegelanstieg sowie wahrscheinlich häufiger auftretende Stürme auf diesen fein abgestimmten Nährstoffkreislauf auswirken, ist bisher nur ungenügend verstanden (Beck und Brumsack 2012).

Der für das 21. Jahrhundert vorhergesagte Meeresspiegelanstieg erfordert Anpassungsstrategien im Rahmen des Küstenschutzes (▶ Kap. 9). Diese werden allerdings mit hoher Wahrscheinlichkeit dazu führen, dass die den Deichen vorgelagerten Küstenabschnitte, die das Wattenmeer, Salzmarschen und Dünen umfassen, einem erhöhten Erosionsdruck und längeren Überflutungsphasen ausgesetzt sein werden (Sterr 2008). Inwieweit dies die biogeochemischen Stoffumsetzungs- und Austauschprozesse beeinflussen wird und wie stark dadurch die Ökosystemfunktionen und Ökosystemdienstleistungen des Wattenmeers eingeschränkt werden, ist bisher weitgehend ungeklärt. Dieser Aspekt sollte allerdings unbedingt bei der Planung von Anpassungsstrategien berücksichtigt werden.

17.4 Kurz gesagt

Der Klimawandel wird auch in Deutschland aller Wahrscheinlichkeit nach deutliche Auswirkungen auf die ungenutzten und wenig genutzten Ökosysteme haben: sowohl den Klimawandel selbst verstärkende als auch abschwächende Wirkungen. In günstigen Jahren mit langen Wachstumsperioden und ausreichenden Niederschlägen auch im Sommer kann – insbesondere in Verbindung mit erhöhten atmosphärischen CO_2-Konzentrationen und erhöhter Stickstoffdeposition – das Pflanzenwachstum stark stimuliert werden. Das wiederum kann zu einer Zunahme der Aufnahmefunktion dieser Ökosysteme für Treibhausgase und für atmosphärischen reaktiven Stickstoff führen und damit zu einer Abmilderung des Klimawandels beitragen. In ungünstigen Jahren mit langer Sommertrockenheit und hohen Temperaturen können die naturnahen Ökosysteme allerdings auch zu Nettoquellen von Treibhausgasen und zu verstärkten Quellen von im Wasser gelösten organischen Substanzen werden, mit negativen Effekten auf den Klimawandel und die Wasserqualität. Die durch den Klimawandel bereits jetzt hervorgerufenen Veränderungen in unseren Ökosystemen einschließlich ihrer Stoffumsetzungen und Stoffaustauschprozesse zu verstehen und die zukünftige Entwicklung vorhersagen zu können stellt eine große Herausforderung für die Umweltforschung dar, die nur durch zielgerichtete Prozessforschung in Verbindung mit umfangreich instrumentierter Langzeitumweltbeobachtung (Zacharias et al. 2011) gemeistert werden kann. Nur auf der Grundlage belastbarer Langzeitdaten können langfristig greifende, in die richtige Richtung wirkende Anpassungsmaßnahmen entwickelt werden.

Literatur

Bastos A, Fu Z, Ciais P et al (2020) Impacts of extreme summers on European ecosystems: a comparative analysis of 2003, 2010 and 2018. Phil Trans R Soc B 375:20190507. ▶ https://doi.org/10.1098/rstb.2019.0507

Beck M, Brumsack HJ (2012) Biogeochemical cycles in sediment and water column of the Wadden Sea: the example Spiekeroog Island in a regional context. Ocean Coast Manage 68:102–113. ▶ https://doi.org/10.1016/j.ocecoaman.2012.05.026

Bobbink R, Hornung M, Roelofs JGM (1998) The effects of airborne nitrogen pollutants on species diversity in natural and semi-natural European vegetation. J Ecol 86:717–738

Bönsel A, Sonneck AG (2012) Development of ombrotrophic raised bogs in North East Germany 17 years after the adoption of a protective program. Wetlands Ecol Manage 20:503–520. ► https://doi.org/10.1007/s11273-012-9272-4

Borken W, Xu YJ, Brumme R, Lamersdorf N (1999) A climate change scenario for carbon dioxide and dissolved organic carbon fluxes from a temperate forest soil: drought and rewetting effects. Soil Sci Soc Am J 63:1848–1855

Borken W, Ahrens B, Schulz C, Zimmermann L (2011) Site-to-site variability and temporal trends of DOC concentrations and fluxes in temperate forest soils. Glob Change Biol 17:2428–2443. ► https://doi.org/10.1111/j.1365-2486.2011.02390.x

Breeuwer A, Heijmans M, Robroek BJM, Limpens J, Berendse F (2008) The effect of increased temperature and nitrogen deposition on decomposition in bogs. Oikos 117:1258–1268. ► https://doi.org/10.1111/j.2008.0030-1299.16518.x

Breeuwer A, Heijmans M, Robroek BJM, Berendse F (2010) Field simulation of global change: transplanting northern bog mesocosms southward. Ecosystems 13:712–726. ► https://doi.org/10.1007/s10021-010-9349-y

Butterbach-Bahl K, Gasche R, Willibald G, Papen H (2002) Exchange of N-gases at the Höglwald forest – a summary. Plant Soil 240:117–123

Butterbach-Bahl K, Kahl M, Mykhayliv L, Werner C, Kiese R, Li C (2009) A European wide inventory of soil NO emissions using the biogeochemical models DNDC/Forest DNDC. Atmos Environ 43:1392–1402

Butterbach-Bahl K, Nemitz E, Zaehle S et al (2011) Nitrogen as a threat to the European greenhouse balance. In: Sutton MA, Howard CM, Erisman JW, Billen G, Bleeker A, Grennfelt P, van Grinsven H, Grizetti B (Hrsg) The European nitrogen assessment. Cambridge University Press, Cambridge, S 434–462

Cabezas A, Gelbrecht J, Zwirnmann E, Barth M, Zak D (2012) Effects of degree of peat decomposition, loading rate and temperature on dissolved nitrogen turnover in rewetted fens. Soil Biol Biochem 48:182–191

Cabezas A, Gelbrecht J, Zak D (2013) The effect of rewetting drained fens with nitrate-polluted water on dissolved organic carbon and phosphorus release. Ecol Engin 53:79–88. ► https://doi.org/10.1016/j.ecoleng.2012.12.016

Ciais P, Reichstein M, Viovy N et al (2005) Europe-wide reduction in primary productivity caused by the heat and drought in 2003. Nature 437:529–533

De Vries W, Solberg S, Dobbertin M, Sterba H, Laubhann D, van Oijen M, Evans C, Gundersen P, Kros J, Wamelink GWW, Reinds GJ, Sutton MA (2009) The impact of nitrogen deposition on carbon sequestration by European forests and heathlands. For Ecol Manage 258:1814–1823. ► https://doi.org/10.1016/j.foreco.2009.02.034

Etzold S, Reinds FM, GJ et al (2020) Nitrogen deposition is the most important environmental driver of growth of pure, even-aged and managed European forests. For Ecol Manage 458:117762. ► https://doi.org/10.1016/j.foreco.2019.117762

Forsius M, Posch M, Holmberg M et al (2021) Assessing critical load exceedances and ecosystem impacts of anthropogenic nitrogen and sulphur deposition at unmanaged forested catchments in Europe. Sci Tot Environ 753:141791. ► https://doi.org/10.1016/j.scitotenv.2020.141791

Fu Z, Ciais P, Bastos A et al (2020) Sensitivity of gross primary productivity to climatic drivers during the summer drought of 2018 in Europe. Phil Trans R Soc B 375:20190747. ► https://doi.org/10.1098/rstb.2019.0747

Galloway JN, Dentener FJ, Capone DG, Boyer EW, Howarth RW, Seitzinger SP, Asner GP, Cleveland CC, Green PA, Holland EA, Karl DM, Michaels AF, Porter JH, Townsend AR, Vösosmarty CJ (2004) Nitrogen cycles: past, present, and future. Biogeochemistry 70:153–226

Goldberg S, Borken W, Gebauer G (2010) N_2O emission in a Norway spruce forest due to soil frost: concentration and isotope profi-

les shed a new light on an old story. Biogeochemistry 97:21–30. ► https://doi.org/10.1007/s10533-009-9294-z

Gourlez de la Motte L, Beauclaire Q, Heinesch B et al (2020) Nonstomatal processes reduce gross primary productivity in temperate forest ecosystems during severe edaphic drought. Phil Trans R Soc B 375:20190527. ► https://doi.org/10.1098/rstb.2019.0527

Grossmann M, Dietrich O (2012a) Social benefits and abatement costs of greenhouse gas emission reductions from restoring drained fen wetlands: a case study from the Elbe River basin (Germany). Irrig Drain 61:691–704. ► https://doi.org/10.1002/ird.166

Grossmann M, Dietrich O (2012b) Integrated economic-hydrologic assessment of water management options for regulated wetlands under conditions of climate change: a case study from the Spreewald (Germany). Water Resour Manage 26:2081–2108. ► https://doi.org/10.1007/s11269-012-0005-5

Guckland A, Flessa H, Prenzel J (2009) Controls of temporal and spatial variability of methane uptake in soils of a temperate deciduous forest with different abundance of European beech (Fagus sylvatica L.). Soil Biol Biochem 41:1659–1667. ► https://doi.org/10.1016/j.soilbio.2009.05.006

Holsten A, Dominic AR, Costa L, Kropp JP (2013) Evaluation of the performance of meteorological forest fire indices for German federal states. For Ecol Manage 287:123–131. ► https://doi.org/10.1016/j.foreco.2012.08.035

Kalbitz K, Meyer A, Yang R, Gerstberger P (2007) Response of dissolved organic matter in the forest floor to long-term manipulation of litter and throughfall inputs. Biogeochemistry 86:301–318. ► https://doi.org/10.1007/s10533-007-9161-8

Kesik M, Brüggemann N, Forkel R, Kiese R, Knoche R, Li C, Seufert G, Simpson D, Butterbach-Bahl K (2006) Future scenarios of N_2O and NO emissions from European forest soils. J Geophys Res 111:G02018. ► https://doi.org/10.1029/2005JG000115

Klotzbücher T, Kaiser K, Stepper C, van Loon E, Gerstberger P, Kalbitz K (2012) Long-term litter input manipulation effects on production and properties of dissolved organic matter in the forest floor of a Norway spruce stand. Plant Soil 355:407–416. ► https://doi.org/10.1007/s11104-011-1123-1

Kluge B, Wessolek G, Facklam M, Lorenz M, Schwärzel K (2008) Long-term carbon loss and CO_2-C release of drained peatland soils in northeast Germany. Eur J Soil Sci 59:1076–1086. ► https://doi.org/10.1111/j.1365-2389.2008.01079.x

Koebsch F, Glatzel S, Jurasinski G (2013) Vegetation controls methane emissions in a coastal brackish fen. Wetlands Ecol Manage 21:323–337. ► https://doi.org/10.1007/s11273-013-9304-8

Kreyling J, Henry HAL (2011) Vanishing winters in Germany: soil frost dynamics and snow cover trends, and ecological implications. Clim Res 46:269–276. ► https://doi.org/10.3354/cr00996

Larcher W (2003) Physiological plant ecology. Springer, Berlin

Löw M, Herbinger K, Nunn AJ, Härberle K-H, Leuchner M, Heerdt C, Werner H, Wipfler P, Pretzsch H, Tausz M, Matyssek R (2006) Extraordinary drought of 2003 overrules ozone impact on adult beech trees (Fagus sylvatica). Trees 20:539–548. ► https://doi.org/10.1007/s00468-006-0069-z

Matyssek R, Wieser G, Nunn AJ, Kozovits AR, Reiter IM, Heerdt C, Winkler JB, Baumgarten M, Härberle K-H, Grams TEE, Werner H, Fabian P, Havranek WM (2004) Comparison between AOT40 and ozone uptake in forest trees of different species, age and site conditions. Atmos Environ 38:2271–2281

Matyssek R, Wieser G, Ceulemans R et al (2010) Enhanced ozone strongly reduces carbon sink strength of adult beech (Fagus sylvatica) – Resume from the free-air fumigation study at Kranzberg Forest. Environ Pollut 158:2527–2532. ► https://doi.org/10.1016/j.envpol.2010.05.009

Matzner E, Borken W (2008) Do freeze-thaw events enhance C and N losses from soils of different ecosystems? A review. Eur J Soil Sci 59:274–284. ► https://doi.org/10.1111/j.1365-2389.2007.00992.x

Meleux F, Solmon F, Giorgi F (2007) Increase in summer European ozone amounts due to climate change. Atmos Environ 41:7577–7587. ▶ https://doi.org/10.1016/j.atmosenv.2007.05.048

Muhr J, Goldberg SD, Borken W, Gebauer G (2008) Repeated drying–rewetting cycles and their effects on the emission of CO_2, N_2O, NO, and CH_4 in a forest soil. J Plant Nutr Soil Sci 171:719–728. ▶ https://doi.org/10.1002/jpln.200700302

Muhr J, Franke J, Borken W (2010) Drying–rewetting events reduce C and N losses from a Norway spruce forest floor. Soil Biol Biochem 42:1303–1312. ▶ https://doi.org/10.1016/j.soilbio.2010.03.02

Muhr J, Höhle J, Otieno DO, Borken W (2011) Manipulative lowering of the water table during summer does not affect CO_2 emissions and uptake in a fen in Germany. Ecol Appl 21:391–401

Oertel C, Herklotz K, Matschullat J, Zimmermann F (2012) Nitric oxide emissions from soils: a case study with temperate soils from Saxony, Germany. Environ Earth Sci 66:2343–2351. ▶ https://doi.org/10.1007/s12665-011-1456-3

Ostonen I, Helmisaari H-S, Borken W, Tedersoo L, Kukumägi M, Bahram M, Lindroos A-J, Nöjd P, Uri V, Merilä P, Asi E (2011) Lohmus K (2011) Fine root foraging strategies in Norway spruce forests across a European climate gradient. Glob Change Biol 17:3620–3632. ▶ https://doi.org/10.1111/j.1365-2486.2011.02501.x

Panferov O, Doering C, Rauch E, Sogachev A, Ahrends B (2009) Feedbacks of windthrow for Norway spruce and Scots pine stands under changing climate. Environ Res Lett 4:045019. ▶ https://doi.org/10.1088/1748-9326/4/4/045019

Papen H, Brüggemann N (2006) Klimarelevante Spurengase im ökologischen Waldumbau. In: Fritz P (Hrsg) Ökologischer Waldumbau in Deutschland. oekom, München, S 187–204

Papen H, Butterbach-Bahl K (1999) A 3-year continuous record of nitrogen trace gas fluxes from untreated and limed soil of a N-saturated spruce and beech forest ecosystem in Germany. 1. N_2O emissions. J Geophys Res 104:18,487–18,503

Papen H, Rosenkranz P, Butterbach-Bahl K, Gasche R, Willibald G, Brüggemann N (2005) Effects of tree species on C- and N-cycling and biosphere-atmosphere exchange of trace gases in forests. In: Binkley D, Menyailo O (Hrsg) Tree species effects on soils: implications for global change. NATO Science Series. Kluwer Academic Publishers, Dordrecht, S 165–172

Prietzel J, Bachmann S (2012) Changes in soil organic C and N stocks after forest transformation from Norway spruce and scots pine into douglas fir, douglas fir/spruce, or European beech stands at different sites in Southern Germany. For Ecol Manage 269:134–148. ▶ https://doi.org/10.1016/j.foreco.2011.12.034

Rennenberg H, Seiler W, Matyssek R, Gessler A, Kreuzwieser J (2004) Die Buche (Fagus sylvatica L.) – ein Waldbaum ohne Zukunft im südlichen Mitteleuropa? Allg Forst Jagdztg 175:210–224

Scharnweber T, Manthey M, Criegee C, Bauwe A, Schröder C, Wilmking M (2011) Drought matters – declining precipitation influences growth of fagus sylvatica L. and quercus robur L. in north-eastern Germany. For Ecol Manage 262:947–961. ▶ https://doi.org/10.1016/j.foreco.2011.05.026

Simpson D, Aas W, Bartnicki J et al (2011) Atmospheric transport and deposition of reactive nitrogen in Europe. In: Sutton MA (Hrsg) The European nitrogen assessment. Cambridge University Press, Cambridge, S 298–316

Sitch S, Cox PM, Collins WJ, Huntingford C (2007) Indirect radiative forcing of climate change through ozone effects on the land carbon sink. Nature 488:791–794. ▶ https://doi.org/10.1038/nature06059

Smiatek G, Kunstmann H, Knoche R, Marx A (2009) Precipitation and temperature statistics in high-resolution regional climate models: Evaluation for the European Alps. J Geophys Res 114:D19107. ▶ https://doi.org/10.1029/2008JD011353

Smith NE, Kooijmans LMJ, Koren G, van Schaik E, van der Woude A, Wanders N, Ramonet M, Xueref-Remy I, Siebicke L, Manca G, Brümmer C, Baker IT, Haynes KD, Luijkx IT, Peters W (2020) Spring enhancement and summer reduction in carbon uptake during the 2018 drought in northwestern Europe. Phil Trans R Soc B 375:20190509. ▶ https://doi.org/10.1098/rstb.2019.0509

Solberg S, Hov Ø, Søvde A, Isaksen ISA, Coddeville P, De Backer H, Forster C, Orsolini Y, Uhse K (2008) European surface ozone in the extreme summer 2003. J Geophys Res 113:D07307. ▶ https://doi.org/10.1029/2007JD009098

Sterr H (2008) Assessment of vulnerability and adaptation to sea-level rise for the coastal zone of Germany. J Coast Res 242:380–393. ▶ https://doi.org/10.2112/07A-0011.1

Temperli C, Bugmann H, Elkin C (2013) Cross-scale interactions among bark beetles, climate change, and wind disturbances: a landscape modeling approach. Ecol Monograph 83:383–402

Van Huissteden J (2004) Methane emission from northern wetlands in Europe during oxygen isotope stage 3. Q Sci Rev 23:1989–2005

Weis W, Rotter V, Göttlein A (2006) Water and element fluxes during the regeneration of Norway spruce with European beech: effects of shelterwood-cut and clear-cut. For Ecol Manage 224:304–317. ▶ https://doi.org/10.1016/j.foreco.2005.12.040

West E, Morley PJ, Jump AS, Donoghue DNM (2022) Satellite data track spatial and temporal declines in European beech forest canopy characteristics associated with intense drought events in the Rhön biosphere reserve, central Germany. Plant Biol. ▶ https://doi.org/10.1111/plb.13391

Wu X, Brüggemann N, Gasche R, Shen Z, Wolf B, Butterbach-Bahl K (2010) Environmental controls over soil-atmosphere exchange of N_2O, NO, and CO_2 in a temperate Norway spruce forest. Glob Biogeochem Cycle 24:GB2012. ▶ https://doi.org/10.1029/2009GB003616

Wu X, Brüggemann N, Gasche R, Papen H, Willibald G, Butterbach-Bahl K (2011) Long-term effects of clear-cutting and selective cutting on soil methane fluxes in a temperate spruce forest in southern Germany. Environ Pollut 159:2467–2475. ▶ https://doi.org/10.1016/j.envpol.2011.06.025

Zacharias S, Bogena HR, Samaniego L et al (2011) A Network of terrestrial environmental observatories in Germany. Vadose Zone J 10:955–973. ▶ https://doi.org/10.2136/vzj2010.0139

17

Klimawirkungen und Anpassung in der Landwirtschaft

Hermann Lotze-Campen, Tobias Conradt, Frank Ewert,
Cathleen Frühauf, Horst Gömann, Peggy Michaelis, Andrea Lüttger,
Claas Nendel und Hans-Joachim Weigel

Inhaltsverzeichnis

18.1   Agrarrelevante klimatische Veränderungen – 238

18.2   Direkte Auswirkungen von Klimaveränderungen auf wichtige Kulturpflanzen – 238
18.2.1   Temperaturveränderungen – 238
18.2.2   Niederschlagsveränderungen – 240
18.2.3   Anstieg der CO_2-Konzentration in der Atmosphäre – 240
18.2.4   Interaktionen und Rückkopplungen: CO_2, Temperatur, Niederschlag – 241

18.3   Auswirkungen von Klimaveränderungen auf agrarrelevante Schadorganismen – 242

18.4   Auswirkungen von Klimaveränderungen auf landwirtschaftliche Nutztiere – 242

18.5   Auswirkungen auf die Agrarproduktion – 243

18.6   Anpassungsmaßnahmen – 244

18.7   Kurz gesagt – 245

Literatur – 245

© Der/die Autor(en) 2023
G. P. Brasseur et al. (Hrsg.), *Klimawandel in Deutschland,*
https://doi.org/10.1007/978-3-662-66696-8_18

Wie kaum ein anderer Wirtschaftsbereich hängt die Landwirtschaft von Witterung und Klima ab. Die Änderungen wichtiger Klimakenngrößen wie Temperatur und Niederschlag (zu den unterschiedlichen Kenngrößen ► Kap. 6) sowie der Konzentration von Spurengasen in der Atmosphäre beeinflussen unmittelbar physiologische Prozesse in Kulturpflanzen und damit den Ertrag und die Qualität der Ernteprodukte. Zudem wirken sich Klimaänderungen auf die Pflanzenproduktion indirekt aus, indem sie strukturelle und funktionelle Eigenschaften von Agrarökosystemen verändern. Hierzu zählen z. B. Auswirkungen auf die Biodiversität und damit verbundene Ökosystemleistungen (► Kap. 15), physikalische, chemische und biologische Kenngrößen des Bodens (► Kap. 20) oder das Auftreten von Pflanzenkrankheiten und Schädlingen. Auch die Leistungsfähigkeit von Nutztieren hängt von Klima und Witterung ab.

Nach den in Teil 1 dieses Buches für Deutschland mittelfristig projizierten klimatischen Änderungen sind sowohl negative als auch positive Konsequenzen für die deutsche Landwirtschaft zu erwarten. Entscheidend dafür, wie diese Effekte ausfallen, sind zum einen die Art und Intensität der Klimaveränderungen selbst, zum anderen die Empfindlichkeit der jeweils betrachteten Produktionssysteme und die Implementierung von Anpassungsmaßnahmen, mit deren Hilfe sich die Folgen des Klimawandels nutzen, vermeiden oder mildern lassen. Während z. B. eine moderate durchschnittliche Erwärmung oder die kontinuierliche Zunahme der atmosphärischen Kohlendioxid. Konzentration durchaus positive Wirkungen auf die deutsche Pflanzenproduktion haben können, wirken sich besonders extreme Wetterlagen – regional unterschiedlich – meist deutlich negativ auf einzelne Landnutzungs- oder Produktionssysteme aus.

Anpassungen an den Klimawandel sind im Zusammenhang mit der allgemeinen Entwicklung landwirtschaftlicher Betriebs-, Landnutzungs- und Produktionsstrukturen zu betrachten und zu bewerten. Triebkräfte sind dabei in erster Linie der technische Fortschritt, die steigende Produktivität sowie ökonomische und politische Rahmenbedingungen, die sich kontinuierlich verändern. Insbesondere die Entwicklungen auf den Agrarmärkten, die ihrerseits durch weltweite Klimaveränderungen beeinflusst werden, wirken sich auf die deutsche Landwirtschaft aus. Dieses Kapitel fasst den derzeitigen Stand der Erkenntnisse zu den möglichen Wirkungen des Klimawandels auf die deutsche Landwirtschaft sowie Anpassungsoptionen zusammen, mit einem Schwerpunkt auf der Pflanzenproduktion.

18.1 Agrarrelevante klimatische Veränderungen

Seit 1881 wurden für die Landwirtschaft folgende relevante Klimaveränderungen in Deutschland beobachtet: Neben einem Anstieg der Jahresmitteltemperatur um etwa 1,6 °C (Deutschlandmittel) lagen nach Analysen des DWD (2021) die Änderung des Jahresniederschlages im gleichen Zeitraum im Vergleich zum Referenzzeitraum (1961–1990) zwischen −5,5 % (Sachsen) und +16 % (Schleswig-Holstein). Im Winter nahmen die Niederschläge zwischen 12,6 % (Sachsen) und 35,6 % (Schleswig-Holstein) zu, während im Sommer Abnahmen bis zu 13,7 % (Sachsen) zu beobachten waren.

Die Klimamodelle geben den Hinweis, dass sich die beobachteten Entwicklungen fortsetzen werden (► Kap. 4). Sehr wahrscheinlich werden wir durchschnittlich wärmere und trockenere Sommer erleben sowie wärmere, feuchtere und schneeärmere Winter. Darüber hinaus ist das Kohlendioxidangebot in der Atmosphäre für alle Pflanzen so hoch wie nie in der jüngeren Erdgeschichte und nimmt mittelfristig schnell weiter zu. Daneben steigt die Konzentration des für Pflanzen giftigen Ozons in den bodennahen Luftschichten. Zusätzlich müssen wir mit einer höheren Variabilität einzelner Witterungs- und Wetterereignisse rechnen, also insgesamt mit räumlich und zeitlich sehr unterschiedlichen Perioden von extremer Hitze, Trockenheit, hohen Ozonkonzentrationen und Starkniederschlägen (◘ Abb. 18.1).

In den letzten 20 Jahren ist ein deutlicher Rückgang der Niederschläge im Frühjahr (März, April, Mai) beobachtet worden. Mit der Zunahme der Temperatur im gleichen Zeitraum und der damit steigenden Verdunstung ging die Bodenfeuchte deutlich zurück. Diese ausgeprägte Frühjahrstrockenheit bildet die Klimaprojektionen für die Vergangenheit nicht ab, sodass keine Aussage über die zukünftige Entwicklung der Bodenfeuchtesituation im Frühjahr getroffen werden kann (Gömann et al. 2015).

18.2 Direkte Auswirkungen von Klimaveränderungen auf wichtige Kulturpflanzen

18.2.1 Temperaturveränderungen

■ **Wachstum, Ertrag**

Der Stoffwechsel und das Wachstum von Pflanzen hängen von Minimum, Optimum und Maximum der Temperatur sowie von Wärmesummen ab. Diese sind je nach Pflanzenart oder -sorte, Standort und Herkunft sehr unterschiedlich. Weiter steigende Durchschnittstemperaturen und mehr extreme Temperaturen, die zu Hitzestress führen, werden sich daher unterschiedlich auf die Produktion der verschiedenen Kulturpflanzen auswirken (Morison und Lawlor 1999; Porter und Gawith 1999).

Temperaturextreme oberhalb des art- oder sortenspezifischen Temperaturoptimums wirken sich meis-

Abb. 18.1 Agrarökosysteme im Klima der Zukunft: Unter den Rahmenbedingungen einer eindeutig projizierten Veränderung klimatischer Durchschnittswerte ist die landwirtschaftliche Pflanzenproduktion mit weitreichenden Änderungen, darunter auch mit häufiger auftretenden Klimaextremen, konfrontiert. Wie sich das Zusammenspiel dieser unterschiedlichen Elemente des Klimawandels im Endeffekt auswirkt, ist größtenteils noch offen. (Nach Weigel 2011; Eigene Darstellung)

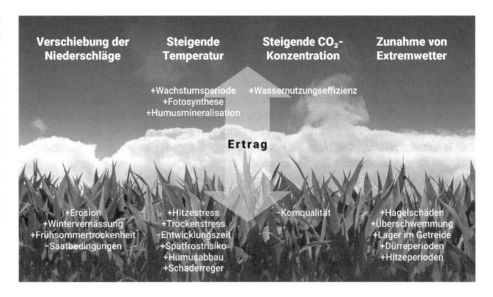

tens schädlich auf Kulturpflanzen aus. Besonders temperaturempfindlich sind Phasen der Samen- und Fruchtbildung. Extremereignisse wie Hitzeperioden im Sommer beeinträchtigen spezifische generative Stadien wie das Entfalten der Blüte bei Getreide (Porter und Gawith 1999; Barnabas et al. 2008). Bei Weizen und Mais führen Temperaturen über 31 bzw. 35 °C zur Sterilität der Pollen, stören so die Befruchtung und den Fruchtansatz. Das verringert die potenzielle Kornzahl und schmälert den Ertrag (Rezaei et al. 2018). Bei anderen empfindlichen Kulturen wie z. B. Tomaten können Blüten oder junge Früchte aufgrund von Hitzestress absterben. Bei zusätzlicher Trockenheit fehlt zudem der kühlende Effekt der Transpiration, was sich auf die Samenanlage bei direkter Sonneneinstrahlung schädigend auswirkt (Durigon und van Lier 2013).

Kritisch für den Ackerbau ist eine Zunahme der Temperaturvariabilität. Eine der wenigen diesbezüglich durchgeführten Simulationen ergab, dass sich Ertragsschwankungen bei Weizen verdoppeln, wenn eine Verdopplung der regulären Abweichungen der saisonalen Durchschnittstemperaturen angenommen wird, und dass dies insgesamt zu einem vergleichbaren Ertragsrückgang führt wie durch eine durchschnittliche Temperaturerhöhung um 4 °C (Porter und Semenov 1999).

■ **Qualität**

Temperaturveränderungen können auch die Qualität pflanzlicher Produkte beeinflussen. Hitzestress während der Kornfüllung wie im heißen Sommer 2006 erhöht bei Weizen den Proteingehalt des Korns und verändert die Proteinqualität, was sich wiederum auf die Backeigenschaften auswirkt (BMELV 2006). Zuckerrüben weisen unter Hitzestress erhöhte Aminostickstoffgehalte auf, was einerseits dem Rübenertrag zugutekommt, andererseits aber die Zuckerkristallisation behindert. Bei Raps reduzieren hohe Temperaturen

den Ölgehalt, steigern aber den Proteingehalt. Das schränkt dessen Verwendung als Biodiesel ein, bringt aber Vorteile für die Tierernährung mit sich. Bei einigen Kulturen führen höhere Nachttemperaturen zu unerwünschten Effekten: Zum Beispiel ist die Fruchtfärbung bei bestimmten Apfelsorten verringert, und beim Wein wird mehr Säure abgebaut. In sehr warmen Sommern steigt bei Letzterem das Mostgewicht (der Zuckergehalt in den Beeren) schnell an; die Ausbildung der Aromen benötigt jedoch Zeit.

■ **Phänologie**

Viele Prozesse in den Pflanzen werden durch die Temperatur und durch die Tageslänge gesteuert. Steigende Temperaturen verlängern insgesamt die Vegetationsperiode, lassen jedoch viele phänologische Stadien wie Blüte und Abreife früher im Jahreszyklus beginnen und verkürzen deren Dauer. Dies kann einerseits zur Folge haben, dass etwa beim Getreide die wichtige Kornfüllungsphase verkürzt wird und sich der Ertrag verringert. Andererseits zeigen Modellsimulationen auch eine potenziell positive Wirkung auf den Ertrag, da Getreide unter erhöhten Temperaturen früher zu blühen beginnt, wodurch späterer Hitzestress umgangen werden kann (Nendel et al. 2014).

Ferner kann es zu einer Entkopplung von Systemen kommen. So reagieren einige Pflanzen insbesondere im Frühjahr vor allem temperatursensitiv, viele Tiere wie etwa bestäubende Insekten dagegen vorrangig fotosensitiv. Wenn sich die Temperaturverläufe durch den Klimawandel ändern, bleiben die Tageslängen und damit die Aktivität der fotosensitiven Tiere gleich. Hier stellt sich die Frage, inwiefern sich bestäubende Insekten über Generationen dem veränderten Klima anpassen, d. h. ihre Aktivität früher im Jahr aufnehmen können, oder inwiefern sich der Lebensraum von angepassten Insekten etwa aus südlicheren Ländern nach Deutschland verlagert (▶ Kap. 15).

Das Ende der Vegetationsperiode hängt von verschiedenen Faktoren ab. Je nach Pflanzenart ist neben der Temperatur auch die Tageslänge entscheidend. Bereits das erste Auftreten von tieferen Temperaturen kann die Blattverfärbung und den Blattfall auslösen. Nachfolgend wieder steigende Temperaturen können von den betroffenen Pflanzen nicht mehr genutzt werden; dazu sind nur Winterkulturen in der Lage. Dauern milde Temperaturen allerdings zu lange an, entwickeln sich die Bestände zu stark für die Überwinterung. Viele Kulturen brauchen einen Kältereiz im Winter (Vernalisation). Ist das Kältebedürfnis während der Ruhezeit nicht erfüllt, kommt es bei Wintergetreide zu Ertragsverlusten, da der Übergang zur Blühphase nicht gleichmäßig erfolgt. Ein verzögerter und ungleichmäßiger Austrieb beim Spargel zu Saisonbeginn wird ebenfalls mit einer unzureichenden Vernalisation in einzelnen Regionen in Verbindung gebracht.

Gemüse im Freiland baut man meistens satzweise an, d. h., vom Frühjahr bis zum Herbst werden die Kulturen zeitlich versetzt gepflanzt und geerntet. Steigen mit dem Klimawandel die Temperaturen, ist das nicht unbedingt ein Problem, da der Unterschied zwischen der mittleren Temperatur im Sommeranbau und der im Frühjahrs- und Herbstanbau deutlich größer ist als der erwartete Temperaturanstieg durch den Klimawandel (Fink et al. 2009). Verwendet werden hierfür Sorten, die an höhere bzw. niedrigere Temperaturen angepasst sind. Außerdem werden Gemüseflächen häufig bewässert, sodass durch die Verdunstungskühlung auch Hitzeperioden überbrückt werden können. Allerdings sind hierbei mögliche Schäden durch eine erhöhte Ozonbelastung bei langanhaltender Hitze nicht mitberücksichtigt (Fuhrer et al. 2016; Schauberger et al. 2019).

18.2.2 Niederschlagsveränderungen

Grundsätzlich sind Niederschlag und Wasserhaushalt ausschlaggebend dafür, welche Kulturpflanzen sich erfolgreich anbauen lassen. Bereits geringe Veränderungen der Niederschlagsmengen wirken sich deutlich auf die Produktivität von Agrarökosystemen aus. Da die Verdunstung vor allem von der Temperatur abhängt und um ca. 5 % pro Grad Celsius Temperaturerhöhung zunimmt, beeinflusst die Klimaerwärmung auch den Wasserhaushalt eines Agrarökosystems.

In längeren Trockenphasen versuchen Pflanzen, die verringerte Bodenwasserverfügbarkeit durch vermehrtes Wurzelwachstum zu kompensieren, da hierdurch ein größeres Bodenvolumen erschlossen werden kann. Dafür wird das oberirdische Sprosswachstum beeinträchtigt. Sowohl zwischen den Arten als auch den Sorten gibt es Unterschiede in der Reaktion auf Trockenstress. Auch sind Kulturpflanzen während der einzelnen Entwicklungsstadien unterschiedlich empfindlich gegenüber Trockenstress. Empfindliche Phasen bei Getreide sind die Blüte und die Kornfüllung. Unzureichende Wasserversorgung kann nur teilweise in späteren Wachstumsphasen kompensiert werden. Bei Obst und Gemüse, die in der Regel als Frischware vermarktet werden, sowie Zierpflanzen führt Wassermangel zu einem Totalausfall, da aufgrund der erheblichen Qualitätsverluste keine Vermarktung mehr möglich ist. Aufgrund der hohen Deckungsbeiträge für diese Kulturen kann hier jedoch bei entsprechender Wasserverfügbarkeit mit künstlicher Bewässerung als Anpassungsoption entgegengesteuert werden.

Die Blattentwicklung verkraftet selbst zeitlich begrenzten Trockenstress nicht gut: Die Blätter wachsen schlechter, was sich in einer verringerten Blattfläche, einer nachhaltig beeinträchtigten Fotosynthese und letztlich in Ertragsverlusten widerspiegelt. Besonders bei einjährigen Kulturpflanzen verkürzt eine häufigere Frühjahrstrockenheit (▶ Abschn. 18.1) oder eine zunehmende Sommertrockenheit die effektive Entwicklungsdauer. Dabei geht eine beschleunigte Abreife der Pflanzen meistens nicht nur auf Kosten der Fruchtbildung, sondern auch zulasten der Produktqualität. Tritt Trockenheit bereits zu Vegetationsbeginn auf, kann sich abhängig von der Bodenart auch das Keimen und Aufgehen von Ackerkulturen verringern. Darüber hinaus sind bei geringer Bodenfeuchte Nährstoffe schlechter verfügbar, Pflanzenschutzmittel weniger wirksam, der Humusaufbau verringert und die Anfälligkeit des Bodens gegenüber Winderosion hoch (▶ Kap. 20).

18.2.3 Anstieg der CO_2-Konzentration in der Atmosphäre

Kohlendioxid (CO_2) aus der Atmosphäre bildet die Grundlage für Wachstum und Entwicklung aller Pflanzen. Viele Pflanzen der mittleren und hohen Breiten sind dem sog. C_3-Metabolismus zuzuordnen (z. B. Weizen, Roggen und Zuckerrüben). Diese C_3-Pflanzen reagieren direkt auf den CO_2-Gehalt der Atmosphäre. Dagegen gehören etwa Mais, Hirse und Zuckerrohr zu den C_4-Pflanzen, die über einen Mechanismus der internen CO_2-Anreicherung verfügen. Bei höheren CO_2-Konzentrationen können C_3-Pflanzen größere Mengen CO_2 pro Zeit durch ihre Spaltöffnungen schleusen und ihren Bedarf für die Fotosynthese schneller befriedigen, und diese sogar weiter steigern. Da durch die Spaltöffnungen auch Wasserdampf entweicht, kann die Pflanze durch frühzeitiges Schließen der Öffnungen Wasserverluste vermeiden. Hingegen können C_4-Pflanzen kaum auf höhere CO_2-Gehalte der Atmosphäre mit einer Steigerung der Fotosynthese reagieren, drosseln aber ebenfalls die Verdunstung (Leakey et al. 2009). Bei beiden Pflanzentypen verbessert sich dabei die Wassernutzungseffizienz.

Wie stark diese Auswirkungen das Wachstum der Kulturpflanzen ankurbeln und in welcher Höhe sie den Ertrag unter Feldbedingungen steigern, ist nicht abschließend geklärt (▶ Kap. 17). Wetter und Witterung, die Nährstoff- und Wasserversorgung sowie Sorteneigenschaften können die CO_2-Wirkung erheblich verändern. Die Mehrzahl der Experimente zum sogenannten CO_2-Düngeeffekt – meist CO_2-Anreicherungsversuche – fanden unter mehr oder weniger künstlichen Umwelt- und Wachstumsbedingungen statt, z. B. in Klimakammern, Gewächshäusern und Feldkammern, als Topfversuche und mit optimaler Wasser- und Nährstoffversorgung. Das Ergebnis: Bei einer CO_2-Anreicherung um bis zu 80 % gegenüber der jeweiligen Umgebungskonzentration von 350 bis 385 ppm CO_2 in der Atmosphäre nahmen die Erträge um 25 bis 30 % zu (Kimball 1983; Ainsworth et al. 2010). Versuche in den USA, Japan und Deutschland mit den C_3-Pflanzen Weizen, Reis, Soja, Gerste und Zuckerrüben unter realen Anbaubedingungen mit der FACE-Technik (*free air carbon dioxide enrichment*) ergaben Wachstumssteigerungen um lediglich 10 bis 14 % (◘ Tab. 18.1; Long et al. 2006; Weigel und Manderscheid 2012).

Experimente und Modelle haben gezeigt, dass Kulturpflanzen unter erhöhten CO_2-Konzentrationen weniger Wasser abgeben und der Boden häufig feuchter ist (Kirkham 2011; Burkart et al. 2011). Höhere CO_2-Konzentrationen können also auch deshalb das Wachstum steigern, weil die Pflanzen das Wasser effektiver nutzen (Manderscheid et al. 2018). Dieser Effekt ist für C_3- und C_4-Pflanzen gleichermaßen relevant. Da C_4-Pflanzen auf höhere CO_2-Konzentrationen aber nicht mit mehr Fotosynthese reagieren, sind zukünftige positive Wachstumseffekte nur unter Trockenheit zu erwarten. Feldversuche mit der FACE-Technik an Mais

in den USA und Deutschland bestätigen das: Erhöhte CO_2-Konzentrationen von etwa 550 ppm kompensieren größtenteils trockenheitsbedingte Ertragsverluste (Leakey et al. 2009; Manderscheid et al. 2014).

Fast alle Studien zum CO_2-Düngeeffekt zeigen, dass sich die Gehalte an Makro- und Mikroelementen sowie sonstigen Inhaltsstoffen wie Zucker, Vitaminen und sekundären Pflanzenstoffen ändern. Bei CO_2-Anreicherungsversuchen mit Konzentrationen von 550 bis 650 ppm verringerte sich der Stickstoffgehalt in den Blättern von Grünlandarten und in Samen und Früchten, etwa Getreidekörnern, um 10 bis 15 % im Vergleich zur heutigen CO_2-Konzentration (Taub et al. 2007; Erbs et al. 2010). Ändern sich die pflanzlichen Eigenschaften derart, ändert sich zum einen die Qualität von Nahrungs- und Futtermitteln, zum anderen auch die Eignung der Pflanzen als Nahrungsquelle, beispielsweise für pflanzenfressende Insekten und sonstige Schaderreger (Chakraborty et al. 2000).

18.2.4 Interaktionen und Rückkopplungen: CO_2, Temperatur, Niederschlag

Die positive Wirkung von erhöhten CO_2-Konzentrationen auf die Fotosyntheseaktivität von Kulturpflanzen hängt von der Temperatur ab (Long 1991; Manderscheid et al. 2003). Steigen die Temperaturen über ein Optimum hinaus an, kann der positive CO_2-Düngeeffekt einen negativen Temperatureffekt auf das Pflanzenwachstum nicht mehr ausgleichen und Ertragsabnahmen sind die Folge (Batts et al. 1997; Mitchell et al. 1993; Prasad et al. 2002). Verringert sich durch mehr CO_2 in der Atmosphäre die Verdunstung je Blattfläche und des ganzen Pflanzenbestandes, kann die Wassernutzungseffizienz deutlich steigen. Weniger Verdunstung bedeutet zudem eine Verringerung des latenten Wärmestroms, sodass gleichzeitig die Blatt- und Bestandsoberflächen wärmer werden können. Be-

◘ **Tab. 18.1** Erträge (t/ha) der verschiedenen Pflanzen aus dem zweimaligen Fruchtfolgeversuch in Braunschweig mit der FACE-Technik unter normaler (370–380 ppm) und erhöhter CO_2-Konzentration (550 ppm) sowie mit ausreichender (N100) und reduzierter Stickstoffdüngung (N50 = 50 % von N100). Angegeben sind die Kornerträge und die Rübenfrischmassen. (Verändert nach Weigel und Manderscheid 2012)

| CO_2 | N | 2000 | 2001 | 2002 | 2003 | 2004 | 2005 |
		Wintergerste	Zuckerrübe	Winterweizen	Wintergerste	Zuckerrübe	Winterweizen
Normal	100	9,5	68,1	5,7	5,9	71,7	8,4
	50	7,8	61,1	4,7	4,7	64,2	7,3
Erhöht	100	10,2	73,4	6,6	6,9	76,8	9,7
	50	8,5	66,2	5,9	5,6	74,5	7,6
%-CO_2-Effekt	100	7,5	7,8	15,6	16,5	7,1	15,8
	50	8,5	8,3	11,7	17,6	16,0	3,7

stände unter Trockenstress können dabei eine um +6 °C wärmere Blatttemperatur haben als gut mit Wasser versorgte Bestände (Durigon und van Lier 2013). Die positive Rückkopplung auf die Wassernutzungseffizienz könnte einen Wassermangel aufgrund künftig abnehmender Sommerniederschläge ganz oder teilweise kompensieren (Weigel et al. 2014). Werden jedoch durch die höhere CO_2-Konzentration mehr Blätter je m^2 gebildet, kann der Effekt der besseren Wassernutzungseffizienz wieder zunichte gemacht werden. Auch könnte die physiologische Rückkopplung mit dem latenten Wärmestrom die Effekte höherer Temperaturen weiter verstärken.

Wird also im Zuge des Klimawandels auch die Wasserversorgung zum limitierenden Faktor, könnte der CO_2-Düngeeffekt die Wechselwirkungen entscheidend beeinflussen. Viele Pflanzenwachstums- und Ertragsmodelle haben die Wirkung der CO_2-Düngung untersucht: Negative Ertragseffekte bei Getreide, die allein wärmeren Temperaturen und schlechterer Wasserversorgung geschuldet sind, fallen wesentlich geringer aus oder kehren sich ins Positive um, wird der CO_2-Düngeeffekt berücksichtigt (Toreti et al. 2020). Dabei sind Standortbedingungen oft entscheidend (Kersebaum und Nendel 2014).

Zum einen wissen wir noch nicht genug über die Wechselwirkungen der verschiedenen Klimafaktoren untereinander. Zum anderen ist zu wenig darüber bekannt, wie andere Faktoren (z. B. das landwirtschaftliche Management in Form von Düngung, Bodenbearbeitung, Bewässerung und Sortenwahl) diese Wechselwirkungen beeinflussen. Wirken sich erhöhte CO_2-Konzentrationen immer noch positiv aus, wenn die Pflanzen beispielsweise weniger Stickstoff bekommen? Neue Untersuchungen von Wang et al. (2020) zeigen, dass der globale CO_2-Düngeeffekt in den meisten Regionen der Erde im Zeitraum von 1982 bis 2015 zurückgegangen ist. Es wird vermutet, dass die Nährstoffverfügbarkeit und nicht mehr das CO_2 der limitierende Faktor ist. Derartige Fragen brauchen eine Antwort, um geeignete Anpassungsmaßnahmen ableiten zu können (Schaller und Weigel 2007).

18.3 Auswirkungen von Klimaveränderungen auf agrarrelevante Schadorganismen

Klimafaktoren beeinflussen das Auftreten von pflanzlichen Schadorganismen, zu denen Bakterien, Pilze und Viren sowie Insekten, Unkräuter und eingewanderte Arten zählen. Witterung und Klima bestimmen, wie anfällig die Wirtspflanze ist und wie die Schaderreger sich entwickeln, ausbreiten und überdauern. Der Acker- und Gartenbau sowie das Grünland reagieren empfindlich, wenn infolge von Klimaveränderungen Pflanzenkrankheiten zunehmen oder neu auftreten. Insbesondere wärmere Winter und das Ausbleiben von starkem, in den Boden eindringendem Frost führen dazu, dass mehr Schadorganismen überleben.

Die Auswirkungen von Schadorganismen auf die Landwirtschaft durch die zu erwartenden Änderungen im Zuge des Klimawandels zu quantifizieren und zu bewerten ist komplex und schwierig. Der Klimawandel wirkt nicht nur auf die Schadorganismen selbst, sondern ebenfalls auf ihre als Nützlinge bezeichneten Gegenspieler. Wie Veränderungen einzelner Klimafaktoren die ausbalancierten Wechselwirkungen zwischen Schad- und Nutzorganismen beeinträchtigen, lässt sich zurzeit noch nicht hinreichend beantworten (Chakraborty et al. 2000; Juroszek und van Tiedemann 2013a, b, c). Allerdings dürften Änderungen agronomischer Faktoren wie Bodenbearbeitung oder Fruchtfolge das Auftreten von Schaderregern deutlich stärker beeinflussen als Klimaänderungen.

18.4 Auswirkungen von Klimaveränderungen auf landwirtschaftliche Nutztiere

Klimaveränderungen wirken sich zum einen indirekt über Veränderungen in der Futterbereitstellung, Futterzusammensetzung bzw. -qualität auf die Viehhaltung aus. Zum anderen beeinflussen höhere Temperaturen, Strahlungsintensitäten und Luftfeuchten direkt die Gesundheit und damit die Produktivität der Tiere (DGfZ 2011; DLG 2013; Gauly et al. 2013).

Liegt die Luftfeuchtigkeit über 70 %, leiden Milchkühe bereits bei Temperaturen über 24 °C unter Hitzestress. Das haben Untersuchungen auf Basis des Temperatur-Luftfeuchte-Index (Temperature Humidity Index, THI) ergeben, der in diesem Fall einen Wert von rund 70 aufweist. Höhere THI-Werte verringern die Milchleistung und -qualität, wobei auch Unterschiede in den Haltungssystemen dazu beitragen (Nienaber und Hahn 2007; Hammami et al. 2013; Sanker 2012). So wurde in Nordwestdeutschland ein kontinuierlicher Anstieg der Milchleistung bei einem THI von 0 bis 30 beobachtet; bei einem THI von 60 blieb die Milchleistung konstant und nahm rapide ab, wenn der THI-Wert über 62 lag (Brügemann et al. 2011, 2012). Gleichzeitig sank der Proteingehalt der Milch mit steigendem THI.

Modellrechnungen des DWD mit dem RCP8.5-Szenario (UBA 2021) zeigen, dass die Anzahl der Tage mit einem THI zwischen 70 und 80 (starker Hitzestress) bis zur Mitte des Jahrhunderts um 10 bis 35 und bis zum Ende des Jahrhunderts um 30 bis 60 zunehmen kann. Tage mit Werten über 80 (extremer Hitzestress) treten auch in Zukunft selten auf. Nur im Rheintal treten beim 85. Perzentil des untersuchten Ensembles an Klimaprojektionen im 30-jährigem Mittel bis zu sechs Tage mit extremem Hitzestress am Ende des Jahrhunderts auf.

Bei Hitzestress steigt der Energiebedarf der Tiere, da ein Wärmeüberschuss entsteht, der abgeführt werden muss (Walter und Löpmeier 2010). Daneben verbessern höhere Temperaturen die Bedingungen für Überträger von Krankheitserregern. Zu mehr und neuen Krankheiten (wie z. B. die Blauzungenkrankheit) hierzulande führt allerdings auch der globale Tiertransport nach Zentraleuropa (Mehlhorn 2007).

18.5 Auswirkungen auf die Agrarproduktion

Die Folgen des projizierten Klimawandels auf die Pflanzenproduktion in Deutschland wurden in einigen Studien analysiert. Um Ertragseffekte für Kulturpflanzen abzuschätzen, wurden in zahlreichen Studien verschiedene Wirkmodelle genutzt, d. h. mechanistische oder dynamische Wachstumsmodelle und in geringerem Umfang auch statistische Modelle. Während Wachstumsmodelle pflanzenphysiologische Prozesse, u. a. den CO_2-Düngeeffekt, sowie Bodeneigenschaften, Wasserverfügbarkeit und Management (z. B. Düngungsregime) explizit berücksichtigen, sind diese Zusammenhänge in statistischen Ansätzen lediglich implizit enthalten. Die Wirkmodelle wurden in der Regel mit Daten von Versuchsstandorten, aber auch von statistischen Ertragserhebungen überprüft und danach beurteilt, inwiefern sie beobachtete Ertragsschwankungen reproduzieren können. Dabei ist einerseits zu bedenken, dass Schwankungen in erhobenen Erträgen nicht nur auf Witterungsschwankungen beruhen, sondern teilweise auf weiteren Effekten wie einer Änderung der Anbaustruktur. Andererseits schlagen sich Ertragseinbußen infolge extremer Witterungsereignisse wie Kahlfrost, d. h. strenge Fröste ohne schützende Schneedecke, nicht vollständig nieder, da betroffene Bestände teilweise kurzfristig umgebrochen und stattdessen Sommerkulturen angebaut werden.

Bei der Ertragsprojektion mittels statistischer Modelle wird davon ausgegangen, dass die bestehenden Zusammenhänge und Wechselwirkungen zwischen den Bodeneigenschaften und Witterungsbedingungen auf die Ertragsänderung den gleichen Gesetzmäßigkeiten folgen wie in der Vergangenheit. Es wird unterstellt, dass die bisher bekannten Zusammenhänge in den nächsten Jahrzehnten weiter gültig sind. Daher erstreckt sich der Zeithorizont für die Betrachtung von Ertragsänderungen zumeist bis Mitte dieses Jahrhunderts. Dieses Problem versuchen mechanistische,

d. h. auf biophysikalischen Prozessen basierende dynamische Modelle zu umgehen.

Um die Auswirkungen des erwarteten Klimawandels abzuschätzen, werden die Wirkmodelle mit verfügbaren Klimaprojektionsdaten gespeist. Entscheidend für die Ergebnisse sind neben der Wahl des Emissionsszenarios das globale bzw. regionale Klimamodell sowie das Wirkmodell (z. B. Ertragsmodell) selbst. Während die simulierten Temperaturänderungen verschiedener Klimamodelle innerhalb bestimmter Bandbreiten liegen, aber die gleiche Tendenz aufweisen, unterscheiden sich die Projektionen zum Niederschlag besonders bei der jahreszeitlichen Verteilung deutlich. Die allein mit Klimaparametern simulierten Ertragsabweichungen reichen in der Regel von negativ bis neutral. Wird der Effekt einer höheren CO_2-Konzentration auf den Ertrag mitberücksichtigt, kommt es, abhängig von der Kultur, mitunter auch zu deutlich positiven Ertragseffekten (▶ Abschn. 18.2.4).

Die Bandbreite der Ergebnisse solcher Klimafolgenuntersuchungen aus der Literatur lassen sich am Beispiel Winterweizen wie folgt zusammenfassen. Die Weizenerträge werden sich bis Mitte des 21. Jahrhunderts regional unterschiedlich verändern – je nach Standort- und Klimabedingungen. Mit Einbeziehung des CO_2-Düngeeffekts können die Erträge regional um mehr als 20 % steigen, ohne CO_2-Düngeeffekt aber auch um bis zu 24 % sinken. Demnach müssen die ostdeutschen Regionen (z. B. Brandenburg, Elbeeinzugsgebiet) – ohne Einrechnung des CO_2-Düngeeffekts – tendenziell die höchsten Ertragsverluste hinnehmen (Alcamo et al. 2005; Mirschel et al. 2005; Wechsung et al. 2008; Kropp et al. 2009a, b; Stock 2009; Burkhardt und Gaiser 2010; Lüttger und Gottschalk 2013). Berücksichtigt man den CO_2-Effekt und vor allem die verbesserte Wassernutzungseffizienz, kann der Winterweizenertrag regional um 5 bis 9 % zunehmen. Dieser Effekt fällt in Regionen mit geringerem Niederschlagsniveau und leichteren Böden stärker aus (Kersebaum und Nendel 2014; Lüttger und Gottschalk 2013).

Für die Produktivität von Grünland in Hessen ergab sich im Rahmen einer Klimafolgenabschätzung eine Ertragszunahme von etwa 10 % (USF 2005), für den brandenburgischen Landkreis Märkisch-Oderland ein Verlust von etwa 15 %, jeweils gegenüber der heutigen Klimasituation (Mirschel et al. 2005). Die Auswirkungen des Klimawandels auf die Quantität und die Qualität von Futterpflanzen beeinflussen wiederum die Ernährung der Tiere (Hawkins et al. 2013).

Kurz- bis mittelfristig, das bedeutet innerhalb der nächsten 20 bis 30 Jahre, sind abgesehen von einer möglichen Zunahme der jährlichen Variabilität sowie extremer Wetterlagen im deutschlandweiten Mittel keine gravierend negativen Effekte des Klimawandels auf die Pflanzenproduktion zu erwarten. Dabei kann es jedoch regionale Unterschiede geben, die je nach Kultur-

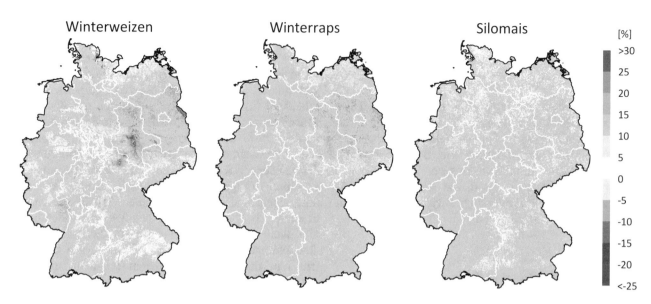

◘ Abb. 18.2 Zu erwartende, über den Zeitraum 2031–2060 gemittelte Ertragsveränderungen für Winterweizen, Winterraps und Silomais (Futtermais) in Deutschland im Vergleich zu 1981–2010 auf der Grundlage von Simulationen mit dem Agrarökosystemmodell MONICA (Nendel et al. 2011) unter Verwendung der Bodenübersichtskarte 1:200.000 und Ensemble-Klimaprojektionen mit ansteigenden CO_2-Gehalten in der Atmosphäre gemäß dem RCP 8.5-Szenario. (Quelle: Eigene Berechnungen)

art auch mit erheblichen Verlusten einhergehen. Simulationen mit dem mechanistischen Agrarökosystemmodell MONICA (Nendel et al. 2011) ergeben bei einem Zeithorizont bis 2045 (gemittelt über den Zeitraum 2031–2060) für das RCP8.5-Szenario für Deutschland eine durchschnittliche Zunahme des Winterweizenertrags von +6 %, während für Silomais im Durchschnitt keine Änderung projiziert wird (◘ Abb. 18.2). Die derzeit verfügbaren Klimaszenarien bilden jedoch regionale Trends der Dürreperioden für Deutschland bislang nicht gut ab, sodass Ertragsprojektionen zurzeit als zu optimistisch eingeschätzt werden.

18.6 Anpassungsmaßnahmen

Entwicklung und Anwendung von Anpassungsmaßnahmen entscheiden mit darüber, welche Chancen die Landwirtschaft durch den Klimawandel nutzen kann bzw. wie verwundbar die Agrarproduktion künftig sein wird. Die Palette der möglichen Maßnahmen reicht von der Auswahl der Kulturpflanzen bis zum gesamtbetrieblichen Management und bezieht vor- und nachgelagerte Produktionszweige sowie den internationalen Agrarhandel mit ein. Darüber hinaus greifen Anpassungsmaßnahmen aus anderen Bereichen in die Landwirtschaft ein: z. B. Maßnahmen des vorsorgenden Hochwasserschutzes wie der Ausweisung von Überschwemmungsgebieten, in denen die Landwirtschaft besonderen Auflagen unterliegt.

Welche konkreten Anpassungsoptionen gibt es? Einige Beispiele: Im Bereich Anbaueignung, Wachstum,

Produktivität und Gesundheit von Kulturpflanzen können die Aussaattermine im Herbst oder im Frühjahr, Saatdichten und Reihenabstände geändert werden. Darauf abgestimmt lassen sich Düngungsstrategien optimieren, auch um den CO_2-Effekt zu nutzen, sowie das Pflanzenschutzmanagement anpassen. Grundsätzlich lassen sich geeignetere Sorten oder Kulturen auswählen. Voraussetzung ist jedoch, dass auch weiterhin züchterische Fortschritte erzielt werden können. Beispielsweise lässt sich durch den Anbau von trocken- und hitzestresstoleranteren Sorten das Anbaurisiko verringern oder durch einen Wechsel der Befestigung, Ausrichtung und Beschneidung der Weinreben das Wachstum und die Zuckereinlagerung in die Beeren infolge steigender Temperaturen wieder etwas verlangsamen. In den letzten Jahren wurden Sortenwahl und Züchtung eine zunehmende Bedeutung als Anpassungsmaßnahmen an den Klimawandel zugeschrieben (Wehner et al. 2017; Macholdt und Honermeier 2016, 2017).

Der gezielte Pflanzenschutz, wie er heute Praxis ist, lässt sich sehr gut an klimawandelbedingte Änderungen bei Pflanzenkrankheiten und Schädlingen anpassen. Zudem kann eine bessere Agrarwettervorhersage Anpassungen im Anbau unterstützen. In der Produktionstechnik stehen z. B. Verfahren der Be- und Entwässerung, Techniken zur Konservierung der Bodenfeuchte einschließlich Humusaufbau, Folienabdeckung, Frostschutzberegnung oder Hagelnetze zur Verfügung. Ob und welche Maßnahmen umgesetzt werden, hängt letztlich von ihrer Rentabilität ab, die wiederum von der Kultur und den jeweiligen Rahmenbedingungen be-

18

stimmt wird. Insbesondere die Bestrebungen, gleichzeitig die Verwendung von chemischen Pflanzenschutzmitteln zu reduzieren und die Bestandsgesundheit durch die Selbstregulierung des Ökosystems zu fördern, stellen hier neue Herausforderungen dar. Dabei wird vor allem auf das zusätzliche Angebot von Ökosystemdienstleistungen (▶ Kap. 34) Wert gelegt, für welche eine höhere Biodiversität in der Agrarlandschaft etabliert werden muss.

Eine höhere Diversität im Produktionsprogramm kann darüber hinaus klimabedingt steigende Produktionsrisiken abfedern, beispielsweise durch eine ausgewogene Mischung von Winter- und Sommerkulturen. Ebenso wichtig sind Reservekapazitäten für unvorhergesehene Wetterlagen, Lager für Getreidevorräte sowie Liquiditätsreserven. Alternativ oder ergänzend lassen sich Produktionsrisiken durch Versicherungen abdecken (Hirschauer et al. 2018).

Auch die Nutztierhaltung bietet Anpassungsmöglichkeiten: etwa durch Zucht wärmetoleranter, robuster und krankheitsresistenter Tiere. Dabei sind auch die Strategien der Tierseuchenbekämpfung kontinuierlich weiterzuentwickeln. Zudem werden Verfahrenstechniken und Stallsysteme entwickelt, die Hitzestress kompensieren (DGfZ 2011).

In einigen Studien wurde im Vergleich mit einer projizierten Referenzsituation untersucht, wie sich landwirtschaftliche Produktionsstrukturen infolge von klimabedingten Ertragsveränderungen anpassen und Einkommen verändern. Simulationsergebnisse für das Elbegebiet sowie Berlin und Brandenburg zeigen eine vergleichsweise geringe Notwendigkeit für klimabedingte Anpassungen der Produktionsstruktur und Auswirkungen auf die landwirtschaftlichen Einkommen (Gömann et al. 2003; Lotze-Campen et al. 2009). Dabei sind viele Anpassungsmaßnahmen weder in den Ertragsmodellen noch in den agrarökonomischen Modellen berücksichtigt, sodass die ermittelten geringen klimabedingten Auswirkungen überschätzt sein dürften.

Neben den zu erwartenden Klimaänderungen beeinflussen Entwicklungen auf den Agrarmärkten, agrar- und umweltpolitische Rahmenbedingungen sowie Produktionskosten die landwirtschaftliche Produktion und Einkommen in starkem Maße. Die global weiterhin steigende Nachfrage nach Nahrungsmitteln, aber auch die potenzielle Nachfrage nach Biomasse und Bioenergie im Rahmen einer ambitionierten Klimapolitik und Emissionsvermeidung könnten die zukünftige Agrarentwicklung auch in Deutschland stark beeinflussen (van Meijl et al. 2018). Der internationale Agrarhandel kann auch eine wichtige Rolle bei der Anpassung an den Klimawandel spielen. Offene und diversifizierte Handelsbeziehungen können helfen, Agrarpreissteigerungen aufgrund von klimabedingten Ernteausfällen in wichtigen Produktionsregionen abzupuffern (Stevanovic et al. 2016).

Unter diesen Rahmenbedingungen werden die Entscheidungskräfte in der Landwirtschaft voraussichtlich viele lokal spezifische Anpassungsmaßnahmen umsetzen, um ihre Erträge zu sichern, etwa die Beregnung, deren Bedeutung in den trockener werdenden Regionen Deutschlands zunimmt.

18.7 Kurz gesagt

Die Auswirkungen der erwarteten Klimaveränderungen erscheinen für die deutsche Landwirtschaft in den nächsten 20 bis 30 Jahren im Wesentlichen beherrschbar. Für die längerfristigen klimatischen Veränderungen sind die Anforderungen zur Anpassung der Landwirtschaft in Deutschland weiterhin zu analysieren. Zunehmende extreme Wetterlagen wie Früh-, Spät- und Kahlfröste, extreme Hitze, Trockenheit, extreme Niederschläge, Hagel und Sturm könnten die Landwirtschaft herausfordern. Bislang gibt es nur wenige belastbare Erkenntnisse, wie sich künftige agrarrelevante Extremereignisse auswirken, und wenige Untersuchungen über die Möglichkeiten des Risikomanagements.

Einerseits bestehen erhebliche Unsicherheiten bezüglich der Entwicklungen auf den Agrarmärkten, der zukünftigen agrar- und umweltpolitischen Rahmenbedingungen sowie der regional spezifischen Klimaveränderungen in den nächsten 20 bis 30 Jahren. Andererseits ist die Landwirtschaft anpassungsfähig, weil landwirtschaftliche Produktionszyklen deutlich kürzer sind als die Zeithorizonte des Klimawandels und weil die Landwirtschaft sich kontinuierlich technologisch wie strukturell verändert. Adaptive Produktionssysteme und -verfahren, kontinuierliche Züchtungsfortschritte sowie ein effektives betriebliches Risikomanagement sind wichtige Bausteine einer umfassenden landwirtschaftlichen Anpassungsstrategie an den Klimawandel.

Literatur

Ainsworth EA, McGrath JM (2010) Direct effects of rising atmospheric carbon dioxide and ozone on crop yields. In: Lobell D, Burke M (Hrsg) Climate change and food security. Adapting agriculture to a warmer world. Adv Global Change Res. Springer, Dordrecht, 37:109–130

Alcamo J, Priess J, Heistermann M, Onigkeit J, Mimler M, Priess J, Schaldach R, Trinks D (2005) INKLIM Baustein 2, Abschlussbericht des Wissenschaftlichen Zentrums für Umweltsystemforschung (USF) – Universität Kassel. Projekt: Klimawandel und Landwirtschaft in Hessen: Mögliche Auswirkungen des Klimawandels auf landwirtschaftliche Erträge

Barnabas B, Jager K, Feher A (2008) The effect of drought and heat stress on reproductive processes in cereals. Plant Cell Environ 31(1):11–38

Batts GR, Morison JIL, Ellis RH, Hadley P, Wheeler TR (1997) Effects of CO_2 and temperature on growth and yield of crops of winter wheat over four seasons. Eur J Agron 7(1–3):43–52

BMELV – Bundesministerium für Ernährung, Landwirtschaft und Verbraucherschutz (2006) Besondere Ernte- und Qualitätsermittlung (BEE) 2006. Daten-Analysen, Reihe

Brügemann K, Gernand E, von Borstel UU, König S (2011) Genetic analyses of protein yield in dairy cows applying random regression models with time-dependent and temperature x humidity-dependent covariates. J Dairy Sci 94:4129–4139

Brügemann K, Gernand E, von Borstel UU, König S (2012) Defining and evaluating heat stress thresholds in different dairy cow production systems. Arch Tierzucht 55:13–24

Burkart S, Manderscheid R, Wittich K-P, Löpmeier FJ, Weigel HJ (2011) Elevated CO_2 effects on canopy and soil water flux parameters measured using a large chamber in crops grown with free-air CO_2 enrichment. Plant Biol 13(2):258–69

Burkhardt J, Gaiser T (2010) Modellierung der Folgen des Klimawandels auf die Pflanzenproduktion in Nordrhein-Westfalen. Abschlussbericht, im Auftrag des Ministeriums für Umwelt und Naturschutz, Landwirtschaft und Verbraucherschutz des Landes Nordrhein-Westfalen, Institut für Nutzpflanzenwissenschaften und Ressourcenschutz der Universität Bonn, Abteilung Pflanzenernährung (INRES-PE), Bonn

Chakraborty S, von Tiedemann A, Teng PS (2000) Climate change: potential impact on plant diseases. Environ Pollut 108(3):317–26

DGfZ – Deutsche Gesellschaft für Züchtungskunde e (2011) Der Klimawandel und die Herausforderungen für die Nutztierhaltung von morgen in Deutschland. Positionspapier der DGfZ-Projektgruppe Klimarelevanz in der Nutztierhaltung

DLG – Deutsche Landwirtschafts-Gesellschaft (2013) Vermeidung von Wärmebelastungen für Milchkühe. Merkblatt 336

DWD (2021) ▶ https://www.dwd.de/DE/leistungen/zeitreihen/zeitreihen.html?nn=480164

Durigon A, van Lier QJ (2013) Canopy temperature versus soil water pressure head for the prediction of crop water stress. Agric Water Manage 127, C:1–6

Erbs M, Manderscheid R, Jansen G, Seddig S, Pacholski A, Weigel HJ (2010) Effects of free-air CO_2 enrichment and nitrogen supply on grain quality parameters and elemental composition of wheat and barley grown in a crop rotation. Agric Ecosyst Environ 136(1–2):59–68

Fink M, Kläring HP, George E (2009) Gartenbau und Klimawandel in Deutschland. Landbauforschung SH 328

Fuhrer J, Val Martin M, Mills G, Heald CL, Harmens H, Hayes F, Sharps K, Bender J, Ashmore MR (2016) Current and future ozone risks to global terrestrial biodiversity and ecosystem processes. Ecology and Evolution 6(24):8785–8799

Gauly M, Bollwein H, Breves G et al (2013) Future consequences and challenges for dairy cow production systems arising from climate change in Central Europe – a review. Animal 7(5):843–859

Gömann H, Kreins P, Julius C, Wechsung F (2003) Landwirtschaft unter dem Einfluss des globalen Wandels sowie sich ändernde gesellschaftliche Anforderungen: interdisziplinäre Untersuchung künftiger Landnutzungsänderungen und resultierender Umwelt- und sozioökonomischer Aspekte. Schr Gesellsch Wirtsch Sozialwiss Landbaues 39

Gömann H, Bender A, Bolte A et al (2015) Agrarrelevante Extremwetterlagen und Möglichkeiten von Risikomanagementsystemen. Studie im Auftrag des Bundesministeriums für Ernährung und Landwirtschaft (BMEL), Abschlussbericht, Stand 03.06.2015. Thünen Rep, Bd 30. Johann Heinrich von Thünen-Institut, Braunschweig

Hammami H, Bormann J, M'hamdi N, Montaldo HH, Gengler N (2013) Evaluation of heat stress effects on production traits and somatic cell score of Holsteins in a temperate environment. J Dairy Sci 96:1844–1855

Hawkins E, Fricker TE, Challinor AJ, Ferro CAT, Ho CK, Osborne TM (2013) Increasing influence of heat stress on French maize yields from the 1960s to the 2030s. Glob Change Biol 19(3):937–47

Hirschauer N, Mußhoff O, Offermann F (2018) Sind zusätzliche staatliche Hilfen für das Risikomanagement in der Landwirtschaft sinnvoll? – Eine ökonomische Einschätzung aktuell diskutierter Maßnahmen. ifo Schnelldienst 71(20)

Juroszek P, von Tiedemann A (2013a) Climatic changes and the potential future importance of maize diseases: a short review. J Plant Dis Prot 120:49–56

Juroszek P, von Tiedemann A (2013b) Climate change and potential future risks through wheat diseases: a review. European J Plant Pathol 136:21–33

Juroszek P, von Tiedemann A (2013c) Plant pathogens, insect pests and weeds in a changing global climate: a review of approaches, challenges, research gaps, key studies, and concepts. J Agric Sci 151(2):163–188

Kersebaum KC, Nendel C (2014) Site-specific impacts of climate change on wheat production across regions of Germany using different CO_2 response functions. Eur J Agron 52:22–32

Kimball BA (1983) Carbon dioxide and agricultural yield – an assemblage and analysis of 430 prior observations. Agron J 75(5):779–788

Kirkham MB (2011) Elevated carbon dioxide – impacts on soil and plant water relations. CRC Press, Francis & Taylor, New York, 415p

Kropp J, Roithmeier O, Hattermann F et al (2009a) Klimawandel in Sachsen-Anhalt. Verletzlichkeiten gegenüber den Folgen des Klimawandels. Potsdam-Institut für Klimafolgenforschung, Potsdam

Kropp J, Holsten A, Lissner T, Roithmeier O, Hattermann F, Huang S, Rock J, Wechsung F, Lüttger A, Pompe S, Kühn I, Costa L, Steinhäuser M, Walther C, Klaus M, Ritchie S, Metzger M (2009b) Klimawandel in Nordrhein-Westfalen – Regionale Abschätzung der Anfälligkeit ausgewählter Sektoren. Abschlussbericht des Potsdam-Instituts für Klimafolgenforschung (PIK) für das Ministerium für Umwelt und Naturschutz, Landwirtschaft und Verbraucherschutz, Nordrhein-Westfalen (MUNLV)

Leakey ADB, Ainsworth EA, Bernacchi CJ, Rogers A, Long SP, Ort DR (2009) Elevated CO_2 effects on plant carbon, nitrogen, and water relations: six important lessons from FACE. J Exp Bot 60(10):2859–76

Long SP (1991) Modification of the response of photosynthetic productivity to rising temperature by atmospheric CO_2 concentration: has its importance been underestimated? Plant, Cell Environ 14(8):729–739

Long SP, Ainsworth EA, Leakey ADB, Nösberger J, Ort DR (2006) Food for thought: lower than expected crop yield stimulation with rising CO_2 concentrations. Science 312(5782):1918–1921

Lotze-Campen H, Claussen L, Dosch A, Noleppa S, Rock J, Schuler J, Uckert G (2009) Klimawandel und Kulturlandschaft Berlin. PIK-Report 113. Potsdam-Institut für Klimafolgenforschung, Potsdam

Lüttger A, Gottschalk P (2013) Regionale Projektionen für Deutschland zu Erträgen von Silomais und Winterweizen bei Klimawandel. Folien zur Tagung „Vom globalen Klimawandel zu regionalen Anpassungsstrategien" am 2., 3. September in Göttingen

Macholdt J, Honermeier B (2016) Variety choice in crop production for climate change adaptation: Farmer evidence from Germany. Outlook Agric 45(2):117–123

Macholdt J, Honermeier B (2017) Importance of variety choice: Adapting to climate change in organic and conventional farming systems in Germany. Outlook Agric 46(3):178–184

Manderscheid R, Burkart S, Bramm A, Weigel HJ (2003) Effect of CO_2 enrichment on growth and daily radiation use efficiency of wheat in relation to temperature and growth stage. Eur J Agron 19(3):411–425

Manderscheid R, Erbs M, Weigel HJ (2014) Interactive effects of free-air CO_2 enrichment and drought stress on maize growth. Eur J Agron 52(A):11–21

18

Manderscheid R, Dier M, Erbs M, Sickora J, Weigel H-J (2018) Nitrogen supply – A determinant in water use efficiency of winter wheat grown under free air CO_2 enrichment. Agric Water Manage 210:70–77

Mehlhorn H, Walldorf V, Klimpel S, Jahn B, Jaeger F, Eschweiler J, Hoffmann B, Beer M (2007) First occurrence of culicoides obsoletus-transmitted Bluetongue virus epidemic in Central Europe. Parasitol Res 101(1):219–28

Mirschel W, Eulenstein F, Wenkel K.-O, Wieland R, Müller L, Willms M, Schindler U, Fischer A (2005) Regionale Ertragsschätzung für wichtige Fruchtarten auf repräsentativen Ackerstandorten in Märkisch-Oderland mit Hilfe von SAMT: -2000 versus 2050-. In: Wiggering, H., Eulenstein, F., Augustin, J. (eds), Entwicklung eines integrierten Klimaschutzmanagements für Brandenburg: Handlungsfeld Landwirtschaft ; (DS 3/6821-B). Leibniz-Zentrum für Agrarlandschaftsforschung, Müncheberg, S 49–58

Mitchell RAC, Mitchell VJ, Driscoll SP, Franklin J, Lawlor DW (1993) Effects of increased CO_2 concentration and temperature on growth and yield of winter wheat at 2 levels of nitrogen application. Plant Cell Environ 16(5):521–529

Morison JIL, Lawlor DW (1999) Interactions between increasing CO_2 concentration and temperature on plant growth. Plant Cell Environ 22(6):659–682

Nendel C, Berg M, Kersebaum KC, Mirschel W, Specka X, Wegehenkel M, Wenkel KO, Wieland R (2011) The MONICA model: testing predictability for crop growth, soil moisture and nitrogen dynamics. Ecol Model 222(9):1614–1625

Nendel C, Kersebaum KC, Mirschel W, Wenkel KO (2014) Testing farm management options as a climate change adaptation strategy using the MONICA model. Eur J Agron 52:47–56

Nienaber JA, Hahn GL (2007) Livestock production system management responses to thermal challenges. Int J Biometeorol 52(2):149–57

Porter JP, Gawith M (1999) Temperatures and the growth and development of wheat: a review. Eur J Agron 10:23–36

Porter JR, Semenov MA (1999) Climate variability and crop yields in Europe. Nature 400:724

Prasad PVV, Boote KJ, Allen LH, Thomas JMG (2002) Effects of elevated temperature and carbon dioxide on seed-set and yield of kidney bean (Phaseolus vulgaris L.). Glob Change Biol 8(8):710–721

Rezaei EE, Siebert S, Manderscheid R, Müller J, Mahrookashani A, Ehrenpfordt B, Haensch J, Weigel H-J, Ewert F (2018) Quantifying the response of wheat yields to heat stress: The role of the experimental setup. Field Crops Research 217:93–103

Sanker C (2012) Untersuchungen von klimatischen Einflüssen auf die Gesundheit und Milchleistung von Milchkühen in Niedersachsen. Dissertation. Georg-August-Universität, Göttingen

Schaller M, Weigel H-J (2007) Analyse des Sachstands zu Auswirkungen von Klimaveränderungen auf die deutsche Landwirtschaft und Maßnahmen zur Anpassung. In: Landbauforsch Völkenrode SH 316, FAL Braunschweig 248

Schauberger B, Rolinski S, Schaphoff S, Müller C (2019) Global historical soybean and wheat yield loss estimates from ozone pollution considering water and temperature as modifying effects. Agricultural and Forest Meteorology 265:1–15

Stevanovic M, Popp A, Lotze-Campen H, Dietrich JP, Müller C, Bonsch M, Schmitz C, Bodirsky B, Humpenöder F, Weindl I (2016) The impact of high-end climate change on agricultural welfare. Sci Adv 2:e1501452

Stock M (2009) KLARA, Klimawandel, Auswirkungen, Risiken und Anpassung, PIK Report 99. Potsdam Institut für Klimafolgenforschung, Potsdam

Taub DR, Miller B, Allen H (2007) Effects of elevated CO_2 on protein concentration of food crops: a meta-analysis. Glob Change Biol 14(3):565–575

Toreti A, Deryng D, Tubiello FN et al (2020) Narrowing uncertainties in the effects of elevated CO_2 on crops. Nature Food 1(12):775–782

UBA (2021) Klimawirkungs- und Vulnerabilitätsanalyse (KWVA) für Deutschland, Handlungsfeld Landwirtschaft, in Vorbereitung

USF – Umweltsystemforschung der Universität Kassel (2005) Klimawandel und Landwirtschaft in Hessen, mögliche Auswirkungen des Klimawandels auf landwirtschaftliche Erträge. Abschlussbericht des wissenschaftlichen Zentrums für Umweltsystemforschung der Universität Kassel, INKLIM Baustein, S 2

van Meijl H, Havlik P, Lotze-Campen H et al (2018) Comparing impacts of climate change and mitigation on global agriculture by 2050. Environ Res Lett 13(6):064021

Wang S, Zhang Y, Ju W et al (2020) Recent global decline of CO_2 fertilization effects on vegetation photosynthesis. Science 11(370)(6522):1295–1300

Walter K, Löpmeier FJ (2010) Fütterung und Haltung von Hochleistungskühen 5. Hochleistungskühe und Klimawandel. Landbauforschung – vTI. Agric Forest Res 1(60)

Wechsung F, Gerstengarbe FW, Lasch P, Lüttger A (2008) Die Ertragsfähigkeit ostdeutscher Ackerflächen unter Klimawandel. PIK-Report. Potsdam-Institut für Klimafolgenforschung Potsdam

Wehner G, Lehnert H, Balko C, Serfling A, Perovic D, Habekuß A, Mitterbauer E, Bender J, Weigel HJ, Ordon F (2017) Pflanzenzüchterische Anpassung von Kulturpflanzen an zukünftige Produktionsbedingungen im Zeichen des Klimawandels. J Kulturpflanzen 69

Weigel HJ (2011) Klimawandel – Auswirkungen und Anpassungsmöglichkeiten. Landbauforsch SH 354

Weigel HJ, Manderscheid R (2012) Crop growth responses to free air CO_2 enrichment and nitrogen fertilization: rotating barley, ryegrass, sugar beet and wheat. Eur J Agron 43:97–107

Weigel HJ, Manderscheid R, Fangmeier A, Högy P (2014) Mehr Kohlendioxid in der Atmosphäre: Wie reagieren Kulturpflanzen? In: Lozán JL, Grassl H, Karbe L, Jendritzky G (Hrsg) Warnsignal Klima: Gefahren für Pflanzen, Tiere und Menschen, 2. Aufl. Elektron. Veröffent (Kap. 4.6)

Wald und Forstwirtschaft im Klimawandel

*Michael Köhl, Martin Gutsch, Petra Lasch-Born, Michael Müller,
Daniel Plugge und Christopher P. O. Reyer*

Inhaltsverzeichnis

19.1   Wälder im globalen Kohlenstoffkreislauf – 250

19.2   Was der Klimawandel mit dem deutschen Wald macht – 251
19.2.1   Veränderte Ausbreitungsgebiete und Artenzusammensetzung – 252
19.2.2   Längere Vegetationsperioden – 253
19.2.3   Waldschäden: keine einfachen Antworten – 253
19.2.4   Temperatur und Niederschläge beeinflussen Produktivität – 256
19.2.5   Kohlenstoffhaushalt: von der Senke zur Quelle – 256

19.3   Anpassung in der Forstwirtschaft – 256

19.4   Kurz gesagt – 257

Literatur – 259

© Der/die Autor(en) 2023
G. P. Brasseur et al. (Hrsg.), *Klimawandel in Deutschland*,
https://doi.org/10.1007/978-3-662-66696-8_19

Fast ein Drittel von Deutschland ist mit Wald bedeckt. Das entspricht etwa 11,4 Mio. Hektar (BMEL 2014). Auf einem Hektar Waldboden stehen durchschnittlich rund 336 m^3 Holz – so viel wie der Inhalt von knapp fünf 40-Fuß-Containern. Mit insgesamt 3,9 Mrd. m^3 besitzt Deutschland den größten Holzvorrat in Europa (Forest Europe 2020a, b; Schmitz 2019; BMEL 2014). Jedes Jahr kommen durchschnittlich 11,1 m^3/ha dazu (Oehmichen et al. 2011); Holzeinschlag und natürlicher Abgang (Mortalität) schöpfen jedoch rund 87 % des Zuwachses ab (BMEL 2014).

Durch Fotosynthese und Biomassewachstum entziehen Wälder der Atmosphäre Kohlendioxid (CO_2) und binden es als Kohlenstoff im Holz. In jedem Kubikmeter Holz stecken je nach Baumart bzw. Holzdichte rund 270 kg Kohlenstoff. Damit ist der Wald ein wichtiger Kohlenstoffspeicher: 1230 Mio. ton Kohlenstoff sind in der lebenden Biomasse und 33,6 Mio. ton Kohlenstoff im Totholz der Wälder gespeichert (Schmitz 2019; Riedel et al. 2019) (▶ Kap. 17). Zwischen 2012 und 2017 hat der Wald in Deutschland jährlich 1,1 ton Kohlenstoff pro ha zusätzlich in der lebenden Waldbiomasse gespeichert und damit insgesamt 45,3 Mio. ton CO_2 aus der Atmosphäre aufgenommen (Riedel et al. 2019). Er wirkt deshalb in diesem Zeitraum als Kohlenstoffsenke. Diese Menge entspricht etwa 7 % der durchschnittlichen jährlichen CO_2-Emissionen von Deutschland.

Wälder produzieren nicht nur den nachwachsenden Rohstoff Holz, sondern sie leisten auch viel für die Umwelt und wirken ausgleichend auf das Klima. Über ihre Blätter und Nadeln verdunsten Bäume Wasser, das sie mit ihren Wurzeln aus dem Boden saugen. Ein Buchenwald kann im Sommer täglich mehrere Tausend Liter Wasser pro Hektar verdunsten (Schreck et al. 2016), die zur regionalen Kühlung beitragen. Der Wasserdampf kondensiert und bildet Wolken; diese reflektieren Sonnenstrahlen und wirken somit der globalen Erwärmung entgegen. Besonders stark ist dieser Effekt in den Tropen.

Klimawandel und Wälder stehen in einem komplexen Wirkungsgefüge: Die Waldzerstörung, vor allem in den Tropen, trägt etwa ein Sechstel zu den jährlichen globalen Treibhausgasemissionen bei, aber auch Änderungen der Waldbewirtschaftung beeinflussen die Waldbiomasse (Erb et al. 2018); Klimaveränderungen beeinflussen die Produktivität und Lebenskraft (Vitalität) von Wäldern. Energetische und vor allem stoffliche Verwendung von geerntetem Holz können den Verbrauch und damit die Emissionen fossiler Energieträger vermindern. Zudem wird Kohlenstoff nicht nur in der Biomasse und in Holzprodukten, sondern auch im Waldboden gebunden (FAO 2020; Knauf et al. 2015).

Wälder bedecken ein Drittel der Landfläche der Erde (FAO 2020) und sind der größte Kohlenstoffspeicher auf dem Land (Pan et al. 2011). Eingeteilt

werden sie in drei Großlebensräume: nördliche (boreale), gemäßigte und tropische Wälder. Die tropischen Wälder besitzen mit 471 ± 93 Pg (Petagramm) – ein Petagramm entspricht 1 Mrd. ton – in ihrer Vegetation und im Boden den größten Kohlenstoffvorrat, gefolgt von den borealen Wäldern mit 272 ± 23 Pg Kohlenstoff, der größtenteils im Boden gespeichert ist. In den gemäßigten Breiten sind 119 ± 9 Pg Kohlenstoff in den Wäldern gespeichert (Pan et al. 2011). Die europäischen Wälder gehören weitgehend der gemäßigten Zone an.

19.1 Wälder im globalen Kohlenstoffkreislauf

Bäume binden in ihrer Biomasse atmosphärisches CO_2 als Kohlenstoff. In Totholz oder Streu wird Kohlenstoff dagegen abgebaut und entweder als CO_2 in die Atmosphäre freigesetzt oder als Bodenkohlenstoff aufgenommen. Ist die C-Bindung durch Fotosynthese und Wachstum größer als die CO_2-Freisetzung durch Abbauprozesse, wird der Wald zur Kohlenstoffsenke. In Naturwäldern stellt sich über längere Zeit und große Gebiete ein Gleichgewicht zwischen Auf- und Abbau von Biomasse ein (Lal 2005), sodass sich langfristig betrachtet Bindung und Freisetzung von CO_2 die Waage halten. Nach Luyssaert et al. (2008) gilt dieses Gleichgewicht unter Umweltveränderungen nur bedingt, wodurch auch alte Wälder weiterhin CO_2 akkumulieren können.

Der Nationale Inventarbericht zu Treibhausgasemissionen (NIR) (UBA 2011) und die Ergebnisse der zweiten Bodenzustandserhebung zeigen, dass die Kohlenstoffvorräte in den deutschen Waldböden in etwa stabil geblieben oder sogar gestiegen sind (Block und Gauer 2012; Russ und Riek 2011).

Störungen des Waldgefüges, etwa durch Sturmschäden oder Waldsterben nach Insektenbefall, können bewirken, dass über einen längeren Zeitraum große Mengen CO_2 in die Atmosphäre gelangen (Seidl et al. 2014). Neben diesen Schädigungen wird der Wald zu einer CO_2-Quelle (Kurz et al. 2008), wenn Wald- und Bodenspeicher durch anthropogen getriebene Entwaldung und Waldzerstörung (Degradation) vernichtet werden. Besonders in den Tropen tragen diese Prozesse jährlich mit rund 10 bis 17 % oder 5 bis 8 Pg CO_2eq zu den globalen jährlichen Treibhausgasemissionen von rund 50 Pg CO_2eq bei (Harris et al. 2021; Pearson et al. 2017; Ritchie und Roser 2020). Insgesamt kann von einer Senkenfunktion der globalen Wälder von $-7,6 \pm 4,9$ Pg CO_2eq pro Jahr ausgegangen werden (boreal: $-1.6 \pm 1,1$; temperiert: $-3.6 \pm 4,8$; subtropisch: $-0.65 \pm 0,81$; tropisch: $-1.7 \pm 8,0$; Harris et al. 2021, ▶ Kap. 34 mit detaillierten Zahlen zu Deutschland).

Bis auf wenige Ausnahmen wie Nationalparks werden Deutschlands Wälder bewirtschaftet: Zwischen

19

Abb. 19.1 Wald und Klima: Kohlenstoffspeicher und Kohlenstoffflüsse. Die Größe der Pfeile ist proportional zu den Anteilen an den Kohlenstoffflüssen

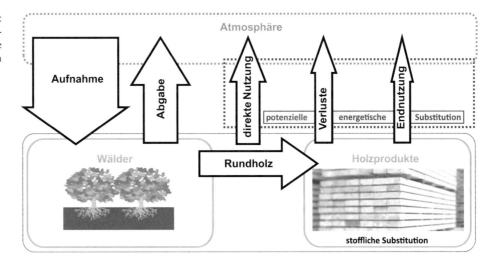

2002 und 2008 wurden jährlich etwa 70 Mio. m³ verwertbares Nutzholz geerntet (Oehmichen et al. 2011). Im Kohlenstoffkreislauf spielen Holzernte und -verwendung daher eine wichtige Rolle. Je nach Nutzungsdauer, möglicher Mehrfachnutzung und Verwendungszweck können viele Holzprodukte zum Klimaschutz beitragen:

- In Holz festgelegter Kohlenstoff wird nach der Holzernte in Holzprodukten gespeichert (Produktspeicher).
- Energetische Nutzung von Holz setzt zwar CO_2 frei, vermeidet aber gleichzeitig CO_2-Emissionen aus fossilen Energieträgern (energetische Substitution), solange diese noch Teil des Energiemix sind.
- Bei der Herstellung funktionsgleicher Produkte verbraucht die Verwendung von Holz in der Regel weniger Energie als die Verwendung alternativer Materialien (z. B. Ziegel, Kalksandsteine, Stahl, Aluminium). Damit lassen sich ebenso Emissionen aus fossilen Energieträgern einsparen (stoffliche Substitution) (Bergman et al. 2014; Knauf et al. 2015; Churkina et al. 2020).

Wälder, die für die energetische Substitution durch Holz genutzt werden, schöpfen nicht das maximale Potenzial der Kohlenstoffspeicherung aus. Darüber hinaus ist die Energiedichte von Holz geringer als die fossiler Energieträger. Hierdurch entsteht eine sogenannte „Kohlenstoffschuld". Diese gleicht sich nur über einen längeren Zeitraum durch die erhöhten Substitutionseffekte und die begrenzte maximale Kohlenstoffspeicherfähigkeit von Wäldern aus bzw. wird überkompensiert (Mitchell et al. 2012). Dies gilt nur, solange fossile Energieträger weiterhin einen Teil des Energiemix ausmachen.

Der Waldspeicher vergrößert sich nur solange, bis unter stabilen klimatischen Bedingungen ein konstantes Gleichgewicht zwischen Auf- und Abbau von Biomasse erreicht ist. Dagegen akkumulieren die positiven

Effekte der Substitution mit der Zeit, es wird ein „Vermeidungsguthaben" aufgebaut. Waldwachstum und stoffliche Holzverwendung verlagern den Kohlenstoff zwischen Atmosphäre, Waldspeicher und Holzproduktspeicher (**Abb. 19.1**), aber bringen kein zusätzliches CO_2 in dieses System. Der Aufbau von Wald- und Produktspeicher kann, bei entsprechender langfristiger Nutzung der Produkte, einen Nettoeffekt auf die Kohlenstoffbindung haben. So kann Holz aus nachhaltig bewirtschafteten Wäldern als Baustoff für Häuser zur Dekarbonisierung des Bausektors beitragen, wenn ein Recyclingkonzept für das des Holzes existiert (Churkina et al. 2020).

19.2 Was der Klimawandel mit dem deutschen Wald macht

Die erwarteten bzw. projizierten Klimaänderungen im 21. Jahrhundert werden die Zusammensetzung der Baumarten in und die Funktionsweise von Deutschlands Wäldern beeinflussen. Auch Schadfaktoren werden sich verändern (Lindner et al. 2010; Müller 2009; Seidl et al. 2014). Das zieht nicht nur ökologische Folgen nach sich, sondern auch bedeutende ökonomische (Hanewinkel et al. 2012). Wälder waren aufgrund des genetischen Potenzials von Bäumen in der Lage, sich an vergangene Phasen von natürlichem Klimawandel anzupassen. Die aktuelle, vorwiegend anthropogen bedingte Klimaveränderung weist eine höhere Geschwindigkeit auf als vergleichbare historische Änderungen im Klimasystem. Aufgrund der Langlebigkeit von Bäumen ist ein Warten auf die natürliche Anpassung oft nicht mit den gesellschaftlichen Anforderungen an den Wald als Ökosystem und Ressource vereinbar. Ein gerichtetes Einschreiten der Forstwirtschaft zum Erhalt der multifunktionalen Wälder ist dementsprechend notwendig. Im Folgenden wer-

19.2.1 **Veränderte Ausbreitungsgebiete und Artenzusammensetzung**

Der Klimawandel beeinflusst wichtige klimatische Standorteigenschaften wie Temperatur, Länge der Vegetationsperiode und Niederschlag. Damit sind Veränderungen im Baumwachstum und der Verbreitungsökologie der Baumarten in Europa verbunden (Ellenberg und Leuschner 2010). Mittlerweile lassen sich aus der intensiven Forschung zu „Klimahüllen", also Artverbreitungsmodellen, einige deutlich hervortretende Grundmuster in den Simulationsergebnissen zu zukünftigen Verbreitungsgebieten und Baumartenzusammensetzungen in Deutschland ableiten (▶ Abschn. 17.1.3). Alle vier aktuell häufigsten Baumarten Kiefer *(Pinus sylvestris)*, Fichte *(Picea abies)*, Rotbuche *(Fagus sylvatica)*, Trauben- und Stieleiche *(Quercus petraea, Quercus robur)* weisen in Zukunft eine geringere Vorkommenswahrscheinlichkeit an Standorten ihrer südlichen, also wärmeren, Verbreitungsgrenze auf (Kölling et al. 2007; Henschel 2008; Hanewinkel et al. 2010). Daraus ergibt sich die grundsätzliche Erkenntnis, dass allgemein das Vorkommen einer Baumart in unmittelbarer Nähe ihres südlich-wärmeren Verbreitungsgebiets stärker gefährdet sind als Vorkommen in der Nähe ihres nördlich-kühleren Verbreitungsgebiets (Mellert et al. 2015). Dabei ist die Änderung des Verbreitungsgebiets einer Baumart in Zukunftsprojektionen abhängig vom betrachteten Klimaszenario und dem damit verbundenen Grad der Klimaveränderung.

Die aktuellen Erkenntnisse dazu (Buras und Menzel 2019) bestätigen die Tendenz der bisherigen Forschung (Falk und Mellert 2011; Hanewinkel et al. 2012; Meier et al. 2012) und lassen sich gut anhand einer umfassenden Analyse, wie und in welchem Ausmaß sich die Zusammensetzung der europäischen Wälder verändert, zusammenfassen.

Während sich für die Kiefer unter dem wärmsten Klimaszenario (RCP8.5) nur sehr geringe Vorkommenswahrscheinlichkeiten in Zentral- und Südeuropa ergeben, bleiben sie unter dem mittleren Szenario (RCP4.5), z. B. im nordostdeutschen Tiefland, noch im mittleren Bereich (um 50 %). Die Fichte und Kiefer verlagern ihren Verbreitungsschwerpunkt nach Norden und in die höheren Lagen der Gebirge, aber die Fichte noch einmal in viel stärkerem Ausmaß, als es bei der Kiefer der Fall ist. So verschwindet sie beispielsweise komplett unter dem RCP8.5-Szenario. Nur in begrenzten Refugien wie in den höheren Lagen der Alpen und der Karpaten sowie in Skandinavien in Breiten höher als 60 °N

bleibt sie erhalten. Die Buchen und Stieleichen zeigen ebenso eine Verschiebung ihres Verbreitungsgebiets in Richtung Norden mit einer deutlichen Erhöhung der Vorkommenswahrscheinlichkeit im südlichen Skandinavien bei allerdings deutlich geringeren Abnahmen der Vorkommenswahrscheinlichkeit in Deutschland im Vergleich zur Kiefer und Fichte (▶ Kap. 15). Über ganz Europa betrachtet bleiben trotz der Rückgänge die heutigen vier häufigsten Baumarten auch bis Ende dieses Jahrhunderts dieselben (◘ Abb. 19.2). Deutliche Steigerungen in ihren Vorkommenswahrscheinlichkeiten erfahren mediterrane Baumarten wie z. B. Flaumeiche *(Quercus pubescens)* (s. auch Rigling et al. 2013), Steineiche *(Quercus ilex)*, Aleppo-Kiefer *(Pinus halepensis)*, Schwarzkiefer *(Pinus nigra)* und Strandkiefer *(Pinus pinaster)* (◘ Abb. 19.2).

Die Hitzewellen, die Deutschland und Europa in den Jahren 2018/19 heimgesucht haben, sind durch den menschgemachten Klimawandel mindestens drei Mal wahrscheinlicher geworden und wären ohne den menschlichen Einfluss 1,5 bis 3 °C kälter gewesen (World Weather Attribution initiative 2019). Infolgedessen können z. B. abrupte Absterbeereignisse in Wäldern (Schuldt et al. 2020) zu ebenso abrupten Änderungen der Baumartenzusammensetzung der Waldbestände führen. In den letzten Jahren konnten auch hierzu eine Reihe wissenschaftlicher Erkenntnisse gewonnen werden. Es zeigt sich, dass Laubbaumarten wie Eiche und Buche zwar sensitiv gegenüber Spätfrostereignissen reagieren, sie sich aber davon schnell wieder erholen. Eiche und Buche sind wesentlich resilienter gegenüber beispielsweise Frühjahrstrockenheit, welche das Wachstum von Fichte und Lärche stärker hemmen (Vitasse et al. 2019). Das spiegelt sich auch in den aktuellen Forschungsergebnissen zu Mortalitätswahrscheinlichkeiten der Baumarten in Deutschland im Alter von 100 Jahren wider. Die geringste Überlebenswahrscheinlichkeit weist die Douglasie auf, danach kommen Fichte und Tanne und die höchsten Überlebenswahrscheinlichkeiten mit 98 % im Alter 100 zeigen Buche und Eiche (Maringer et al. 2020). Der wichtigste Faktor, der die Überlebenswahrscheinlichkeit beeinflusste, war das Klima in Form höherer Sommertemperaturen sowie warmer und feuchter Winter. Ersteres verkürzt die Überlebenszeit der Buchen, Tannen und Eichen während Letzteres die Überlebenszeit der Fichte verringert.

Ein weiterer Faktor, der die Baumartenzusammensetzung in der Zukunft beeinflusst, ist deren zukünftige Bewirtschaftung. Der seit den 1990er-Jahren großflächig angewandte Waldumbau ist auch unter dem Aspekt des Klimawandels hoch relevant. Denn auf vielen Standorten sind Mischbestände produktiver und resilienter gegenüber biotischen Schäden (z. B. Insekten) als vergleichbare Reinbestände (Pretzsch et al. 2015; Bauhus et al. 2017; Sterba et al. 2018, Madrigal-Gonzalez et al. 2020). Diese Ergebnisse sind eine wichtige Stütze

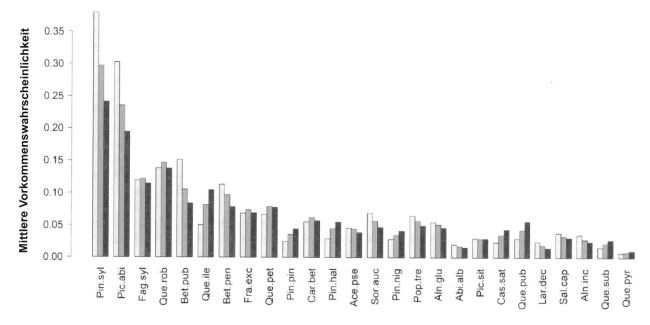

◘ Abb. 19.2 Mittlere relative Vorkommenswahrscheinlichkeiten unter aktuellen (blau) und projizierten zukünftigen (orange: RCP4.5, rot: RCP8.5) Klimabedingungen. Pin.syl: Kiefer; Pic.abi: Fichte; Fag.syl: Rotbuche; Que.rob: Stieleiche; Bet.pub: Moorbirke; Que.ile: Steineiche; Bet.pen: Hängebirke; Fra.exc: Gemeine Esche; Que.pet: Traubeneiche; Pin.pin: Strandkiefer; Car.bet: Hainbuche; Pin.hal: Aleppo-Kiefer; Ace. pse: Bergahorn; Sor.auc: Vogelbeere; Pin.nig: Schwarzkiefer; Pop.tre: Espe; Aln.glu: Schwarzerle; Abi.alb: Weißtanne; Pic.sit: Sitka-Fichte; Cas.sat: Esskastanie; Que.pub: Flaumeiche; Lar.dec: Europäische Lärche; Sal.cap: Salweide; Aln.inc: Grauerle; Que.sub: Korkeiche; Que.pyr: Pyrenäen-Eiche. (Abbildung aus: Buras und Menzel 2019, CC BY)

für die Entwicklung von Baumartenempfehlungen für die Forstpraxis unter Berücksichtigung der lokalen Gegebenheiten durch die forstlichen Versuchsanstalten (DVFFA 2019). Konkret werden diese in Form dynamischer Bestandeszieltypen (z. B. Böckmann et al. 2017; Riek und Russ 2014) oder in Form herausgearbeiteter Baumarteneigenschaften und Verbreitungsmuster ausgegeben (Forster et al. 2019). Auch in diesen Konzepten geht man davon aus, dass besonders in den Mittelgebirgen nur wenig Potenzial für reine Fichtenwälder besteht. Stattdessen steigen hier Buchenanteile und in den Tieflagen lösen Eichenwälder die Buchenwälder ab (Hanewinkel et al. 2012). Aber auch bisher seltene oder noch gar nicht berücksichtigte Baumarten werden aktuell intensiv erforscht (de Avila und Albrecht 2018), so z. B. Türkische Tanne *(Abies bornmuelleriana)*, Esskastanie *(Castanea sativa)*, Tulpenbaum *(Liriodendron tulipifera)*, Ponderosa-Kiefer *(Pinus ponderosa)*, Zerreiche *(Quercus cerris)*, Elsbeere *(Sorbus torminalis)*, Silberlinde *(Tilia tomentosa)*.

19.2.2 Längere Vegetationsperioden

In den vergangenen Jahrzehnten haben sich die Vegetationsperioden ausgedehnt (Menzel und Fabian 1999; Chmielewski und Rötzer 2001; Bissolli et al. 2005). So beginnen Laubaustrieb oder Blüte früher im Jahr, Laubverfärbung und Blattfall setzen da-

gegen später ein wobei es unklar ist, ob dieser Trend sich weiter fortsetzen kann (Zani et al. 2020). Längere Vegetationsperioden können die Produktion von mehr Biomasse ermöglichen, wenn ausreichend Nährstoffe zur Verfügung stehen. Negative Auswirkungen sind aber ebenfalls möglich. Beispielsweise können die Wechselwirkungen zwischen Arten, etwa bei der Bestäubung, gestört werden (Menzel et al. 2006). Mildere Winter können die Frosthärte von Bäumen verringern und damit mehr Spätfrostschäden verursachen und durch Aktivierung des Stoffwechsels (Kohlenstoffverlust durch Atmung) die Bäume schwächen (Kätzel 2008). Eine früher beginnende und später endende Wachstumsperiode kann nur dann in vermehrtes Wachstum umgesetzt werden, wenn die Bäume im Sommer nicht in Trockenstress geraten, weil das Bodenwasser zu früh verbraucht ist (Richardson et al. 2010; Buermann et al. 2018). Längere Vegetationszeiten können Schadorganismen, die derzeit noch durch bestimmte Wärmesummen limitiert sind, begünstigen, aber auch beeinträchtigen, wenn z. B. die Schwärmzeit von Insekten verkürzt wird.

19.2.3 Waldschäden: keine einfachen Antworten

Der Klimawandel schädigt den Wald direkt oder indirekt (Möller 2009; Müller 2009; Petercord et al. 2009;

Seidl et al. 2017). Windbruch und Trockenstress beispielsweise sind direkte Schäden. Indirekt wirkt der Klimawandel, indem er die Empfänglichkeit (Prädisposition) der Bäume für schädliche Einflüsse z. B. durch Schädlingsbefall verändert und die Reaktionen auf Schadfaktoren verstärkt (Müller 2008, 2009; Reyer et al. 2017). Zuverlässige Aussagen zu den direkten und indirekten Folgen des Klimawandels sind schwierig, weil es komplexe Wechselwirkungen zwischen potenziellen Wirtsbaumarten und dem Klimawandel gibt, aber europaweit lassen sich deutliche Fingerabdrücke von sowohl Klimawandel also auch Waldstrukturveränderungen in Waldschadensstatistiken finden (Seidl et al. 2011). Auch sind die Effekte steigender Trockenheit auf die Kronenvitalität und Mortalität von Bäumen in den letzten Jahren sehr gut dokumentiert (Senf et al. 2018, 2020) ebenso wie ein genereller Zusammenhang zwischen Störungen, Waldschäden und Klimawandel (Sommerfeld et al. 2018). Darüber hinaus lässt sich schwer beurteilen, wie potenzielle Schädlinge auf den Klimawandel reagieren. Sie haben zudem natürliche „Gegenspieler", deren Reaktionen auf ein verändertes Klima ebenfalls zu berücksichtigen ist.

Die Unsicherheit von Vorhersagen ergibt sich außerdem aus den möglichen Arealverschiebungen der Baumarten (▶ Kap. 15). Schäden sind vor allem dann zu erwarten, wenn Baumarten infolge des Klimawandels in nun ungeeigneten Regionen verbleiben. Mit der Anpassung der Waldbewirtschaftung und durch natürliche Arealverschiebungen werden Baumarten aber auch in Regionen vorkommen, die für sie neu geeignet sind. Durch Waldschäden, aber auch in bestimmten Phasen des Waldumbaus, entstehen dadurch neue Waldlebensräume, die unter anderem von potenziellen Waldschädlingen intensiv genutzt werden, also zumindest temporär erhöhte Risiken mit sich bringen. Dazu gehören vor allem Schadfaktoren in Waldverjüngungen wie das Schalenwild, Mäuse und einige an Jungpflanzen vorkommende Insekten, an älteren Bäumen vor allem laubfressende Insekten insbesondere an Eichen (z. B. Schwammspinner – *Lymantria dispar*, Eichenprozessionsspinner – *Thaumetopoea processionea*, Goldafter – *Euproctis chrysorrhoea*), sowie Holz und Rinden besiedelnde Insekten an allen Laubbaumarten (z. B. holz- und rindenbrütende Borkenkäferarten, Prachtkäferarten). Diese Effekte haben nur teilweise mit dem Klimawandel zu tun, sondern vorrangig mit dem Wandel der Wälder zu mehr Laubbäumen und mehr Waldverjüngung mit Laubbäumen. Die meisten Laubbäume haben schon grundsätzlich mehr Lebensräume für Organismen, darunter auch potenzielle Schädlinge und Waldumbauphasen sind anfänglich risikoreich. Die Bedeutung von Insekten an Nadelbaumarten wird, so wie in den letzten Jahrzehnten bekannt, in Nadelbaumwäldern bestehen bleiben.

■ **Mehr Kohlendioxid in der Atmosphäre**

Die Treibhausgasemission, die als Grundlage der verschiedenen Szenarien für den weiteren Verlauf des Klimawandels dienen, decken eine weite Spannbreite an Kohlenstoffdioxidkonzentrationen in der Atmosphäre bis 2100 ab (RCP2.6 bis RCP8.5).

Direkte Baumschäden und direkte Wirkungen auf abiotische und biotische Schadfaktoren durch Treibhausgasemissionen (besonders Kohlendioxid) sind sehr unwahrscheinlich. Eher wirken höhere CO_2-Konzentrationen indirekt, indem sie die Nahrungsqualität der Pflanzen verändern (Docherty et al. 1997; Veteli et al. 2002; Whittaker 1999). Tendenziell steigen Biomasseproduktion und Stoffumsatz der Pflanzen, wobei diese Annahmen weiterhin mit hoher Unsicherheit für natürliche Ökosysteme behaftet sind (Wang et al. 2020) – eventuell wirkt sich das aber auch auf Risikostreuung und -vermeidung aus.

■ **Steigende Temperatur**

Die Erde wird wärmer: Die globale Oberflächentemperatur war im Zeitraum von 2011 bis 2020 um 1,09 [0,95 bis 1,20] °C höher als im Zeitraum von 1850 bis 1900. Sie könnte je nach Emissionsszenario bis 2100 um weitere 0,3 bis 3,3 °C steigen (IPCC 2021). Prinzipiell kann die Erwärmung direkt die Entwicklung von Insekten beeinflussen. Wärmere Blattoberflächen steigern die Fraßaktivität blattfressender Insekten, weniger Stickstoff in den Blättern (▶ Kap. 17) dämpft oder stimuliert potenzielle Schadinsekten.

Nach der sogenannten Temperatursummenregel ist das Produkt aus wirksamer Temperatur und Entwicklungsdauer konstant (Schäfer 2003): je höher die Temperatur, desto schneller durchlaufen Insekten ihre Entwicklungsstadien. Unklar ist aber zumeist, ob sich das für eine bestimmte Art grundsätzlich positiv oder negativ auswirkt.

Bei stabilen Generationsfolgen von Insekten werden höhere Temperaturen vorrangig Entwicklungsstadien verkürzen, oder sie beginnen früher. Einige Insekten sind dadurch erfolgreicher und verursachen in kürzeren Zeitabständen Schäden. Hingegen verläuft etwa die Entwicklung der Forleule *(Panolis flammea)* ganz anders: Höhere Temperaturen in der Schwärmzeit verkürzen diese Phase und damit das Imaginalstadium als Endstadium der Metamorphose. Dadurch kommt es zu einer unvollständigen Eiablage, und es gibt weniger Nachkommen (Escherich 1931; Majunke et al. 2000). Auch der Knospenaustrieb verändert sich durch Temperatureinflüsse, potenzielle Schadfaktoren treffen dann auf andere Entwicklungsphasen der Bäume und können sich unterschiedlich gut daran anpassen, weil erforderliche Koinzidenzen (zusammentreffen notwendiger Entwicklungsereignisse in Ort und Zeit) eintreten oder ausfallen.

Bei variablen und temperaturgesteuerten Generationsfolgen ist bei höheren Temperaturen mit kürzeren Entwicklungszeiten oder einer Erhöhung der Generationen pro Jahr zu rechnen. Potenzielle Schädlinge wie der Große Braune Rüsselkäfer *(Hylobius abietis)* und der Blaue Kiefernprachtkäfer *(Phaenops cynea)* dürften dann öfter als einjährige statt zweijährige Generationen vorkommen. Das bedeutendste mitteleuropäische rindenzerstörende (cambiophage) Insekt, der Große Achtzähnige Fichtenborkenkäfer *(Ips typographus)*, wird zunehmend drei statt bisher zwei Generationen im Jahr hervorbringen sowie entgegen bisheriger Erkenntnisse (Schopf 1989; Schmidt-Vogt 1989) öfter als bisher auch als Ei, Larve oder Puppe überwintern können (Gößwein et al. 2017; Perny et al. 2004; Jakoby et al. 2019). Doch wie stark würden diese Entwicklungen den Wald gefährden? Das ist selbst in diesen bekannten Fällen noch nicht abschließend untersucht (Schopf 1989). Die Schäden durch Rüssel- und Kiefernprachtkäfer wären zwar eventuell schneller zu erkennen, aber es würden sich auch die Schadzeiträume verkürzen.

■ Invasive und partizipierende Arten

Steigt die Temperatur in Mitteleuropa, könnten sich bislang unauffällige Arten etablieren oder besser entwickeln (partizipierende Arten), an wärmeres Klima angepasste Arten würden einwandern (invasive Arten). Zu diesen Gruppen gehören beispielsweise der Pinienprozessionsspinner *(Thaumetopoea pityocampa)*, der Asiatische Eschenprachtkäfer *(Agrilus planipennis)* oder auch der Kieferholznematode *(Bursaphelenchus xylophilus)*, der Schwarze Nutzholzborkenkäfer *(Xyleborus germanus)* (Immler und Blaschke 2007), besonders schwerwiegend: der Asiatische Laubholzbockkäfer *(Anoplophora glabripennis)* sowie der Erreger des Kieferntriebsterbens *(Sphaeropsis sapinea)* (Hänisch et al. 2006; Heydeck 2007). Dabei ist jedoch zu prüfen, ob Vorkommen und Anpassung dieser Arten tatsächlich mit dem Klimawandel zu tun haben. Oft sind es lediglich Einschleppungen oder in Folge des Waldwandels zuträgliche Lebensräume, die neu entstehen und dadurch die Einwanderung oder bessere Entwicklung erlauben.

■ Extreme Witterung

Dürren, Überflutungen und Stürme können direkt den Wald schädigen. Sturm ist der bedeutendste direkte Schadfaktor in deutschen Wäldern. In den vergangenen Jahren nahmen Sturmschäden deutlich zu (Majunke et al. 2008; DESTATIS 2020). In deutschen Wäldern steigt zudem der Anteil sturmgefährdeter mittelalter und alter Bestände – sogar ohne Zunahme von Witterungsextremen ist deshalb ebenso wie in den letzten 20 Jahren auch in den nächsten Jahrzehnten mit mehr Sturmschadholz zu rechnen.

Durch Witterungsextreme – vor allem Niederschlag und Stürme – entsteht darüber hinaus auch eine höhere Prädisposition der Bäume für schädigende Insekten. Mit den heutigen Aufarbeitungstechnologien lassen sich Massenvermehrungen von Borkenkäfern nach Dürre und Stürmen jedoch immer besser verhindern. Diese Aufarbeitungskapazitäten wurden jedoch in den Jahren 2017 bis 2020 vom Schadholzanfall deutlich überschritten. Nach Dobor et al. (2019) haben realistische Aufarbeitungsraten (< 95 % der befallenen Bäume werden entdeckt und entfernt) jedoch keine signifikanten Auswirkungen auf die Borkenkäferdynamik und die Wirkung der geringeren Borkenkäferbeeinträchtigung bei intensiver Aufarbeitung wird teilweise durch eine erhöhte Windbeeinträchtigung ausgeglichen. Außerdem bleibt über einen bisher ungekannten Zeitraum die Prädisposition der Bäume bestehen, sodass auch kleine Ausgangspopulationsdichten starke Besiedlungen auslösen konnten.

■ Arealverschiebungen und Waldbrandgefahr

Aus den eingangs beschriebenen, klimabedingten Arealverschiebungen von Bäumen ergeben sich Gebiete, in denen die entsprechenden Baumarten künftig nicht mehr existieren können (Krisengebiete). Zudem entstehen Gebiete, in denen sich bestimmte Arten neu ansiedeln werden (Initialgebiete). In den Krisengebieten werden Bäume empfindlicher gegenüber biotischen Schadfaktoren und von diesen vermehrt heimgesucht. Außerdem werden sich Folgeorganismen, die bisher kaum in Erscheinung traten, stärker zu Erstbesiedlern entwickeln. In Initialgebieten, in denen sich die andernorts verdrängten Baumarten neu ansiedeln oder angebaut werden, bilden sich neue Lebensräume. Dorthin expandieren auch potenzielle Schadorganismen, deren Populationen nach einer Anfangsphase exponenziell wachsen und sich an den neuen Lebensraum anpassen. Markante Beispiele: Verschiedene Arten von Kurzschwanzmäusen besiedeln bereits intensiv Waldumbau- und Schadflächen, Eichenprozessionsspinner *(Thaumetopoea processionea)* und Schwammspinner *(Lymantria dispar)* erweitern ihre Areale infolge des Waldumbaus hin zu Eichenwäldern.

Die von Klimaszenarien skizzierten Änderungen, u. a. Wassermangel, erhöhen die Waldbrandgefahr (Badeck et al. 2004; Hänisch et al. 2006; SMUL 2008) in Form der potenziellen Zündfähigkeiten von Bodenvegetation und Streuauflage. Dabei muss jedoch beachtet werden, dass die Waldbrandindizes das Waldbrandrisiko und nicht direkt die Brandentstehung oder Brandausbreitung beschreiben, da die Waldbrandursachen und die Waldstrukturen nicht in die Kalkulation einfließen. Waldbrände sind in Deutschland als Naturereignisse ausschließlich als Blitzeinschläge bei Gewitter möglich und sehr selten; sie werden fast immer von Menschen verursacht. Sie haben auch keine natürlich ökosystemare Funktion in deutschen Wäldern (Müller 2019). Die sich verändernden Waldstrukturen (ältere Wälder, Waldumbau) bedingen, dass die besonders gefährlichen und schwer bekämpfbaren Vollfeuer – das sind Brände von der Humusauflage bis einschließlich der Baumkronen – immer unwahrscheinlicher werden. Zudem verfügt Deutschland heute über einer weltweit führenden Waldbrandüberwachung und eine wirksame Waldbrandbekämpfung. Daher sinken in Deutschland seit den 1970er-Jahren tendenziell sowohl die Anzahlen als auch die Flächen von Waldbränden (Müller 2019) (▶ Kap. 11). Außerdem sind Waldbrandvorbeugung, -überwachung und -bekämpfung sehr effektiv. Wird der aktuelle Schutz vor Waldbränden beibehalten und weiterentwickelt, lässt sich die Waldbrandgefahr trotz Klimawandels in Deutschland wahrscheinlich beherrschen. Aktuell anliegende Probleme gibt es auf Flächen mit Munitionsbelastungen, in sogenannten Wildnisgebieten, ungesicherten Bergbaufolgelandschaften und ausgewählten Gebirgsarealen, weil dort Waldbrände entweder wegen der Gefährdung der Einsatzkräfte oder der schlechten Zugänglichkeit nicht so schnell und wirksam bekämpft werden können wie in normalen Waldgebieten (Müller 2004, 2008, 2009, 2019, 2020a, b).

19.2.4 Temperatur und Niederschläge beeinflussen Produktivität

Die Hitzewelle im Sommer 2003 sowie in den Jahren 2018 und 2019 geben Hinweise auf die zukünftigen Auswirkungen des Klimawandels auf den Wald. Der Kronenzustand ist ein Indikator für die Vitalität eines Baumes und hat sich 2003 bei den meisten Baumarten deutlich verschlechtert – Trockenheit und Hitze mit den damit verbundenen Wassermangelerscheinungen sind dafür eine plausible Erklärung (ICP 2004; Senf et al. 2020). Neben dem Management (Köhl et al. 2010) beeinflusst auch die Änderung der Niederschläge und Temperatur entscheidend die Produktivität von Wäldern (Reyer et al. 2014; Gutsch et al. 2018). Bei zunehmenden Niederschlägen könnte in Deutschland bei drei von vier Hauptbaumarten die Produktivität um bis zu 7 % steigen. Wird es eher trockener, geht die Produktivität besonders an wasserarmen Standorten um 4 bis 16 % zurück (Lasch et al. 2005; Lindner et al. 2010). Der Sommer 2003 hat zudem gezeigt, dass Wälder bei Trockenheit und Wassermangel weniger Fotosynthese und mehr Atmung betreiben und zu CO_2-Quellen werden können (Dobbertin und de Vries 2008; ▶ Kap. 17). Damit wird in den Trockenperioden die Kohlenstoffleistung der Wälder vermindert.

19.2.5 Kohlenstoffhaushalt: von der Senke zur Quelle

Seit 1990 nimmt die Leistung des Waldes als Kohlenstoffsenke auf bewirtschafteten Flächen in Deutschland ab (Krug et al. 2009). Diese Entwicklung ist einerseits dem Altersklassenaufbau der Aufforstungen nach dem Zweiten Weltkrieg geschuldet – damals wurden durch Insektenbefall und die sog. „Reparationshiebe" der Alliierten zerstörte Wälder wieder aufgeforstet. Andererseits resultiert die verringerte Senkenleistung aus der zyklischen Nutzung. Spätestens seit 2002 werden der Vorratsaufbau und vergangene Mindernutzungen verstärkt mobilisiert und führen zu einer stetigen Abnahme der Senkenleistung, da kurz- bis mittelfristig mehr Kohlenstoff durch Altbestandsernte freigesetzt wird, als durch nachwachsende Jungbestände sequestriert werden kann.

Auf Basis der Waldentwicklungs- und Holzaufkommensmodellierung (WEHAM) wurde unabhängig von den Auswirkungen des Klimawandels projiziert, dass Deutschlands Wald in den kommenden vier Jahrzehnten von einer CO_2-Senke zu einer CO_2-Quelle werden wird (Dunger et al. 2005; Dunger und Rock 2009; Polley und Kroiher 2006; Krug et al. 2010). Neben diesen waldbewirtschaftungsbezogenen Einflüssen auf den Kohlenstoffhaushalt der Wälder verstärken sich ebenso mit voranschreitender Erwärmung klimatisch bedingte Einflüsse. Im Rahmen umfangreicher Auswertungen aktueller Satellitendaten wurden aufgrund der außergewöhnlichen Trockenjahre 2018/2019 große Waldschäden festgestellt. Die Verluste waren in Mitteldeutschland am größten und erreichten in einigen Landkreisen bis zu zwei Drittel der Nadelwälder (Thonfeld et al. 2022).

19.3 Anpassung in der Forstwirtschaft

Die Anpassung der Bewirtschaftung an den Klimawandel zielt auf eine höhere Vitalität von Wäldern sowie eine höhere Resilienz – also die Fähigkeit, mit Veränderungen umzugehen. Anpassungen an Niederschlagsdefizite und höhere Temperaturen lassen sich mit Veränderungen in der Baumartenwahl (Lasch et al. 2005), der Bestandsstruktur etwa durch geringere Stammzahlen, aber auch durch neue Durchforstungsmethoden, Verjüngungskonzepte oder im Anbau trockenresistenter Herkünfte – also genetisch an die jeweiligen Standortsverhältnisse besser angepasste Bäume der gleichen Art – realisieren (Reyer et al. 2009). Insgesamt sind die vorhandenen Anpassungskonzepte sowie deren politische Umsetzung im letzten Jahrzehnt in den meisten europäischen Ländern deutlich weiterentwickelt worden (Forest Europe 2020b).

19

In der Forstwirtschaft sind Entscheidungen langfristig. Zudem bestehen komplexe Wechselwirkungen zwischen dem regionalen Klimawandel und ökologischen, ökonomischen sowie sozialen Faktoren. Das alles erhöht das Produktionsrisiko im Wald (Taeger et al. 2013). Somit hängt viel von der Auswahl der richtigen Baumarten oder den richtigen Herkünften bereits angebauter Arten ab, die mit den erwarteten Umweltbedingungen besser zurechtkommen (Bolte et al. 2009). So wurde im Zuge großflächiger Aufforstungen nach den „Reparationshieben" (▶ Abschn. 19.2.5) die trockenanfällige Gemeine Fichte in klimatisch nur bedingt geeigneten Gebieten angebaut, sodass es heute ein Ungleichgewicht zwischen Standort und Klimabedingungen gibt. Durch den Klimawandel wird sich dieses verstärken und auf weitere Gebiete ausbreiten (Ludemann 2010). Mit dem Anbau trockenstressresistenter Pflanzen lässt sich die Forstwirtschaft teilweise an den Klimawandel anpassen (Fyllas et al. 2009; Temperli et al. 2012). Es besteht jedoch auch das Risiko, dass Wälder, die sehr stark hinsichtlich eines bestimmten Produktionszieles optimiert sind, nicht mehr all ihre Funktionen erfüllen können, sowohl wegen der erwarteten Klimawirkungen auf den Wald als auch der sich verändernden Ansprüche der Gesellschaft an die Waldnutzung. In jedem Fall müssen jedoch Auswahl und Mischung der Baumarten regional betrachtet werden. Standortbedingungen, der projizierte regionale Klimawandel und die Reaktion der einzelnen Arten darauf müssen ebenso in die Entscheidungsfällung mit einbezogen werden (Temperli et al. 2012).

Die verschiedenen Optionen, Wälder unter sich verändernden Umweltbedingungen und gesellschaftlichen Ansprüchen sowie Anpassungs- und Klimaschutzgesichtspunkten zu bewirtschaften, sind mit einer Reihe von Konflikten und Synergien behaftet, die in die Abwägung von Managemententscheidungen mit einbezogen werden müssen. Köhl et al. (2010) zum Beispiel haben die Auswirkungen von unterschiedlichen Bewirtschaftungszielen unter verschiedenen Klimaszenarien untersucht. Sie kommen auf drei Waldbewirtschaftungstypen mit unterschiedlichen Zielen: Der „Gewinnmaximierende" nutzt den Wald, sobald der Wertzuwachs unter 2 % sinkt. Der „Waldreinertragsmaximierende" nutzt den Wald beim Maximum des mittleren jährlichen Ertrags. Und der „Zielstärkennutzende" bewegt sich nah an naturnaher Waldwirtschaft und nutzt Bäume ab einem definierten Zieldurchmesser. Das Ergebnis: Je nach Bewirtschaftungstyp und Klimaszenario verändert sich von 2000 bis 2100 neben der Holzproduktion und der Baumartenzusammensetzung auch die Menge an Waldkohlenstoff (◘ Abb. 19.3). Dabei beeinflusst unter den in der Studie vorausgesetzten Randbedingungen die Waldbewirtschaftung die künftige Bestandsentwicklung stärker als der Klimawandel. Ähnliches wurde für boreale Wälder berichtet (Alam et al. 2008; Garcia-Gonzalo et al. 2007; Briceño-Elizondo et al. 2006).

Gutsch et al. (2018) untersuchten auf Basis von Simulationen von baumarten-, bundesland- und altersklassenspezifischer Reinbestände an den Traktecken der Bundeswaldinventur (Probeflächen) die Frage, wie sich der Klimawandel in Verbindung mit verschiedenen Bewirtschaftungsszenarien auf die Bereitstellung wichtiger Ökosystemleistungen auswirkt. Auch diese Studie zeigt, dass in Deutschland die Bewirtschaftung einen vielfach größeren Effekt auf die Waldentwicklung ausübt als die Klimaszenarien. In ◘ Abb. 19.3 werden auf Basis forstlicher Wuchsgebiete die Effekte zweier sich gegensätzlich gegenüberstehender Bewirtschaftungsstrategien auf vier wichtige Ökosystemdienstleistungsgruppen (Lebensraum, Kohlenstoff, Holzernte und Wasserhaushalt) dargestellt, um regionale Unterschiede in der Effektivität von Bewirtschaftungsstrategien bei der Bereitstellung der Ökosystemleistungen aufzuzeigen. Die Analyse zeigt, dass es sinnvoll ist, verschiedene Bewirtschaftungsstrategien in Raum und Zeit miteinander gekoppelt und regional aufgelöst zu betrachten, je nach Waldstruktur und klimatischen Gegebenheiten, um vielfältige Waldleistungen möglichst effizient gesellschaftlich zu nutzen. In der Abbildung zeigt sich zum Beispiel, dass Teile des norddeutschen Tieflands ohne große negative Nebenwirkungen mit dem Fokus auf die Holzbereitstellung bewirtschaftet werden können und Wuchsgebiete im Zentrum Deutschlands besonders geeignet sind, Kohlenstoff zu speichern. Limitiert in ihrer Aussagekraft ist diese Studie allerdings durch den nicht berücksichtigten Einfluss biotischer und abiotischer Störungen.

Da Anpassungsplanungen im forstlichen Bereich langfristige Konsequenzen haben, ist eine fortlaufende, kritische Überprüfung der gewonnenen Erkenntnisse auf der Grundlage neuer Ergebnisse der Klimaforschung mit mehreren und neueren Modell- und Szenarienensembles unabdingbar (Krug und Köhl 2010).

19.4 Kurz gesagt

Infolge des Klimawandels verschieben sich die Vegetationszonen, Verbreitungsgebiete der Baumarten und die Artenzusammensetzung der Wälder. Sowohl die höheren Temperaturen als auch die veränderte Verteilung der Niederschläge sowie zunehmende Extremereignisse werden sich auf die Waldökosysteme auswirken. Sturmschäden und Trockenstress werden insbesondere die Entwicklung von Holz und Rinden besiedelnden Insekten an allen Baumarten verstärken. Durch den zunehmenden Laubbaumanbau ist mit weiter zunehmenden Vorkommen laubfressender Insekten zu rechnen wobei standortferne Fichtenmono-

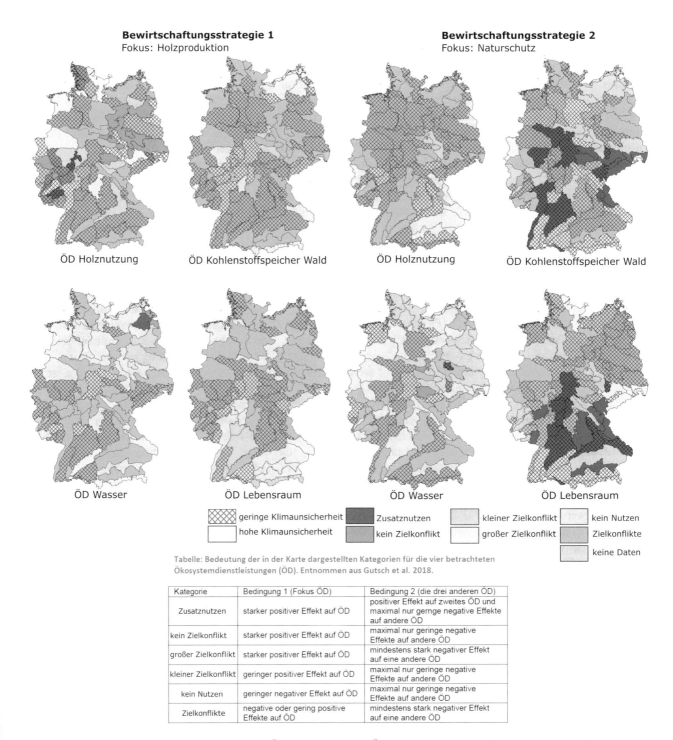

▣ **Abb. 19.3** Konflikte und Synergien zwischen den Ökosystemleistungen (ÖD) Holzproduktion *(timber)*, Kohlenstoffspeicherung *(carbon)*, Versickerung *(water)* und Habitatbereitstellung *(habitat)* als Indikator für Lebensraum für Arten und somit die Biodiversität für ein biomasse- *(biomass production strategy)* und ein naturschutzorientiertes *(nature conservation strategy)* Bewirtschaftungsszenario. Eine hohe Klimasicherheit *(high climate certainty)* ist gegeben, wenn ein Konflikt oder eine Synergie zwischen Ökosystemleistungen robust über 90 % aller Klimaszenarien gefunden wurde. (Gutsch et al. 2018, CC BY 3.0)

kulturen weiterhin massiv gefährdet sind. Waldbrände werden mit Ausnahme einiger für die Einsatzkräfte derzeit unzugänglicher Gebiete unter Beibehaltung und Weiterentwicklung des hohen Niveaus des Waldbrandschutzes und wegen der waldstrukturell bedingt sin-

kenden Empfänglichkeit für Zündungen und Brandausbreitungen in Deutschland aller Voraussicht nach beherrschbar bleiben. In Mitteleuropa wird der Eichenwald zunehmen, beginnend in den Tieflagen. Der Buchenwald wandert von den Tieflagen in die Mittelgebirge. Dort werden sich die Kiefern- und Fichtenwälder allmählich zurückziehen. Es gilt, sich den dadurch stark zunehmenden potenziellen Schadfaktoren in Eichen- und Buchenwäldern rechtzeitig zuzuwenden, Systeme des Monitorings und der Regulation zu entwickeln und anwendungsbereit zu halten.

Bei Anpassungsstrategien spielen somit die Waldbewirtschaftung sowie die standort- und klimaangepasste Auswahl der Baumarten eine große Rolle. Geeignete Strategien berücksichtigen auch die Produktion des Rohstoffs und Energieträgers Holz. So lässt sich die Funktion von Wäldern als Zwischenspeicher im globalen Kohlenstoffkreislauf sichern und fördern. Holzprodukte können zudem energieintensive Materialien und fossile Energieträger ersetzen und zu einer Reduktion der Treibhausgasemissionen beitragen, solange fossile Energieträger weiterhin einen Teil des Energiemix ausmachen und Verlagerungseffekte nicht zu höheren Emissionen in anderen Teilen der Welt führen.

Literatur

Alam A, Kilpeläinen A, Kellomäki S (2008) Impacts of thinning on growth, timber production and carbon stocks in Finland under changing climate. Scand J Forest Res 23:501–512

de Avila AL, Albrecht A (2018) Alternative Baumarten im Klimawandel: Artensteckbriefe – eine Stoffsammlung. Forstliche Versuchs- und Forschungsanstalt Baden-Württemberg (FVA), Freiburg

Badeck FW, Lasch P, Hauf Y, Rock J, Suckow F, Thonicke K (2004) Steigendes klimatisches Waldbrandrisiko. AFZ-Der Wald 59:90–93

Bauhus J, Forrester DI, Gardiner B, Jactel H, Vallejo R, Pretzsch H (2017) Ecological stability of mixed-species forests. In: Pretzsch H, Forrester D, Bauhus J (Hrsg) Mixed-species forests. Springer, Berlin. ► https://doi.org/10.1007/978-3-662-54553-9_7

Bergman R, Puettmann M, Taylor A, Skog KE (2014) The carbon impacts of wood products. For Prod J 64:220–231

Bissolli P, Müller-Westermeier G, Dittmann E, Remisová V, Braslavská O, Stastný P (2005) 50-year time series of phenological phases in Germany and Slovakia: a statistical comparison. Meteorol Z 14(2):173–182

Block J, Gauer J (2012) Waldbodenzustand in Rheinland-Pfalz: Ergebnisse der zweiten landesweiten Bodenzustandserhebung BZE II. Mitteilungen der Forschungsanstalt Waldökologie und Forstwirtschaft Rheinland-Pfalz 70:228

BMEL (2014) Der Wald in Deutschland. Ausgewählte Ergebnisse der dritten Bundeswaldinventur. Bundesministerium für Ernährung und Landwirtschaft, Berlin

Böckmann T, Hansen J, Hauskeller-Bullerjahn K et al (2017) Klimaangepasste Baumartenwahl in den Niedersächsischen Landesforsten. Aus dem Walde – Schriftenreihe Waldentwicklung in Niedersachsen, Bd 61. Nordwestdeutsche Forstliche Versuchsanstalt, Göttingen

Bolte A, Ammer C, Löf M, Madsen P, Nabuurs G-J, Schall P, Spathelf P, Rock J (2009) Adaptive forest management in central Europe: climate change impacts, strategies and integrative concept. Scand J Forest Res 24:473–482

Briceño-Elizondo E, Garcia-Gonzalo J, Peltola H, Kellomäki S (2006) Carbon stocks and timber yield in two boreal forest ecosystems under current and changing climatic conditions sub-

jected to varying management regimes. Environ Sci Policy 9(3):237–252

Buermann W, Forkel M, O'Sullivan M et al (2018) Widespread seasonal compensation effects of spring warming on northern plant productivity. Nature 562:110–114. ► https://doi.org/10.1038/s41586-018-0555-7

Buras A, Menzel A (2019) Projecting tree species composition changes of European forests for 2061–2090 Under RCP4.5 and RCP 8.5 Scenarios. Front. Plant Sci 9:1986. ► https://doi.org/10.3389/fpls.2018.01986

Chmielewski FM, Rötzer T (2001) Response of tree ponology to climate change across Europe. Agric For Meteorol 108:101–112

Churkina G, Organschi A, Reyer CPO, Ruff A, Vinke K, Liu Z, Reck BK, Graedel TE, Schellnhuber HJ (2020) Buildings as a global carbon sink. Nat Sustain 3:269–276

DESTATIS (2020) Auswirkungen extremer Wind- und Wetterlagen auf den Wald. ► https://www.destatis.de/DE/Presse/Pressemitteilungen/2020/02/PD20_N006_413.html

Dobbertin M, de Vries W (2008) Interactions between climate change and forest ecosystems. In: Fischer R (Hrsg) Forest ecosystems in a changing environment: identifying future monitoring and research needs Report and Recommendations – COST Strategic Workshop, 11–13 March 2008. Stueber Grafik, Göttingen, S 8–12

Dobor L, Hlásny T, Rammer W, Zimová S, Barka I, Seidl R (2019) Is salvage logging effectively dampening bark beetle outbreaks and preserving forest carbon stocks? J Appl Ecol 57:67–76

Docherty M, Salt DT, Holopainen JK (1997) The impacts of climate change and pollution on forest pests. In: Watt AD, Stork NE, Hunter MD (Hrsg) Forests and Insects. Chapman & Hall, London

Dunger K, Rock J (2009) Projektionen zum potentiellen Rohholzaufkommen. AFZ-Der Wald 64(20):1079–1081

Dunger K, Bösch B, Polley H (2005) Das potentielle Rohholzaufkommen 2002 bis 2022 in Deutschland. AFZ 60(3):114–116

DVFFA (2019) Anpassung der Wälder an den Klimawandel. Positionspapier des Deutschen Verbandes Forstlicher Forschungsanstalten (DVFFA). ► http://www.dvffa.de/system/files/files_site/Waldanpassung_Positionspapier%20des%20DVFFA_09_2019.pdf. Zugegriffen: 14. Dez. 2020

Ellenberg H, Leuschner C (2010) Vegetation Mitteleuropas mit den Alpen in ökologischer, dynamischer und historischer Sicht. 6. vollständig neubearbeitete Auflage, Ulmer Verlag, Stuttgart, S 1334

Erb K-H, Kastner T, Plutzar C, Bais ALS, Carvalhais N, Fetzel T, Gingrich S, Haberl H, Lauk C, Niedertscheider M, Pongratz J, Thurner M, Luyssaert S (2018) Unexpectedly large impact of forest management and grazing on global vegetation biomass. Nature 553:73–76

Escherich K (1931) Die Forstinsekten Mitteleuropas. Raul Parey, Berlin

Falk W, Mellert KH (2011) Species distribution models as a tool for forest management planning under climate change: risk evaluation of Abies alba in Bavaria. J Veg Sci 22(4):621–634

FAO (2020) Global Forest Resources Assessment 2020: Main Report. FAO Forestry Paper, Rome

Forest Europe (2020a) State of Europe's Forests. UN-ECE, UN-FAO, Liaison Unit Oslo. Bratsilava, S 394

Forest Europe (2020b) Adaptation to climate change in sustainable forest management in Europe, Liaison Unit Bratislava, Zvolen

Forster M, Falk W, Reger B (2019) Praxishilfe Klima – Boden – Baumartenwahl. Bayerische Landesanstalt für Wald und Forstwirtschaft (LWF)

Fyllas N, Troumbis A (2009) Simulating vegetation shifts in northeastern Mediterranean mountain forests under climatic change scenarios. Glob Ecol Biogeogr 18(1):64–77

Garcia-Gonzalo J, Peltola H, Briceño-Elizondo E, Kellomäki S (2007) Effects of climate change and management on timber yield in boreal forests, with economic implications: a case study. Clim Chang 81:431–454

Gößwein S, Lemme H, Petercord R (2017) Prachtkäfer profitieren vom Trockensommer 2015. LWF aktuell 112:14–17

Gutsch M, Lasch-Born P, Kollas C, Suckow F, Reyer CPO (2018) Balancing trade-offs between ecosystem services in Germany's forests under climate change. Environ Res Lett 13(4):045012. ► https://doi.org/10.1088/1748-9326/aab4e5

Hanewinkel M, Hummel S, Cullmann DA (2010) Modelling and economic evaluation of forest biome shifts under climate change in Southwest Germany. For Ecol Manage 259(4):710–719

Hanewinkel M, Cullmann DA, Schelhaas MJ, Nabuurs GJ, Zimmermann NE (2012) Climate change may cause severe loss in the economic value of European forest land. Nat Clim Chang 3(3):203–207

Hänisch T, Kehr R, Schubert O (2006) Schwarzkiefer auf Muschelkalk trotz Sphaeropsis- Befall? AFZ-Der Wald 61:227–230

Harris NL, Gibbs DA, Baccini A et al (2021) Global maps of twenty-first century forest carbon fluxes. Nat Clim Chang 11:234–240. ► https://doi.org/10.1038/s41558-020-00976-6

Henschel A (2008) Habitatmodellierung der drei Baumarten Waldkiefer, Traubeneiche und Stieleiche. Geographisches Institut. Berlin, Humboldt-Universität. Diplom, S 119

Heydeck P (2007) Pilzliche und pilzähnliche Organismen als Krankheitserreger an Kiefern. In: Ministerium für Ländliche Entwicklung, Umwelt und Verbraucherschutz des Landes Brandenburg (Hrsg) Die Kiefer im nordostdeutschen Tiefland – Ökologie und Bewirtschaftung. Eberswalder Forstliche Schriftenreihe, Bd XXXII. Verlagsgesellschaft, Potsdam

ICP (2004) The condition of forests in Europe: 2004 Executive Report, Geneva

Immler T, Blaschke M (2007) Forstschädlinge profitieren vom Klimawandel. LWF aktuell 14(5):24–26

IPCC (2021) Summary for policymakers. In: Climate change 2021: The physical science basis. Contribution of working group I to the sixth assessment report of the intergovernmental panel on climate change [Masson-Delmotte V, Zhai P, Pirani A, Connors SL, Péan C, Berger S, Caud N, Chen Y, Goldfarb L, Gomis MI, Huang M, Leitzell K, Lonnoy E, Matthews JBR, Maycock TK, Waterfield T, Yelekçi O, Yu R, Zhou B (Hrsg)]. ► https://www.ipcc.ch/report/sr15/summary-for-policymakers/

Jakoby O, Lischke H, Wermelinger B (2019) Climate change alters elevational phenology patterns of the European spruce bark beetle (Ips typographus). Glob Change Biol 25:4048–4063. ► https://doi.org/10.1111/gcb.14766

Kätzel R (2008) Klimawandel. Zur genetischen und physiologischen Anpassungsfähigkeit der Baumarten. Arch Forstwes Landschaftsökol 42:9–15

Knauf M, Köhl M, Mues V, Olschofsky K, Frühwald A (2015) Modeling the CO_2 – effects of forest management and wood usage on a regionl basis. Carbon Bal Manage 10:13

Köhl M, Hildebrandt R, Olschofsky K, Köhler R, Rötzer T, Mette T, Pretzsch H, Köthke M, Dieter M, Mengistu A, Makeschin F, Kenter B (2010) Combating the effects of climatic change on forests by mitigation strategies. Carbon Bal Manage 5(8)

Kölling C, Zimmermann L, Walentowski H (2007) Klimawandel: Was geschieht mit Buche und Fichte? AFZ-Der Wald 11:584–588

Krug J, Köhl M (2010) Bedeutung der deutschen Forstwirtschaft in der Klimapolitik. AFZ-Der Wald 65(17):30–33

Krug J, Koehl M, Riedel T, Bormann K, Rueter S, Elsasser P (2009) Options for accounting carbon sequestration in German forests. Carbon Bal Manage 4:5

Krug J, Kriebitzsch W-U, Riedel T, Olschofsky K, Bolte A, Polley H, Stümer W, Rock J, Öhmichen K, Kroiher F, Wellbrock N (2010) Potenziale zur Vermeidung von Emissionen sowie der zusätzlichen Sequestrierung im Wald und daraus resultierenden För-

dermaßnahmen. Studie im Auftrag des Bundesministeriums für Ernährung, Landwirtschaft und Verbraucherschutz. Thünen-Institut, Hamburg

Kurz WA, Dymond CC, Stinson G, Rampley GJ, Neilson ET, Carroll AL, Ebata T, Safranyik L (2008) Mountain pine beetle and forest carbon feedback to climate change. Nature 452:987–990

Lal R (2005) Forest soils and carbon sequestration. For Ecol Manage 220:242–258

Lasch P, Badeck F, Suckow F, Lindner M, Mohr P (2005) Model-based analysis of management alternatives at stand and regional level in Brandenburg (Germany). For Ecol Manage 207(1–2):59–74

Lindner M, Maroschek M, Netherer S, Kremer A, Barbati A, Garcia-Gonzalo J, Seidl R, Delzon S, Corona P, Kolstrom M, Lexer MJ, Marchetti M (2010) Climate change impacts, adaptive capacity, and vulnerability of European forest ecosystems. For Ecol Manage 259(4):698–709

Ludemann T (2010) Past fuel wood exploitation and natural forest vegetation in the Black Forest, the Vosges and neighbouring regions in western Central Europe. Palaeogeogr Palaeoclimatol Palaeoecol 291:154–165

Luyssaert S, Schulze E-D, Börner A, Knohl A, Hessenmöller D, Law BE, Ciais P, Grace J (2008) Old-growth forests as global carbon sinks. Nature 455:213–215

Madrigal-Gonzalez J, Calatayud J, Ballesteros-Canovas JA et al (2020) Climate reverses directionality in the richness-abundance relationship across the World's main forest biomes. Nat Commun 11(1):5635. ► https://doi.org/10.1038/s41467-020-19460-y

Majunke C, Möller K, Funke M (2000) Zur Massenvermehrung der Forleule (Panolis flammea Schiff., Lepidoptera, Noctuidae) in Brandenburg. Forstwirtsch Landsch ökol 34:127–132

Majunke C, Matz S, Müller M (2008) Sturmschäden in Deutschlands Wäldern von 1920 bis 2007. AFZ-Der Wald 63:380–381

Maringer J, Stelzer A-S, Paul C, Albrecht AT (2020) Ninety-five years of observed disturbance-based tree mortality modeled with climate-sensitive accelerated failure time models. Eur J Forest Res. ► https://doi.org/10.1007/s10342-020-01328-x

Meier ES, Lischke H, Schmatz DR, Zimmermann NE (2012) Climate, competition and connectivity affect future migration and ranges of European trees. Glob Ecol Biogeogr 21(2):164–178

Mellert KH, Ewald J, Hornstein D, Dorado-Liñán I, Jantsch M, Taeger S, Zang C, Menzel A, Kölling C. (2015). Climatic marginality: a new metric for the susceptibility of tree species to warming exemplified by Fagus sylvatica (L.) and Ellenberg's quotient. Eur J For Res 135(1):137–152. ► https://doi.org/10.1007/s10342-015-0924-9

Menzel A, Fabian P (1999) Growing season extended in Europe. Nature 452:987– 990 (397:6721)

Menzel A, Sparks TH, Estrella N, Roy DB (2006) Altered geographical and temporal variability in response to climate change. Glob Ecol Biogeogr 15:498–504

Mitchell SR, Harmon ME, O'Connell KEB (2012) Carbon debt and carbon sequestration parity in forest bioenergy production. GCB Bioenergy 4:818–827

Möller K (2009) Aktuelle Waldschutzprobleme und Risikomanagement in Brandenburgs Wäldern. Eberswalder Forstliche Schriftenreihe 42:63–72

Müller M (2004) Klimawandel – Auswirkungen auf abiotische Schadeinflüsse und auf Waldbrände sowie mögliche forstliche Anpassungsstrategien. In: Brandenburgischer Forstverein e. V. (Hrsg) Klimawandel – Wie soll der Wald der Zukunft aussehen? Brandenburgischer Forstverein, Eberswalde, S 45–55

Müller M (2008) Grundsätzliche Überlegungen zu den Auswirkungen eines Klimawandels auf potenzielle Schadfaktoren in mitteleuropäischen Wäldern. In: Forstverein Mecklenburg-Vorpommern e. V. (Hrsg) Tagungsberichte, Güstrow, S 152–161

19

Müller M (2009) Auswirkungen des Klimawandels auf ausgewählte Schadfaktoren in den deutschen Wäldern. Wiss Zeitschr TU Dresden 58(3–4):69–75

Müller M (2019) Waldbrände in Deutschland, Teil 1. AFZ-DerWald 74(18):27–31

Müller M (2020a) Waldbrände in Deutschland, Teil 2. AFZ-Der-Wald 75(01):29–33

Müller M (2020b) Waldbrände in Deutschland, Teil 3. AFZ-Der-Wald 75(23):42–46

Oehmichen K, Demant B, Dunger K, Grüneberg E, Hennig P, Kroiher F, Neubauer M, Polley H, Riedel T, Rock J, Schwitzgebel F, Stümer W, Wellbrock N, Ziche D, Bolte A (2011) Inventurstudie 2008 und Treibhausgasinventar Wald. Landbauforschung vTI agriculture and forestry research. Sonderheft, Bd 343. Thünen-Institut, Braunschweig

Pan Y, Birdsey RA, Fang J et al (2011) A large and persistent carbon sink in the world's forests. Science 333:988–993

Pearson TRH, Brown S, Murray L et al (2017) Greenhouse gas emissions from tropical forest degradation: an underestimated source. Carbon Bal Manage 12:3

Perny B, Gruber F, Pfister A (2004) Merkblatt Großer Brauner Rüsselkäfer. Bundesamt und Forschungszentrum für Wald, Wien, Folder. ▸ http://bfw.ac.at/400/2320.pdf

Petercord R, Leonhard S, Muck M, Lemme H, Lobinger G, Immler T, Konnert M (2009) Klimaänderung und Forstschädlinge. LWF aktuell 72:4–7

Polley H, Kroiher F (2006) Struktur und regionale Verteilung des Holzvorrates und des potenziellen Rohholzaufkommens in Deutschland im Rahmen der Clusterstudie Forst- und Holzwirtschaft. Inst Waldökol Waldinvent. BFH, Eberswalde, S 128

Pretzsch H, del Río M, Ammer C et al (2015) Growth and yield of mixed versus pure stands of Scots pine (Pinus sylvestris L.) and European beech (Fagus sylvatica L.) analysed along a productivity gradient through Europe. Eur J For Res 134(5):927–947. ▸ https://doi.org/10.1007/s10342-015-0900-4

Reyer CPO, Guericke M, Ibisch PL (2009) Climate change mitigation via afforestation, reforestation and deforestation avoidance – and what about adaptation to environmental change? New For 38:15–34

Reyer CPO, Lasch-Born P, Suckow F, Gutsch M, Murawski A, Pilz T (2014) Projections of regional changes in forest net primary productivity for different tree species in Europe driven by climate change and carbon dioxide. Ann For Sci 71:211–225. ▸ https://doi.org/10.1007/s13595-013-0306-8

Reyer CPO, Bathgate S, Blennow K et al (2017) Are forest disturbances amplifying or canceling out climate change-induced productivity changes in European forests? Environ Res Lett 12(3):34027. ▸ http://stacks.iop.org/1748-9326/12/i=3/a=034027

Richardson DA, Black TA, Ciais P et al (2010) Influence of spring and autumn phenological transitions on forest ecosystem productivity. Phil Trans R Soc 365:3227–3246

Riedel T, Stümer W, Henning P, Dunger K, Bolte A (2019) Wälder in Deutschland sind eine wichtige Kohlenstoffsenke. AFZ-Der-Wald 14:14–18

Riek W, Russ A (2014) Regionalisierung des Bodenwasserhaushaltes für Klimaszenarien als Grundlage für die forstliche Planung. In Wissenstransfer in die Praxis-Beiträge zum 9. Winterkolloquium. Eberswalder Forstliche Schriftenreihe, Landesbetrieb Forst Brandenburg, Landeskompetenzzentrum Forst Eberswalde (Hrsg) Eberswalde 55, 20–30. ▸ http://forst.brandenburg.de/cms/media.php/lbm1.a.4595.de/efs55.pdf. Zugegriffen: 4. Mai 2016

Rigling A, Bigler C, Eilmann B, Feldmeyer-Christe E, Gimmi U, Ginzler C, Graf U, Mayer P, Vacchiano G, Weber P, Wohlgemuth T, Zweifel R, Dobbertin M (2013) Driving factors of a vegetation shift from Scots pine to pubescent oak in dry Al-

pine forests. Global Change Biol 19:229–240. ▸ https://doi.org/10.1111/gcb.12038

Ritchie H, Roser M (2020) CO_2 and greenhouse gas emissions. Published online at OurWorldInData.org. ▸ https://ourworldindata.org/co2-and-other-greenhouse-gas-emissions

Russ A, Riek W (2011) Pedotransferfunktionen zur Ableitung der nutzbaren Feldkapazität – Validierung für Waldböden des nordostdeutschen Tieflands. Waldökologie, Landschaftsforschung und Naturschutz 11:5–17

Schäfer M (2003) Wörterbuch der Ökologie. Spektrum Akademischer Verlag, Heidelberg

Schmidt-Vogt H (1989) Krankheiten, Schäden, Fichtensterben. Die Fichte, Bd 2. (Teil 2)

Schmitz F (2019) Herausragendes aus der Kohlenstoffinventur 2017. AFZ-DerWald 14:34–36

Schopf A (1989) Die Wirkung der Photoperiode auf die Induktion der Imaginaldiapause von Ips typographus (L) (Col, Scolytidae). J Appl Entomol 107:275–288

Schreck M, Lackner C, Walli AM (2016) Österreichs Wald. Bundesforschungs und Ausbildungszentrum für Wald, Naturgefahren und Landschaft, Wien 85:28

Schuldt B, Buras A, Arend M et al (2020) A first assessment of the impact of the extreme 2018 summer drought on Central European forests. Basic Appl Ecol 45:86–103

Seidl R, Schelhaas MJ, Lexer MJ (2011) Unraveling the drivers of intensifying forest disturbance regimes in Europe. Glob Chang Biol 17(9):2842–2852. ▸ https://doi.org/10.1111/j.1365-2486.2011.02452.x

Seidl R, Schelhaas M-J, Rammer W, Verkerk PJ (2014) Increasing forest disturbances in Europe and their impact on carbon storage. Nat Clim Chang 4:806–810

Seidl R, Thom D, Kautz M et al (2017) Forest disturbances under climate change. Nature Clim Change 7:395–402. ▸ https://doi.org/10.1038/nclimate3303

Senf C, Pflugmacher D, Zhiqiang Y, Sebald J, Knorn J, Neumann M, Hostert P, Seidl R (2018) Canopy mortality has doubled in Europe's temperate forests over the last three decades. Nat Commun 9:4978. ▸ https://doi.org/10.1038/s41467-018-07539-6

Senf C, Buras A, Zang CS, Rammig A, Seidl R (2020) Excess forest mortality is consistently linked to drought across Europe. Nat Commun 11:6200. ▸ https://doi.org/10.1038/s41467-020-19924-1

SMUL – Sächsisches Staatsministerium für Umwelt und Landwirtschaft (2008) Sachsen im Klimawandel. Thieme und Co KG, Meißen

Sommerfeld A, Senf C, Buma B et al (2018) (2018) Patterns and drivers of recent disturbances across the temperate forest biome. Nat Commun 9:4355. ▸ https://doi.org/10.1038/s41467-018-06788-9

Sterba H, Dirnberger G, Ritter T (2018) The contribution of forest structure to complementarity in mixed stands of Norway Spruce (Picea abies L. Karst) and European Larch (Larix decidua Mill.). Forests 9(7):410. ▸ https://doi.org/10.3390/f9070410

Taeger S, Zang C, Liesebach M, Schneck V, Menzel A (2013) Impact of climate and drought events on the growth of Scots pine (Pinus sylvestris L.) provenances. For Ecol Manage 307:30–42

Temperli C, Bugmann H, Elkin C (2012) Adaptive management for competing forest goods and services under climate change. Ecol Appl 22:2065–2077

Thonfeld F, Gessner U, Holzwarth S, Kriese J, da Ponte E, Huth J, Kuenzer C (2022) A first assessment of canopy cover loss in Germany's Forests after the 2018–2020 Drought Years. Remote Sens 14:562

UBA (2011) Berichterstattung unter der Klimarahmenkonvention der Vereinten Nationen und dem Kyoto-Protokoll. Nationaler Inventarbericht zum DeutschenTreibhausgasinventar. Clim Change 11:1990–2009

Veteli TO, Kuokkanen K, Julkunen-Tiitto R, Roininen H, Tahvanainen J (2002) Effects of elevated CO_2 and temperature on plant growth and herbivore defensive chemistry. Glob Chang Biol 8:1240–1252

Vitasse Y, Bottero A, Cailleret M, Bigler C, Fonti P, Gessler A, Lévesque M, Rohner B, Weber P, Rigling A, Wohlgemuth T (2019) Contrasting resistance and resilience to extreme drought and late spring frost in five major European tree species. Glob Change Biol 25:3781–3792

Whittaker JB (1999) Impacts and responses at population level of herbivorous insects to elevated CO_2. Eur J Entomol 96:149–156

Wang S, Zhang Y, Ju W et al (2020) Recent global decline of CO_2 fertilization effects on vegetation photosynthesis. Science 370(6522):1295. ► https://doi.org/10.1126/science.abb7772

World Weather Attribution initiative (2019) Human contribution to the record-breaking July 2019 heatwave in Western Europe. ► https://www.worldweatherattribution.org/human-contribution-to-the-record-breaking-july-2019-heat-wave-in-western-europe/. Zugegriffen: 13. Juni 2022

Zani D, Crowther TW, Mo L, Renner SS, Zohner CM (2020) Increased growing-season productivity drives earlierautumn leaf senescence in temperate trees. Science 370:1066–1071

19

Böden und ihre Funktionen im Klimawandel

Eva-Maria Pfeiffer, Annette Eschenbach, Jean Charles Munch und Harry Vereecken

Inhaltsverzeichnis

20.1   Diversität von Böden – 264

20.2   Böden im Klimasystem: Funktionen und Ökosystemdienstleistungen – 265
20.2.1   Folgen für die natürlichen Standortfunktionen von Böden – 265
20.2.2   Auswirkungen auf den Bodenwasserhaushalt – 268
20.2.3   Böden und ihre unverzichtbaren Klimafunktionen – 268

20.3   Klima- und Bodenschutz zum Erhalt der Ressource Boden – 270

20.4   Strategien und Herausforderungen – 272

20.5   Kurz gesagt – 272

Literatur – 273

© Der/die Autor(en) 2023
G. P. Brasseur et al. (Hrsg.), *Klimawandel in Deutschland*,
https://doi.org/10.1007/978-3-662-66696-8_20

Wir müssen nicht tief graben, um die Wohlfahrtswirkungen von Böden zu erfahren: Umweltfaktoren und Lebewesen haben ein buntes Mosaik von Böden geschaffen – mit großer Vielfalt von Formen und Eigenschaften. Aus den Umwandlungsprodukten mineralischer und organischer Substanzen sind dabei eigene Naturkörper entstanden, die im Gegensatz zum Ausgangsgestein mit Wasser, Luft und Lebewesen durchsetzt sind. Böden speichern und regulieren Nährstoffe, Energie und Wasser und greifen regelnd in den Naturhaushalt ein – und dies fast zum Nulltarif.

Böden bieten Pflanzen, Tieren und Menschen Lebensraum und Standort. Sie spielen eine zentrale Rolle in der Umwelt und im Klimageschehen. Dabei erfüllen sie unverzichtbare Funktionen: Böden dienen der Produktion von Nahrungs- und Futtermitteln sowie von Rohstoffen und Bioenergie; sie stellen die Grundlage für wertvolle Naturschutzgebiete dar und sind Archive der Kultur- und Landschaftsgeschichte. Da Böden eine so wichtige Ressource sind, stehen sie unter gesetzlichem Schutz, siehe BBodSchutzG[1]. Zentrales Anliegen eines nachhaltigen Erdsystemmanagements muss es sein, unsere Böden mit ihren vielfältigen Funktionen zu erhalten – sowohl als wichtige Standorte für Acker, Grünland, Wald, Forst oder urbane Lebensräume als auch für naturnahe Systeme wie Moore, Küsten, Auen oder Trockenrasen. Auch im Zusammenhang mit der Erderwärmung haben Böden eine wichtige Funktion, speichern sie doch Kohlenstoff (C-Senke). Böden stellen begrenzte Ressourcen dar, die durch Intensivierung der vielen Nutzungs- und Produktionsansprüche extrem belastet oder sogar unwiderruflich vernichtet werden. So können beispielsweise nur unversiegelte Böden ihre Klimafunktionen leisten und eine effektive C-Senke sein. Durch die Einbindung der Böden in die Energie-, Wasser- und Stoffkreisläufe gefährden darüber hinaus die zu erwartenden Temperatur- und Niederschlagsänderungen die Funktionen und Leistungen dieser zentralen Lebensgrundlage auch in Deutschland.

20.1 Diversität von Böden

Böden sind Naturkörper mit einem ganz eigenen Aufbau und eigener Klassifikation. Im Gelände werden sie anhand von systematischen Profilbeschreibungen charakterisiert, wobei das Bodenprofil ein Längsschnitt durch die oberen Meter der Erdkruste darstellt. Böden

lassen sich in abgrenzbare Tiefenbereiche aufteilen, in sogenannte Bodenhorizonte. Diese entstehen im Verlauf der Bodenbildung aus Gesteinen durch Umwandlung und Verlagerung von Stoffen oder Energieeintrag durch Pflanzen. Die verschiedenen Horizontkombinationen definieren die unterschiedlichen Bodentypen wie z. B. die durch klimabedingte Trockenheit belasteten, wertvollen Schwarzerden (◉ Abb. 20.1) oder die durch den Meeresspiegelanstieg gefährdeten ertragreichen Kalkmarschen (◉ Abb. 20.2). Das Klima, Gestein und Relief, die Organismen und der Mensch haben im Laufe der Zeit, besonders in den vergangenen 11.000 Jahren, ca. 60 unterschiedliche Bodentypen geformt (KA 5 2005). Aus Gesteinen hat sich ein komplexes und lockeres Kompartiment des Erdsystems entwickelt, die Pedosphäre, in der sich die Geo-, Hydro-, Atmo- und Biosphäre wechselseitig durchdringen. Diese bildet den Wurzel- und Lebensraum für Organismen und versorgt sie mit Nährstoffen, organischem Material, Wasser, Luft und Ener-

◉ **Abb. 20.1** Die Schwarzerde aus weichselzeitlichem Löß (Eickendorf, Magdeburger Börde), der höchstbewertete Boden Deutschlands: Dieser „Bodenschatz" des Mitteldeutschen Trockengebiets ist durch unsachgemäßen Flächenverbrauch und klimabedingte Sommertrockenheit und Niederschlagsverschiebungen bedroht

---

1 Bundes-Bodenschutzgesetz vom 17. März 1998 (BGBl. I S. 502), das zuletzt durch Artikel 7 des Gesetzes vom 25. Februar 2021 (BGBl. I S. 306) geändert worden ist, Neufassung durch Art. 2 der Verordnung vom 9. Juli 2021 (BGBl. I S. 2598, S. 2716).

Abb. 20.2 Die Kalkmarsch aus holozänen marinen Feinsanden (Katinger Watt, Nordfriesland), ein wertvoller Forststandort an der Nordseeküste: Diese ertragreichen Böden sind durch den Meeresspiegelanstieg extrem gefährdet

gie. Bodenorganismen steuern wesentliche Vorgänge in den terrestrischen Ökosystemen wie die verschiedenen Stoffkreisläufe, den Abbau und die Anreicherung organischer Substanz, den Abbau von Schadstoffen, die Stickstofffixierung sowie die Ausbildung und Aufrechterhaltung der Bodenstruktur. Die Vielfalt des Lebens **im** Boden ist größer als die **auf** dem Boden (Theuerl und Buscot 2010; Bodenatlas 2015).

Die Diversität der Böden spiegelt sich auch in den Bodenregionen in Deutschland wider (**Abb.** 20.3). Bis auf wenige Ausnahmen wie Tropen-, Wüsten- oder Permafrostböden, die nur als Relikte auftreten, kommen in Deutschland fast alle Bodeneinheiten der Erde vor: von Rohböden aus unterschiedlichsten Gesteinen bis hin zu Relikten komplexer Paläoböden aus alten tertiären, tropisch verwitterten Gesteinen. Deshalb ist immer auch eine regionale Analyse und eine standortdifferenzierende Betrachtung der Klimawirkung auf Deutschlands Böden notwendig (siehe z. B. Engel und Müller 2009; Eschenbach und Pfeiffer 2011; MUNLV NRW 2011). Aufgrund ihrer unverzichtbaren Funktionen und Leistungen gilt es in Deutschland, die Bodenvielfalt (Pedodiversität) auch unter veränderten Klimabedingungen zu erhalten.

20.2 Böden im Klimasystem: Funktionen und Ökosystemdienstleistungen

Zwar wurden schon früh die Auswirkungen des Klimawandels auf Böden und ihre Funktionen untersucht (Brinkmann und Sombroek 1996; Lal et al. 1998; Scharpenseel und Pfeiffer 1998), aufgrund der komplexen Wechselwirkungen zwischen den Bodenbildungsfaktoren wurde aber mithilfe von Modellen nur die Art der Auswirkungen beschrieben (Kersebaum und Nendel 2014; Kamp et al. 2007; Trnka et al. 2013). Bis heute bleibt weitgehend unklar, wie groß die Folgen sein werden. Messungen oder Langzeitbeobachtungen sind rar (Pfeiffer 1998; Blume und Müller-Thomsen 2008; Varallyay 2010; Hüttl et al. 2012; Vanselow-Algan 2014) oder fehlen.

Eine grundlegende Schwierigkeit besteht darin, dass die Witterungsfaktoren, denen die Böden ausgesetzt sind, bereits in der Vergangenheit und auch gegenwärtig variieren und eine erhebliche Schwankungsbreite aufweisen. Dies macht eine genaue Analyse der in der Vergangenheit aufgetretenen Muster sowie der Klimaprojektionen erforderlich, um so die Unterschiede zu den Bedingungen, an die die Ökosysteme angepasst sind, zu quantifizieren. Diese Schwierigkeit erfordert eine intensivere Befassung mit den klimabedingten Bodenveränderungen, als dies bisher der Fall war.

Der Boden als Naturkörper bildet ein effektives, aber träges Puffersystem, das sich beispielsweise von Belastungen nur langsam erholt. Böden haben ein langes Gedächtnis. Über den Boden sind lokale, regionale und globale Stoffkreisläufe miteinander verbunden. Böden ermöglichen nicht nur Pflanzenwachstum unter wechselnder, teilweise extremer Witterung, sondern auch Wechselwirkungen mit dem Untergrund und der Atmosphäre. All dies legt nahe, dass sich Klimaänderungen direkt auf Böden auswirken werden, auf ihre Qualität und ihre Ökosystemdienstleistungen sowie auf die globalen biogeochemischen Kreisläufe. Wie der Klimawandel die Kreisläufe beeinträchtigt, wurde bisher noch nicht umfassend analysiert.

20.2.1 Folgen für die natürlichen Standortfunktionen von Böden

Ändert sich das Klima wie projiziert, steigen die Temperaturen und die Verdunstung, die Häufigkeit trockener Sommer nimmt zu; im Herbst und Winter dagegen gibt es mehr Niederschläge, und auch Starkregen treten häufiger auf (**Abb.** 20.4). Auch wenn die derzeitigen Modelle noch mit hohen Unsicherheiten behaftet sind, greifen die Folgen eines Klimawandels in

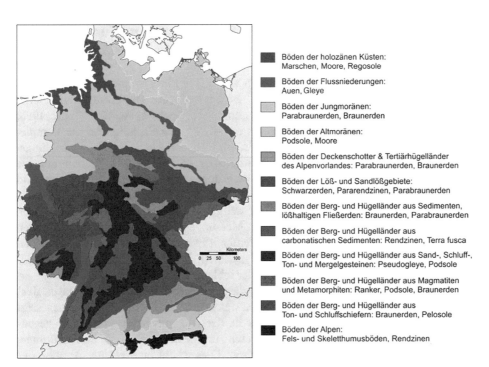

Böden der holozänen Küsten:
Marschen, Moore, Regosole

Böden der Flussniederungen:
Auen, Gleye

Böden der Jungmoränen:
Parabraunerden, Braunerden

Böden der Altmoränen:
Podsole, Moore

Böden der Deckenschotter & Tertiärhügelländer
des Alpenvorlandes: Parabraunerden, Braunerden

Böden der Löß- und Sandlößgebiete:
Schwarzerden, Pararendzinen, Parabraunerden

Böden der Berg- und Hügelländer aus Sedimenten,
lößhaltigen Fließerden: Braunerden, Parabraunerden

Böden der Berg- und Hügelländer aus
carbonatischen Sedimenten: Rendzinen, Terra fusca

Böden der Berg- und Hügelländer aus Sand-, Schluff-,
Ton- und Mergelgesteinen: Pseudogleye, Podsole

Böden der Berg- und Hügelländer aus Magmatiten
und Metamorphiten: Ranker, Podsole, Braunerden

Böden der Berg- und Hügelländer aus
Ton- und Schluffschiefern: Braunerden, Pelosole

Böden der Alpen:
Fels- und Skeletthumusböden, Rendzinen

◘ **Abb. 20.3** Böden der verschiedenen Regionen in Deutschland sind Ausdruck der hohen Pedodiversität und werden unterschiedlich auf Klimaänderungen reagieren. (Verändert nach KA 5 2005)

alle Funktionen des Bodens ein. Besonders Böden mit Grund- und Staunässe wie Marschen und Auen in den Küsten- und Flussniederungen sowie die Moore werden durch geänderte Wasser- und Energiehaushalte ihre Standorteigenschaften und damit ihre Ökosystemdienstleistungen verändern oder gar verlieren. In Hochmooren, deren Hydrologie durch den Niederschlag gesteuert wird, werden sich z. B. die Wachstumsbedingungen für die dort angepasste Vegetation verschlechtern, wenn es im Sommer weniger regnet (Vanselow-Algan et al. 2015).

Steigt klimabedingt der Meeresspiegel, kann auch das Grundwasser im Küstenbereich steigen, und die Bodenfeuchte ändert sich. Weiter kann dies zum Eindringen von Salz in den Wurzelbereich der Pflanzen führen. Das hat Folgen, etwa für Trockenrasengesellschaften, die natürliche Bodenfruchtbarkeit von Marschenböden oder die Ausgleichfunktion von Auenlandschaften im Bereich der küstennahen Flüsse. In diesen Regionen ist mit erheblichen Verlusten der Bodenvielfalt und -funktionen zu rechnen.

Mittels bodenkundlicher Feldanalysen in sensiblen Regionen lassen sich Prognosen entwickeln und Modelle überprüfen. Daraus können regionale Anpassungs- und Vermeidungsstrategien für schutzbedürftige Ökosysteme und ihre Böden abgeleitet werden. Dabei wird auch die Ertragsfähigkeit der genutzten Böden in Deutschland berücksichtigt (Jensen et al. 2011).

Aktuelle Untersuchungen zur Sommertrockenheit in Mooren und in anderen Ökosystemen zeigen, dass gute Feldtechniken vorhanden sind, um die Klimawirkungen auf Böden zu erfassen. Allerdings müssen die Klimawirkungen gezielt und in Langzeitstudien er-

mittelt werden (Vanselow-Algan et al. 2015). Dabei sind insbesondere die bestehenden Bodendauerbeobachtungsflächen der Bundesländer einzubeziehen, die die unterschiedlichen regionalen Einflüsse abbilden. Die Bodendauerbeobachtung als hoheitliche Aufgabe basiert auf einem Netz von Messflächen, den sogenannten Bodendauerbeobachtungsflächen (BDF), an denen Auswirkungen der sich ändernden Umwelt-, Klima- und Nutzungseinflüsse nach einheitlichen Vorgaben untersucht und bewertet werden.

■ **Änderungen der Nutzungsfunktionen von Böden**

Böden stellen die Standorte für die Produktion von Nahrungs-, Futter-, Energie- und Holzpflanzen dar. Rund 90 % unserer Lebensmittel stammen weltweit aus der Agrarpflanzenproduktion (Godfray et al. 2010). Nach Angaben der Ernährungs- und Landwirtschaftsorganisation der Vereinten Nationen (FAO) erfordert allein das Wachstum der Weltbevölkerung auf mehr als 9 Mrd. Menschen bis zum Jahr 2050 eine Ertragszunahme in der Landwirtschaft um 70 % (▶ Kap. 18). Dabei sind Flächen berücksichtigt, die erst noch in die Agrarproduktion integriert werden müssen (Vance et al. 2003). Die politisch geförderten Anpassungsmaßnahmen an den Klimawandel führen außerdem dazu, dass auf immer mehr Flächen Energiepflanzen und Pflanzen für die Produktion von Biokraftstoffen anstatt Nahrungsmitteln angebaut werden. Somit sind auf den verbliebenen Standorten die Erträge der Nahrungsmittelproduktion pro Fläche deutlich zu erhöhen und dies unter teilweise ungünstigeren Klimabedingungen. Gleichzeitig gilt es, die weiteren Dienstleistungen der Böden und Agrarökosysteme zu

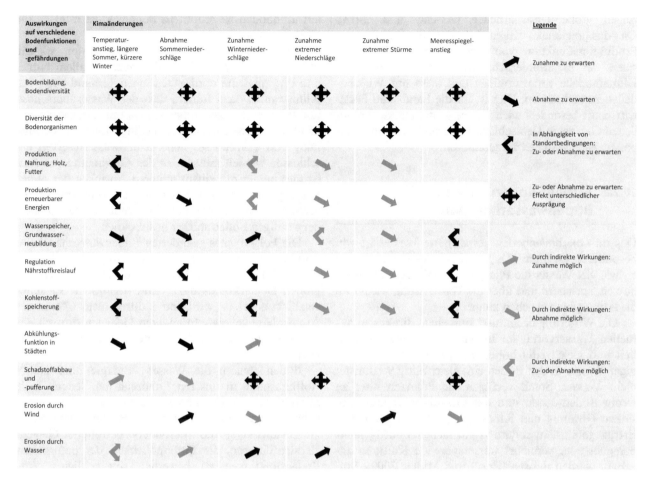

Auswirkungen auf verschiedene Bodenfunktionen und -gefährdungen	Klimaänderungen					
	Temperatur-anstieg, längere Sommer, kürzere Winter	Abnahme Sommernieder-schläge	Zunahme Winternieder-schläge	Zunahme extremer Niederschläge	Zunahme extremer Stürme	Meeresspiegel-anstieg
Bodenbildung, Bodendiversität	✛	✛	✛	✛	✛	✛
Diversität der Bodenorganismen	✛	✛	✛	✛	✛	✛
Produktion Nahrung, Holz, Futter	↙	↘	↙	↘	↘	
Produktion erneuerbarer Energien	↙	↘	↙	↘	↘	
Wasserspeicher, Grundwasser-neubildung	↘	↘	↗	↙	↘	↙
Regulation Nährstoffkreislauf	↙	↙	↙	↘	↘	↙
Kohlenstoff-speicherung	↙	↙	↙	↘	↘	↙
Abkühlungs-funktion in Städten	↘	↘	↗			
Schadstoffabbau und -pufferung	↗	↗	✛	✛		✛
Erosion durch Wind		↗	↘		↗	↘
Erosion durch Wasser	↙	↗	↗	↗		

Legende

↗ Zunahme zu erwarten

↘ Abnahme zu erwarten

↙ In Abhängigkeit von Standortbedingungen: Zu- oder Abnahme zu erwarten

✛ Zu- oder Abnahme zu erwarten: Effekt unterschiedlicher Ausprägung

↗ Durch indirekte Wirkungen: Zunahme möglich

↘ Durch indirekte Wirkungen: Abnahme möglich

↙ Durch indirekte Wirkungen: Zu- oder Abnahme möglich

◻ **Abb. 20.4** Wesentliche Auswirkungen von erwarteten Klimaänderungen auf Böden in Deutschland sind mit hohen Unsicherheiten verbunden.

erhalten sowie die Umweltbelastungen zu verringern (Tilman et al. 2002).

Sommertrockenheit (▶ Kap. 11) vermindert über den Wasserhaushalt der Böden die Pflanzenproduktion, da aufgrund mangelnder Wasserzufuhr die Fotosynthese der Pflanzen reduziert wird. Das wirkt sich auf die natürliche Ertrags- und Funktionsfähigkeit der land- und forstwirtschaftlich genutzten Böden aus (▶ Kap. 18 und 19). Der Wasservorrat im Boden bestimmt letztlich, wie viel Wasser den Pflanzen zur Verfügung steht (▶ Kap. 16). Frühjahrs- und Sommertrockenheit mit Wassermangel in den Oberböden während der Hauptvegetationszeit verringert auch die Nährstoffverfügbarkeit in den Böden. Ist wenig Wasser im Boden gespeichert, führen Düngemaßnahmen nicht zum gewünschten Ziel, denn die Pflanzen nehmen die Nährstoffe schlechter auf, wodurch die Ertragsunsicherheit steigt (Olde Venterink et al. 2002). Zudem waschen zunehmende Herbst- und Winternieder-schläge verstärkt nicht genutzte Düngernährstoffe aus. Diese geänderte Nährstoffdynamik erhöht z. B. das Risiko einer erhöhten Nitrat- und Phosphatauswaschung in das Grundwasser und trägt damit zur Verschlechterung unserer Trinkwasserqualität bei. Solche klimabedingten

Effekte sind regional sehr unterschiedlich ausgeprägt und erfordern regionale bodenkundliche Feldstudien (Engel und Müller 2009).

Was bislang kaum wahrgenommen wird: Viele Agrarböden sind durch extreme Witterungsereignisse verstärkt dem Bodenabtrag (Erosion) ausgesetzt, wenn sie aufgrund von Wassermangel nach der Ernte ohne Nach- oder Zwischenfrucht bleiben und somit die schützende Vegetationsdecke fehlt. Bereits jetzt kommt es bei wiederholt heftigen Niederschlägen zur Bodenzerstörung durch Erosion (◻ Abb. 20.4).

Wärmere Sommertemperaturen verstärken auch in feuchten Böden den Abbau der organischen Substanz und damit die CO_2-Emissionen. Dadurch können sich in Waldböden die organischen Auflagen verringern und die Humusformen nachteilig verändern. Außerdem können trockenstressempfindliche Baumarten wie die Fichte *(Picea abies)* in einigen Regionen ausfallen (▶ Kap. 19), wobei jedoch die Bewirtschaftungsform die künftige Waldstruktur am meisten beeinflussen wird (Köhl et al. 2010).

Aktuelle Modellrechnungen zur Wirkung des Klimawandels auf die Produktion von Nahrungsmitteln zeigen große Unsicherheiten (Asseng et al. 2013). Da das regionale Klima bei der Beurteilung der Produktionsfunktion von Böden eine Schlüsselrolle spielt, ist es erforderlich, die Regionalisierung der Klimamodelle voranzutreiben und diese mit Wirkmodellen zu verknüpfen. Dies ist für die Land- und Forstwirtschaft besonders wichtig, um so die klimaempfindlichen Gebiete in Deutschland zu identifizieren und Anpassungsmaßnahmen vorzuschlagen.

20.2.2 Auswirkungen auf den Bodenwasserhaushalt

Das im Oberbodenboden gespeicherte Wasser ist von besonderer Qualität: Als „grünes" Wasser bestimmt es, wie viel Wasser die Pflanzen und Mikroorganismen nutzen, speichern und über die Verdunstung wieder an die Atmosphäre abgeben können.

Die Witterung beeinflusst zum einen direkt den aktuellen Wasservorrat im Boden. Bei Sommertrockenheit und gleichzeitig hohen Temperaturen dringt weniger Wasser in den Boden ein, gleichzeitig verdunstet mehr Wasser. Somit verfügen die Pflanzen über zu wenig Bodenwasser, und das Grundwasser kann absinken (Bräunig und Klöcking 2008). Das kann den Ertrag gefährden, sodass Agrarflächen künftig mehr beregnet oder vermehrt wassersparende Kulturen angebaut werden müssen (Engel und Müller 2009). Studien in hochpräzisen wägbaren Lysimetern (Boden-Messsysteme zur Ermittlung von Bodenwasserhaushaltsgrößen und der Qualität des Bodensickerwassers) zeigten, dass bei trockeneren Klimabedingungen durch eine bessere Wassernutzungseffizienz der Pflanzen die Erträge auch gesteigert sein können (Groh et al. 2020). Ein langjähriges Monitoring an Baumstandorten in der Stadt Hamburg zeigt, dass in den vergangenen Jahren in Abhängigkeit von meteorologischen und bodenkundlichen Standortbedingungen unterschiedlich lange Phasen mit stark reduzierter Bodenwasserverfügbarkeit auftraten (Eschenbach und Gröngröft 2020).

Zum anderen beeinflusst das Klima indirekt den Wasserhaushalt: Die stärkeren Niederschläge in den vegetationsfreien Jahreszeiten fließen infolge von Verdichtungen und Verschlämmungen verstärkt als Oberflächenwasser ab, da sie nicht mehr vollständig in den Boden eindringen (herabgesetzte Infiltration). Dies führt zu einem erhöhten Bodenabtrag. Das erodierte Bodenmaterial ist unwiederbringlich verloren. Der Effekt ist besonders negativ zu bewerten, da es die nährstoffreichen Oberböden betrifft. Darüber hinaus werden klimabedingte Vegetationsänderungen und deren Rückkopplungen den Bodenwasserhaushalt beeinflussen (Seneviratne et al. 2010; Varallyay 2010); zum Beispiel führte eine verminderte Vegetationsbedeckung

auf Lößböden zu erhöhtem Bodenverlust infolge von Wassererosion.

Zunehmendes Sickerwasser im Winter wäscht Nähr- und Düngerstoffe stärker aus, vor allem Nitrat und Phosphat. Im nordostdeutschen Tiefland kann der Klimawandel dazu führen, dass der Wasserüberschuss im Winter die zunehmenden Sommerwasserdefizite nicht ausgleichen kann. Das bedingt, dass zur Gewinnung von Trinkwasser neue Grundwasserreserven erschlossen werden müssen. In den Gewinnungsgebieten ist dies immer mit einem weiteren Absinken der ohnehin begrenzten Grundwasservorräte verbunden. Weiter verstärkt sich die Winderosion, wenn die Oberböden der sandigen Böden stärker austrocknen.

Die Folgen eines geänderten Bodenwasserhaushalts sind klar: Mehr Wasser und gleichzeitig höhere Temperaturen im Herbst und Frühjahr führen in einigen Regionen Deutschlands dazu, dass organische Substanz verstärkt abgebaut wird und dadurch mehr CO_2 in die Atmosphäre gelangt. In anderen Gebieten drosselt ein Wasserüberangebot in Böden den Abbau organischen Materials.

Böden steuern die Wasser-, Energie- und Nährstoffhaushalte in unseren Landschaften. Jedoch fehlt bislang eine quantitative Abschätzung der möglichen Folgen des Klimawandels. Es stellt eine große Herausforderung dar, besonders betroffene Gebiete zu identifizieren, die Empfindlichkeit der natürlichen Bodenfunktionen zu bewerten, die zeitlichen Änderungen der Bodenparameter zu berücksichtigen (◘ Tab. 20.1) und einen geeigneten vorsorgenden Bodenschutz unter Berücksichtigung des Klimawandels zu entwickeln und umzusetzen.

20.2.3 Böden und ihre unverzichtbaren Klimafunktionen

Es ist keine einseitige Angelegenheit: Wie das Klima die Böden verändert, so wirken die Böden auch auf das Klima. Die Wechselwirkungen sind jedoch komplex und bisher nur unzureichend untersucht (Varallyay 2010).

■ **Senke und Quelle für klimarelevante Spurengase**
Böden speichern erhebliche Mengen an organischem Material und fungieren damit als Senken für Kohlenstoff und Stickstoff. Bodennutzung und -bewirtschaftung beeinflussen die Freisetzung und Bindung von CO_2. Nimmt der Humusgehalt im Boden zu, leistet der Boden als Kohlenstoffsenke einen Beitrag zur Minderung des Treibhausgases CO_2 in der Atmosphäre und wirkt damit der Erwärmung entgegen. Böden sind damit ein wesentliches Kompartiment zur Verbesserung der Strategien zum weltweiten Klimaschutz.

◻ **Tab. 20.1** Zeitliche Dimensionen der Änderungen von Bodenparametern durch den Klimawandel in Deutschland

Zeitskala (Jahre)	Wichtige Bodenparameter zur Bewertung klimabezogener Veränderungen
<0,1	Temperatur, Wassergehalt, Lagerungsdichte, Gesamtporosität, Infiltration, Durchlässigkeit, Zusammensetzung der Bodenluft, Nitratgehalt etc.
0,1–1	Gesamtwasserkapazität, nutzbare Feldkapazität, Wasserleitfähigkeit, Nährstoffstatus, chemische Zusammensetzung der Bodenlösung
1–10	Intensität der Wasserbindung am Welkepunkt, Bodensäure, Austausch und Bindung von Nähr- und Schadstoffen, Bildung von Biofilmen
10–100	Spezifische Oberflächen, Zusammensetzung von im Boden gebildeten Tonmineralen, Gehalt an organischer Substanz
100–1000	Primäre Mineralzusammensetzung, chemische Zusammensetzung der Mineralkomponenten
>1000	Textur, Körnungsverteilung, Dichte/Struktur des Ausgangsmaterials

Durch sauerstofffreien (anaeroben) Kohlenstoffumsatz in den Böden der Feuchtgebiete und in Deponien gelangen Spurengase in die Atmosphäre, besonders Kohlendioxid (CO_2), Methan (CH_4) und Distickstoffmonoxid (N_2O) – die Böden fungieren hier also als Quelle für Treibhausgase (Pfeiffer 1998; Vanselow-Algan et al. 2015). Die Moore, die grundwasserbeeinflussten Flussmarschen und Auen sowie die nassen Gleye haben große Speicher-, aber auch Freisetzungspotenziale und können bei angepasster Nutzung die Treibhausgasbilanzen verbessern (▶ Kap. 17).

In den Bodenbereichen mit Sauerstoff kann Methan, das aus der bodennahen Atmosphäre oder aus anaeroben Bodentiefen stammt, wieder oxidiert und damit reduziert werden. Böden fungieren somit auch als natürliche Methansenken. Diese Bodenfunktion nutzt man beispielsweise bei der biologischen Methanoxidation in Bodenabdeckungen auf Deponien (Gebert et al. 2011).

Der Klimawandel wird sich auch auf unsere Waldökosysteme und deren Klimafunktion auswirken; sowohl die Artenzusammensetzung der Wälder als auch die Kohlenstoffspeicherungsfunktion sind betroffen. Es ist anzunehmen, dass die Senkenfunktion der Waldböden im Kohlenstoffhaushalt bedingt durch klimatische Veränderungen zurückgeht (▶ Kap. 19), falls nicht aktiv gegengesteuert wird (▶ Kap. 34).

Eine umfassende Abschätzung der Quellen- und Senkenfunktion von Feuchtböden in Deutschland gibt es derzeit nicht. Ebenso fehlt eine standortspezifische Bilanzierung der Menge, Qualität und Umsetzbarkeit von Kohlenstoff in Böden unterschiedlicher Regionen (Hüttl et al. 2012). Diese Informationen sind aber notwendig, um eine nachhaltige Flächennutzung und ein angepasstes Flächenrecycling zu ermöglichen.

Auch zu Agrarböden mangelt es noch an Wissen (▶ Kap. 18). Um Ertrag und Qualität der Nahrung zu sichern, muss den Böden Stickstoff zugeführt werden, was aber mit der Bildung und Freisetzung von Lachgas, einem Spurengas mit höherer Klimawirksamkeit, verbunden ist. Aber wie sieht die N_2O-Bilanz aus? Mit welcher Art von Bewirtschaftung lassen sich N_2O-Emissionen verringern? Hier besteht Forschungsbedarf (Fuss et al. 2011; Küstermann et al. 2013).

▪ **Kühlfunktion des Bodens**

Da unsere Böden Wasser- und Energieflüsse regulieren, sorgen sie auch für Abkühlung. Sowohl der Boden als auch die Pflanzen verdunsten Wasser. Damit beeinflusst der Boden den Wärmehaushalt der bodennahen Atmosphäre und das lokale Klima. Die Verdunstung verbraucht Energie und verringert somit die Umwandlung der eingestrahlten Energie in Wärme. Modellhafte Berechnungen verdeutlichen den Einfluss der Wechselwirkungen von Boden und Atmosphäre auf die Lufttemperatur (Jaeger und Seneviratne 2011). Das Netzwerk *Terrestrial Environmental Observatories* (TERENO) untersucht, wie sich der Klimawandel und die Landnutzung in Deutschland auf die Wechselwirkungen von Boden und Vegetation und die untere Atmosphäre auswirken (Zacharias et al. 2011). Belastbare Befunde aus diesen Analysen, die in ein praxisrelevantes Handlungskonzept einfließen können, liegen noch nicht vor.

Besonders in der Stadt ist diese Kühlfunktion der Böden wichtig, die beispielhaft in dem Projekt HUSCO für Hamburg untersucht wird (Wiesner et al. 2014). Jedoch beeinträchtigt die Versiegelung in den Städten die natürlichen Klimafunktionen des Bodens, denn dadurch dringt weniger Wasser in den Boden ein, und es fließt mehr über die Oberfläche ab. Das verhindert den Austausch zwischen Boden und Atmosphäre (Wessolek et al. 2011; Jansson et al. 2007). Versiegelte Böden und auch stark verdichtete Oberböden können ihre Kühlungsfunktion in der Stadt nicht mehr ausüben. Umso wichtiger ist der nachgewiesene Kühlungseffekt städtischer Grünanlagen und Parks durch Verdunstung (Lee et al. 2009; ▶ Kap. 21).

Weniger berücksichtigt ist bisher, dass die Kühlfunktion der Böden generell vom Wasserhaushalt des Bodens, der Wasserverfügbarkeit und Nachlieferung des Wassers gesteuert wird, wie das auch Modellberechnungen bestätigen (Goldbach und Kuttler 2012). Die Differenz zwischen Erdoberfläche und Grundwasserspiegel, der Flurabstand, von zwei bis fünf Metern ist nach Modellberechnungen besonders bedeutend für diese Kühlungsleistung (Maxwell und Kollet 2008).

Stadtböden weisen verschiedene Flurabstände auf und sind sehr unterschiedlich zusammengesetzt, da sie einerseits aus technogenen, andererseits aus natürlichen Substraten bestehen. Messungen der Klimafunktion von Stadtböden an ausgewählten Standorten in Hamburg zeigen: Die tägliche Erwärmung der Luft ist zu 11 bis 17 % auf unterschiedliche Wassergehalte des Oberbodens zurückzuführen (Wiesner et al. 2014).

Wie Stadtböden nun aber die Ausbildung des kleinräumigen Klimas in der Stadt beeinflussen, lässt sich aufgrund ihrer unterschiedlichen Beschaffenheit nicht anhand von einfachen bodenphysikalischen Grundgrößen ermitteln. Die Kühlfunktion des Bodens in der Stadt wird beeinflusst durch Boden- und Flächennutzung (etwa Parks und Grünanlagen im Verhältnis zu bebauten Flächen), Versiegelungsart und -grad, Niederschlagsmenge und -verteilung sowie das Bodenwasserspeichervermögen, den Flurabstand und die Wassernachlieferung in den oberflächennahen Wurzelraum und zur Verdunstungsoberfläche. Es besteht Forschungsbedarf, um die Klimaänderung durch Böden in der Stadt zu charakterisieren (Eschenbach und Pfeiffer 2011). Dies würde auch differenzierte Aussagen zur Klimafunktion von Böden bei unterschiedlicher Nutzung und die Entwicklung von Anpassungsstrategien an den Klimawandel ermöglichen.

- **Standort für erneuerbare Energie**

Unsere Böden sind ein wichtiger Faktor bei der Produktion erneuerbarer Energien: Sie dienen Windrädern als Standort, Biogaspflanzen und weiteren nachwachsenden Energierohstoffen wie etwa Holz als Produktionsfläche. Dadurch können die Verbrennung fossiler Energieträger und die Emission von Treibhausgasen aus der Landwirtschaft verringert werden. Allerdings ist diese Klimaschutzfunktion der Böden kritisch abzuwägen: Neben dem bereits erwähnten hohen Flächenbedarf und der damit verbundenen Flächenkonkurrenz für die Nahrungsmittelproduktion sind direkte Folgen für die Böden zu erwarten. Die Ernte von großen Massen an frischem, schwerem Pflanzenmaterial für die Biogasreaktoren und Heizwerke erfordert den Einsatz sehr schwerer Ernte- und Transportmaschinen. Dadurch wird der Boden bis weit unter die Pflugtiefe verdichtet. Durch die projizierten höheren Niederschläge im Herbst und Frühjahr wird dieser Prozess verstärkt. Das stört nachhaltig viele Bodenfunktionen, etwa die Lebensraumfunktion und die Wasserinfiltration und -speicherkapazität, weil die wasser- und luftführenden groben und mittleren Poren verringert werden.

Wenn schnellwüchsige Energiepflanzen angebaut, diese energetisch genutzt und Gärreste aus Biogasanlagen wieder auf die Felder gebracht werden, hinterlässt das langfristig Spuren im Nährstoff- und Kohlenstoffkreislauf sowie in der Gefügestabilität der Böden. Dies kann wiederum die Bodenverdichtung verstärken und damit die Ertragsfähigkeit verringern. Trotz der bereits laufenden Forschungsprojekte des Bundeswissenschaftsministeriums bedarf es dringend weiterer Bewertungen zu Auswirkungen der Produktion von Energiepflanzen auf die physikalischen, chemischen und biologischen Eigenschaften sowie die Humusbilanz von Böden in den verschiedenen Regionen Deutschlands, insbesondere unter den sich ändernden Klimabedingungen.

20.3 Klima- und Bodenschutz zum Erhalt der Ressource Boden

Der Klimawandel wird künftig verstärkt die Formen der Landnutzung und Bewirtschaftung verändern. Neben den zunächst positiv erscheinenden Effekten, wie z. B. der Erhöhung der mikrobiellen Aktivität oder neben der Veränderung der Qualität der organischen Substanz, wird der Klimawandel in den Böden Deutschlands langfristig vorwiegend negative Effekte hinterlassen, wenngleich regional unterschiedlich stark (BMU 2013). Das Spektrum der Bodengefährdung reicht von wenig auffälligen Funktionseinschränkungen bis hin zum vollständigen Verlust an nutzbarer Bodenoberfläche (WBGU 1994; Bodenatlas 2015). Viele der möglichen Auswirkungen hängen vom Bodentyp, von den einzelnen Standortfaktoren sowie der aktuellen Landnutzung bzw. den geplanten Landnutzungsänderungen ab (◘ Abb. 20.4). In welcher Zeit sich Bodenkenngrößen verändern, ist unterschiedlich – von wenigen Tagen bis Jahrtausenden (◘ Tab. 20.1).

In Deutschland sind besonders die Oberböden gefährdet. Durch Wind- und Wassererosion kann sich klimabedingt der Abtrag der wertvollen Ackerkrume verstärken und die in Jahrtausenden bis Jahrmillionen entstandenen fruchtbaren Oberböden vernichten. Außerdem lässt sich derzeit nicht annähernd einschätzen, wie sich genetisch veränderte Gärreste aus Biogasreaktoren, die wegen der hohen Nährstoffgehalte als „Dünger" wieder auf landwirtschaftliche Flächen ausgebracht werden, auf die Mikroorganismengemeinschaften und die Biodiversität im Boden auswirken. Ebenso setzen Schadstoffe den belebten Oberböden zu. Gesunde Böden beherbergen eine Vielfalt an Bodenorganismen. Geht diese verloren, sinken Bodenqualität und -fruchtbarkeit. Dies kann durch klimabedingte Änderungen der Temperatur und Niederschläge verstärkt werden.

Die deutsche Anpassungsstrategie der Bundesregierung an den Klimawandel (Bundesregierung 2008) berücksichtigt besonders den Boden als eigenständiges Ökosystem und stellt die hohe Gefährdung der Böden und Maßnahmen zur Vorsorge dar. Im Mittelpunkt stehen Agrarböden und die Prognose großräumiger, langjähriger Bodenverluste. Die Ergebnisse von Szenarien zur Bodenerosion zeigen, welche Unsicherheiten heute noch bei den Klimafolgenbewertungen bestehen: Während sich von 2011 bis 2040 die Erosionsgefahr großflächig zunächst kaum verändert, steigt zwischen 2041 und 2070 die Erosionsgefahr im Westen und Nordwesten Deutschlands, und bis 2100 verstärkt sich der Bodenverlust auch in anderen Regionen (Jacob et al. 2008). Dagegen zeigen andere Modellrechnungen, dass zunächst die Niederschlagsmengen pro Tag als Starkregen in den ost- und süddeutschen Bundesländern zwischen 2041 und 2070 sinken und dann bis zum Jahr 2100 auch diese Landesteile einer höheren Erosionsgefahr ausgesetzt sind (Spekat et al. 2007). Als Ursache wird hierbei insbesondere die fehlende schützende Pflanzenbedeckung der Böden in den Winter- und Frühjahrsmonaten genannt. Die aktuellen regionalen Modelle zur Bodenerosion müssen weiterentwickelt werden, um die räumliche und zeitliche Auflösung zu verbessern. Zudem müssten die Niederschlagsereignisse intensiver beobachtet werden, was eine Verdichtung des Messnetzes erfordert. Mit anderen Worten: Wir stehen erst am Anfang bei der Erstellung belastbarer Prognosen als Grundlage für künftige Bodenschutzmaßnahmen. Das Hauptproblem besteht in der Abschätzung von Starkregenereignissen und Stürmen, die die Erosion von Boden auslösen. Dies erfordert eine enge Zusammenarbeit zwischen Forschenden aus den Bereichen Klima, Meteorologie und Bodenwissenschaften.

In Gebieten mit hoher Erosionsgefahr werden bereits abgeleitete Handlungsstrategien angewendet. Sie stützen sich zum einen auf die konservierende Bodenbearbeitung, die die Gefügestabilität unserer Böden fördert. Zum anderen zielen sie darauf ab, die schützende Vegetationsbedeckung möglichst ganzjährig aufrechtzuerhalten. Dies wird jedoch bei abnehmenden sommerlichen Niederschlägen und auf Böden mit geringer Wasserspeicherkapazität zunehmend schwieriger. Auch hier müssen die Modelle verbessert werden, da sie die Gefügestabilität des Bodens bisher nur unzureichend abbilden.

Neben den Veränderungen von Niederschlägen und Temperatur beeinflusst auch die aktuelle Erhöhung der CO_2-Konzentrationen die Landökosysteme, denn der Energie- und Stoffeintrag in die Böden erfolgt vor allem über die Vegetation. Wie wirken sich also höhere CO_2-Konzentrationen auf Pflanzen, auf mikrobiologische Prozesse im Boden und schließlich auf die Qualität der organischen Bodensubstanz aus? Höhere CO_2-Konzentrationen verstärken bei den sogenannten C_3-Pflanzen wie Getreide und Hackfrüchten die Fotosynthese und verbessern das Wachstum. Dafür verbrauchen die Pflanzen unter diesen Bedingungen aber weniger Wasser, sodass der Boden weniger austrocknet. Ebenso sinkt der Proteingehalt der C_3-Pflanzen (Stafford 2007). Der mikrobielle Abbau dieser Pflanzenreste könnte die Humusqualität und Gefügestabilität unserer Böden verändern. Systematische Untersuchungen dazu gibt es bisher jedoch nicht, da bei Agrarpflanzen meistens nur der Stickstoffgehalt gemessen wird. Es bedarf einer Analyse der Bestandsabfälle, die dem Boden zugeführt werden. Dabei genügt es nicht, Gesamtgehalte von Nährstoffen zu bestimmen, sondern auch die wichtigsten organischen Stoffgruppen und deren Veränderung sind zu betrachten.

Die oben genannten Bodenveränderungen, insbesondere der Gefügestabilität und der Wasserspeicherfähigkeit, sollten bei künftigen Abschätzungen der Erosion in den Modellen berücksichtigt werden. Künftige Prognosen zur Bodenerosion könnten realistischer ausfallen, wenn die bestimmenden Erosionsfaktoren wie die Krafteinwirkung durch Niederschläge auf die Bodenoberfläche und des damit einhergehenden Verlusts an wertvollem Oberboden in den Modellen berücksichtigt würden.

Eine weitere Gefahr für Böden ist die Versiegelung. Bebaute und versiegelte Böden können ihre Funktionen im Erd- und Klimasystem nicht mehr erfüllen. Aktuell liegt der sogenannte Flächenverbrauch für ganz Deutschland im vierjährigen Mittel bei etwa 104 ha pro Tag. Der weitere Verbrauch von Böden sollte verringert werden. Deshalb hat die Bundesregierung das 30-Hektar-pro-Tag-Ziel bis zum Jahr 2020 formuliert (LABO 2020). Das heißt: Bis 2020 dürften pro Tag nicht mehr als 30 ha Fläche dem Bau von Siedlungen und Verkehrswegen zum Opfer fallen (KBU 2009).

Auf der einen Seite wird die zunehmende sommerliche Trockenheit in bestimmten Regionen die natürlichen Wasservorräte weiter verringern (► Kap. 11) und die Neubildung von Grundwasser reduzieren, wie dies z. B. für die mitteldeutschen Trockengebiete gezeigt wurde (Naden und Watts 2001). Aktuelle Projektionen zeigen, dass in Europa bei einer Erwärmung von 3 Grad im Vergleich zu dem 1,5 -Grad-Ziel die von Bodendürre betroffene Fläche um 40 % zunehmen kann (Samaniego et al. 2018).

Der entwickelte deutsche Dürremonitor (UFZ Dürremonitor 2021) bietet die Möglichkeit, auf Basis berechneter Abweichungen von langjährigen

Beobachtungsdaten das Vorkommen von hydrologischen Dürren abzubilden und als modellierte prozentuale Veränderung der nutzbaren Feldkapazität auszuweisen (Zink et al. 2016).

Außerdem werden sich unsere wertvollsten Böden in Deutschland mit höchster natürlicher Ertragsfähigkeit, die Schwarzerden aus Löß, weiter verschlechtern durch Versiegelung und Flächenentzug, klimaverstärkte Erosion, Bodenverdichtung und Schadstoffeinträge infolge von unsachgerechten Bodenmanagement (Altermann et al. 2005). Auf der anderen Seite ist in den Niederungsgebieten Deutschlands mit verstärkten Überflutungen (Morris et al. 2002) und zunehmender Bodenvernässung zu rechnen, wodurch viele ackerfähige Böden verlorengehen könnten.

Wie sich Klimaänderungen auf die Böden auswirken können, wurde vielfach qualitativ beschrieben. Ihre Quantifizierung ist jedoch noch unzureichend. Dies hat seine Ursache in der Vielfalt der Böden und der in ihnen ablaufenden Prozesse. Erschwert wird die Quantifizierung dadurch, dass die Wirkungen des Klimawandels durch mögliche Rückkopplungseffekte in den Böden zeitlich verzögert auftreten. Erschwerend kommt hinzu, dass sich bisher nur direkte Einflüsse auf Böden beobachten und modellieren lassen, nicht aber die langfristigen Effekte (Emmett et al. 2004). Zusätzlich sind die bisherigen Modellergebnisse mit großen Unsicherheiten behaftet, was sowohl an Unsicherheiten der Klimaprojektionen und ihrer Regionalisierungen als auch an Unsicherheiten und Mängeln bei der Parametrisierung von Bodengrößen liegt (Asseng et al. 2013).

20.4   Strategien und Herausforderungen

In Deutschland trägt die Gesellschaft Verantwortung für den nachhaltigen Umgang mit den natürlichen Ressourcen Boden, Wasser und Luft (Deutsche IPCC-Koordinierungsstelle 2019). Der Klimawandel wirkt sich in vielfältiger Weise auf die Böden aus (Bundesministerium für Ernährung und Landwirtschaft, BMEL 2020). Bislang liegen nur wenige mehrjährige Beobachtungen und Messdaten vor, um einerseits die durch den Klimawandel bewirkten Veränderungen zu quantifizieren und andererseits Wirkmodelle anhand der Messreihen zu kalibrieren oder zu validieren (Umweltbundesamt, UBA 2011). Um geeignete Handlungsempfehlungen ableiten zu können, bedarf es daher verstärkter Anstrengungen auf diesen Gebieten. Zunehmend müssen neben den globalen Auswirkungen des Klimawandels verstärkt nationale, regionale und lokale Analysen durchgeführt werden (*Intergovernmental Panel on Climate Change*, IPCC 2019). Bereits im Pariser Klimaabkommen von 2015 wurde die 4-Promille-Initiative vorgeschlagen, wobei in Böden der Kohlenstoffgehalt um 0.4 % jährlich durch geeignete Maßnahmen gesteigert werden soll. Dadurch könnten die weltweiten Emissionen an CO_2 neutralisiert werden. Amelung et al. (2020) nahmen diesen Vorschlag als Grundlage, um eine weltweite Boden-Klima-Mitigationsstrategie vorzuschlagen.

Wir brauchen Strategien, die unter sich wandelnden Klimabedingungen den Struktur- und Funktionsverlust der Böden ebenso verhindern wie den Flächenverbrauch und dadurch den Rückgang der Biodiversität sowie die Vernichtung der Bodenvielfalt verringern (Umweltbundesamt, UBA 2014).

Geeignete Werkzeuge zur Bewertung von Böden, besonders hinsichtlich ihrer Leistungen für Umwelt, Natur und Gesellschaft, sowie der Auswirkungen von Klimaänderungen auf das Ökosystem Boden müssen weiterentwickelt werden, damit ihre Anwendbarkeit erweitert wird und nicht auf einige ökologische Funktionen unserer Böden begrenzt bleibt (Fromm 1997; Robinson et al. 2009). Zukünftig müssen Methoden entwickelt werden, mit denen sich klimabedingte Bodenveränderungen, Langzeitschäden sowie die Reduzierung von Ökosystemdienstleistungen von Böden auch ökonomisch abschätzen lassen (Gambarelli 2013; Hedlund und Harris 2012; Whitten und Coggan 2013). Nur so wird es möglich sein, aufgrund von Kosten-Nutzen-Analysen adäquate Maßnahmen zu entwickeln, um klimabedingten Leistungs- und Funktionsminderungen unserer Böden entgegenzuwirken.

20.5   Kurz gesagt

Die Risiken für die Böden in Deutschland infolge des Klimawandels lassen sich zwar qualitativ anhand der ersten vorliegenden Abschätzungen und Modellierungen ableiten, jedoch nur schwer quantitativ fassen. Ebenso erlauben die wenigen Feldmessungen zur Änderung der Bodenfeuchte und Temperatur nur begrenzt Aussagen darüber, wie hoch diese Risiken tatsächlich sind. Durch den Klimawandel am meisten gefährdet ist die Produktionsfunktion von Böden, insbesondere durch regional unterschiedlich zunehmende Vernässung oder Austrocknung, durch verstärkte Bodenerosion und damit durch den Verlust des nährstoffreichen Oberbodens und des verfügbaren Wassers. Der vermehrte Abbau der organischen Substanz sowie abnehmende Nährstoffreserven kommen noch hinzu. Hinsichtlich der natürlichen Standortfunktionen muss mit abnehmender Biodiversität und Bodenvielfalt gerechnet werden. Die geänderten Klimafunktionen von Böden bringen das Senken-Quellen-Verhältnis aus dem Lot: Der Boden speichert weniger Kohlenstoff und setzt bei Verringerung der belüfteten Ober-

20

böden mehr klimarelevante Spurengase frei. Insgesamt zeichnen sich negative Folgen des Klimawandels ab, die langfristig mit dem Verlust lebenswichtiger „Dienstleistungen" unserer Böden einhergehen.

Literatur

Altermann M, Rinklebe J, Merbach I, Körschens M, Langer U, Hofmann B (2005) Chernozem – soil of the Year 2005. J Plant Nutr Soil Sci 168:725–740

Amelung W, Bossio D, de Vries W et al (2020) Towards a global-scale soil climate mitigation strategy. Nat Commun 11(5427). ▶ https://doi.org/10.1038/s41467-020-18887-7

Asseng S, Ewert F, Rosenzweig C et al (2013) Uncertainty in simulating wheat yields under climate change. Nat Clim Chang 3:827–832

Blume HP, Müller-Thomsen U (2008) A field experiment on the influence of the postulated global climatic change on coastal marshland soils. J Plant Nutr Soil Sci 170:145–156

BMU (2013) Dritter Bodenschutzbericht der Bundesregierung. Beschluss des Bundeskabinetts vom 12. Juni 2013. Bundesministerium für Umwelt, Naturschutz und Reaktorsicherheit (Hrsg)

Bodenatlas (2015) Heinrich Böll Stiftung, IASS Potsdam, BUND, LE MONDE diplomatique

Bräunig A, Klöcking B (2008) Klimawandel und Bodenwasserhaushalt – Einsatz eines Simulationsmodells zur Abschätzung der Klimafolgen auf den Wasserhaushalt von Böden Sachsens. ▶ http://www.umwelt.sachsen.de/umwelt/download/Arnd_Braeunig01.pdf. Zugegriffen: 1. Aug. 2008

Brinkmann R, Sombroek WG (1996) The effects of global change on soil conditions in relation to plant growth and food production. In: Bazzaz F, Sombroek WG (Hrsg) Global climate change and agricultural production. Direct and indirect effects of changing hydrological, pedological and plant physiological processes. Food and Agriculture Organization of the United Nations and Wiley, Chichester, New York, Brisbane, Toronto, Singapore

Bundesministerium für Ernährung und Landwirtschaft, BMEL (2020) Diskussionspapier Ackerbaustrategie 2035

Bundesregierung (2008) Deutsche Anpassungsstrategie an den Klimawandel. Deutsche Bundesregierung, Berlin. ▶ http://www.bmub.bund.de/fileadmin/bmuimport/files/pdfs/allgemein/application/pdf/das_gesamt_bf.pdf. Zugegriffen: 3. Okt. 2015

Deutsche IPCC-Koordinierungsstelle (2019) Hauptaussagen des IPCC-Sonderberichts Klimawandel und Landsysteme

Emmett BA, Beier C, Estiarte M, Tietema A, Kristensen HL, Williams D, Penuelas J, Schmidt I, Sowerby A (2004) The response of soil processes to climate change: results from manipulation studies of shrublands across an environmental gradient. Ecosystems 7:625–637

Engel N, Müller U (2009) Auswirkungen des Klimawandels auf Böden Niedersachsen. Landesamt für Bergbau, Energie und Geologie, LBEG, Hannover

Eschenbach A, Gröngröft A (2020) Bodenschutz und Klimawandel. Bodenschutz 3:103–109. ▶ https://doi.org/doi.org/10.37307/j.1868-7741.2020.03.07

Eschenbach A, Pfeiffer E-M (2011) Bodenschutz und Klimafolgen. Expertise für die Stadt Hamburg. Unveröffentlichtes Gutachten der BSU Hamburg

Fromm O (1997) Möglichkeiten und Grenzen einer ökonomischen Bewertung des Ökosystems Boden. Lang, Frankfurt a. M.

Fuss R, Ruth B, Schilling R, Scherb H, Munch JC (2011) Pulse emissions of N₂O and CO₂ from an arable field depending on fertilization and tillage practice. Agric Ecosys Environ 144:61–68

Gambarelli G (2013) A framework for the economic evaluation of soil functions. Background paper to the Swiss Soil Strategy

Gebert J, Rachor I, Gröngröft A, Pfeiffer E-M (2011) Temporal variability of soil gas composition in landfill covers. Waste Manage 31:935–945

Godfray J, Beddington R, Crute I, Haddad L, Lawrence D, Muir J, Pretty J, Robinson S, Thomas S, Toulmin C (2010) Food security: the challenge of feeding 9 billion people. Science 327:812–818. ▶ https://doi.org/10.1126/science.1185383

Goldbach A, Kuttler W (2012) Quantification of turbulent heat fluxes for adaptation strategies within urban planning. Int J Climate 33:143–159

Groh J, Vanderborght J, Pütz T, Vogel H-J, Gründling R, Rupp H, Rahmati M, Sommer M, Vereecken H, Gerke HH (2020) Responses of soil water storage and crop water use efficiency to changing climatic conditions: a lysimeter-based space-for-time approach Hydrol. Earth Syst Sci 24(3):1211–1225

Hedlund K, Harris J (2012) Delivery of soil ecosystem services: from Gaia to Genes. In: Wall DH, Bardgett RD, Behan-Pelletier V, Herrick JE, Jones H, Ritz K, Six J, Strong DR, van der Putten WH (Hrsg) Soil Ecology and Ecosystem Services. Oxford University Press, UK

Hüttl RF, Russel DJ, Sticht C, Schrader S, Weigel H-J, Bens O, Lorenz K, Schneider B, Schneider BU (2012) Auswirkungen auf Bodenökosysteme. In: Mosbrugger V, Brasseur G, Schaller M, Stribrny B (Hrsg) Klimawandel und Biodiversität: Folgen für Deutschland. Wissenschaftliche Buchgesellschaft, Darmstadt, S 128–163

Intergovernmental Panel on Climate Change, IPCC (2019) Climate Change and Land: an IPCC special report on climate change, desertification, land degradation, sustainable land management, food security, and greenhouse gas fluxes in terrestrial ecosystems

Jacob D, Göttel H, Kotlarski S, Lorenz P, Sieck K (2008) Klimaauswirkungen und Anpassung in Deutschland – Phase 1: Erstellung regionaler Klimaszenarien für Deutschland. Clim Chang, Bd 11. Umweltbundesamt, Dessau-Roßlau

Jaeger EB, Seneviratne SI (2011) Impact of soil moisture-atmosphere coupling on European climate extremes and trends in a regional climate model. Clim Dyn 36(9–10):1919–1939

Jansson C, Jansson PE, Gustafsson D (2007) Near surface climate in an urban vegetated park and its surroundings. Theor Appl Climatol 89:185–193

Jensen K, Härdtle W, Pfeiffer E-M, Meyer-Grünefeldt M, Reisdorff C, Schmidt K, Schmidt S, Schrautzer J, von Oheimb G (2011) Klimabedingte Änderungen in terrestrischen und semiterrestrischen Ökosystemen. In: Von Storch H, Claussen M: Klimabericht der Metropolregion Hamburg. Springer, Berlin, S 189–236

KA 5. Bodenkundliche Kartieranleitung (2005) Ad-hoc-AG Boden, BGR Hannover

Kamp T, Choudhury K, Ruser R, Hera U, Rötzer T (2007) Auswirkungen von Klimaänderungen auf Böden – Beeinträchtigungen der Bodenfunktionen. ▶ http://www.umweltbundesamt.de/boden-undaltlasten/veranstaltungen/ws080122/index.htm

KBU – Kommission Bodenschutz bei Umweltbundesamt (2009) Flächenverbrauch einschränken – jetzt handeln – Empfehlungen der Kommission Bodenschutz bei Umweltbundesamt. Umweltbundesamt, Dessau-Roßlau

Kersebaum KC, Nendel C (2014) Site-specific impacts of climate change on wheat production across regions of Germany using different CO₂ response functions. Eur J Agronomy 52:22–32

Köhl M, Hildebrandt R, Olschofsky K, Köhler R, Rötzer T, Mette T, Pretzsch H, Köthke M, Dieter M, Abiy M, Makeschin F, Kenter B (2010) Combating the effects of climatic change on forests by mitigation strategies. Carbon Balance Manage 5(8). ▶ https://doi.org/10.1186/1750-0680-5-8

Küstermann B, Munch JC, Hülsbergen K-J (2013) Effects of soil tillage and fertilization on resource efficiency and greenhouse gas emissions in a long-term field experiment in Southern Germany. Eur J Agron 49:61–73

LABO (2020) Landesarbeitsgemeinschaft Boden. LABO-Statusbericht 2020. ▶ https://www.labo-deutschland.de/documents/LABO_Statusbericht_2020_Flaechenverbrauch.pdf

Lal R, Kimble J, Follett R, Stewart BA (Hrsg) (1998) Soil processes and c cycles. Advances in Soil Science, CRC Press, Boca Raton, FL

Lee S-H, Lee K-S, Jin W-C, Song H-K (2009) Effect of an urban park on air temperature differences in a central business district area. Landsc Ecol Eng 5(2):183–191

Maxwell RM, Kollet SJ (2008) Interdependence of groundwater dynamics and land energy feedbacks under climate change. Nat Geosci 1(10):665–669

Morris JT, Sundareshwar PV, Nietch CT, Kjerfve B, Cahoon DR (2002) Responses of coastal wetlands to rising sea level. Ecol 83:2869–2877

MUNLV NRW (2011) Klimawandel und Boden. Auswirkungen der globalen Erwärmung auf den Boden als Pflanzenstandort. Ministerium für Klimaschutz, Umwelt, Landwirtschaft, Natur- und Verbraucherschutz des Landes Nordrhein-Westfalen, Düsseldorf

Naden PS, Watts CD (2001) Estimating climate-induced change in soil moisture at the landscape scale: an application to five areas of ecological interest in the UK. Clim Chang 49(4):411–440

Pfeiffer E-M (1998) Methanfreisetzung aus hydromorphen Böden verschiedener naturnaher und genutzter Feuchtgebiete (Marsch, Moor, Tundra, Reisanbau). Hamburger Bodenkd Arbeiten 37:207

Robinson D, Lebron I, Vereecken H (2009) On the definition of natural capital of soils: a framework for description, evaluation, and monitoring. SSSAJ 73(6):1904–1911

Samaniego L, Thober S, Kumar R, Wanders N, Rakovec O, Pan M, Zink M, Sheffield J, Wood EF, Marx A (2018) Anthropogenic warming exacerbates European soil moisture droughts. Nature Clim Change 8:421–426. ▶ https://doi.org/10.1038/s41558-018-0138-5

Scharpenseel HW, Pfeiffer EM (1998) Impacts of possible climate change upon soils: some regional consequences. Adv Geo Ecol 31:193–208

Seneviratne SI, Corti T, Davin EL, Hirschi M, Jaeger EB, Lehner I, Orlowsky B, Teuling AJ (2010) Investigating soil moisture-climate interactions in a changing climate: a review. Earth-Sci Rev 99(3–4):125–161

Spekat A, Enke W, Kreienkamp F (2007) Neuentwicklung von regional hoch aufgelösten Wetterlagen für Deutschland und Bereitstellung regionaler Klimaszenarien auf der Basis von globalen Klimasimulationen mit dem Regionalisierungsmodell WETTREG auf der Basis von globalen Klimasimulationen mit ECHAM5/MPI-OM T63L31 2010 bis 2100 für die SRES-Szenarien B1, A1B und A2. Endbericht. Im Rahmen des Forschungs- und Entwicklungsvorhabens: „Klimaauswirkungen und Anpassungen in Deutschland – Phase I: Erstellung regionaler Klimaszenarien für Deutschland" des Umweltbundesamtes. Umweltbundsamt, Potsdam

Stafford N (2007) The other greenhouse effect. Nature 448:526–528

Theuerl S, Buscot F (2010) Laccases: toward disentangling their diversity and functions in relation to soil organic matter cycling. Biol Fertil Soils 46:215–225

Tilman D, Cassman KG, Matson PA, Naylor R, Polasky S (2002) Agricultural sustainability and intensive production practices. Nature 418:671–677

Trnka M, Kersebaum KC, Eitzinger J, Hayes M, Hlavinka P, Svoboda M, Dubrovsky M, Smeradova D, Wardlow B, Pokorny E, Mozny M, Wilhite D, Zalud Z (2013) Consequences of climate change for the soil climate in Central Europe and the central plains of the United States. Clim Chang 120:405–418

Umweltbundesamt (UBA) (2014) Erarbeitung fachlicher, rechtlicher und organisatorischer Grundlagen zur Anpassung an den Klimawandel aus Sicht des Bodenschutzes

Umweltbundesamt (UBA) (2011) Anwendung von Bodendaten in der Klimaforschung

UFZ-Dürremonitor (2021) ▶ https://www.ufz.de/index.php?de=37937

Vance CP, Uhde-Stone C, Allan DL (2003) Phosphorus acquisition and use: critical adaptations by plants for securing a nonrenewable resource. New Phytol 157:423–447

Vanselow-Algan M (2014) Impact of summer drought on greenhouse gas fluxes and nitrogen availability in a restored bog ecosystem with differing plant communities. Hamburger Bodenkundliche Arbeiten 73:103

Vanselow-Algan M, Schmidt SR, Greven M, Fiencke C, Kutzbach L, Pfeiffer E-M (2015) High methane emissions dominate annual greenhouse gas balances 30 years after bog rewetting. Biogeosci Discuss 12:2809–2842. ▶ https://doi.org/10.5194/bgd-12-2809-2015

Varallyay GY (2010) The impact of climate change on soils and their water management. Agron Res 8(Special Issue II):385–396

Venterink OH, Davidsson TE, Kiehl K, Leonardson L (2002) Impact of drying and re-wetting on N, P and K dynamics in a wetland soil. Plant Soil 243:119–130

WBGU – Wissenschaftlicher Beirat der Bundesregierung Globale Umweltveränderungen (1994) Welt im Wandel. Die Gefährdung der Böden Bd. 194. Economica, Bonn

Wessolek G, Nehls T, Kluge B et al (2011) Bodenüberformung und Versiegelung. In: Blume HP (Hrsg) Handbuch des Bodenschutzes, 4. Aufl. Wiley VCH, Weinheim, S 155–169

Whitten SM, Coggan A (2013) Market-based instruments and ecosystem services: opportunity and experience to date. In: Wratten S, Sandhu H, Cullen R, Costanza R (Hrsg) Ecosystem services in agricultural and urban landscapes. Wiley-Blackwell, Oxford, S 178–193

Wiesner S, Eschenbach A, Ament F (2014) Spatial variability of urban soil water dynamics – analysis of a monitoring network in Hamburg. Meteorol Z 23(2):143–157. ▶ https://doi.org/10.1127/0941-2948/2014/0571

Zacharias S, Bogena H, Samaniego L et al (2011) A network of terrestrial environmental observatories in Germany. Vadose Zone J 10(3):955–959

Zink M, Samaniego L, Kumar R, Thober S, Mai J et al (2016) The German drought monitor. Environ Res Lett 11:074002. ▶ https://doi.org/10.1088/1748-9326/11/7/074002

Städte im Klimawandel

Wilhelm Kuttler, Guido Halbig und Jürgen Oßenbrügge

Inhaltsverzeichnis

21.1   **Stadtklimatische Charakteristika – 276**

21.2   **Hitze und städtische Bevölkerung – 278**

21.3   **Hitze und Luftinhaltsstoffe – 278**

21.4   **Hitze und Starkniederschläge – 279**

21.5   **Handlungsempfehlungen zu Vorsorgemaßnahmen in Städten – 279**

21.6   **Modellierung des Stadtklimas – 282**

21.7   **Städtische Klimapolitik – 283**

21.8   **Kurz gesagt – 285**

Literatur – 285

© Der/die Autor(en) 2023
G. P. Brasseur et al. (Hrsg.), *Klimawandel in Deutschland,*
https://doi.org/10.1007/978-3-662-66696-8_21

21.1 Stadtklimatische Charakteristika

Das Stadtklima stellt die im Vergleich zum Umland auftretenden Veränderungen der strahlungsbedingten, thermischen, lufthygienischen und atmosphärisch-dynamischen Größen dar. Ursachen hierfür sind in der

- Versiegelung und Bebauungsdichte,
- dreidimensional gegliederten Baustruktur des urbanen Siedlungskörpers sowie
- Emission von Abwärme und Spurenstoffen

zu sehen. Die wesentlichen Veränderungen zum Umland werden in ◘ Tab. 21.1 zusammengefasst.

In Stadtgebieten reduziert sich generell nicht nur die Windgeschwindigkeit mit den Folgen eines verminderten Abtransports von Luftinhaltsstoffen und Wärme. Auch der städtischen Trockenheit wird durch schnelle und meist verdunstungsgeschützte Ableitung des Niederschlagswassers in das Kanalsystem Vorschub geleistet. Einen wesentlichen Einfluss auf die städtische Überwärmung – und nicht zuletzt auf die thermische Belastung der Stadtbewohner – hat die Veränderung der Strahlungs- und Wärmebilanz,

die in der nachfolgenden Box für trockene, windschwache Verhältnisse in stark vereinfachter Form dargestellt ist.

Strahlungs- und Wärmebilanz

$$K\downarrow - K\uparrow + L\downarrow - L\uparrow = Q^* = Q_H + Q_E + Q_{res.} + Q_F$$

$$\leftarrow \text{Strahlungsbilanz} \rightarrow \quad \leftarrow \text{Wärmebilanz} \rightarrow$$

mit:

$K\downarrow$ = kurzwellige solare Einstrahlung (Sonnenstrahlung), $K\uparrow$ = reflektierte kurzwellige Strahlung, $L\downarrow$ = langwellige Gegenstrahlung, $L\uparrow$ = langwellige Ausstrahlung, Q^* = Strahlungsbilanz, Q_H, Q_E = turbulenter fühlbarer bzw. turbulenter latenter Wärmestrom, $Q_{res.}$ = Speicherterm, Q_F = anthropogener Wärmestrom.

Da Stadtflächen meist trockener als ihr natürliches Umland sind, ist der Verdunstungswärmestrom (Q_E) stark reduziert, wodurch mehr Energie für die Luft-

◘ **Tab. 21.1** Struktur- und Klimaunterschiede zwischen versiegelten Stadt- und ebenen, naturbelassenen Umlandarealen (generalisierte Angaben für eine mitteleuropäische Stadt; hier nach Kuttler 2019; ergänzt und verändert)

Parameter	Veränderung im Vergleich zum Umland
Oberfläche	3d-Stadt gegenüber 2d-Umland; dadurch Vergrößerung der wahren urbanen Oberfläche; zudem starke horizontale und vertikale Versiegelung
Bausubstanz/Untergrund	Hohe Materialdichte, Wärmeleitfähigkeit und Wärmekapazität („Speicherfähigkeit"); durch Versiegelung: veränderter Wasserhaushalt (Abflusserhöhung, Verdunstungseinschränkung), geringere Abkühlung durch reduzierten latenten Wärmestrom Q_E; Verlust an natürlichen Kaltluftbildungsflächen
Strahlung	Beeinträchtigung aller Strahlungsbilanzglieder in Abhängigkeit vom jeweiligen Reflexionsgrad- und Emissionsgrad; Einfluss durch Geometrie der Straßenschluchten (Haushöhen/Straßenbreitenverhältnis) auf Strahlungstransport (auch den der UV-Strahlung); verstärkte langwellige Ausstrahlung $L\uparrow$ durch höhere Oberflächentemperaturen; verringerte $L\uparrow$-Werte durch enge Straßenschluchten
Wärmebilanz	Fühlbarer turbulenter Wärmestrom Q_H höher als latenter Wärmestrom Q_E, dadurch höhere Lufttemperatur; zusätzliche Emission an „anthropogener Wärme" Q_F durch menschlichen Stoffwechsel, Gewerbe, Klimaanlagen, Gebäudebeheizung, Industrie, Kraftfahrzeuge
Temperatur	Höhere Oberflächentemperatur tags und nachts sowie höhere Lufttemperatur mit Ausbildung entsprechender Wärmeinseln *(urban heat islands)* insbesondere nachts
Luftfeuchtigkeit	Niedrigere Luftfeuchtigkeit durch reduzierte Regenwasserversickerung sowie eingeschränkte Evapotranspiration; wetterlagenabhängig jedoch in Einzelfällen höher *(urban moisture excess)*; geringere Anzahl an Nebeltagen
Niederschlag	Fallweise Erhöhung der Regenmenge in Lee von Städten; Reduzierung von Schnee und Tau
Wind	Abnahme der Windgeschwindigkeit, dadurch reduzierter Luftaustausch; Zunahme der Böigkeit (Richtung und Geschwindigkeit) an oder in der Nähe von Gebäudekanten; Düseneffekte in Straßenschluchten
Luftinhaltsstoffe	Überwiegend höhere Konzentrationen (fest, flüssig, gasförmig) durch Emissionen von Kraftfahrzeuge, Gewerbe, Industrie, Hausbrand; Filter- und Aufnahmefunktion gas- und partikelförmiger Luftinhaltsstoffe durch Vegetation vorhanden; Emission biogener Kohlenwasserstoffe (BVOC) bestimmter Pflanzen als Ozonvorläufergase; starke Freisetzung von Treibhausgasen (H_2O_{Gas}, CO_2, CH_4 etc.)
Anthropogener Stressfaktor	Erhöht wegen stärkerer Wärme- und Lärmbelastung sowie schlechterer Luftqualität

21

erwärmung (Q_H), aber auch für die Wärmespeicherung (Q_{res}) zur Verfügung steht. Hinzu kann ein von der Stärke der technischen Abwärmeproduktion (z. B. Gebäudeklimatisierung, Kraftfahrzeugverkehr, etc.) abhängiger Betrag als anthropogener Wärmestrom (Q_F) die Wärmebilanz erhöhen (Kuttler 2013). Unterschiede im thermischen Verhalten von Stadt und Umland zeigt ● Abb. 21.1, die die Wärmeaufteilung, jeweils bezogen auf Q^* (ohne Q_F), für aufeinanderfolgende mittlere Tagesstunden ($Q^* > 0$ W/m²), enthält.

Der signifikante Unterschied zwischen Stadt und Umland wird eindrucksvoll durch die Entwicklung des stündlichen Verlaufs der entsprechenden Strahlungs- und Wärmewerte belegt. So ist derjenige der Innenstadt eher horizontal ausgeprägt und weist damit im Tagesverlauf auf seine wesentliche thermische Prägung durch den die Stadtatmosphäre hauptsächlich erwärmenden turbulenten fühlbaren Wärmestrom mit einem großen Q_H/Q^*-Verhältnis von > 0,7 hin. Das bedeutet, dass mehr als 70 % der durch Q^* zur Verfügung gestellten Energie über die fühlbare Wärme in die städtische Grenzschicht abgegeben wird. Hingegen ist der für die Verdunstung aufzuwendende Anteil im Tagesverlauf wegen des hohen Versiegelungsgrads urbaner Oberflächen mit $Q_E/Q^* < 0,3$ äußerst niedrig.

Beim Umlandstandort dominiert eher eine vertikal verlaufende konsekutive zeitliche Abfolge der Energieaufteilung. Der latente Wärmestrom Q_E erreicht hier – im Gegensatz zum Stadtstandort – eine große Spannweite ($\leq$115 % der Strahlungsbilanz; die Differenz zu 100 % entstammt dem Bodenspeicher Q_{res}). Auf die direkte Erwärmung der Atmosphäre durch Q_H entfallen hier nur maximal 20 %, sodass die rurale bodennahe Grenzschicht insgesamt kühler bleibt (● Abb. 21.1).

Diese Vergleichswerte dokumentieren das grundsätzliche thermische Dilemma von Städten: Stadtkörper erhitzen sich zwar langsamer, dafür jedoch stärker und bleiben wegen der großen Speicherkapazität ihrer Bausubstanz auch länger überwärmt im Vergleich zum natürlichen Umland.

Gemessene urbane und rurale Lufttemperaturen lassen sich auf zweierlei Weise auswerten: Einerseits als absolute Werte, deren Maxima tagsüber bei starker Sonneneinstrahlung erreicht werden und andererseits – mit Bezug auf das Umland – als Differenzwerte ($\Delta T = t_{Stadt} - t_{Umland}$). Letztere sind in der Fachliteratur als „städtische Wärmeinsel" *(urban heat island)* bekannt (z. B. Oke et al. 2017). Diese unterliegt in ihrer Intensität und ihrem geografischen Auftreten verschiedenen Einflussgrößen (Manoli et al. 2019; Wienert

● **Abb. 21.1** Tagesgang der mittleren stündlichen Energieaufteilung für einen Innenstadt- und Umlandstandort (Gewässernähe) in Essen (06/2012–05/2013). (Kuttler et al. 2015)

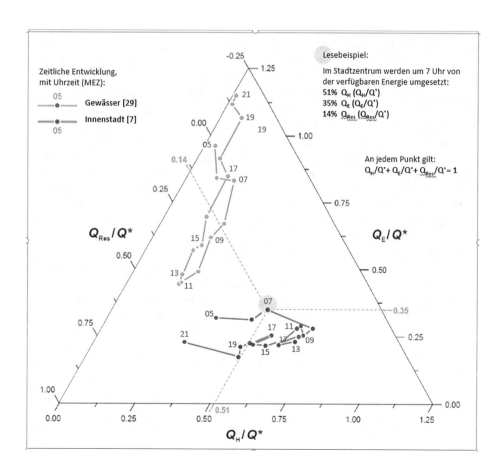

und Kuttler 2005). Hierbei gibt zum Beispiel ein positiver Wert die „Übertemperatur" eines Stadtkörpers in Relation zur Umlandtemperatur an. Höchste Werte zur städtischen Wärmeinsel, die durchaus 10 °C und mehr erreichen (Fenner et al. 2014), treten unter mitteleuropäischen Klimabedingungen in der Regel nachts auf. Tagsüber tendieren die Stadt-Umland-Differenzen hingegen meist gegen Null, da sich die Werte wegen der erhöhten Speicherung der Energie im städtischen Siedlungskörper denen im Umland fast angleichen. Fehlt die nächtliche Abkühlung nach einem heißen Tag (t_{Luft} ≥30 °C) oder während einer Hitzewelle (zur Definition siehe z. B. Muthers und Matzarakis 2018), bleibt die Nacht warm oder auch heiß ($t_{Luft\ min}$ ≥20° C), wodurch die Schlaftiefe des Menschen negativ beeinträchtigt wird. In den zurückliegenden Jahrzehnten nahm nicht nur die Anzahl heißer Tage sowie die von Hitzewellen, sondern auch die Häufigkeit heißer Nächte zu (Mishra et al. 2015). Für eine humanbiometeorologische Bewertung des thermischen Wirkungskomplexes in Städten sollte allerdings nicht nur auf die Lufttemperatur zurückgegriffen werden. Vielmehr sollten auf der Wärmebilanz des menschlichen Körpers beruhende Indizes, wie PET (physiologische Äquivalenttemperatur, pt (gefühlte Temperatur) und UTCI (universeller thermischer Klimaindex), Anwendung finden (de Freitas und Grigorieva 2015; Lee et al. 2016).

21.2 Hitze und städtische Bevölkerung

Thermische Extreme wirken sich auf die Menschen der mittleren Breiten im Allgemeinen negativ aus. So weisen zum Beispiel Mortalitätsraten in Abhängigkeit von der Lufttemperatur Kurvenverläufe auf, die denen einer U- bzw. V-Form entsprechen. Das bedeutet, dass sich sowohl bei niedriger als auch hoher Lufttemperatur größere Mortalitätsraten ergeben als etwa bei mittlerer (Kovats und Hajat 2007).

Die Sterblichkeitsrate ist im urbanen Siedlungsraum während Hitzeepisoden meist höher als im Umland. Der Grund hierfür liegt nicht nur in den tagsüber auftretenden höheren Temperaturmaxima in der Stadt (sowohl die der Luft als auch die der Oberfläche), sondern auch in einer verminderten nächtlichen Abkühlung. Die sich während Hitzewellen einstellenden Wärmeinselwerte können um das Dreifache im Vergleich zu „normalen" Sommerwerten erhöht sein (Unger et al. 2020). Wie stark sich kleinräumig auftretende Bebauungsunterschiede auf die nächtliche Überwärmung auswirken, zeigen quartiersabhängige Messungen: So ergab sich zum Beispiel in der Innenstadt von Essen ein Wert von $t_{Luft\ min}$ ≥20 °C an 11 Tagen pro Jahr (2012/13), während dieser in einem Vorort nur 2 Tage/Jahr erreichte (Kuttler et al.

2015). Selbst für diese kleinräumigen Unterschiede wurden signifikante Veränderungen der Mortalitätsraten nachgewiesen, zum Beispiel in Berlin (Fenner et al. 2015).

Hitzeabhängige signifikante Anstiege der Mortalitätsraten zeigen sich insbesondere bei alten Menschen (> 75 a), während bei Kindern und Jugendlichen (≤14 a) kein Einfluss erkannt wurde (Kovats und Hajat 2007). Neben intrinsischen Faktoren wie Alter und Krankheit beeinflussen auch extrinsische Faktoren (sozialer Status, Wohnsituation, -lage) sowie auch das Geschlecht die Mortalitätsrate.

Durch die Kombination hoher Lufttemperaturen mit hohen Werten gas- und partikelförmiger Luftinhaltsstoffe wird die Mortalitätsrate besonders stark gesteigert (z. B. Breitner et al. 2014; Burkart et al. 2013; Hennig et al. 2018).

21.3 Hitze und Luftinhaltsstoffe

Bei trockener Witterung, starker Globalstrahlung und hohen Lufttemperaturen können bei Vorherrschen entsprechender chemischer Vorläuferbedingungen zum Beispiel sekundäre Spurenstoffe wie Ozon und Partikel entstehen (Bousiotis et al. 2020), so sekundäres organisches Aerosol (SOA) aus biogenen Kohlenwasserstoffen (BVOC, z. B. Isopren; Bonn et al. 2018; Grote 2019; Wagner und Kuttler 2014; Mozaffar et al. 2020) durch *gas-to-particle conversion*. Auch findet bei ausreichender NO_2-Konzentration eine verstärkte NO_x-Fotolyse statt und bei Lufttemperaturen t_{Luft} > 25 °C ferner eine Freisetzung von NO_x aus PAN (Peroxyacetylnitrat), wodurch auch hierdurch die Voraussetzungen für hohe Ozonkonzentrationen gegeben sind (Schultz et al. 2017).

Da die Produktion bestimmter pflanzlicher Pollen sowohl durch erhöhte CO_2-und Luftverunreinigungskonzentrationen als auch durch hohe Lufttemperaturen verstärkt wird (Kaminski and Glod 2011), werden in Städten – trotz allgemein geringerer Vegetationsdichte – aus Pollen vermehrt allergieauslösende Proteine freigesetzt (Ziello et al. 2012). Denn sowohl die CO_2- und Luftschadstoffkonzentrationen als auch die Lufttemperaturen sind unabhängig vom Klimawandel in Städten im Vergleich zum Umland signifikant erhöht (Büns und Kuttler 2012; Oke et al. 2017). So stimulieren zum Beispiel hohe Lufttemperaturen und CO_2-Konzentrationen in Beifusspollen (Gattung Ambrosia, C_3 limitierte Pflanze) die Produktion des allergieauslösenden Proteins Amb a1 und verursachen damit Immunreaktionen (Ziska und Caulfield 2000; Ziska et al. 2003). Vergleichbares gilt für ein ebenfalls allergieauslösendes Protein aus Birkenpollen (Bet v1), das zum Beispiel durch hohe NO_x-Konzentrationen titriert wird (Pöschl 2005; ▶ Kap. 14).

21.4 Hitze und Starkniederschläge

Stadtgebiete zählen wegen ihrer hohen Bevölkerungs- und Versiegelungsdichte nicht nur in thermischer, sondern auch in hydrologischer Hinsicht zu den besonders anfälligen Gebieten in Bezug auf die Auswirkungen des Klimawandels (EEA 2017; KOM 2009; SEK 2009). So verursachen Überflutungen durch Starkregenereignisse meist hohe Schäden an Gebäuden und Infrastruktur (EEA 2012, 2016), kosten aber auch Menschenleben, wie etwa das Ereignis im Westen Deutschlands mit mehr als 180 Todesopfern im Juli 2021 (Mohr et al. 2022). Im Rahmen der Vorsorgemaßnahmen ist es daher wichtig, zeitlich und räumlich hochaufgelöste Vorhersagen über das Niederschlagsverhalten zur Verfügung stellen zu können.

In diesem Zusammenhang bietet die Verwendung von Radarniederschlagsdaten gegenwärtig eine wesentlich bessere Perspektive, die Niederschlagsverteilung kleinräumig zu erfassen als Vorhersagen treffen zu müssen, die auf punktuellen Bodenmessungen beruhen.

Deutschlandweit betreibt der Deutsche Wetterdienst (DWD) ein aus 16 Stationen bestehendes flächendeckendes Wetterradarmessnetz (RADOLAN), mit dem auf Basis eines Rasterfeldes von 1 km × 1 km Radarniederschlagsdaten generiert werden. Eine hierauf beruhende Datenauswertung für den Zeitraum von 2001 bis 2016 ergab, dass kurzlebige, lokale, sommerliche Starkregenereignisse nicht nur in Luv von Gebirgen, sondern nahezu auch in allen Regionen Deutschlands auftreten können (Winterrath et al. 2017). Da die vorliegende Messperiode jedoch zu kurz ist, sind diese Ergebnisse noch nicht klimatologisch belastbar.

Ob Stadtgebiete zu einer Beeinflussung des Niederschlagsgeschehens führen, wie dies weltweit, insbesondere jedoch für einige nordamerikanische Städte untersucht wurde (z. B. durch das Projekt METROMEX; s. hierzu u. a. Oke et al. 2017), soll das in ◼ Abb. 21.2 enthaltene Ergebnis der exemplarisch für die Stadt Köln durchgeführten extremwertstatistischen Auswertung zeigen (Winterrath et al. 2017, 2018; DWA 2012). Dargestellt ist der statistische Niederschlag für die Dauerstufe „eine Stunde" und die Wiederkehrzeit „ein Jahr" für den Zeitraum von 2001 bis 2020. Es lassen sich Gebiete verschiedener Niederschlagsintensitäten im Stadtgebiet erkennen. Ob sich diese jedoch bei Zugrundelegung einer längeren Zeitreihe (über 30 Jahre) als statistisch belastbar erweisen, kann derzeit noch nicht beantwortet werden.

Regionale Klimaprojektionen für Deutschland zeigen auf einem Gitter von 5 km x 5 km eine Zunahme von Starkregenereignissen in Deutschland. Bezogen auf den Referenzlauf (1981–2000), für den Niederschläge ≥ 20 mm/d an ca. vier Tagen im räumlichen Mittel nachgewiesen wurden, wird dieser Wert – allerdings unter Zugrundelegung des Emissionsszenarios

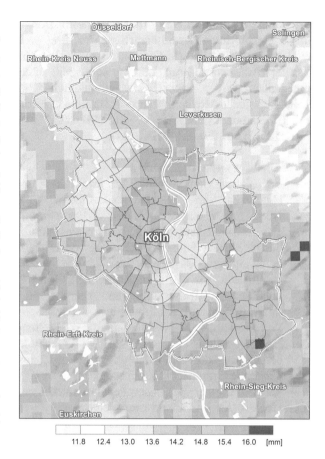

11.8	12.4	13.0	13.6	14.2	14.8	15.4 16.0 [mm]

◼ **Abb. 21.2** Statistischer Niederschlag (in mm) für Köln für die Dauerstufe eine Stunde mit einer Wiederkehrperiode von einem Jahr, Zeitraum: 2001–2020. Quellen: DWD 2022 (RADKLIM ▶ https://doi.org/10.5676/DWD/RADKLIM_RW_V2017.002), Geodaten: GeoBasis-DE/BKG 2020 (Aktualität: 01.01.2021), Köln-PLZ-Gebiete: CC BY 3.0 DE, ▶ www.offendaten-koeln.de

RCP8.5 – bis zum Ende des Jahrhunderts (2071–2100) um 2,7 Tage/Jahr (max. 9,5 Tage/Jahr) zunehmen (IPCC 2013; Brienen et al. 2020).

Insgesamt lassen bisherige Untersuchungen erkennen, dass extreme Niederschlagsereignisse im zukünftigen Klima in Deutschland häufiger auftreten können. Ob städtische Einflüsse diesen Effekt zusätzlich modifizieren, ist weiterhin eine offene Frage. Für verlässlichere Ergebnisse sind in den Regionalmodellen eine bessere Berücksichtigung des städtischen Einflusses und Modelle, die Konvektion berücksichtigen, zur direkten Simulation sommerlicher Starkniederschlagsereignisse erforderlich.

21.5 Handlungsempfehlungen zu Vorsorgemaßnahmen in Städten

Als Maßnahmen, eine langfristige Überwärmung im Rahmen des globalen Klimawandels zu verhindern oder abzumildern (IPCC 2018), stehen zwei Möglichkeiten zur Verfügung: die Ursachenbekämpfung, nämlich die Reduktion von Treibhausgasemissionen, zum Beispiel durch grundsätzlich sparsameres Verwenden von Energie (Mitigation), sowie die Anpassung (Adaptation). Auf Letztgenannte soll näher eingegangen werden, wobei zwischen gebäude- und flächenbezogenen Möglichkeiten insbesondere in Bezug auf Hitzevorsorge unterschieden wird (MUNLV 2010; Kuttler 2013; Straff und Mücke 2017):

1. **Gebäudebezogene Maßnahmen:**
   - Entwicklung von Vorgaben für Strahlungs- und Hitzeschutz von Gebäuden (helle Gebäudehülle; Dach- und Fassadenbegrünung; ferner Thermoglas, Außenbeschattung von Fenstern, Beschattung durch Dachüberhänge, Verschattung von Dächern durch auflagernde Fotovoltaikanlagen),
   - Installation von Belüftungstechniken, Wärmetauschern und Raumventilatoren; eventuell Einsatz von Klimaanlagen in sensiblen Bereichen,
   - Wärmeadäquate Neubauplanung (Breiten-/ Höhenverhältnisse, gegenseitige Gebäudebeschattung durch Ausrichtung und Lage, ausreichende Grundstücksbegrünung),
   - Vermeidung wärmespeichernder Baumaterialien,
   - Hochwasser- und Überflutungsschutz,
   - Einrichtung von Trinkwasserspendern in Gebäuden,
   - Anlegen öffentlicher Kühlräume (Behörden, Einkaufspassagen, Bahnhöfe etc.),
   - Entsiegelung von Grundstücksflächen; Verbot des Anlegens von Schottergärten; Bereitstellung von versickerungsfähigen Flächen.

2. **Stadt- und bauplanerische Maßnahmen:**
   - Erhalt oder Schaffung schattenspendender Grünanlagen (Rasenflächen mit großkronigen Bäumen, angelegt als „Streuobstwiesen"- bzw. „Savannentyp") mit integrierten Wasserflächen (grundsätzliche Stärkung der „blau-grünen" Infrastruktur),
   - Einrichtung großzügiger Schattenplätze (Pavillons, Markisen, feststehende Sonnenschirme, Sonnensegel),
   - Freihalten oder Schaffung von Luftleitbahnen als Verbindung zwischen Umland-Kaltluftentstehungsgebieten und Stadt,
   - Orientierung von Straßenschluchten und Haushöhen-/Straßenbreitenverhältnissen zur Schattenoptimierung,
   - Einrichtung von Befeuchtungsanlagen und Wasserspendern in Außenanlagen,
   - Reduzierung des Versiegelungsgrades; Nutzung der Kühlleistung von Böden,
   - Unterirdische Wasserspeicherung („Schwammstadt"-Prinzip),
   - Dezentrale Regenwasserbewirtschaftung, Baumrigolen,
   - Tiefgaragendächer mit Wasserspeicheraufbauten,
   - Förderung von Baum- und Buschpflanzungen sowie Dachbegrünungen mit allergiearmen, hitzeresistenten und emissionsarmen (in Bezug auf BVOC) Pflanzen (auch zur CO_2-Aufnahme und O_2-Abgabe).

Hinsichtlich der genannten **gebäudebezogenen Maßnahmen** sollte insbesondere auf ausreichende sommerliche Beschattung durch hohe Bäume und Dach-/Wandbegrünung bei allerdings guter Wasserversorgung geachtet werden. Rollladen oder Jalousien sollten überdies im Fassadenbereich, also außen vor den Fenstern, angebracht werden. Hierdurch wird eine höhere Kühlungseffizienz erreicht, weil der Strahlungsumsatz dann außen am Gebäude und nicht innen erfolgt.

Aufdachfotovoltaikanlagen können neben der Stromproduktion (in Westmitteldeutschland $\geq 100\ kWh/m^2 \cdot a$) auch zur Beschattung des darunterliegenden Daches beitragen, wodurch die Innenraumtemperaturen in den oberen Etagen deutlich niedrigere Werte annehmen als in Gebäuden ohne entsprechende Anlagen (Kuttler 2013).

Helle Wandoberflächen haben eine nachhaltige Wirkung auf die Strahlungs- und Energiebilanz eines Gebäudes. So wird einerseits der kurzwellige Reflexionsstrahlungsanteil im Vergleich zu einer dunklen Wandfarbe deutlich erhöht, andererseits eine starke langwellige Ausstrahlung durch niedrigere Oberflächentemperaturen vermindert. Hauswand- oder Straßenoberflächen, die mit einer speziellen, insbesondere im langwelligen Bereich stark reflektierenden Beschichtung versehen sind (sog. *cool colors*), lassen die Oberflächentemperatur bei höchster solarer Einstrahlung deutlich sinken, wodurch weniger Wärme an die Umgebung abgegeben wird. Das Aufbringen von Thermochromfarben, deren Farbton sich nach den vorherrschenden thermischen Verhältnissen richtet (hell bei starker und dunkel bei geringer Einstrahlung), wäre für Hausanstriche dann das Mittel der Wahl, um im Sommer einer Überwärmung und im Winter einer Auskühlung vorzubeugen. In diesem Zusammenhang muss allerdings darauf hingewiesen werden, dass hell angestrichene Gebäude, aber auch helle Straßenoberflächen zwar für eine Verbesserung der Energiebilanz des jeweiligen Baukörpers bei strahlungsreichen Wetterlagen sorgen, die hohe Reflexstrahlung jedoch in den Straßenraum zurückgeworfen wird und dort durch Erhöhung der Strahlungsbelastung zu human-biometeorologisch unerwünschten Effekten für Passanten führen kann (Lee und Mayer 2018). Da sich bei warmer Witterung vermehrt Menschen im Außenraum aufhalten, sollte deshalb für einen UV-Schutz gesorgt werden (Wright et al. 2020), der offensichtlich optimal unter großkronigen Bäumen gewährleistet zu sein scheint (Yoshimura et al. 2010).

21

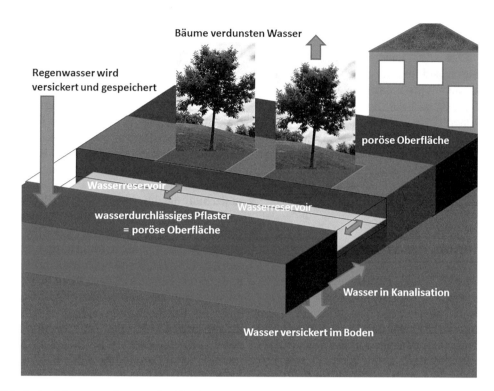

Bäume verdunsten Wasser

Regenwasser wird versickert und gespeichert

poröse Oberfläche

Wasserreservoir

Wasserreservoir

wasserdurchlässiges Pflaster = poröse Oberfläche

Wasser in Kanalisation

Wasser versickert im Boden

■ **Abb. 21.3** Prinzip der Schwammstadt: wasserdurchlässige städtische Oberflächen und unterirdische Wasserspeicher. (Verändert nach Gaines 2016)

Der Einsatz von Gebäudeklimaanlagen sollte nur in Notfällen realisiert werden, da derartige Geräte viel Energie verbraucht und den Klimaschutzmaßnahmen zuwiderlaufen (Buchin et al. 2016), wenn sie nicht mit regenerativer Energie betrieben werden.

Hinsichtlich **stadt- und bauplanerischer Maßnahmen** sollte in Städten darauf geachtet werden, den Versiegelungsanteil zugunsten naturbelassener Flächen möglichst gering zu halten. Denn naturbelassene Areale weisen hinsichtlich ihrer Substrate nicht nur ein verändertes thermisches Verhalten auf, sondern stellen sich auch – eine ausreichende Porosität des Untergrundes vorausgesetzt – als gute Grundwasserneubilder bzw. Bodenwasserspeicher dar. Während Hitzeepisoden kann das in den Untergrund versickerte Wasser kapillar aufsteigen und verdunsten, wodurch ein hoher Anteil der Energiebilanz (Q^*) für den latenten Energietransport (Q_E) benötigt wird und somit für die Boden- und Lufterwärmung nicht mehr zur Verfügung steht (Harlass 2007). Eine technische Möglichkeit im Rahmen des dezentralen Regenwassermanagements wäre es, Wasser nach Regenereignissen dem „Schwammstadtprinzip" entsprechend unterirdisch angelegten Wasserspeichern zuzuführen und dieses für die Bewässerung während Trockenheitsphasen vorzuhalten (Halbig et al. 2016). Denn geschieht das zum Beispiel bei Rasenflächen nicht, nimmt deren Oberflächentemperatur bei länger andauernder Hitze auf Kosten des gewünschten Kühleffekts zu (Kuttler 2013, ■ Abb. 21.3).

Auch durch die Gestaltung von Grünflächen kann Einfluss auf den Abkühlungsprozess genommen werden. So sollte eine mit Gras bestandene Fläche möglichst nach dem Savannen- bzw. Streuobstwiesentyp angelegt werden, d. h. nur über vereinzelt gepflanzte, möglichst hochkronige schattenspendende Bäume verfügen. Denn eine derartige Anordnung bewirkt tagsüber die gewünschte Beschattung und führt damit zu einer Senkung des Temperaturniveaus (insbesondere der Oberflächen) bei größter Hitze und begünstigt nachts aufgrund des offenen Bepflanzungstyps eine bessere langwellige Ausstrahlung und damit Abkühlung. Grundsätzlich wirkt sich das Wohnen in der Nähe von Grünflächen gesundheitsfördernd aus (Rojas-Rueda et al. 2019).

Eine weitere, vielfach noch immer unterschätzte Maßnahme ist die Belüftung von Innenstädten durch Heranführung sauberer und kühler Umlandluft. Dazu bedarf es nicht nur geeigneter ruraler Kaltluftentstehungsgebiete, sondern auch entsprechender stadtklimarelevanter Luftleitbahnen, über die Umlandkaltluft in die überwärmten Stadtkörper fließen kann (Grunwald et al. 2020; Mayer et al. 1994).

Areale in Städten, die bereits im gegenwärtigen Klima Wärmebelastungen bei entsprechenden Wetterlagen aufweisen, werden auch in Zukunft zu den thermischen Problemgebieten zählen. Weitere, bisher wenig belastete Gebiete werden im Zuge des Klimawandels hinzukommen, sofern eine vorausschauende Stadtplanung dem nicht entgegenwirkt (s. hierzu o. g.

Beispiele). Notwendig für ein derartiges Verhalten sind allerdings ausreichende klimatisch-lufthygienische Informationen über die Lage urbaner Ungunst-, Gunst- und Ausgleichsräume. Zu ihrer Klassifizierung empfiehlt sich die Verwendung stadtklimatischer Monitoringwerkzeuge und der Einsatz geeigneter Indikatoren, mit deren Hilfe Flächen objektiv klimaökologisch quantifiziert, in einen gesamtstädtischen Kontext gesetzt und bewertet werden können. Derartige Klimamanagementsysteme wurden bereits in einigen Städten (so in Gelsenkirchen) erfolgreich eingesetzt (Dütemeyer et al. 2013; Lee et al. 2016).

21.6 Modellierung des Stadtklimas

Um die Wirkungen von Anpassungsmaßnahmen quantifizieren zu können, werden zunehmend komplexe mikroskalige Simulationsmodelle der atmosphärischen Grenzschicht angewendet, wie das Modell ENVI-met (Simon et al. 2018). Mit dem im Rahmen der BMBF Fördermaßnahme „Stadtklima im Wandel" neu entwickelten Modell PALM-4U (*Parallelized Large-Eddy Simulation Model for Urban Application;* Maronga et al. 2020) wird ein frei verfügbares, anwenderorientiertes Stadtklimamodell für die kommunale Praxis zur Verfügung gestellt, mit dem sich die städti-

sche Grenzschicht kompletter Stadtgebiete hinsichtlich Turbulenz und Gebäudestruktur hochaufgelöst simulieren lässt (Scherer et al. 2019; Halbig et al. 2019).

In ◼ Abb. 21.4 werden die berechneten Lufttemperaturunterschiede (in °C) zwischen einer Bebauungssituation mit Anpassungsmaßnahmen und dem Zustand vor der Bebauung für ein städtisches Quartier am Ende einer Sommernacht (6 Uhr morgens) dargestellt (horizontale Auflösung: 4 m). Es zeigen sich Gebiete, die durch die Bebauung mikroklimatische Verbesserungen (blaue Flächen), aber auch Verschlechterungen (orange und rote Flächen) aufweisen.

Im Rahmen der Stadtplanung kann somit die Frage beantwortet werden, welche Auswirkungen klimaverbessernde Maßnahmen aktuell und zukünftig haben werden. Da auch heute noch keine hochauflösenden Simulationen der städtischen Grenzschicht für Monate oder Jahre möglich sind, bietet PALM-4U eine Schnittstelle, um Ergebnisse von regionalen Klimaprojektionen zu verwenden (Maronga et al. 2020). Mittels statistischer Verfahren (siehe z. B. Früh et al. 2011) lassen sich mit PALM-4U zukünftig Klimaindikatoren wie heiße Tage oder Tropennächte für verschiedene IPCC-Emissionsszenarien bis Ende des Jahrhunderts berechnen. Durch diese Schnittstelle stellt PALM-4U zudem Anfangs- und Randbedingungen operationeller Wettervorhersagemodelle zur Verfügung und ermöglicht so realis-

a

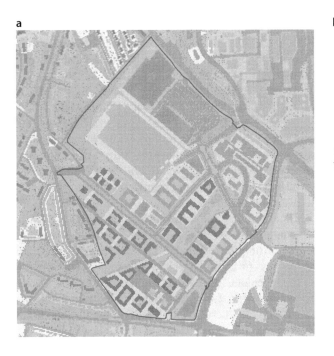

b

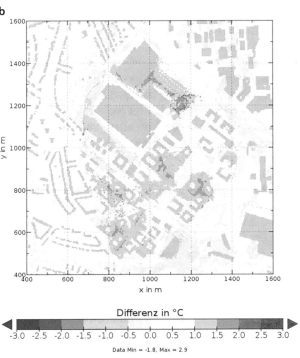

◼ **Abb. 21.4** Vergleich der durchschnittlichen Lufttemperatur am 20.6., 6 Uhr, in einem Stadtquartier (Auflösung 4 m x 4 m) mit dem Modell PALM-4U; **a** Darstellung des Quartiers mit unterschiedlichem Gebäudealter (Rottöne), unterschiedlicher Wegepflasterung (Grautöne) und unterschiedlichem Pflanzenbewuchs (Grüntöne). **b** Modellierung der Temperaturdifferenz zwischen einer Situation vor und nach der Bebauung, wobei der bebaute Zustand mit deutlichen Anpassungsmaßnahmen (hinsichtlich Versiegelungsgrad, Anzahl der Wasserflächen, Intensität der Bepflanzung, Dach- und Fassadenbegrünung) angenommen wurde. (Abbildung: Alexander Reinbold, GERICS)

tische Simulationen von Tagesgängen meteorologischer Parameter (Maronga et al. 2020).

Aber auch im Bereich der Human-Biometeorologie kann dieses Modell eingesetzt werden. So lässt sich über einen Multiagentenansatz ein strahlungsabhängiger, thermisch und lufthygienisch optimaler Weg eines Menschen in einer Stadt simulieren. Sollten hierbei entsprechende Grenzwerte der drei genannten Parameter überschritten werden, verändern die Agenten (Menschen) ihre Wegführung und wählen alternative Routen, um eine entsprechend angezeigte Belastung zu minimieren (Halbig et al. 2016, 2019). Auch Kraftfahrzeuge können in Kombination mit Verkehrssimulationsmodellen als Multiagenten eingesetzt werden, um den Verkehrsfluss optimal zu gestalten (Ziemke et al. 2019).

21.7 Städtische Klimapolitik

Die Herausforderungen des Klimawandels für die Stadtentwicklung sind in den letzten beiden Jahrzehnten zunehmend in die Formulierung von Leitvorstellungen und Handlungsstrategien der Städte und Gemeinden eingeflossen. Die Bedeutung neuer wissenschaftlicher Erkenntnisse über den Klimawandel werden zeitnah für Stadtregionen und Planungsanforderungen hervorgehoben (IPCC 2018), gleichzeitig führen sie in Kopplung mit Praxiserfahrungen lokaler Akteure, die spezifische Anpassungsmaßnahmen implementieren und bewerten, zu einer erweiterten Wissensbasis (Rosenzweig et al. 2018). Städtische Klimapolitik ist damit vor dem Hintergrund der Nachhaltigkeitsziele (hier bes. SDG 11: Nachhaltige Städte und Gemeinden) und der Ergebnisse der HABITAT-Konferenz in Quito 2016 nicht nur zu einem zentralen Gegenstand der Stadtplanung avanciert, sondern wird auch als Motor urbaner Transformationspolitik angesehen (WBGU 2016; Gordon und Johnson 2017). Dafür existieren differenzierte Anleitungen wie die Neue Urbane Agenda oder Empfehlungen verschiedener Städtenetzwerke und in nahezu allen Großstädten gibt es zahlreiche Politik- und Planungsdokumente, die konkrete Umsetzungen ankündigen. Zudem besteht ein großer gesellschaftlicher Konsens über die Notwendigkeit städtischer Klimapolitik und in jüngerer Zeit auch zunehmender Druck neuer sozialökologischer Bewegungen. Sicherlich ist die Reichweite der Maßnahmen regional unterschiedlich, in Europa zeigt sich dies in einem Nord-Süd- und West-Ost-Gefälle (Reckien et al. 2018). Zudem sind die Größenunterschiede der Städte und die Ressourcenausstattung der Planungsabteilungen bedeutsam. Erkennbar wird weiterhin die Auflösung zuvor getrennter Bereiche städtischer Klimapolitik. Ansätze der Mitigation, gemeint sind Maßnahmen zum Klimaschutz, werden immer häufiger mit Maßnahmen der Anpassung an absehbare und zu erwartende Klimaänderungen verbunden (▶ Abschn. 21.5). Immer wichtiger wird dementsprechend das *mainstreaming*, also querschnittsorientierte und multidimensionale Integration klimapolitischer Ziele und Maßnahmen in allen existierenden Politikfelder im Gegensatz zu früheren *Stand-alone*-Ansätzen (Runhaar et al. 2018).

Diese allgemeine Beschreibung trifft auch und besonders für Deutschland zu, denn hier haben anwendungsorientierte Forschungsprogramme u. a. auf Grundlage der „Deutschen Anpassungsstrategie" bereits seit Jahren die lokal vereinzelten Erfahrungen zusammengebracht, integrierende Untersuchungen initiiert und übergreifende Handlungsempfehlungen formuliert (UBA 2019a). Die inzwischen entstandene Wissensbasis ist für viele Bereiche des Klimaschutzes und der Klimaanpassung als gut, aber verbesserungsfähig zu bezeichnen. Ein UBA-Bericht benennt als derzeitige Hauptaufgaben die Verstetigung der Maßnahmen zur Klimaanpassung und die Bereitstellung zusätzlicher Informationsgrundlagen besonders für eine Erstabschätzung klimabedingter Herausforderungen. Hinzu treten wissenschaftliche Grundsatzfragen. Dazu gehören übergreifende Wirkungsanalysen städtischer Klimapolitik einschließlich der Effizienzbewertung der praktizierten Maßnahmen sowie die genaue Klärung des Zusammenhangs von Klima, erhöhten Temperaturen und Gesundheit (UBA 2019b, S. 107). Auf beide Aspekte soll weiter eingegangen werden.

- ◾ **Transformative Kapazität und Effizienz der Klimaanpassung in der Stadtplanung**

Die einleitend aufgestellte Einschätzung, wissenschaftliche Grundlagen des Stadtklimas seien inzwischen breit in die Aufgabenstellung städtischer Klimapolitik und Planung eingeflossen, lässt sich durch verschiedene neuere Untersuchungen untermauern (z. B. Baumüller 2018; Nagorny-Koring 2018; Sturm 2019). Da die Erweiterung der Wissensbasis auf vielfältigen Formen der Co-Produktionen akademischer und praktischer Forschungsarbeiten aufbaut, kann dieses vielversprechende Zusammenspiel erhebliche Wirkungen auf lokaler Ebene erzeugen. Ihre Eintrittswahrscheinlichkeit wird mit Konzepten der transformatorischen Kapazität und Wirksamkeit städtischer Klimapolitik untersucht.

Forschungen zu diesem Thema (z. B. Wolfram 2016; Pahl-Wostl 2017; Hölscher et al. 2019) bestärken bereits in der früheren Auflage dieses Buches zusammengefasste Aspekte (◧ Abb. 21.5), wie flexible Formen der Klima-*governance,* die breite Beteiligung von Stakeholdern und ihre Vernetzung sowie zeitgemäße Kommunikationsstrategien, die lokale Klimaziele nicht nur bekannt machen, sondern auch zur Mitgestaltung auffordern. Diese steuern vor dem Hintergrund der jeweiligen baulichen Stadtstrukturen sowie den vorhandenen Grünflächen und Gewässer die Interventionen, um die Klimaresilienz der Städte zu verbessern. Darüberhinausgehend sind innovative und experimentelle Formate der Klimapolitik in den letzten Jahren diskutiert worden (Reusswig und Lass 2017; Reinermann und Behr 2017). Thematisiert werden Realexperimente, *urban labs,* Pilotprojekte und Modellquartiere, die in exemplarischer Weise neue Umgangsformen mit den Herausforderungen des Klimawandels sichtbar werden lassen und mittels moderner Stadtklimamodelle simuliert werden können (▶ Abschn. 21.6). Als wichtige Voraussetzungen ihrer Umsetzung werden der klimawissenschaftliche Begründungszusammenhang, die Akzeptanz und Beförderung durch die Stakeholder, die thematische Innovation und die räumliche Sichtbarkeit angesehen. Dabei soll eine Vielfalt von intervenierenden Maßnahmen als Lernfeld und Basis für fortlaufende Kommunikation über Veränderung entstehen. Das Ausmaß an transformativer Kapazität einer Stadt ist damit abhängig vom Zusammenspiel sehr unterschiedlich gelagerter Faktoren. Diese sind organisatorisch nicht immer leicht zusammenzuführen und nur ansatzweise mit hierarchischen Steuerungsvorstellungen der Stadtentwicklung kompatibel. Vielmehr beziehen sie sich vorwiegend auf etwas, das als Kultur transformatorischer Klimapolitik in der Stadtentwicklung anzusehen ist und über viele Projekte die kollektive Kreativität und Verantwortungsbereitschaft einer Stadt abbildet. Die politische Unterstützung der Stadtregierung und Verwaltung sowie der Unternehmen, Verbände und zivilgesellschaftlichen Akteure stellt eine Voraussetzung dafür dar (◘ Abb. 21.5).

Zur Prüfung der Wirksamkeit transformativer Kapazität werden Vorschläge gemacht, die eng an die Formen der experimentellen Stadt anknüpfen. Ausgehend von städtebaulichen Experimenten und Pilotprojekten lassen sich Prozesse des *scaling up* verfolgen, die eine erfolgreiche Verbreiterung klimapolitischer Maßnahmen und Veränderungen in der Stadt aufzeigen (Fuhr et al. 2018; Doren et al. 2018; Kern 2019; Hughes et al. 2020). Ein horizontales *scaling up* stellt den Prozess einer erfolgreichen Ausdehnung in einer Stadt oder auch in einem vergleichbaren institutionellen Rahmen dar, der somit auch verschiedene Städte in einem Bundesland oder auch die nationale oder europäische Stadtpolitik betreffen kann. Das vertikale *scaling up* verweist dagegen auf Lernprozesse, die zu übergreifenden institutionellen Veränderungen beitragen. Dies betrifft besonders solche projektspezifischen Erfahrungen, die zu neuen Richtlinien führen oder gar Leitbildcharakter bekommen. Obwohl die Diskussion über diese Begriffe und ihre theoretische Fundierung derzeit noch als unbefriedigend anzusehen ist, zeigt diese Diskussion einen wichtigen Weg, wie aus der Betrachtung von Einzelmaßnahmen Erfahrungen für eine wirksame klimapolitische Stadtentwicklung gesammelt, gefiltert und bewertet werden können.

■ **Soziale Verwundbarkeiten und Gesundheit**

Soziale Vulnerabilitäten und Ungleichheiten, die durch den Klimawandel verursacht und verstärkt werden, sind in den letzten Jahren häufig mit Bezug zu Konzepten der Resilienz sowie zu Normen der Umweltgerechtigkeit und Gesundheitsvorsorge diskutiert worden (Krefis et al. 2018; Hornberg et al. 2018). Zu konstatieren ist eine hohe Komplexität der Zusammenhänge. Sie resultiert aus der Vielzahl städtischer Umweltstressoren in ihrer räumlichen und zeitlichen Variabilität. Eng mit dem Klimawandel hängen Temperatur, Hitze, Niederschlag und Luftqualität zusammen (▶ Abschn. 21.2, 21.3, 21.4 und 21.5). Zu sehr unterschiedlichen Komfort- und Belastungssituationen führen auch die unterschiedlichen morphologischen Stadtstrukturen, die Flächennutzung und die Verkehrsflüsse sowie Einflüsse der naturräumlichen Lage. Schließlich ist die urbane Bevölkerung divers struktu-

◘ **Abb. 21.5** Parameter städtischer Klimapolitik

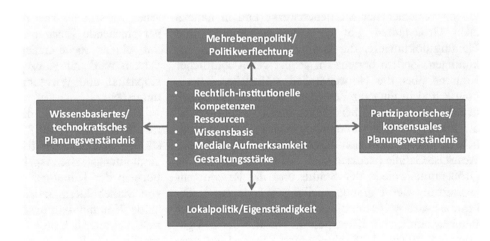

riert und unterscheidet sich nach Alter, Wohnsituation, Nachbarschaftsbeziehungen, Aktionsräumen, kulturellen Praktiken oder gesundheitlichen Vorbelastungen. Daher ist der Nexus Klimawandel, Stadtbevölkerung und Gesundheit ein zunehmend wichtiges, aber auch schwieriges Feld für allgemeine Aussagen (Szombathely et al. 2017). Vor diesem Hintergrund bedürfen die Empfehlungen für das Leitbild einer „gesunden Stadt", das aktuell stark an Bedeutung gewinnt, weiterer wissenschaftlicher Begleitung.

Vordringlich erscheint dafür eine thematische Fokussierung auf die räumliche Exposition zu Klimastressoren und die soziokulturelle Differenzierung der Stadtbevölkerung. Es ist bekannt, dass die soziale Benachteiligung mit gesundheitlichen Problemen und geringerer Lebenserwartung einhergeht (Knesebeck et al. 2018). Daher sind Ansätze, die die zukünftige Entwicklung des Stadtklimas mit der baulichen und der sozialen Entwicklung Stadt verbinden, eine wichtige Voraussetzung zur urbanen Klimaanpassung (Kaveckis et al. 2017). Weiterhin wären Untersuchungen notwendig, die den *trade-off* zwischen der Nähe zu „grüner" und „blauer" Infrastruktur und dem Trend zunehmender Verdichtung bestimmen. Gerade in einer Zeit zunehmender Verstädterung weltweit, anhaltender Reurbanisierung in Europa und Deutschland sowie der aktuellen Pandemieerfahrungen und ihrer Bekämpfung steht die klimagerechte Stadt erneut auf dem Prüfstand.

21.8 Kurz gesagt

Städte zeichnen sich durch ein besonderes Klima aus, das sich wesentlich von ihrem natürlichen Umland unterscheidet. Nicht nur sind die Oberflächen- und Lufttemperaturen meist höher, sondern auch die den Luftaustausch bestimmende Windgeschwindigkeit ist geringer und die Luftqualität schlechter. Unter den Bedingungen des globalen Klimawandels werden sich die thermischen und lufthygienischen Verhältnisse weiter verschlechtern. In Städten wird wegen der hohen Bevölkerungsdichte ein Großteil der Bewohner zukünftig unter den Auswirkungen von Hitzewellen und eventuell durch Starkregen bedingte Überschwemmungen zu leiden haben. Aufgabe der angewandten Stadtklimatologie ist es, Handwerkszeuge zu entwickeln, um Städte mithilfe zielführender Planung gegenüber den Wirkungen des Klimawandels zu stärken.

Dabei zählen neben einem kontinuierlich hohen Informationsstand über mögliche Klimafolgen auch eine Koordinierung unterschiedlicher Akteure und die Beteiligung der Stadtbevölkerung an allen Maßnahmen dazu. Urbane Klimapolitik ist ein langfristig ausgelegter, auf breite Teilhabe aufbauender Transformationsprozess, der gleichermaßen auf die bebaute Umwelt wie auf das Handeln der Stadtgesellschaft

einwirkt. Verbunden sind damit Veränderungen der Materialität des urbanen Raumes sowohl durch klimagerechte Stadtplanung als auch durch einen neuen Diskurs über Stadtentwicklung, in dem Aspekte des Klimaschutzes und der Klimaanpassung als selbstverständliche Elemente verstärkt aufgenommen werden müssen.

Literatur

Baumüller N (2018) Stadt im Klimawandel. Klimaanpassung in der Stadtplanung. Grundlagen, Maßnahmen und Instrumente. Stuttgart

Bonn B, v Schneidemesser E, Butler TM et al (2018) Impact of vegetative Emissions on urban Ozone and biogenic secondary organic Aerosol: Box Model Study for Berlin, Germany. Jour Clean Prod 176:827–841

Bousiotis D, Brean J, Pope F et al (2020) The effect of meteorological conditions and atmospheric composition in the occurrence and development of new particle formation (NPF) events in europe. Atm Chem Phys. ► https://doi.org/doi.org/10.5194/acp-2020-555

Breitner S, Wolf K, Devlin RB et al (2014) Short-term effects of air temperature on mortality and effect modification by air pollution in three cities of bavaria, germany: a time-series analysis. Sci. Total Environm 485:49–61

Brienen S, Walter A, Brendel C et al (2020) Klimawandelbedingte Änderungen in Atmosphäre und Hydrosphäre. Schlussbericht des Schwerpunktthemas Szenarienbildung (SP 101) im Themenfeld 1 des BMVI Expertennetzwerks. ► https://www.bmvi-expertennetzwerk.de/DE/Publikationen/TFSPTBerichte/SPT101.pdf?__blob=publicationFile&v=7

Buchin O, Hoelscher MT, Meier F, Niehls T, Ziegler F (2016) Evaluation of the health-risk reduction potential of countermeasures to urban heat Islands. Energ Buildings 114:27–37

Büns C, Kuttler W (2012) Path-integrated measurements of carbon dioxide in the urban canopy layer. Atm Environm 46:237–247

Burkart K, Canario P, Breitner S et al (2013) Interactive short-term effects of equivalent temperature and air pollution on human mortality in Berlin and Lisbon. Environm Poll 183:54–63

de Freitas CR, Grigorieva EA (2015) A comprehensive catalogue and classification of human thermal climate indices. Int J Biometeorol 59:109–120

Doren D, Driessen PJ, Runhaar H, Giezen M (2018) Scaling-up low-carbon urban initiatives: towards a better understanding. Urban Studies 55(1):175–194

Dütemeyer D, Barlag AB, Kuttler W, Axt-Kittner U (2013) Stadtklimatisches Flächenmanagement in der kommunalen Umweltplanung. UVP-report 27:173–179

DWA (2012) Arbeitsblatt DWA-A 531 – Starkregen in Abhängigkeit von Wiederkehrzeit und Dauer; Sept 2012; korr. Fass. Mai 2017; Deutsche Vereinigung für Wasserwirtschaft, Abwasser und Abfall e V, S 29

EEA (2012) Urban adaption to climate change in Europe. Challenges and opportunities for cities together with supportive national and European politics. European Environment Agency EEA Report 2/2012 ► https://doi.org/10.2800/418

EEA (2016) Urban adaptation to climate change in Europe 2016, Transforming cities in a changing climate. European Environment Agency EEA Report 12/2016. ► https://doi.org/10.2800/0214

EEA (2017) Climate change, impacts and vulnerability in Europe 2016. An indicator-based report. European Environment Agency. EEA Report 1/2017. ► https://doi.org/10.2800/534806

Fenner D, Mücke HG, Scherer D (2015) Innerstädtische Luft-temperatur als Indikator gesundheitlicher Belastungen in Großstädten am Beispiel Berlins. Umwelt und Mensch 1(2015):30–38

Fenner D, Meier M, Scherer D, Polze A (2014) Spatial and temporal air temperature variability in Berlin, Germany, during the years 2001–2010. Urban Clim 10:308–331. ► https://doi.org/10.1016/j.uclim.2014.02.004

Früh B, Becker P, Deutschländer T et al (2011) Estimation of climate-change impacts on the urban heat load using an urban climate model and regional climate projections. J Appl Meteor Climatol 50:167–184. ► https://doi.org/10.1175/2010JAMC2377.1

Fuhr H, Hickmann T, Kern K (2018) The role of cities in multi-level climate governance: local climate policies and the 1.5 C target. Curr Opin Environ Sustain 30:1–6. ► https://doi.org/10.1016/j.cosust.2017.10.006

Gaines JM (2016) Water potential. Nature 531:54–55

Gordon DJ, Johnson CA (2017) The orchestration of global urban climat governace in the post Paris climate regime. Environm Polit 26(4):694714

Grote R (2019) Environmental impacts on biogenic emissions of volatile organic compounds (VOC) UBA Texte 02/19

Grunwald L, Schneider AK, Schröder B, Weber S (2020) Prediction urban cold-air paths using boosted regression trees. Landsc Urb Plan 201:103843

Halbig G, Kurmutz U, Knopf D (2016) Klimawandelgerechtes Stadtgrün. Informationen zur Raumentwicklung 6:675–689 ► https://www.bbsr.bund.de/BBSR/DE/veroeffentlichungen/izr/2016/6/Inhalt/downloads/halbig-kurmutz-knopf-dl.pdf?__blob=publicationFile&v=3. Zugegriffen: 25. Sept. 2020

Halbig G, Steuri B, Büter B et al (2019) User requirements and case studies to evaluate the practicability and usability of the urban climate model PALM-4U. Meteorol Z 28:139–146. ► https://doi.org/10.1127/metz/2019/0914

Harlass R (2007) Verdunstung in bebauten Gebieten. Dissertation, TU Dresden, Fak. Bauingenieurwesen

Hennig F, Quass U, Hellack B, Küpper M et al (2018) Ultrafine and Fine Particle Number and Surface Area Concentrations and Daily Cause-Specific Mortality in the Ruhr-Area, Germany, 2009–2014. Environm Health Persp ► https://doi.org/10.1289/EHP2054

Hornberg C, Pauli A, Fehr R (2018): Urbanes Leben und Gesundheit. In: Fehr R, et al (Hrsg) Stadt der Zukunft – Gesund und nachhaltig. Brückenbau zwischen Disziplinen und Sektoren. oekom, München, S 77–96

Hölscher K, Frantzeskaki N, Loorbach d, (2019) Steering transformations under climate change: capacities for transformative climate governance and the case of Rotterdam, the Netherlands. Reg Environ Change 19:791–805

Hughes S, Yordi S, Besco L (2020) The role of pilot projects in urban climate change policy innovation. Policy Stud J 48(2):271–297

IPCC (2013) Climate Change 2013: The Physical Science Basis. Contribution of Working Group I to the Fifth Assessment Report of the Intergovernmental Panel on Climate Change. Stocker T F, Qin D, Plattner G-K et al (Hrsg) Cambridge University Press, Cambridge, United Kingdom and New York, NY, USA, S 1535

IPCC (2018) Summary for Policymakers. In: Global Warming of 1.5 °C. An IPCC Special Report on the impacts of global warming of 1.5 °C above pre-industrial levels and related global greenhouse gas emission pathways, in the context of strengthening the global response to the threat of climate change, sustainable development, and efforts to eradicate poverty. ► https://www.ipcc.ch/site/assets/uploads/sites/2/2019/05/SR15_SPM_version_report_HR.pdf. Zugegriffen: 25. Sept. 2020

Kaminski U, Glod T (2011) Are there changes in Germany regarding the start of the pollen season, the season length and the pollen concentration of the most important allergenic pollens? Meteorol Zeit 20:497–507

Kaveckis G, Bechtel B, Oßenbrügge J (2017) Land use modeling as new approach for future hazard-sensitive population mapping in Northern Germany. In: Awotona A (Hrsg) Planning for community-based disaster resilience worldwide: learning from case studies in six continents. Routledge, London, S 440–455

Kern K (2019) Cities as leaders in EU multilevel climate governance: embedded upscaling of local experiments in Europe. Environ Polit 28(1):125–145. ► https://doi.org/10.1080/09644016.2019.1521979

Knesebeck O, Vonneilich N, Kim TJ (2018) Public awareness of poverty as a determinant of health – survey results from 23 countries. Int J Public Health 63:165–172

KOM (2009a) Weißbuch Anpassung an den Klimawandel: Ein europäischer Aktionsrahmen. Kommission der Europäischen Gemeinschaften Kom (2009) 147 endgültig. ► https://eur-lex.europa.eu/LexUriServ/LexUriServ.do?uri=COM:2009:0147:FIN:DE:PDF. Zugegriffen: 25. Sept. 2020

KOM (2009b) Arbetsdokument der Kommissionsdienststellen zum WEISSBUCH Anpassung an den Klimawandel: Ein europäischer Aktionsrahmen. Zusammenfassung der Folgenabschätzung. Kommission der Europäischen Gemeinschaften Sek 388. Brüssel. ► https://eur-lex.europa.eu/legal-content/DE/TXT/PDF/?uri=CELEX:52009SC0388&from=DE. Zugegriffen: 25. Sept. 2020

Kovats, R S, Hajat S (2007) Heat stress and public health a critical review. Annu Rev Public Health 29:9.1–9.15

Krefis AC, Augustin M, Schluenzen, KH, Oßenbrügge J, Augustin J (2018) How does the urban environment affect health and well-being? A Syst Rev. Urban Sci 21(2)

Kuttler W (2013) Klimatologie. 2. A. Schöningh, S 306

Kuttler W, Miethke A, Dütemeyer D, Barlag AB (2015) Das Klima von Essen/The Climate of Essen. Westarp Wissenschaften Hohenwarsleben, S 249

Kuttler W (2019) Stadtklima: Definition, Charakteristika, Nachweismöglichkeiten. In: Lozan J L, Breckle S W, Grassl H, Kuttler W, Matzarakis A (Hrsg) Warnsignal Klima: Die Städte. Wiss Auswertungen Hamburg, S 21–27

Lee H, Mayer H (2018) Thermal comfort of pedestrians in an urban street canyon is affected by increasing albedo of building walls. Int J Biometeorol 62:1199–1209. ► https://doi.org/10.1007/s00484-018-1523-5

Lee H, Oertel A, Mayer H et al (2016) Evalutation method for the human-biometeorological quality of urban areas facing summer heat Gefahrst Reinhalt Luft 76:275–282

Manoli G, Fatichi S, Schläpfer M et al (2019) Magnitude of urban heat islands largely explained by climate and population. Nature 573:55

Maronga B, Banzhaf S, Burmeister C et al (2020) Overview of the PALM model system 6.0. Geosci Model Dev 13:1335–1372. ► https://doi.org/10.5194/gmd-13-1335-2020

Mayer H, Beckröge W, Matzarakis A (1994) Bestimmung von stadtklimarelevanten Luftleitbahnen UVP-Report 5:265–268

Mishra V, Ganguly AR, Nijssen B, Lettenmaier DO (2015) Changes in observed climate extremes in global urban areas. Environm Res Lett 10:024005

Mohr S, Ehret U, Kunz M, et al (2022) A multi-disciplinary analysis of the exceptional flood event of July 2021 in central Europe. Part 1: Event description and analysis. National Hazards and Earth system Sciences (Preprint). ► https://doi.org/10.5194/nhess-2022-137

Mozaffar A, Zhang YL, Fan M et al (2020) Characteristics of summertime ambient VOCs and their contributions to O_3 and SOA formation in a suburban area of Nanjing, China. Atm Res 240:104923

MUNLV – Ministerium für Umwelt und Naturschutz, Landwirtschaft und Verbraucherschutz NRD (Hrsg) (2010) Handbuch Stadtklima – Maßnahmen und Handlungskonzepte für Städte und Ballungsräume zur Anpassung an den Klimawandel (Langfassung) Düsseldorf

Muthers S, Matzarakis A (2018) Hitzewellen in Deutschland und Europa.- In: Lozan JL, Breckle SW, Kasang D, Weisse R (Hrsg) Warnsignal Klima: Extremereignisse. Wiss Auswertungen Hamburg, S 83–91

Nagorny-Koring N (2018) Kommunen im (Klima-)Wandel? Das Praxisregime „kommunaler Klimaschutz": Regieren durch Best Practices. transcript, Bielefeld

Oke TR, Mills G, Christen A, Voogt J (2017) Urban climates. Cambridge University Press, UK, S 525

Pahl-Wostl C (2017) An evolutionary perspective on water governance: from understanding to transformation. Water Resour Manag 31:2917–2932

Pöschl U (2005) Atmosphärische Aerosole: Zusammensetzung, Transformation, Klima- und Gesundheitseffekte Angew. Chemie 117:7690–7712

Reckien D, Salvia M, Heidrich O, Church JM, Pietrapertosa F, De Gregorio-Hurtado S, D'Alonzo V, Foley A, Simoes SG, Lorencová EK, Orru H, Orru K, Wejs A, Flacke J, Olazabal M, Geneletti D, Feliu E, Vasilie S, Dawson R (2018) How are cities planning to respond to climate change? Assessment of local climate plans from 885 cities in the EU-28. J Clean Prod 191:207–219. ▶ https://doi.org/10.1016/j.jclepro.2018.03.220

Reinermann J-L, Behr F (Hrsg) (2017) Die Experimentalstadt. Kreativität und die kulturelle Dimension der Nachhaltigen Entwicklung. Springer VS, Wiesbaden

Reusswig F, Lass W (2017) Urbs Laborans: Klimapolitische Realexperimente am Beispiel Berlins. In: Böschen et al (Hrsg) Experimentelle Gesellschaft. Das Experiment als wissensgesellschaftliches Dispositiv. Nomos, Baden-Baden, S 311–340

Rojas-Rueda D, Nieuwenhuijsen M, Gascon M et al (2019) Green spaces and mortality: a systematic review and meta-analysis of cohort studies. Lancet Planet Health 3:469–477

Rosenzweig C, Solecki WD, Romero-Lankao P, Mehrotra S, Dhakal S, Ibrahim SA (Hrsg) (2018) Climate change and cities. Second assessment report of the urban climate change research network. Cambridge University Press, Cambridge

Runhaar H, Wilk B, Persson A, Uittenbroek C, Wamsler C (2018) Mainstreaming climate adaptation: taking stock about "what works" from empirical research worldwide. Reg Environ Change 18:1201–1210. ▶ https://doi.org/10.1007/s10113-017-1259-5

Scherer D, Antretter F, Bender S et al (2019) Urban climate under change [UC]2 – a national research programme for developing a building-resolving atmospheric model for entire city regions. Meteorol Zeitschrift 28:95–104. ▶ https://doi.org/10.1127/metz/2019/0913

Schultz MG, Klemp D, Wahner A (2017) Luftqualität. In: Brasseur GO, Jacob D, Schuck-Zöllner S (Hrsg) Klimawandel in Deutschland 127–136

Simon H, Lindén J, Hoffmann D et al (2018) Modelling transpiration and leaf temperature of urban trees – a case study evaluating the microclimate model ENVI-met against measurement data. Landsc Urban Plan 174:33–40. ▶ https://doi.org/10.1016/j.landurbplan.2018.03.003

Straff W, Mücke HG (2017) Handlungsempfehlungen für die Erstellung von Hitzeaktionsplänen zum Schutz der menschlichen Gesundheit BMUB Version 1.0, Stand: 24. März 2017

Sturm C (2019) Klimapolitik in der Stadtentwicklung. Zwischen diskursiven Leitvorstellungen und politischer Handlungspraxis. transcript, Bielefeld

Szombathely M, Albrecht M, Antanaskovic D, Augustin J, Augustin M, Bechtel B, Bürk T, Fischereit J, Grawe D, Hoffmann P, Kaveckis G, Krefis AC, Oßenbrügge J, Scheffran J, Schlünzen H (2017) Conceptional modeling approach to health-related urban well-being. Urban Sci 1:17

UBA (2019a) Monitoringbericht 2019 zur Deutschen Anpassungsstrategie an den Klimawandel. Bericht der Interministeriellen Arbeitsgruppe Anpassungsstrategie der Bundesregierung. Dessau

UBA (2019b) Umfrage Wirkung der Deutschen Anpassungsstrategie (DAS) für die Kommunen. Climate Change 1/2019, Dessau

Unger J, Skarbit N, Kovacs A, Gal T (2020) Comparison of regional and urban outdoor thermal stress conditions in heatwave and normal summer periods: a case study. Urban Clim 32:100619

Wagner P, Kuttler W (2014) Biogenic and anthropogenic isoprene in the near-surface urban atmosphere – a case-study in Essen, Germany. Sci Total Environm 475:104–115

WBGU – Wissenschaftlicher Beirat der Bundesregierung Globale Umweltveränderungen (2016) Der Umzug der Menschheit: Die transformative Kraft der Städte. WBGU, Berlin

Wienert U, Kuttler W (2005) The dependence of the urban heat island intensity on latitude – a statistical approach. Meteorol Zeitschrift 14:67–686

Winterrath T, Brendel C, Hafer M et al (2017) Erstellung einer radargestützten Niederschlagsklimatologie. Berichte des Deutschen Wetterdienstes 251 Offenbach/Main. ISBN: 978-3-88148-499-2, ISNN: 2194-5969 (Online)

Winterrath T, Brendel C, Hafer M et al (2018) RADKLIM Version 2017.002: Reprozessierte, mit Stationsdaten angeeichte Radarmessungen (RADOLAN), Niederschlagsstundensummen (RW) ▶ https://doi.org/10.5676/DWD/RADKLIM_RW_V2017.002

Wolfram M (2016) Conceptualizing urban transformative capacity: a framework for research and policy. Cities 51:121–130

Wright CY, du Preez DJ, Martincigh BC et al (2020) A comparison of solar ultraviolet exposure in urban canyons in venice. Italy and Johannesburg, South Africa. ▶ https://doi.org/doi.org/10.1111/php.13291

Yoshimura H, Zhu H, Wu Y (2010) Spectral properties of plant leaves pertaining to urban landscape design of broad-spectrum solar ultraviolet radiation reduction. Int J Biometeorol 54:179–191

Ziello C, Sparks T, Estrella N et al (2012) Changes to airborne pollen counts across Europe. PLoS ONE 7:e34076. ▶ https://doi.org/10.1371/journal.pone.0034076

Ziemke D, Kaddoura I, Nagel K (2019) The MATSim open Berlin scenario: a multimodal agent-based transport simulation scenario based on synthetic demand modeling and open data. Procedia Comput Sci 151:870–877. ▶ https://doi.org/10.1016/j.procs.2019.04.120

Ziska LJ, Caulfield F (2000) The potential Influence of rising atmospheric Carbondioxide (CO_2) on public health: pollen production of common ragweed as a test case. World Resou Rev 449–457

Ziska LJ, Gebhard DE, Frenz DA et al (2003) Cities as harbingers of climate change: common ragweed, urbanization, and public health. J Allergy Clinical Imm 111:290–295

Klimawandel und Tourismus

Martin Lohmann und Andreas Matzarakis

Inhaltsverzeichnis

22.1 **Tourismus in Deutschland – Überblick und Bedeutung – 290**

22.2 **Klimarelevanz des Tourismus – Tourismusrelevanz des Klimas – 291**

22.3 **Touristisch relevante Klimawandelfolgen – 292**

22.4 **Klimawandel und touristisches Angebot – 293**

22.5 **Konkrete Beispiele für Deutschland – 293**
22.5.1 Küsten – 293
22.5.2 Mittel- und Hochgebirgsregionen – 294
22.5.3 Anpassungsstrategien – 294

22.6 **Kurz gesagt – 295**

Literatur – 295

© Der/die Autor(en) 2023
G. P. Brasseur et al. (Hrsg.), *Klimawandel in Deutschland*,
https://doi.org/10.1007/978-3-662-66696-8_22

Tourismus meint einerseits ein Verhalten, also die Tätigkeit des Verreisens, andererseits das Angebot, das diese Tätigkeit möglich oder attraktiv macht. Aus beiden Perspektiven, Nachfrage und Angebot, ist Tourismus für Deutschland von großer Bedeutung: Die Reisetätigkeit der Deutschen ist im internationalen Vergleich bemerkenswert groß, und Regionen und Orte in Deutschland sind für viele ein touristisches Ziel. Zum Angebotsaspekt gehören nicht nur die Destinationen inklusive der vielfältigen Angebote und Anbietergruppen vor Ort, sondern auch die Bereiche Verkehr, Reiseveranstaltung und Reisevermittlung.

Für den Tourismus haben Klima und Wetter eine große Relevanz als Angebotsfaktor wie auch als Treiber des Verhaltens der Reisenden (Matzarakis 2006; Scott et al. 2012; Lohmann und Hübner 2013; Pröbstl-Haider et al. 2020; Bausch et al. 2021). Klimatische Faktoren sind demnach sowohl Bestandteil des touristischen Produkts als auch limitierende Faktoren des Tourismus und Steuergrößen für die touristische Nachfrage. Sie sind außerdem in vielen Fällen ursächlich für die positive gesundheitliche Wirkung von Urlaubs- und Kuraufenthalten (Hoefert 1993; DHV 2011). Insofern liegt es auf der Hand, dass dieser Sektor vom Klimawandel betroffen sein wird. Der Tourismus ist aber auch ein Faktor, der seinerseits einen erheblichen Einfluss auf das Klima und den Klimawandel hat (Gössling et al. 2017).

Tourismus hat in Deutschland eine große soziale und wirtschaftliche Bedeutung. Aktuelle Forschungsprojekte untersuchen die Wechselbeziehungen von Tourismus und Klimawandel sowie die zu erwartenden Folgen des Klimawandels für den Tourismus (Bausch et al. 2021). Die Folgen für die touristische Nachfrage insgesamt sind angesichts der vielen Möglichkeiten, die die Touristen haben (Multioptionalität) (Lohmann et al. 2020), und wegen des sich daraus ergebenden großen Spielraums für mögliche Anpassungen (beispielsweise in der Wahl der Destination oder des Reisezeitpunkts) nicht einfach zu beschreiben.

22.1 Tourismus in Deutschland – Überblick und Bedeutung

Die touristische Nachfrage der Deutschen bei Reisen mit Übernachtungen besteht aus verschiedenen Segmenten (◘ Tab. 22.1), die sich aus dem Anlass der Reise (Urlaubs-, Geschäfts- oder sonstige Reisen), der Reisedauer (Kurzreisen mit 2–4 Tagen Dauer, Reisen mit 5-tägiger oder längerer Dauer) oder dem Reiseziel (Inland oder Ausland) ergeben.

Hinzu kommen als Nachfragende Gäste aus dem Ausland, die Reisen nach Deutschland unternehmen. Im Jahr 2019 gab es rund 90 Mio. Übernachtungen von Ausländern in gewerblichen Unterkünften in Deutschland (Statistisches Bundesamt 2020).

Die touristische Nachfrage ist für Deutschland schon rein quantitativ sehr groß und damit in mancher Hinsicht bedeutsam, u. a. unter gesellschaftlicher, ökologischer und wirtschaftlicher Perspektive. Das Segment der Urlaubsreisen hat dabei insgesamt die größte Bedeutung. Anders als bei beruflichen und sonstigen Reisen spielen bei Urlaubsreisen Klima- und Wetteraspekte eine sehr wichtige Rolle. Wir beschränken uns hier deswegen auf diesen Sektor des Tourismus. Voraussetzung für eine Nachfrage nach Urlaubsreisen ist, dass Menschen reisen können, also z. B. Zeit und Geld dafür übrig haben, und dass sie reisen wollen (Lohmann 2009; Lohmann und Beer 2013). Auch diese Basisvoraussetzungen können ggf. durch Klimawandelfolgen beeinflusst werden.

In den durch die Coronapandemie geprägten Jahren 2020 und 2021 war der Umfang des Tourismus

◘ Tab. 22.1   Touristische Nachfrage. Volumendaten

	Anzahl Reisen pro Jahr (Mio.)	Ausgaben pro Jahr (Mrd. Euro)	Reiseziel im Inland (Anteil in %)	Reiseziel im Ausland (Anteil in %)
Urlaubsreisen (5 Tage und mehr)*	70,8	73,1	26	74
Kurzurlaubsreisen (2–4 Tage)*	92,1	24,9	75	25
Berufliche Reisen**	78,5		Überwiegend	
Sonstige Reisen*	19,9		Überwiegend	
Gesamt	261,3			

Basis: Übernachtungsreisen der deutschsprachigen Wohnbevölkerung in Deutschland
Quellen: *FUR (2020), Angaben für 2019; **Sonntag et al. (2019)

22

deutlich geringer. Allerdings ist ein Wiederanwachsen der Nachfrage auf das bisherige Niveau in der ersten Hälfte der 20er-Jahre zu erwarten (Lohmann et al. 2020). Für die Reisenden steht der persönliche Nutzen im Vordergrund, also z. B. Erholung, Gesundheit, Lernen, neue Erfahrungen oder Stärkung sozialer Beziehungen (Lohmann 2017). Tourismus hat seine bedeutende Stellung in der Gesellschaft, weil man den Urlaubsreisen positive Effekte auf Individuum und Gesellschaft unterstellt. Aus der Bilanz der persönlichen Effekte ergibt sich der gesellschaftliche Nutzen des Tourismus (Lohmann 2019). Diese Funktionen, die die soziale und psychische Bedeutung des Tourismus betonen, sind auch unter Klimawandelaspekten relevant.

Der Nachfrage steht das touristische Angebot gegenüber. In erster Linie sind das die Reiseziele oder Destinationen, also geografisch vom Heimatort des Reisenden getrennte Räume. Dazu gehören: landschaftliche Gegebenheiten wie Wälder, Strand oder Berge, kulturelle Gegebenheiten wie historische Bauten, die oft die Attraktivität eines Ziels bestimmen und Grundlage für Aktivitäten sind, und spezifische touristische Einrichtungen, die dem Gast den Aufenthalt möglich oder angenehm machen, z. B. Hotels, Restaurants, Skilifte, Boots- oder Strandkorbvermietungen. Auch die Bereiche Transport, Reiseveranstaltung und Reisevermittlung zählen zum touristischen Angebot in Deutschland. Alle diese Angebote werden von Deutschen und Ausländern genutzt. Die vielfältige Tourismusbranche hat eine wichtige Rolle als Arbeitgeber. Vor allem in ländlichen, strukturschwachen Gebieten gibt es oft nur wenige Alternativen zu Arbeitsplätzen im Tourismus (Merlin 2017). Die Politik im weitesten Sinn begleitet den Tourismus und versucht, ihn zu lenken. Tourismus ist sowohl angebots- als auch nachfrageseitig recht heterogen. Akteure, Determinanten und Strukturen sind vielfältig und in einem globalen Zusammenhang zu sehen. Bezüge zum Klimawandel lassen sich dabei an sehr vielen Stellen finden (Matzarakis 2010). Tatsächlich wird der Klimawandel zu den ganz großen Herausforderungen des globalen Tourismus gerechnet: Einerseits müssen den Klimawandel befördernde Effekte reduziert werden, andererseits sind Anpassungsleistungen zu erbringen (von Bergner und Lohmann 2014).

22.2 Klimarelevanz des Tourismus – Tourismusrelevanz des Klimas

Im Prozess des Klimawandels ist Tourismus sowohl Betroffener als auch Treiber (Arent et al. 2014; Kovats et al. 2014). Die Treiberrolle ergibt sich vor allem aus den mit der Reisetätigkeit verbundenen

Treibhausgasemissionen, die für die Klimaänderungen (mit-)verantwortlich gemacht werden: Der Tourismus hat rund 8 % der globalen CO_2-Emissionen bzw. 5 % aller CO_2-Äquivalentemissionen zu verantworten (Lenzen et al. 2018). Der Löwenanteil von 50 % dieser tourismusbedingten Treibhausgasemissionen entfällt auf den Transport, darunter 16 % auf den Flugverkehr. Die andere Hälfte verteilt sich u. a. auf Essen und Trinken (18 %), Serviceleistungen (8 %) und Beherbergung (6 %) (Pröbstl-Haider et al. 2020, S. 199).

Eine naheliegende Lösung wäre, zur Reduzierung der Emissionen auf touristische Aktivitäten ganz zu verzichten oder den Transportanteil im Tourismus drastisch zu verringern. Eine solche Strategie erscheint für Deutschland zumindest kurz- und mittelfristig wenig wahrscheinlich. Die Vorteile touristischer Aktivität für Anbietende und Reisende sind so vielfältig, dass sie die wahrgenommenen Risiken des Klimawandels übertreffen. So konzentrieren sich die Bemühungen eher auf Anpassungsstrategien (Umweltbundesamt 2020a) und auf eine umweltfreundlichere Gestaltung der touristischen Angebote (Umweltbundesamt 2020b).

Klima und Wetter sind zentrale Faktoren des touristischen Angebots, vor allem in den Destinationen des Urlaubstourismus. Sie sind gleichzeitig Triebfeder der touristischen Nachfrage (Matzarakis 2006; Denstadli et al. 2011). Ob eine beliebige Region zur touristischen Destination werden kann, ergibt sich aus ihrer potenziellen Anziehungskraft wie etwa der landschaftlichen Schönheit oder Sehenswürdigkeiten, der touristischen Ausstattung mit beispielsweise Hotels und ihrer Erreichbarkeit (Lohmann und Beer 2013). Angenehmes Klima und verlässlich gutes Wetter gehören zu den Erfolgsfaktoren vieler Ferienregionen. Die naturräumlichen Gegebenheiten sind Hauptbestandteil der Attraktivität. Klima und Wetter können außerdem die Erreichbarkeit einer Destination beeinflussen und schließlich eine bestimmte Ausstattung zweckmäßig oder nötig machen, um die Vorteile des Wetters auszunutzen oder die Nachteile zu minimieren.

Nachfrageseitig spielen bei der Reiseentscheidung Wetter- und Klimaimages eine wichtige Rolle, also die Vorstellungen, die der potenzielle Reisende vom Wetter in den möglichen Reisezielen zu verschiedenen Jahreszeiten hat (Lohmann und Hübner 2013). Sie werden in Bezug gesetzt zu Urlaubsmotiven, persönlichen Wetterpräferenzen (Lohmann 2003) oder geplanten Aktivitäten. So beeinflussen Klimaparameter die Wahl des Reiseziels und des Reisezeitpunkts, aber auch weitere Teilentscheidungen wie etwa die Entscheidung für eine bestimmte Unterkunftsform (Matzarakis 2006, 2010). Am Reiseziel ist das Wetter eine wichtige Rahmenbedingung, die die Wahl der Aktivitäten beeinflusst, aber auch die Reisezufriedenheit und die Wiederkehr-bereitschaft (Scott et al. 2009).

22.3 Touristisch relevante Klimawandelfolgen

Grundsätzlich sind touristische Nachfrage und touristisches Angebot auch in Bezug auf die Klimawandelfolgen getrennt zu betrachten. Dabei ist die räumliche Struktur und zeitliche Dynamik des zukünftigen Klimawandels zu berücksichtigen.

Räumlich sind für den Tourismus der Klimawandel und dessen Folgen nicht nur in Deutschland relevant, sondern in der ganzen Welt. Zeitlich sind die erwarteten Veränderungen in Klimaparametern in mittelfristiger Zukunft (2031 bis 2060) zumindest innerhalb Deutschlands noch moderat, in fernerer Zukunft (2071 bis 2100) oft drastisch (Pröbstl-Haider et al. 2020, 19 ff.).

Lohmann und Kierchhoff (1999) identifizieren die Schnittstellen, an denen der Klimawandel auf das System Tourismus wirken kann (◨ Abb. 22.1; Gössling et al. 2012). Der Tourismus ist demnach betroffen von direkten Wetteränderungen (z. B. Hitze, Schnee), aber auch von deren Auswirkungen auf Natur und Landschaft in den Reisedestinationen und am Wohnort der potenziellen Touristen. Hinzu kommen die Wirkungen des Klimawandels auf Gesellschaft und Wirtschaft („soziales Konstrukt Klima", vgl. Stehr und von Storch 1995; Lohmann und Kierchhoff 1999; Lohmann 2001; Matzarakis 2010). Schließlich wirken

auf den Tourismus in einer bestimmten Destination X auch die sich aus dem Klimawandel ergebenden Änderungen in anderen Destinationen, die zu einer Positionsverschiebung hinsichtlich verschiedener Parameter (z. B. Eignung für Ferien im Sommer) führen können.

Effekte des Klimawandels bei der touristischen Nachfrage werden oft nur als Folge der Veränderungen in den Destinationen gesehen. Sie sind aber vielfältiger. Sie umfassen zunächst mögliche Änderungen in den Voraussetzungen (Lohmann und Beer 2013) der Teilnahme am Tourismus (u. a. finanzielle Ressourcen, Zeit, Gesundheit, Reisefreiheit), dabei aber auch die Motivation zum Reisen (z. B. durch Klimabedingungen am Wohnort). Ferner sind Änderungen im Reiseverhalten in zeitlicher und räumlicher Hinsicht möglich, auch eine Anpassung in den Urlaubsaktivitäten an neue Möglichkeiten. Schließlich gehört dazu auch der Versuch, angesichts des Klimawandels klimaschonend zu reisen.

Analysen zum bisherigen Nachfrageverhalten haben bislang keine belastbare Beziehung zwischen Klimawandel und Destinationswahl gefunden. Im Projekt „Klimafolgen für den Tourismus" (Bausch et. al. 2021) wurde erstmals systematisch die Entwicklung der Übernachtungszahlen in deutschen Reisegebieten über einen längeren Zeitraum (2006–2017) den Veränderungen klimatischer Parameter gegenübergestellt. Ein statistisch auffälliger Zusammenhang wurde dabei nicht gefunden.

Die Untersuchung von Schmücker et al. (2019) zu Aspekten der Nachhaltigkeit im touristischen Konsumentenverhalten in Deutschland kommt zu dem

◨ **Abb. 22.1** Schnittstellen zwischen Klimawandel und Tourismus in einer Destination. (Verändert nach Lohmann und Kierchhoff 1999)

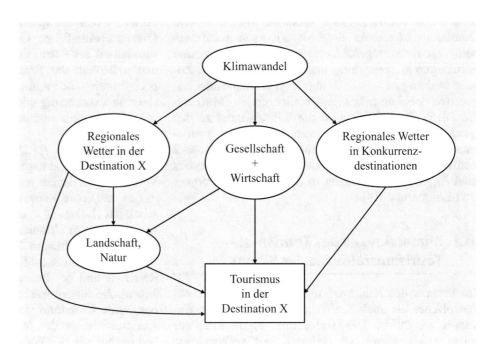

Schluss, dass sich deutsche Urlaubsreisende wenig nachhaltig verhalten. Die Einstellung der Bevölkerung gegenüber Nachhaltigkeit bei Urlaubsreisen ist demgegenüber deutlich positiver, bei leicht steigender Tendenz in den vergangenen Jahren. Es zeigt sich eine recht große Lücke zwischen Einstellung und Verhalten. Aktuell wäre es schon ein „Gewinn" für das Klima, wenn das jährliche Wachstum bei besonders klimaschädlichen touristischen Verhaltensweisen beendet würde.

22.4 Klimawandel und touristisches Angebot

Im Hinblick auf mögliche Folgen der Klimaänderungen für den Tourismus steht das touristische Angebot in den Destinationen im Vordergrund. Zum einen kann der Klimawandel das Tourismusangebot direkt über das Wetter verändern. Zum anderen beeinflusst er indirekt das Angebot über die Infrastruktur des Tourismus, etwa wenn Stürme Gebäude zerstören, Land verloren geht oder die Wattfläche abnimmt. Außerdem können sozioökonomische Klimafolgen das Angebot verändern, z. B. wenn die Anbietenden auf Klimawandelphänomene mit vermehrten Indoorangeboten für schlechte Witterung reagieren. All dies kann sich wiederum auf die Nachfrage auswirken.

Eine Vorausschau zu den in deutschen Reisegebieten zu erwartenden Veränderungen von Wetter- und Klimaparametern über die Zeit liefert das Onlineinformationsportal „Klimawandel und Tourismus" des Umweltbundesamtes[1]. Die regionalen Unterschiede hinsichtlich der touristischen Relevanz einzelner Parameter und deren Ausprägung sind schon national erheblich, erst recht gilt das im globalen Maßstab. Klimatische Bedingungen und deren Wandel beeinflussen also das touristische Angebot. Dies beginnt bei einzelnen Extremereignissen wie Überschwemmungen oder Hitzewellen, kann aber auch so weit gehen, dass die Folgen der klimatischen Änderungen einzelne Tourismusarten in bestimmten Gegenden in Zukunft unmöglich machen, z. B. den Skitourismus in niedrig gelegenen Gebieten, oder Destinationen komplett auslöschen wie etwa Inselstaaten im Pazifik (Scott et al. 2009; Matzarakis 2010). Somit wandelt sich das touristische Angebot in den Destinationen, und es ergeben sich neue Konstellationen in den grundlegenden Aspekten Attraktivität, Ausstattung und Erreichbarkeit.

22.5 Konkrete Beispiele für Deutschland

22.5.1 Küsten

Die Küsten zählen zu den bevorzugten Reisezielen in Deutschland. Urlauber und Tagesausflügler besuchen Nord- und Ostsee, weil sie dort ein für sie attraktives Angebot finden. Zu den Attraktivitätsfaktoren gehören u. a. Meer, Strand, Landschaft sowie Klima und Wetter. Diese werden durch den Klimawandel in unterschiedlichem Maße verändert (Umweltbundesamt 2020c). Modellierungen von verschiedenen klimatischen Größen geben Einblicke in mögliche klimatische Entwicklungen, z. B. im Nordseegebiet. Diese umfassen auch spezielle Küstenthemen, etwa die Sturmtätigkeit, den Anstieg des Meeresspiegels sowie die Veränderungen der Tidedynamik und des Seegangs (▶ Kap. 9). Die lokale Klimaentwicklung, etwa im Gebiet der Nordsee, ist vor allem von Änderungen in der großräumigen atmosphärischen Zirkulation im europäischen sowie atlantischen Raum abhängig. Ausschlaggebend hierfür ist im Nordseeraum vor allem die nordatlantische Oszillation (NAO), die für das Hervorrufen von Klimaanomalien in der nördlichen Hemisphäre bekannt ist (Weisse und Rosenthal 2003). Für die Ostseeküste hat das Norddeutsche Klimabüro regionale Klimaszenarien in der Praxis zusammengefasst (2011). Für den Tourismus in den deutschen Küstenregionen werden aufgrund steigender Wasser- und Lufttemperaturen sowie geringerer Niederschläge in mittelfristiger Perspektive eher Vor- als Nachteile erwartet (Schmücker 2014). Für den Strand- und Badetourismus an den Küsten und an Badeseen sowie für Aktivitäten wie Wandern und Radfahren ergeben sich Möglichkeiten zur Saisonverlängerung (Bausch et al. 2021; Matzarakis und Tinz 2014). Gründe dafür sind der Anstieg der Lufttemperatur, die Zunahme der Tage mit thermischer Behaglichkeit, die Abnahme der Kältebelastung und schließlich auch der Anstieg der Wassertemperatur.

Unter solchen Bedingungen steigt wahrscheinlich die touristische Nachfrage. Das ist verständlich, da sich dann eine Wettersituation ergibt, die dem optimalen Urlaubswetter näherkommt als das jetzige Küstenwetter (Lohmann 2003). So ist zu erwarten, dass sich die Nachfrage nicht nur im Umfang, sondern auch in ihrer Struktur (d. h. es kommen möglicherweise neue Zielgruppen, etwa bisherige Mittelmeerurlauber) ändern wird (Lohmann und Kierchhoff 1999; Heinrichs und Bartels 2011; Matzarakis und Tinz 2014).

Andererseits sind auch für den Tourismus abträgliche Folgen zu erwarten, wie etwa Vermehrung von Bakterien in wärmerem Wasser oder Veränderungen der Küstenlinie mit Strandverlusten und Strandverunreinigungen infolge von Stürmen (Umweltbundes-

---

1   ▶ https://gis.uba.de/maps/resources/apps/tourismus

amt 2020a). Zunehmende Extremwetterereignisse können es auch den Anbietenden erschweren, das touristische Angebot aufrechtzuerhalten. Kostensteigerungen und Attraktivitätsverluste könnten als Folge auftreten.

22.5.2 Mittel- und Hochgebirgsregionen

Unter Klimawandelbedingungen werden sich auch in den Gebirgen Wetter, Natur und Landschaft weiter verändern. Dies kann sich auf den Sommer- wie auf den Wintertourismus auswirken. Im Schwarzwald etwa wird die Sommersaison künftig deutlich eher beginnen und sich bis weit in den Herbst erstrecken. Die Zunahme der Lufttemperatur ist in dieser Region etwas stärker ausgeprägt als in den Küstenregionen. Grundsätzlich ist im Mittel- wie im Hochgebirge mit einer Verlängerung der Sommersaison zu rechnen (Bausch et al. 2021; Matzarakis und Tinz 2014). Andererseits birgt auch in Gebirgsregionen der Klimawandel Gefahren: Im Hochgebirge ist z. B. durch die vertikale Verschiebung von Gletscher- und Permafrostzonen mit vermehrtem Steinfall (▶ Kap. 12) und einer Destabilisierung der Wegenetze für Wander- und Bergtourismus sowie von technischer Infrastruktur wie Liftanlagen und entsprechenden Sicherheitsrisiken für Besucher zu rechnen (Agrawala 2007; Mourey und Ravanel 2017). Zudem wird die Vorhersage für Schönwetterperioden schwieriger und für einige Routen haben sich bereits die Angebotszeiträume auf den Herbst, das Frühjahr oder sogar den Winter verschoben. Hier wird künftig zunehmend Flexibilität der Touranbietenden, aber auch der Nachfragenden notwendig werden (Mourey et al. 2020). Wintersport wird wegen Schneemangels in niedrigen und mittleren Lagen nur sehr selten möglich sein. Nicht nur für die Mittelgebirge, sondern selbst für den bayerischen Alpenraum sind die langfristigen Aussichten für den Skitourismus eher düster (Schmücker et al. 2019).

Die resultierenden wirtschaftlichen Einbußen können vom Sommertourismus nicht kompensiert werden (Müller und Weber 2007). Aufgrund der inzwischen praktisch flächendeckenden künstlichen Beschneiung in alpinen Skiressorts ist für diese mittlerweile weniger der Grad der natürlichen als vielmehr der technischen Schneesicherheit entscheidend, also die Frage der Beschneibarkeit. Wie die natürliche Schneesicherheit wird auch die Beschneibarkeit von klimatischen Umgebungsparametern wie Lufttemperatur und Luftfeuchte bestimmt (Schmidt et al. 2012). Die Beschneiung hat ihrerseits aber wieder Umwelt- und Klimawirkungen, die durchaus kritisch gesehen werden können.

Kurzfristige klimatologische Extremereignisse wie Stürme, Starkniederschläge, sommerliche Hitzewellen und winterliche Warmperioden lassen für den Tourismus in den Alpen große Probleme erwarten. Die große ökonomische Abhängigkeit des alpinen Tourismussektors von lokalen Klimaparametern macht diesen infolge des Klimawandels zum Hotspot gesellschaftlicher Herausforderungen (Becken und Hay 2007; Pröbstl-Haider et al. 2020).

22.5.3 Anpassungsstrategien

Allgemein gilt, dass das Ausmaß der Klimarisiken in der zweiten Hälfte des Jahrhunderts ganz wesentlich durch den Menschen beeinflussbar erscheint (Olefs et al. 2020). Kurzfristig sind deswegen weniger jene Maßnahmen dringend, die den Tourismus für den Klimawandel fit machen (Anpassung), als solche, die zur Reduzierung des langfristigen Klimawandels beitragen (Mitigation).

Insgesamt zeichnen sich für die nächsten drei Jahrzehnte weder für die deutschen Küstenregionen noch für die Mittelgebirge Auswirkungen des Klimawandels ab, die Tourismus unmöglich machen würden. Entsprechend stehen bei den touristischen Anbietenden Strategien sowohl in Richtung Klimaschutz als auch Anpassung im Vordergrund, ein Rückzug aus dem Tourismus wird kaum thematisiert. Unter dem Schlagwort des „nachhaltigen Tourismus" wird ergänzend versucht, den Tourismus in den Destinationen ressourcenschonend und klimaverträglich zu gestalten und die Touristen zur Wahl entsprechender Verhaltensoptionen zu bringen.

Spezifische Ansätze zur regionalen Anpassungen an den Klimawandel wurden z. B. im Rahmen des KUN-TIKUM-Projekts entwickelt (Bartels et al. 2009). Hierbei wurde für verwundbare Regionen – die Nordsee als Küstenregion und den Schwarzwald als Mittelgebirgsregion – ein „Tourismus-Klimafahrplan" für Tourismusdestinationen erarbeitet. Für den Wintertourismus haben Bausch et al. (2016) exemplarisch Anpassungsstrategien abgeleitet und skizziert. Im Jahr 2021 startete das Wirtschaftsministerium Niedersachsen vor dem Hintergrund des Klimawandels eine umfassende Verwundbarkeitsanalyse für den Tourismus[2], ebenfalls mit dem Ziel einer angemessenen Anpassung. Bei der Reaktion auf den Klimawandel wie auch beim Ziel der Nachhaltigkeit im Tourismus insgesamt geht es nicht allein um die Umsetzung einzelner Maßnahmen, sondern um das engagierte Betreiben eines längerfristigen Prozesses, für den es eine verantwortliche Koordination geben muss. Destinationsmanagementorganisationen

---

2   ▶ https://nds.tourismusnetzwerk.info/inhalte/qualitaetsmanagement/klimawandel-und-tourismus/broschueren-und-dokumente-zum-projekt-klimawandel-anpacken/

können hier eine Schlüsselrolle spielen (Umweltbundesamt 2020a; Bausch et al. 2021).

22.6 Kurz gesagt

Der Klimawandel und seine direkten und indirekten Folgen können die zukünftige Entwicklung von Angebot und Nachfrage im Tourismus langfristig erheblich beeinflussen. Dabei ist der Klimawandel aber nur einer von vielen Faktoren, die auf die Zukunft des Tourismus wirken. Touristisch relevante klimatische Veränderungen werden in den sensiblen Regionen wie Küsten und Gebirgen bis zur Mitte des 21. Jahrhunderts zwar deutlich wahrnehmbar, im Rahmen der mittleren Verhältnisse aber nicht sehr stark sein. Allerdings werden in diesen Regionen vermehrt klimatische Extremereignisse auftreten. Zum Ende des 21. Jahrhunderts werden die touristisch relevanten klimatischen Veränderungen jedoch drastischer sein. Ein erheblicher Einfluss auf den Tourismus resultiert auch aus dem sozialen Konstrukt Klima, also aus der Wahrnehmung und Bewertung des Klimawandels in Gesellschaft und Wirtschaft als Bedrohung oder auch als Chance und die sich daraus ergebenden Reaktionen. Vor diesem Hintergrund sind auch die Bemühungen zu sehen, den ökologischen Fußabdruck des Reisens zu verringern, etwa im Bereich des Transports.

Die möglichen Effekte des Klimawandels auf die touristische Nachfrage sind langfristig groß. Sie werden vor allem die Zielgebietsentscheidungen und den Reisezeitpunkt betreffen. In den Jahren bis 2030 sind aber eher schleichende Veränderungen ohne prägnante Effekte zu erwarten. Mittel- und langfristig begünstigen Klimawandelfolgen bei den Reisedestinationen in Europa eine Entwicklung von „Süd nach Nord" (etwa zur Vermeidung unbekömmlicher Sommerhitze in der Mittelmeerregion), von „fern nach nah" (etwa aufgrund von ökologisch begründeter Kostensteigerungen beim Flugverkehr), von „billig zu teuer" (wegen klimatisch begründeter Kostensteigerungen für die Aufrechterhaltung touristischer Infrastruktur) und von „Schnee zu Grün" (weitgehender Wegfall von Schneesport im Winter). Für die Anbietenden, vor allem die Zielgebiete, sind langfristig Anpassungsstrategien wichtig. Diese Anpassungen orientieren sich an orts- oder regionsspezifischen Klimaherausforderungen und sind eher allgemein als tourismusspezifisch. Allerdings sollten in Tourismusregionen die Belange des Tourismus bei den Anpassungsmaßnahmen Berücksichtigung finden. Diese Strategien müssen jeweils „individuell" sein, da sie nicht nur durch den erwarteten bzw. eingetretenen physikalischen Klimawandel getrieben werden, sondern auch durch dessen Bewertung in der Region, die jeweiligen spezifischen Zielsetzungen für den Tourismus und die unterschiedlichen Ressourcen, die für eine Anpassung zur Verfügung stehen.

Literatur

Agrawala S (2007) Climate change in the European Alps. Adapting winter tourism and natural hazards management. OECD Publishing, Paris

Arent DJ, Tol RSJ, Faust E, Hella JP, Kumar S, Strzepek KM, Tóth FL, Yan D (2014) Key economic sectors and services. Climate change 2014: impacts, adaptation, and vulnerability. Part A: global and sectoral aspects. In: Field CB, Barros VR, Dokken DJ, Mach KJ, Mastrandrea MD, Bilir TE, Chatterjee M, Ebi KL, Estrada YO, Genova RC, Girma B, Kissel ES, Levy AN, MacCracken S, Mastrandrea PR, White LL (Hrsg) Contribution of Working Group II to the Fifth Assessment Report of the Intergovernmental Panel on Climate Change. Cambridge University Press, Cambridge, S 659–708

Bartels C, Barth M, Burandt S, Carstensen I, Endler C, Kreilkamp E, Matzarakis A, Möller A, Schulz S (2009) Sich mit dem Klima wandeln! Ein Tourismus-Klimafahrplan für Tourismusdestinationen. Forschungsprojekt KUNTIKUM – Klimatrends und nachhaltige Tourismusentwicklung in Küsten- und Mittelgebirgsregionen. Leuphana Universität Lüneburg und Albert-Ludwigs-Universität, Freiburg

Bausch T, Ludwigs R, Meier S (2016) Wintertourismus im Klimawandel: Auswirkungen und Anpassungsstrategien. Fakultät für Tourismus, Hochschule München

Bausch T, Dworak T, Günther W, Hoffmann P (2021) Folgen des Klimawandels für den Tourismus. UBA Texte, Umweltbundesamt, Dessau

Becken S, Hay JE (2007) Tourism and climate change – risks and opportunities. Channel View Publications, Clevedon

Denstadli JM, Jacobsen JKS, Lohmann M (2011) Tourist perceptions of summer weather in Scandinavia. Ann Tour Res 38:920–940

DHV (2011) Begriffsbestimmungen – Qualitätsstandards für die Prädikatisierung von Kurorten, Erholungsorten und Heilbrunnen, 12. Auflage von 2005, aktualisiert 2011. Deutscher Heilbäderverband e. V., Berlin

FUR (2020) Reiseanalyse 2020. Forschungsgemeinschaft Urlaub und Reisen e. V. Kiel

Gössling S, Lohmann M, Grimm B, Scott D (2017) German holiday transport patterns: Insights for climate policy. Case Studies on Transport Policy 5(4):596–603

Gössling S, Scott D, Hall CM, Ceron JP, Dubois G (2012) Consumer behaviour and demand response of tourists to climate change. Ann Tour Res 39(1):36–58

Heinrichs H, Bartels C (2011) Klimabedingte Änderungen im Wirtschaftssektor Tourismus. In: von Storch H, Claussen M (Hrsg) Klimabericht für die Metropolregion Hamburg. Universität Hamburg, S 197–210

Hoefert HW (1993) Kurwesen. In: Hahn H, Kagelmann JH (Hrsg) Tourismuspsychologie und Tourismussoziologie. Quintessenz. München, S 391–396

Kovats RS, Valentini R, Bouwer LM, Georgopoulou E, Jacob D, Martin E, Rounsevell M, Soussana J-F (2014) Europe. Climate change 2014: impacts, adaptation, and vulnerability. Part B: Regional aspects. In: Barros VR, Field CB, Dokken DJ, Mastrandrea MD, Mach KJ, Bilir TE, Chatterjee M, Ebi KL, Estrada YO, Genova RC, Girma B, Kissel ES, Levy AN, MacCracken S, Mastrandrea PR, White LL (Hrsg) Contribution of Working Group II to the Fifth Assessment Report of the Intergovernmental Panel on Climate Change. Cambridge University Press. Cambridge, S 1267–1326

Lenzen M, Sun YY, Faturay F, Ting YP, Geschke A, Malik A (2018) The carbon footprint of global tourism. Nat Clim Change 8(6):522–528

Lohmann M (2001) Coastal resorts and climate change. In: Lockwood A, Medlik S (Hrsg) Tourism and hospitality in the 21st century. Butterworth-Heinemann, Oxford, S 284–295

Lohmann M (2003) Über die Rolle des Wetters bei Urlaubsreiseentscheidungen. In: Bieger T, Laesser C (Hrsg) Jahrbuch 2002/2003 der Schweizerischen Tourismuswirtschaft. Institut für Öffentliche Dienstleistungen und Tourismus der Universität St. Gallen, St. Gallen, S 311–326

Lohmann M (2009) Coastal tourism in Germany – changing demand patterns and new challenges. In: Dowling R, Pforr C (Hrsg) Coastal tourism development – planning and management issues. Cognizant, Elmsford, NY, S 321–342

Lohmann M (2017) Urlaubsmotive: Warum wir Urlaubsreisen machen. In: Pechlaner H, Volgger M (Hrsg) Die Gesellschaft auf Reisen – Eine Reise in die Gesellschaft. Springer, Wiesbaden, S 49–68

Lohmann M (2019) Machen Urlaubsreisen glücklich? In: Groß S et al (Hrsg) Wandel im Tourismus. Schmidt, Berlin, S 15–29

Lohmann M, Beer H (2013) Fundamentals of tourism: what makes a person a potential tourist and a region a potential tourism destination? Poznan Univ Econ Rev 13(4):83–97

Lohmann M, Hübner A (2013) Tourist behavior and weather – understanding the role of preferences, expectations and in-situ adaptation. Mondes du tourisme 8:44–59

Lohmann M, Kierchhoff HW (1999) Küstentourismus und Klimawandel: Entwicklungspfade des Tourismus unter Einfluss des Klimawandels. Schlussbericht zum Forschungsvorhaben „Entwicklung des Tourismus im deutschen Küstenbereich unter besonderer Berücksichtigung der Wahrnehmung und Bewertung von Klimafolgen durch relevante Entscheidungsträger". Gefördert mit Mitteln des Bundesministeriums für Bildung, Wissenschaft, Forschung und Technologie; Förderkennzeichen 01 KJ 9505/2. NIT, Kiel

Lohmann M, Yarar N, Sonntag U, Schmücker D (2020) Reiseanalyse Trendstudie 2030 – Urlaubsnachfrage im Quellmarkt Deutschland. Forschungsgemeinschaft Urlaub und Reisen (FUR). Kiel

Matzarakis A (2006) Weather- and climate-related information for tourism. Tourism Hospitality Planning Development 3:99–115

Matzarakis A (2010) Climate change: temporal and spatial dimension of adaptation possibilities at regional and local scale. In: Schott C (Hrsg) Tourism and the implications of climate change: issues and actions, Emerald Group Publishing. Bridging Tourism Theory and Practice 3:237–259

Matzarakis A, Tinz B (2014) Tourismus an der Küste sowie in Mittel und Hochgebirge: gewinner und Verlierer. In: Lozán JZ, Graßl H, Jendritzky G, Karbe L, Reise K (Hrsg) Warnsignal Klima: gesundheitsrisiken Gefahren für Menschen, Tiere und Pflanzen, 2. Aufl. Elektron. Veröffentlichung (Kap. 4.1). ► www.warnsignale.uni-hamburg.de

Merlin C (2017) Tourismus und nachhaltige Regionalentwicklung in deutschen Biosphärenreservaten. Würzburg University Press

Müller HR, Weber F (2007) Klimaveränderungen und Tourismus. Szenarienanalyse für das Berner Oberland 2030. FIF Universität Bern, 2007

Mourey J, Ravanel L (2017) Evolution of Access Routes to High Mountain Refuges of the Mer de Glace Basin (Mont Blanc Massif, France). An Example of Adapting to Climate Change Ef-

fects in the Alpine High Mountains. Journal of Alpine Research| Revue de géographie alpine (105–4)

Mourey J, Perrin-Malterre C, Ravanel, L (2020) Strategies used by French Alpine guides to adapt to the effects of climate change. J Outdoor Recreat Tou 29:100278.

Norddeutsches Klimabüro (2011) Regionale Klimaszenarien in der Praxis – Beispiel deutsche Ostseeküste. Institut für Küstenforschung, Geesthacht

Olefs M, Formayer H, Gobiet A, Marke T, Schöner W (2020) Klimawandel – Auswirkungen mit Blick auf den Tourismus. In: Pröbstl-Haider et al (Hrsg) Tourismus und Klimawandel – Österreichischer Special Report Tourismus und Klimawandel (SR19), Springer. Berlin, S 19–46

Pröbstl-Haider U, Lund-Durlacher D, Olefs M, Prettenthaler F (Hrsg) (2020) Tourismus und Klimawandel – Österreichischer Special Report Tourismus und Klimawandel (SR19), Springer, Berlin

Schmidt P, Steiger R, Matzarakis A (2012) Artificial snowmaking possibilities and climate change based on regional climate modeling in the southern Black Forest. Meteorol Z 21:167–172

Schmücker D (2014) Klimawandel und Küstentourismus in Norddeutschland. Geogr Rundsch 66(3):40–45

Schmücker D, Sonntag U, Günther, W (2019) Nachhaltige Urlaubsreisen: Bewusstseins- und Nachfrageentwicklung. Grundlagenstudie gefördert aus Mitteln des Bundesministeriums für Umwelt, Naturschutz und nukleare Sicherheit, FKZ UM18165020. Kiel, NIT

Scott D, de Freitas CR, Matzarakis A (2009) Adaptation in the tourism and recreation sector. In: McGregor GR, Burton I, Ebi K (Hrsg) Biometeorology for adaptation to climate variability and change. Springer, Berlin, S 171–194

Scott D, Hall CM, Gössling S (2012) Tourism and climate change: impacts, adaptation and mitigation. Routledge, London

Sonntag U, Eisenstein B, Reif J, Schmücker D (2019) Geschäftsreisende in Deutschland 2019 – Ergebnisse der RA Business 2019. Forschungsgemeinschaft Urlaub und Reisen (FUR). Kiel

Statistisches Bundesamt (2020) Tourismus in Deutschland 2019. Pressemitteilung Nr. 041 vom 10. Februar 2020. Wiesbaden

Stehr N, von Storch H (1995) The social construct of climate and climate change. Clim Res 5:99–105

Umweltbundesamt (2020a) Anpassung an den Klimawandel: Die Zukunft im Tourismus gestalten. Dessau-Roßlau

Umweltbundesamt (2020b) Nachhaltiger Tourismus. ► www.umweltbundesamt.de/themen/wirtschaft-konsum/nachhaltiger-tourismus#bedeutung-des-tourismus. Zugegriffen: 16. Dez. 2020

Umweltbundesamt (2020c) Klimawandel und Tourismus. ► https://gis.uba.de/maps/resources/apps/tourismus. Zugegriffen: 16. Dez. 2020

von Bergner NM, Lohmann M (2014) Future challenges for global tourism: a Delphi survey. J Travel Res 53:420–432

Weisse R, Rosenthal W (2003) Szenarien zukünftiger, klimatisch bedingter Entwicklungen der Nordsee. In: Lozán JL, Rachor E, Reise K (Hrsg) Warnsignale aus Nordsee und Wattenmeer: Eine aktuelle Umweltbilanz. Wissenschaftliche Auswertungen. Hamburg, S 51–56

Kaskadeneffekte und kritische Infrastrukturen im Klimawandel

Markus Groth, Steffen Bender, Alfred Olfert, Inke Schauser und Elisabeth Viktor

Inhaltsverzeichnis

23.1   Klimawandel und kritische Infrastrukturen – 298

23.2   Kaskadeneffekte, systemische Abhängigkeiten und Risikoanalysen – 300
23.2.1   Kaskadeneffekte und systemische Abhängigkeiten – 300
23.2.2   Risikoanalysen – 301

23.3   Regionale Fallstudie – 302

23.4   Fazit, Handlungsempfehlungen und weiterer Forschungsbedarf – 304

23.5   Kurz gesagt – 305

Literatur – 306

© Der/die Autor(en) 2023
G. P. Brasseur et al. (Hrsg.), *Klimawandel in Deutschland*,
https://doi.org/10.1007/978-3-662-66696-8_23

Als kritische Infrastrukturen werden ganz allgemein Organisationen und Einrichtungen bezeichnet, die eine große gesamtwirtschaftliche Bedeutung haben und deren Ausfall oder Beeinträchtigung zu gravierenden Versorgungsengpässen, erheblichen Störungen der öffentlichen Sicherheit oder anderen dramatischen Folgen führen kann (BBK 2020). Infolge des Klimawandels ist zu erwarten, dass es vermehrt zu Einschränkungen oder Ausfällen von kritischen Infrastrukturen kommt, wobei insbesondere die Strom-, Wärme- und Wasserversorgung, die Abwasserentsorgung, der Verkehrssektor sowie die Informationstechnik und Telekommunikation zu nennen sind (Voß et al. 2021; Forzieri et al. 2018; EEA 2017; Buth et al. 2015; Arent et al. 2014). Da diese verschiedenen Infrastrukturen eng miteinander vernetzt und voneinander abhängig sind, sind zunehmend auch klimawandelbedingte Verwundbarkeiten mit Blick auf das gesamte Infrastruktursystem zu betrachten (European Commission 2020; Laugé et al. 2015; Eusgeld et al. 2011). Hierbei gilt es, sowohl direkte als auch indirekte Auswirkungen zu berücksichtigen, die durch sogenannte Kaskadeneffekte hervorgerufen werden (EEA 2019; Luiijf et al. 2010; BMI 2009; Rinaldi et al. 2001). So kann beispielsweise eine Unterbrechung oder ein Totalausfall der Stromversorgung infolge eines Extremwetterereignisses zu schwerwiegenden Folgen für die Informations- und Telekommunikationsinfrastruktur sowie andere zentrale Versorgungsinfrastrukturen in einer Region führen (Europäische Union 2019; Forzieri et al. 2018; Groth et al. 2018; Mikellidou et al. 2018; Karagiannis et al. 2017; Bundesregierung 2015; Walker et al. 2014). Andere kritische Situationen können wiederum durch Störungen von Hilfs- oder Evakuierungsmaßnahmen in Krisensituationen entstehen, wenn Teile der kritischen Infrastrukturen zerstört oder überlastet sind – beispielsweise als Folge von Überflutungen wie im Ahrtal 2021, in Lancaster 2015 und Münster (2014) oder entlang der Elbe und Donau 2013 (BMI, BMF 2021a, b; Ferranti et al. 2017; DKKV 2015; Stadt Münster 2014).

Somit stellen Schnittstellen zwischen kritischen Infrastrukturen nicht nur Punkte potenzieller Verwundbarkeit dar, sondern sie können bestehende Verwundbarkeiten über mehrere Infrastruktursektoren und -elemente hinweg tragen. Hinzu kommt, dass infolge von Personalabbau in den kommunalen Verwaltungen und geringen Investitionen viele Infrastrukturelemente, wie Schleusen, Brücken, Gleise oder die Kanalisation sanierungsbedürftig sind (Kommunal 2020; Gornig 2019; DWA 2015; DGB 2013). Wenn dadurch immer weniger autarke bzw. analoge Redundanzen zur Verfügung stehen, wird das System insgesamt anfälliger für längere Ausfälle.

Um diese Herausforderungen zu adressieren, wurde das Leitbild einer klimaresilienten Infrastruktur entwickelt (OECD 2018). Resilienz wird dort einerseits als dynamischer, aber dennoch planbarer Zustand eines Systems sowie andererseits als Fähigkeit von Systemen

verstanden, mit Störungen wie extremen Ereignissen oder kontinuierlichen Änderungen umzugehen, ohne ihre Funktionsfähigkeit zu verlieren (Doorn et al. 2019; Folke 2006). Zentrale Fähigkeiten von resilienten Infrastrukturen sind somit sowohl deren Robustheit als auch deren Anpassungs- und Regenerationsfähigkeit. Je nach Stärke der Störung kann ein resilientes System aufgrund seiner Widerstandsfähigkeit den Status quo erhalten oder aufgrund seiner Anpassungsfähigkeit auf einen neuen funktionsfähigen Zustand hin weiterentwickelt werden. Letzteres betont, dass die Resilienz von Infrastrukturen nicht nur von deren technischen Merkmalen, sondern zentral auch von sozioökonomischen und ökologischen Systemkomponenten beeinflusst wird.

Infolge der auch in Deutschland projizierten zukünftigen regionalen Zunahme der Anzahl und Intensität von Extremereignissen nehmen sowohl der anwendungsbezogene Forschungsbedarf zur klimawandelbedingten Betroffenheit von Infrastrukturen als auch die Notwendigkeit zur praktischen Durchführung entsprechender Risikoanalysen zu (EEA 2020a; European Commission 2020; Lückerath et al. 2020; Groth et al. 2018; Buth et al. 2015), was zunehmend auch auf der politischen Ebene erkannt und adressiert wird (EEA 2020a; Deutscher Bundestag 2019; Freie und Hansestadt Hamburg 2019; Albrecht et al. 2018). So wurden beispielsweise das „Baugesetzbuch" 2013 und das „Gesetz zur Umweltverträglichkeitsprüfung" 2017 überarbeitet (Schönthaler et al. 2018) sowie in die „Technische Regel Anlagensicherheit 310" ein Klimaanpassungsfaktor zur Berücksichtigung der zunehmenden Gefährdung durch Flusshochwasser, Sturzflutereignisse und Starkniederschläge aufgenommen (Köppke und Sterger 2013).

23.1 Klimawandel und kritische Infrastrukturen

In Deutschland sind die folgenden Sektoren Teil der kritischen Infrastruktur (BBK und BSI 2020): i) Transport und Verkehr, ii) Energie, iii) Informationstechnik und Telekommunikation, iv) Finanz- und Versicherungswesen, v) Staat und Verwaltung, vi) Ernährung, vii) Wasser, viii) Gesundheit sowie ix) Medien und Kultur.

Ob eine Anlage als kritische Infrastruktur gewertet wird, kann für den Energiesektor beispielsweise dem Anhang 1 „Anlagenkategorien und Schwellenwerte im Sektor Energie" der BSI-KritisV (▶ https://www.gesetze-im-internet.de/bsi-kritisv/anhang_1.html) entnommen werden. Kritische Infrastrukturen sind im Sinne soziotechnischer Systeme mit entsprechend vielfältigen möglichen Einflussfaktoren und potenziellen Beeinflussungen zu verstehen (Moss 2014; Frantzeskaki und Loorbach 2010). Unter Berücksichtigung der Verbindung zur Umwelt kann in diesem Zusammenhang auch von „sozio-öko-technischen Systemen" gesprochen werden (Clark et al. 2019; Grabowski et al. 2017). Um mögliche Schwachstellen und Verwundbarkeiten zu identifizieren und Anpassungsoptionen zu entwickeln, sind insbesondere diese Verbindungen sowie ihr systemisches Zusammenspiel zu analysieren. Dabei sind auch mögliche andere Einflüsse auf Teilsysteme beispielsweise infolge von Epidemien oder Pandemien wie die Grippewelle 2018 oder die Coronapandemie zu berücksichtigen (Spreen et al. 2020; RKI 2017; Itzwerth et al. 2006).

Das Ziel ist es somit, eine Grundlage dafür zu schaffen, dass sowohl die Widerstandsfähigkeit von Elementen kritischer Infrastrukturen im Sinne einer technisch-physischen Robustheit von Anlagen, als auch die Fähigkeiten des Managementsystems gefördert werden, und im Zuge dessen die Verwundbarkeit sowie das Risiko in Bezug auf die Folgen des Klimawandels verringert werden kann.

Bevor im weiteren Verlauf dieses Kapitels die Relevanz von Kaskadeneffekten für kritische Infrastrukturen und entsprechende systemische Abhängigkeiten als neue Herausforderungen im Vordergrund stehen, werden zunächst exemplarisch sektorale klimawandelbedingte Betroffenheiten für die Stromversorgung sowie die Verkehrsinfrastruktur und Mobilität in Deutschland skizziert. Diese Beispiele wurden gewählt, da es sich hierbei um zentrale gesellschaftliche Versorgungsinfrastrukturen handelt, die zudem aus sektoraler Perspektive bereits umfassend untersucht wurden.

■ **Stromversorgung**
Mit einem Fokus auf der Stromversorgung geben Groth et al. (2018)[1] einen Überblick möglicher Auswirkungen des Klimawandels auf den Energiesektor in Deutschland. Regionale Klimaprojektionen zeigen hierbei eine Zunahme der mittleren Lufttemperatur und dadurch auch der Wassertemperatur und der Verdunstungsrate. Durch die erwartete Zunahme von Trockentagen ist lokal von einer Zunahme von Tagen mit niedrigen Flusswasserständen im Sommer auszugehen. Dies wird in Verbindung mit höheren Temperaturen die Kühlwassersituation und Engpässe in der Transportlogistik – insbesondere in der Binnenschifffahrt – verschärfen.

So wurden in den trockenen Sommern 2003 und 2018 thermische Kraftwerke gedrosselt oder heruntergefahren. Im Jahr 2018, aber auch in den Niedrigwasserphasen in den Wintern 2015/2016, 2016/2017 sowie 2018/2019, kam es zudem zu Lieferengpässen bei der Versorgung von Kraftwerken mit Steinkohle in

Baden-Württemberg (Bundestag 2019). Neben der notwendigen Drosselung der thermischen Kraftwerke durch Niedrigwasser ist zudem anzumerken, dass dies auch bereits durch hohe Wassertemperaturen notwendig wurde, was auch zukünftig vermehrt zu erwarten ist. Vor allem durch den Ausstieg aus der fossilen Energieerzeugung gemäß des sogenannten Kohleausstiegsgesetzes sowie den dezentralen Ausbau der erneuerbaren Energien verringern sich zukünftig diese Gefahren für die Stromversorgung. Die positive Rückkopplung erneuerbarer Energiequellen auf die Versorgungssicherheit (Redundanzkriterium) bestätigt auch eine Delphi-basierte Untersuchung im Rahmen des „TRAFIS-Projektes" (Olfert et al. 2020). Im Zuge des Ausbaus der erneuerbaren Energien steigt hingegen die Bedeutung der Stromverteilung und damit grundsätzlich die Herausforderung der Ausgestaltung (Erdkabel oder Freileitungen) der Übertragungs- und Verteilnetzinfrastruktur. Hier gilt es, die Folgen von häufiger auftretenden Hitzewellen zu berücksichtigen, da diese sich negativ auf die Übertragungsfähigkeit auswirken oder zu einer unmittelbaren Beschädigung von einzelnen Elementen wie beispielsweise Masten, Kabeln und Transformatoren führen können. Aber auch andere extreme Wetterereignisse wie Waldbrände, Stürme, Hochwasser oder Schnee können insbesondere im Verteilnetz zu Unterbrechungen führen (Kurth und Breuer 2018).

Hinsichtlich der Starkregentage und der Winterniederschläge zeigen regionale Klimaprojektionen vielerorts eine Zunahme, wodurch lokal das Überflutungsrisiko steigen kann. Dadurch können Mastfundamente unterspült werden, was sich negativ auf ihre Standfestigkeit auswirkt. Für einzelne Elemente wie Umspannwerke oder Transformatorstationen kann insbesondere in der Nähe von Fließgewässern oder in tiefergelegenen Bereichen die Überflutungsgefahr steigen. Dagegen kann die Stromerzeugung durch Fotovoltaikanlagen von stabileren Hochdruckwetterlagen – wie 2003 und 2018 – profitieren. Eine Verminderung der kurzwelligen UV-Strahlung schlägt sich dagegen in einer verringerten Energieerzeugung nieder (Jerez et al. 2015). Durch die steigenden Temperaturen verändert sich auch die Art des Energiebedarfs. So sinkt der Bedarf an Wärmeenergie (Andrić et al. 2017) und der Bedarf an Kühlenergie nimmt zu (Climate Service Center Germany, GERICS 2020; Mücke und Matzarakis 2019; Bürger et al. 2017; Koch et al. 2017).

■ **Verkehrsinfrastruktur und Mobilität**
Der Verkehrssektor und die zugehörige Infrastruktur werden infolge des Klimawandels insbesondere durch die Auswirkungen extremer Wetterereignisse beeinflusst. Hitze- und Dürreperioden, Hoch- und Niedrigwasser, Starkniederschläge oder Hagel, Nebel, Schneefall und Eisgang führen zu direkten Beeinträchtigungen, da sie die störungsfreie Nutzung von

---

1   Die Inhalte dieses Abschnitts basieren insbesondere auf Groth et al. (2018) sowie der dort verwendeten Literatur. Für eine über das Beispiel Deutschland hinausgehende Übersicht der klimawandelbedingten Risiken für die Energieinfrastruktur sei beispielsweise auf Mikellidou et al. (2018) verwiesen.

Verkehrsmitteln und Verkehrsinfrastrukturen einschränken (Hänsel et al. 2019; Nilson et al. 2019).

Für die Verkehrsträger Straße und Schiene sind Schäden und Hindernisse durch Hochwasser und gravitative Massenbewegungen sowie Extremtemperaturen (vornehmlich Hitze) zentrale Herausforderungen. Die Schiffbarkeit der Wasserstraßen kann speziell durch außergewöhnlich hohe oder niedrige Wasserstände beeinträchtigt werden. Darüber hinaus kann es, besonders in Kombination mit Starkwinden und Starkniederschlägen, zu Schäden an Infrastrukturelementen wie Verkehrsleitsystemen, Oberleitungen und Stromversorgungsanlagen sowie Binnenwasserstraßen, Häfen und maritimen Einrichtungen kommen (Voß et al. 2021; Kahlenborn et al. 2021). Störungen des Verkehrssystems können Störungen in anderen wirtschaftlichen Sektoren und damit auch anderen Infrastrukturdienstleistungen nach sich ziehen, wie beispielsweise das Niedrigwasser am Rhein 2018 gezeigt hat. Gleichzeitig wurde die Logistikkette für die Eisenerz-, Kohle- und Rohölversorgung sowie für die Auslieferung der Endprodukte von Stahlwerken und der Chemischen Industrie am Oberrhein behindert. Dies hatte Lieferengpässe bei Diesel und Benzin zur Folge (BfG 2019).

23.2 Kaskadeneffekte, systemische Abhängigkeiten und Risikoanalysen

23.2.1 Kaskadeneffekte und systemische Abhängigkeiten

Als sogenannte sozio-öko-technische Systeme vereint das Funktionieren kritischer Infrastrukturen ein enges Ineinandergreifen der physischen Artefakte und

Technologien, gesellschaftlicher Erwartungen und Verhaltensweisen, bestehender Marktmuster, institutioneller Strukturen, Normen und Regeln sowie natürlicher Ressourcen (Olfert et al. 2021; Moss 2014; Frantzeskaki und Loorbach 2010). Kritische Infrastrukturen sind zudem kritische Elemente (Subsysteme) in einem größeren interdependenten System von Systemen (Rinaldi et al. 2001), in denen durch gerichtete Abhängigkeiten Störungen in einem Systemelement sich kaskadenförmig durch das System und in andere Systeme hinein fortpflanzen können (Fu et al. 2014; Reichenbach et al. 2011). Ein zentraler Aspekt liegt somit auf der systemischen Bedeutsamkeit von Abhängigkeiten einzelner Teilsysteme, die sowohl unterschiedliche Infrastrukturelemente als auch Sektoren umfassen. Im Zuge dessen wird es für Infrastrukturbetreiber immer wichtiger, nicht nur die direkten klimawandelbedingten Betroffenheiten des eigenen Sektors zu kennen, sondern auch die möglichen indirekten Folgen zu berücksichtigen, die von anderen Sektoren ausgehen, zu denen systemrelevante Abhängigkeiten bestehen. ◘ Abb. 23.1 veranschaulicht dies in Form eines konzeptionellen Modells von Kaskadeneffekten.

Beispiele für diese komplexen Wirkungsketten von Infrastrukturausfällen sind in der Literatur bereits seit vielen Jahren dokumentiert (Lugo 2019; Johansson et al. 2015; Ciscar und Dowling 2014; Funabashi und Kitazawa 2012; Meusel und Kirch 2005; Rinaldi et al. 2001). Mit dem Blick auf Deutschland kann an dieser Stelle beispielsweise das Starkregenereignis vom 28. Juli 2014 in Münster interessante Einblicke in die aufgetretenen Wirkungszusammenhänge gewähren. Bei dem Extremereignis wurden zwischen 17:00 und 24:00 Uhr Niederschläge von 292 l/m² registriert. Dieser Wert war höher als bei einem 100-jährigen Regenereignis (Stadt Münster 2014). Insbesondere die

◘ Abb. 23.1 Konzeptionelles Modell der Ausbreitung von Effekten zwischen Systemen bei einem Vorfall mit Kaskadeneffekten. (Eigene Abbildung basierend auf konzeptionellen Überlegungen von Rinaldi et al. 2001)

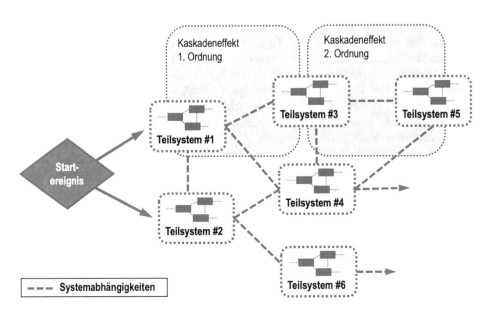

Wasser-, Verkehrs- und Energieinfrastrukturen waren hiervon betroffen, wobei sich teilweise sektorenübergreifende Kaskadeneffekte eingestellt hatten. Die durch die Überschwemmungen verursachten Folgen in den betroffenen Infrastrukturbereichen sind in ◘ Abb. 23.2 dargestellt, wobei sich die sektoralen Bezeichnungen an den Handlungsfeldern der Deutschen Anpassungsstrategie an den Klimawandel (DAS; Bundesregierung 2008) orientieren.

23.2.2 Risikoanalysen

Zahlreiche Arbeiten haben in den vergangenen Jahren zur Weiterentwicklung der Risikoanalyse kritischer Infrastrukturen beigetragen. Bei der Betrachtung aktueller sektoraler und sektorübergreifender Arbeiten mit Bezug zur Risikoanalyse von kritischen Infrastrukturen lassen sich vor allem die folgenden vier Gruppen von Ansätzen unterscheiden:

a) solche, die sich mit Risiko, Vulnerabilität und/oder (jedoch seltener, vgl. Ani et al. 2019) der Resilienz von kritischen Infrastrukturen anhand von direkten Effekten und Wirkungsketten innerhalb der Systeme befassen (z. B. Voß et al. 2021; Habermann und Hedel 2018; Romero-Faz und Camarero-Orive 2017; Espinoza et al. 2016; Rehak und Novotnyr 2016; Vamanu et al. 2016);

b) solche, die systemüberschreitende Kaskaden- bzw. Dominoeffekte von Ausfällen über Systemgrenzen hinaus analysieren (z. B. Dierich et al. 2019; Klaver et al. 2014; Reichenbach et al. 2011);

c) solche, die sich mit den indirekten gesellschaftlichen Folgen der Ausfälle von kritischen Infrastrukturen befassen (z. B. quantitativ Svegrup et al. 2019; oder qualitativ Hassel et al. 2014; Reichenbach et al. 2011);

d) und solche, die sich (oft ergänzend) der Wirkungsanalyse von Managementoptionen in kritischen Infrastruktursystemen widmen (z. B. Hedel 2016; Katopodis et al. 2018; Panteli und Mancarella 2015).

Andere Ansätze nutzen Risiko- bzw. Resilienzanalysen zur Ableitung möglicher Managementoptionen, jedoch ohne eine Wirkungsanalyse durchzuführen (Rehak et al. 2019). Insgesamt zeigt sich dabei, dass die außerordentliche Bedeutung sozioökonomischer Auswirkungen von Infrastrukturausfällen weitgehend anerkannt ist (Clark et al. 2019; Chang 2016), sich die Ansätze zur Resilienzsteigerung aber zumeist noch immer auf einer eher konzeptionellen Ebene befinden (Brashear 2020).

Basierend auf einer Auswahl von Ansätzen – die in ◘ Tab. 23.1 gegenübergestellt sind – lassen sich für die Risikoanalyse bei kritischen Infrastrukturen typische

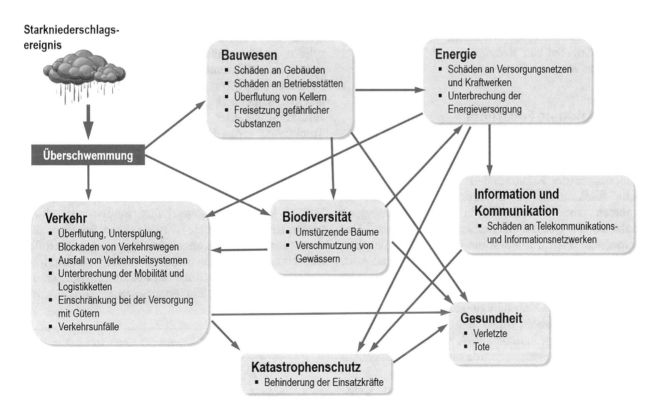

◘ Abb. 23.2   Auswirkungen des Starkniederschlags am 28. Juli 2014 in Münster.

Teilschritte identifizieren, die in unterschiedlicher Art und Weise Berücksichtigung finden.

Hierbei kann nicht in jedem Fall von einer regelrechten Operationalisierung gesprochen werden. Es ist offenkundig, dass die Identifikation und Analyse von Dependenzen von Systemkomponenten auf unterschiedlichen Ebenen – Knoten, (Teil-)Systeme, Netzwerke, Funktionen – eine zentrale Aufgabe der Risikoanalyse darstellt. Dies ist naheliegend, da Dependenzen und Interdependenzen technisch komplexer Systeme letztlich für die Fortpflanzung von Störungen im System und darüber hinaus verantwortlich sind (Bloomfield et al. 2017; Schaberreiter et al. 2013; Rinaldi et al. 2001). Für die Bewertung der Fortpflanzung innerhalb des Systems und über die Systemgrenzen hinaus, ist die Identifikation dafür verantwortlicher Elemente ein wesentlicher Teil der Analyse (Dierich 2019; Rehak et al. 2019; Svegrup et al. 2019; Espinoza et al. 2016; Hedel 2016; Klaver et al. 2014; Luiijf et al. 2010).

Die Auswahl und Anwendung eines Ansatzes zur Risikobewertung hängen letztlich von Perspektive und Ziel der Untersuchung ab. Die unterschiedlichen Ansätze unterscheiden sich wie folgt:
a) in ihrem Blick auf einzelne Infrastrukturen oder Regionen,
b) der Betrachtung einzelner Systeme oder einem systemübergreifenden Vorgehen,
c) den unterschiedlichen betrachteten Störquellen,
d) der Nutzung quantitativer und/oder qualitativer Zugänge,
e) einem rein technisch-analytischen Vorgehen oder der Einbeziehung von Akteuren,
f) dem Angebot von Konzepten und Methoden oder fertigen *tools*.

23.3 Regionale Fallstudie

Um die komplexen Verflechtungen verschiedener Infrastruktursektoren vor dem Hintergrund der Herausforderungen des Klimawandels zu erfassen und mögliche Kaskadeneffekte zu identifizieren, wurde im Rahmen eines Fallbeispiels in der Metropolregion Hamburg ein systemdynamischer Ansatz genutzt.[2] Das betrachtete System umfasst die infrastrukturellen Elemente der Sektoren Energie, Wasser und Transport, wobei ein Fokus auf den Sektorschnittstellen liegt. Um die zentralen witterungsbedingten Einflüsse herauszuarbeiten, die zu Beeinträchtigungen innerhalb des Systems führen – sowohl direkt innerhalb eines der drei Sektoren als auch indirekt durch Beeinflussungen aus einem anderen Sektor –, wurde ein partizipativer Ansatz verfolgt.

Mit Bezug auf das methodische Vorgehen im Cask-Eff-Projekt und der dort aufgezeigten Wichtigkeit der ergänzenden Durchführung von Workshops und Interviews mit Praxispartnern (Hassel et al. 2014) wurden hier im Rahmen eines *Stakeholder-mapping*-Prozesses zunächst zentrale Institutionen in den relevanten Sektoren identifiziert und Experten aus diesen Institutionen im Rahmen von Interviews befragt (Leventon et al. 2016; Reed et al. 2009). Vor dem Hintergrund der in ◘ Tab. 23.1 zusammengefassten Bewertungselemente in ausgewählten Ansätzen zur Risikoanalyse bei kritischen Infrastrukturen haben die Fragen hier insbesondere i) die jeweiligen Erfahrungen und Wahrnehmungen in Bezug auf klimawandelbedingte Risiken, ii) die Abhängigkeiten der Institution von anderen Infrastrukturelementen sowie iii) die individuell wahrgenommene Anpassungsfähigkeit als Bewertungselemente adressiert. Die gesammelten individuellen Einschätzungen der Befragten wurden in einem engen Austausch thematisch strukturiert und daraus die am häufigsten genannten Variablen und ihre Verflechtungen aus der Perspektive der Befragten identifiziert. Zur Validierung dieser Ergebnisse und zur Ermittlung der zentralen Systemvariablen fand zudem ein Workshop mit Praxisakteuren statt.

Als Ergebnisse der Interviews zeigen sich beispielsweise, dass die Stabilität des Stromnetzes eine Grundvoraussetzung für die Funktionsfähigkeit der Trinkwasserpumpen ist und somit sowohl Entscheidungsstrukturen als auch natürliche klimatische Faktoren eine wichtige Rolle für die Gewährleistung der Trinkwasserversorgung spielen. So sind gezielte Investitionsentscheidungen in Bezug auf das Management der Volatilität erneuerbarer Energieerzeugung äußerst relevant um Produktionsschwankungen und Bedarfsspitzen gleichermaßen abzufedern, damit die Netzstabilität des Stromnetzes sowie alle davon abhängigen Prozesse durchgängig gewährleistet sind. Davon abgesehen können klimatische Veränderungen – wie eine Häufung oder eine Intensivierung von extremer Trockenheit – den Boden so beeinträchtigen, dass an den unterirdisch verlegten Stromkabeln Risse entstehen. Auch Hochwasserereignisse können zu Unterbrechungen in der Strom- und Wasserversorgung führen, da Umspannstationen in Überflutungsgebieten im Vorfeld kontrolliert abgeschaltet werden oder durch unerwartet eindringende Wassermassen Schaden nehmen sowie auch Wassergewinnungsanlagen betroffen sein können. Fällt die Stromversorgung aus, sind sowohl Trinkwasser- als auch Abwasserpumpanlagen unmittelbar betroffen. Ein angemessener Umgang mit

---

2 Das Projekt SYnAPTIC (*Systems dynamics approach to enable the development of climate change AdaPTation pathways in an urban setting for elements of critical Infrastructure and related cascading effects*) wurde durch den Impuls- und Vernetzungsfond der Helmholtz-Gemeinschaft gefördert und war Teil vom *Helmholtz-Excellence Network* zum Exzellenzcluster *Climate, Climatic Change, and Society (CLICCS)* der Universität Hamburg.

◘ Tab. 23.1 Identifizierte Teilschritte der Risikoanalyse bei kritischen Infrastrukturen (auf Basis ausgewählter Ansätze)

Ansatz (Projekte) Bewertungselement	PREDICT[1]	EU-CIRCLE[2]	KIRMin[3]	RESNET[4]	CIERA[5]	CaskEff[6]	Svegrup et al.[7]
Identifikation relevanter kritischer Infrastrukturen	X					X	
Gefahrenanalyse (natürlich, strukturell, technogen; interne und externe Quellen), ggf. Szenarien (Wahrscheinlichkeit, Magnitude, zeitliche und räumliche Merkmale etc.) z. B. durch Einbeziehung regionaler Klimamodelle und historischer Daten	X	X		X	X		
Identifikation (ggf. Strukturierung) wichtiger Komponenten und Einheiten*, Knoten, (Teil-)Systeme, Netzwerke, Funktionen[2] von kritischen Infrastrukturen	X	X	X	X	X		X
Dependenzanalyse zwischen wichtigen Elementen (Netzwerkanalyse)[2] (Gruppierung der wichtigsten Elemente zu Einflussfaktoren, *Cross-impact*-Analysen zur Ableitung von Dynamiken und besonderen Schwachstellen zwischen den Einflussfaktoren, Visualisierung der Interdependenzen)[3]	X	X	X	*	X	X	*
Direkte Wirkungen im Infrastruktursystem; Vulnerabilität/Schadensanfälligkeit im betroffenen System gegenüber (spezifischen) Gefahren (Systemreaktion einschl. Ereignisintensität, Suszeptibilität der Elemente, ggf. Schadenskurven etc; *connectivity loss, service flow reduction*)[2] *Robustness assessment*[5] (*crisis preparedness, redundancy, detection capability, responsiveness, physical resistance*)	X	X		X	X	X	
Betrachtung von Resilienzaspekten (Integration von Redundanzen, Modularität) *Resilience assessment*[5] (*robustness assessment + recoverability assessment, adaptability assessment*)	X	X		X	X		X
Analyse der Kaskadeneffekte (Dominoeffekte) in betroffenen verknüpften Systemen	X	X			X	X	
Indirekte sozioökonomische Auswirkungen; Analyse (potenzieller) indirekter gesellschaftlicher (Todesfälle, Verletzte[2], ökonomisch[7]) Auswirkungen		X			X	X	X
Wirkungsanalyse von Managementoptionen[2] Ableiten von Managemenetoptionen[5]		X			X		

* Schritt naheliegend, aber nicht explizit benannt

Quellen: Begriffe nach Rinaldi et al. (2001); [1]Klaver et al. (2014); [2]Hedel (2016), Katopodis et al. (2018), Critical Infrastructure Resilience Platform (▶ http://www.eu-circle.eu/cirp/), Fokus auf klimawandelbezogene Risiken, virtuelle Daten, Analyse- und Managementperspektive; [3]Dierich (2019), qualitative Methode für Analyse und Management von (Inter-)Dependenzen; [4]Espinoza et al. (2016), Wirkungsketten innerhalb des Energiesystems, Fokus auf Resilienz gegenüber Extremwetterereignissen, Analyse- und Managementperspektive; [5]Rehak und Novotny (2016), Ansatz/Methode zur Resilienzanalyse von kritischen Infrastrukturen, Resilienzbewertung nach fünf Variablen, fünfstufige Resilienzeinschätzung von *high level of resilience (5)* bis *critical level of resilience (1)*; [6]Hassel et al. (2014), Ansatz zur empirischen Ex-post-Analyse von Störungen (inkl. Ursprung, Art und Stärke von Auswirkungen, Merkmale der Störung, Kontext/Umstände; [7]Svegrup et al. (2019), Integration von Wirkmodellen physischer Infrastrukturen mit einem ökonomischen *Input-output*-Modell (*infrastructure consequence model, societal consequence model*). Analyse- und Managementperspektive.

Übersicht zentraler Variablen

Anteil elektrisch betriebener Fahrzeuge (2X)
Europäisches Verbundnetz
Fachkräfte
Gesetze (u. a. EEG) (2X)
Hochwasser
Instandhaltung (2X)
Kapazität Schiene und Straße
Kapazität Straße (2X)
Kommunikation
Mobilitätsalternativen
Netzausbau
Netzauslastung
Netzstabilität (4X)
Niederschlag (2X)
Staatliche Daseinsvorsorge
Volatilität erneuerbarer Energien (2X)
Windstärke (2X)

Quelle: Eigene Darstellung

Wasser in Städten, sowohl in den unterirdischen Rohrsystemen als auch an der Oberfläche, wird von den Stakeholdern außerdem als zentral angesehen. Dies hilft insbesondere, den Eintrag von verschmutztem Oberflächenwasser zu vermeiden, was die Qualität des Grundwassers schützen kann.

Der Workshop zielte darauf ab, in Zusammenarbeit mit den Betroffenen zentrale Herausforderungen und ihre zugrundeliegenden Ursachen vollständig zu verstehen und erste Ideen für die Entwicklung tragfähiger Lösungen zu identifizieren (Siokou et al. 2014; Bérard 2010; Sterman 2001; Andersen und Richardson 1997; Vennix 1996).[3] Zudem wurde im Rahmen der Dependenzanalyse insbesondere auch die Wirkungsmatrix (Vester 2003, 1991) für die Arbeit mit komplexen Systemen einbezogen, wobei der Schwerpunkt auf der Strukturierung der Beziehungen zwischen den Variablen lag.

Als Eingangsgrößen für die Diskussion während des Workshops dienten Variablen, die in den vorherigen individuellen Interviews mindestens dreimal genannt wurden. Daraus wiederum haben alle Teilnehmer des Workshops die drei für sie wichtigsten ausgewählt (Box). Wichtig bedeutete hier, dass sie subjektiv als relevant für den Aufbau von Resilienz kritischer Infrastrukturen gegenüber dem Klimawandel und somit zur Vermeidung von Kaskadeneffekten angesehen werden. Zudem sollten die Teilnehmer ihre eigenen Erfahrungen und Expertisen in die Auswahl mit einfließen lassen. Die Zahlen in den Klammern stehen für entsprechende Mehrfachnennungen der jeweiligen Variablen.

Im nächsten Schritt wurde in Gruppen und unter Nutzung einer Wirkungsmatrix diskutiert, inwiefern die Variablen voneinander abhängen und wie stark sie

aufeinander einwirken. Alle Gruppen wiesen auf die grundsätzlich große Wichtigkeit der Netzstabilität und die allgemeine Abhängigkeit von Strom hin. Unterschiedliche Einschätzungen zeigten sich im Detail aber beispielsweise beim Zusammenspiel der Variablen Netzstabilität und Instandhaltung. Für Vertreter städtischer Unternehmen sind Instandhaltung und Netzstabilität entscheidende Elemente einer funktionierenden kritischen Infrastruktur und beeinflussen daher viele andere Variablen stark. Zudem sehen sie sich als Betreiber dieser Infrastrukturen in einer entsprechend wichtigen Rolle, wobei die oftmals noch nicht ausreichende Planungs- und Investitionssicherheit seitens der Politik kritisiert wird. Bei Vertretern aus der Privatwirtschaft, als Nutzer einer verlässlichen Infrastruktur, wird deren Verfügbarkeit grundsätzlich als gegeben angesehen. Sie waren zudem noch nicht oder nur selten mit nennenswerten Ausfällen konfrontiert, weshalb sie die Auswirkungen auf andere Variablen des Systems als weniger stark bewerten. Unterschiede zeigten sich im Zuge dessen insbesondere bezüglich der betrachteten Zeithorizonte. Während Vertreter städtischer Unternehmen die Wichtigkeit von langfristiger Planung und Daseinsvorsorge sowie vorausschauender Instandhaltung existierender Infrastrukturen betonten (bis zu 70–100 Jahre), waren für private Unternehmen kürzere Zeiträume (bis 2030) relevant.

23.4 Fazit, Handlungsempfehlungen und weiterer Forschungsbedarf

Bisherige Untersuchungen zeigen, dass klimawandelbedingte Betroffenheiten kritischer Infrastrukturen bislang vor allem auf lokaler Ebene und für einzelne Sektoren gut untersucht sind. Demgegenüber ist davon auszugehen, dass sich durch die stetig wachsende Anzahl von Kopplungen zwischen Teilsystemen verschiedener Sektoren, Dependenzen verstärken werden. Diese haben das Potenzial, neue beziehungsweise bislang wenig betrachtete Kaskadeneffekte zu erzeugen – auch, da beispielsweise gleichzeitig alte Redundanzen (wie analoge Telefonleitungen) zunehmend nicht mehr zur Verfügung stehen. Zukünftige Wetterextreme sind vor allem dort problematisch, wo sie nicht mitgedacht werden, weil zum Beispiel die Notfallgeneratoren im Keller (Überflutungsgefahr) oder unter dem Dach (Hitzebelastung) stehen, weil mehrfache Störungen (Verkehr und Strom) parallel auftreten oder weil der Katastrophenschutz behindert wird (Ausfall von Rettungswagen und Kommunikation). Daher müssen Notfallpläne und praktische Notfallübungen solche multiplen Risiken zunehmend und detaillierter berücksichtigen, wobei auch die Funktionsfähigkeit von Informationsketten unter erschwerten

---

3   Basierend auf Techniken des *group model building* (GMB).

Rahmenbedingungen wie einer eingeschränkten Vor-Ort-Verfügbarkeit von Mitarbeitenden einzubeziehen ist. Im Zuge dessen ist zudem ein gezielter Ausbau von Kapazitäten im Sinne von Kompetenzen und Redundanzen in den technischen und nichttechnischen Teilen der Infrastruktursysteme dringend geboten.

Insgesamt zeigt sich auch die immer größer werdende Bedeutung der Entwicklung und Anwendung lokaler, bedarfsgerechter und praktisch gut nutzbarer Risiko- und Vulnerabilitätsabschätzungen, wobei zu berücksichtigen ist, dass die Folgen des Klimawandels und die sich daraus ergebenden Herausforderungen sehr spezifisch und kontextabhängig sind. Daher sind lokale Bewertungen, unterstützt durch qualitativ hochwertige Daten und robustes lokales Wissen, der Schlüssel zum Verständnis der aktuellen sowie zu erwartenden Herausforderungen (EEA 2020b). Leitfäden und Handlungsanleitung sollen Kommunen daher bei der Durchführung von Klimarisikoanalysen helfen (Porst et al. 2022).

Eine bedeutende Rolle kommt in diesem Zusammenhang auch Städten und Regionen zu. Dabei zeigt sich, dass das Bewusstsein für die Notwendigkeit der Anpassung an die Folgen des Klimawandels zwar bereits weithin erkannt ist und im Bereich der Bewusstseinsbildung große Fortschritte erzielt wurden, die praktische Umsetzung konkreter Maßnahmen sowie ihr Monitoring aber noch immer uneinheitlich und insgesamt relativ gering ausgeprägt ist (EEA 2020a).

Mit dem Fokus auf regionalen und lokalen Entscheidungen sowie der notwendigen Bund-Länder-Finanzierung von klimaresilienten Infrastrukturen ist zudem auch ein seitens des Umweltbundesamtes im November 2019 erstmalig in die Diskussion eingebrachtes „Sonderprogramm Klimavorsorge" hervorzuheben (Haße et al. 2021)[4]. Dieses wurde im Koalitionsvertrag 2021 der neuen Bundesregierung aufgegriffen, als Erweiterung der Gemeinschaftsaufgabe „Verbesserung der Agrarstruktur und des Küstenschutzes" (SPD, Bündnis 90/Die Grünen, FDP 2021). Damit soll eine verlässliche Finanzierungsgrundlage für regional auszugestaltende und umzusetzenden Anpassungsmaßnahmen geschaffen werden (SPD, Bündnis 90/Die Grünen, FDP 2021). Diese Finanzierungsperspektive und -sicherheit ist insbesondere bei langfristigen Investitionen in kritische Infrastrukturen von zentraler Bedeutung (VKU 2020a, b), wie beispielsweise auch die Einschätzungen und Ergebnisse aus der oben präsentierten Fallstudie zeigen.

Um unternehmerische Investitionen in Zukunft stärker vor allem auch an Klimaschutz und Klima-

risiken auszurichten, hat die EU Kommission ein Klassifizierungssystem für ökonomische Aktivitäten („EU Taxonomie") verabschiedet (TEG 2019, 2020a, b). Damit wird die Finanzierung von Infrastrukturen in Europa von dieser EU Taxonomie beeinflusst werden. Sie soll Unternehmen dazu bewegen, offenzulegen, inwieweit bestimmte Geschäftsaktivitäten zur Anpassung beitragen und dadurch den Kapitalfluss zu Unternehmen erhöhen können, die sich an der Anpassung beteiligen (Kind und Kahlenborn 2020).

Eine darüberhinausgehende regulatorische Einflussmöglichkeit ist die Einführung spezifischer Berichtspflichten für Betreiber kritischer Infrastrukturen zur Einschätzung von – und insbesondere auch dem Umgang mit – heutigen und zukünftigen Risiken und Chancen eines sich ändernden Klimas (Cortekar und Groth 2015), wie sie beispielsweise in Großbritannien seit der Einführung des Climate Change Act (The UK Government 2008) bestehen und dort sukzessive weiterentwickelt wurden. Dabei hat sich die innovative Rolle und Vorbildfunktion des Climate Change Act – einem der frühesten und prominentesten Beispiele für eine Rahmengesetzgebung zum Klimawandel – als starkem Rechtsrahmen beispielsweise mit kurz- und langfristigen Emissionszielen, der Einrichtung eines unabhängigen Beratungsgremiums und Rechenschaftspflichten gezeigt (Averchenkova et al. 2020, 2018; Fankhauser et al. 2018; Taylor und Scanlen 2018).

23.5 Kurz gesagt

Infolge des Klimawandels ist zu erwarten, dass es vermehrt zu Beeinträchtigungen oder Ausfällen von kritischen Infrastrukturen kommt. Insbesondere bei den Auswirkungen von Kaskadeneffekten in zunehmend energieabhängigen und intelligenten Netzwerken bestehen noch Forschungsbedarf und politische Handlungsnotwendigkeiten. So ist im Zuge einer stetig wachsenden Anzahl von Kopplungen zwischen Teilsystemen verschiedener Sektoren zu erwarten, dass sich Dependenzen verstärken, die neue beziehungsweise bislang wenig betrachtete Kaskadeneffekte erzeugen können. Um den derzeit verhältnismäßig guten Ausbaugrad von vielen Infrastruktursystemen in Deutschland zu erhalten und die Risiken eines großräumigen Ausfalls mit weitreichenden Kaskadeneffekten zu minimieren, sollten somit insbesondere Unternehmen und Politik die sich daraus ergebenden sektorenübergreifenden Herausforderungen noch umfassender adressieren. Im Zuge dessen gilt es einerseits, den Anforderungen an die unternehmerische Eigenvorsorge und die gesellschaftliche Daseinsvorsorge gerecht zu werden sowie andererseits durch die Ausgestaltung notwendiger regulatorischer Rahmenbedingungen eine

---

4 ▶ https://www.bmu.de/pressemitteilung/klimawandel-in-deutschland-neuer-monitoringbericht-belegt-weitreichende-folgen/

ausreichende Planungs- und Investitionssicherheit herzustellen.

Literatur

Albrecht J, Schanze J, Klimmer L, Bartel S (2018) Klimaanpassung im Raumordnungs-, Städtebau- und Umweltfachplanungsrecht sowie im Recht der kommunalen Daseinsvorsorge. Grundlagen, aktuelle Entwicklungen und Perspektiven. Climate Change 03/2018. Umweltbundesamt. Dessau-Roßlau. ▶ https://www.umweltbundesamt.de/sites/default/files/medien/1410/publikationen/2018-02-12_climate-change_03-2018_politikempfehlungen-anhang-3.pdf. Zugegriffen: 12. Okt. 2020

Andersen DF, Richardson GP (1997) Scripts for group model-building. Syst Dyn Rev 13(2):107–129

Andrić I, Pina A, Ferrão P, Fournier J, Lacarrière B, Le Corre O (2017) The impact of climate change on building heat demand in different climate types. Energy and Build 149:225–234. ▶ https://doi.org/10.1016/j.enbuild.2017.05.047

Ani UD, McK Watson JD, Nurse JRC et al (2019) A review of critical infrastructure protection approaches: improving security through responsiveness to the dynamic modelling landscape. In: Living in the Internet of Things (IoT 2019). Institution of Engineering and Technology, London, UK, S 6 (15 pp.)-6 (15 pp.)

Arent DJ, Tol RSJ, Faust E, Hella JP, Kumar S, Strzepek KM, Tóth FL, Yan D (2014) Key economic sectors and services. In: Field CB, Barros VR, Dokken DJ, Mach KJ, Mastrandrea MD, Bilir TE, Chatterjee M, Ebi KL, Estrada YO, Genova RC, Girma B, Kissel ES, Levy AN, MacCracken S, Mastrandrea PR, White LL (Hrsg) Climate Change 2014: Impacts, Adaptation, and Vulnerability. Part A: Global and Sectoral Aspects. Contribution of Working Group II to the Fifth Assessment Report of the Intergovernmental Panel on Climate Change. Cambridge University Press, Cambridge, S 659–708

Averchenkova A, Fankhauser S, Finnegan JJ (2020) The impact of strategic climate legislation: evidence from expert interviews on the UK climate change act. Climate Policy. ▶ https://doi.org/10.1080/14693062.2020.1819190

Averchenkova A, Fankhauser S, Finnegan JJ (2018) The role of independent bodies in climate governance: the UK's Committee on climate change. London: Grantham Research Institute on Climate Change and the Environment and Centre for Climate Change Economics and Policy, London School of Economics and Political Science

BBK (2020) 10 Jahre „KRITIS-Strategie". Gemeinsam handeln. Sicher leben. Einblicke in die Umsetzung der Nationalen Strategie zum Schutz Kritischer Infrastrukturen. Bundesamt für Bevölkerungsschutz und Katastrophenhilfe (BBK). Berlin

BBK, BSI (2020) Schutz Kritischer Infrastrukturen. Gefahren, Strategien und rechtliche Grundlagen, Akteure, Aktivitäten und Projekte zum Schutz Kritischer Infrastrukturen in Deutschland. Eine gemeinsame Initiative des Bundesamtes für Bevölkerungsschutz und Katastrophenhilfe (BBK) und des Bundesamtes für Sicherheit in der Informationstechnik (BSI). Glossar: Kritische Infrastruktur. ▶ https://www.bbk.bund.de/DE/Infothek/Glossar/_functions/glossar.html?nn=19742&cms_lv2=19756. Zugegriffen: 12. Okt. 2020

Bérard C (2010) Group model building using system dynamics: an analysis of methodological frameworks. EJBRM 8(1):35–46

BfG (2019) Das Niedrigwasser 2018. Bundesanstalt für Gewässerkunde, Koblenz. ▶ https://doi.org/10.5675/BfG-Niedrigwasserbroschuere_2018

Bloomfield RE, Popov P, Salako K (2017) Preliminary interdependency analysis: an approach to support critical-infrastructure risk-assessment. Reliab Eng Syst Saf 167:198–217. ▶ https://doi.org/10.1016/j.ress.2017.05.030

BMI (2009) Nationale Strategie zum Schutz Kritischer Infrastrukturen (KRITIS-Strategie). Bundesministerium des Innern, Berlin

BMI, BMF (2021a) Zwischenbericht zur Flutkatastrophe 2021: Katastrophenhilfe, Soforthilfen und Wiederaufbau. Bundesministerium des Innern, für Bau und Heimat, Bundesministerium der Finanzen, Berlin. ▶ https://www.bundesregierung.de/resource/blob/974430/1963706/613b934d3f359a5118df16755e9e527c/2021a-09-27-zwischenbericht-hochwasserdata.pdf?download=1. Zugegriffen: 29. Juni 2021

BMI, BMF (2021b) Bericht zur Flutkatastrophe 2021: Katastrophenhilfe, Wiederaufbau und Evaluierungsprozesse. Abschlussbericht Hochwasserkatastrophe-Final (bund.de). Bundesministerium des Innern, für Bau und Heimat, Bundesministerium der Finanzen, Berlin. ▶ https://www.bmi.bund.de/SharedDocs/downloads/DE/veroeffentlichungen/2022/abschlussbericht-hochwasserkatastrophe.pdf?__blob=publicationFile&v=1. Zugegriffen: 29. Juni 2021

Brashear JP (2020) Managing risk to critical infrastructures, their interdependencies, and the region they serve: a risk management process. In: Colker R (Hrsg) Optimizing Community Infrastructure. Elsevier, Cambridge, S 41–67

Bundesregierung (2008) Deutsche Strategie zur Anpassung an den Klimawandel ▶ https://www.bmuv.de/download/deutsche-anpassungsstrategie-an-den-klimawandel

Bundesregierung (2015) Gesetz zur Erhöhung der Sicherheit informationstechnischer Systeme (IT-Sicherheitsgesetz) vom 17.07.2015. ▶ https://www.bgbl.de/xaver/bgbl/start.xav#__bgbl__%2F%2F*%5B%40attr_id%3D%27bgbl115s1324.pdf%27%5D__1600941247245. Zugegriffen: 12. Okt. 2020

Bürger V, Hesse T, Palzer A, Köhler B, Herkel S, Engelmann P, Quack D (2017) Klimaneutraler Gebäudebestand 2050 – Energieeffizienzpotenziale und die Auswirkungen des Klimawandels auf den Gebäudebestand. Climate Change 26/2017. Umweltbundesamt. Dessau-Roßlau. ▶ https://www.umweltbundesamt.de/sites/default/files/medien/1410/publikationen/2017-11-06_climate-change_26-2017_klimaneutraler-gebaeudebestand-ii.pdf. Zugegriffen: 12. Okt. 2020

Buth M et al (2015) Vulnerabilität Deutschlands gegenüber dem Klimawandel. Sektorenübergreifende Analyse des Netzwerks Vulnerabilität. Climate Change 24/2015. Umweltbundesamt. Dessau-Roßlau. ▶ https://www.umweltbundesamt.de/sites/default/files/medien/378/publikationen/climate_change_24_2015_vulnerabilitaet_deutschlands_gegenueber_dem_klimawandel_1.pdf. Zugegriffen: 12. Okt. 2020

Chang SE (2016) Socioeconomic impacts of infrastructure disruptions. Oxford University Press

Ciscar J-C, Dowling P (2014) Integrated assessment of climate impacts and adaptation in the energy sector. Energy Econ 46:531–538

Clark SS, Chester MV, Seager TP, Eisenberg DA (2019) The vulnerability of interdependent urban infrastructure systems to climate change: could Phoenix experience a Katrina of extreme heat? Sustain Resilient Infrastruct 4(1):21–35. ▶ https://doi.org/10.1080/23789689.2018.1448668

Climate Service Center Germany (GERICS) (2020) Gesundheit und Klimawandel. Handeln, um Chancen zu nutzen und Risiken zu minimieren, 2. Aufl. ▶ https://www.climate-service-center.de/about/news_and_events/news/085867/index.php.de. Zugegriffen: 12. Okt. 2020

Cortekar J, Groth M (2015) Adapting energy infrastructure to climate change – Is there a need for government interventions and legal obligations within the German "Energiewende"? Energy Procedia 73:12–17. ▶ https://doi.org/10.1016/j.egypro.2015.07.552

Dierich A (2019) System der Systeme: Komplexität der gegenseitigen Abhängigkeiten zwischen KRITIS. In: Fekete A, Neisser F, Tzavella K, Hetkämper C (Hrsg) Wege zu einem Mindestversorgungskonzept. Kritische Infrastrukturen und Resilienz. Köln, S 24–27

Deutscher Bundestag (2019) Drucksache 19/11044 19. Wahlperiode 21.06.2019. Antwort der Bundesregierung auf die Kleine Anfrage der Abgeordneten Dr. Julia Verlinden, Ingrid Nestle, Sylvia Kotting-Uhl, weiterer Abgeordneter und der Fraktion BÜNDNIS 90/DIE GRÜNEN – Drucksache 19/10385 – Beeinträchtigung der fossil-atomaren Energieversorgung durch Hitze, Trockenheit und Unwetter: ► http://dipbt.bundestag.de/dip21/btd/19/110/1911044.pdf. Zugegriffen: 12. Okt. 2020

DGB (2013) Infrastruktur: Investieren statt Deutschland kaputt sparen. ► https://www.dgb.de/themen/++co++e37ef676-ea16-11e2-b864-00188b4dc422. Zugegriffen: 29. Okt. 2020

DKKV (2015) Das Hochwasser im Juni 2013. Bewährungsprobe für das Hochwasserrisikomanagement in Deutschland. DKKV-Schriftenreihe Nr. 53. Bonn

Doorn N, Gardoni P, Murphy C (2019) A multidisciplinary definition and evaluation of resilience: the role of social justice in defining resilience. Sustain Resilient Infrastruct 4(3):112–123. ► https://doi.org/10.1080/23789689.2018.1428162

DWA (2015) Umfrage zum Zustand der Kanalisation in Deutschland. ► https://de.dwa.de/de/umfrage-zum-zustand-der-kanalisation-in-deutschland.html. Zugegriffen: 29. Okt. 2020

EEA (2020a) Urban adaptation in Europe: how cities and towns respond to climate change. EEA Report No 12/2020. European Environment Agency. Kopenhagen. ► https://www.eea.europa.eu/publications/urban-adaptation-in-europe. Zugegriffen: 13. Okt. 2020

EEA (2020b) Monitoring and evaluation of national adaptation policies throughout the policy cycle. EEA Report No 06/2020. European Environment Agency. Kopenhagen. ► https://climate-adapt.eea.europa.eu/metadata/publications/monitoring-and-evaluation-of-national-adaptation-policies-throughout-the-policy-cycle/. Zugegriffen: 20. Okt. 2020

EEA (2019) Adaptation challenges and opportunities for the European energy system. Building a climate-resilient low-carbon energy system. EEA Report No 1/2019. European Environment Agency. Kopenhagen. ► https://www.eea.europa.eu/publications/adaptation-in-energy-system. Zugegriffen: 12. Okt. 2020

EEA (2017) Climate change, impacts and vulnerability in Europe 2016. An indicator-based report. EEA Report No 1/2017. European Environment Agency. Kopenhagen

Espinoza S, Panteli M, Mancarella P, Rudnick H (2016) Multi-phase assessment and adaptation of power systems resilience to natural hazards. Electr Power Syst Res 136:352–361. ► https://doi.org/10.1016/j.epsr.2016.03.019

European Commission (2020) Proposed Mission: A Climate Resilient Europe: Prepare Europe for climate disruptions and accelerate the transformation to a climate resilient and just Europe by 2030. Report of the Mission Board for Adaptation to Climate Change, including Societal Transformation. ► https://op.europa.eu/en/publication-detail/-/publication/2bac8dae-fc85-11ea-b44f-01aa75ed71a1. Zugegriffen: 20. Okt. 2020

Europäische Union (2019) Regulation (EU) 2019/881 of the European Parliament and of the Council of 17 April 2019 on ENISA (the European Union Agency for Cybersecurity) and on information and communications technology cybersecurity certification and repealing Regulation (EU) No 526/2013 (Cybersecurity Act). ► https://eur-lex.europa.eu/legal-content/EN/TXT/PDF/?uri=CELEX:32019R0881&from=EN. Zugegriffen: 12. Okt. 2020

Eusgeld I, Nan C, Dietz S (2011) System-of-systems approach for interdependent critical infrastructures. Reliab Eng Syst Saf 96(6):679–686

Fankhauser S, Averchenkova A, Finnegan JJ (2018) 10 years of the UK Climate Change Act. Grantham Research Institute on Climate Change and the Environment and the Centre for Climate Change Economics and Policy, 2018. ► http://www.lse.ac.uk/GranthamInstitute/wp-content/uploads/2018/03/10-Years-of-the-UK-Climate-Change-Act_Fankhauser-et-al.pdf. Zugegriffen: 21. Okt. 2020

Ferranti E, Chapman L, Whyatt D (2017) A Perfect Storm? The collapse of Lancaster's critical infrastructure networks following intense rainfall on 4/5 December 2015. Weather 72(1):3–7

Folke C (2006) Resilience: The emergence of a perspective for social-ecological systems analyses. Glob Environ Chang 16(3):253–267. ► https://doi.org/10.1016/j.gloenvcha.2006.04.002

Forzieri G et al (2018) Escalating impacts of climate extremes on critical infrastructures in Europe. Glob Environ Chang 48:97–107. ► https://doi.org/10.1016/j.gloenvcha.2017.11.007

Frantzeskaki N, Loorbach D (2010) Towards governing infrasystem transitions: reinforcing lock-in or facilitating change? Technol Forecast Soc Chang 77(8):1292–1301. ► https://doi.org/10.1016/j.techfore.2010.05.004

Freie und Hansestadt Hamburg (2019) Erste Fortschreibung des Hamburger Klimaplans. ► https://www.hamburg.de/contentblob/13287332/bc25a62e559c42bfaae795775ef1ab4e/data/d-erste-fortschreibung-hamburger-klimaplan.pdf. Zugegriffen: 12. Okt. 2020

Fu G, Dawson R, Khoury M, Bullock S (2014) Interdependent networks: vulnerability analysis and strategies to limit cascading failure. Eur Phys J B 87:148. ► https://doi.org/10.1140/epjb/e2014-40876-y

Funabashi Y, Kitazawa K (2012) Fukushima in review: a complex disaster, a disastrous response. Bull At Sci 68(2):9–21. ► https://doi.org/10.1177/0096340212440359

Gornig M (2019) Infrastrukturinvestitionen statt Subventionen. Wirtschaftsdienst – Zeitschrift für Wirtschaftspolitik (13):44–48

Grabowski ZJ, Matsler AM, Thiel C, McPhillips L, Hum R, Bradshaw A, Miller T, Redman C (2017) Infrastructures as socio-eco-technical systems: five considerations for interdisciplinary dialogue. J Infrastruct Syst 23(4):02517002. ► https://doi.org/10.1061/(ASCE)IS.1943-555X.0000383

Groth M, Bender S, Cortekar J, Remke T, Stankoweit M (2018) Auswirkungen des Klimawandels auf den Energiesektor in Deutschland. Zeitschrift für Umweltpolitik und Umweltrecht 3:324–355

Habermann N, Hedel R (2018) Damage functions for transport infrastructure. Int J Disaster Resil Built Environ 9(4/5):420–434. ► https://doi.org/10.1108/IJDRBE-09-2017-0052

Hänsel S, Herrmann C, Jochumsen K, Klose M, Nilson E, Norpoth M, Patzwahl R, Seiffert R (2019) Verkehr und Infrastruktur an Klimawandel und extreme Wetterereignisse anpassen. Forschungsbericht des BMVI-Expertennetzwerkes, Förderphase 2016–2019. Bundesministerium für Verkehr und digitale Infrastruktur (BMVI). Berlin

Haße C, Abeling T, Baumgarten C, Burger A, Rechenberg (2021) Klimaresilienz stärken: Bausteine für eine strategische Klimarisikovorsorge, Umweltbundesamt, Factsheet, S 9. ► https://www.umweltbundesamt.de/publikationen/klimaresilienz-staerken-bausteine-fuer-eine. Zugegriffen: 29. Juni 2022

Hassel H, Johansson J, Cedergren A, Svegrup L, Arvidsson B (2014) Method to study cascading effects. Deliverable 2.1. Modelling of dependencies and cascading effects for emergency management in crisis situations (CascEff Project). ► http://casceff.eu/media2/2016/02/D2.1-Deliverable_Final_Ver2_PU.pdf. Zugegriffen: 12. Okt. 2020

Hedel R (2016) D3.4 A Holistic CI Climate Hazard Risk Assessment Framework. A pan-European framework for strengthening critical infrastructure resilience to climate change (EU-CIRCLE project). ► http://www.eu-circle.eu/wp-content/uploads/2017/01/

D3.4-HOLISTIC-CI-CLIMATE-HAZARD-RISK-ASSESS-MENT-FRAMEWORK-V1.0.pdf. Zugegriffen: 12. Okt. 2020

Itzwerth RL, Macintyre CR, Shah S, Plant AJ (2006) Pandemic influenza and critical infrastructure dependencies: possible impact on hospitals. Med J Aust 185(10):70–72

Jerez S, Tobin I, Vautard R, Montávez JP, López-Romero JM, Thais F, Bartok B, Christensen OB, Colette A, Déqué M, Nikulin G, Kotlarski S, van Meijgaard E, Teichmann C, Wild M (2015) The impact of climate change on photovoltaic power generation in Europe. Nat Commun 6:10014. ▶ https://doi.org/10.1038/ncomms10014

Johansson J, Svegrup L, Arvidsson B, Jangefelt J, Hassel H, Cedergren A (2015) Review of previous incidents with cascading effects. ▶ http://casceff.eu/media2/2016/02/D2.2_Review_of_Selected_Incidents_with_Cascading_Effects-v2.pdf. Zugegriffen: 12. Okt. 2020

Karagiannis GM, Chondrogiannis S, Krausmann E, Turksezer ZI (2017) Power grid recovery after natural hazard impact, JRC Science for Policy Report No EUR 28844 EN. Publications Office of the European Union, Luxembourg. ▶ https://doi.org/10.2760/87402

Katopodis T, Sfetsos A, Varela V et al (2018) EU-CIRCLE methodological approach for assessing the resilience of the interconnected critical infrastructures of the virtual city scenario to climate change. Energetika 64(1):23–31. ▶ https://doi.org/10.6001/energetika.v64i1.3725

Kind C, Kahlenborn W (2020) Adaptation Finance and the EU Taxonomy. adelphi, Berlin. ▶ https://www.adelphi.de/en/publication/adaptation-finance-and-eu-taxonomy. Zugegriffen: 03. Nov. 2020

Klaver MHA, van Buul K, Nieuwenhuijs AH, Luiijf HAM (2014) Preparing for the Domino Effect in Crisis Situation. D3.1 Methodology for the Identification and probability assessment of cascading effects. ▶ https://repository.tno.nl/islandora/object/uuid%3A1fc636b7-ff35-4952-9741-c80caf9e0707. Zugegriffen: 12. Okt. 2020

Koch M, Hesse T, Kenkmann T, Bürger V, Haller M, Heinemann C, Vogel M, Bauknecht D, Flachsbarth F, Winger C, Wimmer D, Rausch L, Hermann H (2017) Einbindung des Wärme- und Kältesektors in das Strommarktmodell PowerFlex zur Analyse sektorübergreifender Effekte auf Klimaschutzziele und EE-Integration. Bundesministerium für Wirtschaft und Energie (BMWi). ▶ https://www.oeko.de/fileadmin/oekodoc/Einbindung-Waerme-Kaeltesektor-Powerflex.pdf. Zugegriffen: 12. Okt. 2020

KOMMUNAL (2020) Nicht abgerufene Fördergelder. Kommunen bleiben auf Milliarden sitzen. ▶ https://kommunal.de/investitionsstau-kommunen Zugegriffen: 29. Okt. 2020

Köppke KE, Sterger O (2013) Grundlagen für die Technische Regel für Anlagensicherheit (TRAS) 310. Vorkehrungen und Maßnahmen wegen der Gefahrenquellen Niederschläge und Hochwasser. Texte 17/2013. Umweltbundesamt. Dessau-Roßlau. ▶ https://www.umweltbundesamt.de/sites/default/files/medien/461/publikationen/4447.pdf. Zugegriffen: 12. Okt. 2020

Kurth S, Breuer J (2018) Analyse zur Verwundbarkeit künftiger Stromnetze im Zuge der Energiewende. Arbeitspaket 7 im Vorhaben „Erhöhung der Transparenz über den Bedarf zum Ausbau der Strom-Übertragungsnetze" gefördert vom Bundesministerium für Bildung und Forschung. Öko-Institut e. V. Freiburg. ▶ http://transparenz-stromnetze.de/fileadmin/downloads/Oeko-Institut__2018__Verwundbarkeit_Stromnetze.pdf. Zugegriffen: 12. Okt. 2020

Kahlenborn W, Porst L., Voß M, Fritsch, U, Renner K, Zebisch M, Wolf M, Schönthaler K., Schauser I (2021b) Klimawirkungs- und Risikoanalyse 2021 für Deutschland. Kurzfassung. Umweltbundesamt (UBA), Climate Change 26/2021, Dessau-Roßlau. ▶ https://www.umweltbundesamt.de/en/publikationen/KWRA-Zusammenfassung. Zugegriffen: 29. Juni 2022

Laugé A, Hernantes J, Sarriegi JM (2015) Critical infrastructure dependencies: a holistic, dynamic and quantitative approach. Int J Crit Infrastruct Prot 8:16–23. ▶ https://doi.org/10.1016/j.ijcip.2014.12.004

Leventon J, Fleskens L, Claringbould H, Schwilch G, Hessel R (2016) An applied methodology for stakeholder identification in transdisciplinary research. Sustain Sci 11:763–775. ▶ https://doi.org/10.1007/s11625-016-0385-1

Lugo AE (2019) Social-ecological-technological effects of hurricane María on Puerto Rico. Planning for resilience under extreme events. Springer International Publishing, Cham

Luiijf HAM, Nieuwenhuijs AH, Klaver M, van Eeten MJG, Cruz E (2010) Empirical findings on european critical infrastructure dependencies. Int J Syst Syst Eng 2(1):3–18. ▶ https://doi.org/10.1504/IJSSE.2010.035378

Lückerath D, Olfert A, Milde K, Ullrich O, Rome E, Hutter G (2020) Assessment of and tools for improving climate resilience of infrastructures: towards an ERNCIP Thematic Group. Input Paper

Meusel D, Kirch W (2005) Lessons to be Learned from the 2002 Floods in Dresden, Germany. In: Kirch W, Bertolini R, Menne B (Hrsg) Extreme weather events and public health responses. Springer. Berlin, S 175–183

Mikellidou CV, Shakou LM, Boustras G, Dimopoulos C (2018) Energy critical infrastructures at risk from climate change: a state of the art review. Saf Sci 110:110–120

Moss T (2014) Socio-technical change and the politics of urban infrastructure: managing energy in berlin between dictatorship and democracy. Urban Studies 51(7):1432–1448. ▶ https://doi.org/10.1177/0042098013500086

Mücke H, Matzarakis A (2019) Klimawandel und Gesundheit. Tipps für sommerliche Hitze und Hitzewellen. Umweltbundesamt (UBA); Deutscher Wetterdienst (DWD). Dessau-Roßlau. ▶ https://www.umweltbundesamt.de/sites/default/files/medien/479/publikationen/190617_uba_fl_tipps_fur_sommerliche_hitze_und_hitzewellen_bf_0.pdf. Zugegriffen: 12. Okt. 2020

Nilson E, Astor B, Bergmann L, Fischer H, Fleischer C, Haunert G, Helms M, Hillebrand G, Höpp S, Kikillus A, Labadz M, Mannfeld M, Razafimaharo C, Patzwahl R, Rasquin C, Rauthe M, Riedel A, Schröder M, Schulz D, Seiffert R, Stachel H, Wachler B, Winkel N (2019) Beiträge zu einer verkehrsträgerübergreifenden Klimawirkungsanalyse: Wasserstraßenspezifische Wirkungszusammenhänge – Schlussbericht des Schwerpunktthemas Schiffbarkeit und Wasserbeschaffenheit (SP-106) im Themenfeld 1 des BMVI-Expertennetzwerks. Bundesministerium für Verkehr und digitale Infrastruktur (BMVI), Berlin

OECD (2018) Climate-resilient Infrastructure. Policy Perspectives. OECD Environment Policy Paper No. 14. ▶ http://www.oecd.org/environment/cc/policy-perspectives-climate-resilient-infrastructure.pdf. Zugegriffen: 12. Okt. 2020

Olfert A, Brunnow B, Schiller G, Walther J, Hirschnitz-Garbers M, Langsdorf S, Hinzmann M, Hölscher K, Wittmayer J (2020) Nachhaltigkeitspotenziale innovativer, gekoppelter Infrastrukturen. Teilbericht des Vorhabens: „Transformation hin zu nachhaltigen, gekoppelten Infrastrukturen". Texte 99/2020. Umweltbundesamt. Dessau-Roßlau. ▶ https://www.umweltbundesamt.de/sites/default/files/medien/479/publikationen/texte_99-2020_nachhaltigkeitspotenziale_von_innovativen_gekoppelten_infrastrukturen.pdf. Zugegriffen: 12. Okt. 2020

Olfert, A, Jörg W, Hirschnitz-Garbers M, Hölscher K, Schiller G (2021) „Sustainability and resilience – a practical approach to assessing sustainability of infrastructures in the context of climate change". In: Hutter G, Neubert M, Ortlepp R (Hrsg) Building resilience to natural hazards in the context of climate change – knowledge integration, implementation, and learning, Springer, 2021

Panteli M, Mancarella P (2015) Influence of extreme weather and climate change on the resilience of power systems: impacts and possible mitigation strategies. Electr Power Syst Res 127:259–270. ► https://doi.org/10.1016/j.epsr.2015.06.012

Porst L, Voß M, Kahlenborn W, Schauser I (2022) Klimarisikoanalysen auf kommunaler Ebene. Handlungsempfehlungen zur Umsetzung der ISO 14091, Umweltbundesamt, S 40. ► https://www.umweltbundesamt.de/publikationen/klimarisikoanalysen-auf-kommunaler-ebene. Zugegriffen: 29. Juni 2022

Reed MS, Graves A, Dandy N, Posthumus H, Hubacek K, Morris J, Prell C, Quinn CH, Stringer LC (2009) Who's in and why? A typology of stakeholder analysis methods for natural resource management. J Environ Manage 90(5):1933–1949. ► https://doi.org/10.1016/j.jenvman.2009.01.001

Rehak D, Senovsky P, Hromada M, Lovecek T (2019) Complex approach to assessing resilience of critical infrastructure elements. Int J Crit Infrastruct Prot 25:125–138. ► https://doi.org/10.1016/j.ijcip.2019.03.003

Rehak D, Novotnyr P (2016) European critical infrastructure risk and safety management: Directive implementation in practice. Chem Eng Trans 48:943–948. ► https://doi.org/10.3303/CET1648158

Reichenbach G, Göbel R, Woff H, Stokar von Neuforn S (2011) Risiken und Herausforderungen für die öffentliche Sicherheit in Deutschland. Szenarien und Leitfragen. Grünbuch des Zukunftsforums Öffentliche Sicherheit. ProPress Verlagsgesellschaft mbH, Berlin

Rinaldi SM, Peerenboom JP, Kelly TK (2001) Identifying, understanding, and analyzing critical infrastructure interdependencies. IEEE Control Syst 21(6):11–25. ► https://doi.org/10.1109/37.969131

RKI – Robert Koch-Institut (2017) Nationaler Pandemieplan Teil I. Strukturen und Maßnahmen. Gesundheitsministerkonferenz der Länder. Berlin. ► https://edoc.rki.de/bitstream/handle/176904/187/28Zz7BQWW2582iZMQ.pdf?sequence=1&isAllowed=y. Zugegriffen: 12. Okt. 2020

Romero-Faz D, Camarero-Orive A (2017) Risk assessment of critical infrastructures – new parameters for commercial ports. Int J Crit Infrastruct Prot 18:50–57. ► https://doi.org/10.1016/j.ijcip.2017.07.001

Schaberreiter T, Kittilä K, Halunen K et al (2013) Risk Assessment in critical infrastructure security modelling based on dependency analysis: (Short Paper). In: Bologna S, Hämmerli B, Gritzalis D, Wolthusen S (Hrsg) Critical information infrastructure security. Springer, Berlin, S 213–217

Schönthaler K, Balla S, Wachter TF, Peters HJ (2018) Grundlagen der Berücksichtigung des Klimawandels in UVP und SUP. Climate Change 04/2018. Umweltbundesamt. Dessau-Roßlau. ► https://www.umweltbundesamt.de/sites/default/files/medien/1410/publikationen/2018-02-12_climate-change_04-2018_politikempfehlungen-anhang-4.pdf. Zugegriffen: 12. Okt. 2020

Siokou C, Morgan R, Shiell A (2014) Group model building: a participatory approach to understanding and acting on systems. Public Health Res Pract 25(1):e2511404. ► https://doi.org/10.17061/phrp2511404

Sozialdemokratische Partei Deutschlands (SPD), BÜNDNIS 90/DIE GRÜNEN und Freie Demokraten (FDP) (2021) Koalitionsvertrag 2021–2025, Mehr Fortschritt wagen, Bündnis für Freiheit, Gerechtigkeit und Nachhaltigkeit. ► https://www.bundesregierung.de/resource/blob/974430/1990812/04221173eef9a6720059cc353d759a2b/2021-12-10-koav2021-data.pdf?download=1. Zugegriffen: 29. Juni 2022

Spreen D, Kandarr J, Jorzik O, Klinghammer P, Bens O, Hüttl R, Jacob D, Schurr U (2020) ESKP-Impulspapier. Covid-19 und das Erdsystem: Was bedeutet die COVID-19 Epidemie aus Sicht der Erdsystemforschung? – Ursachen, Wechselwirkungen und Herausforderungen

Stadt Münster (2014) Bericht zum Unwetter am 28.07.2014. ► https://www.stadt-muenster.de/sessionnet/sessionnetbi/vo0050.php?__kvonr=2004037925. Zugegriffen: 12. Okt. 2020

Sterman JD (2001) System dynamics modeling: tools for learning in a complex world. Calif Manage Rev 43(4):8–25. ► https://doi.org/10.2307/41166098

Svegrup L, Johansson J, Hassel H (2019) Integration of critical infrastructure and societal consequence models: impact on swedish power system mitigation decisions. Risk Anal 39:1970–1996. ► https://doi.org/10.1111/risa.13272

Taylor P, Scanlen K (2018) The UK climate change act. Policy Q 14:66–73

TEG (2020a) TEG final report on the EU taxonomy. ► https://ec.europa.eu/info/sites/info/files/business_economy_euro/banking_and_finance/documents/200309-sustainable-finance-teg-final-report-taxonomy_en.pdf. Zugegriffen: 3. Nov. 2020

TEG (2020b) Technical annex to the TEG final report on the EU taxonomy. ► https://finance.ec.europa.eu/system/files/2020-03/200309-sustainable-finance-teg-final-report-taxonomy_en.pdf. Zugegriffen: 3. Nov. 2020

TEG (2019) Taxonomy Technical Report. ► https://ec.europa.eu/info/sites/info/files/business_economy_euro/banking_and_finance/documents/190618-sustainable-finance-teg-report-taxonomy_en.pdf. Zugegriffen: 3. Nov. 2020

The UK Government (2008) Climate Change Act 2008. The Stationery Office Limited. London. ► https://www.legislation.gov.uk/ukpga/2008/27/contents. Zugegriffen: 12. Okt. 2020

Vamanu BI, Gheorghe AV, Katina PF (2016) Critical infrastructures: risk and vulnerability assessment in transportation of dangerous goods. Springer International Publishing, Cham

Vennix J (1996) Group model building: facilitating team learning in system dynamics. Wiley, Hoboken

Vester F (1991) Material zur Systemuntersuchung. Ausfahrt Zukunft Supplement. Studiengruppe für Biologie und Umwelt GmbH. S. 96

Vester F (2003) Die Kunst vernetzt zu denken. Ideen und Werkzeuge für einen neuen Umgang mit Komplexität. Der neue Bericht an den Club of Rome. dtv., München

VKU (2020a) Jetzt Sonderprogramm Klimavorsorge auflegen: VKU zum Bericht Klima-Anpassungsstrategie der Bundesregierung. ► https://www.vku.de/presse/pressemitteilungen/archiv-2020-pressemitteilungen/jetzt-sonderprogramm-klimavorsorge-auflegen-vku-zum-bericht-klima-anpassungsstrategie-der-bundesregierung/. Zugegriffen: 3. Nov. 2020

VKU (2020b) Wie Klima-Anpassung gelingen kann – VKU stellt 7-Punkte-Plan vor, Emschergenossenschaft und Lippeverband präsentiert Best-Practice-Lösungen. ► https://www.vku.de/presse/pressemitteilungen/archiv-2020-pressemitteilungen/wie-klima-anpassung-gelingen-kann-vku-stellt-7-punkte-plan-vor-emschergenossenschaft-und-lippeverband-praesentiert-best-practice-loesungen/. Zugegriffen: 3. Nov. 2020

Voß M, Kahlenborn W, Porst L, Dorsch L, Nilson E, Rudolph E, Lohrengel A-F (2021) Klimawirkungs- und Risikoanalyse für Deutschland 2021. Teilbericht 4: Klimarisiken im Cluster Infrastruktur, Umweltbundesamt, Climate Change 23/2021, Dessau-Roßlau, ► https://www.umweltbundesamt.de/en/publikationen/KWRA-Teil-4-Cluster-Infrastruktur. Zugegriffen: 29. Juni 2022

Walker A et al (2014) Counting the cost: the economic and social costs of electricity shortfalls in the UK. A report for the council for science and technology. Royal Academy of Engineering, London

23

Kosten des Klimawandels und Auswirkungen auf die Wirtschaft

Sven Schulze, Hubertus Bardt, Hendrik Biebeler, Gernot Klepper, Mahammad Mahammadzadeh, Daniel Osberghaus, Wilfried Rickels, Oliver Schenker und Reimund Schwarze

Inhaltsverzeichnis

24.1 **Herausforderungen für die Quantifizierung der Kosten des Klimawandels – 312**
24.1.1 Wirtschaftliche Kosten und soziale Kosten – 312
24.1.2 Kosten auf unterschiedlichen Zeitskalen – 312
24.1.3 Systemische Wirkungen des Klimawandels – 313
24.1.4 Unsicherheiten in Bezug auf Extremereignisse – 313
24.1.5 Projektionen von Anpassungsreaktionen – 313

24.2 **Kosten des Klimawandels: Modellierungsansätze – 313**

24.3 **Wirtschaftliche Auswirkungen des Klimawandels in Europa und Deutschland – 315**

24.4 **Abschätzung sektoraler Kosten des Klimawandels – 319**
24.4.1 Hochwasser- und Küstenschutz – 319
24.4.2 Gesundheitskosten und Hitzewellen – 323

24.5 **Betroffenheit von Unternehmen – 324**

24.6 **Kurz gesagt – 326**

Literatur – 326

© Der/die Autor(en) 2023
G. P. Brasseur et al. (Hrsg.), *Klimawandel in Deutschland*,
https://doi.org/10.1007/978-3-662-66696-8_24

Die Bestimmung der Kosten und die Bewertung der wirtschaftlichen Auswirkungen des Klimawandels und möglicher Anpassungsmaßnahmen sind komplex. Klimawandelbedingte Kosten entstehen in einer Kaskade von Wirkungsmechanismen und -kreisläufen, die jeweils mit zahlreichen Unsicherheiten verbunden sind. Die Menge der emittierten Treibhausgasemissionen bestimmt, wie sich die Atmosphäre und damit das Klima auf der Erde verändert. Die Veränderung des Klimas – besonders bezogen auf einzelne Staaten – inklusive veränderter interner Variabilität von Extremereignissen hat Wirtschafts- und Wohlfahrtseffekte, die sowohl positiv als auch negativ ausfallen können. Die Reaktion auf diese Effekte durch Emissionskontrolle bzw. Anpassung hat wiederum einen direkten Einfluss auf den Wirkungskreislauf, weil durch sie die Menge der Treibhausgasemissionen bzw. das Ausmaß der Folgen des Klimawandels bestimmt werden.

Globale und regionale Klimaprojektionen für Deutschland wurden in Teil I diskutiert, und die vorangegangenen Kapitel in diesem Teil stellen regionale Besonderheiten sowie sektorale Auswirkungen des Klimawandels detailliert dar. In diesem Kapitel werden Möglichkeiten und Grenzen der gesamtwirtschaftlichen Bewertung beschrieben; potenzielle Probleme, Herausforderungen und Implikationen werden exemplarisch für die Bereiche Gesundheit sowie Hochwasser- bzw. Küstenschutz diskutiert. Darüber hinaus bietet das Kapitel einen Überblick über die Einschätzung von Unternehmen zu den Auswirkungen des Klimawandels und ihrer Betroffenheit.

24.1 Herausforderungen für die Quantifizierung der Kosten des Klimawandels

Klimawandel in seinen vielen regionalen Facetten verändert das komplexe Geflecht von Produktionsmöglichkeiten und Lebensqualität. Die Menschen können sich auf diese Veränderungen mittels regionaler Anpassungsoptionen einstellen. Dies schließt individuelle Anpassung von Konsumierenden und Unternehmen ein, aber es betrifft auch staatliche Maßnahmen, die eine Anpassung an die Auswirkungen des Klimawandels unterstützen. Diese Anpassungsprozesse werden auch durch Rückkopplungsprozesse vom Klimawandel in anderen Weltregionen beeinflusst. So können internationale Handelsströme und globale Wertschöpfungsketten verändert werden. Eine weitere Anpassungsreaktion, die auf eine Region wie Deutschland einwirken kann, ist die Migration aus Regionen, deren Lebensgrundlagen durch Klimawandel besonders beeinträchtigt werden, in Regionen, in denen der Klimawandel nicht so starke negative Auswirkungen hat oder sogar die wirtschaftlichen Möglichkeiten der Migranten und Migrantinnen verbessern könnte (► Kap. 27). Aus diesen globalen Wechselwirkungen ergeben sich neben den direkten Auswirkungen zusätzliche, vielfältige indirekte Auswirkungen des Klimawandels. Eine Abschätzung der Kosten des Klimawandels für Deutschland erfordert daher die Abschätzung dieser direkten und indirekten Effekte. Die Abschätzung der (wirtschaftlichen) Rückkopplungseffekte und damit der indirekten Kosten ist mit großen Unsicherheiten und Ungewissheiten verbunden, weshalb die Betrachtungen in den vorangegangenen Kapiteln in Teil III insbesondere auf die direkten Auswirkungen des Klimawandels in Deutschland fokussieren.

Eine Abschätzung von Kosten des Klimawandels trifft auf eine Reihe weiterer Herausforderungen, die eine Quantifizierung erschweren und unter den folgenden Stichworten zusammengefasst werden können:
- Wirtschaftliche Kosten und soziale Kosten
- Kosten auf unterschiedlichen Zeitskalen
- Systemische Wirkungen des Klimawandels
- Unsicherheiten in Bezug auf Extremereignisse
- Projektionen von Anpassungsreaktionen

24.1.1 Wirtschaftliche Kosten und soziale Kosten

Der Klimawandel beeinflusst Wirtschaftsprozesse direkt. Diese Veränderungen können mithilfe von Modellsimulationen quantifiziert werden. Gleichzeitig treten Veränderungen auf, die nicht direkt die Wirtschaftsaktivitäten beeinflussen, sondern das Wohlbefinden der Menschen. Diese (zusätzlichen) Wohlfahrtseinbußen lassen sich nur schwer quantifizieren und müssen indirekt bewertet werden. Dies betrifft z. B. die unten beschriebenen Effekte von Hitzewellen (Definition ► Abschn. 6.2.1), bei denen nur die direkten wirtschaftlichen Auswirkungen, nicht aber die Verluste an Lebensqualität erfasst wurden. Noch größer wird die Herausforderung, wenn der Klimawandel zu Todesfällen führt, die als Teil der Kosten identifiziert werden sollen. Daraus ergeben sich nicht zuletzt ethische Kontroversen.

24.1.2 Kosten auf unterschiedlichen Zeitskalen

Die Kosten des Klimawandels werden in dem Maße steigen, in dem sich das Klima zunehmend stärker verändert. Konkret bedeutet dies, dass bis zur Mitte dieses Jahrhunderts die Auswirkungen weitaus geringer ausfallen werden als gegen Ende des Jahrhunderts (► Kap. 4). Das hat zur Konsequenz, dass die Kosten des Klimawandels in der zweiten Hälfte dieses Jahrhunderts vor dem Hintergrund der dann vorherrschenden wirtschaftlichen Situation, sowohl in Deutschland als auch weltweit, bestimmt werden müssten. Allerdings gibt es praktisch keine Vorstellung darüber, wie die deutsche Wirtschaft und die Weltwirtschaft sich in den nächsten 50 Jahren entwickeln werden. Ein wichtiger Faktor für die Bestimmung der Kosten des Klimawandels ist das Ausmaß der Emissionen bzw. deren Reduzierung, die das Ausmaß des Klimawandels beeinflussen.

24.1.3 Systemische Wirkungen des Klimawandels

Der Klimawandel hat vielfältige Ausprägungen und betrifft alle Lebensbereiche, direkt oder zumindest indirekt alle Wirtschaftsaktivitäten und erfordert gesellschaftliche Anpassungsprozesse. Die Summe dieser Effekte und ihrer miteinander reagierenden Rückkopplungseffekte kann heute nicht in angemessener Weise in Simulationsmodellen für die nächsten Jahrzehnte oder gar bis zum Ende dieses Jahrhunderts abgebildet werden. Der Klimawandel selbst wird darüber hinaus gesellschaftliche Reaktionen in Bezug auf die Vermeidung von Treibhausgasemissionen hervorrufen, die wiederum die Kosten des Klimawandels verändern.

Übliche erste Schritte in der Quantifizierung der wirtschaftlichen Folgen des Klimawandels bestehen deshalb darin, sich in der Forschung auf bestimmte Phänomene des Klimawandels wie Extremereignisse zu konzentrieren, bestimmte Wirtschaftssektoren auf ihre Anfälligkeit zu untersuchen, etwa die Landwirtschaft (▶ Kap. 18) oder den Tourismus (▶ Kap. 22), sowie bestimmte geografische Gebiete in den Blick zu nehmen, wie beispielsweise Küstenzonen. Die verschiedenen sektoral geschätzten Kosten können aber nicht unbedingt addiert werden, um zu den gesamtwirtschaftlichen Kosten zu kommen, denn dadurch würden positive wie auch negative Rückkopplungseffekte ignoriert.

24.1.4 Unsicherheiten in Bezug auf Extremereignisse

Für Deutschland wird vermutlich die Zunahme der Häufigkeit und des Ausmaßes von Extremereignissen eine wichtige Rolle spielen. Die Extremereignisse, wie Starkregen und Hitzewellen, sind vonseiten der naturwissenschaftlichen Modellierung bereits schwer zu quantifizieren. Noch schwieriger ist dies bei den wirtschaftlichen Folgen. Das Wissen um ihre Zunahme

wird höchstwahrscheinlich zu Vorsorgemaßnahmen führen, die die Kosten der Extremereignisse verringern sollen. Darüber hinaus wird der Umfang dieser Vorsorgemaßnahmen entscheidend durch gesellschaftliche und rechtliche Prozesse determiniert. Nicht zuletzt beinhalten die Entscheidungen über die Vorsorge gegenüber Extremereignissen auch eine ethische Bewertung der Akzeptanz von Risiken.

24.1.5 Projektionen von Anpassungsreaktionen

Viele Treibhausgase verweilen lange in der Atmosphäre. Deshalb ist es erforderlich, dass die Emissionsvermeidung schnell einsetzt. Im Gegensatz zu diesen langfristigen Auswirkungen von Klimaschutzanstrengungen gibt es Anpassungsmaßnahmen, die zeitnah die Schäden größerer Klimawandelfolgen reduzieren können. Das hat zur Folge, dass Projektionen derartiger Maßnahmen sich auf die zweite Hälfte dieses Jahrhunderts konzentrieren, wenn die Anpassungsmaßnahmen besonders wichtig werden. Die wirtschaftlichen und gesellschaftlichen Rahmenbedingungen für eine Anpassung für diesen entfernten Zeitraum sind allerdings heute kaum verlässlich in Projektionen abbildbar. Daneben gibt es eine Reihe von Vorsorgeinvestitionen, die schon frühzeitig in Angriff genommen werden sollten. Dies trifft beispielsweise für Infrastrukturen zu, die eine lange Lebensdauer besitzen.

24.2 Kosten des Klimawandels: Modellierungsansätze

Die wirtschaftliche Quantifizierung des Klimawandels erfordert eine integrierte Betrachtung von natürlichen Veränderungen des Erdsystems und damit einhergehenden wirtschaftlichen Wirkungszusammenhängen. Angesichts der komplexen Wirkungszusammenhänge konzentrieren sich die Modellierungsansätze auf bestimmte Aspekte von Wirkungskaskaden und Rückkopplungseffekten. Meist werden dazu sogenannte integrierte Bewertungsmodelle (*integrated assessment models*, IAMs) herangezogen. Vereinfacht lässt sich zwischen IAMs mit exogenen und endogenen Emissionspfaden unterscheiden:

- Bei IAMs mit endogenen Emissionspfaden werden die „optimalen" Emissionen als Reaktion auf den Klimawandel durch die Emissionskontrolle bestimmt (Optimierungsmodelle).
- Bei IAMs mit exogenen Emissionspfaden werden unterschiedliche Emissions- und damit Klimawandelszenarien detailliert bewertet (Szenarienanalyse).

Die Optimierungsmodelle benutzen in der Regel hoch aggregierte Schadensfunktionen, die im Extremfall den volkswirtschaftlichen Schaden des Klimawandels als funktionalen Zusammenhang von Temperaturänderung und Sozialprodukt definieren, meist in einer nichtlinearen Beziehung (Pindyck 2013; Fisher-Vanden et al. 2013). Das bekannteste Modell dieser Art ist das DICE-Modell (Dynamic Integrated Climate-Economy: Nordhaus 1991, 2010, 2014, 2016), für das William D. Nordhaus mit dem Alfred-Nobel-Gedächtnispreis für Wirtschaftswissenschaften 2018 ausgezeichnet wurde und das in vielen Varianten weiterentwickelt worden ist. Durch ihren Fokus auf die lange zeitliche Dimension und die Lösung eines komplexen Optimierungsproblems sind diese Modelle in ihrer ökonomischen Struktur meist relativ einfach gehalten.

Das hohe Aggregationsniveau der Optimierungsmodelle begrenzt die Möglichkeit einer detaillierten Darstellung regionaler Anpassungsmöglichkeiten und hat dadurch möglicherweise einen beträchtlichen Einfluss auf die Abschätzung der Kosten des Klimawandels. In den meisten Studien ist Anpassung als Reaktion auf Klimafolgen nur implizit innerhalb der Schadensfunktion enthalten. Meist wird hierzu angenommen, dass sich die betroffenen Akteure autonom aus Eigeninteresse kosteneffizient an Klimafolgen anpassen würden. Auf dieser Annahme basiert auch die kleine Anzahl an Modellen, die Anpassung als Kontrollvariable explizit modellendogen beinhaltet. AD-DICE, ein Derivat des DICE-Modells, modelliert Anpassung als sogenannte „Stromgröße" (de Bruin et al. 2009). Das heißt, Kosten und Nutzen von Anpassungsmaßnahmen fallen gleichzeitig an.

Bosello et al. (2010) wählen in ihren Arbeiten mit dem AD-WITCH-Modell (*World Induced Technical Change Hybrid*) einen anderen Ansatz und modellieren Anpassung als Bestandsgröße, in die investiert werden muss, damit sie sich später auszahlt. Beide Ansätze sind plausibel für bestimmte Anpassungsmaßnahmen, können aber nicht die gesamte Komplexität von Anpassung abbilden. Bachner et al. (2019) untersuchen die Kosten und Nutzen spezifischer Anpassungsmaßnahmen in den drei Bereichen Land- und Forstwirtschaft sowie Hochwasserschutz in einem ökonomischen Modell für Österreich und finden positive makroökonomische Effekte dieser Maßnahmen. In ihrer Analyse zeigt sich, dass sich für den Staat die Finanzierung solcher Maßnahmen lohnen kann, da dadurch dem Klimawandel-induzierten Verlust von Steuereinnahmen entgegengewirkt wird.

Globale Optimierungsmodelle haben meistens eine zu grobe räumliche Abbildung, um explizit Ergebnisse für Deutschland ablesen zu können; wohl aber lassen sich Ergebnisse für Nord- oder Westeuropa ablesen. Wie aber bereits erwähnt, bieten diese Optimierungsmodelle in Bezug auf die sektoralen Auswirkungen kein sehr detailliertes Bild.

Szenarienanalysen basieren auf vorgegebenen naturwissenschaftlichen Klimaszenarien und bewerten daher exogene Emissionspfade. Die derzeit untersuchten Emissionspfade sind aus den Repräsentativen Konzentrationspfaden (RCPs) abgeleitet, die im Zuge des Fünften Sachstandsberichts des Weltklimarats (IPCC) die vorangegangene Generation von SRES-Emissionsszenarien abgelöst haben (van Vuuren et al. 2011; O'Neill et al. 2014, 2020). Bei den Szenarienanalysen werden unterschiedliche regionale und sektorale Fokussierungen vorgenommen sowie deren Interaktionen berücksichtigt. Rein sektorale Studien versuchen, die direkten Kosten des Klimawandels für bestimmte Wirtschaftssektoren oder Handlungsfelder zu bestimmen, ignorieren dabei aber gesamtwirtschaftliche Rückkopplungseffekte. Regional fokussierte Analysen integrieren häufig gesamtwirtschaftliche Rückkopplungseffekte, berücksichtigen aber nicht die indirekten Effekte des Klimawandels im Rest der Welt.

Rückkopplungseffekte zwischen den Kosten des Klimawandels einschließlich der Anpassungsmaßnahmen und den Kosten des Klimaschutzes sind Grundlage für „optimale" Emissionspfade, deren Berechnung in Optimierungsmodellen allerdings stark vereinfachte Wirkungsketten und Auswirkungsbeschreibungen voraussetzt. Diese werden ihrerseits in abstrahierter Form aus Ergebnissen von wirtschaftlichen Szenarienanalysen abgeleitet.

Eine Quantifizierung der wirtschaftlichen Auswirkungen des Klimawandels sowie die Bestimmung des wirtschaftlich effizienten Klimaschutzes setzen daher die Verwendung und Entwicklung beider Modellgruppen voraus. Allerdings hat die Forschung sich bisher stärker auf die globalen *integrated assessment models* konzentriert als auf die sektoralen und regionalen Analysen, auf denen diese aufbauen. Für relativ kleine Wirtschaftsräume wie Deutschland, bei dem die Rückkopplung der Emissionsvermeidung auf den globalen Klimawandel vernachlässigbar ist, bieten sich dabei Szenarienanalysen an, die eine detaillierte Abbildung der wirtschaftlichen Auswirkungen untersuchen können.

Wirtschaftliche Szenarienanalysen ermöglichen außerdem eine genauere Untersuchung, inwieweit Anpassungsmaßnahmen die Auswirkungen des Klimawandels abschwächen können. Für die Betrachtung der Anpassungsmaßnahmen ist es hilfreich, zwischen verschiedenen Kostenkategorien zu unterscheiden:

- Kosten des Klimawandels ohne Anpassungsmaßnahmen,
- Kosten der Maßnahmen zur Anpassung an den Klimawandel und
- Kosten des Klimawandels nach der Umsetzung von Anpassungsmaßnahmen (Residualschäden).

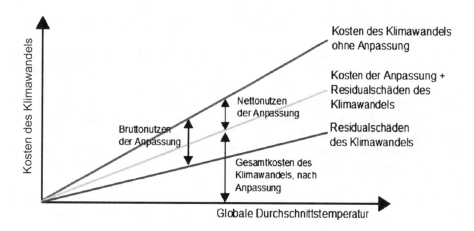

◘ Abb. 24.1 stellt vereinfacht dar, wie anhand dieser Unterscheidung verschiedene Dimensionen der Kosten identifiziert werden können. Natürlich sind die zu betrachtenden Kostengrößen nicht, wie in der Abbildung vereinfacht dargestellt, linear und durch die globale Durchschnittstemperatur bestimmt, sondern durch unterschiedliche regionale und sektorale Klimaparameter wie Hitze- oder Niederschlagsextreme, die die Schäden sprunghaft nach oben treiben können.

24.3 Wirtschaftliche Auswirkungen des Klimawandels in Europa und Deutschland

Der Weltklimarat nimmt in seinem Fünften Sachstandsbericht (IPCC 2014) eine umfangreiche und detaillierte Klassifizierung der regionalen Risiken und Auswirkungen vor, inklusive der Bewertung, wie und in welchem Ausmaß diese Auswirkungen durch Vermeidung und Anpassung abgeschwächt werden können. Die Vermeidung (Mitigation) wird durch die oben angesprochenen RCP-Emissionsszenarien abgebildet; die Anpassungsmöglichkeiten werden durch eine Abschätzung der prozentualen Reduktion der Auswirkungen (für jedes Szenario) durch Anpassung dargestellt. Der IPCC-Bericht vermeidet allerdings eine monetäre Bewertung und präsentiert insofern nur eine qualitative Einschätzung der Auswirkungen, indem er für jede Region die wesentlichen Risiken darstellt. ◘ Abb. 25.2 zeigt die Einschätzung der wesentlichen Risiken für Europa durch den Weltklimarat (IPCC). Der Sechste Sachstandsbericht (IPCC 2021) bestätigt in qualitativer Hinsicht diese Erkenntnisse, verdeutlicht aber einen wachsenden Handlungsbedarf infolge gravierender werdender Auswirkungen.

Als wesentliche Risiken identifiziert der IPCC-Bericht häufigere und stärkere Niederschläge und daraus folgend vermehrte Überschwemmungen, verschärfte Wasserknappheit in Form von Dürren (insbesondere in Südeuropa) und eine größere Häufigkeit von stärkeren Hitzewellen. Vor allem bei der Wasserknappheit und den Auswirkungen von Hitzewellen wird das Potenzial, deren (wirtschaftliche) Auswirkungen durch Anpassungsmaßnahmen abzuschwächen, als eher gering eingeschätzt. In einem Emissionsszenario, das den Anstieg der globalen Durchschnittstemperatur auf 2 °C beschränkt, fallen die Risiken geringer aus.

Adelphi et al. (2015) analysieren auf der Grundlage dieser Überlegungen die Vulnerabilität Deutschlands gegenüber dem Klimawandel. Auch hier spielen die zuvor genannten Risiken eine besondere Rolle. Differenziert wird in der Studie sowohl regional als auch sektoral im Sinne der Handlungsfelder der deutschen Anpassungsstrategie. Dabei werden sowohl Szenarien des klimatischen als auch des sozioökonomischen Wandels berücksichtigt. Die resultierenden qualitativen Einschätzungen, ob die Bedeutung der Klimawirkungen für Deutschland gering, mittel oder hoch ausfallen, beziehen sich dabei auf die Gegenwart und die Zukunft mit schwachem oder starkem (sozioökonomischen) Wandel. Für die im weiteren Sinne wirtschaftlichen Handlungsfelder (Industrie und Gewerbe, Energiewirtschaft, Tourismuswirtschaft und Finanzwirtschaft) werden weit überwiegend für die nahe Zukunft geringe bis mittlere Betroffenheiten und Vulnerabilitäten ermittelt. Letzteres ist vor allem auf die überwiegend unterstellte hohe Anpassungskapazität in den Handlungsfeldern zurückzuführen, die Betroffenheit abfedern kann. Die Arbeit konstatiert zudem, dass Quantifizierungen infolge schwacher Datenlage und anspruchsvoller Modellierung schwierig erscheinen. Beides darf als Forschungsauftrag für weitere Arbeiten aufgefasst werden.

Wirtschaftliche Szenarioanalysen untersuchen detaillierter die sektoralen wirtschaftlichen Auswirkungen und regionalen Risiken. Gleichzeitig sind in den Szenarioanalysen die Kosten (der jetzt exogenen) Emissionskontrolle zu berücksichtigen. Aaheim et al. (2012) untersuchen unter Anwendung des multiregionalen und multisektoralen Wirtschaftsmodells GRACE *(Global Responses to Anthropogenic Changes in the Environment),* mit welchen wirtschaftlichen Auswirkungen die Veränderungen des Klimas in Europa einhergehen werden. Wie in der Darstellung des IPCC berücksichtigen sie Emissionsszenarien, die entweder zu einem Anstieg von 2 °C oder 4 °C der globalen Durchschnittstemperatur führen (inklusive der damit verbundenen Vermeidungskosten). Das GRACE-Modell beinhaltet elf Sektoren, die von den regional unterschiedlichen Veränderungen in Temperatur und Niederschlag beeinflusst werden. Dabei werden auch Aspekte wie die Auswirkungen auf die Arbeitsproduktivität berücksichtigt. Die Autorinnen und Autoren schätzen, dass es bei einem Anstieg der globalen Durchschnittstemperatur um 2 °C vergleichsweise moderate Veränderungen im regionalen Bruttoinlandsprodukt (BIP) geben wird und dass einige Regionen sogar leicht profitieren könnten. Bei einem Anstieg der globalen Durchschnittstemperatur um 4 °C ist zu erwarten, dass alle Regionen in Europa negative wirtschaftliche Auswirkungen verzeichnen könnten, insbesondere der Süden Europas. Laut der Schätzung von Aaheim et al. (2012) würde es in Deutschland zu Einbußen beim BIP zwischen 0,2 und 0,3 % kommen, wenn der Temperaturanstieg im Jahr 2004 stattgefunden hätte. Solche eher niedrigen aggregierten Auswirkungen sollen aber nicht darüber hinwegtäuschen, dass es sowohl über die Zeit kumuliert als auch insbesondere in einzelnen Sektoren sehr wohl zu deutlich stärkeren Auswirkungen kommen kann. So wird z. B. geschätzt, dass der Forstsektor deutlich stärker beeinträchtigt wird. Außerdem unterschätzt die Studie langfristige Auswirkungen, aber auch den Effekt von langfristigen (geplanten) Anpassungsmaßnahmen.

Die Analyse von Aaheim et al. (2012) ist nur ein Beispiel für Studien, die einen breiteren geografischen Fokus haben und in denen Deutschland nur eine Teilregion darstellt. Im Rahmen des europäischen Forschungsprojekts PESETA wurden *Bottom-up*-Schadensmodelle für verschiedene Handlungsfelder entwickelt – Küsteninfrastruktur, Überschwemmungen größerer europäischer Flüsse, Landwirtschaft, Tourismus – und mit einem berechenbaren allgemeinen Gleichgewichtsmodell der europäischen Volkswirtschaft verknüpft. Dabei wird geschlussfolgert, dass sich die Kosten des Klimawandels in Europa in einem Szenario mit einer durchschnittlichen Erwärmung in Europa von 2,5 °C auf etwa 20 Mrd. EUR im Jahr 2080 belaufen werden (Ciscar et al. 2011), wobei gewisse Regionen wie Skandinavien vom Klimawandel profitieren könnten. Würde ein Szenario mit 5,4 °C Erwärmung und einem unterstellten Anstieg des Meeresspiegels von 88 cm eintreten, wäre mit jährlichen Kosten in Höhe von 65 Mrd. EUR zu rechnen. Für die Region nördliches Zentraleuropa, die neben Deutschland auch Belgien, die Niederlande und Polen umfasst, wäre im Szenario mit einer Erwärmung um 2,5 °C mit Kosten von ungefähr 15 Mrd. EUR zu rechnen, die sich im Falle des Szenarios mit starker Erwärmung und hohem Anstieg des Meeresspiegels auf 26 Mrd. EUR erhöhen würden. In einer neueren Auflage des Projektes (PESETA III, s. dazu Ciscar et al. 2019) wurden unter anderem auch globale Rückkopplungseffekte durch internationalen Handel mitberücksichtigt sowie neuere Klimaszenarien verwendet. Es zeigt sich wiederum ein starker regionaler Unterschied: Während südeuropäische Regionen mit substanziellen Kosten durch den Klimawandel konfrontiert sind, sind die Auswirkungen in Nord- und Zentraleuropa moderat. Dies wird durch die Ergebnisse in Ciscar 2020, basierend auf dem Projekt PESETA IV, weiter untermauert. Dort werden die Wohlfahrtseinbußen in der Summe aller Regionen vor allem durch Hitzewellen ausgelöst. In der Region des nördlichen Zentraleuropas spielen allerdings vor allem Hochwasserereignisse die entscheidende Rolle; erst in einem Szenario mit einer Erwärmung von 3 °C kommen auch die Auswirkungen von Trockenheit zum Tragen, werden aber trotzdem von Wohlfahrtsgewinnen im landwirtschaftlichen Sektor mehr als ausgeglichen (▶ Kap. 18).

Insgesamt gibt es nur wenige (begutachtete) Studien, die versuchen, die Auswirkungen der komplexen Wirkungsmechanismen des Klimawandels explizit für Deutschland monetär zu bewerten. Knittel et al. 2020 haben speziell die Auswirkungen des globalen Klimawandels (insbesondere Effekte höherer Temperaturen auf die Arbeitsproduktivität) über veränderte internationale Handelsströme auf die deutsche Volkswirtschaft untersucht. Sie ermitteln in ihrer Studie, dass das BIP 2050 in Deutschland unter Berücksichtigung dieser Handelseffekte, abhängig vom unterstellten Klimaszenario, zwischen −0,41 und −0,46 % sinkt, verglichen mit einem Szenario ohne Klimawandel.

Einige gesamtwirtschaftliche Studien zu den Auswirkungen des Klimawandels in Deutschland werden in ◘ Tab. 24.1 zusammengefasst.

Allen Studien ist gemeinsam, dass sie einzelne Aspekte des Klimawandels herausgreifen und diese in unterschiedlicher Weise zu gesamtwirtschaftlichen Kosten aggregieren. Während in Bräuer et al. (2009) nur die Kosten aus den verschiedenen sektoralen Analysen zu einem gesamtwirtschaftlichen Kostenfaktor summiert werden, verknüpfen Ciscar et al. (2011, 2018) vergleichsweise detaillierte sektorale Ergebnisse mit einem numerischen allgemeinen Gleichgewichtsmodell, in dem auf einer hohen Aggregationsstufe die Interaktionseffekte zwischen den Sektoren simuliert werden.

■ **Tab. 24.1** Überblick über gesamtwirtschaftliche Studien zu den Auswirkungen des Klimawandels in Deutschland

Studie	Methodischer Ansatz	Klimawandelszenario	Betrachteter Zeitraum	Betrachtete Handlungsfelder	Annahmen zum Stand der Volkswirtschaft	Auswirkungen des Klimawandels
Bräuer et al. (2009) [nicht begutachtet]	Aufsummierte sektorale Effekte	+1,5 °C [1,0–1,6] 2 °C [1,5–3,5]	2050 2100	Küsteninfrastruktur, Bauwirtschaft, Land- und Forstwirtschaft, Energie, Wasserwirtschaft, Tourismus, Verkehr, Versicherungen, Gesundheit	2011–2050: 1 %, 2051–2100: 0,5 % jährliches BIP-Wachstum	Zwischen +0,05 und −0,3 % des BIP zwischen +0,6 und 2,5 % des BIP als Nettoeffekt auf die öffentlichen Finanzen
Ciscar et al. (2011) [begutachtet]	Mittels eines gesamtwirtschaftlichen Modells sektorale *Bottom-up*-Modelle verbunden	2,5 °C 5,4 °C	2080	Küsteninfrastruktur, Überschwemmungen größerer europäischer Flüsse, Landwirtschaft, Tourismus	Stand 2010	15 Mrd. EUR BIP bis 26 Mrd. EUR BIP für Modellregion nördliches Zentraleuropa (Deutschland, Niederlande, Belgien, Polen)
Ciscar et al. (2019) [begutachtet]	Mittels eines gesamtwirtschaftlichen Modells sektorale *Bottom-up*-Modelle verbunden	2 °C 3,7 °C	2100	Arbeitsproduktivität, Überschwemmungen größerer europäischer Flüsse Küsteninfrastruktur, Landwirtschaft, Mortalität, Energiebedarf für heizen/kühlen, Internationaler Handel	1981–2010	+0,3 % des BIP für die Region Nordeuropa (unter RCP8.5)
Knittel et al. (2020) [begutachtet]	Mittels eines globalen gesamtwirtschaftlichen Modells und Modellierung von temperaturinduzierten Effekten auf Arbeitsproduktivität	Fünf verschiedene globale Klimamodelle unter den Szenarien RCP4.5 und RCP8.5	2050	Arbeitsproduktivität, internationaler Handel		−0,41 % bis −0,46 % des BIP

In einer Studie im Auftrag des Bundesministeriums der Finanzen haben Bräuer et al. (2009) die Belastungen infolge des Klimawandels für die öffentlichen Finanzen untersucht. Dabei wurden zehn Handlungsbereiche mittels Fallstudien genauer betrachtet. Die Fallstudien umfassen u. a. Auswirkungen des Klimawandels auf Gebäude, Land- und Forstwirtschaft sowie Energie- und Wasserversorgung. Bräuer et al. (2009) führen keine eigenen Untersuchungen zu Klimafolgen durch, sondern greifen auf bestehende Ergebnisse aus der Literatur zurück und übertragen – sofern nötig – die Ergebnisse auf Deutschland. Dabei werden auf Basis der regionalen Klimamodelle WETTREG und REMO Klimaszenarien für 2050 und 2100 verwendet, die beispielhaft für das Jahr 2050 eine Temperaturänderung von durchschnittlich 1,5 °C [1,0–1,6 °C], vermehrte Niederschläge im Winter (+7 bis +14 %) und geringere Niederschläge im Sommer (-12 bis -16 %) beschreiben. Die Schätzungen von Bräuer et al. (2009) zeigen, dass 2050 der Klimawandel nur geringe Wirkungen auf die Finanzen der öffentlichen Hand haben könnte. Gemäß der Studie beträgt die zusätzliche Be- oder Entlastung des öffentlichen Haushalts zwischen +0,1 und -0,7 % (relativ zum BIP entspricht das zwischen +0,05 und -0,3 % des BIP). Ab 2100 sind diese Effekte größer – Mehrausgaben und rückläufige Steuereinnahmen könnten zu einer zusätzlichen Belastung zwischen -1,3 und -5,7 % des Haushalts (-0,6 und -2,5 % des BIP) führen. Diese Studie wurde jedoch nicht in einer begutachteten Zeitschrift veröffentlicht.

Die Studie von Bräuer et al. (2009) bestätigt die weiter oben zitierten Studien mit Fokus auf Europa insofern, als auch sie eher mit geringen wirtschaftlichen Auswirkungen für Deutschland rechnet. Grundsätzlich ist aber zu berücksichtigen, dass sich die Arbeiten in fundamentalen Annahmen bezüglich der Struktur der betrachteten Volkswirtschaften, der berücksichtigten Sektoren sowie der Wirkungsketten und -mechanismen der Klimafolgen auf die Ökonomie unterscheiden. So bleibt es z. B. schwierig zu bewerten, inwieweit die globalen Rückkopplungseffekte, die sich durch veränderte Migrations- und Handelsströme ergeben, angemessen beachtet wurden (Schenker 2013). Umgekehrt muss aber auch berücksichtigt werden, dass Anpassungsverhalten nicht explizit modelliert wird, sondern meist implizit in den Schadensfunktionen enthalten ist oder als autonome Anpassung durch die Preisreaktionen von Unternehmen und Haushalten berücksichtigt wird. Insofern ist es schwer zu beurteilen, ob diese Studien die Auswirkungen des Klimawandels unter- oder etwa sogar überschätzen.

Jüngere Projekte und Veröffentlichungen beschäftigen sich vermehrt mit der Rolle von internationalem Handel und Feedbackschleifen aus dem Ausland. Die Ergebnisse von Knittel et al. (2020) basierend auf Peter et al. (2020) wurden hierzu bereits oben ausführlich besprochen. Darüber hinaus zeigt Osberghaus (2019) in einem Überblicksartikel (zu den Effekten von Wettervariationen und Naturkatastrophen) zunächst, dass bis dato eine große Vielfalt an Herangehensweisen an die Fragestellung besteht, was darauf schließen lässt, dass noch kein Konsens über die angemessenen Methoden und Modelle besteht. In Bezug auf die Ergebnisse der betrachteten Studien haben steigende Durchschnittstemperaturen tendenziell einen nachteiligen Effekt auf die Exportwerte, vor allem in den Bereichen Landwirtschaft und Fertigwaren. Der nachteilige Effekt ist für Importe weniger ausgeprägt.

In einigen empirischen Untersuchungen wird versucht, aus der Analyse des Zusammenhangs zwischen Klimazustand und Wirtschaftswachstum des bestehenden Klimas Regelmäßigkeiten für das Wirtschaftswachstum unter zukünftiger Klimaentwicklung abzuleiten. Diese Studien (Dell et al. 2012 oder Burke et al. 2015), welche die Abhängigkeit des Wirtschaftswachstums von Temperatur und Niederschlag in Querschnitts-, Zeitreihen- und Panelschätzungen untersuchen, anstatt die wirtschaftlichen Abläufe explizit zu modellieren, kommen zu dem Schluss, dass Deutschland zu den Profiteuren des Klimawandels gehört. So schätzen z. B. Burke et al. (2015), dass es nur mit einer Wahrscheinlichkeit von 9 % zu einer Verringerung des BIP in Deutschland als Folge des Klimawandels kommen werde und eine deutliche Erhöhung des Pro-Kopf-BIP-Wachstums wahrscheinlich sei. Dies adressiert jedoch erstens keine Aspekte jenseits des Maßes BIP (und seines Wachstums), abstrahiert zweitens von den zuvor erörterten internationalen Verflechtungen und trifft drittens keine Aussage zu den möglichen Effekten starker Klimaveränderungen.

Auf diesen empirisch identifizierten Zusammenhängen zwischen Temperatur, Niederschlag und ökonomischer Aktivität aufbauend, berechnen Ricke et al. (2018) länderspezifisch erwartete zukünftige Schäden einer zusätzlich ausgestoßenen Tonne CO_2, eine in den Wirtschaftswissenschaften als *social costs of carbon* (SCC) verbreitet genutzte Metrik. Wichtig ist dabei anzumerken, dass damit die in der Zukunft eintretenden Schäden mittels verschiedener Annahmen diskontiert werden. Ricke et al. (2018) verknüpfen für die Berechnung dieser länderspezifischen *social costs of carbon* die Schadensmodelle von Burke et al. (2015) und Dell et al. (2012) mit Klimaprojektionen, die wiederum auf einer größeren Zahl von Szenarien zu sozioökonomischen Entwicklungen basieren. ◨ Abb. 24.2 zeigt Schätzungen der *social costs of carbon* (SCC) für Deutschland, also die abgezinsten Schäden in US-Dollar einer zu-

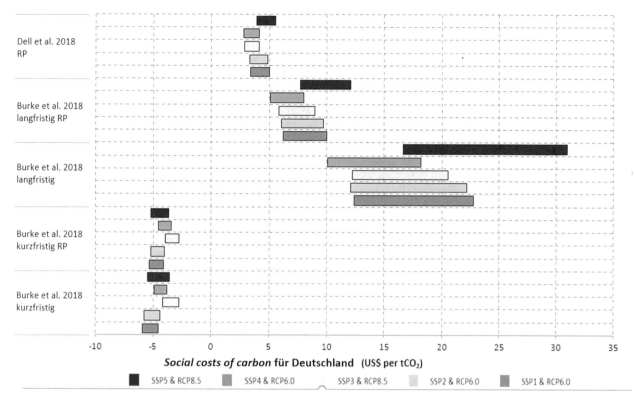

◻ Abb. 24.2 Ökonomischer Effekt einer zusätzlichen Tonne CO$_2$ in Deutschland kurz- und langfristig unter verschiedenen Klimaszenarien (unterschiedliche Farbwerte) und Schadensmodellen, basierend auf Burke et al. 2018 und Dell et al. 2018 (RP: *rich and poor distinction*). 66-Prozent-Konfidenzintervall der Schätzungen der erwarteten zukünftigen Schäden (Daten von Ricke et al. 2018). Die dargestellten Werte nehmen eine Zeitpräferenzrate von 2 % pro Jahr und eine Substitutionselastizität des marginalen Nutzens von 1,5 an. Auf der X-Achse sind die die abgezinsten Schäden in US-Dollar einer zusätzlich ausgestoßenen Tonne CO$_2$, auf der Y-Achse die Schadensmodelle und ihre Resultate für verschiedene Emissionsszenarien abgetragen.

sätzlich ausgestoßenen Tonne CO$_2$. Dabei zeigt sich, dass die Unsicherheit über die zukünftigen Schäden zwar auch von den unterstellten Klimaszenarien abhängt, die Unterschiede zwischen den benutzten Schadensmodellen jedoch deutlich ausgeprägter sind.

Solche empirischen Untersuchungen liefern grundsätzlich nützliche Hinweise. Bei der Abschätzung der regionalen gesamtwirtschaftlichen Auswirkungen, die auf empirischen Untersuchungen auf der Makroebene basieren, muss aber kritisch hinterfragt werden, inwieweit die Zusammenhänge zwischen Klima und Wirtschaftswachstum in einem insgesamt wärmeren Klima mit veränderten Waren- und Handelsströmen noch gültig sind. Mit anderen Worten: Die systemischen Änderungen, die in der Weltwirtschaft mit dem Klimawandel einhergehen können, sind hier nicht berücksichtigt. Darüber hinaus bilden aggregierte Veränderungen gemessen in Sozialproduktzahlen nicht die zahlreichen sektoralen und regionalen Herausforderungen und Veränderungen ab, die mit dem Klimawandel einhergehen und zu beträchtlichen Verteilungskonflikten führen können.

24.4 Abschätzung sektoraler Kosten des Klimawandels

24.4.1 Hochwasser- und Küstenschutz

Die wissenschaftliche Untersuchung von Hochwasser- und Küstenschutz ist bereits seit Jahrzehnten Gegenstand theoretischer Analysen und seit Jahrhunderten gelebte Praxis. Allerdings ergeben sich aus der Dynamik des Klimawandels für die Wissenschaft und die Praxis neue Herausforderungen.

Das Untersuchungsdesign basiert in der Regel auf einer Flut- bzw. Überflutungsmodellierung, um die betroffenen Gebiete zu identifizieren. Dann werden mittels verschiedener Schadensfunktionen, beispielsweise in Abhängigkeit von der Landnutzung oder dem vorhandenen Gebäudebestand, die direkten materiellen Schäden ermittelt. Gegebenenfalls werden ergänzend indirekte Schäden abgeleitet, die sich aus Wertschöpfungsverlusten und der Unterbrechung von Lieferketten ergeben. Darüber hinaus werden im Bereich der immateriellen Schäden Beeinträchtigungen der menschlichen Gesundheit oder gefährdete Personen bzw. verlorene Menschenleben berücksichtigt. Allerdings werden diese immateriellen Schäden häufig separat betrachtet und nicht in der integrierten Analyse berücksichtigt. Schadensereignisse werden zudem sowohl ohne als auch mit Anpassungsmaßnahmen betrachtet, um den Nutzen von Maßnahmen anhand vermiedener Schäden ableiten zu können. Unsicherheiten in Bezug auf die Ergebnisse resultieren hier vornehmlich aus der Wahl der räumlichen Skala: Je größer diese ist, desto gröbere Annahmen müssen getroffen werden. Je kleiner diese ist, desto detaillierter fallen zwar die Analysen aus, jedoch laufen sie Gefahr, sektorale oder regionale Rückkopplungseffekte und Anpassungsmaßnahmen jenseits des Untersuchungsgebietes außer Acht zu lassen. Unter diesen Vorbehalten sind die Ergebnisse der im Folgenden aufgeführten Studien zu betrachten.

Die PESETA-Studie von Ciscar (2009) unterscheidet fünf Regionen innerhalb der Europäischen Union, wobei Deutschland der Region nördliches Zentraleuropa zugeordnet ist. Die Bereiche Fluss- und Küstenhochwasser werden separat betrachtet. Bei Flusshochwässern werden für Temperaturanstiege von 2,5, 3,9, 4,1 und 5,4 °C im Zeitraum von 2071 bis 2100 deutlich höhere erwartete jährliche Schäden im Vergleich zum simulierten Basiszeitraum von 1961 bis 1990 ermittelt (▶ Kap. 10). Sie liegen je nach Szenario zwischen 1,5 Mrd. und 5,3 Mrd. EUR und spiegeln direkte Schäden in Abhängigkeit von der Landnutzung und dem Wasserstand bei Hochwasser wider. Um die Schäden für verschiedene Meeresspiegelanstiege im Bereich „Küstenhochwasser" (▶ Kap. 9) zu untersuchen, werden Szenarien mit und ohne Anpassung generiert. Die Landnutzung an den Küsten wird als konstant angenommen. Als Auswirkungen des Klimawandels werden Landverluste und die Zahl der betroffenen Personen betrachtet. In einem beispielhaften Szenario mit starkem Meeresspiegelanstieg (58,5 cm) ergäbe sich für das nördliche Zentraleuropa ein Verlust von rund 900 Mio. EUR, der den Verlust an produktiver Landfläche widerspiegelt. Bezogen auf das Bruttoinlandsprodukt (BIP) ist der Verlust jedoch sehr klein, denn er liegt bei gut 0,01 %. Er lässt sich zwar durch Anpassung in Form von Küstenschutzinvestitionen noch weiter reduzieren, jedoch aufgrund der indirekten ökonomischen Effekte nicht eliminieren.

Die Folgearbeiten im Projekt PESETA III (Alfieri et al. 2015, 2017, 2018a, b; Ciscar et al. 2019; Vousdoukas et al. 2018) adressieren aufbauend auf den vorhergehenden Arbeiten, welchen Einfluss der Klimawandel und die sozioökonomische Entwicklung auf die Zahl der gefährdeten Personen und die zu erwartenden jährlichen Schäden (*expected annual damage*, EAD) hat. Es werden dabei sozioökonomische Pfade genutzt, um deren Rolle im Vergleich zum Status quo zu identifizieren und sowohl für Flusshochwasser als auch für Küstenhochwasser werden Resultate für die EU und für die einzelnen Länder generiert. Die Ergebnisse sowohl für die EU als Ganzes als auch für die meisten Nationen deuten darauf hin, dass der Klimawandel für sich genommen die erwarteten Schäden (und betroffenen Personen) im Vergleich zum Referenzzeitraum erhöht und dieser Effekt umso ausgeprägter ist, je stärker die Erwärmung ausfällt. Ferner wird gezeigt, dass Wirtschaftswachstum zwar insgesamt die Risiken und damit die erwarteten Schäden erhöht, jedoch vergrößere eine höhere Wirtschaftskraft auch die Anpassungskapazitäten, was einen abschwächenden Effekt mit sich bringe. Allgemein zeigt sich außerdem, dass die Bandbreite der Resultate gravierend ausfallen kann und mit stärkerem Temperaturanstieg zunimmt.

Für den Fall von Flusshochwasser werden drei Klimaszenarien (+1,5 °C, +2 °C und +3 °C) in der nahen (2021–2050) sowie der fernen (2071–2100) Zukunft unterstellt und es erfolgt ein Vergleich zum Referenzzeitraum von 1976 bis 2005. Konkret für Deutschland werden die erwarteten jährlichen Schäden aus Flusshochwassern bei statischer Wirtschaft im Mittel mit etwa 1,5 Mrd. EUR (+1,5 und +2 °C) und etwa 1,8 Mrd. EUR (+3 °C) beziffert, verglichen mit einem Wert von etwa 0,7 Mrd. EUR im Referenzzeitraum. Die Bandbreiten der Schätzungen liegen dabei zwischen 0,6 und 2,5 Mrd. EUR (+1,5 °C) und zwischen 1,2 und 3,9 Mrd. EUR (+3 °C).

Im Hinblick auf Küstenhochwasser kommen Szenarien zum Einsatz, die RCP4.5 und RCP8.5 isoliert oder in Kombination mit sozioökonomischen Szenarien (SSP1, 3 und 5) betrachten und mit dem Basisjahr 2000 vergleichen. Exemplarisch werden für Deutschland im Referenzjahr zu erwartende jährliche Schäden von 40 Mio. EUR ermittelt. Im RCP4.5-Szenario bei statischer Wirtschaft steigt der Wert auf 260 (im Jahr 2050) bzw. 960 Mio. EUR (im Jahr 2100), im RCP8.5-Szenario sogar auf 290 (im Jahr 2050) bzw. 2,68 Mrd. EUR. Bei einer Begrenzung der Erwärmung auf 2 °C fallen die Resultate deutlich niedriger aus. Folglich sind auch hier die Konsequenzen des Klimawandels signifikant, erweisen sich aber als kleiner im Vergleich zu denjenigen der Flusshochwässer. Anzumerken ist, dass sich sämtliche genannten Ergebnisse nur auf direkte Schäden beziehen.

Die anschließenden Untersuchungen im Projekt PESETA IV (Dottori et al. 2020; Vousdoukas et al. 2020) entwickeln die verwendeten Methoden vor allem durch eine stärkere regionale Auflösung weiter und modifizieren dabei auch die Forschungsfrage. So werden zwar erneut die *expected annual damages* (und die betroffenen Personen) in einem Referenzfall berechnet, es wird aber zudem untersucht, inwiefern Anpassungsmaßnahmen diese Schäden reduzieren könnten. Die unterstellten Klimaszenarien sind RCP4.5 und RCP8.5, wodurch die Temperaturanstiege von +1,5 °C, +2 °C und +3 °C in verschiedenen Jahren realisiert werden, womit zugleich unterschiedliche Anstrengungen im Klimaschutz einhergehen. Erneut werden zusätzlich sozioökonomische Entwicklungspfade berücksichtigt. Für Deutschland ergeben sich für die Wirtschaft im Status quo jährliche erwartete Schäden (EAD) in Höhe von 922 Mio. EUR (Referenz), 1,7 Mrd. EUR (+1,5 °C), 2,4 Mrd. EUR (+2 °C) und 3,7 Mrd. EUR (+3 °C). Die EAD steigen bei künftigen sozioökonomischen Bedingungen im Jahre 2100 auf 2,8 Mrd. EUR (+1,5 °C), fast 4 Mrd. EUR (+2 °C) und fast 6 Mrd. EUR (+3 °C). Folglich fallen die EAD hier durchgängig höher aus als im Vorgängerprojekt. Es wird ferner gezeigt, dass Anpassungsmaßnahmen, wie Deichbau, Schaffung oder Erweiterung von Retentionsflächen, verbesserter Schutz von Gebäuden oder auch Umsiedelungen sinnvoll sind, da der Nutzen im Sinne vermiedener Schäden, zum Teil um ein Vielfaches, höher ausfällt als die Kosten der Maßnahmen.

Ähnlich verhalten sich die Ergebnisse in Bezug auf Küstenhochwasser: Im Referenzfall sind die EAD etwa 100 Mio. EUR, bei moderatem Klimaschutz 800 Mio. (2050) bzw. 2,7 Mrd. EUR (2100) und bei schwachem Klimaschutz 1,1 Mrd. (2050) bzw. 18,1 Mrd. EUR (2100). Anpassungsmaßnahmen im Sinne rechtzeitiger Investitionen in Deicherhöhungen haben stets Nutzen-Kosten-Raten von deutlich über Eins.

Rojas et al. (2013) fokussieren auf den Bereich der Flusshochwasser in Europa. Sie differenzieren ihre Ergebnisse dabei nach Ländern. Genutzt wird ein hydrologisches Modell, das zur Schätzung Schadensfunktionen in Abhängigkeit von der Fluthöhe mit Informationen zur Landnutzung und der Bevölkerungsdichte kombiniert. Betrachtet wird ein Emissionsszenario (SRES A1B), das mit konsistenten Annahmen zum BIP- und Bevölkerungswachstum verbunden wird. Zudem werden Szenarien mit und ohne Anpassung betrachtet. Ermittelt werden nur die direkten Schäden für bestimmte Wiederkehrintervalle. Dabei werden beispielsweise für das Wiederkehrintervall von 100 Jahren im Zeitablauf steigende Schäden erwartet. Sie liegen bei jährlich 540 Mio. EUR (2000er-Jahre), 1,14 Mrd. EUR (2020er-Jahre), 1,38 Mrd. EUR (2050er-Jahre) und 2,92 Mrd. EUR (2080er-Jahre). Auch hier wird Anpassung als lohnende Investition eingeschätzt. Würde in Deutschland eine Anpassung an ein künftiges 100-jähriges Ereignis erfolgen, so würde dies laut Rojas et al. (2013) Kosten von 170 Mio. EUR verursachen und den erwarteten Schaden deutlich reduzieren.

Für den Bereich der Flusshochwasser in Europa liegt mittlerweile eine ganze Reihe weiterer Publikationen vor (▶ Kap. 10). Dies ist der Erwartung geschuldet, dass die Schadenspotenziale von wasserbedingten Ereignissen für Flusshochwasser übereinstimmend als besonders hoch eingeschätzt werden. Koks et al. (2019a) zeigen dies beispielhaft für die EAD

von Verkehrsinfrastrukturen infolge verschiedener Schadensereignisse (Oberflächen- und Flusshochwasser, Küstenhochwasser, Erdbeben, tropische Stürme). Neuere Veröffentlichungen, wie zum Beispiel Koks et al. (2019b), erweitern die Betrachtung, indem auch indirekte Effekte der Hochwasserereignisse einbezogen werden. Zunächst werden direkte Schäden anhand der EAD für insgesamt 270 Regionen Europas mithilfe eines hydrologischen Modells geschätzt. Zusätzlich werden Verluste durch vorübergehende Produktionsstopps infolge verlorener Kapazitäten in den drei ökonomischen Sektoren Landwirtschaft, Industrie und Gewerbe geschätzt, bevor indirekte Effekte mithilfe des MRIA Modells (*Multiregional Impact Assessment*, Koks und Thissen 2016) ermittelt werden. Hierbei ergeben sich die indirekten Schäden durch die Veränderung der interregionalen Güterströme. Im Ergebnis zeigt sich, dass die indirekten Schäden einen bedeutenden Teil der gesamten Schäden ausmachen können und im Mittel schon im Basisszenario bei etwa 20 % der EAD liegen. Dabei steigen die indirekten Schäden mit einem stärkeren Temperaturanstieg an, und zwar auch relativ zu den direkten Schäden. Dies ist auch darauf zurückzuführen, dass indirekte Effekte in Zukunft immer weniger durch Umleitung der Lieferketten abgeschwächt werden können, wenn die direkten Schäden ansteigen. Dies ist ferner ein Hinweis darauf, dass die Beachtung der indirekten Effekte künftig nicht nur analytisch, sondern auch in der Praxis von größerer Bedeutung sein wird. Die genauen quantitativen Ergebnisse für Deutschland lassen sich der Veröffentlichung allerdings nicht entnehmen.

Zu den wenigen referierten Veröffentlichungen mit Fokus auf Deutschland zählen Hattermann et al. (2014), (2016). Dort werden die klimawandelgetriebenen Schäden durch Flusshochwasser für die Szenarien RCP4.5 und RCP8.5 betrachtet. Während in Hattermann et al. (2014) nur zwei Klimamodelle unterlegt werden (REMO, CCLM), erfolgt in Hattermann et al. (2016) zwecks Robustheitsanalyse eine Erweiterung um weitere Modelle (ENSEMBLES, CORDEX). Geschätzt werden die Schäden mit dem Modell SWIM (*Soil and Water Integrated Model*) unter aktuellen Bedingungen, d. h., es kommen keine sozioökonomischen Szenarien zum Einsatz und es wird auch keine Anpassung unterstellt. Die mittleren Schätzungen liegen in Hattermann et al. (2014) bei 468 Mio. EUR pro Jahr (Referenzperiode 1961–2000), 781 Mio. EUR (2011–2040), 908 Mio. EUR (2041–2070) und 942 Mio. EUR (2071–2100). Mithin verdoppelt langfristig alleinig der Klimawandel die zu erwartenden Schäden. Die weiteren Szenarien in Hattermann et al. (2016) liefern mit zunehmendem Zeithorizont sogar noch deutlich höhere Schätzungen mit Werten von bis zu 1,38 Mrd. EUR (2071–2100, ENSEMBLES) und 2,07 Mrd. EUR (2071–2100, CORDEX).

Bubeck et al. (2020) wählen eine andere Perspektive, indem sie Klimawirkungen für Deutschland in ausgewählten Bereichen untersuchen. So werden beispielsweise einerseits Schäden durch Starkregen an Wohngebäuden sowie andererseits durch Sturmfluten an Wohngebäuden, der Schieneninfrastruktur und in Industrie und Gewerbe betrachtet. Damit liegt der Fokus vor allem auf der Ermittlung von direkten Schadenspotenzialen, unter Berücksichtigung des Klimawandels und/oder sozioökonomischer Entwicklungen. Fallstudienartig werden dabei für Starkregenereignisse aktuelle Schadenspotenziale an Wohngebäuden von 13 Mrd. EUR für das Bundesland Nordrhein-Westfalen errechnet, indem auf gängigem Wege Gefahrenkarten mit Landnutzungsinformationen kombiniert werden. Infolge verstärkter Bodennutzung durch sozioökonomischen Wandel würde das Schadenspotenzial ferner um 6 % bis 2030 zunehmen. Anzumerken ist allerdings, dass sich diese Angabe auf das gesamte Bundesland bezieht und Starkregen meist nur als lokales oder regionales Ereignis auftritt. Die Schätzungen der Schadenspotenziale durch Sturmfluten unterliegen laut Bubeck et al. (2020) noch größeren Unsicherheiten. Insgesamt leistet diese Studie einen nützlichen Beitrag, indem sie Schadenspotenziale ebenso aufzeigt wie den Nutzen von Anpassungsmaßnahmen, der mittels *Input-output*-Analysen errechnet wird. Methodisch verzichtet sie allerdings auf die komplexen Modellierungsansätze der zuvor beschriebenen Untersuchungen, sodass weniger die quantitativen als vielmehr die qualitativen Aussagen praktischen Wert haben.

Es lässt sich festhalten, dass es für den Bereich des Küsten- und Hochwasserschutzes eine Vielzahl an Forschungsprojekten gibt, aus denen ein großer Fundus an begutachteter, aber auch grauer Literatur hervorgegangen ist und weiter hervorgeht. Es liegen Analysen auf allen Skalen vor. Dies gilt sowohl hinsichtlich der Schadensschätzung als auch der Bewertung von Anpassungs- und Schutzmaßnahmen. Die zweckmäßige Analyseebene hängt dabei von der Fragestellung ab. So gehen makroskalige Untersuchungen zwar auf Kosten der Detailgenauigkeit, jedoch sind sie eher in der Lage, gesamtwirtschaftliche Effekte und Feedbackmechanismen über Marktprozesse abzubilden. Unzureichend berücksichtigt scheinen in den meisten Studien bisher noch Schäden zu sein, die durch indirekte Effekte hervorgerufen werden, sowie immaterielle Schäden. Indirekte Schäden sind im Status quo zwar im Prinzip modellierbar, hängen in Zukunft aber von sozioökonomischen Veränderungen ab. Die Messung immaterieller Schäden unterliegt methodischen Herausforderungen und erfordert in der Bewertung zahlreiche normative Annahmen. Darüber hinaus legen viele der Studien einen Fokus auf technische Anpassungsmaßnahmen und die damit verbundenen Kosten. So werden beispielsweise Alternativen wie Umsiedlung und Evakuierung anstelle von verstärktem Küstenschutz noch selten berücksichtigt und die sogenannten naturbasierten Lösungen finden erst allmählich Eingang in die Betrachtungen.

Naturgefahrenversicherungen in Deutschland

Der Versicherungsmarkt kann eine wichtige Rolle bei der Bewältigung von finanziellen Schäden durch Extremwetterereignisse in der Wirtschaft und in privaten Haushalten spielen, indem ansonsten existenzbedrohende Schäden auf eine größere Gruppe und auf einen längeren Zeitraum verteilt werden *(risk pooling)*. Versicherungen sind somit eine wichtige Option der Anpassung an die Folgen des Klimawandels für private Unternehmen und Haushalte in Deutschland (Keskitalo et al. 2013; Linnerooth-Bayer und Hochrainer-Stigler 2015; Prettenthaler et al. 2017). Einerseits können Versicherungen neben der Verteilung der Schäden auch dazu beitragen, die Gesamtschäden zu reduzieren, indem risikoangepasstes Verhalten der Versicherungsnehmer, etwa bei der technischen Hochwasservorsorge im Haushalt, mit günstigen Prämien gefördert oder mittels vertraglicher Vereinbarungen gefordert wird (Hudson et al. 2016). Andererseits kann es zu *moral hazards* kommen, also dass sich Versicherte sorgloser verhalten, z. B. weniger technische Vorsorge betreiben, und somit die Schäden in der Summe steigen. Die bisherigen empirischen Untersuchungen zu

diesem Thema zeigen jedoch, dass in Deutschland eher eine positive Korrelation zwischen Versicherungsbereitschaft und technischer Vorsorge vorherrscht, also die Gefahr des *moral hazard* begrenzt scheint (Andor et al. 2020; Hudson et al. 2017). Wenn Versicherungsprämien das örtliche Risiko widerspiegeln (wie es in Deutschland der Fall ist), dienen sie zugleich als Preissignal für Risiken durch Naturgefahren und können die Ansiedlung von Unternehmen oder Wohngebäuden in Hochrisikogebieten zumindest tendenziell unattraktiver machen (Craig 2019; Fan und Davlasheridze 2016).

Obwohl dem Versicherungsmarkt somit eine zentrale Rolle beim Risikomanagement von klimawandelbedingten Extremwetterereignissen zukommt, ist die Versicherungsdichte von Unwettergefahren in Deutschland im internationalen Vergleich bestenfalls moderat. Während die Abdeckung von Sturmschäden Teil der Standardleistungen der – üblicherweise vorhandenen – Wohngebäudeversicherung ist, sind Schäden durch Hochwasser und Starkregen nur optional als „erweiterte Elementarschäden" versicherbar, wenn dies explizit gewünscht wird. Nach aktuellen Daten der deutschen Versicherungswirtschaft waren im Jahr 2019 ca. 44 % der Wohngebäude gegen Elementarschäden versichert, d. h., über die Hälfte der Haushalte bleibt im Falle einer Überschwemmung ohne Versicherungsschutz (GDV 2020). Einer der Gründe für die geringe Versicherungsdichte ist anscheinend die – in vielen Fällen falsche – Annahme, dass eine typische Wohngebäudeversicherung automatisch auch Schäden durch Hochwasser und Starkregen abdeckt (Osberghaus et al. 2020).

Die im Verhältnis zu anderen Naturgefahren geringe Versicherungsdichte für Hochwasserschäden kann im Falle eines schadensträchtigen Extremwetterereignisses wie zuletzt beim Juni-Hochwasser 2013 in vielen deutschen Bundesländern dazu führen, dass es starken öffentlichen und medialen Druck auf die Politik gibt, betroffene Haushalte mit staatlichen „Fluthilfen" zu unterstützen. Tatsächlich erhielten nicht versicherte private Haushalte und Unternehmen im Juni 2013 mehrere Milliarden Euro aus einem steuerfinanzierten Fluthilfefonds des Bundes (Thieken et al. 2016). Dies kann wiederum die Anreize zur eigenen Vorsorge und Versicherung untergraben (Andor et al. 2020; Kousky et al. 2018). Es ist jedoch wichtig zu betonen, dass es in Deutschland aktuell keinerlei Rechtsanspruch auf eine staatliche Zahlung im Schadensfall gibt.

Zur weiteren Einordnung kann sich hier ein Blick ins europäische Ausland und in die USA lohnen: Ein freier Versicherungsmarkt wie in Deutschland, d. h. ohne Versicherungspflicht und ohne staatliche Beteiligung bei den Versicherungsunternehmen, dafür mit eventuellen Fluthilfezahlungen im Schadensfall, ist nur eine von vielen Optionen, wie der Versicherungsmarkt für Naturgefahren gestaltet sein kann (Hudson et al. 2019). In manchen Ländern herrscht eine Versicherungspflicht, oftmals gepaart mit staatlich subventionierten Einheitsprämien – dies betont den solidarischen Charakter der Naturgefahrenversicherung (z. B. in Frankreich oder Spanien). Im Vereinigten Königreich werden die Prämien in Risikogebieten durch eine staatlich finanzierte Rückversicherung *(FloodRe)* niedrig und bezahlbar gehalten – dies und eine Bündelung mit der Schadensregulierung für andere Naturgefahren führt dort zu einer hohen Versicherungsdichte. In den USA ist die Katastrophenschutzbehörde FEMA mit dem *National Flood Insurance Program* als staatlicher Versicherer auf dem Markt aktiv. Nicht zuletzt gibt es Systeme mit einem privaten Versicherungsmarkt, der durch steuerfinanzierte Katastrophenfonds mit vorab bekannten Auszahlungsregeln ergänzt wird (z. B. in Österreich). Angesichts der durch den Klimawandel vermutlich ansteigenden Schäden durch Hochwasser und Starkregen muss sich künftig zeigen, ob das deutsche System mit einem freien Versicherungsmarkt und gelegentlichen, aber unsicheren staatlichen Hilfszahlungen Bestand haben wird.

24.4.2 Gesundheitskosten und Hitzewellen

Der Klimawandel kann eine Reihe von teilweise komplexen Auswirkungen auf die menschliche Gesundheit haben (▶ Kap. 14). Grundsätzlich ist die Bedeutung von (zunehmenden) Wetterextremen dabei seit längerem bekannt (Mücke und Straff 2019). Aus ökonomischer Perspektive sind dabei zwei Aspekte relevant, und zwar die Kosten infolge vermehrter Sterblichkeit oder Erkrankungen sowie mögliche Konsequenzen für die Arbeitsproduktivität und damit auf die wirtschaftliche Leistung.

Ein besonderes Augenmerk richten verschiedene Studien auf Hitzewellen. Eine weiter zunehmende Zahl an Studien untersucht deren Auswirkungen auf die Arbeitsproduktivität. Experimente und Laboruntersuchungen zeigen, dass ab einer Temperatur von 25 °C die Arbeitsproduktivität mit jedem Grad Temperaturanstieg in etwa um 2 % sinkt (Dell et al. 2014). Graff Zivin und Neidell (2014) finden für die USA, dass sehr heiße Tage insbesondere die Arbeitsproduktivität in der Land- und Fortwirtschaft, im Bau- und Erdbausektor und in der Energieversorgung beeinträchtigen. Für andere Industriezweige bestätigt sich dieser Einfluss nicht. Es zeigt sich vielmehr, dass Anpassungsmaßnahmen wie verbesserte Klimatisierung die Auswirkungen des Klimawandels für Arbeiten in geschlossenen Räumen begrenzen können. Im Gegensatz zu dieser Studie untersuchen Cachon et al. (2012) ausschließlich den Automobilsektor (wieder in den USA) und zeigen, dass es auch in diesem Sektor mit zahlreichen Arbeiten in klimatisierten Hallen zu Einbußen bei der Arbeitsproduktivität kommt: In Wochen mit extrem heißen Tagen (>32 °C) sinkt die Arbeitsproduktivität um etwa 8 %. Inwieweit dieser Effekt durch unzureichende Klimaanlagen, hitzebedingte Effekte außerhalb der Produktionshallen (z. B. verzögerte Anlieferung von Vorprodukten) oder geringere Anwesenheit von Arbeitern erklärt wird, ist unklar. Jones und Olken (2010) betrachten Exportdaten und zeigen, dass in armen Ländern (die überwiegend bereits eher hohe Durchschnittstemperaturen aufweisen) ein Anstieg der Temperatur um 1 °C im Durchschnitt mit einem Rückgang der Exporte um 2,4 % verbunden ist. Dieser Effekt tritt vor allem bei Agrargütern und Rohstoffen sowie für Produkte aus dem verarbeitenden Gewerbe auf.

Die Ergebnisse zur Arbeitsproduktivität, wie sie sich in der Literatur darstellen, lassen sich grundsätzlich auf Deutschland übertragen. Zusammenfassend ergibt sich eine umgekehrte U-Form für den Zusammenhang zwischen Temperatur und Produktivität bzw. Wachstum (beispielsweise Nordhaus 2006; Heal und Park 2013; Burke et al. 2015) und damit auch eine „optimale Temperatur" für Produktivität und Wachstum. Dahinter steht die Beobachtung, dass die Produktivität zunächst mit steigender Temperatur zunimmt, nach dem Erreichen der optimalen Temperatur aber wieder sinkt. Da die langfristige mittlere Temperatur in Deutschland allerdings noch unter dieser optimalen Temperatur liegt, legen diese Studien den Schluss nahe, dass sich im Zuge des Klimawandels die Arbeitsproduktivität in Deutschland erhöht.

Potenzielle Produktivitätseinbußen an sehr heißen Tagen im Sommer würden durch Produktivitätszuwächse im restlichen Jahr überkompensiert. Ob steigende Temperaturen in Deutschland zu einer höheren physischen Arbeitsproduktivität und zu einer Steigerung der gesamtwirtschaftlichen Produktivität führen, hängt auch davon ab, inwieweit Waren- und damit Vorleistungsströme durch den weltweiten Klimawandel beeinflusst werden. Insgesamt bleibt es fraglich, inwieweit solche globalen empirischen Schätzungen zur Prognose geeignet sind.

Knittel et al. (2020) machen deutlich, dass die hitzebedingten Veränderungen der Arbeitsproduktivität in Deutschland eher über internationale Handelsverflechtungen wirken dürften und damit über die Konsequenzen in anderen Ländern, als dass sie in Deutschland selbst ihren Ursprung haben werden. Veränderungen der Arbeitsproduktivität sind demnach vor allem in Südostasien, China, Indien, Afrika und den ölexportierenden Ländern zu erwarten. Dies trägt maßgeblich zu, wenn auch geringen, Wohlfahrtsverlusten und BIP-Einbußen in Deutschland bei (genauer s. Abschn. 24.3).

Hübler et al. (2008) bestimmen die volkswirtschaftlichen Kosten von zunehmendem Hitzestress, aber auch den gegenläufigen Effekt reduzierter Kältebelastung, anhand der Daten aus dem Hitzejahr 2003. Auf Basis des Emissionsszenarios A1B wurden mittels des regionalen Klimamodells REMO Temperaturverläufe für den Zeitraum von 2071 bis 2100 errechnet. Daraus wurde die Veränderung des Ausmaßes hitzebedingter Gesundheitsfolgen abgeleitet, also wie sich Hitze auf die Sterblichkeit, hitzebedingte Krankheiten und die Leistungsfähigkeit auswirkt. Da die zukünftige weltwirtschaftliche Entwicklung in den letzten Dekaden dieses Jahrhunderts, die Verfügbarkeit von Ressourcen und die Entwicklung des technischen Fortschritts nahezu unbekannt sind, bewerten Hübler et al. (2008) die Gesundheitskosten so, als ob der Klimawandel heute auftreten würde. Sie bestimmen also die Kosten relativ zum heutigen Bruttoinlandsprodukt und zum Stand der wirtschaftlichen Entwicklung. Da die Arbeit die Auswirkungen von Hitzeereignissen anhand der Daten der Hitzewelle 2003 untersucht, wird unterschätzt, wie stark sich Indi-

viduen und Gesellschaft an die größere Gefahr von Hitzewellen nach dem Ereignis im Jahr 2003 angepasst haben. Als Messgröße für die Gesundheitskosten wird die Veränderung hitzebedingter Krankenhauskosten herangezogen, da es über die Kosten ambulanter Behandlungen keine Informationen gab. Daraus resultieren schließlich zusätzliche Krankenhauskosten von 430 bis 500 Mio. EUR pro Jahr für den Prognosezeitraum von 2071 bis 2100.

Karlsson und Ziebarth (2018) nutzen für die Schätzung der Kosten eines zusätzlichen heißen Tages in Deutschland Informationen zu den durchschnittlichen täglichen Kosten eines Krankenhausaufenthaltes (von 500 EUR für das Jahr 2012), zur durchschnittlichen täglichen Bruttoentlohnung (von 150 EUR im Jahr 2012) und den Wert eines QALYs *(quality-adjustedl life years)* mit 100.000 EUR. Dieser Ansatz basiert auf ihrer empirischen Erkenntnis, dass Hitzeereignisse zu mehr Krankenhauseinweisungen und Verstorbenen führen. Die Bandbreite ihrer Ergebnisse liegt zwischen 6 und 43 Mio. EUR und hängt davon ab, ob einzig die Hitze als Auslöser für gesundheitliche Beeinträchtigungen unterstellt wird (oberer Wert des Intervalls) oder ob für weitere Gründe kontrolliert wird, wie beispielsweise Vorerkrankungen oder Begleiterscheinungen von Hitze wie Luftverschmutzungen oder erhöhte Ozonwerte (unterer Wert des Intervalls). Betrachtet man allerdings die Größenordnung selbst des höchsten ermittelten Ergebnisses, so ist dieses – in Relation zu Größen wie dem deutschen Bruttoinlandsprodukt oder Schäden durch andere klimainduzierte Ereignisse – gering.

24.5 Betroffenheit von Unternehmen

Aus dem „Monitoringbericht 2015 zur Deutschen Anpassungsstrategie an den Klimawandel" geht hervor, dass die Auswirkungen des Klimawandels so vielfältig sind, „dass kaum ein Bereich des gesellschaftlichen, politischen und wirtschaftlichen Lebens in den nächsten Jahren und Jahrzehnten unberührt bleiben wird" (Umweltbundesamt 2015). Auch die deutschen Unternehmen sind in unterschiedlicher Art und Intensität von den Klimaveränderungen und Extremwetterereignissen betroffen, wobei sich die Betroffenheit als ein mehrdimensionales Phänomen mit zahlreichen Bestimmungsgrößen wie Art, Zeit, Ort, Intensität, Häufigkeit, Wirkungsrichtung oder Beurteilung/Wahrnehmung der Betroffenheit charakterisieren lässt (Mahammadzadeh et al. 2013).

Mit einer Reihe von regionalen und bundesweiten Befragungen zu den Wirkungen des Klimawandels auf Unternehmen in Deutschland wurde in den vergangenen Jahren eine empirische Grundlage für die weitere wissenschaftliche Arbeit gelegt (Auerswald und Lehmann 2011; Freimann und Mauritz 2010; Fichter und Stecher 2011; Fichter et al. 2013; Karczmarzyk und Pfriem 2011; Mahammadzadeh et al. 2013, 2014; Pechan et al. 2011; Stechemesser und Günther 2011). Hurrelmann et al. (2018) verweisen darauf, dass sich nach der empirischen Grundlagenarbeit der Untersuchungsfokus vermehrt in Richtung einer Unterstützung und Beratung einzelner Unternehmen und Branchen verschoben hat. Demzufolge gibt es keine neueren Untersuchungsergebnisse als die im Folgenden dokumentierten Analysen. Zugleich dürfte dies implizieren, dass sich die unternehmerische Wahrnehmung ihrer Betroffenheit im Durchschnitt wenig geändert hat.

Die Befragungen, die um das Jahr 2010 durchgeführt wurden, zeigen, dass dem Klimaschutz noch weitaus mehr Aufmerksamkeit entgegengebracht wird als der Anpassung an den Klimawandel. Im Hinblick auf die organisatorische Verankerung kann festgestellt werden, dass in den Unternehmen vorwiegend die Einheiten mit dem Klimawandel betraut sind, die sich generell mit Umweltfragen befassen.

Nach einer repräsentativen Befragung aus dem Jahr 2011 erwarten Unternehmen, in wachsendem Maße von den Folgen des Klimawandels betroffen zu sein. Knapp jedes zweite Unternehmen rechnet damit, um das Jahr 2030 vom Klimawandel negativ betroffen zu sein, sei es im Inland oder im Ausland (Mahammadzadeh et al. 2013). Derzeit sind für Unternehmen die indirekten Folgen von größerem Gewicht als die direkten Folgen, doch werden die direkten Folgen perspektivisch an Bedeutung gewinnen. Auswertungen nach Unternehmens- und Funktionsbereichen ergeben, dass die größten Herausforderungen in den Bereichen Logistik sowie Investition und Finanzierung gesehen werden. Mit Blick auf die Risiken aus den direkten Klimafolgen wird insbesondere die betriebliche Logistikfunktion als kritisch empfunden. Diese Prozesse sind wettersensibel (▶ Kap. 32). Auf solidem Fundament mit Blick auf den Klimawandel stehen die Bereiche Absatz und Vertrieb sowie Personal und Organisation (Mahammadzadeh et al. 2013). Im Branchenvergleich erwarten die Unternehmen der Branchen Maschinenbau und unternehmensnahe Dienstleistungen durch Klimaschutz und Klimaanpassung durchschnittlich mehr Chancen als Risiken und schätzen zudem ihre eigenen Kompetenzen entlang der betrieblichen Wertschöpfungskette eher hoch als gering ein. Auch die Unternehmen der Logistikbranche erhoffen sich durchschnittlich mehr Chancen als Risiken (Mahammadzadeh et al. 2013; Mahammadzadeh 2012).

Die Befragungen geben auch darüber Auskunft, was einer Anpassung an den Klimawandel seitens der Unternehmen entgegensteht. Als wichtigster Aspekt ist zu nennen, dass sich viele Unternehmen nicht

oder noch nicht direkt vom Klimawandel betroffen sehen (Freimann und Mauritz 2010; Mahammadzadeh et al. 2013). Eine etwas geringere Rolle spielen indirekte Formen der Betroffenheit. Dabei haben fehlende Marktsignale wie die Nachfrage nach Produkten der Klimaanpassung eine größere Bedeutung als die regulatorische Dimension, bei der es derzeit vor allem Vorschriften zum Klimaschutz und nicht für die – weitgehend als privates Gut betrachtete – Anpassung an den Klimawandel gibt (Mahammadzadeh et al. 2013). Großes Gewicht kommt nach Angabe der Befragten auch den mit der Klimamodellierung verbundenen Unsicherheiten über den Klimawandel und die Klimafolgen zu.

Unternehmen reagieren bereits heute auf Klimaeinflüsse. Unter den Unternehmen, für die Klimaanpassung und Klimawandel von Bedeutung sind, sind Maßnahmen an Gebäuden mit 60 % am weitesten verbreitet. Maßnahmen an Gebäuden wie Isolierungen und Verschattungen dienen Klimaanpassung und Klimaschutz gleichermaßen und führen über Energieeinsparungen vergleichsweise schnell zu ökonomischen Gewinnen (Mahammadzadeh et al. 2013). Von geringerer Bedeutung, aber durchaus noch recht häufig anzutreffen, sind der Abschluss von Versicherungen und Maßnahmen im Logistikbereich. Der Befragung von Fichter und Stecher (2011) zufolge beziehen sich die Versicherungslösungen auf Ereignisse wie Stürme und Hagel, aber auch auf Lieferverzögerungen.

Auch wenn die Herausforderungen des sich wandelnden Klimas bei einigen Unternehmen und Branchen bereits Beachtung finden, spielt die Anpassung an den Klimawandel für die Breite der Unternehmen in Deutschland noch keine große Rolle. Konkrete Klimaschäden in der Vergangenheit sind oft ein wesentlicher Anstoß für eigene Initiativen (Osberghaus 2015). Dass die Herausforderungen des Klimawandels auch für das eigene Unternehmen in Zukunft an Relevanz gewinnen werden, sehen hingegen sehr viele der Befragten (Mahammadzadeh et al. 2013).

Anhand der theoretischen Überlegungen und empirischen Befunde kann resümiert werden, dass zu einer wirksamen Bewältigung des Klimawandels eine integrierte Doppelstrategie von Klimaschutz und Anpassung an die Klimafolgen erforderlich ist, die sowohl Aktionen als auch Reaktionen auf allen globalen, nationalen, regionalen, lokalen und unternehmerischen Ebenen vorsieht (Mahammadzadeh 2015). Klimaschutz und Klimaanpassung hängen ursächlich zusammen (Mahrenholz 2017), und für das Ausmaß des Klimawandels und damit auch für das Ausmaß und die Intensität der Anpassung an die Klimafolgen sind zeitverzögert die Klimaschutzmaßnahmen maßgebend (Hirschfeld und Messner 2017).

Vor diesem Hintergrund lässt sich vermuten, dass mit der zunehmenden direkten Betroffenheit – bedingt durch natürlich-physikalische Klimawandelphänomene und Extremwetterereignisse – und durch die regulatorisch und marktlich bedingte indirekte Betroffenheit auch die Vulnerabilität von Organisationen und Unternehmen wächst. Deshalb täten sie gut daran, ihre Anpassungskapazitäten und -fähigkeiten zu erhöhen, ihre vorhandene und künftige negative Betroffenheit durch eine wirksame Anpassung an die Klimafolgen durch konkrete und unternehmensspezifische Strategien und Maßnahmen zu vermindern und ihre Klimaschutzaktivitäten zu intensivieren (Mahammadzadeh 2018).

Falls diese Anforderungen durch adäquate Strategien, Konzepte und Maßnahmen erfüllt werden, kann auch die Klimaresilienz von Unternehmen erheblich erhöht werden. Dafür ist insbesondere ein „Klimamanagement" unabdingbar, in dem die Fragen von Klimaschutz und Klimaanpassung systematisch in Managementprozesse zu integrieren sind (Mahammadzadeh und Kammerichs 2018).

24.6 Kurz gesagt

Die Abschätzung der Kosten, die durch den Klimawandel und die damit verbundenen komplexen Zusammenhänge entstehen, hängt vom zukünftigen Verhalten der Menschheit ab. Das wirtschaftliche Ausmaß des Klimawandels ist zum einen durch die zukünftigen Entscheidungen über die Emission von Treibhausgasen und zum anderen durch die Gestaltung von Anpassungsmaßnahmen bestimmt. Eine vollständige Erfassung und Modellierung dieser Veränderungsprozesse in der Natur und im Handeln von Staaten, Unternehmen und privaten Haushalten über die nächsten Jahrhunderte ist nicht möglich und wird auch in Zukunft nicht erreicht werden. Heute gibt es einerseits hoch aggregierte Abschätzungen von Klimaschäden, die auf Plausibilitätsüberlegungen beruhen und illustrativen Charakter haben. Andererseits gibt es detaillierte Untersuchungen über die Auswirkungen des Klimawandels auf bestimmte Sektoren oder Handlungsfelder in bestimmten Regionen, die versuchen, die Kosten des Klimawandels realitätsnäher abzuschätzen. Aber auch sie sind mit der Herausforderung konfrontiert, mit großen Unsicherheiten behaftete zukünftige Entwicklungen von Emissionen, Einkommen und Wirtschaftsleistung in ihre Szenarien integrieren zu müssen. Sie können bisher auch nur unvollständig die vielfältigen Rückkopplungsprozesse des Klimawandels auf einzelne Volkswirtschaften angemessen abbilden.

In den letzten Jahren hat sich eine Reihe von Studien mit dem Themenkomplex beschäftigt. Das Spektrum an verwendeten Modellen, geografischer Auflösung und sektoralem Fokus ist dabei groß. Es bietet sich demnach nicht an, an dieser Stelle einzelne Er-gebnisse besonders hervorzuheben, zumal gerade für Deutschland und seine Regionen weiterhin nur wenige Arbeiten vorliegen. Ungeachtet aller Schwierigkeiten, gesamtwirtschaftliche Kosten des Klimawandels bis zum Ende des Jahrhunderts zu quantifizieren, liefern Szenarienanalysen, empirische Untersuchungen und sektorale Betrachtungen Einschätzungen in Bezug auf die möglichen Kosten. Die verschiedenen Studien lassen den Schluss zu, dass negative Auswirkungen des Klimawandels in Deutschland vor allem durch internationale Rückkopplungseffekte getrieben werden, während ohne diese Effekte die gesamtwirtschaftlichen Auswirkungen nur schwach negativ oder sogar positiv sein könnten. Besondere Schadenspotenziale werden zudem im Bereich der Hochwasser ausgemacht. Die Studien bieten aber nur eine grobe Orientierung, weil viele Effekte und Wirkungskanäle noch nicht ausreichend untersucht sind, auch wenn zunehmend indirekte Effekte modelliert werden. Trotzdem untermauern die Studien durch den Vergleich verschiedener Emissionsszenarien die Bedeutung des Klimaschutzes sowie insgesamt die Bedeutung der Anpassung für die Begrenzung der Kosten des Klimawandels, denn es zeigt sich recht robust, dass heutige Vermeidungsanstrengungen das Ausmaß künftiger Schäden ebenso verringern können wie rechtzeitige Anpassungsmaßnahmen.

Literatur

Aaheim A, Amundsen H, Dokken T, Wei T (2012) Impacts and adaptation to climate change in European economies. Glob Environ Chang 22(4):959–968. ▶ https://doi.org/10.1016/j.gloenvcha.2012.06.005

Adelphi, PRC, EURAC (2015) Vulnerabilität Deutschlands gegenüber dem Klimawandel. Umweltbundesamt. Climate Change 24/2015, Dessau-Roßlau. ▶ https://www.umweltbundesamt.de/publikationen/vulnerabilitaet-deutschlands-gegenueber-dem

Alfieri L, Feyen L, Dottori F, Bianchi A (2015) Ensemble flood risk assessment in Europe under high end climate scenarios. Global Environ Chang 35(2015):199–212. ▶ https://doi.org/10.1016/j.gloenvcha.2015.09.004

Alfieri L, Bisselink B, Dottori F, Naumann G, de Roo A, Salamon P, Wyser K, Feyen L (2017) Global projections of river flood risk in a warmer world. Earth's Future 5:171–182. ▶ https://doi.org/10.1002/2016EF000485

Alfieri L, Dottori F, Betts R, Salamon P, Feyen L (2018a) Multi-model projections of river flood risk in Europe under global warming. Climate 6:6. ▶ https://doi.org/10.3390/cli6010006

Alfieri L, Dottori F, Feyen L (2018b) PESETA III – Task 7: River floods. EUR 29422 EN, Publications Office of the European Union, Luxembourg. ISBN 978-92-79-96911-9, ▶ https://doi.org/10.2760/849948, JRC110308

Andor M, Osberghaus D., Simora M (2020) Natural disasters and governmental aid: is there a Charity Hazard? Ecol. Econ 169:106534. ▶ https://doi.org/10.1016/j.ecolecon.2019.106534

Auerswald H, Lehmann R (2011) Auswirkungen des Klimawandels auf das Verarbeitende Gewerbe – Ergebnisse einer Unternehmensbefragung. Ifo Dresden berichtet 2(2011):16–22

Bachner G, Bednar-Friedl B, Knittel N (2019) How does climate change adaptation affect public budgets? Development of an assessment framework and a demonstration for Austria. Mitig Adapt Strateg Glob Change 24:1325–1341. ▸ https://doi.org/10.1007/s11027-019-9842-3

Bosello F, Carraro C, De Cian E (2010) Climate policy and the optimal balance between mitigation, adaptation, and unavoided damage. Clim Chang Econ 1:71–92

Bräuer I, Umpfenbach K, Blobel D, Grünig M, Best A, Peter M, Lückge H (2009) Klimawandel: Welche Belastungen entstehen für die Tragfähigkeit der Öffentlichen Finanzen? Ecologic Institute, Berlin

Bubeck P, Kienzler S, Dillenardt L, Mohor G, Thieken A, Sauer A, Blazejczak J, Edler D (2020) Bewertung klimawandelgebundener Risiken: Schadenspotenziale und ökonomische Wirkung von Klimawandel und Anpassungsmaßnahmen. Teilbericht zum Vorhaben „Behördenkooperation Klimawandel und -anpassung". Umweltbundesamt, Dessau-Roßlau

Burke M, Hsiang SM, Miguel E (2015) Global non-linear effect of temperature on economic production. Nature 527:235–239. ▸ https://www.nature.com/articles/nature15725

Cachon G, Gallino S, Olivares M (2012) Severe Weather and Automobile Assembly Productivity. The Wharton School, University of Pennsylvania. ▸ https://doi.org/10.2139/ssrn.2099798

Ciscar JC (2009) Climate change impacts in Europe. Final report of the PESETA research project. Joint Research Centre Scientific and Technical Report

Ciscar JC, Iglesias A, Feyen L et al (2011) Physical and economic consequences of climate change in Europe. Proc Natl Acad Sci 108(7):2678–2683. ▸ https://doi.org/10.1073/pnas.1011612108

Ciscar J et al. (2018) Climate impacts in Europe – Final report of the JRC PESETA III project, Soria A (editor), Publications Office. ▸ https://data.europa.eu/doi/10.2760/93257

Ciscar JC, Rising J, Kopp RE, Feyen L (2019) Assessing future climate change impacts in the EU and the USA: insights and lessons from two continental-scale projects. Environ Res Lett 14:084010. ▸ https://doi.org/10.1088/1748-9326/ab281e

Craig RK (2019) Coastal adaptation, government-subsidized insurance, and perverse incentives to stay. Clim Change 152(2):215–226. ▸ https://doi.org/10.1007/s10584-018-2203-5

de Bruin KC, Dellink R, Tol R (2009) AD-DICE: an implementation of adaptation in the DICE model. Clim Chang 95:63–81. ▸ https://doi.org/10.1007/s10584-008-9535-5

Dell M, Jones BF, Olken BA (2014) What do we learn from the weather? The new climate-economy literature. J Econ Lit 52:740–798, ▸ https://www.jstor.org/stable/24434109

Dell M, Jones BF, Olken BA (2012) Temperature shocks and economic growth: evidence from the last half century. Am Econ J Macroecon 4(3):66–95. ▸ https://doi.org/10.1257/mac.4.3.66

Dottori F, Mentaschi L, Bianchi A, Alfieri L, Feyen L (2020) Adapting to rising river flood risk in the EU under climate change. EUR 29955 EN, Publications Office of the European Union, Luxembourg. ISBN 978-92-76-12946-2, ▸ https://doi.org/10.2760/14505, JRC118425

Fan Q, Davlasheridze M (2016) Flood risk, flood mitigation, and location choice: evaluating the national flood insurance program's community rating system. Risk Anal 36(6):1125–1147. ▸ https://doi.org/10.1111/risa.12505

Fichter K, Stecher T (2011) Wie Unternehmen den Folgen des Klimawandels begegnen. Chancen und Risiken der Anpassung an den Klimawandel aus Sicht von Unternehmen der Metropolregion Bremen-Oldenburg, 13. Werkstattbericht, Universität Oldenburg, Oldenburg

Fichter K, Hintemann R, Schneider T (2013) Unternehmensstrategien im Klimawandel. Fallstudien zum strategischen Umgang von Unternehmen mit den Herausforderungen der Anpassung an den Klimawandel, 20. Werkstattbericht. Universität Oldenburg, Oldenburg

Fisher-Vanden K, Wing SI, Lanzi E, Popp D (2013) Modeling climate change feedbacks and adaptation responses: recent approaches and shortcomings. Clim Chang 117:481–495. ▸ https://doi.org/10.1007/s10584-012-0644-9

Freimann J, Mauritz C (2010) Klimawandel und Klimaanpassung in der Wahrnehmung unternehmerischer Akteure. Werkstattreihe Nachhaltige Unternehmensführung, Bd 26. Universität Kassel, Kassel

Gesamtverband der Deutschen Versicherungswirtschaft [GDV] (2020) Naturgefahrenreport 2020: Die Schaden-Chronik der deutschen Versicherer. Gesamtverband der Deutschen Versicherungswirtschaft. ▸ https://www.gdv.de/gdv/themen/klima/naturgefahren

Graff Zivin J, Neidell MJ (2014) Temperature and the allocation of time: implications for climate change. J Labor Econ 32(1):1–26. ▸ https://doi.org/10.1086/671766

Hattermann FF, Huang S, Burghoff O, Willems W, Österle H, Büchner M (2014) Kundzewicz ZW (2014) Modelling flood damages under climate change conditions – a case study for Germany. Nat Hazards Earth Syst Sci 14:3151–3169. ▸ https://doi.org/10.5194/nhess-14-3151-2014

Hattermann FF, Huang S, Burghoff O, Hoffmann P (2016) Kundzewicz ZW (2016) Brief Communication: An update of the article "Modelling flood damages under climate change conditions – a case study for Germany". Nat Hazards Earth Syst Sci 16:1617–1622. ▸ https://doi.org/10.5194/nhess-16-1617-2016

Heal und Park (2013) Feeling the Heat: Temperature, Physiology & the Wealth of Nations, NBER Working Paper No. 19725

Hirschfeld J, Hansen G, Messner D (2017) Die klimaresiliente Gesellschaft – Transformation und Systemänderungen. In: Brasseur GP, Jacob D, Schuck-Zöller S (Hrsg) Klimawandel in Deutschland. Entwicklung, Folgen, Risiken und Perspektiven, Berlin, S 316–324

Hübler M, Klepper G, Peterson S (2008) Costs of climate change – the effects of rising temperatures on health and productivity in Germany. Ecol Econ 68(1–2):381–393. ▸ https://doi.org/10.1016/j.ecolecon.2008.04.010

Hudson P, Botzen WJW, Feyen L, Aerts JCJH (2016) Incentivising flood risk adaptation through risk based insurance premiums: trade-offs between affordability and risk reduction. Ecol Econ 125:1–13. ▸ http://dx.doi.org/10.1016/j.ecolecon.2016.01.015

Hudson P, Botzen WJW, Czajkowski J, Kreibich H (2017) Moral Hazard in natural disaster insurance markets: empirical evidence from Germany and the United States. Land Econ 93(2):179–208. ▸ https://doi.org/10.3368/le.93.2.179

Hudson P, Botzen WJW, Aerts JCJH (2019) Flood insurance arrangements in the European Union for future flood risk under climate and socioeconomic change. Glob Environ Chang 58:101966. ▸ https://doi.org/10.1016/J.GLOENVCHA.2019.101966

Hurrelmann K, Becker L, Fichter K, Mahammdzadeh M, Seela A (Hrsg) (2018) Klima-LO: Klimaanpassungsmanagement in Lernenden Organisationen. Oldenburg, Köln

IPCC (2014) Summary for policymakers. Climate change 2014: Impacts, adaptation, and vulnerability. Part A: Global and sectoral aspects. In: Field CB, Barros VR, Dokken DJ, Mach KJ, Mastrandrea MD, Bilir TE, Chatterjee M, Ebi KL, Estrada YO, Genova RC, Girma B, Kissel ES, Levy AN, MacCracken S, Mastrandrea PR, White LL (Hrsg) Contribution of Working Group II to the Fifth Assessment Report of the Intergovernmental Panel on Climate Change. Cambridge University Press, Cambridge, S 1–32

IPCC (2021). Summary for Policymakers. In: Climate Change 2021: The Physical Science Basis. Contribution of Working Group I to the Sixth Assessment Report of the Intergovernmental Panel on Climate Change [Masson-Delmotte, V., P. Zhai, A. Pirani, S.L. Connors, C. Péan, S. Berger, N. Caud, Y. Chen, L. Goldfarb,

M.I. Gomis, M. Huang, K. Leitzell, E. Lonnoy, J.B.R. Matthews, T.K. Maycock, T. Waterfield, O. Yelekçi, R. Yu, and B. Zhou (eds.)]. Cambridge University Press

Jones BF, Olken BA (2010) Climate shocks and exports. Am Econ Review 100(2):454–459. ► https://doi.org/10.1257/aer.100.2.454

Karlsson M, Ziebarth NR (2018) Population health effects and health-related costs of extreme temperatures: comprehensive evidence from Germany. J Environ Econ Manage 91:93–117 ► https://www.sciencedirect.com/science/article/abs/pii/S0095069616304636

Karczmarzyk A, Pfriem R (2011) Klimaanpassungsstrategien von Unternehmen. Metropolis, Marburg

Keskitalo ECH, Vulturius G, Scholten P (2013) Adaptation to climate change in the insurance sector: examples from the UK, Germany and the Netherlands. Nat Hazards 71(1):315–334. ► https://doi.org/10.1007/s11069-013-0912-7

Knittel N, Jury MW, Bednar-Friedl B, Bachner G (2020) Steiner AK (2020) A global analysis of heat-related labour productivity losses under climate change—implications for Germany's foreign trade. Clim Change 160:251–269. ► https://doi.org/10.1007/s10584-020-02661-1

Koks EE, Thissen M (2016) A multiregional impact assessment model for disaster analysis. Econ Syst Res 1:21 ► https://doi.org/10.1080/09535314.2016.1232701

Koks EE, Rozenberg J, Zorn C, Tariverdi M, Vousdoukas M, Fraser SA, Hall JW, Hallegatte S (2019a) A global multi-hazard risk analysis of road and railway infrastructure assets. Nat Commun 10:2677. ► https://doi.org/10.1038/s41467-019-10442-3

Koks EE, Thissen M, Alfieri L, de Moel H, Feyen L, Jongman B, Aerts JCJH (2019b) The macroeconomic impacts of future river flooding in Europe. Environ. Res Lett 14(2019). ► https://doi.org/10.1088/1748-9326/ab3306

Kousky C, Michel-Kerjan EO, Raschky PA (2018) Does federal disaster assistance crowd out flood insurance? J Environ Econ Manag 87:150–164

Linnerooth-Bayer J, Hochrainer-Stigler S (2015) Financial instruments for disaster risk management and climate change adaptation. Climatic Change 133(1). ► https://doi.org/10.1007/s10584-013-1035-6

Mahammadzadeh M (2012) Klimaschutz und Klimaanpassung in Unternehmen: Eine SWOT-analytische Betrachtung der betrieblichen Funktionen. uwf – UmweltWirtschaftsForum 20(2–4):165–173. ► https://doi.org/10.1007/s00550-012-0257-9

Mahammadzadeh M (2015) Aktion oder Reaktion? Deutsche Unternehmen und Klimawandel. In: KLIMA DISKURS NRW (Hrsg) Dokumentation KLIMA.FORM 2014: "Ohne Grenzen: Effektive Klimapolitik von Essen bis Brüssel", Düsseldorf, S 38–42

Mahammadzadeh M (2018) Klimaschutz und Klimaanpassung. Betroffenheit-Verletzlichkeit-Strategien. In: Hurrelmann K, Becker L, Fichter K, Mahammadzadeh M, Seela A (Hrsg) Klima-LO: Klimaanpassungs-management in Lernenden Organisationen. Oldenburg, Köln, S 133–166

Mahammadzadeh M, Chrischilles E, Biebeler H (2013) Klimaanpassung in Unternehmen und Kommunen. Betroffenheiten, Verletzlichkeiten und Anpassungsbedarf. IW-Analysen, Bd 83. Forschungsberichte aus dem Institut der deutschen Wirtschaft, Köln

Mahammadzadeh M, Bardt H, Biebeler H, Chrischilles E, Striebeck J (2014) Anpassung an den Klimawandel von Unternehmen – Theoretische Zugänge und empirische Befunde. Oekom, München

Mahammadzadeh M, Kammerichs F (2018) Managementsysteme. Anschlussstellen für Klimawandel und Klimaanpassung. In: Hurrelmann K, Becker L, Fichter K, Mahammadzadeh M, Seela A (Hrsg) Klima-LO: Klimaanpassungs-management in Lernenden Organisationen. Oldenburg, Köln, S 54–65

Mahrenholz P (2017) Editor Teil V. Integrierte Strategien zur Anpassung an den Klimawandel. In: Brasseur GP, Jacob D, Schuck-Zöller S (Hrsg) Klimawandel in Deutschland. Entwicklung, Folgen, Risiken und Perspektiven, Berlin, S 314

Mücke HG, Straff W (2019) Zunehmende Wetterextreme sind Gründe, die gesundheitliche Anpassung an den Klimawandel ernst zu nehmen. Bundesgesundheitsbl 62:535–536. ► https://doi.org/10.1007/s00103-019-02944-8

Nordhaus WD (1991) To slow or not to slow: the economics of the greenhouse effect. The Econ J 101:920–937. ► https://doi.org/10.2307/2233864

Nordhaus WD (2006) Geography and macroeconomics: new data and new findings. PNAS 103(10):3510–3517. ► https://doi.org/10.1073/pnas.0509842103

Nordhaus WD (2010) Economic aspects of global warming in a post-Copenhagen environment. Proc Natl Acad Sci 107:11721–11726. ► https://doi.org/10.1073/pnas.1005985107

Nordhaus WD (2014) Estimates of the social cost of carbon: concepts and results from the DICE-2013R model and alternative approaches. J Assoc Environ Res Econ 1(1/2):273–312. ► https://www.journals.uchicago.edu/doi/full/10.1086/676035

Nordhaus WD (2016) Revisiting the Social Cost of Carbon. Proc Natl Acad Sci 114(7):1518–1523. ► https://doi.org/10.1073/pnas.1609244114

O'Neill BC, Kriegler E, Riahi K, Ebi KL, Hallegatte S, Carter TR, Mathur R (2014) van Vuuren DP (2013) A new scenario framework for climate change research: the concept of shared socio-economic pathways. Clim Change 122:387–400. ► https://doi.org/10.1007/s10584-013-0905-2

O'Neill BC, Carter TR, Ebi KL et al (2020) Achievements and needs for the climate change scenario framework. Nat Clim Chang. ► https://doi.org/10.1038/s41558-020-00952-0

Osberghaus D (2015) The determinants of private flood mitigation measures in Germany – evidence from a nationwide survey. Ecol Econ 110:36–50. ► https://doi.org/10.1016/j.ecolecon.2014.12.010

Osberghaus D (2019) The effects of natural disasters and weather variations on international trade and financial flows: a review of the empirical literature. Econ Disasters Clim Change 3:305–325. ► https://doi.org/10.1007/s41885-019-00042-2

Osberghaus D, Achtnicht M, Bubeck P, Frondel M, Kükenthal VC, Larysch T, Thieken A (2020) Klimawandel in Deutschland: Risikowahrnehmung und Anpassung in privaten Haushalten 2020, Ergebnisse und Fragebogen einer Haushaltsbefragung in Deutschland, Mannheim. ► http://ftp.zew.de//pub/zew-docs/gutachten/EvalMAPWerkstattbericht2020Klimawandel_in_Deutschland.pdf

Pechan A, Rotter M, Eisenack K (2011) Anpassung in der Versorgungswirtschaft. Empirische Befunde und Einflussfaktoren. In: Karczmarzyk A, Pfriem R (Hrsg) Klimaanpassungsstrategien von Unternehmen. Metropolis, Marburg, S 313–335

Peter, M, Guyer M, Füssler J, Bednar-Friedl B, Knittel N, Bachner G, Schwarze R, von Unger M (2020) Folgen des globalen Klimawandels für Deutschland, Abschlussbericht: Analysen und Politikempfehlungen. UBA Climate Change 15/2020. ► https://www.umweltbundesamt.de/publikationen/folgen-des-globalen-klimawandels-fuer-deutschland-0

Pindyck RS (2013) Climate change policy: what do the models tell us? J Econ Lit 51:860–872. ► https://doi.org/10.1257/jel.51.3.860

Prettenthaler F, Albrecher H, Asadi P, Köberl J (2017) On flood risk pooling in Europe. Nat Hazards 88(1):1–20. ► https://doi.org/10.1007/s11069-016-2616-2

Ricke K, Drouet L, Caldeira K, Tavoni M (2018) Country-level social cost of carbon. Nat Clim Chang 8(10):895–900. ► https://doi.org/10.1038/s41558-018-0282-y

Rojas R, Feyen L, Watkiss P (2013) Climate change and river floods in the European Union: socio-economic consequences and the costs and benefits of adaptation. Glob Environ Chang 23(6):1737–1751. ▶ https://doi.org/10.1016/j.glo-envcha.2013.08.006

Schenker O (2013) Exchanging goods and damages: the role of trade on the distribution of climate change costs. Environ Res Econ 54(2):261–282. ▶ https://doi.org/10.1007/s10640-012-9593-z

Stechemesser K, Günther E (2011) Herausforderung Klimawandel, Auswertung einer deutschlandweiten Befragung im Verarbeitenden Gewerbe. In: Karczmarzyk A, Pfriem R (Hrsg) Klimaanpassungsstrategien von Unternehmen. Metropolis, Marburg, S 59–83

Stern, (2007) The economics of climate change: the Stern review. Cambridge University Press, Cambridge

Thieken A, Bessel T, Kienzler S, Kreibich H, Müller M, Pisi S, Schröter K (2016) The flood of June 2013 in Germany: how much do we know about its impacts? Nat Hazard 16(6):1519–1540. ▶ https://doi.org/10.5194/nhess-16-1519-2016

Umweltbundesamt (Hrsg) (2015) Monitoringbericht 2015 zur Deutschen Anpassungsstrategie an den Klimawandel, Dessau-Roßlau

van Vuuren DP, Stehfest E, Elzen MGJ, Kram T, Vliet J, Deetman S, Isaac M, Goldewijk K, Hof A, Beltran MA, Oostenrijk R, Ruijven B (2011) RCP2.6 Exploring the possibility to keep global mean temperature increase below 2 °C. Clim Chang 109(1–2):95–116

Vousdoukas, MI, Mentaschi L, Voukouvalas, E, Feyen L (2018) PESTEA III – Task 8: Coastal Impacts. EUR 29421 EN, Publications Office of the European Union, Luxembourg, 2018. ISBN 978-92-79-96910-2, ▶ https://doi.org/10.2760/745440, JRC110311

Vousdoukas M, Mentaschi L, Mongelli I, Ciscar J-C, Hinkel J, Ward P, Gosling S, Feyen L (2020) Adapting to rising coastal flood risk in the EU under climate change. EUR 29969 EN, Publications Office of the European Union, Luxembourg. ISBN 978-92-76-12990-5, ▶ https://doi.org/10.2760/456870, JRC118512

Übergreifende Risiken und Unsicherheiten

Die Auswirkungen des Klimawandels hängen von vielen Faktoren ab; das haben die vorherigen Teile gezeigt. Jedoch finden die physikalischen Prozesse des Klimawandels nicht in einem Vakuum statt: Die Risiken und möglichen Folgen des Klimawandels für Menschen, Produktions- und Ökosysteme sind eng mit sozioökonomischen Entwicklungen und Rahmenbedingungen verflochten. So sind nicht nur der wachsende Wert exponierter Infrastrukturen und Objekte wie beispielsweise Immobilien in Küstengegenden oder die wachsende Zahl potenziell betroffener Menschen wichtig, um die Auswirkungen und Schäden des zukünftigen Klimawandels und sogenannter Extremereignisse bestimmen zu können. Darüber hinaus ist es auch bedeutsam, die Vulnerabilität und Anpassungskapazitäten potenziell betroffener Menschen und Infrastrukturen zu ermitteln, die in verschiedenen Gesellschaften und Räumen unterschiedlich sind. Zudem ist zu beachten, dass Gewichtung und Bedeutung von Risiken eng mit der Frage der Wahrnehmung und Wertepräferenzen innerhalb sich wandelnder Gesellschaften verknüpft sind. Solche Beziehungen und ihre komplexen Risikoprofile werden in diesem Teil eingehend thematisiert und die Konzepte zum Risiko und zur Vulnerabilität des Weltklimarats (IPCC) diskutiert und erläutert. Die vorliegenden Beiträge fokussieren besonders auf die gesellschaftlichen Dimensionen des Klimawandels, die mit den Leitbegriffen „Vulnerabilität", „Risiko" und „Anpassung" eng verbunden sind. Die Klimawirkungen für Deutschland als Grundlage für Folgenabschätzungen und Anpassungsplanungen werden immer weiter vorangetrieben, aber sind noch nicht vollständig. Insbesondere verstärkende Effekte durch komplexe Interaktionen, Kaskaden und Kippunkte in unserer vernetzten Welt sind oft noch nicht berücksichtigt. Zudem nehmen die Autoren Fragen der Einschätzung von Anpassungskapazitäten und des Umgangs mit Unsicherheiten und Bandbreiten der Klimafolgenprojektionen in den Blick. Diese stellen vor allem angesichts hoher Schadens-, aber auch Vermeidungskosten eine große Herausforderung für die gesellschaftliche Meinungsfindung und das Handeln von Entscheidungsträgern dar. Darüber hinaus werden Nachweis und Attribution von vergangenem Klimawandel und Klimawirkungen sowie einzelne Extremereignisse erläutert und Methoden zur Entscheidungsfindung in der Klimapolitik unter (großer) Unsicherheit dargestellt. Insgesamt beleuchten die Beiträge sowohl ausgewählte Aspekte der internationalen als auch der deutschen Diskussion. Teil IV weist darauf hin, dass wegen der hohen Komplexität des Untersuchungsgegenstands und der gegebenen Unsicherheiten Handlungsstrategien auf ein breites und integratives Risiko- und Risikomanagementkonzept aufgebaut sein sollten.

Laurens Bouwer
Editor Teil IV

Inhaltsverzeichnis

25 **Die Bewertung von Gefahren, Expositionen, Verwundbarkeiten und Risiken – 333**
Jörn Birkmann, Laurens M. Bouwer, Stefan Greiving und Olivia M. Serdeczny

26 **Analyse von Anpassungskapazitäten – 345**
Walter Kahlenborn, Fritz Reusswig und Inke Schauser

27 **Klimawandel als Risikoverstärker: Kipppunkte, Kettenreaktionen und komplexe Krisen – 361**
Jürgen Scheffran

28 **Nachweis und Attribution von Änderungen in Klima und Wetter – 373**
Sabine Undorf

29 **Entscheidungen unter Unsicherheit in komplexen Systemen – 383**
Hermann Held

30 **Klimarisiken: Umgang mit Unsicherheit im gesellschaftlichen Diskurs – 391**
Ortwin Renn

Die Bewertung von Gefahren, Expositionen, Verwundbarkeiten und Risiken

Jörn Birkmann, Laurens M. Bouwer, Stefan Greiving und Olivia M. Serdeczny

Inhaltsverzeichnis

25.1 **Die Risikoperspektive – 334**
25.1.1 Risiken und mögliche Anpassungsstrategien: von zwei Seiten her denken – 334
25.1.2 Vom IPCC-SREX-Spezialbericht zum Sechsten IPCC-Sachstandsbericht – 337

25.2 **Artikel 2 der Klimarahmenkonventionen – 338**

25.3 **Schlüsselrisiken – 339**
25.3.1 Beispiele für Schlüsselrisiken – 340

25.4 **Bandbreiten und Unsicherheiten – 341**

25.5 **Kurz gesagt – 342**

Literatur – 343

© Der/die Autor(en) 2023
G. P. Brasseur et al. (Hrsg.), *Klimawandel in Deutschland*,
https://doi.org/10.1007/978-3-662-66696-8_25

Die Schlüsselwörter in der Überschrift dieses Kapitels sind für sich genommen einfach. Aber die Begriffe beziehen sich dennoch auf komplexe und vielschichtige, zum Teil kontrovers diskutierte Konzepte, die es zu definieren und zu systematisieren gilt. Folglich werden diese Begriffe im ersten Teil des Kapitels näher beleuchtet, um u. a. deutlich zu machen, wie sie im Risikoansatz des Weltklimarats (IPCC) genutzt und abgegrenzt wurden. Dabei spielt auch die Weiterentwicklung des Risikoansatzes bzw. dessen konzeptionelle Verknüpfung mit Fragen der Anpassung an den Klimawandel eine Rolle. Auch die Frage, was unter Unsicherheit und Bandbreiten möglicher Entwicklungen des Klimas und sogenannter sozioökonomischer Entwicklungspfade zu verstehen ist, wird thematisiert. In dieser Hinsicht geht dieses Kapitel besonders auf die Diskussion im internationalen Raum (z. B. IPCC) und dessen Relevanz für den Diskurs in Deutschland ein. Insgesamt wird dabei deutlich, dass bisherige Untersuchungsmethoden zu Risiken im Kontext des Klimawandels und darauf aufbauende Entscheidungsprozesse so weiterentwickelt werden müssen, dass einer eher engen Betrachtung von direkten Klimaauswirkungen und Klimagefahren heute eine breitere Perspektive auf Risiken und Anpassungsmöglichkeiten im Kontext des Klimawandels gegenübergestellt wird.

25.1 Die Risikoperspektive

Betrachtet man die Berichte des Weltklimarats wie beispielsweise den Fünften und Sechsten Sachstandsbericht – insbesondere der Arbeitsgruppen II – (IPCC 2014a, 2022) sowie den IPCC Spezialbericht SROCC (IPCC 2019), so zeigt sich, dass den übergreifenden und komplexen Risiken, die nicht allein auf den Klimawandel zurückzuführen sind, dem Umgang mit Unsicherheiten sowie der Frage von Anpassungsoptionen eine wesentlich stärkere Aufmerksamkeit gewidmet wird als zuvor im Vierten Sachstandsbericht (IPCC 2007). Warum aber rücken in den letzten Jahren übergreifende Risiken besonders in den Blickpunkt? Weshalb werden die Begriffe Klimagefahren, Exposition, Verwundbarkeit (Vulnerabilität) und Risiko sowie Anpassung deutlich voneinander unterschieden? Zudem ist zu prüfen, welche neuen Erkenntnisse es bezüglich der Frage gibt, wie mit Unsicherheiten und Komplexität im Rahmen der Klimaanpassungsforschung und Klimarisikoforschung umgegangen werden kann (▶ Kap. 29). Trotz wesentlicher Erweiterungen bestehender Daten zum Klimawandel und zur Klimavariabilität werden Unsicherheiten in Bezug auf die Auswirkungen und Risiken des Klimawandels selbst bei verbesserter Datenlage und wissenschaftlichem Fortschritt auch weiterhin bestehen bleiben. Daher sind der Umgang mit Unsicherheiten und die Bewertung von potenziellen Auswirkungen und Risiken im Kontext des Klimawandels Kernthemen eines gesellschaftlichen Umgangs mit dem Klimawandel, der auch zu thematisieren hat, wie die Einsichten und Erkenntnisse der Wissenschaft in einen demokratischen Prozess der Entscheidungsbildung einfließen (können) (▶ Kap. 30 und 36). Im Kontext von Verwundbarkeit und Risiko spielen sog. adaptive Strategien eine zunehmende Rolle, d. h., es geht um die Entwicklung von Strategien, wie auch Anpassungsmaßnahmen selber flexibel und anpassungsfähig gegenüber Klimaänderungen ausgestaltet werden kann. Zudem sind adaptive Strategien solche, die Synergien zwischen Zielen des Klimaschutzes, der Klimaanpassung sowie der Nachhaltigkeit stärken. Demzufolge lässt sich die Eignung von Anpassungs- und Risikominderungsstrategien nicht alleine anhand der Daten zu Klimagefahren beantworten.

25.1.1 Risiken und mögliche Anpassungsstrategien: von zwei Seiten her denken

Eine Kernerkenntnis der neueren IPCC-Berichte (AR 6, AR5, IPCC SREX) sowie u. a. auch der aktuellen IPCC-Sonderberichte wie SROCC (IPCC 2019) liegt u. a. darin, dass die Chancen und Risiken im Kontext des Klimawandels und entsprechende Strategien zur Anpassung komplexer Systeme von zwei Seiten her definiert und analysiert werden müssen: einerseits aus der Perspektive des Klimawandels und andererseits aus der Perspektive der gesellschaftlichen Entwicklung bzw. der Veränderung sogenannter sozialökologischer Systeme (IPCC 2012, 2014b, 2022). Risiken wie auch Kosten und Nutzen von unterschiedlichen Anpassungsstrategien und -maßnahmen (etwa Küstenschutzmaßnahmen gegen Meeresspiegelanstieg und Sturmfluten oder Frühwarnsysteme gegenüber Hitzestress) können sehr unterschiedlich ausfallen, je nachdem, welche Szenarien zur Entwicklung gesellschaftlicher und räumlicher Prozesse diesen Analysen zugrunde liegen. Beispielsweise können je nach demografischem und wirtschaftlichem Szenario unterschiedliche Werte hinter dem Deich entstehen („starkes Wachstum" oder „geringes Wachstum"), und damit kann auch der jeweilige zukünftige Nutzen einer Anpassungsmaßnahme oder Strategie deutlich höher oder geringer ausfallen. Während in der Konzeption des „Risiko-Propellers" (◘ Abb. 25.1), die Darstellung der Zusammenhänge zwischen den Determinanten des Risikos – Gefahr, Exposition und Verwundbarkeit – im Mittelpunkt stand sowie deren Modifikation durch den Klimawandel einerseits und gesellschaft-

◻ Abb. 25.1 Der Lösungsraum. Kernkonzepte des Weltklimarates (IPCC), welche die wichtigsten Determinanten von Risiken und zentrale Überlegungen zum Risikomanagement im Zusammenhang mit dem Klimawandel darstellen. (IPCC-Sonderbericht zu Ozean und Kryosphäre: Collins et al. 2019, Übersetzung: GERICS/Donecker)

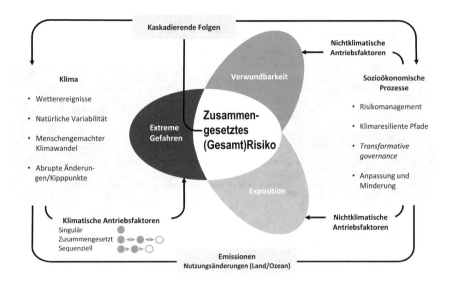

liche Prozesse andererseits, skizzieren die aktuellen IPCC-Spezialberichte wie der IPCC-SROCC Bericht (IPCC 2019), wie diese Risikokonzeption auch stärker mit Fragen der Anpassung zu verknüpfen ist. Anpassungsstrategien setzen dabei mit unterschiedlichen Instrumenten an den zentralen drei Komponenten des Risikos an. Bisher verlaufen in Teilen die wissenschaftlichen Diskurse zum Thema Risiko und Verwundbarkeit einerseits und der Anpassung an den Klimawandel andererseits recht parallel zueinander, teilweise ohne klare konzeptionelle und empirische Verknüpfungen.

Trotzdem erscheint es gerade besonders wichtig, diese Diskurse konzeptionell, methodisch und bezogen auf empirische Daten und Analysen stärker zu verknüpfen. Beispielsweise sind Strategien zur Anpassung an den Klimawandel und Risikomanagementansätze gegenüber ausgewählten Klimagefahren (Dürren, Hochwasser, Starkregen, Hitzestress, etc.) auf Daten und Szenarien über den Klimawandel und den gesellschaftlichen Wandel zu beziehen, dies schließt u. a. Szenarien zu Landnutzungsveränderungen ein. So können sich je nach Szenario sehr unterschiedliche Auswirkungen beispielsweise durch eine Hitzewelle ergeben, z. B. hinsichtlich der Zahl älterer Menschen, der demografischen Komponente von Szenarien. Tendenziell könnte ein höherer Nutzen für ein Hitzefrühwarnsystem bestehen, wenn es zukünftig deutlich mehr Menschen gibt, die potenziell besonders anfällig gegenüber Hitzestress sind und daher gewarnt werden müssen.

Der Ansatz, die Kausalität von Risiken im Kontext des Klimawandels von zwei Seiten zu beleuchten, erstens dem Klimawandel und der Klimavariabilität und zweitens vonseiten des gesellschaftlichen Wandels, bietet daher einen neuen Problem- und Lösungszugang,

in dem übergreifende Risiken als Schnittstellenproblem zwischen Umweltwandel und gesellschaftlichem Wandel begriffen werden. Auch die stärkere Verknüpfung des Anpassungsdiskurses an die Determinanten des Risikos – wie die Exposition, die jeweiligen Klimagefahren und die Verwundbarkeit – erscheint sinnvoll, weil damit ein besserer Überblick geschaffen wird, ob und inwieweit Anpassungsmaßnahmen und -strategien primär auf eine bestimmte Determinante fokussiert sind (z. B. die Expositionsreduktion), ob die Anpassung auf mehrere Determinanten gleichzeitig wirkt oder ob es für ein bestimmte Determinante kostengünstigere und effektivere Lösungen gibt.

In dieser Hinsicht ist auch die gesonderte Betrachtung der räumlichen und zeitlichen Exposition von Menschen und Ökosystemen oder Infrastrukturen gegenüber dem Klimawandel von Bedeutung, da vielfach zwischen der Exposition und der Verwundbarkeit deutliche Unterschiede bestehen. So sind nicht alle Menschen oder Infrastrukturen, die einer Klimagefahr räumlich ausgesetzt sind, auch gleich vulnerabel. Die Prädisposition, physische oder materielle und immaterielle Schäden durch eine Klimagefahr zu erleiden, ist unterschiedlich. Beispielsweise bezogen auf den Hitzestress sind Unterschiede für verschiedene Altersgruppen oder Menschen mit Vorerkrankungen festzustellen. Auch die aktuelle COVID-19-Pandemie gezeigt, dass zahlreiche Menschen zwar ähnlich exponiert sein können, die Wahrscheinlichkeit allerdings eines schweren Verlaufs der Krankheit sich aber davon noch einmal unterscheidet. Die konzeptionelle Differenzierung zwischen Exposition und Verwundbarkeit und Gefahren ist auch für das Risikomanagement und Anpassungsstrategien von Bedeutung (s. auch nachfolgende Kapitel).

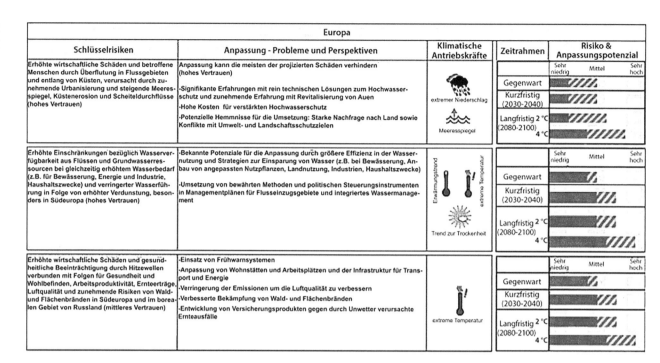

◘ Abb. 25.2 Schlüsselrisiken durch den Klimawandel und das Potenzial zur Verringerung der Risiken durch Anpassung und Minderung in Europa. Jedes Schlüsselrisiko wird als sehr gering bis sehr hoch beschrieben für die drei Zeiträume: Gegenwart, kurzfristig (hier untersucht für 2030–2040) und langfristig (hier untersucht für 2080–2100). Kurzfristig unterscheiden sich die projizierten globalen mittleren Temperaturanstiege in den verschiedenen Emissionsszenarien nicht wesentlich. Langfristig werden die Risikolevels für zwei Szenarien des Anstiegs der globalen mittleren Temperatur dargestellt (2 und 4 °C über dem vorindustriellen Niveau). Diese Szenarien illustrieren das Potenzial von Minderung und Anpassung, die mit dem Klimawandel verbundenen Risiken zu verringern. Klimatische Antriebskräfte von Folgen werden durch Symbole bildlich dargestellt. (Kovats et al. 2014)

Anpassungs- und Risikominderungsmaßnahmen im Kontext des Klimawandels sind allerdings noch mit einer Besonderheit behaftet. So sind den Möglichkeiten der Reduzierung der Exposition und der Verwundbarkeit gegenüber einem stetig steigenden Klimawandel deutliche Grenzen gesetzt. D. h. neben Anpassungsmaßnahmen sind auch Maßnahmen zur CO_2-Minderung unabdingbar, damit der Klimawandel und die damit aller Wahrscheinlichkeit nach verbundenen Extremereignisse in einem Rahmen bleiben, an den sich überhaupt noch anpassen lässt.

Das Rahmenkonzept des Weltklimarats (IPCC 2014a, 2022), das sich stark auf den IPCC-Spezialbericht SREX bezieht (IPCC 2012), verdeutlicht in dieser Hinsicht, dass die gesellschaftliche Verwundbarkeit sowie diejenige von sozial-ökologischen Systemen ein wesentlicher Ausgangspunkt für Anpassungsstrategien ist, um mittel- oder langfristig mit veränderten Umwelten leben zu können. Andererseits wird eine Anpassung von Systemen wie Infrastrukturen oder Städten oder auch Ökosystemen mit der Zunahme des Klimawandels und der Steigerung der Intensität von Extremwetterereignissen deutlich schwieriger. Folglich sind nur in einer bestimmten Bandbreite von Klima- und Umweltveränderungen Anpassungsstrategien denkbar, und die Möglichkeiten, Risiken zu

mindern, fallen bei einer Vier- oder Sechs-Grad-plus-Welt oft deutlich geringer aus als in einer Zwei-Grad-Welt. Darüber hinaus treten zunehmende Kaskaden- und Kopplungsprozesse in den Fokus der Risiko- und Vulnerabilitätsbetrachtung (Simpson et al. 2021), d. h., neben direkten Auswirkungen des Klimawandels auf Menschen, Infrastrukturen oder Ökosysteme werden Wirkungskaskaden stärker betrachtet. So kann der Ausfall von (kritischen) Infrastrukturen durch Klimagefahren erhebliche weitere Wirkungskaskaden (▶ Kap. 23) auf Menschen und Ökosysteme implizieren (siehe u. a. Schmitt 2020). Diese Grenzen der Anpassung werden in der Grafik des IPCC (AR 5) aus dem Europa-Kapitel deutlich (◘ Abb. 25.2).

Aktuelle Arbeiten im Kontext der Vulnerabilitäts- und Anpassungsforschung zielen u. a. darauf ab, den Szenarien zum Klimawandel auch gesellschaftliche Szenarien gegenüberzustellen (O'Neill et al. 2015). Für den Klimawandel werden insbesondere RCP-Szenarien genutzt. Demgegenüber wird in SSP-Szenarien *(shared socio-economic pathways),* die für Fragen der Anpassung und der Transformation unter verschiedenen Mitigationsszenarien entwickelt werden, stärkeres Gewicht auf Probleme der Armut, der Wohlstandsentwicklung oder der Demografie gelegt, da diese Faktoren Aussagen zur Anfälligkeit von Gesellschaften gegenüber den Einwirkungen des Klimawandels erlauben (van Ruijven et al. 2014). Diese SSP-Szenarien haben das Ziel, relevante Veränderungen und unterschiedliche künftige Zustände von Gesellschaften bzw. gesellschaftliche Bedingungen abzubilden, z. B. Armut, Urbanisierung, demografischer Aufbau oder Wirtschaftskraft (O'Neill et al. 2015; van Ruijven et al. 2014), die für die Frage der zukünftigen Exposition, Verwundbarkeit und Anpassungsnotwendigkeiten von Bedeutung sind.

Unbeschadet dessen ist es eine wichtige wissenschaftliche Aufgabe, zukünftige Risiken nicht allein über ein enges Gefahrenverständnis (Hochwasser, Hitzestress oder Dürre) zu definieren, bei dem primär die Eintrittswahrscheinlichkeiten eines physischen Ereignisses sowie dessen Verbindung zum Klimawandel im Vordergrund stehen. Vielmehr sind Risiken stärker als bisher im Kontext von zukünftigen möglichen Entwicklungspfaden der Umwelt bzw. des Klimas und der Gesellschaft zu verstehen, die als Grundlage für die Entwicklung von Anpassungsstrategien dienen sollten. Dementsprechend beruhen beispielsweise auch die Bestimmung von Schlüsselrisiken und die Einschätzung von Anpassungspotenzialen, wie sie sich in ◘ Abb. 25.2 wiederfinden, auf einem stark interdisziplinär gestalteten Prozess. Hier fließt Fachwissen aus unterschiedlichen Disziplinen wie den Natur-, Ingenieurs- und Sozialwissenschaften ein. Eine Schwierigkeit bleibt allerdings vielfach die Bestimmbarkeit der Eintrittswahrscheinlichkeit von Gefahren und der Intensität von deren Wirkungen, weil sich aus der Integration sozioökonomischer Entwicklungspfade Möglichkeitsräume auftun, die die Ungewissheit vergrößern (▶ Kap. 5 und 30). Anhand solcher Unsicherheiten wird auch die normative Dimension von Entscheidungsprozessen klar, die auf wissenschaftlichen Einsichten fußen. So ist die Frage, welches Gewicht welchen Risiken unter gegebenen Unsicherheiten beigemessen wird, nicht allein wissenschaftlich bestimmbar, sondern muss Gegenstand eines umfassenden Risikomanagements sein (▶ Kap. 29).

Klimafolgen werden in zahlreichen Studien meist für einzelne Sektoren (z. B. Landwirtschaft ▶ Kap. 18, Wasserhaushalt ▶ Kap. 16) oder Elemente menschlicher Systeme (z. B. Infrastruktur ▶ Kap. 23, Verkehr ▶ Kap. 32) präsentiert. Eine solche sektorale Betrachtung liefert wichtige Informationen für die Entwicklung von Anpassungsmaßnahmen und Erstellung von Vulnerabilitätsanalysen; allerdings zeigt sich zunehmend, dass eine sektorübergreifende Perspektive notwendig ist, um Kaskaden von Klimawirkungen einschätzen zu können (▶ Abschn. 25.3.1), mögliche Spannungen und Konflikte zwischen Anpassungsstrategien unterschiedlicher Sektoren zu erkennen und im Rahmen von Anpassungsstrategien und -programmen zu mindern. Wechselwirkungen zwischen Sektoren

gehören zu den Prozessen, die wissenschaftlich bislang unzulänglich abgebildet sind. Dazu gehören z. B.:

- die Wasserverfügbarkeit für landwirtschaftliche Bewässerung,
- Wechselwirkungen zwischen klimatischen und sozioökonomischen Veränderungen
- Kumulative Effekte durch Überlagerung von Veränderungen in mehreren Sektoren *(hotspots)*,
- Fernwirkungen, z. B. durch Handel oder Migration,
- indirekte Effekte mit nur teilweiser Attribution zu Klimawandel wie Verteilungseffekte oder Konflikte,
- Kipppunkte wie nichtlineare Ernteeinbußen oberhalb eines bestimmten Schwellenwerts.

Die Forschung hierzu bedarf weiterer raum- und kontextspezifischer Analysen, um beispielsweise sogenannte Kipppunkte von sozial-ökologischen Systemen auf kleinräumiger Ebene besser zu erkennen und verstehen zu können. Diese Kipppunkte könnten wichtige Ansatzpunkte für gezielte Anpassungsprogramme sein.

25.1.2 Vom IPCC-SREX-Spezialbericht zum Sechsten IPCC-Sachstandsbericht

Seit 2012 der IPCC-Spezialbericht SREX *(Managing the risk of extreme events and disasters to advance climate change adaptation)* verabschiedet wurde, wird bei der Beurteilung möglicher Auswirkungen des Klimawandels und der Entwicklung von Anpassungsstrategien stärkeres Gewicht darauf gelegt, zwischen den verschiedenen Komponenten zu differenzieren, die Risiken im Kontext des Klimawandels ausmachen. Dabei wird besonders auf folgende Komponenten geschaut: Gefahren, Exposition und Verwundbarkeit (IPCC 2012, 2014a, 2022). In diesem Zusammenhang kommt eine übergreifende Risikoperspektive zum Tragen, wie sie die Risiko- und Umweltforschung schon länger nutzt (UNDRO 1980; UN/ISDR[1] 2004; IPCC 2012; Birkmann 2013). Dabei wird eine systemische Betrachtung von Wirkungszusammenhängen zwischen Klimaänderungen, gesellschaftlichen Veränderungen und dem Bereich von Rückkopplungsprozessen, u. a. bezogen auf die konkreten Auswirkungen des Klimawandels und möglicher Rückwirkungen auf die Umwelt und Gesellschaft, vorgenommen. Das Verständnis von Verwundbarkeit basiert – im Vergleich zu vorherigen IPCC-Sachstandsberichten (IPCC 2001, 2007) – auf der Annahme, dass verschiedene Menschen oder Bevölkerungsgruppen, Ökosysteme oder auch Infra-

---

1 Inzwischen UNDRR.

strukturen oder Städte unterschiedlich verwundbar gegenüber den Einwirkungen des Klimawandels sind. Die Verwundbarkeit wird dabei in eine Komponente der Anfälligkeit bzw. Sensitivität sowie eine zweite Komponente der Reaktions- und Anpassungskapazitäten differenziert. Folglich geht es nicht nur darum zu prüfen, wie physische Klimaveränderungen auf verwundbare Systeme treffen, sondern ebenso um die Erfassung und Bewertung von Kapazitäten, die unterschiedliche Systeme haben um mit den direkten und indirekten sowie kurz- und langfristigen Folgen des Klimawandels umzugehen, einschließlich der Grenzen der Anpassung. Damit wird deutlich: Risiken, die im Kontext des Klimawandels entstehen, basieren nicht allein darauf, dass es den Klimawandel als solchen gibt und dass er physische Prozesse wie z. B. klimawandelbedingte Veränderungen der Temperatur- und Niederschlagsmuster beeinflusst. Vielmehr kann sich ein Risiko im Kontext der Veränderung des Klimas erst durch die Verknüpfung mit exponierten und verwundbaren Gesellschaften, Städten, Infrastrukturen oder Ökosystemen entwickeln (◘ Abb. 25.1). Diese Zusammenhänge wurden in früheren IPCC-Berichten bereits unter dem Aspekt der Verwundbarkeit betrachtet. In dieser Hinsicht unterscheidet das neue Konzept allerdings eindeutig zwischen der Verwundbarkeit eines Systems oder einer Gesellschaft einerseits und der auf das System einwirkenden Gefahr andererseits, etwa Temperaturerhöhung, Hochwasser, Hitzestress usw. Beide Prozesse – a) die Veränderungen des Klimas sowie b) die gesellschaftlichen Veränderungen – sind gemeinsam zu betrachten, um im Rahmen von Anpassungsstrategien an den Klimawandel sowie des Risikomanagements hinreichende Handlungsbedarfe und Strategien ableiten zu können. Erst wenn Anpassungsstrategien und Risikominderungsansätze die mit den verschiedenen Antriebskräften verbundenen Risiken abschwächen, sind nachhaltige Entwicklungspfade denkbar. Auch werden jetzt „zusammengesetzte" *(compound events)* und nacheinander, also sequenziell, auftretende Gefahren *(sequential),* wie Überflutung nach Dürre miteingeschlossen (IPCC 2012). Darüber hinaus lassen sich mit dem Risikoansatz konzeptionell unterschiedliche Anpassungsstrategien in Bezug auf ihren Fokus oder Beitrag zur Risikominderung systematisieren (◘ Abb. 25.2). Hier ist u. a. die Priorität Nr. 4 des Sendai-Rahmenprogramms zur Risikominderung (UNDRR 2015) zu erwähnen *(Build back better in recovery and rehabilitation).* So sind Umsiedlungsprogramme von Menschen aus besonders exponierten Lagen, z. B. tiefliegenden Küstenzonen, primär mit einer Reduktion der Exposition gegenüber Klimagefahren wie Meeresspiegelanstieg und Stürmen verbunden. Ob und inwieweit die Umsiedlung die Verwundbarkeit mindern kann, hängt u. a. von der

Art und den Unterstützungsangeboten im Rahmen des Umsiedlungsprozesses und des Eingliederungsprozesses in die neue Umgebung ab. Führt die Umsiedlung zu einer weiteren Schwächung von Lebenssicherungsstrategien, zu Arbeitslosigkeit und stärkerer Armut, kann dies sogar zur Erhöhung der Verwundbarkeit beitragen (Greiving et al. 2018a; Lauer et al. 2021).

Ein weiteres Beispiel für komplexe Risiken, die aus der Interaktion zwischen Klima- und gesellschaftlichem Wandel resultieren, sind die im Zusammenhang mit dem Klimawandel steigenden Hitzerisiken. Risiken in diesem Zusammenhang – beispielsweise 2003 in ganz Europa oder 2013 in England – ergaben sich nicht allein deswegen, weil die Temperaturen stiegen und damit Hitzestress ausgelöst wurde, sondern auch, weil gegenüber den Einwirkungen solcher Hitzephänomene anfällige Gruppen einen größeren Bevölkerungsanteil ausmachten (Fouillet et al. 2006). Seit 2003 sind allerdings viele Maßnahmen in Kraft getreten, die die gefährdeten Bevölkerungsgruppen schützen, und damit hat sich die Verwundbarkeit für Hitzetoten in Europa deutlich verringert (z. B. Achebak et al. 2019). Anpassungsstrategien sind daher nicht allein an der Veränderung der Klimaparameter auszurichten. Sie müssen auch die vielschichtigen Interaktionen zwischen gesellschaftlichem (z. B. demografischem) Wandel, Verwundbarkeit und dem anthropogenen Klimawandel sowie der Klimavariabilität fokussieren (IPCC 2012).

25.2 Artikel 2 der Klimarahmenkonventionen

Das grundlegende Mandat einer wissenschaftlich getragenen Erörterung der Klimarisiken ist politisch gesetzt: Es gilt, gefährlichen Klimawandel zu vermeiden. Für die Arbeit des Weltklimarats, vor allem der Arbeitsgruppe II, ist insbesondere Artikel 2 der Klimarahmenkonvention eine zentrale Grundlage. Darin gilt es als Kernziel, die Stabilisierung der Treibhausgaskonzentrationen in der Atmosphäre auf einem Stand zu halten, der es erlaubt, gefährliche anthropogene Interaktionen und Störungen mit dem Klimasystem zu vermeiden. Im Pariser Klimaabkommen (UN 2015) wurden gefährliche anthropogene Interaktionen und Störungen in detaillierte Ziele für eine Minderung der Treibhausgasemissionen übersetzt. Um das Kernziel der Klimarahmenkonvention zu erreichen, sollte vermieden werden, dass sich die weltweite Durchschnittstemperatur um mehr als zwei Grad erhöht, und wenn möglich unter 1,5 Grad im Vergleich zu der vorindustriellen Periode bleibt (Artikel 2, Abschn. 1a des Pariser Abkommens). Darüber hinaus wurde klar, dass manche durch den Klimawandel verursachten Verluste und Schäden mittels Klimaschutz- und Anpassungsmaßnahmen nicht vermieden werden können. Diese Verluste und Schäden wurden somit anerkannt und jetzt explizit im Pariser Abkommen und damit in der Klimarahmenkonvention aufgenommen (Artikel 8) und sollten entsprechend adressiert werden. In den internationalen Klimaverhandlungen bilden jetzt also *loss & damage* neben Klimaschutz und -anpassung eine dritte Säule (Mechler et al. 2019) und es werden Wege gesucht, Länder die solche Verluste und Schäden erleiden, mit Finanzen und Versicherungen sowie durch eine Verbesserung des Know-how zu unterstützen.

> **Klimarahmenkonvention**
>
> „Das Endziel dieses Übereinkommens und aller damit zusammenhängenden Rechtsinstrumente, welche die Konferenz der Vertragsparteien beschließt, ist es, in Übereinstimmung mit den einschlägigen Bestimmungen des Übereinkommens die Stabilisierung der Treibhausgaskonzentrationen in der Atmosphäre auf einem Niveau zu erreichen, auf dem eine gefährliche anthropogene Störung des Klimasystems verhindert wird. Ein solches Niveau sollte innerhalb eines Zeitraums erreicht werden, der ausreicht, damit sich die Ökosysteme auf natürliche Weise den Klimaänderungen anpassen können, die Nahrungsmittelerzeugung nicht bedroht wird und die wirtschaftliche Entwicklung auf nachhaltige Weise fortgeführt werden kann." (UN 1992; Übersetzung: Lexikon der Nachhaltigkeit)

In dieser Hinsicht betont der Sechste Sachstandsbericht des IPCC, insbesondere der Beitrag der Arbeitsgruppe II (IPCC 2022), dass die identifizierten Schlüsselrisiken ein Werkzeug dafür sind, der Frage näherzukommen, was eine „gefährliche anthropogene Störung des Klimasystems" bzw. – anders übersetzt – eine „gefährliche anthropogene Einmischung in das Klimasystem" eigentlich ist.

Diese Schlüsselrisiken ergeben sich aus der Interaktion zwischen Gefahren im Kontext des klimatischen Wandels, der Verwundbarkeit sowie der Exposition von Gesellschaften und Systemen. Was also ist „eine gefährliche anthropogene Einmischung" oder „Störung des Klimasystems"?

In diesem Zusammenhang spielen auch Zeithorizonte eine wichtige Rolle, etwa für Anpassungsprozesse von Ökosystemen oder die Sicherung der Nahrungsmittelsicherheit, sowie eine gesellschaftliche und wirtschaftliche Entwicklung, die mit dem Ziel der Nachhaltigkeit vereinbar ist. Dabei geht es um die Frage, wie viel Zeit die verschiedenen Systeme haben,

um sich an Klimaveränderungen anzupassen oder darauf vorzubereiten. Diese Aspekte zeigen bereits, dass das neue Risikokonzept im Fünften Sachstandsbericht hier möglicherweise neue Blickwinkel eröffnet.

25.3 Schlüsselrisiken

Bei der Auswahl und Priorisierung von Risiken, die der Fünfte und Sechste IPCC-Sachstandsbericht als Schüsselrisiken ausweisen, kommen Auswahlkriterien zum Einsatz, die ein breiteres Risikoverständnis untermauern. Als Kriterien wurden unter anderem herangezogen (IPCC 2022, eigene Übersetzung):

a) Ausmaß der negativen Konsequenzen: Das Ausmaß umfasst die Verbreitung, den Umfang des betroffenen Systems und das Ausmaß der Folgen. Hinzu kommt eine mögliche Irreversibilität der Folgen sowie das Potenzial für Kipppunkte im System und für kaskadierende Effekte über die Grenze des Systems hinaus.

b) Wahrscheinlichkeit des Eintritts eines Risikos und des Zeitpunkts, z. B. die Wahrscheinlichkeit, dass ein Gefahrenereignis eintritt, auf verwundbare Gruppen trifft und auf diese einwirkt.

c) Zeitliche Merkmale des Risikos: Risiken, die früher eintreten oder schneller zunehmen, stellen größere Herausforderungen an die natürlichen und gesellschaftlichen Anpassungsmöglichkeiten. Ein beständiges Risiko (aufgrund der Beständigkeit der Gefahr, der Exposition und der Verwundbarkeit) kann auch eine größere Bedrohung darstellen als ein vorübergehendes Risiko, das z. B. von einem kurzfristigen Anstieg der Verwundbarkeit verursacht wird.

d) Begrenzte Möglichkeiten, ein Gefahrenereignis oder einen Trend wie den Temperaturanstieg im Kontext des Klimawandels sowie Charakteristika der Verwundbarkeit zu mindern. Dies sind Risiken, die von Ökosystemen und Gesellschaft nur begrenzt beeinflusst oder umgekehrt werden können.

Insgesamt weisen diese Kriterien auf ein deutlich breiteres Risikoverständnis hin, das über die Frage der Eintrittswahrscheinlichkeit eines Gefahrenereignisses hinausgeht.

Gleichwohl bleibt es angesichts des Möglichkeitsraums, der sich aus der Kombination veränderter klimatischer und sozioökonomischer Bedingungen ergibt, eine Herausforderung, die Kriterien in ihrer Magnitude und Eintrittswahrscheinlichkeit zu bestimmen bzw. sie im Einzelfall anzuwenden. Risiken und Entwicklungspfade können räumlich und zeitlich sehr differenziert auftreten. Diese Tücken des neuen IPCC-Ansatzes könnten daher vor allem auf der regionalen und lokalen Ebene zum Tragen kommen, wenn es darum geht, über konkrete Anpassungsmaßnahmen und damit das Gewicht von Anpassung als Abwägungsbelang unter hohen Unsicherheiten zu entscheiden (▶ Kap. 30).

25.3.1 Beispiele für Schlüsselrisiken

Des Weiteren beschreibt der Sechste Sachstandsbericht des Weltklimarates (IPCC 2022) Schlüsselrisiken vielfach als komplexe Interaktion zwischen vulnerablen Menschen und Lebenssicherungsstrategien einerseits sowie hoher Exposition und hoher potenzieller Gefahreneinwirkung andererseits. Als sogenannte „repräsentative" Schlüsselrisiken wurden folgende acht Risiken identifiziert:

A) Risiken für tiefliegende Küstengebiete: Risiken von Tod, Verletzung und Gesundheitsschädigung sowie Zerstörung oder erheblicher Beeinträchtigung von Lebenssicherungsstrategien der Menschen und Ökosysteme in niedrig liegenden Küstenzonen sowie in *Small Island Developing States* aufgrund von Stürmen, Küstenüberschwemmungen und Meeresspiegelanstieg sowie der Erwärmung und Versauerung der Meere.

B) Risiken für Ökosysteme: Umwandlung von terrestrischen sowie Meeres-und Küstenökosystemen, einschließlich Veränderungen der Struktur und Funktionsweise und Verlust der biologischen Vielfalt.

C) Risiken für kritische Infrastrukturen und Netzwerke: Systemische Risiken aufgrund von Extremereignissen, die zum Zusammenbruch der Infrastruktur und der Netzwerke für kritische Güter und Dienstleistungen führen.

D) Risiko für den Lebensstandard: Wirtschaftliche Auswirkungen auf allen Ebenen, einschließlich der Auswirkungen auf das Bruttoinlandsprodukt, auf Armut und Lebensgrundlagen sowie die verschärfenden Auswirkungen auf die sozioökonomische Ungleichheit zwischen und innerhalb von Ländern.

E) Risiko für die menschliche Gesundheit: Menschliche Mortalität und Morbidität, einschließlich hitzebedingter Auswirkungen und durch Vektoren und vom Wasser übertragene Krankheiten.

F) Risiko für die Ernährungssicherheit: Ernährungsunsicherheit und Zusammenbruch der Nahrungsmittelsysteme aufgrund der Auswirkungen des Klimawandels auf die Land- und Meeresressourcen.

G) Risiko für die Wasserversorgung: Risiko durch wasserbedingte Gefahren (Überschwemmungen und Dürren) und Verschlechterung der Wasserqualität für Industrie, Trinkwasserversorgung und Bewässerung. Schwerpunkt sind Wasserknappheit, wasserbezogene Katastrophen und Risiken für indigene und traditionelle Kulturen und Lebensweisen.

H) Risiken für den Frieden und für die menschliche Mobilität: Risiken für den Frieden innerhalb einer Gesellschaft und zwischen Gesellschaften durch bewaffnete Konflikte sowie Risiken für die Mobilität von Menschen mit geringem Einkommen innerhalb von Staatsgrenzen und über Staatsgrenzen hinweg.

Diese Beispiele verdeutlichen, dass die Abschätzung von Risiken neben den physischen Veränderungen des Klimas und sogenannten klimawandelbeeinflussten Gefahren auch gerade die Verwundbarkeit von Menschen, Lebenssicherungs- und Produktionssystemen und Infrastrukturen umfasst. Dies spiegelt sich z. B. im repräsentativen Schlüsselrisiko G wider, in dem es nicht allein um die Frage der Verfügbarkeit von Trinkwasser oder Wasser für die Bewässerung in der Landwirtschaft im Kontext des Klimawandels geht, sondern um Fragen des unzureichenden Zugangs, der eben auch durch gesellschaftliche Faktoren und Aushandlungsprozesse determiniert ist.

Zudem weist auch das Beispiel der „systemischen Risiken" (Schlüsselrisiko C) darauf hin, dass indirekte Wirkungskaskaden im Kontext des Klimawandels erhebliche Risiken implizieren können und die enorme Abhängigkeit von Gesellschaften in Industrieländern von den Leistungen kritischer Infrastrukturen für Grunddaseinsfunktionen des Lebens diese Risiken noch verschärfen kann (s. auch ▶ Kap. 23). Da Kaskadeneffekte auch außerhalb gefahrenexponierter Gebiete auftreten und dort andere Infrastruktursektoren betreffen können, von deren Ausfall weitere indirekte Wirkungen ausgehen, stößt das Risikokonzept hier an seine Grenzen, da dieses eigentlich das räumlich-zeitliche Aufeinandertreffen von Gefährdung, Exposition und Verwundbarkeit voraussetzt. Risikoanalysen sollten daher um die Analyse systemischer Kritikalität ergänzt werden (Kruse et al. 2021; Greiving et al. 2021).

Anhand des Beispiels und der konkreten Berücksichtigung von Fragen der Gefahr, der Exposition und Verwundbarkeit im Rahmen des Risikoansatzes im planerischen Hochwasserschutz auf Bundesebene wird deutlich, dass die Anwendung des erweiterten Risikoansatzes auf internationaler Ebene auch für konkrete Politik- und Planungsansätze auf der nationalstaatlichen Ebene und für ausgewählte Handlungsfelder, wie den vorbeugenden Hochwasserschutz, konkretisiert und nutzbar gemacht werden kann. Dies erfordert eine systemweite Perspektive und begründet u. a. die bundes- bzw. europaweite Ausrichtung des sog. Bundesraumordnungsplan Hochwasserschutz gemäß § 17 Abs. 2 Raumordnungsgesetz[2]. Der bundesweite Plan (BMI 2021)

---

2 Bundesministerium der Justiz (2008) Raumordnungsgesetz (ROG) ▶ https://www.gesetze-im-internet.de/rog_2008/BJNR298610008.html

— harmonisiert raumplanerische Standards bundesweit für bessere länderübergreifende Steuerung und Koordinierung beim Hochwasserschutz,

— legt vor allem aber erstmals in Deutschland einen risikobasierten Ansatz zugrunde (planerische Berücksichtigung der unterschiedlichen Gefährdungsintensität, Exposition und Verwundbarkeit der verschiedenen Raumnutzungen)

— und fokussiert auf den Schutz besonders kritischer und gefährdungsanfälliger Infrastrukturen von nationaler/europäischer Bedeutung und führt daher den Gedanken der spezifischen Schutzwürdigkeit in das deutsche Planungssystem ein.

Die internationale Diskussion um Schlüsselrisiken verdeutlicht, dass es sich beim Thema Verwundbarkeit nicht nur um eindimensionale ökonomische Schadenspotenziale, sondern um multidimensionale Verwundbarkeiten handelt, die neben Fragen der Armut oder des Alters von Menschen auch Fragen fehlerhafter und unzureichender *Governance*-Strukturen umfassen (◘ Abb. 25.3). Folglich ist auch die sogenannte institutionelle Dimension von Verwundbarkeit zu ermitteln (vgl. IPCC 2014a).

25.4 Bandbreiten und Unsicherheiten

Unsicherheiten sowie mögliche Bandbreiten potenzieller Entwicklungen, die mit der Modellierung von Prozessen im Erdsystem und auch mit der Frage zukünftiger Expositionsmuster und Verwundbarkeiten von Gesellschaften oder Ökosystemen verknüpft sind, stellen eine signifikante Herausforderung für Planungs- und Entscheidungsprozesse dar. Neben normativen Aspekten, die bei der Bewertung von Anpassungsstrategien auftreten, ist auch die Planung und Umsetzung ausgewählter Anpassungs- und Transformationspfade Teil einer öffentlichen Entscheidungsbildung, die nicht allein auf Expertenwissen zurückgreifen kann (▶ Kap. 39).

■ **Entscheidungstheoretische Perspektive**
Die deskriptive Entscheidungstheorie differenziert bei Entscheidungssituationen wie folgt entlang des Grades der Sicherheit bzw. Unsicherheit über gegenwärtige und künftige Umweltzustände (Laux 2007):

— **Entscheidungen unter Sicherheit:** Die eintretende Situation bzw. Rechtsfolge für eine bestimmte Handlung ist bekannt (deterministisches Entscheidungs-

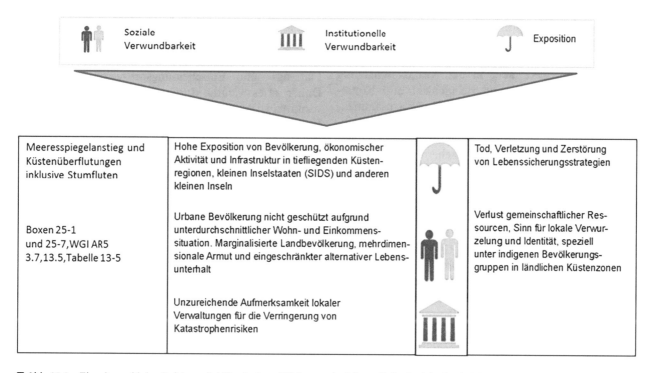

◘ **Abb. 25.3** Eine Auswahl der Gefahren, Schlüsselvulnerabilitäten und -risiken, die im Bericht der Arbeitsgruppe II des IPCC für den Fünften Sachstandsbericht identifiziert wurden. Die Beispiele verdeutlichen die Komplexität der Risiken, die durch die interagierenden klimatischen Gefahren, Expositionen und vielfältige Verwundbarkeiten hervorgerufen werden. Risiken entstehen, wenn erhöhtes Gefahrenpotenzial mit sozialen, institutionellen, ökonomischen und umweltbezogenen Vulnerabilitäten zusammenkommt und auch die Exposition hoch ist, wie durch die Symbole dargestellt. (IPCC 2014c, eigene Übersetzung)

modell, z. B. Grundlage der Straßenverkehrsordnung).

- **Entscheidungen unter Risiko:** Wahrscheinlichkeit für möglicherweise eintretende Umweltsituationen und deren Folgen ist bekannt (klassischer Hochwasserschutz).
- **Entscheidungen unter Ungewissheit:** Möglicherweise eintretende Umweltsituationen sind bekannt, allerdings nicht deren Eintrittswahrscheinlichkeiten und genauen Konsequenzen (Klimawandel). Diese Entscheidungssituation wird teilweise auch als „Entscheidungen unter Unsicherheit" (▶ Kap. 29) bezeichnet.
- **Wahre Unbestimmtheit:** Keine Grundlage zur Beschreibung von Entwicklungsmöglichkeiten (z. B. bei den möglichen Folgen gänzlich neuer Technologien).

Risikokalkulationen beziehen sich in aller Regel auf die Gegenwart, während sich Aussagen zum Klimawandel auf Zeitabschnitte in der teilweise recht fernen Zukunft beziehen. In der probabilistischen Risikokalkulation wird eine Frequenz-Magnitude-Funktion oftmals aus Zeitreihen abgeleitet, die vielfach auf statischen Auswertungen von Beobachtungen aus der Vergangenheit oder Modellsimulationen beruhen. In dieser Hinsicht können Ansätze des Managements von Folgen des heutigen Klimas – oder gegenwärtiger Wetterereignisse – nach Laux (2007) als „Entscheidungen unter Risiko" bezeichnet werden.

Unsicherheit aufgrund unvollständigen Wissens kann über die Untersuchung der Systeme reduziert werden. Dabei kann die natürliche Variabilität der Umwelt nicht reduziert, aber in der Risikoabschätzung quantifiziert werden (Wahrscheinlichkeit und Konsequenz). Beim Klimawandel sind die Prozesszusammenhänge zwar überwiegend bekannt, die Wahrscheinlichkeit und Folgen aber nicht sicher bestimmbar. Dies geht neben den Quellen der Unsicherheiten, die einer computergestützten Modellierung inhärent sind, auch auf die Ungewissheit über die sozioökonomischen Entwicklungen bzw. den Input der Klimamodelle zurück und lässt sich prinzipiell nicht immer weiter auflösen.

Entscheidungen unter Risiko (▶ Kap. 29) sind in das Konzept der planerischen Entscheidung einzuordnen (Greiving 2002, S. 74; Faßbender 2012, S. 86). Dabei besitzen die Fachleute für Planung und die Entscheidungspersonen einen Spielraum bei der Auswahl einer Analysemethode und Bewertung der Ergebnisse für formelle Verfahren (▶ Kap. 30). Das Gewicht des Belanges ergibt sich bei Risikoanalysen, d. h. bei Entscheidungen unter Unsicherheit, aus der Kombination von Eintrittswahrscheinlichkeit und Konsequenz bestimmter Ereignisse. In der Begründung für oder gegen eine bestimmte Anpassungsmaßnahme ist dann transparent darzulegen, welche fachlichen Daten und Prognosen herangezogen wurden und welche methodische Herangehensweise verwendet wird. Der Konsistenz der methodischen Herangehensweise kommt große Bedeutung für die Rechtssicherheit solcher Planungen zu. Dies gilt auch für Klimafolgenanalysen.

Demgegenüber bietet sich im Kontext des Umgangs mit Ungewissheiten bzw. des Umgangs mit zukünftigen Folgen des Klimawandels in der Praxis der Rückgriff auf das Vorsorgeprinzip an, das zum Tragen kommt, wenn ein Schutzgut Schaden nehmen kann („Besorgnispotenzial"). Für die Beurteilung eines Besorgnispotenzials ist auch die Sensitivität bzw. Verwundbarkeit zu betrachten, weil sich erst aus der Verschneidung von Klimasignal und Sensitivität bzw. Verwundbarkeit beurteilen lässt, ob eine erhebliche Betroffenheit vorliegt. Hierbei wird oftmals auf Wahrscheinlichkeitsangaben verzichtet und stattdessen ein plausibler *worst case* als Abwägungsgrundlage herangezogen. Das Dilemma ist aber auch hier die Bestimmbarkeit der Betroffenheit, weil die Begründung von Maßnahmen über das Vorsorgeprinzip auch eine Frage der Verhältnismäßigkeit ist.

Eine wesentliche Schlussfolgerung besteht daher darin, dass Ungewissheit im Klimawandel prinzipiell zwar reduzierbar ist, beispielsweise über eine breitere Verfügbarmachung von Wissen (Young 2002, 2010) und die Weiterentwicklung von Methoden, auch zur Klimaprojektionen, dass alle diese Ansätze jedoch auch die Komplexität vergrößern und dadurch Entscheidungen und Bewertungen tendenziell erschweren.

Gerade weil sich diese Ungewissheiten nicht vollständig beseitigen lassen, müssen Entscheidungsträgerinnen und -träger lernen, mit Ungewissheit in Planungs- und Entscheidungsprozessen umzugehen. Daher ist es wichtig, durch die Wissenschaft auch zu vermitteln, dass bei Verwendung des Risikokonzepts im Kontext der Klimafolgenbewertung und Anpassungsdiskussion keine Entscheidungen vorweggenommen werden, sondern hier ebenfalls weitere Abwägungen und Bewertungen im Rahmen der sog. „Einschätzungsprärogative" des Plangebers erforderlich sind, die allerdings auf wissenschaftlich fundierten Informationen und Befunden aufbauen müssen (Greiving et al. 2018b).

25.5 Kurz gesagt

In dem Risikoansatz des Weltklimarats wird zwischen den zentralen Komponenten unterschieden, die Risiken im Kontext des Klimawandels ausmachen. Das Risikokonzept wird vom Vulnerabilitätskonzept unterschieden. Es rücken die Begriffe Gefahren, Exposition und Verwundbarkeit in den Fokus. Dieses Verständnis baut darauf, dass Menschen, Ökosysteme oder Infrastrukturen und Städte unterschiedlich verwundbar gegenüber dem Klimawandel sind. Die Höhe von Klimaschäden hängt dementsprechend nicht nur von der Stärke des Klimasignals, sondern auch von sozio-ökonomischen Entwicklungspfaden ab. So sollten auch Chancen und Risiken für Anpassungsprozesse von zwei Seiten her gedacht werden: aus der Perspektive des Klimawandels und aus der Perspektive der gesellschaftlichen Entwicklung. Allerdings wird Anpassung mit der Zunahme des Klimawandels deutlich schwieriger, und nur in einer bestimmten Bandbreite von Klima- und Umweltveränderungen sind Anpassungsstrategien möglich. Darüber hinaus bietet die neue umfassendere Konzeptualisierung von Risiken im Kontext des Klimawandels über die Gefahren, Exposition und Verwundbarkeit auch die Möglichkeit der stärkeren Verknüpfung des Risikodiskurses mit dem Anpassungsdiskurs. So lassen sich Anpassungsmaßnahme u. a. anhand der Wirkungen auf die drei zentralen Risikodeterminanten systematisieren. Unbeschadet dessen sind aber auch mit den neuen Konzeptionen und Ansätzen unterschiedliche Dimensionen der Unsicherheit verbunden. Neben Unsicherheiten im Kontext von physischen Umweltveränderungen sind auch Unsicherheiten mit sozialen Entwicklungen und möglichen Zukunftsszenarien verbunden und so muss die Gesellschaft mit Ungewissheit in Planungs- und Entscheidungsprozessen umgehen. Dabei sind Konzepte adaptiver Planung und Anpassung sowie der Resilienzbildung diskutierte und erfolgsversprechende Ansatzpunkte.

Literatur

Achebak H, Devolder D, Ballester J (2019) Trends in temperature-related age-specific and sex-specific mortality from cardiovascular diseases in Spain: a national time-series analysis. The Lancet Planetary Health 3(7):e297–e306. ► https://doi.org/10.1016/S2542-5196(19)30090-7

Birkmann J (2013) Basic principles and theoretical basis. In: Birkmann J (Hrsg) Measuring vulnerability to natural hazards. Towards disaster resilient societies. United Nations University Press, New York, S 31–79

BMI/Bundesministerium des Innern und für Heimat (2021) Verordnung über die Raumordnung im Bund für einen länderübergreifenden Hochwasserschutz (BRPHV) In: Bundesgesetzblatt Jahrgang 2021 Teil I Nr. 57. ► https://www.bgbl.de/xaver/bgbl/start.xav#__bgbl__%2F%2F*%5B%40attr_id%3D%27bgbl121s3712.pdf%27%5D__1657625355018. Zugegriffen: 11. Juli 22

Collins M, Sutherland M, Bouwer L, Cheong S-M, Frölicher T, Jacot Des Combes H, Koll Roxy M, Losada I, McInnes K, Ratter B, Rivera-Arriaga E, Susanto RD, Swingedouw D, Tibig L (2019) Extremes, abrupt changes and managing risk. In: IPCC special report on the ocean and cryosphere in a changing climate [H-O Pörtner, DC Roberts, V Masson-Delmotte, P Zhai, M Tignor, E Poloczanska, K Mintenbeck, A Alegría, M Nicolai, A Okem, J Petzold, B Rama, NM Weyer (Hrsg)]. Cambridge University Press, Cambridge and New York, USA, S 589–655. ► https://doi.org/10.1017/9781009157964.008

Faßbender K (2012) Rechtsgutachten zu den Anforderungen an regionalplanerische Festlegungen zur Hochwasservorsorge erstattet im Auftrag des Regionalen Planungsverbands Oberes Elbtal/Osterzgebirge. Eigenverlag, Leipzig

Fouillet A, Rey G, Laurent F, Pavillon G, Bellec S, Ghihenneuc-Jouyaux C, Clavel J, Jougla E, Hémon D (2006) Excess mortality related to the august 2003 heat wave in France. Int Arch Occup Environ Health 80(1):16–24

Greiving S (2002) Räumliche Planung und Risiko. Gerling Akademie Verlag, München

Greiving S, Du J, Puntub W (2018a) Managed retreat – international and comparative perspectives. J Extreme Events 5(2). ► https://doi.org/10.1142/S2345737618500112

Greiving S, Arens S, Becker D, Fleischhauer M, Hurth F (2018b) Improving the assessment of potential and actual impacts of climate change and extreme events through a parallel modelling of climatic and societal changes at different scales. J Extreme Events. ► https://doi.org/10.1142/S2345737618500033

Greiving S, Fleischhauer M, León CD, Schödl L, Wachinger G, Quintana Miralles IK, Prado Larraín B (2021) Participatory assessment of multi risks in urban regions – the case of critical infrastructures in metropolitan Lima. Sustainability 13:2813. ► https://doi.org/10.3390/su13052813

IPCC (2001) IPCC third assessment report. Synthesis Report. Cambridge University Press, Cambridge

IPCC (2007) Climate change 2007. Impacts, adaptation and vulnerability. In: Parry ML, Canziani OF, Palutikof JP, van der Linde PJ, Hanson CE (Hrsg) Contribution of working group II to the fourth assessment report of the intergovernmental panel on climate change. Cambridge University Press, Cambridge, S 7–22

IPCC (2012) Managing the risks of extreme events and disasters to advance climate change adaptation. Special report of the intergovernmental panel on climate change

IPCC (2014a) WG II: Climate change 2014: impacts, adaptation, and vulnerability. Intergovernmental panel on climate change. IPCC Assessment Report, Bd 5

IPCC (2014b) Zusammenfassung für politische Entscheidungsträger. In: Field CB, Barros VR, Dokken DJ, Mach KJ, Mastrandrea MD, Bilir TE, Chatterjee M, Ebi KL, Estrada YO, Genova RC, Girma B, Kissel ES, Levy AN, MacCracken S, Mastrandrea PR, White LL (Hrsg) Klimaänderung 2014: Folgen, Anpassung und Verwundbarkeit. Beitrag der Arbeitsgruppe II zum Fünften Sachstandsbericht des Zwischenstaatlichen Ausschusses für Klimaänderungen (IPCC). Cambridge University Press, Cambridge (Deutsche Übersetzung durch Deutsche IPCC-Koordinierungsstelle, Österreichisches Umweltbundesamt, ProClim, Bonn/Wien/Bern, 2015)

IPCC (2014c) Technical summary. In: Field CB, Barros VR, Mach KJ, Mastrandrea MD, van Aalst M, Adger WN, Arent DJ, Barnett J, Betts R, Bilir TE, Birkmann J, Carmin J, Chadee DD, Challinor AJ, Chatterjee M, Cramer W, Davidson DJ, Estrada YO, Gattuso J-P, Hijioka Y, Hoegh-Guldberg O, Huang HQ, Insarov GE, Jones RN, Kovats RS, Romero-Lankao P, Larsen JN, Losada IJ, Marengo JA, McLean RF, Mearns LO, Mechler R, Morton JF, Niang I, Oki T, Olwoch JM, Opondo M, Poloczanska ES, Pörtner H-O, Redsteer MH, Reisinger A, Revi A, Schmidt DN, Shaw MR, Solecki W, Stone DA, Stone JMR, Strzepek KM, Suarez AG, Tschakert P, Valentini R, Vicuña S, Villamizar A, Vincent KE, Warren R, White LL, Wilbanks TJ, Wong PP, Yohe GW In: Climate Change 2014: Impacts, Adaptation, and Vulnerability. Part A: Field CB, Barros VR, Dokken DJ, Mach KJ, Mastrandrea MD, Bilir TE, Chatterjee M, Ebi KL, Estrada YO, Genova RC, Girma B, Kissel ES, Levy AN, MacCracken S, Mastrandrea PR, White LL (Hrsg) Global and sectoral aspects. Contribution of working group II to the fifth assessment report of the intergovernmental panel on climate change. Cambridge University Press, Cambridge, S 35–94

25

IPCC (2019) Chapter 1 framing and context of the report. Abram, N. et al; In: IPCC Special Report on the Ocean and Cryosphere in a Changing Climate (SROCC); H-O Pörtner, DC Roberts, V Masson-Delmotte, P Zhai, M Tignor, E Poloczanska, K Mintenbeck, A Alegría, M Nicolai, A Okem, J Petzold, B Rama, NM Weyer (Hrsg)]. In press

IPCC (2022) Climate change 2022: impacts, adaptation, and vulnerability. Contribution of working group II to the sixth assessment report of the intergovernmental panel on climate change [H-O Pörtner, DC Roberts, M Tignor, ES Poloczanska, K Mintenbeck, A Alegría, M Craig, S Langsdorf, S Löschke, V Möller, A Okem, B Rama (Hrsg)]. Cambridge University Press. In Press. ► https://www.ipcc.ch/report/ar6/wg2/

Kovats S, Valentini R, Bouwer LM, Georgopoulou E, Jacob D, Martin E, Rounsevell M, & Soussana JF (2014) Europe. Chapter 23 In: Field CB et al (Hrsg) Climate change 2014: impacts, adaptation, and vulnerability. Contribution of working group II to the fifth assessment report of the intergovernmental panel on climate change. Cambridge University Press, Cambridge, and New York, USA, 1267–1326

Kruse P, Schmitt H, Greiving S (2021) Systemic criticality – a new assessment concept improving the evidence basis for CI protection. Clim Change 165:2, Special Issue "Risk & Vulnerability to Extreme Events: Dynamics and Future Scenarios". ► https://doi.org/10.1007/s10584-021-03019-x

Lauer H, Delos Reyes M, Birkmann J (2021) Managed retreat as adaptation option: investigating different resettlement approaches and their impacts – lessons from Metro Manila. Sustainability 13:829. ► https://doi.org/10.3390/su13020829

Laux H (2007) Entscheidungstheorie, 7. Aufl. Springer, Berlin

Lexikon der Nachhaltigkeit. ► https://www.nachhaltigkeit.info/artikel/klimaschutzkonvention_903.htm

Mechler R, Bouwer LM, Schinko T, Surminski S, Linnerooth-Bayer J (Hrsg) (2019) Loss and damage from climate change: concepts, principles and policy options Springer. ► https://doi.org/10.1007/978-3-319-72026-5

O'Neill B, Kriegler E, Ebi K, Kemp-Benedict E, Riahi K, Rothmann D, van Ruijven B, van Vuuren D, Birkmann J, Kok M, Levy M, Solecki B (2015) The roads ahead: narratives for shared socioeconomic pathways describing world futures in the 21st century. Glob Environ Chang (in press). ► https://doi.org/10.1016/j.gloenvcha.2015.01.004

Schmitt HC (2020) „Was heißt hier eigentlich „kritisch"? Entwicklung einer Evidenzgrundlage zum Umgang mit kritischen Infrastrukturen in der Raumordnung", Dissertationsschrift, TU Dortmund, Fakultät Raumplanung

Simpson NP, Mach KJ, Constable A et al (2021) Assessing and responding to complex climate change risks (in review)

UN (1992) United Nations framework convention on climate change. ► https://unfccc.int/resource/docs/convkp/conveng.pdf. Zugegriffen: 23. Mai 2016

UN (2015) Paris agreement. ► https://unfccc.int/sites/default/files/english_paris_agreement.pdf. Zugegriffen: 23. Apr. 2021

UN/ISDR (2004) Living with risk. United Nations international strategy for Disaster Reduction. Eigenverlag, Genf

UNDRO (1980) Natural disasters and vulnerability analysis. Report of Experts Group Meeting, 09.–12.07.1979. UNDRO, Genf

UNDRR (2015) 69/283. Sendai framework for disaster risk reduction 2015–2030 ► https://www.preventionweb.net/files/resolutions/N1516716.pdf

van Ruijven BJ, Levy MA, Agrawal A et al (2014) Enhancing the relevance of shared socioeconomic pathways for climate change impacts, adaptation and vulnerability research. Clim Chang 122(3):481–494

Young OR (2002) The institutional dimensions of environmental change: fit, interplay, and scale. MIT Press, Cambridge

Young OR (2010) Institutional dynamics: emergent patterns in international environmental governance. MIT Press, Cambridge

Analyse von Anpassungskapazitäten

Walter Kahlenborn, Fritz Reusswig und Inke Schauser

Inhaltsverzeichnis

26.1 Anpassungskapazität – Herausforderungen – 347
26.1.1 Anpassungskapazitätsbewertung – Methodik – 349

26.2 Messung der Anpassungskapazitäten in Deutschland – 350
26.2.1 Bundesebene – 350
26.2.2 Kommunale Ebene – 352

26.3 Schlussfolgerungen und offene Forschungsfragen – 355

26.4 Kurz gesagt – 356

Literatur – 356

© Der/die Autor(en) 2023
G. P. Brasseur et al. (Hrsg.), *Klimawandel in Deutschland*,
https://doi.org/10.1007/978-3-662-66696-8_26

Anpassungskapazität ist laut IPCC (2022) die „Fähigkeit von Systemen, Institutionen, Menschen und anderen Lebewesen, sich auf potenzielle Schädigungen einzustellen, Vorteile zu nutzen oder auf Auswirkungen zu reagieren". Sie umschreibt damit einen Möglichkeitsraum für Anpassung und umfasst insbesondere das Vorsorgepotenzial, durch zukünftige Anpassung die Auswirkungen und Risiken des Klimawandels zu reduzieren (Greiving et al. 2015; vgl. auch Gallopín 2006). Im Risikokonzept des IPCC wird sie als Teil der Verwundbarkeit gesehen, die definiert wird als „Neigung oder Prädisposition, nachteilig betroffen zu sein. Verwundbarkeit umfasst eine Vielzahl von Konzepten und Elementen, unter anderem Empfindlichkeit oder Anfälligkeit gegenüber Schädigung und die mangelnde Fähigkeit zur Bewältigung und Anpassung" (IPCC 2014). Vulnerabilität ist wiederum ein Teil des Risikos, also dem „Potenzial für Auswirkungen, wobei etwas von Wert betroffen und der Ausgang ungewiss ist, unter Anerkennung der Vielfalt von Werten" (IPCC 2014). Auf dieser Basis kann ein Risiko ohne weitere Anpassung unterschieden werden von einem Risiko mit weiterer Anpassung.

Das Konzept der Anpassungskapazität hat Überschneidungen mit dem Konzept der Resilienz (Engle 2011; Abeling et al. 2018; Moser et al. 2019; vgl. auch IPCC 2014). Die Erhöhung der Anpassungskapazität, und damit die Verminderung der Vulnerabilität, ist ein zentrales Ziel der Anpassungspolitik (UNFCCC 2016) und eng verbunden mit den UN-Nachhaltigkeitszielen (UNEP 2018).

Die Analyse von Klimarisiken ermöglicht es, Auswirkungen des Klimawandels besser zu verstehen und das Risikoniveau einzuordnen, um Anpassungsentscheidungen vorzubereiten (▶ Kap. 25). Darauf aufbauend können Anpassungskapazitäten unter Beachtung der sozioökonomischen Bedingungen (Mortreux und Barnett 2017; Adger et al. 2018) untersucht werden, die im Wesentlichen helfen können, die Verwundbarkeit oder die Exposition des gefährdeten Systems zu reduzieren (IPCC 2014). Gleichzeitig gibt eine geringe Anpassungskapazität auch Hinweise für Unterstützungsbedarf von außen. Somit ist die gezielte Identifizierung und Bewertung von Anpassungskapazität ein wichtiger Ausgangspunkt für Anpassungsentscheidungen und kann aufzeigen, welche Handlungsnotwendigkeiten und -möglichkeiten bestehen (Adger et al. 2018; Warren et al. 2018; Brown 2018; Brown et al. 2018).

Die Untersuchung und Bewertung von Anpassungskapazitäten verfolgt meist mindestens eines von zwei Hauptzielen (Hare et al. 2011; Klein und Möhner 2011; Juhola und Kruse 2015; Mortreux und Barnett 2017):

A) die Anpassungskapazität und die verfügbaren Ressourcen generell zu charakterisieren, um beispielsweise abzuschätzen, wie stark ein Klimarisiko mittels Anpassung reduziert werden kann, und

B) die Ableitung von Handlungsempfehlungen für die politische Ebene, um Ressourcen zu mobilisieren und ein Klimarisiko zu verringern, beispielsweise durch die Priorisierung von Anpassungsmaßnahmen.

Die Bewertung der Anpassungskapazität ist anspruchsvoll, weil sie auf Projektionen des Klimawandels und Annahmen über Anpassungsaktivitäten in der Zukunft basiert (Hinkel 2011; Brooks und Adger 2005; Andrijevic et al. 2020). Zudem ändert sich Anpassungskapazität über die Zeit und wird durch – schwer vorhersehbare – sozioökonomische und politische Entwicklungen stark beeinflusst (Adger et al. 2007, 2018). Als wichtigster Punkt muss bei der Untersuchung der Anpassungskapazität berücksichtigt werden, dass sie nur wirksam ein Risiko reduzieren kann, wenn sie aktiviert wird, also in Anpassungsmaßnahmen umgesetzt wird (Brown und Westaway 2011; Coulthard 2012; Cinner et al. 2018). Daher muss nicht nur das Potenzial, sondern auch die Wahrscheinlichkeit der Umsetzung berücksichtigt werden (Van Valkengoed und Steg 2019; Mortreux et al. 2020).

Gleichzeitig schließt eine Bewertung immer eine normative und damit subjektive Komponente mit ein (McDermott und Surminski 2018). Eine Bewertung von Anpassungskapazität umfasst in hohem Maße normative Komponenten, da immer auch die Fragen mitschwingen, welche Folgen wie weit reduziert werden sollen, wo also Anpassung überhaupt und in welchem Umfang ansetzen sollte und wer eigentlich betroffen ist und wer profitiert (Tschakert et al. 2016; Kasperson et al. 1988).

Die Untersuchung von Anpassungskapazitäten ist aufgrund der vielen Einflussfaktoren und der Kontextabhängigkeit von Anpassung ein methodisch komplexes Feld (Mortreux und Barnett 2017; Whitney et al. 2017), das zudem noch sehr fragmentiert ist (Siders 2019). Die verwendeten Definitionen, Methoden und Inhalte variieren sehr stark (Engle 2011; Williges et al. 2017; Whitney et al. 2017; Siders 2019). Viele Ansätze sind aber interdisziplinär und sektorenübergreifend. Häufig werden Indikatoren als *proxies* für Anpassungsdimensionen verwendet, die teils aggregiert werden (z. B. Gupta et al. 2010; ND-Gain 2019). Es gibt Bewertungen auf globaler, nationaler, lokaler bis Haushaltebene (Adger et al. 2007). In Deutschland werden Anpassungskapazitätsbewertungen meist als Teil von Vulnerabilitäts- oder Klimarisikoanalysen auf der Ebene des Bundes (Buth et al. 2015; Kahlenborn et al. 2021a) und der Kommunen durchgeführt, insbesondere solcher, die größer sind, bereits über eine Klimaanpassungsstrategie verfügen und/oder in der Lage sind, Projektfördermittel zu akquirieren (Kind et al. 2015; Schüle et al. 2016).

Die Forschungsfragen orientieren sich immer stärker daran, besser zu verstehen und abzubilden, wie sich die Anpassungskapazität als Vorsorgepotenzial einschätzen und aktivieren lässt sowie worauf sich die Anpassungsfähigkeit als grundlegender Teil der Anpassungskapazität, d. h. die Fähigkeiten zu einem *vorausschauenden* Umgang mit den Klimafolgen, eigentlich gründet, was sie womöglich behindert, vor allem aber: wie sie verbessert und gestärkt werden kann, um umsetzbare und passgenaue Anpassungsoptionen zu entwickeln und umzusetzen (Siders 2019; Whitney et al. 2017).

Der vorliegende Beitrag gibt einen kurzen Überblick über die Herausforderungen, die mit der Bewertung von Anpassung verbunden sind, sowie über einige grundlegende methodische Ansätze. Ferner diskutiert er exemplarisch die Anwendung des Konzeptes von Anpassungsdimensionen als ein Ansatzpunkt der Bewertung von Anpassungskapazität.

Der Artikel richtet sich damit einerseits an Personen, die eine Risikoanalyse unter Berücksichtigung von Anpassungskapazität durchführen wollen. Diesen wird eine Orientierungshilfe gegeben, durch die Identifizierung von zentralen Herausforderungen und grundlegend unterschiedlicher Zielstellungen sowie die Illustration mittels Beispielen aus der Praxis. Und er richtet sich andererseits an Personen, die konzeptionell zum Thema Klimarisikoanalysen arbeiten und die sich mit methodischen Zugängen der Messung von Anpassungskapazität beschäftigen.

26.1 Anpassungskapazität – Herausforderungen

Obwohl es inzwischen Definitionen von Anpassungskapazität gibt, die allgemein anerkannt sind, wie die vom IPCC, gibt es keinen allgemein anerkannten methodischen Rahmen oder gar akzeptierte Metriken für die Messung und Bewertung von Anpassungskapazität (Schneiderbauer et al. 2013; Siders 2019; Lockwood et al. 2015). Daher müssen die Bewertenden jeweils eine auf die spezifische Situation zugeschnittene und in gewissen Grenzen auch subjektive Auswahl der Untersuchungsmethode treffen, in der eine umfassende und empirisch untersetzte Anpassungskapazitätsbewertung zu entwickeln wäre.

Die Vielfalt der Methoden zur Anpassungskapazitätsbewertung ist nicht nur ein Ausdruck der Vielfalt von Kontexten, in denen sie zum Einsatz kommen, sondern auch ein Ausdruck der verschiedenen Probleme/Herausforderungen bei der Bewertung von Anpassungskapazität. Die konzeptionellen Schwierigkeiten erlauben es nicht, einen „goldenen Weg" zu identifizieren. Drei verschiedene Probleme/Herausforderungen sind hier vorrangig zu nennen:

1. Komplexität: Ansatzpunkte für Anpassungskapazität sind insbesondere Sensitivitätsfaktoren (neben den selteneren Fällen „Exposition" oder vorgelagerten Klimawirkungen).[1] Da auf jeden Sensitivitätsfaktor über verschiedene Maßnahmen Einfluss genommen werden kann, ist die Zahl der Faktoren der Anpassungskapazität nahezu zwangsläufig (deutlich) höher als die Zahl der Sensitivitätsfaktoren (vgl. auch Grothmann et al. 2013). Gleichzeitig spielt bei der Beurteilung der Wirksamkeit von Anpassung nicht nur der Zusammenhang zwischen klimatischen Einflüssen und Sensitivitätsfaktoren eine Rolle, sondern auch der Zusammenhang zwischen Anpassungs- und Sensitivitätsfaktoren. Nicht nur die Zahl der Wirkungen ist also höher, sondern das Wirksystem ist auch komplexer. Letzteres zwingt dann dazu, Vereinfachungen vorzunehmen, die sehr unterschiedlich ausfallen und methodisch auf verschiedene Weise erfolgen können (◘ Abb. 26.1).[2]

2. Zukünftigkeit: Anpassungskapazität bezieht sich auf die Zukunft[3] und ist damit schon von der Sache her unsicher – wenn auch, je nach Zeithorizont, in unterschiedlichem Ausmaß. Dies gilt natürlich prinzipiell auch für die anderen Komponenten von Klimarisikobewertungen wie klimatischer Einfluss, Exposition und Sensitivität. Allerdings trifft es auf Anpassungskapazität im verstärkten Maße zu. Aufgrund von bekannten physikalischen Zusammenhängen erlauben globale Klimamodelle trotz der Vielzahl von Variablen durchaus die Abschätzung künftiger klimatischer Einflüsse bei festgelegten Randparametern wie Treibhausgaskonzentrationen oder -emissionen. Somit besteht die Möglichkeit, mittels Szenarien einen Eindruck von der Spanne der möglichen Auswirkungen zu erhalten.[4] Die Modellierung der Sensitivitätsfaktoren ist im Vergleich hierzu bereits deutlich komplexer, weil es noch mehr Variablen als bei den klimatischen Einflussfaktoren gibt und die Sensitivitätsfaktoren neben biologischen und physikalischen auch sozioöko-

---

[1] Sensitivitätsfaktoren und Faktoren der Anpassungskapazität werden hier im Sinne der ISO 14091 (2021) verwendet. Der Standard ISO 14091 differenziert nach Risikokomponenten: Gefährdung (also Klimasignale), Sensitivität, Exposition und Anpassungskapazität. Jeder Komponente können verschiedene Faktoren zugeordnet werden. Im Falle von landwirtschaftlichen Ertragsausfällen durch Dürre kann eine Komponente der Sensitivität etwa die angebaute Fruchtsorte sein. Faktoren der Anpassungskapazität können dann das Vorhandensein gänzlich alternativer Fruchtsorten oder die Möglichkeit der züchterischen Anpassung der bestehenden Fruchtsorten sein.

[2] Zum Thema der Komplexität im Kontext von Anpassung vgl. auch Lebel et al. (2010) sowie Olazabal et al. (2018).

[3] Bereits erfolgte Anpassung wird üblicherweise der Sensitivität zugerechnet. Vgl. ISO 14091 (2021), Kahlenborn et al. (2021a). Vgl. aber auch O'Brien et al. (2004) zum Zusammenhang von Anpassungskapazität und aktueller Vulnerabilität.

[4] Vgl. zur Verwendung von Szenarien bei Klimarisikoanalysen die ISO 14091 (2021).

■ **Abb. 26.1**   Ansatzpunkte
für Anpassung

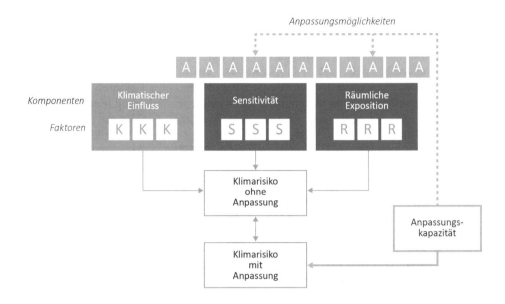

nomische Faktoren umfassen, die einer höheren Dynamik unterliegen.[5] Bei allen Einflussfaktoren kann jedoch oft auf vergangene Trends zurückgegriffen werden, um die Zukunft abzuschätzen. Für die Messung von Anpassungskapazität ist dies nur selten möglich. Je konkreter Anpassung wird, desto weniger kann man auf vergangene Trends zurückgreifen, um zu einer Aussage zu kommen, weil häufig Innovationen ausprobiert werden. In der praktischen Bewertung von Anpassungskapazität besteht daher der Zwang, entweder zukünftige Entwicklungen nur relativ wenig zu antizipieren oder eine sehr große Vielzahl von Szenarien zu kreieren, was wiederum die Aussagekraft der Ergebnisse schwächt. Der Rückgriff auf Indikatoren für generelle Rahmenfaktoren (Einkommen, Bildung etc.), die Trendaussagen eher zugänglich sind, ist eine weitere methodische Option, mit diesem Dilemma umzugehen, zeitigt aber wiederum andere Nachteile (s. u.). Wie bei der Zukunftsforschung allgemein, hier aber noch besonders verstärkt, ist es ein inhärentes Problem der Anpassungskapazitätsbewertungen, dass letztlich die Zukunft vorhergesagt werden soll und gleichzeitig klar ist, dass dies nicht möglich ist.

3. Potenzialcharakter: Bei der Bewertung von Anpassungskapazität geht es zunächst darum, ein Potenzial zu messen, also nicht irgendeinen physischen Zustand oder Trend, die einer Messung unmittelbar zugänglich wären. Dieses Problem ist in der Literatur schon intensiv diskutiert (Siders 2019; Williges et al. 2017; Engle 2011; Henriksson et al. 2021). Wie erwähnt, ist damit der Tatbestand verknüpft, dass Anpassungskapazität alleine noch keine Garantie für erfolgreiche Anpassung darstellt. Es bedarf immer auch des Schrittes zu ihrer Aktivierung (vgl. Mortreux und Barnett 2017; Cinner et al. 2018). So haben Fallstudien etwa gezeigt, dass Haushalte mit höherer Anpassungskapazität sich weniger angepasst haben als Haushalte mit geringerer Anpassungskapazität (Coulthard 2008; Elrick-Barr et al. 2017; Parsons et al. 2017). Die Forschung befasst sich daher in neuerer Zeit zunehmend mit der Frage, wie (latente) Anpassungskapazität auch mobilisiert werden kann (Jones et al. 2017; Mortreux et al. 2020)[6].

Zusammen mit der Vielfalt der Kontexte, in denen Anpassungskapazitätsbewertungen stattfinden, ergibt sich daraus, dass ein universeller Rahmen für die Bewertung der Anpassungskapazität sehr flexibel und weit gefasst sein muss. Konkrete Ansätze zur Bewertung von Anpassungskapazität müssen aus den jeweiligen konkreten Situationen heraus entwickelt werden, ein absolutes Maß oder eine Metrik für Anpassungskapazität kann es nicht geben. Anpassungskapazität ist relativ zum spezifischen Kontext, dem Grad des Risikos, dem räumlichen und inhaltlichen Ausmaß der Analyse etc. (vgl. Whitney et al. 2017).

---

5   Adger et al. haben schon 2005 darauf hingewiesen, dass die Unsicherheit in der Anpassungswissenschaft stärker aus Theorien (theoretischen Annahmen) zu Verhalten, Politiken und Risiken resultiert als aus den Daten und der Beobachtung.

6   Vgl. zu *adaptation motivation* und *adaptation belief* auch Grothmann et al. (2013).

26.1.1 Anpassungskapazitätsbewertung – Methodik

Aktuell sehen wir auf ein breites und ausdifferenziertes Forschungsfeld, das, wie erwähnt, durch teilweise nicht aufeinander aufbauende und konzeptionell sehr unterschiedliche Zugänge gekennzeichnet ist. In der Zwischenzeit hat es wiederholt Versuche gegeben, die große Vielfalt von Anpassungskapazitätsbewertungen zu analysieren und Kategorien zu bilden. Grundsätzlich sind einige wichtige methodische Ansätze voneinander unterscheidbar:

- **Generische versus spezifische Ansätze**

Die Untersuchung von generischer Anpassungskapazität zielt häufig darauf, Ressourcen zu erfassen, und basiert meist auf Indikatoren wie Bildung, Einkommen, Gesundheit, während die Untersuchung der spezifischen Anpassungskapazitäten eher darauf zielt, wie auf konkrete Klimarisiken wie Trockenheit oder Überflutungen eingegangen werden kann (Hu und He 2018; vgl. auch Chen et al. 2015). Dabei wird zum einen schon seit längerem auf die Grenzen eines generischen Ansatzes hingewiesen (vgl. etwa Adger und Vincent 2005), wie auch darauf, dass die generische und die spezifische Betrachtung sich ergänzen müssen bei Schlussfolgerungen zur Politikgestaltung (Lemos et al. 2016). In Teilen ist der Diskurs zu generischen versus spezifischen Ansätzen auch verknüpft mit dem schon erwähnten Diskurs zum Potenzialcharakter: Unterschiedliche Gruppen von Anpassungskapazitätsbewertungen lassen sich auch mit Blick darauf ausmachen, ob der Fokus eher auf der Erfassung von Ressourcen oder auf den Fähigkeiten/der Bereitschaft, sie zu nutzen, liegt (Warrick et al. 2017), wobei Erstere tendenziell näher am generischen Ansatz sind und Letztere näher an den spezifischen Ansätzen liegen.

- **Quantitative versus qualitative Ansätze**

Ebenfalls teils korrespondierend mit der Unterscheidung zwischen generisch und spezifisch ist der methodische Zugang in Form quantitativer bzw. qualitativer Ansätze (vgl. Hogarth und Wójcik 2016; Whitney et al. 2017). Wie erwähnt tendieren generische Anpassungskapazitätsbewertungen eher dazu, indikatorenbasiert zu sein, also quantitativ vorzugehen. Wenn es dagegen um spezifische Kapazitäten, vor allem aber, wenn es um Mobilisierungsfähigkeit geht, kommen dagegen in der Regel qualitative Methoden zum Zuge (vgl. für Städte Heinelt und Lamping 2015; Süßbauer 2016). Beide Vorgehensweisen (quantitativ und qualitativ) haben ihre Vor- und Nachteile. Quantitative Ansätze werden etwa dafür kritisiert Prozesse zu vernachlässigen wie auch historische und strukturelle Faktoren bei der Betrachtung von Anpassungskapazität. Ebenso werden hier Eigenschaften von Beteiligten und Verhaltensdeterminanten weniger reflektiert (Jones et al. 2010; Hogarth und Wójcik 2016; Beauchamp et al. 2019). Qualitative Ansätze berücksichtigen demgegenüber auch Wirkungsfaktoren stärker, die einer Quantifizierung nicht offenstehen und deren Einfluss auch nur näherungsweise abgeschätzt werden kann (z. B. Motivation oder Akzeptanz). Dazu können soziale Dynamiken ebenso gehören wie kulturelle oder psychologische Faktoren (Hogarth und Wójcik 2016). In der Praxis auch häufig vorkommende partizipative Ansätze sind vom Charakter her auch eher den qualitativen Ansätzen zuzurechnen.

- **_Top-down_ versus _bottom-up_**

Anpassungskapazitätsbewertungen können auch danach unterteilt werden, ob ein Überblick zu den Anpassungsmöglichkeiten und zur Anpassungskapazität daraus gewonnen werden soll, dass Einzelergebnisse zu einem Gesamtbild zusammengefügt werden oder dass ein Gesamtbild aus einer Überblicksbetrachtung heraus gewonnen wird (vgl. Brown et al. 2010).

In der Forschung wird gleichzeitig betont, dass gerade die Kombination beider Ansätze _(bottom-up_ und _top-down)_ auch wichtig ist (Li et al. 2019; Conway et al. 2019).[7] Indikatorenbasierte Anpassungskapazitätsbewertungen folgen oft einem _Top-down_-Ansatz, die Ergebnisse ermöglichen einen Vergleich der Anpassungskapazität zwischen Regionen oder Ländern (Juhola und Kruse 2015). Der indikatorenbasierte Ansatz hat sich aber nur begrenzt als effektiv erwiesen, weil kontextabhängige Fragen vernachlässigt und damit räumliche und sektorspezifische Unterschiede eher verschleiert als aufgedeckt werden (Mortreux und Barnett 2017).

- **Fokus Politik/Verwaltung versus Fokus Gesellschaft**

Grundsätzlich können im Zentrum der Betrachtung der Staat bzw. administrativ-territoriale Einheiten eines Staates stehen (Chen et al. 2015; Kahlenborn et al. 2021a; HM Government 2017) oder gesellschaftliche/wirtschaftliche Einheiten (bestimmte Haushaltsgruppen, lokale Gemeinschaften, Unternehmen oder Unternehmensteile etc.) (Vincent 2007; Mortreux et al. 2020; Matewos 2020; Mazhar et al. 2021; Smit und Wandel 2006; Cinner et al. 2015; Walker et al. 2021). Die Abgrenzung ist nicht komplett trennscharf: Städte etwa können ggf. beiden Gruppen zugeordnet werden und auch Untersuchungen zu einzelnen Institutionen sind nicht immer zweifelsfrei zuzuordnen, aber sie weist auf wichtige Unterschiede hin. Generell ist

---

7   Vgl. zu einem besonderen Verständnis von _Bottom-up_-Ansätzen von Klimaanpassung im Sinne eines _empowerment_ aber auch Butler et al. (2015) und Chambers (2012).

◻ Tab. 26.1 Archetypen der Bewertung von Anpassungskapazität

Top-down-Ansätze	*Bottom-up*-Ansätze
Ziel: Erhalt von Überblick über Stärken und Schwächen der betroffenen Systeme	Ziel: Identifizierung von Handlungsbedarf, Ableitung von Handlungserfordernissen und Grundlagen für die Anpassungsplanung
Ebene: generisch	Ebene: spezifisch
Vorgehen: quantitativ	Vorgehen: qualitativ

die Ressourcenausstattung bei Anpassungskapazitätsbewertungen mit staatlichem Fokus tendenziell höher und der Zuschnitt umfangreicher.

Idealtypisch lassen sich zwei verschiedene Formen von Anpassungskapazitätsbewertungen einander gegenüberstellen (◻ Tab. 26.1). In der Praxis liegen häufig Mischformen vor. Grundsätzlich zeigt sich aber, dass die Entwicklung verstärkt in Richtung qualitativer Ansätze geht, der Fokus immer stärker auf spezifischer Anpassungskapazität liegt und der Wunsch vorherrscht, konkrete Aussagen zu Handlungsbedarf und Möglichkeiten der Anpassung zu erhalten.

26.2 Messung der Anpassungskapazitäten in Deutschland

Im Folgenden betrachten wir die Bundesebene und die kommunale Ebene, weil sie den Rahmen dessen, wie Anpassungskapazität gemessen wird, gut abdecken.

26.2.1 Bundesebene

Auf nationaler Ebene in Deutschland wurden drei Klimarisikoanalysen erstellt (Zebisch et al. 2005; Buth et al. 2015; Kahlenborn et al. 2021a), die auch Anpassungskapazität bewertet haben. In der Analyse aus dem Jahr 2005, die noch vor der Deutschen Anpassungsstrategie (Bundesregierung 2008) aus dem Jahr 2008 erfolgte, bezog sich die Betrachtung zur Anpassungskapazität auf einzelne Sektoren. Das übergeordnete Ziel der letzten beiden Analysen, die im Rahmen der Deutschen Anpassungsstrategie (Bundesregierung 2008) und damit im Auftrag der Bundesregierung erfolgten, war es, in einer Art *Screening*-Prozess einen Überblick über die besonders durch den Klimawandel betroffenen Systeme zu erlangen und Handlungserfordernisse zu identifizieren. 2015 erfolgte dabei neben einer Sektorenbetrachtung auch ein Blick auf die generische Anpassungskapazität (Buth et al. 2015), also auf eine allen Sektoren übergeordnete Ebene. Letzteres geschah vor allem quantitativ, d. h. in

dikatorenbasiert, um räumliche Muster für Deutschland festzustellen. Die Analyse der Anpassungskapazität auf Sektorenebene erfolgte größtenteils qualitativ durch Expertenbefragungen. Eine unmittelbare Verknüpfung zwischen der generischen Ebene und der sektoralen Ebene wurde nicht hergestellt.

Die Klimawirkungs- und Risikoanalyse (Kahlenborn et al. 2021a, b) stellt gegenüber den vorherigen Klimarisikoanalysen eine Weiterentwicklung dar mit Blick auf die Bewertung von Anpassungskapazität. Die erzielten inhaltlichen Erkenntnisse, aber auch die methodischen Erkenntnisgewinne können nicht nur auf nationaler, sondern auch auf regionaler (Länderebene) und lokaler Ebene (Kommunen) künftig von Bedeutung sein. Die Analyse greift sowohl die Betrachtungen auf sektoraler als auch auf generischer Ebene auf, stellt diese jedoch durch die Einführung von Anpassungsdimensionen in einen gemeinsamen methodischen Kontext. Gleichzeitig wird ein Schwerpunkt gelegt auf eine klimawirkungsspezifische Beurteilung der Anpassungskapazität. beurteilt.

Während generische Anpassungskapazität weiterhin indikatorenbasiert untersucht wurde und der Potenzialcharakter im Vordergrund stand, wurde auf der Ebene der Klimawirkungen und der direkt vom Klimawandel betroffenen Sektoren ein qualitativer Ansatz gewählt, der dem hohen kontextspezifischen Grad von Anpassung gerecht werden kann. Hierbei haben die Fachexperten der Bundesoberbehörden, die im Behördennetzwerk Klimawandel und Anpassung unter Leitung des Umweltbundesamts organisiert sind, die Bewertungen aufgrund von Literaturanalysen und nach intensiven Diskussionen mit dem Ziel der Konsensbildung in einem Delphi-Verfahren durchgeführt. Bei der Beurteilung der Anpassungskapazität (auf klimawirkungsspezifischer und sektoraler Ebene) wurden zwei unterschiedliche klimatologische und sozioökonomische Szenarienkombinationen berücksichtigt.

Für die Bewertung der Anpassungskapazität auf klimawirkungsspezifischer und Sektorebene wurde als Maßstab die Wirksamkeit von Anpassungsmaßnahmen bei der Reduktion von Klimarisiken gewählt. Aus dieser Bewertung der Anpassungskapazität und der im vorigen Bewertungsschritt erfolgen Bewertung des Klimarisikos ohne Anpassung konnte das Klimarisiko mit Anpassung abgeleitet werden. Es wurde beurteilt, wie weit das Klimarisiko ohne Anpassung durch Anpassung reduziert werden kann, wenn bereits beschlossene Anpassungsmaßnahmen umgesetzt werden. Hier war der Bezugspunkt der aktuelle Aktionsplan Anpassung (APA III) (Bundesregierung 2020) und in Einzelfällen wurden noch einige ergänzende Planungen berücksichtigt auf Ebene des Bundes. Auch wurde die Wirksamkeit weiterreichender Anpassung bewertet: Über die bereits beschlossene Anpassung hinaus wurden alle zusätzlichen Klimaanpassungsmaßnahmen betrachtet, die unter realistischen sozioökonomischen Entwicklungen und gegenwärtigen politischen Rahmenbedingungen als plausibel angesehen werden können. Der Raum dieser Anpassungsmöglichkeiten bezieht sich damit auch auf andere Beteiligte als den Bund. Mit dieser Setzung erfolgte die Bewertung gleichzeitig mit Blick auf vollständige Maßnahmenbündel, nicht differenziert für einzelnen Maßnahmen.

Neben der Bewertung der Wirksamkeit der Anpassungskapazität wurde auch die Anpassungsdauer beurteilt, d. h. die Zeitspanne, die es mindestens dauert bis – unter realistischen Annahmen – die der Anpassung zugrundeliegenden Maßnahmenbündel großflächig wirksam werden können.

Gleichzeitig durchziehen die schon erwähnten Anpassungsdimensionen die gesamte Anpassungskapazitätsbewertung. Die Kategorisierung von Anpassungskapazität entlang von Anpassungsdimensionen ist grundsätzlich ein seit langer Zeit verfolgter Analyseansatz, vgl. etwa erste Ansätze bei Schröter et al. (2005) sowie Eriksen und Kelly (2007), wesentlich ausdifferenzierter dann schon beispielsweise bei Lockwood et al. (2015).

Im Rahmen der Klimawirkungs- und Risikoanalyse (Kahlenborn et al. 2021b) wurde das Konzept der letzten Klimarisikoanalyse der Schweiz entlehnt (Bundesamt für Umwelt 2015; ETH Zürich 2016) und weiterentwickelt. So wurde unter anderem der Aspekt des Vorhandenseins natürlicher Ressourcen als eine wichtige Komponente der Anpassungsdimensionen ergänzt. Der Vorteil des Konzeptes liegt u. a. darin, dass es gut anschlussfähig ist an die Entwicklung von Anpassungspolitiken. Insgesamt wurden sechs Dimensionen berücksichtigt:
1. Wissen,
2. Motivation und Akzeptanz,
3. Technologie und natürliche Ressourcen,
4. finanzielle Ressourcen,
5. institutionelle Struktur und personelle Ressourcen und
6. rechtliche Rahmenbedingungen und politische Strategien (vgl. ETH Zürich 2016, auch mit Verweisen

u. a. auf Matasci et al. 2014; Grothmann und Patt 2005; Jantarasami 2010; Islam et al. 2014; Roberts 2010).

Auf Ebene der generischen Anpassungskapazität wurden für diese Dimensionen Indikatoren gesucht. Auf Ebene der Klimawirkungen und Handlungsfelder wurden die Dimensionen in Hinblick auf ihr Potenzial zur Reduktion des Klimarisikos bewertet – für die zwei betrachteten Anpassungsfälle – beschlossene Maßnahmen (APA III) und weiterreichende Anpassung – getrennt. Das gewählte Vorgehen in der Klimawirkungs- und Risikoanalyse (Kahlenborn et al. 2021b) hat im vorliegenden Kontext praktikable Wege aufgezeigt, wie mit den grundsätzlichen Herausforderungen von Anpassungskapazitätsbewertungen ▶ Abschn. 26.1 umgegangen werden kann.

Herausforderung Komplexität: Im Rahmen der thematisierten Analyse sind diverse methodische Vorkehrungen getroffen worden, um die Analyse der Anpassungskapazität nicht zu komplex zu machen. Ein erster wichtiger Aspekt war eine schrittweise Bewertung, wobei zunächst das Klimarisiko ohne Anpassung und dann erst die Anpassungskapazität bewertet wurde. Dies ermöglichte eine Priorisierung und Eingrenzung der Betrachtung auf eine handhabbare Zahl von Klimawirkungen („sehr dringende" Klimarisiken). Die Betrachtung von Anpassungsmaßnahmen immer als Bündel von Maßnahmen und nicht weiter ausdifferenziert nach einzelnen Maßnahmen (siehe oben) hat ebenfalls wesentlich zur Komplexitätsreduktion beigetragen. Für die Auswertung war zudem ein weiterer wichtiger Schritt der Komplexitätsreduktion die Einführung der oben erwähnten Anpassungsdimensionen.

Herausforderung Zukünftigkeit: Die Reduktion des Zeithorizonts auf einen noch überblickbaren zeitlichen Rahmen, die Analyse von Rahmenbedingungen (v. a. über Querschnittsthemen wie Raumordnung und Bevölkerungsschutz) als zusätzliche Information und die Fokussierung auf konkrete Klimarisiken ermöglichten es, mit den großen zukünftigen Unsicherheiten von Anpassungskapazität dergestalt umzugehen, dass noch konkrete, für die Anpassungsplanung valide Aussagen getroffen werden konnten. Im Rahmen der Analyse wurde bewusst darauf verzichtet, (spekulative) Annahmen über die weitere Entwicklung des gesellschaftlichen, politischen und wirtschaftlichen Anpassungspotenzials zu treffen. Beurteilt wurde die Wirksamkeit der Anpassung „aus heutiger Sicht", also auf der Basis dessen, was derzeit für die Zukunft plausibel vorhergesehen werden kann. Dies setzte allerdings auch voraus, dass die Bewertung der Anpassungskapazität nur bis zur Mitte des Jahrhunderts vorgenommen wurde.

Herausforderung Potenzialcharakter: Indem das Wirksamwerden von konkreten Maßnahmen als zentrales Kriterium der Bewertung von Anpassungskapazität verwendet wurde, konnte auf den Potenzialcharakter von Anpassungskapazität reagiert werden. Das geschilderte Vorgehen ermöglichte Anpassungskapazität wesentlich konkreter als über Indikatoren zu fassen. Anpassung ist nach dem Konzept der Klimawirkungs- und Risikoanalyse (Kahlenborn et al. 2021a) umso erfolgreicher, je mehr es gelingt, das erwartete Klimarisiko ohne Anpassung zu reduzieren. Ein weiterer wichtiger Schritt, dem Potenzialcharakter von Anpassungskapazität zu begegnen, war die Bewertung von Motivation als eine Anpassungsdimension. Die Bewertung der Bedeutung von (zusätzlicher) Motivation für den Erfolg von Anpassung beinhaltet eine Aussage dazu, inwiefern die Anpassungskapazität derzeit nur latent ist und ihre Aktivierung erst noch sichergestellt werden muss.

Die systematische Erhebung der Anpassungskapazität konnte ferner verdeutlichen, wo aus heutiger Sicht Anpassungspotenziale nicht ausreichen und bestimmte Systeme unweigerlich erheblich beeinträchtigt werden durch den Klimawandel. Die Differenzierung zwischen verschiedenen Szenarienkombinationen zum Klimawandel hat außerdem aufgezeigt, dass die Anpassungskapazität nicht unerheblich vom Ausmaß des Klimawandels abhängt und erfolgreicher Klimaschutz damit nicht nur die Notwendigkeit zur Anpassung senkt, sondern auch die Wirksamkeit von Anpassung stärkt.

Das Vorgehen zur Bewertung der Anpassungskapazität hat sich insgesamt als erfolgreich erwiesen. Durch den Fokus auf die Ebene der Klimawirkungen werden die Aussagen aus der Anpassungskapazitätsbewertung deutlich relevanter für die Gestaltung konkreter Anpassungspolitik (vgl. auch Hare et al. 2011). Die Klimawirkungs- und Risikoanalyse 2021 folgt damit einem internationalen Trend.

Gerade auch der Einsatz von Anpassungsdimensionen als ein Schritt zur besseren Auswertung von Anpassungskapazität hat sich als sinnvoll erwiesen. Wenngleich die praktische Anwendung der Dimensionen nicht unkompliziert war und in zukünftigen Klimarisikoanalysen sicher noch optimiert werden muss (etwa durch eine strukturierte Vordiskussion zu den Zielsetzungen der Anwendung), so war die grundsätzliche Anwendung eines solchen Kategorienkonzeptes hilfreich, um gewinnbringende Aussagen für die weitere Anpassungsplanung zu liefern.

Während die Ergebnisse auf klimawirkungs- und sektorspezifischer Ebene deutlich über die Ergebnisse der bundesweiten Vulnerabilitätsanalyse von 2015 (Buth et al. 2015) hinausgehen, gilt dies mit Blick auf die Arbeiten zur generischen Anpassungskapazität nur

bedingt. Die Verknüpfung der drei Ebenen über die Anpassungsdimensionen führte auf generischer Ebene kaum zu zusätzlichem Erkenntnisgewinn. Die schon bei der letzten Klimarisikoanalyse wahrgenommenen erheblichen Defizite bei der Suche nach geeigneten Indikatoren haben sich nicht entscheidend verbessert. Die Betrachtung zur generischen Anpassungskapazität hat zwar in Einzelfällen interessante Vergleiche ermöglicht, erlaubt aber nicht eine wirkliche Aussage zu generischer Anpassungskapazität in Deutschland. Neben dem Mangel an Daten zu Indikatoren für generische Anpassungskapazität spielen auch die nach wie vor unzureichenden methodischen Konzepte zur Erfassung generischer Anpassungskapazität eine Rolle, die klare Wirkzusammenhänge zwischen diesen aggregierten Daten und der tatsächlichen möglichen Anpassung in spezifischen Kontexten nicht ausreichend abbilden (vgl. Mortreux und Barnett 2017). Hinzu kommt ein *trade-off* zwischen dem Wunsch nach räumlich differenzierten Aussagen, der Zukunftsgerichtetheit von Indikatoren sowie ihrer Passgenauigkeit für Aussagen zur Anpassungskapazität.

26.2.2 Kommunale Ebene

Die 4500 Kommunen in Deutschland sind für die Umsetzung von Klimaanpassungsmaßnahmen eine ganz wichtige Ebene. Das hängt vor allem daran, dass es sich bei der untersten Ebene des föderalen Systems um einen Bereich von Staatlichkeit und Politik handelt, der sehr „dicht" an den Bürgerinnen und Bürgern operiert. Das gilt nicht nur im Sozial- und Bildungsbereich, es gilt auch im Bereich der kommunalen Daseinsvorsorge, wo Kommunen und kommunale Unternehmen sich um Verkehr, Abfall, Energie, Wasser und zum Teil auch das Wohnen kümmern. Hinzu kommt die grüne und blaue Infrastruktur der Städte und Gemeinden, die ein wichtiges Kapital für Klimawandelanpassung darstellt. Die Kommunen einschließlich ihrer Einrichtungen und Unternehmen zeichnen für den Großteil der öffentlichen Investitionen in Deutschland verantwortlich (Hesse et al. 2017), können also auch die Ausgestaltung und die Anpassung des vulnerablen Inventars maßgeblich beeinflussen. Die Notwendigkeit einer vorausschauenden und dynamischen Anpassung an den Klimawandel hat die Kommunen mittlerweile zumindest auf programmatischer Ebene erreicht (Deutscher Städtetag 2019; Neue Leipzig Charta 2020).

Gleichzeitig ist die Heterogenität der kommunalen Ebene groß. Ende 2018 besaßen von den insgesamt 104 Städten mit über 50.000 Einwohnern 61 ein Anpassungskonzept, in 14 weiteren war eines in Arbeit. Alle großen Großstädte besaßen ein solches Konzept, aber nur 64 % der kleinen Großstädte (100.000–500.000 Einwohner) und nur 21 % der kreisfreien, mittelgroßen Städte (50.000–10.000) (Otto et al. 2021). Die große Mehrzahl der kleineren Kommunen besitzt weder ein Anpassungskonzept noch haben die kommunal Verantwortlichen ein solches angedacht.

Die sozialwissenschaftliche Klimaanpassungsforschung beschäftigt sich schon seit längerer Zeit mit der Frage, welche Barrieren eine effektive Anpassung eigentlich be- oder gar verhindern (z. B. Eisenack et al. 2014; Moser und Ekstrom 2010). Als generelle Faktoren, die sich sowohl in institutioneller, organisatorischer wie individueller Hinsicht effektiver Anpassung in den Weg stellen, können dabei mangelndes Risikobewusstsein (inkl. Planungsgrundlagen), mangelnde politische Unterstützung, mangelnde Kooperation, personelle und finanzielle Ressourcenknappheiten sowie fehlende Lernbereitschaft identifiziert werden. Wichtig ist dabei, dass wir es nicht mit isolierten Faktoren zu tun haben, sondern mit (kausalen) Verknüpfungen und Wirkungsketten von Faktoren, die sich negativ auf eine effektive Anpassung auswirken (Oberlack 2017). Auch der Blick auf die spezifischen Barrieren für effektive Anpassung auf kommunaler Ebene ist für eine Bestimmung der Anpassungskapazität aufschlussreich (vgl. Aguiar et al. 2018; Grothmann und Michel 2021; Kleber 2019). In seiner Auswertung der Anpassungsstrategien von neun deutschen Städten kommt Weyrich (2016) etwa zu dem Schluss, dass Ressourcenknappheit, institutionelle Hemmnisse, fehlendes Problembewusstsein, konfligierende Interessen, Wert- und Einstellungsdefizite sowie mangelndes Verständnis wissenschaftlicher Befunde die Haupthindernisse darstellen.

Auf internationaler und international vergleichender Ebene wurden in den letzten Jahren eine Reihe von Konzept- und Indikator-Vorschlägen zur Eingrenzung und Messung von lokaler Anpassungsfähigkeit vorgelegt. Araya-Muňoz et al. (2016) etwa fächert die kommunale Anpassungsfähigkeit nach drei Grunddimensionen (*awareness, ability, action*, vgl. dazu bereits Acosta et al. 2013) in 17 Indikatoren auf. Grafakos et al. (2020) untersuchen 147 Klimapolitiken aus neun europäischen Ländern und fokussieren dabei auf die Dimensionen

- Problembewusstsein/Informationsgrundlagen,
- Zielsetzung/Planung,
- Implementierung und
- Monitoring.

Nur wenigen Städten in Europa wird dabei der Status „fortgeschritten" erteilt, die Mehrheit der untersuchten Städte befindet sich im Anfangs- bzw. Entwicklungsstadium. In der internationalen Diskussion

wird expliziter als in der deutschen auch die Rolle verschiedener Formen von Netzwerken und Macht – als Barriere, aber auch als Ressource von Klimaanpassung – diskutiert (z. B. Barnes et al. 2020; Woroniecki et al. 2019).

Für Deutschland existieren Anpassungskapazitätsbewertungen der kommunalen Ebene nur vereinzelt. Auf der Grundlage des auf *Governance*-Indikatoren abstellenden *Adaptation-readiness*-Ansatzes von Ford und King (2015) haben Otto et al. (2021) den Stand der Klimapolitik (Klimaschutz und Klimaanpassung) von 104 deutschen Städten ab einer Einwohnerzahl von 50.000 untersucht. Das resultierende Ranking der Städte bezieht anpassungsseitig u. a. die Existenz, das Alter und die Erneuerung von Anpassungskonzepten und die Maßnahmenebene nach Sektoren ein. Die von Ford und King (2015) vorgeschlagene Klassifizierung der Barrieren für kommunale Anpassung wurde aber nicht benutzt.

Manchmal wird Anpassungskapazität vorrangig als Vorstufe einer Anpassungsplanung bewertet, nicht als Teil einer Klimarisikobewertung. Im Rahmen von verschiedenen Forschungsvorhaben wird aktuell der Frage der Messung von Anpassungskapazität auf kommunaler Ebene aber verstärkt nachgegangen. Dies betrifft zum einen das MONARES-Vorhaben, welches mit dem der Anpassungskapazität eng verwandten Resilienzkonzept arbeitet. Hier wurden bereits in der Vergangenheit für fünf Dimensionen (Umwelt, Infrastruktur, Wirtschaft, Gesellschaft und Governance) in 22 Handlungsfeldern Indikatoren ausgewählt und praktisch ausgetestet (Feldmeyer et al. 2019). Das Konzept wird jetzt im Rahmen von MONARES II weiterentwickelt.[8]

Es gibt also inzwischen eine rege Forschungstätigkeit zur Anpassungskapazitätsbewertung auf kommunaler Ebene. Die Kategorisierung von Anpassungsdimensionen entlang geeigneter Dimensionen könnte dabei eine wichtige Rolle spielen. Als ein Anstoß in diese Richtung wird im Folgenden eine Skizzierung der Anpassungskapazität der Kommunen in Deutschland auf der Basis der Dimensionen unternommen, die für die Klimarisikobewertung des Bundes genutzt wurden (Kahlenborn et al. 2021b).

---

[8] Parallel kommen mehrere RegIKlim-Vorhaben hinzu, die erst vor kurzem gestartet sind, darunter auch Projekte zur Messung von Anpassungskapazität über Indikatoren oder zum Vergleich der Anpassungskapazität verschiedener Kommunen, Unternehmen und Haushalte (► https://www.regiklim.de).

26

1. Wissen. In den letzten Jahren hat sich der technisch-prognostische Teil des verfügbaren Wissens deutlich erweitert bzw. verbessert, insbesondere die räumliche und zeitliche Genauigkeit von Klimadaten. Nicht zuletzt auf Nachfrage der Kommunen hin wurden die Klimadienstleistungen in Deutschland stetig weiterentwickelt, auch wenn hier noch Optimierungsbedarf besteht. Kommunen profitieren zudem von Klimawandel-relevanten Forschungseinrichtungen, die sie als Praxispartnerin anfragen. Wichtig neben wissenschaftlichem Wissen ist auch das Erfahrungs-, Umsetzungs- und Prozesswissen, welches lokal vorhanden sein sollte, allerdings aktiviert und fokussiert werden muss. Immerhin 33 % der befragten deutschen Kommunen erwähnen unzureichende Datengrundlagen/Prognosen als (teilweise) starke Barriere bei der Umsetzung von lokalen Anpassungsmaßnahmen (Hasse und Willen 2019).

2. Motivation und Akzeptanz. Häufig geht der Anstoß für Klimawandelanpassungsaktivitäten von Umweltämtern aus, meist – wenn vorhanden – von den Klima(schutz)stellen. Auf kommunaler Ebene haben der in der Deutschen Anpassungsstrategie (Bundesregierung 2008) vorgegebene Prozess sowie die Fördermöglichkeiten durch Bundesmittel (z. B. NKI) teilweise motivierend gewirkt (Gaus et al. 2019), vor allem dort, wo personelle Ressourcen, Know-how und Netzwerke der Anpassung vorhanden waren. Vorreiterkommunen der Anpassung sind etwa Köln, Frankfurt am Main, Hamburg, Berlin, Karlsruhe oder Potsdam (Otto et al. 2021). Motivation und Akzeptanz für lokale Anpassung kann deutlich gestärkt werden, wenn der Querschnittscharakter von Anpassung und ihre Co-Benefits den relevanten Handelnden deutlich werden. Besonders hohe Motivation und Akzeptanz ist nach Extremereignissen bei den Betroffenen vorhanden, zuletzt etwa nach den Starkregenereignissen Mitte Juli 2021 in Westdeutschland.

3. Technologie und natürliche Ressourcen. Kommunen verfügen über oder beeinflussen durch ihre Planungs-, Investitions- und Unterhaltsaktivitäten zahlreiche technologische und natürliche Ressourcen, die unmittelbar oder mittelbar (z. B. als Produktionsbedingungen von Unternehmen oder als Lebens- und Konsumbedingungen für private Haushalte) den Anpassungserfolg beeinflussen. Im Zeichen von absehbar zunehmender Hitze in städtischen Verdichtungsräumen und ebenfalls zunehmenden Starkregenereignissen kommt insbesondere der grünen und blauen Infrastruktur eine entscheidende strategische Bedeutung zu. Gleichzeitig führt das beobachtete und projizierte Stadtwachstum zu Flächeninanspruchnahmen für Siedlungszwecke und einem zunehmenden Druck auf Grün- und Freiflächen, die für die Klimaanpassung unverzichtbar sind.

4. Finanzielle Ressourcen. Deutschlands Kommunen unterscheiden sich stark hinsichtlich ihrer Finanzkraft, also ihrer Steuereinnahmen, liquiden Mittel, Kassenkredite, Verschuldung und Aufgabenlast – auch nach dem Finanzausgleich. Finanzschwache Kommunen können häufig neben ihren Pflichtaufgaben keine investiven Aufgaben erledigen, ihre Infrastruktur verfällt und auch in Klimaschutz und Klimaanpassung kann hier kaum investiert werden (Bertelsmann-Stiftung 2019; Heinrich-Böll-Stiftung 2020).

Die finanziellen Folgen der Coronakrise für die Kommunen werden ihre kurz- bis mittelfristige Handlungsfähigkeit deutlich erschweren – dies gilt auch für bisher gut situierte Kommunen (Bertelsmann-Stiftung 2021). Mangelnde finanzielle und personelle Ressourcen wurden bereits vor Corona von 75 % der Kommunen als (teilweise) starke Barrieren der Vorbereitung und Umsetzung von Anpassungsmaßnahmen genannt (Hasse und Willen 2019).

5. Institutionelle Struktur und personelle Ressourcen. Zwischen 1998 und 2014 wurden diese personellen Ressourcen (gemessen in Vollzeitäquivalenten) bundesweit um 12,6 % abgebaut, im Osten deutlich stärker als im Westen. Gleichzeitig nahm die Aufgabenlast der Kommunen zu, sodass im Ergebnis die um die Einwohnerzahl gewichtete Personaldichte im gleichen Zeitraum je nach Bundesland um bis zu 48 % abgenommen hat (Institut für den öffentlichen Sektor 2017). Speziell im Anpassungsbereich ist die vertikale Politikfeldkoordinierung zwischen Bund, Ländern und Kommunen noch verbesserungsbedürftig (Gaus et al. 2019).

6. Rechtliche Rahmenbedingungen und politische Strategien. Die Anpassung an den Klimawandel hat im Raumordnungs-, Städtebau- und Umweltfachplanungsrecht an Bedeutung gewonnen. Insbesondere die Klimaschutznovelle 2011 und die Innenentwicklungsnovelle 2013 des Baugesetzbuchs sowie das noch relativ neue europäische Wasserrecht der Hochwasserrichtlinie mit den expliziten Anforderungen zur Berücksichtigung des Klimawandels können diesbezüglich als wichtige gesetzgeberische Rahmensetzungen angesehen werden (Albrecht et al. 2018). In den rechtlichen Regelungen für die kommunale Daseinsvorsorge ist die Klimaanpassung bisher allerdings kaum verankert. Die in der Forschungsliteratur so häufig als wichtig genannte Dimension der Kohärenz politisch-rechtlicher Rahmenbedingungen lässt ebenfalls in vielen Kommunen zu wünschen übrig, etwa mit Blick auf die Integration von Klimaanpassungsbelangen in die Bauleitplanung (Huber und Dunst 2021).

Die „Gründachstrategie" der Stadt Hamburg gilt als eine weit über die Grenzen der Stadt ausstrahlende Anpassungsstrategie im Bereich Stadtgrün, die 2015 in Gang gebracht und seitdem weitergeführt wird.[9] Das Beispiel zeigt, dass für den Erfolg die Mehrheit der oben beschriebenen Dimensionen von Anpassungskapazitäten bedient werden: Der Dimension 5 „Institutionelle Struktur und personelle Ressourcen" folgend kooperieren im Rahmen der Gründachstrategie viele heterogene Stellen und Personen miteinander, etwa die Behörde für Umwelt und Energie, Fachbehörden und Bezirksverwaltungen, die Universitäten Hamburg und HafenCity, Fachleute aus der Stadtplanung, Handwerksbetriebe, Vereine, Verbände, Wirtschaft sowie die Hauseigentümer und -eigentümerinnen. Im Bereich „Finanzielle Ressourcen" (Dimension 4) ist neben einer Förderung des Bundesministeriums für Umwelt, Naturschutz und nukleare Sicherheit (2014–2018) auf einen ursprünglichen Fördertopf von 3 Mio. EUR zu verweisen. Die Hamburger Gründachstrategie beruht auf drei Handlungsschwerpunkten: 1) Ein Zertifizier- und Förderprogramm für grüne Dächer auf öffentlichen Gebäuden, 2) eine Öffentlichkeitskampagne (z. B. mit Gründach-Wettbewerb), 3) eine regulative Komponente, die z. B. B-Pläne, eine Gründachverordnung oder städtebauliche Verträge umfasst. Damit sind – neben der Förderung – auch die Dimensionen „Motivation und Akzeptanz" (Dimension 2) sowie „Wissen" (Dimension 1) angesprochen. Seit Anfang 2020 wurde die Höhe des geförderten Beitrags aufgestockt. Außerdem wird eine Anpassung der Bebauungspläne angestrebt („rechtliche Rahmenbedingungen", Dimension 6). Es wird deutlich, dass von sechs möglichen Dimensionen der Anpassungskapazitäten fünf vorhanden sind. Darüber hinaus ist die Hamburger Gründachstrategie auch ein Beispiel dafür, dass Lernen und die Anpassung von Anpassung zur Anpassungskapazität gehören. Eine wissenschaftliche Begleitung befördert dieses *adaptive learning* (vgl. Richter und Dickhaut 2018).

26.3 Schlussfolgerungen und offene Forschungsfragen

Angesichts der verschiedenen grundsätzlichen Herausforderungen bei der Bewertung von Anpassungskapazitäten ist es nicht verwunderlich, dass lange Zeit der gesamte Komplex der Anpassungskapazität in der Betrachtung von Klimawirkungen nachrangig behandelt worden ist. Daher wurde im Bereich der Anpassungskapazitätsbewertungen in der Vergangenheit zu wenig wissenschaftlicher Austausch, zu geringe Wiedernutzung und Weiterentwicklung von vorhandenen Methoden, zu wenig vergleichende Studien zur Synthetisierung der empirischen Ergebnisse und ein zu geringer Grad von Konsens zu konzeptionellen Definitionen beobachtet, was alles zusammen zu einem zu geringen wissenschaftlichen Fortschritt führte (Siders 2019). Je mehr jedoch die Folgen des Klimawandels zutage treten, je mehr die Klimaanpassung unmittelbar an Bedeutung gewinnt und je mehr Klimarisikoanalysen auch als Ausgangspunkt für Anpassungsplanung genutzt werden, desto größer wird die Bedeutung der Bewertung und Messung von Anpassungskapazität.

Die Bewertung von Anpassungskapazität kann als Scharnier gesehen werden zwischen einer Klimawirkungsanalyse (im klassischen Sinne: ohne Anpassung) und der Anpassungsplanung. Die Analyse und Bewertung der Anpassungskapazität verdeutlicht die existierenden Probleme und sie zeigt, je nach konkret gewählter Vorgehensweise, den Stand und die Möglichkeiten für Anpassung auf. Aus der Anpassungskapazitätsbewertung heraus ergeben sich potenziell konkrete Lösungen für aus dem Klimawandel resultierende Problemlagen.

Dieses Potenzial von Anpassungskapazitätsbewertungen wird noch einmal gesteigert, wenn Anpassungsdimensionen als methodischer Ansatz innerhalb von Anpassungskapazitätsbewertungen zum Einsatz kommen. Mit der Anwendung von geeigneten Dimensionen wird die Möglichkeit geschaffen, an das spezifische Anpassungsinstrumentarium anzuknüpfen. Gleichzeitig kann über die Dimensionen sowohl die Ressourcenverfügbarkeit als auch das Potenzial zu ihrer Mobilisierung erfasst werden.

Vor dem genannten Hintergrund und im Rückblick auf die im Artikel dargestellte Erkenntnislage ergeben sich verschiedene Forschungsempfehlungen:

- Für den Erfolg von Anpassung an den Klimawandel wird es wichtig sein, dass die Anpassungskapazitätsbewertung ein eigenständiges Gewicht erhält und nicht nur als vergleichsweise wenig bedeutender Bestandteil einer Klimarisikoanalyse wahrgenommen wird.
- Die Methodenvielfalt bei der Anpassungskapazitätsbewertung sollte nicht zu früh eingeschränkt werden. In diesem Sinn ist es auch positiv zu sehen, dass die ISO 14091 (2021) als internationaler Standard für Klimarisikoanalysen für die Anpassungskapazitätsbewertung einen breiten Spielraum eröffnet. Gleichwohl ist zu überlegen, ob es nicht mit der Zeit möglich wird, für spezifische Falllagen

---

9 ► https://www.hamburg.de/gruendach-hamburg/4364586/gruendachstrategie-hamburg/

Empfehlungen herauszugeben, welche methodischen Ansätze vorteilhaft sind.

- Im Allgemeinen sind Ansätze zur Anpassungskapazitätsbewertung zu bevorzugen, die theoretische Reflexion mit praktischer Anwendung verknüpfen. Das in der Forschung selbstkritisch bemerkte Defizit an Kohärenz und an Bezug auf bereits Erreichtes (vgl. Siders 2019) sollte aktiv angegangen und möglichst überwunden werden. Ein verstärkter wissenschaftlicher Austausch zu den Methodiken der Anpassungskapazitätsbewertung ist wünschenswert.
- Im Rahmen von Anpassungskapazitätsbewertungen sollten Potenzialanalysen auch von Mobilisierungsanalysen von Ressourcen flankiert werden. Hierbei empfiehlt sich ein transdisziplinäres, multimethodisches Vorgehen.
- Der Mehrwert von Anpassungsdimensionen wurde bisher eher dort gesehen, wo Anpassungskapazität generisch diskutiert wurde. Hier leistet die Kategorisierung in Form der Dimensionen einen wichtigen Beitrag zur notwendigen Komplexitätsreduktion. Anpassungsdimensionen können aber auch bei spezifischen Klimawirkungs- und Risikoanalysen einen Mehrwert generieren. Hier kann durch den Ansatz ein erheblicher Beitrag für die Anpassungsplanung erzielt werden.
- Mit Blick auf Anpassungsdimensionen ist es wichtig, bei der Konzeptentwicklung und -umsetzung, nicht nur den einfachen Transfer in geeignete Indikatoren im Blick zu haben, sondern auch die Möglichkeit der Strukturierung von qualitativen Analysen, die Identifizierung von Anpassungsmaßnahmen sowie die Anpassungsplanung stärker zu berücksichtigen.

26.4   Kurz gesagt

Die Anpassungskapazitätsbewertung ist ein methodisch anspruchsvolles und fragmentiertes Feld. Zentrale Herausforderungen bei solchen Bewertungen sind a) die Komplexität und Vielfalt an Wirkbeziehungen und Faktoren, die in diesen Prozessen eine Rolle spielen und in der Einschätzung berücksichtigt werden müssen; b) die Notwendigkeit in die Zukunft zu blicken, ohne verlässliche Trends; und c) das Erfordernis, Potenziale zu bewerten statt real messbarer Tatbestände. Die bundesweite Klimawirkungs- und Risikoanalyse 2021 (Kahlenborn et al. 2021a, b) präsentiert eine Weiterentwicklung bestehender Analysen, welche die Herausforderungen betreffend Komplexität, Zukünftigkeit und Potenzialcharakter über verschiedene methodische Ansätze zu reduzieren versucht. Die Analyse umfasst Betrachtungen auf sektoraler und generischer Ebene und stellt diese durch die Verwendung von sechs Anpassungsdimensionen in einen gemeinsamen methodischen Kontext. Auch auf kommunaler Ebene steigt die Forschungstätigkeit an, bisher bestehen dort allerdings nur vereinzelte Anpassungskapazitätsbewertungen. Als Vorschlag für die Kategorisierung der Anpassungskapazität auf kommunaler Ebene präsentiert der Text sechs Dimensionen, welche für die Analyse genutzt werden können. Für eine erfolgreiche Klimaanpassung ist es wichtig, dass Anpassungskapazitätsbewertungen künftig als ein eigenständiger methodischer Ansatz gewürdigt werden.

Literatur

Abeling T, Daschkeit A, Mahrenholz P et al (2018) Resilience – a useful approach for climate adaptation? In: Fekete A, Fiedrich F (Hrsg) Urban disaster resilience and security. The urban book series. Springer, Cham

Acosta L, Klein RJT, Reidsma P et al (2013) A spatially explicit scenario-driven model of adaptive capacity to global change in Europe. Glob Environ Change 23(5):1211–1224

Adger WN, Vincent K (2005) Uncertainty in adaptive capacity. C R Geosci 337(4):399–410

Adger WN, Agrawala S, Mirza MMQ et al (2007) Assessment of adaptation practices, options, constraints and capacity. Climate change 2007: impacts, adaptation and vulnerability. In: Contribution of working group II to the fourth assessment report of the intergovernmental panel on climate change, 717–743

Adger WN, Brown I, Surminski S (2018) Advances in risk assessment for climate change adaptation policy. Philos T R Soc A 376(2121):1–13

Aguiar FC, Bentz J, Silva JMN et al (2018) Adaptation to climate change at local level in Europe: an overview. Environ Sci Policy 86(2018):38–63

Albrecht J, Schanze J, Klimmer L et al (2018) Klimaanpassung im Raumordnungs-, Städtebau- und Umweltfachplanungsrecht sowie im Recht der kommunalen Daseinsvorsorge. Grundlagen, aktuelle Entwicklungen und Perspektiven. Dessau-Roßlau, Umweltbundesamt

Andrijevic M, Crespo Cuaresma J, Muttarak R et al (2020) Governance in socioeconomic pathways and its role for future adaptive capacity. Nat Sustain 3:35–41

Araya-Muñoz D, Metzger MJ, Stuart N et al (2016) Assessing urban adaptive capacity to climate change. J Environ Manage 183:314–324

Barnes ML, Wang P, Cinner JE et al (2020) Social determinants of adaptive and transformative responses to climate change. Nat Clim Chang 10:823–828

Beauchamp E, Moskeland A, Milner-Gulland EJ et al (2019) The role of quantitative cross-case analysis in understanding tropical smallholder farmers' adaptive capacity to climate shocks. Environ Res Lett 14(12):125013

Bertelsmann-Stiftung (2019) Kommunaler Finanzreport 2019. Gütersloh, Bertelsmann-Stiftung

Bertelsmann-Stiftung (2021) Kommunaler Finanzreport 2021. Gütersloh

Brooks N, Adger WN (2005) Assessing and enhancing adaptive capacity. In: Adaptation Policy Frameworks for Climate Change: Developing Strategies, Policies and Measures. Cambridge University Press, Cambridge, S. 165–181.

Brown I (2018) Assessing climate change risks to the natural environment to facilitate cross-sectoral adaptation policy. Phil Trans R Soc A 376:20170297

Brown K, Westaway E (2011) Agency, capacity, and resilience to environmental change: lessons from human development, well-being, and disasters. Annu Rev Environ Resour 36(1):321–342

Brown K, DiMauro M, Johns D et al (2018) Turning risk assessment and adaptation policy priorities into meaningful interventions and governance processes. Phil Trans R Soc A 376:20170303

Brown PR, Nelson R, Jacobs B et al (2010) Enabling natural resource managers to self-assess their adaptive capacity. Agr Sys 103(8):562–568

Bundesamt für Umwelt (BAFU) (Hrsg) (2015) Anpassung an den Klimawandel. Bedeutung der Strategie des Bundesrates für die Kantone, Bern

Bundesregierung (2008) Deutsche Anpassungsstrategie an den Klimawandel. Vom Bundeskabinett am 17. Dezember 2008 beschlossen

Bundesregierung (2020) Zweiter Fortschrittsbericht zur Deutschen Anpassungsstrategie an den Klimawandel

Buth M, Kahlenborn W, Savelsberg J et al (2015) Vulnerabilität Deutschlands gegenüber dem Klimawandel. Umweltbundesamt. Clim Change 24/2015, Dessau-Roßlau

Butler JRA, Wise RM, Skewes TD et al (2015) Integrating top-down and bottom-up adaptation planning to build adaptive capacity: a structured learning approach. Coast Manage 43(4):346–364

Chambers R (2012) Sharing and co-generating knowledges: reflections on experiences with PRA and CLTS. IDS Bull 43:71–87

Chen M, Fu S, Pam B et al (2015) Integrated assessment of China's adaptive capacity to climate change with a capital approach. Clim Change 128(3–4):367–380

Cinner JE, Adger WN, Allison EH et al (2018) Building adaptive capacity to climate change in tropical coastal communities. Nat Clim Change 8(2):117–123

Cinner JE, Huchery C, Hicks CC et al (2015) Changes in adaptive capacity of Kenyan fishing communities. Nat Clim Change 5(9):872–876

Conway D, Nicholls RJ, Brown S et al (2019) The need for bottom-up assessments of climate risks and adaptation in climate-sensitive regions. Nat Clim Chang 9(7):503–511

Coulthard S (2008) Adapting to environmental change in artisanal fisheries – insights from a South Indian Lagoon. Glob Environ Change 18(3):479–489

Coulthard S (2012) Can we be both resilient and well, and what choices do people have? Incorporating agency into the resilience debate from a fisheries perspective. E&S 17(1):4

Deutscher Städtetag (2019) Anpassung an den Klimawandel in den Städten Forderungen, Hinweise und Anregungen. Deutscher Städtetag, Berlin

Eisenack K, Moser S, Hoffmann E et al (2014) Explaining and overcoming barriers to climate change adaptation. Nat Clim Change 4:867–872

Elrick-Barr CE, Thomsen DC, Preston BL et al (2017) Perceptions matter: household adaptive capacity and capability in two Australian coastal communities. Reg Environ Change 17(4):1141–1151

Engle NL (2011) Adaptive capacity and its assessment. Glob Environ Change 21(2):647–656

Eriksen SH, Kelly PM (2007) Developing credible vulnerability indicators for climate adaptation policy assessment. Mitig Adapt Strat Glob Change 12(4):495–524

ETH Zürich (2016) Schlussbericht des Forschungsprojekts «Anpassungsfähigkeit der Schweiz an den Klimawandel». Im Auftrag des Bundesamtes für Umwelt (BAFU)

Feldmeyer D, Wilden D, Kind C et al (2019) Indicators for monitoring urban climate change resilience and adaptation. Sustainability 11(10):1–17

Ford JD, King D (2015) A framework for examining adaptation readiness. Mitig Adapt Strat Glob Change 20(2015):505–526

Gallopín GC (2006) Linkages between vulnerability, resilience, and adaptive capacity. Glob Environ Change 16(3):293–303

Gaus H, Silvestrini S, Kind C (2019) Politikanalyse zur Evaluation der Deutschen Anpassungsstrategie an den Klimawandel (DAS). Evaluationsbericht. Umweltbundesamt, Dessau-Roßlau

Grafakos S, Viero G, Reckien D et al (2020) Integration of mitigation and adaptation in urban climate change action plans in Europe: a systematic assessment. Renewable and Sustainable Energy Rev 121:109623

Greiving S, Zebisch M, Schneiderbauer S et al (2015) A consensus based vulnerability assessment to climate change in Germany. Int J Clim Change Strat Manage 7(3):306–326

Grothmann T, Patt A (2005) Adaptive capacity and human cognition: the process of individual adaptation to climate change. Glob Environ Change 15(3):199–213

Grothmann T, Grecksch K, Winges M et al (2013) Assessing institutional capacities to adapt to climate change: integrating psychological dimensions in the adaptive capacity wheel. Nat Hazards Earth Syst Sci 13(12):3369–3384

Grothmann T, Michel T (2021) Participation for building urban climate resilience? Results from four cities in Germany. In: Hutter G, Neubert M, Ortlepp R (Hrsg) Building resilience to natural hazards in the context of climate change. Knowledge integration, implementation and learning. Springer, Wiesbaden, S 173–208

Gupta J, Termeer K, Klostermann J et al (2010) The adaptive capacity wheel: a method to assess the inherent characteristics of institutions to enable the adaptive capacity of society. Environ Sci & Policy 13(6):459–471

Hare WL, Cramer W, Schaeffer M et al (2011) Climate hotspots: key vulnerable regions, climate change and limits to warming. Reg Environ Change 11(S1):1–13

Hasse J, Willen L (2019) Umfrage Wirkung der Deutschen Anpassungsstrategie (DAS) für die Kommunen. Teilbericht. Umweltbundesamt, Climate Change 01/2019

Heinelt H, Lamping W (2015) Wissen und Entscheiden. Lokale Strategien gegen den Klimawandel in Frankfurt a. M., München und Stuttgart. Campus, Frankfurt a. M.

Heinrich-Böll-Stiftung (2020) Infrastrukturatlas. Daten und Fakten über öffentliche Räume und Netze

Henriksson R, Vincent K, Naidoo K (2021) Exploring the adaptive capacity of sugarcane contract farming schemes in the face of extreme events. Front Clim 3:1–12

Hesse M, Lenk T, Starke T (2017) Investitionen der öffentlichen Hand. Die Rolle der öffentlichen Fonds, Einrichtungen und Unternehmen. Bertelsmann-Stiftung, Gütersloh

Hinkel J (2011) Indicators of vulnerability and adaptive capacity: towards a clarification of the science–policy interface. Glob Environ Change 21:198–208

HM Government (Hrsg) (2017) UK climate change risk assessment 2017. Presented to parliament pursuant to Section 56 of the climate change act 2008. London

Hogarth JR, Wójcik D (2016) An evolutionary approach to adaptive capacity assessment: a case study of whitehouse, Jamaica. J Rural Stud 43:248–259

Hu Q, He X (2018) An integrated approach to evaluate urban adaptive capacity to climate change. Sustainability 10(4):1272

Huber B, Dunst L (2021) Klimaanpassung in der Bauleitplanung. Zum Integrationsstand klimaanpassungsrelevanter Maßnahmen in Flächennutzungs- und Bebauungsplänen mittelgroßer Städte Deutschlands. Raumforschung und Raumordnung (im Erscheinen)

IPCC (2014) Climate change 2014: synthesis report. Contribution of working groups I, II and III to the fifth assessment report of the intergovernmental panel on climate change [Kernschreibteam, Pachauri R K, Meyer L A (Hrsg)]. IPCC, Genf, Schweiz

IPCC (2022) Climate change: impacts, adaptation and vulnerability. Working group II contribution to the sixth assessment report of the intergovernmental panel on climate change. IPCC, Genf, Schweiz

Institut für den öffentlichen Sektor (2017) Weniger Personal, mehr Aufgaben. Studie zur Entwicklung der Personaldichte kreisfreier Städte. Institut für den öffentlichen Sektor e. V. Berlin

Islam M, Sallu S, Hubacek K et al (Hrsg) (2014) Limits and barriers to adaptation to climate variability and change in Bangladeshi coastal fishing communities, Marine Policy (43):208–216

ISO 14091 (2021) Adaptation to climate change – Guidelines on vulnerability, impacts and risk assessment. Geneva, IEC

Jantarasami LC, Lawler JJ, Thomas CW (Hrsg) (2010) Institutional barriers to climate change adaptation in U.S. national parks and forests Ecol & Soc 15(4):33–49

Jones L, Ludi E, Levine S (2010) Towards a characterisation of adaptive capacity: a framework for analysing adaptive capacity at the local level. (Hrsg). v. Overseas Development Institute (odi). Overseas Development Institute (odi). London (ODI Background Notes)

Jones L, Ludi E, Jeans H et al (2017) Revisiting the local adaptive capacity framework: learning from the implementation of a research and programming framework in Africa. Clim Dev 11(1):3–13

Juhola S, Kruse S (2015) A framework for analysing regional adaptive capacity assessments: challenges for methodology and policy making. Mitig Adapt Strat Glob Change 20(1):99–120

Kahlenborn W, Linsenmeier M, Porst L et al (2021a) Klimawirkungs- und Risikoanalyse 2021 für Deutschland – Teilbericht 1: Grundlagen. (Hrsg). v. Umweltbundesamt (UBA)

Kahlenborn W, Porst L, Voß M et al (2021b) Klimawirkungs- und Risikoanalyse 2021 für Deutschland – Teilbericht 6: Integrierte Auswertung – Klimarisiken, Handlungserfordernisse und Forschungsbedarfe. (Hrsg). v. Umweltbundesamt (UBA)

Kasperson RE, Renn O, Slovic P et al (1988) The social amplification of risk: a conceptual framework. Risk Anal 8:177–187

Kleber A (2019) Kommunale Anpassung an den Klimawandel in Rheinland-Pfalz. Grundlagen, Hinweise, Vorgaben & Empfehlungen. Rheinland-Pfalz Kompetenzzentrum für Klimawandelfolgen

Klein RJT, Möhner A (2011) The political dimension of vulnerability: implications for the green climate fund. IDS Bull 42(3):15–22

Kind C, Protze N, Savelsberg J et al (2015) Entscheidungsprozesse zur Anpassung an den Klimawandel in Kommunen. Clim Change 4: 2015. Umweltbundesamt

Lebel L, Grothmann T, Siebenhüner B (2010) The role of social learning in adaptiveness: insights from water management. Int Environ Agreements 10(4):333–353

Lemos MC, Lo Y-J, Nelson DR et al (2016) Linking development to climate adaptation: leveraging generic and specific capacities to reduce vulnerability to drought in NE Brazil. Glob Environ Chang 39:170–179

Li Y, Beeton RJS, Sigler T et al (2019) Enhancing the adaptive capacity for urban sustainability: a bottom-up approach to understanding the urban social system in China. J Environ Manage 235:51–61

Lockwood M, Raymond CM, Oczkowski E et al (2015) Measuring the dimensions of adaptive capacity: a psychometric approach. Ecol & Soc 20(1):37

Matasci C, Kruse S, Barawid N et al (Hrsg) (2014) Exploring barriers to climate change adaptation in the Swiss tourism sector. Mitig Adapt Strat Glob Change (19):1239–1254

Matewos T (2020) The state of local adaptive capacity to climate change in drought-prone districts of rural Sidama, southern Ethiopia. Clim Risk Manage 27:100209

Mazhar N, Shirazi SA, Stringer LC et al (2021) Spatial patterns in the adaptive capacity of dryland agricultural households in South Punjab, Pakistan. J Arid Environ 194:104610

McDermott TKJ, Surminski S (2018) How normative interpretations of climate risk assessment affect local decision-making: an exploratory study at the city scale in Cork, Ireland. Phil Trans R Soc A 376:20170300

Mortreux C, Barnett J (2017) Adaptive capacity: exploring the research frontier. Wiley Interdisc Rev Clim Change 8(4):e467

Mortreux C, O'Neill S, Barnett J (2020) Between adaptive capacity and action: new insights into climate change adaptation at the household scale. Environ Res Lett 15(7):74035

Moser S, Ekstrom JA (2010) A framework to diagnose barriers to climate change adaptation. PNAS 107(51):22026–22031

Moser S, Meerow S, Arnott J et al (2019) The turbulent world of resilience: interpretations and themes for transdisciplinary dialogue. Clim Change 153(1–2):21–40

ND-GAIN (2019) ND-GAIN Country Index [Dame, U. o. N. (Hrsg)]. ▶ https://gain.nd.edu/our-work/country-index/. Zugegriffen: 26. Sept. 2019

Neue Leipzig Charta (2020) Die transformative Kraft der Städte für das Gemeinwohl. Neue Leipzig Charta

O'Brien K, Eriksen S, Schjolden A, Nygard L (2004) What's in a Word? Conflicting Interpretations of Vulnerability in Climate Change Research. CICERO Working Paper 2004–04, Center for International Climate and Environmental Research, Norway.

Oberlack C (2017) Diagnosing institutional barriers and opportunities for adaptation to climate change. Mitig Adapt Strateg Glob Change 22:805–838

Olazabal M, Chiabai A, Foudi S et al (2018) Emergence of new knowledge for climate change adaptation. Environ Sci Policy 83:46–53

Otto A, Göpfert, C, Thieken A (2021) Are cities prepared for climate change? An analysis of adaptation readiness in 104 German cities. Mit Adapt Strat Glob Change 26(35):1–25

Parsons M, Brown C, Nalau J et al (2017) Assessing adaptive capacity and adaptation: insights from Samoan tourism operators. Clim Dev 10(7):644–663

Richter M, Dickhaut W (2018) Entwicklung einer Hamburger Gründachstrategie. Wissenschaftliche Begleitung – Wasserwirtschaft & Übertragbarkeit. HafenCity Universität Hamburg, Hamburg

Roberts D (2010) Prioritizing climate change adaptation and local level resilience in Durban, South Africa. Environ Urban 22:397–413

Schneiderbauer S, Pedoth L, Zhang D et al (2013) Assessing adaptive capacity within regional climate change vulnerability studies – an Alpine example. Nat Hazards 67:1059–1073

Schröter D, Polsky C, Patt AG (2005) Assessing vulnerabilities to the effects of global change: an eight step approach. Mitig Adapt Strat Glob Change 10(4):573–595

Schüle R, Fekkak M, Lucas R et al (2016) Kommunen befähigen, die Herausforderungen der Anpassung an den Klimawandel systematisch an-zugehen (KoBe). Umweltbundesamt Climate Change 20/2016

Siders AR (2019) adaptive capacity to climate change: a synthesis of concepts, methods, and findings in a fragmented field. Wiley Interdisc Rev Clim Change 10(3):e573

Smit B, Wandel J (2006) Adaptation, adaptive capacity and vulnerability. Glob Environ Change 16(3):282–292

Süßbauer E (2016) Klimawandel als widerspenstiges Problem. Eine soziologische Analyse von Anpassungsstrategien in der Stadtplanung. Springer VS, Wiesbaden

Tschakert P, Das PJ, Pradhan NS et al (2016) Micropolitics in collective learning spaces for adaptive decision making. Glob Environ Change 40:182–194

UNEP (2018) Adaptation gap report

UNFCCC (Hrsg) (2016) Paris agreement. COP 21, Oct, Paris

Van Valkengoed AM, Steg L (2019) Meta-analyses of factors motivating climate change adaptation behaviour. Nat Clim Change 9(2):158

Vincent K (2007) Uncertainty in adaptive capacity and the importance of scale. Glob Environ Change 17(1):12–24

Walker SE, Bruyere BL, Zarestky J et al (2021) Education and adaptive capacity: the influence of formal education on climate change adaptation of pastoral women. Clim Dev 14(10):1–10

Warren RF, Wilby RL, Brown K et al (2018) Advancing national climate change risk assessment to deliver national adaptation plans. Phil Trans R Soc A 376:20170295

Warrick O, Aalbersberg W, Dumaru P et al (2017) The "Pacific adaptive capacity analysis Ffamework": guiding the assessment of adaptive capacity in Pacific Island communities. Reg Environ Change 17(4):1039–1051

Weyrich P, Cortekar J, Rathmann J (2018) Barriers to climate change adaptation in urban areas in Germany. AV Akademikerverlag. 132 S

Whitney CK, Bennett NJ, Ban NC et al (2017) Adaptive capacity: from assessment to action in coastal social-ecological systems. Ecol Soc 22(2):art22

Williges K, Mechler R, Bowyer P et al (2017) Towards an assessment of adaptive capacity of the European agricultural sector to droughts. Clim Services 7(August):47–63

Woroniecki S, Krüger R, Rau Al et al (2019) The framing of power in climate change adaptation research. WIREs Clim Change 10:e617

Zebisch M, Grothmann T, Schröter D et al (2005) Klimawandel in Deutschland. Vulnerabilität und Anpassungsstrategien klimasensitiver Systeme. (Hrsg). v. Umweltbundesamt (UBA). Potsdam-Institut für Klimafolgenforschung e. V. (PIK)

Klimawandel als Risikoverstärker: Kipppunkte, Kettenreaktionen und komplexe Krisen

Jürgen Scheffran

Inhaltsverzeichnis

27.1   Das komplexe Zusammenspiel von Klima und Gesellschaft – 362

27.2   Verwundbare Wirtschaft, Infrastrukturen, Versorgungsnetze – 363

27.3   Umbrüche in Klima, Gesellschaft und Politik – 365

27.4   Umweltbedingte Migration – 365

27.5   Konfliktpotenziale des Klimawandels – 367

27.6   Multiple Krisen und sozial-ökologische Transformation – 368

27.7   Kurz gesagt – 369

Literatur – 369

© Der/die Autor(en) 2023
G. P. Brasseur et al. (Hrsg.), *Klimawandel in Deutschland*,
https://doi.org/10.1007/978-3-662-66696-8_27

Komplexe Zusammenhänge in hoch vernetzten Systemen zeigen sich in verschiedenen Risikofeldern und Brennpunkten des Klimawandels. Hierzu gehören Folgen für Ökosysteme, Land- und Forstwirtschaft, Finanz- und Wirtschaftskrisen, verwundbare Versorgungssysteme und kritische Infrastrukturen, die Destabilisierung sozialer und politischer Strukturen, Migration und Vertreibung sowie Sicherheitsrisiken und Gewaltkonflikte. Über globale und regionale Konnektoren haben solche Prozesse auch primäre und sekundäre Konsequenzen für Deutschland. Ein besseres wissenschaftliches Verständnis der zugrundeliegenden komplexen Wechselwirkungen ist eine Voraussetzung, um das Klimasystems auf einem beherrschbaren, noch nicht gefährlichen Niveau zu stabilisieren und eine vorausschauende, auf Anpassung ausgerichtete Politik zu ermöglichen, die riskante Pfade vermeidet und eine Stabilisierung ermöglicht.

27.1 Das komplexe Zusammenspiel von Klima und Gesellschaft

Der Zusammenhang zwischen der Komplexität und Stabilität dynamischer Systeme hat die Ökosystemforschung seit Jahrzehnten geprägt und spielt auch in der Interaktion von Klimawandel und Gesellschaft eine Rolle (Scheffran 2015). Ein System ist stabil, wenn trotz Störungen wesentliche Systemmerkmale erhalten bleiben. Natürlich gewachsene Systeme sind oft gegenüber Umweltveränderungen angepasst, robust und lernfähig, was ihre Störanfälligkeit verringert. An der kritischen Schwelle zur Instabilität können geringe Änderungen qualitative Systemwechsel auslösen. Kippt das System, kommt es zu Umbrüchen und Phasenübergängen, vom Kollaps bis zur Transformation. Beispiele sind Übergänge zwischen Krieg und Frieden oder der Wandel von der Ausbeutung zur nachhaltigen Nutzung von Ressourcen.

Um die Funktions- und Lebensfähigkeit (Viabilität) eines Systems sicherzustellen, ist das Überschreiten kritischer Toleranzgrenzen durch praktische Steuerungsmaßnahmen zu vermeiden (Scheffran 2016). Ein resilientes System ist fähig, sich nach einem äußeren Schock wieder herzustellen oder einen stabilisierenden Wandel herbeizuführen. Im Leitplankenkonzept *(tolerable-windows approach)* werden Klimafolgen und existenzgefährdende Ereignisketten frühzeitig erkannt und durch geeignete Handlungen vermieden (Petschel-Held et al. 1999). Dabei ist es wichtig, die Bedingungen zu verstehen, unter denen Extremereignisse, Kippelemente, Kettenreaktionen und Risikokaskaden ausgelöst werden, die die Systemstabilität gefährden und einen Systemwechsel zur Folge haben.[1]

1. **Extremereignisse:** Viele Typen extremer Wetterlagen werden als Folge des Klimawandels wahrscheinlicher (IPCC 2018, 2021), verursachen hohe volkswirtschaftliche Schäden von hunderten Milliarden Euro und bedrohen Gesundheit und Leben betroffener Menschen. Insgesamt kamen von 2000 bis 2019 mehr als 475.000 Menschen durch 11.000 Extremwetterereignisse zu Tode (Germanwatch 2021). Lagen die absoluten finanziellen Schäden in reichen Ländern deutlich höher, waren in einkommensschwachen Ländern aufgrund höherer Schadensanfälligkeit und geringeren Bewältigungsmöglichkeiten Todesfälle, Elend und existenzielle Bedrohungen durch Extremwetter viel häufiger. In dem Zeitraum von 2000 bis 2019 verzeichneten Puerto Rico, Myanmar und Haiti die höchsten Schäden und die meisten Toten. Im Jahr 2019 hatten Mosambik, Simbabwe und die Bahamas besonders unter Wetterextremen zu leiden (Germanwatch 2021). Betroffen sind auch Industrieländer, z. B. durch die europäischen Hitzewellen 2003 und 2018, die Elbefluten in Deutschland 2002 und 2013, eine Rekordzahl an Stürmen im Nordatlantik 2020, verheerende Brände in Russland, Kalifornien, Brasilien und Australien (Howe und Bang 2017; MunichRe 2021). Der Sommer 2021 hat mit dem verheerenden Hochwasser in der Eifel und anderen Teilen Mitteleuropas sowie den Hitzewellen und großflächigen Bränden im Mittelmeerraum neue Katastrophenpotenziale deutlich gemacht.

2. **Verbundereignisse** *(compound events):* Klimabedingte Schäden können verstärkt werden durch die Kombination multipler Treiber und Stressoren, deren Zusammentreffen wahrscheinlicher wird und zu gesellschaftlichen und/oder ökologischen Mehrfachrisiken beiträgt (Zscheischler et al. 2018). Beispiele sind das Zusammenwirken verschiedener Wetterphänomene und Klimawandelfolgen, z. B. von extremen Niederschlägen und Wind, die Infrastrukturen schädigen, von Sturmfluten und Niederschlägen, die Küstenüberschwemmungen zur Folge haben, oder von Trockenheit und Hitze, die zu Baumsterben und Vegetationsbränden führen. Letztere können Luftverschmutzung verursachen, die Ernten beeinträchtigen und der menschlichen Gesundheit schaden, wie im Sommer 2010 in Russland (vgl. Reichstein et al. 2021). Bei Wirbelstürmen in den USA wie Katrina 2005, Sandy 2012 und Harvey 2017 wirkte sich verheerend das Zusammentreffen von Starkniederschlägen und Sturmflut aus, was massive Schäden und Verluste von Menschenleben in urbanen Zentren zur Folge hatte. Bestimmte Verbundeffekte sind im Nexus-Ansatz repräsentiert, etwa im Nexus Wasser-Nahrung-Energie oder Klima-Konflikt-Migration.

3. **Kippelemente und Schwellenwerte:** An der kritischen Schwelle zur Instabilität können bereits geringe Änderungen ein System zum Kippen bringen,

---

1 Seit dem Ersterscheinen 2016 hat die Forschung zur Thematik dieses Kapitels stark zugenommen. Die Literatur zu Kippelementen, Verbundrisiken, Risikokaskaden, Klimaextremen, Instabilitäten, Migration und Konflikten ist hier nur selektiv repräsentiert. Für frühere Quellen sei auf die erste Fassung verwiesen.

symbolisiert durch den aus der Chaostheorie bekannten Schmetterlingseffekt. In der Nähe einer Weggabelung (Bifurkation) haben kleine Ursachen große Wirkungen, verbunden mit dramatischen Systemwechseln, die sich ausbreiten können (Scheffer 2009). Jenseits von Kipppunkten *(tipping points)* fallen betroffene Systeme in einen qualitativ anderen Zustand, aus dem es keine einfache Rückkehr gibt. Ein spektakuläres Beispiel war der Fall der Berliner Mauer 1989, der als Kipppunkt für den dominoähnlichen Zusammenbruch des sowjetischen Weltsystems in wenigen Wochen, das Ende des Kalten Krieges und die deutsche Einheit diente (Jathe und Scheffran 1995). Nach Milkoreit et al. (2018, S. 9) sind Kipppunkte durch vier Merkmale der Kritikalität charakterisiert, die kritische Systemänderungen und Verstärkereffekte ausmachen: Sprünge zwischen multistabilen Zuständen (Bifurkationen), nichtlineare Veränderung, Rückkopplungen als Antrieb und begrenzte Reversibilität. Auch das Klimasystem kann durch Kippelemente instabil werden (Lenton et al. 2008). Hierzu gehören das sich selbst verstärkende Abschmelzen der Eisschilde in Grönland und der Westantarktis, die Freisetzung von gefrorenen Treibhausgasen wie Methan, die Abschwächung des Nordatlantikstroms oder die Änderung des asiatischen Monsuns (IPCC 2019). Oberhalb einer kritischen Temperaturschwelle könnten Verstärkereffekte und Ereignisketten nach Ansicht mancher Studien weltweit zu einem grundlegenden Wandel des Erdsystems führen (Steffen et al. 2018), mit tiefgreifenden und irreversiblen Folgen für die globale Sicherheit und internationale Stabilität. Auch ohne einen raschen und starken Klimawechsel kann die globale Erwärmung ökologische und soziale Systeme zum Kippen bringen (Rodriguez-Lopez et al. 2019; Otto et al. 2020). Ob es sich um „negative" oder „positive" Kipppunkte handelt, hängt von der Bewertung ihrer Vor- und Nachteile ab.

4. **Risikokaskaden und Kettenreaktionen:** Jenseits von kritischen Schwellen und Kipppunkten sind komplexe Dynamiken möglich, wie Phasenübergänge, Risikokaskaden und Kettenreaktionen (Scheffran 2015; AghaKouchak et al. 2018). Ein Beispiel ist die exponentiell verlaufende Kettenreaktion der nuklearen Kernspaltung, die in der Atombombe unkontrolliert verläuft und im Kernreaktor durch Kontrollstäbe an der Schwelle der Kritikalität gehalten wird, um Energie zu extrahieren. Setzt ein Störfall die Reaktorsteuerung außer Kraft, können globale Folgekaskaden in Gang kommen, wie die Nuklearkatastrophen von Tschernobyl 1986 und Fukushima 2011 zeigten (Scheffran 2016). Exponentielle Kaskaden zeigt auch die Coronapandemie, in der alle Menschen Teil einer Kettenreaktion sind. Auch der Klimawandel kann sich mit Kaskaden in sozialen Netzwerken verbinden, in Protestbewegungen, Wahlen, Börsencrashs, Revolutionen,

Massenflucht oder Gewaltkonflikten (Kominek und Scheffran 2012).

Mithilfe eines integrativen Rahmens lässt sich das komplexe Zusammenspiel von Systemen, Bedingungen und Akteuren im Erdsystem verdeutlichen (Scheffran 2020; ◘ Abb. 27.1). Änderungen im Klimasystem sind mit den Auswirkungen auf natürliche Ressourcen, menschliche Sicherheit und gesellschaftliche Stabilität verbunden. Risiken werden durch die Vulnerabilität der Teilsysteme sowie Anpassungsfähigkeiten beeinflusst (IPCC 2022), etwa die Versorgung mit Wasser, Energie, Nahrung und Gütern. Die Reaktionen darauf können gesellschaftliche Destabilisierung und Konflikte auslösen, die sich in einer vernetzten Welt kaskadenartig ausbreiten. Demgegenüber können kooperative und nachhaltige Gegenmaßnahmen die Ursachen und Folgen des Klimawandels abschwächen, durch Minderung der Treibhausgasemissionen oder durch Anpassung an den Klimawandel. Zu berücksichtigen ist das Zusammenwirken mit anderen Indikatoren planetarer Grenzen (Biodiversität, Landnutzung, Stickstoff etc.), deren Vorbelastungen, Wechselwirkungen und kumulativen Effekten (Rockström et al. 2009). So könnte ein relativ kleiner, vielleicht noch beherrschbarer Klimawandel bei einem starken Verlust der Biodiversität einen Systemwechsel auslösen.

27.2 Verwundbare Wirtschaft, Infrastrukturen, Versorgungsnetze

Der Klimawandel kann die Funktionsfähigkeit und Stabilität der für Wirtschaft und Gesellschaft kritischen, systemrelevanten und oftmals verwundbaren Infrastrukturen und Versorgungsnetze beeinflussen (IPCC 2014, S. 775). Betroffene Systeme sind z. B. die Versorgung mit Wasser, Nahrung, Energie, Gütern und Dienstleistungen, die Bereitstellung von Kommunikation, Bildung, Gesundheit, Transport und Sicherheit sowie menschliche Siedlungen und politische Einrichtungen. Das Versagen von Teilsystemen kann sich über Kopplungen ausbreiten und das gesamte System ins Wanken bringen. Dies gilt besonders dann, wenn klimabedingte Veränderungen und Wetterextreme auf verwundbare Systeme treffen, die durch Erosion, Verschmutzung, Übernutzung, Ressourcenausbeutung, Abholzung oder Brandrodung geschwächt sind. So wird beispielsweise das Hochwasserrisiko durch Niederschläge verstärkt aufgrund einer verringerten Wasserrückhaltekapazität von Böden, etwa als Folge verfehlter Landnutzung oder Stadtplanung.

Dies betrifft Entwicklungsländer, die unmittelbar von Ökosystemdienstleistungen und Landwirtschaft abhängen, wie auch für Industrieländer mit hoch vernetzten technischen Systemen, die weiterentwickelte Schutz- und Reaktionsmöglichkeiten haben. Werden Knotenpunkte und Verbindungen kritischer Infra-

27

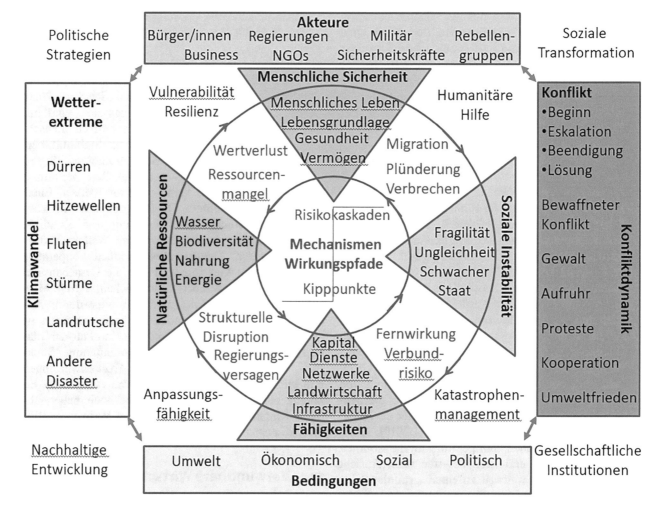

● **Abb. 27.1** Integrativer Rahmen von Wirkungsketten der Wechselwirkung zwischen Klima und Gesellschaft. (Modifiziert von Scheffran 2020)

strukturen getroffen, kann die Versorgung zusammenbrechen und sich kaskadenartig ausbreiten (zu technischen Infrastrukturen ▶ Kap. 23).

So beeinflusst der Klimawandel auf vielerlei Weise das Gefüge aus Wasser, Energie und Nahrung (Beisheim 2013). Ein Beispiel ist der Anbau von Pflanzen für die Produktion von Lebensmitteln oder Bioenergie. Wird die Landwirtschaft von den Folgen des Klimawandels getroffen, etwa durch verringerte Wasserverfügbarkeit, durch Bodendegradation, Starkregen, Stürme oder Hitzewellen (wie 2003 und 2018), so beeinträchtigt dies die Produktion von Lebensmitteln und von Energie, was zum Anstieg der Preise führen kann. Das macht es attraktiver, die landwirtschaftliche Produktion auszuweiten – bei mehr Einsatz von Produktionsfaktoren wie Wasser, Energie, Pflanzenschutz- und Düngemitteln, was wiederum höhere Umweltbelastungen und mehr Nachfrage nach Landflächen zur Folge hat (Beisheim 2013; Endo et al.

2017). Fällt das Stromnetz aus, sind auch andere Versorgungssysteme betroffen, etwa nach heftigen Schneefällen in Nordrhein-Westfalen und Niedersachsen im November 2005, wodurch rund 250.000 Menschen mehrere Tage ohne Strom waren, oder nach einer Hitzewelle 2019 in New York. Das Hochwasser in der Eifel 2021 legte über Wochen nahezu die gesamte Infrastruktur lahm.

Dem Klimawandel ausgesetzt sind auch Vermögenswerte und wirtschaftliche Prozesse wie die weltweiten Güter-, Handels- und Finanzmärkte, die für die Exportnation Deutschland wesentlich sind und die Klimawirkung von einzelnen Sektoren in weitere Teile der Gesellschaft transportieren können (Krichene et al. 2020). Finanzgeschäfte und Preisinformationen repräsentieren virtuelle Mechanismen, die Ereignisse in kürzester Zeit weltweit miteinander verknüpfen. Klimabedingte Produktionsausfälle, Insolvenzen von Unternehmen, Dynamiken an Finanzmärkten und der Börse können sich über globale Netze und Märkte ausbreiten und weltweit kaskadenartige Folgeschäden in der Versorgung und durch Preissteigerungen auslösen (Poledna et al. 2018).

Extremereignisse in einem Land können Produktionseinbrüche nach sich ziehen, die sich über globale Lieferketten verbreiten. So trafen Überschwemmungen in Australien 2010 und 2011 die Kohleindustrie und brachten steigende Stahlpreise und Versorgungsengpässe in der Stahlindustrie mit sich. Dies war auch in Deutschland zu spüren, mit Auswirkungen auf Autoindustrie, Maschinenbau und andere Branchen. Das Hochwasser in Thailand 2011 führte zu Engpässen in der internationalen Elektronik- und Computerindustrie, zu hohen Preisen für Festplatten in Deutschland und zu Lieferengpässen in der Autoindustrie. Dies kann auch Lebensmittel betreffen, wie die mehrere Wochen dauernde und mit Bränden verbundene Hitzewelle in Russland und Zentralasien im Sommer 2010, die zu Exporteinschränkungen für Weizen führte. Die Dürren in den USA 2011 und 2012 oder in China 2010 und 2011 zogen steigende Lebensmittelpreise nach sich (Werrell und Femia 2013).

27.3 Umbrüche in Klima, Gesellschaft und Politik

In Gebieten, die gegenüber Klimastressoren besonders verwundbar sind und nur geringe Anpassungsfähigkeiten haben, sind menschliche Existenzgrundlagen durch Extremereignisse und die schleichende Zerstörung natürlicher Ressourcen bedroht, die für die Bedürfnisbefriedigung elementar sind wie Wasser, Nahrung, Wälder oder Biodiversität. Viele Gefahren für die menschliche Sicherheit werden nicht allein oder primär durch den Klimawandel verursacht. Vielmehr sind komplexe Problemkonstellationen in den betroffenen Gebieten dafür verantwortlich: die Zerstörung von Ökosystemen, große Armut, politische Instabilität, Landnutzungsänderung und die Übernutzung von Böden, oder auch das Fehlen von Frühwarnung und Katastrophenschutz (WBGU 2007). Verschiedene Destabilisierungsprozesse können sich in Brennpunkten verstärken und auf Nachbarregionen ausstrahlen. Besonders anfällig sind Küstenzonen und Flussgebiete, heiße und trockene Gebiete sowie Regionen, deren Wirtschaft von klimasensiblen Ressourcen und der Landwirtschaft abhängt. Neben den primären regionalen Folgen können indirekte Wirkungen in entfernten Gebieten Veränderungen auch hierzulande auslösen, wie das Beispiel der Lebensmittelpreise zeigt. Einige Reaktionen können die Lage verschärfen, etwa wenn Menschen in Not den Raubbau von Ressourcen forcieren, in andere Risikozonen abwandern oder Gewalt anwenden, um das eigene Überleben zu sichern. Beispiele sind die forcierte Nutzung fossiler Energiequellen (etwa in der Arktis), das Abholzen von Regenwäldern oder die Anschaffung von Klimaanlagen in heißen Regionen, wodurch der Klimawandel weltweit beschleunigt würde. Da physische, wirtschaftliche und geopolitische Risiken miteinander verknüpft sind, können klimabedingte Ereignisse in einer global vernetzten Welt direkt oder indirekt die soziale und politische Stabilität anderer Regionen untergraben und globale Folgen mit sich bringen, die Deutschlands Handlungsspielräume einengen oder bestimmte Handlungen erzwingen.

In fragilen Staaten, die Kernfunktionen der Regierung nicht garantieren können, untergräbt der Klimawandel die soziale und politische Stabilität und überfordert die Problemlösungs- und Anpassungsfähigkeit. Durch Marginalisierung, Umweltschäden, schwindende und ungleich verteilte Ressourcen können gesellschaftliche Verwerfungen und Sicherheitsrisiken verschärft werden (Molo 2015). Werden Grundnahrungsmittel knapp und teurer, kann dies für arme Schichten existenzbedrohend sein und gesellschaftliche Umwälzungen und Konflikte auslösen. So beeinflussten Dürren und Hitzewellen in China und Russland 2010 und 2011 die weltweiten Verfügbarkeiten und Preise von Lebensmitteln. Dies gilt als ein Auslöser für den Arabischen Frühling (Werrell und Femia 2013), zusammen mit einem hohen Erdölpreis, dem Ausbau von Bioenergie sowie Spekulationen auf den globalisierten Lebensmittelmärkten. Die Folgen trafen besonders die von Lebensmittelimporten abhängigen arabischen Staaten in Nahost und Nordafrika (MENA), die 2011 massive politische Proteste erlebten. Der entstandene Flächenbrand in der Region wurde durch elektronische Medien und soziale Netzwerke beschleunigt und vervielfacht, die kollektives Handeln erleichtern (Kominek und Scheffran 2012). Die politischen Umbrüche haben bis heute Auswirkungen auf die Stabilität des Mittelmeerraums (offenkundig in Syrien) und durch Migrationsbewegungen, Terrorismus und wirtschaftliche Verflechtungen auch auf Deutschland. Die weltweiten und miteinander gekoppelten Krisenentwicklungen des vergangenen Jahrzehnts haben die Rahmenbedingungen der deutschen und europäischen Klimapolitik in erheblichem Maße beeinflusst. Dies wird im Folgenden an den Zusammenhängen zwischen Klimawandel, Migration und Konflikten verdeutlicht.

27.4 Umweltbedingte Migration

Umweltzerstörung und Erderwärmung beeinflussen Wanderungsbewegungen, die Länder und Kontinente verbinden. Während Stürme und Überschwemmungen unmittelbar zu Vertreibungen führen können, untergraben Dürren und Wüstenbildung (Desertifikation) menschliche Lebensgrundlagen und Landwirtschaft auf lange Sicht. Verschlechtert sich dadurch die Versorgung mit Wasser und Nahrung, verbunden mit Ressourcenkonflikten und Gewalt, nimmt der Vertreibungsdruck zu.

Zwischen 2010 und 2019 hat sich die Zahl der Flüchtlinge und Vertriebenen auf nahezu 80 Mio. Menschen verdoppelt (UNHCR 2020). 85 % leben nach wie vor in Entwicklungsländern. 55 Mio. Menschen sind Binnenvertriebene, wobei 2020 etwa 30,7 Mio. weitere Menschen durch Naturkatastrophen vertrieben wurden, mehr als dreimal so viele wie durch Gewalt und Konflikte (IDMC 2021: 1). Vertreibungen durch Naturkatastrophen gab es vor allem in Asien, durch Konflikte vor allem in Afrika. Binnenvertriebene bleiben meist in der Nähe ihres ursprünglichen Wohnorts.

In Zukunft dürfte die Klimakrise sich zunehmend auf Migration auswirken. Schätzungen sind unsicher und reichen von 50 Mio. bis zu 1 Mrd. Menschen, die durch Klimafolgen vertrieben werden. Einige Studien warnen vor übertriebenen Annahmen, die empirisch nicht begründet sind (Scheffran 2017). Klimawandel ist Teil eines komplexen Bündels von Fluchtursachen (Burrows und Kinney 2016; Abel et al. 2019), besonders in fragilen Regionen mit hoher Abhängigkeit von der Landwirtschaft, wo Armut, Gewalt, soziale Ungleichheit und Unsicherheit herrschen (Ionescu et al. 2017; Hoffmann et al. 2020).

Umweltveränderungen können Migration nicht nur fördern, sondern auch erschweren, indem sie die Armut der Landbevölkerung vergrößern und die Möglichkeiten zur Abwanderung einschränken, denn die Ärmsten haben kaum Möglichkeiten zur Wanderung über große Entfernungen (trapped populations, Hoffmann et al. 2020). Umweltbelastungen und Verwundbarkeiten können zunehmen, wenn Menschen in exponierte Regionen abwandern – etwa in Küstenstädte, die von Stürmen oder Meeresspiegelanstieg betroffen sind. Am Zielort kann Zuwanderung Umweltprobleme und die Konkurrenz um knappe Ressourcen wie Acker- und Weideland, Wohnraum, Wasser, Arbeitsplätze und soziale Dienstleistungen verschärfen (Ionescu et al. 2017). Die Landflucht in Metropolen und ihre Slums verschärft ökologische und soziale Folgen bis an den Rand des Kollapses.

Wetterextreme können auch in Industrieländern zu Migration führen, wie der Hurrikan Katrina 2005 in den USA gezeigt hat, der Hunderttausende aus New Orleans vertrieb, von denen viele nicht wieder zurückkehrten (Palinkas 2020). Von Überflutung gefährdete Risikozonen an Küsten oder Flussläufen können auch in Deutschland unbewohnbar werden und zur Abwanderung führen, etwa weil Immobilien in Erwartung zukünftiger Risiken an Wert verlieren. Während dies hierzulande noch wenig Beachtung findet, führt die Migration aus Krisengebieten zu gesellschaftlichen Debatten, verstärkt durch rechtspopulistische Bewegungen. Dies war offensichtlich in der „Flüchtlingskrise" 2015, als Dominoeffekte Deutschland und die EU unter Druck setzten. Viele der Zuwanderer stammen aus der MENA-Region und der Sahelzone, die direkt vom Klimawandel und einem dadurch bedingten Migrationsdruck betroffen sind (Scheffran 2017).

So hat in Syrien eine verheerende Dürre (2007–2010) Menschen in ländlichen Gebieten entwurzelt und die bestehende Unzufriedenheit mit dem Regime verstärkt. Dies trug zu dem blutigen Bürgerkrieg und Fluchtbewegungen bei, auch wenn der Einfluss des Klimawandels hier umstritten ist (Kelley et al. 2015; Selby et al. 2017). In der Sahelzone kommt es durch Klimawandel, Bevölkerungswachstum, Übernutzung und lokale Umweltschäden zu verlängerten Trockenperioden und Wüstenbildung, mit Spannungen zwischen Nomaden und sesshaften Ackerbauern um fruchtbares Land. Das komplexe Wechselspiel von Fluchtursachen zeigt sich in der sudanesischen Region Darfur ebenso wie am Tschadsee. Hier vermischen sich Wasser- und Landnutzungskonflikte mit Bürgerkriegen zwischen Regierungen und Rebellen, verstärkt durch staatliches Versagen, Korruption und die Ausgrenzung gesellschaftlicher Gruppen (Scheffran et al. 2019; Froese und Schilling 2019).

Eine auf Abwehr gerichtete europäische Politik, die Migration als Auslöser von Sicherheitsproblemen, politischen Instabilitäten und Konflikten sieht, dürfte die zugrundeliegenden Fluchtursachen nicht verhindern, eher noch verstärken (Scheffran 2017; Fröhlich und Klepp 2020). Die Klimakrise als zukünftigen Fluchtgrund zu vermeiden, wurde im Zusammenhang mit der Pariser Klimakonferenz von 2015 von vielen Entscheidungsträgern betont. Auch danach wurde die Klimamigration als Begründung für eine klimapolitische Transformation angeführt, so im Bericht der Fachkommission Fluchtursachen an die Bundesregierung (Fachkommission 2021). Neben der Analyse der Zusammenhänge empfiehlt der Bericht, Deutschland solle seine „Verantwortung als Verursacher übernehmen", „klimaneutrale Entwicklung im globalen Süden vorantreiben und die Synergieeffekte erneuerbarer Energien nutzen", u. a. durch einen Mechanismus gemeinsamer Projekte (climate matching) für eine weltweite Energiewende und wirksame Klimaanpassung, um zu vermeiden, dass Menschen aus ihrer

Heimat vertrieben werden (Fachkommission 2021, S. 105).

27.5 Konfliktpotenziale des Klimawandels

Wie sehr Umwelt- und Ressourcenprobleme zu Gewaltkonflikten beitragen, ist seit drei Jahrzehnten Gegenstand wissenschaftlicher Debatten, die durch die jeweils aktuelle Konfliktdynamik beeinflusst werden. Nachdem die Zahl der bewaffneten Gewaltkonflikte mit staatlicher Beteiligung und mehr als 25 Todesopfern pro Jahr weltweit 1991 mit 53 ein Maximum erreicht hatte, nahm sie auf 31 im Jahr 2010 ab und erreichte dann 2016 und 2019 mit jeweils 54 Gewaltkonflikten neue Höchstwerte (UCDP 2020). Die Zahl solcher Gewaltkonflikte ohne staatliche Beteiligung hat sich seit Beginn der 1990er-Jahre bis 2016 etwa vervierfacht (auf 85) und sank 2019 auf 67. Untersucht wird der Einfluss des Klimawandels auf verschiedene Konfliktfelder, von internationalen Spannungen bis zu innergesellschaftlichen Streitigkeiten. Einige Studien finden für längere historische Zeiträume Zusammenhänge zwischen der langfristigen Variabilität des Klimas und Gewaltkonflikten oder legen dar, unter welchen Bedingungen gesellschaftlicher Stress durch Naturkatastrophen und Ressourcenknappheit zu Konfliktrisiken führt (Ide et al. 2020). Andere Arbeiten zweifeln angesichts komplexer Zusammenhänge an einfachen Kausalitäten und betonen die Möglichkeit, Ressourcenprobleme durch Zusammenarbeit und Innovation zu bewältigen (von Uexkull et al. 2016). Die konträren Ergebnisse hängen von methodischen Fragen sowie regionalen Kontexten und Konfliktkonstellationen ab (Adams et al. 2018; Mach et al. 2019; Scheffran 2020; Scartozzi 2020).

Wie schon der fünfte widmet sich auch der sechste IPCC-Bericht ausführlich den mit dem Klimawandel verbundenen Konflikten und Sicherheitsrisiken (IPCC 2022), beispielsweise wenn steigende Nahrungsmittelpreise und der Wettbewerb um Wasser und Land das Wirtschaftswachstum dämpfen und zivile Institutionen schwächen. Der Klimawandel erhöht das Risiko innerstaatlicher bewaffneter Konflikte, wobei politische und wirtschaftliche Faktoren (z. B. die Gewaltgeschichte, sozioökonomische Treiber, Regierungsschwäche, soziale Ungleichheit) bislang weitaus wichtigere Triebkräfte waren als klimatische Faktoren (Mach et al. 2019). Der Klimawandel kann als Risikomultiplikator wirken, wenn das Umfeld anfällig für Umweltstress und Konflikte ist, beispielsweise besonders abhängig von der Landwirtschaft oder durch politische Ausgrenzung und niedrige sozioökonomische Entwicklung geprägt. Auch wenn zu-

künftige Klimaänderungen über große raum-zeitliche Skalen und verschiedene Kausalketten das Konfliktrisiko deutlich erhöhen können, bleiben angesichts der Komplexität erhebliche Unsicherheiten über das Ausmaß. Zu berücksichtigen ist auch, dass bewaffnete Konflikte die Anfälligkeit für den Klimawandel erhöhen, etwa weil die Wasser- und Energieinfrastruktur zerstört wird, qualifizierte Arbeitskräfte abwandern und Investitionen in grüne Technologien fehlen, eine Erkenntnis, die durch jüngste Gewaltkonflikte wie in Syrien oder in der Ukraine an Bedeutung gewonnen hat (Scheffran 2022).

Je mehr die Erderwärmung menschliche Lebensgrundlagen verändert und die Verfügbarkeit von Ressourcen wie Wasser, Nahrung und Biodiversität einschränkt, umso mehr Anlässe für Gewaltkonflikte gibt es. Diese können wiederum Hungersnöte, Wirtschaftskrisen, Verteilungskonflikte, Vertreibungen, Ressourcenausbeutung und Umweltzerstörung mit sich bringen, was Konfliktlösung und Klimapolitik erschwert (WBGU 2007). Ein Vergleich der Zahl der Todesopfer von Naturkatastrophen und bewaffneten Konflikten zeigt, dass Länder mit niedrigem Entwicklungsniveau gegenüber dieser doppelten Bedrohung besonders anfällig sind, die sich in einer Eskalationsspirale verstärken und auf andere Regionen übergreifen können (Scheffran et al. 2014; von Uexkull et al. 2016).

Risiken und Konflikte der Klimakrise folgen aus dem Wechselspiel von klimatischen, ökologischen und gesellschaftlichen Rahmenbedingungen, der Konfliktgeschichte und den Anpassungsfähigkeiten (Mach et al. 2020). In fragilen Gebieten des Mittelmeerraums und der Sahelzone Afrikas, Lateinamerikas, Südasiens und des Pazifikraums verdichten sich die Klimafolgen in komplexen Konfliktkonstellationen. Wenn beispielsweise im südlichen Asien Flussdeltas überflutet werden oder Anbaugebiete vertrocknen, wird die Lebensgrundlage vieler Bauern zerstört. Ob es zu gewalttätigen Auseinandersetzungen kommt, hängt u. a. davon ab, was diese Bauern in den nächsten Jahrzehnten anbauen, wie stark betroffene Regionen von der Landwirtschaft abhängen und ob soziale Sicherungssysteme Konflikte abfedern. Werden die Anpassungspotenziale überschritten, besteht die Gefahr einer Destabilisierung, wodurch Konfliktlinien in der Welt verstärkt werden (WBGU 2007). Deutsche Entwicklungspolitik, die betroffene Staaten bei der Umsetzung geeigneter Anpassungsmaßnahmen unterstützt, ist damit ein Beitrag zur Friedenssicherung, was sich in der Empfehlung zeigt, Klima-, Migrations- und Friedenspolitik zusammenzuführen (Fachkommission 2021, S. 105). Entsprechende Vorschläge zur Klimaprävention und -anpassung für den UNO-Sicherheitsrat

27

entwickelte das Auswärtige Amt im Rahmen der Berliner Konferenzen über Klima und Sicherheit 2019 und 2020 (▶ Kap. 31).[2]

Gelingt die Eindämmung der durch den Klimawandel ausgelösten oder verstärkten Sicherheitsrisiken des Klimawandels nicht, sind neben der möglichen Einbindung Deutschlands in militärische Interventionen in anderen Weltregionen auch in Europa mit dem Klimawandel verbundene Konfliktlagen denkbar. Hierzu gehören Spannungen um territoriale Ansprüche und natürliche Ressourcen in der Arktisregion und im Mittelmeerraum. Schmelzendes Polareis und auftauende Permafrostböden berühren die strategischen Interessen Europas, Russlands und Nordamerikas. Bezüglich erneuerbarer Energien eröffnet die Zusammenarbeit zwischen Europa, Nahost und Afrika die Möglichkeit, den von Erdölinteressen geprägten Mittelmeerraum in eine Region kooperativer Sicherheit umzuwandeln – sofern die Nutzung nachhaltig, entwicklungsfördernd, friedlich und gerecht erfolgt. Aufgrund der Instabilitäten durch den Arabischen Frühling konnten solche Vorschläge bislang nicht realisiert werden, was einen Teufelskreis nahelegt: Klimawandel führt zu Krisen, die eine kooperative Lösung des Klimawandels erschweren. Umgekehrt können Klimakonflikte durch gemeinsame Risikovermeidung und Konflikttransformation eingedämmt werden, etwa durch Synergien zwischen Klimaanpassung, Resilienz und nachhaltiger Friedenssicherung.

Auch Strategien zur Vermeidung des Klimawandels können Schäden, Widerstände oder Konflikte auslösen. Beispiele aus der deutschen Debatte sind die Auseinandersetzung um die Kernenergie, die CO_2-Abscheidung und Speicherung als Beitrag zur Vermeidung oder Begrenzung von CO_2-Emissionen sowie die Zielkonflikte um die Folgen der Bioenergie und die Standorte von Windkraftanlagen (z. B. mit Artenschutz und Landschaftsbild), die polarisierend ausgetragen werden. Daher müssen klimapolitische Maßnahmen konfliktsensitiv gestaltet und die Rechte der lokalen Bevölkerung berücksichtigt werden, um Spannungen zu minimieren. Die gesellschaftliche Akzeptanz der Strategien und Technologien der Energiewende ist ein entscheidender Faktor, wieweit Deutschland seinen Anteil an den Pariser Klimazielen umsetzen kann. Besonders konfliktträchtig erscheinen technische Eingriffe in das Klimasystem *(climate engineering)*, um das Treibhausgas CO_2 aus der Atmosphäre zu entfernen oder den Strahlungshaushalt zu beeinflussen (▶ Teil V). Hier gibt es strittige Fragen zur Machbarkeit und Finanzie-

rung, zu Umweltfolgen, Risiken und Verantwortlichkeiten, die weltweite, nationale und örtliche Ebenen auf komplexe Weise verbinden (Brzoska et al. 2012). Dies gilt auch für Differenzen über die Anpassung an den Klimawandel oder Gerechtigkeitskonflikte, wie Kosten zu verteilen sind oder wo Nutzen und Risiken von Handlungen für heutige und zukünftige Generationen liegen. Dagegen braucht es Anreize und Wege, die Probleme kooperativ zu lösen.

27.6 Multiple Krisen und sozialökologische Transformation

Der Klimawandel ist Teil eines komplexen Musters überlappender Stressoren menschlicher Sicherheit, das in fragilen Brennpunkten *(hot spots)* als Risikoverstärker wirkt und ökologische und gesellschaftliche Instabilitäten und Kippelemente verbindet (◻ Abb. 27.2). Sind die primären Folgen oft zunächst auf betroffene Gebiete oder Teilsysteme beschränkt, können sie sich in der global vernetzten Welt über Fernwirkungen *(teleconnections)* ausbreiten und durch Folgeketten zu komplexen Krisen, globalen Kaskaden und geopolitischen Spannungen aufschaukeln, die schwer zu kontrollieren sind. Beispiele sind Kommunikations- und Transportsysteme, soziale Netzwerke und Medien, Versorgungs- und Stromnetze, Krankheiten, Umweltveränderungen und Ressourcenströme, Lieferketten und Handelsmärkte, Mobilität und Migration (◻ Abb. 27.1). In den Netzstrukturen kommt es zu Kopplungen, Ausbreitungs- und Akkumulationsprozessen von Information, Kapital, Macht und Gewaltmitteln, die Probleme verstärken oder vermeiden können. Der Fall der Berliner Mauer 1989, die Finanzkrise 2008, der Arabische Frühling und der Tsunami in Japan 2011 oder die US-Präsidenten-Wahl Donald Trumps 2016 hatten globale Implikationen. Dies gilt auch für die von Wuhan in China ausgehende Coronapandemie 2020, die durch die globale Mobilität rasch die gesamte Menschheit erfasste, verbunden mit Dominoeffekten wirtschaftlicher und gesellschaftlicher Folgen.

Der Klimawandel ist auch ein Konnektor, der über globale Netze der Mensch-Umwelt-Interaktion Kippelemente und Kaskaden anstoßen kann. Ob er mehr ein „Bedrohungsverstärker" ist oder kooperative Lösungen fördert, hängt davon ab, wie Gesellschaften auf den Klimawandel reagieren. Deutschland kann dies durch politische Maßnahmen und institutionelle Strukturen unterstützen, die Lernprozesse und gesellschaftliche Innovationen eröffnen, um Risiken vorbeugend und antizipativ einzudämmen. Zur Bewältigung komplexer Krisen braucht es humanitäre Hilfen und Katastrophenschutz, Regulierung von Märkten und Prei-

---

2   Berlin Climate and Security Conference: ▶ https://berlin-climate-security-conference.de.

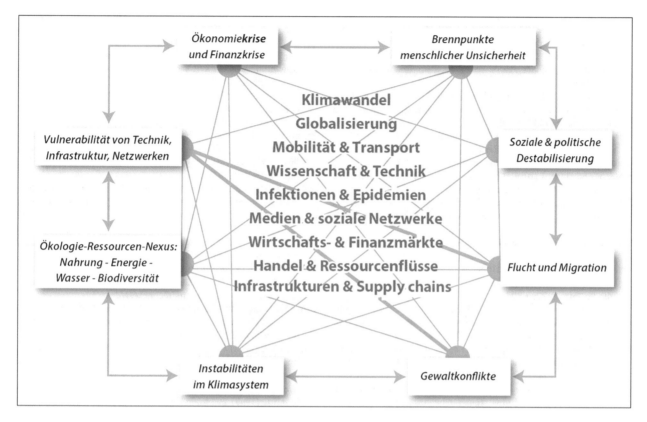

❑ **Abb. 27.2** Globale Konnektoren in komplexen Krisenlandschaften. (Basiert auf Scheffran 2017)

sen, resiliente und nachhaltige Friedenssicherung im Rahmen einer sozial-ökologischen Transformation, die positive Kipppunkte nutzt (Scheffran 2016; Thonicke et al. 2020; Gret-Regamey et al. 2019). Eine Herausforderung sind die oft langen Zeiträume, bis klimapolitische Maßnahmen wirksam werden, während die Schäden und Instabilitäten des Klimawandels deren Erfolg untergraben.

27.7 Kurz gesagt

Der Klimawandel gilt als Risikomultiplikator, der die Folgen durch komplexe Wirkungsketten in vernetzten Systemen verstärkt. Dies kann die Funktionsfähigkeit kritischer Infrastrukturen und Versorgungsnetze beeinträchtigen – z. B. das Gefüge aus Wasser, Energie und Nahrung. Über die weltweiten Märkte verbreitet, kann dies zu Produktionsausfällen, steigenden Preisen und Finanzkrisen in anderen Regionen führen, menschliche Sicherheit, soziale Lebensbedingungen und politische Stabilität untergraben, Migration und Konflikte verstärken. Zu den Konfliktfeldern in Europa zählen Spannungen um territoriale Ansprüche und natürliche Ressourcen in der Arktis und im Mittelmeerraum. Für Deutschland sind auch Umbrüche in entfernten Regionen bedeutsam –

etwa, wenn Gewaltkonflikte humanitäre Hilfe nötig machen oder Migration auslösen. Um diese Fernwirkungen zu vermeiden, ist das Ziel einer vorausschauenden, auf Anpassung ausgerichteten Politik, mögliche Ursachen und riskante Pfade früh zu vermeiden und Systeme zu stabilisieren. Investitionen in Kooperation und institutionelle Reaktionen können Gefährdungen menschlicher Sicherheit und sozialer Stabilität abschwächen. Ein integrativer Rahmen der Mensch-Umwelt-Interaktion erlaubt es, Stabilitätsbereiche, Kippeffekte und Risikokaskaden zu analysieren, um Entscheidungen unter Unsicherheit treffen zu können.

Literatur

Abel G, Brottrager M, Crespo Cuaresma J, Muttarak R (2019) Climate, conflict and forced migration. Glob Environ Chang 54:239–249

Adams C, Ide T, Barnett J, Detges A (2018) Sampling bias in climate-conflict research. Nat Clim Chang 8(3):200–203

AghaKouchak A, Huning LS, Mazdiyasni O, Mallakpour I, Chiang F, Sadegh M et al (2018) How do natural hazards cascade to cause disasters? Nature 561(7724):458–460

Beisheim M (2013) Der „Nexus" Wasser-Energie-Nahrung – wie mit vernetzten Versorgungsrisiken umgehen? Stiftung Wissenschaft und Politik. Deutsches Institut für Internationale Politik und Sicherheit

27

Brzoska M, Link PM, Maas A, Scheffran J (2012) Geoengineering: an issue for peace and security studies? Sicherheit & Frieden/Security & Peace. Special Issue 30(4):185–229

Burrows K, Kinney PL (2016) Exploring the climate change, migration and conflict nexus. Int J Environ Res Publ Health 13(4):443

Endo A, Tsurita I, Burnett K, Orencio PM (2017) A review of the current state of research on the water, energy, and food nexus. J Hydrol: Reg Stud 11:20–30

Fachkommission (2021) Krisen vorbeugen, Perspektiven schaffen, Menschen schützen. Bericht der Fachkommission Fluchtursachen der Bundesregierung. Berlin (18.05.2021)

Froese R, Schilling J (2019) The nexus of climate change, land use, and conflicts. Curr Clim Change Rep 5:24–35

Fröhlich C, Klepp S (Hrsg) (2020) Migration and conflict in a global warming era: a political understanding of climate change. Soc Sci 9(5):78 (special issue)

Germanwatch (2021) Global climate risk index 2021. Germanwatch, Bonn. ▶ https://www.germanwatch.org/fr/19777

Grêt-Regamey A, Huber SH, Huber R (2019) Actors' diversity and the resilience of social-ecological systems to global change. Nature Sustain 2(4):290–297

Hoffmann R, Dimitrova A, Muttarak R, Crespo Cuaresma J, Peisker J (2020) A meta-analysis of country-level studies on environmental change and migration. Nat Clim Chang 10:904–912

Howe B, Bang G (2017) Nargis and Haiyan: the politics of natural disaster management in Myanmar and the Philippines. Asian Stud Rev 41(1):58–78

Ide T, Brzoska M, Donges JF, Schleussner CF (2020) Multi-method evidence for when and how climate-related disasters contribute to armed conflict risk. Glob Environ Chang 62:102063

IDMC (2021) Global Report on Internal Displacement (GRID) 2021. Geneva: Internal Displacement Monitoring Centre: ▶ https://www.internal-displacement.org/global-report/grid2021

Ionescu D, Mokhnacheva D, Gemenne F (2017) Atlas der Umweltmigration. oekom, München

IPCC (2014) Climate change 2014. Impacts, adaptation, and vulnerability. Intergovernmental panel on climate change. Cambridge University Press, Cambridge

IPCC (2018) Global warming of 1.5°C. An IPCC special report on the impacts of global warming of 1.5°C above pre-industrial levels and related global greenhouse gas emission pathways, in the context of strengthening the global response to the threat of climate change, sustainable development, and efforts to eradicate poverty, Intergovernmental panel on climate change. Cambridge University Press, Cambridge

IPCC (2019) Special report on the ocean and cryosphere in a changing climate. Intergovernmental panel on climate change. Cambridge University Press, Cambridge

IPCC (2021) Climate change 2021: the physical science basis. Contribution of working group I to the sixth assessment report of the intergovernmental panel on climate change. Cambridge University Press, Cambridge

IPCC (2022) Climate change 2022: impacts, adaptation, and vulnerability. Contribution of working group II to the sixth assessment report of the intergovernmental panel on climate change. Cambridge University Press, Cambridge

Jathe M, Scheffran J (1995) Modelling international security and stability in a complex world. In: Tran Thanh Van J, Berge P, Conte R, Dubois M (Hrsg) Chaos and complexity. Editions Frontieres, Paris S 331–332

Kelley CP, Mohtadi S, Cane MA, Seager R, Kushnir Y (2015) Climate change in the fertile crescent and implications of the recent Syrian drought. PNAS 112(11):3241–3246

Kominek J, Scheffran J (2012) Cascading processes and path dependency in social networks. In: Soeffner H-G (Hrsg) Transnationale Vergesellschaftungen. VS Verlag, Wiesbaden

Krichene H, Inoue H, Isogai T, Chakraborty A (2020) A model of the indirect losses from negative shocks in production and finance. PLoS ONE 15(9):e0239293

Lenton TM, Held H, Kriegler E, Hall JW, Lucht W, Rahmstorf S, Schellnhuber HJ (2008) Tipping elements in the Earth's climate system. PNAS 105(6):1786–1793

Mach KJ, Kraan CM, Adger WN, Buhaug H, Burke M, Fearon JD et al (2019) Climate as a risk factor for armed conflict. Nature 571(7764):193–197

Mach KJ, Adger WN, Buhaug H, Burke M, Fearon JD, Field CB et al (2020) Directions for research on climate and conflict. Earths Future 8(7):e2020EF001532. ▶ https://doi.org/10.1029/2020EF001532

Milkoreit M, Hodbod J, Baggio J, Benessaiah K, Calderón-Contreras R, Donges JF et al (2018) Defining tipping points for social-ecological systems scholarship – an interdisciplinary literature review. Environ Res Lett 13:1–12

Molo B (2015) Ressourcenkonflikte. In: Jäger T (Hrsg) Handbuch Sicherheitsgefahren. Springer, Wiesbaden, S 33–41

MunichRe (2021) Rekord-Hurrikansaison, extreme Waldbrände – die Bilanz der Naturkatastrophen 2020. Münchner Rückversicherung. ▶ https://www.munichre.com/de

Otto IM, Donges JF, Cremades R, Bhowmik A, Hewitt R, Lucht W et al (2020) Social tipping dynamics for stabilizing Earth's climate by 2050. PNAS, 201900577

Palinkas LA (2020) Hurricane Katrina and New Orleans. Chapter 1 in: Palinkas LA global climate change, population displacement, and public health. Springer, Cham, S 17–33

Petschel-Held G, Schellnhuber HJ, Bruckner T, Toth FL, Hasselmann K (1999) The tolerable windows approach: theoretical and methodological foundations. Clim Chang 41(3–4):303–331

Poledna S, Hochrainer-Stigler S, Miess MG, Klimek P, Schmelzer S, Sorger J et al (2018) When does a disaster become a systemic event? Estimating indirect economic losses from natural disasters. arXiv.org. ▶ https://arxiv.org/abs/1801.09740v1

Reichstein M, Riede F, Frank D (2021) More floods, fires and cyclones – plan for domino effects on sustainability goals. Nature 592:347–349

Rockström J, Steffen W et al (2009) A safe operating space for humanity. Nature 461(7263):472–475

Rodriguez Lopez JM, Tielbörger K, Claus C, Fröhlich C, Gramberger M, Scheffran J (2019) A transdisciplinary approach to identifying transboundary tipping points in a contentious area: experiences from across the Jordan river region. Sustainability 11:1184

Scartozzi CM (2020) Reframing climate-induced socio-environmental conflicts: a systematic review. Int Stud Rev 23(3):696–725

Scheffer M (2009) Critical transitions in nature and society. Princeton University Press, Princeton

Scheffran J, Ide T, Schilling J (2014) Violent climate or climate of violence? Concepts and relations with focus on Kenya and Sudan. Int J Hum Rights 18(3):369–390

Scheffran J (2015) Complexity and stability in human-environment interaction: the transformation from climate risk cascades to viable adaptive networks. In: Kavalski E (Hrsg) World politics at the edge of chaos. State University of New York Press, Albany, S 229–252

Scheffran J (2016) From a climate of complexity to sustainable peace: viability transformations and adaptive governance in the anthropocene. In: Brauch HG, Oswald-Spring U, Grin J, Scheffran J (Hrsg) Handbook on sustainability transition and sustainable peace. Springer, Heidelberg, S 305–347

Scheffran J (2017) Der Nexus aus Migration, Klimawandel und Konflikten. In: Scheffran J (Hrsg) Migration und Flucht zwischen Klimawandel und Konflikten. Hamburger Symposium Geographie, 9, S 7–40

Scheffran J, Link PM, Schilling J (2019) Climate and conflict in Africa. Oxford Res Encycl Clim Sci. ▶ https://doi.org/10.1093/acrefore/9780190228620.013.557

Scheffran J (2020) Climate extremes and conflict dynamics. In: Sillmann J, Sippel S, Russo S (Hrsg) Climate extremes and their implications for impact and risk assessment. Elsevier, Amsterdam, S 293–315

Scheffran J (2022) Klimaschutz für den Frieden: der Ukraine-Krieg und die planetaren Grenzen. Blätter für deutsche und internationale Politik. April, S 113–120

Selby J, Dahi OS, Fröhlich C, Hulme M (2017) Climate change and the Syrian civil war revisited. Political Geogr 60:232–244

Steffen W, Rockström J, Richardson K, Lenton TM, Folke C, Liverman D et al (2018) Trajectories of the earth system in the anthropocene. PNAS 115(33):8252–8259

Thonicke K, Bahn M, Lavorel S, Bardgett RD, Erb K, Giamberini M et al (2020) Advancing the understanding of adaptive capacity of Social-ecological systems to absorb climate extremes. Earth's Future 8:e2019EF001221

UCDP (2020) UCDP armed conflict dataset: version 20.1. Uppsala Conflict Data Program. ► https://ucdp.uu.se

UNHCR (2020) Global trends: forced displacement in 2019. UN High Commissioner for Refugees. ► https://www.unhcr.org/5ee200e37.pdf

von Uexkull N, Croicu M, Fjelde H, Buhaug H (2016) Civil conflict sensitivity to growing-season drought. PNAS 113(44):12391–12396

WBGU (2007) Klimawandel als Sicherheitsrisiko. Wissenschaftlicher Beirat der Bundesregierung Globale Umweltveränderungen, Berlin

Werrell CE, Femia F (2013) The Arab spring and climate change. A climate and security correlations series. Center for American Progress, Stimson Center, Washington DC

Zscheischler J, Westra S, van den Hurk BJJM, Seneviratne SI, Ward PJ, Pitman A et al (2018) Future climate risk from compound events. Nat Clim Chang 8:469–477

Nachweis und Attribution von Änderungen in Klima und Wetter

Sabine Undorf

Inhaltsverzeichnis

28.1 **Nachweis und Attribution großskaliger Veränderungen – 374**
28.1.1 Interne Klimavariabilität und externe Einflussfaktoren – 374
28.1.2 Die **Fingerprinting**-Methode, neuere Entwicklungen und übergreifende Belange – 374
28.1.3 Nachweis von regionalem Klimawandel und von Klimaextremen – 376

28.2 **Ergebnisse von Nachweis- und Attributionsstudien – 376**
28.2.1 Änderungen im globalen Klimasystem – 376
28.2.2 Änderungen im Klima Europas und Deutschlands – 376

28.3 **Ereignisattribution – 378**
28.3.1 Konzept – 378
28.3.2 Ergebnisse Deutschland betreffender Ereignisse – 378

28.4 **Nachweis- und Attributionsergebnisse als Teil nutzungsorientierter Klimawandelinformation – 380**

28.5 **Kurz gesagt – 380**

Literatur – 381

© Der/die Autor(en) 2023
G. P. Brasseur et al. (Hrsg.), *Klimawandel in Deutschland*,
https://doi.org/10.1007/978-3-662-66696-8_28

Um auf den Klimawandel reagieren zu können, müssen wir verstehen, was sich warum ändert – wir müssen diese Veränderungen also nachweisen und einem oder mehreren ursächlichen Faktoren zuordnen *(to attribute)*. Von gesellschaftlicher Bedeutung sind insbesondere der Nachweis einer Erhöhung der globalen Durchschnittstemperatur seit der vorindustriellen Zeit über natürliche Schwankungsbreiten hinaus und ihre Attribution zu anthropogenen Einflussfaktoren – also der Beleg, dass der Klimawandel auf menschliche Einflüsse zurückzuführen ist. Solche Aussagen können in der Regel nicht mit hundertprozentiger Sicherheit gemacht werden, sondern sind je nach Datenlage mehr oder weniger gesichert. Der aktuelle Stand von Nachweis und Attribution wird regelmäßig in den Berichten des Weltklimarates im Detail dargelegt; diese befanden beispielsweise den menschlichen Einfluss auf das Klima „erkennbar" *(discernible)* im Jahr 1996 und „unzweifelhaft" *(unequivocal)* im Jahr 2021 (Eyring et al. 2021). Genauso können Veränderungen bei anderen Klimamerkmalen, die sich neben und mit der globalen Durchschnittstemperatur ändern (weitere Klimavariable, regionales Klima, Klimaextreme), und ihre Folgen für Gesellschaft und Ökosysteme nachgewiesen und möglichen Ursachen zugeordnet werden. Als Klimamerkmal in diesem Sinn können auch die Wahrscheinlichkeitscharakteristika von Einzelereignissen aufgefasst werden. Wie viele Treibhausgasemissionen wir zukünftig noch ausstoßen können, um mit einer bestimmten Wahrscheinlichkeit bestimmte Klimaziele zu erreichen, beruht wiederum auf einer Abschätzung, wie viel der bisherigen Erderwärmung welchen anthropogenen Faktoren zuzuordnen ist. Sogar die Evaluation klimapolitischer Maßnahmen in Bezug auf beobachtete Änderungen in Treibhausgaskonzentrationen sowie die Zuordnung von Emissionen zu bestimmten Ländern, Industrien, Akteurinnen und Akteuren kann in diesem Rahmen verstanden werden. Nachweis und Attribution sind damit in allen Bereichen der Klimawandelforschung und -debatte präsent.

28.1 Nachweis und Attribution großskaliger Veränderungen

28.1.1 Interne Klimavariabilität und externe Einflussfaktoren

Bei Nachweis und Attribution geht es also darum, die Änderung eines System(merkmal)s über das durch natürliche Schwankungen Erklärbare hinaus festzustellen und systemfremden (externen) Einflussfaktoren zuzuordnen (Hegerl et al. 2010). In Beobachtungen des Klimasystems sind diese natürlichen Schwankungen

Manifestationen von räumlich-zeitlichen Klimavariationen – auf kleinen Skalen uns als Wetter vertraut –, die mit natürlichen Prozessen und Mechanismen im Ozean und der Atmosphäre zusammenhängen und die wir als interne Variabilität bezeichnen. Das realisierte Klima ist eine Kombination dieser internen Variabilität und der Reaktion des Systems auf externe Einflussfaktoren[1]. Je größer die Skalen sind, die wir betrachten, desto mehr mittelt sich diese Variabilität heraus (Deser et al. 2012). In der längerfristigen Veränderung großskaliger Klimamerkmale kann menschlicher Einfluss auf die Entwicklung des Klimasystems daher am einfachsten nachgewiesen werden.[2]

Neben Beobachtungsdaten und einer Abschätzung der internen Variabilität benötigen Nachweis und Attribution weitere Informationen, nämlich Kenntnis der Entwicklung der relevanten externen Faktoren sowie Verständnis, wie diese externen Einflussfaktoren das zu untersuchende Merkmal beeinflussen. Für das globale Klima auf hier relevanten Zeitskalen sind die externen Einflussfaktoren menschengemachte Emissionen von Treibhausgasen und Aerosolen sowie natürliche Änderungen in der Sonnenstrahlung und Vulkanausbrüche; sie alle können wir unabhängig näherungsweise rekonstruieren. Das Verständnis dieser Faktoren auf das Klima und bestimmte Klimamerkmale ist durch Kenntnis der wichtigsten physikalisch-chemisch-biologischen Prozesse im Klimasystem und ihre Umsetzung in Klimamodellen gegeben. Mit Modellsimulationen werden diese Einflüsse quantifiziert, indem Simulationen mit und ohne Berücksichtigung bestimmter Faktoren verglichen werden (Gillett et al. 2016). Die verschiedenen Simulationen werden in der Regel mit geringfügig unterschiedlichen Ausgangszuständen mehrmals wiederholt, sodass nichtlineare Prozesse im Modell wie in der Realität zu verschiedenen Klimazuständen führen und damit die mögliche Bandbreite interner Variabilität nachbilden.

28.1.2 Die *Fingerprinting*-Methode, neuere Entwicklungen und übergreifende Belange

Betrachten wir nun ein konkretes Merkmal, können wir aus Simulationen, die nur einzelne Faktoren oder Gruppen von Faktoren berücksichtigen, den Einfluss der jeweiligen Faktor(grupp)en auf das betrachtete

---

1   Die Begriffe „extern" (Einflussfaktor) und „intern" (Variabilität) sind hier bezüglich des globalen Klimasystems zu verstehen.

2   „Längerfristig" und „großskalig" meint hier die zeitliche Entwicklung räumlich-zeitlich zusammengefasster Merkmale in der Regel über mehrere Jahrzehnte hinweg, wie sie auch in den Teilen I und II dieses Buches dargestellt werden.

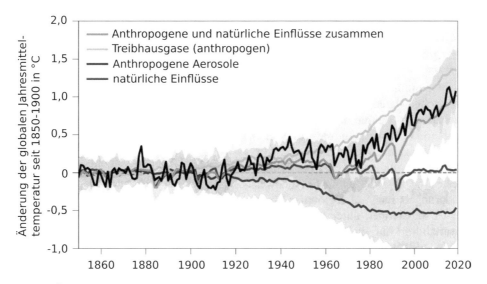

Anthropogene und natürliche Einflüsse zusammen
Treibhausgase (anthropogen)
Anthropogene Aerosole
natürliche Einflüsse

◻ **Abb. 28.1** Beobachtete Änderungen in °C relativ zu der globalen Jahresmitteltemperatur von 1890–1900 (schwarz, HadCRUT4.Datensatz) sowie Fingerabdrücke verschiedener Einflussfaktoren darauf, wie sie typischerweise in Nachweis- und Attributionsstudien großskaliger Änderungen verwendet werden: Fingerabdrücke der wichtigsten externen Einflussfaktoren zusammen (braun) sowie einzeln von Treibhausgasen (grau), anthropogenen Aerosolen (blau) und natürlichen Faktoren (grün). Die Linien zeigen die Mittelwerte der aus Simulationen vieler Modelle bestehenden CMIP6-Ensembles, die Schattierung gibt die 5–95-Prozent-Bandbreite an. (Modifiziert von Gillett et al. 2021)

Merkmal abschätzen. Dieser Einfluss wird in der Methode des *optimal fingerprinting* als „Fingerabdruck" bezeichnet (Referenzen in Bindoff et al. 2013). Nehmen wir die globale Jahresmitteltemperatur als Beispiel, stellt die aus Messdaten (▶ Kap. 3) berechnete Zeitreihe die Beobachtungen dar. Entsprechend aus den Simulationen berechnete Zeitreihen ergeben die Fingerabdrücke (◻ Abb. 28.1), und Zeitreihen aus („Kontroll-")Simulationen ganz ohne externe Einflussfaktoren charakterisieren die interne Variabilität.

Mit einem multiplen Regressionsansatz wird dann ermittelt, in welcher Kombination und Skalierung die Fingerabdrücke mit den Beobachtungen unter Berücksichtigung interner Variabilität vereinbar sind. Insbesondere wird getestet, ob sich die Beobachtungen auch ohne einen bestimmten Fingerabdruck erklären lassen oder ob er notwendig und damit sein Einfluss nachgewiesen ist. Attribution heißt in diesem speziellen Kontext, dass auch die Stärke des Einflusses in den Simulationen mit den Beobachtungen vereinbar ist. Um die jeweilige Bedeutung der nachgewiesenen Faktoren zu bestimmen, können die skalierten Fingerabdrücke quantitativ mit den Beobachtungen verglichen und damit Aussagen zu *attributable changes* (wie in Bindoff et al. 2013; Abb. 10.4; etwa: zuzuordnende Änderungen) gemacht werden. Das grundlegende Ziel des *optimal fingerprinting* ist es also, über einen systematisch-formalen Konsistenztest zwischen Beobachtungen und Modellsimulationen den Nachweis und die Attribution des Einflusses externer Faktoren auf das Klimasystem zu erbringen.

Eine Vielzahl an methodischen Verfeinerungen sind seit den ersten *Fingerprinting*-Studien entwickelt wor-

den, die immer mehr mögliche Unsicherheitsquellen berücksichtigen (z. B. Jones und Kennedy 2017). Alle Informationen sind nämlich unsicherheitsbehaftet – die Beobachtungen, die Kenntnis der externen Einflussfaktoren, wie viel und wie genau sich das Klima daraufhin ändert, und sogar die Abschätzung der internen Variabilität. Außerdem sind andere methodische Variationen und ganz neue Methoden entstanden (z. B. Sippel et al. 2019 oder Ribes et al. 2017), die alle den Einfluss externer Einflussfaktoren auf das beobachtete Klima mit statistisch elaborierten Verfahren untersuchen.

Dabei sind die Verfügbarkeit und Verlässlichkeit von hinreichend langen Klimaaufzeichnungen von kritischer Bedeutung, was dem möglichen Nachweis von anthropogen bedingten Klimaänderungen in vielen Teilen der Erde, besonders den Niederschlag betreffend, wesentlich erschwert (Hegerl et al. 2019). Andere Hindernisse können ein unzureichendes Verständnis des Zusammenhangs zwischen Einflussfaktor und Untersuchungsmerkmal und/oder Unzulänglichkeiten in der Darstellung dieses Zusammenhangs in den verwendeten Klimamodellen sein, was eine Modellvalidierung unerlässlich macht. Spielen schließlich weitere Faktoren neben den explizit berücksichtigten eine Rolle, können diese die Validität der Schlussfolgerungen beeinträchtigen (Hegerl et al. 2010). Diese und andere Belange erschweren auch Nachweis und Attribution vermuteter Klimafolgen auf Gesellschaft und Ökosysteme (Teil III dieses Buches) mit ihren zusätzlichen nichtklimatischen Einflussfaktoren (Cramer et al. 2014; Hansen und Stone 2016; Hope et al. 2021).

28.1.3 Nachweis von regionalem Klimawandel und von Klimaextremen

Ist der anthropogene Einfluss auf die globale Durchschnittstemperatur nachgewiesen, impliziert das schon regionale Änderungen, erst einmal in der Temperatur, aber mit physikalischem Verständnis des Weiteren in anderen Klimavariablen. Auch um dieses Verständnis und damit die Grundlage regionaler Klimaprojektionen zu testen, ist aber der explizite Nachweis langfristiger Veränderungen auch auf regionaler Ebene interessant. Dieser ist schwieriger, unter anderem weil die interne Klimavariabilität auf kleineren räumlichen Skalen tendenziell eine größere Rolle spielt (Deser et al. 2012).

Außerdem können neben großskaligen Änderungen in zeitlichen Mittelwerten (z. B. in der Jahresmitteltemperatur) auch Änderungen in Klimaextremen (z. B. in der Temperatur des heißesten Tages im Jahr) nachgewiesen und Einflussfaktoren zugeordnet werden. Frühe, mehrschrittige Attributionsstudien führen solch einen Nachweis indirekt, indem sie die Verschiebung der Wahrscheinlichkeitsverteilungen (z. B. zu höheren Temperaturen) nutzen (Hegerl et al. 2010). Da sich aber auch die Form der Verteilung ändern kann (z. B. die heißen Tage überproportional stark ansteigen können; vgl. Lavell et al. 2012, Abb. 1.2), lohnt sich auch der explizite Nachweis durch die direkte Anwendung entsprechend angepasster Nachweis- und Attributionsmethoden auf Extremwerte (Easterling et al. 2016; Gillett et al. 2021).

28.2 Ergebnisse von Nachweis- und Attributionsstudien

28.2.1 Änderungen im globalen Klimasystem

Seit dem ersten Nachweis des anthropogenen Fingerabdrucks in instrumentell gewonnenen Beobachtungen der globalen Temperatur (in der Regel frühestens ab 1850) ist er mit jeder neuen Generation von Klimamodellen, mit weiterentwickelten statistischen Methoden und in verschiedenen und wachsenden Beobachtungsdatensätzen immer deutlicher erbracht worden (zuletzt Eyring et al. 2021). Insbesondere ist der Einfluss erhöhter Treibhausgaskonzentrationen robust nachweisbar, während der anderer anthropogener Faktoren seltener, aber immer öfter gelingt (Hegerl et al. 2019). Auf Grundlage von Nachweis- und Attributionsergebnissen kommt der Weltklimarat zum Ergebnis, dass von der beobachteten Änderung in der globa-

len Durchschnittstemperatur von 1850–1900 bis 2010–2019 wahrscheinlich (66–100 % Konfidenz) zwischen +0,8 und +1,3 °C anthropogenen Faktoren zuzuordnen ist, wobei davon zwischen +1,0 und +2,0 °C auf Treibhausgase zurückgehen und zwischen -0,8 und 0,0 °C auf Aerosole, Ozon und Landnutzungsänderungen. Die den natürlichen Einflussfaktoren zuzuordnenden Änderungen betragen dagegen lediglich -0,1 und +0,1 °C (Eyring et al. 2021, 3.3.1.1).

Auch Änderungen in vielen anderen Variablen sind formal nachgewiesen. Im globalen Wasserkreislauf ist dies unter anderem vermehrter Niederschlag in klimatologisch feuchten Gebieten als Reaktion auf anthropogene Einflussfaktoren (Schurer et al. 2020), aerosolbedingte Änderungen im Monsunniederschlag (Undorf et al. 2018) sowie der Einfluss anthropogener Einflussfaktoren (Gudmundsson et al. 2021) sowie von Vulkanausbrüchen (Iles und Hegerl 2015) auf die von Flüssen geführte Wassermenge. Beispiele aus anderen Teilen des Klimasystems sind Änderungen im Salzgehalt und ein Anstieg des Meeresspiegels; eine Abnahme des arktischen Meereises und der Schneedecke der Nordhalbkugel; eine Zunahme des Wärmegehalts der Ozeane (Referenzen in Eyring et al. 2021). Da der Wärmegehalt der Ozeane eng an die Strahlungsbilanz der Erde gekoppelt ist, stellt Letzteres einen direkten Nachweis des Klimawandels an sich dar (Huber und Knutti 2012). Dazu kommen einige Änderungen in der atmosphärischen und ozeanischen Zirkulation (Referenzen in Eyring et al. 2021) sowie wesentlich Änderungen in globalen und regionalen Klimaextremen: Es ist „praktisch sicher", dass Treibhausgase der Hauptgrund für die beobachteten Änderungen in warmen und kalten Extremen auf der globalen Skala sind (Gillett et al. 2021; Eyring et al. 2021, 3.8.1).

28.2.2 Änderungen im Klima Europas und Deutschlands

Neben den nachgewiesenen Änderungen auf globaler Skala sind auch die für Europa informativ für Deutschland. Hier ist der Einfluss externer Faktoren in rekonstruierten Jahresmitteltemperaturdaten des letzten Jahrtausends nachgewiesen (PAGES2k-PMIP3 2015). Gleiches gilt jeweils für den Einfluss anthropogener Faktoren bzw. den von Treibhausgasen separat in der Jahres- und verschiedenen jahreszeitlichen Mitteltemperaturen in mit Messinstrumenten gewonnen Beobachtungen verschiedener Zeiträume ab 1850 (Bindoff et al. 2013). Auch für Temperaturänderungen auf subkontinentaler Skala (typischerweise Nord-, Zentral- und Südeuropa) sind sowohl der anthropogene Einfluss als auch der von Treibhausgasen separat nachgewiesen (ebd.). Andere Variablen betreffend ist der Einfluss anthropogener Faktoren auf den Sommerniederschlag über Europa (Brunner et al. 2020) sowie die von Flüssen geführte Wassermenge über ganz Europa sowie Südeuropa allein, nicht aber für Zentral- oder Nordeuropa (Gudmundsson et al. 2017), nachgewiesen worden, und vermehrt wird der Nachweis auch für direkte klimafolgenrelevante hydroklimatische Größen wie Dürreindizes oder Wasserverfügbarkeit geführt (z. B. Marvel et al. 2019).

Mit einem System zur „Schnellanalyse" *(rapid assessment)* kommen Stone und Hansen (2016) zum Schluss, dass die Änderungen der Jahresmitteltemperatur in Mitteleuropa zwischen 1961 und 2010 in einer formalisierten Nachweis- und Attributionsstudie unter umfassender Berücksichtigung von Unsicherheiten zu „sehr hoher Wahrscheinlichkeit" nachgewiesen und mit „hoher Wahrscheinlichkeit" wesentlich den anthropogenen Einflussfaktoren zugeordnet werden würde (◘ Abb. 28.2). Diese „Schnellanalyse" ist ein Algorithmus, der das Ergebnis von detaillierteren, z. B. Mitteleuropa isoliert betrachtenden, Studien

auf Grundlage der Verfügbarkeit von Modellierungsstudien und Beobachtungsdaten sowie einem „schnellen", da pauschalen, Nachweis- und Attributionstest vorhersagt. Für Niederschlagsänderungen werden mit diesem Ansatz die Wahrscheinlichkeit des Nachweises als „hoch" und die der Zuordnung als „niedrig" (damit aber als weltweit am höchsten) eingeschätzt (ebd.).

Auch großskalige Änderungen in Klimaextremen sind für Europa oder europäische Teilregionen, die Teile Deutschlands mit einschließen, nachgewiesen. Besonders oft sind die Intensität oder Häufigkeit eintägiger Extreme analysiert worden. In den beobachteten Änderungen solcher Indizes für warme Extreme können neuere Studien ausnahmslos den anthropogenen Einfluss von dem natürlicher Faktoren abgrenzend nachweisen (Referenzen in Seneviratne et al. 2021, 11.3.4, s. auch Tab. 11.16). Für die Anzahl warmer Tage sowie warmer Nächte ist der Einfluss von Treibhausgasen sogar separat nachgewiesen worden. Der Einfluss anthropogener Faktoren auf kalte

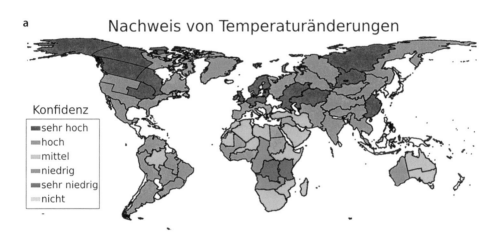
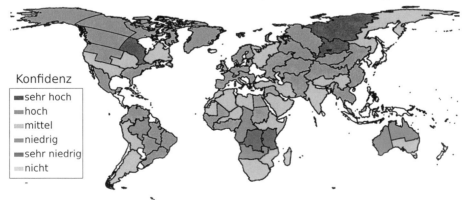

◘ **Abb. 28.2** „Schnellanalyse"-Ergebnisse zu **a** Nachweis und **b** Attribution zu anthropogenen Einflussfaktoren von großskaligen Änderungen in regionalen Jahresmitteltemperaturen zwischen 1961 und 2010. Wesentliche Rolle: > 30 % der zeitlichen Varianz erklärend. Wahrscheinlichkeiten: sehr hoch 90–100 %, hoch 66–100 %, mittel 33–66 %, niedrig 0–33 %, sehr niedrig 0–10 %. (Modifizierter Bildausschnitt aus Stone und Hansen 2016)

Extreme konnte in diesen Studien ebenfalls oft nachgewiesen werden; das gleiche gilt für die von Extremtemperaturen betroffene Fläche (Dittus et al. 2016). Den Niederschlag betreffend, ist der anthropogene Einfluss für Europa auf die Intensität ein- oder fünftägiger Extreme (d. h. der maximalen 1-Tages-Niederschlagsmenge des Jahres oder der maximalen 5-Tages-Niederschlagssumme) nachgewiesen (Fischer und Knutti 2014; Angélil et al. 2017) sowie auf die Fläche, die gleichzeitig von extremen Niederschlagswerten betroffen ist (Dittus et al. 2016).

28.3 Ereignisattribution

28.3.1 Konzept

Auch der Einfluss des menschengemachten Klimawandels auf beobachtete Einzelereignisse kann analysiert werden (National Academies of Sciences Engineering and Medicine 2016)[3]. Dabei wird aber nicht gezeigt, dass die Ereignisse (mit einer bestimmten Wahrscheinlichkeit) ohne äußere Einflussfaktoren gar nicht stattgefunden hätten, sondern es wird in der Regel nur quantifiziert, wie sich ihre Auftrittswahrscheinlichkeit aufgrund der externen Faktoren geändert hat (Otto 2017). Dies ist der Ansatz in probabilistischen Methoden der Ereignisattribution, mit denen die Wahrscheinlichkeitsverteilung eines das Ereignis beschreibenden Merkmals in einer kontrafaktischen Welt ohne anthropogenen Klimawandel mit der der faktischen Welt verglichen und das Risikoverhältnis berechnet wird. Ein Beispiel für so ein Merkmal für die Überschwemmungen im Jahr 2021 ist die Niederschlagsmenge in Westeuropa inklusive der Einzugsgebiete von Ahr, Erft and Meuse während zwei aufeinanderfolgenden Tagen in einem Sommer (April–September) (Kreienkamp et al. 2021). Die kontrafaktische Welt ohne Klimawandel wird dabei manchmal durch einen historischen Beobachtungszeitraum angenähert. Zur strikteren Isolierung des anthropogenen Einflusses werden dafür aber eher Modellsimulationen verwendet. Beobachtungen und Modellsimulationen werden dabei nicht mit der gleichen Systematik wie beim *optimal fingerprinting* auf Konsistenz überprüft, und die Ergebnisse sind durchaus stark von den verwendeten Modellen abhängig. Aber auch die Methoden zur probabilistischen Ereignisattribution werden immer elaborierter, beziehen zum Beispiel mehr Unsicherheitsquellen ein, betrachten neue Ereignistypen oder können Aussagen über besonders seltene Ereignisse treffen (Referenzen in Seneviratne et al. 2021, 11.2.3).

Weil verschiedene Ereignisse für einen bestimmten Zustand der atmosphärischen Zirkulation verschieden wahrscheinlich sein können, gibt es eine Vielzahl an möglichen Fragestellungsvarianten (Jézéquel et al. 2018), z. B. nach der Änderung der Gesamtwahrscheinlichkeit des Ereignisses oder der Wahrscheinlichkeit, dass es bei der beobachteten Wetterlage auftritt. Der Zustand der Zirkulation wird dabei vor allem als Ausdruck interner Variabilität gesehen, könnte aber auch durch die anthropogenen Einflussfaktoren mehr oder weniger wahrscheinlich oder sogar erst ermöglicht werden. Verschiedene Ereignisattributionsansätze unterscheiden sich maßgeblich darin, welche Fragestellung genau sie bezüglich dieser Komplexität beantworten (Seneviratne et al. 2021). Da Änderungen der Zirkulation – der dynamischen Komponente – oft sehr viel mehr mit Unsicherheiten behaftet sind als die der thermodynamischen Komponente, kann es auch sinnvoll sein, die Komponenten einzeln zu betrachten und sich gegebenenfalls auf Letztere zu beschränken (Trenberth et al. 2015). In solch komplementären *Storyline*-Ansätzen soll das Zustandekommen eines Ereignisses in seiner Einzigartigkeit physikalisch beleuchtet werden (ebd.), während die probabilistischen Methoden das Ereignis zwangsläufig zu einer Klasse von Ereignissen verallgemeinern.

28.3.2 Ergebnisse Deutschland betreffender Ereignisse

Rund die Hälfte der bisher veröffentlichen Ereignisattributionen bezieht sich auf Temperaturextreme (◘ Abb. 28.3). Diesen gelingt weitgehend unabhängig von den verwendeten Methoden und Daten der Nachweis des Einflusses anthropogener Faktoren (Angélil et al. 2017). Das Risikoverhältnis, also der Unterschied in der Auftrittswahrscheinlichkeit mit und ohne anthropogenen Klimawandel, nimmt im Allgemeinen mit der betrachteten räumlich-zeitlichen Skala zu. Für den zentraleuropaweit heißen Sommer 2018 beispielsweise wurde für den heißesten Tag ein Risikoverhältnis von ungefähr 9 [5–20, 5–95 %-Konfidenzintervall] bestimmt (Leach et al. 2020), d. h., durch den Klimawandel ist die Wahrscheinlichkeit des Auftretens eines mindestens so heißen Tages bis heute etwa 9-fach gestiegen. Bei Betrachtung der Temperatur des ganzen Sommers bzw. der heißesten 90 aufeinander folgenden Tage ergaben sich mit ungefähr 30 [5–60] deutlich höhere Werte (Leach et al. 2020). Da die Risikoverhältnisse allerdings durchaus stark von methodischen

3 Die Ereignisse sind dabei nicht notwendigerweise statistisch gesehen extrem, interessegeleitet werden in der Regel solche Ereignisse analysiert, die oder deren Folgen in einem gewissen Sinne als „extrem" angesehen werden können. Daher wird oft von der Attribution von Extremereignissen, engl. *extreme event attribution*, gesprochen.

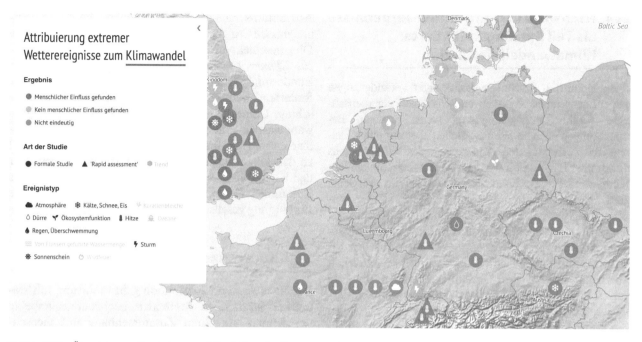

◼ Abb. 28.3 Übersicht von Ergebnissen veröffentlichter Studien zur Attribution von Extremereignissen, Stand August 2021. (Carbon Brief 2021)

Details sowie der genauen Fragestellung abhängen können, sind die Ergebnisse zu verschiedenen Ereignissen nicht unbedingt direkt vergleichbar. Weitere Attributionsbeispiele sind Risikoverhältnisse von 430 [18–∞] für die drei heißesten aufeinanderfolgenden Tage in Weilerswist-Lommersum während der Hitzewelle im Juli 2019 (Vautard et al. 2020) und eine ungefähre Halbierung der Auftrittswahrscheinlichkeit des europaweit kalten Winters 2009/2010 (Christiansen et al. 2018).

Beispiele für Attributionsstudien zu anderen Ereignistypen sind die Windstürme vom Oktober 2013 („Christian" mit Windgeschwindigkeiten von 47,7 m/s in St. Peter Ording, kein anthropogener Einfluss nachgewiesen; Storch et al. 2014) und Januar 2018 („Friederike" mit Toten und Schäden in Milliardenhöhe in Deutschland, kein anthropogener Einfluss nachgewiesen; Vautard et al. 2018) oder die luftverschmutzungsfördernde stagnierende Wetterlage mit extrem niedrigen Windgeschwindigkeiten vom Dezember 2016 (wahrscheinlicher geworden durch anthropogene Einflussfaktoren; Vautard et al. 2018a). Oft werden auch zu Überschwemmungen führende Starkregenereignisse untersucht (Mai/Juni 2013 in den Einzugsgebieten von Donau und Elbe, fast ganz Deutschland betreffend, kein anthropogener Einfluss nachgewiesen; Schaller et al. 2014; aber Mai/Juni 2016 die Seine und Loire betreffend, doppelt so wahrscheinlich geworden durch anthropogene Einflussfaktoren; Philip et al. 2018). Auch die zu den dramatischen Überschwemmungen im Juli 2021 in West-

deutschland und angrenzenden Regionen wesentlich beitragenden Starkregenfälle sind untersucht worden (Kreienkamp et al. 2021). Diese Studie weist den anthropogenen Einfluss nach und kommt zum Schluss, dass solche Starkregenfälle durch den menschengemachten Klimawandel um das 1,2- bis 9-Fache wahrscheinlicher und um 3 bis 19 % stärker geworden sind. Vermehrt werden auch nicht rein meteorologische Ereignisse direkt attribuiert (z. B. Dürre 2016/2017, fast ganz Deutschland betreffend, intensiver aufgrund anthropogener Einflussfaktoren; Garcia-Herrera et al. 2019).

Genau wie die Attribution großskaliger Veränderungen werden auch Ereignisattributionen schwieriger, je länger die Kausalketten sind, da in jedem Schritt zusätzliche, nichtklimatische Einflussfaktoren eine Rolle spielen können, die auch noch oft schwieriger zu quantifizieren sind. Ein Beispiel ist der Zusammenhang zwischen Treibhausgasemissionen und Starkregenfällen oder hitzebedingten Schneeschmelzen, die zu Überschwemmungen und damit Toten und Verletzten sowie ökonomischen Schäden führen können, oder auch Hitzewellen und Dürren, die den landwirtschaftlichen Ertrag in verletzlichen Ökonomien und damit zu Ernährungsunsicherheit beitragen können. Aber auch der verwandte Forschungszweig der Klimafolgenattributionen – d.h. eine Zuordnung von Klimafolgen auf Gesellschaft und Ökosysteme zum Klimawandel gegenüber anderen Faktoren – macht rapid Fortschritte (O'Neill et al. 2022).

28.4 Nachweis- und Attributionsergebnisse als Teil nutzungsorientierter Klimawandelinformation

Die angeführten Ergebnisse großskaliger Veränderungen zeigen, in welchen Metriken und Variablen der menschliche Einfluss auf das Klima schon jetzt in Beobachtungen nachgewiesen ist, stellen aber nur einen kleinen Teil der erwarteten Änderungen des Klimasystems dar. Immer mehr davon werden sich mit fortschreitendem Klimawandel nachweisen lassen, da sie im Vergleich zum Hintergrund der internen Variabilität stärker werden, vorausgesetzt, es gibt ausreichend Beobachtungsdaten. Darüber hinaus setzt erfolgreiche Attribution sowohl großskaliger Veränderungen wie auch einzelner Ereignisse selbstverständlich voraus, dass dieser Sachverhalt überhaupt getestet wird. Obwohl insbesondere die Zahl veröffentlichter Ereignisattributionsstudien immer schneller wächst (Jézéquel et al. 2018; Herring et al. 2020), ist das bisher längst nicht für alle, auch folgenreiche, Ereignisse der Fall, auch wegen des begrenzten wissenschaftlichen Neuigkeitswertes.

Der Nachweis anthropogen bedingter Klimaänderungen bietet aber auch Anlass zu erhöhtem Vertrauen in Klimaprojektionen, die wiederum eine Grundlage für die Analyse von Klimafolgen und Anpassungskapazitäten bilden. Ob und wie die Ergebnisse von Ereignisattributionen darüber hinaus konkret Informationen für Anpassung beisteuern können, wird noch diskutiert (Jézéquel et al. 2019, 2020; Parker et al. 2017). Sie sind aber vor allem auch von gesellschaftlichem Interesse und können das öffentliche Bewusstsein für den Klimawandel und seine Folgen erhöhen und damit die Motivation für Klimaschutz- und/oder Anpassungsmaßnahmen fördern (Sippel et al. 2015; Schwab et al. 2017). Daneben werden sie auch als beweisliefernd für Fragen der Klimagerechtigkeit und im Kontext der Debatten um Verluste und Schäden *(loss and damage)* (z. B. James et al. 2019) im Zuge von Klimafolgen angesehen, sowohl im internationalen Kontext (UNFCCC 2022) als auch zwischen Privatpersonen und Regierungen oder Firmen (z. B. Marjanac und Patton 2018 trotz Lusk 2017).

Die Initiative *World Weather Attribution*[4] stellt schon seit 2015 zeitnahe Ereignisattributionen bereit. Auch der DWD arbeitet an der Einführung eines Dienstes zur operationalisierten Ereignisattribution, vor allem um das Interesse der Öffentlichkeit an Attributionsergebnissen unmittelbar nach Extremereignissen zu befriedigen (Tradowsky et al. 2020). Dies geschieht in Zusammenarbeit mit dem *Copernicus Climate Change Service* der EU[5] sowie dem vom Bundesministerium für Bildung und Forschung geförderten deutschlandweiten Forschungszusammenschluss ClimXtreme[6]. Um bei der Vielfalt der Klimawandelaspekte die relevantesten Perspektiven zu identifizieren und die Brücke von den rein meteorologischen zu den klimafolgenbestimmenden Veränderungen oder den Klimafolgen selbst zu schlagen, ist interdisziplinäre Zusammenarbeit innerhalb der Wissenschaft sowie die Einbindung gesellschaftlicher Praxis unerlässlich.

28.5 Kurz gesagt

Bei Nachweis und Attribution geht es darum, mit statistisch sorgfältigen Methoden beobachtete Aspekte des Klimas auf ihren Zusammenhang mit menschlichen Klimaeinflussfaktoren zu untersuchen. Von historischer Relevanz ist besonders der Nachweis von großskaligen Veränderungen wie der globalen Durchschnittstemperatur und ihre Attribution zu erhöhten Treibhausgaskonzentrationen, wobei die Abgrenzung von im Klimasystem intern generierter Variabilität sowie von natürlichen Einflussfaktoren wie Änderungen in der Sonnenstrahlung und Vulkanausbrüchen wesentlich ist. Auch der menschliche Einfluss auf Veränderungen einer Vielzahl anderer Variablen ist für Europa und Deutschland einschließende Teilregionen geführt worden. Entsprechende Ergebnisse stellen einen Wissensbaustein regionaler Klimawandelinformation dar. Mit verwandten Methoden werden auch beobachtete Ereignisse wie eine einzelne Hitzewelle oder ein einzelner Sturm untersucht und verschiedenen Einflussfaktoren zugeordnet. In solch probabilistischen Ereignisattributionen wird quantifiziert, ob und wie sich die Auftrittswahrscheinlichkeit der Ereignisse durch den menschengemachten Klimawandel geändert hat. Diese Erkenntnisse sind von großem öffentlichen Interesse, können Bewusstsein für den Klimawandel schaffen und für Fragen der Klimagerechtigkeit und der Debatte zu Verlusten und Schäden relevant sein, vor allem wenn die Attributionsstudien auch die Folgen der Klima- und Wetteränderungen auf Gesellschaft und Ökosysteme gezielt mitbetrachten. Dabei bedarf es auch der Einbindung von Kräften aus der Praxis.

---

4 World Weather Attribution (2021) ▶ https://worldweatherattribution.org, Zugriff 12.5.2021.

5 Copernicus (2021) ▶ https://climate.copernicus.eu/prototype-extreme-events-and-attribution-service, Zugriff 21.5.2021.

6 ClimXtreme (2021) ▶ https://climxtreme.net, Zugriff 21.5.2021.

Literatur

Angélil O, Stone D, Wehner M, Paciorek J, Krishnan H, Collins W (2017) An independent assessment of anthropogenic attribution statements for recent extreme temperature and rainfall events. J Clim 30(1):5–16

Bindoff NL, Stott PA, AchutaRao M, Allen MR, Gillett N, Gutzler D, Hansingo K, Hegerl G, Hu Y, Jain S, Mokhov II, Overland J, Perlwitz J, Sebbari R, Zhang X (2013) Detection and attribution of climate change: from global to regional. In Climate change 2013: the physical science basis. Contribution of working group I to the fifth assessment report of the IPCC [Stocker TF, Qin D, Plattner G-K, Tignor M, Allen SK, Boschung J, Nauels A, Xia Y, Bex V, Midgley PM (Hrsg)]. Cambridge University Press, Cambridge und New York, USA

Brunner L, McSweeney C, Ballinger AP et al (2020) Comparing methods to constrain future European climate projections using a consistent framework. J Clim 33(20):8671–8692

Carbon Brief (2021) Persönliche Mitteilung. ▶ https://www.carbon-brief.org/mapped-how-climate-change-affects-extreme-weather-around-the-world. Zugegriffen: 16. Aug. 2021

Christiansen B, Alvarez-Castro C, Christidis N et al (2018) Was the cold European winter of 2009/10 modified by anthropogenic climate change? An attribution study. J Clim 31(9):3387–3410

Cramer W, Yohe GW, Auffhammer, M et al (2014) Detection and attribution of observed impacts. In: Climate change 2014: impacts, adaptation, and vulnerability. Part A: global and sectoral aspects. contribution of working group II to the fifth assessment report of the IPCC [Field CB, Barros VR, Dokken DJ et al (Hrsg)]. Cambridge University Press, Cambridge, UK und New York, NY, USA

Deser C, Phillips A, Bourdette V, Teng H (2012) Uncertainty in climate change projections: the role of internal variability. Clim Dyn 38:527–546

Dittus AJ, Karoly DJ, Lewis SC, Alexander LV, Donat MG (2016) A multiregion model evaluation and attribution study of historical changes in the area affected by temperature and precipitation extremes. J Clim 29(23):8285–8299

Easterling DR, Kunkel KE, Wehner MF, Sun L (2016) Detection and attribution of climate extremes in the observed record. Weather Clim Extremes 11:17–27

Eyring V, Gillett NP, Achuta Rao KM, Barimalala R, Barreiro Parrillo M, Bellouin N, Cassou C, Durack PJ, Kosaka Y, McGregor S, Min S, Morgenstern O, Sun Y (2021) Human influence on the climate system. In: Climate change 2021: the physical science basis. Contribution of working group I to the sixth assessment report of the intergovernmental panel on climate change [Masson-Delmotte V, Zhai P, Pirani A et al (Hrsg)]. Cambridge University Press. In Press

Fischer EM, Knutti R (2014) Detection of spatially aggregated changes in temperature and precipitation extremes. Geophys Res Lett 41:547–554

Garcia-Herrera R, Garrido-Perez JM, Barriopedro D, Ordóñez C, Vicente-Serrano SM, Nieto R, Gimeno L, Sorí R, Yiou P (2019) The European 2016/17 drought. J Clim 32(11):3169–3187

Gillett NP, Shiogama H, Funke B, Hegerl G, Knutti R, Matthes K, Santer BD, Stone D, Tebaldi C (2016) The Detection and Attribution Model Intercomparison Project (DAMIP v1.0) contribution to CMIP6. Geosci Model Dev 9(10):3685–3697

Gillett NP, Kirchmeier-Young M, Ribes A, Shiogama H, Hegerl GC, Knutti R, Gastineau G, John JG, Li L, Nazarenko L, Rosenbloom N, Seland Ø, Wu T, Yukimoto S, Ziehn T (2021) Constraining human contributions to observed warming since the pre-industrial period. Nat Clim Chang 11:207–2012

Gillett NP, Min S-K, Raghavan K, Sun Y, Zhang X (2021) Cross-chapter box on human influence on large-scale changes in temperature and precipitation extremes. In: Climate change 2021: the

physical science basis. Contribution of working group I to the sixth assessment report of the intergovernmental panel on climate change [Masson-Delmotte V, Zhai P, Pirani A et al (Hrsg)]. Cambridge University Press. In Press

Gudmundsson L, Seneviratne SI, Zhang X (2017) Anthropogenic climate change detected in European renewable freshwater resources. Nat Clim Change 7(11):813–816

Gudmundsson L, Boulange J, Do HX et al (2021) Globally observed trends in mean and extreme river flow attributed to climate change. Science 371(6534):1159–1162

Hansen G, Stone D (2016) Assessing the observed impact of anthropogenic climate change. Nat Clim Change 6(5):532–537

Hegerl GC, Brönnimann S, Cowan T, Friedman AR, Hawkins E, Iles C, Müller W, Schurer A, Undorf S (2019) Causes of climate change over the historical record. Env Res Lett 14(12):123006

Hegerl GC, Hoegh-Guldberg O, Casassa G, Hoerling MP, Kovats RS, Parmesan C, Pierce DW, Stott PA (2010) Good practice guidance paper on Detection and Attribution related to anthropogenic climate change. In: Meeting report of the IPCC expert meeting on detection and attribution of anthropogenic climate change [Stocker TF, Field CB, Qin D, Barros V, Plattner G-K, Tignor M, Midgley PM, Ebi KL (Hrsg)]. IPCC Working Group I Technical Support Unit, Universität Bern, Bern, Schweiz

Herring SC, Christidis N, Hoell A, Hoerling MP, Stott PA (Hrsg) (2020) Explaining extreme events of 2018 from a climate perspective. Bull Am Meteorol Soc 101(1):1–140

Hope P, Cramer W, van Aalst M et al (2021) Cross-working group box on attribution. In: Climate change 2021: the physical science basis. Contribution of working group I to the sixth assessment report of the intergovernmental panel on climate change [Masson-Delmotte V, Zhai P, Pirani A et al. (Hrsg)]. Cambridge University Press. In Press

Huber M, Knutti R (2012) Anthropogenic and natural warming inferred from changes in earth's energy balance. Nat Geosci 5:31–36

Iles C, Hegerl GC (2015) Systematic change in global patterns of streamflow following volcanic eruptions. Nat Geosci 8:838–842

James RA, et al (2019) Attribution: how is it relevant for loss and damage policy and practice?. In: Loss and damage from climate change. Climate Risk Management, Policy and Governance [Mechler R, Bouwer L, Schinko T, Surminski S, Linnerooth-Bayer J (Hrsg)]. Springer, Cham. ▶ https://doi.org/10.1007/978-3-319-72026-5_5

Jézéquel A, Dépoues V, Guillemot H, Trolliet M, Vanderlinden J-P, Yiou P (2018) Behind the veil of extreme event attribution. Clim Change 149(3–4):367–383

Jézéquel A, Dépoues V, Guillemot H, Rajaud A, Trolliet M, Vrac M, Vanderlinden J-P, Yiou P (2020) Singular extreme events and their attribution to climate change: a climate service–centered analysis. Weather Clim Soc 12:89–101

Jézéquel A, Yiou P, Vanderlinden JP (2019) Comparing scientists and delegates perspectives on the use of extreme event attribution for loss and damage. Weather Clim Extrem 26:100231

Jones GS, Kennedy JJ (2017) Sensitivity of attribution of anthropogenic near-surface warming to observational uncertainty. J Clim 30(12):4677–4691

Kreienkamp F, Philip SY, Tradowsky JS et al (2021) Rapid attribution of heavy rainfall events leading to the severe flooding in Western Europe during July 2021. ▶ https://www.worldweatherattribution.org/heavy-rainfall-which-led-to-severe-flooding-in-western-europe-made-more-likely-by-climate-change/. Zugegriffen: 7. Juni 2022

Lavell M, Oppenheimer CD, Hess J, Lempert R, Li J, Muir-Wood R, Myeong S (2012) Climate change: new dimensions in disaster risk, exposure, vulnerability, and resilience. In: Managing the Risks of Extreme Events and Disasters to Advance Climate Change Adaptation [Field CB, Barros V, Stocker TF, Qin D,

28

Dokken DJ, Ebi KL, Mastrandrea MD, Mach KJ, Plattner G-K, Allen SK, Tignor M, Midgley PM (Hrsg)]. A Special Report of Working Groups I and II of the Intergovernmental Panel on Climate Change (IPCC). Cambridge University Press, Cambridge, and New York, USA

Leach NJ, Li S, Sparrow S, van Oldenborgh GJ, Lott FC, Weisheimer A, Allen MR (2020) Anthropogenic influence on the 2018 summer warm spell in Europe: the impact of different spatio-temporal scales. Bull Am Meteorol Soc 101(1):41–46

Lusk G (2017) The social utility of event attribution: liability, adaptation, and justice-based loss and damage. Clim Change 143:201–212

Marjanac S, Patton L (2018) Extreme weather event attribution science and climate change litigation: an essential step in the causal chain? J Energy Nat Resour Law 36:265–298

Marvel K, Cook BI, Bonfils CJW, Durack PJ, Smerdon JE, Park Williams A (2019) Twentieth-century hydroclimate changes consistent with human influence. Nature 569(7754):59–65

National Academies of Sciences Engineering and Medicine (2016) Attribution of extreme weather events in the context of climate change. The National Academies Press, Washington DC

O'Neill B, van Aalst M, Zaiton Ibrahim Z, Berrang Ford L, Bhadwal S, Buhaug H, Diaz D, Frieler K, Garschagen M, Magnan A, Midgley G, Mirzabaev A, Thomas A, Warren R (2022) Key risks across sectors and regions. In: Climate Change 2022: Impacts, Adaptation and Vulnerability. Contribution of Working Group II to the Sixth Assessment Report of the Intergovernmental Panel on Climate Change [Pörtner H-O, Roberts DC, Tignor M, Poloczanska ES, Mintenbeck K, Alegría A, Craig M, Langsdorf S, Löschke S, Möller V, Okem A, and Rama, B (Hrsg)]. Cambridge University Press, Cambridge, UK and New York, NY, USA, S 2411–2538. ▶ https://doi.org/10.1017/9781009325844.025

Otto FE (2017) Attribution of weather and climate events. Annu Rev Environ Resource 42(1):627–646

PAGES2k-PMIP3 (2015) Continental-scale temperature variability in PMIP3 simulations and PAGES2k regional temperature reconstructions over the past millennium. Clim Past 11(12):1673–1699

Parker HR, Boyd E, Cornforth RJ, James R, Otto FEL, Allen MR (2017) Stakeholder perceptions of event attribution in the loss and damage debate. Clim Policy 17:533–550

Philip S, Kew SF, van Oldenborgh GJ, Aalbers E, Vautard R, Otto F, Haustein K, Habets F, Singh R (2018) Validation of a rapid attribution of the May/June 2016 flood-inducing precipitation in France to climate change. J Hydrometeorol 19(11):1881–1898

Ribes A, Zwiers FW, Azaïs J-M, Naveau P (2017) A new statistical approach to climate change detection and attribution. Clim Dyn 48(1–2):367–386

Schaller N, Otto FEL, van Oldenborgh GJ, Massey NR, Sparrow S, Allen MR (2014) The heavy precipitation event of may-june 2013 in the Upper Danube and Elbe Basins. Bull Am Meteorol Soc 95(9):69–72

Schurer A, Ballinger AP, Friedman AR (2020) Human influence strengthens the contrast between tropical wet and dry regions. Env Res Lett 15:104026

Schwab M, Meinke I, Vanderlinden J-P, von Storch H (2017) Regional decision-makers as potential users of extreme weather event attribution – case studies from the German Baltic Sea coast and the Greater Paris area. Weather Clim Extrem 18:1–7

Seneviratne SI, Zhang X, Adnan M et al (2021) Weather and climate extreme events in a changing climate. In: Climate Change 2021: the Physical Science Basis. Contribution of Working Group I to the Sixth Assessment Report of the Intergovernmental Panel on Climate Change [Masson-Delmotte V, Zhai P, Pirani A et al (Hrsg)]. Cambridge University Press. In Press

Sippel S, Meinshausen N, Merrifield A, Lehner F, Pendergrass AG, Fischer E, Knutti R (2019) Uncovering the forced climate response from a single ensemble member using statistical learning. J Clim 32(17):5677–5699

Sippel S, Walton P, Otto FEL (2015) Stakeholder perspectives on the attribution of extreme weather events: an explorative enquiry. Weather Clim Soc 7:224–237

Stone DA, Hansen G (2016) Rapid systematic assessment of the detection and attribution of regional anthropogenic climate change. Clim Dyn 47(5–6):1399–1415

Tradowsky J, Skålevåg A, Lorenz P, Kreienkamp F (2020) Newsletter Attributionsforschung Nr. 2/2020, Deutscher Wetterdienst

Trenberth KE, Fasullo JT, Shepherd TG (2015) Attribution of climate extreme events. Nat Clim Chang 5:725–730

Undorf S, Polson D, Bollasina MA, Ming Y, Schurer A, Hegerl GC (2018) Detectable impact of local and remote anthropogenic aerosols on the 20th century changes of West African and South Asian monsoon precipitation. J Geophys Res Atmos 123(10):4871–4889

UNFCCC (2022) Decision 2/CP.27: Funding arrangements for responding to loss and damage associated with the adverse effects of climate change, including a focus on addressing loss and damage. In FCCC/CP/2022/10/Add.1. Report of the Conference of the Parties on its twenty-seventh session (COP27), held in Sharm el-Sheikh from 6 to 20 November 2022, Addendum, Part two: Action taken by the Conference of the Parties at its twenty-seventh session, Decisions adopted by the Conference of the Parties. UNFCCC, ▶ https://unfccc.int/sites/default/files/resource/cp2022_10a01_adv.pdf? download, Zugegriffen: 3. Juli 2023

Vautard R, Colette A, van Meijgaard E, Meleux F, van Oldenborgh GJ, Otto F, Tobin I, Yiou P (2018). 14. Attribution of wintertime anticyclonic stagnation contributing to air pollution in Western Europe. Bull Am Meteorol Soc 99(1):70–75

Vautard R, van Aalst M, Boucher O et al (2020) Human contribution to the record-breaking June and July 2019 heat waves in Western Europe. Env Res Lett 15:094077

Vautard R, van Oldenborgh GJ, Otto FEL, Yiou P, de Vries H, van Meijgaard E, Stepek A, Soubeyroux J-M, Philip S, Kew SF, Costella C, Singh R, Tebaldi C (2018) Human influence on European winter wind storms such as those of January 2018. Earth Syst Dynam 10:271–286

Von Storch H, Feser F, Haeseler S, Lefebvre C, Stendel M (2014) A violent midlatitude storm in Northern Germany and Denmark, 28 October 2013. Bull Am Meteorol Soc 95(9):76–78

Entscheidungen unter Unsicherheit in komplexen Systemen

Hermann Held

Inhaltsverzeichnis

29.1   Die zentrale Entscheidungsfrage – 384

29.2   Die Tradition des Utilitarismus und die Erwartungsnutzenmaximierung – 385

29.3   Grenzen der Erwartungsnutzenmaximierung angesichts der Klimaproblematik – 386

29.4   Mischformen probabilistischer und nichtprobabilistischer Kriterien – 387

29.5   Das Konzept der starken Nachhaltigkeit: Grenzwerte und die Kosten-Effektivitäts-Analyse – 387

29.6   Konsequenzen für die Interaktion von Politik und Wissenschaft – 388

29.7   Kurz gesagt – 389

Literatur – 390

© Der/die Autor(en) 2023
G. P. Brasseur et al. (Hrsg.), *Klimawandel in Deutschland,*
https://doi.org/10.1007/978-3-662-66696-8_29

Wichtige gesellschaftliche Entscheidungen betreffen üblicherweise Handlungen, deren Ziel es ist, an komplexen Systemen Veränderungen vorzunehmen, um das System noch besser auf die Herausforderungen der Zukunft auszurichten. In der Regel lassen sich jedoch die Folgen solcher Entscheidungen nicht genau vorhersagen. Experimentelle Wissenschaften genießen den Vorteil, sich Untersuchungsgegenstände wählen zu können, bei denen immer weiter verfeinerte Experimente die Unsicherheit hinsichtlich der Auswirkungen von Änderungen schließlich „ausreichend" verringern. Unsicherheit meint hier unvollständiges Wissen, das für die jeweilige Entscheidung relevant ist (Mastrandrea et al. 2010). Fachleute dagegen müssen dem ins Auge sehen, wenn sie bei gegebener Unsicherheit in oft vorgegebener Zeit urteilen und Pläne festlegen sollen. Auch Privatpersonen müssen unter Unsicherheit entscheiden, etwa beim Abschluss von Versicherungen: Es gibt eine Fülle von Angeboten, aber ob ein Angebot genutzt wird und, wenn ja, zu welchen Bedingungen, ist eine persönliche Entscheidung unter Unsicherheit: Soll man mit dem seltenen, aber drohenden möglichen Schaden leben? Oder wäre es besser, die Prämie zu zahlen und so im Mittel Geld zu verlieren – welches das Versicherungsunternehmen im Mittel gewinnt –, um damit einen möglichen finanziellen Großschaden abzuwehren, der die Lebensqualität außergewöhnlich belasten würde? Wie mit Unsicherheit bei Entscheidungen über die Zukunft umzugehen ist (Sorger 1999), wird so selbst zu einer Entscheidung – einer Art Meta-Entscheidung. Diese Meta-Entscheidung hat Konsequenzen in der Praxis; bei gleichem Sachstand kann es so zu unterschiedlichen Handlungsempfehlungen kommen (◘ Abb. 29.1).

Auch ganze Gesellschaften stehen vor Entscheidungen unter Unsicherheit. Ein Beispiel ist, angesichts von Vorhersagen über einen steigenden Meeresspiegel die Deiche zu erhöhen. Die Kosten dafür steigen mit der Höhe; außerdem geht oft ein Verlust an Lebensqualität damit einher, weil die Sicht auf das Meer behindert ist. Wie groß das Überschwemmungsrisiko wirklich wird und wann genau es in Form von Extremereignissen eintritt, ist unklar. Aus Sicht der Küstenländer rührt dies einerseits daher, dass sie die internationale Klimapolitik und damit das Ausmaß des Meeresspiegelanstiegs nicht selbst entscheiden und kaum beeinflussen können. Aber selbst wenn dies der Fall wäre, verblieben erhebliche naturwissenschaftliche und bautechnische Unsicherheiten darüber, welche Investitionen wirklich welchen Rückgang eines Überschwemmungsrisikos bewirken würden. So stellen höhere Deiche eine gewisse Analogie zum Zahlen einer Versicherungsprämie dar. Wie im Folgenden ausgeführt werden wird, können jedoch nicht alle Entscheidungen unter Unsicherheit durch einen Versicherungsansatz gehandhabt werden. Es wird daher hervorgehoben, dass es konkurrierende Möglichkeiten gibt, Unsicherheit auszudrücken und unter Unsicherheit zu entscheiden. Es wird der Blick dafür geschärft, welche Aspekte bei einer jeweiligen Methode dabei besonders gut oder schlecht im Einklang mit welchen Wertesystemen stehen könnten.

29.1 Die zentrale Entscheidungsfrage

Es gibt formale und daher systematische Möglichkeiten, Unsicherheit darzustellen und unter Einbeziehung dieser Unsicherheiten zu entscheiden. Ein Beispiel stellt die Geschichte der Diskussion des Klimaproblems aus global-wirtschaftlicher Sicht dar. Sie liefert wichtige Hinweise darauf, was die weltweite Klimapolitik antreibt, und zeigt mögliche Potenziale auf,

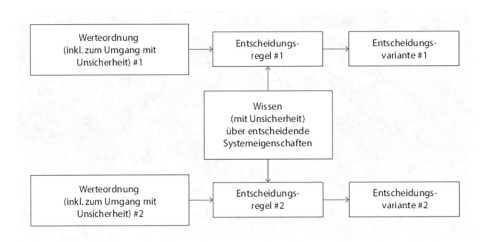

◘ **Abb. 29.1** Dasselbe wissenschaftliches Wissen über das System kann in Kombination mit unterschiedlichen Wertvorstellungen („Werteordnungen") gegenüber einem Umgang mit Unsicherheit zu unterschiedlichen Entscheidungen führen. Die Haltung, wie mit Unsicherheit umzugehen ist, stellt hierbei selbst eine Wertvorstellung dar.

konsistente Handlungen auf regionaler Ebene umzusetzen. Zugleich handelt es sich hierbei um einen besonders stark diskutierten und illustrativen Anwendungsfall für Entscheidung unter Unsicherheit in einem komplexen System. Wie viel Vermeidungsanstrengung ist bei Unsicherheit angesichts eines bestimmten Ziels angemessen? Das ist eine klimapolitisch fundamentale Frage. Eine entscheidungstheoretische Herausforderung des global betrachteten Klimaproblems liegt nun darin, dass wir die Gesamtheit der Klimawandelfolgen derzeit nur sehr schwer abschätzen und bewerten können. Die Kosten für Emissionsminderung (in der Klimaökonomie „Vermeidungskosten" genannt) lassen sich hingegen abschätzen, weil das Energiesystem menschengemacht ist. Mit dieser Diskrepanz der Abschätzbarkeiten gilt es im Folgenden umzugehen.

Die Entscheidungstheorie (Sorger 1999) hat verschiedene Verfahren entwickelt, wie bei Unsicherheit so entschieden werden kann, dass der jeweilige Grad des Eingehens auf die unterschiedlichen Zielvorstellungen (z. B. „keine Chancen ungenutzt lassen", „Ruin vermeiden") so gewählt wird, dass die daraus abgeleiteten Handlungsempfehlungen alle Möglichkeiten ausschöpfen und zugleich keine Selbstwidersprüche enthalten. Ausgangspunkt ist immer das Eingeständnis, dass die Folgen unseres Handelns nicht nur von diesem Handeln selbst, sondern auch von bislang noch verborgenen Eigenschaften des Systems abhängen, das wir zu beeinflussen gedenken.

Wie ist nun unter Unsicherheit zu entscheiden? Diese Frage auf gesellschaftlicher Ebene zu beantworten ist selbst schon ein Akt von *governance* (▶ Kap. 30). Werden sich die entscheidenden Personen zu Unsicherheit etwa eher optimistisch oder pessimistisch verhalten, oder werden sie mit Wahrscheinlichkeiten gewichten? Welche Entscheidungsregel wir wählen, ist eine Vorentscheidung im ethisch-normativen Bereich. Fachleute für Entscheidungstheorie haben daher im Dialog mit der Gesellschaft transparent darzulegen, welche Voraussetzungen und Konsequenzen die jeweiligen Entscheidungsregeln mit sich bringen: Es gibt Hauptannahmen, aber auch überraschende Auswirkungen von Entscheidungen – und ggf. sind neue Regeln vorzuschlagen. Fühlen sich die Stakeholder mit allen Szenarien – d. h. den Konsequenzen möglicher Entscheidungen – unwohl, ist der Entscheidungsszenarienpool in einem iterativen Prozess (Edenhofer und Seyboth 2013) zu erweitern, um so nach Möglichkeit befriedigenderen Lösungen zu suchen. In der Regel wird hier jedoch nur eine Annäherung gelingen, und es werden sich nicht gleichzeitig alle Wünsche befriedigen lassen. Die Wahl des Umgangs mit Unsicherheit ist hierbei Teil dessen, was Entscheidungskräfte beeinflussen können. Der im ▶ Kap. 30 vorgestellte „Risikodialog in Form eines runden Tisches

mit den Hauptbeteiligten aus Regierung, Wissenschaft, Privatwirtschaft und Zivilgesellschaft" kann hierbei ein wirksames Instrument darstellen, sich darüber zu verständigen, wie Unsicherheit bei Entscheidungen Rechnung zu tragen ist.

29.2 Die Tradition des Utilitarismus und die Erwartungsnutzenmaximierung

Die derzeit wichtigste Entscheidungsmethode „Erwartungsnutzenmaximierung" (Sorger 1999) nimmt an, dass alle verborgenen Systemeigenschaften inklusive aller möglichen numerischen Werte unsicherer Systemgrößen benannt und in Zahlen dargestellt werden können. Die Gesamtheit dieser möglichen numerischen Einstellungen nennt die Entscheidungstheorie „Weltzustand" (Sorger 1999). Wüssten wir, wie genau dieser aussieht, könnten wir die Folgen unserer Entscheidungen perfekt voraussagen. Wird dies nun noch in die Tradition des Utilitarismus eingebettet, der auf die Anordnung von möglichen Handlungen entlang einer einzigen numerisch ausdrückbaren Dimension hinausläuft, der sogenannten *utility*, ergibt sich folgende Weltsicht: Es sind nicht nur alle möglichen Handlungsfolgen vorstellbar, diese können auch mit einem Wahrscheinlichkeitsmaß unterlegt werden. Savage (1954) hat dies aus abstrakten, aber durchaus schlüssigen Theoriegrundsätzen motiviert. Hiernach kann das Wahrscheinlichkeitsmaß subjektiver oder objektiver Natur sein. Wenn es neue objektive Informationen gibt, kann das Maß mithilfe der Bayes'schen Formel aus dem Bereich der Statistik jeweils auf den neuesten Stand gebracht werden. In dieser Weltsicht wird quasi Unsicherheit als stets durch Wahrscheinlichkeit ausdrückbar verengt. Aus einer Reihe weiterer abstrakter, plausibler Grundsätze folgt, dass sich somit jede Bewertung von Entscheidungen – im Sinne eines Rankings – als Erwartungsnutzenmaximierung ausdrücken lässt.

Es hat sich in der Tradition der Entscheidungstheorie und Ökonomik eingeschliffen, dass derjenige, der stets der Erwartungsnutzenmaximierung folgt, sich entlang des Ideals der „rationalen Entscheiderin" oder des „rationalen Entscheiders" verhalte. Dabei könnte mitschwingen, dass die Handelnden, die sich entsprechend eines konkurrierenden Entscheidungskriteriums verhalten, irrational, unreflektiert, unlogisch oder intellektuell überfordert sind. Eine unterschwellige Abwertung konkurrierender Entscheidungsmodelle (s. u.) hat somit bereits vor einem offenen Diskurs stattgefunden.

Wie in ▶ Abschn. 29.5 ausgeführt wird, kann es jedoch gute Gründe geben, vom Prinzip der Erwartungsnutzenmaximierung abzuweichen – wie dies insbesondere bei der Erzeugung der Mehrzahl der in IPCC AR5 und AR6 zusammengefassten öko-nomischen Szenarien getan wurde (Held 2019).

Für eine große Klasse von Entscheidungsproblemen ist das Konzept der Erwartungsnutzenmaximierung jedoch sinnvoll. Dies sei zunächst am Beispiel Deichhöhe und Versicherungen illustriert: Ziel wäre es zu versuchen, die Deichhöhe in einer Gesamtschau von ökonomischer, sicherheitstechnischer und ökologischer Sicht optimal zu bestimmen. Mithilfe von Modellen für den Erfolg internationaler Klimaschutzpolitik müsste eine Wahr-scheinlichkeitsverteilung für das weltweite Emissions-verhalten abgeschätzt werden. Aus diesen würde dann mittels *downscaling* von globalen Klimamodellen eine Wahrscheinlichkeitsverteilung für künftige Sturmfluten ermittelt. Diese würden wiederum mit Überflutungs-modellen in Überflutungskarten übersetzt. Regional-wirtschaftliche Modelle würden daraus schließlich ab-schätzen, wie sich die geldlich bewerteten Schäden von Überflutungen verteilen. So könnten für verschiedene Deichhöhen der erwartete wahrscheinlichkeitsgemittelte Schaden ermittelt und die Kosten für den notwendigen Deichbau gegengerechnet werden. Es müsste dann die Deichhöhe gewählt werden, welche die Baukosten und die erwarteten vermiedenen Schäden optimiert. Al-lerdings empfehlen hier Ökonomen noch eine Modi-fikation: Es sind nicht die monetären Schäden, sondern es ist der „gefühlte Verlust" durch die monetären Schä-den in Rechnung zu stellen. Dies gibt die Möglichkeit, seltene, aber große Schäden stärker zu gewichten, wie es auch dem Lebensgefühl der meisten Menschen entspricht *(risk aversion)*. Optimiert wird in der ökonomischen Theorie daher nicht direkt das Monetäre, sondern das durch eine „Nutzenfunktion" gewichtete Monetäre.

Das Konzept der Erwartungsnutzenmaximierung für Entscheidungen bei unsicherer Datenlage ist daher Standard (gerade auch und zu Recht im Versicherungs-bereich) und wird meist als zweckmäßig empfunden. Es dominiert die Wirtschaftswissenschaft bis heute. Sollten in einem Entscheidungsfall also tatsächlich die nötigen Eingabegrößen vorliegen, um das Erwartungsnutzen-maximum rechnerisch zu ermitteln, dürfte es kaum Gründe geben, ein anderes Entscheidungskriterium zu wählen. Aber spiegelt dies für den Fall des Klima-wandels die Präferenzordnung aller gesellschaftlich Be-teiligten bestmöglich wider? Das kann bezweifelt wer-den. Denn das Erwartungsnutzenmaximum verlangt, sich alle möglichen Folgen unserer Handlungen vorzu-stellen und sie mit Wahrscheinlichkeiten zu belegen – ein ehrgeiziges Unterfangen bei komplexen Systemen! Beim Klimaproblem müssten wir uns alle möglichen Folgen des Klimawandels ausmalen, ihre Bewertung mühsam weltweit aushandeln, um die Gewinne und Verluste von Nutzen abschätzen zu können, und noch mit Wahrscheinlichkeiten belegen. Erst dann könnte formal der Erwartungsnutzen *(expected utility)* maxi-miert und die „beste" Handlung ausgewählt werden.

29.3 Grenzen der Erwartungsnutzenmaximierung angesichts der Klimaproblematik

Dennoch findet diese Erwartungsnutzenmaximierung in der wirtschaftlichen Betrachtung des Klima-problems seit etwa 20 Jahren statt. Ein Ergebnis sind z. B. „sozial optimale" – d. h. wohlfahrtsoptimale – Pfade, die empfehlen, dass die weltweiten Emis-sionen nur moderat vom bislang üblichen Pfad ab-weichen mögen. Damit würden sich die Kosten, die entstehen, um den Ausstoß von Treibhausgasen zu ver-ringern, und die Kosten, die entstünden, um die Schä-den zu verhindern, die Waage halten. Nordhaus etwa fand noch 2008 optimale Pfade, die eine weltweite Er-wärmung von höchstens 3,5 °C bedeuteten (Nordhaus 2008). Wird die Erwärmung allerdings nur so wenig gebremst, verletzt das die auf den vergangenen Klima-konferenzen vereinbarte Zwei-Grad-Obergrenze ek-latant (zu diesem „Zwei-Grad-Ziel" s. Schellnhuber 2010). Jüngere Arbeiten im Rahmen von Erwartungs-nutzenmaximierung, die eine verbesserte Darstellung von Systemeigenschaften auf der Klimawandelfolgen-seite aufweisen, tendieren dazu, das Zwei-Grad-Ziel eher zu unterstützen (Hänsel et al. 2020), nicht jedoch ein 1,5-Grad-Ziel.

War nun das Zwei-Grad-Ziel „unvernünftig", so-lange es den Ergebnissen von am Prinzip „rationaler Entscheidungen" orientierter Analysen widersprach? Ist analog das 1,5-Grad-Ziel heute „irrational"? Oder drückt vielmehr das Festhalten an derartigen Zielen und deren Begründung aus, dass sich die Unterstützer die-ser Ziele nicht darüber im Klaren sind, was sie dann alles „mitkaufen" an entscheidungstheoretischen Paradoxien? Aus Sicht der Standardentscheidungstheorie wäre das so.

Weitzman (2009) allerdings zeigt aus unserer Sicht, dass im Zusammenhang mit dem Klimawandel das Er-wartungsnutzenmaximum als Entscheidungsgrund-lage ungeeignet ist. Wird das Wissen über die Empfind-lichkeit des Klimasystems gegenüber Treibhausgas-konzentrationsänderungen konsequenter als bislang im Erwartungsnutzenbezugsrahmen modelliert, kombiniert mit einer besonders steil ansteigenden, aber möglichen Schadensfunktion, müssten wir sofort alle Emissionen einstellen: Bei hoher Klimasensitivität würden im (Wahr-scheinlichkeits-)Mittel die Folgen derart eklatant sein, dass sie jegliche Kosten der Vermeidung übersteigen würden. Die so deutlich werdende enorme Spannbreite an Empfehlungen, die sich derzeit noch aus dem Krite-rium des Erwartungsnutzenmaximums ableiten lassen, kann nicht als politisch hilfreich bezeichnet werden.

Dass das Erwartungsnutzenmaximum als Kriterium sehr sensibel auf Änderungen von schwer bestimm-baren Eingangsgrößen reagiert – etwa die Wahrschein-lichkeit und das Ausmaß erwarteter Klimaschäden – bemerkten auch Anthoff et al. (2009). Der Standardreflex der Wissenschaftswelt wäre eigentlich gewesen, mehr Forschungsgelder zu fordern, um die aufgezeigten Wissenslücken so schnell wie möglich zu schließen und so das Standardentscheidungsinstrument „EU-Max" stabil anwenden zu können. Doch dieses käme im Fall des Klimaproblems zu spät: In den kommenden 10 Jahren wird so viel in das weltweite Energiesystem investiert werden, dass dadurch die weltweite Klimaschutzpolitik der kommenden Jahrzehnte im Wesentlichen gebunden sein wird. Es braucht daher ergänzende oder sogar völlig andere Entscheidungskriterien, die mit dem vorhandenen Wissen effizienter zu haushalten verstehen und so schon heute Orientierung für die unmittelbar anstehenden Investitionsentscheidungen bieten können.

Wird das Erwartungsnutzenmaximum für komplexe Umweltsysteme angewendet, ist es insbesondere im Umgang mit der Natur sehr schwer, nachvollziehbare Wahrscheinlichkeitsmaße für alle möglichen Weltzustände anzugeben. Der traditionelle Bayesianismus stellt jedoch in den Raum, es sei stets möglich und auch geboten, eine sinnvolle subjektive Wahrscheinlichkeitsverteilung als Standardausgangspunkt für unsicherheitsbehaftete Untersuchungen anzugeben. Gerade wenn es kaum Vorwissen gibt, verwickelt sich dieser Standpunkt jedoch in Widersprüche.

Daher könnte man geneigt sein, Kriterien heranzuziehen, die nicht auf Wahrscheinlichkeitsaussagen fußen. Diese basieren darauf, jeder möglichen Handlung einen besten oder schlimmsten Weltzustand zuzuweisen. In einem zweiten Schritt wird dann entlang der Entscheidungsachse eine bestmögliche Entscheidung vorgeschlagen (Sorger 1999): Ein Optimist würde z. B. von einer Klimasensitivität nahe Null ausgehen und bräuchte sich folglich nicht um das Klimaproblem zu kümmern. Ein Pessimist würde sich an der maximalen Klimasensitivität, die mit dem Klimawissen zu vereinbaren ist, orientieren und den sofortigen Stopp aller Treibhausgasemissionen fordern. Das *Minimum-regret*-Kriterium, das Kriterium „des geringsten Bedauerns", schließlich minimiert den maximal möglichen Nutzenabstand gegenüber einem imaginierten Handelnden mit perfekter Information. Sogenannte „robuste" Kriterien nutzen dann einen Verschnitt aus Erwartungsnutzenmaximierungsaspekten für Systemkomponenten, die besser verstanden sind, und aus Kriterien, die nicht auf Wahrscheinlichkeitsaussagen basieren, für weniger gut verstandene Komponenten (Lempert et al. 2006; Hall et al. 2012).

29.4 Mischformen probabilistischer und nichtprobabilistischer Kriterien

Konzepte, die nicht allein auf Wahrscheinlichkeiten fußen, konzentrieren sich auf die Extreme: Was kann im besten und was im schlechtesten Fall passieren?

Daher weisen sie beim Klimaproblem die Schwierigkeit auf, dass sie letztlich in radikale Empfehlungen („Nichtstun" oder „Einstellen jeglicher Emission") münden würden, denn mit je einer gewissen Wahrscheinlichkeit könnten Folgen von Treibhausgasemissionen auch vernachlässigbar oder aber quasi unbegrenzt sein. Solche radikalen Empfehlungen dürften allerdings kaum die gesellschaftliche Präferenzordnung widerspiegeln. Vielleicht sind beide Ansätze, eine Wahrscheinlichkeitsverteilung unter allen Umständen wie beim Erwartungsnutzenmaximum einerseits und das völlige Absehen von Gewichtungen unbestimmter Messgrößen andererseits, zu radikal und unangemessen? Womöglich liegt das angemessene Modell, unser Wissen auszudrücken, in einem stetigen Übergang zwischen beiden? Derartige Modelle sind entwickelt worden. In der prominentesten Version lässt sich unser Wissen nicht mithilfe jeweils einer einzigen Wahrscheinlichkeitsverteilung ausdrücken, sondern eher mit einem Bündel von Verteilungen (Walley 1991).

So vielversprechend dieser Zugang ist, unsicheres Vorwissen zu modellieren, so wirft er doch neue Paradoxa auf (z. B. Walley 1991; Held et al. 2008). Wir empfehlen, denselben zunächst in seinen Konsequenzen weiter zu untersuchen, bevor er in der Politikberatung eingesetzt würde.

29.5 Das Konzept der starken Nachhaltigkeit: Grenzwerte und die Kosten-Effektivitäts-Analyse

Dies lenkt den Blick auf eine radikal einfachere Lösung: das alte, umweltpolitisch etablierte Konzept von Grenzwerten, die nicht überschritten werden sollten, auch bekannt als Konzept der „starken Nachhaltigkeit" (Hediger 1999). Wo genau die Grenzwerte jeweils liegen sollen, hängt vom Wissen und von den Normen der Beteiligten ab. Anlass zur Wahl von Grenzwerten kann das Zutreffen einer der folgenden Kategorien sein:

1. Da nicht genügend Systemwissen über Handlungsfolgen vorhanden ist, behilft man sich damit, eine naturgegebene Schwankungsbreite nicht zu überschreiten.
2. Es liegt ein *tipping point* (Lenton et al. 2008) vor: ein objektiv gegebener und bekannter Schwellwert, dessen Überschreitung zumindest langfristig einen „völlig anderen" Systemzustand zur Folge hätte, wobei eine derartige Überschreitung als unerwünscht gilt. Eine Monetarisierung ist dann nicht zwingend erforderlich.
3. Es wurde eine Güterabwägung zwischen diversen eher graduellen Effekten getroffen; der Grenzwert dient dann eher der gesellschaftlichen Kommunika-

tion und Orientierung. Bevorzugt werden dann relativ glatte, gerundete numerische Werte.

Das Zwei-Grad-Ziel stellt nach Auffassung des Autors ein Hybrid aus #1 und #3 dar, wobei #3 mit zunehmendem Systemwissen kontinuierlich an Bedeutung gewinnt. Hingegen trifft #2 in dem Sinne nicht zu, dass es in der Natur den einen zu vermeidenden *tipping point* gibt. Wohl kann jedoch #3 ein Quasikontinuum kleinerer Kipppunkte und langsamer reagierender größerer enthalten.

Ist ein Grenzwert festgesetzt, wird das Erwartungsnutzenmaximum durch ein bedingtes Erwartungsnutzenmaximum ersetzt, das diesen Grenzwert einhält: die Kosten-Effektivitäts-Analyse (Patt 1999). Es stellt sich die Frage, welche Politik es erlauben würde, den Grenzwert mit dem geringsten ökonomischen Aufwand einzuhalten. Entscheidend ist hierbei, den Teil der Analyse, der die Wissenschaftswelt bis auf Weiteres überfordert, für eine Entscheidungsfindung nicht zu benötigen. Wird etwa ein Zwei-Grad-Ziel oder sogar ein 1,5-Grad-Ziel gesetzt, braucht man im Anschluss die Klimawandelfolgen nicht zu modellieren, sondern „nur" die Transformation des (besser verstandenen) Energiesystems, das zu einer Zwei oder 1,5-Grad-Welt führen kann.

Dieses Vorgehen ist dann sinnvoll, wenn

I. man der Meinung ist, Klimawandelfolgen noch nicht annähernd vollständig abschätzen zu können, die Kosten des präventiven Zwei-Grad-Ziels jedoch schon;

II. die Kosten zur Erreichung des Zwei-Grad-Ziels als „klein" angesehen würden.

Aus Sicht von immer mehr Wirtschaftsfachkräften treffen diese beiden Voraussetzungen zu:

- (I) ist erfüllt, weil es einfacher ist, das Energiesystem zu modellieren als die natürliche Umwelt, denn das Energiesystem ist weniger komplex, menschengemacht und menschengesteuert.
- Zu (II) berichtet der IPCC zusammenfassend, das Zwei-Grad-Ziel bedeute auf der Kostenseite, eine Absenkung des globalen Wirtschaftswachstums um 0,06 Prozentpunkte pro Jahr in Kauf zu nehmen – gegenüber einer Wachstums-Erwartung von 1,6 bis 3 % pro Jahr (Edenhofer et al. 2014). Viele Beteiligte dürften daher 0,06 Prozentpunkte pro Jahr als „klein" einstufen.

So könnte eine Gesellschaft über Grenzwerte und eine Kosten-Effektivitäts-Analyse zu Handlungen kommen, selbst wenn das gekoppelte Gesamtsystem noch nicht bewertet werden kann (Patt 1999; Held und Edenhofer 2008).

Starke Nachhaltigkeit und damit harte Grenzen als handlungsleitende Prinzipien münden jedoch

in konzeptionelle Schwierigkeiten, sollte man mit der Möglichkeit rechnen müssen, dass der Grenzwert irgendwann nicht mehr einzuhalten wäre. Dieses kann auftreten, weil Handlungen verzögert wurden oder weil das System viel empfindlicher auf Eingriffe reagiert als erwartet.

Für den vorliegenden Fall, in dem der Anlass zur Entscheidung für Grenzwerte eher einer Situation der Kategorie „3" oder „1" denn „2" (s. o.) zuzurechnen ist, haben Schmidt et al. (2011) vorgeschlagen, das „Risiko" der Grenzüberschreitung mit den Aufwendungen für Klimaschutz zu verrechnen (Schmidt et al. 2011). Diese „weichere" Variante eines umweltpolitischen Ziels in Kombination mit Kosten-Effektivitäts-Analyse nennen sie „Kosten-Risiko-Analyse". Neubersch et al. (2014) weisen aus, dass sich im Fall des Zwei-Grad-Ziels dann etwa dieselben Handlungsempfehlungen ergäben wie infolge der noch standardmäßig verwendeten Kosten-Effektivitäts-Analyse. Bei anderen Anwendungen mag es jedoch größere Differenzen geben (Held 2019).

Akteurinnen und Akteure sollten darauf achten, ob für den Zeitraum ihrer Entscheidungssequenzen zu erwarten ist, dass es künftiges Lernen über unsichere Systemvariablen geben wird. Wenn dies der Fall sein sollte, könnte es sinnvoll sein, von Anfang an mit der Kosten-Risiko-Analyse zu arbeiten. Der Autor erwartet, dass sie eine wichtige und einfach zu implementierende „Brückentechnologie" sein könnte, solange Formalismen, die kontinuierlich zwischen probabilistischem Wissen und Nichtwissen vermitteln würden (▶ Abschn. 29.4), nicht voll ausgearbeitet und verstanden sind. Das neue Instrument der Kosten-Risiko-Analyse hat einen weiteren Vorteil gegenüber der älteren, strikten Interpretation: Die darin verwendete „weichere" Interpretation des Zwei-Grad-Ziels erlaubt es, dieses Ziel notfalls moderat zu überschreiten (falls es wegen weiterhin nicht umgesetzten globalen Klimaschutzes nicht anders möglich ist), das zugrundeliegende Normensystem jedoch aufrechtzuerhalten: Die Zwei-Grad-Community bliebe handlungsfähig, auch wenn das Ziel nicht mehr exakt einzuhalten wäre (◘ Tab. 29.1). Die folgende Tabelle ordnet die Kosten-Risiko-Analyse zusammenfassend in den Kontext vorangegangener Kriterien ein:

29.6 Konsequenzen für die Interaktion von Politik und Wissenschaft

Was bedeutet die vorliegende Analyse nun für Verwaltung und Politik? Der Umgang mit Unsicherheit bedarf auch normativer Setzungen. Die Verantwortung dafür, welche Normen *governance* bestimmen sollten, tragen Politik und Verwaltung. Diese Entscheidung kann gerade nicht von den Wissenschaftlern über-

◘ Tab. 29.1   Übersicht zu Entscheidungsregeln und ihren Merkmalen. (Eigene Darstellung)

Regel	Art des Ansatzes	Umgang mit Unsicherheit	Ziel
Erwartungsnutzen-maximierung	Probabilistisch	Subjektive Wahrscheinlichkeitsannahmen mit objektivierbarem Hinzulernen	Maximale erwartete (im Sinne von: wahrscheinlichkeitsgewichtete) Nutzenfunktion
Optimismus/Pessimismus	Nichtprobabilistisch	Vorstellen & Selektion des best-/schlechtestmöglichen Weltzustandes (keine Wahrscheinlichkeitsangaben) pro Handlung	Maximale Nutzenfunktion, nachdem für jede mögliche Handlung optimistisch/pessimistisch der Weltzustand selektiert wurde
Minimum regret	Nichtprobabilistisch	Vorstellen & Selektion des Weltzustandes pro Handlung, bei dem das Bedauern am geringsten ausfiele, nachdem der wahre Zustand dann doch gelernt worden wäre	Maximale Nutzenfunktion nach Zustandsselektion
Kosten-Effektivitäts-Analyse	Mischform; benötigt Grenzwert (z. B. Zwei-Grad-Ziel)	Ausgrenzen des Bereiches größter Unsicherheiten – diese werden als jenseits des Grenzwerts liegend angenommen	Maximale erwartete Nutzenfunktion vor dem Grenzwert
Kosten-Risiko-Analyse	Probabilistisch	Wie Kosten-Effektivitäts-Analyse, jedoch Einpreisung der Überschreitung des Grenzwerts; Eichung an bereits politisch gesetzten Klimazielen	Wie Erwartungsnutzen-maximierung

nommen werden. Aber die Wissenschaft kann der Politik und Verwaltung ein reicheres und transparenteres Spektrum an ausgearbeiteten Vorschlägen für Normen und entsprechende Szenarien zur Verfügung stellen und auf den normativen Entscheidungsbedarf, der sich spezifisch aus Unsicherheit ergibt, hinweisen. In diesem Zusammenhang sei noch einmal auf das Politikberatungsmodell der Arbeitsgruppe III im Fünften Sachstandbericht des Weltklimarats (IPCC-WG3) verwiesen, das sogenannte „erleuchtet pragmatische Modell" (Edenhofer und Seyboth 2013; Edenhofer und Kowarsch 2015). Dementsprechend können weder Wissenschaftler noch die Gesellschaft unabhängig voneinander langfristige Ziele festlegen. Vielmehr würde die Gesellschaft normative Vorstellungen (Umweltziele, Umgang mit Unsicherheit) formulieren und die Wissenschaft deren Konsequenzen anhand von Szenarien illustrieren. In deren Lichte könnte die Gesellschaft ihre normativen Forderungen überdenken und ggf. revidieren, weil sie sich weiterer Zielkonflikte bewusst geworden wäre. Dieser Zyklus würde idealerweise bis zur vollständigen Konvergenz durchlaufen. Zunächst überzeugende Dringlichkeiten und weniger Wichtiges werden so nach und nach immer grundsätzlicher und fundamentaler geordnet. Mit Unsicherheit umzugehen ist dann nur ein Spezialfall unter vielen anderen normativen Aspekten, zu denen sich die Gesellschaft zu äußern hat. (Für die Wissenschaft ist hierbei wichtig, sich für das gesamte normative Spektrum zu öffnen, statt sich jeweils in die Denkweise einer einzigen Schule einzukapseln.)

Das Konzept zur Risikosteuerung des Internationalen Risikorats *(International Risk Governance Council,* IRGC) (► Kap. 30) wäre demnach mehrfach zu durchlaufen – ein überaus ehrgeiziges Unterfangen!

29.7 Kurz gesagt

Bei den meisten Entscheidungen, die komplexe Umweltsysteme betreffen, spielt Unsicherheit eine entscheidende Rolle. Dies ist besonders aus Sicht regionaler Handelnder dann der Fall, wenn es abzuwägen gilt, wie genau man sich gegen schwer abzuschätzende Folgen des Klimawandels schützen soll. Das wirtschaftliche Standardinstrument der Erwartungsnutzenmaximierung kann versagen, solange das Wissen über das System mit teils großen Unsicherheiten behaftet ist. Das zeigen die Abwägungen des Klimaziels selbst. Dann ist zu prüfen, ob nicht z. B. kombinierte Entscheidungskriterien wie eine flexibilisierte Kosten-Effektivitäts-Analyse (Kosten-Risiko-Analyse) die Präferenzen der Entscheidungskräfte besser repräsentiert. Die Wahl, nach welcher Methode unter Unsicherheit entschieden werden soll, ist bereits eine normative Vorentscheidung. Wie bei allen Entscheidungen über komplexe Systeme könnten Entscheidungsträgerinnen und -träger sie sinnvoll fällen, nachdem ein iterativer und transparenter Dialogprozess zwischen ihnen in verschiedenen gesellschaftlichen Gruppen und der Wissenschaft aktiv betrieben wurde.

29

Literatur

Anthoff D, Tol RSJ, Yohe GW (2009) Risk aversion, time preference, and the social cost of carbon. Environ Res Lett 4:024002

Edenhofer O, Kowarsch M (2015) Cartography of policy paths: a model for solution-oriented environmental assessments. Environ Sci Pol 51:56–64

Edenhofer O, Seyboth K (2013) Intergovernmental panel on climate change. Shogren JF (Hrsg) Encyclopedia of energy. Nat Res Environ Econ 1: ENERGY, 48–56

Edenhofer O, Pichs-Madruga R, Sokona Y et al JC (2014) Climate change. Mitigation of climate change, summary for policymakers, contribution of working group III to the fifth assessment report of the intergovernmental panel on climate change. Cambridge University Press, Cambridge

Hall JW, Lempert RJ, Keller K, Hackbarth A, Mijere C, McInerney DJ (2012) Robust climate policies under uncertainty: a comparison of robust decision making and info-gap methods. Risk analysis. ▶ http://onlinelibrary.wiley.com/doi/10.1111/j.1539-76924.2012.01802.x/full

Hänsel M, Drupp M, Johansson D, Nesje F, Azar C, Freeman MC, Groom B, Sterner T (2020) Climate economics support for the UN climate targets. Nat Clim Chan 10(8): 781–789

Hediger W (1999) Reconciling „weak" and „strong" sustainability. Int J Soc Econ 26:1120–1143

Held H (2019) Cost risk analysis: dynamically consistent decision-making under climate targets. Environ Resource Econ 72(1):247–261

Held H, Edenhofer O (2008) Re-structuring the problem of global warming mitigation: „climate protection" vs. „economic growth" as a false trade-off. In: Hirsch Hadorn G, Hoffmann-Riem H, Biber-Klemm S, Grossenbacher-Mansuy W, Joye D, Pohl C, Wiesmann U, Zemp E (Hrsg) Handbook of transdisciplinary research. Springer, Heidelberg, S 191–204

Held H, Augustin T, Kriegler E (2008) Bayesian learning for a class of priors with prescribed marginals. Int J Approx Reason 49(1):212–233

Lempert RJ, Groves DG, Popper SW, Bankes SC (2006) A general, analytic method for generating robust strategies and narrative scenarios. Manage Sci 52:514–528

Lenton TM, Held H, Kriegler E, Hall J, Lucht W, Rahmstorf S, Schellnhuber HJ (2008) Tipping elements in the Earth's climate system. PNAS 105(6):1786–1793

Mastrandrea M, Field C, Stocker T, Edenhofer O, Ebi K, Frame D, Held H, Kriegler E, Mach K, Matschoss P et al (2010) Guidance note for lead authors of the IPCC fifth assessment report on consistent treatment of uncertainties. Intergovernmental Panel on Climate Change, Genf

Neubersch D, Held H, Otto A (2014) Operationalizing climate targets under learning: an application of cost-risk analysis. Clim Chang 126(3):305–318. ▶ https://doi.org/10.1007/s10584-014-1223-z

Nordhaus WD (2008) A question of balance: economic modeling of global warming. Yale University, New Haven

Patt A (1999) Separating analysis from politics. Policy Stud Rev 16(3–4):104–137

Savage LJ (1954) The foundations of statistics. Wiley, New York

Schellnhuber HJ (2010) Tragic triumph. Clim Change 100:229–238. ▶ https://doi.org/10.1007/s10584-010-9838-1

Schmidt MGW, Lorenz A, Held H, Kriegler E (2011) Climate targets under uncertainty: 34 challenges and remedies. Clim Chang 104:783–791

Sorger G (1999) Entscheidungstheorie bei Unsicherheit. Lucius & Lucius, Stuttgart

Walley P (1991) Statistical reasoning with imprecise probabilities. Chapman & Hall, London

Weitzman ML (2009) On modeling and interpreting the economics of catastrophic climate change. Rev Econ Stat 91:1–19

Klimarisiken: Umgang mit Unsicherheit im gesellschaftlichen Diskurs

Ortwin Renn

Inhaltsverzeichnis

30.1   Bewertung von Risiken – 392

30.2   Vier-Phasen-Konzept der Risikosteuerung – 392
30.2.1   Vorphase: Was bedeutet die inhaltliche „Rahmung"? – 392
30.2.2   Risikoerfassung: der Zusammenklang physischer und wahrgenommener Risiken – 394
30.2.3   Tolerabilitäts- und Akzeptabilitätsbewertung: Welche Risiken sind zumutbar? – 394
30.2.4   Risikomanagement: Wie lassen sich Wirksamkeit und demokratische Legitimation zentral nachweisen? – 395

30.3   Risikowahrnehmung in der pluralen Gesellschaft – 395

30.4   Schnittstelle Risikoerfassung und Risikomanagement – 397

30.5   Risikokommunikation: Wie sollen und können Interessensgruppen und Bevölkerung beteiligt werden? – 397

30.6   Kurz gesagt – 400

       Literatur – 400

© Der/die Autor(en) 2023
G. P. Brasseur et al. (Hrsg.), *Klimawandel in Deutschland*,
https://doi.org/10.1007/978-3-662-66696-8_30

30

30.1 Bewertung von Risiken

Die vielen Krisen der letzten Jahre, angefangen von Corona über den Ukraine-Krieg bis zu Versorgungskrisen mit Getreide und Rohstoffen, haben die Sorge um den Klimawandel in Deutschland zwar als das vordringliche Problem der Politik weiter nach hinten gerückt, aber nach wie vor ist dieses Thema als Herausforderung für Politik und Gesellschaft höchst aktuell (Universität Mannheim 2020; Greenpeace 2020; You Gov 2022). Insgesamt gesehen überwiegt der Eindruck, dass der Klimaschutz als nächste große Krise angesehen wird, die entschiedenes politisches Handeln erforderlich macht. Der Bezug zum eigenen Verhalten wird dabei durchaus gesehen, ist aber mit vielen Vorbehalten behaftet, wenn es um das eigene Handeln geht. Offenkundig fallen immer noch Wunsch und Wirklichkeit weit auseinander. So zeigt sich auch beim Klimaschutz eine deutliche Diskrepanz zwischen Rhetorik und Wirklichkeit (Reisch 2013). Trotz zunehmender Effizienzverbesserung bei elektrischen Geräten und bei den Heizungssystemen verharrte der Ausstoß an Kohlendioxid durch private Haushalte von 2012 bis 2019 nahezu auf dem gleichen Niveau (UBA 2020). Erst 2020 wurde bedingt durch die Coronakrise eine stärkere Einsparung erzielt. Im Gebäudesektor kam es auch 2021 zu geringfügigen Einsparungen von 4,3 %, die aber die Ziele der Bundesregierung für dieses Jahr deutlich verfehlen (UBA 2022).

Hinter diesem Paradox zwischen Problemwahrnehmung und eigenen Verhaltenskonsequenzen (Renn 2014a) steht die Beobachtung, dass bei komplexen Herausforderungen, wie dem Klimawandel, viele zum Teil gegenläufige Ziele und Werte berührt werden. Es geht vor allem um die Frage, wie viele Ressourcen die heutige Generation zum jetzigen Zeitraum investieren will, um in Zukunft größere Schäden für Natur und Menschheit zu vermeiden. Die Geschichte der Menschheit ist überwiegend dadurch gekennzeichnet, dass kollektives Lernen durch Versuch und Irrtum erfolgt (Roth 2007). Es fällt Individuen wie Gesellschaften schwer, vor Eintritt des Irrtums bereits schmerzhafte Lernprozesse einzuleiten, um spätere Irrtümer zu vermeiden. Die Wissenschaft ist inzwischen so weit, dass sie, wie bei den Klimamodellen, zukünftige Irrtümer virtuell simulieren kann und aus dieser Erkenntnis heraus antizipative Strategien zur vorzeitigen Vermeidung von Irrtümern bereitstellt (Caniglia et al. 2020; WBGU 1999: 3 ff.). Solche Simulationen zukünftiger Irrtümer sind aber immer mit Unsicherheiten und Mehrdeutigkeiten verbunden, die wiederum Anlass für gesellschaftliche Debatten über ihre wissenschaftliche Validität und ihre Bedeutung für vorbeugende und risikovermeidende Strategien geben (Skorna und Nießen 2020; Manning 2006). Im Mittelpunkt steht daher die Frage, wie Individuen, Gesellschaften und die Welt-

gemeinschaft mit globalen Risiken umgehen wollen und wie sie die mit Risiko untrennbar verknüpften Probleme der Komplexität, Sicherheit und Mehrdeutigkeit (Ambiguität) angehen wollen (Spiegelhalter und Riesch 2011; Hulme 2009). Zudem gilt es, auszuhandeln, wie viel Aufmerksamkeit und wie viele Ressourcen eine Gesellschaft zur Reduktion eines Risikos aufwenden soll, wenn viele andere, ebenso gravierende Risiken die Menschheit bedrohen und beherzt aufgegriffen werden müssten. Der Umgang mit Risiken setzt voraus, Prioritäten zu setzen, Unsicherheiten so weit wie möglich zu bestimmen und Zielkonflikte auszuhandeln (Garner et al. 2016). Gefragt ist also ein Konzept der Risikosteuerung *(risk governance),* das diese abwägende und vorbeugende Funktion übernehmen kann.

30.2 Vier-Phasen-Konzept der Risikosteuerung

Um die komplexen und hoch vernetzten Klimarisiken besser abschätzen und handhaben zu können, hat der Internationale Risikorat (IRGC) ein Vier-Phasen-Konzept für eine in sich schlüssige Risikoregulierungskette entworfen. Die Beschreibung des Risikokonzepts des Internationalen Risikorates ist stark an die Beiträge von Dreyer und Renn (2013) angelehnt. Das *Risk-governance*-Konzept des IRGC (2005) ist auf verschiedene Anwendungsbereiche übertragen worden, auch auf Risiken wie Klimawandel oder Naturgefahren (Renn 2008; Renn und Walker 2008). Klimarisiken sind nicht allein naturwissenschaftlich determiniert, sie ergeben sich immer aus dem Wechselspiel zwischen menschlichem Verhalten und natürlichen Reaktionen. An dieser Schnittstelle zwischen Technik, Organisation und Verhalten setzt das IRGC-Konzept an (IRGC 2018; Klinke und Renn 2019). Das Vier-Phasen-Konzept umfasst alle wesentlichen Aspekte eines effektiven und gegenüber öffentlichen Anliegen sensiblen Umgangs mit Risiken. Ziel der IRGC-Veröffentlichung war zum einen, die oft verwirrenden Begriffe bei der Erforschung und Regulierung von Risiken in ein konsistentes terminologisches Gerüst zu bringen. Zum anderen will das Konzept ein Evaluierungsinstrument für *good governance* sein, also für einen vollständigen, effektiven, effizienten und sozialverträglichen Umgang mit Risiken (IRGC 2005, 2018).

30.2.1 Vorphase: Was bedeutet die inhaltliche „Rahmung"?

In einem idealisierten Ablauf des Steuerungsprozesses steht an erster Stelle die Phase des *pre-assessment,* im

Deutschen oft „Vorphase" genannt (Ad-hoc-Kommission 2003). Im Vordergrund steht dabei die Problemeingrenzung *(framing)*, die begriffliche Konzipierung und Eingrenzung des betrachteten Risikos. Es gilt festzulegen, welche Kontextbedingungen und Erfassungsgrenzen gelten sollen und wie Vergleichbarkeit zwischen den Risiken hergestellt werden kann (IRGC 2005). *Frames* sind häufig an kulturelle oder sozialgeografische Kontextbedingungen gebunden.

In dieser Phase wäre beispielsweise zu klären, welche Phänomene als Ursache für den Klimawandel angesehen werden und wie natürliche und menschengemachte Einflussgrößen in ihren Wirkungen getrennt erfasst, aber gemeinsam behandelt werden müssen (Vanderlinden et al. 2020). Das *framing* legt fest, ob ein Phänomen überhaupt als Risiko betrachtet werden soll und, wenn ja, welche kausalen Wirkungsketten näher betrachtet und welche Fakten integriert bzw. ausgeschlossen werden sollen (Goodwin und Wright 2004). Es ist in dieser Phase sinnvoll, Stakeholder aus der Praxis zu befragen, um deren Sichtweise auf das Problem kennenzulernen und im Dialog mit den Stakeholdern das eigene Risikoforschungs- und später Managementkonzept abzustimmen (Renn 2014b; Renn und Schweizer 2020). Auch hier sind spezifische kulturelle und geografische Kontextbedingungen mit zu beachten.

Der IPCC Summary Report von 2014 (2014a, 12) hat im Rahmen des *framing* ein lange Liste von natürlichen, umweltbezogenen, technischen, gesundheitlichen und gewohnheitsmäßigen Risiken als weltweit relevant im Rahmen des Klimawandels eingestuft (▶ Kap. 25). In Zukunft ist in Deutschland bei einer angenommenen Zunahme von Wetterextremen, vor allem von Hitzewellen, mit Ernteausfällen, wirtschaftlichen Einbußen bei klimasensiblen Branchen (etwa Tourismus), ökosystemaren Belastungen sowie hitzebedingten Gesundheitsschäden zu rechnen. Dazu kommen Hochwasserereignisse, wie infolge des Starkregens im Sommer 2021 mit katastrophalen Auswirkungen in vielen Regionen Deutschlands. Der Schwerpunkt der IPCC-Risikoanalyse (IPCC 2014a) liegt auf der Vulnerabilität der Bevölkerung, die überwiegend auf nutzbare Vorteile aus Ökosystemen angewiesen ist. Erst durch den Einbezug systemischer Risiken haben sekundär betroffene wirtschaftliche Aktivitäten wie Transportwesen, Tourismus oder die Produktion von Waren und weiterer Dienstleistungen Eingang in das Konzept gefunden. Auch die gesellschaftlichen und politischen Risiken (▶ Kap. 27) bleiben häufig unterbelichtet. Welche Risiken aber nun als relevant einzustufen sind, ergibt sich nicht aus der Natur der Sache, sondern reflektiert auch immer die Wahrnehmungs- und Bewertungsschemata der Betrachter (Renn 2014a).

Deshalb empfiehlt das IRGC-*risk-governance*-Konzept ausdrücklich, bei der Rahmensetzung bereits die Pluralität der gesellschaftlichen Problemdefinitionen und Risikodimensionen mit zu erfassen und einzubauen, selbst wenn das Problem globale Ausmaße annimmt. Dies kann durch Befragungen, Anhörungen und Dokumentenanalysen geschehen. Je mehr Dialoge zwischen den Klima- und Risiko- sowie Anpassungsmodellierern und -modelliererinnen und Fachleuten aus der Praxis eingeplant werden, desto größer ist die Chance, dass alle relevanten Auswirkungen einbezogen und bei den Risikoanalysen adäquat beachtet werden. Bezogen auf die aktuelle Klimapolitik in Deutschland würde dies bedeuten, einen Risikodialog in Form eines Runden Tisches mit den Hauptbeteiligten aus Regierung, Wissenschaft, Privatwirtschaft und Zivilgesellschaft zu führen, an dem alle beteiligten Parteien ihre Anliegen einbringen und die mögliche Verknüpfung wahrgenommener Risiken mit den Ergebnissen von Klimamodellen besprechen (Challies et al. 2017). Einen ähnlichen Vorschlag hat auch der Weltklimarat gemacht (IPCC 2014b).

Neben dem *framing* gibt es in der Vorphase noch weitere Prozessschritte (IRGC 2005; Ad-hoc-Kommission 2003; Renn 2008), etwa:

- Institutionelle Verfahren, um Risiken früh zu erkennen und mögliche Fehlentwicklungen an die Institutionen des Risikomanagements zu melden – etwa ein Frühwarnsystem für eventuelle Schadensverläufe
- Allgemein gültige Richtlinien, damit bereits im Vorfeld ein konsistentes und nachvollziehbares Verfahren der Risikobehandlung festgelegt werden kann – beispielsweise eine Einigung auf zentrale Indikatoren und auf ein Verfahren, wie diese gemessen werden
- Ein *screening*, um Risiken vorab zu charakterisieren und die für dieses Risiko notwendigen Methoden und wissenschaftlichen Schritte festzulegen – etwa ein Schnellverfahren zur vorzeitigen Ermittlung von möglichen Versorgungsengpässen beim Übergang auf erneuerbare Energiequellen
- Wissenschaftliche Verfahren und Techniken (wissenschaftliche Konventionen), die helfen, Risiken zu charakterisieren – beispielsweise eine Einigung über die Eignung und Aussagekraft der bei Klimaprognosen und -projektionen eingesetzten Schätz- und Modellierungsverfahren.

Diese Aufgaben werden heute meist im Rahmen der Risikoabschätzung und oft informell oder routinemäßig geklärt. Damit sie transparent, vergleichbar und nachvollziehbar sind, ist aber eine Institutionalisierung wichtig, und die Verantwortlichkeiten müssen klar geregelt sein. Diese Regelung schafft zugleich eine gemeinsame Bewertungsbasis für alle Beteiligten.

Anhand des Hochwasserschutzes lässt sich gut illustrieren, was in diesem Konzept mit „Vorphase" gemeint ist: In der Vorphase ist zu klären, wer für Vorsorgemaßnahmen zuständig ist, welche grundlegenden Möglichkeiten infrage kommen und wer dies finanziert. Solche Vorabsprachen im Rahmen eines Klimadialogs sind gerade im Vorfeld der Risikoberechnungen sinnvoll, um spätere strategische Absetzbewegungen („So war das doch nicht gemeint") zu verhindern. Im Vorfeld der Risikoanalyse lassen sich die unterschiedlichen in der Gesellschaft vorhandenen Problemdefinitionen, Interessen und Präferenzen klären. So pochen Anwohner und Anwohnerinnen häufig auf mehr technischen Schutz, z. B. darauf, dass Dämme erhöht werden. Personen aus dem Bereich der Umweltschutzbewegungen setzen hingegen darauf, Polderflächen auszudehnen; Politiker und Politikerinnen wollen Versicherungslösungen ausweiten, und die Fachkräfte der Landesplanung hätten gern verschärfte Planungsvorgaben für Siedlungszwecke (Wachinger et al. 2013).

30.2.2 Risikoerfassung: der Zusammenklang physischer und wahrgenommener Risiken

In der zweiten Phase des IRGC-Konzeptes geht es darum, Risiken wissenschaftlich zu identifizieren, charakterisieren und wenn möglich zu quantifizieren. Dabei wird zwischen der Risikoabschätzung und der Identifikation der Anliegen der Bevölkerung (Risikowahrnehmung) unterschieden (IRGC 2005). Generell sollen physische Risiken und die damit verbundenen Anliegen der Bevölkerung mit den besten wissenschaftlichen Methoden analysiert und – wenn möglich – quantifiziert werden. Die Ergebnisse dieser wissenschaftlichen Diagnose sollten dann später in die umfassende Risikobewertung einfließen. Die Erfassung von Risiken beispielsweise für Gesundheit und Umwelt, wirtschaftliches Wohlergehen und gesellschaftliche Stabilität muss also durch eine Analyse der Risikowahrnehmungen und Einstellungen wichtiger gesellschaftlicher Gruppen sowie der betroffenen Bevölkerung ergänzt werden. Es geht darum, das vorhandene Wissens- und Erfahrungspotenzial optimal zu nutzen. Dabei ist auch auf die Zeitdimension zu achten (Fuchs und Keller 2013): Oft entstehen Konflikte, weil eine Seite Risiken kurzfristig und die andere langfristig betrachtet. Auch besteht die Frage nach örtlichen Grenzen negativer Auswirkungen: Geht es um eine Gegend in Deutschland, um Deutschland als Ganzes, Europa, oder die Welt?

Auch hier ist der Hochwasserschutz ein gutes Beispiel: Bei der Risikoanalyse wird versucht, die Wasser- und Schlammmassen zu schätzen und zu identifizieren und zu gewichten, wer oder was wie stark betroffen ist – einschließlich sekundärer Stressoren wie

etwa Hygieneproblemen. In der Regel erfolgt das nach einer einfachen Formel: Summe der zu erwartenden Schadensausmaße abhängig von der Wahrscheinlichkeit eines auslösenden Ereignisses unter gegebenen Umständen der Exposition und Verwundbarkeit (Bähler et al. 2001). Allerdings sind solche Berechnungen mit großen Unsicherheiten behaftet. Denn die Höhe des Schadens richtet sich auch danach, wie sich Menschen und öffentliche Institutionen vor, während und nach einer Flutkatastrophe verhalten. Das wird weitgehend dadurch bestimmt, wie Individuen und Behörden Risiken einschätzen (Renn 2014a). Dabei geht es vor allem auch um kollektive Maßnahmen der Vorsorge, der Notfallplanung, des effektiven und schnellen Einsatzes von Hilfspersonal und der effektiven Nachsorge. Sind zum Beispiel Behörden auf den Ernstfall schlecht vorbereitet, weil dieser in ihrer Wahrnehmung gar nicht als realistisch eingestuft wurde, steigt das Risiko eines Schadens für alle (Hudson et al. 2020). Das hat sich auch in der Flutkatastrophe von 2021 gezeigt, weil dort die Verantwortlichen für den Katastrophenschutz auf die Intensität und Zerstörungskraft des Hochwassers mental nicht vorbereitet waren. Oft besteht auch ein Glaubwürdigkeitsproblem: Anwohner schenken den Warnungen seitens der Behörden keinen Glauben und rüsten sich nicht für ein Hochwasser. Es ist also notwendig, Risikoabschätzung und Risikowahrnehmung in gegenseitiger Abhängigkeit zu untersuchen, um zu einer verlässlichen Risikobewertung zu kommen (Wachinger et al. 2013).

30.2.3 Tolerabilitäts- und Akzeptabilitätsbewertung: Welche Risiken sind zumutbar?

Sobald alle wichtigen Daten gesammelt sind, tritt die dritte Phase ein: Die Daten werden zusammengefasst, interpretiert und bewertet. Nach dem IRGC-Konzept geschieht dies in zwei Schritten: Risikocharakterisierung und Risikobewertung (IRGC 2005). Hierbei geht es vorrangig darum, ob das berechnete Risiko als akzeptabel, regulierungsbedürftig oder nicht tolerierbar eingestuft wird. Um die Akzeptabilität zu beurteilen, ist es notwendig, Schaden wie Nutzen der jeweiligen Aktivitäten, etwa die Energieerzeugung durch herkömmliche Kraftwerke auf Basis fossiler Brennstoffe, mit in die Analyse aufzunehmen Das sind sehr komplexe Entscheidungsprozesse, die sich aber nicht von alleine auflösen oder durch Routinen bewältigen lassen, sondern jeweils Abwägungen zwischen unterschiedlichen Handlungsoptionen pro Zeitabschnitt erfordern.

Zunächst ist das Risiko des Klimawandels mit all seinen Unsicherheiten möglichst umfassend zu bewerten: Sind die zu erwartenden Auswirkungen gra vierend genug, dass man Gegenmaßnahmen einleiten muss, die wiederum gesellschaftliche Ressourcen in Anspruch nehmen? Wird dies mit ja beantwortet, folgt eine nächste Frage: Ist es besser, die Ursachen des Klimawandels proaktiv zu bekämpfen oder sollten lieber die Folgen abgemildert werden? Es ist auch möglich, beides zu mischen: Wer entscheidet und wer trägt die Verantwortung für die Entscheidung?

Besonders schwierig ist, Unsicherheiten in die Bewertung einzubeziehen (s. Kap. 30). Ist bekannt, wie sich Risikofolgen wahrscheinlich verteilen, können die Wahrscheinlichkeiten als Gewichtungen für die Folgenanalyse einbezogen werden. Bei noch unbekannten oder schwer einschätzbaren Risiken geht das nicht. Dann können Bewertungen nur aufgrund von subjektiven Einstellungen gegenüber Folgen getroffen werden (Bonß 2013; Hemming 2019). Bei vielen, vor allem unsicheren Folgen lässt sich eine rechnerische Quantifizierung jedoch kaum durchführen. Hier ist man auf qualitative Verfahren der Charakterisierung von möglichen, aber in ihren Wahrscheinlichkeiten nur rudimentär abzuschätzenden Handlungsabläufen, die durch narrativ schlüssige Szenarien systematisiert werden können, angewiesen (Aven 2020). Darin sind auch schwierig zu quantifizierende Faktoren wie Landschaftsschutz, Biodiversität und Ökosystemstabilität mit einzubeziehen.

Je unsicherer das Risiko ist und je mehr unterschiedliche Abschätzungen von Risikohöhe und Eintrittswahrscheinlichkeiten vorliegen, desto schwieriger ist es, Risiken und Kosten gegeneinander abzuwägen und miteinander zu vergleichen. Bei der Bewertung der Folgen eines *Business-as-usual*-Szenarios im Vergleich zu einem effektiven Klimaschutzszenario sind die zu erwartenden Kosten für die Folgen des Abwartens mit denjenigen für einen wirksamen Klimaschutz in Relation zu setzen. Dabei geht es nicht nur um finanzielle, sondern auch um ökologische, soziale und kulturelle Schäden, von denen einige quantitativ messbar sind (etwa Bodenerosion, Biodiversitätsverluste, Einkommensverluste für bestimmte Berufszweige). Andere, eher „weiche Folgeschäden" (wie Landschaftsveränderungen, Hitzestress, Reduktion kultureller Vielfalt) lassen sich durch Instrumente der empirischen Sozialforschung abschätzen, wie Befragungen von Nutzern ökosystemarer Dienstleistungen, systematische Dokumentenanalysen und multiattributive Bewertungsverfahren, einschließlich von Nutzwertanalysen. Um sowohl die harten wie die weichen Ergebnisse der Analyse vergleichend zu bewerten, empfiehlt der IRGC einen Risikodialog, an dem die Vertreter der Behörden, der Klimawissenschaft und der Stakeholder aus der Praxis teilnehmen. Am Ende steht ein Urteil, welche Klimafolgeszenarien akzeptierbar bzw. tolerierbar sind (Fairman 2007; Renn 2008; Renn et al. 2020).

30.2.4 Risikomanagement: Wie lassen sich Wirksamkeit und demokratische Legitimation zentral nachweisen?

Die vierte Phase betrifft das Risikomanagement. Jetzt geht es darum, konkrete Maßnahmen oder Strategien zu wählen, um ein nicht tolerierbares Risiko zu vermeiden bzw. so weit zu senken, dass es als akzeptabel anzusehen ist (IRGC 2005). Der IRGC setzt hier auf entscheidungsanalytische Methoden. Bezogen auf den Hochwasserschutz würden nun die konkrete Vor- und Nachsorge festgelegt werden. Bestand schon in der Vorphase auf die Grundzüge eines Programmes Einigkeit, fällt es jetzt leichter, diese Maßnahmen öffentlich zu rechtfertigen und politisch durchzusetzen. Für jede der verhandelten Optionen sind die jeweiligen Vor- und Nachteile zu erfassen und gegeneinander abzuwägen.

Alle vier Phasen bedürfen einer intensiven Risikokommunikation einschließlich eines diskursiven Risikodialogs. Anders als in älteren Anleitungen zur Risikobehandlung empfohlen – etwa 1983 vom *National Research Council* (NRC 1983) – sieht der IRGC Risikokommunikation als einen kontinuierlich verlaufenden Prozess an, der von der Vorphase bis zum Risikomanagement dauert (IRGC 2005). Nicht nur aus Gründen demokratischer Entscheidungsfindung ist eine rasche und umfassende Kommunikation gefordert, dies bereichert auch die Qualität des Managementprozesses (Stern und Fineberg 1996). Das ist auch beim Hochwasserrisiko augenscheinlich: Werden nicht zeitgleich mit der Planung von Vor- und Nachsorge alle beschlossenen Maßnahmen und deren Konsequenzen adressatengerecht vermittelt, ist nicht zu erwarten, dass sich Individuen oder Organisationen risikogerecht verhalten.

30.3 Risikowahrnehmung in der pluralen Gesellschaft

Das IRGC-Konzept unterscheidet sich vom konventionellen Verständnis von Risikoregulierung und Risikomanagement: Es weist nicht nur den Natur- und Technikwissenschaften, sondern auch den Sozial- und Wirtschaftswissenschaften eine zentrale Rolle bei der wissenschaftlichen Erfassung des Risikos zu (Renn 2008). Dabei geht es nicht um die Frage der partizipativen Festlegung von politischen Maßnahmen (▶ Teil VI). Vielmehr geht es darum, in einem ersten Schritt zu klären, wie sich physische Risiken wissenschaftlich so erfassen lassen, dass Vergleichbarkeit gewährleistet ist, und in einem zweiten Schritt, wie die betroffenen Personen diese Risiken wahrnehmen, bewerten und sich in ihrem Verhalten danach ausrichten.

30

Die Risikoerfassung ist im IRGC-Konzept zweistufig angelegt: Zunächst schätzen Natur- und Technikwissenschaftler bestmöglich den objektiv messbaren Schaden, den eine Risikoquelle hervorrufen könnte, einschließlich der negativen Konsequenzen einzelner Maßnahmen. Zusätzlich sind Sozial- und Wirtschaftswissenschaftler gefragt, um Kern- und Streitpunkte in der Debatte zum Klimaschutz festzustellen. Zudem sollen sie untersuchen, was Interessensgruppen, Individuen oder die Gesellschaft als Ganzes mit einem bestimmten Risiko verbinden.

Warum ist gerade Letzteres für den Klimaschutz so zentral? Die Auswirkungen von Risiken sind so gut wie nie durch physische Ereignisse vollständig determiniert. Die Auslöser *(risk agents)* von physischen Risiken sind Energie (Explosionen, Hitze, Wind, Hochwasser etc.), Stoffe (toxisch, karzinogen oder mutagen), Lebewesen (Viren, Bakterien, Fressfeinde, „Raubtiere" und vor allem Mitmenschen). Auslöser von sozialen Risiken sind Macht (*governance,* Gewalt) und Information (falsche Anweisungen, panikauslösende Kommunikationsinhalte, Aussichten auf finanzielle Gewinne oder Verluste). Das Potenzial an Schäden, das diese Auslöser verursachen können, richtet sich aber nach dem Auslöser der Gefahr (etwa Flutwelle), dem Risikoträger (etwa kinetische Energie) nach der Exposition (wer und was ist betroffen) und nach der Verwundbarkeit der betroffenen Menschen oder Sachgüter (▶ Kap. 25 sowie Renn et al. 2020). Das Risiko ergibt sich erst aus der Wechselwirkung von physischen und psychisch-sozialen Faktoren (Taylor-Gooby und Zinn 2006). Beide Aspekte müssen daher wissenschaftlich untersucht werden. Das kann etwa durch Umfragen, die Analyse der Ergebnisse von Fokusgruppen, gesamtwirtschaftliche Modellierungen oder Anhörungen mit Interessensvertretern und vor allem durch methodische Triangulation geschehen, die gleichermaßen ökonometrische, sozialwissenschaftliche und statistische Verfahren integriert. Anhand dieser Daten können weitgehend integrierte Klimaszenarien *(integrated assessments)* aufgebaut werden (▶ Kap. 25). Darunter sind Klimafolgenszenarien zu verstehen, in denen neben den Auslösern (etwa CO_2-Emissionen), klimatischen Reaktionen (etwa Hitzewellen) und Einwirkungen auf Umwelt und Gesellschaft (Ökosystemfolgen, Gesundheitsschäden) auch soziale und kulturelle Einflussfaktoren (wie Handlungsbereitschaft der Individuen, kulturelle Normen und Werte für die Wahl von Mitigations- und Adaptionsmaßnahmen) in die Szenarien als Parameter eingebunden sind (Lemos und Morehouse 2005).

Wie die Gesellschaft ein bestimmtes Risiko wahrnimmt, untersucht die Risikowahrnehmungsforschung (Übersicht in: Siegrist und Arvai 2020; Breakwell 2007). Diese basiert auf dem Gedanken, dass die intuitive Wahrnehmung eines Risikos ein legitimer Bestandteil einer rationalen Risikobewertung ist und daher in die Risikobewertung einfließen sollte (Neth und Gigerenzer 2015). Bei der intuitiven Wahrnehmung spielen z. B. die Begleitumstände einer Situation eine wichtige Rolle, etwa ob und wie genau das Risiko auf verschiedene Bevölkerungsgruppen verteilt ist, ob es individuell verfügbare oder institutionelle Kontrollmöglichkeiten gibt und inwieweit ein Risiko freiwillig eingegangen wird. Das lässt sich durch entsprechende Forschungsinstrumente messen und sollte streng wissenschaftlich erfolgen (Renn 2008). Die sich ergebenden Muster weisen auf besondere Anliegen der befragten Individuen und Gruppen hin und sollten daher auch in die Klimapolitik eingehen (Garner et al. 2016).

Unter rationalen Gesichtspunkten erscheint es durchaus erstrebenswert, die verschiedenen Dimensionen des intuitiven Risikoverständnisses systematisch zu erfassen und auf diesen Dimensionen die jeweils empirisch gegebenen Ausprägungen zu messen (Fischhoff 1985; Renn 2008). Wie stark verschiedene technische Optionen, etwa Varianten der Energieerzeugung, Risiken unterschiedlich auf Bevölkerungsgruppen verteilen, in welchem Maße persönliche und institutionelle Kontrollmöglichkeiten bestehen und inwieweit Risiken durch freiwillige Vereinbarung übernommen werden, lässt sich im Prinzip durch entsprechende Forschungsinstrumente messen. Dass aber diese Faktoren in die politische Entscheidung eingehen sollen, lässt sich aus dem Studium der Risikowahrnehmung lernen. Dahinter steht also die Auffassung, dass die Dimensionen der intuitiven Risikowahrnehmung legitime Elemente einer rationalen Politik sein müssen, die Abschätzung der unterschiedlichen Risikoquellen auf jeder Dimension aber nach rational-wissenschaftlicher Vorgehensweise erfolgen muss (Renn 2008).

Neben den Wahrnehmungen der Individuen und Gruppen sind auch die Handlungsmöglichkeiten und Motive zur Änderung von Verhaltensweisen für das Risikomanagement entscheidend. Individuelle Verhaltensroutinen weisen eine erstaunliche Persistenz auf (Bargh 1996). Viele dieser Routinen entstehen während der frühen Sozialisation (vorwiegend durch Beobachtung und Nachahmung anderer) und später im Verlauf des sozialen Lernens (Versuch und Irrtum, funktionale Anpassung, Rollenerwerb) als eine Form der Bewältigung von Alltagsproblemen und -aufgaben und der Anpassung an soziale Normen. Verhaltensmuster, die während der Sozialisation in der Kindheit und Jugend eingeübt und häufig wiederholt werden, verfestigen sich mit der Zeit und werden zu unreflektierten, automatisierten Routinen in einem stabilen Alltagskontext. Eine Änderung dieser Routinen erfordert entweder eine starke Willensentscheidung oder eine Disruption in der Wahrnehmung der äußeren Bedingungen.

Im Falle einer willentlichen Entscheidung beruht die Verhaltensänderung auf einer neuen Einsicht oder Erkenntnis, die die Motivation des Einzelnen so stark beeinflusst, dass er oder sie aus freien Stücken die bisherigen Routinen aussetzt und durch neue Verhaltensmuster ersetzt. Die sozialpsychologische Forschung hat deutlich gezeigt, dass neue Einsichten oder Einstellungsänderungen in der Regel nicht ausreichen, um Verhaltensänderungen dauerhaft zu verfestigen (Mack et al. 2019). Die Wahrnehmung von normativem Druck und wahrgenommener Verhaltenskontrolle erleichtern aber die Umsetzung von Einstellungsänderungen in entsprechendes Verhalten (Bamberg 2013; Nolan et al. 2008).

Im zweiten Fall wird die Verhaltensänderung durch einen erlebten Bruch von Erfahrungen, etwa durch Veränderungen der natürlichen oder sozialen Umwelt ausgelöst. Die Anzeichen des Klimawandels wie Hochwasser oder Hitzewellen sind Beispiele für eine störende Kontextveränderung. Kontextveränderungen verunsichern und unterbrechen automatisierte Routinen, sodass alternative Verhaltensweisen entstehen und frühere Routinen wieder auftauchen können, wenn sie in den neuen Kontext zu passen scheinen (Betsch et al. 2015).

Insofern ist auch nicht verwunderlich, dass Risikowahrnehmungen nur in geringem Maße mit Verhaltensänderungen korrelieren (Bubeck et al. 2012). Allerdings sind sie meist notwendige Bedingungen für Handlungsänderungen, es müssen aber entweder intrinsische Faktoren (neue klare Einsichten) oder externe, einschneidende Ereignisse hinzukommen, um entsprechende Handlungen auszulösen (Wachinger et al. 2013).

30.4 Schnittstelle Risikoerfassung und Risikomanagement

Die Auffassung ist stark verbreitet, dass die primär wissenschaftliche Risikoerfassung und das primär politische Risikomanagement klar voneinander zu trennen sind. So soll z. B. der Weltklimarat (IPCC) für Fragen von Vermeidungs- und Anpassungspolitiken systematisch das vorhandene wissenschaftliche Wissen zusammentragen, aber nicht politische Maßnahmen des Klimaschutzes vorschreiben, sondern allenfalls politikrelevante Vorschläge unterbreiten. Die Trennung zwischen Risikoerfassung und Risikomanagement ist aber fließend und lässt sich nicht sinnvoll durchhalten (Hulme 2009). Deswegen beinhaltet das Konzept des risikogerechten Handelns des IRGC sowohl eine funktionale Trennung zwischen Risikoerfassung und Risikomanagement als auch eine enge inhaltliche Kooperation beider Aufgaben mit entsprechender Rückkopplung (IRGC 2005). Dabei geht es beim Risikomanagement um mehr als um eine Entscheidung über Maßnahmen, es müssen auch Optionen generiert, abgewogen und in ihren Nebenwirkungen abgeschätzt werden.

Dass sich diejenigen, die für die Risikoerfassung zuständig sind, und jene, die mit den Entscheidungen über Maßnahmen für das Risikomanagement betraut sind, gegenseitig abstimmen (Risikodialog), ist besonders in der Vorphase und bei der Risikobewertung wichtig. Da Sach- und Werturteile gleichbedeutend sind, sieht das IRGC-Konzept hier eine enge Kooperation von Risikoerfassung und Risikomanagement vor.

Die Erfassung von Klimarisiken und deren Steuerung fällt in Deutschland bei unterschiedlichen Institutionen an. Auf Bundesebene wirken mehrere Ministerien bei der Erfassung und Bewertung von klimaschädlichen Emissionen mit (Wamsler et al. 2020; Weingart et al. 2002). Zudem ist die Aufgabenverteilung zwischen Kommunen, Ländern und dem Bund vielschichtig. Gleichzeitig konkurrieren viele Runde Tische, Diskurskreise und Beteiligungsmaßnahmen miteinander. Gerade diese Fragmentierung der Klimapolitik und das Aufweichen der Trennung von Erfassen und Bewerten von Klimarisiken kennzeichnet die gegenwärtige Situation in Deutschland. Es könnte vermutlich mehr Einigkeit und Konsistenz geben, wenn das IRGC-*governance*-Konzept konsequenter umgesetzt würde.

30.5 Risikokommunikation: Wie sollen und können Interessensgruppen und Bevölkerung beteiligt werden?

Das IRGC-Konzept basiert auf der Überzeugung, dass Fachleute aus Politik, Wirtschaft, Wissenschaft und Zivilgesellschaft dazu beitragen können und sollten, Risiken frühzeitig zu identifizieren, zu analysieren und dann auch zu reduzieren (IRGC 2005; Renn 2008; Renn und Schweizer 2020). Während der Vorstufe etwa (◘ Abb. 30.1) kann Beteiligung helfen, Probleme besser zu verstehen und sich über das weitere Vorgehen zu einigen. In der Phase der wissenschaftlichen Risikoerfassung hat sie den Zweck, systematisches, erfahrungsbasiertes und alltagsbezogenes Wissen der gesellschaftlichen Gruppen einzubeziehen. Während der Risikobewertung dient die Beteiligung der Rückkopplung von gesellschaftlichen Präferenzen und der sozialen und ethischen Bewertung durch von den Maßnahmen betroffene und an den Maßnahmen und deren Auswirkungen interessierte Gruppen. Das Risikomanagement profitiert von Beteiligung bei der Klärung und Abwägung positiver und negativer Wirkungen von Interventionen, um Risiken und deren potenzielle Folgewirkungen zu begrenzen. Schließlich gehört

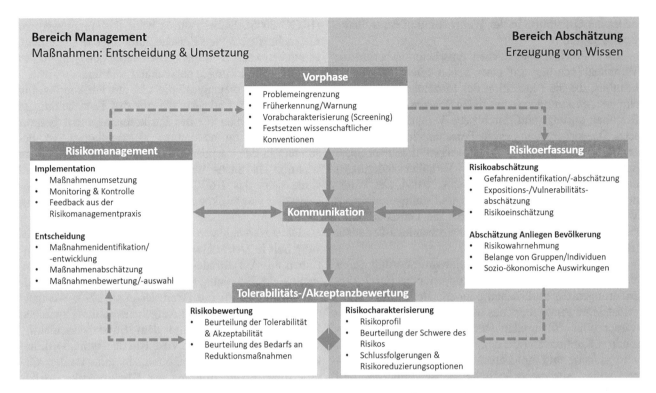

◘ Abb. 30.1   IRGC-Konzept der Risikosteuerung. (Modifiziert nach IRGC 2005; eigene Übersetzung)

hierzu auch das Monitoring: Man benötigt systematische Beobachtungen, wie die Interventionen in der Realität wirken. Wie die jüngsten Beispiele von Bürgerprotesten, z. B. im Bereich der Energieversorgung, zeigen (Ruddat und Sonneberger 2019), ist es mit der *inclusive governance* in Deutschland allerdings noch nicht zum Besten bestellt (Blühdorn 2013).

In der Praxis besteht nach wie vor große Unklarheit darüber, wie Beteiligung konkret organisiert werden kann, vor allem so, dass einer wesentlichen Rahmenbedingung Rechnung getragen wird: der Knappheit von Ressourcen (Geld und Zeit) von Behörden und Entscheidungsträgern auf der einen Seite und der interessierten und betroffenen Gruppen sowie der breiten Bevölkerung auf der anderen Seite (Kuyper und Wolkenstein 2019; s. auch ▶ Kap. 39). Besonders wichtig ist dabei, dass die verschiedenen Ebenen der Entscheidungsfindung miteinander verzahnt werden. Für Deutschland bedeutet das:

- Auf nationaler Ebene gilt es, die Gesamtstrategie zum Schutz des Klimas und ihre Implikationen für die lokale, regionale, nationale und internationale Ebene zu verdeutlichen, haben wir es doch weitgehend noch mit fragmentierten Politikzuständigkeiten zu tun (Böcher und Nordbeck 2014). Die innere Konsistenz der Maßnahmen zum Klimaschutz muss den Bürgern und Bürgerinnen plausibel vermittelt werden, u. a. auch die Einsicht in die Notwendigkeit teils unpopulärer Maßnahmen. An

gesichts eingangs erwähnter Umfrageergebnisse kann Vertrauen in die grundlegende Akzeptanz der Gesamtstrategie vorausgesetzt werden, aber nicht unbedingt eine Einsicht in die damit verbundenen Maßnahmen. Eine klare, von allen relevanten gesellschaftlichen Gruppen getragene Basisstrategie zur Umsetzung einer vorsorgenden Klimapolitik macht es der Politik im regionalen und kommunalen Umsetzungsprozess wesentlich leichter, Fragen nach Notwendigkeit und Nutzen einer Maßnahme zu beantworten und langwierige Grundsatzdiskussionen nicht immer wieder von Neuem führen zu müssen.

- Auf der regionalen Ebene gilt es, den Nutzen für die Region und die Verteilung von Belastungen und Risiken von Klimaschutzmaßnahmen oder vorbeugendem Katastrophenschutz für die Allgemeinheit herauszustellen. Ein wesentliches Kennzeichen ist dabei, dass die auftretenden Belastungen als fair verteilt angesehen werden. Die heutige Diskussion um Überflutungsgebiete zeugt von einer besonderen Sensibilität gegenüber Verteilungswirkungen. Hier ist auch die Politik gefordert, durch entsprechende Gestaltung eine faire Verteilung von Nutzen und Lasten herbeizuführen.

- Auf der lokalen Ebene müssen vor allem Aspekte der individuellen Selbstbestimmung und der emotionalen Identifikation angesprochen werden. Wenn Menschen den Eindruck haben, dass sie ihre Souveränität über das eigene lokale Umfeld ein büßen, ist mit Akzeptanzverweigerung zu rechnen (Benighaus und Renn 2016). Ebenfalls werden Investitionen in den Klimaschutz nur auf Akzeptanz stoßen, wenn sie nicht als Eingriff in die gewachsene soziale und kulturelle Umgebung angesehen werden. Von daher sind vor allem neue Formen der Bürgerbeteiligung gefragt, die eine aktive Einbindung der lokalen Bevölkerung ermöglichen.

Die Öffentlichkeit kann dabei auf allen drei Ebenen beteiligt werden – auch zeitversetzt, wenn vereinbarte klimapolitische Maßnahmen bereits umgesetzt werden. Vor allem wird es darauf ankommen, die Schlüsselpersonen in Wirtschaft, Politik, Zivilgesellschaft und Wissenschaft systematisch miteinander zu verzahnen.

Idealerweise sieht das folgendermaßen aus (ähnlich in Brettschneider 2013):

- **Vorphase:** Bereits bei der Frage, ob überhaupt ein Problem vorliegt und wie dieses zu fassen ist *(framing)*, ist es von Vorteil, so früh wie möglich die relevanten Gruppen mit ihrem spezifischen Sachwissen, ihrer Wertepluralität und ihrer Risikobereitschaft in die Risikosteuerung einzubeziehen. Vor allem die verschiedenen Perspektiven der Zivilgesellschaft und die Ausgangssituation müssen offen thematisiert werden: Wer ist betroffen? Wo und in welchem Ausmaß besteht angesichts des bereits eingetretenen und sich weiter verschärfenden Klimawandels Handlungsbedarf? In welchem Sektor und in welchem Politikfeld ist dieser Handlungsbedarf besonders vorrangig? Wie stark sollte man darauf abheben, die Ursachen zu bekämpfen, wie stark darauf, die Folgen abzuschwächen? Um dies zu beantworten, eignen sich Runde Tische mit Vertretern und Vertreterinnen aus Politik, Wirtschaft, Verwaltung, Wissenschaft und Zivilgesellschaft. Diese benötigen allerdings ein klares Mandat und ein Alleinstellungsmerkmal, um effektiv und nicht-redundant arbeiten zu können (Renn 2014b). In Deutschland können diese Runden Tische auf allen Ebenen der vertikalen *governance* (von Kommunen bis zur EU) nur Empfehlungen an die gewählten Entscheidungsgremien formulieren, aber diese Ratschläge können durchaus den Entscheidungsprozess maßgeblich beeinflussen.
- **Risikoerfassung:** Wenn ein Problem gemeinsam erkannt wurde, wie lässt es sich dann beschreiben und welche Optionen gibt es, um das Risiko zu begrenzen? Häufig ist zu beobachten, dass eine intensive Beteiligung von Interessengruppen und betroffenen Bürgerinnen und Bürgern nicht nur dazu führt, dass diese Mitwirkenden eine von der Wissenschaft ausgearbeitete Liste von Handlungsoptionen bewerten. Vielmehr entwerfen sie darüber hinaus auch im gemeinsamen Dialog völlig neue Optionen. So kommt es zu Win-win-Lösungen, bei denen grö-

ßere Zielkonflikte gar nicht erst auftreten (Fisher et al. 2009). Im Fall der Klimapolitik können diese Lösungsoptionen sowohl auf nationaler Ebene im Sinne von Grundstrategien (diese liegen inzwischen in vielen Ländern vor, auch in Deutschland) als auch auf Länder- und Kommunalebene in Bezug auf ihre Umsetzung identifiziert und bewertet werden. Dazu sind Dialogformen mit kreativen Anteilen wie *Open-space*-Konferenzen oder Zukunftswerkstätten besonders geeignet (OECD 2020; Nanz und Fritsche 2012). Ähnlich wie bei den Runden Tischen bei der Risikoerfassung können diese Dialoge nur Lösungsoptionen vorschlagen, in Kraft setzen können diese Vorschläge allein die dazu legitimierten Entscheidungsträger und -trägerinnen.

- **Tolerabilitäts- und Akzeptabilitätsbewertung:** Sind die einzelnen Möglichkeiten bestimmt, folgt die vertiefte Analyse der jeweils damit verbundenen Vor- und Nachteile. Mit welchen Konsequenzen ist zu rechnen, wenn A oder B verwirklicht wird? Welche Unsicherheiten gibt es, und wie kann man sie charakterisieren? Solche Fragen lassen sich gut auf regionalen Konferenzen erörtern – etwa im Zuge von Delphi- oder Werkstattverfahren (Niederberger und Renn 2019). Mit einem Delphi-Verfahren lassen sich z. B. Risikofolgen, die mit großer Unsicherheit behaftet sind, von Fachleuten aus verschiedenen Perspektiven und Disziplinen bewerten und dabei Konsenspotenziale ausloten (Grüttner et al. 2013). Die Ergebnisse dieses Bewertungsprozesses sind wiederum Empfehlungen an den Entscheidungsträger.
- **Risikomanagement:** Die Frage nach der Bewertung und Auswahl von Optionen ist wieder am besten in einem umfassenden Dialog über die ursprünglichen Ziele und gesetzlichen Vorschriften aufgehoben (Neumann et al. 2018). Hier gilt es, die Konsequenzen gegeneinander abzuwägen: Wie viel Verbesserung beim Klimaschutz ist einem wie viel an möglichen wirtschaftlichen oder gesellschaftlichen Risiken wert? Wie können Zielkonflikte aufgelöst und Prioritäten festgelegt werden? Gibt es keine Einigung, müssen die Argumente für jede Option dokumentiert und transparent dargestellt werden. Dabei ist zu prüfen, wie gut jede Option mit den geltenden Gesetzen und Normen einerseits und den Vorgaben der europäischen und nationalen Klimaschutzziele andererseits harmoniert.

In allen Phasen sind also dialogische Verfahren nach dem IRGC-Konzept notwendig. Das bedeutet aber nicht, dass klare Sachverhalte zerredet, Entscheidungen verschoben und Handlungen durch Dauergespräche behindert werden. Mitwirkung von Stakeholdern und allgemeiner Bevölkerung ist an klare Strukturen der Willens- und Meinungsbildung sowie an einen vorgegebenen Zeitplan gebunden (Hilpert und Scheel

2020). Partizipation steht der Beschleunigung von Genehmigungsverfahren nicht entgegen, wenn sie frühzeitig geplant, professionell durchgeführt und mit klaren Zeitvorgaben versehen wird (Brettschneider 2015).

In Anlehnung an das Mehrebenenmodell der Politikgestaltung (▶ Kap. 37) sind bezüglich der Umsetzung folgende Fragen zu stellen: Welche Handlungsoptionen stehen der lokalen Ebene offen? Wie werden die Anforderungen der national vorgegebenen Strategien und regionale Umsetzungspläne in der Fläche beantwortet und unterschiedlichen örtlichen Standorten zugeordnet? Gerade hier ist es wichtig, für Gemeinden möglichst viele Handlungsoptionen offenzuhalten. Bürgerforen, Konsenskonferenzen oder Bürgerparlamente sind hier geeignete Formen für die Beteiligung von gesellschaftlichen Gruppen und lokaler Bevölkerung vor Ort (Kuklinski und Oppermann 2010; Dryzek et al. 2019).

In Fällen von tiefgreifenden Konflikten sind direkte Formen der Demokratie sinnvoll (Radtke 2020). Dann können Bürgerbefragungen und -entscheide eine wichtige Funktion erfüllen. Denn sie ermöglichen eine direkte Rückbindung der betroffenen Menschen an die Politik und erhöhen die Chancen auf Akzeptanz (Schneider 2003).

Bürgerbeteiligung geht nicht ohne Konflikte. Alle müssen lernen, mit Konflikten konstruktiv umzugehen. Die Menschen früh zu informieren, ihnen alle Konsequenzen unvermeidbarer Belastungen zu nennen und sie darauf einzustellen ist Grundvoraussetzung für eine vorbeugende Akzeptanzpolitik in allen Bereichen.

Der 2014 vom Weltklimarat herausgegebene Fünfte Sachstandbericht unterstreicht die Notwendigkeit länderübergreifender Transparenz und umfassender Beteiligung im Hinblick auf ein effektives Katastrophenmanagement. Darin heißt es:

» „Wirksame nationale Systeme binden viele Akteure aus nationalen und subnationalen Regierungen, den Forschungseinrichtungen des privaten Sektors und der Zivilgesellschaft einschließlich der kommunalen Verbände ein. Diese spielen jeweils unterschiedliche und sich ergänzende Rollen für das Risikomanagement, entsprechend ihren gesellschaftlichen Aufgaben und Möglichkeiten" (IPCC 2014b; übersetzt durch den Verfasser).

Mit dieser Verpflichtung bewegen sich Weltklimarat und der Internationale Risikorat in ihren Richtlinien aufeinander zu.

30.6 Kurz gesagt

Das Konzept des Internationalen Risikorates (IRGC) bindet die physischen und gesellschaftlichen Dimensionen von Risiko in seine wissenschaftliche Erfassung und politische Handhabung ein. Das hier ausschnittsweise vorgestellte Konzept hilft bei der Orientierung, wie bei der Planung und Umsetzung von klimaschützenden Maßnahmen adäquat reagiert werden kann. Es erweitert die technisch-wissenschaftlichen Faktoren um gesellschaftliche Werte, Anliegen und Wahrnehmungen. Nur so können Gesellschaften effektiv und sozialverträglich mit Risiken umgehen. Denn eine effektive Klimapolitik braucht eine taktgenaue Abstimmung technischer Neuerungen, organisatorische Anpassungen und wirksame Verhaltensanreize (Renn 2020). Das IRGC-Konzept setzt auf einen frühen, offenen und konstruktiven Dialog mit der Bevölkerung. Dabei gehören zur gegenseitigen Vertrauensbildung auch Ehrlichkeit und Aufrichtigkeit, die Vor- und Nachteile einer jeden Alternative in der Klimapolitik ungeschminkt darzustellen. Es reicht nicht, neue Techniken zu entwickeln und neue Systemlösungen auf den Weg zu bringen. Vielmehr muss sich der Erfolg der Klimapolitik daran messen lassen, wie gut es gelingt, das technisch Mögliche mit dem gesellschaftlich Wünschenswerten zu verbinden. Dazu kann ein integratives und inklusives Risikosteuerungsmodell beitragen.

Literatur

Ad-hoc Kommission (2003) Neuordnung der Verfahren und Strukturen zur Risikobewertung und Standardsetzung im gesundheitlichen Umweltschutz der Bundesrepublik Deutschland: Abschlussbericht der Risikokommission. Bundesamt für Strahlenschutz, Salzgitter

Aven T (2020) Climate change risk – what is it and how should it be expressed? J Risk Res 23(11):1387–1404. ▶ https://doi.org/10.1080/1366987720191687578

Bähler F, Wegmann M, Merz H (2001) Pragmatischer Ansatz zur Risikobeurteilung von Naturgefahren. Wasser, Energie, Luft 93:193–196

Bamberg S (2013) Changing environmentally harmful behaviors: a stage model of self-regulated behavioral change. Environ Psychol 34:151–159

Bargh JA (1996) Automaticity in social psychology. In: Higgins ET, Kruglanski AW (Hrsg) Social psychology: handbook of basic principles. Guilford Press, London, S 169–183

Benighaus C, Renn O (2016) Teil A Grundlagen. In: Benighaus C, Wachinger G, Renn O (Hrsg) Bürgerbeteiligung. Konzepte und Lösungswege für die Praxis. Metzner, Stuttgart, S 17–102

Betsch T, Lindow S, Engel C, Ulshöfer C, Kleber J (2015) Has the world changed? My neighbor might know: effects of social context on routine deviation. Behav Decis Making 28:50–66. ▶ https://doi.org/10.1002/bdm.1828

Blühdorn I (2013) Simulative Demokratie: neue Politik nach der postdemokratischen Wende. Suhrkamp, Berlin

Böcher M, Nordbeck, R (2014) Klima-Governance: Die Integration und Koordination von Akteuren, Ebenen und Sektoren als klimapolitische Herausforderung. Einführung in den Schwerpunkt. dms–der moderne staat–Zeitschrift für Public Policy, Recht und Management 7(2):5–6

Bonß W (2013) Risk: dealing with uncertainty in modern times. Soc Chang Rev 1:7–13

Breakwell GM (2007) The psychology of risk. Cambridge University Press, Cambridge

Brettschneider F (2013) Großprojekte zwischen Protest und Akzeptanz. In: Brettschneider F, Schuster W (Hrsg) Stuttgart 21 Ein Großprojekt zwischen Protest und Akzeptanz. VS Verlag Springer, Wiesbaden, S 319–328

Brettschneider F (2015) Kommunikation und Öffentlichkeitsbeteiligung in der Energiewende. In: Bundesnetzagentur (Hrsg) Wissenschaftsdialog 2014. Technologie, Landschaft und Kommunikation, Wirtschaft. BNA, Berlin, S 13–32

Bubeck P, Botzen WJW, Aerts CJH (2012) A review of risk perceptions and other factors that influence flood mitigation behavior. Risk Anal 32(9):1481–1495

Caniglia G, Luederitz C, von Wirth, Fazey, T-I, Martín-López, B, Hondrila, K, König, A, von Wehrden, HN, Schäpke, A, Laubichler M, Lang DJ (2020) A pluralistic and integrated approach to action-oriented knowledge for sustainability. Nat Sustain. ► https://doi.org/10.1038/s41893-020-00616-z

Challies E, Newig J, Kochskämper E (2017) Governance change and governance learning in Europe: Stakeholder participation in environmental policy implementation. Policy Soc 36(2):288–303. ► https://doi.org/10.1080/1449403520171320854

Dreyer M, Renn O (2013) Risk Governance – ein neues Modell zur Bewältigung der Energiewende. In: Ostheimer J, Vogt M (Hrsg) Die Moral der Energiewende. Kohlhammer, Stuttgart

Dryzek J, Bächtiger A, Chambers S et al (2019) The crisis of democracy and the science of deliberation. Science 363(6432):1144–1146. ► https://doi.org/10.1126/scienceaaw2694

European Investment Bank (2020) How citizens are confronting the climate crisis and what actions they expect from policymakers and businesses. European Investment Bank, Luxembourg. ► https://www.eib.org/en/publications/flip/the-eib-climate-survey-2019-2020/index.html#p=3

Fairman R (2007) What makes tolerability of risk work? Exploring the limitations of its applicability to other risk fields. In: Boulder F, Slavin D, Löfstedt R (Hrsg) The tolerability of risk: a new framework for risk management. Earthscan, London, S 19–136

Fisher R, Ury W, Patton BM (2009) Das Harvard Konzept Der Klassiker der Verhandlungsführung, 23. Aufl. Campus, Frankfurt a. M.

Fischhoff B (1985) Managing risk perceptions. Issues Sci Technol 2(1):83–96

Fuchs S, Keller M (2013) Space and time: coupling dimensions in natural hazard risk management? In: Müller-Mahn D (Hrsg) The spatial dimension of risk. Earthscan, London, S 189–201

Garner G, Reed P, Keller K (2016) Climate risk management requires explicit representation of societal trade-offs. Clim Change 134:713–723

Goodwin P, Wright G (2004) Decision analysis for management judgement. Wiley, Chichester

Greenpeace (2020) Umfrage zur Verhaltensänderung nach Corona: Befragungszeitraum: 0705-13052020. ► https://wwwgreenpeacede/themen/energiewende/startklar-fuer-die-zeitenwende

Grüttner A, Krock R, Rotmann O, Schwarz S, Weinreich U (2013) Wie entwickelt sich der Deutsche Energiemarkt in 10 Jahren? Ergebnisse einer Delphi-Befragung. Kompetenzzentrums Öffentliche Wirtschaft, Infrastruktur und Daseinsvorsorge e. V. und der SNPC GmbH: Leipzig und Berlin

Hemming V (2019) Weighting and aggregating expert ecological judgements. The open science framework. ► https://doi.org/10.17605/osfio/fxqvk

Hilpert J, Scheel O (2020) Climate change policies designed by stakeholder and public participation. In: Renn O, Ulmer F, Deckert A (Hrsg) The role of public participation in energy transitions. Academic, London, S 140–161

Hudson P, Hagedoorn L, Bubeck P (2020) Potential linkages between social capital, flood risk perceptions, and self-efficacy. Disaster Risk Sci 11:251–262. ► https://doi.org/10.1007/s13753-020-00259-w

Hulme M (2009) Why we disagree on climate change. Cambridge University Press, Cambridge

IPCC (2014a) Climate change 2014a: impacts, adaptation, and vulnerability. WGII AR5 Technical Summary ► http://ipcc-wg2gov/AR5/images/uploads/IPCC_WG2AR5_SPM_Approvedpdf. Zugegriffen: 1. Febr. 2021

IPCC (2014b) Special report on managing the risks of extreme events and disasters to advance climate change adaptation (SREX). ► wwwipcc-wg2gov/SREX/images/uploads/SREX-SPMbrochure_FINALpdf

IRGC (2005) White paper on risk governance: towards an integrative approach. White paper 1. International Risk Governance Council (IRGC), Genf

IRGC (2018) Introduction to the IRGC risk governance framework. Revised edition. EPFL International Risk Governance Center, Lausanne

Klinke A, Renn O (2019) The coming age of risk governance. Risk Anal 41(1):544–557. ► https://doi.org/10.1111/risa13383

Kuklinski O, Oppermann B (2010) Partizipation und räumliche Planung In: Scholich D, Müller P (Hrsg) Planungen für den Raum zwischen Integration und Fragmentierung. Internationaler Verlag der Wissenschaften und Lang, Frankfurt a. M., S 165–171

Kuyper JW, Wolkenstein F (2019) Complementing and correcting representative institutions: when and how to use mini-publics. Eur J Polit Res 58(2):656–675. ► https://doi.org/10.1111/1475-676512306

Lemos MC, Morehouse BJ (2005) The co-production of science and policy in integrated climate assessments. Glob Environ Chang 15(1):57–68

Mack B, Tampe-Mai K, Kouros J, Roth F, Taube O, Diesch E (2019) Bridging the electricity saving intention-behavior gap: a German field experiment with a smart meter website. Energy Res Soc Sci 53:34–46. ► https://doi.org/10.1016/j.erss.2019.01.024

Manning RM (2006) The treatment of uncertainties in the fourth IPCC assessment report. Adv Clim Chang Res 2:13–21

Nanz P, Fritsche M (2012) Handbuch Bürgerbeteiligung Verfahren und Akteure, Chancen und Grenzen. Bundeszentrale für politische Bildung, Bonn

Neth H, Gigerenzer G (2015) Heuristics: tools for an uncertain world. In: Scott RA, Kosslyn SM (Hrsg) Emerging trends in the social and behavioral sciences: an interdisciplinary, searchable, and linkable resource. Wiley, Hoboken, S 1–18. ► https://doi.org/10.1002/9781118900772etrds0394

Neumann K, Anderson C, Denich M (2018) Participatory, explorative, qualitative modeling: application of the modeler software to assess trade-offs among the SDGs. Econ 12(25):1–19. ► http://hdlhandlenet/10419/178599

Niederberger M, Renn, O (2019) Das Gruppendelphi-Verfahren in den Sozial- und Gesundheitswissenschaften In: Niederberger M, Renn O (Hrsg) Delphi-Verfahren in den Sozial- und Gesundheitswissenschaften. Springer VS, Wiesbaden, S 83–100

Nolan J, Schultz P, Cialdini R, Griskevicius V, Goldstein N (2008) Normative social influence is underdetected. Pers Soc Psychol Bull 34:913–923

NRC – National research council, committee on the institutional means for assessment of risks to public health (1983) Risk assessment in the federal government: managing the process. National Academy of Sciences, National Academy Press, Washington, DC

OECD (2020) Innovative citizen participation and new democratic institutions: catching the deliberative wave. OECD, Paris. ► https://doi.org/10.1787/339306da-en

Radtke J (2020) Das Jahrhundertprojekt der Nachhaltigkeit am Scheideweg. Z Politikwissenschaften 30:97–111. ► https://doi.org/10.1007/s41358-020-00215-6

Renn O (2008) Risk governance coping with uncertainty in a complex world. Earthscan, London

30

Renn O (2014a) Das Risikoparadox Warum wir uns vor dem Falschen fürchten. Fischer, Frankfurt a. M.

Renn O (2014b) Stakeholder involvement in risk governance. Ark Publications, London

Renn O (2020) Bürgerbeteiligung in der Klimapolitik: erfahrungen, Grenzen und Aussichten. Forschungsjournal Soziale Bewegungen 33(1):125–139. ► https://doi.org/10.1515/fjsb-2020-0011

Renn O, Laubichler M, Lucas K, Schanze J, Scholz R, Schweizer P-J (2020) Systemic risks from different perspectives. Risk Anal. ► https://doi.org/10.1111/risa13657

Renn O, Schweizer PJ (2020) Inclusive governance for energy policy making: conceptual foundations, applications, and lessons learned. In: Renn O, Ulmer F, Deckert A (Hrsg) The role of public participation in energy transitions. Elsevier Academic Press, London, S 39–79

Renn O, Walker K (2008) Global risk governance. Concept and practice using the IRGC Framework. International risk governance council book series 1. Springer, Heidelberg

Reisch LA (2013) Verhaltensbasierte Elemente einer Energienachfragepolitik – oder: wie kann die Nachfrageseite für die Energiewende gewonnen werden? In: Gubon-Gilke G, Held M, Sturn, R (Hrsg) Jahrbuch Normative und institutionelle Grundfragen der Ökonomik, Bd 12. Metropolis, Marburg, S 139–159

Roth G (2007) Persönlichkeit, Entscheidung und Verhalten. Warum es so schwierig ist, sich und andere zu ändern. Klett-Cotta, Stuttgart

Ruddat M, Sonnberger M (2019) Von Protest bis Unterstützung – eine empirische Analyse lokaler Akzeptanz von Energietechnologien im Rahmen der Energiewende in Deutschland. Köln Z Soziol 71:437–455. ► https://doi.org/10.1007/s11577-019-00628-4

Schneider M-L (2003) Demokratie, Deliberation und die Leistung direktdemokratischer Verfahren. In: Schneider M-L (Hrsg) Zur Rationalität von Volksabstimmungen Der Gentechnikkonflikt im direktdemokratischen Verfahren. Westdeutscher Verlag, Opladen, S 25–77

Siegrist M, Arvai J (2020) Risk perception: reflections on 40 years of research. Risk Anal 40(11):2191–2206. ► https://doi.org/10.1111/risa13599

Skorna A, Nießen P (2020) Risikoanalyse, -bewertung und -steuerung In: Mahnke A, Rohlfs T (Hrsg) Betriebliches Risikomanagement und Industrieversicherung. Springer Gabler, Wiesbaden, S 41–65. ► https://doi.org/10.1007/978-3-658-30421-8_3

Spiegelhalter DJ, Riesch H (2011) Don't know, can't know: embracing deeper uncertainties when analysing risks. Phil Trans R Soc A 369:4730–4750

Stern PC, Fineberg V (1996) Understanding risk: informing decisions in a democratic society. National Research Council, National Academies Press, Washington, D.C.

Taylor-Gooby P, Zinn J (2006) The current significance of risk. Dieselben (Hrsg) Risk in social science. Oxford University Press, Oxford, S 1–19

Umweltbundesamt (2020) Energieverbrauch privater Haushalte. UBA, Dachau, ► https://wwwumweltbundesamtde/daten/private-haushalte-konsum/wohnen/energieverbrauch-privater-haushalte#endenergieverbrauch-der-privaten-haushalte

Umweltbundesamt (2022) Treibhausgase steigen 2021 um 4,5%. UBA, Dachau. ► https://www.umweltbundesamt.de/presse/pressemitteilungen/treibhausgasemissionen-stiegen-2021-um-45-prozent

Universität Mannheim (2020) Mannheimer Corona Studie. ► https://wwwuni-mannheimde/media/Einrichtungen/gip/Corona_Studie/MannheimerCoronaStudie_Homeoffice_2020-07-09pdf

Vanderlinden J-P, Baztan J, Chouinard O, Cordier M, Da Cunha C, Huctin J-M, Kane A, Kennedy G, Nikulkina I, Shadrin V, Surette C, Thiaw D, Thomson KT (2020) Meaning in the face of changing climate risks: connecting agency, sensemaking and narratives of change through transdisciplinary research. Clim Risk Manage 29. ► https://doi.org/10.1016/jcrm2020100224

Wachinger G, Begg C, Renn O, Kuhlicke C (2013) The risk perception paradox – implications for governance and communication of natural hazards. Risk Anal 33(6):1049–1065

Wamsler C, Wickenberg B, Hanson H, Alkan Olsson J, Stålhammar S, Björn H, Falck H, Gerell D, Oskarsson T, Simonsson E, Torffvit F, Zelmerlow F (2020) Environmental and climate policy integration: targeted strategies for overcoming barriers to nature-based solutions and climate change adaptation. J Cleaner Prod 247:119–154. ► https://doi.org/10.1016/jjclepro2019119154

WBGU – Wissenschaftlicher Beirat der Bundesregierung Globale Umweltveränderungen (1999) Welt im Wandel: der Umgang mit globalen Umweltrisiken. Springer, Berlin

Weingart P, Engels A, Pansegrau P (2002) Von der Hypothese zur Katastrophe. Der anthropogene Klimawandel im Diskurs zwischen Wissenschaft, Politik und Massenmedien. Leske & Budrich, Opladen

YouGov (2022) Verankerung des Klimaschutzes im Grundgesetz? Die Hälfte der Deutschen sagt Ja. ► https://yougov.de/news/2022/06/02/verankerung-des-klimaschutzes-im-grundgesetz-die-h

Strategien zur Minderung des Klimawandels mit negativen Emissionen

In Teil V werden Strategien zur Minderung des Klimawandels in ausgewählten Politikfeldern, vor allem mit Blick auf negative Emissionen, vorgestellt. Mit negativen Emissionen ist gemeint, dass Treibhausgase aus der Atmosphäre (möglichst dauerhaft) entnommen und letztlich „eingespart" werden. Der Grund für die verstärkte Einbeziehung solcher Ansätze des carbon dioxide removal in den vergangenen Jahren liegt vor allem darin, dass die Integrated-assessment-Modelle, wie sie etwa den Berichten des Weltklimarates zugrunde liegen, mittlerweile nahezu alle negative Emissionen mit in ihre Berechnungen einbeziehen, um das politisch vorgegebene Zwei-Grad-Klimaziel überhaupt noch erreichen zu können. Carbon dioxide removal beschreibt dabei einerseits schon lange bekannte und praktizierte „landbezogene" Entnahmen von Treibhausgasen, wie etwa die Bindung von CO_2 im Boden oder Programme zur Wiederaufforstung von Wäldern. Andererseits werden hierunter neue technische und industrielle Lösungsansätze verstanden, wie die Entnahme und Speicherung (direct air capture) oder die Speicherung und Nutzung von CO_2 (carbon capture and usage).

Bernd Hansjürgens
Editor Teil V

Inhaltsverzeichnis

31 **Zielkonflikte, Synergien und negative Emissionen in der Klimapolitik – 405**
Stefan Schäfer und Jürgen Scheffran

32 **Minderungsstrategien im Personen- und Güterverkehr – 415**
Heike Flämig, Carsten Gertz und Thorsten Mühlhausen

33 **Minderungsansätze in der Energie- und Kreislaufwirtschaft – 429**
Daniela Thrän, Ottmar Edenhofer, Michael Pahle, Eva Schill, Michael Steubing und Henning Wilts

34 **Emissionsreduktionen durch ökosystembasierte Ansätze – 439**
Bernd Hansjürgens, Andreas Bolte, Heinz Flessa, Claudia Heidecke, Anke Nordt, Bernhard Osterburg, Julia Pongratz, Joachim Rock, Achim Schäfer, Wolfgang Stümer und Sabine Wichmann

35 **Mögliche Beiträge geologischer und mariner Kohlenstoffspeicher zur Dekarbonisierung – 449**
Andreas Oschlies, Nadine Mengis, Gregor Rehder, Eva Schill, Helmuth Thomas, Klaus Wallmann und Martin Zimmer

Zielkonflikte, Synergien und negative Emissionen in der Klimapolitik

Stefan Schäfer und Jürgen Scheffran

Inhaltsverzeichnis

31.1 Emissionsvermeidung, CO_2-Entnahme und Anpassung zwischen *aligning* und *mainstreaming* – 407

31.2 Ausgewählte Handlungsfelder für Synergien und *co-benefits* – 409

31.3 Negative Emissionen und CO_2-Entnahme – 411

31.4 Ausblick – 411

31.5 Kurz gesagt – 413

Literatur – 413

© Der/die Autor(en) 2023
G. P. Brasseur et al. (Hrsg.), *Klimawandel in Deutschland*,
https://doi.org/10.1007/978-3-662-66696-8_31

In Artikel 2 der Klimarahmenkonvention (UNFCCC) wurde 1992 das Ziel verankert, die Konzentration von Treibhausgasen in der Atmosphäre auf einem Niveau zu stabilisieren, das eine gefährliche anthropogene Störung des Klimasystems verhindert. Ein „sicheres Niveau" soll in einem Zeitrahmen erreicht werden, in dem drei Kriterien gewährleistet sind: Anpassung von Ökosystemen, Ernährungssicherheit und nachhaltige wirtschaftliche Entwicklung[1] (Ott et al. 2004).

Im Pariser Klimaabkommen von 2015 fixierte die internationale Staatengemeinschaft das ambitionierte Ziel, die globale Erwärmung gegenüber dem vorindustriellen Wert auf deutlich unter zwei Grad Celsius und bevorzugt auf 1,5 Grad Celsius zu begrenzen (hier kurz 1,5–2 °C). Dazu müssen weltweit tiefgreifende Einschnitte in die Treibhausgasemissionen implementiert werden, damit die Emissionen so schnell wie möglich ihren Höhepunkt erreichen und danach rapide reduziert werden. Bis zur Mitte des 21. Jahrhunderts soll so ein Gleichgewicht zwischen Emissionen und Treibhausgassenken entstehen – es sollen also nicht mehr Treibhausgase emittiert werden als auch wieder aus der Atmosphäre entfernt werden. Während das 1997 verabschiedete Kyoto-Protokoll noch zentralisierte Verhandlungen über Emissionsreduktionen auf internationaler Ebene mit rechtlich verbindlichem Charakter vorsah, sind die Mitgliedsstaaten des Pariser Abkommens dabei lediglich dazu angehalten, der Vertragsstaatenkonferenz ihre freiwilligen „national festgelegten Beiträge" (*nationally determined contributions*, NDCs) mitzuteilen. Diese sollen alle fünf Jahre überprüft werden.

Die Vision einer gemeinwohlorientierten, demokratischen und gerechten Klimapolitik, die die Ziele des Pariser Abkommens für eine klimaneutrale Zukunft verfolgt, sieht vor, Allianzen für den Wandel aufzubauen, Eigeninteressen zu überwinden sowie ordnungsrechtliche, finanz- und wirtschaftspolitische Instrumente einzusetzen (UN-Emissions Gap Record 2019). Die Herausforderungen der so zu bewältigenden Großen Transformation erfordern dabei Zusammenarbeit, Vernetzung und Koordination sowie kollektive Entscheidungen und Verhandlungen zwischen Zivilgesellschaft, Regierungen und Unternehmen, die an einem Strang ziehen und sich nicht gegenseitig blockieren. Um Alternativen zu einer auf fossilen Energieträgern basierenden Lebensweise durchzusetzen, sind die Beteiligung von und Dialoge mit kommunalen Behörden, Stadtplanern, Verbrauchergruppen, Unternehmen, Gewerkschaften und NGOs vorgesehen, wobei die spezifischen Vorteile verschiedener Verhandlungs-

arenen genutzt werden sollen (Grin 2016). Soziale Mobilisierung, Zusammenhalt, Partizipation und Akzeptanz sollen die Legitimität der Dekarbonisierung stärken. Auf allen Ebenen arbeiten Akteure zusammen, um eine fortschrittliche Klimapolitik umzusetzen und sich über erfolgreiche Praktiken auszutauschen.

Während diese Vision bestimmte politische und wirtschaftliche Handlungen legitimiert, hat sie in der Praxis bisher jedoch keine umfassende Transformation anzuleiten vermocht. Die große Bedeutung, die zum Beispiel mit dem Gebrauch fossiler Brennstoffe im Rahmen der unternehmerischen Profiterzeugung verbunden ist, bleibt in vielen Bereichen nach wie vor ungebrochen. Modellrechnungen zufolge ist daher das Ziel, die Erderwärmung auf 1,5 bis 2 °C über dem vorindustriellen Wert zu begrenzen, mit herkömmlichen Instrumenten kaum noch zu erreichen. Globale Kohlendioxidemissionen müssten sofort um 3 bis 5 % pro Jahr reduziert werden, haben jedoch in den letzten Jahrzehnten um durchschnittlich 2 % jährlich zugelegt (IPCC 2013, 2018). Selbst für den Fall, dass alle Staaten ihre Selbstverpflichtungen einhalten, sagen Berechnungen voraus, dass die Erderwärmung um mehr als 2 °C ansteigen wird – auf 2,4 bis 2,7 °C gegenüber dem vorindustriellen Wert.[2] Um die Pariser Temperaturziele dennoch einhalten zu können, müsste eine rapide weltweite Transformation der Energie-, Transport-, Landwirtschaft- und Konsumgütersektoren sowie der Chemie-, Stahl- und Zementindustrie stattfinden. Zusätzlich berücksichtigen fast alle Zukunftsszenarien zur Einhaltung der Pariser Temperaturziele die Möglichkeit, durch *carbon dioxide removal* (CDR) – oftmals synonym verwendet zu *negative emission technologies* (NETs) – große Mengen Kohlendioxid (CO_2) aktiv aus der Atmosphäre zu entfernen (Fuss et al. 2014) und so „negative Emissionen" zu erzeugen.

In all diesen Bereichen sind einerseits Zielkonflikte zu erwarten, andererseits gilt es auch, Synergien zu erkennen und umzusetzen. In wissenschaftlichen und öffentlichen Debatten steht dabei oftmals der negative Nexus der mit dem Klimawandel verbundenen Probleme weit mehr im Fokus als der Positivnexus der Problemlösungen und Synergien. Um die Pariser Klimaziele zu erreichen und zugleich Klimaanpassung und Resilienz gegenüber den Klimafolgen zu stärken, müssten mit der Klimapolitik verbundene Problem- und Politikfelder so verknüpft werden, dass Konflikte und Trade-offs minimiert und Synergien und wechselseitige Vorteile *(co-benefits)* verstärkt werden. Auf diese Weise würde der Problemnexus in einen Transformationsnexus der Politikfelder umgewandelt.

---

1   Artikel 2 UNFCCC ▶ https://www.umweltbundesamt.de/themen/klima-energie/internationale-eu-klimapolitik/klimarahmenkonvention-der-vereinten-nationen-unfccc

2   Basierend auf Berechnungen von Climate Action Tracker, Stand September 2020 (▶ https://climateactiontracker.org/global/temperatures/).

Dieser Beitrag analysiert integrierte klimapolitische Konzepte und Strategien, Synergien und Zielkonflikte in Deutschland und im Kontext der internationalen Klimapolitik vor dem Hintergrund der ambitionierten Pariser Temperaturziele, insbesondere auch für Vorschläge zur Erzeugung „negativer Emissionen" durch CDR-Technologien.

31.1 Emissionsvermeidung, CO_2-Entnahme und Anpassung zwischen *aligning* und *mainstreaming*

Der Prozess der Mitgliedsstaatenkonferenzen der Klimarahmenkonvention (UNFCCC) ist die Keimzelle für die globale Klimapolitik und umfasst verschiedene Aktivitäten zur Bewältigung des Klimawandels auf globaler, regionaler, nationaler und lokaler Ebene, insbesondere die *Nationally Appropriate Mitigation Actions* (NAMAs), *National Adaptation Plans* (NAPs) sowie weitere Programme und Bedarfsanalysen für Anpassung, Finanzen und Technologietransfer. Einige Staaten haben dabei bereits das Ziel ausgegeben, ab einem bestimmten Zeitpunkt weniger CO_2 zu emittieren, als sie aus der Atmosphäre entfernen (netto negative Emissionen). Dazu zählen zum Beispiel Norwegen (2030), Finnland (2035), Großbritannien, Schweiz, Dänemark, Costa Rica, und Frankreich (alle 2050). Auf EU-Ebene finden derzeit Verhandlungen über das Ziel statt, bis 2050 EU-weit „Netto-Null" zu erreichen (Honegger et al. 2019).

Für die Zukunft geht es um eine weitere Ausrichtung *(alignment)* nationaler und internationaler Strategien und Aktivitäten zur Transformation in Richtung emissionsarmer und klimaresistenter Wege, im Einklang mit den Kernzielen des Pariser Abkommens (Mitigation, Anpassung, Finanzierung) und den Zielen der nachhaltigen Entwicklung *(Sustainable Development Goals)*. Diese betreffen Investitionen, Besteuerung und Finanzsysteme, Energie, Landwirtschaft und Nahrungsmittelproduktion, Beschäftigung und Verkehr sowie Regional- und Städtepolitik (OECD 2019). Effektives Mainstreaming integriert den Klimawandel auf allen Ebenen in Planungen, Budgets, Programmen und Institutionen (OECD 2019), um eine erfolgreiche Transformation in eine kohlenstoffarme Welt zu erreichen. Eine wichtige Frage besteht darin, unter welchen Bedingungen Technologien mit negativen Emissionen in dieses Mainstreaming eingebunden werden können.

▪ **Synergien und *co-benefits***
Die komplexen Ursachen und Folgen des Klimawandels sowie Minderungs- und Anpassungs-strategien beeinflussen sich gegenseitig und betreffen alle Lebens- und Wirtschaftsbereiche. Der IPCC-Sonderbericht über die Auswirkungen und die Erreichung des 1,5 °C-Ziels weist auf die Notwendigkeit und Bedeutung von integrativen, kooperativen und synergistischen Maßnahmen hin (IPCC 2018). Synergien und *co-benefits* können helfen, Emissionsdefizite und kohlenstoffintensive Infrastrukturen schneller zu überwinden, Kosten zu senken und Konflikte zwischen verschiedenen Zielen zu vermeiden, insbesondere zwischen Emissionsminderung, Anpassung, CO_2-Entnahme und -Speicherung und nachhaltiger Entwicklung (Siabatto et al. 2017). Systemische und akteursorientierte Perspektiven lassen sich verbinden, um Pfade zu erkennen, Handlungsoptionen aufzuzeigen und zu priorisieren (Beck et al. 2011). Dies betrifft auch die Zusammenarbeit zwischen Sektoren, Akteuren und Regionen, über räumliche und zeitliche Skalen hinweg, unter Berücksichtigung lokaler Gegebenheiten, Unsicherheiten und Praktiken.

▪ **Positiver Nexus**
Die Dekarbonisierung erfordert strukturelle Maßnahmen und Verhaltensänderungen, den Wandel von gesellschaftlichen Werten, Normen und Präferenzen ebenso wie *co-benefits* von Investitionen in den Klimaschutz und die Klimaanpassung von Volkswirtschaften, Infrastrukturen und Institutionen. Ein positiver Nexus entwickelt Verbindungen zwischen Energie, Wasser, Nahrung und Rohstoffen in Systemkontexten wie Gesundheitsversorgung, Ökosystemdienstleistungen und Kreislaufwirtschaft. Unterstützende politische Maßnahmen können diesen Prozess koordinieren, unter Nutzung interdependenter und komplementärer Mechanismen wie Angebot und Nachfrage von Schlüsselprodukten und Handlungen, um unerwünschte Entwicklungen zu verhindern und gewünschte zu fördern (UN-Emission Gap Report 2019). Voraussetzung ist, die Grundbedürfnisse für alle Menschen und die materielle Basis nachhaltiger Friedenssicherung zu gewährleisten.

Um die Reaktion auf den Klimawandel zu verstärken und den größtmöglichen Nutzen aus gemeinsamen Vorteilen und Synergien zu ziehen, sind die Anstrengungen der Länder zu bündeln. In allen gesellschaftlichen Bereichen sind Transformationsprozesse notwendig, um in den nächsten Dekaden Energie-, Landwirtschafts-, Stadt-, Verkehrs- und Industriesysteme umzugestalten, nichtstaatliche Akteure einzubeziehen und Klimaschutzmaßnahmen in einen politischen Rahmen zu integrieren, der auch Arbeitsplätze, Sicherheit und die gezielte Nutzung von Technologien umfasst, inklusive solcher zur Erzeugung negativer Emissionen.

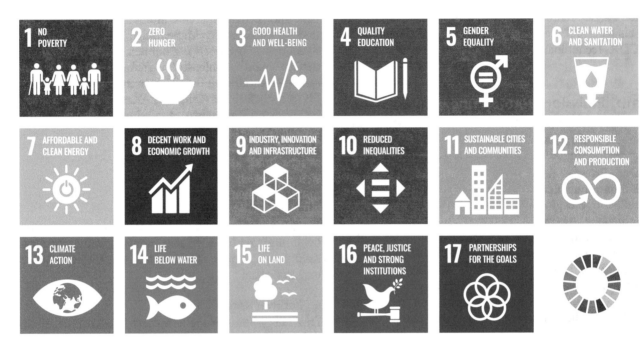

◘ Abb. 31.1   Ziele für nachhaltige Entwicklung. (© United Nations. The content of this publication has not been approved by the United Nations and does not reflect the views of the United Nations or its officials or Member States. ▶ https://www.un.org/sustainabledevelopment/)

■ **Sustainable Development Goals (SDGs) und Green New Deal**

Für einen wirksameren Klimaschutz besonders relevant ist die beschleunigte Umsetzung der Ziele für Nachhaltigkeit (SDGs) (◘ Abb. 31.1) und der Agenda für nachhaltige Entwicklung bis 2030. Neben dem Klimaschutzziel SDG 13 ist die in SDG 7 vorgesehene nachhaltige Energiewende von erheblicher Bedeutung für die Senkung der Treibhausgasemissionen. In ähnlicher Weise können eine nachhaltigere Industrialisierung in SDG 9, resiliente landwirtschaftliche Praktiken der Nahrungsmittelproduktion in SDG 2, eine Änderung der Verbrauchs- und Produktionsmuster im Einklang mit SDG 12 sowie eine nachhaltige Landnutzung in SDG 15 zur Emissionssenkung, Schaffung von Arbeitsplätzen und Armutsbekämpfung beitragen (Copenhagen 2019). Umgekehrt erleichtert die Begrenzung der globalen Erwärmung den Weg zu den SDGs, die mit Armut, Hunger, Wassernutzung, terrestrischen und ozeanischen Ökosystemen, Wäldern, Gesundheit und Gender-Gleichberechtigung zu tun haben. Viele Ziele und Vorgaben erleichtern Möglichkeiten der Anpassung, Resilienz und Katastrophenvermeidung sowie die Stabilität von Infrastrukturen und urbanen Räumen (Copenhagen 2019). Ein „*New Deal*" in der globalen Klimapolitik zielt darauf ab, die Weltwirtschaft zu beleben und die Beschäftigung anzukurbeln und gleichzeitig den Kampf gegen Klimawandel, Umweltzerstörung und Armut zu beschleunigen. Hierzu gehört die Verbesserung der Rahmenbedingungen in Industrie- und Entwicklungsländern für den Ausbau und Transfer kohlenstoffarmer Technologien (Santarius et al. 2012). Dabei ist auch die Nutzung von Technologien mit negativen Emissionen zu berücksichtigen.

■ **Synergien in der deutschen Klimapolitik**

Die deutsche Klimapolitik verfolgt seit etwa einer Dekade Synergieeffekte. Die Deutsche Anpassungsstrategie (DAS) ermöglicht eine bessere Akzeptanz, Effizienz und Durchsetzbarkeit, wenn sie kohärent mit Maßnahmen in den betroffenen Sektoren abgestimmt wird. Dabei „sollten jene bevorzugt werden, die eine flexible Nachsteuerung ermöglichen, bestehende Unsicherheiten berücksichtigen und Synergieeffekte zu weiteren Politikzielen haben, die auf die Abschwächung anderer Stressfaktoren (wie Umweltverschmutzung, Klimaschutz, Flächenversiegelung) gerichtet sind" (Bundesregierung 2008). Neben der 2015 und 2020 aktualisierten DAS schlägt auch das 2009 erarbeitete Konzept des Umweltbundesamtes zur Klimapolitik vor, Konflikte und Synergieeffekte frühzeitig zu erkennen, um den Blick für Alternativen zu öffnen (UBA 2009). Hierzu gehören relevante Bereiche und Infrastrukturen moderner Industriegesellschaften unter

Einbeziehung verschiedener Politikfelder, z. B. zur Biodiversität, Nachhaltigkeit, Ernährungssicherung, Risikominimierung und zum Schutz kritischer Infrastrukturen, sowie Förderinstrumente wie das Erneuerbare-Energien-Gesetz oder die Unterstützung ländlicher Räume (Beck et al. 2011). Sektorenübergreifend sind Konflikte zu mindern und Synergiepotenziale zu stärken. Dabei gilt es, eine gerechte Finanzierung klimapolitischer Maßnahmen sicherzustellen und die öffentliche Verwaltung zu stärken. Akteure und Institutionen können in ihren Verantwortungs- und Handlungsbereichen (Politik, Verwaltung, Wirtschaft, Wissenschaft, Öffentlichkeit ...) mitwirken und sich vernetzen, über Grenzen und Skalen hinweg (Beck et al. 2011).

31.2 Ausgewählte Handlungsfelder für Synergien und *co-benefits*

- **Energiewende**

Eine nachhaltige Energiewende umfasst ein Bündel von Maßnahmen, die auf Energieeinsparung, Effizienzsteigerung, Ausstieg aus fossilen und Förderung erneuerbarer Energien ausgerichtet sind, um zu einer Energieversorgung zu kommen, die keine Treibhausgase freisetzt, sicher, resilient und innovativ ist und von der Bevölkerung akzeptiert wird. Staatliche Unterstützung für eine nachhaltige Energiewende wird durch den erwarteten energetischen, wirtschaftlichen und ökologischen Nutzen erneuerbarer Energien gerechtfertigt. Darüber hinaus gibt es Zusatznutzen, wie die ländliche Elektrifizierung, Energiesicherheit durch Diversifizierung, lokale Umweltvorteile und internationale Finanzierung. In Deutschland sind die Energiewende, der geplante Ausstieg aus Kohle und Kernenergie und das Umsteuern auf klimafreundliche Produkte und Lebensweisen eng verbunden mit technischen Innovationen und dem zivilgesellschaftlichen Engagement von Wissenschaft, Unternehmen, Stiftungen, Umweltverbänden und Bewegungen für verschärfte Maßnahmen und Gesetze in Deutschland und Europa (insb. einem CO_2-Preis), um einen Wandel für Klimaschutz und Dekarbonisierung zu beschleunigen.

Die Zielsetzungen der Energiewende werden in Deutschland von einer breiten Öffentlichkeit unterstützt, auch wenn Kritik an deren politischer Umsetzung zunimmt (Wolf 2020). Zu den Widersprüchen und Zielkonflikten gehören Landnutzungskonflikte und eine erhöhte ökologische Verletzlichkeit bei der Einführung erneuerbarer Energien, z. B. durch die landwirtschaftliche Erzeugung von Biomasse zur Gewinnung von Bioenergie. Ein ähnlicher Zielkonflikt ergäbe sich aus der CO_2-Entnahmetechnologie BECCS *(bioenergy with carbon capture and storage)*, die Bioenergieerzeugung mit CO_2-Abscheidung und -Speicherung

kombiniert. Auch gegen Hochspannungsleitungen, die aus Windenergie erzeugten Strom von Nord- nach Süddeutschland transportieren sollen, gibt es Widerstände. Zur Durchsetzung der Energiewende braucht es ein „förderliches Umfeld" *(enabling environment)* in Politik und Gesellschaft, um technische, rechtliche und administrative Hindernisse abzubauen und Förderungen zu unterstützen, etwa durch eine solide Wirtschaftspolitik, Transparenz im privaten und öffentlichen Sektor und Investitionen in kritischen Bereichen (Scheffran und Froese 2016). Beispiele sind die Energieeffizienz von Alt- und Neubauten; der Ausbau erneuerbarer Energien und nachhaltiger Verkehrssysteme; sowie Technologien wie intelligente Netze, Systemoptimierung, Energiespeicherung, Elektrofahrzeuge oder *Offshore*-Windenergie.

- **Schutz von Biodiversität und Ökosystemen**

Klimapolitik ist ein Beitrag gegen das Artensterben und für den Schutz von Ökosystemen und Biodiversität, die wiederum zum Klimaschutz beitragen und Klimafolgen abschwächen können. Synergien und Konflikte spielen eine Rolle bei der Umsetzung der Klimarahmenkonvention (UNFCCC), der Konvention über die biologische Vielfalt (CBD) und anderer Abkommen zum Schutz von Arten und Ökosystemen (Herold et al. 2001). In der Klimapolitik diskutierte Maßnahmen (etwa in der Landnutzung und Forstwirtschaft) haben sowohl positive als auch negative Auswirkungen auf Biodiversität und Ökosysteme, während Biodiversitätsschutz klimarelevante Funktionen von Ökosystemen, wie die Kohlenstoffspeicherung, die Regulierung von Methan- und Lachgasemissionen, den Wasserkreislauf oder das Energiebudget beeinflussen kann (Naturkapital Deutschland – TEEB DE 2015).

Synergien zwischen Biodiversitäts- und Klimapolitik betreffen insbesondere den Schutz von Primärwäldern und Feuchtgebieten (▶ Kap. 34). Die Konsistenz kann durch Instrumente gefördert werden, z. B. Richtlinien, Indikatoren, Verträglichkeitsprüfungen oder Partizipation der Öffentlichkeit, sowie eine verbesserte Zusammenarbeit der Konventionen (Beobachtung, Berichterstattung, Schutzgebiete, Finanzmechanismus, Forschung) (Herold et al. 2001). Die Erhaltung und Wiederherstellung natürlicher Land-, Süßwasser- und Meeresökosysteme und ihrer Biodiversität dienen auch der UNFCCC und können katastrophale Auswirkungen des Klimawandels wie Überschwemmungen und Sturmfluten verringern (▶ Kap. 35). *Win-win*-Lösungen und Mehrfachnutzungen stärken Ökosystemdienstleistungen wie Kohlenstoffspeicherung in Pflanzen und Böden, Katastrophenschutz oder die Vielfalt von Nutzpflanzen zur Klimaanpassung. Um Arten und Ökosysteme gegen den Klimawandel zu stärken, braucht es Praktiken zur nachhaltigen Landnutzung und zur Erhaltung von Ökosystemen, besonders in Schutzgebieten. Zu verringern sind auch nichtklimatische Belastungen wie Verschmutzung, Übernutzung, Verlust und Fragmentierung von Lebensräumen sowie die Verbreitung invasiver Arten. Ökosystembasiertes Management umfasst z. B. die nachhaltige Bewirtschaftung, Erhaltung und Wiederherstellung von Ökosystemen, um Küstenüberflutungen und Küstenerosion zu verringern oder die Wasserverfügbarkeit zu sichern. Schutz von Wäldern und Agroforstsystemen dienen der Risikobewältigung, Stabilisierung und Regulierung von Landflächen, Wasserflüssen, Agrobiodiversität und des Genpools von Nutzorganismen. Auch hier gilt es, durch neue Technologien wie BECCS, zu deren Umsetzung beispielsweise der großflächige, monokulturelle Anbau von Energiepflanzen notwendig wäre, keine negativen Auswirkungen auf diese übergeordneten Ziele entstehen zu lassen.

- **Stadtklimapolitik**

Urbane Zentren sind große Quellen von CO_2-Emissionen und vom Klimawandel in starkem Maße betroffen. Einige Anpassungsmaßnahmen sind widersprüchlich, wie die Bekämpfung von Hitzewellen durch Klimaanlagen in Gebäuden, die zu erhöhtem Stromverbrauch und steigendem Treibhausgasausstoß führen, andere können Synergien entfalten, wie Baumaßnahmen oder Landnutzungsänderungen, die die Verletzlichkeit gegenüber dem Klimawandel senken, wie der Ausbau von Frischluftkorridoren, Grünanlagen oder die Entsiegelung im Hochwasserschutz im Rahmen der Stadtentwicklung. Als Kristallisationspunkt verschiedener Synergien und *co-benefits* dienen *Smart-city*-Konzepte. Transnationale Stadtnetzwerke arbeiten international zusammen und bilden Partnerschaften, um Minderungs- und Anpassungsmaßnahmen abzustimmen. Im Projekt zur Einrichtung eines regionalen Klimakatasters bemühen sich Kommunalverwaltungen, ihre Maßnahmen gegen den Klimawandel regelmäßig zu messen, zu berichten und zu überprüfen.[3]

- **Katastrophenschutz**

Gelingt es nicht, einen gefährlichen Klimawandel zu verhindern, werden regional unterschiedliche Beeinträchtigungen von Ökosystemen und lebenswichtigen Ressourcen, von menschlicher Sicherheit und gesellschaftlicher Stabilität erwartet. Emissionsminderung und Schutzmaßnahmen mindern die Kosten und Risiken des Klimawandels. Für das Klimaschutzregime relevant ist das Sendai-Rahmenwerk für Katastrophenvorsorge, das insbesondere die Risikovermeidung und humanitäre Hilfe im Katastrophenfall regelt. Es dient als Katalysator für Aktivitäten der Zivilgesellschaft, die Rechte, Schutz- und Anpassungsmöglichkeiten betroffener Menschen zu stärken. Die Eindämmung des Klimawandels stärkt die Ziele des Sendai-Rahmens, besonders für kleine Inselstaaten, die am wenigsten entwickelten Länder und andere verwundbare Gruppen. Integrierte *Governance*-Mechanismen betreffen etwa die gemeinsame Überwachung und Berichterstattung über Indikatoren und Datensätze.

- **Klimabedingte Migration und Vertreibung**

Klimaschutzpolitik vermindert Ursachen von Katastrophen und Konflikten, die Menschen vertreiben. Die Bewältigung klimabedingter Migration wurde beim Klimagipfel in Cancún 2010 erstmals angesprochen. Durch die Koinzidenz der Pariser Klimaverhandlungen mit der Flüchtlingskrise in Europa im Sommer 2015 rückte das Thema in den Brennpunkt von Politik, Medien und Wissenschaft (Nash 2018). In Paris wurde eine *Task-Force* zur klimabedingten Zwangsmigration eingerichtet. Mögliche Ansätze bietet die 2015 verabschiedete Schutzagenda der Nansen-Initiative für Menschen, die wegen Naturkatastrophen ins Ausland flüchten. Eine an den Menschenrechten orientierte Migrationspolitik vermeidet extreme und riskante Formen der Zuwanderung und stärkt die Anpassungsfähigkeit und Resilienz der Betroffenen in den Herkunftsgebieten. Soziale Netzwerke ermöglichen den Transfer von Wissen, Technologie und Geld zwischen Herkunfts- und Zielorten, etwa durch Rücküberweisungen und damit verbundene Entwicklungsperspektiven, die auch die Anpassung an den Klimawandel stärken (Scheffran et al. 2012). Die Fachkommission Fluchtursachen richtet entsprechende Handlungsempfehlungen an die Bundesregierung, um Synergien von Klima- und Migrationspolitik zu nutzen (Fachkommission 2021; vgl. ▶ Kap. 27).

- **Friedens- und Sicherheitspolitik**

Klimaschutz trägt dazu bei, sicherheitspolitische Risiken des Klimawandels einzudämmen. Umgekehrt erleichtern Abrüstung und Konfliktvermeidung eine kooperative Lösung des Klimaproblems und die Minderung schädlicher Umwelt- und Klimafolgen von Aufrüstung und Krieg. 2007, 2011 und 2020 diskutierte der UNO-Sicherheitsrat auf Initiative Großbritanniens und Deutschlands die Sicherheitsrisiken des Klimawandels (Hardt und Viehoff 2020). Während OECD-Staaten und kleine Inselstaaten im Klimawandel eine Bedrohung für Frieden und Sicherheit sahen, lehnten Russland, China und viele G77-Staaten ein Klimamandat des Sicherheitsrates ab. Die Berliner Konferenzen zu Klimawandel und Sicherheit 2019 und 2020 präsentierten Vorschläge an den Sicherheitsrat für eine risikoorientierte Vorausschau und Planung, bessere

---

3   ▶ https://ms.hereon.de/wirksam/index.php.de

regionale Handlungsfähigkeiten sowie eine Implementierung von nachhaltiger Entwicklung, Sicherheit und Friedenskonsolidierung im Einklang mit Klimaschutz und Anpassung in allen UNO-Programmen. Für die Zukunft geht es um Synergien zwischen der Klimapolitik, einer nachhaltigen Friedenssicherung und *environmental peacebuilding*, unterstützt durch *Governance*-Strukturen, Institutionen und Konfliktregelungsmechanismen.

31.3 Negative Emissionen und CO$_2$-Entnahme

Die Möglichkeit, die Pariser Temperaturziele noch zu erreichen, ist bereits jetzt abhängig von der zukünftigen Verfügbarkeit von Technologien mit negativen Emissionen (*negative emission technologies*, NETs), die der Atmosphäre aktiv Kohlenstoff entziehen, um die CO$_2$-Konzentration in der Atmosphäre zu reduzieren (Fuss et al. 2014). Diese Abhängigkeit wächst, solange weiter CO$_2$ emittiert wird. Die CO$_2$-Emissionen auf nahe Null zu reduzieren, bleibt dabei unumgänglich, selbst wenn zukünftig NETs zur Verfügung stehen sollten.

Unter dem Sammelbegriff NETs wird ein heterogenes Set an Vorschlägen zusammengefasst, die darauf abzielen, der Atmosphäre gezielt CO$_2$ zu entnehmen (s. auch Schäfer et al. 2015; Lawrence et al. 2018; Minx et al. 2018; Fuss et al. 2018; Nemet et al. 2018), um es dauerhaft zu speichern (◘ Tab. 31.1). Dabei wird oftmals weiterhin zwischen „technologischen" Ansätzen (z. B. der direkten Abscheidung von CO$_2$ aus der Umgebungsluft durch Einsatz industrieller Anlagen) und „naturbasierten" Ansätzen (z. B. Aufforstung oder die Herstellung von Biokohle und deren Einbringung in Böden) unterschieden. Eine ausführliche Darstellung der einzelnen Verfahren erfolgt in den ▶ Kap. 34 und 35. Die Herausforderung besteht darin, NETs mit Minderung und Anpassung in einem integrierten *Governance*-Rahmen zu kombinieren (Geden und Schenuit 2020) und dabei Synergien zu nutzen und zu verstärken. Allerdings ist davon auszugehen, dass die vorgeschlagenen Techniken in den kommenden Jahrzehnten noch nicht realistisch auf globaler Ebene einsetzbar sein werden, sodass nicht damit gerechnet werden kann, dass sie maßgeblich zur Erreichung der Pariser Ziele beitragen werden (Lawrence et al. 2018).

31.4 Ausblick

Zielkonflikte beim Ausbau von erneuerbaren Energien und von Ansätzen für negative Emissionen können zum Beispiel durch den Landverbrauch von Staudamm-, Bioenergie- und Aufforstungsprojekten oder durch die Einführung nichtheimischer Arten zur Kohlenstoffspeicherung oder Energiegewinnung entstehen. Begrenzt wird etwa das Potenzial von BECCS durch die Verfügbarkeit von Anbauflächen, durch die Nachhaltigkeitsprobleme, die mit intensivem, großflächigem Anbau von Monokulturen einhergehen, durch die Notwendigkeit einer großen industriellen Infrastruktur und die damit einhergehenden Energiebedürfnisse. Liegen Bioenergiekraftwerke nicht in direkter Umgebung einer Speicherstätte, müsste das CO$_2$ noch transportiert werden (◘ Tab. 31.1).

Zudem könnten Konflikte über die Lastenverteilung entstehen. Solange alle Beteiligten die langfristige Verpflichtung haben, die CO$_2$-Emissionen auf Null zu senken, wird es immer Akteure geben, die voranschreiten, und andere, die hinterherhinken. Den „Anführern" steht dabei in Aussicht, zukunftsfähige Technologien zu entwickeln und wichtige Märkte früh zu erschließen. Mit dem Aufkommen von CO$_2$-Entnahmetechnologien werden die Karten jedoch neu gemischt, da nicht mehr alle Emissionen auf Null reduziert werden müssen, um „CO$_2$-neutral" zu werden (Geden und Schäfer 2016).

Eine weitere Herausforderung besteht im Umgang mit sogenannten *Overshoot*-Szenarien. Diese nehmen an, dass die Pariser Temperaturziele zwar überschritten werden, daraufhin jedoch der Atmosphäre so viel CO$_2$ entzogen wird, dass die globalen Durchschnittstemperaturen im Laufe der Zeit wieder auf die gewünschten Werte zurückgeführt werden. Das könnte allerdings bis zum Ende des 22. Jahrhunderts dauern, möglicherweise gar mehrere Jahrhunderte (Ricke et al. 2017). Damit würden jedoch erhebliche zusätzliche Risiken einhergehen, möglicherweise gar der Verlust ganzer Ökosysteme (IPCC 2018). Auch ist nicht klar, warum auf eine weiterhin verschleppte Reduktion von CO$_2$-Emissionen in der nahen Zukunft eine umso größere Anstrengung in der ferneren Zukunft folgen sollte (Lawrence und Schäfer 2019).

Bei der Umsetzung von CO$_2$-Entnahmetechnologien wird es eine entscheidende Rolle spielen, wie die verschiedenen Ansätze in Politik und Gesellschaft aufgenommen werden. Zum Beispiel scheint es bei der BECCS-Technologie insbesondere in Deutschland fraglich, ob deren Umsetzung akzeptiert werden würde. Sowohl die Bioenergieerzeugung als auch die unterirdische Speicherung von CO$_2$ waren Gegenstand politischer Kontroversen und gesellschaftlicher Widerstände in Deutschland, wenngleich die Bioenergie derzeit hierzulande den größten Anteil an erneuerbarer Energie stellt. Die Akzeptanz von neuen Maßnahmen in der Klimapolitik kann jedoch zwischen Ländern und Ansätzen variieren. Eine Einbindung der Bevölkerung in die Erforschung und Entwicklung der CO$_2$-Entnahme ist für deren erfolgreiche Umsetzung

◘ Tab. 31.1 Technologien zur Erzeugung negativer Emissionen

Aufforstung	Schätzungen zum Potenzial gehen aufgrund unterschiedlicher Grundannahmen weit auseinander
	Eine Wiederaufforstung aller entwaldeten Gebiete weltweit, wie sie in manchen Berechnungen angenommen wird, ist nicht möglich aufgrund damit verbundener Landnutzungskonflikte und Umweltauswirkungen (z. B. hoher Wasserverbrauch oder Verlust biologischer Vielfalt durch Monokulturen)
	CO_2 würde nur so lange gespeichert, wie die aufgeforsteten Gebiete aktiv geschützt und verwaltet werden
	Da Aufforstung von zuvor nicht bewaldeten oder entwaldeten Gebieten die Erdoberfläche verdunkeln würde, könnte es zu einer Erwärmung kommen
Direkte Abscheidung von CO_2 aus der Umgebungsluft	Bei der direkten Abscheidung von CO_2 aus der Umgebungsluft wird in industriellen Anlagen CO_2 aus der Luft gefiltert
	Es existieren Prototypen, die eine solche Filterung erfolgreich vornehmen, allerdings wird das dabei gewonnene CO_2 derzeit nicht langfristig gespeichert, sondern zum Beispiel als Kohlensäure, Düngemittel, Flugzeugtreibstoff oder im Rahmen der tertiären Ölförderung genutzt, sodass es nicht zu einer langfristigen Entnahme aus der Atmosphäre kommt
	Die Verfahren sind sehr energieaufwendig und teuer
	Ein Vorteil besteht darin, dass Anlagen zur CO_2-Entnahme aus der Umgebungsluft in direkter Nähe zu geeigneten CO_2-Speicherstätten gebaut werden könnten, sodass das abgeschiedene CO_2 nicht transportiert werden muss
Bioenergieerzeugung mit CO_2-Absonderung und Speicherung (BECCS)	Da Bioenergiepflanzen während der Wachstumsphase CO_2 aufnehmen, das beim Verbrennungsprozess wieder freigesetzt wird, kann dieses durch Absonderung und Speicherung der Atmosphäre langfristig entzogen werden
	Diese Technologie findet sich in fast allen computergenerierten Szenarien, um die Pariser Temperaturziele noch einzuhalten
	Es wären große monokulturell bewirtschaftete Anbauflächen notwendig, was sehr wahrscheinlich negative Auswirkungen auf die biologische Vielfalt und die Nahrungsmittelsicherheit hätte
	Sollten Bioenergiekraftwerke nicht in unmittelbarer Umgebung zu Speicherstätten gebaut werden, müsste das abgeschiedene CO_2 transportiert werden
	Der Aufbau einer industriellen Infrastruktur hätte wiederum CO_2-Emissionen zur Folge
Biokohle	Durch die Überführung von Biomasse in „Biokohle" und deren Einbringen in Böden soll der Atmosphäre langfristig CO_2 entzogen werden
	Das Potenzial dieser Maßnahme ist vor allem durch die Verfügbarkeit von geeigneter Biomasse, durch logistische Herausforderungen beim Einbringen der Biokohle in Böden sowie durch Landnutzungskonflikte begrenzt
Beschleunigte Verwitterung	Durch das Ausbringen von Karbonat- oder Silikatgestein an Land oder im Ozean soll die natürlich stattfindende Bindung von atmosphärischem CO_2 in Böden und im Meer beschleunigt werden
	Da die benötigten Rohmaterialien für die beschleunigte Verwitterung in großen Mengen vorhanden sind, besteht prinzipiell ein großes Potenzial
	Allerdings müssten diese Rohmaterialien abgebaut, transportiert und ausgebracht werden, wofür eine sehr große industrielle Infrastruktur geschaffen werden müsste (ungefähr vom Ausmaß existierender extraktiver Industrien)
Ozeandüngung	In Teilen des Ozeans mit begrenztem Nährstoffgehalt könnte durch das Ausbringen von Nährstoffen (z. B. Eisen) das Wachstum von Phytoplankton angeregt werden
	Sinkt dies Phytoplankton auf den Meeresboden, wäre das darin enthaltene CO_2 langfristig gebunden
	Einschätzungen der Effektivität von Ozeandüngung gehen weit auseinander. Signifikante Nebenfolgen für marine Ökosysteme sind wahrscheinlich

von großer Bedeutung, wobei insbesondere transdisziplinäre Forschungsansätze geeignet scheinen (Benn 2021; ► Kap. 38).

Eine zentrale Befürchtung in Zusammenhang mit Ansätzen zur CO_2-Entnahme ist, dass bereits deren Diskussion die „herkömmliche" Emissionsreduktion negativ beeinflussen könnte – eine Befürchtung, die in den 1990er-Jahren auch im Rahmen der aufkommenden Diskussion um Anpassungsmaßnahmen bestand. Das genaue Ausmaß solcher Ver-

drängungseffekte ist nicht bestimmbar, doch scheinen entsprechende Vorsorgemaßnahmen angebracht. Eine Möglichkeit bestünde beispielsweise darin, nationale Ziele für die Emissionsreduktion und für die CO_2-Entnahme separat anzugeben. So ließen sich sowohl die Plausibilität der gemachten Annahmen als auch die Investitionsbedarfe in die jeweiligen Ansätze sehr viel besser abschätzen, da der benötigte Umfang an Reduktionen bzw. Entnahmen direkt einsehbar wäre (McLaren et al. 2019).

31.5 Kurz gesagt

Das Pariser Klimaabkommen von 2015 fordert Staaten dazu auf, ihre Emissionen rapide zu senken, um die globale Erwärmung auf maximal 2 °C und bevorzugt auf 1,5 °C zu begrenzen. Um bis zur Mitte des 21. Jahrhunderts eine Balance zwischen Treibhausgasquellen und -senken zu erreichen, werden dabei Ansätze zur Erzeugung „negativer Emissionen", also die aktive Entnahme von Treibhausgasen aus der Atmosphäre, zunehmend diskutiert und erforscht. Dieses Kapitel verdeutlicht die Verbindungen zwischen klimapolitischen Maßnahmen und anderen politischen Handlungsfeldern, wobei insbesondere auch negative Emissionen als aufkommende Strategie zur Bekämpfung des Klimawandels berücksichtig werden. Es zeigt sich, dass die Klimapolitik durch Zielkonflikte mit anderen Handlungsfeldern geprägt ist, die sich aus Strategien und Maßnahmen zur Emissionsvermeidung und Anpassung an den Klimawandel ergeben, aber auch durch die Möglichkeit, Synergien und *co-benefits* zu realisieren. Da davon auszugehen ist, dass in Zukunft Technologien zur Erzeugung von negativen Emissionen eine zunehmend wichtige Rolle spielen werden, gilt es, die damit in Zusammenhang stehenden Herausforderungen früh zu erkennen, um Synergien zu fördern und Zielkonflikte zu vermeiden.

Literatur

Beck S, Bovet J, Baasch S, Reiß P, Görg C (2011) Synergien und Konflikte von Strategien und Maßnahmen zur Anpassung an den Klimawandel. Helmholtz-Zentrum für Umweltforschung, Leipzig

Bundesregierung (2008) Deutsche Anpassungsstrategie an den Klimawandel. Berlin, 17.12.2008

Copenhagen (2019) Maximizing co-benefits by linking implementation across SDGs andclimate action. Global Conference on Strengthening Synergies between the Paris Agreement and the 2030 Agenda for Sustainable Development, UN City, Copenhagen, 1–3 April 2019

Fachkommission (2021) Krisen vorbeugen, Perspektiven schaffen, Menschen schützen. Bericht der Fachkommission Fluchtursachen der Bundesregierung. Berlin (18.05.2021)

Fuss S, Canadell JG, Peters GP, Peters GP, Tavino M, Andrew RM, Ciais P, Jackson RB, Jones CD, Kraxner F, Nakicenovic N, Le Quéré C, Raupach MR, Sharifi A, Smith P, Yamagata Y (2014) Betting on negative emissions. Nat Clim Chang 4:850–853

Fuss S, Lamb WF, Callaghan MW et al (2018) Negative emissions—part 2: costs, potentials and side effects. Environ Res Lett 13:063002

Geden O, Schenuit F (2020) Unkonventioneller Klimaschutz: Gezielte CO_2-Entnahme aus der Atmosphäre als neuer Ansatz in der EU-Klimapolitik. Stiftung Wissenschaft und Politik, Berlin

Geden O, Schäfer S (2016) „Negative Emissionen" als klimapolitische Herausforderung. Stiftung Wissenschaft und Politik, Berlin

Grin J (2016) Transition studies: basic ideas and analytical approaches. In: Brauch HG et al (Hrsg) Handbook on sustainability transition and sustainable peace. Springer, S 105–122

Hardt JN, Viehoff A (2020) A climate for change in the UNSC? Hamburg: Institut für Friedensforschung und Sicherheitspolitik, IFSH Research Report 05/20

Herold A, Eberle U, Ploetz C, Scholz S (2001) Anforderungen des Klimaschutzes an die Qualität von Ökosystemen: Nutzung von Synergien zwischen der Klimarahmenkonvention und der Konvention über die biologische Vielfalt. Öko-Institut e. V., Freiburg

Honegger M, Michaelowa A, Poralla M (2019) Net-Zero emissions. The role of carbon dioxide removal in the Paris Agreement. Policy Briefing Report. Perspectives Climate Research, Freiburg

IPCC (2013) Climate change 2013: the physical science basis. Contribution of working group I to the fifth assessment report of the intergovernmental panel on climate change. Cambridge University Press, Cambridge

IPCC (2018) Global warming of 1,5°C: Summary for Policymakers

Lawrence MG, Schäfer S, Muri H, Scott V, Oschlies A, Vaughan NE, Boucher O, Schmidt H, Haywood J, Scheffran J (2018) Evaluating climate geoengineering proposals in the context of the Paris agreement. Nat Commun 9:3734

Lawrence MG, Schäfer S (2019) Promises and perils of the Paris agreement. Science 364:829–830

McLaren DP, Tyfield DP, Willis R, Szerszynski B, Markusson NO (2019) Beyond ‘Net-Zero': a case for separate targets for emissions reduction and negative emissions. Front Clim 1:4

Minx JC, Lamb WF, Callaghan MW et al (2018) Negative emissions—part 1: research landscape and synthesis. Environ Res Lett 13:063001

Nash SL (2018) From cancun to Paris: an era of policy making on climate change and migration. Global Pol 9(1):53–59

Naturkapital Deutschland – TEEB DE (2015) Naturkapital und Klimapolitik – Synergien und Konflikte. (Hrsg). von Volkmar Hartje, Henry Wüstemann und Aletta Bonn. Technische Universität Berlin, Helmholtz-Zentrum für Umweltforschung – UFZ. Berlin, Leipzig

Nemet GF, Callaghan MW, Creutzig F, Fuss S, Hartmann J, Hilaire J, Lamb WF, Minx JC, Rogers S, Smith P (2018) Negative emissions—part 3: innovation and upscaling. Environ Res Lett 13:063003

OECD (2019) Aligning development co-operation and climate action. OECD, Paris

Ott K, Klepper G, Lingner, S, Schäfer A, Scheffran J, Sprinz D (2004) Reasoning goals of climate protection – specification of Art.2 UNFCCC. Federal Environmental Agency, Berlin

Renn O (2021) Transdisciplinarity: synthesis towards a modular approach. Futures 130:102744. ► https://doi.org/10.1016/j.futures.2021.102744 ► https://www.sciencedirect.com/science/article/pii/S0016328721000537

Ricke, KL, Millar RJ, MacMartin DG (2017) Constraints on global temperature target overshoot. Nat Sci Rep 7:14743. ► https://doi.org/10.1038/s41598-017-14503-9 (► https://www.nature.com/articles/s41598-017-14503-9)

Santarius T, Scheffran J, Tricarico A (2012) North South transitions to green economies. Heinrich Böll Foundation, Berlin

Schäfer S, Lawrence M, Stelzer H et al (2015) The European Transdisciplinary Assessment of Climate Engineering (EuTRACE): removing greenhouse gases from the atmosphere and reflecting sunlight away from earth. Funded by the European Union's Seventh Framework Programme under Grant Agreement 306993

Scheffran J, Froese R (2016) Enabling environments for sustainable energy transitions: the diffusion of technology, innovation and investment in low-carbon societies. In: Brauch HG et al (Hrsg) Handbook on sustainability transition and sustainable peace. Springer, S 721–756

Scheffran J, Marmer E, Sow P (2012) Migration as a contribution to resilience and innovation in climate adaptation: social networks and co-development in Northwest Africa. Appl Geogr 33:119–127

Siabatto FP, Junghans L, Weischer L (2017) Synergies and conflicts between climate protection and adaptation measures in countries of different development levels. Umweltbundesamt

UBA (2009) Konzeption des Umweltbundesamtes zur Klimapolitik. Notwendige Weichenstellungen 2009. Umweltbundesamt

UN-Emissions Gap Report (2019) United Nations Environment Programme (UNEP)

Wolf I (2020) Soziales Nachhaltigkeitsbarometer der Energiewende. Institut für transformative Nachhaltigkeitsforschung (IASS) Potsdam

31

Minderungsstrategien im Personen- und Güterverkehr

Heike Flämig, Carsten Gertz und Thorsten Mühlhausen

Inhaltsverzeichnis

32.1   Entwicklung der CO_2e-Emissionen im Verkehrssektor – 416

32.2   Sektorziel Verkehr – 419

32.3   Gründe für die Diskrepanz zwischen Zielsetzung und tatsächlicher Entwicklung im Sektor Verkehr – 419

32.4   Grundlegende Handlungsstrategien zur CO_2e-Minderung im Verkehrsbereich – 421

32.5   Handlungsoptionen zur Reduzierung der Verkehrsleistung – 422

32.6   Verkehrsmittelseitige CO_2e-Minderung – 423

32.7   Anpassungsmaßnahmen an Folgen des Klimawandels im Verkehrsbereich – 424

32.8   Kurz gesagt – 425

Literatur – 425

© Der/die Autor(en) 2023
G. P. Brasseur et al. (Hrsg.), *Klimawandel in Deutschland,*
https://doi.org/10.1007/978-3-662-66696-8_32

Im Jahr 2019 war in Deutschland der Verkehrssektor für rund 20 % der energiebedingten Treibhausgase (THG) in CO_2-Äquivalente (CO_2e) verantwortlich (UBA 2021). Davon entfallen um die 95 % der verkehrsbedingten THG-Emissionen auf den motorisierten Straßenverkehr (TREMOD 2019; eigene Auswertung). Zudem entstehen Emissionen auch beim Erstellen und beim Erhalten der Verkehrsinfrastrukturen (z. B. durch die Betonproduktion) sowie bei der Herstellung von Fahrzeugen (Öko-Institut 2013). Zwar verbesserte sich sowohl die Effizienz im Güter- als auch im Personenverkehr. Die überproportionale Steigerung der Transportnachfrage konnte aber nicht ausgeglichen werden (Statistisches Bundesamt 2018). Absolut betrachtet sind seit dem Jahr 1990 die energiebedingten CO_2e-Emissionen durch den Verkehr zunächst angestiegen und erreichten im Jahr 1999 den höchsten Wert (UBA 2021). Dabei unterscheiden sich die Entwicklungen im Personen- und Güterverkehr und bei den Verkehrsträgern, ohne jedoch dem formulierten Ziel, die verkehrsbedingten THG-Emissionen zu reduzieren, näher zu kommen.

Insgesamt zeigt sich, dass die bisherigen Minderungsmaßnahmen nicht ausreichen, um den notwendigen Beitrag des Verkehrs zu den Klimaschutzzielen zu leisten. Das Klima hat sich bereits soweit verändert, dass zur Sicherung der Funktionssicherheit der Verkehrssysteme auch Anpassungsmaßnahmen notwendig sind. Die Folgen des Klimawandels, wie Extremwetterereignisse, können einerseits Personen, Produktionssysteme und die öffentliche Ordnung direkt gefährden und andererseits operative Anpassungsmaßnahmen notwendig machen. Die verringerte Zuverlässigkeit der Verkehrssysteme oder eine Beschränkung der Erreichbarkeit führen während einer Krise zu ökonomischen Konsequenzen auf der Nutzerseite und erhöhen den Aufwand für alle gesellschaftlichen und wirtschaftlichen Institutionen, wie z. B. für Feuerwehr, Krankenhäuser, Grundversorgung.

32.1 Entwicklung der CO_2e-Emissionen im Verkehrssektor

Hinsichtlich der betriebsbedingten Treibhausgasausstöße sind die Entwicklungen der Verkehrsleistung in Tonnenkilometer (tkm) oder Personenkilometer (Pkm) bzw. der Fahrleistung in Fahrzeugkilometer (Fkm) sowie des Fahrzeugbestands (z. B. Größenklasse, Euronorm) von großer Bedeutung. Dabei unterscheiden sich die Entwicklungen im Bereich des Personen- und Güterverkehrs und bei den Verkehrsträgern.

☐ Abb. 32.1 zeigt neben der Entwicklung der absoluten CO_2e-Emissionen im Verkehr (weinrot) eine Unterteilung für die Verkehrsträger Eisenbahn (grün),

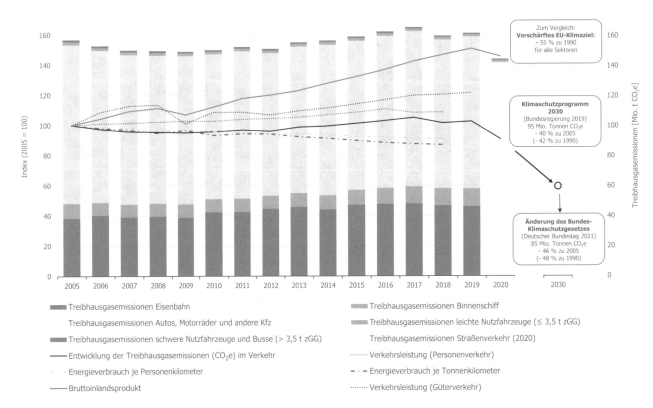

☐ **Abb. 32.1**   Verkehrsleistung, Energieverbrauch und Bruttoinlandsprodukt – Entwicklung seit 2005 (= 100 %) – sowie absolute CO_2e-Emissionen je Verkehrsträger und unterschiedlicher Straßenfahrzeugklassen (2005–2019) in Bezug zu den politischen Reduktionszielen, zGG: zulässiges Gesamtgewicht. (Darstellung TUHH-VPL nach Statistisches Bundesamt 2021a; UBA 2021). (Flämig)

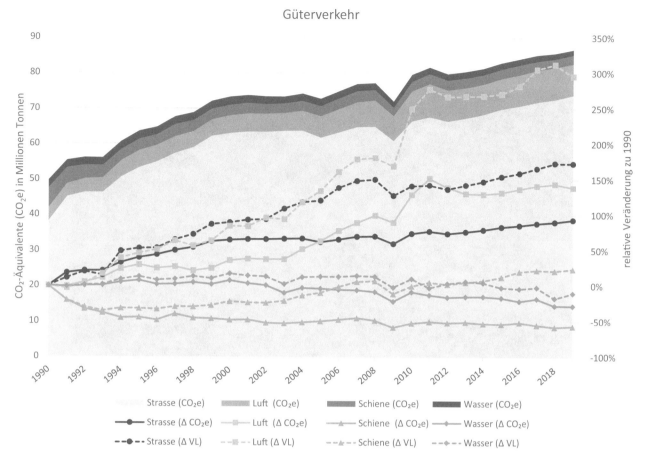

■ **Abb. 32.2** Entwicklung der CO_2e-Emissionen sowie der relativen Veränderungen (Δ) der CO_2e-Emissionen und der Verkehrsleistung (VL) im Personenverkehr in Deutschland 1990–2019. (Eigene Darstellung und Berechnungen auf Basis von TREMOD 6.16 – 05/2019)

Binnenschiff (blau) und Straße, bei letzterem – bis auf das Jahr 2020, wo erst Schätzdaten für die Straße vorliegen (gelb) – in drei Straßenfahrzeugklassen (verschiedene Grautöne). Es wird deutlich, dass der wesentliche Anteil der absoluten transportbedingten CO_2e-Emissionen durch den Straßenverkehr (grau bzw. gelb) verursacht wird. Erzielte Effizienzgewinne, abgebildet als Energieverbrauch pro Tonnenkilometer bzw. Personenkilometer (Strich-Punkt-Linien), wurden jedoch durch die Steigerung der Transportnachfrage, abgebildet als relative Entwicklung der Personen- und Güterverkehrsleistung (Punktlinien), überkompensiert. Während trotz einer Zunahme der Personenverkehrsleistung deren absolute CO_2e-Emissionen nur moderat zunahmen (blaue Punktlinie), stiegen bei stark zunehmender Güterverkehrsleistung die absoluten CO_2e-Emissionen durch den Güterverkehr (rote Punktlinie) deutlich. Insgesamt konnte kein Rückgang der Treibhausgasemissionen (durchgezogene Linie, weinrot) erreicht werden.

Im Jahr 2019 betrug die gesamte Fahrleistung von Personenkraftwagen (Pkw) 644,8 Mrd. Fahrzeugkilometer (BMVI 2021, S. 153). Die durchschnittliche jährliche Fahrleistung von Pkw lag im Jahr 2019

bei 13.600 km (BMVI 2021, S. 153). Auch der Pkw-Bestand nahm in den vergangenen Jahren zu und betrug am 01.01.2021 über 48,2 Mio. Fahrzeuge gegenüber knapp 30,7 Mio. Fahrzeuge im Jahr 1990 (KBA 2021a). Davon erfüllten über 38 % der Fahrzeuge mindestens die Abgasnorm Euro-6, deren Emissionsgrenzwerte seit dem 31. August 2018 für Neuzulassungen bindend waren. Der Anteil der PKW mit alternativen Antrieben wie Elektro-, Hybrid- oder Gasantrieb betrug am 01.01.2021 rund 3,6 % (KBA 2021b).

■ Abb. 32.2 stellt die absolute Entwicklung der CO_2e-Emissionen inklusive der bei der Energiebereitstellung zu Verkehrszwecken entstandenen CO_2e-Emissionen (Vorketten) sowie die relative Veränderung der CO_2e-Emissionen und der Verkehrsleistung im Personenverkehr gegenüber dem Basisjahr 1990 auf deutschem Hoheitsgebiet dar. Für die internationalen Flüge sind die Verkehrsleistungen und deren CO_2e-Emissionen zwischen dem deutschen und dem nächsten bzw. letzten ausländischen Flughafen in die Werte eingeflossen. Die Grafik verdeutlicht, dass bezogen auf das Basisjahr 1990 trotz der Zunahme der Verkehrsleistung (VL) im Personenverkehr die absoluten energiebedingten CO_2e-Emissionen nach einer leich-

Personenverkehr

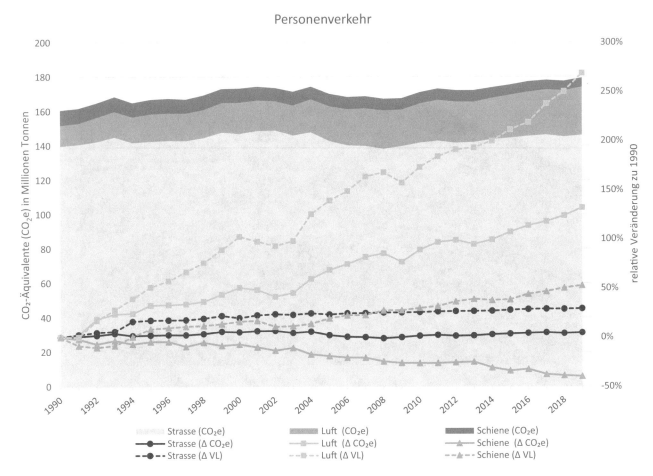

◨ Abb. 32.3 Entwicklung der CO₂e-Emissionen sowie der relativen Veränderungen (Δ) der CO₂e-Emissionen und der Verkehrsleistung (VL) im Güterverkehr in Deutschland 1990–2019. (Eigene Darstellung und Berechnungen auf Basis von TREMOD 6.16 (05/2019)). (Flämig)

ten Abnahme bis zum Jahr 2005 inzwischen wieder moderat zunehmen. Eine ähnliche Entwicklung gilt auch für den motorisierten Straßenverkehr. Der deutliche Rückgang der energiebedingten CO₂e-Emissionen beim Schienenpersonenverkehr wird insbesondere durch den bis zum Jahr 2019 überdurchschnittlich ansteigenden Luftpersonenverkehr überlagert. Insgesamt kommt es im Luftverkehr trotz hoher Effizienzgewinne aufgrund der noch höheren Zuwächse der Verkehrsleistung zu einem deutlichen Anstieg der CO₂e-Emissionen.

Im Güterverkehr betrug im Jahr 2019 die gesamte Fahrleistung rund 67,1 Mrd. Fahrzeugkilometer nach einem Höchstwert von 71 Mrd. Fahrzeugkilometer im Jahr 2016 (BMVI 2021, S. 152 f.). Die durchschnittliche jährliche Fahrleistung der Lastkraftwagen (Lkw) beträgt rund 20.800 km und der Zugmaschinen rund 93.100 km (BMVI 2021, S. 153). Ebenso ist der Bestand an Nutzfahrzeugen angestiegen und betrug zum 1. Januar 2021 über 5 Mio. Fahrzeuge (KBA 2021a). Davon waren rund 3,5 Mio. LKW und Sattelzugmaschinen (KBA 2021a). Rund 33 % der LKW und 78 % der Sattelzugmaschinen hatten mindestens einen der Euro-6-Norm vergleichbaren Standard (KBA

2021b). Der Anteil an Lkw und Sattelzugmaschinen mit alternativen Elektro-, Hybrid-, Gas- oder Wasserstoffantrieb betrug rund 1,6 % (KBA 2021b).

Über 80 % der Gütertransporte in Deutschland – gemessen sowohl in den transportierten Mengen (Tonnage) als auch in der Transportleistung (in Tonnenkilometern) – werden mit steigender Tendenz vom Lkw übernommen (BMVI 2021, S. 241 ff.). Über 10 % davon von ausländischen Lkw. Auch die internationalen Verkehrsträger Seeschifffahrt und Luftverkehr haben erheblich an Bedeutung gewonnen. In der Folge nimmt der Gesamtenergieverbrauch im Bereich des Güterverkehrs weiter zu (Statistisches Bundesamt 2021a).

Wie ◨ Abb. 32.3 zeigt, wird der Anstieg der energiebedingten CO₂e-Emissionen inklusive Vorketten durch den Güterverkehr vor allem durch die Zunahme der Verkehrsleistung im Luftverkehr und teilweise im Straßengüterverkehr bestimmt. In der Grafik sind nur Verkehrsleistungen auf deutschem Hoheitsgebiet erfasst, mit Ausnahme des internationalen Flugverkehrs, der analog zum Personenverkehr bis zum nächsten bzw. letzten ausländischen Flughafen berücksichtigt ist.

Die Covid-19-Pandemie und die damit einhergehenden Einschränkungen in der Bewegungsfreiheit führten in den Jahren 2020/2021 zu einem deutlich reduzierten Gesamtverkehrsaufkommen durch Personenmobilität im Vergleich zu den Vorjahren. Vor allem führte die Covid-19-Pandemie zu einem Rückgang der Personenmobilität in den Agglomerationen und zu einem starken Fahrgastrückgang im öffentlichen Verkehr bei gleichzeitiger Bevorzugung des privaten PKW (Statistisches Bundesamt 2021b). Den stärksten Rückgang verzeichneten Flugreisen, sodass die Flugbewegungen im Jahr 2020 um 56 % in Deutschland zurückgingen (Eurocontrol 2021). Dies führte in Deutschland zu einem Rückgang der durch den Luftverkehr verursachten CO_2-Emissionen. Ein Wiederanstieg des Luftverkehrsaufkommens auf das Niveau des Jahres 2019 wird je nach weiterem Verlauf der Covid-19-Pandemie zwischen den Jahren 2024 und 2029 erwartet. Dabei wird mit einer veränderten Nachfragestruktur gerechnet, insbesondere mit weniger Geschäftsreisen, aufgrund der in der Krise gesammelten positiven Erfahrungen mit Onlinebesprechungen (Hagen et al. 2020). Für den bodengebundenen Verkehr stellt sich insbesondere die Frage, wie sich Heimarbeit und Onlineshopping nach der Covid-19-Pandemie dauerhaft entwickeln und welche Auswirkungen sich dadurch auf die Raumstruktur (Wohnstandortwahl, Bedeutung der Innenstädte) ergeben. Im Güterverkehr war der Nachfragerückgang nicht ganz so stark und es kam vor allem zu Anteilsverschiebungen hin zum Straßengüterverkehr. Einen Bedeutungszuwachs in der Covid-19-Pandemie hatten Lieferdienste in die Wohngebiete.

32.2 Sektorziel Verkehr

Im Jahr 2020 waren bis zu 150 Mio. t CO_2-Äquivalente im Sektor Verkehr zulässig, wobei diese nur aufgrund des Verkehrsrückgangs während der Covid-19-Pandemie eingehalten werden konnten (UBA 2021). Die Klimaziele des *Green Deal* der EU sehen eine Klimaneutralität bis zum Jahr 2050 sowie für den Verkehrssektor zunächst ein Reduktionsziel der THG-Emissionen von 90 % gegenüber dem Jahr 1990 vor (Europäische Kommission 2020; Council of the European Union 2021). Mit dem Bundes-Klimaschutzgesetz (KSG) vom 12. Dezember 2019[1] wurde erstmals für den Sektor Verkehr (ziviler inländischer Luftverkehr, Straßenverkehr, Schienenverkehr, inländischer Schiffsverkehr) eine zulässige Jahresemissionsmenge festgelegt, die auf 85 Mio. t CO_2-Äquivalente im Jahr 2030 sinken sollen[2].

Insgesamt sind in den letzten Jahren die Ziele für den Verkehrsbereich ambitionierter geworden. Es existiert zwar eine Vielzahl von Szenarien zu Klimaschutz und Verkehr (z. B. Bergk et al. 2017; Friedrich 2020; Prognos, Öko-Institut, Wuppertal-Institut 2021). Die Gemeinsamkeit der Szenarien ist, dass eine Einhaltung von Klimaschutzzielen im Verkehr umfassende Maßnahmenpakete voraussetzt, wie beispielsweise im Klimaschutzprogramm 2030 (Bundesregierung 2019).

Bislang fehlen Beschlüsse zu Maßnahmen, die dem Erreichen dieser Ziele umfassend gerecht werden.

32.3 Gründe für die Diskrepanz zwischen Zielsetzung und tatsächlicher Entwicklung im Sektor Verkehr

In den letzten Jahren ist es im Sektor Verkehr nicht gelungen, den THG-Ausstoß deutlich zu reduzieren und die Reduktionsziele zu erreichen. Ursachen dafür sind weiter anhaltende Wachstumsprozesse im Verkehr sowie die fehlende politische Konsequenz in der umfassenden Umsetzung von gegensteuernden Maßnahmen. Die Gründe für das seit langem anhaltende Verkehrswachstum und die Anteilsverschiebungen zwischen den Verkehrsträgern sind vielfältig, häufig miteinander verknüpft und seit längerem diskutiert (z. B. Flämig 2011).

Der Ausbau der Verkehrswege, die Entwicklung der Verkehrstechnologien und die Liberalisierung des Transportmarktes haben zu einem erheblichen Wachstum insbesondere im Straßenverkehr beigetragen. Die rasante Entwicklung bei den Informations- und Kommunikationstechnologien führt zu globalen Produktions- und Handelsnetzwerken sowie zu logistischen Konzepten, mit dem Ziel, Warebestände abzubauen und gleichzeitig schnell und flexibel auf die Nachfrage reagieren zu können. Damit erhöht sich insbesondere die Nachfrage nach Transporten von kleinteiligen Sendungen auf der Straße und beim internationalen Transport zunehmend von Luftfracht. Aus der internationalen Perspektive führen zudem die Bevölkerungs- und Wirtschaftsentwicklung, insbesondere aufgrund des Wegfalls von Handelsbarrieren und der

---

1 Bundesgesetzblatt Jahrgang 2019 Teil I Nr. 48; in Reaktion auf ein Urteil des Bundesverfassungsgerichtes geändert am 18. August 2021, Bundesgesetzblatt Jahrgang 2021 Teil I Nr. 59.

2 Gem. § 4 Anlage 2 Erstes Gesetz zur Änderung des Bundes-Klimaschutzgesetzes vom 18. August 2021, Bundesgesetzblatt Jahrgang 2021 Teil I Nr. 59, ausgegeben zu Bonn am 30. August 2021.

immer effizienter werdenden Transportbedingungen (z. B. durch das Größenwachstum der Seeschiffe) mit den damit verbundenen geringeren Transportkosten, zu einer Ausweitung der räumlichen Arbeitsteilung und damit zu einem weiteren Wachstum der Verkehrsnachfrage.

Standortentscheidungen und Siedlungsentwicklung haben sowohl für den generierten Verkehr durch den Transport von Gütern als auch für die Mobilität von Personen eine große Bedeutung. So steigen die Fahrleistungen, wenn Gewerbestandorte aufgrund von Flächenengpässen oder immissionsrechtlichen Gründen aus den Städten verdrängt werden. Auch die Suburbanisierung von Wohnstandorten verlängert Wege, wenn der Arbeitsstandort bestehen bleibt. Die Wegelängen steigen auch durch die Ausdünnung bei Versorgungs- und sozialen Einrichtungen, die häufig zu größeren Einzugsbereichen führen. Der Verkehrsinfrastrukturausbau verringert die Raumwiderstände und ermöglicht somit die Erreichbarkeit weiter entfernt liegender Standorte in gleicher Zeit, wodurch der Transportaufwand weiter ansteigt. Das Verkehrswachstum in Deutschland ist daher vor allem ein Ergebnis des Wachstums der Entfernungen.

Im Güterverkehr bleibt das tonnagebezogene Transportaufkommen nahezu konstant. Auch im Personenverkehr ist die Anzahl der Wege pro Person und Tag im zeitlichen Verlauf ebenso wie das individuelle tägliche Reisezeitbudget im statistischen Durchschnitt relativ konstant geblieben (Nobis und Kuhnimhof 2018). Die durch den Infrastrukturausbau ermöglichten Zeitvorteile beeinflussen in der Konsequenz wieder Standortentscheidungen, da bei gleicher Reisezeit durch schnellere Straßen- oder Bahnverbindungen längere Wege zurückgelegt werden können. Diese Zusammenhänge zwischen räumlicher Entwicklung und Verkehrsinfrastruktur überlagern sich wiederum mit den Anforderungen anderer Lebensbereiche wie etwa des Arbeitsmarktes, sodass die Bereitschaft und die Notwendigkeit zu längeren Entfernungen gleichermaßen ansteigen. In der Konsequenz zeigen sich im Personenverkehr in der Verkehrsmittelnutzung und der Verkehrsleistung in Abhängigkeit vom Wohnstandort deutliche Unterschiede. Die in der Vergangenheit erzielten treibhausgasrelevanten Effizienzgewinne und Verlagerungen auf den Umweltverbund (Busse und Bahnen, Fahrrad, zu Fuß gehen) wurden nicht nur durch gestiegene Verkehrsaufwände im Personenverkehr, sondern auch durch die Zunahme der durchschnittlichen Motorleistung bei Pkw-Neuzulassungen kompensiert (Statistisches Bundesamt 2018; Schelewsky et al. 2020).

Die bisherige Entwicklung mit einem anhaltend hohen Treibhausgasausstoß im Verkehr ist zudem durch eine weitgehende Konstanz bei Verhaltensroutinen von privaten Haushalten geprägt (Schelewsky et al. 2020; Holz-Rau und Schreiner 2020). Die Bevölkerung nimmt weiterhin keinen Handlungsdruck wahr, der über freiwillige Verhaltensänderungen die erforderliche Trendwende hervorruft. Darüber hinaus stößt ein ambitioniertes, individuelles klimaneutrales Verkehrsverhalten schnell an Grenzen, da wichtige Rahmensetzungen, wie z. B. bezahlbare Fahrzeugtechnik oder ausreichend günstiger Wohnraum in nutzungsgemischten Lagen, vielfach nicht gegeben sind und häufig mit finanziellen Nachteilen verbunden ist.

Die ausbleibende Verkehrswende liegt auch an der bislang verfehlten Politik zu umfassenden, direkt verhaltenswirksamen Maßnahmen. Ein Beispiel hierfür ist die bisherige Ausgestaltung der CO_2-Preise im Straßenverkehr. Während der Flugverkehr seit dem Jahr 2012 am Emissionshandel teilnimmt, ist der Straßenverkehr nicht Bestandteil des europäischen Emissionshandels. Allerdings wurde in Deutschland mit dem Brennstoffemissionshandelsgesetz (BEHG) für Kraftstoffe ein CO_2-Preis von 10 €/t CO_2 zum 1. Januar 2021 eingeführt, der bis zum Jahr 2025 auf 35 €/t CO_2 steigen soll. Für den Liter Benzin folgt aus dem CO_2-Preis von 35 €/t CO_2 ein nominaler Aufschlag von knapp 10 ct/l Benzin und rund 11 ct/l Diesel. Der CO_2-Preis ergänzt die Energiesteuer, die eine fixe Steuer (seit dem Jahr 2003: 65,45 ct/l Benzin) ohne Inflationsausgleich und Berücksichtigung der Einkommenssteigerung ist. Die beschlossenen CO_2-Preise setzen in der jetzigen Höhe allerdings bei gleichzeitig erhöhter Entfernungspauschale (befristet bis zum 31.12.2026 auf 5 ct/km ab dem 21. km, einfache Entfernung) und inflationsbedingt sinkender Energiesteuer keinen relevanten Anreiz zur Reduzierung der CO_2-Emissionen im Verkehr (Holz-Rau 2019). Ähnliches ist von der ab dem Jahr 2023 geltenden CO_2-gespreizten Lkw-Maut zu erwarten, da Doppelbesteuerungen auf jeden Fall vermieden werden sollen. Eine gesellschaftssensitive Transformation vom fossilen zum postfossilen Verkehr ist notwendig, wenn Energiepreissteigerungen und Versorgungsengpässe nicht zu sozialen und ökonomischen Konflikten führen sollen (vgl. Bauriedl et al. 2021).

Die Lösung der verkehrsbedingten Klimaprobleme wurde bisher vor allem im Verkehrssystem selbst gesucht. Technologische und organisatorische Maßnahmen beim Einsatz der Transport- und Verkehrsmittel stehen häufig einseitig im Vordergrund und reichen nicht aus. Die dargestellten komplexen Systemstrukturen, Bedingungen und Wechselwirkungen von einerseits Produktions-, Logistik- und Gütertransportsystemen sowie andererseits von Mobilität von Personen, räumliche Entwicklungen und gesellschaftliche Veränderungen erfordern Handlungsansätze, die diesen Zusammenhängen gerecht werden. Es muss integriert vorgegangen werden, um die THG-Emissionen

Abb. 32.4 Ansatzpunkte zur Reduzierung der verkehrsbedingten Umweltwirkung. (Modifiziert nach Flämig 2014)

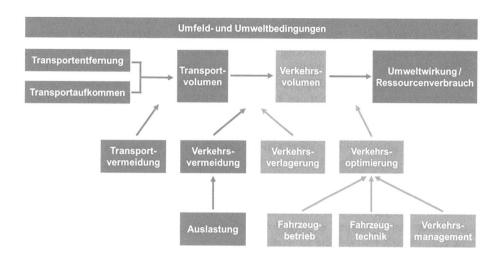

ebenso wie die anderen Verkehrsfolgen, z. B. Lärmemissionen, weitere Luftschadstoffe, Flächenversiegelung und Unfälle, zu reduzieren. Zudem kommt eine an Klimaschutzzielen orientierte Planung und Politik nicht nur der Reduzierung der THG-Emissionen zugute, sondern erreicht darüber hinaus eine Verbesserung der Luftqualität und eine Erhöhung der Lebens- und Wohnqualität in urbanen Räumen (Holz-Rau und Schreiner 2020).

32.4 Grundlegende Handlungsstrategien zur CO_2e-Minderung im Verkehrsbereich

Die verkehrsbedingten Ressourcenverbräuche und Emissionen lassen sich grundsätzlich mit einer einfachen Formel ermitteln: Die bewegte Menge (Tonnen oder Personen) wird mit der Entfernung (Kilometer) und mit einem Faktor für den Ressourcenverzehr je Einheit (z. B. t je km) oder für die Emissionsmenge in Abhängigkeit vom Verkehrsmittel (Gramm an Emissionen je tkm bzw. Pkm) multipliziert. Wie in Abb. 32.4 dargestellt, sind die wesentlichen Steuerungsgrößen die Anzahl an transportierten Einheiten bzw. die zurückgelegten Wege (Transportaufkommen) und die Transportentfernung. Durch eingesetzte Verkehrsmittel zur Realisierung der Transportnachfrage entsteht Verkehr. Die Art (z. B. Zug, Lkw) und technische Konfiguration (z. B. Lang-Lkw, Volumentrailer) des eingesetzten Verkehrsmittels und dessen Auslastung sowie die Fahrzeugtechnik und deren Betrieb beeinflussen ebenso die verkehrsbedingte Umweltwirkung (Flämig 2012).

Daraus lassen sich sieben grundsätzliche Mechanismen für die CO_2e-Minderung im Verkehrsbereich ableiten:

– Transportvermeidung reduziert die Notwendigkeit der Ortsveränderung von Personen und Gütern.
– Verkehrsvermeidung verringert die Fahrleistung durch die Verkürzung von Entfernungen sowie die Optimierung von Touren.
– Verkehrsverlagerung zielt auf eine veränderte Verkehrsmittelwahl hin zu Verkehrsmitteln mit geringeren spezifischen CO_2e-Emissionen über den gesamten Lebenszyklus (g/Pkm bzw. g/tkm), also unter heutigen *product-carbon-footprints* von Pkw und Lkw sowie Luftverkehr hin zu Bahn und Schiff sowie auf ÖPNV, Fahrrad und Fußverkehr.
– Auslastungserhöhung steigert den Besetzungsgrad von Fahrzeugen im Personenverkehr und die Beladung von Fahrzeugen bzw. Ladeeinheiten (z. B. Container) im Güterverkehr.
– Verkehrsmanagement verbessert den Verkehrsfluss der Verkehrsmittel auf den Verkehrsinfrastrukturen.
– Optimierung des Fahrzeugbetriebs verringert die gefahrenen Kilometer und des Kraftstoff- bzw. Energieverbrauchs, z. B. durch eine optimierte Routenplanung, die Umwege und Staus vermeidet und auch die Typologie mitberücksichtigt.
– Fahrzeugseitige Emissionsminderung (Fahrzeugtechnik) umfasst alle Maßnahmen zur technischen Optimierung, um den spezifischen CO_2e-Ausstoß des Verkehrsmittels zu reduzieren.

Bisher wurden Ansatzpunkte vor allem im Verkehrsbereich verfolgt, die in der Abb. 32.4 gelb eingefärbt sind. Die Kausalkette zeigt jedoch, dass Emissionsminderung im Verkehrsbereich deutlich vor dem Verkehr ansetzen muss und Entscheidungen der zentralen Akteure – etwa einzelner Personen, Unternehmen oder der öffentlichen Hand – adressieren muss, durch die Verkehrs- und Transportaufkommen und die zu überwindenden Distanzen und entstehenden Ressourcenverbräuche und Emissionen determiniert sind (Flämig 2012).

Der entscheidende Mechanismus zur Erreichung von Klimaschutzzielen im Verkehr besteht in einer Doppelstrategie von Reduzierung der (motorisiert zurückgelegten) Verkehrsleistung und einer Verminderung der fahrzeugbezogenen Emissionen. Die Reduzierung der Verkehrsleistung kann durch Transport- und Verkehrsvermeidung sowie die Erhöhung der Auslastung erreicht werden. Die Reduzierung der fahrzeugbezogenen Emissionen erfordert die entsprechende Technik und der nutzungsbedingten Emissionen die Durchdringung der Fahrzeugflotte und auch eine Verkehrsoptimierung. Damit wird deutlich, dass Klimaschutz im Verkehr nur durch eine Kombination von technischen Innovationen, organisatorischer Optimierung und Verhaltensänderung zu erreichen ist.

32.5 Handlungsoptionen zur Reduzierung der Verkehrsleistung

Zur Emissionsminderung im Verkehrsbereich bestehen unterschiedliche Handlungsoptionen (vgl. z. B. auch Agora Verkehrswende 2018; UBA 2019b; Friedrich 2020).

Handlungsspielräume der Individuen bestehen in Entscheidungen über Wohnstandorte, Lebensstile, Aktivitätsorte, Autobesitz einschließlich Wahl der Antriebsart sowie der Verkehrsmittelentscheidung, aber auch über das Konsumverhalten (z. B. Einkaufsverhalten, Entsorgung, Retouren) mit Rückwirkungen auf die Güterverkehrsnachfrage.

Der Handlungsspielraum von Handel und Industrie liegt vor allem im Bereich der Standort- und Lagerhaltungspolitik, wodurch kurze Wege und gebündelte Transporte ermöglicht werden (Flämig 2014). Durch eine entsprechende Produkt- und Sortimentspolitik können Skaleneffekte durch die Bündelung von Transportmengen realisiert werden. Ein logistisch optimiertes Produktdesign kann die Auslastung der Transportmittel erhöhen. In der Beschaffungs- und Distributionspolitik können durch Wieder- und Weiterverwendungs- sowie durch Wieder- und Weiterverwertungsstrategien regionale Wirtschaftskreisläufe gefördert werden. Darüber hinaus haben die Produktions- und Logistikstrategien, also die Art und Weise der Steuerung der logistischen Ketten, einen entscheidenden Einfluss auf Art, Menge, Zusammensetzung und zurückzulegende Distanzen der zu transportierenden Güter (Löwa und Flämig 2011). Da die Geschäftsmodelle in der Regel relativ fix sind, sollten die Unternehmen dazu ermuntert werden, die operativen Effizienzgewinne durch die Reorganisation von Prozessen weiter zu forcieren, beispielsweise indem sie Transporte durch eine Qualitätsprüfung im Beschaffungsmarkt vermeiden oder die Ökologisierung

des Ausschreibungsverfahrens oder zumindest verkehrsökologisch optimieren. Unternehmen sind aber auch aufgefordert, durch ein betriebliches Mobilitätsmanagement den Berufs- und Kundenverkehr ökologisch mitzugestalten.

Der Handlungsspielraum der Logistikdienstleistungs- bzw. der Transport- und Verkehrsunternehmen umfasst die Vermeidung von Leerfahrten und die Realisierung von paarigen Verkehren, bei denen die Hin- und Rücktour ausgelastet ist, die Vermeidung von nicht voll ausgelasteten Transportgefäßen (z. B. von Lkw-Laderäumen oder Containern) oder von Umwegfahrten (Flämig 2014). Durch optimale Routen- und Tourenplanung sowie Fahrertraining lassen sich Fahrzeuge ökoeffizient nutzen. Handlungsspielraum besteht auch in der gemeinsamen technischen Optimierung der Aggregate (z. B. der Motoren und Antriebsstränge) mit den Herstellern (s. u.) sowie in Verlagerungsmaßnahmen von Lufttransporten auf die Kombination von See-Luft-Transporten *(Sea-Air)* oder nur auf See- oder Bahntransporte, von Lkw auf Bahn oder Binnenschiff, von motorisierten auf nichtmotorisierte Transportmittel.

Der Handlungsspielraum der Kommunen und Kreise besteht vor allem in der Verkehrs- und Stadtplanung. Die Option auf kurze Wege im Alltag setzt entsprechende langfristige Weichenstellungen bei der Flächenentwicklung voraus. Durch eine gezielte räumliche Entwicklung („Stadt der kurzen Wege"), mobilitätssensitive Standortentscheidungen und die Förderung regionaler Wirtschaftskreisläufe können strukturell die Voraussetzungen für die Reduzierung von Distanzen geschaffen werden. Um eine Verlagerung auf andere Verkehrsmittel *(modal shift)* erreichen zu können, ist eine Konzentration der Siedlungsentwicklung auf gut mit dem öffentlichen Verkehr bzw. mit dem Bahn- bzw. Wasserstraßennetz erschlossene Standorte notwendig. Die Förderung des nichtmotorisierten Verkehrs, des öffentlichen Verkehrs und deren inter- und multimodalen Vernetzung ist ein weiteres Kernelement der lokalen und regionalen Handlungsmöglichkeiten. Ergänzend dienen Maßnahmen der Verkehrsbeeinflussung, insbesondere der Verkehrsverflüssigung und des eher angebotsorientierten Mobilitätsmanagements.

Handlungserfordernisse auf der Ebene des Bundes und der Europäischen Union bestehen insbesondere in Rahmensetzungen, um den ökologischen Erneuerungsprozess des Wirtschafts- und Gesellschaftssystems zu beschleunigen. Dazu gehört vor allem die Harmonisierung der rechtlichen Grundlagen der einzelnen Verkehrsmittel sowie die Berücksichtigung von klimarelevanten Aspekten, wie sie z. B. im Raumordnungsgesetz bzw. Bundesbaugesetz verankert sind. Die Verabschiedung eines an u. a. Klimaschutzzielen orientierten Mobilitätsgesetzes sowie eine grundlegende Reform der Bundesverkehrswegeplanung schaffen zudem die Grundlagen für eine zukünftig konsistentere Umsetzungsstrategie.

Wichtige Bausteine einer nachhaltigen Verkehrsstrategie bilden darüber hinaus Richtlinien und Verordnungen in weiteren Handlungsfeldern, wie z. B. die Feinstaubrichtlinie oder die Grenzwertvorgaben für Abgasemissionen, aber auch produktbezogene Richtlinien und Verordnungen, wie z. B. das Produkthaftungsgesetz sowie die Bindung von Fördermitteln, etwa an die Einführung eines Umweltmanagementsystems. Große Bedeutung hat zudem die Sicherstellung einer verlässlichen und dauerhaften Finanzierung für den öffentlichen Verkehr. Gleichzeitig müssen aber auch Rahmensetzungen außerhalb des Verkehrsbereichs sowie gesellschaftliche und wirtschaftliche Entwicklungen auf ihre Verkehrswirksamkeit hin überprüft werden. Beispielsweise ist die weitere Durchdringung von Wirtschaft und Gesellschaft mit Informations- und Kommunikationstechnologien hinsichtlich ihrer verkehrlichen Konsequenzen bisher zu wenig untersucht und politisch flankiert.

Eine Umkehrung der Entwicklung dürfte nur bei einer deutlichen Erhöhung der Preise für Fortbewegung möglich sein. Als Anforderungen an preispolitische Maßnahmen gelten eine langfristige Festlegung mit wirkungsvollem Anstieg, die Gewährleistung der Zielerreichung der Maßnahmen sowie deren Verursacherprinzip sowie die Zweckbindung der zusätzlichen Einnahmen mit einer Regelung möglichst auf internationaler Ebene (Sammer 2020). Vorschläge für preispolitische Maßnahmen zur Reduzierung der THG-Emissionen sind u. a. ein Mobilitätsbonus (Sammer 2020) oder eine Zulassungssteuer (Friedrich 2020) mit Wirkung auf Pkw-Besitz und Fahrzeugtyp. Zudem sollen die EU-Vorgaben für die CO_2-Flottenzielwerte für alle Fahrzeugklassen weiter verschärft werden. Auch steuerrechtliche Anpassungen, wie der Kfz-Steuer oder die Abschaffung von Dienstwagenprivileg und Entfernungspauschale, sind erforderlich.

32.6 Verkehrsmittelseitige CO_2e-Minderung

Bei der Suche nach möglichen Handlungsansätzen zur Reduzierung der verkehrsbedingten Klimafolgen sind auch fahrzeugseitige CO_2-Emissionsminderungsmaßnahmen von Bedeutung. Für deren Ausgestaltung spielt die Mobilitäts- und Kraftstoffstrategie der Bundesregierung eine wichtige Rolle, die Alternativen für Kraftstoffe, Antriebstechnologien und Infrastrukturen im Fokus hat. Dabei fließen derzeit viele Fördermittel in die Elektromobilität. Mit der Elektrifizierung von Fahrzeugen werden die CO_2e-Emissionen vom Betrieb auf die Energiebereitstellung verlagert, wobei die Treibhausgasneutralität die ausreichende

Verfügbarkeit von Strom aus erneuerbaren Energien voraussetzt (UBA 2013).

Die wirksame Reduzierung der fahrzeugbezogenen Emissionen erfordert ein Zusammenspiel zwischen:
- einer Energiewende,
- der Entwicklung und Produktion von elektrifizierten Antrieben bzw. von grünen Wasserstoff, Bio- und synthetischen Kraftstoffen *(e-fuels)* sowie Batterien und
- die Förderung einer möglichst raschen Durchdringung der neuen Technik im jeweiligen Segment.

Voraussetzung ist damit die Energiewende mit einer Stromerzeugung, die weitgehend erneuerbare Energien nutzt. Um diese Energiewende zu unterstützen, ist ein möglichst geringer Energieverbrauch im Verkehrssektor sowohl im Hinblick auf energieeffiziente Fahrzeuge als auch bei energiesparenden Verhalten erforderlich (Friedrich 2020). Noch ungelöst ist die energieintensivere Fahrzeugherstellung von batterieelektrischen Fahrzeugen (BEV), bedingt durch die Batterieproduktion unter Einsatz Seltener Erden und Metalle. Insgesamt verursacht im Betrieb ein BEV im Verhältnis zu Fahrzeugen mit konventionellem Verbrennungsmotor (ICEV) über seine durchschnittliche Nutzungsdauer geringere Treibhausgase (Wietschel et al. 2019). Die CO_2e-Einsparung steigt, je kleiner die Batterie und je höher der Anteil der erneuerbaren Energien an der Stromerzeugung ist (Flämig et al. 2018).

Bei den Pkw sind der Umfang des zukünftigen Angebotes und die Preispolitik der BEV durch die Automobilhersteller schwierig abschätzbar. Es wird davon ausgegangen, dass sich bis zum Jahr 2025 sowohl bei den Reichweiten als auch bei den Preisen die jetzt noch vorhandenen Unterschiede zwischen Elektrofahrzeugen und Verbrennern annähern (z. B. Fraunhofer ISI 2020). Mit dem Rückgang der Kostendifferenz und der steigenden Verfügbarkeit von Ladeinfrastruktur wird eine Steigerung der Akzeptanz erwartet, sodass BEV in den kommenden Jahren zunehmend in der Lage sein werden, ICEV zu ersetzen. Allerdings liegt das durchschnittliche Alter der zugelassenen PKW bei 9,8 Jahren (KBA 2021a). Daher wird auch noch im Jahr 2030 ein sehr hoher Anteil von ICEV unterwegs sein, wenn keine restriktiven Maßnahmen ergriffen werden. International gibt es bereits eine Reihe von Ländern und Städten, die ab dem kommenden Jahrzehnt Verbote für den Verkauf bzw. Betrieb von Fahrzeugen mit Verbrennungsmotor beabsichtigen. In der EU gibt es hierzu bislang noch keine einheitliche Linie.

Die zukünftige technologische Entwicklung von LKW ist weniger eindeutig als die der PKW. Für Lkw bis 26 t zulässigem Gesamtgewicht (zGG) im Nah- und Regionalverkehr wird ebenfalls die Umstellung auf batterieelektrische Fahrzeuge erwartet. Die von der Nationalen Plattform Mobilität beim Verkehrsministerium vorgelegte Hochlaufkurve für schwere Nutzfahrzeuge (SNF) geht von einer Technologieentscheidung und damit Antriebswende erst im Jahr 2025/26 aus (BMVI 2020). Vermutlich wird es in Abhängigkeit vom Einsatzfall verschiedene Technologien geben: elektrifizierte Oberleitungs-Lkw für Linienverkehre im Fernverkehr sowie Lkw mit grünem Wasserstoff, Bio- und synthetischen Kraftstoffen *(e-fuels)* in der Fläche.

Im Luftverkehr beschleunigt die Covid-19-Krise die Ausmusterung älterer und betriebskostenintensiver Flugzeugmodelle. Hierzu gehören insbesondere auch vierstrahlige Maschinen, deren Treibstoffverbrauch höher ist als von modernen zweistrahligen Jets. Da die erwartete Nachfrage und damit auch die zu erbringende Verkehrsleistung erst in den Jahren 2024 bis 2029 das Niveau des Jahres 2019 erreichen wird, besteht mit den nationalen und internationalen Verordnungen und Förderprogramme wie zum Beispiel dem europäische *„Green Deal"* (Europäische Kommission 2020) der Rahmen und Anreize für die Einführung grüner Kraftstoffe. Dies gilt ebenso für den wassergebundenen Transport.

Im Bahnverkehr ist bereits heute fast das gesamte Hauptnetz elektrifiziert und die Ausweitung auf das Nebennetz wird kontinuierlich vorangetrieben. Im Jahr 2017 wurden 98 % im Personenfernverkehr, 93 % im Güterverkehr und 83 % im Personennahverkehr der Verkehrsleistung elektrifiziert durchgeführt (Allianz pro Schiene 2021).

32.7 Anpassungsmaßnahmen an Folgen des Klimawandels im Verkehrsbereich

Wetterereignisse infolge des Klimawandels können den effizienten Betrieb der Verkehrsmittel, den Zustand der physischen Infrastruktur und den sicheren Transport von Gütern und Personen beeinflussen. Anpassungsnotwendigkeiten im Verkehrsbereich bestehen daher bei der Infrastruktur (Straßen, Bahnlinien, Wasserwegen), der Suprastruktur wie beispielsweise Umschlagterminalanlagen und im Betrieb (Michaelides et al. 2014; BMVI 2015).

Der Luft- und teilweise auch der Seeverkehr werden schon durch schwach ausgeprägte lokale Wetterphänomene im Ablauf gestört. Beispielsweise können Gewitter ein Umrouten auf See oder ein Umfliegen dieses Luftraums erzwingen. So ist im Luftverkehr das Wetter ein statistisch signifikanter Verursacher von Verspätungen (Eurocontrol 2013) und von Zwischenfällen oder Unfällen (EASA 2012).

Im Straßen- und Schienenverkehrsnetz ist davon auszugehen, dass die Instandhaltungserfordernisse zunehmen. Das Wasser- und das Schienennetz sind zwar bei geringen Störungen zunächst wesentlich robuster als das Luft- und das Straßennetz, bei schweren Störungen wird jedoch zur Wiederherstellung deutlich mehr Zeit benötigt. Dabei sind der Bau und die Instandhaltung von Schienenwegen wesentlich teurer, und durch die höhere betriebliche Komplexität ist der Bahnverkehr von Störungen stärker betroffen als das Straßenverkehrssystem. Maßnahmen zur Gestaltung von Entwässerung und Hitzeabfuhr erfordern eine integrierte Betrachtungsweise von Stadt- und Infrastrukturplanung.

Nicht nur Schäden an der Verkehrsinfrastruktur, sondern auch Schäden an der Infrastruktur von Unternehmen sowie bei Zulieferern und Kunden können zu einer Unterbrechung der Produktion oder Dienstleistung führen und weitere unternehmerische Anpassungsmaßnahmen notwendig machen. Hier liefert die ISO-Norm 22301 „Managementsysteme für die Planung, Vorbereitung und operationale Kontinuität" entsprechende Hinweise. Zur Sicherung der Versorgung sollten Unternehmen mit transportintensiven Wertschöpfungsketten ein Risikomanagement bzw. Betriebskontinuitätsmanagement nutzen und Lösungen implementieren, wie beispielsweise räumlich verteilte Beschaffungsstrategien oder synchromodale Transportkettenstrategien, bei denen der Verkehrsträger zu jedem Zeitpunkt gewechselt werden kann.

Anpassungsmaßnahmen im Verkehrsbereich müssen daher vorrangig darauf abzielen, die Folgen von Ereignissen durch den Klimawandel zu verhindern oder zumindest zu mildern sowie die Systemkapazitäten möglichst schnell wiederherzustellen. Ziel ist es, die sogenannte Resilienz der Verkehrssysteme zu verbessern und deren Vulnerabilität zu reduzieren. Im **Bereich der Infrastrukturen** müssen beispielsweise die entsprechenden Planungs- und Baustandards in Abhängigkeit von der örtlichen Situation verändert werden. Für die Umsetzung der infrastrukturellen Anpassungsmaßnahmen sind **Änderungen des Planungs- und Baurechts** notwendig. **Transport- und Umschlagtechnologien** müssen vor allem konstruktiv angepasst werden. Darüber hinaus müssen Maßnahmen ergriffen werden, um den Betrieb aufrechterhalten zu können. Dabei spielt der Ausbau der Informations- und Frühwarnsysteme für die Entscheidungsfindung eine zentrale Rolle.

Das Risiko- und Krisenmanagement im Verkehrsbereich und in der Logistik ist weiter auszubauen und umfasst vorbereitende Maßnahmen sowie Maßnahmen während des Auftretens eines Wetterereignisses. Eine umfangreiche Übersicht über das Maßnahmenspektrum wurde im Projekt *Management of Weather Events in the Transport System* im 7. Rahmenprogramm der EU erarbeitet (MOWE-IT et al. 2014a–e). Aufgrund der hohen Investitionskosten und der langen Lebensdauer von Verkehrsinfrastrukturen über viele Jahrzehnte ist deren klimagerechte Gestaltung eine langfristige Aufgabe, bei der *No-regret*-Maßnahmen, vor allem vorsorgende Maßnahmen, die neben der THG-Minderung auch weitere Vorteile bieten, mehr Berücksichtigung finden sollten (IPCC 1995, S. 53). Da infrastrukturelle und betriebliche Entscheidungen häufig zusammenspielen, sind in die Maßnahmenumsetzung in den meisten Fällen sowohl die öffentliche Hand als auch Unternehmen einzubinden.

Bisher steht die systematische Formulierung und flächendeckende Umsetzung wirksamer Anpassungsmaßnahmen noch aus (UBA 2019a). Allerdings ist eine klimagerechte Gestaltung der Infrastrukturen nur sehr langfristig zu realisieren und muss im Rahmen von Reinvestitionszyklen mitgedacht werden, um noch höhere Folgeinvestitionen zu vermeiden. Notwendig bleiben zudem weitere Forschungsaktivitäten unter Einbindung der Infrastrukturbetreiber und Verkehrsunternehmen sowie der Transportnachfrager und der öffentlichen Hand. Gesucht ist eine gezielte Strategie, die Zusammenhänge aufzeigt, Handlungsempfehlungen formuliert und die Ausgestaltung von Finanzierungsinstrumenten konkretisiert. Im Mittelpunkt der infrastrukturellen Anpassungsmaßnahmen steht eine übergreifende Richtlinienarbeit, um die Voraussetzungen für deren standardisierte flächendeckende Umsetzung zu schaffen.

32.8 Kurz gesagt

Die Verkehrssysteme haben einen wesentlichen Anteil am menschgemachten Klimawandel. Zugleich werden sie durch Extremwetterereignisse und Wetterphänomene selbst in ihrer Funktionsfähigkeit eingeschränkt. Effizienz und Pünktlichkeit nehmen ab, Sicherheit und Zuverlässigkeit sind nicht mehr zwingend gegeben. Es kann zu Versorgungsengpässen kommen.

Seit dem Basisjahr 1990 haben die Personen- und Güterverkehrsleistung und deren Beitrag zum Klimawandel zugenommen. Ausnahmen bilden Jahre der Wirtschaftskrise und der Covid-19-Pandemie. Die Realisierung technischer und organisatorischer Maßnahmen zur Effizienzsteigerung konnte die absoluten induzierten negativen Klimaeffekte bislang nicht im notwendigen Umfang reduzieren. Weiterhin ansteigende Distanzen im Personen- und Güterverkehr stehen einer Senkung der verkehrsbedingten THG-Emissionen entgegen.

Notwendig ist die konsequente Vermeidung nicht notwendiger motorisierter Wege und die Verringerung der Distanzen zu Standorten für private oder wirtschaftliche Aktivitäten und fahrzeugbezogener Emissionen. Eine umfassende Umsetzung verkehrsreduzierender sowie -beeinflussender Maßnahmen verringert nicht nur Klimagase, sondern trägt zugleich zu einer Abnahme anderer negativer Verkehrsfolgen wie Lärm, Flächenversiegelung oder Unfällen bei. Auch die Zuverlässigkeit des Verkehrssystems wird dadurch erhöht. Klimaschutz leistet dann sowohl einen Beitrag zur Minderung der globalen Erwärmung als auch zur Verbesserung der Lebensqualität vor Ort und zur Reduzierung der Abhängigkeit des Verkehrssystems von fossilen Kraftstoffen. Dafür ist ein konsequentes Handeln zum Erreichen der Klimaschutzziele und ein vorausschauendes Agieren bei der Umsetzung von Anpassungsmaßnahmen notwendig.

Literatur

Agora Verkehrswende (2018) Klimaschutz im Verkehr: Maßnahmen zur Erreichung des Sektorziels 2030. ▶ https://www.agora-verkehrswende.de/fileadmin/Projekte/2017/Klimaschutzszenarien/Agora_Verkehswende_Klimaschutz_im_Verkehr_Massnahmen_zur_Erreichung_des_Sektorziels_2030.pdf. Zugegriffen: 1. Nov. 2021

Allianz pro Schiene (2021) Elektrifizierung erklärt: Das Schienennetz muss unter Strom stehen. ▶ https://www.allianz-pro-schiene.de/themen/infrastruktur/elektrifizierung-bahn/. Zugegriffen: 6. Juni 2021

Bauriedl S, Held M, Kropp C (2021) Große Transformation zur Nachhaltigkeit: Konzeptionelle Grundlagen und Herausforderungen, In: Hofmeister S, Warner B, Ott Z (Hrsg) Nachhaltige Raumentwicklung für die große Transformation – Herausforderungen, Barrieren und Perspektiven für Raumwissenschaften und Raumplanung, Verlag der ARL – Akademie für Raumentwicklung in der Leibniz-Gemeinschaft, Hannover, S 22–44. ▶ http://nbn-resolving.de/urn:nbn:de:0156-1010028

Bergk F, Knörr W, Lambrecht U (2017) Klimaschutz im Verkehr: Neuer Handlungsbedarf nach dem Pariser Klimaschutzabkommen. Teilbericht des Projekts „Klimaschutzbeitrag des Verkehrs 2050". Dessau-Roßlau: Umweltbundesamt. UBA-Texte 45/2017. ▶ https://www.umweltbundesamt.de/sites/default/files/medien/1410/publikationen/2017-07-18_texte_45-2017_paris-papier-verkehr_v2.pdf. Zugegriffen: 12. Juni 2021

BMVI – Bundesministerium für Verkehr und digitale Infrastruktur (2015) KLIWAS: Auswirkungen des Klimawandels auf Wasserstraßen und Schifffahrt in Deutschland. Abschlussbericht des BMVI. Fachliche Schlussfolgerungen aus den Ergebnissen des Forschungsprogramms KLIWAS. ▶ http://www.bmvi.de/SharedDocs/DE/Publikationen/WS/kliwas-abschlussbericht-des-bmvi-2015-03-12.pdf?__blob=publicationFile. Zugegriffen: 6. Apr. 2015

BMVI – Bundesministerium für Verkehr und digitale Infrastruktur (Hrsg) (2020) Gesamtkonzept klimafreundliche Nutzfahrzeuge. Mit alternativen Antrieben auf dem Weg zur Nullemissionslogistik auf der Straße. ▶ https://www.bmvi.de/SharedDocs/DE/Publikationen/G/gesamtkonzept-klimafreundliche-nutzfahrzeuge.pdf?__blob=publicationFile. Stand: November 2020. Zugegriffen: 6. Juni 2021

BMVI – Bundesministerium für Verkehr und digitale Infrastruktur (Hrsg) (2021) Verkehr in Zahlen 2020/2021. ▶ https://www.bmvi.de/SharedDocs/DE/Publikationen/G/verkehr-in-zahlen-2020-pdf.pdf?__blob=publicationFile. Korrektur der PDF-Ausgabe: 13. April 2021. Zugegriffen: 6. Juni 2021

Bundesregierung (2019) Klimaschutzprogramm 2030 der Bundesregierung zur Umsetzung des Klimaschutzplans 2050. ▶ https://www.bundesregierung.de/resource/blob/974430/1679914/

e01d6bd855f09bf05cf7498e06d0a3ff/2019-10-09-klima-massnah-men-data.pdf?download=1. Zugegriffen: 21. Apr. 2022

Council of the European Union (2021) Outcome of proceedings: proposal for a regulation of the European Parliament and of the Council establishing the framework for achieving climate neutrality and amending Regulation (EU) 2018/1999 (European Climate Law) – Letter to the Chair of the European Parliament Committee on the Environment, Public Health and Food Safety (ENVI). (OR. en) Interinstitutional File:2020/0036(COD) Brüssel, 05.05.2021. ▶ https://data.consilium.europa.eu/doc/document/ST-8440-2021-INIT/en/pdf. Zugegriffen: 16. Juni 2021

EASA – European Aviation Safety Agency (2012) Annual safety review 2011. European Aviation Safety Agency, Köln. ▶ http://easa.europa.eu/newsroom-and-events/general-publications/annual-safety-review-2011. Zugegriffen: 22. Nov. 2014

Eurocontrol – European organisation for the safety of air navigation (2013) Challenges of growth 2013. ▶ https://www.eurocontrol.int/sites/default/files/content/documents/official-documents/reports/201307-challenges-of-growth-summary-report.pdf. Zugegriffen: 2. Apr. 2014

Eurocontrol – Aviation intelligence unit (2021) What Covid-19 did to European aviation in 2020 and outlook 2021, Think Paper #8, 1. January 2021. ▶ https://www.eurocontrol.int/sites/default/files/2021-02/eurocontrol-think-paper-8-impact-of-covid-19-on-european-aviation-in-2020-and-outlook-2021.pdf. Zugegriffen: 18. Jan. 2021

Europäische Kommission (2020) Verordnung des Europäischen Parlaments und des Rates zur Schaffung des Rahmens für die Verwirklichung der Klimaneutralität und zur Änderung der Verordnung (EU) 2018/1999 (Europäisches Klimagesetz). COM/2020/80 final, Brüssel 04.03.2020. ▶ https://eur-lex.europa.eu/legal-content/DE/TXT/PDF/?uri=CELEX:52020PC0080&from=DE. Zugegriffen: 8. Juli 2021

Flämig H (2011) 2.4.7.1 Aufgaben des Güterverkehrs in Städten und Regionen. In: Bracher T, Haag M, Holzapfel H, Kiepe F, Lehmbrock M, Reutter U (Hrsg) Handbuch der kommunalen Verkehrsplanung. 62. Ergänzungslieferung 12/11, S 1–21

Flämig H (2012) Die Krux mit der Logistik. Ökologisches Wirtsch 2(B27):24–25

Flämig H (2014) Logistik und Nachhaltigkeit. In: Heidbrink L, Meyer N, Reidel J, Schmidt I (Hrsg) Corporate Social Responsibility in der Logistikbranche – Anforderungen an eine nachhaltige Unternehmensführung. Schmidt, Berlin, S 25–44

Flämig H, Yasin E, Fieltsch P, Matt C, Rosenberger K, Steffen M, Trümper SC, Wolff W (2018) Wirtschaft am Strom: Beschreibung des Hamburger Wirtschaftsverkehrs durch Fahr- und Energiedaten von Fahrzeugen < 3.5 Tonnen: BEV, PHEV und ICEV. ECTL Working Paper 50A. Fahrdatenanalyse; BMVI-FKZ 03EM0201B. Technische Universität Hamburg-Harburg, Hamburg

Fraunhofer ISI (Hrsg) (2020) Batterien für Elektroautos: Faktencheck und Handlungsbedarf. Policy Brief Karlsruhe, Januar 2020. ▶ https://www.isi.fraunhofer.de/content/dam/isi/dokumente/cct/2020/Faktencheck-Batterien-fuer-E-Autos.pdf. Zugegriffen: 12. Juni 2021

Friedrich M (2020) Instrumente und Maßnahmen für eine Verkehrswende – Was bringt wieviel für die Klimaziele? Straßenverkehrstechnik H 12(2020):832–844

Hagen T, Sunder M, Lerch E, Siavash S (2020) Verkehrswende trotz Pandemie? Mobilität und Logistik während und nach der Corona-Krise. Frankfurt University of Applied Science, Frankfurt a. M. 21.09.2020. ▶ https://www.frankfurt-university.de/fileadmin/standard/Hochschule/Fachbereich_1/FFin/Neue_Mobilitaet/Veroeffentlichungen/2020/Corona_und_Mobilitaet_20200922_final.pdf

Holz-Rau C (2019) CO$_2$-Bepreisung und Entfernungspauschale – Die eingebildete Steuererhöhung. Int Verkehrswesen 71(4):10–11

Holz-Rau C, Scheiner J (2020) Mobilität und Raumentwicklung im Kontext des gesellschaftlichen Wandels – Schlussfolgerungen für Politik, Planungspraxis und Forschung. In: Reutter U, Holz-Rau C, Albrecht J, Hülz M (Hrsg) (2020) Wechselwirkungen von Mobilität und Raumentwicklung im Kontext gesellschaftlichen Wandels. Forschungsberichte der ARL14, Hannover

IPCC – Intergovernmental panel on climate change (1995) IPCC second assessment – climate change 1995. A Report of the Intergovernmental Panel on Climate Change. ▶ https://www.ipcc.ch/pdf/climate-changes-1995/ipcc-2nd-assessment/2nd-assessment-en.pdf. Zugegriffen: 6. Juni 2021

KBA – Kraftfahrt-Bundesamt (2021a) Bestand in den Jahren 1960 bis 2021 nach Fahrzeugklassen. ▶ https://www.kba.de/DE/Statistik/Fahrzeuge/Bestand/FahrzeugklassenAufbauarten/fz_b_fzkl_aufb_archiv/2021a/b_fzkl_zeitreihe.html?nn=2598042. Zugegriffen: 6. Juni 2021

Kraftfahrt-Bundesamt KBA (2021b) Fahrzeugzulassungen (FZ). Bestand an Kraftfahrzeugen nach Umwelt-Merkmalen. 01. Januar 2021 (FZ13), Flensburg. ▶ https://www.kba.de/SharedDocs/Publikationen/DE/Statistik/Fahrzeuge/FZ/2021/fz13_2021.pdf?__blob=publicationFile&v=3. Zugegriffen: 16. Juni 2021

Löwa S, Flämig H (2011) Integration of logistics strategies in urban transport models. Conference proceedings, 4th METRANS National Urban Freight Conference 2011, Long Beach (USA). ▶ http://www.metrans.org/nuf/2011/documents/Papers/Lowa-Flamig-integration_paper_revised.pdf. Zugegriffen: 20. Febr. 2014

Michaelides S, Leviäkangas P, Doll C, Heyndrickx C (2014) Foreward: EU-funded proects on extreme and high-impact weather challenging European transport systems. Nat Hazards 5–22. ▶ https://doi.org/10.1007/s11069-013-1007-1

MOWE-IT, Temme A, Kreuz M, Mühlhausen T, Schmitz R, Hyvärinen O, Kral S, Schätter F, Bartsch M, Michaelides S, Tymvios F, Papadakis M, Athanasatos S (2014a) Guidebook for enhancing resilience of European air traffic in extreme weather events. ▶ http://www.mowe-it.eu/wordpress/wp-content/uploads/2013/02/Mowe_it_Guidebook_Air_transport.pdf. Zugegriffen: 12. Juni 2014

MOWE-IT, Siedl N, Schweighofer J (2014b) Guidebook for enhancing resilience of European inland waterway transport in extreme weather events. ▶ http://www.mowe-it.eu/wordpress/wp-content/uploads/2013/02/Move_it_Guidebook_IWT.pdf. Zugegriffen: 12. Juni 2014

MOWE-IT, Volodymyr G, Nazarenko K, Nokkala M, Hutchinson P, Kopsala P, Michaelides S, Tymvios F, Papadakis M, Athanasatos S (2014c) Guidebook for enhancing resilience of European maritime transport in extreme weather events. ▶ http://www.mowe-it.eu/wordpress/wp-content/uploads/2013/02/Mowe_it_Guidebook_maritime_transport.pdf. Zugegriffen: 12. Juni 2014

MOWE-IT, Jaroszweski D, Quinn A, Baker C, Hooper A, Kochsiek J, Schultz S, Silla A (2014d) Guidebook for enhancing resilience of European railway transport in extreme weather events. ▶ http://www.mowe-it.eu/wordpress/wp-content/uploads/2013/02/Move_it_Guidebook_Rail_transport.pdf. Zugegriffen: 12. Juni 2014

MOWE-IT, Doll C, Kühn A, Peters A et al (2014e) Guidebook for enhancing resilience of European road transport in extreme weather events. ▶ http://www.mowe-it.eu/wordpress/wp-content/uploads/2013/02/MOVE-IT_road_guidebook_final.pdf. Zugegriffen: 12. Juni 2014

Nobis C, Kuhnimhof T (2018) Mobilität in Deutschland – MiD Ergebnisbericht. Studie von infas, DLR, IVT und infas 360 im Auftrag des Bundesministers für Verkehr und digitale Infrastruktur (FE-Nr. 70.904/15). Bonn, Berlin. ▶ http://www.mobilitaet-in-deutschland.de/pdf/MiD2017_Ergebnisbericht.pdf. Zugegriffen: 12. Juni 2021

Öko-Institut (2013) Treibhausgas-Emissionen durch Infrastruktur und Fahrzeuge des Straßen-, Schienen- und Luftverkehrs sowie der Binnenschifffahrt in Deutschland. Arbeitspaket 4 des Projektes

32

Weiterentwicklung des Analyseinstrumentes Renewability. UBA-Texte, Bd 96. Umweltbundesamt, Dessau-Roßlau. ▶ https://www.umweltbundesamt.de/sites/default/files/medien/376/publikationen/texte_96_2013_treibhausgasemissionen_durch_infrastruktur_und_fahrzeuge_2015_01_07.pdf. Zugegriffen: 12. Juni 2021

Prognos, Öko-Institut, Wuppertal-Institut (2021) Klimaneutrales Deutschland 2045. Wie Deutschland seine Klimaziele schon vor 2050 erreichen kann, Studie im Auftrag von Stiftung Klimaneutralität, Agora Energiewende und Agora Verkehrswende

Sammer G (2020) Ökologische Reform der Steuern, Gebühren und staatlichen Ausgaben für den Verkehrs- und Mobilitätssektor – eine Diskussionsgrundlage. Straßenverkehrstechnik H 12(2020):832–844

Schelewsky, M, Follmer, R, Dickmann, C (2020) CO₂-Fußabdrücke im Alltagsverkehr. Datenauswertung auf Basis der Studie Mobilität in Deutschland. Umweltbundesamt Texte 224/2020

Statistisches Bundesamt (Destatis) (2018) Wachsende Motorleistung der Pkw führt zu steigenden CO₂-Emissionen. Pressemitteilung Nr. 459 vom 26. November 2018. ▶ https://www.destatis.de/DE/Presse/Pressemitteilungen/2017/11/PD18_459_85.html. Zugegriffen: 1. Nov. 2021

Statistisches Bundesamt (Destatis) (2021a) Nachhaltige Entwicklung in Deutschland – Daten zum Indikatorenbericht 2021. April 2021. ▶ https://www.destatis.de/DE/Themen/Gesellschaft-Umwelt/Nachhaltigkeitsindikatoren/Publikationen/Downloads-Nachhaltigkeit/indikatoren-0230001219004.html. Zugegriffen: 12. Juni 2021

Statistisches Bundesamt (Destatis) (2021b) Fahrgastzahl im Linienfernverkehr mit Bahnen und Bussen im Jahr 2020 halbiert. Pressemitteilung Nr. 172 vom 8. April 2021. ▶ https://www.destatis.de/DE/Presse/Pressemitteilungen/2021a/04/PD21_172_461.html;jsessionid=5F8F0C61945E44005B2587E021385327.live732. Zugegriffen: 6. Juni 2021

TREMOD – Transport Emission Model (2019) Version 6.16. ▶ https://www.umweltbundesamt.de/themen/klima-energie/treibhausgas-emissionen/emissionsquellen#energie-stationar

UBA – Umweltbundesamt (2013) Emissionen der sechs im Kyoto-Protokoll genannten Treibhausgase in Deutschland nach Quellkategorien in Tsd. t Kohlendioxid-Äquivalenten. ▶ http://www.umweltbundesamt.de/sites/default/files/medien/384/bilder/dateien/8_tab_thg-emi-quellkat_2013-10-02_neu.pdf. Zugegriffen: 20. Febr. 2014

UBA – Umweltbundesamt (2019a) Kein Grund zur Lücke. So erreicht Deutschland seine Klimaschutzziele im Verkehrssektor für das Jahr 2030. Stand: Juni 2019. ▶ https://www.umweltbundesamt.de/sites/default/files/medien/1410/publikationen/19-12-03_uba_pos_kein_grund_zur_lucke_bf_0.pdf. Zugegriffen: 31 Okt. 2021

UBA – Umweltbundesamt (2019b) Monitoringbericht 2019 zur Deutschen Anpassungsstrategie an den Klimawandel. Bericht der Interministeriellen Arbeitsgruppe Anpassungsstrategie der Bundesregierung. ▶ https://www.umweltbundesamt.de/sites/default/files/medien/1410/publikationen/das_monitoringbericht_2019_barrierefrei.pdf. Zugegriffen: 3. Juni 2021

UBA – Umweltbundesamt (2021) Jährliche Treibhausgas-Emissionen in Deutschland/Annual greenhouse gas emissions in Germany. ▶ https://www.umweltbundesamt.de/sites/default/files/medien/361/bilder/dateien/2021-03-15_thg_crf_plus_1a_details_ci_1990-2019_vjs2020.pdf. Zugegriffen: 8. Juli 2021

Wietschel M, Kühnbach M, Rüdiger D (2019) Die aktuelle Treibhausgasemissionsbilanz von Elektrofahrzeugen in Deutschland. In Leibniz-Informationszentrum Wirtschaft Working Paper No. S02/2019, Karlsruhe. ▶ https://www.isi.fraunhofer.de/content/dam/isi/dokumente/sustainability-innovation/2019/WP02-2019_Treibhausgasemissionsbilanz_von_Fahrzeugen.pdf. Zugegriffen: 2. Juni 2021

Minderungsansätze in der Energie- und Kreislaufwirtschaft

Daniela Thrän, Ottmar Edenhofer, Michael Pahle, Eva Schill, Michael Steubing und Henning Wilts

Inhaltsverzeichnis

33.1   Minderungsziele und -politiken – 430

33.2   Energieeinsparung durch Erhöhung der Energieeffizienz – 431

33.3   Ausbau der erneuerbaren Energien – 432

33.4   Emissionshandel und Besteuerung von Klimagasen – 434

33.5   Kreislaufwirtschaft – 435

33.6   Schlussbemerkung – 436

33.7   Kurz gesagt – 436

Literatur – 436

© Der/die Autor(en) 2023
G. P. Brasseur et al. (Hrsg.), *Klimawandel in Deutschland*,
https://doi.org/10.1007/978-3-662-66696-8_33

33.1 Minderungsziele und -politiken

Klimagase – allen voran Kohlendioxid (CO_2) – werden bei der Nutzung von fossilen Rohstoffen freigesetzt. Über 800 Mio. t CO_2-Äquivalente umfassten die Emissionen im Jahr 2018 in Deutschland (Umweltbundesamt 2020). Dabei nimmt die Energiebereitstellung für Stromversorgung, Verkehr, Gebäude und Industrieprozesse mit 80 % der Emissionen eine Schlüsselrolle ein.

Die Notwendigkeit zum Klimaschutz wurde bereits im Jahr 1992 auf der Umweltkonferenz von Rio de Janeiro formuliert. Mit dem Kyoto-Protokoll von 1997 folgte die vertragliche Vereinbarung, die Klimagasemissionen bis 2012 zu mindern. In den Jahren 2000/2001 wurden in Deutschland Maßnahmen zum Ausbau der erneuerbaren Energien (Erneuerbare-Energien-Gesetz) und der Energieeffizienz von Gebäuden (Energieeinsparverordnung) eingeführt. Auf europäischer Ebene wurden Flottenverbrauchssenkungen von Pkws sowie Beimischungsquoten für Biokraftstoffe vereinbart, um die energiebedingten

Klimaemissionen zu senken. Im Jahr 2005 wurde außerdem das europäische Emissionshandelssystem eingeführt.

Trotz dieser Bemühungen gingen die Klimaemissionen in den verschiedenen Sektoren nur mäßig zurück (◘ Abb. 33.1). Die sinkenden Emissionen in den 1990er-Jahren waren vor allem durch den Zusammenbruch der kohlenstoffintensiven DDR-Industrie verursacht, ab dem Jahr 2008 stagnierten die Emissionen. Die ambitionierten nationalen Minderungsziele von 1995 und 1997 wurden verfehlt. Die Politik steuerte nur zögerlich nach. Auch auf EU-Ebene sanken die Emissionen kaum (1990: 4,9 Gt. 2015: 3,9 Gt) (EEA 2020). International kam es zwischen 1990 und 2015 sogar zu einer verstärkten Nutzung von fossilen Energieträgern und zu einem deutlichen Anstieg der Klimagasemissionen (1990: 35 Gt. 2015: 50 Gt; Climate Watch).

Mit dem Abkommen von Paris im Jahr 2015 wurde ein neuer internationaler Anlauf genommen, die Klimagasemissionen zu begrenzen, und verein-

33

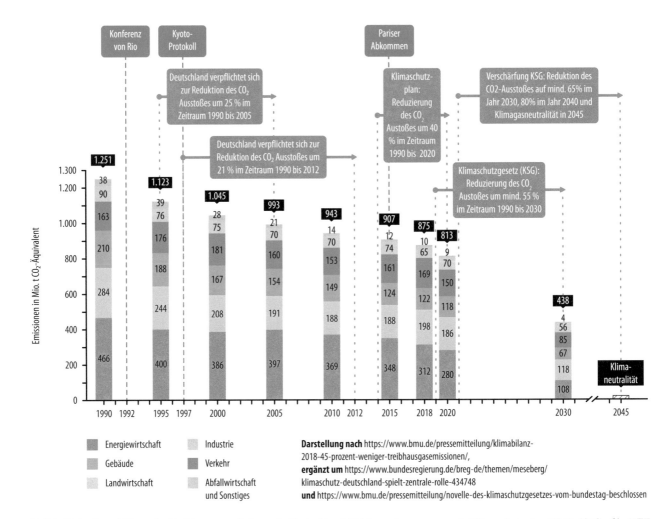

◘ **Abb. 33.1** Entwicklung der Treibhausgasemissionen in Deutschland (Sektorenabgrenzung nach Klimaschutzplan 2050). (© Grafik: UFZ Leipzig, 2020)

bart, dass die Erderwärmung dauerhaft (deutlich) unter 2 °C gegenüber 1990 gehalten werden soll. Daraus lässt sich die maximal emittierbare Klimagasmenge (sogenanntes Budget) ableiten. Der Weltklimarat IPCC schätzt diese für den Zeitraum 2010 bis 2050 auf ca. 600 Mrd. t CO_2. Deutschland sollte – so die Empfehlung des Sachverständigenrates für Umweltfragen – nicht mehr als 1 % bis maximal 1,2 % dieses Budgets in Anspruch nehmen (WBGU 2009). Dies erfordert eine unmittelbare und umfassende Minderung in allen Wirtschaftssektoren und Lebensbereichen.

In Deutschland wurden bereits im Jahr 2011 langfristige Klimaschutzziele verabschiedet, die grundsätzlich damit in Einklang stehen. Zur Untersetzung wurde im Jahr 2016 der Klimaschutzplan verabschiedet; 2019 folgte das Klimaschutzgesetz[1], das eine Emissionsminderungsquote von 55 % im Jahr 2030 gegenüber 1990[2] erstmals gesetzlich festschreibt. Außerdem wurde im selben Jahr ein Klimaschutzpaket beschlossen, das die Erreichung dieses Ziels sicherstellen soll. Es beinhaltet die Ausweitung des CO_2-Preises und Fördermaßnahmen in allen Energiesektoren, wie zum Beispiel Kaufprämien für Elektroautos und Austauschprämien für Ölheizungen. Das gesetzte Ziel von maximal 751 Mio. t CO_2 im Jahr 2020 wurde trotz reduzierter Emissionen infolge der Covid-19-Krise nicht erreicht. Im Juli 2021 wurde schließlich das Klimaschutzgesetz verschärft und sieht jetzt eine Emissionsminderungsquote von 65 % bis 2030, von 88 % bis 2040 und Klimaneutralität bis spätestens 2045 vor (KSG 2021). Auch die Bundesländer und Kommunen verabschieden zunehmend Minderungsziele und -politik. Für die dauerhafte Begrenzung der Erderwärmung auf unter 2 °C werden die nächsten 10 Jahre als entscheidend angesehen.

Während verschiedene Studien Wege in ein klimaneutrales Deutschland bis 2045 aufzeigen, wurde auf nationaler Ebene noch kein verbindlicher Fahrplan vorgelegt. Den Studien ist gemein, dass für eine schnelle und umfassende Energiewende die folgenden Elemente zentral sind: 1) Energieeinsparung durch Erhöhung der Energieeffizienz, 2) Umstieg auf erneuerbare Energien, 3) Emissionshandel und Besteuerung von Klimagasen und 4) Senkung der Energie- und Stoffflüsse in einer weitergehenden Kreislaufwirtschaft. Die zusätzliche aktive Entnahme von CO_2 aus der Atmosphäre (s. ► Kap. 35) kann die nachfolgend beschriebenen Elemente ergänzen und nicht ersetzen.

33.2 Energieeinsparung durch Erhöhung der Energieeffizienz

Ein wichtiger Baustein der Energiewende beruht auf der Energieeinsparung, auch durch Steigerung der Energieeffizienz, also Verbesserung des Verhältnisses zwischen erzieltem Nutzen und eingesetzter Energie, in allen Sektoren. Dem liegt zugrunde, dass nicht verbrauchte Energie klimaneutral und umweltfreundlich ist und keine Kosten verursacht.

Deutschland hat im Jahr 2019 seinen jährlichen Primärenergieverbrauch seit 2008 um circa 10 % und seit 1990 um nahezu 15 % auf 12.815 Petajoule reduziert (aktualisiert nach BMWi 2018). Ursachen dafür sind technologische Fortschritte in der Nutzung erneuerbarer und fossiler Energieträger sowie in Übergangstechnologien. Dies umfasst den erfolgreichen Ausbau der erneuerbaren Stromerzeugung, da bei Wasserkraft, Windenergie und Fotovoltaik die Endenergie der Primärenergie gleichgesetzt wird, die Effizienzsteigerungen in fossilen Kraftwerken sowie eine zunehmende Nutzung der Kraft-Wärme-Kopplung, d. h. beispielsweise die Abwärmenutzung aus Kraftwerken, aber auch die Nutzung von Blockheizkraftwerken.

Der Endenergieverbrauch hat sich in den gleichen Zeiträumen kaum verringert und liegt seit 1990 bei circa 9000 Petajoule. Betrachtet über die einzelnen Sektoren zeigen sich wesentliche Unterschiede. Die bedeutendsten Reduktionen des Endenergieverbrauches im letzten Jahrzehnt wurden im Sektor der privaten Haushalte erreicht. Auch wenn der Endenergieverbrauch für Klimakälte gestiegen ist (38 Petajoule in 2016), wurde im weit bedeutenderen Segment der Raumwärme eine Reduzierung um circa 8 % gegenüber 2008 (2772 Petajoule) erreicht. Im Industriesektor sind die Verbräuche nach einer Reduzierung von circa 13 % bis 2008 ungefähr konstant (2650 Petajoule in 2018). Im Sektor Gewerbe, Handel und Dienstleistung konnte stetig auf 1350 Petajoule im Jahr 2018 reduziert werden. Im Sektor Verkehr steigt der Endenergieverbrauch hingegen seit 1990 stetig und liegt 2018 bei circa 2700 Petajoule (Datenquelle BMWi 2018).

Mit dem Ziel, den Primärenergieverbrauch bis zum Jahr 2020 gegenüber 2008 um 20 % zu senken und bis 2050 zu halbieren, hat Deutschland im Nationalen Aktionsplan Energieeffizienz (NAPE, 2014) eine umfassende Strategie auf den Weg gebracht. Die darin initiierte energetische Sanierung im Gebäudebestand umfasst seit über 10 Jahren Maßnahmen zur Wärmedämmung der Gebäudeaußenhülle, zum Austausch von Fenstern und Außentüren und zur Erneuerung von Heizungen im Wohnungs- und Nichtwohnungsbau mit einem Investitionsvolumen von circa 40 Mrd. € pro Jahr (BMWi 2018). Nach Abzug der Reduzierung der CO_2-Emissionen, die durch Klimaerwärmung

---

1 Gesetz zur Einführung eines Bundes-Klimaschutzgesetzes und zur Änderung weiterer Vorschriften (Bundes-Klimaschutzgesetz 2019 – KSG 2019), BGBl I 48/2019.
2 § 3 Abs. 1 KSG 2019.

◻ Tab. 33.1 Übersicht über wichtige Kennwerte erneuerbarer Energien in Deutschland

Energie-träger	Nut-zung	Kraftwerks-/ Kraftstofftyp	Installierte Leistung 2019 [Megawatt]	Durchschnittliche Anlagengröße [Megawatt]	Energiebereitstellung 2019			Quelle
					Strom [Twh][a]	Wärme [Twh][a]	Kraftstoff [Petajoule]	
Sonne		Photovoltaik	49.016	0,86[b]	47,5	--	--	1, 3, 4
		Solarthermie	14.400[c]	0,0006	--	8,5	--	1, 2
Wind	Strom- und Wärmeerzeugung	Windenergieanlagen *onshore*	53.333	1,78	101,3	k.A.	--	1, 5
		Windenergieanlagen *offshore*	7.507	4,83	24,7	k.A.		1, 5
Geo-thermie		Tiefe Geothermie	385	10,08	0,2	1,3	--	1, 7
		Oberflächennahe Geothermie	4.400	0,01	--	14,7		1, 7
Wasser-kraft		Lauf- und Speicher-wasserkraftwerke[d]	5.612	0,79	20,2	--		1
		Bioenergieanlagen	8.919	0,42[e]	50,4	147,5[f]	--	1, 8
			Produktionskapazität [m³ i.N./t*a][g]	Anlagengröße [m³ i.N./t*a][g]				
Bio-masse	Kraftstoffe	Biokraftstoffe konventionell	4,7 Mio. t Biodiesel/-ethanol 853 Mio. m³ i.N. Biomethan	500 - 650.000 t 3,9 Mio. m³ i.N.	--	--	111	6
		Biokraftstoffe fortschrittlich	>0	--	--	--	1,6	6
Strom-basiert	E-fuels	*Power-to-gas*	34,5 Mio. m³ i.N.	750.000 m³ i.N.	--	--	0,5	6
		Power-to-liquid	720t	240t	--	--	>0	6

-- : nicht zutreffend oder keine ausreichende Datenlage
a) Terrawattstunden; b) nur Freiflächenanlagen; c) Stand 2017; d) inkl. Pumpspeicherkraftwerken mit natürlichem Zufluss; e) bezogen auf Biogas-anlagen; f) inkl. Einzelfeuerungsanlagen; g) Kubikmeter im Normzustand/Tonnen pro Jahr
Quellen: 1) AGEE-Stat 2020; 2) BSW-Solar 2018; 3) AEE 2020; 4) BNetzA 2020; 5) Fraunhofer IEE 2020; 6) Naumann et al. 2019; 7) Bundesverband Geothermie 2020; 8) Daniel-Gromke et al. 2017

und Wetter entstehen, konnte im gleichen Zeitraum je-doch keine signifikante Reduzierung im Wohngebäude-sektor mehr beobachtet werden (Stede et al. 2020), ob-wohl eine solche im vorhergehenden Jahrzehnt zu be-obachten war. In einem ähnlichen Zeitraum wurde im produzierenden Gewerbe jährlich circa 1 Mrd. € jährlich in Wärmetauscher, Wärmepumpen, Kraft-Wärme-Kopplung, Wärmedämmung von Anlagen und Produktionsgebäuden, den Austausch der Heizungs- und Wärmetechnik sowie effiziente Netze investiert. Weiteres Optimierungspotenzial liegt im Energie-management. Dazu müssen die Energieströme systema-tisch und digital erfasst, gesteuert und möglichst in ein Energie- oder Umweltmanagementsystem eingebunden werden. Um eine schnelle Energiewende zu erreichen und die erneuerbaren Energien wirksam einzuführen, müsste die Energieeffizienz deutlich gesteigert werden. Mit Einführung des NAPE 2.0 wurde dazu das Ziel formuliert, den Primärenergieverbrauch bis zum Jahr 2030 gegenüber 2008 um 30 % zu senken (BMWi 2019). Im Rahmen eines Dialogprozesses „Roadmap Energie-effizienz 2050" sollen sektorübergreifende Pfade zur Er-reichung des Reduktionsziels, d. h. der Halbierung des Primärenergieverbrauches, bis 2050 erarbeitet werden.

33.3 Ausbau der erneuerbaren Energien

Die Bereitstellung von erneuerbaren Energien er-folgt vor allem über solare Strahlungsenergie und Erd-wärme in Form von verschiedenen Energieträgern (◻ Tab. 33.1). Die jeweiligen Systeme unterscheiden sich im Energieertrag, der durchschnittlichen Anlagen-größe und in der Art der bereitgestellten Energieträger. Da alle erneuerbaren Energien nur geringe Energie-dichten (Energieertrag je Fläche) aufweisen, ist eine weiträumige Verteilung der Erzeugungsanlagen not-wendig. In der Folge kann dies zu Landnutzungs-konkurrenzen (z. B. mit der Landwirtschaft und/oder dem Naturschutz) und teilweise Akzeptanzproblemen in der Bevölkerung führen, hier vor allem im Bereich des Ausbaus der Windenergie an Land.

Im Jahr 2019 betrug der Anteil erneuerbarer Energieträger am Brutto-Endenergieverbrauch 17 %. Sektorenübergreifend ist Biomasse der wichtigste er-neuerbare Energieträger (52 %), vor Wind (28 %) und Sonne (12 %). Damit verbunden war in die-sem Jahr eine Klimagasvermeidung von insgesamt ca. 202 Mio. t CO_2-Äquivalenten (Umweltbundesamt 2019).

a

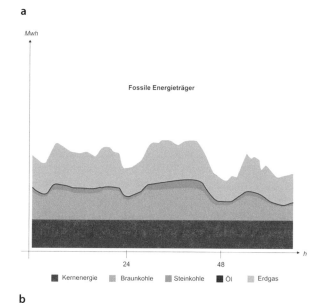

b

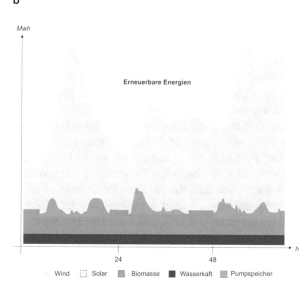

◘ Abb. 33.2 Schematischer Vergleich der Stromerzeugung im **a** fossilen und **b** erneuerbaren System im Verlauf von 48 h

nerierter Wasserstoff (grüner Wasserstoff) sowie gasförmige oder flüssige Kohlenwasserstoffe (*power-to-x* bzw. *e-fuels*) verstanden, deren vielfältige Einsatzmöglichkeiten eine verstärkte Sektorkopplung zwischen den Bereichen Strom, Wärme und Verkehr ermöglichen. Grüner Wasserstoff kann neben verschiedenen Anwendungen im Verkehr und in den CO_2-intensiven Bereichen wie der Grundstoffindustrie, der Stahlerzeugung und Metallverarbeitung oder der Zementherstellung eingesetzt werden (BMWI 2020). Die Herstellung von *e-fuels* ist mit hohen Umwandlungsverlusten und Kosten verbunden, weshalb diese bei ambitionierten Klimazielen vor allem in den Bereichen erwartet wird, die nur schwer auf nichtfossile Energieträger umstellbar sind, wie z. B. im Flug- oder Schwerlastverkehr (Kreidelmeyer et al. 2020).

Der Umbau von wenigen hundert zentralen angebotsabhängigen Großkraftwerken hin zu Millionen dezentralen dargebotsabhängigen Erzeugungsanlagen führt zu grundlegend veränderten Stromerzeugungsprofilen (◘ Abb. 33.2) und erfordert einen Ausbau des Stromnetzes auf allen Ebenen (Übertragungs- und Verteilnetz). Um die Kosten des physisch notwendigen Ausbaus zu minimieren, müssen sowohl auf der Erzeugungs- als auch auf der Nachfrageseite intelligente Lösungen eingesetzt werden. Erzeugungsseitig müssen regelbare erneuerbare Energien (Bioenergie, Wasserkraft) und Speichertechnologien flexibel eingesetzt werden, um Schwankungen der Erzeugung durch Wind- und Sonnenenergie auszugleichen. Es stehen verschiedene Speichertechnologien (mechanisch, elektrisch, elektro-chemisch, chemisch, thermisch) mit unterschiedlichen Eigenschaften hinsichtlich Speichervolumen, Reaktionszeit, Ladezyklen und Einsatzgebiet zur Verfügung, die allerdings wegen der hohen Investitionskosten und demgegenüber einer nur geringen Zahl an Vollbenutzungsstunden oft noch nicht wirtschaftlich sind (Kunz 2019). Durch *demand side management* kann auf der Nachfrageseite dazu beigetragen werden, die Netzstabilität zu gewährleisten. Insbesondere in der Industrie können durch die (zeitliche) Flexibilisierung von Produktionsprozessen auch Kosten gespart werden, wenn diese am jeweiligen Stromangebot ausgerichtet werden. Neue Informations- und Regeltechnik sind notwendig, um den Ausgleich zwischen Stromerzeugung und -verbrauch stets in Echtzeit kontrollieren und steuern zu können (Kunz 2019). Der Einsatz von Bioenergie wird auch künftig in allen Energiesektoren erwartet, jedoch zunehmend in den Anwendungen, in denen günstiger Strom aus Wind und Fotovoltaik nicht nutzbar ist (Thrän et al. 2020).

Die Bundesregierung hat für den Anteil der erneuerbaren Energien am Brutto-Endenergieverbrauch bis 2030 verbindliche Ziele festgelegt. Das Ziel für das Jahr 2020 von mindestens 18 % wurde knapp erreicht (s. o.). Zur Erreichung des Ziels „Netto-Null" muss

Erneuerbare Energien wurden insbesondere im Stromsektor erfolgreich eingeführt: Dort stieg der Anteil seit dem Jahr 2000 von 6 auf heute über 42 %. In den Sektoren Wärme und Verkehr wurden die Anteile auch erhöht (von 4 auf 14 %, bzw. von 0,5 auf knapp 6 %), allerdings stagniert die Entwicklung hier seit 2010 auf diesem Niveau (AGEE-Stat 2020).

Weil die Gestehungskosten von Wind- und Fotovoltaikstrom inzwischen häufig niedriger als die von Strom aus fossilen Energieträgern sind, wird ihr weiterer starker Ausbau erwartet. In einem dann zunehmend strombasierten System können neben Strom und Wärme auch Kraftstoffe aus erneuerbar produziertem Strom, sogenannte *e-fuels,* gewonnen werden. Hierunter werden mithilfe von Strom durch Elektrolyse ge-

dieser Anteil jedoch noch um ein Vielfaches gesteigert werden. Um dieses Ziel zu erreichen, müssen Hemmnisse für den weiteren Ausbau abgebaut werden. Dies betrifft unter anderem Fragen zur Verteilungsgerechtigkeit der Anlagen in der Fläche, den Stromtrassenausbau zwischen Regionen mit hoher Erzeugungsleistung und den Regionen mit den höchsten Lasten und der weiteren Kopplung der Sektoren Strom, Wärme und Verkehr. Effekte auf den Energiebedarf haben auch die technischen Konzepte zur CO_2-Entnahme, weil die Abscheidung, der Transport und die Einlagerung von CO_2 energieaufwendig ist. Sie sind bisher nicht Teil der deutschen Klimapolitik, werden aber für die dauerhafte Begrenzung der Erderwärmung auf unter 2 °C als zunehmend notwendig erachtet (▶ Kap. 31).

33.4 Emissionshandel und Besteuerung von Klimagasen

Der Ausbau der erneuerbaren Energien reduziert die Klimaemissionen jedoch nur indirekt. Wozu das führen kann, wurde erstmals in den Jahren 2010 bis 2013 ersichtlich: Während die erneuerbaren Energien weiter ausgebaut wurden, sanken die Emissionen nicht. Diese Entwicklung, die als das Paradoxon der Energiewende bekannt wurde (Agora Energiewende 2014), macht deutlich, dass eine direkte Bepreisung der Klima- bzw. CO_2-Emissionen für effektiven Klimaschutz essenziell ist. Ein solches Instrument ist zudem kosteneffizient und setzt dauerhafte Anreize für Innovationen und Investitionen in CO_2-arme Technologien.

Die CO_2-Bepreisung im deutschen Stromsektor und für die energieintensive Industrie erfolgt durch den 2005 eingerichteten europäischen Emissionshandel (EU-ETS, *European Union Emissions Trading System*). Zwischen den Jahren 2012 und 2017 waren die Preise im EU-ETS jedoch relativ niedrig und lagen beständig unter 10 €/t. Anstatt auf eine Reform des EU-ETS zu setzen, hat die Bundesregierung die sogenannte Kohlekommission ins Leben gerufen, die letztendlich einen ordnungsrechtlichen Ausstieg aus der Kohle nach Vorbild des Atomausstiegs empfohlen hat. Das entsprechende Gesetz wurde im August 2020 beschlossen und sieht die schrittweise Stilllegung aller Kohlekraftwerke bis zum Jahr 2038 sowie eine Zahlung von Entschädigungen in Milliardenhöhe für die Kraftwerksbetreiber vor.

Diese Instrumentierung des Kohleausstiegs hat jedoch im Vergleich zu einem CO_2-Preis getriebenen Ausstieg mehrere gravierende Nachteile (Edenhofer und Pahle 2019): Einerseits wurde – dem Verursacherprinzip widersprechend – der Ausstieg mit erheblichen Kompensationszahlungen „erkauft". Andererseits kommt es damit zu zwei erheblichen Verlagerungseffekten: dem Rebound Effekt (der Verlagerung von Emissionen ins Ausland, in dem es keinen Emissionshandel gibt) und dem Wasserbett-Effekt im EU-ETS. Letzterer bedeutet, dass durch den Kohleausstieg weniger nachgefragte Zertifikate einfach anderswo verwendet und damit die Emissionen unter dem Strich nicht oder nur teilweise reduziert werden. Auch die Löschung von Zertifikaten durch die sogenannte Marktstabilitätsreserve (MSR) ab dem Jahr 2023 ändert daran nur wenig (Pahle et al. 2019). Zur Behebung dieses Problems ist grundsätzlich eine zusätzliche nationale Löschung oder ein Mindestpreis im EU-ETS notwendig.

Vor diesem Hintergrund wurde die nationale Löschung von Zertifikaten in das Gesetz zum Kohleausstieg aufgenommen. Eine solche Löschung ist jedoch mit hohen Kosten und Unsicherheiten hinsichtlich der exakt zu löschenden Menge verbunden. Zudem führt sie zu komplexen Rückkopplungen auf den Zertifikatspreis, die dessen Volatilität erhöhen (Pahle 2020). Diese Maßnahme schafft also bestenfalls Abhilfe auf Zeit. Gleichzeitig wird der Kohleausstieg durch den jüngsten Anstieg des CO_2-Preises und die damit verbundene Reduktion der Kohleemissionen (DEHSt 2020) immer mehr zur Makulatur – auch angesichts der nun anstehenden Verschärfung der EU Klimaziele im Kontext des Green Deals, die aller Voraussicht nach den CO_2-Preis noch weiter anheben wird. Ob dies auch tatsächlich der Fall sein wird, kann zum jetzigen Zeitpunkt jedoch nicht mit absoluter Sicherheit gesagt werden. Diese Sicherheit könnte jedoch der bereits erwähnte Mindestpreis bieten – und bei ausreichender Höhe für einen fristgerechten Ausstieg aus der Kohle sorgen.

In den nicht durch den EU-ETS abgedeckten Sektoren Verkehr, Gebäude und der restlichen Industrie gab es einen CO_2-Preis in der Vergangenheit nicht. Dies änderte sich erst mit dem Klimaschutzprogramm 2030, das im September 2019 von der Bundesregierung beschlossen wurde, und die Einführung eines nationalen Emissionshandelssystems (nEHS) in diesen Sektoren im Jahr 2021 nach sich zog. Es startet mit einem Preis von 25 €/t, der auf 55 €/t bis zum Jahr 2025 ansteigt. In dieser Zeit werden die Zertifikate nicht gehandelt und zum Festpreis ausgegeben. Erst im Jahr 2026 beginnt der Handel in einem Preiskorridor von 55 bis 65 €/t. Die Weiterführung dieses Korridors ab dem 2027 ist noch offen; darüber wird im Lauf der nächsten Jahre entschieden.

Im Vorfeld des Klimaschutzpakets wurden verschiedene Studien für die Ausgestaltung des nationalen CO_2-Preises durchgeführt, unter anderem von Autorinnen und Autoren dieses Kapitels (Edenhofer und Pahle 2019). Laut dieser Studie hätte der anfängliche Preis bei 50 €/t liegen und auf 130 €/t bis zum Jahr 2030 ansteigen sollen (◌ Abb. 33.3). Zumindest in den ersten Jahren ist der Preis daher deutlich zu niedrig. Für die

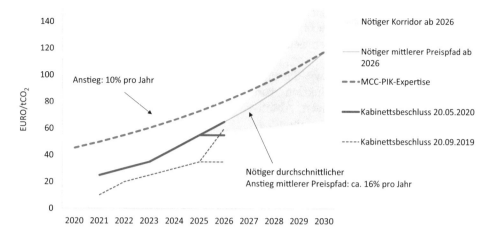

☐ Abb. 33.3   Preispfade im Brennstoffemissionshandel. (Quelle: Edenhofer et al. 2020)

zweite Hälfte des Jahrzehnts wird sich zeigen, ob der Preisekorridor beibehalten bzw. ob der Preis auf das notwendige Niveau zur Erreichung der Klimaziele ansteigen wird. Diese Unsicherheit kann allerdings langfristige Investitionen hemmen (Edenhofer et al. 2020).

Mit Blick in die Zukunft ist der Anschluss an die europäische Ebene von zentraler Bedeutung. Im Klimaschutzprogramm 2030 zur Umsetzung des Klimaschutzplans 2050 strebt die Bundesregierung eine Ausweitung des EU-ETS auf alle Sektoren an, die letztendlich auch das deutsche Emissionshandelssystem umfassen würde und dessen Einrichtung ein wesentlicher Zwischenschritt hin zu einer einheitlichen europäischen CO_2-Bepreisung war. Im Rahmen ihrer Vorschläge für die Umsetzung des Green Deal hat die EU Kommission im Juli 2021 eine solche Ausweitung in Form eines separaten Emissionshandelssystems vorgeschlagen, das in grober Orientierung am deutschen System die Sektoren Gebäude und Straßenverkehr umfasst. Ein wesentlicher Grund dafür war, die Sektoren Industrie und Energiewirtschaft aus politischen Gründen weiterhin separat regulieren zu können (Pahle et al. 2020).

33.5 Kreislaufwirtschaft

In enger Verbindung zu der Notwendigkeit der Emissionsminderung stehen Ressourcenfragen. Ein Kerntreiber der Klimagasemissionen ist die überwiegend lineare Struktur unserer Produktions- und Konsummuster: Produkte werden hergestellt, durchlaufen eine oft nur kurze Nutzungsdauer und werden anschließend entsorgt. Vor diesem Hintergrund ist die Transformation zur Kreislaufwirtschaft, wie sie beispielsweise die EU Kommission in ihrem Aktionsplan Kreislaufwirtschaft als strategisches Ziel definiert hat (Europäische Kommission 2020), nicht nur ein zentraler Ansatz zur Vermeidung von Abfällen oder zur Re-

duktion von Materialkosten, sondern auch eine Strategie für erfolgreichen Klimaschutz.

In der Abfallwirtschaft hat Deutschland in der Vergangenheit mit dem Verbot der Deponierung unbehandelter Abfälle wichtige Beiträge zum Klimaschutz geleistet, auch durch das gesteigerte Recycling wurden ca. 56 Mio. t CO_2-Emissionen pro Jahr eingespart (Umweltbundesamt 2011). Doch das Konzept der Kreislaufwirtschaft geht weit über das klassische Abfallmanagement hinaus. Kreislaufwirtschaft ist ein umfassendes Konzept, bei dem schon beim Produktdesign und der Nutzung von Produkten die möglichst optimale Rückgewinnung von Rohstoffen berücksichtigt werden soll. Modellierungen zeigen, dass konsequent umgesetzte Kreislaufwirtschaft Treibhausgasemissionen für Schlüsselmaterialien wie Kunststoffe, Zement und Stahl langfristig um mehr als 50 % reduzieren könnte (Material Economics 2019).

Angesichts dieser Potenziale ist die Geschwindigkeit der Transformation gerade in Deutschland niedrig: Betrachtet man beispielsweise die *circular material use rate* als einen der Leitindikatoren der Europäischen Kommission für die Umsetzung der Kreislaufwirtschaft in den einzelnen Mitgliedsstaaten, so zeigt sich nahezu eine Stagnation: Seit 2010 konnte der Anteil der recycelten Materialien nur von 11 % auf 11,6 % in 2017 gesteigert werden; 2017 lag Deutschland dabei erstmals unterhalb des Durchschnitts der EU 28 Mitgliedsstaaten, deutlich hinter beispielsweise dem Spitzenreiter Niederlande mit 29,9 % (Eurostat 2020).

Treibhausgasminderung durch Kreislaufwirtschaft bedeutet dabei auch, Stoffkreisläufe auf unterschiedlichen Ebenen zu reduzieren und zu schließen:

— Die Möglichkeiten der Abfallvermeidung sind lange noch nicht ausgeschöpft, z. B. fallen in Deutschland jährlich ca. 10 Mio. t vermeidbare Lebensmittelabfälle an (Noleppa und Cartsburg 2015).

— Wiederverwendung, Reparatur oder re-manufacturing von Produkten sind häufig mit besonders hohen Klimagaseinsparungen von bis zu 70 % verbunden; sie erfordern aber auch komplexe Systeme zur Redistributionslogistik und oft auch neue Geschäftsmodelle.

- Gleichzeitig bieten auch Technologien wie das chemische Recycling Chancen zur Reduktion von Klimagasemissionen, wenn die richtigen Abfallströme den jeweils besten Verwertungsverfahren zugeführt werden (IN4climate.NRW 2020).

Angesichts dieser Komplexitäten gewinnen Strategien auf Ebene einzelner Regionen und Städte zunehmend an Bedeutung, in denen einzelne Bausteine für den Übergang zur Kreislaufwirtschaft mit den Akteuren vor Ort entwickelt, getestet und optimiert werden – so beispielsweise in Kiel mit einer *zero waste strategy,* die das Restabfallaufkommen langfristig um mehr als 70 % reduzieren soll (Landeshauptstadt Kiel 2020).

Die CO_2-Bepreisung setzt zwar Anreize für eine Reduktion des Ressourcenverbrauchs bzw. deren Wiederverwendung, indem sie entsprechende Produkte verteuert. Allerdings kann die eher indirekte Wirkung über den Preis durch weitere Anpassungen der politischen und strukturellen Rahmenbedingungen – etwa in Bezug auf Obsoleszenz und Reparierbarkeit von Produkten – wesentlich direkter adressiert werden.

33.6 Schlussbemerkung

Das vorliegende Kapitel hat am Beispiel Deutschland aufgezeigt, dass eine deutlich schnellere Emissionsreduktion von Klimagasen erforderlich ist, um den Klimawandel ausreichend zu begrenzen. Dazu müssen die Möglichkeiten von Energieeffizienz, erneuerbaren Energien, CO_2-Bepreisung und Kreislaufwirtschaft gemeinsam angegangen und ausgeschöpft werden. Aber auch das Politikdesign muss sich weiterentwickeln: Die Unterstützung klimafreundlicher Maßnahmen war als Einstiegshilfe erfolgreich. Für die breite Etablierung und ein höheres Ambitionsniveau ist nun die Kombination von Marktmechanismen und verbindlichen Zielen für Klimagasreduktionen – und behelfsweise auch erneuerbare Energien bzw. Sanktionen für fossile Energien – notwendig. Solche Politiken sind mit größeren Widerständen verbunden, hinter denen oft Verteilungsfragen stehen. Diese zu überwinden erfordert die Etablierung einer integrierten Politik, die zwischen den Bereichen Klima, Wirtschaft, und Soziales gezielt nach Synergien sucht (▶ Kap. 31). Ein Beispiel hierfür sind Bürgerwindparks, bei denen Kommunen sowie Anwohner und Anwohnerinnen an Windparks beteiligt werden und dadurch, zumindest teilweise, für die negativen Folgen des Windparks entschädigt werden. Auch werden die Maßnahmen nur erfolgreich sein, wenn sie in verbindliche internationale Maßnahmen und Strategien eingebettet sind. Das betrifft sowohl die Umsetzung des Pariser Abkommens als auch des europäischen *Green Deals.* Letztendlich muss sich jede klimapolitische Maßnahme in letzter Konsequenz daran messen lassen, ob sie die internationale Entwicklung befördert oder nicht.

33.7 Kurz gesagt

Die schnelle und umfassende Emissionsminderung in der Energie- und Kreislaufwirtschaft ist der Schlüssel für die Begrenzung der Erderwärmung auf unter 2 °C. In Deutschland werden entsprechende Politiken seit den 1990er-Jahren verfolgt, allerdings erst in jüngster Vergangenheit mit dem notwendigen Nachdruck und der notwendigen Orientierung hin zu mehr Marktmechanismen. Wesentliche Handlungsfelder sind Energieeinsparung und erhöhte Energieeffizienz, Umstieg auf erneuerbare Energien, Bepreisung von Klimagasen sowie eine Reduzierung und Schließung der Stoffkreisläufe. In allen Handlungsfeldern sind Grundlagen geschaffen, jedoch bleibt der Großteil des Weges noch zugehen, um Klimaneutralität zu erreichen. Für einen schnellen Fortschritt spielen neben der Überwindung der technischen, ökonomischen und organisatorischen Herausforderungen auch Verteilungsfragen und die Einbettung in internationale Maßnahmen eine zunehmende Rolle.

Literatur

AEE [Agentur für Erneuerbare Energien] (2020) Föderal Erneuerbar. Bundesländer mit neuer Energie. Länder-Übersicht. ▶ https://www.foederal-erneuerbar.de/landesinfo/kategorie/solar/auswahl/988-installierte_leistun/bundesland/D/#goto_988. Zugegriffen: 5. Okt. 2020

AGEE-Stat [Arbeitsgruppe Erneuerbare Energien-Statistik] (2020) Zeitreihen zur Entwicklung der erneuerbaren Energien in Deutschland. ▶ https://www.erneuerbare-energien.de/EE/Redaktion/DE/Downloads/zeitreihen-zur-entwicklung-der-erneuerbaren-energien-in-deutschland-1990-2019.pdf?__blob=publicationFile&v=26

Bundes-Klimaschutzgesetz (KSG) (2021) ▶ https://www.bundesregierung.de/breg-de/themen/klimaschutz/klimaschutzgesetz-2021-1913672. Zugegriffen: 7. Sept. 2021

BMWi [Bundesministerium für Wirtschaft und Energie] (2018) Energieeffizienz in Zahlen, Berlin

BMWi [Bundesministerium für Wirtschaft und Energie] (Hrsg) (2019) Energieeffizienzstrategie 2050, Berlin

BMWi [Bundesministerium für Wirtschaft und Energie] (Hrsg) (2020) Wasserstoff: Schlüsselelement für die Energiewende, Berlin

BNetzA [Bundesnetzagentur] (2020) Marktstammdatenregister, Erweiterte Einheitenübersicht, Stromerzeugungseinheiten, Solare Strahlungsenergie, Freifläche, Berlin

Bundesverband Geothermie (2020) Geothermie in Zahlen. ▶ https://www.geothermie.de/geothermie/geothermie-in-zahlen.html. Zugegriffen: 5. Okt. 2020

BSW-Solar [Bundesverband Solarwirtschaft e. V.] (2018) Statistische Zahlen der deutschen Solarwärmebranche (Solarthermie). ► https://www.solarwirtschaft.de/fileadmin/user_upload/bsw_faktenblatt_st_2018_2.pdf. Zugegriffen: 5. Okt. 2020

Climate Watch (o. J.) Historical GHG emissions. ► https://www.climatewatchdata.org/ghg-emissions. Zugegriffen: 7. Okt. 2020

Daniel-Gromke J, Rensberg N, Denysenko V, Trommler M, Reinholz T, Völler K, Beil M, Beyrich W (2017) Anlagenbestand Biogas und Biomethan -Biogaserzeugung und -nutzung in Deutschland, Deutsches Biomasseforschungszentrum gGmbH [DBFZ] (Hrsg), Leipzig

DEHSt [Deutsche Emissionshandelsstelle] (Hrsg) (2020) Treibhausgasemissionen 2019, Emissionshandelspflichtige stationäre Anlagen und Luftverkehr in Deutschland (VET-Bericht 2019). ► https://www.dehst.de/SharedDocs/downloads/DE/publikationen/VET-Bericht-2019.pdf;jsessionid=E3747A325DF6F-2927B2DAB29D422F836.2_cid284?__blob=publicationFile&v=3. Zugegriffen: 16. Okt. 2020

Edenhofer O, Pahle M (2019) The German coal phase out: buying out polluters, not (yet) buying into carbon pricing. EAERE Magazine N5 Spring 2019, S 11–14

Edenhofer O, Flachsland C, Kalkuhl M, Knopf B, Pahle M (2019) Optionen für eine CO_2-Preisreform, MCC-PIK-Expertise für den Sachverständigenrat zur Begutachtung der gesamtwirtschaftlichen Entwicklung, Mercator Research Institute on Global Commons and Climate Change [MCC] gGmbH (Hrsg). ► https://www.mcc-berlin.net/fileadmin/data/B2.3_Publications/Working%20Paper/2019_MCC_Optionen_f%C3%BCr_eine_CO2-Preisreform_final.pdf. Zugegriffen: 7. Okt. 2020

Edenhofer O, Kalkuhl M, Ockenfels A (2020) Das Klimaschutzprogramm der Bundesregierung: Eine Wende der deutschen Klimapolitik? Perspekt Wirtsch 21(1):4–18

Europäische Kommission (2020) EU circular economy action plan, a new circular economy action plan for a cleaner and more competitive Europe. ► https://ec.europa.eu/environment/circular-economy/. Zugegriffen: 16. Okt. 2020

EEA [European Environment Agency] (2020) EEA greenhouse gas – data viewer. ► https://www.eea.europa.eu/data-and-maps/data/data-viewers/greenhouse-gases-viewer. Zugegriffen: 7. Okt. 2020

Eurostat (2020) Circular material use rate. ► https://ec.europa.eu/eurostat/databrowser/view/cei_srm030/default/table?lang=en. Zugegriffen: 15. Sept. 2020

Fraunhofer IEE [Fraunhofer Institut für Energiewirtschaft und Systemtechnik] (2020) Windmonitor. ► http://windmonitor.iee.fraunhofer.de/windmonitor_de/index.html. Zugegriffen: 5. Okt. 2020

IN4climate.NRW (2020) Chemisches Kunststoffrecycling – Potenziale und Entwicklungsperspektiven, Ein Beitrag zur Defossilisierung der chemischen und kunststoffverarbeitenden Industrie in NRW Diskussionspapier der Arbeitsgruppe Circular Economy, Gelsenkirchen

Kreidelmeyer S, Dambeck H, Kirchner A, Wünsch, M (2020) Kosten und Transformationspfade für strombasierte Energieträger.

Endbericht zum Projekt „Transformationspfade und regulatorischer Rahmen für synthetische Brennstoffe". Studie im Auftrag des Bundesministeriums für Wirtschaft und Energie. [Prognos AG] (Hrsg), Basel

Kunz, C (2019) Energiespeicher: Technologien und ihre Bedeutung für die Energiewende. RENEWS Spezial, Nr. 88/2019, Agentur für Erneuerbare Energien e. V. (Hrsg), Berlin

Landeshauptstadt Kiel (2020) Zero Waste-Konzept, Gemeinsam Abfälle vermeiden und Ressourcen schonen, Projekt gefördert vom Bundesministerium für Umwelt, Naturschutz und nukleare Sicherheit, Kiel

Material Economics (2019) Industrial transformation 2050, pathways to net-zero emissions from EU heavy industry

Naumann K, Schröder J, Oehmichen K, Etzold H, Müller-Langer F, Remmele E, Thuneke K, Raksha T, Schmidt P (2019) Monitoring Biokraftstoffsektor, DBFZ Report Nr. 11, 4. Überarbeitete und erweiterte Aufl. Deutsches Biomasseforschungszentrum gGmbH [DBFZ] (Hrsg), Leipzig

Noleppa S, Cartsburg M (2015) Das grosse Wegschmeissen, Vom Acker bis zum Verbraucher: Ausmaß und Umwelteffekte der Lebensmittelverschwendung in Deutschland. ► https://www.wwf.de/fileadmin/user_upload/WWF_Studie_Das_grosse_Wegschmeissen.pdf. Zugegriffen: 3. Nov. 2020

Pahle (2020). Schriftliche Stellungnahme zum Thema „Ökologische Aspekte des Kohleausstiegs" Fachgespräch des Umweltausschusses des Bundestags, 15. Juni 2020 ► https://www.bundestag.de/ausschuesse/a16_umwelt/oeffentliche_anhoerungen/oeffentliche-anhoerung-74-sitzung-kohleausstieg-697270

Pahle M, Edenhofer O, Pietzcker R, Tietjen O, Osorio S, Flachsland C (2019) Die unterschätzten Risiken des Kohleausstiegs. Energiewirtschaftliche Tagesfragen 62(6)

Pahle M, Tietjen O, Osorio S, Knopf B, Flachsland C, Korkmaz P, Fahl U (2020) Die Anschärfung der EU-2030-Klimaziele und Implikationen für Deutschland. Energiewirtschaftliche Tagesfragen 70(7/8)

Stede J, Schütze F, Wietschel J (2020) Wärmemonitor 2019: Klimaziele bei Wohngebäuden trotz sinkender CO_2-Emissionen derzeit außer Reichweite, DIW Wochenbericht Nr. 40/2020

Thrän D, Bauschmann M, Dahmen N, Erlach B, Heinbach K, Hirschl B, Hildebrand J, Rau I, Majer S, Oehmichen K, Schweizer-Ries P, Hennig C (2020) Bioenergy beyond the German „Energiewende" – assessment framework for integrated bioenergy strategies, biomass and bioenergy 142 (2020)

Umweltbundesamt (2011) Klimarelevanz der Abfallwirtschaft, Dessau-Roßlau

Umweltbundesamt (2019) Netto-Bilanz der vermiedenen Treibhausgas-Emissionen durch die Nutzung erneuerbarer Energien im Jahr 2019, Dessau-Roßlau

Umweltbundesamt (2020) Emissionen sinken 2018 um mehr als 31 Prozent gegenüber 1990, Dessau-Roßlau

WBGU [Wissenschaftlicher Beirat der Bundesregierung Globale Umweltveränderungen] (2009) Kassensturz für den Weltklimavertrag – Der Budgetansatz. Sondergutachten, Berlin

Emissionsreduktionen durch ökosystembasierte Ansätze

Bernd Hansjürgens, Andreas Bolte, Heinz Flessa, Claudia Heidecke, Anke Nordt, Bernhard Osterburg, Julia Pongratz, Joachim Rock, Achim Schäfer, Wolfgang Stümer und Sabine Wichmann

Inhaltsverzeichnis

34.1   Landwirtschaft und landwirtschaftliche Landnutzung – 440
34.1.1   Landwirtschaftliche Emissionen und Berichterstattung – 440
34.1.2   Landwirtschaftliche Minderungsziele und Klimaschutzmaßnahmen – 442

34.2   Kohlenstoffreiche Böden und Moorschutz – 443

34.3   Wald und Holzprodukte als Treibhausgassenke – 444

34.4   Andere terrestrische Maßnahmen – 445

34.5   Konflikte vermindern und Synergien befördern – 446

34.6   Kurz gesagt – 446

Literatur – 447

© Der/die Autor(en) 2023
G. P. Brasseur et al. (Hrsg.), *Klimawandel in Deutschland*,
https://doi.org/10.1007/978-3-662-66696-8_34

Landnutzung wird immer mehr zum Hoffnungsträger der internationalen Klimapolitik. Die Erwartungen sind enorm: Bis zu 37 % der notwendigen Emissionseinsparungen, um die Zwei-Grad-Marke nicht zu überschreiten, könnten Schätzungen zu Folge auf globaler Ebene aus sogenannten *natural climate solutions,* wie verringerter Entwaldung, Aufforstung, Landwirtschaft oder dem Schutz kohlenstoffreicher Böden, kommen (FDCL 2020).

Zwar hat schon der Konflikt um „Teller oder Tank" als Folge der Biospritproduktion die Zielkonflikte landbasierter Klimaschutzmaßnahmen deutlich gemacht. Inzwischen kommen aber neue Dimensionen hinzu, die Landnutzung in noch stärkerem Maße in den Fokus der globalen Klimapolitik rücken. Klimaneutralität ist zum neuen Ziel im Kampf gegen die Erderwärmung in vielen Staaten, Städten oder Regionen geworden. Die einzelnen Staaten wollen dabei nur noch so viel an Treibhausgasen emittieren, wie der Atmosphäre an anderer Stelle wieder entzogen werden kann. Für dieses Entziehen von Treibhausgasen sind landbasierte Lösungen wie die zusätzliche Speicherung von Kohlenstoff in Wäldern oder im Boden momentan der einzige praktizierte Ansatz, was ohne die Entwicklung neuer technischer Verfahren auch erst einmal so bleiben wird. Naturbasierte Lösungen sind damit unmittelbar mit der Perspektive globaler Mechanismen zur Kompensation von Treibhausgasen verknüpft, und Klimapolitik gerät immer stärker in den Fokus bestehender Konflikte um Land und seine Nutzung. Ernährungssicherheit, Erhaltung von Ökosystemen und Biodiversität – all dies muss gewährleistet werden, was leicht zu Konflikten um Landnutzung führen kann.

Landbasierte Klimapolitik spielt auch in Deutschland eine zunehmend wichtige Rolle. Sie bezieht sich zunächst auf die Möglichkeiten, mithilfe der Bioenergie (Energiepflanzen, energetische Holznutzung), aber auch wegen verstärkter stofflicher (Holz-)Nutzung z. B. in der Bauwirtschaft, einen Ersatz für fossile Energieträger wie Kohle, Öl und Gas bereitzustellen (▶ Kap. 33). Sie bezieht sich darüber hinaus aber auch auf die Möglichkeit, in der Landwirtschaft, die ja auch selbst Emittent von Treibhausgasemissionen ist, Maßnahmen zu Emissionsreduktionen umzusetzen sowie in der Waldbewirtschaftung zu einer hohen Speicherung von Kohlenstoff zu gelangen. Hinzu kommt als besondere Form der Landnutzung die Erhaltung bzw. klimaneutrale Nutzung von kohlenstoffreichen Böden (Mooren). Landbasierte Klimapolitik in Deutschland wird dabei jedoch durch die Entwicklung der Flächennutzung für Siedlungs- und Verkehrsfläche erschwert. Denn obwohl der sog. „Flächenverbrauch" im Vergleich zu den 1990er- und 2000er-Jahren geringer geworden ist, gehen täglich immer noch rund 56 Hektar Fläche (gleitender Durchschnitt der Jahre 2015 bis 2018) verloren (LABO 2020) bzw. werden von landwirt-

schaftlich genutzter Fläche in Siedlungs- und Verkehrsfläche umgewandelt.

Wie hoch sind die landwirtschaftlichen Emissionen in Deutschland und wie können sie verringert werden? Wie kann Moorschutz effektiv zum Klimaschutz beitragen? Und wie sind die Möglichkeiten in der Forst- und Holzwirtschaft einzuschätzen?

34.1 Landwirtschaft und landwirtschaftliche Landnutzung

Unsere Nahrungsmittelproduktion steht im Klimawandel nicht nur im Fokus, weil die Folgen des Klimawandels Ertrags- und Produktionsausfälle verursachen können, sondern auch weil die Landwirtschaft Mitverursacher des Klimawandels ist. Hier spielen neben Kohlendioxid (CO_2) auch die klimawirksamen Treibhausgase (THG) wie Distickstoffoxid (N_2O) und Methan (CH_4) eine entscheidende Rolle, da sie direkt mit der Produktion von tierischen und pflanzlichen Produkten verbunden sind. Die weltweiten Auswirkungen, Einflüsse und Zusammenhänge wurden dazu umfänglich im *IPCC Special Report on Land* dargestellt (IPCC 2019). Nahezu ein Viertel der weltweiten anthropogenen Treibhausgasemissionen in den Jahren 2007 bis 2016 stehen danach in direktem Bezug zu Land- und Forstwirtschaft, das sind 4,8 Mrd. t CO_2 (überwiegend durch Entwaldung für Landwirtschaft), 4,0 Mrd. t CO_2-Äquivalente für CH_4 und 2,2 Mrd. t CO_2-Äquivalente für N_2O. Um einen Beitrag zum Klimaschutz seitens der Landwirtschaft zu leisten, muss eine Transformation in eine nachhaltigere und klimafreundliche Produktionsweise auf den Weg gebracht werden. Auch können Möglichkeiten von Land- und Forstwirtschaft zur langfristigen Festlegung von atmosphärischem Kohlenstoff im Boden und in organischer Masse ausgebaut werden.

34.1.1 Landwirtschaftliche Emissionen und Berichterstattung

In der deutschen Landwirtschaft haben die Emissionen aus der Verdauung der Nutztiere (Methan aus Fermentation bei Wiederkäuern wie Rinder und Schafe), dem Wirtschaftsdüngermanagement (Methan und Lachgas) und den landwirtschaftlichen Böden den größten Anteil. In den Bereich „Landwirtschaftliche Böden" fallen direkte Lachgasemissionen aus Stickstoffdüngung, der Umsetzung von Ernteresten, Ausscheidungen von Weidetieren und aus entwässerten Moorböden, und indirekte Lachgasemissionen aus gasförmigen und gelösten Austrägen von reaktiven Stickstoffverbindungen. Diese werden in Quellgruppe 3 (Landwirtschaft) der Klimaberichterstattung abgebildet (UBA 2020). Die zur Landwirtschaft gerechneten, direkten energiebedingten Emissionen aus Land- und Forstwirtschaft sowie Fischerei werden in der Quellgruppe 1 (Energie, Teil-Quellgruppe 1.A.4.c) berichtet und stammen aus der Verbrennung fossiler Brenn- und Kraftstoffe. Im Sektor „Landnutzung, Landnutzungsänderung und Forstwirtschaft" (Quellgruppe 4 – LULUCF) werden Emissionen aus und Kohlenstoffeinbindungen in Wäldern, Ackerland, Grünland, Feuchtgebieten, Siedlungen und Holzprodukten erfasst. Bei den Emissionen handelt es sich zum weit überwiegenden Teil um Kohlendioxid, das in erster Linie aus entwässerten Moorböden oder bei Umwandlung von Grünland freigesetzt wird (Oster-

burg et al. 2019). Die Quellgruppen und ihre Emissionen werden in ◘ Tab. 34.1 dargestellt.

Die Emissionen der Quellgruppe 3 (Landwirtschaft) sind von 1990 bis 2018 von 79 auf 63 Mio. t Kohlendioxid und -Äquivalente (CO_2e) gesunken (◘ Abb. 34.1). Dies entspricht einem Rückgang von rund 20 % gegenüber 1990. ◘ Tab. 34.1 zeigt, dass sich der Rückgang auch 2019 fortgesetzt hat. Der Emissionsrückgang ist in erster Linie auf

— den Tierbestandsabbau in den östlichen Bundesländern nach 1990,
— den bis 2012 anhaltenden Abbau der Rinderbestände im Zusammenhang mit der agrarpolitischen Begrenzung der Milchproduktion durch

◘ Tab. 34.1 Kategorien (nach UNFCCC 1992) und Emissionen (UBA 2021) im Bereich Landwirtschaft und Landnutzung/Forstwirtschaft (LULUCF) in Deutschland

(Teil-) Quellgruppen	Kategorien	Emissionsquellen und -senken	Emissionen im Jahr 2019 (Kohlendioxid-Äquivalente)
3	Landwirtschaft	– Fermentation/Verdauung – Düngerwirtschaft – Landwirtschaftliche Böden – Kalkung – Harnstoff – Andere	61,8 Mio. t CO_2e
1.A.4c	Stationäre & mobile Feuerung	– Verbrennung fossiler Brenn- und Kraftstoffe	Ca. 6 Mio. t CO_2e
4	Landnutzung, Landnutzungsänderung und Forstwirtschaft (LULUCF)	– Wälder – Ackerland – Grünland – Feuchtgebiete – Siedlungen – Holzprodukte	-16,5 Mio. t CO_2e

◘ Abb. 34.1 Entwicklung der Treibhausgasemissionen in der Landwirtschaft seit 1990. (Quelle: UBA 2020; Rösemann et al. 2019)

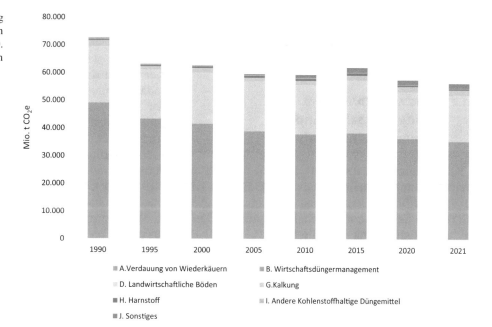

34

die Milchquote und steigende Milchleistungen pro Kuh und Jahr sowie
— auf technische Fortschritte in der Stickstoffdüngung zurückzuführen

Nach 2010 sind die Emissionen wieder leicht angestiegen, vor allem aufgrund des Ausbaus der Biogasproduktion und der leichten Erhöhung des Milchkuhbestands im Vorfeld der Aufhebung der Milchquote im Jahr 2015 (Rösemann et al. 2019; Osterburg et al. 2019). Im Zeitraum 2015 bis 2018 sind die Emissionen um etwa 4 Mio. t zurückgegangen. Dies ist auf leicht rückläufige Tierbestände und reduzierte N-Mineraldüngermengen u. a. aufgrund der Trockenheit 2018 zurückzuführen.

Im Bereich der gesamten Landnutzung fungierte der LULUCF-Sektor lange Zeit als Senke für Treibhausgasemissionen. Die Kohlenstoffspeicherung insbesondere in der Kategorie „Wald" – und dabei sowohl (überwiegend) die oberirdische Biomassespeicherung als auch (zum kleineren Teil) die Kohlenstoffspeicherung in Waldböden – spielen hier eine Rolle. Diese Senke ist teils auf Änderung der Bewirtschaftung zurückzuführen, aber auch auf nicht direkt mit Landnutzungsmaßnahmen in Verbindung stehenden C-Senken, wie erhöhte Fotosyntheseleistung der Wälder durch die höhere atmosphärische CO_2-Konzentration und erhöhte Stickstoffeinträge auf stickstoffungesättigten Standorten, die sich die Länder dennoch im LULUCF-Sektor anrechnen lassen können (Schulte-Uebbing und de Vries 2017). Die C-Senke auf Waldflächen wird zum Teil aufgezehrt durch Emissionen aus der landwirtschaftlichen Landnutzung von Acker- und Grünland. Hier sind in den letzten Jahren konstant hohe Emissionen berichtet worden, die überwiegend aus entwässerten landwirtschaftlich genutzten organischen Böden stammen (▶ Abschn. 34.3). Dazu kommen noch Emissionen aus Humusverlusten durch Umwandlung von Grünland in Ackerland sowie durch Gewinnung von Torf als Pflanzsubstrat und zur Bodenverbesserung (Gensior et al. 2019).

34.1.2 Landwirtschaftliche Minderungsziele und Klimaschutzmaßnahmen

Im Klimaschutzplan 2050 (BMUB 2016) hat sich die Bundesregierung erstmals auf Sektorziele für den Abbau von Treibhausgasemissionen bis zum Jahr 2030 auch für den Sektor Landwirtschaft verständigt. Darin wird eine Reduzierung der direkten THG-Emissionen aus der Landwirtschaft (Emissionsquellgruppe 3 Landwirtschaft) zuzüglich der direkten energiebedingten Emissionen aus Land- und Forstwirtschaft und Fischerei bis 2030 um 31–34 % gegenüber 1990

festgelegt (BMUB 2016). Nach dem Klimaschutzgesetz 2019 (BGBl. I, S. 2513) werden für den Transformationspfad von 2020 bis 2030 58 Mio. t CO_2e als maximale Emission des Landwirtschaftssektors (Emissionen der Landwirtschaft aus Quellgruppen 1 und 3) im Jahr 2030 festgeschrieben. Die am 18. August 2021 beschlossene Novelle zum Klimaschutzgesetz (BGBl. I, S. 3905) gibt eine Emissionsobergrenze von 56 Mio. t CO_2e vor und setzt feste Mindestziele für den Beitrag des Sektors Landnutzung, Landnutzungsänderung und Forstwirtschaft (-25 Mio. t CO_2e pro Jahr bis 2030, -35 Mio. t CO_2e bis 2040 und -40 Mio. t CO_2e bis 2045). Im Sommer 2023 wurde ein neuer Gesetzesentwurf entwickelt, der die verbindlichen Ziele für die Sektoren aufhebt, für den Bereich LULUCF sollen sie jedoch erhalten bleiben. Im Bereich Forstwirtschaft bestehen im Hinblick auf Trockenjahre und Kalamitäten jedoch große Unsicherheiten zur künftigen Entwicklung der Senke. Die Emissionen der anderen LULUCF-Kategorien werden sich dagegen ohne Maßnahmen nur wenig verändern. Unsicherheiten bestehen auch bezüglich des möglichen Umsetzungsgrades im Moorbodenschutz. Ob eine Reduzierung der Torfnutzung als Kultursubstrat auch einen entsprechend verringerten Torfabbau in Deutschland zur Folge hat, ist nicht sicher. Auch im Hinblick auf die Entwicklung des Bodenkohlenstoffs in mineralischen Ackerböden und deren Abbildung in der Berichterstattung gibt es noch offene Fragen. Nach Ergebnissen der Bodenzustandserhebung Landwirtschaft (Poeplau et al. 2020) speichern die landwirtschaftlich genutzten Böden in Deutschland in der Bodentiefe von bis zu einem Meter etwa 2,5 Mrd. t Kohlenstoff. Dies ist das 10,7-Fache der gesamten jährlichen anthropogenen Kohlendioxidemissionen in Deutschland (UBA 2019) und macht landwirtschaftliche Böden zum größten organischen Kohlenstoffpool in terrestrischen Ökosystemen Deutschlands. Es ist aber nicht sicher, wie viel Bodenkohlenstoff langfristig zusätzlich gespeichert werden kann oder wie viel Bodenkohlenstoff verloren geht. Hier sind u. a. die Ergebnisse einer Wiederholung der Bodenzustandserhebung Landwirtschaft abzuwarten. Der Erhalt und der Aufbau von Humus sind daher nicht nur von Bedeutung für Bodenfruchtbarkeit und Ertragssicherheit, sondern auch für den Klimaschutz. Nach Osterburg et al. (2019) wird erwartet, dass die Netto-Emission im LULUCF-Bereich, die für 2018 mit -26,9 Mio. t CO_2e angegeben wurde (UBA 2022), aufgrund der stark abnehmenden Kohlenstofffestlegung im Wald kurzfristig (bis etwa 2030) Größenordnungen von 10 bis 30 Mio. t CO_2e erreicht, der Sektor LULUCF insgesamt also zur Quelle wird. Wenn keine weiteren Maßnahmen ergriffen werden, kann das von der Bundesregierung im Klimaschutzplan 2050 festgelegte Netto-Senkenziel mit den vorgesehenen Maßnahmen nicht erreicht werden (BMU 2019a). Eine Erreichung der Ziele aus der Novelle des Klimaschutzgesetzes ist nur durch massive Eingriffe in die Landnutzung möglich, die ihrerseits zu Verlagerungseffekten in andere Staaten, Mehremissionen in anderen Sektoren (insbesondere „Energie") und möglichen Wohlfahrtseinbußen für die Bevölkerung führen.

Im Klimaschutzprogramm 2030 der Bundesregierung (BMU 2019b) ist vorgesehen, dass die Landwirtschaft durch verschiedene zusätzliche Maßnahmen die oben genannten Minderungsziele erreicht. Beispielsweise sollen die Stickstoffüberschüsse und die Ammoniakemissionen weiter gesenkt, der Ökolandbau ausgeweitet und die Emissionen in der Tierhaltung gesenkt werden, insbesondere durch eine Erhöhung der Vergärung von Wirtschaftsdüngern in Bioreaktoren. Im Bereich LULUCF liegt ein Fokus auf der Wiedervernässung von Moorböden (s. unten), der Erhaltung des Dauergrünlands und dem Erhalt und der nachhaltigen Bewirtschaftung der Wälder einschließlich der Holzverwendung. Schlussendlich sollen auch Humusaufbau und weniger Lebensmittelabfälle zum Klimaschutz beitragen.

Zur Umsetzung der vorgeschlagenen Maßnahmen könnten auch einheitliche, sektorübergreifende Marktinstrumente (z. B. CO_2-Bepreisung, Ausweitung des europäischen Emissionshandelssystems) interessant sein (Heidecke et al. 2020; Isermeyer et al. 2019) (▶ Kap. 33). Insgesamt sollten bei der Auswahl von Maßnahmen deren Kosteneffizienz und die Vermeidungskosten in €/t CO_2e, aber auch weitere soziale, Umwelt- und Gesundheitsaspekte berücksichtigt werden. Für viele Maßnahmen müssen dafür die Datengrundlagen verbessert werden. Es besteht Forschungsbedarf bezüglich Umsetzbarkeit, Wirkung, politischer Instrumente zur Umsetzung, Vermeidungskosten, Monitoring und Abbildung in der Emissionsberichterstattung. Eine besondere Rolle spielen zudem der Schutz und die nachhaltige Nutzung kohlenstoffreicher Böden (Moore).

34.2 Kohlenstoffreiche Böden und Moorschutz

Kohlenstoffreiche Böden werden nach ihrem Gehalt an organischer Substanz, ihrer Mächtigkeit und ihrem Wasserhaushalt definiert und international als „organische Böden" bezeichnet. Dabei handelt es sich vor allem um Nieder- und Hochmoorböden sowie weitere hydromorphe Böden. Organische Böden werden in Deutschland zu ungefähr 80 % landwirtschaftlich (Grünland: 1,07 Mio. ha, Acker: 383.000 ha) und zu etwa 8 % als Wald (148.000 ha) genutzt (UBA 2019). Durch die Entwässerung gelangt Sauerstoff in den Boden, der den Torf zersetzt und Treibhausgase (THG) und Nährstoffe freisetzt. In Deutschland wurden im Jahr 2018 47 Mio. t CO_2e emittiert (UBA 2020). Mit einem Anteil von nur 7 % an der landwirtschaftlichen Nutzfläche Deutschlands verursacht die auf Entwässerung basierende landwirtschaftliche Nutzung damit etwa 36 % der THG-Emissionen der gesamten Landwirtschaft (Abel et al. 2019).

Vor dem Hintergrund zunehmender Waldschäden durch den Klimawandel – und damit reduzierter Fähigkeit des Waldes, Kohlenstoff zu speichern – wird deutlich, dass der Handlungsbedarf steigt und erhebliche Anstrengungen für die Erreichung der nationalen Ziele im LULUCF-Sektor erforderlich sind. Da eine weitere Politik des Nichthandelns den Lösungsdruck erhöht und die damit verbundenen Kosten den nachfolgenden Generationen aufbürdet, müssen im LULUCF-Sektor zusätzliche Maßnahmen ergriffen werden, damit das im Pariser Abkommen (UNFCCC 2015) verankerte Ziel von Netto-Null CO_2-Emissionen bis zum Jahr 2050 erreicht werden kann. Die Wiedervernässung von landwirtschaftlich genutzten organischen Böden kann dazu einen substanziellen Beitrag erbringen. Dafür müssten bis zum Jahr 2050 rein rechnerisch jährlich etwa 50.000 ha wiedervernässt werden (Abel et al. 2019).

Durch Wiedervernässung von tief entwässerten Standorten können bis zu 25 t CO_2e pro Hektar und Jahr reduziert werden (Wilson et al. 2016). Damit liegt die Klimaschutzleistung pro Flächeneinheit um ein Vielfaches über der Senkenleistung von möglichen Maßnahmen im Wald, oder etwa die Neuaufforstung auf vornehmlich ertragsschwachen Ackerflächen, bei der bis zu 10,5 t CO_2e pro Hektar und Jahr festgelegt werden können (Paul et al. 2009). Auch in der zeitlichen Dimension ist die Wiedervernässung von Mooren eine wirkungsvollere Option, nicht nur weil der Aufbau von Kohlenstoffsenken durch die Neuaufforstung von Wäldern eine temporäre Zwischenlösung ist, sondern auch deutlich längere Zeiträume beansprucht als die Vermeidung von THG-Emissionen durch die Wiedervernässung von Mooren. Durch die Kultivierung von Standort angepassten Feuchtgebietsarten (Paludikultur) kann die produktive Nutzung fortgeführt werden (Wichtmann et al. 2016).

Die land- und forstwirtschaftliche Nutzung wiedervernässter Moorflächen bietet neben der Reduktion von THG-Emissionen einen Zusatznutzen für den Klimaschutz. Durch die stoffliche Verwertung der Biomasse (z. B. Dämmplatten aus Rohrkolben und Schilf für Gebäude) können, ähnlich wie bei den Holzprodukten, eine Festlegung von Kohlenstoff im Produktespeicher erfolgen und fossile Rohstoffe substituiert werden. In Deutschland stammen etwa 30 % der THG-Emissionen aus dem Gebäudesektor (UBA 2019). Die Gebäudeisolierung erfolgt derzeit zum überwiegenden Teil immer noch mit Dämmstoffen, die mit hohem Energieaufwand (Glas- und Mineralwolle) oder aus fossilen Rohstoffen (z. B. Polystyrol) hergestellt werden. Das Marktpotenzial für nachwachsende Rohstoffe ist sehr hoch, da bis 2050 Dämmstoffe aus fossilen Rohstoffen vollständig ersetzt sein müssen, um das Übereinkommen von Paris einzuhalten (Staniaszek et al. 2015).

Die Wiedervernässung der organischen Böden und ihre klimafreundliche Nutzung erbringt zudem weitere wohlfahrtsrelevante Ökosystemleistungen (Joosten et al. 2013) und steht im Einklang mit der EU-Biodiversitätsstrategie, da Lebensräume für moortypische Tier- und Pflanzenarten geschaffen werden.

34.3 Wald und Holzprodukte als Treibhausgassenke

Durch die Fotosynthese nehmen Waldbäume Kohlenstoff aus der Atmosphäre auf und legen einen Teil davon im Holzzuwachs fest. Waldböden binden bei einer Erhöhung des organischen Bodensubstanzvorrats ebenfalls Kohlenstoff (Grüneberg et al. 2019). Dadurch sind Wälder neben wachsenden Mooren die einzigen natürlichen, langfristigen Kohlenstoffsenken auf dem Land (◘ Abb. 34.2). Dabei kann ihre Senkenfunktion auf Aufwuchs der Bäume nach der Holzernte oder Aufgabe landwirtschaftlicher Flächen und

anschließende Aufforstung zurückzuführen sein, aber auch auf Änderungen in den Umweltbedingungen (erhöhtes atmosphärisches CO_2, Stickstoffdeposition, das Wachstum begünstigende Klimaänderungen), die auch in altem Wald weiter eine temporäre Netto-Kohlenstoffsenke schaffen können (Luyssaart et al. 2008). Der jährliche Holzzuwachs und die damit verbundene Kohlenstoffbindung nimmt mit dem Baumalter und der Dimension eines Baumes erst zu, dann wieder ab, da anteilig mehr Fotosyntheseprodukte für eigenen Unterhalt, Fortpflanzung und Feindabwehr benötigt werden (Pretzsch 2010; WBAE/WBV 2016). Die Daten der Bundeswaldinventur zeigen z. B. für 21 bis 40 Jahre alte Wälder einen doppelt so hohen laufenden Zuwachs wie für über 140-jährige (Riedel 2019). Da Bäume beim Wachsen immer mehr Raum benötigen, sterben aus einem Verjüngungsjahrgang viele von ihnen durch Konkurrenzeffekte ab. Der in ihnen enthaltene Kohlenstoff wird dann durch Zersetzung wieder freigesetzt.

Die Senkenleistung des Waldes ergibt sich aus der Summe der Beiträge aller Bäume sowie des Waldbodens auf der Fläche. Sie ist dann am größten, wenn der laufende (jährliche) Zuwachs über die gesamte Fläche möglichst hoch ist. Auf Bestandsebene sind zusätzliche Einflüsse u. a. durch Konkurrenz, Baumartenmischung sowie Bewirtschaftung zu beachten. Das Optimum an Kohlenstoffbindung ist deshalb ein nicht zu dichter, stabiler, wuchskräftiger Wald, der weder zu viele sehr junge noch sehr alte zuwachsschwache

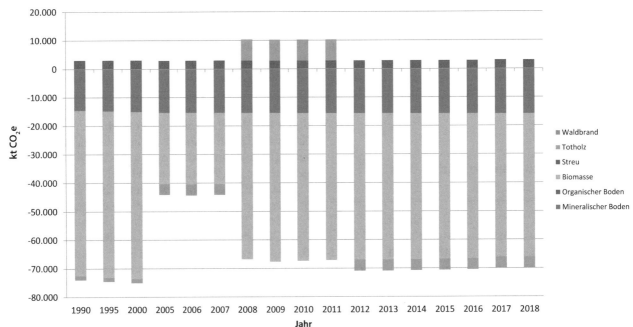

◘ **Abb. 34.2** Entwicklung der Treibhausgasemissionen in Wäldern in Kilotonnen Kohlendioxid-Äquivalenten (CO_2e) (nach UBA 2022, verändert), Erfassung und Anrechnung der Senkenleistung von Wäldern

Bäume aufweist (Rock 2011). Die Absterbeprozesse in den Wäldern infolge der heißen und trockenen Sommer sowie auftretender Kalamitäten der Jahre 2018 bis 2021 sind vor diesem Hintergrund ebenso negativ für die Senkenleistung zu sehen wie Bestrebungen, Wälder durch Nutzungsextensivierung immer älter werden zu lassen, womit sich bei zunehmender Holznachfrage Verlagerungseffekte und Konflikte zu Biodiversitätszielen ergeben können.

Die Senkenleistungen bzw. Netto-Emissionen werden durch die Größenänderung der Kohlenstoffspeicher (Vorratsänderungsmethode) erfasst (Eggleston et al. 2006). Im Nationalen Inventarbericht sind die lebende Biomasse, tote pflanzliche Biomasse wie Totholz und Streu sowie Bodenkohlenstoff und Holzprodukte separat betrachtete Speicher. Der Begriff „Holzprodukte" umfasst hier alle holzbasierten Produkte, vom Dachstuhl über Möbel bis zu Papier für die Dauer der Verwendung (UBA 2022). Mehrere internationale Abkommen regeln die Erfassung, das Berichten der absoluten Änderungen (so etwa die Klimarahmenkonvention, UNFCCC 1992) und die Anrechnung des anthropogenen Anteils der Änderungen (beispielsweise das Kyoto-Protokoll, UNFCCC 1997) der Treibhausgasemissionen und -aufnahmen. Für den Wald erfolgt die Anrechnung gegen eine Referenzlinie der Senkenleistung bzgl. der Bewirtschaftung bis 2009. Ende 2020 lief das Kyoto-Protokoll aus und wird u. a. durch das Übereinkommen von Paris (UNFCCC 2015) abgelöst. Eine Besonderheit ist, dass aus Vereinfachungsgründen Emissionen aus Holz beim Einschlag im Wald verbucht und dem Sektor LULUCF angerechnet werden, auch wenn das Holz z. B. zur Energiegewinnung verbrannt wird, was den Sektor „Energie" entlastet.

Die jährliche Senkenleistung im bestehenden Wald (ohne Holzprodukte) in Deutschland betrug zwischen 2012 und 2017, also vor den aktuellen Waldschäden, ca. 62 Mio. t CO_2e (Riedel et al. 2019), das sind ca. 7 % der THG-Emissionen in dem Zeitraum. Die Referenzlinie (FMRL) veranschlagt für den Zeitraum von 2013 bis 2020 bereits eine Senke von gut 17 Mio. t CO_2e (UBA 2022), was die anrechenbare Senke auf ca. 45 Mio. t CO_2e vermindert. Der Verdopplung der Referenzsenkenleistung für die Periode 2021 bis 2025 auf 34 Mio. t CO_2e stehen zu erwartende erhebliche Abschläge in der Senkenleistung der geschädigten Wälder in den nächsten Jahren gegenüber. Daher ist fraglich, ob zukünftig überhaupt eine anrechenbare Senkenleistung der Wälder in Deutschland erzielt werden kann. Es ist ebenfalls fraglich, ob der gesamte LULUCF-Bereich als THG-Senke erhalten werden kann (► Abschn. 34.2). Das Setzen absoluter Emissionsminderungsziele für den Sektor LULUCF führt unter diesen Umständen dazu, dass z. B. weniger Holz aus dem Sektor abgegeben werden kann, was andere Sektoren massiv belasten und über Verlagerungs-

effekte (Holzimporte, Ersatz von Holzprodukten durch emissionsintensivere Materialien) insgesamt deutlich höhere Emissionen als ohne diese Ziele bewirken kann.

Vor diesem Hintergrund wird die Rolle der Holzverwendung wichtiger. Neben dem Aufbau eines Holzproduktepools mit möglichst langer Nutzungsdauer in Höhe von 2 Mio. t CO_2e pro Jahr (Zeitraum 2012–2017) ist der Ersatz energieintensiver Werkstoffe wie Stahl, Beton und Kunststoff (stoffliche Substitution) und fossiler Brennstoffe (energetische Substitution) von hoher Bedeutung (Leskinen et al. 2018; Bolte et al. 2021).

Für die nahe Zukunft besteht die Herausforderung in Deutschland darin, bestehende Wälder so zu behandeln, dass sie einerseits stabil und resilient sind (Bolte et al. 2009), gleichzeitig aber eine möglichst hohe THG-Senkenleistung aufweisen, inklusive der Holzverwendung. Ein adaptives Waldmanagement mit flexibler Waldbehandlung sowie Waldanpassung unter Einbeziehung trockenheitstoleranter heimischer und z. B. in Anbauversuchen getesteter eingeführter Baumarten und Herkünfte (*assisted migration,* Spathelf et al. 2018) bietet hierfür eine geeignete Grundlage. Zudem müssen aus Klimaschutzsicht mögliche Konflikte mit einem Biodiversitätsschutz, der auf alte Mischwälder mit hohem Totholzanteil abzielt, ausbalanciert werden. Ähnlich müssen Klimaeffekte jenseits der TGH-Bilanz berücksichtigt werden, die sich aus veränderten Wasser- und Energieflüssen ergeben. Über diese biogeophysikalischen Effekte können Aufforstung oder Forstwirtschaft das globale Klima maßgeblich verändern, wenn sie großräumig stattfinden. Kleinräumige Landnutzungsänderungen können vor allem aber auch das Lokalklima durch ihre biogeophysikalischen Effekte deutlich stärker verändern als über ihre Funktion als Kohlenstoffsenke (Winckler et al. 2018).

34.4 Andere terrestrische Maßnahmen

Mit der (Wieder-)Aufforstung und mit Biomasseplantagen, die gegebenenfalls auch mit CO_2-Abscheidung und Verwendung *(carbon capture and utilization)* und CO_2-Speicherung *(carbon capture and storage)* gekoppelt werden können, sowie der Anreicherung von Bodenkohlenstoff durch landwirtschaftliche Maßnahmen und der Wiedervernässung von Mooren sind die wichtigsten zur konkreten Umsetzung diskutierten Maßnahmen zur Reduzierung von Emissionen oder Schaffung von CO_2-Speichern durch ökosystembasierte Maßnahmen in Deutschland genannt. Weitere ökosystembasierte Maßnahmen umfassen Biokohle und beschleunigte Verwitterung und sollen kurz angedeutet werden.

Biokohle wird durch Pyrolyse aus Pflanzenmaterial (land- und forstwirtschaftliche Abfälle oder dedizierter Anbau) gewonnen. Jahrhundertealte Terra-Preta-Funde belegen ihre Langlebigkeit und mögliche positive Nebeneffekte auf die Bodenfruchtbarkeit. 30 bis 50 % der trockenen Biomasse wird typisch in Biokohle überführt, wobei die Pyrolysenebenprodukte (Öle, Gase) teilweise energetisch genutzt werden können. Interessant für den Klimaschutz wird es, wenn die Biokohle im industriellen Maßstab hergestellt wird. Für Deutschland wurden technologische Potenziale von 3 bis 11 Mio. t CO_2e pro Jahr für 2050 abgeschätzt (Teichmann 2014), global 0,3 bis 2 Mrd. t CO_2 pro Jahr (Fuss et al. 2018) unter plausiblen Annahmen zur verfügbaren Biomasse bei derzeitigen Bedingungen (die global bis zu 12 Mrd. t CO_2 pro Jahr umfassen), wenn große Teile aller geernteten Biomasse in Biokohle gehen (Lee et al. 2010). Es könnten global 1 bis 5 Mrd. t CO_2e pro Jahr unter Verwendung aller land- und forstwirtschaftlichen Abfallprodukte sein (Tisserant und Cherubini 2019).

Verwitterung von Gestein *(enhanced weathering)* ist der relevanteste Prozess für die Entfernung von CO_2 aus der Atmosphäre auf geologischen Zeitskalen (auf denen sie also dem Ausgasen von CO_2 durch Vulkanismus entgegenwirkt). Beschleunigt etwa durch Vervielfachung der verwitternden Oberfläche durch Mahlen von Gestein kann Verwitterung auf Zeitskalen zur Reduktion menschgemachter Emissionen relevant werden (▶ Kap. 35). Abschätzungen sind für Deutschland nicht vorhanden und divergieren global stark, insbesondere je nach Grad der Einbeziehung des Energieverbrauchs (und der damit verbundenen Emissionen) für die Zerkleinerung des Materials, aber auch nach Annahmen zur Flächenverfügbarkeit zum Ausbringen des Materials; global liegen die Schätzungen zur Reduktionsleistung durch *enhanced weathering* oft höher als für Biokohle.

Beide Maßnahmen bergen eine Vielzahl von positiven und negativen Nebeneffekten, beide erbringen etwa verbesserte Nährstoffverfügbarkeit, führen aber auch zum Eintrag von Schwermetallen in die Umwelt, etwa bei *enhanced weathering* (Fuss et al. 2018). Das deutet darauf hin, dass die Möglichkeiten nicht nur von ihrem Potenzial her betrachtet werden dürfen, sondern auch rechtliche, ökonomische, infrastrukturelle und gesellschaftliche Faktoren eine Rolle spielen (▶ Kap. 31).

34.5 Konflikte vermindern und Synergien befördern

Möglichkeiten einer ökosystembasierten Klimapolitik, die gezielt die Landnutzung für den Klimaschutz verändern, haben nicht nur auf globaler Ebene große Potenziale, wenn man etwa an die Rolle der großen Waldökosysteme der Erde denkt und an die Effekte, die durch die Abholzung von Regenwald in Indonesien oder im Amazonas auftreten. Auch in Deutschland sind die Effekte der Landnutzung auf den Klimawandel erheblich. Zusammengenommen machen die Emissionen aus der Landwirtschaft und aus der Trockenlegung kohlenstoffreicher Böden immerhin rund ein Achtel der Treibhausgasemissionen Deutschlands aus. Andererseits entlasten die weit überwiegend bewirtschafteten Wälder in Deutschland und deren Holzprodukte die Atmosphäre deutlich.

Für eine ökosystembasierte Klimaschutzpolitik ist entscheidend, die positiven Synergieeffekte zwischen Klimaschutz und anderen Umweltzielen, wie etwa dem Biodiversitäts- und Naturschutz (▶ Kap. 15), auszuschöpfen und die gegenläufigen negativen Effekte zu vermeiden. Maßnahmen, die zu Verlagerungseffekten führen (weil etwa in Deutschland weniger erzeugte Güter aus dem Ausland importiert oder durch energieintensiv hergestellte Materialien ersetzt werden), bewirken letztlich höhere totale Emissionen, die aber nicht in der Bilanz der deutschen Landwirtschaft oder LULUCF erscheinen. Diese Verlagerungen müssen vermieden werden, was letztlich oft nur durch eine Änderung der Verbrauchs- und Konsummuster erreicht werden kann. Für den Moorschutz und etwa auch für den Schutz von Auenflächen, die ebenfalls viel Kohlenstoff speichern, lässt sich diese Forderung durchaus in Einklang bringen. Im Bereich der Landwirtschaft und der Forstwirtschaft ist dies hingegen schwieriger. In der Landwirtschaft müssen neben dem Klimaschutz zahlreiche weitere Zielsetzungen berücksichtigt werden, wie z. B. die Sicherstellung einer gesunden und ausreichenden Ernährung, die Einkommenssicherung für die Landwirte, die Entwicklung ländlicher Regionen usw. In der Forstwirtschaft stehen sich der Klimaschutz und die Holzproduktion auf der einen Seite und der Biodiversitäts- und Naturschutz auf der anderen Seite tendenziell gegenüber. Die extrem heißen und trockenen Sommer in Deutschland seit 2018 haben gezeigt, dass zugleich Anpassungen an den Klimawandel schon jetzt vorgenommen werden müssen. Es besteht daher erheblicher Forschungsbedarf, wie zukunftsorientierter Klimaschutz unter diesen Bedingungen aussehen kann und welche Einsparpotenziale langfristig möglich sind.

34.6 Kurz gesagt

Ökosystembasierte Klimapolitik beinhaltet Änderungen der bestehenden Landnutzung. Emissionen aus der Landwirtschaft und aus der Trockenlegung kohlenstoffreicher Böden machen rund ein Achtel der Treibhausgasemissionen Deutschlands aus. Wälder und deren Holzprodukte hingegen entlasteten die Atmosphäre von Treibhausgasemissionen. Moorwiedervernässung, Aufforstungen, geänderte Viehhaltung und andere Maßnahmen besitzen hohe Emissionsminderungspotenziale. Ihre Wechselwirkungen mit anderen Landnutzungsmaßnahmen und die Auswirkungen auf andere Sektoren können aber zu Verlagerungseffekten, wie Güterimporte und damit Emissionsexporte, und zu Mehremissionen führen. Die aktuellen Klimaschutzziele machen daher umfangreiche Maßnahmen und eine Transformation der Landnutzung (Sektor LULUCF) notwendig, Maßnahmenvorschläge und Politiken dürfen jedoch nie isoliert betrachtet werden und Wechselwirkungen innerhalb des Sektors und mit anderen Sektoren sind zu berücksichtigen.

Literatur

Abel S, Barthelmes A, Gaudig G, Joosten H, Nordt A, Peters J et al (2019) Klimaschutz auf Moorböden – Lösungsansätze und Best-Practice-Beispiele. Greifswald Moor Centrum-Schriftenreihe 03/2019. ▶ https://greifswaldmoor.de/files/images/pdfs/201908_Broschuere_Klimaschutz%20auf%20Moorb%C3%B6den_2019.pdf. Zugegriffen: 9. Mai 2022

BMUB. Bundesministerium für Umwelt, Naturschutz, Bau und Reaktorsicherheit (2016) Klimaschutzplan 2050. Klimaschutzpolitische Grundsätze und Ziele der Bundesregierung. ▶ https://www.bmuv.de/fileadmin/Daten_BMU/Download_PDF/Klimaschutz/klimaschutzplan_2050_bf.pdf. Zugegriffen: 29. Apr. 2022

BMU. Bundesministerium für Umwelt, Naturschutz und nukleare Sicherheit (2019a) Projektionsbericht 2019 für Deutschland gemäß Verordnung (EU) Nr. 525/2013. ▶ https://www.umweltbundesamt.de/sites/default/files/medien/372/dokumente/projektionsbericht-2019_uba_website.pdf. Zugegriffen: 9. Mai. 2022

BMU. Bundesministerium für Umwelt, Naturschutz und Reaktorsicherheit (2019b): Klimaschutzprogramm 2030 der Bundesregierung zur Umsetzung des Klimaschutzplans 2050. Berlin, 173 S.

Bolte A, Ammer C, Löf M, Madsen P, Nabuurs G-J, Schall P, Spathelf P, Rock J (2009) Adaptive forest management in central Europe: climate change impacts, strategies and integrative concept. Scand J For Res 24(6):471–480

Bolte A, Ammer C, Annighöfer P, Bauhus J, Eisenhauer DR, Geissler C, Leder B, Petercord R, Rock J, Seifert T, Spathelf P (2021) Fakten zum Thema: Wälder und Klimaschutz. AFZ Wald 76(11):12–15

Eggleston S, Buendia L, Miwa K, Ngara T, Tanabe K (Hrsg) (2006) 2006 IPCC guidelines for national greenhouse gas inventories – vol. 4: agriculture, forestry and other land use. IPCC, IGES. Hayama

FDCL. Forschungs- und Dokumentationszentrum Chile-Lateinamerika (2020) Mit „Natural Climate Solutions" die biologische Vielfalt und das Klima retten. ▶ https://www.fdcl.org/event/mit-natural-climate-solutions-die-biologische-vielfalt-und-das-klima-retten/. Zugegriffen: 9. Mai 2022

Fuss S, Lamb WF, Callaghan MW et al (2018) Negative emissions—part 2: costs, potentials and side effects. Environ Res Lett 13(063002)

Gensior A, Fuß R, Dunger K, Stümer W, Döring U (2019) Chapter 6.1: overview (CRF Sector 4). Clim Chang 2019(24):520–559

Grüneberg E, Schöning I, Riek W, Ziche D, Evers J (2019) Carbon stocks and carbon stock changes in German forest soils. In: Wellbrock N, Bolte A (Hrsg) Status and dynamics of forests in Germany. Ecological studies (analysis and synthesis) 237. Springer, Cham. ▶ https://doi.org/10.1007/978-3-030-15734-0_6

Heidecke C, Sturm V, Osterburg B, Banse M, Isermeyer, F (2020) Politikoptionen zur Reduzierung von Treibhausgasen aus der Landwirtschaft: eine Analyse ihrer Wirkungen, Chancen und Risiken. In: Der kritische Agrarbericht 2020. ABL Bauernblatt. Hamm, S 73–78

IPCC. The Intergovernmental Panel on Climate Change (2019) Summary for policymakers. In: Shukla P, Skea J, Calvo Buendia E et al (Hrsg) Climate change and land: an IPCC special report on climate change, desertification, land degradation, sustainable land management, food security, and greenhouse gas fluxes in terrestrial ecosystems. ▶ https://www.ipcc.ch/site/assets/uploads/sites/4/2020/02/SPM_Updated-Jan20.pdf. Zugegriffen: 9. Mai 2022

Isermeyer F, Heidecke C, Osterburg B (2019) Einbeziehung des Agrarsektors in die CO_2-Bepreisung. Thünen Working Paper 136. Johann Heinrich von Thünen-Institut, Braunschweig

Joosten H, Brust K, Couwenberg J, Gerner A, Holsten B, Permien T, Schäfer A, Tanneberger F, Trepel M, Wahren A (2013) Moor-Futures®: Integration von weiteren Ökosystemdienstleistungen einschließlich Biodiversität in Kohlenstoffzertifikate – Standard, Methodologie und Übertragbarkeit in andere Regionen. Bundesamt für Naturschutz, Bonn-Bad Godesberg

LABO. Bund/Länder-Arbeitsgemeinschaft Bodenschutz (2020) LABO-Statusbericht 2020. Reduzierung der Flächenneuinanspruchnahme und der Versiegelung. ▶ https://www.labo-deutschland.de/documents/LABO_Statusbericht_2020_Flaechenverbrauch_.pdf. Zugegriffen: 9. Mai 2022

Lee JW, Kidder M, Evans BR, Paik S, Buchanan AC III, Garten CT, Brown RC (2010) Characterization of biochars produced from cornstovers for soil amendment. Env Sci Technol 44(20):7970–7974

Leskinen P, Cardellini G, González-García S, Hurmekoski E, Sathre R, Seppälä J, Smyth C, Stern T, Verkerk PJ (2018) Substitution effects of wood-based products in climate change mitigation. From Science to Policy 7. European Forest Institute. ▶ https://efi.int/sites/default/files/files/publication-bank/2018/efi_fstp_7_2018.pdf. Zugegriffen: 9. Mai 2022

Luyssaart S, Schulze E-D, Börner A, Knohl A, Hessenmöller D, Law EB, Ciais P, Grace J (2008) Old-growth forests as global carbon sink. Nature 455:213–215

Osterburg B, Heidecke C, Bolte A et al (2019) Folgenabschätzung für Maßnahmenoptionen im Bereich Landwirtschaft und landwirtschaftliche Landnutzung, Forstwirtschaft und Holznutzung zur Umsetzung des Klimaschutzplans 2050. Thünen Working Paper 137. Johann Heinrich von Thünen-Institut, Braunschweig

Paul C, Weber M, Mosandl R (2009) Kohlenstoffbindung junger Aufforstungsflächen. Technische Universität, München

Poeplau C, Jacobs A, Don A, Vos C, Schneider F, Wittnebel M, Tiemeyer B, Heidkamp A, Prietz R, Flessa H (2020) Stocks of organic carbon in German agricultural soils – key results of the first comprehensive inventory. J Plant Nutr Soil Sci 183(6):665–681

Pretzsch H (2010) Forest dynamics, growth and yield. Springer, Heidelberg

Riedel T (2019) Unsere Wälder – (noch) eine CO_2-Senke. Wissenschaft Erleben 2019(2):10–11

Riedel T, Stümer W, Hennig P, Dunger K, Bolte A (2019) Wälder in Deutschland sind eine wichtige Kohlenstoffsenke. AFZ Wald 74(14):14–18

Rock J (2011) Ertragskundliche Orientierungsgrößen für eine „klimaoptimale" Waldbewirtschaftung. In: Deutscher Verband Forstlicher Forschungsanstalten/Sektion Ertragskunde (Hrsg) Beiträge zur Jahrestagung 2011. J. Nagel. NW-FVA, DVFFA. Göttingen, S 173–180

Rösemann C, Haenel H-D, Dämmgen U, Döring U, Wulf S, Eurich-Menden B, Freibauer A, Döhler H, Schreiner C, Osterburg B, Fuß R (2019) Calculations of gaseous and particulate emissions from German agriculture 1990–2017: report on methods and data (RMD) submission 2019. Thünen Rep 67. Johann Heinrich von Thünen-Institut, Braunschweig

Schulte-Uebbing L, De Vries W (2017) Global scale impacts of nitrogen deposition on tree carbon sequestration in tropical, temperate and boreal forests: a metaanalysis. Glob Chang Biol 24:e416ee431. ► https://doi.org/10.1111/gcb.13862

Spathelf P, Stanturf J, Kleine M, Jandl R, Chiatante D, Bolte A (2018) Adaptive measures: integrating adaptive forest management and forest landscape restoration. Ann For Sci 75:55

Staniaszek D, Anagnostopoulos F, Lottes R, Kranzl L, Toleikyte A, Steinbach J (2015) Die Sanierung des deutschen Gebäudebestandes. Buildings Performance Institute Europe. ► https://www.bpie.eu/wp-content/uploads/2016/02/BPIE_Renovating-Germanys-Building-Stock-_DE_09.pdf. Zugegriffen: 9. Mai 2022

Teichmann I (2014) Technical greenhouse-gas mitigation potentials of biochar soil incorporation in Germany. DIW Berlin Discussion Paper 1406. ► https://doi.org/10.2139/ssrn.2487765

Tisserant A, Cherubini F (2019) Potentials, limitations, co-benefits, and trade-offs of biochar applications to soils for climate change mitigation. Land 8 (179). ► https://doi.org/10.3390/land8120179

UBA. Umweltbundesamt (2019) Berichterstattung unter der Klimarahmenkonvention der Vereinten Nationen und dem Kyoto-Protokoll 2019. Nationaler Inventarbericht zum Deutschen Treibhausgasinventar 1990–2017. Umweltbundesamt, Dessau-Roßlau

UBA. Umweltbundesamt (2020) Deutsche Emissionsberichterstattung 2020 für die Jahre 1990 bis 2020. Common Reporting Format. Inventory 2020, Submission 2020 v1, GERMANY. 18.03.2020. Umweltbundesamt, Dessau-Roßlau. ► https://unfccc.int/sites/default/files/resource/deu-2020b-crf-18mar20.zip. Zugegriffen: 9. Mai 2022

UBA. Umweltbundesamt (2021) Emissionsübersichten Treibhausgase Emissionsentwicklung 1990–2019. ► https://www.umweltbundesamt.de/themen/klima-energie/treibhausgas-emissionen. Zugegriffen: 9. Mai 2022

UBA. Umweltbundesamt (2022) Berichterstattung unter der Klimarahmenkonvention der Vereinten Nationen und dem Kyoto-Protokoll 2022. Nationaler Inventarbericht zum Deutschen Treibhausgasinventar 1990–2020. Umweltbundesamt – UNFCCC-Submission. Climate Change 22/2020

UNFCCC. United Nations Framework Convention on Climate Change (1992) Rahmenabkommen der Vereinten Nationen über Klimaänderungen (Klimarahmenkonvention). UNFCCC, New York

UNFCCC. United Nations Framework Convention on Climate Change (1997) Das Protokoll von Kyoto zum Rahmenübereinkommen der Vereinten Nationen über Klimaänderungen. UNFCCC, BMU: 40

UNFCCC. United Nations Framework Convention on Climate Change (2015) Paris Agreement. UNFCCC. Paris: 25

WBAE, WBV. Wissenschaftlicher Beirat Agrarpolitik, Ernährung und gesundheitlicher Verbraucherschutz, Wissenschaftlicher Beirat Waldpolitik (2016) Klimaschutz in der Land- und Forstwirtschaft sowie den nachgelagerten Bereichen Ernährung und Holzverwendung. Wissenschaftlicher Beirat Agrarpolitik, Ernährung und gesundheitlicher Verbraucherschutz und Wissenschaftlicher Beirat Waldpolitik beim BMEL. Berlin

Wichtmann W, Schröder C, Joosten C (2016) Paludiculture – productive use of wet peatlands. Schweizerbart Science, Stuttgart

Wilson D, Blain D, Couwenberg J, Evans CD, Murdiyarso D, Page SE, Renou-Wilson F, Rieley JO, Sirin A, Strack M, Tuittila E-S (2016) Greenhouse gas emission factors associated with rewetting of organic soil. Mires and Peat 17:1–28. ► https://doi.org/10.19189/MaP.2016.OMB.222

Winckler J, Lejeune Q, Reick CH, Pongratz J (2018) Nonlocal effects dominate the global mean surface temperature response to the biogeophysical effects of deforestation. Geophys Res Lett 46. ► https://doi.org/10.1029/2018GL080211

Mögliche Beiträge geologischer und mariner Kohlenstoffspeicher zur Dekarbonisierung

Andreas Oschlies, Nadine Mengis, Gregor Rehder, Eva Schill,
Helmuth Thomas, Klaus Wallmann und Martin Zimmer

Inhaltsverzeichnis

35.1 **Terrestrische Kohlenstoffspeicherung im tiefen Untergrund – 450**
35.1.1 Einlagerung von CO_2 – 450
35.1.2 In-situ-Karbonisierung – 451

35.2 **Marine Kohlenstoffspeicherung – 452**
35.2.1 Physikalisch – 452
35.2.2 Chemisch: Alkalinisierung – 453
35.2.3 Biologische Eisendüngung – 454

35.3 **Fazit – 456**

35.4 **Kurz gesagt – 456**

Literatur – 456

© Der/die Autor(en) 2023
G. P. Brasseur et al. (Hrsg.), *Klimawandel in Deutschland*,
https://doi.org/10.1007/978-3-662-66696-8_35

Es klafft weiterhin eine große Lücke zwischen den im Pariser Übereinkommen vereinbarten Klimazielen und den bisher umgesetzten Klimaschutzmaßnahmen. Mittlerweile gehen alle im 1,5-Grad-Sonderbericht des Weltklimarats betrachteten Szenarien davon aus, dass selbst bei drastischen Emissionsminderungen bis zur Mitte des Jahrhunderts global jährlich einige Milliarden Tonnen Kohlendioxid (CO_2) aus der Atmosphäre entnommen und sicher und dauerhaft gespeichert werden müssen, um das 1,5-Grad-Ziel zu erreichen (IPCC 2018). Im Übereinkommen von Paris haben sich die Unterzeichner explizit dazu verpflichtet, in der zweiten Hälfte des Jahrhunderts eine vollständige Balance zwischen Quellen und Senken von Treibhausgasen, insbesondere CO_2, herzustellen. Es gibt verschiedene Ideen, wie die Last der globalen CO_2-Entnahme fair auf Länder und Regionen verteilt werden könnte (Fyson et al. 2020; Pozo et al. 2020). Dabei wird auch Deutschland einen signifikanten Teil zur globalen CO_2-Entnahme beitragen müssen, nämlich bis Ende des Jahrhunderts entsprechend verschiedener Fairnessprinzipien 5 bis 18 Mrd. t CO_2 (Pozo et al. 2020). Dies entspricht Entnahmemengen von 60 bis 225 Mio. t CO_2 pro Jahr, d. h. 10 bis 30 % der heutigen deutschen Emissionen von rund 700 Mio. t pro Jahr. Diese Mengen sind mehr als nach heutigen Verständnis mit naturnahen Lösungen wie Wiederaufforstung und Moorvernässung (▶ Kap. 34) in Deutschland machbar erscheint.

Im Folgenden werden daher die Potenziale geologischer und mariner Speicherverfahren im Hinblick auf ihre möglichen Beiträge zur Dekarbonisierung betrachtet. Unsere Zusammenstellung hat einen starken Fokus auf Deutschland, beinhaltet aber vor allem im marinen Bereich auch Speicher, die über die deutschen Hoheitsgebiete hinausgehen und deren Anrechnung auf das deutsche Kohlenstoffbudget internationale Regelwerke erfordern würde. Eine Betrachtung geologischer Verfahren erscheint naheliegend, da der im Vergleich zum vorindustriellen Zeitraum überschüssige Kohlenstoff in der Atmosphäre im Wesentlichen der Geosphäre entstammt (z. B. Boden et al. 2009). Diese bietet sowohl eine hohe Volumenkapazität für die Entsorgung als auch die Möglichkeit der dauerhaften Speicherung in tiefliegenden Reservoiren unter dem Land oder dem Meeresboden. Weltweit wurden im Jahr 2019 etwa 25 Mio. t CO_2 permanent in Anlagen zur Kohlenstoffentnahme und -speicherung (*carbon capture and storage*, CCS) in geologischen Speicherstätten in Australien, Brasilien und den USA gelagert (Global CCS Institute 2019). Dieses CO_2 stammt bisher im Wesentlichen aus mit fossilen Energieträgern betriebenen industriellen Anlagen und Kraftwerken. Mit derart „herkömmlichem" CCS werden somit Emissionen in die Atmosphäre reduziert. Falls das CO_2 jedoch aus Bioenergie- oder *Direct-air-capture*-Anlagen (direkte

Kohlenstoffentnahme aus der Luft) stammt, könnte eine netto CO_2-Entnahme aus der Atmosphäre erreicht werden. In Deutschland wurde bis 2017 die technische Machbarkeit des gesamten Lebenszyklus der geologischen CO_2-Speicherung in einer Pilotanlage in industriellem Maßstab erfolgreich aufgezeigt (Lüth et al. 2020). Aufgrund von mangelnder Akzeptanz wurde CCS in Deutschland jedoch nicht weiter umgesetzt. Falls CCS eine signifikante Rolle für das Erreichen der Ziele des Pariser Übereinkommens spielen sollte, wäre ein beträchtlicher Ausbau dieser Technologie erforderlich.

Eine Betrachtung mariner Speicherverfahren begründet sich auf der Beobachtung, dass die Ozeane klimahistorisch eine wesentliche Bedeutung für die Stabilisierung atmosphärischer CO_2-Konzentrationen hatten. Schon jetzt hat der Ozean mehr als ein Viertel der anthropogenen CO_2-Emissionen aufgenommen (Gruber et al. 2019) und damit wesentlich zur Minderung anthropogen verursachter Treibhausgaseffekte beitragen. Über die nächsten tausend bis hunderttausend Jahre wird der Ozean über natürliche Prozesse etwa 90 % des anthropogenen CO_2 aufnehmen und permanent speichern (Archer und Brovkin 2008). Methoden zur marinen CO_2-Aufnahme haben zum Ziel, diese langsame Aufnahmerate deutlich zu erhöhen.

Zunächst werden in ▶ Abschn. 35.1 technologische Speicherverfahren vorgestellt, bei denen komprimiertes CO_2 in Speicherreservoire im Erdboden eingeleitet wird. Bei diesen Verfahren ist eine gut vernetzte Logistik zwischen CO_2-Entnahme und CO_2-Speicherung erforderlich. Ähnliche Anforderungen ergeben sich für die Einlagerung von CO_2 in geologische Speicher unter dem Meeresboden, die als erstes marines Verfahren in ▶ Abschn. 35.2 vorgestellt wird, bevor chemische und biologische Methoden betrachtet werden, die im Wesentlichen natürliche Prozesse beschleunigen, um CO_2 direkt aus der Atmosphäre zu entnehmen. Die in diesem Kapitel behandelten Methoden sind schematisch in ◘ Abb. 35.1 dargestellt.

35.1 Terrestrische Kohlenstoffspeicherung im tiefen Untergrund

35.1.1 Einlagerung von CO_2

Die CO_2-Injektion in geologische Formationen mit Reservoireigenschaften, die durch ein übergelagertes Barrieregestein zur Erdoberfläche hin abgedichtet sind, ist eines der vielversprechendsten Verfahren, die in den letzten ein bis zwei Jahrzehnten entwickelt wurden (Raza et al. 2019). Bislang wurde die untertägige Technologieentwicklung für CCS im Wesentlichen in der direkten Speicherung in porösen Gesteinsschichten

Abb. 35.1 Schematische Darstellung der in diesem Kapitel diskutierten CO_2-Entnahmemethoden.

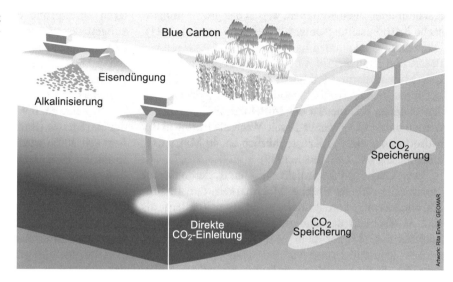

(wie z. B. Sandsteinformationen) vorangetrieben. Dies beinhaltet sowohl die Nutzung von ausgeförderten Kohlenwasserstoffreservoiren – weltweit dienen heute 14 der 18 CCS-Großprojekte (mit einer mittleren jährlichen Kohlenstoffentnahme von jeweils über 400 Tausend t CO_2) dazu, durch die CO_2-Injektion das Öl an die Oberfläche zu drücken und damit die Ölförderung zu erhöhen – als auch von sogenannten salinaren Aquiferen (salzwasserführende Grundwasserleiter), deren Salzgehalt über der Trinkwasserqualität liegt. Beide Typen weisen über geologische Zeiträume bereits eine natürliche Dichtigkeit auf. Optimale CO_2-Speicherbedingungen stellen sich hier aufgrund der Umgebungsdrücke und -temperaturen in Tiefen von über 800 m unter der Erdoberfläche ein. Unter diesen Bedingungen geht CO_2 in den überkritischen Zustand über und erreicht ein Volumenminimum bzw. ein Dichtemaximum.

Knopf und May (2017) berechnen für Deutschland potenzielle Speicherkapazitäten von mehr als 16,2 Mrd. t CO_2 (mit einer 90-prozentigen Wahrscheinlichkeit), davon können über 2,75 Mrd. t auf ausgeförderte Erdgasfelder und über 12,8 Mrd. t auf salinare Aquifere verteilt werden (Knopf et al. 2010). Die Anwendung salinarer Aquifere für eine dauerhafte CO_2-Speicherung wurde am Standort Ketzin (Brandenburg) im Zeitraum zwischen Juni 2008 und August 2013 erfolgreich demonstriert. Hier wurden 67 Tausend t CO_2 in einen salinaren Aquifer, der von einer 165 m mächtigen Tonstein- und Anhydritschicht nach oben hin abgedichtet ist, eingebracht (Martens et al. 2014). Nach Beendigung der Forschungsarbeiten wurde der Speicher stillgelegt und die Bohrungen sachgerecht verschlossen (Schmidt-Hattenberger et al. 2019). Die begleitende Überwachung hat gezeigt, dass am Pilotstandort Ketzin die CO_2-Speicherung seit Beginn der Speicherung im Jahr 2008 sicher und für Mensch und Umwelt ungefährlich verläuft. Die recht-

lichen Rahmenbedingungen zur sicheren CO_2-Speicherung im tiefen Untergrund sind durch die Richtlinie 2009/31/EG des Europäischen Parlamentes und des Rates vom 23. April 2009 zur geologischen Speicherung von Kohlendioxid[1] gegeben. In Deutschland sind CO_2-Transport und -Speicherung zum Einsatz von CCS durch das Gesetz zur Demonstration der dauerhaften Speicherung von Kohlendioxid vom 24. August 2012 (KSpG)[2] gesetzlich geregelt. Dieses Gesetz lässt die Erforschung, Erprobung und Demonstration der CO_2-Speicherung in begrenztem Ausmaß zu, mit einer Höchstspeichermenge für Deutschland von 4 Mio. t CO_2 pro Jahr insgesamt bzw. 1,3 Mio. t CO_2 pro Jahr und Speicher. Eine Speichererkundung findet aktuell nicht statt, nachdem die Frist dafür Ende 2016 abgelaufen ist. Zusätzlich regelt eine Länderklausel die Option zum generellen Verbot der CO_2-Speicherung durch einzelne Länder. Aufgrund der geringen öffentlichen Akzeptanz von Kohlenstoffspeicherung in geologischen Speicherstätten an Land (Deutscher Bundestag 2018) konzentriert sich die Industrie derzeit auf ähnliche Bedingungen im marinen Bereich (▶ Abschn. 35.2).

35.1.2 In-situ-Karbonisierung

Abhängig von der Verteilung und der Temperatur stellt sich ein natürliches Karbonatmineral-Kohlensäure-Gleichgewicht bei der CO_2-Speicherung im Untergrund ein. Die damit verbundene natürliche Karbonisierung von CO_2 im tiefen Untergrund läuft in vielen Gesteinen auf einer geologischen Zeitskala (also über Millionen von Jahren) ab. Gesteine, die Silikat-Minerale mit einem hohen molaren Anteil an zweiwertigem Magnesium,

---

1 ▶ https://eur-lex.europa.eu/eli/dir/2009/31/oj

2 ▶ https://www.gesetze-im-internet.de/kspg/BJNR172610012.html

Kalzium oder Eisen enthalten, weisen das größte mineralische Karbonisierungspotenzial auf (Matter et al. 2011). Diese Minerale kommen hauptsächlich in Gesteinen wie Basalt und Mantelperidotit vor. Großflächige natürliche CO_2-Mineralisierung erfolgt in der ozeanischen Kruste in submarinen, vulkanisch-geothermischen Systemen. In den obersten Kilometern der Mittelozeanischen Rücken werden durch CO_2-Wasser-Basalt-Wechselwirkung in der hydrothermal aktiven Kruste jährlich ca. 40 Mio. t CO_2 mineralisiert (Alt und Teagle 1999).

Das CarbFix-Pilotprojekt in Island demonstriert schrittweise die technische Machbarkeit der In-situ-Karbonisierung von Mineralen in Basaltgestein als eine Möglichkeit der dauerhaften und sicheren CO_2-Speicherung (Matter et al. 2011). Nach der erfolgreichen Mineralisierung von 95 % des gelösten CO_2 bzw. CO_2-H_2S-Gemisches von insgesamt 230 t in 500 m Tiefe bei 20 bis 50 °C innerhalb von zwei Jahren wurde in CarbFix in einem zweiten Schritt gasbeladenes Wasser bei Temperaturen von circa 250 °C bis in eine Tiefe von ca. 800 m in das basaltische Reservoir injiziert (Snæbjörnsdottir et al. 2020). Aufgrund des Säuregrades bewirkt dieses Fluid eine Mineralauflösung im bohrlochnahen Bereich. Infolgedessen erhöht sich der pH-Wert der Flüssigkeit, der für die Kohlenstoffkarbonisierung geeignet ist, mit zunehmendem Abstand zur Bohrung. Diese räumliche Verteilung von Lösung und Karbonisierung hat zur Folge, dass die Bohrung über einen längeren Zeitraum genutzt werden kann. Derzeit werden im CarbFix-Projekt 12.000 t CO_2 jährlich gespeichert. Ähnliche Gesteinsarten sind weit verbreitet in Teilen des Oberrheingrabens und im Nordosten Deutschlands (Snæbjörnsdóttir et al. 2020). Banks et al. (2021) zeigen weiteres Potenzial für In-situ-Karbonisierung in hochsalinaren Aquiferen.

35.2 Marine Kohlenstoffspeicherung

Wir betrachten in diesem Abschnitt sowohl marine Kohlenstoffspeicher, die im deutschen Hoheitsgebiet liegen, als auch Speicherung, die in einem Transfer von Kohlenstoff in das Meerwasser besteht und damit geografisch weniger klar definierbar ist oder deren Anwendung in internationalen Gewässern angesiedelt wäre. Für Letztere wäre eine Anrechnung auf das nationale Kohlenstoffbudget über internationale Vereinbarungen vorstellbar.

35.2.1 Physikalisch

Einlagerung von CO_2 in geologischen Formationen unter dem Meeresboden

Der überwiegende Teil der europäischen Speicherkapazität befindet sich in Sandsteinformationen im tieferen Untergrund der Nordsee. Die bisherigen Schätzungen lassen vermuten, dass dort bis zu 150 Mrd. t CO_2 gespeichert werden können (Vangkilde-Pedersen 2009). Bisher wird in Europa nur in *Offshore*-Formationen im industriellen Maßstab CO_2 gespeichert. Im norwegischen Sektor der Nordsee (Sleipner Projekt, ca. 0.9 Mio. t CO_2 pro Jahr seit 1996) und der Barentssee (Snohvit Projekt, ca. 0.7 Mio. t CO_2 pro Jahr seit 2009) wird CO_2 injiziert, das aus dem dort geförderten Erdgas abgetrennt wird. Darüber hinaus befinden sich einige Projekte in Planung, die darauf abzielen, CO_2 aus industriellen Quellen in ausgeförderten Erdgaslagerstätten (z. B. PORTHOS Projekt, Niederländische Nordsee) und in Sandsteinformationen (Norwegische Nordsee) *offshore* zu speichern.

Obwohl die potenziellen Speicherformationen in der Deutschen Ausschließlichen Wirtschaftszone bisher nur zum Teil erkundet wurden, zeigen die verfügbaren Daten, dass im tiefen Untergrund der Deutschen Nordsee ca. 3,6 bis 10,4 Mrd. t CO_2 gespeichert werden könnten (Willscher 2007). Im Klimaschutzprogramm 2030 der Bundesregierung ist vorgesehen, CO_2 im geologischen Untergrund zu speichern, das aus industriellen Emissionen stammt, die durch Produktionsumstellungen nicht vermieden werden können (Bundesregierung 2020). Zurzeit werden von der Industrie in Deutschland pro Jahr ca. 0,18 Mrd. t CO_2 emittiert (UBA 2020). Die Sandsteinformationen in der Deutschen Nordsee sind also von ihrem Potenzial her ausreichend groß, um diese industriellen Emissionen für einen Zeitraum von mehreren Jahrzehnten aufzunehmen. Darüber hinaus könnte dort CO_2 aus anderen Quellen gespeichert werden (z. B. Biogasnutzung, Müllverbrennung), um Emissionen zu vermeiden bzw. negative Emissionen zu erzielen. Der überwiegende Teil der Speicherformationen liegt im Hoheitsgebiet des Bundes, d. h. außerhalb des von den Bundesländern regulierten küstennahen Bereichs, sodass eine Speicherung möglicherweise auch dann umgesetzt werden könnte, wenn die norddeutschen Küstenländer weiterhin das generelle Verbot der CO_2-Speicherung in ihren Hoheitsgebieten aufrechterhalten würden. Allerdings ist der rechtliche Rahmen für diesen Fall bisher nicht abschließend geklärt. Aufgrund der Akzeptanzprobleme in der Bevölkerung gehen viele Akteure in der Politik und Wirtschaft davon aus, dass die *Offshore*-CO_2-Speicherung in Deutschland größere Umsetzungschancen hat als die Speicherung an Land.

Die deutsche Nordsee wird intensiv genutzt. Neben der Fischerei, der Schifffahrt und der Extraktion geologischer Ressourcen (Erdöl, Erdgas, Sandabbau) haben besonders die bestehenden und geplanten Windkraftanlagen einen erheblichen Platzbedarf. Darüber hinaus sind große Bereiche der Nordsee als Naturschutzgebiete ausgewiesen. Es ist daher damit zu rechnen, dass es bei der Umsetzung von *Off-*

shore-Speicherprojekten im industriellen Maßstab zu Nutzungskonflikten kommt. Es besteht ein erheblicher Forschungsbedarf, um zu klären, ob im tiefen geologischen Untergrund CO_2 gespeichert werden kann, während die Oberfläche anderweitig genutzt wird. Es muss z. B. erforscht werden, ob die Mikroseismizität, die bei der Speicherung auftreten kann, die Stabilität von Windkraftanlagen gefährdet. Auch der seismische Lärm, der bei der Exploration und Überwachung der Speicher entstehen kann, stellt ein Risiko dar, z. B. für die lärmempfindlichen Schweinswale, die in der Nordsee weit verbreitet sind. Schließlich muss sichergestellt werden, dass es bei der CO_2-Speicherung zu keinen nennenswerten Leckagen von CO_2 und teilweise toxischem, in den Gesteinsporen enthaltenem Wasser kommt. Besonders die alten Bohrlöcher, die in der Nordsee in großer Zahl zu finden sind, stellen ein Risiko dar, da es entlang dieser Bohrung zu Lecks kommen kann (Bottner et al. 2020). Bei den schon im Betrieb befindlichen *Offshore*-Speichern sind bisher keine Lecks aufgetreten (ECO_2-consortium 2015). Dennoch besteht weiterer Forschungsbedarf, um abschließend zu klären, ob und in welchem Maßstab die großen Speicherpotenziale der Nordsee für die Verminderung von CO_2-Emissionen und den Klimaschutz genutzt werden können.

Injektion von CO_2 ins Tiefenwasser

Der Ozean nimmt derzeit per Gasaustausch über die Meeresoberfläche pro Jahr 7 bis 11 Mrd. t CO_2 aus der Atmosphäre auf (Le Quéré et al. 2018). Diese Rate ist im Wesentlichen durch die langsame Umwälzbewegung des Ozeans bestimmt, die für den tiefen Ozean auf Zeitskalen von Jahrtausenden abläuft. Der Großteil des Meerwassers hatte daher seit Beginn der Industrialisierung noch keinen Kontakt mit der Atmosphäre. Eine frühe Idee zur künstlichen Beschleunigung der marinen CO_2-Aufnahme besteht darin, den CO_2-Transport durch die langsame Ozeanzirkulation abzukürzen und komprimiertes und verflüssigtes CO_2 oder verfestigtes CO_2 direkt per Pipeline oder von Schiffen aus in den tiefen Ozean zu injizieren (Marchetti 1977). Dabei würden tiefe Ökosysteme direkt an den Einleitstellen beeinträchtigt werden (Tamburri et al. 2000; Israelsson et al. 2009). Da sich durch die Einleitung von CO_2 direkt in den tiefen Ozean die Menge des in die Atmosphäre emittierten CO_2 verringert, werden gleichzeitig auch die CO_2-Aufnahme in das Oberflächenwasser aus der Atmosphäre und die daraus resultierende Versauerung an der Meeresoberfläche reduziert (Reith et al. 2019), die derzeit als ein großes Problem für marine Ökosysteme angesehen wird, insbesondere in Bezug auf Kalkschalen-bildende Organismen und Korallen.

Ein wesentlicher Nachteil gegenüber geologischen Speichern sind die höheren Leckageraten: Selbst wenn

große Wassertiefen von mehr als 3000 m betrachtet werden (zu denen Deutschland keinen direkten Zugang hat und die überwiegend in internationalen Gewässern liegen) – in denen flüssiges CO_2 dichter ist als Meerwasser und daher bei unvollständiger Lösung im Meerwasser absinken und nicht an die Meeresoberfläche aufsteigen würde – erreicht ein nicht zu vernachlässigender Anteil des im Meerwasser gelösten CO_2 auf Zeitskalen von Jahrhunderten bis Jahrtausenden mit der Ozeanzirkulation wieder die Meeresoberfläche (Orr et al. 2001; Reith et al. 2016). Eine Lagerung in Form von CO_2-Gashydraten am Meeresboden würde die Zeitskala der CO_2-Lösung aufgrund der schnellen Lösungskinetik von CO_2-Hydraten im Meerwasser nur unwesentlich verlängern (Rehder et al. 2004). Im Nahfeld solcher CO_2-Ablageorte entstünden zudem Regionen mit stark verringertem pH-Wert, d. h. einer starken Versauerung mit negativen Auswirkungen auf die benthische Fauna, die in weiten Teilen der Tiefsee nur sehr geringen pH-Schwankungen unterworfen ist (Tamburri et al. 2000; Seibel und Walsh 2001). Aktuell ist das Einleiten von CO_2 in die Wassersäule durch die Londoner Konvention und das Londoner Protokoll verboten (Leung et al. 2014).

35.2.2 Chemisch: Alkalinisierung

Einbringung von Alkalinität von außen

Alkalinität bezeichnet allgemein das Säurebindungsvermögen, was im Fall von Meerwasser insbesondere für die Speicherkapazität von Kohlensäure, also für CO_2 relevant ist. Das Einbringen von Alkalinität an der Meeresoberfläche führt zu einer Erhöhung der Aufnahme von atmosphärischem CO_2 in den Ozean.

Prinzipiell kommt eine Vielzahl von natürlichen oder künstlichen Alkalinitätsquellen infrage, ein Schwerpunkt liegt jedoch auf Kalk- oder Silikatgestein. Diese Gesteine sind alkalisch und geben bei Verwitterung (Reaktion des Gesteins mit Wasser und CO_2, d. h. Kohlensäure) Magnesium- oder Kalziumionen ab, während CO_2 unter Bindung von Protonen (d. h. „Säure") in Karbonat- und Bikarbonationen umgewandelt wird, wodurch der Ozean wiederum mehr atmosphärisches CO_2 aufnehmen kann. Der Prozess der Gesteinsverwitterung wirkt dabei auch der aktuell durch CO_2-Emissionen forcierten Ozeanversauerung entgegen. Er findet auf der Erde seit Milliarden Jahren statt und entfernt das durch Vulkanismus natürlich freigesetzte CO_2 wieder aus der Atmosphäre – allerdings um mindestens einen Faktor von hundert langsamer als die aktuellen anthropogenen CO_2-Emissionen. Eine erhöhte Verwitterung, sowohl an Land wie auch am Meeresboden, ist eine der wichtigsten natürlichen Reaktionen des Erdsystems auf erhöhte atmosphärische CO_2-Konzentrationen oder Temperatur. Zudem sind Silikat- und Kalkgestein praktisch unlimitiert in allen Erdteilen vorhanden.

Um eine möglichst große Reaktionsoberfläche des Gesteins mit CO_2-haltigem Meerwasser zu erhalten, muss dieses sehr fein gemahlen werden. Bei vollständiger Verwitterung kann der Atmosphäre dann pro Tonne Silikatgestein etwa eine Tonne CO_2 entzogen werden. Bei Verwitterung von bereits kohlenstoffhaltigem Kalkstein ist die Effizienz nur ungefähr halb so groß. Unter den Silikaten wird derzeit vor allem Olivin als möglicherweise geeignetes Mineral untersucht, welches bei Lösung in Meerwasser Alkalinität freisetzt. Diese wird auch in Hinblick auf mögliche Nebenreaktionen untersucht (Griffioen 2017). Der Einsatz von Karbonaten ist erschwert durch die Tatsache, dass große Bereiche der Ozeanoberfläche bezüglich Kalziumkarbonat übersättigt sind (Jiang et al. 2015) und der Kalkstein sich daher nicht spontan im Meerwasser löst. Eine Ausnahme hiervon sind Meeresgebiete, in denen untersättigtes Wasser aus tieferen Schichten an die Meeresoberfläche tritt. Dies ist z. B. in Küstenauftriebsregionen oder aber in Becken mit starkem Wasseraustausch bis hin zur Meeresoberfläche innerhalb weniger Dekaden (z. B. Ostsee) möglich.

Ausnutzung benthischer Alkalinitätsquellen
Natürlich vorhandene anaerobe, d. h. sauerstofffreie Sedimente (und Gewässer) bieten einen Weg zu negativen CO_2-Emissionen, wenn organisches Material in solchen Umgebungen oxidiert wird. Beim Ablauf dieser Prozesse wird der Umgebung Säure entzogen oder Base zugeführt, wodurch die CO_2-Speicherkapazität, die Alkalinität, erhöht wird. Küstennahen, flachen Sedimenten kommt hier eine besondere Bedeutung zu, da diese Sedimente starken landseitigen Einflüssen unterworfen sind und darüber hinaus in relativ direktem Kontakt zur Atmosphäre stehen. Zu den Oxidationsmitteln, die den Sauerstoff sukzessive ersetzen, gehört insbesondere Nitrat, das vor allem durch landwirtschaftliche Aktivitäten in massivem Überschuss in die Meeresumwelt freigesetzt wird (Eutrophierung) und zur Entstehung oder Ausweitung sauerstoffarmer oder -freier Zonen führen kann. Die Reduktion von Nitrat in anoxischen Umgebungen, die Denitrifizierung, verringert das Problem durch Abbau von Nitrat, erzeugt dabei Alkalinität und kommt bereits heute großtechnisch in Kläranlagen mit dem Ziel der Nitratentfernung zur Anwendung. In Küstenregionen kommen sowohl Nitrat als auch der benötigte organische Kohlenstoff im Überfluss vor, sodass geeignete Reaktoren zur Alkalinitätserhöhung durch Denitrifizierung denkbar sind.

Das Potenzial dieses Ansatzes lässt sich anhand zukünftiger Szenarien in der Landnutzung grob abschätzen. Bei einem in einigen Szenarien (beispielsweise dem *Shared Socioeconomic Pathway* SSP5-8.5) (Riahi et al. 2017) angenommenen jährlichen Bioenergiebedarf von 50 Mrd. t CO_2, würde man pro Tonne gebundenem CO_2 20 kg Nitrat als Dünger benötigen (Abschätzung für Weizen, Palliere 2004), wovon ca. 40 % ungenutzt in die Küstenmeere ausgewaschen werden (Nevison et al. 2016). Aus Sichtweise des Karbonatsystems der Ozeane ergibt sich pro Tonne im Nitrat gebundenen Stickstoffs eine zusätzliche CO_2-Speicherkapazität des Meerwassers von etwa 2,75 t CO_2 (Thomas et al. 2009). Die Denitrifizierung dieses Stickstoffs würde dann die CO_2-Aufnahmekapazität des Ozeans um 1,1 Mrd. t CO_2 pro Jahr erhöhen. Dieser Wert liegt in der Größenordnung der in diesem Zeitraum erforderlichen netto-negativen CO_2-Emissionen (Gasser et al. 2015) und zeigt, dass dieser Ansatz von seinem Potenzial her betrachtet einen bedeutenden Beitrag zur Erzeugung der erforderlichen negativen CO_2-Emissionen liefern kann. Es sollte hier betont werden, dass dieser Ansatz nicht zu erhöhtem Nährstoffeintrag aufruft, sondern in Analogie zu Kläranlagen bei geeigneter Skalierung einen Beitrag zur Behebung der Überdüngungsproblematik liefern könnte.

35.2.3 Biologische Eisendüngung

Ebenso wie Pflanzen an Land betreiben Algen im Ozean Fotosynthese und nehmen dabei im Meerwasser gelöstes CO_2 auf. Ein Teil der produzierten Biomasse sinkt in die Tiefe, bevor sie wieder CO_2 freisetzt. Netto erzeugt die marine Biologie so einen Kohlenstofftransport vom Oberflächenwasser, das in engem Austausch mit dem CO_2 der Atmosphäre steht, in den tiefen Ozean, die sogenannte biologische Kohlenstoffpumpe. In großen Gebieten des Weltozeans, insbesondere dem Südlichen Ozean, ist das Algenwachstum durch den Mikronährstoff Eisen limitiert (Martin 1990). Mehrere Feldexperimente haben gezeigt, dass die Zugabe von gelöstem Eisensulfat dort zu einer deutlichen Steigerung des Algenwachstums und der damit verbundenen CO_2-Aufnahme führen kann (Boyd et al. 2007), wobei die biologische Produktion letztlich auch durch Licht, andere Nährstoffe und ökologische Effekte (Fraßdruck) begrenzt wird. Es wird geschätzt, dass bei kontinuierlicher Düngung des gesamten Südlichen Ozeans maximal etwa 4 Mrd. t CO_2 pro Jahr aus der Atmosphäre entfernt werden könnten (Oschlies et al. 2010), wobei die Speicherung nicht permanent wäre, da das das mit der biologischen Kohlenstoffpumpe in die Tiefe transportierte CO_2 mit der Ozeanzirkulation auf Zeitskalen von Jahrzehnten bis Jahrhunderten wieder an die Meeresoberfläche gelangen würde (Siegel et al. 2021). Nebeneffekte der Düngung wären u. a. eine Verschiebung der Artengemeinschaft sowie eine verstärkte Sauerstoffzehrung durch bakterielle Zersetzungsprozesse der zusätzlich in die Tiefe exportierten Biomasse (Williamson et al. 2012). Außerdem ist das Algenwachstum im Ozean nur in den Gebieten durch Eisen limitiert, die vom Land entfernt und weit weg vom Kontakt mit eisenhaltigem Gestein oder Staubeinträgen sind. Das ist in deutschen Hoheitsgewässern nicht der Fall.

Aktuell ist die kommerzielle Anwendung von Eisendüngung durch die Londoner Konvention[3] und das Londoner Protokoll[4] verboten. Eine Düngung durch Makronährstoffe, insbesondere Stickstoff und Phosphor, die das Algenwachstum in den meisten Meeresgebieten limitieren, wäre theoretisch möglich (und wird billigend in Form von Eutrophierung in vielen Küstengebieten durch Einleitung von ungeklärten Abwässern aus Haushalten, Industrie und Landwirtschaft bereits realisiert, ▶ Abschn. 35.2.2), wird aber aufgrund des energieaufwendigen Herstellung großer Mengen von Düngemitteln nicht als plausibles Mittel zur CO_2-Entnahme aus der Atmosphäre gesehen. Weiterhin würde, wie oben angedeutet, eine verstärkte „Düngung" zu den bekannten und teils mit viel Aufwand behobenen Problemen der Eutrophierung führen, wie zum Beispiel Sauerstoffmangel.

Blue carbon

So wie marine Algen speichern auch marine Gefäßpflanzen große Mengen an Kohlenstoff in ihrer Biomasse. Hierbei handelt es sich in der gemäßigten Klimazone Deutschlands vor allem um Seegraswiesen unter Wasser, Salzmarschen und Seegraswiesen in Gezeitenökosystemen. In tropischen und subtropischen Gebieten kommen auch Mangroven in Betracht. Anders als die meisten Makroalgen wachsen diese Pflanzen auf Weichsedimenten, die aufgrund feiner Sedimentkorngrößen und hoher mikrobieller Aktivität ab Sedimenttiefen von wenigen Millimetern sauerstofffrei sind und Abbauprozesse von totem Pflanzenmaterial hemmen. Organisches Material, das sich in diesen Sedimenten ablagert, ist unter diesen anoxischen und salinaren Bedingungen über Jahrhunderte oder Jahrtausende stabil gespeichert. Der Kohlenstoff, der in Küstenökosystemen mit Vegetation abgelagert und gespeichert wird, wird allgemein als *blue carbon* bezeichnet. Pro Flächeneinheit können die Mengen an *blue carbon* um ein Mehrfaches höher liegen als die in anderen (terrestrischen) Gefäßpflanzenökosystemen gespeicherten CO_2-Äquivalente (McLeod et al. 2011), allerdings sind diese küstennahen Flächen klein im Vergleich zur Landoberfläche, sodass das globale Potenzial

auf wenige Milliarden Tonnen CO_2 pro Jahr begrenzt erscheint.

Vegetationsreiche Küstenökosysteme sind weit über ihre potenzielle Bedeutung für die Mitigation des Klimawandels hinaus relevant, da sie auch der lokalen Bevölkerung zahlreiche Ökosystemleistungen bieten. Der Schutz oder eine unterstützte Ausdehnung dieser Küstensysteme hat in der Regel vielfältige sozioökonomische Vorteile. Dennoch sind sie einer Vielzahl von Bedrohungen ausgesetzt, und im Verlauf der letzten Jahrzehnte sind weltweit große Teile ihrer ursprünglichen Fläche durch Verschmutzung, künstliche Küstenschutzmaßnahmen (Deiche, Buhnen, usw.), Landnutzungsänderung (Bau von Infrastruktur oder Tourismusanlagen, Aquakultur) und direkte Zerstörung (z. B. Holzgewinnung aus Mangroven) verloren. Infolge der Destabilisierung und damit verbundenen Belüftung des Sediments nach Zerstörung von *Blue-carbon*-Ökosystemen werden große Mengen von CO_2 (und anderen klimarelevanten Gasen) aus dem Sediment freigesetzt (Macreadie et al. 2013; Hamilton und Friess 2018; Salinas et al. 2020). Zudem gehen – v. a. nach Zerstörung von Mangroven – Kohlenstoffspeicher in der ober- und unterirdischen Biomasse der Vegetation verloren.

Der Schutz bestehender und etablierter Küstenökosysteme als CO_2-Speicher und Anbieter zahlreicher weiterer Ökosystemleistungen hat also allerhöchste Priorität. Degradierte Ökosysteme, die ihre CO_2-Speicherkapazität verloren haben, können in vielen Fällen durch Restaurierung wiederhergestellt werden – oft allerdings unter erheblichem Aufwand. Häufig erweisen sich diese Restaurierungsversuche an Küstenökosystemen allerdings nach kurzer Zeit als Fehlschlag (van Katwijk et al. 2016; Wodehouse und Rayment 2019). Zudem liefern auch nach erfolgreicher Restaurierung neu angelegte Ökosysteme nicht dieselben Ökosystemleistungen wie zuvor. Selbst wenn infolge der Degradierung der Ökosysteme nicht der gesamte gespeicherte CO_2-Bestand aus dem Sediment entlassen wird, sondern v. a. die oberen Dezimeter davon betroffen sind, und junge Anpflanzungen zur Wiederanreicherung von CO_2 in Pflanzenbiomasse und Sedimenten beitragen, brauchen junge Ökosysteme bis zu mehrere Jahrzehnte, bis sie die Speicherleistungen altgewachsener Bestände erreichen (Mangroven: Short et al. 2000; Elwin et al. 2019).

Statt Restauration mit dem Ziel, hohe Biodiversitäten zurückzugewinnen, ohne aber Ökosystemleistungen im Blick zu haben, bietet das Konzept des Ökosystemdesign (Zimmer 2018) eine Alternative, die sich auf die Erbringung von benötigten Ökosystemleistungen fokussiert. Eine Weiterführung dieses Konzepts, insbesondere im Zusammenhang mit der Speicherung von *blue carbon* als Beitrag zur Bekämpfung des Klimawandels, schließt die Option ein, durch geringfügige strukturelle Veränderungen Umwelt-

---

3 ▶ https://www.imo.org/en/OurWork/Environment/Pages/London-Convention-Protocol.aspx

4 ▶ https://www.imo.org/en/KnowledgeCentre/IndexofIMOResolutions/Pages/LDC-LC-LP.aspx

bedingungen so zu beeinflussen, dass Küstenöko-systeme an Orten implementiert werden können, die ihnen – z. B. aufgrund von Wellen- oder Gezeitenein-wirkungen – bislang nicht als Lebensraum zur Ver-fügung standen, was häufig auch zu einer Erhöhung der Biodiversität führen kann.

35.3 Fazit

Sowohl geologische als auch marine Speicher haben das theoretische Potenzial für die Aufnahme von CO_2 in klimatisch wirksamen Größenordnungen von glo-bal gesehen Milliarden Tonnen pro Jahr. Für Deutsch-land erscheint die geologische Speicherung von CO_2 im tiefen Untergrund sowohl unter Land als auch unter der Nordsee als vielversprechende Option mit einem Speicherpotenzial, das einen signifikanten Beitrag für das Erreichen der Klimaziele darstellen kann. Seegras-wiesen und Salzmarschen können einen Beitrag leis-ten, der aufgrund der verfügbaren Flächen allerdings deutlich kleiner ist. Ozeandüngung und Injektion von CO_2 ins Tiefenwasser spielen für deutsche Hoheits-gewässer keine Rolle und wäre nur in derzeit nicht ab-sehbaren internationalen Aktivitäten denkbar. Alka-linisierung erscheint aus theoretischen Betrachtungen heraus als vielversprechende Option, sowohl unter Ausnutzung benthischer Alkalinitätsquellen als auch der Einbringung alkalischer Substanzen im deutschen Hoheitsgebiet. Hier gibt es erheblichen Forschungs-bedarf, der in aktuellen Forschungsprojekten adressiert wird, um das Potenzial und die Risiken dieser mög-lichen Option zu verstehen. Umweltverträglichkeit, Permanenz der Speicherung sowie infrastrukturelle und rechtliche Voraussetzungen, gesellschaftliche Akzep-tanz und wirtschaftliche Realisierbarkeit bedürfen für alle Ansätze weiterer Klärung, bevor hieraus realisier-bare Optionen werden können. Dazu besteht zum einen dringender multidisziplinärer Forschungsbedarf, zum anderen aber auch die Notwendigkeit einer breiten ge-sellschaftlichen Debatte über konkrete Pfade zum Er-reichen der zugesagten und dringend einzuhaltenden Klimaziele, die aus heutiger Sicht nicht mehr ohne einen Einsatz von Maßnahmen zur CO_2-Entnahme aus der Atmosphäre realisierbar sind.

35.4 Kurz gesagt

Es gibt eine Reihe von geologischen und marinen Op-tionen zur Entnahme und Speicherung von CO_2, die über die bisher in Deutschland betrachteten terrestri-schen Verfahren hinaus Beiträge leisten können, um die versprochenen Klimaziele und insbesondere die Klima-neutralität zu erreichen. Methoden reichen von der physischen Lagerung von CO_2 über biologische Ver-fahren, die die fotosynthetische Aufnahme von CO_2 ausnutzen, bis hin zu chemischen Verfahren, die auf Säure-Base-Reaktionen und der Neutralisation der im Meerwasser gelösten Kohlensäure beruhen. Viele Me-thoden erscheinen vielversprechend, alle sind jedoch weit von der praktischen Umsetzung entfernt und Wissenschaft und Gesellschaft müssen in einem trans-parenten Dialog klären, unter welchen Umständen wel-che Verfahren realisierbare Optionen werden können.

Literatur

Alt JC, Teagle DAH (1999) The uptake of carbon during alteration of ocean crust. Geochim Cosmochim Acta 63:1527–1535

Archer D, Brovkin V (2008) The millennial atmospheric lifetime of anthropogenic CO_2. Clim Chang 90(3):283–297

Banks J, Poulette S, Grimmer J, Bauer F, Schill, E (2021) Geo-chemical changes associated with high-temperature heat storage at intermediate depth: thermodynamic equilibrium models for the DeepStor site in the Upper Rhine Graben, Germany. Ener-gies 14(19), 6089

Boden TA, Marland G, Andres RJ (2009) Global, regional, and na-tional fossil-fuel CO_2 emissions. Carbon Dioxide Information Analysis Center, Oak Ridge National Laboratory, US Depart-ment of Energy, Oak Ridge, Tenn., USA

Bottner C, Haeckel M, Schmidt M, Berndt C, Vielstadte L, Kutsch JA, Karstens J, Weiss T (2020) Greenhouse gas emissions from marine decommissioned hydrocarbon wells: leakage detection, monitoring and mitigation strategies. Int J Greenh Gas Control 100:16

Boyd PW, Jickells T, Law CS et al (2007) Mesoscale iron enrichment experiments 1993–2005: Synthesis and future directions. Science 315(5812):612

Bundesregierung (2020) Climate action programm 2030. ▶ https://www.bundesregierung.de/breg-en/issues/climate-action

Deutscher Bundestag (2018) Wissenschaftliche Dienste (WD) 8 – 3000 – 055/18

ECO$_2$-consortium (2015) ECO$_2$ final publishable summary report. ▶ https://www.eco2-project.eu/

Elwin A, Bukoski JJ, Jintana V, Robinson EJZ, Clark JM (2019) Pre-servation and recovery of mangrove ecosystem carbon stocks in abandoned shrimp ponds. Sci Rep 9:18275

Fyson CL, Baur S, Gidden M, Schleussner C-F (2020) Fair-share carbon dioxide removal increases major emitter responsibility. Nat Clim Chang 10(9):836–841

Gasser T, Guivarch C, Tachiiri K, Jones CD, Ciais P (2015) Negative emissions physically needed to keep global warming below 2 °C. Nat Commun 6

Global CCS Institute (2019) Global status of CCS, 24

Griffioen J (2017) Enhanced weathering of olivine in seawater: the efficiency as revealed by thermodynamic scenario analysis. Sci Total Environ 575:536–544

Gruber N, Clement D, Carter BR et al (2019) The oceanic sink for anthropogenic CO_2 from 1994 to 2007. Science 363(6432):1193

Hamilton SE, Friess DA (2018) Global carbon stocks and potential emissions due to mangrove deforestation from 2000 to 2012. Nat Clim Chang 8:240–244

IPCC, Allen M et al (2018) Global warming of 1.5 °C, summary for policymakers. IPCC

Israelsson PH, Chow AC, Adams EE (2009) An updated assessment of the acute impacts of ocean carbon sequestration by direct in-jection. Energy Procedia 1(1):4929–4936

Jiang L-Q, Feely RA, Carter BR, Greeley DJ, Gledhill DK, Arzayus KM (2015) Climatological distribution of aragonite saturation state in the global oceans, Global Biogeochem. Cycles 29:1656–1673. ▶ https://doi.org/10.1002/2015GB005198

Knopf S, May F (2017) Comparing methods for the estimation of CO_2 storage capacity in saline aquifers in Germany: regional aquifer based vs. structural trap based assessments. Energy Procedia 114:4710–4721

Knopf S, May F, Müller C, Gerling JP (2010) Neuberechnung möglicher Kapazitäten zur CO_2-Speicherung in tiefen Aquifer-Strukturen. ET. Energiewirtschaftliche Tagesfr 60(4):76–80

Le Quéré C, Andres RM, Friedlingstein P et al (2018) Global carbon budget 2018. Earth Syst Sci Data 10(4):2141–2194

Leung DYC, Caramanna G, Maroto-Valer MM (2014) An overview of current status of carbon dioxide capture and storage technologies. Renew Sustain Energy Rev 39:426–443

Lüth S, Henninges J, Ivandic M, Juhlin C, Kempka T, Norden B, Rippe D, Schmidt-Hattenberger C (2020) Geophysical monitoring of the injection and postclosure phases at the Ketzin pilot site. In: Kasahara J, Zhdanov MS, Mikada H (Hrsg) Active geophysical monitoring. Elsevier, S 523–561. ▶ https://doi.org/10.1016/B978-0-08-102684-7.00025-X

Macreadie PI, Hughes AR, Kimbro DL (2013) Loss of 'blue carbon' from coastal salt marshes following habitat disturbance. PLoS One 8(7):e69244

Marchetti C (1977) On geoengineering and the CO_2 problem. Clim Chang 1(1):59–68

Martens S, Möller F, Streibel M, Liebscher A, Group TK (2014) Completion of five years of safe CO_2 injection and transition to the post-closure phase at the Ketzin pilot site. Energy Procedia 59:190–197

Martin JH (1990) Glacial-interglacial CO_2 change: the iron hypothesis. Paleoceanography 5(1):1–13

Matter JM, Broecker WS, Gislason SR, Gunnlaugsson E, Oelkers EH, Stute M, Sigurdardóttir H, Stefansson A, Alfreðsson HA, Aradóttir ES, Axelsson G (2011) The CarbFix Pilot Project-storing carbon dioxide in basalt. Energy Procedia 4:5579–5585

McLeod E, Chmura GL, Bouillon S et al (2011) A blueprint for blue carbon: toward an improved understanding of the role of vegetated coastal habitats in sequestering CO_2. Front Ecol Environ 9:552–560

Nevison C, Hess P, Riddick S, Ward D (2016) Denitrification, leaching, and river nitrogen export in the Community Earth System Model. J Adv Model Earth Syst 8:272–291. ▶ https://doi.org/10.1002/2015MS000573

Orr JC, Aumont O, Yool A, Plattner G-K, Joos F, Maier-Reimer E, Weirig M-F, Schlitzer R, Caldeira K, Wicket M, Matear R (2001) Ocean CO_2 sequestration efficiency from 3-D ocean model comparison

Oschlies A, Koeve W, Rickels W, Rehdanz K (2010) Side effects and accounting aspects of hypothetical large-scale Southern Ocean iron fertilization. Biogeosciences 7(12):4017–4035

Pallière C (2004) OECD, S 223–227

Pozo C, Galán-Martín Á, Reiner DM, Mac Dowell N, Guillén-Gosálbez G (2020). Equity in allocating carbon dioxide removal quotas. Nat Clim Chang 1–7

Raza A, Gholami R, Rezaee R, Rasouli V, Rabiei M (2019) Significant aspects of carbon capture and storage – a review. Petroleum 5(4):335–340

Rehder G, Kirby SH, Durham WB, Stern LA, Peltzer ET, Pinkston J, Brewer PG (2004) Dissolution rates of pure methane hydrate and carbon-dioxide hydrate in undersaturated seawater at 1000-m depth. Geochim Cosmochim Acta 68(2):285–292

Reith F, Keller DP, Oschlies A (2016) Revisiting ocean carbon sequestration by direct injection: a global carbon budget perspective. Earth Syst Dyn 7(4):797–812

Reith F, Koeve W, Keller DP, Getzlaff J, Oschlies A (2019) Meeting climate targets by direct CO_2 injections: what price would the ocean have to pay? Earth Syst Dyn 10(4):711–727

Riahi K, van Vuuren DP, Kriegler E et al (2017) The shared socioeconomic pathways and their energy, land use, and greenhouse gas emissions implications: an overview. Glob Environ Chang. ▶ https://doi.org/10.1016/j.gloenvcha.2016.05.009

Salinas C, Duarte CM, Lavery PS, Masque P, Arias-Ortiz A, Leon AX, Callaghan D, Kendrick GA, Serrano O (2020) Seagrass losses since mid-20th century fuelled CO_2 emissions from soil carbon stocks. Glob Chang Biol 26(9):4772–4784

Schmidt-Hattenberger C et al (2019) Schlussbericht Projekt COMPLETE – Forschungsprojekt COMPLETE, Pilotstandort Ketzin – Erstmaliger Abschluss des kompletten Lebenszyklus eines CO_2-Speichers im Pilotmaßstab mit Schwerpunkt auf Überwachung bei Stilllegung (CO_2 post-injection monitoring and post-closure phase at the Ketzin pilot site). Sonderprogramm Geotechnologien: Berichtszeitraum: 01.01.2014–31.12.2019

Short FT, Burdick DM, Short CA, Davis RC, Morgan PA (2000) Developing success criteria for restored eelgrass, salt marsh and mud flat habitats. Ecol Eng 15:239–252

Seibel BA, Walsh PJ (2001) Potential impacts of CO_2 injection on deep-sea biota. Science 294(5541):319

Siegel D, DeVries T, Doney S, Bell T (2021) Assessing the sequestration time scales of some ocean-based carbon dioxide reduction strategies. Environ Res Lett. ▶ https://doi.org/10.1088/1748-9326/ac0be0 (im Druck)

Snæbjörnsdóttir SÓ, Sigfússon B, Marieni C, Goldberg D, Gislason SR, Oelkers EH (2020) Carbon dioxide storage through mineral carbonation. Nat Rev Earth Environ 1–13

Tamburri MN, Peltzer ET, Friederich GE, Aya I, Yamane K, Brewer PG (2000) A field study of the effects of CO_2 ocean disposal on mobile deep-sea animals. Mar Chem 72(2):95–101

Thomas H, Schiettecatte L-S, Suykens K, Koné YJM, Shadwick EH, Prowe AEF, Bozec Y, de Baar HJW, Borges AV (2009) Enhanced ocean carbon storage from anaerobic alkalinity generation in coastal sediments. Biogeosciences 6:267–274

UBA (2020) Treibhausgas-Emissionen in Deutschland. ▶ https://www.umweltbundesamt.de/daten/klima/treibhausgas-emissionen-in-deutschland

van Katwijk MM, Thorhaug A, Marbà N, Orth RJ, Duarte CM, Kendrick GA, Althuizen IHJ, Balestri E, Bernard G, Cambridge ML, Cunha A, Durance C, Giesen W, Han Q, Hosokawa S, Kiswara W, Komatsu T, Lardicci C, Lee K-S, Meinesz A, Nakaoka M, O'Brien KR, Paling EI, Pickerell C, Ransijn AMA, Verduin JJ (2016) Global analysis of seagrass restoration: the importance of large-scale planting. J Appl Ecol 53:567–578

Vangkilde-Pedersen T (2009) EU GeoCapacity, 2009. Assessing Europe capacity for geological storage of carbon dioxide. D16 WP2 Storage Capacity, S 170

Williamson P, Wallace DWR, Law CS, Boyd PW, Collos Y, Croot P, Denman K, Riebesell U, Takeda S, Vivian C (2012) Ocean fertilization for geoengineering: a review of effectiveness, environmental impacts and emerging governance. Process Saf Environ Prot 90(6):475–488

Willscher B (2007) Die CO_2-Speicherkapazität in salinen Aquiferen in der deutschen Nordsee. Bundesanstalt für Geowissenschaften und Rohstoffe, Hannover

Wodehouse DCJ, Rayment MB (2019) Mangrove area and propagule number planting targets produce sub-optimal rehabilitation and afforestation outcomes. Estuar Coast Shelf Sci 91–102

Zimmer M (2018) Ecosystem design: when mangrove ecology meets human needs. In: Makowski C, Finkl CW (Hrsg) Threats to mangrove forests: hazards, vulnerability and management. Springer, S 367–376

35

Integrierte Strategien zur Anpassung an den Klima-wandel

Die Ziele der jährlichen internationalen Klimakonferenzen sowie daraus abge-leitete Obergrenzen für Treibhausgasemissionen bestimmen die gegenwärtige Klimaschutzdiskussion. Schäden durch gegenwärtige und künftige klimabezo-gene Naturgefahren wie Stürme, Überschwemmungen, Dürre und Waldbrände treiben darüber hinaus die Diskussion um Maßnahmen zur Anpassung an den (künftigen) Klimawandel an. Der Klimawandel verstärkt bereits vorhandene Stressfaktoren – etwa die Versauerung und Verschmutzung von Böden, Luft und Ozeanen oder auch das Artensterben.

Klimaschutz und Anpassung an Klimawandel hängen ursächlich zusammen: Das Ambitionsniveau des globalen Klimaschutzes entscheidet über das Ausmaß re-gionaler Klimafolgeschäden und damit auch über jenes notwendiger Anpas-sungsmaßnahmen. Dass Letztere in ihrer Wirkung und Umsetzbarkeit begrenzt sind, erhöht die Anforderungen an den Klimaschutz.

Aber wie kann der notwendige Übergang in eine klimaverträgliche Weltwirt-schaft gelingen, wie ein weitgehender, nachhaltiger Umbau verschiedenster Sys-teme realisiert werden? Welchen Beitrag zu einem solchen Übergang kann die Anpassung an den Klimawandel leisten? Welchen die Forschung? Und wo steht Deutschland in diesem Prozess?

Gegenwärtige Strategieprozesse auf allen räumlichen Ebenen formulieren zur-zeit in erster Linie No-regret- und Win-win-Optionen zur Anpassung an den Kli-mawandel. Die Maßnahmen werden jedoch teilweise zögerlich umgesetzt – ins-besondere auf kommunaler Ebene. Räumlich abgegrenzte Strategien im Meh-rebenensystem sind – wenn überhaupt – nur schwach vernetzt. Dieser Teil beleuchtet Ursachen und Lösungsmöglichkeiten für diese Herausforderungen. Er benennt Barrieren und Erfolgsfaktoren für deren Überwindung sowie bereits umgesetzte gute Beispiele zur Anpassung an den Klimawandel.

Die Forschung zeigt: Kulturelle Traditionen, Identität, Interessen, Werte sowie lokales Wissen und Einstellungen beeinflussen die Akzeptanz und Umsetzung von Anpassungsmaßnahmen stark. Bestehende Pfadabhängigkeiten – wie die einer einkommensschwachen Region – prägen Vorstellungen zur Umsetzbar-keit von Maßnahmen und damit den Umsetzungsprozess selbst. Aber wie kön-

nen Fachleute aus Wirtschaft, Politik und Verwaltung sowie andere gesellschaftliche Akteurinnen und Akteure in die Erarbeitung wissenschaftlicher Lösungen
und in die gesellschaftliche Strategieentwicklung wirksam einbezogen werden?
Wie kann die große Herausforderung „Verbesserung sozialer Gerechtigkeit durch
Klimaanpassung" angegangen werden? Die Gesellschaft wird über künftige Entwicklungspfade entscheiden – doch jede Entscheidung wird Folgen für diese
und künftige Generationen haben, wird künftige Handlungsspielräume auf-
oder verschließen. Teil VI plädiert deshalb dafür, inkrementelle Anpassung (Veränderungen im bestehenden System) mit transformativer Anpassung (tiefgreifenden Veränderungen) künftig stärker zu verknüpfen.

Die Literatur zeigt, dass transformative Anpassung nur möglich wird, wenn
governance bestehendes lokales Wissen, Werte und Einstellungen berücksichtigt
sowie Innovationen sozialen Handelns aus Nischen herausholt und in die Alltags-
praxis bringt. Dazu eignen sich vor allem (informelle) Instrumente wie Partizipation und Kommunikation. Informelle Steuerung wird als ein Erprobungsraum
betrachtet, der Innovationen sozialen Handelns fördert und einen Normen- und
Wertewandel anstoßen kann.

Heike Molitor
Editor Teil VI

Inhaltsverzeichnis

36   **Die klimaresiliente Gesellschaft – Transformation und
      Systemänderungen – 461**
      *Jesko Hirschfeld, Gerrit Hansen, Dirk Messner, Michael
      Opielka und Sophie Peter*

37   **Das Politikfeld „Anpassung an den Klimawandel" im
      Überblick – 475**
      *Andreas Vetter, Klaus Eisenack, Christian Kind, Petra
      Mahrenholz, Sandra Naumann, Anna Pechan und Luise
      Willen*

38   **Klimakommunikation und Klimaservice – 491**
      *Susanne Schuck-Zöller, Thomas Abeling, Steffen Bender,
      Markus Groth, Elke Keup-Thiel, Heike Molitor, Kirsten
      Sander, Peer Seipold und Ulli Vilsmaier*

39   **Weiterentwicklung von Strategien zur
      Klimawandelanpassung – 507**
      *Petra Mahrenholz, Achim Daschkeit, Jörg Knieling, Andrea
      Knierim, Grit Martinez, Heike Molitor und Sonja Schlipf*

Die klimaresiliente Gesellschaft – Transformation und Systemänderungen

Jesko Hirschfeld, Gerrit Hansen, Dirk Messner, Michael Opielka und Sophie Peter

Inhaltsverzeichnis

36.1 Kausalzusammenhang zwischen Klimaschutz und Anpassung, Anpassungsgrenzen und Transformation – 462

36.2 Globale Veränderungsprozesse und Transformation – 464

36.3 Chancen und Risiken der Anpassung in komplexen Systemen – 466

36.4 Kurz gesagt – 469

Literatur – 470

© Der/die Autor(en) 2023
G. P. Brasseur et al. (Hrsg.), *Klimawandel in Deutschland*,
https://doi.org/10.1007/978-3-662-66696-8_36

Der Klimawandel stellt die Gesellschaft vor enorme Herausforderungen, die mehr erfordern werden als kleine Schritte der Anpassung in einzelnen Sektoren oder Regionen. Um langfristig resilient gegen den Klimawandel zu werden, wird eine weitreichende Transformation von Wirtschaft und Gesellschaft notwendig sein (Walker et al. 2004; Folke et al. 2010; IPCC 2014c). Diese Transformation wird sowohl aus der Perspektive des Klimaschutzes als auch aus der Perspektive der Anpassung an den Klimawandel notwendig werden und neben technologischen und wirtschaftlichen Anpassungen gesellschaftliche, kulturelle und politische Veränderungsprozesse erfordern (WBGU 2011).

In den nachfolgenden Unterkapiteln stehen die Zusammenhänge zwischen Klimaschutz und Anpassung an den Klimawandel, die Chancen, Risiken und Grenzen der Anpassung sowie der nationale und globale Transformationsbedarf im Mittelpunkt. Es wird mit Nachdruck darauf hingewiesen, dass Klimaschutz und Anpassung an den Klimawandel nicht als einfache Substitute zu betrachten sind und die Möglichkeiten von Anpassung nicht überschätzt werden dürfen.

Neben den einzel- und volkswirtschaftlichen Auswirkungen des Klimawandels betrachten die Autoren auch die sozialen, politischen und ökologischen Auswirkungen in einem systemischen Zusammenhang und weisen zudem darauf hin, wie wichtig und schwierig räumliche und zeitliche Differenzierung sein kann.

36.1 Kausalzusammenhang zwischen Klimaschutz und Anpassung, Anpassungsgrenzen und Transformation

Klimaanpassung und Klimaschutz sind als komplementäre Maßnahmen zur Vermeidung negativer Klimawandelfolgen eng aneinander gekoppelt. Klimaschutzmaßnahmen sind, zeitverzögert, entscheidend für das Ausmaß des Klimawandels und damit auch für die notwendige Anpassung, während Kosten und Potenziale von Anpassung bestimmend für Klimaschutzanstrengungen sein können. Daneben konkurrieren sie um ähnliche Ressourcen und sind durch Synergien und trade-offs verbunden (Klein et al. 2007; Moser 2012). Oft werden beide Maßnahmengruppen als Substitute behandelt, was jedoch die Gefahr birgt, wichtige Interaktionen sowie mögliche Grenzen der Anpassung zu ignorieren. Um Kosten und Risiken des Klimawandels zu reduzieren, ist ein aufeinander abgestimmter Mix aus ehrgeizigen Klimaschutzzielen und nachhaltigen Anpassungsmaßnahmen wichtig (IPCC 2014c). Auch der 6. Assessment Report des IPCC betrachtet u. a. die sogenannten Zusatzkosten und -nutzen (co-costs, co-benefits) von Anpassungs- und Mitigationsmaßnahmen,

einschließlich ihrer Interaktionen und trade-offs sowie ihr Zusammenwirken mit weiteren Zielen einer nachhaltigen Entwicklung (IPCC 2017, 2021).

Verschiedene Emissionspfade führen zu unterschiedlichen Klimafolgen und Unsicherheitsniveaus hinsichtlich der Wirksamkeit von Anpassungsmaßnahmen (IPCC 2013; ▶ Kap. 2). Die langfristige klimatische Entwicklung wird in hohem Maße davon abhängen, welche Klimaschutzanstrengungen unternommen werden. Die Anpassung an die bereits im Klimasystem eingeschriebene Erwärmung von bis zu ca. 2 °C gegenüber vorindustriellen Temperaturen muss hingegen in jedem Falle geleistet werden. Während bei den gemäßigten Emissionsszenarien eine Restabilisierung des Klimas auf höherem Temperaturniveau gegen Ende dieses Jahrhunderts projiziert wird, sind bei Szenarien mit höheren Emissionen auch nach 2100 noch langfristige und fundamentale Veränderungen zu erwarten (IPCC 2013). Entsprechend sind die mit geringeren Klimaschutzanstrengungen verbundenen Szenarien höherer Emissionen nicht nur mit massiveren Auswirkungen, sondern auch mit größeren Unsicherheiten bezüglich der langfristig notwendigen Anpassungsleistungen behaftet.

Kurz- und mittelfristige Anpassungsmaßnahmen zielen oft auf die Verwirklichung sogenannter Low- und No-regret-Optionen, die eine Verbesserung der Resilienz bezüglich verschiedener zukünftiger Klimaszenarien zum Ziel haben, oft unter gleichzeitiger Erfüllung anderer relevanter Politikziele (▶ Kap. 29; Hallegatte 2009). Insbesondere für langfristige Investitionsentscheidungen mit langen Vorlaufzeiten – etwa Küsten- und Hochwasserschutz, Forstwirtschaft, Energieerzeugung sowie Siedlungs- und Infrastrukturplanung – kann die klimawandelbedingte Planungsunsicherheit jedoch zu einem erhöhten Risiko von Fehlinvestitionen und damit mittelbar zu steigenden Kosten führen. Robuste Anpassung in diesem Bereich bedarf daher neuer, schrittweiser Planungsverfahren und muss ein breites Band von möglichen „Klimazukünften" berücksichtigen (Hallegatte 2009; Dessai und Hulme 2007; Wilby und Dessai 2010). Klimaschutzanstrengungen sind ein entscheidender Faktor für die Breite dieses Bandes und wirken damit auf die Kosten und Realisierbarkeit von Anpassungsmaßnahmen (Hallegatte et al. 2012).

Global sind die zu erwartenden Kosten von Anpassung bisher unzureichend quantifiziert. Existierende Abschätzungen fokussieren auf Entwicklungsländer (World Bank 2010) und einzelne Sektoren wie z. B. Küstenschutz, Wasser- und Energieversorgung sowie Landwirtschaft (Fankhauser 2010). Globale ökonomische Schadenskosten sind unvollständig und aufgrund von zahlreichen Annahmen und hoher Aggregation wenig aussagekräftig beschrieben (IPCC 2014c). Insbesondere für Klimaszenarien jenseits von 3 °C Erwärmung existieren zudem kaum aktuelle Studien. Die in der Literatur dagegen ausführlich dokumentierten Kosten für Klimaschutz unter verschiedenen Emissionsszenarien beruhen zum Großteil auf *Integrated-assessment*-Modellen (▶ Kap. 24). Diese bilden die Veränderungen im Energiesystem und anderen Sektoren sowie die damit einhergehenden Kosten und Veränderungen in der Weltwirtschaft ab. Sie berücksichtigen jedoch meist weder verbleibende Schadenskosten noch Kosten der Anpassung oder Rückkopplungen im Klimasystem explizit (Patt et al. 2010).

Diese Problematik der mangelnden Integration von Anpassung, Schadenskosten und Klimaschutz bestand schon im Vierten Sachstandsbericht (Parry 2009), und es gibt nach wie vor nur wenige globale Studien zu deren integrierter Betrachtung (Bosello et al. 2010; de Bruin et al. 2009; ▶ Kap. 24). Trotz methodischer Fortschritte – etwa die bessere Repräsentation von Anpassung in *Integrated-assessment*-Modellen durch das Vergleichen entsprechender sozioökonomischer Szenarien (Kriegler et al. 2012; van Vuuren et al. 2011) – ist die integrierte Modellierung von Klimaschutz-, Schadens- und Anpassungskosten derzeit noch in ihren Anfängen (Fisher-Vanden et al. 2013; Patt et al. 2010; Hirschfeld und von Möllendorff 2015; Brown et al. 2017). Kritisch wird dabei die zentrale Rolle der in gewissem Maße beliebig gewählten Diskontrate bei der Bestimmung gesellschaftlich optimaler Transformationspfade diskutiert (Guo et al. 2006; Weitzman 2013). Mit der Diskontrate können Gegenwartswerte zukünftiger Kosten- oder Nutzenströme berechnet werden. Hohe Diskontraten (>3 %) führen zu einer weitgehenden Vernachlässigung der Klimakosten, die mehrere Jahrzehnte in der Zukunft liegen. Darüber hinaus hat die Schwierigkeit, das Risiko von katastrophalen Klimawandelfolgen adäquat zu berücksichtigen (Weitzman 2009), zu grundsätzlicher Kritik an der Eignung solcher Modelle als Grundlage für politische Entscheidungen geführt (Fisher-Vanden et al. 2013; Stern 2013).

Die gesellschaftlich optimale Mischung von Anpassung und Klimaschutz lässt sich demnach nach wie vor nicht aus Ergebnissen ökonomischer Modelle herleiten. Der Umgang mit „Unquantifizierbarkeiten" kann am ehesten mit einem gekoppelten Ansatz der Risikoanalyse erfolgen, wobei Methoden wie Multikriterienanalysen zur besseren Erfassung der Dimensionen von Risiko und Unsicherheit beitragen können (Vetter und Schauser 2013; van Ierland et al. 2013; ▶ Kap. 37). Hierbei können neben grundsätzlichen ethischen Überlegungen auch Risiken von Klimaschutzmaßnahmen einfließen, z. B. die Herausforderungen großskaliger Bioenergieverwendung (Chum et al. 2011), negative ökonomische Folgen für arme Länder (Jakob und Steckel 2014) oder die Risiken von *geo engineering* (IPCC 2012). Zentrale Elemente einer solchen Risikoabschätzung sind das Risikominderungspotenzial und die Grenzen der Anpassung. In diesem Zusammenhang wird zunehmend eine enge Integration von umfassendem Risikomanagement und transformativen Klimaanpassungsstrategien (▶ Abschn. 39.1.1) diskutiert, um eine langfristige Resilienz von Ländern und Gemeinschaften über den Internationalen Warschau-Mechanismus für Verluste und Schäden (WIM), mit dem Entwicklungsländern technische Hilfe zur Bewältigung von Anpassungsbedarfen an den Klimawandel gewährt wird, zu unterstützen und langfristig sicherzustellen (UNFCCC 2016; Mechler et al. 2019).

Harte, d. h. unveränderliche Grenzen stellen insbesondere die sogenannten „Kipppunkte" dar (Lenton et al. 2008, 2019; Levermann et al. 2012), bei deren Erreichen großskalige, sprunghafte Zustandsänderungen von wichtigen Elementen des Erdsystems eintreten. Neben den Kipppunkten des physikalischen Klimasystems ist hier die erhöhte Gefahr sogenannter *regime shifts*, also dauerhafter Umwälzungen in den komplexen Mustern der global bedeutenden Ökosysteme relevant. So sind in der Arktis bereits Hinweise auf ein Überschreiten von Systemgrenzen und damit die Annäherung an Kipppunkte zu erkennen (Duarte et al. 2012; Lenton 2012; Post et al. 2009; Wassmann und Lenton 2012; Lenton et al. 2019). Auch die negativen Folgen der zunehmenden Ozeanversauerung stellen aufgrund der mangelnden Anpassungsmöglichkeiten eine harte Grenze dar (Pörtner et al. 2014). Die Schädigung von tropischen Korallenriffen ist ebenfalls bereits nachgewiesen (Cramer et al. 2014), und die Gefahr des kompletten Verlustes dieses komplexen Ökosystems besteht selbst bei geringer weiterer Erwärmung (Frieler et al. 2012; Hoegh-Guldberg 2011), verbunden mit erheblichen Risiken für die Nahrungsversorgung, nicht nur von Küstenbewohnenden. Sogenannte weiche Grenzen der Anpassung bezeichnen Bereiche, in denen die Klimawandelfolgen zwar theoretisch als technisch beherrschbar eingeschätzt werden, es aber Ziel- oder Wertkonflikte gibt, die die Umsetzung entsprechender Maßnahmen behindern oder diese auf institutioneller, politischer oder gesellschaftlicher Ebene nicht durchführbar oder nicht durchsetzungsfähig erscheinen lassen (Preston et al. 2013). Ein Beispiel sind Maßnahmen des Hochwasserschutzes, die nicht nur mit den Zielen des Küsten- und Naturschutzes kollidieren können, sondern auch mit den Interessen von Anwohnern und der Tourismusindustrie (Moser et al. 2012). Die Forschung hierzu steht, ähnlich wie diejenige zur Interaktion verschiedener Klimawandelfolgen (Warren 2011), noch am Anfang – insbesondere bezüglich der sozialen Grenzen von Anpassung und der Wechselwirkung zwischen sozialen und natürlichen Systemen (Adger et al. 2009; Preston et al. 2013; Filho und Nalau 2018).

Der Weltklimarat hat im Fünften Sachstandsbericht eine umfassende Bewertung von regionalen und globalen Schlüsselrisiken unter verschiedenen Erwärmungs- und Anpassungsszenarien vorgenommen (IPCC 2014c). Das theoretische Potenzial von Anpassung zur Risikominderung für Europa wird dabei – isoliert betrachtet, also unabhängig von Kosten und politischen Prioritäten – insgesamt auch in einer Vier-Grad-Welt als relativ hoch eingeschätzt. Im Vergleich zu einer Zwei-Grad-Welt ist die Erschließung dieses theoretisch vorhandenen Potenzials jedoch mit entsprechend höherem Aufwand und höherer Unsicherheit verbunden. In anderen Kontinenten und für bestimmte Sektoren, auch für Subregionen in Europa, sind die verbleibenden Restrisiken allerdings selbst bei optimaler Anpassung in einer Vier-Grad-Welt teilweise hoch oder sehr hoch und damit in der Nähe harter Grenzen.

Auch wenn die Gesamtkosten von Klimaschutzanstrengungen, die noch immer zum Erreichen der Begrenzung auf 1,5 bis 2 °C Erwärmung führen könnten, relativ zu den zu erwartenden Schäden gering ausfallen, wenn sie frühzeitig, unter Einbindung sämtlicher technologischen Möglichkeiten und global erfolgen (Luderer et al. 2013; IPCC 2014a), sind die Anforderungen, um zu einer Eineinhalb- bis Zwei-Grad-Welt zu kommen, doch erheblich (▶ Abschn. 36.2). So kann zumindest temporär ein Überschreiten der Zwei-Grad-Grenze nicht ausgeschlossen werden, ein sogenanntes *Overshoot*-Szenario eintreten (Parry et al. 2009). Zudem droht beim Fortschreiben der derzeitigen Emissionstrends eine Erwärmung von mehr als 4 °C bis Ende des Jahrhunderts (IPCC 2013, 2021). Dort, wo infolge solch starker Erwärmung Maßnahmen zur schrittweisen Anpassung nicht mehr ausreichen, werden transformative Anpassungsstrategien notwendig, die einen weitreichenden Wandel wirtschaftlicher, sozialer und politischer Systeme beinhalten (Smith et al. 2011; ▶ Kap. 39).

Für eine integrierte Betrachtung der Risiken und Kosten von Klimawandel und Klimaschutz besteht nach wie vor erheblicher Forschungsbedarf, insbesondere bezüglich der Operationalisierung von Anpassungsstrategien und der Quantifizierung von Schadenskosten. Nach derzeitigem Stand der Forschung ist allerdings klar, dass ambitionierte Klimaschutzanstrengungen unverzichtbar sind, um schwerwiegende und weitreichende globale Klimawandelfolgen abzuwenden (IPCC 2014b).

36.2 Globale Veränderungsprozesse und Transformation

Radikale Reduzierungen der Treibhausgasemissionen allein der Länder, die sich in der Organisation wirtschaftliche Zusammenarbeit und Entwicklung (OECD) zusammengeschlossen haben, werden voraussichtlich nicht mehr ausreichen, um die Zwei-Grad-Leitplanke einzuhalten. Zwischen 1990 und 2010 sind deren jährliche Treibhausgasemissionen (ohne die Emissionen aus Landnutzungsänderungen) von knapp 16 auf knapp 17 Gigatonnen gestiegen, 2019 lagen sie dann bei 16,4 Gigatonnen. Die Emissionen der Nicht-OECD-Länder haben sich im Zeitraum 1990 bis 2010 von 18 auf 30 Gigatonnen erhöht, im Jahr 2019 lagen sie dann bei 36 Gigatonnen – insbesondere infolge des hohen Wachstums in den Schwellenländern. Setzen sich die derzeitigen Trends fort, so dürften sich die OECD-Emissionen pro Jahr zwischen 2010 und 2040 auf einem Niveau von etwa 15 Gigatonnen einpendeln, während die Emissionen der Nicht-OECD-Länder in diesem Zeitraum pro Jahr von 36 auf knapp 50 Gigatonnen ansteigen würden (berechnet auf Grundlage von Crippa et al. 2019; Olivier und Peters 2020). Weil sich die Dynamiken in der Weltwirtschaft in den vergangenen drei Jahrzehnten signifikant in Richtung der Nicht-OECD-Länder verschoben haben (OECD 2010; Kaplinsky und Messner 2008; Spence 2011), ist wirksamer Klimaschutz nur noch möglich, wenn die grundlegenden Wachstumsmuster aller Länder auf einen klimaverträglichen Pfad gebracht werden. Es ist ein gutes Zeichen, dass 2020/21 die EU, die USA und China erklärt haben, bis spätestens Mitte des Jahrhunderts klimaneutral zu wirtschaften – EU/USA bis 2050, China bis 2060.

Globaler Klimaschutz ist also zu einem Synonym für den Aufbau einer *global zero carbon economy* (Edenhofer und Stern 2009; Leggewie und Messner 2012; World Bank 2012; Rockström et al. 2017) geworden. Neben der Frage, wie radikale Dekarbonisierung in OECD-Ländern gelingen kann, besteht die zweite Herausforderung darin, wie zunehmender Wohlstand in den Nicht-OECD-Ländern von Treibhausgasemissionen entkoppelt werden kann (Kharas 2010). Diese sozioökonomischen Dynamiken globalen Wandels werden auch in der internationalen Politik sichtbar, etwa in Diskussionen darüber, wie das „Recht auf Entwicklung" mit globalem Klimaschutz verbunden werden kann (Pan 2009; WBGU 2009). Globale Gerechtigkeits- und Verteilungsfragen bilden vor diesem Hintergrund eine zentrale Arena der weltweiten Klimapolitik und der Versuche, Übergange zu klimaverträglichen Ökonomien einzuleiten (Gesang 2011).

Der Wandel zu einer klimaverträglichen Wirtschaft wird in der Literatur zunehmend aus der Perspektive von Transitions- bzw. Transformationsprozessen diskutiert, um zu verdeutlichen, dass der Umbruch zu einer *zero carbon economy* über klassische Muster des Strukturwandels (Transition) in einzelnen Marktwirtschaften hinausgeht und umfassende Prozesse des Wandels (Transformation) impliziert (Rotmans et al. 2001; Martens und Rotmans 2002; Grin et al. 2010; World Bank 2012; Brand et al. 2013). Der

Wissenschaftliche Beirat der Bundesregierung Globale Umweltveränderungen (WGBU) hat bereits vor einer Dekade vorgeschlagen, den Übergang zu einer klimaverträglichen und insgesamt nachhaltigen Weltwirtschaft als „große Transformation" zu beschreiben (WBGU 2011) und verweist auf fünf Argumentationsstränge, die aus der Perspektive dieses Gremiums gute Gründe für diese Benennung liefern:

- Der Übergang zur Klimaverträglichkeit kann nur gelingen, wenn die globalen Wachstumsmuster in Richtung Dekarbonisierung verändert werden – wenn also ein neuer Pfad globaler Entwicklung eingeschlagen wird. Ob diese Weichenstellung gelingt, hängt einerseits davon ab, ob in den Industrieländern der Übergang zur Klimaverträglichkeit eingeleitet wird. Andererseits wird es von großer Bedeutung sein, ob die dynamisch wachsenden Schwellenländer bereit und in der Lage sind, Dekarbonisierung in das Zentrum ihrer Entwicklungsanstrengungen zu rücken (IPCC 2014c, Working Group III). Eine solche Veränderung von Wachstumsmustern setzt eine grundlegende Transformation institutioneller Rahmenbedingungen voraus, um Anreize für klimaverträgliche Investitionen zu schaffen (World Bank 2012; Edenhofer und Stern 2009; Schmitz et al. 2013; Global Commission on the Economy and Climate 2014).

- Die Entwicklung einer klimaverträglichen Weltwirtschaft impliziert einen weitgehenden Umbau der zentralen Infrastrukturen u. a. hin zu ressourcensparenden und klimarobusten Systemen, auf denen menschliche Gesellschaften basieren: in den weltweiten Energiesystemen, die für etwa 75 % der globalen Treibhausgasemissionen verantwortlich sind, in der Landnutzung (Waldnutzung, Landwirtschaft), auf die etwa 25 % der Emissionen entfallen, und in urbanen Räumen, weil ein großer Teil der Emissionen auf die Bedürfnisfelder Wohnen (Gebäude) und Mobilität in Städten zurückzuführen ist (Nakicenovic et al. 2000; WBGU 2011; IPCC 2014a; Sachs et al. 2019). Die Urbanisierung ist von besonderer Bedeutung, weil die Zahl der Menschen, die in urbanen Räumen lebt, von derzeit 3,5 Mrd. auf etwa 7 Mrd. Menschen im Jahr 2050 ansteigen wird. Bei Gebäuden und Mobilitätssystemen handelt es sich um Infrastrukturen, welche die Emissionspfade für viele Jahrzehnte prägen werden (IEA 2010; EWI et al. 2010). Ob also der Urbanisierungsschub, der sich insbesondere auf Nicht-OECD-Länder und hier vor allem auf Asien konzentriert, *Zero-carbon*-Mustern oder den etablierten treibhausgasintensiven Dynamiken der Stadtentwicklung folgt, ist aus der Perspektive des Klimaschutzes von großer Bedeutung (WBGU 2016).

- Dekarbonisierungsstrategien müssen auf technologischen Innovationen basieren. Die Literatur zum

Rebound-Effekt (Jackson 2009; Nordhaus 2013) – Effizienzeinsparungen werden häufig durch ein Mehr an Konsum zunichtegemacht – verdeutlicht allerdings auch, dass eine absolute Abkopplung der Wohlstandsentwicklung vom Emissionsausstoß nur gelingen kann, wenn sich zugleich soziale Innovationen durchsetzen: veränderte Lebensstile und Konsummuster, neue Wohlfahrtskonzepte sowie Normen und Wertesysteme, die den Erhalt der globalen Gemeinschaftsgüter zu einem kategorischen Imperativ machen (Skidelsky und Skidelsky 2012; Messner 2015; Purr et al. 2019).

- Treibhausgasemissionen bewirken in der Gegenwart langfristige Dynamiken im Erdsystem, bis hin zum Risiko des Erreichens von Kipppunkten. Dabei haben neuere Studien (Lenton et al. 2019) gezeigt, dass diese bereits bei globalen Temperaturerhöhungen um die 2 °C und nicht erst, wie in früheren Arbeiten angenommen, bei Erwärmungen jenseits von 2 bis 4 °C ausgelöst werden könnten (Lenton et al. 2008). Die Transformation muss deshalb in einem sehr engen Zeitfenster stattfinden, wenn die Zwei-Grad-Leitplanke noch eingehalten werden soll (Allen et al. 2009; Meinshausen et al. 2009; WBGU 2009). Bis Mitte des Jahrhunderts müssten die Treibhausgasemissionen, die aus der Verbrennung fossiler Energieträger entstehen, weltweit auf null reduziert werden (WBGU 2014). So stellt sich die Frage, wie Dynamiken der Transformation beschleunigt werden können (Grin et al. 2010).

- Alles sieht danach aus, als ob Paul Crutzen und andere (Crutzen 2000; Williams et al. 2011) mit ihrem Argument recht behalten, dass die Menschheit zu einer zentralen Veränderungskraft im Erdsystem geworden ist. So impliziert der Übergang zu einer nachhaltigen Wirtschafts- und Gesellschaftsordnung, dass die Menschen Institutionen sowie Normen und Wertesysteme „erfinden" müssen, um das Erdsystem im Anthropozän dauerhaft zu stabilisieren und damit die Existenzgrundlagen vieler künftiger Generationen zu erhalten. Diese Herausforderungen eines „Erdsystemmanagements" (Schellnhuber 1999; Biermann 2008) gehen über die existierenden Weltbilder internationaler Politik deutlich hinaus.

Der Verweis auf Klimaschutz und Anpassung an den Klimawandel im Kontext der Dynamiken globaler Entwicklung sowie die Diskussion über das Klimasystem als Gemeinschaftsgut *(global common)* (Ostrom 2010) führen zu der Frage, wie globale Kooperation gestaltet werden kann, um die Transformation zur Klimaverträglichkeit zu ermöglichen (Keohane und Victor 2010; Oberthür und Gehring 2005; Ostrom 2009; WBGU 2006; Messner und Weinlich 2016). In der Literatur wird auf vier zentrale Mechanismen verwiesen, die die

Klimaverhandlungen weiterhin schwierig und lang-
wierig machen:

1. auf das aus der Konzeption der *tragedy of the commons* (Hardin 1968), der Gefahr der Übernutzung
   frei verfügbarer und begrenzter Ressourcen und
   der Theorie kollektiven Handelns (Olson 1965) bekannte „Trittbrettfahrerproblem" (Nordhaus 2013).
   Es bedeutet, dass das Zustandekommen von Ko-
   operationsallianzen (z. B. zum Schutz des Klimasystems) erschwert wird, wenn jemand, der sich nicht
   an diesen kooperativen Lösungen beteiligt, nicht an
   der weiteren Übernutzung bzw. Überlastung des Ge-
   meinschaftsgutes gehindert werden kann;
2. auf Verteilungskonflikte zwischen Industrie-,
   Schwellen- und Entwicklungsländern über die Kosten, die durch Treibhausgasreduzierungen entstehen, sowie über Verantwortlichkeiten zur Treibhausgasminderung, die sich für jeweilige Län-
   der(gruppen) aus historischen, gegenwärtigen und
   zukünftig zu erwartenden Emissionen ergeben
   (WBGU 2009; Ott et al. 2008; Depledge 2005; Pan
   2009; Caney 2020);
3. auf die Sorge, dass radikale Treibhausgasreduzierungen die Wettbewerbsfähigkeit einzelner
   Ökonomien schädigen, Beschäftigungseinbußen zur
   Folge haben oder – so der Diskurs in Schwellen-
   und Entwicklungsländern – Prozesse nachholender
   Entwicklung blockieren könnten (Leggewie und
   Messner 2012; World Bank 2012; OECD 2010; Sinn
   2008);
4. auf die spezifische Zeitstruktur des Klimaproblems,
   die darin besteht, dass schwerwiegende Folgen
   des Klimawandels erst in einigen Jahrzehnten zu
   erwarten sind, heute aber bereits bewirkt werden. Politische Systeme und Menschen in Entscheidungsprozessen reagieren jedoch primär auf
   aktuellen Problemdruck (Giddens 2009; Newton-
   Smith 1980; Zimmerman 2005; WBGU 2014).

Diese Kooperationshemmnisse sind Gründe dafür,
dass die internationale Staatengemeinschaft 21 Ver-
handlungsrunden benötigte, um im Dezember 2015
in Paris einen alle Staaten in Verpflichtungen ein-
bindenden Weltklimavertrag abzuschließen, obwohl
die naturwissenschaftlichen Grundlagen des Klimawandels, seiner Ursachen, Treiber und Wirkungen seit
geraumer Zeit gut verstanden und sogar von der überwiegenden Zahl der Staaten akzeptiert waren. Dieses Klimaabkommen sieht erstmals in der Geschichte
der Klimadiplomatie eine Dekarbonisierung der Weltwirtschaft bis Mitte des 21. Jahrhunderts vor. Der
Klimavertrag stellt einen Versuch dar, die Handlungs-
blockaden, die aus den vier Kooperationshemmnissen
resultieren, durch Kompromisse, Selbstverpflichtungen
der Staaten, Ausgleichszahlungen, Technologietransfer
und Monitoringsysteme für die Umsetzung der Verein-

barungen zu überwinden. Auf Sanktionsmechanismen
für Kooperationsverweigerer und Staaten, die ihren
Verpflichtungen nicht nachkommen, haben sich die
Staaten nicht einigen können. Dass 2020/21 China, die
EU und die USA, aber auch viele Unternehmen weltweit angekündigt und spezifiziert haben, in den kommenden Dekaden Klimaneutralität zu erreichen, könnte
ein Indiz dafür sein, dass eine Neuorientierung in Richtung Dekarbonisierung in den kommenden Jahren auch
tatsächlich durchgesetzt wird. Dafür spricht auch eine
Analyse von 130 Reports aus allen Weltregionen, die
Optionen für eine Wiederbelebung der Wirtschaft in
und nach der Corona-Pandemie ausleuchten. Es zeigt
sich, dass nahezu alle Reports Investitionen in Klimaschutz und nachhaltige Infrastrukturen ins Zentrum
ihre Überlegungen stellen (Burger et al. 2020).

36.3 Chancen und Risiken der Anpassung in komplexen Systemen

Chancen und Risiken der Anpassung an den Klimawandel sind sowohl auf globaler Ebene als auch im nationalen Maßstab bislang unzureichend quantifiziert
und werden auch in Zukunft nur in Grenzen quantifizierbar sein (Watkiss 2009; JPI Climate 2011; Defra
et al. 2012; Hirschfeld et al. 2015). Das stellt Fachleute
in nationalen, regionalen und lokalen Entscheidungsprozessen vor teilweise erhebliche Probleme bei der
Formulierung angemessener Anpassungspolitiken. Die
Schwierigkeiten bei der Abbildung der Kosten und
Nutzen von Anpassungsmaßnahmen ergeben sich zum
einen aus den klima- und ökosystemaren Unsicherheiten und Ungewissheiten, mit denen Klimaszenarien
nach wie vor behaftet sind und voraussichtlich auch
dauerhaft sein werden. Zum anderen folgen sie aus der
Komplexität der angesprochenen wirtschaftlichen, sozialen und politischen Systeme, die durch den Klimawandel zu reaktivem und proaktivem Handeln heraus-
gefordert sind (WBGU 2011; ▶ Kap. 27).

Mit den im September 2015 von den Vereinten Nationen verabschiedeten „Zielen nachhaltiger Entwicklung" (*Sustainable Development Goals* – SDGs)
der „Agenda 2030" wurden erstmals soziale und ökologische Nachhaltigkeitsziele systematisch verknüpft
(United Nations 2015). Mehr als die Hälfte der 17
SDGs (◼ Abb. 31.1) und ihrer 169 Unterziele sind im
weiteren Sinn sozialpolitisch. Damit tritt erstmals der
Wohlfahrtsstaat als Institution klimapolitischer Steuerung in den Blick (Opielka 2017; Gough 2017; Koch
und Mont 2017; Deeming 2021). Die sozialen Nachhaltigkeitsziele schließen ausdrücklich die Industrieländer ein, während die Milleniumsentwicklungsziele
der vorherigen „Agenda 2015" die Entwicklungsländer
fokussierten (Vereinte Nationen 2015). Soziale und vor
allem sozialpolitische Modernisierungsziele ändern sich

dabei im Kontext der Nachhaltigkeitsperspektive. Das Konzept „Soziale Nachhaltigkeit" bietet einen analytischen Rahmen, die komplexen Nachhaltigkeitsziele in die Wohlfahrtsstaatsentwicklung einzugliedern (Opielka 2017; Opielka und Renn 2017; McGuinn et al. 2020). Bisher konzentrierten sich die Fragestellungen der „sozialökologischen" Forschung und Politik auf das Management von Stoffströmen (Neckel et al. 2018), die Politik der SDGs fordert nun eine Einbettung der Klimapolitik in komplexe gesellschaftliche Transformationsmodelle. Die von der Bundesregierung regelmäßig aktualisierte Deutsche Nachhaltigkeitsstrategie[1] und die Nachhaltigkeitsstrategien der Länder und kommunalen Gebietskörperschaften beziehen sich ausdrücklich auf die SDGs (Teichert und Buchholz 2016). Dies gilt auch für den *Green Deal* der EU-Kommission (European Commission 2020). Auf allen Ebenen des Regierens werden damit *Governance*-Modelle etabliert, die Komplexitätssteuerung ausdrücklich ganzheitlich verstehen.

Zielkonflikte und Synergien zwischen den Nachhaltigkeitszielen sind nicht nur Problem und Aufgabe politischer Steuerung. Vielmehr stellen sich auch methodisch-wissenschaftliche Probleme von Monitoring und Evaluation komplexer Klimaschutz- bzw. Mitigations- und Klimaanpassungsmaßnahmen, die wissenschaftliche Fundierung benötigen. Dabei kann auf zahlreiche interdisziplinäre Projekte zurückgegriffen werden, in denen die Interaktion von sozial- und umweltpolitischen Dimensionen der SDGs untersucht und modelliert wird (ICSU 2017; Collste et al. 2017; Soest et al. 2019). Sie zeigen nachdrücklich die Notwendigkeit der Wissensbasierung von Politik als Interessenausgleich und Legitimationskontext angesichts dieser hochkomplexen Zusammenhänge, für die Methoden der Zukunftsforschung wie Szenarienentwicklung und *forecasting* unverzichtbar werden (De Hoyos Guevara et al. 2019). Die Spannung von sozialer Gerechtigkeit und Klimaanpassung wird global als „Klimagerechtigkeit" verhandelt (Ekardt 2012; Caney 2020). Die Verschärfung globaler und intergenerationaler Spannungen durch die Klimakrise erweiterte die im 19. Jahrhundert mit der „Großen Transformation" (so der von Karl Polanyi geprägte Begriff) zum Kapitalismus entstandene „soziale Frage" seit dem Ende des 20. Jahrhunderts zur „ökosozialen Frage" (Opielka 1985; Deeming 2021), die durch die SDG-Perspektive nun in das allgemeine Bewusstsein tritt. Auch die 2020 einsetzende Coronapandemie hat deutlich gemacht, dass Klimapolitik und Sozial- bzw. Gesundheitspolitik systematisch verknüpft werden müssen (UN DESA 2020; Wiese und Mayrhofer 2020).

Der IPCC-Sonderbericht zum 1,5-Grad-Ziel hat die SDGs unmittelbar mit Optionen zur Minderung der Treibhausgasemissionen in den Bereichen der Energieversorgung, des Energiebedarfs und der Landnutzung in Beziehung gesetzt und dabei eine Reihe von Zielkonflikten, überwiegend aber Synergien identifiziert (IPCC 2018). Die aus dem Sonderbericht übernommene ◘ Abb. 36.1 gibt einen Überblick über diese Synergien und Zielkonflikte.

Der Bericht weist ausdrücklich darauf hin, dass mit dem Ausweis von Synergien und Zielkonflikten in unterschiedlichem Ausmaß noch keine Aussagen über Nutzen und Kosten im ökonomischen Sinne getroffen werden. Auch die Nebeneffekte von Anpassungsmaßnahmen auf die Klimaschutzziele und die SDGs sind bisher wenig untersucht (IPCC 2018). Zielkonflikte sieht der IPCC Sonderbericht zum 1,5-Grad-Ziel unter anderem beim Anbau von Energiepflanzen zur Substitution fossiler Energieträger, da dieser in Konkurrenz zur Ernährungssicherheit und weiterer Aspekten einer nachhaltigen Entwicklung (wie Biodiversität) stehen kann. Deutliche Synergien sieht der Bericht dagegen zwischen 1,5-Grad-Pfaden und den SDGs Gesundheit, Saubere Energie, Städte und Gemeinden, Nachhaltigem Konsum und Produktion sowie Ozeane – dies jeweils mit „sehr hohem Vertrauen" (IPCC 2018).

Nach den bisher vorliegenden Analysen zu Kosten und Nutzen der Anpassung an den Klimawandel in Deutschland zeichnen sich die vordringlichsten Anpassungsbedarfe und größten erreichbaren Anpassungsnutzen in den Bereichen Hitze, Hochwasser und Stürme ab (Hübler und Klepper 2007; Robine et al. 2008; Hinkel et al. 2010; Tröltzsch et al. 2011; GDV 2013; Lehr und Nieters 2015; IPCC 2014b; Lehr et al. 2020).

Zur Abwägung zwischen Chancen und Risiken der Anpassung lassen sich Kosten-Nutzen- und Multikriterienanalysen heranziehen. Letztere stellen die Effekte von Anpassungsmaßnahmen in der Vielfalt ihrer Dimensionen dar, ohne sie auf eine einheitliche Dimension von Geldwerten umzurechnen und damit unmittelbar vergleichbar zu machen.

Die verschiedenen Dimensionen komplexer Systeme (wirtschaftliche, soziale, politische, ökologische Dimension) können durch Maßnahmen zur Anpassung an den Klimawandel in positiver, neutraler oder negativer Weise beeinflusst werden. Zusätzlich und über alle Politikfelder und Systemdimensionen hinweg sind die räumlichen und zeitlichen Skalenebenen zu beachten. Es ist in vielen Fällen von hoher Relevanz für die Entscheidung über die Vorteilhaftigkeit einer Anpassungsmaßnahme, ob die Wirkungen der Maßnahme vor einem kleinräumig-lokalen Betrachtungshintergrund bewertet werden oder auf einer überregionalen, nationalen oder sogar globalen Skalenebene. Ebenso ist es häufig entscheidend, ob Wirkungen kurz-, mittel- oder

---

[1] ► https://www.bundesregierung.de/breg-de/themen/nachhaltigkeitspolitik/eine-strategie-begleitet-uns

Indikative Verknüpfungen zwischen Minderungsoptionen und nachhaltiger Entwicklung unter Verwendung der *Sustainable Development Goals* (SDGs)
(Die Verknüpfungen zeigen keine Kosten und Nutzen)

In jedem Sektor können die angewendeten Minderungsoptionen mit möglichen positiven Auswirkungen (Synergien) oder negativen Auswirkungen (Zielkonflikten) bezüglich der Ziele für nachhaltige Entwicklung (SDGs) verbunden sein. Inwieweit dieses Potenzial verwirklicht wird, wird von dem gewählten Portfolio an Minderungsoptionen, der Gestaltung der politischen Minderungsstrategie und von lokalen Gegebenheiten und Kontext abhängen. Insbesondere im Energiebedarfsektor ist das Potenzial für Synergien größer als für Zielkonflikte. Die Balken gruppieren einzeln bewertete Optionen nach Vertrauensniveau und berücksichtigen die relative Stärke der bewerteten Verknüpfungen zwischen Minderung und SDG.

36

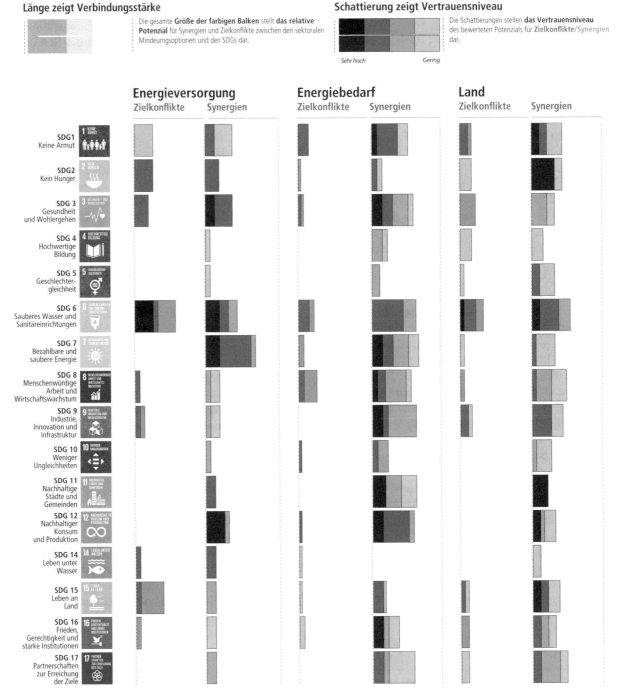

■ **Abb. 36.1**   Synergien und Konflikte von Treibhausgasminderungsoptionen mit Zielen für eine nachhaltige Entwicklung. (Abbildung: IPCC 2018)

langfristig betrachtet und in die Entscheidungsprozesse einbezogen werden (Padt und Arts 2014).

Zur Entscheidungsfindung müssen die Systemdimensionen untereinander gewichtet werden. Außerdem sind für die einzelnen Dimensionen kritische Untergrenzen zu beachten, bei deren Unterschreitung die Stabilität der jeweiligen Systeme gefährdet wird (etwa einzelbetriebliche Rentabilität, sozialer Friede, Resilienz des betroffenen Ökosystems). Sowohl die Gewichtung als auch die Bezugnahme auf bestimmte räumliche und zeitliche Skalenebenen (lokal oder global, kurz- oder langfristig) können nur auf Grundlage von Werturteilen vorgenommen werden und sind damit im politischen Prozess zu treffende Entscheidungen. Anpassungsmaßnahmen an den Klimawandel sind also nicht allein aus individueller oder betriebswirtschaftlicher Perspektive zu betrachten, wenn unerwünschte Nebeneffekte oder sogar negative Gesamteffekte vermieden werden sollen (Hirschfeld et al. 2015; Lehr et al. 2020). Gleichzeitig stellen nur wenige Anpassungsmaßnahmen *Win-win-win*-Lösungen für alle gesellschaftlichen Gruppen in allen Systemdimensionen und auf allen Skalenebenen dar. Häufig müssen in mindestens einer der Systemdimensionen Abstriche hingenommen werden, um die in einer anderen Dimension oder auf einer anderen Skalenebene gesetzten Ziele zu erreichen. Bei der Gestaltung von Anpassungspolitiken sollten potenzielle Anpassungsmaßnahmen also im Hinblick auf ihre komplexen Auswirkungen in den verschiedenen Systemdimensionen analysiert und ihre Ansatzpunkte auf den verschiedenen räumlichen und zeitlichen Skalenebenen berücksichtigt werden. Entsprechend der Vielzahl der angesprochenen Systemdimensionen sind dabei die Zusammenarbeit zwischen verschiedenen sozial- und naturwissenschaftlichen Forschungsdisziplinen sowie die Einbeziehung der jeweils betroffenen und handlungsrelevanten Gruppen notwendig (Brown et al. 2017; IPCC 2017).

Auf einzelwirtschaftlicher Ebene begrenzen Budgetrestriktionen und teilweise abträgliche Anreizsituationen die Handlungsmöglichkeiten von Unternehmen und Haushalten. In vielen Fällen fehlt bislang auch das Wissen über geeignete Anpassungsoptionen. Hier können durch Informationsbereitstellung sowie geeignete institutionelle Rahmensetzungen Anreizmuster verändert und Möglichkeiten zu autonomen Anpassungsanstrengungen eröffnet werden (► Kap. 39). Staatliche Institutionen haben hierzu in den letzten Jahren eine Vielzahl von Aktivitäten zur Anpassung an den Klimawandel gestartet (► Kap. 37). Damit könnten bei Haushalten und Unternehmen *Win-win*-Potenziale gezielt erzeugt und genutzt werden. Die neuere Nachhaltigkeitsdiskussion zu Vulnerabilität und Resilienz vernachlässigte dabei die Rolle der Sozialpolitik (Stieß et al. 2012; Tappesser et al. 2017). Die COVID-19-Pandemie hat weltweit deutlich ge-

macht, wie wichtig universalistische, an Bürger- und Menschenrechten orientierte Sicherungssysteme sind. Noch ist nicht wirklich allgemein bewusst, wie bedeutungsvoll der Wohlfahrtsstaat auch für die Bewältigung der Klimakrise sein wird, nur mit ihm ist Klimagerechtigkeit institutionell abzusichern (Deeming 2021). Zugleich trägt eine Konstruktion des Wohlfahrtsstaates, die die Wachstumslogik durch Erwerbsarbeitszentrierung verlängert und häufig verstärkt (Opielka 2017), zur Beschleunigung der Klimakrise bei. Eine Neuordnung der Sozialsysteme in Richtung eines Klimaanpassung und Klimaresilienz durch die Absicherung von Vulnerabilität unterstützenden „Grundeinkommens" oder vergleichbarer Instrumente sozialer Nachhaltigkeit (McGuinn et al. 2020; Wiese und Mayrhofer 2020) erfordert die Einbeziehung aller relevanten Stakeholder und eine innovations- und risikofreundliche Politik, die Modelle wie ein „Zukunftslabor" fördert (Opielka und Peter 2020). Für Wirtschaftsverbände, Nichtregierungsorganisationen und Vereine gilt es, ihre Mitglieder über Klimafolgen und Anpassungsoptionen zu informieren und sie zu diskutieren. Eine gemeinsame oder auch individuelle Umsetzung von Anpassungsmaßnahmen ist beratend in innovativen Allianzen zu begleiten (Sharp et al. 2020; ► Kap. 37).

Die Forschung schließlich kann Praxisfragen, Wissensbedarfe und vorhandenes Systemwissen der in diesem Kapitel genannten Handelnden, Beteiligten und Betroffenen aufnehmen und in einem inter- und transdisziplinären Forschungsprozess (Jahn 2008) Wissen über die potenziellen Folgen des Klimawandels und die Chancen und Risiken von Klimaanpassungsmaßnahmen auf den verschiedenen Ebenen komplexer wirtschaftlicher, sozialer, politischer und ökologischer Systeme erarbeiten. Auf dieser Grundlage können wissenschaftliches Wissen mit gesellschaftlichen Visionen und Wertvorstellungen zusammengeführt, Klimaserviceprodukte entwickelt (► Kap. 38) und wissensbasierte Transformationen (WBGU 2011) in Richtung einer klimaresilienten Gesellschaft ausgehandelt und angestoßen werden.

36.4 Kurz gesagt

Mangelnder Klimaschutz kann das Klimasystem in Zustände bringen, in denen Kipppunkte erreicht und Anpassungskapazitäten empfindlich überschritten werden. Zur Einhaltung des Eineinhalb- bis Zwei-Grad-Zieles wird ein Ausmaß an Klimaschutz notwendig sein, das über behutsame Strukturanpassungen in kleinen Schritten weit hinausgehen muss: Es bedarf einer „großen Transformation" nationaler und globaler Wirtschaftsweisen, Rahmenbedingungen und Entwicklungspfade, sodass die Dekarbonisierung in den Mittelpunkt der gesellschaftlichen Entwicklung rücken kann. Unter anderem sind eine konsequente Dekarbonisierung der Energiesysteme, der Landnutzung, des Wohnens und der Mobilität erforderlich. Das Pariser Klimaabkommen von 2015 war ein wichtiger Schritt in diese Richtung, dem bereits einige nationale Politikmaßnahmen und klimafreundliche einzelwirtschaftliche Entscheidungen gefolgt sind, die in ihrer Gesamtdimension aber bislang noch bei Weitem nicht ausreichen, um die Einhaltung des Eineinhalb- bis Zwei-Grad-Zieles zu gewährleisten.

Schon auf nationaler Ebene stehen gesellschaftliche Gruppen und politisch Entscheidungstragende vor komplexen Analyse- und Steuerungsproblemen. Um Klimarisiken zu begegnen und Chancen der Klimaanpassung auszuschöpfen, müssen die verschiedenen Systemdimensionen (wirtschaftliches, soziales, politisches und ökologisches Subsystem), die unterschiedlichen Ziele einer nachhaltigen Entwicklung (SDGs) sowie dabei außerdem räumliche und zeitliche Skalenebenen berücksichtigt und Fachleute aus der Praxis einbezogen werden. Erweiterte Kosten-Nutzen-Analysen, die diese Vielzahl von Systemdimensionen und Skalenebenen einbeziehen oder auch mit Multikriterienanalysen gekoppelt werden können, sind geeignet, Politikerinnen und Politiker bei der Entscheidungsfindung zu unterstützen.

Eine Abkopplung von Wohlstandentwicklung und Emissionsausstoß und damit eine Vermeidung von *Rebound*-Effekten kann jedoch nur gelingen, wenn sich zugleich veränderte Lebensstile und Konsummuster, neue Wohlfahrtskonzepte sowie Normen und Wertesysteme durchsetzen, die den Erhalt der globalen Gemeinschaftsgüter als unverzichtbar begreifen. Nur so kann eine Transformation in Richtung einer klimaresilienten Gesellschaft angestoßen, umgesetzt und verstetigt werden.

Literatur

Adger WN, Dessai S, Goulden M, Hulme M, Lorenzoni I, Nelson DR, Naess LO, Wolf J, Wreford A (2009) Are there social limits to adaptation to climate change? Clim Chang 93:335–354

Allen MR, Frame DJ, Huntingford C, Jones CD, Lowe JA, Meinshausen M, Meinshausen N (2009) Warming caused by cumulative carbon emissions towards the trillionth tonne. Nature 458:1163–1166

Biermann F (2008) Earth system governance. A research agenda. In: Young OR, King LA, Schroeder H (Hrsg) Institutions and environmental change. Principal findings, applications, and research frontiers. MIT Press, Cambridge, S 277–301

Bosello F, Carraro C, De Cian E (2010) Climate policy and the optimal balance between mitigation, adaptation and unavoided damage. Clim Chang Econ 1:71–92

Brand U, Brunnengräber A, Andresen S, Driessen P, Haberl H, Hausknost D, Helgenberger S, Hollaender K, Læssøe J, Oberthür S, Omann I, Schneidewind U (2013) Debating transformation in multiple crises. ISSC, UNESCO, (2013) World social science report 2013: changing global environments. OECD Publishing and UNESCO Publishing, Paris

Brown C, Alexander P, Holzhauer S, Rounsevell M (2017) Behavioral models of climate change adaptation and mitigation in land-based sectors. Wiley Interdisc Rev Clim Chang 8(2)

de Bruin KC, Dellink RB, Tol RS (2009) AD-DICE: an implementation of adaptation in the DICE model. Clim Chang 95:63–81

Burger A, Kristof K, Mattey A (2020) The new green consensus: broad consensus on green recovery programmes and structural reforms. German Environment Agency, Dessau

Caney S (2020) Climate justice. In: Zalta EA (Hrsg) The stanford encyclopedia of philosophy. ▶ https://plato.stanford.edu/archives/sum2020/entries/justice-climate

Chum H, Faaij A, Moreira J, Berndes G, Dhamija P, Dong H, Gabrielle B, Eng AG, Lucht W, Mapako M, Cerutti OM, McIntyre T, Minowa T, Pingoud K (2011) Bioenergy. In: Edenhofer O, Pichs-Madruga R, Sokona Y, Seyboth K, Matschoss P, Kadner S, Zwickel T, Eickemeier P, Hansen G, Schlömer S, Stechow C von (Hrsg) Climate change 2014. Cambridge University Press, Cambridge

Collste D, Pedercini M, Cornell, S (2017) Policy coherence to achieve the SDGs – using integrated simulation models to assess effective policies. Sustain Sci 12(3)

Cramer W, Yohe GW, Auffhammer M, Huggel C, Molau U, da Silva Dias MAF, Solow A, Stone DA, Tibig L (2014) Detection and attribution of observed impacts. Climate change 2014: impacts, adaptation, and vulnerability. Part A: Global and sectoral aspects. Contribution of working group II to the fifth assessment report of the intergovernmental panel on climate change. Cambridge University Press, Cambridge, S 979–1037

Crippa M, Oreggioni G, Guizzardi D, Muntean M, Schaaf E, Lo Vullo E, Solazzo E, Monforti-Ferrario F, Olivier JGJ, Vignati E (2019) Fossil CO_2 and GHG emissions of all world countries – 2019 report, EUR 29849 EN. Publications Office of the European Union, Luxembourg

Crutzen P (2000) The anthropocene. Glob Chang Newsl 41:17–18

De Hoyos Guevara A, Garostidi IZ, Alegria R (2019) Strategic foresight for sustainable development. Revista de Gestão Ambiental e Sustenabilidade 8(3)

Deeming C (Hrsg) (2021) The struggle for social sustainability. Moral conflicts in global social policy. Policy Press, Bristol

Defra, Scottish Government, Welsh Government, Department of the Environment Northern Ireland (2012) The UK climate change risk assessment report 2012. Government report, London

Depledge J (2005) The organization of global negotiations: constructing the climate change regime. Earthscan, London

Dessai S, Hulme M (2007) Assessing the robustness of adaptation decisions to climate change uncertainties: a case study on water resources management in the East of England. Glob Environ Chang 17:59–72

Duarte CM, Lenton TM, Wadhams P, Wassmann P (2012) Abrupt climate change in the Arctic. Nat Clim Chang 2:60–62

Edenhofer O, Stern N (2009) Towards a global green recovery – recommendations for immediate G20 action. A study initiated by the Federal Foreign Office and carried out by the Potsdam Institute for Climate Impact Research and the London School of Economics. Potsdam-Institut für Klimafolgenforschung, Potsdam

Ekardt F (Hrsg) (2012) Klimagerechtigkeit. Ethische, rechtliche, ökonomische und transdisziplinäre Zugänge. Metropolis, Marburg

European Commission (2020) Delivering on the UN's Sustainable Development Goals – a comprehensive approach. SWD (2020) 400 final. Brussels

EWI – Energiewirtschaftliches Institut an der Universität Köln, Prognos AG und GWS – Gesellschaft für Wirtschaftliche Strukturforschung (2010) Energieszenarien für ein Energiekonzept der Bundesregierung. Projekt Nr. 12/10. EWI, Prognos, GWS, Köln

Fankhauser S (2010) The costs of adaptation. Wiley Interdiscip Rev Clim Chang 1:23 30

36

Filho WL, Nalau J (2018) Limits to climate change adaptation. Springer, Heidelberg

Fisher-Vanden K, Wing IS, Lanzi E, Popp D (2013) Modeling climate change feedbacks and adaptation responses: recent approaches and shortcomings. Clim Chang 117(3):481–495

Folke C, Carpenter SR, Walker B, Scheffer M, Chapin T, Rockström J (2010) Resilience thinking: integrating resilience, adaptability and transformability. Ecol Soc 15(4):20

Frieler K, Meinshausen M, Golly A, Mengel M, Lebek K, Donner SD, Hoegh-Guldberg O (2012) Limiting global warming to 2 °C is unlikely to save most coral reefs. Nat Clim Chang 3:165–170

GDV Gesamtverband der Deutschen Versicherungswirtschaft e. V. (2013) Naturgefahrenreport 2013. ► http://www.gdv.de/wp-content/uploads/2014/08/GDV_Naturgefahrenreport_2013n.pdf. Zugegriffen: 30. Mai 2016

Gesang B (2011) Klimaethik. Suhrkamp, Frankfurt

Giddens A (2009) The politics of climate change. Oxford University Press, Oxford

Global Commission on the Economy and Climate (2014) The new climate economy. ► www.newclimateeconomy.report

Gough I (2017) Heat, greed and human need. Climate change, capitalism and sustainable wellbeing. Edward Elgar, Cheltenham

Grin J, Rotmans J, Schot J (2010) Transitions to sustainable development. New directions in the study of long term transformative change. Routledge, London

Guo J, Hepburn CJ, Tol RS, Anthoff D (2006) Discounting and the social cost of carbon: a closer look at uncertainty. Environ Sci Policy 9:205–216

Hallegatte S (2009) Strategies to adapt to an uncertain climate change. Global Environ Chang 19:240–247

Hallegatte S, Shah A, Lempert R, Brown C, Gill S (2012) Investment decision making under deep uncertainty. Background paper prepared for this report. World Bank, Washington DC

Hardin G (1968) The tragedy of the commons. Science 162:1243–1248

Hinkel J, Nicholls RJ, Vafeidis A, Tol RSJ, Avagianou T (2010) Assessing risk of and adaptation to sea-level rise in the European Union: an application of DIVA. Mitig Adapt Strat Glob Chang 15(7):1–17

Hirschfeld J, von Möllendorff C (2015) Klimaökonomie braucht erweiterte Bewertungsmaßstäbe. Ökologisches Wirtschaften 30(1):23–25

Hirschfeld J, Pissarskoi E, Schulze S, Stöver J (2015) Kosten des Klimawandels und der Anpassung an den Klimawandel aus vier Perspektiven – Impulse der deutschen Klimaökonomie zu Fragen der Kosten und Anpassung. Hintergrundpapier zum 1. Forum Klimaökonomie des BMBF-Förderschwerpunktes „Ökonomie des Klimawandels", Berlin

Hoegh-Guldberg O (2011) Coral reef ecosystems and anthropogenic climate change. Reg Environ Chang 11:215–227

Hübler M, Klepper G (2007) Kosten des Klimawandels. Die Wirkung steigender Temperaturen auf Gesundheit und Leistungsfähigkeit. Aktualisierte Fassung 07/2007. Arbeitspapier im Auftrag des WWF Deutschland, Frankfurt a. M.

ICSU – International Science Council (2017) Annual Report ► https://council.science/icsu-annual-report-2017/

IEA – International Energy Agency (2010) Energy balances of IEA countries. IEA, Paris

IPCC (2012) Meeting report of the intergovernmental panel on climate change. Expert meeting on Geoengineering. IPCC, Genf., S 99

IPCC (2013) Summary for policymakers. In: Stocker TF, Qin D, Plattner G, Tignor M, Allen SK, Boschung J, Nauels A, Xia Y, Bex V, Midgley PM (Hrsg) Climate change 2013: the physical science basis. Contribution of working group I to the fifth assessment report of the intergovernmental panel on climate change. Cambridge University Press, Cambridge, S 33

IPCC (2014a) Climate change 2014: mitigation of climate change. Contribution of working group III to the fifth assessment. Report of the intergovernmental panel on climate change. In: Edenhofer O, Pichs-Madruga R, Sokona Y, Farahani E, Kadner S, Seyboth K, Adler A, Baum I, Brunner S, Eickemeier P, Kriemann B, Savolainen J, Schlömer S, von Stechow C, Zwickel T, Minx JC (Hrsg) Cambridge University Press, Cambridge

IPCC (2014b) Climate change 2014. Synthesis report. Contribution of working groups I, II and III to the fifth assessment report of the intergovernmental panel on climate change. IPCC, Genf. (Core Writing Team, R.K. Pachauri and L.A. Meyer (Hrsg))

IPCC (2014c) Summary for policymakers. In: Field CB et al (Hrsg) Climate change 2014: impacts, adaptation and vulnerability. Contribution of working group II to the fifth assessment report of the intergovernmental panel on climate change. Cambridge University Press, Cambridge

IPCC (2017) Chapter outline of the working group II contribution to the IPCC sixth assessment report (AR6) As adopted by the panel at the 46th session of the IPCC. Switzerland, Geneva

IPCC (2018) Zusammenfassung für politische Entscheidungsträger. In: 1,5 °C globale Erwärmung. Ein IPCC-Sonderbericht über die Folgen einer globalen Erwärmung um 1,5 °C gegenüber vorindustriellem Niveau und die damit verbundenen globalen Treibhausgasemissionspfade im Zusammenhang mit einer Stärkung der weltweiten Reaktion auf die Bedrohung durch den Klimawandel, nachhaltiger Entwicklung und Anstrengungen zur Beseitigung von Armut. [V. Masson-Delmotte, P. Zhai, H. O. Pörtner, D. Roberts, J. Skea, P. R. Shukla, A. Pirani, W. Moufouma-Okia, C. Péan, R. Pidcock, S. Connors, J. B. R. Matthews, Y. Chen, X. Zhou, M. I. Gomis, E. Lonnoy, T. Maycock, M. Tignor, T. Waterfield (Hrsg)]. World Meteorological Organization, Genf, Schweiz. Deutsche Übersetzung auf Basis der Version vom 14.11.2018. Deutsche IPCC-Koordinierungsstelle, ProClim/SCNAT, Österreichisches Umweltbundesamt, Bonn/Bern/Wien, November 2018

IPCC (2021) Climate change 2021. The Physical Science Basis. AR6 WGI. ► https://www.ipcc.ch/report/ar6/wg1/

Jackson T (2009) Prosperity without growth. Routledge, London

Jahn T (2008) Transdisziplinarität in der Forschungspraxis. In: Bergmann M, Schramm E (Hrsg) Transdisziplinäre Forschung. Integrative Forschungsprozesse verstehen und bewerten. Campus, Frankfurt, S 21–37

Jakob M, Steckel JC (2014) How climate change mitigation could harm development in poor countries. WIREs Clim Chang 5:161–168

JPI (Joint Programming Initiative) Climate (Hrsg) (2011) Strategic research agenda. Helsinki

Kaplinsky R, Messner D (2008) The impacts of Asian drivers on the developing world. World Dev 36(2):197–209

Keohane RO, Victor DG (2010) The regime complex for climate change. The Harvard Project on International Climate Agreements. Harvard University, Cambridge

Kharas H (2010) The emerging middle class in developing countries. OECD Development Centre Working Paper, Bd 285

Klein RJT, Huq S, Denton F, Downing TE, Richels RG, Robinson JG, Toth FL (2007) Inter-relationships between adaptation and mitigation. In: Parry ML, Canziani OF, Palutikof JP, van der Linden PJ, Hanson CE (Hrsg) Climate change 2007: impacts, adaptation and vulnerability. Contribution of working group ii to the fourth assessment report of the intergovernmental panel on climate change. Cambridge University Press, Cambridge, S 745–777

Koch M, Mont O (Hrsg) (2017) Sustainability and the political economy of welfare. Routledge, London

Kriegler E, O'Neill BC, Hallegatte S, Kram T, Lempert RJ, Moss RH, Wilbanks T (2012) The need for and use of socio-economic scenarios for climate change analysis: a new approach based on shared socio-economic pathways. Glob Environ Chang 22:807–822

Leggewie C, Messner D (2012) The low-carbon transformation: a social science perspective. J Renew Sus Energy 4

Lehr U, Nieters A (2015) Makroökonomische Bewertung von Extremwetterereignissen in Deutschland. Ökologisches Wirtschaften 30(1):18–20

Lehr U, Flaute M, Ahmann L, Nieters A, Hirschfeld J, Welling M, Wolff C, Gall A, Kersting J, Mahlbacher M, von Möllendorff C (2020) Vertiefte ökonomische Analyse einzelner Politikinstrumente und Maßnahmen zur Anpassung an den Klimawandel Abschlussbericht. UBA-Reihe Climate Change | 43/2020. Umweltbundesamt, Dessau-Roßlau

Lenton TM (2012) Arctic climate tipping points. AMBIO J Hum Environ 41:10–22

Lenton TM, Held H, Kriegler E, Hall JW, Lucht W, Rahmstorf S, Schellnhuber HJ (2008) Tipping elements in the Earth's climate system. PNAS 105:1786–1793

Lenton TM, Rocktröm J, Gaffney O, Rahmstorf S, Steffen W, Schellnhuber H (2019) Climate tipping points – too risky to bet against. Nat Comment

Levermann A, Bamber JL, Drijfhout S, Ganopolski A, Haeberli W, Harris NR, Huss M, Krüger K, Lenton TM, Lindsay RW (2012) Potential climatic transitions with profound impact on Europe. Clim Chang 110:845–878

Luderer G, Pietzcker RC, Bertram C, Kriegler E, Meinshausen M, Edenhofer O (2013) Economic mitigation challenges: how further delay closes the door for achieving climate targets. Environ Res Lett 8:034033

Martens P, Rotmans J (2002) Transitions in a globalizing world. Swets & Zeitlinger, Tokio

McGuinn J, Fries-Tersch E, Jones M, Crepaldi C, Masso M, Kadarik I, Samek Lodovici M, Drufuca S, Gancheva M, Geny B (2020) Social sustainability. Concepts and benchmarks. PE 648.782. European Parliament, Brussels

Mechler R, Bouwer LM, Schinko T, Surminski S, Linnerooth-Bayer JA (Hrsg) (2019) Loss and damage from climate change. Concepts, methods and policy options. Springer Nature, Switzerland

Meinshausen M, Meinshausen N, Hare W, Raper SCB, Frieler K, Knutti R, Frame DJ, Allen MR (2009) Greenhouse-gas emission targets for limiting global warming to 2 °C. Nature 458:1158–1161

Messner D (2015) A social contract for low carbon and sustainable development – reflections on non-linear dynamics of social realignments and technological innovations in transformation processes. Technol Forecast Soc Chang 98(9):260–270

Messner D, Weinlich S (2016) The evolution of human cooperation: lessons learned for the future of global governance. In: Messner D, Weinlich S (Hrsg) Global cooperation and the human factor in international relations. Routledge, New York, S 3–46

Moser SC (2012) Adaptation, mitigation, and their disharmonious discontents: an essay. Clim Chang 111:165–175

Moser SC, Jeffress Williams S, Boesch DF (2012) Wicked challenges at land's end: managing coastal vulnerability under climate change. Annu Rev Environ Resour 37:51–78

Nakicenovic N, Alcamo J, Davis G et al (2000) Special report on emissions scenarios. Working group III. Cambridge University Press, Cambridge

Neckel S, Besedovsky N, Boddenberg M, Hasenfratz M,Pritz SM, Wiegand T (2018) Die Gesellschaft der Nachhaltigkeit. Umrisse eines Forschungsprogramms. Transcript. Bielefeld

Newton-Smith WH (1980) The structure of time. Routledge, London

Nordhaus WD (2013) The climate casino. Yale University Press, New Haven

Oberthuer S, Gehring T (2005) Reforming international environmental governance: an institutional perspective on proposals for a world environment organization. In: Biermann F, Bauer S (Hrsg) A world environment organization: solution or threat for effective international environmental governance? Ashgate, Aldershot, S 205–235

OECD – Organization for Economic Co-operation and Development (2010) Perspectives on global development 2010: shifting wealth. OECD, Paris

Olivier JGJ, Peters JAHW (2020) Trends in global CO_2 and total greenhouse gas emissions: 2019 report. PBL Netherlands Environmental Assessment Agency, The Hague

Olson M (1965) The logic of collective action: public goods and the theory of groups. Harvard University Press, Cambridge

Opielka M (Hrsg) (1985) Die öko-soziale Frage. Alternativen zum Sozialstaat. Fischer, Frankfurt

Opielka M (2017) Soziale Nachhaltigkeit. Auf dem Weg zur Internalisierungsgesellschaft. Oekom, München

Opielka M, Peter S (2020) Zukunftslabor Schleswig-Holstein. Zukunftsszenarien und Reformszenarien. Unter Mitarbeit von Kathrin Ehmann und Timo Hutflesz. ISÖ-Text 2020-1. BoD, Norderstedt

Opielka M, Renn O (Hg) (2017) Symposium: Soziale Nachhaltigkeit. ISÖ-Text 2017-4. BoD, Norderstedt

Ostrom E (2009) A polycentric approach for coping with climate change. Background paper to the 2010 World Development Report. Policy Research Paper 5095. World Bank, Washington

Ostrom E (2010) Polycentric systems for coping with collective action and global environmental change. Glob Environ Chang 20:550–557

Ott HE, Sterk W, Watanabe R (2008) The Bali roadmap: new horizons for global climate policy. Clim Policy 8:91–95

Padt F, Arts B, (2014) Concepts of scale. In: Padt F, Opdam P, Polman N, Termeer C (Hrsg) (2014) Scale-sensitive governance of the environment. Wiley, Chichester

Pan J (2009) Carbon budget proposal. Research center for sustainable development. Chinese Academy of Social Sciences, Peking

Parry M (2009) Closing the loop between mitigation, impacts and adaptation. Clim Chang 96:23–27

Parry M, Lowe J, Hanson C (2009) Overshoot, adapt and recover. Nature 458:1102–1103

Patt AG, van Vuuren DP, Berkhout F, Aaheim A, Hof AF, Isaac M, Mechler R (2010) Adaptation in integrated assessment modeling: where do we stand? Clim Chang 99:383–402

Pörtner H-O, Karl D, Boyd PW et al (Hrsg) (2014) Climate change: impacts, adaptation and vulnerability. Part A: global and sectoral aspects. Contribution of working group II to the fifth assessment report of the intergovernmental panel on climate change. Cambridge University Press, Cambridge, S 411–484

Post E, Forchhammer MC, Bret-Harte MS et al (2009) Ecological dynamics across the Arctic associated with recent climate change. Science 325:1355–1358

Preston BL, Dow K, Berkhout F (2013) The climate adaptation frontier. Sustainability 5:1011–1035

Purr K, Günther J, Lehmann H, Nuss P (2019) Wege in eine ressourcenschonende Treibhausgasneutralität – RESCUE – Studie. Umweltbundesamt, Dessau

Robine JM, Cheung SL, le Roy S, van Oyen H, Griffiths C, Michel JP, Herrmann FR (2008) Death toll exceeded 70,000 in Europe during the summer of 2003. C R Biol 331(2):171–178

Rockström J, Gaffney O, Rogelj J, Nakicenovic N, Schellnhuber H (2017) A roadmap for rapid decarbonization. Science 355(6331):1269–1271

Rotmans J, Kemp R, van Asselt M (2001) More evolution than revolution: transition management in public policy. J Futures Stud Strat Think Pol 3:15–31

Sachs J, Schmidt-Traub G, Mazzucat M, Messner D, Nakicenovic N, Rockström J (2019) Six transformations to achieve the sustainable development goals. Nat Sustain 2:805–814

Schellnhuber H-J (1999) Earth system analysis and the second Copernican Revolution. Eingeladener Beitrag für das „Supplement to Nature" 402(6761):C19–C23

Schmitz H, Johnson O, Altenburg T (2013) Rent management. The heart of green industrial policy. IDS Working Paper, Bd 418. IDS, Brighton

Sharp H, Petschow U, Arlt HJ, Jacob K, Kalt G, Schipperges M (2020) Neue Allianzen für sozial-ökologische Transformationen. Umweltbundesamt, Dessau-Roßlau

Sinn HW (2008) Public policies against global warming: a supply side approach. Int Tax Public Financ 15:360–394

Skidelsky R, Skidelsky E (2012) How much is enough? Money and the good life. Allen Lane, London (dt. Übers. (2013). Wie viel ist genug? Kunstmann, München

Smith MS, Horrocks L, Harvey A, Hamilton C (2011) Rethinking adaptation for a 4 C world

van Soest H, van Vuuren D, Hilaire J, Minx JC, Harmsen MJHM, Krey V, Popp A, Riahi K, Luderer G (2019) Analysing interactions among sustainable development goals with integrated assessment models. Glob Transit 1:210–225

Stern N (2013) The structure of economic modeling of the potential impacts of climate change: grafting gross underestimation of risk onto already narrow science models. J Econ Lit 51:838–859

Spence M (2011) The next convergence: the future of economic growth in a multispeed world. Farrar, Straus and Giroux, New York

Stieß I, Götz K, Schultz I, Hammer C, Schietinger E, van der Land V, Rubik F, Kreß M (2012) Analyse bestehender Maßnahmen und Entwurf innovativer Strategien zur verbesserten Nutzung von Synergien zwischen Umwelt- und Sozialpolitik, Texte 46-2012. Umweltbundesamt, Dessau-Roßlau

Tappesser V, Weiss D, Kahlenborn W (2017) Nachhaltigkeit 2.0 – Modernisierungsansätze zum Leitbild der nachhaltigen Entwicklung. Diskurs „Vulnerabilität und Resilienz". Texte 91-2017. Umweltbundesamt, Dessau-Roßlau

Teichert V, Buchholz R (2016) Die Nachhaltigkeitsstrategien der Bundesländer im Kontext der 2030-Agenda und ihre Relevanz für Kommunen. FEST, Heidelberg

Tröltzsch J, Görlach B, Lückge H, Peter M, Sartorius C (2011) Ökonomische Aspekte der Anpassung an den Klimawandel. Literaturauswertung zu Kosten und Nutzen von Anpassungsmaßnahmen an den Klimawandel. Clim Chang, Bd 19. Umweltbundesamt, Dessau-Roßlau

UN DESA (2020) Impact of COVID-10 on SDG progress – a statistical perspective. Policy Brief No 81, New York

UNFCCC (2016) Decision 3/CP.22, Warsaw international mechanism for loss and damage associated with climate change impacts, UN Doc FCCC/CP/2016/10/Add.1

United Nations – General Assembly (2015) Transforming our World: the 2030 Agenda for Sustainable Development. A/RES/70/1

van Ierland EC, de Bruin K, Watkiss P (2013) Multi-criteria analysis: decision support methods for adaptation. MEDIATION Project. Briefing Note 6, S 1–9

Vereinte Nationen (2015) Millenniums-Entwicklungsziele. Bericht 2015. Vereinte Nationen, New York

Vetter A, Schauser I (2013) Adaptation to climate change: prioritizing measures in the German adaptation strategy. Gaia 22(4):248–254

Van Vuuren DP, Isaac M, Kundzewicz ZW, Arnell N, Barker T, Criqui P, Berkhout F, Hilderink H, Hinkel J, Hof A (2011) The use of scenarios as the basis for combined assessment of climate change mitigation and adaptation. Glob Environ Chang 21:575–591

Walker BC, Holling S, Carpenter SR, Kinzig A (2004) Resilience, adaptability and transformability in social–ecological systems. Ecol Soc 9(2):5

Warren R (2011) The role of interactions in a world implementing adaptation and mitigation solutions to climate change. Phil Trans R Soc A 369:217–241

Wassmann P, Lenton TM (2012) Arctic tipping points in an Earth system perspective. Ambio 41:1–9

Watkiss P (2009) Potential costs and benefits of adaptation options: a review of existing literature. UNFCCC Technical paper 2009/2. Eigenverlag, Bonn

WBGU – Wissenschaftlicher Beirat der Bundesregierung Globale Umweltveränderungen (2006) Die Zukunft der Meere – zu warm, zu hoch, zu sauer. Sondergutachten 2006. WBGU, Berlin

WBGU – Wissenschaftlicher Beirat der Bundesregierung Globale Umweltveränderungen (2009) Kassensturz für den Weltklimavertrag – Der Budgetansatz. WBGU, Berlin

WBGU – Wissenschaftlicher Beirat der Bundesregierung Globale Umweltveränderungen (2011) Welt im Wandel – Gesellschaftsvertrag für eine Große Transformation. WBGU, Berlin

WBGU – Wissenschaftlicher Beirat der Bundesregierung Globale Umweltveränderungen (2014) Klimaschutz als Weltbürgerbewegungen. WBGU, Berlin

WBGU – Wissenschaftlicher Beirat der Bundesregierung Globale Umweltveränderungen (2016) Humanity on the move. Unlocking the transformative power of cities. WBGU, Berlin

Weitzman ML (2009) On modeling and interpreting the economics of catastrophic climate change. Rev Econ Stat 91:1–19

Weitzman ML (2013) Tail-hedge discounting and the social cost of carbon. J Econ Lit 51:873–882

Wiese K, Mayrhofer J (2020) Escaping the growth and jobs treadmill. A new policy agenda for post-coronavirus Europe. EEB, YFJ, Brussels

Wilby RL, Dessai S (2010) Robust adaptation to climate change. Weather 65:180–185

Williams M, Zalasiewicz J, Haywood A, Ellis M (2011) Special theme issue: the Anthropocene – a new epoch of geological time. Philos Trans R Soc 369:842–867

World Bank (2010) Economics of adaptation to climate change – synthesis report. World Bank, Washington DC, S 136

World Bank (2012) Inclusive green growth – the pathway to sustainable development. World Bank, Washington DC

Zimmerman D (2005) The A-theory of time, the B-theory of time, and taking tense seriously. Dialectica 59:401–457

Das Politikfeld „Anpassung an den Klimawandel" im Überblick

Andreas Vetter, Klaus Eisenack, Christian Kind, Petra Mahrenholz, Sandra Naumann, Anna Pechan und Luise Willen

Inhaltsverzeichnis

37.1   **Politikgestaltung im Mehrebenensystem zur Anpassung an den Klimawandel – 476**

37.1.1   Europäische Ebene – 476

37.1.2   Bundes- und Länderebene – 478

37.1.3   Kommunale Ebene – 479

37.2   **Ansätze und Hemmschuhe der Umsetzung geeigneter Anpassungsmaßnahmen – 480**

37.2.1   Politikinstrumente der Anpassung an den Klimawandel – 480

37.2.2   Naturbasierte Lösungen in der Klimaanpassung – 482

37.2.3   Barrieren bei der Umsetzung – 483

37.2.4   Bewertung erfolgreicher Umsetzung – 484

37.3   **Kurz gesagt – 485**

           Literatur – 485

© Der/die Autor(en) 2023

G. P. Brasseur et al. (Hrsg.), *Klimawandel in Deutschland*,

https://doi.org/10.1007/978-3-662-66696-8_37

Der Ausgangspunkt, Anpassung an den Klimawandel auf die politische Agenda in Deutschland zu setzen, war die internationale Verpflichtung aus der Klimarahmenkonvention der Vereinten Nationen von 1992[1] (▶ Abschn. 25.2), nach der in den Vertragsstaaten Maßnahmenprogramme zur Anpassung an den Klimawandel entwickelt werden sollen (Bundesregierung 2008). Der Bund griff dieses Ziel im Klimaschutzprogramm 2005 auf nationaler Ebene auf, das dann 2007 durch Beschluss der Umweltministerkonferenz auch auf Länderebene gestützt wurde (Stecker und Mohns 2012; Westerhoff et al. 2010). Die Bundesregierung verabschiedete schließlich 2008 die Deutsche Anpassungsstrategie an den Klimawandel (DAS) als Grundlage für einen mittel- bis langfristigen politischen Prozess. Dazu formuliert sie ein übergreifendes Ziel, benennt Handlungsoptionen sowie Verantwortlichkeiten und definiert weitere Meilensteine (Bundesregierung 2008).

Inzwischen hat sich Anpassung an den Klimawandel zu einem eigenständigen Politikfeld entwickelt (Massey und Huitema 2012). Die politische Umsetzung orientiert sich an einem Politikzyklus mit folgenden aufeinander aufbauenden Schritten, welche regelmäßig neu bearbeitet werden:

- Bewertung von Klimafolgen und Vulnerabilitäten.
- Identifizierung und Auswahl von Anpassungsoptionen.
- Umsetzung von Anpassungsmaßnahmen.
- Monitoring und Evaluierung von Anpassungsmaßnahmen und Strategieprozess.

Dem Subsidiaritätsprinzip folgend ist dieser Politikzyklus auch auf den anderen politischen Ebenen relevant und wird dementsprechend in den Ländern und Kommunen etabliert – mit unterschiedlicher Geschwindigkeit und Bearbeitungstiefe. Während die Klimaanpassungsstrategien auf Bundes- und Länderebene mit Politikinstrumenten (▶ Abschn. 37.2.1) eine erfolgreiche Anpassung der Gesellschaft unterstützen wollen, begegnen kommunale Maßnahmenpläne gezielt den lokalen Herausforderungen.

Anpassungsstrategien sollten noch stärker die Synergien zu anderen gesellschaftlichen Herausforderungen wie dem Klimaschutz und der nachhaltigen Entwicklung thematisieren (▶ Kap. 31). Naturbasierte Ansätze, die natürliche Funktionskreisläufe integrieren, zielen auf solche multifunktionalen Lösungen (▶ Kap. 34). Obwohl die grundsätzlichen Anpassungsoptionen weitestgehend bekannt sind, erschweren jedoch unterschiedliche Barrieren (▶ Abschn. 37.2) die Umsetzung von bereits heute er-

forderlichen Anpassungsmaßnahmen. Herausfordernd ist zudem eine Erfolgsmessung von Anpassungsmaßnahmen an den Klimawandel. Ansätze zur Evaluation existieren, müssen aber im Hinblick auf Datenverfügbarkeit und der Korrelation von Ursache und Wirkung weiter optimiert werden (▶ Abschn. 37.2.4).

37.1 Politikgestaltung im Mehrebenensystem zur Anpassung an den Klimawandel

Viele Regionen Europas sind vulnerabel gegenüber Klimaänderungen. Extremereignisse wie Hochwasser in Flussgebieten und Küstenräumen sowie Hitzeperioden sind Schlüsselrisiken, die auch für Deutschland eine besondere Relevanz haben (▶ Kap. 36; EEA 2017; IPCC 2014). Da die Auswirkungen regional unterschiedlich sind, braucht es neben einer staaten- und länderübergreifenden strategischen Zusammenarbeit auch regional maßgeschneiderte Lösungen (Isoard 2011). Dabei sind auf unterschiedlichen räumlichen Ebenen Lösungsansätze gefragt (▶ Kap. 36). Für das Management von Hochwasserrisiken ist z. B. das Flussgebiet die maßgebliche Betrachtungsebene, während die Anpassungsmaßnahmen vorrangig durch die Bundesländer und Kommunen umgesetzt werden. Das Politikfeld der Anpassung an den Klimawandel wird aufgrund der Breite an potenziellen Klimafolgen und Betroffenheiten durch eine Vielzahl von staatlichen und nichtstaatlichen Handelnden geprägt. Im Folgenden soll in hierarchischer Abfolge auf die zentralen politischen Ebenen (Europa, Bund, Bundesland, Kommune) – mit Schwerpunkt auf der Bundesebene – fokussiert werden.

37.1.1 Europäische Ebene

Die Europäische Strategie zur Anpassung an den Klimawandel sollte Maßnahmen in EU-Mitgliedstaaten fördern, Wissensgrundlagen für Entscheidungen bereitstellen und die Widerstandskraft der wichtigsten Politikbereiche wie Landwirtschaft, Infrastruktur und Umwelt stärken. Die EU stellte dafür Geld über Kohäsionsfonds und Förderprogramme für Forschung (Horizon 2020) und Umwelt (Life) bereit (EC 2013a, b). EU-Maßnahmen zur Klimafolgenprüfung *(climate proofing)* der Agrar-, Fischerei- und Strukturpolitik ergänzten das Strategiepaket (McCallum et al. 2013). Die EU Kommission steuerte durch *mainstreaming,* d. h. durch Integration von Anpassung an den Klimawandel in Planungs- und Entscheidungsprozesse sowie Politikinstrumente 1) horizontal in Fachpolitiken verschiedener Generaldirektionen, 2) vertikal zwischen

---

1   ▶ https://www.umweltbundesamt.de/themen/klima-energie/internationale-eu-klimapolitik/klimarahmenkonvention-der-vereinten-nationen-unfccc

EU- und Mitgliedsstaatenpolitiken und mittels Koordinierung (Biesbroek und Swart 2019).

Da soziale und ökonomische Transformationen in diesem Ansatz unerwähnt blieben, kritisierte Remling (2018) Verwerfungen zwischen dem deklarierten Ehrgeiz, Anpassung umzusetzen, und der impliziten Annahme, es müsse sich nichts ändern, weil die Herausforderung allein durch den Markt, technische Innovationen und *mainstreaming* in bestehende Politiken adressiert würden. Ebenso fehlten ein holistischer Ansatz (wie beispielsweise das Sendai *framework* für Katastrophenschutz, UN Nachhaltigkeitsziele) sowie die internationale Dimension (EEA 2020).

Obwohl die EU als supranationale Organisation mit eigener Anpassungspolitik als *frontrunner* gilt, blieben der Erfolg der EU-Strategie stark abhängig von Umsetzungsmechanismen in den EU-Mitgliedsstaaten, die Aufmerksamkeit im privaten Sektor begrenzt. Die Evaluatoren der EU-Strategie empfahlen deshalb eine verbindliche, Klimaschutz und Anpassung integrierende Richtlinie, mit sich am UNFCCC-Prozess orientierenden Berichtspflichten. Da hierzu notwendiges Monitoring, Reporting und Evaluierung (MRE) hoch anfällig gegenüber Alibipolitik, Werturteilen sowie dem Erfassen von Aktionen und deren Ergebnissen ist, sollte MRE Gegenstand weiterer Forschung und methodologischer Verbesserungen sein (Biesbroek und Swart 2019; Smithers et al. 2018; EEA 2020).

Die EU rahmte die Weiterentwicklung ihrer Anpassungsstrategie im *Green Deal* (EC 2019) neu. Damit werden notwendige Transformationen klarer: Umbau der europäischen Wirtschaft für eine nachhaltige Zukunft, flankiert durch einen „Fonds für einen gerechten Übergang". Der *Green Deal* betont die Sicherung der Klimaverträglichkeit, einen Resilienzaufbau sowie die Vorsorge gegen Klimarisiken, unterstützt durch besser verfügbare Daten und Instrumente zur Risikobewertung sowie eine Mobilisierung öffentlicher und privater Gelder. Das Kernziel des *Green Deal* „Klimaneutralität bis 2050" wird in einem Klimagesetz (Green Deal 2021) festgeschrieben, welches – genau wie der *Green Deal* selbst – ambitionierten Klimaschutz konsequent neben Klimaanpassung setzt. Die *Governance*-Verordnung der Energieunion regelt seit 2021 die Berichtspflichten (EC 2018). Die weiterentwickelte Strategie orientiert auf smartere, raschere sowie stärker systemisch integrierte Anpassungsmaßnahmen und hebt internationale Anpassungspolitiken hervor. Hierzu gehört ein verbesserter, datenbasierter Klimaservice (▶ Kap. 38). Inhaltliche Schwerpunkte bilden die Sicherung der Wasserverfügbarkeit, naturbasierte Lösungen und das *mainstreaming* von Klimaanpassung in die europäische Fiskalpolitik. Die verbesserte Umsetzung von Klimaanpassung auf der lokalen Ebene wird durch spezifische Maßnahmen sowie Finanzierungsinstrumente

(wie die EU *Horizon Mission on Adaptation*) vorangetrieben (EC 2021).

Im Jahr 2020 hatten fast alle europäischen Staaten Anpassungspolitiken implementiert, 30 Staaten hatten eine nationale Strategie und 20 davon nationale Maßnahmenpläne erstellt (EEA 2020). Auch in Staaten ohne Strategiedokumente gibt es Anpassungsmaßnahmen (Pietrapertosa et al. 2018). Nationale Anpassungsstrategien sind meist langfristig, umfassend, integrierend, multisektoral und bilden verschiedene *Governance*-Ebenen ab. Nur Ungarn, Litauen und Rumänien integrierten ihre Klimaschutz- und Klimaanpassungsstrategien. Bisher enthalten sie wenig Information zur Umsetzung (Woodruff und Regan 2019), obwohl einige Staaten (wie Österreich, Deutschland) bereits Evaluierungsprozesse implementierten. Nationale Maßnahmenpläne fokussieren regional unterschiedliche Risiken und setzen unterschiedliche Schwerpunkte im *policy mix*. Die meisten Staaten setzen Maßnahmen für Land-, Forst- und Wasserwirtschaft, Gesundheit sowie Biodiversität fest, seltener auch für Bau, Infrastruktur oder Tourismus. Nach irischem Klimagesetz veröffentlichen die einzelnen Ministerien ihre eigenen Anpassungspläne. Griechenland wird diesem Beispiel folgen. Frankreichs Aktionsplan fokussiert auf spezifische Ökosysteme und Wirtschaftsbereiche. Deutschlands Clusteransatz bündelt stark verflochtene Fachthemen und verbessert damit die sektorübergreifende Integration der Maßnahmen (▶ Abschn. 37.1.2). Einen aktuellen Überblick gibt die EU-Plattform *Climate-ADAPT*[2].

Nationale Maßnahmen fokussieren oft auf Forschung, Vulnerabilitätskartierung, Planung sowie Information und Sensibilisierung (EEA 2014a, b). Die Umsetzung von Klimawandel-novellierten EU-Richtlinien in nationales Recht wie zur Umweltverträglichkeitsprüfung (UVP) und zur Strategischen Umweltprüfung (SUP) wird in Österreich, Belgien, Irland und Polen durch Leitfäden unterstützt. Jenseits von Klimagesetzen haben nur wenige Staaten neue Rechtsinstrumente implementiert. Eher wird Klimawandel in vorhandene Instrumente aufgenommen, wie in die Fortschreibung der Bewirtschaftungspläne gemäß EG-Wasserrahmenrichtlinie. Im Gesundheitssystem entstanden Frühwarnsysteme, ein ebenso wichtiges integriertes Klima-, Umwelt- und Gesundheitsmonitoring sowie der Ausbau klimaresilienter Gesundheitsinfrastrukturen fehlen jedoch (EEA 2020). Gute Beispiele für adaptives Management sind das Konzept der „Anpassungspfade" (Zandvoort et al. 2017) und der ökosystem- bzw. naturbasierten Klimaanpassung, die sich oft in Land-, Forst- und Wasserwirtschaft und im

---

2   ▶ http://climate-adapt.eea.europa.eu/countries

Bausektor finden (Ecofys et al. 2016). Öffentliche Investitionen in Küstenschutzmaßnahmen (LIFE Programm) sollten stärker auf eine Anpassung an den künftigen Klimawandel ausgerichtet werden (López-Dóriga et al. 2020). Die „Grüne Taxonomie einer nachhaltigen Finanzierung" definiert im Rahmen einer EU-Verordnung Kriterien für nachhaltige wirtschaftliche Aktivitäten und dürfte ein stärkeres Engagement Privater in klimawandelgerechte Investitionen unterstützen (EU 2020/852).

37.1.2 Bundes- und Länderebene

Die Deutsche Anpassungsstrategie einschließlich der Fortschrittsberichte sind die grundlegenden Dokumente auf Bundesebene, welche die Ziele und Grundsätze der Anpassung an den Klimawandel definieren. Anpassung an den Klimawandel soll durch das Prinzip des *mainstreaming* umgesetzt werden (Bundesregierung 2008, 2015, 2020). Demzufolge forciert die Deutsche Anpassungsstrategie die horizontale Integration von Anpassung an den Klimawandel in die verantwortlichen Bundesministerien. Institutionalisiert wurde dieser Prozess, indem die Bundesregierung die interministerielle Arbeitsgruppe Anpassungsstrategie (IMA Anpassungsstrategie) unter der Federführung des Bundesumweltministeriums einrichtete. Deutschland verfolgt dabei einen *network mode of governance;* das bedeutet, die Ministerien arbeiten auf freiwilliger Basis zusammen. Die Entscheidungen der IMA Anpassungsstrategie werden konsensual ausgehandelt und beschlossen. (Bauer et al. 2012). Die Konsensorientierung mit Vetorecht einzelner Ressorts führt zu einer „negativen Koordination", welche die Aushandlung gemeinsamer ressortübergreifender Zielvorstellungen und Maßnahmen erschweren (Hustedt 2014).

Hervorgehoben wird in der DAS zudem das Prinzip der Subsidiarität, das auf die geteilten Zuständigkeiten zwischen Bund, Ländern und Kommunen Bezug nimmt. Da Klimafolgen lokal wirksam werden, entwickeln Bund und Länder primär einen instrumentellen Rahmen für die Implementierung auf lokaler Ebene. Inzwischen sind alle Bundesländer im Kontext Klimaanpassung aktiv: Mehr als die Hälfte haben einen rechtlichen Rahmen aufgesetzt und fast alle eigene Strategien und Maßnahmenprogramme erarbeitet (Bundesregierung 2020). Das föderale System stellt besondere *Governance*-Anforderungen an die vertikale Integration der Anpassungspolitik. Mit dem Ständigen Ausschuss zur Anpassung an die Folgen des Klimawandels hat die Umweltministerkonferenz ein themenspezifisches Gremium für die koordinierte Abstimmung zwischen Bund- und Länderebene etabliert. Nach Weiland (2017) verbleibt mit der Anbindung an die Umweltministerkonferenz die vertikale Integration

sektoral und wird somit nicht umfassend horizontal verzahnt.

Der nationale Anpassungsprozess ist durch einen kontinuierlichen wissenschaftlichen Beratungs- und Begleitprozess gekennzeichnet, der durch eine Vielzahl an Forschungsinstitutionen und wissenschaftlichen Fachbehörden gestützt wird. Das Bundesumweltministerium richtete 2006 für diese Schnittstelle zwischen Wissenschaft und Politik das Kompetenzzentrum Klimafolgen und Anpassung (KomPass) im Umweltbundesamt dauerhaft ein. KomPass betreibt mit Mitteln der Ressortforschung politikrelevante Forschung und trägt die Ergebnisse direkt in die Entscheidungs- und Abstimmungsgremien der DAS (IMA Anpassungsstrategie und Ständiger Ausschuss Anpassung). Die Vulnerabilitäts- und Risikoanalysen des Bundes bilden die fachliche Basis zur Weiterentwicklung der DAS. Sie integrieren auch nichtklimatische Einflussgrößen auf die Vulnerabilität (Buth et al. 2015) und beziehen nunmehr auf einer weiterentwickelten methodischen Grundlage die Bewertung der Anpassungskapazität ein (Kahlenborn et al. 2021). Verbindendes Element zu den Aktionsplänen des Bundes sind die aus den Vulnerabilitäts- und Risikoanalysen abgeleiteten Handlungserfordernisse für die Klimaanpassung in Deutschland (Bundesregierung 2015, 2020). Woodruff und Regan (2019) arbeiteten heraus, dass die Qualität nationaler Aktionspläne entscheidend davon abhängt, ob sie durch eine sektorübergreifende Arbeitsgruppe entwickelt werden. Diese ressortübergreifende fachliche Zusammenarbeit erfolgt durch das Behördennetzwerk Klimawandel und Anpassung (Bundesregierung 2020). Um den Erfolg der DAS zu prüfen und Vorschläge für die Weiterentwicklung zu erarbeiten, wurde mit dem Fortschrittsbericht von 2015 erstmalig eine Evaluierung durchgeführt (▶ Abschn. 37.2.4), welche regelmäßig erneuert werden soll.

Zur breiteren Einbeziehung gesellschaftlicher Gruppen werden von den Bundesministerien insbesondere Stakeholderdialoge, Fachworkshops, Konsultationen und Onlineumfragen genutzt. Nichtstaatliche Institutionen der Anpassung an den Klimawandel sind unter anderem Unternehmensverbände, z. B. der Versicherungswirtschaft, Industrie-, Handwerks- und Landwirtschaftskammern, große vom Klimawandel potenziell betroffene Industriebetriebe und Normungsinstitutionen. Die Beteiligung zielt dabei auf den Austausch von Wissen und kaum auf die Aushandlung von unterschiedlichen Interessen der Beteiligten ab; die Entscheidungshoheit verbleibt bei den staatlichen Institutionen (Hoffmann et al. 2020; Grothmann 2020; Bauer et al. 2012). Hulme et al. (2009) erachten den Einbezug von Stakeholdern und informellen Netzwerken als essenziell für den Aufbau von Anpassungskapazität (▶ Kap. 27). Wie die Einbindung von Stakeholdern in konkrete Beteiligungsformate erfolgreich gelingen kann, zeigen Lange et al. (2021) auf. Eine Beteiligung der breiten Öffentlichkeit wurde bisher im Strategieprozess kaum verfolgt; allerdings würden Potenziale in der gemeinsamen Entwicklung von positiven Zukunftsvisionen liegen, auch um das umsetzende Handeln zu motivieren (Grothmann 2020). Da die Bevölkerung die eigene Betroffenheit von den Folgen des Klimawandels zunehmend wahrnimmt (BMU und UBA 2019), ergeben sich Anknüpfungspunkte, um die eigene Verantwortung für die Umsetzung von Anpassungsmaßnahmen zu adressieren.

Themen, die in der DAS bisher kaum aufgegriffen sind und Potenziale für die Weiterentwicklung bieten, betreffen erstens die Politikintegration mit der Nachhaltigkeitsstrategie. Zweitens sind Umweltgerechtigkeit und soziale Implikationen der Anpassung an den Klimawandel (▶ Kap. 36) bisher kaum adressiert worden. Drittens wird in der DAS die Bedeutung der öffentlichen Bewusstseinsbildung hervorgehoben, jedoch wurde bisher kein umfassender gesellschaftlicher Dialog über die Zielrichtung der Anpassung an den Klimawandel geführt.

Zukünftig, im Zuge der strategischen Weiterentwicklung, wird zudem zu prüfen sein, ob ein schrittweises Vorgehen mit eher kurzfristigen Lösungsansätzen und dem Fokus auf *Low*-bzw. *No-regret*-Maßnahmen (inkrementeller Ansatz) ausreichend oder eine transformative Anpassungspolitik erforderlich ist, die mit einem sozialen (Werte-)Wandel einhergeht (transformativer Ansatz) (EEA 2013; ▶ Abschn. 39.1.1).

37.1.3 Kommunale Ebene

Kommunen gehören zu den zentralen Akteuren der Anpassung an den Klimawandel, da viele Folgen des Klimawandels ihre Wirkung auf der lokalen Ebene zeigen. DAS und die Aktionspläne des Bundes stellen die zentrale bundespolitische Grundlage dar (▶ Abschn. 37.1.2), die Klimafolgenanpassung auch in Städten und Gemeinden der Bundesrepublik Deutschland voranzutreiben (Bundesregierung 2008; Bundesregierung 2011; UBA 2019).

Maßnahmen zur Anpassung an den Klimawandel stehen trotz ihrer großen Bedeutung für die nachhaltige Stadtentwicklung bisher häufig noch nicht im Vordergrund der kommunalen Planungspraxis (UBA 2015): Während der Klimaschutz bereits seit vielen Jahren fester Bestandteil der Kommunalpolitik ist (Difu 2015b), wurde auf der kommunalen Ebene erst vor wenigen Jahren begonnen, sich auf die nicht mehr abwendbaren Folgen des Klimawandels einzustellen (Bundesregierung 2015; UBA 2019). In den letzten Jahren hat die Anpassung an den Klimawandel als Querschnittsthema dann einen enormen Bedeutungszuwachs in deutschen Kommunen erfahren. Ursachen können in

Warum ist Ihre Kommune im Bereich Klimaanpassung aktiv geworden (Motivation)? (n=249, Mehrfachnennungen)

Betroffenheit von Extremwetterereignissen — 44% (110)
Schnittstellen zu bereits bearbeiteten Themen — 38% (95)
Überzeugung von Führungskräften und Zuständigen — 37% (91)
Förderprogramme — 29% (73)
Teilnahme an Forschungsprojekten — 18% (45)
Sonstiges — 12% (29)

◘ **Abb. 37.1** Kommunale Motivation für Aktivitäten im Bereich Klimaanpassung. (Hasse et al. 2019)

der Zunahme von Extremwetterereignissen gesehen werden (Hasse et al. 2019): Die immer häufiger auftretenden Hitzesommer von 2015 bis 2017, lokale Starkregenereignisse wie in Simbach (2016) oder regional wirkende Stürme wie „Ela" in Nordrhein-Westfalen (2014) sind als Folgen des Klimawandels stärker als bisher in das Bewusstsein von Bevölkerung und Politik gerückt. Darüber hinaus zeigt die Analyse von Klimaanpassungs- und Klimaschutzstrategien in zahlreichen deutschen Groß- und Mittelstädten, wie wichtig Schlüsselakteure für das Thema sind und wie die enge Zusammenarbeit von Stadtverwaltungen, Strukturen des Bevölkerungsschutzes und der Zivilgesellschaft die städtische Resilienz stärken (Thieken et al. 2018).

In einer 2018 durchgeführten bundesweiten Umfragen zur Wirkung der Deutschen Anpassungsstrategie für die Kommunen zu Strategien, Handlungsfeldern und dem Stand der Umsetzung in großen Städten, mittleren und kleineren Kommunen sowie Landkreisen gaben über 80 % der antwortenden Städte und Gemeinden an, von extremen Wetterereignissen und anderen negativen Klimawandelfolgen betroffen gewesen zu sein. Überwiegend handelte es sich um Starkregenniederschläge, Hochwasserereignisse, Stürme sowie Hitze- und Dürreperioden (◘ Abb. 37.1).

Die Betroffenheit durch solche Extremwetterereignisse stellte für viele Städte, Gemeinden und Kreise die Motivation dar, in der Klimaanpassung aktiv zu werden. Auch Führungskräfte, die sich für Klimaanpassung engagieren, Förderprogramme und Forschungsprojekte sowie Synergien mit anderen Themen der Stadtentwicklung sind als starke Motoren für kommunale Aktivitäten identifiziert worden (Hasse et al. 2019).

Doch um von der Betroffenheit durch Klimawandel zur Entwicklung von Anpassungskonzepten, zur politischen Legitimation von Anpassungsstrategien und zur Umsetzung von Anpassungsmaßnahmen zu kommen, bedarf es breiter Unterstützung und zahlreicher Beratungsangebote für Kommunen (Difu 2015a, b). Im Jahr 2018 haben laut DAS-Umfrage 45 bis 60 % der an der Umfrage teilnehmenden Kommunen keine formalen Instrumente zur Klimaanpassung vorliegen oder streben dies an. Dies gilt gerade für kleinere Kommunen und Landkreise. Den Unterstützungsbedarf belegen auch Aussagen von kommunalen Verbänden (Deutscher Städtetag 2019; Klima-Bündnis 2020).

Denn das Querschnittsthema Klimafolgenanpassung umfasst nicht nur planerische und technische Strategien und Maßnahmen in einem Ressort. Vielmehr adressiert und erfordert Anpassung im Sinne von *governance* auch organisatorische Strukturen (Prozesse und Instrumente zur Koordination, Steuerung und Verstetigung), ökonomische (Anreiz- und Fördersysteme), kommunikative (Wissens- und Informationsvermittlung, Kompetenzaufbau) und soziale Strategien (Sensibilisierung und Beteiligung von Akteuren, intra- und interkommunale Kooperationen u. ä.) unter Beteiligung zahlreicher Ressorts einer Kommunalverwaltung (Difu 2015b; Schüle et al. 2016). Am häufigsten ist das Thema Anpassung in den Bereichen Umwelt und Stadtplanung verankert, gefolgt von Stadtentwicklung und Siedlungsentwässerung.

Förderstrategien und -beratung unterstützen Kommunen zunehmend bei der Integration, der Umsetzung und der Verstetigung der Klimavorsorge. Die Bundesförderung[3] sowie zahlreiche Landesprogramme zielen darauf ab, die Anpassungsfähigkeit insbesondere auf der lokalen und regionalen Ebene zu stärken. Bei Planung und Erprobung wird durch solche Förderprogramme und in zahlreichen Forschungsprojekten Wissen, Innovation und Umsetzungskompetenz in den Kommunen erarbeitet. Ein besonderer Schwerpunkt in Kommunen lag in den letzten Jahren insbesondere in den Handlungsfeldern Überflutungsvorsorge und Qualifizierung der grünen Infrastruktur. Aufgrund mehrerer Hitzesommer stehen derzeit verstärkt Gesundheits- und Hitzevorsorge im Mittelpunkt (Difu 2018; Mücke und Straff 2018; Schubert et al. 2020).

Auch wenn immer mehr Kommunen in Deutschland einen angemessenen Umgang mit den Herausforderungen des Klimawandels vor Ort erlangen, sind bisher in Modellvorhaben zum Aufbau von Klimaresilienz überdurchschnittlich viele Großstädte beteiligt (Kind et al. 2015a, b). Weiterer Handlungsbedarf besteht auch bei der personellen Ausstattung, Aufbau und Vermittlung von Fachwissen und der Verfügbarkeit gesonderter finanzieller Mittel (Hasse et al. 2019; Kind et al. 2015a, b; Gaus et al. 2019). Um klimagerechte Stadtentwicklung im Sinne des *mainstreamings*

als Querschnittsthema in deutschen Kommunen zu integrieren, gehört Klimafolgenanpassung noch mehr in die Breite getragen und auch in kleinen und mittleren Kommunen etabliert.

37.2 Ansätze und Hemmschuhe der Umsetzung geeigneter Anpassungsmaßnahmen

Die Entwicklung geeigneter Politikinstrumente zur Anpassung an den Klimawandel wird in der Literatur vor allem für die Bundes- und Länderebene diskutiert. Politikinstrumente sollen zum einen helfen, die Anpassung an den Klimawandel auf die Agenda von Kommunen, Regionen und privaten Akteuren zu setzen. Zum anderen sollen Anpassungsmaßnahmen so gesteuert werden, dass adäquate klimaangepasste Strukturen aufgebaut werden. Im Idealfall knüpfen Instrumente daher an bekannte Barrieren an und unterstützen die Maßnahmen umsetzenden Akteure bei der Überwindung von Hemmnissen.

37.2.1 Politikinstrumente der Anpassung an den Klimawandel

Politikinstrumente zur Anpassung an den Klimawandel bilden staatliche Handlungsmöglichkeiten ab, um die Anpassung an den Klimawandel zu lenken und gleichzeitig die verantwortlichen Akteure zu befähigen, selbst geeignete Anpassungsmaßnahmen zu ergreifen. Sie sollen insbesondere dort eingreifen, wo ohne staatliche Aktivitäten den Klimafolgen nur unzureichend begegnet wird oder wenn beispielsweise soziale, gesundheitliche oder auch biodiversitätsbezogene Nachteile entstehen. Um den komplexen Herausforderungen des Klimawandels zu begegnen ist ein Mix an Politikinstrumenten zu entwickeln, welcher in sich und in Bezug auf andere Politikfelder kohärent ist. Auf Bundesebene erarbeitete das Behördennetzwerk Klimawandel und Anpassung Politikinstrumente, welche sich auf die wichtigsten Klimafolgen (Buth et al. 2015) beziehen. Diese wurden multikriteriell entlang der Kriterien Effektivität, Flexibilität, Effizienz, Kohärenz und Synergiepotenzial bewertet und der IMA Anpassungsstrategie als Vorschlag zur Aufnahme in den Aktionsplan Anpassung III vorgelegt (Vetter und Schauser 2013; Hetz et al. 2020).

Der Aktionsplan Anpassung III der DAS zeigt die Politikinstrumente auf, die von der Bundesregierung derzeit zur Anpassung an den Klimawandel verfolgt werden. Dazu gehören die Aufnahme von Anpassung an den Klimawandel in rechtliche Regelungen, in technische Regeln und Standards und in Förderprogramme

37

---

3   U. a. DAS-Programm „Maßnahmen zur Anpassung an den Klimawandel", BMBF Fördermaßnahme „Regionale Informationen zum Klimahandeln (RegIKlim)".

wie u. a. das Nationale Hochwasserschutzprogramm, die Städtebauförderung, in den Waldklimafond und das kommunale Förderprogramm der DAS.

Darüberhinausgehend werden in der Literatur weiterreichende Politikinstrumente diskutiert, um auf die zunehmenden Klimafolgen adäquat zu reagieren. Im Folgenden werden exemplarisch mögliche Politikansätze, nach Kategorien sortiert, vorgestellt:

- **Rechtsinstrumente:** Anpassung an den Klimawandel ist auf Bundesebene bisher nicht in einem eigenständigen Gesetz geregelt. Nordrhein-Westfalen hat dies als erstes Bundesland umgesetzt. Andere Bundesländer integrieren Klimaanpassung in ihre Klimaschutzgesetze (Baden-Württemberg, Berlin, Bremen, Niedersachsen, Schleswig-Holstein, Thüringen). Explizit hat der Bund das Thema in das Raumordnungsgesetz (ROG), das Baugesetzbuch (BauGB) und das Wasserhaushaltsgesetz (WHG) integriert. Das WHG greift in Bezug auf den Klimawandel vor allem die Belange der Hochwasservorsorge auf. Niedrigwasser- und Starkregenvorsorge wären Anlass für zukünftige rechtliche Weiterentwicklungen (Bubeck et al. 2016). Reese et al. (2010) haben den Anpassungsbedarf für klimawandelrelevante Rechtsbereiche eingehend untersucht und verweisen zum Umgang mit der Anpassungsbarriere „Unsicherheit" auf das Risikoverwaltungsrecht, das geeignete Ansatzpunkte bereithält, wie eine angemessene Ermittlung und Bewertung von Risiken unter Beteiligung aller relevanten Akteure, den Vorzug von *No-regret*-Maßnahmen und die Berücksichtigung des aktuellen Wissensstandes durch regelmäßige Evaluierung. Mit Bezug zum Naturschutzrecht betonen Möckel und Köck (2013), dass der Klimawandel ein flexibleres Management der Schutzgebiete erfordert, das sowohl Ziele als auch Managementpläne umfasst.

- **Ökonomische Instrumente:** Osberghaus et al. (2010) stellen das Erfordernis für staatliches Handeln im Falle eines Marktversagens heraus, insbesondere wenn es sich bei den Anpassungsmaßnahmen um öffentliche Güter handelt (▶ Kap. 36). So wäre staatliches Handeln insbesondere notwendig beim Deichbau, der Herstellung eines funktionierenden Versicherungsmarktes, beim Aufbau von Hitzewarnsystemen oder bei der Weiterbildung von medizinischem Fachpersonal zu Anpassungsthemen. Schenker et al. (2014) unterscheiden bei ökonomischen Instrumenten zwischen Abgaben, Finanzbeihilfen, Steuer- und Abgabenerleichterungen, Kompensationsregeln und handelbaren Umweltlizenzen (▶ Kap. 39). Sie zeigen anhand von Barrieren für autonome Anpassung durch private Akteure auf, mithilfe welcher staatlichen Instrumente diese überwunden werden können. Beispiel für ein potenziell geeignetes Instrument ist die

verpflichtende Basisversicherung für Elementarschäden. Mit diesem Instrument soll die private Vorsorge angereizt werden, indem präventive Maßnahmen gefordert bzw. prämienbegünstigt werden. Schwarze (2019) führt aus, dass letztlich nur die Versicherungspflicht zu einem flächendeckenden Versicherungsschutz gegenüber Elementarschäden führt. Lehr et al. (2020) zeigen anhand von erweiterten ökonomischen Bewertungen auf, dass bei Auswahlentscheidungen über Politikinstrumente und Anpassungsmaßnahmen solche bevorzugt werden sollten, welche die gesamtgesellschaftliche Wohlfahrt steigern. Unter dieser Prämisse sind naturbasierte Lösungen (▶ Abschn. 37.2.2), wie ein klimaangepasster Waldumbau oder sogenannte grüne Infrastrukturen gegenüber den grauen Infrastrukturen (baulich-technische Maßnahmen) oft positiver zu bewerten. In Bezug auf Investitionen in besser klimaangepasste Verkehrsinfrastrukturen könnten Anreize gezielt für eine nachhaltige Mobilität gesetzt werden und somit der gesellschaftliche Gesamtnutzen erhöht werden.

- **Planerische Instrumente:** Instrumente der Raum- und Fachplanung sind geeignet, um Belange der Anpassung an den Klimawandel aufzugreifen (▶ Kap. 39). Reese (2017) plädiert hier für festgelegte Überarbeitungszyklen von Raumordnungs-, Bauleit- und Landschaftsplänen, um die Dynamik des Klimawandels sachgerecht zu berücksichtigen. In der Fachliteratur wird als neues Prüfinstrument *climate proofing* diskutiert. Dieses könnte sowohl eigenständig eingeführt werden, sodass die Klimarisiken verpflichtend als Planungsgrundlage räumlich erfasst werden (Reese 2017). Denkbar ist aber auch, dieses bezogen auf Projekte und Pläne innerhalb von Umweltverträglichkeitsprüfung (UVP) und Strategischer Umweltprüfung (SUP) zu bearbeiten (Rehhausen et al. 2018). Unklar ist jedoch, inwieweit sich das *climate proofing* in die UVP und SUP integrieren lässt, da die letztgenannten Instrumente die Auswirkungen eines Projekts bzw. eines Plans auf die Umwelt und den Menschen prüfen, während das *climate proofing* die Umweltauswirkungen (Klimafolgen) auf die Planung bzw. das Projekt prüft und damit einer anderen Zielsetzung folgt (Birkmann und Fleischhauer 2009; Birkmann et al. 2012). Runge et al. (2010) sehen eine Integration des umweltbezogenen Teils des *climate proofing* als möglich. Dem folgend schließen Schönthaler et al. (2018) die Prüfung von Vorhaben hinsichtlich der Auswirkungen des Klimawandels in der UVP aus, dieses müsste vorgelagert im Zulassungsverfahren des Vorhabens erfolgen. Die Autoren weisen zusätzlich darauf hin, dass nur ein Teil der Vorhaben, welche von Klimafolgen betroffen sein könnten, überhaupt UVP-pflichtig sind. Die Europäische

◼ Tab. 37.1 Beispiele für das Wasserrückhaltpotenzial bei kleinflächigen naturbasierten Lösungen (Vojinovic 2020; Ruangpan et al. 2020, Zahlenwerte gerundet)

Naturbasierte Lösungen	Effektivität	
	Reduzierung des Abflussvolumens	Reduzierung des Spitzenflusses
Durchlässiges Gehweg-/ Straßenpflaster	~30–65 %	~10–30 %
Dachbegrünung	Bis zu 70 %	Bis zu 96 %
Regengärten	Bis zu 100 %	~49 %
Bepflanzte Senken	Bis zu 10 %	~24 %
Regenwassernutzung	~58–79 %	~8–10 %
Rückhaltebecken	Bis zu 56 %	Bis zu 46 %
Bioretention	Bis zu 90 %	Bis zu 42 %
Versickerungsgräben	Bis zu 56 %	Bis zu 54 %

Kommission (EC 2013d, e) gibt in Leitfäden Hinweise, wie der Klimawandel in UVP und SUP berücksichtigt werden kann.

Ergänzende Instrumente zielen auf eine verbesserte Kommunikation, Partizipation und organisationale Entwicklung ab. Diese Ansätze sollen an dieser Stelle nicht vertieft werden (▶ Kap. 38 und 39).

37

37.2.2 Naturbasierte Lösungen in der Klimaanpassung

Naturbasierte Lösungen (NBS) gewinnen als Ansatz zur Klimaanpassung zunehmend an Bedeutung, da sie nicht nur zur Klimaanpassung, sondern auch gleichzeitig zum Klimaschutz und anderen gesellschaftlichen Herausforderungen (z. B. Verlust der Biodiversität, öffentliche Gesundheit und Schwächung des sozialen Zusammenhalts) beitragen können (Zölch et al. 2018; Kabisch et al. 2016). Unter naturbasierten Lösungen versteht man Ansätze, die natürliche Funktionskreisläufe und somit Ökosysteme schützen, nachhaltig bewirtschaften oder wiederherstellen, um aktuelle gesellschaftliche Herausforderungen zu adressieren. Beispiele aus dem urbanen Raum sind nachhaltige Entwässerungssysteme, Renaturierung von Fließgewässern und Feuchtgebieten, grüne Dächer und Fassaden, Parks oder Gemeinschaftsgärten. Die Nutzen von NBS sind, dass sie gleichzeitig eine Vielzahl an Vorteilen erbringen können und auf lange Sicht oft kosteneffizienter als sogenannte graue Ansätze sind, die auf rein technische Lösungen setzen (EC 2015). Multifunktionale NBS wie beispielsweise grüne Dächer und Fassaden können in dichtbebauten Innenstädten Starkregenereignisse abpuffern (◼ Tab. 37.1) und kühlen die Umgebung. Gleichzeitig können sie für Sport und

Erholung genutzt werden, verbessern die Luft- und Lebensqualität in den Stadtvierteln und vermitteln als Begegnungsort ein Gemeinschaftsgefühl (Calfapietra 2020). Damit haben sie positive Auswirkungen auf die Gesundheit und reduzieren den Energieverbrauch von Gebäuden (Iwaszuk et al. 2019). Verwandte Konzepte sind beispielsweise grüne und blaue Infrastruktur, Stadtgrün, ökosystembasierte Anpassungsmaßnahmen oder Maßnahmen zur natürlichen Wasserrückhaltung.

Die Planung von NBS erfordert, dass Themen wie Klimaanpassung und -schutz sowie Landschafts- und Freiraumplanung gemeinsam betrachtet werden und entschieden wird, welche NBS-Maßnahmen zielführend umgesetzt werden sollen. Damit können NBS einen zentralen Beitrag zur sozial, ökonomisch und ökologisch nachhaltigen Stadt- und Regionalentwicklung leisten. Die Multifunktionalität ist eine Stärke von NBS und kann gleichzeitig ein Hemmnis bei der Umsetzung sein, da die *Governance*-Strukturen hierfür oft nicht ausgelegt sind. Sollen NBS geplant und umgesetzt werden, bestehen neben den unten genannten Barrieren (▶ Abschn. 37.2.3) insbesondere die Herausforderungen, dass Grün- und Freiflächen nicht ausreichend gesichert werden können (Mangel rechtlicher Grundlagen, Bebauungsdruck) (Hansen et al. 2018) und dass Entscheidungsträgerinnen und -träger sowie Bürgerinnen und Bürger das Vertrauen in die Leistungsfähigkeit und Vorteile von NBS fehlt (Hasse et al. 2019). Zudem mangelt es an innovativen Finanzierungsmechanismen und privaten Investitionen, welche die knappen öffentlichen Mittel ergänzen können (Knoblauch et al. 2019).

Um den vielfältigen Herausforderungen entgegenzutreten, bietet es sich an, NBS-basierte Klimaanpassungsmaßnahmen in breiter angelegten klima- und nachhaltigkeitsbezogenen Management- oder Entwicklungskonzepten für ganze Städte oder Regionen gesamtheitlich zu integrieren (Baba et al. 2016; Naumann et al. 2020). Darüber hinaus gibt es eine Vielzahl an *Governance*-Mechanismen zur Umsetzung von NBS, die bereits in verschiedenen Kommunen und Regionen erprobt wurden. Dazu gehören öffentlich-private Partnerschaften, bürgerinitiierte Prozesse oder private Maßnahmen die durch öffentliche Anreize motiviert werden (Bulkeley 2019). Eine besondere Rolle spielen sogenannte *Multi-level-governance*-Ansätze, welche die Beziehung und Zusammenarbeit auf vertikaler und horizontaler Ebene zwischen staatlichen und nichtstaatlichen Akteuren forcieren (Fuhr et al. 2018). Durch die Zusammenarbeit zwischen regionalen und kommunalen Wasserbehörden ist es beispielsweise gelungen, einen 8 km langen Flussabschnitts der Isar (München) zu renaturieren, um den Hochwasserschutz, das Erholungspotenzial und die ökologische Qualität zu verbessern. Dabei wurde eine Arbeitsgruppe gebildet, die mehrere institutionelle Ebenen und Sektoren einbezog, um nicht nur den Hochwasserschutz, sondern auch Naturschutz, Stadtplanung, Wasserqualität, Tourismus, Freizeitgestaltung und viele weitere Handlungsfelder gleichzeitig zu berücksichtigen (IIASA 2019).

Zur Entlastung der meist sehr begrenzten öffentlichen Haushalte werden darüber hinaus neue Finanzierungsmechanismen benötigt, um private Investitionen zu fördern wie beispielsweise öffentliche Bürgerhaushalte oder grüne Anleihen (Baroni et al. 2019). Andere Ansätze berücksichtigen die Schaffung von Werten und/oder möglichen Risiken. So werden beispielsweise im Risikominderungsmodell Vorabinvestitionen in städtische NBS getätigt, um zukünftige Kosten durch extreme Wetterereignisse wie Dürren, Stürme und Überschwemmungen zu reduzieren. Im *Local-Stewardship*-Modell werden dagegen lokale naturbasierte NBS von Bürgern und Unternehmen wertgeschätzt und gepflegt bzw. geschützt (Toxopeus 2019).

Die Forschung und Praxis zeigt, dass NBS eine wichtige Rolle in der Klimaanpassung und darüber hinaus spielen können. Um jedoch das volle Potenzial von NBS zu nutzen und sie in der Breite umzusetzen, sind weitreichende Änderungen notwendig. Dies betrifft Bereiche wie Kooperation und *governance,* Finanzierung aber auch den gesetzlichen Rahmen.

37.2.3 Barrieren bei der Umsetzung

Aufgrund der größer werdenden Schere zwischen dem wachsenden Anpassungsbedarf und der Umsetzung von Anpassung wird von Anpassungsdefiziten gesprochen (Burton 2014; Gawith et al. 2020). Daher wird es immer wichtiger, Barrieren der Anpassung rechtzeitig zu identifizieren und zu untersuchen, um sie zu überwinden. Unter Barrieren können ganz allgemein Hindernisse, Beschränkungen und Wider-

stände verstanden werden, die den Anpassungsprozess erschweren oder gänzlich verhindern, jedoch prinzipiell überwunden oder reduziert werden können (Eisenack et al. 2014). Barrieren unterscheiden sich von sogenannten Grenzen der Anpassung, wenn trotz Anpassung persönliche oder gesellschaftliche Werte nicht länger geschützt werden können und beispielsweise Land dem ansteigenden Meer preisgegeben wird (Moser und Ekstrom 2010; Adger 2009; Dow et al. 2013). Barrieren, die heute nicht angegangen werden, können zu überhöhten Anpassungskosten und Klimaschäden in der Zukunft führen.

Barrieren sind, je nach beteiligten Akteuren (z. B. private oder öffentliche), Anpassungsmaßnahme (z. B. investiv mit anfänglichen Kosten oder operativ mit laufenden Kosten) und Handlungszusammenhang (z. B. Einzel- oder Kollektiventscheidung) ganz vielfältig (Moser und Ekstrom 2010; Eisenack und Stecker 2011; Oberlack 2017). Dies erschwert die Entwicklung einfacher Blaupausen für den Umgang mit und die Überwindung von Barrieren (▶ Kap. 39). Beispiele für häufig beschriebene Barrieren und ggf. erste Vorschläge zu ihrer Überwindung sind:

1. Unsicherheiten erschweren die Planung und Umsetzung von angemessenen Anpassungsmaßnahmen. Unter Unsicherheit fällt zum einen begrenztes Wissen über aktuelle und künftige Klimaveränderungen (etwa die Entwicklung von Starkniederschlägen, ▶ Kap. 7), zum anderen begrenztes Wissen über Art, Umfang und Beschaffenheit der betroffenen Systeme (die Struktur von Stromnetzen, durch Starkniederschläge betroffene Verkehrswege oder hochwassergefährdete Wohngebiete). Beides kann zu Fehlentscheidungen führen, sodass daraus häufig eine geringe Priorität der Anpassung für öffentliche und private Akteure abgeleitet wird (z. B. Lehmann et al. 2015). Neue Planungsgrundsätze zu Entscheidungen unter Unsicherheit könnten jedoch helfen (Oberlack und Eisenack 2018). Die Bundesregierung empfiehlt *No-regret*-Maßnahmen, die unabhängig von klimatischen Entwicklungen sinnvoll sind, oder flexible, nachsteuerbare Maßnahmen (Bundesregierung 2011).

2. Während die Bereitstellung von Klimaprojektionen beim Umgang mit Unsicherheit hilft (z. B. Ekstrom und Moser 2014; Aguiar et al. 2018; Fatorić und Biesbroek 2020), sind Unsicherheiten über die betroffenen Systeme oft problematischer (Oberlack und Eisenack 2018). Unsicherheiten können auch vorgeschoben werden, um bestimmte Maßnahmen zu verhindern (Gawel et al. 2018; Capela Lourenço et al. 2019). Eine gezielte und transparente Reorganisation von Informationsflüssen kann diese Barrieren senken (Gotgelf et al. 2020).

3. Knappe Ressourcen und Finanzen werden häufig als Barriere angeführt (z. B. Biesbroek et al. 2011;

Thaler et al. 2019). Sie können den Aufbau zusätzlicher Personalressourcen auf lokaler Ebene oder die Bereitstellung von Informationen behindern, sodass Budgets von höheren institutionellen Ebenen erforderlich sind (Lehmann et al. 2015). Gleichzeitig zeigen neuere Studien, dass Knappheit nicht immer der Kern von Barrieren ist, sondern eine behauptete Knappheit in anderen Barrieren (beispielsweise den hier genannten) begründet sein kann (Merrill et al. 2018; Simonet und Leseur 2019; Moser et al. 2019).

4. Konfligierende Zeitskalen (Biesbroek et al. 2011; Thaler et al. 2019) werden zur Barriere, wenn Anpassungsmaßnahmen heute hohe Kosten verursachen, deren Nutzen jedoch erst in der Zukunft zutage tritt. Für Betroffene und Entscheider stellt sich daher die Frage, wie weit diese Maßnahmen aufgeschoben werden (können). Resultierende Probleme sind beispielsweise für grüne Infrastruktur oder Wärmeemissionen von Kraftwerken dokumentiert (Sieber et al. 2018; Eisenack 2016). Entsprechende Abwägungen unterscheiden sich unter Umständen zwischen Privatinvestoren, Politikern und öffentlichen Verwaltungen. Generell geht es dabei um die Frage der ökonomischen bzw. politischen Anreize für eine vorausschauende Anpassung.

5. Für regulierte Netzinfrastrukturen wird darauf hingewiesen, dass Investitionsentscheidungen von Strom- und Schienennetzbetreibern sich nicht nur am Markt orientieren, da Preise und Investitionsmaßnahmen in diesem Bereich überwiegend staatlich reguliert werden (Arnell und Delaney 2006; Pechan 2014), in Deutschland u. a. durch die Anreizregulierungsverordnung oder das Allgemeine Eisenbahngesetz. Schäden durch unterlassene Anpassungsmaßnahmen werden in der Regulierung nur indirekt und in kleinem Umfang berücksichtigt. Wenn Netzbetreiber höhere Kosten für Anpassungsmaßnahmen nicht anrechnen lassen können, gibt es für sie nur geringe Anreize für entsprechende Investitionen. Solche Barrieren könnten durch eine Überprüfung des regulatorischen Rahmens aufgelöst werden.

Unklare Verantwortlichkeiten sind eine weitere Barriere für private und öffentliche Akteure (bspw. Herrmann und Guenther 2017; Roggero 2015; Wamsler 2017; Therville et al. 2019), für Letztere auch bezüglich der Verortung von Aufgaben in föderalen Systemen (Lehmann et al. 2015; Russel et al. 2020). Diese wurden z. B. im Kontext des bundeseigenen deutschen Schienenverkehrs identifiziert (Rotter et al. 2016). Die involvierten privaten und öffentlichen Akteure sahen die Verantwortung für Anpassung bei den jeweils anderen bzw. mieden strategische Entscheidungen auf höheren Ebenen. In der Folge gab es keinen koordinierten Anpassungsprozess, und Akteure mit anderen Priori-

täten können Bestrebungen dazu ungehindert verlangsamen. Die Klärung und Aufteilung von Verantwortlichkeiten unter den beteiligten Akteuren kann dem entgegenwirken.

37.2.4 Bewertung erfolgreicher Umsetzung

Die vorangegangenen Abschnitte haben deutlich gemacht, dass vielfältige Aktivitäten zur Anpassung an die Folgen des Klimawandels auf unterschiedlichen Ebenen umgesetzt werden. Dies wirft die naheliegende Frage auf, inwieweit diese Aktivitäten erfolgreich zur Anpassung an den Klimawandel beigetragen haben. Diese Frage ist aus mehreren Gründen von großer Bedeutung: ihre Beantwortung kann unter anderem dazu beitragen, aus den bisherigen Umsetzungsbemühungen zu lernen, um bei zukünftigen Maßnahmen die Herangehensweisen zu optimieren. Zusätzlich soll – insbesondere bei öffentlicher Finanzierung – Legitimität für die Umsetzung von Anpassungsmaßnahmen geschaffen werden und die Beteiligten motiviert werden, indem beispielsweise besondere Erfolge anerkannt werden (abgeleitet aus Stockmann 2004).

Aber was versteht man unter „erfolgreicher" Anpassung an den Klimawandel? Hierzu gibt es zwei grundlegende Perspektiven: Man kann auf den Prozess der Durchführung von Maßnahmen schauen oder auf die Ergebnisse bzw. Wirkungen, die aus der Maßnahme entstanden sind. Einig sind sich die Expertinnen und Experten darin, dass man den Erfolg – anders als im Politikfeld des Klimaschutzes – nicht mit einem einzigen Indikator oder in einer einzigen Metrik für das ganze Land erfassen kann (Noble et al. 2014; Ford et al. 2015; Leiter et al. 2019; EEA 2014a, b). Denn hierfür sind die zum Umgang mit Klimafolgen nötigen Aktivitäten und ihre Ziele sowie die Kontexte, in denen sie umgesetzt werden, zu vielfältig. In trockenen Regionen wäre es beispielsweise ein Erfolg, wenn eine Maßnahme dazu beiträgt, dass die Böden mehr Feuchtigkeit speichern; in küstennahen Regionen mit sehr hohen Grundwasserständen und steigendem Meeresspiegelanstieg wäre die Wirkung einer solchen Maßnahme kontraproduktiv.

Angesichts einer fehlenden einheitlichen Metrik bietet es sich bei der Beurteilung des Erfolges von Maßnahmen an, Multimethodenansätze zu verwenden: das heißt eine Kombination meist von qualitativen und quantitativen Methoden, die genutzt werden, um Ergebnisse abzuleiten und abzusichern. Dieses grundlegende Vorgehen war etwa bei der Evaluation der Deutschen Anpassungsstrategie gewählt worden (Kind et al. 2019): Dort wurden die Ergebnisse aus Interviews, Delphi-Befragungen, Dokumentenanalysen und der Auswertung von Indikatoren systematisch zusammengeführt, um übergreifende Schlussfolgerungen abzuleiten und abzusichern. In der Forschungsliteratur wird für die Bewertung des Erfolges einer Intervention häufig auf eine Kombination von Perspektiven hingewiesen – Reduktion von Vulnerabilitäten (Effektivität), Vermeidung negativer Nebeneffekte und angemessene Berücksichtigung sozialer Belange (z. B. bei Doria et al. 2009; Adger et al. 2005).

Bei Maßnahmen, die eher auf die Etablierung von Strukturen fokussieren – zum Beispiel den Aufbau einer internen Arbeitsgruppe in der Kommunalverwaltung zum koordinierten Umgang mit Klimarisiken – wäre zu prüfen, inwieweit davon positive Wirkungen auf die Anpassungskapazität wichtiger Akteure ausgegangen sind, etwa die Steigerung von Wissen um Anpassungsmaßnahmen oder die allgemeine Sensibilität für das Thema. Bei Maßnahmen, die stärker auf einzelne Klimarisiken ausgerichtet sind, kann versucht werden, passende Indikatoren zu Veränderungen bei den Auswirkungen von Klimafolgen zu identifizieren: etwa die Höhe der Schadensfälle nach Starkregen mit einer gewissen Intensität vor und nach Entsiegelungsaktivitäten in einem Wohngebiet.

Bei allen Wegen der Erfolgsbewertung gibt es jedoch einige Herausforderungen: Beobachtete Veränderungen können oft durch eine Vielzahl von Faktoren ausgelöst worden sein – nicht unbedingt (nur) durch die Anpassungs-Intervention (OECD 2015). Hier gilt es, die Ursache-Wirkungs-Zusammenhänge detailliert in den Blick zu nehmen, ohne allerdings den oft allzu hohen Anspruch, eine ganz eindeutige Kausalität herstellen zu können. Bei Interventionen, deren Wirkung auf lange Zeithorizonte oder seltene Extremereignisse abzielen, zum Beispiel das nächste Jahrhunderthochwasser, kann es jedoch bei Ausbleiben solcher Ereignisse weiterhin schwierig sein, eine Erfolgsmessung vorzunehmen. Hier kann man sich nur mit Modellierungen oder Extrapolation von weniger extremen Ereignissen behelfen.

Für die Zukunft wird es von besonderer Wichtigkeit sein, die Datenverfügbarkeit stärker in den Blick zu nehmen. Hier sind drei Dinge wichtig: Es müssen mehr Daten erhoben werden, Erhebungsmethoden – die gelegentlich noch von Bundesland zu Bundesland variieren – sollten vereinheitlicht werden und die Zugänge zu Daten müssen vereinfacht werden. All dies ist von Bedeutung unter anderem bei der Erfassung der hitzebedingten Übersterblichkeit oder bei den durch Extremwetterereignisse entstandenen Schäden.

37.3 Kurz gesagt

In Deutschland ist – wie in vielen Mitgliedstaaten der EU – Anpassung an den Klimawandel als eigenes Politikfeld mit einer nationalen Strategie, einem Maßnahmenplan sowie mit für die Umsetzung zuständigen Akteuren etabliert. Eine regelmäßige Evaluation des Strategieprozesses ist aufgesetzt und unterstützt die systematische Weiterentwicklung der Strategie. Nicht zuletzt durch die zunehmende Wahrnehmung von Extremereignissen und steigendem politischen Handlungsdruck werden vermehrt Förderprogramme implementiert und investive Maßnahmen umgesetzt. Dabei wird verstärkt nach multifunktionalen, naturbasierten Anpassungsoptionen gesucht, welche Synergien zum Klimaschutz und einer nachhaltigen Entwicklung ermöglichen. Die politische Ebenen übergreifende Umsetzung von Maßnahmen wird jedoch durch vielfältige Barrieren wie Unsicherheiten, fehlendem Handlungswillen oder mangelnden Ressourcen konterkariert.

Die DAS verfolgt eine horizontale und vertikale Integration von Anpassung an den Klimawandel. Staatliche wie nichtstaatliche gesellschaftliche Gruppen werden umfassend am Strategieprozess beteiligt. Allerdings erfolgt dies bisher noch ohne deutlichen strategischen Ansatz, wie nichtstaatliche Akteure in Entscheidungen eingebunden und zur Eigenvorsorge aktiviert werden können. Zudem werden einige grundlegende Herausforderungen wie soziale Gerechtigkeit bei der Anpassung an den Klimawandel kaum thematisiert.

In den Großstädten ist Anpassung an den Klimawandel als reguläre Aufgabe inzwischen verankert. Anders sieht die Situation in kleineren Städten und Gemeinden aus, in denen das Thema oft nicht explizit aufgegriffen wird oder in denen es an klarer fachlicher und organisatorischer Zuständigkeit mangelt. Solche Hemmnisse der Anpassung müssen systematisch angegangen werden, da eine verzögerte Umsetzung bereits heute notwendiger Maßnahmen zu deutlich höheren Anpassungskosten und Klimaschäden in der Zukunft führen wird.

Literatur

Adger WN (2009) Commentary. Environ Plan 41:2800–2805

Adger WN, Arnell NW, Tompkins EL (2005) Successful adaptation to climate change across scales. Glob Environ Chang 15(2):77–86

Aguiar FC, Bentz J, Silva JMN, Fonseca AL, Swart R, Santos FD, Penha-Lopes G (2018) Adaptation to climate change at local level in Europe: an overview. Environ Sci Policy 86:38–63

Arnell NW, Delaney EK (2006) Adapting to climate change: public water supply in England and Wales. Clim Chang 78:227–255

Baba L, Abraham T, Fryczewski I, Schwede P, Benden J (2016) Klimaschutz und Klimaanpassung im Stadtumbau Ost und West. BBSR-Online-Publikation Nr. 11/2016. Bonn. ► https://www.bbsr.bund.de/BBSR/DE/Veroeffentlichungen/BBSROnline/2016/bbsr-online-11-2016-dl.pdf?__blob=publicationFile&v=3

Baroni L, Nicholls G, Whiteoak K (2019) Approaches to financing nature-based solutions in cities. GrowGreen Project working document. ► http://growgreenproject.eu/wp-content/uploads/2019/03/Working-Document_Financing-NBS-in-cities.pdf

Bauer A, Feichtinger J, Steurer R (2012) The governance of climate change adaptation in 10 OECD countries: challenges and approaches. J Environ Policy Plan 14(3):279–304

Biesbroek R, Swart R (2019) Adaptation policy at supranational level? Evidence from the European Union. In: Research handbook on climate change adaptation policy, S 194–211. ▸ https://doi.org/10.4337/9781786432520.00018. Zugegriffen: 28. Juni 2020

Biesbroek R, Klostermann J, Termeer C, Kabat P (2011) Barriers to climate change adaptation in the Netherlands. Clim Law 2:181–199

Birkmann J, Fleischhauer M (2009) Anpassungsstrategien der Raumentwicklung an den Klimawandel: „Climate Proofing" – Konturen eines neuen Instruments. Raumforsch Raumordn 67(2):114–127

Birkmann J, Schanze J, Müller P, Stock M (2012) Anpassung an den Klimawandel durch räumliche Planung – Grundlagen, Strategien, Instrumente. E-Paper der ARL 13, Hannover. ▸ http://nbn-resolving.de/urn:nbn:de:0156-73192

BMU, UBA (2019) Umweltbewusstsein in Deutschland 2018 – Ergebnisse einer repräsentativen Bevölkerungsumfrage. Eigenverlag, Berlin.

Bubeck P, Klimmer L, Albrecht J (2016) Klimaanpassung in der rechtlichen Rahmensetzung des Bundes und Auswirkungen auf die Praxis im Raumordnungs-, Städtebau- und Wasserrecht. NuR 38:297–307

Bulkeley H (2019) Taking action for urban nature: effective governance solutions, NATURVATION Guide. ▸ https://www.naturvation.eu/result/taking-action-urban-nature-governance-solutions

Bundesregierung (2008) Deutsche Anpassungsstrategie an den Klimawandel. Deutsche Bundesregierung, Berlin. ▸ https://www.bmuv.de/download/deutsche-anpassungsstrategie-an-den-klimawandel. Zugegriffen: 2. Febr. 2014

Bundesregierung (2011) Aktionsplan Anpassung der Deutschen Anpassungsstrategie an den Klimawandel. Vom Bundeskabinett am 31. August 2011 beschlossen. Bundesregierung, Berlin

Bundesregierung (2015) Fortschrittsbericht zur Deutschen Anpassungsstrategie an den Klimawandel. Deutsche Bundesregierung, Berlin

Bundesregierung (2020) Zweiter Fortschrittsbericht zur Deutschen Anpassungsstrategie an den Klimawandel. Deutsche Bundesregierung, Berlin. ▸ https://www.bmu.de/fileadmin/Daten_BMU/Download_PDF/Klimaschutz/klimawandel_das_2_fortschrittsbericht_bf.pdf. Zugegriffen: 4. Jan. 2021

Burton I (2014) Practical adaptation: past, present and future. In: Palutikof JP, Boulter SL, Barnett J, Rissik D (Hrsg) Applied studies in climate adaptation. Wiley Blackwell, Chichester, S 383–385

Buth M, Kahlenborn W, Savelsberg J et al (2015) Vulnerabilität Deutschlands gegenüber dem Klimawandel. Clim Chang 24/2015. Umweltbundesamt, Dessau-Roßlau. ▸ https://www.umweltbundesamt.de/publikationen/vulnerabilitaet-deutschlands-gegenueber-dem-Klimawandel. Zugegriffen: 25. Nov. 2015

Calfapietra C (2020) Nature-based solutions for microclimate regulation and air quality: analysis of EU-funded projects. European Commission, Brussels

Capela Lourenço T, Cruz MJ, Dzebo A, Carlsen H, Dunn M, Juhász-Horváth L, Pinter L (2019) Are European decision-makers preparing for high-end climate change? Reg Environ Chang 19(3):629–642

Deutsches Institut für Urbanistik (Hrsg) (2015a) Klimaschutz & Klimaanpassung – Wie begegnen Kommunen dem Klimawandel? Beispiele aus der kommunalen Praxis, Themenheft, Köln

Deutsches Institut für Urbanistik (2015b) KommAKlima – Kommunale Strukturen, Prozesse und Instrumente zur Anpassung an den Klimawandel in den Bereichen Planen, Umwelt und Gesundheit. Hinweise für Kommunen 7: Handlungsempfehlungen für Kommunen zur Klimaanpassung in den Themenschwerpunkten Planen und Bauen sowie Umwelt und Natur, Köln (Online-Veröffentlichung)

Deutsches Institut für Urbanistik (Hrsg) (2018) Kommunale Überflutungsvorsorge – Planer im Dialog, Projektergebnisse. Spree Druck Berlin GmbH, Köln. ▸ https://difu.de/publikationen/2018/kommunale-ueberflutungsvorsorge-planer-im-dialog

Deutscher Städtetag (Hrsg) (2019) Anpassung an den Klimawandel in den Städten, Forderungen, Hinweise und Anregungen, Berlin/Köln. ▸ https://www.staedtetag.de/files/dst/docs/Publikationen/Weitere-Publikationen/2019/klimafolgenanpassung-staedtehandreichung-2019.pdf

Doria M, Boyd E, Tompkins EL, Adger WN (2009) Using expert elicitation to define successful adaptation to climate change. Environ Sci Policy 12(7):810–819

Dow K, Berkhout F, Preston BL, Klein RJT, Midgley G, Shaw MR (2013) Limits to adaptation. Nat Clim Chang 3:305–307

EC (2013a) Guidelines on developing adaptation strategies. Accompanying the communication from the Commission to the European Parliament, the Council, the European Economic and Social Committee and the Committee of the Regions – an EU Strategy on adaptation to climate change. European Commission, Brüssel.

EC (2013b) Technical guidance on integrating climate change adaptation in programmes and investments of Cohesion Policy. Accompanying the communication from the Commission to the European Parliament, the Council, the European Economic and Social Committee and the Committee of the Regions – an EU Strategy on adaptation to climate change. European Commission, Brüssel.

EC (2013c) An EU Strategy on adaptation to climate change. European Commission, Brüssel.

EC (2013d) Guidance on integrating climate change and biodiversity into Environmental Impact Assessment. European Commission, Brüssel. ▸ http://ec.europa.eu/environment/eia/pdf/EIA%20Guidance.pdf. Zugegriffen: 16. Jan. 2014

EC (2013e) Guidance on integrating climate change and biodiversity into Strategic Environmental Assessment. European Commission, Brüssel. ▸ http://ec.europa.eu/environment/eia/pdf/SEA%20Guidance.pdf. Zugegriffen: 16. Jan. 2014

EC (2015) Towards an EU research and innovation policy agenda for nature-based solutions & re-naturing cities. Final report of the Horizon 2020 expert group on 'Nature-based solutions and re-naturing cities'. Technical Report. DG Research and Innovation. European Commission

EC (2018) Verordnung (EU) 2018/1999 des EP und des Rates über das Governance-System für die Energieunion und für den Klimaschutz, zur Änderung der Verordnungen (EG) Nr. 663/2009 und (EG) Nr. 715/2009 des EP und des Rates, der Richtlinien 94/22/EG, 98/70/EG, 2009/31/EG, 2009/73,/EG, 2010/31/EU, 2012/27/EU und 2013/30/EU des EP und des Rates, der Richtlinien 2009/119/EG und (EU) 2015/652 des Rates und zur Aufhebung der Verordnung (EU) Nr. 525/2013 des EP und des Rates. ▸ https://eur-lex.europa.eu/legal-content/DE/TXT/PDF/?uri=CELEX:32018R1999 Brüssel 11.12.2018. Zugegriffen: 18. Aug. 2020

EC (2019) Communication from the Commission to the European Parliament, the European Council, the Council, the European Economic and Social Committee and the Committee of the Regions – The European Green Deal incl. its ANNEX (COM(2019) 640 final, Brussels, 11.12.2019). Zugegriffen: 18. Aug. 2020

EC (2021) Communication from the Commission to the European Parliament, the European Council, the Council, the European Economic and Social Committee and the Committee of the Regions – Forging a climate-resilient Europe – the new EU Strategy on Adaptation to Climate Change. Brussels, 24.2.2021, COM(2021) 82 final.

Ecofys (2016) Assessing Adaptation Knowledge in Europe: Ecosystem-Based Adaptation (Final Report). Ecofys by order of the European Commission, DG Clima.

EEA (2013) Adaptation in Europe – addressing risks and opportunities from climate change in the context of socio-economic developments. European Environment Agency, Copenhagen

EEA (2014a) Digest of EEA indicators 2014a – EEA Technical Report No 8/2014. European Environment Agency, Kopenhagen.

37

EEA (2014b) National adaptation policy processes in European countries – 2014. European Environment Agency, Kopenhagen

EEA (2017) Climate change, impacts and vulnerability in Europe 2016. European Environment Agency, Copenhagen

EEA (2020) Monitoring and evaluation of national adaptation policies throughout the policy cycle. EEA Report No 6/2020. ▶ https://www.eea.europa.eu/publications/national-adaptation-policies. Zugegriffen: 18. Jan. 2021

Eisenack K (2016) Institutional adaptation to cooling water scarcity for thermoelectric power generation under global warming. Ecol Econ 124:153–163

Eisenack K, Stecker R (2011) A framework for analyzing climate change adaptations as actions. Mitig Adapt Strat Glob Chang 17:243–260

Eisenack K, Moser SC, Hoffmann E, Klein RJT, Oberlack C, Pechan A, Rotter M, Termeer CJAM (2014) Explaining and overcoming barriers to climate change adaptation. Nat Clim Chang 4:867–872

Ekstrom JA, Moser SC (2014) Identifying and overcoming barriers in urban adaptation efforts to climate change: case study findings from the San Francisco Bay Area, California, USA. Urban Clim 9:54–74

EU 2020/852 Regulation (EU) 2020/852 of the European Parliament and of the Council of 18 June 2020 on the establishment of a framework to facilitate sustainable investment, and amending Regulation (EU) 2019/2088. ▶ https://eur-lex.europa.eu/legal-content/EN/TXT/?uri=CELEX:32020R0852 und ▶ https://ec.europa.eu/info/business-economy-euro/banking-and-finance/sustainable-finance/eu-taxonomy-sustainable-activities_en. Zugegriffen: 18. Jan. 2021

EU (2021) Regulation (EU) 2021/1119 of the European Parliament and of the Council of 30 June 2021 establishing the framework for achieving climate neutrality and amending Regulations (EC) No 401/2009 and (EU) 2018/1999 ('European Climate Law'). ▶ https://eur-lex.europa.eu/legal-content/EN/TXT/PDF/?uri=CELEX:32021R1119&qid=1631182696723&from=EN. Zugegriffen: 9. Sept. 2021

Fatorić S, Biesbroek R (2020) Adapting cultural heritage to climate change impacts in the Netherlands: barriers, interdependencies, and strategies for overcoming them. Clim Chang

Ford JD, Berrang-Ford L, Biesbroek R, Araos M, Austin SE, Lesnikowski A (2015) Adaptation tracking for a post-2015 climate agreement. Nat Clim Chang 5(11):967–969

Fuhr H, Hickmann T, Kern K (2018) The role of cities in multi-level climate governance: local climate policies and the 1.5 C target. Curr Opin Environ Sustain 30:1–6

Gawel E, Lehmann P, Strunz S, Heuson C (2018) Public choice barriers to efficient climate adaptation – theoretical insights and lessons learned from German flood disasters. J Inst Econ 14(3):473–499

Gawith D, Hodge I, Morgan F, Daigneault A (2020) Climate change costs more than we think because people adapt less than we assume. Ecol Econ 173:106636

Gaus H, Silvestrini S, Kind C, Kaiser T (2019) Politikanalyse zur Evaluation der Deutschen Anpassungsstrategie an den Klimawandel (DAS) – Evaluationsbericht. ▶ https://www.umweltbundesamt.de/sites/default/files/medien/1410/publikationen/politikanalyse_zur_evaluation_der_deutschen_anpassungsstrategie_an_den_klimawandel_das_-_evaluationsbericht.pdf

Gotgelf A, Roggero M, Eisenack K (2020) Archetypical opportunities for water governance adaptation to climate change. Ecol Soc 25(5):6

Grothmann T (2020) Beteiligungsprozesse zur Klimaanpassung in Deutschland: Kritische Reflexion und Empfehlungen. Clim Change17/2020. Umweltbundesamt, Dessau-Roßlau. ▶ https://www.umweltbundesamt.de/sites/default/files/medien/479/publikationen/cc_17-2020_beteiligungsprozess-das_teilbericht_

fkz_3714_48_1020_beteiligungsprozess_das.pdf. Zugegriffen: 2. Febr. 2021

Hansen R, Born D, Lindschulte K, Rolf W, Bartz R, Schröder A, Becker CW, Kowarik I, Pauleit S (2018) Grüne Infrastruktur im urbanen Raum: Grundlagen, Planung und Umsetzung in der integrierten Stadtentwicklung. BfN-Skripten 503. Bundesamt für Naturschutz, Bonn

Hasse J, Willen L, Baum N, Bongers-Römer S, Pichl J, Völker V (2019) Umfrage Wirkung der Deutschen Anpassungsstrategie (DAS) für die Kommunen. Teilbericht. CLIMATE CHANGE 01/2019. Umweltbundesamt, Dessau-Roßlau. ▶ https://www.umweltbundesamt.de/sites/default/files/medien/1410/publikationen/2019-01-21_cc_01-2019_umfrage-das.pdf

Herrmann J, Guenther E (2017) Exploring a scale of organizational barriers for enterprises' climate change adaptation strategies. J Clean Prod 160:38–49

Hetz K, Kahlenborn W, Bollin C, Borde B, Jung J, Hutter G (2020) Entwicklung und Erprobung eines Verfahrens zur integrierten Bewertung von Maßnahmen und Politikinstrumenten der Klimaanpassung. Clim Chang 30/2020. Umweltbundesamt, Dessau-Roßlau. ▶ https://www.umweltbundesamt.de/sites/default/files/medien/479/publikationen/cc_30-2020_bewertungsverfahren_politikinstrumente_teilbericht_2.pdf. Zugegriffen: 29. Jan. 2021

Hoffmann E, Harnisch R, Rupp J, Grothmann T, Lühr K (2020) Kooperation und Beteiligungsprozess zur Weiterentwicklung der Deutschen Anpassungsstrategie an den Klimawandel. Clim Change16/2020. Umweltbundesamt, Dessau-Roßlau. ▶ https://www.umweltbundesamt.de/sites/default/files/medien/1410/publikationen/2020-07-02_cc_16-2020_beteiligungsprozess-das_abschlussbericht_fkz_3714_48_102_0_final_barrierefrei.pdf. Zugegriffen: 2. Febr. 2021

Hulme M, Neufeld H, Colyer H, Ritchie A (2009) Adaptation and mitigation strategies: supporting European climate policy. The final report from the ADAM Project. University of East Anglia, Norwich.

Hustedt T (2014) Negative Koordination in der Klimapolitik: Die Interministerielle Arbeitsgruppe Anpassungsstrategie. dms – der moderne staat – Zeitschrift für Public Policy, Recht und Management 2/2014:311–330

IIASA (2019) Governance innovation through nature-based solutions, IIASA Policy Brief, December 2019. PHUSICOS Project. ▶ https://iiasa.ac.at/web/home/resources/publications/IIASAPolicyBriefs/pb25.pdf

IPCC (2014) Climate change 2014: impacts, adaptation and vulnerability. Contribution of working group II to the fifth assessment report of the intergovernmental panel on climate change, Kap 23. University Press, Cambridge

Isoard S (2011) Perspectives on adaptation to climate change in Europe. In: Ford JD, Berrang-Ford L (Hrsg) Climate change adaptation in developed nations: from theory to practice. Advances in Global Change Research 42. Springer, Heidelberg, S 51–68

Iwaszuk E, Rudik G, Duin L, Mederake L, Davis M, Naumann S, Wagner I (2019) Addressing climate change in cities. Catalogue of Urban Nature-Based Solutions. Ecologic Institute, the Sendzimir Foundation, Berlin, Krakow

Kabisch N, Frantzeskaki N, Pauleit S, Naumann S, Davis M, Artmann M, Haase D, Knapp S, Korn H, Stadler J, Zaunberger K, Bonn A (2016) Nature-based solutions to climate change mitigation and adaptation in urban areas – perspectives on indicators, knowledge gaps, barriers and opportunities for action. Ecol Soc 21(2):39. ▶ https://doi.org/10.5751/ES-08373-210239

Kahlenborn W, Linsenmeier M, Porst L et al (2021) Klimawirkungs- und Risikoanalyse 2021 für Deutschland – Teilbericht 1: Grundlagen. Clim Chang 20/2021. Umweltbundesamt, Dessau-Roßlau. ▶ https://www.umweltbundesamt.de/sites/default/files/

medien/5750/publikationen/2021-06-10_cc_20-2021_kwra2021_ grundlagen_0.pdf. Zugegriffen: 26. Aug. 2021

Kind C, Vetter A, Wronski R (2015a) Development and application of good practice criteria for evaluating adaptation measures. In: Leal W (Hrsg) Handbook of climate change adaptation. Springer, Berlin, S 297–318

Kind C, Protze N, Savelsberg J, Lühr O, Ley S, Lambert J (2015b) Entscheidungsprozesse zur Anpassung an den Klimawandel in Kommunen. In: Climate change | 04/2015.

Kind C, Kaiser T, Gaus H (2019) Methodik für die Evaluation der Deutschen Anpassungsstrategie an den Klimawandel. Umweltbundesamt, Dessau-Roßlau

Klima-Bündnis (2020) 30 Jahre Klima-Bündnis, Eine Reise im Kommunalen Klimaschutz – Rückblick und Perspektiven 1990 | 2020 | 2050, Frankfurt a. M. ▶ https://www.klimabuendnis.org/fileadmin/Inhalte/7_Downloads/2020-05_Jahresbericht_Klima-B%C3%BCndnis.pdf

Knoblauch D, Naumann S, Mederake L, Araujo A (2019) Multi-level policy framework for sustainable urban development and nature-based solutions – Status quo, gaps and opportunities. Deliverable 1.2, CLEVER Cities, H2020 grant no. 776604

Lange A, Ebert S, Vetter A (2021) Adaptation requires participation: criteria and factors for successful stakeholder interactions in local climate change adaptation. In: Leal Filho W, Luetz J, Ayal D (Hrsg) Handbook of climate change management. Springer, Cham. ▶ https://doi.org/10.1007/978-3-030-22759-3_47-1

Lehmann P, Brenck M, Gebhardt O, Schaller S, Süßbauer E (2015) Barriers and opportunities for urban adaptation planning: analytical framework and evidence from cities in Latin America and Germany. Mitig Adapt Strateg Glob Chang 20(1):75–97

Lehr U, Flaute M, Ahmann L, Nieters A, Hirschfeld J, Welling M, Wolff C, Gall A, Kersting J, Mahlbacher M, von Möllendorff C (2020) Vertiefte ökonomische Analyse einzelner Politikinstrumente und Maßnahmen zur Anpasssung an den Klimawandel. Clim Change 43/2020. Umweltbundesamt, Dessau-Roßlau. ▶ https://www.umweltbundesamt.de/sites/default/files/medien/1410/publikationen/2020_11_27_cc_43_2020_politikinstrumente-klimaanpassung.pdf. Zugegriffen: 2. Febr. 2021

Leiter T, Olhoff A, Al Azar R, Barmby V, Bours D, Clement VWC, Dale TW, Davies C, Jacobs H (2019) Adaptation metrics – current landscape and evolving practices. Global Center on Adaptation, Rotterdam

López-Dórigqa U, Jiménez J, Bisaro A, Hinkel J (2020) Financing and implementation of adaptation measures to climate change along the Spanish coast. Sci Total Environ 712:135685.

Massey E, Huitema D (2012) The emergence of climate change adaptation as a policy field: the case of England. Reg Environ Chang. ▶ https://doi.org/10.1007/s10113-012-0341-2

McCallum S, Prutsch A, Berglund M, Dworak T, Kent N, Leitner M, Miller K, Matauschek M (2013) Support to the development of the EU strategy for adaptation to climate change: background report to the impact assessment, part II – stakeholder involvement. Environment Agency Austria, Vienna.

Merrill S, Kartez J, Langbehn K, Muller-Karger F, Reynolds CJ (2018) Who should pay for climate adaptation? Public attitudes and the financing of flood protection in Florida. Environ Values 27(5):535–557

Möckel S, Köck W (2013) European and German nature conservation instruments and their adaptation to climate change – a legal analysis. JEEPL 10:54–71

Moser SC, Ekstrom JA (2010) A framework to diagnose barriers to climate change adaptation. Proc Natl Acad Sci 107:22026–22031

Moser SC, Ekstrom JA, Kim J, Heitsch S (2019) Adaptation finance archetypes: local governments' persistent challenges of funding adaptation to climate change and ways to overcome them, Ecol Soc 24(2):28

Mücke HG Straff W (2018) Bund/Länder-Handlungsempfehlungen für die Erstellung von Hitzeaktionsplänen zum Schutz der menschlichen Gesundheit – die Umsetzung auf kommunaler Ebene kann beginnen. In: Deutsches Institut für Urbanistik (Hrsg) Klimaschutz & Gesundheit. Umwelt- und Lebensqualität in Kommunen sichern und fördern, Köln. S 54–65. ▶ https://repository.difu.de/jspui/bitstream/difu/252844/1/DCF2633.pdf

Naumann S, Davis M, Iwaszuk E, Freundt M, Mederake L (2020) Addressing climate change in cities. Policy instruments to promote urban nature-based solutions. Ecologic Institute, the Sendzimir Foundation, Berlin, Krakow

Noble, IR, Huq S, Anokhin YA, Carmin J, Goudou D, Lansigan FP, Osman-Elasha B, Villamizar A (2014) Adaptation needs and options. In: Field CB, Barros VR, Dokken DJ, Mach KJ, Mastrandrea MD, Bilir TE, Chatterjee M, Ebi KL, Estrada YO, Genova RC, Girma B, Kissel ES, Levy AN, MacCracken S, Mastrandrea PR, White LL (Hrsg) Climate change 2014: impacts, adaptation, and vulnerability. Part A: global and sectoral aspects. contribution of working group II to the fifth assessment report of the intergovernmental panel on climate change. Cambridge University Press, Cambridge, 833–868

OECD (2015) National climate change adaptation – emerging practices in monitoring and evaluation. OECD Publishing, Paris

Oberlack C (2017) Diagnosing institutional barriers and opportunities for adaptation to climate change. Mitig Adapt Strat Glob Chane 22(5):805–838

Oberlack C, Eisenack K (2018) Archetypical barriers to adapting water governance in river basins to climate change. J Inst Econ 14:527–555

Osberghaus D, Dannenberg A, Mennel T (2010) The role of the government in adaptation to climate change. Eviron Plan C Gov Policy 28:834–850

Pechan A (2014) Which incentives does regulation give to adapt network infrastructure to climate change? – A German case study. Oldenburg Discussion Papers in Economics 14:V–365

Pietrapertosa F, Khokhlov V, Salvia M, Cosmi C (2018) Climate change adaptation policies and plans: a survey in 11 South East European countries. Renew Sustain Energy Rev 81:3041–3050

Reese M (2017) Rechtliche Aspekte der Klimaanpassung. In: Marx A (Hrsg) Klimaanpassung in Forschung und Politik. Springer, Wiesbaden, S 73–89

Reese M, Möckel S, Bovet J, Köck W (2010) Rechtlicher Handlungsbedarf für die Anpassung an die Folgen des Klimawandels – Analyse, Weiter- und Neuentwicklung rechtlicher Instrumente. Berichte Umweltbundesamt 01/2010. Schmidt, Berlin

Remling E (2018) Depoliticizing adaptation: a critical analysis of EU climate adaptation policy. Environ Politics 25:477–487

Roggero M (2015) Adapting institutions: exploring climate adaptation through institutional economics and set relations. Ecol Econ 118:114–122

Rehhausen A, Günther M, Odparlik L, Geißler G, Köppel J (2018) Internationale Trends der UVP- und SUP-Forschung und -Praxis. UBA-Texte 82/2018. Umweltbundesamt, Dessau-Roßlau. ▶ https://www.umweltbundesamt.de/sites/default/files/medien/1410/publikationen/2018-10-18_texte_82-2018_internationale-trends-umweltpruefungen.pdf. Zugegriffen: 30. Aug. 2021

Rotter M, Hoffmann E, Pechan A, Stecker R (2016) Competing priorities: how actors and institutions influence adaptation of the German railway system. Under review. Clim Chang 137(3):609–623

Ruangpan L, Vojinovic Z, Di Sabatino S, Leo LS, Capobianco V, Oen AMP, McClain ME, Lopez-Gun E (2020) Nature-based solutions for hydro-meteorological risk reduction: a state-of-the-art review of the research area. Nat Hazard 20:243–270

Runge K, Wachter T, Rottgardt EM (2010) Klimaanpassung, Climate Proofing und Umweltprüfung – Untersuchungsnotwendigkeiten und Integrationspotenziale. UVP-Report 24(4):165–169

37

Russel D, Castellari S, Capriolo A, Dessai S, Hildén M, Jensen A, Karali E, Mäkinen K, Nielsen HO, Weiland S, den Uyl R, Tröltzsch, J (2020) Policy coordination for national climate change adaptation in Europe: all process, but little power. Sustainability (Switzerland) 12(13):5393

Schenker O, Mennel T, Osberghaus D, Ekinci B, Hengesbach C, Sandkamp A, Kind C, Savelsberg J, Kahlenborn W, Buth M, Peters M, Steyer S (2014) Ökonomie des Klimawandels. Integrierte ökonomische Bewertung der Instrumente zur Anpassung an den Klimawandel. Clim Chang 16/2014. Umweltbundesamt, Dessau-Roßlau

Schönthaler K, Balla S, Wachter T, Peters H-J (2018) Grundlagen der Berücksichtigung des Klimawandels in UVP und SUP. Clim Change04/2018. Umweltbundesamt, Dessau-Roßlau. ▶ https://www.umweltbundesamt.de/sites/default/files/medien/1410/publikationen/2018-02-12_climate-change_04-2018_politik-empfehlungen-anhang-4.pdf. Zugegriffen: 1. Febr. 2021

Schubert S, Bunge C, Gellrich A, von Schlippenbach U, Reißmann D (2020) Innenentwicklung in städtischen Quartieren: Die Bedeutung von Umweltqualität, Gesundheit und Sozialverträglichkeit. Umweltbundesamt, Dessau-Roßlau. ▶ https://www.umweltbundesamt.de/sites/default/files/medien/1410/publikationen/2020-01-13_hgp_innenentwicklung_umweltqualitaet_gesundheit_sozialvertraeglichkeit_final_bf.pdf

Schüle R, Fekkak M, Lucas R, von Winterfeld U, Fischer J, Roelfes M, Madry T, Arens S (2016) Kommunen befähigen, die Herausforderungen der Anpassung an den Klimawandel systematisch anzugehen (KoBe). CLIMATE CHANGE 20/2016. Umweltbundesamt, Dessau-Roßlau. ▶ https://www.umweltbundesamt.de/publikationen/kommunen-befaehigen-die-herausforderungen-der

Schwarze R (2019) Institutionenökonomischer Vergleich der Risikotransfersysteme bezüglich Elementarschäden in Europa. Studien und Gutachten im Auftrag des Sachverständigenrats für Verbraucherfragen.Berlin: Sachverständigenrat für Verbraucherfragen.

Sieber IM, Biesbroek R, de Block D (2018) Mechanism-based explanations of impasses in the governance of ecosystem-based adaptation. Reg Environ Chang 18(8):2379–2390

Simonet G, Leseur A (2019) Barriers and drivers to adaptation to climate change—a field study of ten French local authorities. Clim Chang 155(4):621–637

Smithers R, Tweed J, Phillips-Itty R, Nesbit M, Illes A, Smith M, Eichler L, Baroni L, Klostermann, J, de Bruin K, Coninx I (2018) Study to support the evaluation of the EU adaptation strategy: final report. European Commission, Brussels, S 159

Stecker R, Mohns T (2012) Eisenack K (2012) Anpassung an den Klimawandel – Agenda Setting und Politikintegration in Deutschland. ZfU 2:179–208

Stockmann R (2004) Was ist eine gute Evaluation? Einführung zu Funktionen und Methoden von Evaluationsverfahren. CEval-Arbeitspapiere, 9. CEval. Saarbrücken

Thaler T, Attems M-S, Bonnefond M, Clarke D, Gatien-Tournat A, Gralepois M, Fournier M, Murphy C, Rauter M, Papathoma-Köhle M, Servain S, Fuchs S (2019) Drivers and barriers of adaptation initiatives – how societal transformation affects natural hazard management and risk mitigation in Europe. Sci Total Environ 650:1073–1082

Therville C, Brady U, Barreteau O, Bousquet F, Mathevet R, Dhenain S, Grelot F, Brémond P (2019) Challenges for local adaptation when governance scales overlap. Evid Languedoc Fr Reg Environ Chang 19(7):1865–1877

Thieken A, Dierck J, Dunst L et al (2018) Urbane Resilienz gegenüber extremen Wetterereignissen – Typologien und Transfer von Anpassungsstrategien in kleinen Großstädten und Mittelstädten (ExTrass) – Bericht zum Verbundvorhaben „Zukunftsstadt". Universität Potsdam, Potsdam. ▶ https://publishup.uni-potsdam.de/opus4-ubp/frontdoor/deliver/index/docId/41606/file/thieken_bericht.pdf. Zugegriffen: 2. Febr. 2021

Toxopeus HS (2019) Taking action for urban nature: business model catalogue, NATURVATION Guide. ▶ https://naturvation.eu/sites/default/files/results/content/files/business_model_catalogue.pdf

Umweltbundesamt (2015) Monitoringbericht 2015 zur Deutschen Anpassungsstrategie an den Klimawandel. Bericht der Interministeriellen Arbeitsgruppe Anpassungsstrategie der Bundesregierung. ▶ https://www.umweltbundesamt.de/publikationen/monitoringbericht-2015

Umweltbundesamt (2019) Monitoringbericht 2019 zur Deutschen Anpassungsstrategie an den Klimawandel. Bericht der Interministeriellen Arbeitsgruppe Anpassungsstrategie der Bundesregierung. ▶ https://www.umweltbundesamt.de/publikationen/monitoringbericht-2019

Vetter A, Schauser I (2013) Anpassung an den Klimawandel – Priorisierung von Maßnahmen innerhalb der Deutschen Anpassungsstrategie. GAIA 22:248–254

Vojinovic Z (2020) Nature-based solutions for flood mitigation and coastal resilience: analysis of EU-funded projects. European Commission, Brussels

Wamsler C (2017) Stakeholder involvement in strategic adaptation planning: transdisciplinarity and co-production at stake? Environ Sci Policy 75:148–157

Weiland S (2017) Anpassung an den Klimawandel aus Governance-Sicht. In: Marx A (Hrsg) Klimaanpassung in Forschung und Politik. Springer, Wiesbaden, S 91–101

Westerhoff L, Keskitalo ECH, McKay H, Wolf J, Ellison D, Botetzagias I, Reysset B (2010) Planned adaptation measures in industrialised countries: a comparison of select countries within and outside the EU. In: Keskitalo CEH (Hrsg) Developing adaptation policy and practice in Europe: multi-level governance of climate change. Springer, Dordrecht, S 271–338

Woodruff S, Regan P (2019) Quality of national adaptation plans and opportunities for improvement. Mitig Adapt Strat Glob Chang 24(3):53–71. ▶ https://doi.org/10.1007/s11027-018-9794-z

Zandvoort M, Campos I, Vizinho A, Penha-Lopes G, Lorencová E, van der Brugge R, van der Vlist M, van den Brink A, Jeuken A (2017) Adaptation pathways in planning for uncertain climate change: applications in Portugal, the Czech Republic and the Netherlands. Environ Sci Policy 78:18–26. ▶ https://doi.org/10.1016/j.envsci.2017.08.017

Zölch T, Wamsler C, Pauleit S (2018) Integrating the ecosystem-based approach into municipal climate adaptation strategies: the case of Germany. J Clean Prod 1:966–977. ▶ https://doi.org/10.1016/j.jclepro.2017.09.146

Klimakommunikation und Klimaservice

Susanne Schuck-Zöller, Thomas Abeling, Steffen Bender, Markus Groth, Elke Keup-Thiel, Heike Molitor, Kirsten Sander, Peer Seipold und Ulli Vilsmaier

Inhaltsverzeichnis

38.1 Klimakommunikation – 493

38.2 Klimaservice – 494
38.2.1 Integrative Forschungsansätze im Klimaservice – 495
38.2.2 Integrative Forschung und Diskussion – 497

38.3 Wirksamkeit und Evaluation – 499
38.3.1 Evaluation von Kommunikationsmaßnahmen – 500
38.3.2 Evaluation von Klimaservice – 500
38.3.3 Konsequenzen und Ausblick – 501

38.4 Kurz gesagt – 502

Literatur – 503

© Der/die Autor(en) 2023
G. P. Brasseur et al. (Hrsg.), *Klimawandel in Deutschland*,
https://doi.org/10.1007/978-3-662-66696-8_38

Mit dem Klimawandel besteht einerseits die unbedingte Notwendigkeit, das Klima zu schützen und den bereits stattfinden Klimawandel abzumildern (Mitigation). Andererseits müssen sich Gesellschaften an bereits eingetretene und noch zu erwartende Folgen des Klimawandels, wie beispielsweise Dürre, Hitze und Starkregen, anpassen. Dabei gehen Klimaschutz und Anpassung an den Klimawandel zunehmend Hand in Hand. Die Dringlichkeit des Problems hat Auswirkungen auf die Wissenschaftskommunikation und ebenso auf die Forschung, die sich inzwischen um den Bereich des Klimaservice' erweitert hat. Dieses Kapitel geht der Frage nach: Was wird unter Klimakommunikation und Klimaservice verstanden und was leisten diese im Zusammenhang mit dem Klimawandel? Wissenschaftstheoretische Fragestellungen, die sich daraus ergeben, werden skizziert. Darauf aufbauend lassen sich Voraussetzungen und Herausforderungen einer erfolgreichen Umsetzung der neuen Forschungsformen benennen. Ziel dieses Beitrages ist nicht zuletzt, eine weitere Reflexion anzuregen, wie Klimafolgenwissen effektiv und wirksam genutzt werden kann, um den gesellschaftlichen Umgang mit dem Klimawandel zu erleichtern und die gesellschaftliche Transformation voranzubringen.

Klimakommunikation hat sich als eine besondere Form der Wissenschaftskommunikation herausgebildet. Obwohl der Begriff gängig ist, lässt sich eine klare Definition von „Klimakommunikation" nicht leicht finden. Ausführlicher diskutiert wird der Begriff „Nachhaltigkeitskommunikation": Hier werden Aktivitäten nach der dahinterstehenden Absicht unterschieden – je nachdem, ob mit der Nachhaltigkeitskommunikation ein normativer Zweck verbunden ist *(communication for sustainability)*, ob Nachhaltigkeit per se kommuniziert wird *(communication of sustainability)* oder ob Personen sich über Nachhaltigkeit austauschen: *communication about sustainability* (Fischer et al. 2016).

Eine Übertragung dieser Differenzierung auf das Thema Klimawandel bedeutete, dass

1. entweder normativ monodirektional mit dem Ziel einer Reaktion auf den Klimawandel kommuniziert wird, das könnte mit dem Zweck Klimaschutz, -anpassung oder einer Kombination erfolgen, (Kommunikation *für* den Klimawandel) oder dass
2. deskriptiv monodirektional über Klimawandel gesprochen wird (Kommunikation *des* Klimawandels) oder dass
3. horizontal (und teilweise beratend) und dialogisch ohne normative Zielsetzung kommuniziert wird (Kommunikation *über* Klimawandel).

Dieser Text subsummiert unter „Klimakommunikation" alle drei Formen. In den Fällen 1 und 2 handelt es sich nach dieser Definition um eine Einwegkommunikation. Fall 3 umfasst ein dialogisches Format, beispielsweise

Chats oder andere interaktive Austausch- und Beratungsaktivitäten. Alle drei hier vorgestellten Formen der Klimakommunikation sprechen über Wissenschaft, betreiben selbst aber keine Forschung.

Zum Feld „Klimaservice" ist inzwischen weltweit eine Menge gearbeitet worden. 2001 taucht der Begriff (englisch *climate service*) das erste Mal auf, wie Brasseur und Gallardo (2016) zeigen. Vaughan und Dessai (2014) zeichnen die Geschichte nach und beschreiben die Institutionalisierung der ersten Klimaservice-Einrichtungen im internationalen Kontext, eine Entwicklung, die um das Jahr 2010 herum Fahrt aufnimmt.

Zusammenfassend können vier Charakteristika von Klimaservice herausgestellt werden (Schuck-Zöller et al. 2014; Brasseur und Gallardo 2016):

- Klimaservice ist auf die Nutzung seiner Produkte und den Bedarf der Gesellschaft ausgerichtet (den Bedarf verstehen).
- Die Aktivitäten im Klimaservice folgen wissenschaftlichen Regeln und stehen für Objektivität und Transparenz (neutral und transparent handeln).
- Aufgrund der komplexen Problemlagen arbeiten Wissenschaftler ganz unterschiedlicher Forschungsfelder zusammen (interdisziplinär forschen und beraten).
- Um die vielen anstehenden Fragen beantworten zu können, muss der Klimaservice enge Kooperationen innerhalb der Wissenschaftsgemeinschaft schaffen (Partnerschaften und Netzwerke aufbauen), die institutionenübergreifende Zusammenarbeit ermöglichen.

Die Europäische Kommission definiert „Klimaservice" in ihrer *Roadmap* (European Commission 2015) in einem recht umfassenden Sinn: Die wissenschaftliche Verwendung und Umwandlung klimabezogener Daten – unter Einbezug anderer wichtiger Informationen – in nutzerfreundliche Produkte Informationen und Dienstleistungen. Diese können ganz unterschiedlich geartet sein, von Klimasimulationen über ökonomische Klimafolgenanalysen bis zur Anpassungsberatung, zur Beratung über Klimaschutzmaßnahmen und Katastrophenvorsorge (European Commission 2015). Klimaservice beinhaltet auch Kommunikationsaktivitäten, sowohl bei der Entwicklung als auch beim Vertrieb der Produkte. Allerdings geht Klimaservice viel weiter als Klimakommunikationsaktivitäten und beinhalten Kommunikation häufig als Zugang, die wissenschaftliche Entwicklung voranzubringen. Anders als horizontale Klimakommunikation (s. oben, Nr. 3) verfolgen sie allerdings vorrangig ein anderes Ziel: Die Wissenschaftsseite kooperiert mit der Praxis, um deren Bedürfnisse in die Forschung einfließen zu lassen. Wissenschaft ist hier nicht primär Gegenstand des Dialoges, sondern wird auch gemeinsam betrieben.

38

Auch die Adressatenkreise von Klimakommunikation und Klimaservice sind unterschiedlich: Während sich Klimakommunikation häufig an eine breite Öffentlichkeit wendet, richtet sich Klimaservice vorrangig an Fachleute aus der Praxis, die sich im beruflichen Kontext mit dem Klimawandel beschäftigen, und integrieren diese in ihre Forschungsarbeit. Das Ziel besteht dabei in einem wechselseitigen Lernprozess der Beteiligten *(mutual learning)*, in dem neue Erkenntnisse entstehen und der die gesellschaftliche Transformation begünstigen kann (Vilsmaier et al. 2015). Die Bedeutung des dialogischen Austausches ist für die Entwicklung und Anwendung von Klimaservice essenziell, lassen sich doch so die Nutzbarkeit, Akzeptanz und Legitimität der Forschungsresultate und Produkte erhöhen (Brasseur und Gallardo 2016; Goosen et al. 2014; Haße und Kind 2019; Hewitt et al. 2017; Palutikof et al. 2019; Street 2016).

Derartige Differenzierungs- und Definitionsversuche dienen allerdings zuallererst der Reflexion und einer wissenschaftstheoretischen Vorabklärung, die weitere Analysen erleichtert. In der Realität gibt es Mischformen und Grenzfälle, die nicht eindeutig zuzuordnen sind.

38.1 Klimakommunikation

Dieses Kapitel konzentriert sich auf Kommunikationsaktivitäten, die von wissenschaftlichen Einrichtungen, Verbünden und deren Beschäftigten betrieben werden. Eine wichtige Rolle spielt in diesem Zusammenhang der Weltklimarat (IPCC) mit seinen regelmäßigen Berichten. Produktbeispiele einzelner Klimaforschungs- und -informationseinrichtungen dienen zur Illustration. Kommunikationsaktivitäten von Medien und Informationsdiensten, wie etwa „klimafakten.de", betrachtet der Text nicht.

Die Wissenschaftsinstitutionen kommunizieren über ihre Pressestellen sowie auch einzelne ihrer Beschäftigten, die über ihre Fachgebiete berichten oder zu speziellen Fragen Stellung nehmen. Es kann sich (s. oben) um alle drei Arten von Klimakommunikation handeln, also
1. Kommunikation *für* den Klimawandel,
2. Kommunikation *des* Klimawandels oder
3. Kommunikation *über* Klimawandel.

Gerichtet sind diese Kommunikationsaktivitäten meistens an Personen außerhalb der Wissenschaftsgemeinschaft, etwa an ein breites Publikum oder Akteurinnen und Akteure aus speziellen Sektoren wie beispielsweise aus Wirtschaft, Politik sowie der Zivilgesellschaft.

Die Kommunikation für den Klimawandel (Fall 1, s. oben) hat oft eine Handlungsaktivierung zum Ziel. Hier gilt es, zu bedenken, dass reine Informationsvermittlung nicht zwingend zu der beabsichtigten Handlung führt. Weder (Klima-)Wissen allein noch allgemeine Einstellungen führen zwangsläufig zu einem gewünschten spezifischen Verhalten (Grothmann 2018; Hellbrück und Kals 2012). Schahn und Matthies (2008) stellen die vor allem beim Thema Umwelt oftmals zu beobachtende Diskrepanz zwischen Einstellungen und Verhalten eindrücklich dar.

Wirkungsvolle Kommunikation ist auf die jeweilige Zielgruppe ausgerichtet. Inhalte und Kommunikationsziele werden entsprechend definiert und eine klare Strategie hilft, dieses Ziel zu erreichen. Die Frage, welche Detailgenauigkeit wie und an wen zu vermitteln ist, ist bei der Aufbereitung wissenschaftlicher Ergebnisse zentral (Heidenreich et al. 2014). Welche Instrumente und Formate der Kommunikation sich am besten eignen, hängt entscheidend vom Wissensstand und vom Interesse bzw. der Funktion des Adressaten ab (z. B. Entscheidungskräfte aus Politik, Wirtschaft und Verwaltung, Personen aus dem Bildungs- und Medienbereich oder die allgemeine Öffentlichkeit).

Wenn beispielsweise Entscheidungskräfte aus der Wirtschaft als Zielgruppe dazu bewegt werden sollen, ihre Unternehmensstrategien oder gar Lieferketten auf Krisenfestigkeit zu prüfen, unterscheidet sich das Kommunikationskonzept deutlich von einer Aktivität, die eine Hausgemeinschaft veranlasst, Fotovoltaikanlagen aufs Dach zu setzen, oder sie für Vorsorgemaßnahmen bei Hitzewellen zu sensibilisieren.

Kommunikation zu Klimaschutz und Anpassung kann leichter Gehör finden, wenn sie an aktuelle gesellschaftliche Themen anknüpft, beispielsweise an Standortsicherung, demografischen Wandel, Gesundheit, Ernährung. Die Interessen der Zielgruppen sowie deren spezifische umweltbezogene, persönliche und soziale Werte und Normen lassen sich ansprechen und die Möglichkeit aufzeigen, selbst etwas zu gestalten (Matthies und Wallis 2018). Darüber hinaus wirkt Kommunikation eher, wenn psychologische Einflussfaktoren adressiert werden. Für die Anpassung an den Klimawandel zeigt Grothmann (2017, 2018) beispielsweise, dass Kommunikationsformate dann besonders wirksam sind, wenn

- sie Schadenserfahrungen und Emotionen vermitteln,
- persönliche Risikowahrnehmung stärken,
- Selbstwirksamkeitsüberzeugungen erhöhen und kollektive Wirksamkeitsüberzeugungen fördern,
- die gemeinsame Vorsorgeverantwortung von Staat und Bevölkerung aufbauen und
- lokale Identität und soziale Eingebundenheit ausbauen.

Die explizite Ausrichtung an psychologischen Einflussfaktoren ermöglicht neben einer erhöhten Wirksamkeit zudem deren nachträgliche Untersuchung, liefern die psychologischen Faktoren doch gleichzeitig Anhaltspunkte für eine systematische Wirkungsmessung – und eine stetige Verbesserung der Wissensbasis aufseiten der anbietenden Organisation (▶ Abschn. 39.3.1).

Da ein Großteil der menschlichen Wahrnehmung und Entscheidungsfindung auf Intuitionen und Emotionen beruht (Grothmann 2018), bietet die Bild-sprache ein großes Potenzial, um für ein Thema zu sensibilisieren. Hier können auch Formate wie Klima-novellen oder Comics geeignete Vermittlungswege sein (Hohberg 2014; Körner und Lieberum 2014). Zu bild-lichen Darstellungen wird in den vergangenen Jahren in Deutschland vermehrt geforscht (Schneider 2018).

Klimainformation in Deutschland schnell finden

Seit etwa 15 Jahren entstehen in Deutschland ziel-gerichtete Klimainformationsprodukte, und doch wird die Landschaft der einschlägigen Einrichtungen und Produkte oft als fragmentiert beschrieben. Interessierte haben Schwierigkeiten, sich in der Vielzahl der verfügbaren Produkte zurechtzufinden und für ihre Situation geeignete und zuverlässige Angebote zu identifizieren (Cortekar et al. 2014; Hammill et al. 2013; Webb et al. 2019).

Deshalb sind im vergangenen Jahrzehnt – als Klima-kommunikationsprodukte – europaweit Portale ent-standen (Swart et al. 2017), die einen Überblick ver-schaffen und das Auffinden spezieller Dienste erleichtern, wie etwa in Deutschland seit dem Jahr 2011 der Klima-navigator[1], der vom *Climate Service Center Germany* (GERICS) als Gemeinschaftsprojekt beteiligter Forschungseinrichtungen initiiert wurde. Die Bundes-regierung hatte darüber hinaus im ersten Fortschritts-bericht zur Deutschen Anpassungsstrategie (Bundes-regierung 2015) beschlossen, ein Portal für qualitäts-gesicherten Klimaservice und Dienste zur Unterstützung der Anpassung zu implementieren (Bundesregierung

2015). Das daraus hervorgegangene Klimavorsorgeportal (KLiVO) wurde mithilfe einer umfangreichen Befragung zur Nutzung sowie von Testphasen und Dialogen zwi-schen der Nutzer- und Anbieterseite entwickelt. Durch das begleitende Anbieter-Nutzer-Netzwerk, bestehend aus Bundes- und Landesbehörden, Kommunen, Unter-nehmensverbänden, Einzelunternehmen und Umwelt-organisationen, wird ein kontinuierlicher Austausch er-möglicht, der die Weiterentwicklung, Bekanntheit und Anwendung von Diensten auf dem KLiVO Portal för-dert. Die bisherigen Evaluationsergebnisse zum Netzwerk zeigen eine hohe Zufriedenheit und den Wunsch nach noch mehr Möglichkeiten zum Austausch und mehr Wis-sensinput (Born et al. 2022; Hoffmann et al. 2020).

Strategien und neue Wege zur Vermeidung, Redu-zierung und Entnahme von CO_2-Emissionen stellt der Netto-Null-2050 Webatlas[2] bereit (Preuschmann et al. 2022), der die öffentliche Debatte über CO_2-Neutralität vorantreiben will und die Forschungsergebnisse aus der Helmholtz-Gemeinschaft bündelt.

38.2 Klimaservice

Die Klimaserviceprodukte, wie sie hier in ihrer gan-zen Bandbreite gemeint sind, lassen sich einteilen in – einerseits – eher monodirektional ausgerichtete, ausschließlich in der Wissenschaft entstandene und – andererseits – im Dialog mit den Nutzern und Nut-zerinnen entstandene Forschungsresultate und Ent-wicklungen. Die monodirektional ausgerichteten Pro-dukte stellen ein Angebot für eine angenommene Nachfrage bereit (angebotsgetrieben), während die Zu-sammenarbeit mit der Praxis im zweiten Fall die Nach-frage sicherstellt (nachfragegetrieben).

Dieses Buch zeigt an vielen Stellen, dass gerade die kooperativen Anstrengungen zwischen Wissen-schaft, Politik, Verwaltung, Wirtschaft und der Zivil-gesellschaft eine wichtige Rolle bei der Bewältigung der anstehenden Aufgaben des Klimaschutzes und der

Anpassung an die Folgen des Klimawandels spielen (▶ Kap. 21, 29, 36). In den vergangenen Jahren haben sich in der Forschung zunehmend Ansätze kooperativen Handelns entwickelt, das Wissensgenerierung mit ge-sellschaftlichen Lern- und Aushandlungsprozessen zwi-schen Wissenschaft und Praxis verbindet (Scholz 2011; Jahn et al. 2012; Hirsch Hadorn et al. 2008; Bammer et al. 2020). Dieser neue Wissenschaftsmodus ergänzt die klassische Politikberatung, in der wissenschaftliches Wissen für Entscheidungen aufbereitet und in politi-sche Prozesse eingebracht wird (▶ Abschn. 29.6). Da-rüber hinaus finden vielfältige Prozesse der Bürgerbe-teiligung statt – auch Kooperationen zwischen wissen-schaftlichen und zivilgesellschaftlichen Akteuren, die partizipative Aushandlungs- jedoch keine Forschungs-prozesse darstellen (▶ Abschn. 39.1.4). Im Folgenden werden Veränderungsprozesse in der gesellschaftlichen Wissensproduktion beleuchtet und Formen sektorüber-

---

1 ▶ www.klimanavigator.eu

2 ▶ https://atlas.netto-null.org/

greifender, kooperativer Forschung vorgestellt, die für Klimaserviceeinrichtungen charakteristisch sind und immer bedeutender werden (European Commission 2015).

38.2.1 Integrative Forschungsansätze im Klimaservice

Der neue Forschungsmodus, der die Praxis in den Forschungsprozess einbezieht, wird übergreifend oft „integrative Forschung" genannt. Es haben sich in unterschiedlichen Fächerkulturen unterschiedliche Ansätze herausgebildet. Eine Einführung in die Entstehung und Vielfalt dieser unterschiedlichen, aus den einzelnen Wissenschaftskulturen stammenden Ansätze liefern auch Brinkmann et al. (2015). Viele dieser Ansätze verfolgen jedoch ähnliche Ziele und gehen ähnlich vor. Steuri et al. (2022) schauen ganz aktuell im Detail auf Rollen und Arbeitsweisen, die dieser neue Forschungsmodus mit sich bringt. Dieses Kapitel stellt zwei wichtige Ansätze integrativer Forschung vor: Die ursprünglich aus dem angloamerikanischen Sprachraum und den Wirtschaftswissenschaften stammende *co-creation* und der parallel dazu vorwiegend in den Umwelt- und Nachhaltigkeitswissenschaften entstandene Modus transdisziplinärer Forschung, der wesentlich vom deutschen Sprachraum ausging. Da eine Übersetzung von *creation* ins Deutsche wörtlich nicht gut funktioniert, wird der englische Ursprungsbegriff genutzt. Mauser et al. (2013) bringen beide Begriffe zusammen und bezeichnen – eher implizit – den ideellen Ansatz als transdisziplinär, die gemeinsamen Forschungsaktivitäten jedoch als *co-creation*.

Integrative Forschungsansätze bauen auf vielfältige Wissensressourcen und Formen der Wissensgenerierung in unterschiedlichen Gesellschaftsfeldern auf und sind auf die Veränderungen konkreter Situationen ausgerichtet. Sie erkennen den Wert unterschiedlicher Wissensformen aus unterschiedlichen Gesellschaftsfeldern als gleichwertig an und trachten danach, gerade ihre Unterschiedlichkeit in Forschungsprozessen nutzbar zu machen. Zum einen geht es um wissenschaftlich generiertes Wissen, das durch die methodische Genauigkeit ein Höchstmaß an Nachvollziehbarkeit und Robustheit bietet. Zum anderen wird Wissen in gleichem Maße als forschungsrelevant anerkannt, das im alltäglichen Lebensvollzug oder im Ausüben beruflicher Tätigkeiten gewonnen wird oder zum tradierten Erfahrungsschatz einzelner Kulturen gehört. Die Forschungsansätze werden in sektorübergreifenden Allianzen realisiert und verfolgen dabei multiple Ziele. Neben erkenntnistheoretischen Zielen richten sie sich ebenso auf Transformation und Handlungsveränderung aus (Vilsmaier et al. 2017), beispielsweise auf Lösungsansätze in Klimaanpassungsprozessen

von Kommunen oder Unternehmen (z. B. Strasser et al. 2014). Gegenüber „Forschung und Entwicklung" unterscheiden sie sich in der Integration verschiedener Wissensformen, ihrer kooperativen Organisationsform sowie ihrem proaktiven Umgang mit Werten und Normen (Newig et al. 2019). Damit gehen sie weit über die anwendungsbezogene Auftragsforschung hinaus.

Integrative Forschungsformen haben sich in den vergangenen Jahren stark vervielfältigt. Sie unterscheiden sich untereinander im Grad der Formalisierung von Prozessen (stringent gerahmt versus offen und dynamisch), in der Reichweite (fallfokussiert oder auf Generalisierung ausgerichtet) sowie in der Dimensionierung (umfassender Forschungsprozess versus punktuelle Beiträge oder einzelne Interventionen).

Derartige Ansätze leisten einen wesentlichen Beitrag dazu, das Verhältnis von Wissenschaft zu anderen Wissens- und Erkenntnisformen sowie gesellschaftlichen Handlungsfeldern neu zu bestimmen. Sie haben sich in unterschiedlichen Weltregionen und Diskursgemeinschaften entwickelt. Für Klimaservice vorrangig relevant haben sich in Deutschland und Europa Diskurse und Praktiken der eher prozessorientierten *co-creation* von Wissen sowie des umfänglichen Konzeptes der transdisziplinären Forschung (European Commission 2015) erwiesen. Beide Ansätze werden aufgrund ihrer verschiedenen Herkunft und einiger Unterschiede separat vorgestellt.

■ **Co-creation**

Die grundlegende Idee der *co-creation* geht auf Prahalad und Ramaswamy (2000, 2004a, b) zurück und kommt aus der Ökonomie. Sie wird dort als Prozess verstanden, bei dem ein Unternehmen (in unseren Fall handelt es sich um den Klimaservice-Anbieter) gemeinsam mit seinen Kunden einen Wettbewerbsvorteil schafft. Zum grundlegenden Konzept gibt es unterschiedliche Definitionen und Ausgestaltungen, wobei die folgenden fünf Punkte zentral sind (Vorbach et al. 2017; Albinsson et al. 2016; Ramaswamy und Gouillart 2010; Pater 2009): *co-creation*

- erlaubt einen aktiven Austausch mit Kunden,
- eröffnet eine neue Basis für Innovationen,
- ist ein Prozess, der unternehmensseitig initiiert wird,
- ermöglicht eine *Win-win*-Situation für Kunden und Unternehmen,
- begründet eine starke und nachhaltige Beziehung zwischen Kunden und Unternehmen.

In den letzten zehn Jahren wurde der Begriff aus der Ökonomie zunehmend auch in andere Forschungsfelder übernommen. Bereits Mauser et al. (2013) übertragen ihn auf die integrative Forschung zum globalen Wandel. Auf dem Feld des Klimaservice' kann dieser Ansatz auf unterschiedliche Weise und auch auf unterschiedliche Zielgruppen angewendet werden. Cha-

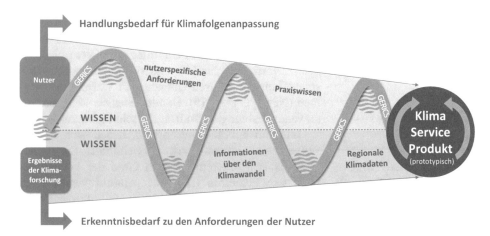

Handlungsbedarf für Klimafolgenanpassung

nutzerspezifische Anforderungen

Nutzer

GERICS

Praxiswissen

WISSEN

WISSEN

Ergebnisse der Klima-forschung

Informationen über den Klimawandel

Regionale Klimadaten

Klima Service Produkt (prototypisch)

Erkenntnisbedarf zu den Anforderungen der Nutzer

◻ Abb. 38.1 Schematische Darstellung der *co-creation* von Klimaservice (Grafik: Climate Service Center Germany; GERICS 2017)

rakteristisch ist jeweils, dass durch die Arbeit von Beteiligten aus Praxis und Wissenschaft auf Augenhöhe sichergestellt wird, dass die Anforderungen aus der Praxis „gehört" und in der wissenschaftlichen Produktentwicklung auch entsprechend umgesetzt werden. Der Entwicklungsprozess kann – wie die Erfahrung aus mehr als einem Jahrzehnt zeigt – hierbei in unterschiedlichen Schritten ablaufen, wie in ◻ Abb. 38.1 skizziert ist. Zu Beginn erfolgt die Abfrage, welche Situationen, Abläufe und Strukturen durch den Klimawandel direkt oder indirekt betroffen sind oder sein werden und welche Bedarfe sich daraus ergeben (Groth und Seipold 2017). In den folgenden Schritten werden wissenschaftliche Erkenntnisse, lokales Wissen und praxisrelevante Expertise mit Bezug auf die genannten Bedarfe anwendungsorientiert verknüpft, bis als Ziel ein wissenschaftlich fundiertes, praxistaugliches und bedarfsgerechtes Klimaserviceprodukt entsteht. Daran anschließend erfolgt die Testung und Feinjustierung des Produkts in und mit der Praxis (in der Grafik nicht dargestellt). Die gemeinsame methodische Entwicklung durch Wissenschaft und Praxis – hier dargestellt in orange – zieht sich in Korrekturschleifen durch den gesamten Prozess.

Im Rahmen des Produktentwicklungsprozesses ist der gegenseitige Austausch im Sinne der oben skizzierten *co-creation* ein wichtiger Erfolgsfaktor, sowohl für eine zielgerichtete Zusammenarbeit als auch dafür, ein vertiefendes Anwendungswissen miteinfließen zu lassen und die notwendige Praxistauglichkeit zu erreichen. Der Austausch gewährleistet darüber hinaus, dass die Produkte letztlich auch leichter in bestehende Entscheidungsprozesse und Verwaltungsabläufe eingehen (Bender et al. 2017, 2020).

Die mithilfe des für Klimaservice optimierten Ansatzes der *co-creation* entwickelten Produkte sind je nach adressierter Fragestellung und Beteiligten sehr verschieden. Beispielsweise wurde in Zusammenarbeit mit dem Klimaschutz-Unternehmen e. V. ein Dossier

„Unternehmen im Klimawandel"[3] erstellt, um mögliche klimawandelbedingte Auswirkungen für Unternehmen und auf Wertschöpfungsketten sowie unternehmensstrategische Handlungsempfehlungen aufzuzeigen. Zwei sehr unterschiedliche *co-creation*-Prozesse zum Thema „Trockenheit" beschreiben Wall et al. (2017) aus den USA. Aus Australien und Brasilien liegen eindrückliche Schilderungen auch der Probleme vor, die sich bei der *co-creation* ergeben (Serrao-Neumann et al. 2020).

Auch Städte stehen vor spezifischen Herausforderungen (European Environment Agency 2020; European Commission 2020; IPCC 2018), die individuelle und bedarfsgerechte Lösungen notwendig machen (Groth und Seipold 2020; Bender et al. 2017). In diesem Zusammenhang sei als weiteres Beispiel auf die Entwicklung eines innovativen und praxistauglichen Stadtklimamodells (PALM-4U) verwiesen (▶ Kap. 21), bei der im Rahmen eines mehrjährigen Forschungsprojektes eine Vielzahl wissenschaftlicher Fachleute und Beschäftigte aus unterschiedlichen städtischen Verwaltungsämtern sowie Unternehmen aus der Privatwirtschaft beteiligt waren (Scherer et al. 2019; Maronga et al. 2019; Halbig et al. 2019; Cortekar et al. 2020). PALM-4U ist damit ein klassisches Beispiel gelungener *co-creation*.

Zusammenfassend ist zu konstatieren, dass es im Prozess der *co-creation* wichtig ist, alle klimawandelbedingten Betroffenheiten auf betrieblicher, administrativer, politischer oder kommunaler Ebene umfassend zu berücksichtigen (Bender et al. 2020). Somit befindet sich dieses Vorgehen auch im Einklang mit der „Neuen Leipzig-Charta" (European Commission 2020), die Partizipation und *co-creation* als Schlüsselprinzipien guter urbaner *governance* betont und darstellt, dass die frühzeitige und umfassende Ein-

---

3 ▶ https://www.climate-service-center.de/imperia/md/content/csc/workshopdokumente/gerics_unternehmen_im_klimawandel.pdf

beziehung lokaler Experten zwingend notwendig ist, um beispielsweise die transformative Kraft urbaner Räume nutzen zu können.

■ **Transdisziplinarität**

Parallel zur Idee der *co-creation* ist das Konzept der Transdisziplinarität entstanden. Mit dem Begriff werden Forschungspraktiken beschrieben, die über disziplinär und interdisziplinär organisierte Forschung hinausreichen und sich an gesellschaftlichen Phänomenen oder Problemen orientieren (Hirsch Hadorn et al. 2008; Jahn 2008), um zu deren Bewältigung beizutragen (Hoffmann-Riem et al. 2008; Lang et al. 2012). Der Diskurs sowie forschungspraktische Realisierungen von Transdisziplinarität haben sich seit den 1990er-Jahren vor allem in den Umwelt- und Nachhaltigkeitswissenschaften entfaltet (Bergmann et al. 2010; Vilsmaier und Lang 2014). Das Potenzial dieser Forschungsform wird in der Erfassung komplexer Probleme gesehen, indem unterschiedliche, wissenschaftliche wie praxisnahe Perspektiven Berücksichtigung finden und eine Verknüpfung von abstraktem und fallspezifischem Wissen ermöglicht wird (Pohl und Hirsch Hadorn 2006; Krohn 2008). Der Diskurs zur Transdisziplinarität wirft grundlegende epistemologische und ethisch-politische Fragen auf, die das Verhältnis zwischen unterschiedlichen Wissenskulturen ebenso in den Blick nehmen, wie die Wirksamkeit wissenschaftlicher Forschung und gesellschaftlicher Aufgaben- und Verantwortungsteilungen (Fritz und Meinherz 2020; Herberg und Vilsmaier 2020; Rosendahl et al. 2015). Durch internationale Abkommen zur nachhaltigen Entwicklung wie etwa die Agenda 2030 der Vereinten Nationen mit 17 Zielen für nachhaltige Entwicklung (► Kap. 31), die kooperative Formen der Wissensgenerierung zwischen wissenschaftlicher Forschung und gesellschaftlichen Akteuren einfordern, wird diesen Fragen deutliches Gewicht verliehen. Schon in der Agenda 21, die im Zuge der UN-Konferenz in Rio de Janeiro 1992 verabschiedet wurde, heißt es:

„Die Kooperationsbeziehung, die zwischen Wissenschaft und Technik auf der einen und der Öffentlichkeit auf der anderen Seite besteht, sollte ausgebaut und im Sinne einer vollwertigen Partnerschaft vertieft werden. [...] Bestehende multidisziplinäre Ansätze müssen verstärkt werden und zwischen Wissenschaft und Technik und politischen Entscheidungsträgern sowie mit der breiten Öffentlichkeit müssen weitere interdisziplinäre Untersuchungen vereinbart werden [...]." (UN Department for Sustainable Development 1992, S. 300).

Transdisziplinäre Forschungsprozesse werden unter anderem in dem Drei-Phasen-Modell des Instituts für sozial-ökologische Forschung (ISOE) gerahmt (Jahn 2008; Jahn et al. 2012). Das ISOE-Modell unterscheidet zwischen wissenschaftlichen und „lebensweltlichen" Problemzugängen, die in transdisziplinären Forschungsverbünden integriert werden. Es sieht die folgenden drei Prozessphasen vor:

- Problemformulierung und transdisziplinäre Teambildung (Phase A),
- Wissensintegration (Phase B),
- Re-Integration von gewonnenem Wissen in wissenschaftliche und lebensweltliche Felder (Phase C).

Anders als beim Ansatz der *co-creation* ergreifen entweder Interessierte aus der Praxis oder aus der Wissenschaft die Initiative zur Etablierung eines gemeinsamen Vorhabens. Die Rahmung der zugrundeliegenden Probleme, d. h., das Verstehen von relevanten Facetten und Dimensionen eines komplexen Sachverhalts und die entsprechende Formulierung von Wissens- und Handlungsbedarfen, findet unter Einbezug heterogener Perspektiven statt. Sie geht Hand in Hand mit der Herausbildung eines transdisziplinären Forschungsteams, das Personen umfasst, die mit dem Problem in Beziehung stehen (Phase A). Wissenschaftliche Wissensbestände und Fragestellungen lassen sich im Wissensintegrationsprozess durch verschiedene Verfahren integrativer Forschung mit handlungsrelevanten Fragen und diversen Wissensbeständen verknüpfen, die im alltäglichen oder professionellen Handlungsvollzug erworben werden. Dabei sollte die Heterogenität von Wissen und Perspektiven auf das zu erforschende Phänomen bzw. zu lösende Problem zu einem vertieften Problemverständnis beitragen. Der Forschungsprozess selbst gerät so zum wechselseitigen Lern- und Aushandlungsprozess (Phase B). Die auf diese Weise gewonnenen Erkenntnisse und Ergebnisse sind auf die Mehrung wissenschaftlichen Wissens ebenso ausgerichtet wie auf deren Implementierung in den relevanten Handlungsfeldern. Die Teilhabe von und Mitgestaltung durch Personen aus den betreffenden Feldern an transdisziplinären Forschungsprozessen sollten die wirkungsvolle Integration auf kurzem Wege fördern. Basierend auf dem ISOE Modell haben Lang et al. (2012) Prinzipien der transdisziplinären Forschung erarbeitet, die für das Design, die Implementierung, wie auch Evaluation derartiger Forschungsprozesse dienlich sind.

38.2.2 Integrative Forschung und Diskussion

Methodiken integrativer Forschung werden in verschiedensten Forschungsbereichen entwickelt. Um sie zugänglich zu machen und ihre Anwendung zu erleichtern, gibt es inzwischen weltweit mehrere Plattformen im Netz, die sich diesen Methodiken widmen (◘ Tab. 38.1).

Die Frage, ob integrative Forschungsansätze, wie die hier beschriebene *co-creation* und die Trans-

◻ Tab. 38.1   Plattformen zu Methoden integrativer Forschung

Integratives Forschungskonzept	Kurzbeschreibung	Organisation	Sprache	Link
Science of Team Science	Lernplattform zur Umsetzung von inter- und transdisziplinärer Forschung	*Northwestern University, Illinois, USA*	Englisch	► https://www.teamscience.net/modules/module1-resources
	Austauschplattform für verschiedene Interessensgruppen sowie umfassende Übersicht über thematische Literatur	*International Network for the Science of Team Science (INSciTS)*	Englisch	► https://www.inscits.org/scits-a-team-science-resources
Participatory (Action) Research	Übersicht von Methoden und Praxisbeispielen	*ActionAid International Federation, South Africa*	Englisch	► https://www.reflectionaction.org/tools_and_methods/
	Wissensplattform mit Informationen und Einsatzmöglichkeiten von verschiedenen partizipativen Methoden	*Institute of Development Studies, UK*	Englisch	► https://www.participatorymethods.org/
	Angebot für partizipative Methoden und Bürgerbeteiligung	Nexus, Institut für Kooperationsmanagement und interdisziplinäre Forschung, Berlin	Deutsch	► https://partizipative-methoden.de/
Transdisziplinäre Forschung *Transdisciplinary Research*	Wissens- und Austauschplattform mit Zugriff auf Ergebnisse zu Methoden und Gestaltungsmöglichkeiten	TU Berlin ISOE Frankfurt (Institut für sozial-ökologische Forschung) Leuphana Universität Lüneburg Öko-Institut Freiburg	Deutsch/ Englisch	► https://td-academy.de/
	Toolbox mit Methodenübersicht für verschiedene Ziele sowie Anleitungen und Anwendungsbeispielen	SHAPE-ID Projekt, finanziert durch die Europäische Kommission	Englisch	► https://www.shapeidtoolkit.eu/
	Toolbox mit Methoden zur Koproduktion von Wissen	Akademien der Wissenschaften Schweiz, Netzwerk für transdisziplinäre Forschung (td-net)	Deutsch/ Französisch/Italiesch/ Englisch	► https://naturwissenschaften.ch/co-producing-knowledge-explained
Integration and Implementation Science	Wissensplattform mit Übersicht von Methoden	*Australian National University*	Englisch	► https://i2s.anu.edu.au/
	Austausch- und Diskussionsplattform			► https://i2insights.org/

disziplinarität, zu einer besseren Wirksamkeit der Ergebnisse führen, war wissenschaftlich lange nicht geklärt. Inzwischen können Newig et al. (2019) einen positiven Zusammenhang nachweisen Die Voraussetzung ist, dass die Beteiligten aus der Praxis frühzeitig in das Projekt und dessen Planung eingebunden werden und es ein professionelles Projekt- und Dialogmanagement gibt (Newig et al. 2019).

Vor allem im Arbeitsgebiet „Klimaservice" gibt es Studien, die eine Diskrepanz zwischen bestimmten Produkten und den anwendungsbezogenen Bedürfnissen feststellen (z. B. Clar und Steurer 2018; Capela Lourenço et al. 2016; Hammill et al. 2013). Oft endet näm-

lich die Interaktion mit den Personen aus der Praxis beispielsweise bereits mit der Fertigstellung des Produktes. Stattdessen würde eine kontinuierliche Weiterführung der Partnerschaften die laufende Nutzung und Weiterentwicklung der Dienste befördern (Webb et al. 2019). Diese Annahme wird gestützt durch ein entsprechendes Plädoyer aus der Praxis, das aus einer Umfrage unter Beteiligten an *co-creation*-Prozessen stammt (Timm et al. 2022).

Forschung zu komplexen Problemen, deren Lösung gesellschaftlicher Transformation bedarf, sollte nicht nur wissenschaftlich, sondern ebenso sozial robustes Wissen hervorbringen (Gibbons 1999). In diesem Zusammenhang fordert Gibbons eine Neubestimmung des Verhältnisses von Wissenschaft und Gesellschaft und ein offeneres, selbstorganisiertes und gesellschaftlich breit aufgestelltes System von Wissensproduktion. Die Art zu forschen wird zunehmend zu einer Frage nach gesellschaftlicher Zukunftsfähigkeit. Wie sich sozial robustes Wissen und die in der Agenda 21 geforderte „vollwertige Partnerschaft" (s. oben) konkret etablieren lassen und was dies für das Selbstverständnis von Wissenschaft sowie die spezifische Qualität wissenschaftlichen Wissens bedeutet, wird bislang jedoch sehr unterschiedlich adressiert (Vilsmaier 2021).

Die epistemisch-politische Dimension der Frage, wie wissenschaftliches Wissen und Erfahrungswissen oder tradiertes Wissen gleichwertig in Forschung einfließen könne, wird zum einen durch Addition beantwortet: Ein additives Verständnis integrativer Forschung ist dadurch charakterisiert, dass wissenschaftliche Wissensproduktion zwar in größere gesellschaftliche Forschungskonstellationen eingebettet wird und andere Wissensformen Berücksichtigung finden, die wissenschaftliche Rationalität davon aber unberührt bleibt. Andere Ansätze bevorzugen keine spezifische Form von Wissen und Wissensgenerierung, sondern behandeln sie gleichwertig. Dies wirft allerdings fundamentale erkenntnistheoretische und methodologische Fragen auf und eröffnet umgekehrt einen Raum zwischen Institutionen und Wissenskulturen, den es neu zu verhandeln und gestalten gilt (Vilsmaier 2021; Vilsmaier et al. 2017). Die große Herausforderung dieser Aushandlungsprozesse liegt vor allem darin, sowohl die orientierende Kraft wissenschaftlich legitimierten Wissens auf der einen Seite zu wahren als auch, andererseits, das forscherische Potenzial *aller* Menschen zu fördern, ihren Erfahrungsschatz zu heben und für gesellschaftliche Entwicklungen fruchtbar zu machen (Appadurai 2006).

Die beschriebenen Veränderungen in der Wissensproduktion bringen ganz neue Herausforderungen für Institutionen und die beteiligten Personen mit sich (Suhari et al. 2022) und verschieben deshalb auch die Landschaft der Forschungseinrichtungen. Wo gibt es Ressourcen und Strukturen, die integrative Forschung erlauben? An Bedeutung gewinnen zunehmend *boundary organizations* (Bischoff et al. 2007, ▶ Abschn. 39.1.2), die integrative Forschung und gesellschaftliche Transformation zu fördern vermögen, indem sie an der Schnittstelle zwischen Gesellschaft und Wissenschaft agieren. Dazu zählen gerade auch die Klimaserviceeinrichtungen, deren Etablierung in den vergangen 15 Jahren eine Vielzahl von Erprobungen integrativer Forschungsprozesse zu Klimaschutz und Klimawandelanpassung ermöglichte.

Das Potenzial integrativer Forschung für Klimawandelanpassung und Klimaschutz ist vielver-

sprechend, zumal durch Perspektivpluralität ein besseres, situatives Problemverständnis gewonnen werden kann. Darüber hinaus lassen sich durch aktive Teilhabe an kooperativen Forschungsprozessen eine stärkere Bindung an und Identifikation mit dem Thema – respektive der spezifischen Situationen – erwirken. Eine Aufwertung des Wissens(-potenzials) von Menschen sowie deren epistemischer Neugierde werden gefördert, indem Möglichkeiten zur Teilhabe und Teilnahme an Wissensgenerierung und gesellschaftlicher Gestaltung angeboten werden.

38.3 Wirksamkeit und Evaluation

Um erfolgreich Klimakommunikation und Klimaservice betreiben zu können, sind eine gewisse Professionalisierung und ein gewisses Qualitätsbewusstsein wichtig. In diesem Abschnitt werden Grundlagen der Evaluation und Wirkungsmessung sowie besondere Qualitätsaspekte von integrativer Forschung im Allgemeinen sowie Klimakommunikation und Klimaservice im Besonderen vorgestellt. Beispiele skizzieren die Evaluation verschiedener Klimaserviceprodukte.

Als grundlegende Definition von „Evaluation" führt die Deutschen Gesellschaft für Evaluation (DeGEval) „eine systematische Untersuchung von Nutzen und/oder Güte eines Evaluationsgegenstandes auf Basis empirisch gewonnener Daten" an (DeGEval 2017). Die wissenschaftliche Evaluation von Projekten der öffentlichen Hand (wie beispielsweise in der internationalen Entwicklung, in der Stadtteilarbeit oder in der Wissenschaft) ist inzwischen ein eigenes Forschungsfeld (Evaluationsforschung). Eine Evaluation impliziert eine Bewertung anhand offengelegter Kriterien für einen bestimmten Zweck (DeGEval 2017). Zahlreiche Veröffentlichungen widmen sich der praktischen Umsetzung von Evaluationen (Flick 2006; Widmer et al. 2009). Arten der Evaluation lassen sich nach verschiedenen Merkmalen unterscheiden, etwa dem Zeitpunkt der Evaluation und der Stellung des Evaluators zum Evaluationsgegenstand (DeGEval 2017).

Sich einer Evaluation anhand von Dimensionen zu nähern, die aus dem *Logic-model*-Ansatz abgeleitet sind, ist ein in der Literatur verbreiteter Vorschlag (Wall et al. 2017; Bremer et al. 2021). Im Vordergrund steht dabei der zeitliche Ablauf des Projektes. Die Projektphasen liefern somit die übergeordneten Dimensionen, unter denen sich Kriterien und Indikatoren einordnen. Gemäß OECD (2002) unterscheidet der Ansatz zwischen *inputs, activities, outputs, outcome* und *impacts*. Es geht etwa darum, ob die Forschungsresultate bzw. -produkte funktionieren (Evaluation der *outputs*), ob sie ihre Zielgruppen erreichen und angewendet werden (Evaluation des *outcome*). In weitergehenden Schritten werden durch die Produkte induzierte Verhaltensänderungen untersucht (Evaluation der *impacts*), wobei die Attribution, also die klare Zuordnung einer Wirkung zu einer bestimmten Ursache, oft ein Problem darstellt.

Allerdings wird zur Ausrichtung am *Logic-model*-Ansatz zunehmend darauf hingewiesen,

1. dass die Projektphasen bei integrativen Forschungsprojekten verschränkt sind (Lux et al. 2019) und es sich daher um eine eher künstliche Einteilung handelt.
2. dass nicht nur Projekte zu evaluieren sein könnten, sondern auch die Leistungen handelnder Personen (Maag et al. 2018). Hierfür eignet sich der *Logic-Model*-Ansatz nicht.

Maag et al. (2018) gehen deshalb anders vor, behalten aber den zeitlichen Ablauf des Projektes als Ordnungselement bei. Eine versuchsweise Neustrukturierung der Qualitätsdimensionen anhand inhaltlicher Kategorien, wie etwa der übergeordneten Qualitätsprinzipien transdisziplinärer Forschung, erscheint sinnvoll (Schuck-Zöller et al. 2022).

Zunehmend verschiebt sich der Fokus darüber hinaus von einer Evaluation der Resultate hin zu einer Evaluation von deren Entwicklungsprozessen (Evaluation der *activities*). Dies ist nur folgerichtig, nachdem sich die Erkenntnis durchgesetzt hat, dass gut geleitete Prozesse einen großen Einfluss auf die Wirksamkeit der Forschungsresultate haben (Wolf et al. 2013). Werden die Prozesse begleitend evaluiert, handelt es sich um formative Evaluation, die die Chance bietet, während des Projektverlaufs umzusteuern. Bereits 2005 haben Bergmann et al. Anleitungen für formative Evaluation vorgestellt.

Auch im Klimaservice wird formative Evaluation zunehmend diskutiert (etwa Maag et al. 2018; Schuck-Zöller et al. 2022).

38.3.1 Evaluation von Kommunikationsmaßnahmen

Welch wichtige Rolle Evaluation für die Entwicklung erfolgreicher Strategien in der Wissenschaftskommunikation spielt, ist immer wieder Thema in einschlägigen Kreisen. Das Projekt *Impact Unit* hat nun eine Evaluationsplattform für Wissenschaftskommunikation entwickelt, die auch Evaluationswerkzeuge enthält[4]. Es geht schwerpunktmäßig um die Befragung des Publikums oder der Zielgruppe der Kommunikationsaktivitäten. Einen methodisch breiteren Ansatz verfolgen Niemann et al. (2023) in ihrem

neuen Sammelband. Sie widmen sich umfassend den Methoden zu wissenschaftlich fundierten Evaluationen von Wissenschaftskommunikation. Die Autoren und Autorinnen des Bandes schauen auf die Schnittstelle zwischen Evaluationsforschung, *science of science communication* und der evaluatorischen Praxis.

Das Projekt „Regen/Sicher"[6] ist ein gut dokumentiertes Beispiel für die Evaluation von Klimakommunikationsprojekten. Bereits während des Entwicklungsprozesses wurden alle während der Produktentwicklung eingesetzten Kommunikationsformate daraufhin getestet, ob sie bei der Zielgruppe Veränderungen in den zentralen psychologischen Faktoren erzeugen konnten (Born et al. 2021). Als besonders wirkungsvoll erwiesen sich in dieser Untersuchung adressatenspezifische Kommunikationsformate, die einen klaren Lebenswelt- oder Alltagsbezug erkennen lassen (▶ Abschn. 38.1). Darüber hinaus ergab sich ein Unterschied zwischen „verhaltensfördernder" und „verhaltenserzeugender" Kommunikation (Born et al. 2021). Es zeigte sich, dass „aufsuchende" Kommunikationsformate (beispielsweise ein Informationsstand am Baumarkt) wirksam sind, um Bürgerinnen und Bürger beispielsweise zur Starkregenvorsorge zu motivieren, die bisher keine Absicht zur Vorsorge hatten („verhaltenserzeugend"). Workshops, Veranstaltungen und Informationsmaterialien waren hingegen besonders dazu geeignet, vorhandene Vorsorgeabsichten zu stärken und zu unterstützen. Sie erreichen also eher diejenigen, die bereits beabsichtigen, Vorsorgemaßnahmen umzusetzen („verhaltensfördernd"). Mit derartigen Evaluationsergebnissen lassen sich Kommunikationsformate langfristig optimieren und effizient auf ihre intendierte Wirkung hin ausrichten. Allerdings ist zu beachten, dass „aufsuchende" Aktivitäten oft sehr aufwendig sind und ein hohes Maß an Logistik, Erfahrung und Kommunikationstalent erfordern.

38.3.2 Evaluation von Klimaservice

In der Grundlagenforschung existieren seit langem Kriterien und Indikatoren für die Evaluation. Diese reichen jedoch für integrative Forschungsansätze nicht aus, geht es doch in der Grundlagenforschung vorrangig um die Wirkung innerhalb der Forschungswelt selber (Wolf et al. 2013), während die integrativen Forschungsansätze eine Wirkung in der Gesellschaft erzielen wollen (s. Abschn. 38.2). Diese Zielsetzung lässt sich mit den herkömmlichen Kriterien nicht abbilden, die sich vor allem an wissenschaftlichen Publikationen ausrichten.

---

4   ▶ www.impact.unit.de

5   Teil des Vorhabens „Analyse innovativer Beteiligungsformate zum Einsatz bei der Umsetzung und Weiterentwicklung der Deutschen Anpassungsstrategie an den Klimawandel (DAS)".

In den letzten Jahren hat das Thema vor allem im internationalen Kontext an Aufmerksamkeit gewonnen (Spaapen und van Drooge 2011). Zahlreiche Publikationen beschäftigen sich mit Evaluationsansätzen für wissenschaftliche Projekte und Produkte (Wolf et al. 2013; Belcher et al. 2016), bisher vorwiegend aus der Perspektive der Wissenschaft. Besonders die spezifische Qualität von integrativen Forschungsansätzen und deren Resultaten wird in der Literatur thematisiert. In dem jüngeren Bereich des Klimaservice' nahm die Diskussion in den letzten Jahren ebenfalls Fahrt auf.

Da sich Techniken der Integration von Fach- und Entscheidungskräften aus der Praxis über unterschiedliche Forschungsfelder hinweg sehr ähneln, lassen sich Evaluationsansätze aus anderen Forschungsfeldern auch im Bereich „Klimaservice" als Grundlage verwenden. Wie kann also eine erfolgreiche und effektive integrative Forschung sichergestellt werden, die für eine handlungsaktivierende Wirkung unerlässlich ist?

Viele unterschiedliche Kriterien- und Indikatorenlisten sind in der Literatur zu finden (Bergmann et al. 2005; Jahn und Keil 2015; Maag et al. 2018; Schuck-Zöller et al. 2017, 2018), je nach Evaluationszweck, -gegenstand und -ansatz. Kriteriensets (etwa für Klima- und Küstenserviceprodukte: Schuck-Zöller et al. 2017) sind jedoch immer übergreifende Angebote, aus denen die Evaluatorinnen und Evaluatoren Kriterien und Indikatoren wählen müssen, die sich an der Zielsetzung einer geplanten Evaluation, am Evaluationsgegenstand und am Ziel des Projektes orientieren (DeGEval 2017; Maag et al. 2018). Denn nicht alle Kriterien und Indikatoren sind für alle Produkte und Anwendungen geeignet.

Die Literatur weist vorrangig Beispiele von Projektevaluationen auf (Jahn und Keil 2015; Wall et al. 2017; Maag et al. 2018), deren Methodiken teilweise auf Klimaservice übertragbar sind (Wall et al. 2017; Haße und Kind 2019). Die Evaluation einzelner Produkte ist seltener zu finden (Körner und Lieberum 2014; Haße und Kind 2019). In den meisten Fällen wurde ein Mix aus quantitativen und qualitativen Methoden verwendet, wie es die Grundlagenliteratur (Flick 2006) empfiehlt, um ein möglichst breites Bild des Evaluationsgegenstandes zu erhalten.

Am Beispiel der *In-house*-Evaluation des Klimaservice-Produktes *GERICS Country Climate-Fact-Sheets*[6] lässt sich die Idee der Produktevaluation verdeutlichen. Die *Climate-Fact-Sheets* wurden vom *Climate Service Center Germany* (GERICS) gemeinsam mit der KfW-Entwicklungsbank in einem intensiven transdisziplinären Prozess erarbeitet (GERICS 2018). Eine interne Evaluation, die im Jahr 2017 stattfand, umfasste sowohl quantitative als auch qualitative Methoden und unterschiedliche Umfragen für die verschiedenen Nutzergruppen, wobei sie sich auf *outputs*

und *outcome* (OECD 2002) konzentrierte. Für das *outcome*-Kriterium „Zufriedenheit" zeigt ◙ Abb. 38.2 fünf Fragestellungen – sowohl mit Bezug auf die Produktnutzung weltweit als auch auf die Nutzung innerhalb der Bank, für die das Produkt entwickelt worden ist.

Diese *In-house*-Evaluation hat sich als sehr sinnvoll herausgestellt, stellten die Ergebnisse doch ein wichtiges *feedback* für die Beteiligten dar, die das Produkt entwickelt haben. So ermöglichte sie beispielsweise die Identifizierung von Schwachstellen sowie eine Sammlung von Anregungen zur Weiterentwicklung des Produktes zu einer Serie.

38.3.3 Konsequenzen und Ausblick

Evaluationen liefern wichtige Informationen über die Wirksamkeit und Akzeptanz von Klimaserviceprodukten und deren Entwicklungsprozessen. Sie befördern auf diese Art Innovation und gesellschaftliche Transformation in Reaktion auf den Klimawandel. Die Entwicklung geeigneter und gerechter Evaluationskriterien und -indikatoren für Prozesse, Produkte und Projekte des integrativen Forschungsmodus ist auch weiterhin sehr wünschenswert (Lux et al. 2019). Eine zunehmende Sensibilität für die Wichtigkeit von Evaluationsvorgängen im Klimaservice ist zu erhoffen, damit Aufschluss über einzelne Produkte gewonnen wird. Inzwischen stehen den an integrativen Forschungsprozessen Beteiligten Anleitungen zur Selbstevaluation zur Verfügung (Jahn und Keil 2015; Schuck-Zöller et al. 2022). Sinnvoll wäre eine Berücksichtigung der dafür benötigten zeitlichen und finanziellen Ressourcen durch die fördernden Institutionen.

Für jede Art von Evaluation wird eine Vielfalt an Dokumenten und Daten benötigt, die es den evaluierenden Personen erlaubt, sich ein genaues Bild vom Evaluationsgegenstand zu machen. In der Wissenschaft sind Daten und Methodikansätze so transparent zu dokumentieren, dass alle Produktionsschritte nachvollziehbar sind. Dieses Monitoring ist erfahrungsgemäß in im Klimaservice derzeit eher bei den Forschungsarbeiten Standard, jedoch noch nicht durchgehend bei den integrativen Prozessen.

Angesichts der vielfältigen Abstimmungs- und Iterationsprozesse zwischen Wissenschaft und Praxis, die es ebenfalls festzuhalten gilt (Norström et al. 2020), ist eine detaillierte Dokumentation der einzelnen Schritte ein aufwendiges Unterfangen. Das Pro-

---

6   ► https://www.gerics.de/products_and_publications/fact_sheets/index.php.de

Kriterium : Zufriedenheit

◘ Abb. 38.2   Evaluation des Produktes *Country Climate-Fact-Sheets* (CFS): Das Kriterium „Zufriedenheit" wurde über fünf unterschiedliche Fragestellungen erfasst. Das Zufriedenheitsprofil der Nutzerinnen und Nutzer beim Produktentwicklungspartner KfW (orange Linie) weicht nur leicht vom Zufriedenheitsprofil bei der internationalen Nachnutzung (grüne Linie) ab. Für die Darstellung wurden die zwei positiven Antworten einer fünfstufigen Likert-Skala zusammengefasst. (© GERICS)

jekt NorQuATrans[7] hat sich unter anderem eine Entwicklung von Monitoringmethoden zur Dokumentation transdisziplinärer Prozesse zur Aufgabe gemacht.

Zunehmend gerät die Perspektive der Praxis auch in Bezug auf die Evaluation in den Blick. Auf eine möglicherweise andere Sichtweise auf die Qualität weisen Lux et al. (2019) hin. Ähnlich argumentieren Restrepo et al. (2020), die Produktentwicklungsprozesse würden bisher zu wenig aus der Sicht der Nutzerinnen und Nutzer betrachtet. Diese Gruppe sollten künftig nicht nur in die Entwicklung der Produkte einbezogen und im Anschluss nach deren Praxistauglichkeit gefragt werden, sondern auch das Design der Evaluationen sowie Kriterien und Indikatoren mitbestimmen können *(co-evaluation)*. Der integrative Forschungsmodus könnte so – ganz im Sinne seiner Idee – konsequenter evaluiert und vollendet werden.

38.4   Kurz gesagt

Klimakommunikation und -service agieren gleichermaßen forschungsbasiert. Die Klimakommunikation mit überwiegend monodirektionalen Ansätzen und ohne

Forschungsanspruch bedarf klarer strategischer Konzepte und detaillierter Planung für jede einzelne Aktivität. Der Klimaservice betreibt gezielte Entwicklung von Produkten als Antworten auf den Klimawandel, entweder aus eigenem Antrieb oder auf Anforderung und im Dialog mit den Produktnutzerinnen und -nutzern. Diese integrative Forschung bezieht den Praxispart ein, um gut anwendbare Lösungen zu generieren. Die Entwicklung von Ansätzen und Methoden für integrative Forschung erfolgt in unterschiedlichen wissenschaftlichen Gemeinschaften, derzeit teilweise aufeinander bezogen und feldübergreifend generalisiert, teilweise separiert und aufs eigene Forschungsfeld fokussiert. Eine reiche Fallbeispielliteratur zeugt davon. Gemeinsam ist den Ansätzen der integrativen Forschung die Orientierung auf Probleme der Praxis und die damit verbundene Notwendigkeit, Kooperationen zwischen unterschiedlichen Gesellschaftsbereichen zu ermöglichen.

Um die Wirksamkeit integrativer Forschungsansätze zu untersuchen und sicherzustellen, sind anspruchsvolle Evaluationsansätze nötig, die weit über die in der Grundlagenforschung bisher übliche Qualitätsbewertung hinausgehen. Diese Evaluation, die sich auch als Selbst- oder *Inhouse*-Evaluation von der Wissenschaftsseite selbst betreiben lässt, kann über den gesamten Forschungsprozess stattfinden, entweder begleitend als formative Evaluation oder im Nachhinein, bezogen auf die entstandenen Resultate und möglicherweise sogar auf deren Wirkung.

7   ► https://www.hicss-hamburg.de/projects/NorQuATrans/index.php.en

Literatur

Albinsson PA, Perera BY, Sautter PT (2016) DART scale development: diagnosing a firm's readiness for strategic value co-creation. J Mark Theory Pract 24(1):42–58. ► https://doi.org/10.1080/10696679.2016.1089763

Appadurai A (2006) The right to research globalisation. Soc Educ 4(2):167–217

Bammer G, O'Rourke M, O'Connell D et al (2020) Expertise in research integration and implementation for tackling complex problems: when is it needed, where can it be found and how can it be strengthened? Palgrave Commun 6/5

Belcher B, Rasmussen K, Kemshaw M, Zornes D (2016) Defining and assessing research quality in a transdisciplinary context. Res Eval 25(1):1–17. ► https://doi.org/10.1093/reseval/rvv025

Bender S, Cortekar J, Groth M, Sieck K (2020) Why there is more to adaptation than creating a strategy. In: Leal Filho W, Jacob D (Hrsg) Handbook of climate dervices, S 67–83

Bender S, Brune M, Cortekar J, Groth M, Remke T (2017) Anpassung an die Folgen des Klimawandels in der Stadtplanung und Stadtentwicklung: Der GERICS-Stadtbaukasten. GERICS-Report 31. Climate Service Center Germany (GERICS), Hamburg

Bergmann M, Brohmann B, Hofmann E, Loibl MC, Rehaag R, Schramm E, Voß JP (2005) Qualitätskriterien transdisziplinärer Forschung: Ein Leitfaden für die formative Evaluation von Forschungsprojekten

Bergmann M, Jahn T, Knobloch T, Krohn W, Pohl C, Schramm E (2010) Methoden transdisziplinärer Forschung: Ein Überblick mit Anwendungsbeispielen. Campus, Frankfurt a. M.

Bischoff A, Selle K, Sinning H (2007) Informieren, Beteiligen, Kooperieren. Kommunikation in Planungsprozessen: Eine Übersicht zu Formen, Verfahren und Methoden. Rohn, Dortmund

Born M, Körner C, Löchtefeld S, Werg J, Grothmann T (2021) Erprobung und Evaluierung von Kommunikationsformaten zur Stärkung privater Starkregenvorsorge: Das Projekt Regen//Sicher. Climate Change 07/2021. Umweltbundesamt, Dessau-Roßlau. ► https://www.umweltbundesamtde/publikationen/erprobung-evaluierung-von-kommunikationsformaten

Born M, Galwoschus L, Körner C, Mundhenke R, Ritterhoff J, Hoffmann E, Rupp J, Grothmann T (2022) Das Deutsche Klimavorsorgeportal. Aufbau eines Dienstes zur Unterstützung der Anpassung an den Klimawandel (KlimAdapt) unter Erweiterung der Wissensbasis, Konkretisierung und Umsetzungsunterstützung. Climate Change 11/2022. Umweltbundesamt, Dessau-Roßlau

Brasseur GP, Gallardo L (2016) Climate services: lessons learned and future prospects. Earth's Futur 4(3):78–89

Bremer S, Wardekker A, Jensen ES, van der Sluijs JP (2021) Quality Assessment in Co-developing Climate Services in Norway and the Netherlands. Front. Clim., 3:627665

Brinkmann C, Bergmann M, Huang-Lachmann J, Rödder S, Schuck-Zöller S (2015) Zur Integration von Wissenschaft und Praxis als Forschungsmodus: Ein Literaturüberblick. GERICS-Report 23. Climate Service Center Germany (GERICS), Hamburg

Bundesregierung (2015) Fortschrittsbericht zur Deutschen Anpassungsstrategie an den Klimawandel. Bonn, Germany, S 275

Capela Lourenço T, Swart R, Goosen H, Street R (2016) The rise of demand-driven climate services. Nat Clim Chang 6:13–14

Clar C, Steurer R (2018) Why popular support tools on climate change adaptation have difficulties in reaching local policy makers: qualitative insights from the UK and Germany. Environ Policy Gov 28: 1–11. ► https://doi.org/10.1002/eet1802

Cortekar J, Máñez M, Zölch T (2014) Klimadienstleistungen in Deutschland: Eine Analyse der Anbieter und Anwender. GERICS-Report 16. Climate Service Center (GERICS), Hamburg, S 42 ff.

Cortekar J, Willen L, Büter B, Winkler M, Hölsgens R, Burmeister C, Dankwart-Kammoun S, Kriuger A, Steuri B (2020) Basics for the operationalization of the new urban climate maodel PALM-4U. CliSer 20. ► https://doi.org/10.1016/jcliser2020100193

DeGEval (2017) Standards für Evaluation. 1. Revision 2016

European Commission (2015) A European research and innovation roadmap for climate services

European Commission (2020) New Leipzig Charter: the transformative power of cities for the common good. ► https://ec.europa.eu/regional_policy/sources/docgener/brochure/new_leipzig_charter/new_leipzig_charter_enpdf

European Environment Agency (2020) Urban adaptation in Europe: how cities and towns respond to climate change. EEA Report No 12/2020. Copenhagen 2020

Fischer D, Lüdecke G, Godemann J, Michelsen G, Newig J, Rieckmann M, Schulz D (2016) Sustainability communication. Sustainability Science. H. M. Heinrichs, Gerd. Springer, Dordrecht, S 139–148

Flick U (Hrsg) (2006) Qualitative Evaluationsforschung. Reinbek bei Hamburg

Fritz L, Meinherz F (2020) Tracing power in transdisciplinary sustainability research: an exploration. GAIA. Ecol Perspect Sci Soci 29(1):41–51

GERICS (2017) Geschäftsmodell. Climate Service Center Germany, Hamburg, unveröffentlichtes internes Dokument

GERICS (2018) Decisions around a changing climate. Open Access Government 24.6

Gibbons M (1999) Science's new social contract with society. Nature 402 |Suppl]

Goosen H, de Groot-Reichwein MAM, Masselink L, Koekoek A, Swart R, Bessembinder J, Witte JMP, Stuyt L, Blom-Zandstra G, Immerzeel W (2014) Climate adaptation services for the Netherlands: an operational approach to support spatial adaptation planning. Reg Environ Chang 14:1035–1048. ► https://doi.org/10.1007/s10113-013-0513-8

Groth M, Seipold P (2017) Prototypische Entwicklung eines Sensibilisierungs- und Analyseansatzes zur unternehmerischen Anpassung an die Folgen des Klimawandels. UmweltWirtschaftsForum/Sustainability Manag Forum uwf 25:203–211

Groth M, Seipold P (2020) Business strategies and climate change: prototype development and testing of a user specific climate service product for companies. In: Leal Filho W, Jacob D (Hrsg) Handbook of climate services, S 51–66

Grothmann T (2017) Was motiviert zur Eigenvorsorge? Motivationseffekte von Beteiligungsprozessen in der Klimawandelanpassung. Climate Change 20/2017 Umweltbundesamt, Dessau-Roßlau. ► https://www.umweltbundesamtde/sites/default/files/medien/421/publikationen/2017-08-31_climatechange_20-2017_motivation-eigenvorsorgepdf

Grothmann T (2018) Wege für eine handlungsmotivierende Klimakommunikation: Ergebnisse psychologischer Forschung. Deutscher Wetterdienst Klimakommunikation, Offenbach, S 15–21

Halbig G, Steuri B, Büter B, Heese I, Schultze J, Stecking M, Stratbücker S, Willen L, Winkler M (2019) User requirements and case studies to evaluate the practicability and usability of the urban climate model PALM-4U. MetZ 28(2):139–146. ► https://doi.org/10.1127/metz/2019/0914

Hammill A, Harvey B, Echeverria D (2013) Understanding needs, meeting demands: a user-oriented analysis of online knowledge brokering platforms for climate change and development IISD. Manitoba, Canada, S 32

Haße C, Kind C (2019) Updating an existing online adaptation support tool: insights from an evaluation. Clim Chang 153:559–567

Heidenreich MFN, Hänsel S, Riedel K, Bernhofer C (2014) Zum Umgang mit Daten aus Klimamodellen: Herausforderungen für eine regional integrierte Klimaanpassung. In: Beese K, Fekkak M, Katz C, Körner C, Molitor H (Hrsg) Anpassung an regionale

Klimafolgen kommunizieren: Konzepte, Herausforderungen und Perspektiven. Oekom, München, S 265–278

Hellbrück J, Kals E (2012) Umweltpsychologie. Springer VS Verlag für Sozialwissenschaften, Wiesbaden

Herberg J, Vilsmaier U (2020) Social and epistemic control in collaborative research: reconfiguring the interplay of politics and methodology. Soc Epistemol 34(4):309–318

Hewitt CD, Stone RS, Tait AB (2017) Improving the use of climate information in decision-making. Nat Clim Chang 7:614–616

Hirsch Hadorn GB-K, Biber-Klemm S, Grossenbacher-Mansuy S, Hoffmann-Riem H, Joye D, Pohl C, Wiesmann U, Zemp E (2008) The emergence of transdisciplinarity as a form of research. In: Hirsch Hadorn G, Hoffmann-Riem H, Biber-Klemm S, Grossenbacher W, Joyce D, Pohl C, Wiesmann U, Zemp E (Hrsg) Handbook of transdisciplinary research. Springer

Hoffmann E, Rupp J, Sander K (2020) What do users expect from climate adaptation services? Developing an information platform based on user surveys. In: Leal Filho W, Jacob D (Hrsg) Handbook of climate services. Climate change management. Springer, Cham. ▶ https://doi.org/10.1007/978-3-030-36875-3_7

Hohberg B (2014) Moderierte Onlinediskussion als Kommunikations- und Beteiligungsinstrument: Kontext Klimawandel und Klimaanpassung. In: Beese K, Fekkak M, Katz C, Körner C, Molitor H (Hrsg) Anpassung an regionale Klimafolgen kommunizieren: Konzepte, Herausforderungen und Perspektiven. Oekom, München

Hoffmann-Riem H, Biber-Klemm S, Grossenbacher-Mansuy W, Hirsch Hadorn G, Joye D, Pohl C, Wiesmann U, Zemp E (2008) Idea of the handbook. In: Hirsch Hadorn G, Hofmann-Riem H, Biber-Klemm S, Grossenbacher-Mansuy W, Joye D, Pohl C, Wiesmann U, Zemp E (Hrsg) Handbook of transdisciplinary research. Springer, Dordrecht, S 3–18

IPCC (2018) Global warming of 15 °C Special Report IPCC, Geneva, S 616. Hrsg PCC with World Meteorological Organisation (WMO) and United Nations Environmental Program (UNEP)

Jahn T (2008) Transdisziplinarität in der Forschungspraxis Transdisziplinäre Forschung Integrative Forschungsprozesse verstehen und bewerten. M Bergmann, Schramm, E Frankfurt, New York, S 21–38

Jahn T, Keil F (2015) An actor-specific guideline for quality assurance in transdisciplinary research. Futures 65:195–208

Jahn T, Bergmann M, Keil F (2012) Transdisciplinarity: between mainstreaming and marginalization. Ecol Econ 79:1–10

Körner C, Lieberum A (2014) Instrumente der Anpassungskommunikation in nordwest 2050: evaluation der Online-Medien. In: Beese K, Fekkak M, Katz C, Körner C, Molitor H (Hrsg) Anpassung an regionale Klimafolgen kommunizieren: Konzepte, Herausforderungen und Perspektiven. Oekom, München

Krohn W (2008) Epistemische Qualitäten transdisziplinärer Forschung. In: Bergmann M, Schramm E (Hrsg) Transdisziplinäre Forschung: Integrative Forschungsprozesse verstehen und bewerten

Lang DJ, Wiek A, Bergmann M, Stauffacher M, Martens P, Moll P, Swilling M, Thomas CJ (2012) Transdisciplinary research in sustainability science: practice, principles, and challenges. Sustain Sci 7(1):25–43

Lux A, Schäfer M, Bergmann M, Jahn T, Marg O, Nagy E, Ransiek AC, Theiler L (2019) Societal effects of transdisciplinary sustainability research: how can they be strengthened during the research process? Environ Sci Policy 101:183–191

Maag S, Alexander TJ, Kase R, Hoffmann S (2018) Indicators for measuring the contributions of individual knowledge brokers. Environ Sci Policy 89:1–9

Maronga B, Gross G, Raasch S et al (2019) Development of a new urban climate model based on the model PALM: project overview, planned work, and first achievements. MetZ 28(2):105–119. ▶ https://doaj.org/article/b414c6b5b27e46f4b72414b9a1f2274f.

Matthies E, Wallis H (2018) Was kann die Umweltpsychologie zu einer nachhaltigen Entwicklung beitragen? In: Schmitt CT, Bamberg E (Hrsg) Psychologie und Nachhaltigkeit: Konzeptionelle Grundlagen, Anwendungsbeispiele und Zukunftsperspektiven. Springer, Wiesbaden, S 37–46

Mauser W, Klepper G, Rice M, Schmalzbauer BS, Hackmann H, Leemans R, Moore H (2013) Transdisciplinary global change research: the co-creation of knowledge for sustainability. Curr Opin Environ Sustain 5:420–431

Newig J, Jahn S, Lang DJ, Kahle J, Bergmann M (2019) Linking modes of research to their scientific and societal outcomes: evidence from 81 sustainability-oriented research papers. Environ Sci Policy 101:147–155

Niemann P, van den Bogaert V, Ziegler R (Hrsg) (2023) Evaluationsmethoden der Wissenschaftskommunikation. Springer ▶ https://link.springer.com/book/10.1007/978-3-658-39582-7

Norström AV Cvitanovic C, Löf MF et al (2020) Principles for knowledge co-production in sustainability research. Nat Sustain

OECD (2002) Glossary of key terms in evaluation and results based management. ▶ https://www.oecd.org/dac/evaluation/2754804.pdf.

Palutikof JP, Street RB, Gardiner EP (2019) Looking to the future: guidelines for decision support as adaptation practices mature. Clim Chang 153:643–655

Pater M (2009) Co-Creation's 5 guiding principles. Fronteer Strategy, White Paper 1. ▶ https://naaee.org/sites/default/files/fs_whitepaper1-co-creation_5_guiding_principles-april2009.pdf

Pohl C, Hirsch Hadorn G (2006) Gestaltungsprinzipien für die transdisziplinäre Forschung. München

Prahalad CK, Ramaswamy V (2000) Co-opting customer competence. Harv Bus Rev 78(1):79–87

Prahalad CK, Ramaswamy V (2004a) Co-creating unique value with customers. Strategy & Leadership 32(3):4–9

Prahalad CK, Ramaswamy V (2004b) Co-creation experiences: the next practice in value creation. J Interact Mark 18(3):5–14

Preuschmann S, Blome T, Görl K, Köhnke F, Steuri B, El Zohbi J, Rechid D, Schultz M, Sun J, Jacob D (2022) How to develop new digital knowledge transfer products for communicating strategies and new ways towards a carbon-neutral Germany. Adv Sci Res 19:51–71. ▶ https://doi.org/10.5194/asr-19-51-2022

Ramaswamy V, Gouillart F (2010) Building the co-creative enterprise. Harv Bus Rev 88(10):100–109

Restrepo MJ, Lelea MA, Kaufmann BA (2020) Assessing the quality of collaboration in transdisciplinary sustainability research: farmers' enthusiasm to work together for the reduction of postharvest dairy losses in Kenya. Environ Sci Policy 105:1–10

Rosendahl J, Zanella MA, Rist S, Weigelt J (2015) Scientists' situated knowledge: strong objectivity in transdisciplinarity. Futures 65:17–27

Schahn J, Matthies E (2008) Moral, Umweltbewusstsein und umweltbewusstes Handeln: Grundlagen, Paradigmen und Methoden der Umweltpsychologie. Göttingen

Scherer D, Antretter F, Bender S, Cortekar J, Emeis S, Fehrenbach U, Gross G, Halbig G, Hasse J, Maronga B, Raasch S, Scherber K (2019) Urban climate under change [UC]2: a national research programme for developing a building-resolving atmospheric model for entire city regions. MetZ 28(2):95–104

Schneider B (2018) Klimabilder Eine Genealogie globaler Bildpolitiken von Klima und Klimawandel. Matthes & Seitz, Berlin

Scholz RW (2011) Environmental literacy in science and society from knowledge to decisions. Cambridge, New York

Schuck-Zöller S, Bowyer P, Jacob D, Brasseur G (2014) Inter- und transdisziplinäres Arbeiten im Klimaservice. In: Beese K, Fekkak, M, Katz C, Körner C, Molitor H (Hrsg) Anpassung an regionale Klimafolgen kommunizieren: Konzepte, Herausforderungen und Perspektiven. Oekom, München

38

Schuck-Zöller S, Keup-Thiel E, Brix H et al (2017) Towards a framework for the evaluation of climate service and knowledge transfer products within climate and coastal research. Poster. ► https://www.gericsde/imperia/md/content/csc/gerics/paces_ag_a0_hd_final_ssz_neu_neupdf.

Schuck-Zöller S, Brinkmann C, Rödder S (2018) Integrating research and practice in emerging climate services: lessons from other transdisciplinary dialogues. In: Serrao-Neumann S, Coudrain A, Coulter L (Hrsg) Communicating climate change information for decision-making. Springer International

Schuck-Zöller S, Bathiany S, Dressel M, El Zohbi J, Keup-Thiel E, Rechid D, Suhari M (2022) Process indicators in transdisciplinary research and co-creation: a formative evaluation scheme for climate services. fteval J Res Technol Policy Eval 53:43–56. ► https://doi.org/10.22163/fteval.2022.541

Serrao-Neumann S, Di Giulio G, Low Choy D (2020) When salient science is not enough to advance climate change adaptation: lessons from Brazil and Australia. Environ Sci Policy 109:73–82. ► https://doi.org/10.1016/j.envsci.2020.04.004

Spaapen J, van Drooge L (2011) Introducing 'productive interactions' in social impact assessment. Res Eval 20(3):211–218

Steuri B, Viktor E, El Zohbi J, Jacob D (2022) Fashionable climate services: rhe hats and styles of user engagement. Bull Am Meteorol Soc ► https://doi.org/10.1175/BAMS-D-22-0009.1

Strasser U, Vilsmaier U, Prettentaler F, Marke T, Steiger R, Damm A, Hanzer F, Wilcke RAI, Stötter J (2014) Coupled component modelling for inter- and transdisciplinary climate change impact research: dimensions of integration and examples of interface design. Environ Model Softw 60:180–187

Street RB (2016) Towards a leading role on climate service in Europe: a research and innovation roadmap. Clim Serv 1:2–5

Suhari M, Dressel M, Schuck-Zöller S (2022) Challenges and best-practices of co-creation. A qualitative interview study in the field of climate services. Clim Serv 25

Swart RJ, de Bruin K, Dhenain S, Dubois G, Groot A, von der Forst E (2017) Developing climate information portals with users: promises and pitfalls. Clim Serv 6:12–22

Timm E, Bathiany S, El Zohbi J, Keup-Thiel E, Rechid D, Reith F, Schuck-Zöller S (2022) Qualitätskriterien für Ko-Kreationsprozesse in der transdisziplinären Forschung: Validierung durch die Praxis (Poster) ► https://www.hicss-hamburg.de/projects/NorQuATrans/NorQuaTransDetail/107256/index.php.en

Umweltbundesamt (2022) Evaluation von Klimavorsorgediensten. Anleitung und Tipps zur Analyse der Wirksamkeit. ► https://www.umweltbundesamt.de/sites/default/files/medien/479/publikationen/uba_handreichung_zur_evaluation_von_klimavorsorgediensten_0.pdf

UN Department for Sustainable Development (1992) Agenda 21. ► https://www.un.org/depts/german/conf/agenda21/agenda_21.pdf

Vaughan C, Dessai S (2014) Climate services for society: origins, institutional arrangements, and design elements for an evaluation framework. WIREs Clim Chang 5:587–603

Vilsmaier U (2021) Transdisziplinarität. In: Schmohl T, Philipp T (Hrsg) Handbuch transdisziplinäre Didaktik. Bielefeld

Vilsmaier U, Lang DJ (2014) Transdisziplinäre Forschung. In: Heinrichs H, Michelsen G (Hrsg) Nachhaltigkeitswissenschaften. Springer, Heidelberg, S 87–113

Vilsmaier U, Engbers M, Luthardt P, Maas-Deipenbrock RM, Wunderlich S, Scholz RW (2015) Case-based Mutual Learning Sessions: knowledge integration and transfer in transdisciplinary processes. Sustain Sci 10:563–580

Vilsmaier U, Brandner V, Engbers M (2017) Research in-between: the constitutive role of cultural differences in transdisciplinarity. J Eng Sci 8:169–179

Vorbach S, Müller C, Nadvornik L (2017) Der Co-Creation Square: Ein konzeptioneller Rahmen zur Umsetzung von Co-Creation in der Praxis. In: Redlich T, Moritz M, Wulfsberg JP (Hrsg) Interdisziplinäre Perspektiven zur Zukunft der Wertschöpfung. Springer Gabler, Wiesbaden, S 299–314. ► https://link.springer.com/chapter/10.1007/978-3-658-20265-1_23

Wall TU, Meadow AM, Horganic A (2017) Developing evaluation indicators to improve the process of coproducing usable climate science. Weather Clim Soc 9:95–107

Webb R, Rissik D, Petheram L, Beh JL, Smith MS (2019) Co-designing adaptation decision support: meeting common and differentiated needs. Clim Chang 153:569–585

Widmer T, Beywl W, Fabian C (Hrsg) (2009) Evaluation Ein systematisches Handbuch. Springer

Wolf B, Lindenthal T, Szerenscits M, Holbrook JB, Heß J (2013) Evaluating research beyond scientific impact. GAIA 22(2):104–114

Weiterentwicklung von Strategien zur Klimawandelanpassung

Petra Mahrenholz, Achim Daschkeit, Jörg Knieling, Andrea Knierim, Grit Martinez, Heike Molitor und Sonja Schlipf

Inhaltsverzeichnis

39.1 **Ansätze für eine strategische Weiterentwicklung von Anpassung – 508**

39.1.1 Inkrementelle und transformative Ansätze für Anpassungsmaßnahmen – 508

39.1.2 Anpassung an den Klimawandel durch transformative *governance – 510*

39.1.3 Partizipation – 511

39.1.4 Kommunikation – 513

39.2 **Anpassung als soziokultureller Wandel – 513**

39.3 **Kurz gesagt – 514**

Literatur – 515

© Der/die Autor(en) 2023
G. P. Brasseur et al. (Hrsg.), *Klimawandel in Deutschland*,
https://doi.org/10.1007/978-3-662-66696-8_39

Die gegenwärtigen Trends globaler Treibhausgasemissionen und Klimaprojektionen legen schwerwiegende und weitreichende Zukunftsrisiken nahe (Teil I und II, ▶ Kap. 31), die eine nachhaltige Entwicklung aller Gesellschaften ernsthaft gefährden. Dabei verstärkt der Klimawandel die ökologischen Risiken (Teil III). Gleichzeitig sind es soziale, politische und ökonomische Prozesse, Verhältnisse und Strukturen, die für den Klimawandel und die resultierenden gesellschaftlichen Probleme ursächlich sind (Brunnengräber und Dietz 2013). Minderungs- und Anpassungsaktivitäten – wenn gut geplant und umgesetzt (Checkliste in UBA 2013) – können eine nachhaltige Entwicklung fördern und Entwicklungspfade eröffnen, die eine „große Transformation" ermöglichen (IPCC 2014; ▶ Kap. 31). Hierzu wäre – in Erweiterung und mit fließenden Übergängen von inkrementeller Anpassung als angemessene Antwort auf geringe oder moderate Klimarisiken (▶ Abschn. 39.1.1) – eine transformative Anpassung an den Klimawandel bei schwerwiegenden und weitreichenden Risiken erforderlich. Es reicht nicht, neue Lösungen in überholte Strukturen zu integrieren, sondern hier sind zusätzlich tiefgreifende, transformative Anpassungsaktivitäten erforderlich (Kates et al. 2012), die zugrundeliegende Strukturen und Rahmenbedingungen transformieren und mit sozialen Innovationen einhergehen (Beck et al. 2013). Inkrementelle und transformative Anpassung bedingen einander und benötigen gemeinsame Ziele oder Visionen. Transformation benötigt ebenfalls viele kleine Schritte und schließt einen Wandel von Werten und Normen ein. Anpassung sollte deshalb auch als Teil eines übergeordneten Transformationsprozesses aufgefasst werden, der gleichermaßen sozial-ökologische Ungerechtigkeiten abbaut und Demokratie vertieft (Brunnengräber und Dietz 2013).

39.1 Ansätze für eine strategische Weiterentwicklung von Anpassung

39.1.1 Inkrementelle und transformative Ansätze für Anpassungsmaßnahmen

Maßnahmen zur Anpassung an den Klimawandel werden idealtypisch unterschieden in (Park et al. 2012; Schipper 2007; Pelling 2011; Kates et al. 2012; Marshall et al. 2012; EEA 2013; IPCC 2018, 2019a; Lonsdale et al. 2015):

- Inkrementelle Anpassung – Systeme, Prozesse und Randbedingungen bleiben unverändert, bestehende Strukturen bleiben erhalten und unversehrt, und der bestehende soziale und kulturelle Ordnungsrahmen wird nicht verändert. Maßnahmen halten den ökologischen und gesellschaftlichen *Status quo*

aufrecht. Sie verstärken meist Aktionen, um Verluste durch Klimavariabilität bzw. extreme Wetterereignisse zu mindern oder entsprechende Vorteile zu erhöhen. Beispiele sind: höhere Deiche zum Hochwasserschutz, modifizierte Frühwarnsysteme zur Gesundheitsvorsorge oder verbesserte Bewässerungstechniken in der Landwirtschaft, um bestehende Kulturen zu schützen.

- Transformative Anpassung – Systeme, Prozesse und Randbedingungen werden tiefgreifend verändert. Maßnahmen zielen darauf ab, den gesellschaftlichen Ordnungsrahmen sowie individuelle Werte und Normen zu verändern, um langfristig und vorsorgeorientiert Schäden durch den Klimawandel möglichst gar nicht erst entstehen zu lassen. Beispiele sind: Hochwasserschutz durch „mehr Raum für Wasser" sowie Deichrückverlegung und Siedlungsrückzug oder der Aufbau landwirtschaftlicher Produktionsstrukturen, die aus Gründen der Klimaresilienz auch in ökologischer und sozialer Hinsicht verändert werden. Transformative Anpassung kann damit als Teil einer umfassenderen „Großen Transformation" zur Nachhaltigkeit (WBGU 2011; WBGU 2016; Hermwille 2016) verstanden werden.

IPCC (2014) nennt Beispiele für Anpassung, die bereits inkrementelle und transformative Elemente enthalten und in eine Weiterentwicklung von Anpassungsstrategien einbezogen werden sollten, so etwa Baustandards oder gesetzlich festgelegte Risikogebiete. Aus Vorsorgegründen kommt hier zur technisch-ökonomischen Innovation hinzu, dass soziale Praktiken verändert werden, die neue Muster, Dynamiken und Verortungen anstoßen. Vorschläge zur Anpassung, die in diese Kategorie fallen, sind z. B. eine neue Kultur- und Sortenauswahl oder veränderte Anbaugebiete in der Landwirtschaft sowie die Nutzung von Grauwasser (▶ Kap. 18). Ein Vorschlag für Verhaltensänderungen wäre beispielsweise eine eingeschränkte Wasserentnahme in Zeiten der Knappheit. Eine eingeschränkte Bebauung oder gar der komplette Siedlungsrückzug aus (Hochwasser-)Risikogebieten (Hartz et al. 2021) gehören zu den transformativen Anpassungsansätzen, die durch Orts- oder Aktivitätsveränderungen gekennzeichnet sind.

Die Unterscheidung von inkrementeller und transformativer Anpassung definiert idealtypische Endpunkte eines Kontinuums konkreter Anpassungsmaßnahmen und zeigt den Möglichkeitsraum von Maßnahmen auf. Inkrementelle und transformative Anpassung zeigt fließende Übergänge, beide bedingen einander (Reusswig 2017). Letztere vollzieht sich häufig als Kette vieler kleiner, mitunter auch größerer Schritte inkrementeller Anpassung. Transformation wird meist erst in der historischen Rückschau als Aneinanderreihung vieler einzelner Schritte erkennbar (IPCC 2018).

39

Der Diskurs über transformative Anpassung im Rahmen der „Großen Transformation" ist in starkem Maße normativ. Transformative Anpassungsansätze sind darauf gerichtet, Nachhaltigkeit zu erreichen und dabei das Große und Ganze im Blick zu behalten: ökologisch und ökonomisch vorteilhaft, sozial gerecht, Demokratie fördernd, kulturelle Gegebenheiten berücksichtigend, SDGs erreichend usw. (Brand 2017; Pelling 2011). Ebenso sollten sie Resilienz steigern, um Widerstandskraft beispielsweise gegenüber Extremereignissen zu erhöhen und Veränderungsbereitschaft und -kapazität zu stärken. Anpassung kommt also ohne eine normativ gehaltvolle Vorstellung davon, wie und wohin sich eine Gesellschaft entwickeln soll, nicht aus. Es geht folglich nicht um rein technische Angelegenheiten, Machbarkeiten und Finanzierbarkeit, sondern um die Frage, wie wir in Zukunft leben wollen – unabhängig davon, wie tiefgreifend Anpassungsmaßnahmen sind. Die Visionen des Zielzustands und der Entwicklungspfade in diese Zielzustände bestimmen demzufolge auch das Ausmaß transformativer Anpassung.

Folgende Beispiele zeigen, ob und inwieweit transformative Maßnahmen zur Anpassung an den Klimawandel in Deutschland bereits umgesetzt werden. Im Vordergrund steht dabei, welche Ziele (Visionen) erreicht und inwieweit bestehende Institutionen (Regularien, Prozeduren, Gewohnheiten) verändert werden sollen und ob bereits eine Wirkung in Richtung Transformation sichtbar ist.

■ **Beispiel 1 – Küstenräume und Meeresspiegelanstieg**
Aufgrund des beschleunigten Meeresspiegelanstiegs geraten Küstenräume zunehmend unter Druck (IPCC 2019b; ▶ Kap. 9). Zu den Risiken zählen zunehmende Schäden an Infrastrukturen, wie Verkehrswegen, mit weitreichenden Folgen auch weit im Hinterland und Vernässung tief liegender Regionen. Neben etablierten Maßnahmen wie Deichbau, Sperrwerken und Entwässerung mittels Pumpen sind auch tiefgreifendere Maßnahmen wie Deichrückverlegungen, multifunktionale Nutzung von Küstenräumen bei episodischer Überflutung oder schwimmende Siedlungen möglich. So wurde auf der Nordseeinsel Langeoog ein Sommerdeich geöffnet. Die Sedimentationsraten im Wattenmeer nahmen zu, sodass die Vorländer mitwachsen konnten und sich damit die Anpassungsfähigkeit der Insel gegenüber dem steigenden Meeresspiegel erhöhte. Die Maßnahmen unterstützen gleichzeitig die langfristige touristische Nutzung der Insel und die ökologische Dynamik (Fröhlich und Rösner 2015). Auch Sandauf- und -vorspülungen sind naturbasierte Lösungen, die punktuell an deutscher Nord- (wie auf Sylt) und Ostsee und vielfach an dänischen und niederländischen Küsten durchgeführt werden (Ahlhorn und Meyerdirks 2019). Beides ist darauf gerichtet, die ge-

schützten Regionen zu sichern, lagestabil zu halten und die etablierte Nutzung fortzusetzen. Die Orientierung an natürlichen Prozessen steht im Vordergrund, ihre positive Wirkung ist erwiesen. Die Maßnahmen sind sehr kostenintensiv. Dies zeigt, dass sowohl transformative Elemente (Deichöffnung) als auch inkrementelle Elemente (etablierte Technik Sandvorspülungen) eingesetzt werden, um die Nutzung der Küstenräume und damit das Ziel *Status-quo*-Erhalt zu sichern (Schirmer 2018).

■ **Beispiel 2 – Städte und verdichtete Räume im Klimawandel**
Verdichtete Räume und (Groß-)Städte sind *hot spots* des Klimawandels (▶ Kap. 21). Anpassungsmaßnahmen reichen von zusätzlichen Kaltluftschneisen sowie der Sicherung bestehender Freiflächen für grüne und/oder blaue Infrastrukturen über bauliche Vorkehrungen an Gebäuden, wie Verschattungen, bis hin zum groß angelegten Stadtumbau in Richtung Schwammstadt. Diese Maßnahmen zielen darauf, Städte mit einer hohen Lebens- und Umweltqualität zu erhalten oder herzustellen. Dabei setzen die Maßnahmen an ganz unterschiedlichen Punkten an: die Förderung von Gründächern und -fassaden zur Regulierung des städtischen Wasserhaushalts wird erfolgreich in Hamburg praktiziert (Behörde Umwelt, Klima, Energie und Agrarwirtschaft 2021). Mit dieser Förderung werden gleichermaßen Ziele des Wassermanagements und der Anpassung an den Klimawandel adressiert. In eine ähnliche Richtung geht die „Zukunftsinitiative Wasser in der Stadt von morgen", in der durch Abkopplung von 25 % der befestigten Fläche der Emscherregion von der Kanalisation der Verbleib von Wasser in der Stadt und damit die Verdunstung signifikant erhöht werden soll. Neben der lokalklimatischen Wirkung werden dadurch zusätzlich der Überflutungsschutz, die Gewässerökologie und die Lebensqualität in Städten verbessert (Emschergenossenschaft 2021). In beiden Beispielen wird ein transformativer Effekt durch eine gut konzipierte Kette inkrementeller Maßnahmen erreicht. Das transformative Element liegt hier vor allem darin, dass traditionelle sektorale Zuständigkeiten aufgebrochen, neue Akteurskonstellationen und Formen der Zusammenarbeit gesucht werden. Daneben finden sich auch „direkt-transformative" Ansätze: In der „Zukunft Stadtregion Ruhr" (ZUKUR; TU Dortmund 2021) geht es um eine zukunftssichere Entwicklung von Städten im Ruhrgebiet. Mit starkem Fokus auf die Quartiersebene zielen die Handelnden auf eine sozial-ökologische Transformation durch das Zusammendenken von Klimaresilienz und universeller Teilhabe bei sozial-ökologischer Ungleichheit sowie die Transformation von urbaner Landwirtschaft und landwirtschaftlichen Praktiken. Dabei geht es nicht nur um stadtplanerische Aspekte sowie neue Techniken der Agrarproduktion in Städten, sondern auch um

die angemessene sozialen Organisationsformen (Gemeinschaft, Genossenschaft, privat/kommerziell, privat/Ehrenamt, öffentliche Unternehmen etc.). In der Stadtentwicklung setzt sich zunehmend durch, dass naturbasierte Lösungen die besten Wirkungen bei der Risikominderung zeigen und dabei mittel- und langfristig geringere Kosten erzeugen (EEA 2020).

Transformative Anpassung an den Klimawandel ist immer noch ein Randthema im Diskurs über den Umgang mit Klimarisiken. Als wesentlicher Grund erscheint, dass es angesichts der Komplexität und der Dynamik moderner Gesellschaften tatsächlich schwer vorstellbar ist, wie ein grundlegendes Umsteuern und eine grundlegende Änderung von gesellschaftlichen Rahmenbedingungen und Abläufen angesichts der Funktionslogiken der Teilsysteme bewerkstelligt werden kann (Rosa 2016). Die Idee von transformativer Anpassung geht einmal explizit, einmal implizit davon aus, dass sich Gesellschaften „als Ganzes" ändern können, umdenken und sich in diesem Sinne steuern lassen. Das erscheint bei hochdifferenzierten, arbeitsteilig organisierten Gesellschaften fast unmöglich (Dörre et al. 2019; Nassehi 2020; Reusswig 2017; Schimank 2016). Denn es gibt keine zentrale gesellschaftliche Steuerungsinstanz (mehr), die eine solche Transformation durchführen könnte. Dies zeigt auch der Umgang mit dem Coronavirus u. a. in Deutschland, wenn versucht wird, in einer Krisensituation gesamtgesellschaftlich einheitlich und unter Berücksichtigung ökonomischer, sozialer und ökologischer Belange zu reagieren (Lessenich 2020; Oels et al. 2020; Reckwitz 2020; Stichweh 2020). Transformation ereignet sich nicht von einem Steuerungszentrum aus, sondern durch das komplexe Zusammenwirken verschiedener und stets begrenzter Steuerungs- und Diskurskapazitäten verschiedener sozialer Parteien auf verschiedenen Ebenen. Staatliche Verantwortung kapituliert nicht angesichts gesellschaftlicher Komplexität, sondern kann viel präziser – allerdings auch begrenzter – als Gestaltungs- und Modernisierungsaufgabe verstanden werden. Einen praktischen Wegweiser für Handlungsansätze einer solchen transformativen Umweltpolitik gibt es vom Umweltbundesamt (UBA 2018).

39.1.2 Anpassung an den Klimawandel durch transformative *governance*

Neben Sachlösungen, etwa in Bereichen wie Regenwasserbewirtschaftung, Bauleit- oder Regionalplanung (▶ Kap. 37), erfordert die Weiterentwicklung von Anpassungsstrategien Innovationen gesellschaftlichen Handelns öffentlicher und privater Akteurinnen und Akteure *(governance)* (Benz et al. 2007; Schuppert 2008; Walk 2008; Kabisch et al. 2018). Sie müssen sich

mit neuen Phänomenen auseinandersetzen, obwohl für den Umgang mit ihnen noch keine Routinen zur Verfügung stehen und sie oft tiefgreifende Veränderungen bestehender Handlungsmuster erfordern (Nieuwall et al. 2009; Knieling 2016).

Vor diesem Hintergrund hat sich die Diskussion zu Fragen der *governance* der Klimaanpassung in den vergangenen Jahren weiterentwickelt. Abgeleitet unter anderem aus der *Transition Theory* (Geels 2005; Geels und Schot 2007) wird einer transformativen *governance* die Aufgabe zugeschrieben, zu einem grundlegenden gesellschaftlichen Wandel („Große Transformation", WBGU 2011) beizutragen, der zu nachhaltigen und resilienten Städten und Regionen führt (WBGU 2016; Baasch et al. 2012; Fuchs et al. 2011; Vollmer und Birkmann 2012; Birkmann et al. 2013; Birkmann und Blätgen 2015). Das Ziel ist, die Reflexions- und Lernfähigkeit bestehender Akteurssysteme zu erhöhen (Bosomworth 2018). Die erforderlichen Veränderungen gehen so über die Steigerung der Effizienz und Effektivität *(single-loop learning)* und die Neuauslegung vorhandener Lösungsmechanismen *(double-loop learning)* hinaus und zielen vielmehr auf eine Veränderung von Werten und Normen in neuen Organisationsstrukturen *(triple-loop learning)* (Höferl 2013; Hagemeier-Klose et al. 2014; Termeer et al. 2017).

Ziel der transformativen *governance* ist somit, die Vulnerabilität von Systemen – beispielsweise Städten und Regionen – zu reduzieren, indem sie verstärkt antizipatorisch, kommunikativ und innovativ ausgerichtet sind (Papa et al. 2015; Schlipf 2021). Dazu sollen sie:

- frühzeitig Risiken und Veränderungen erkennen und durch eine Bestimmung von Schwellenwerten unerwünschte Veränderungen verhindern,
- kreative und innovative Ideen und Vorschläge für verbesserte Lösungen ermöglichen, die bis zu einem gewissen Grad die Robustheit des städtischen Systems stabilisieren und auf darüber hinaus gehende Ereignisse flexibel reagieren,
- Möglichkeiten zur Kommunikation und Kooperation unterschiedlicher Handlungsparteien und dadurch Bewusstsein für Problemlagen schaffen, Informationsflüsse verbessern, Netzwerkbeziehungen intensivieren und zu gegenseitigem Lernen in partizipativen Prozessen beitragen.

Das Instrumentarium der Klimaanpassungs *governance* setzt sich aus formellen, informellen, ökonomischen und organisationalen Instrumenten zusammen:

Verbindliche formelle Instrumente werden in den raumbezogenen Fachplanungen und der räumlichen Gesamtplanung eingesetzt (Danielzyk und Knieling 2011), um Risiken vorzubeugen und robuste Raumstrukturen zu schaffen. Regelungsbedarf besteht u. a. in Bezug auf das Siedlungsklima (▶ Kap. 21) sowie bei Hochwasserschutz (▶ Kap. 16) und Überflutungsvorsorge. In Raumordnungsplänen auf Bundes-, Landes- und regionaler Ebene werden z. B. bereits Vorrang- und Vorbehaltsgebiete für den vorbeugenden Hochwasserschutz sowie Überschwemmungsgebiete festgesetzt. Dabei gewinnen EU-rechtliche Vorgaben zunehmend an Bedeutung (Hochwasserrisikomanagementrichtlinie, Wasserrahmenrichtlinie). Um der Unsicherheit der Klimawandelszenarien Rechnung zu tragen, könnten Vorrang- und Vorbehaltsgebiete auch flexibel, beispielsweise durch Befristungen in Einzelfällen oder „Experimentierklauseln" festgesetzt werden (BMVI 2017; Frommer et al. 2013). Dabei sind Experimentierklauseln Normen, die im Rahmen eines beschränkten Anwendungsbereiches, z. B. im Reallabor, die Auswirkungen eines bestimmten Tatbestandes auf einen beschränkten Sachverhalt überprüfen, um beispielsweise die Wirkung von Innovationen im Reallabor zu testen. Für Gebäude und andere Infrastrukturen können Regelungen in Landesbauordnungen sowie Normen und Standards (DIN, ISO) dazu beitragen, klimaangepasste Bauformen zu begünstigen (Schlipf 2021).

Informelle Instrumente bieten Spielräume, um innovative und kreative Ideen zu entwickeln und zu erproben. Durch Information, Beteiligung und Kooperation schaffen sie Problembewusstsein und unterstützen einen Paradigmenwandel für klimaangepasstes Bauen und Planen (Bischoff et al. 2007; Frommer 2009; Greiving 2008). Damit können sie neue strategische Ausrichtungen vorbereiten, die Transformationsprozesse hin zur resilienten Stadt bzw. Region ermöglichen. Aufbauend auf Überlegungen zu einem Risikomanagement bzw. *risk governance* (Greiving 2005; Renn 2008) sollen transformative Prozesse der Klimaanpassung zu lernfähigen, flexiblen *Governance*-Formen beitragen (▶ Kap. 37; Frommer 2010). Instrumentell schließt dies Szenarien (Alcamo und Henrichs 2009; Albert et al. 2012; Hagemeier-Klose et al. 2013), Leitbilder und Roadmaps (z. B. Beuckert et al. 2011) sowie das Monitoring dieser Transformation ein. Transformative Qualität wird besonders auch experimentellen Instrumenten zugeschrieben, etwa Reallaboren und Realexperimenten, mit denen sich Anpassungsmaßnahmen flexibel erproben und politische Entscheidungen im Dialog mit den Betroffenen vorbereiten lassen (*experimental governance,* Evans et al. 2016; Raven et al. 2019).

Als ökonomische Instrumente (Braun und Giraud 2009; Soltwedel 2005; Jordan et al. 2007; Zürn 2008) gelten u. a. Zielvereinbarungen, die auf kommunaler Ebene zwischen den Betroffenen abgeschlossen werden, als zielführend – etwa zum Hochwasserrisikomanagement (Müller 2004; Greiving 2008). Sie basieren auf einem Ansatz, der quantifizierte Leistungs- und Wirkungsvorgaben mit der Projektförderung verknüpft, sodass Klimafolgenrisiken in einem bestimmten Umfang in einem festgelegten Zeitraum reduziert wer-

den müssen. Im Rahmen der Umsetzung entstehen dabei Handlungsspielräume, sodass kreative Lösungsansätze gefunden werden können (Knieling et al. 2011; Greiving 2008).

Die Weiterentwicklung der organisationalen Strukturen kann dazu beitragen, Zivilgesellschaft, Wirtschaft und Wissenschaft intensiver als „Mit-Gestalter" in gesellschaftliche Strategie-, Entscheidungs- und Umsetzungsprozesse zu einer resilienten Stadt- und Regionalentwicklung einzubeziehen (Danielzyk und Knieling 2011). Diese Organisationsformen unterscheiden sich u. a. in der Trägerschaft, der Verankerung auf der politischen Ebene und dem Grad der Eigenständigkeit (Corfee-Morlot et al. 2011; Vogel et al. 2007). *Boundary organizations* übernehmen Vermittlungsaufgaben zwischen den verschiedenen Akteursgruppen und arbeiten als Beratungseinrichtungen, etablieren Netzwerke von Fachleuten, Beauftragten oder Serviceeinrichtungen (Bischoff et al. 2007; ▶ Abschn. 38.2.2). Sie sollen Fachwissen und praktische Anwendung integrieren (Corfee-Morlot et al. 2011) und Plattformen zur Kommunikation und Kooperation anbieten, über die andere Instrumente angewendet werden können, etwa Szenario- oder Leitbildprozesse (Fröhlich et al. 2014). Zu diesem Zweck werden zunehmend bundesweite Klimadienste (*climate services*) und Dienste zur Unterstützung einer Klimawandelanpassung aufgebaut (▶ Kap. 38).

Für alle Instrumente besteht eine weiterführende Anforderung darin, auf den verschiedenen räumlichen Ebenen Unsicherheiten über den Klimawandel und die sich daraus ergebenden Anpassungserfordernisse einzubeziehen (*multi-level-governance,* ▶ Kap. 32). Aus Sicht der Wirksamkeit in Bezug auf den grundsätzlichen paradigmatischen Wandel stellt sich für die transformative *governance* zur Klimaanpassung zudem die Frage, wie die verschiedenen *Governance*-Stränge ziel- und ergebnisorientiert für eine grundlegende Nachhaltigkeitstransformation verknüpft werden können. In diese Richtung weisen etwa neuere Ansätze des *Governance*-Diskurses, welche die Bedeutung von *deep transitions* für die gesellschaftliche Entwicklung thematisieren (Schot und Kanger 2018; Swilling 2020).

39.1.3 Partizipation

Die aktive Beteiligung unterschiedlicher gesellschaftlicher Gruppen bei der Weiterentwicklung von Anpassungsstrategien an den Klimawandel ist eine politische Notwendigkeit, um innovative und kreative Lösungen zu schaffen, die eine breite Akzeptanz finden können (Giddens 2009; Rupp et al. 2014). Partizipation umfasst ein breites Spektrum möglicher Einflussnahme auf gesellschaftliche Entscheidungsprozesse, das von Stellungnahmen und der Bereitstellung von Erfahrungswissen über die Beteiligung an Planungsprozessen bis hin zum Aushandeln und Entscheiden über Ressourcenverteilung reichen kann (▶ Kap. 30). Entscheidend für die Ausgestaltung von Partizipationsverfahren sind deren Zielsetzung, die Motivlage für Beteiligung sowie der jeweilige Kontext (Walk 2013; Miyaguchi und Uitto 2017). Motive finden sich im individuellen Bedürfnis nach persönlicher Weiterentwicklung, eigenverantwortlichem Handeln und Kompetenzentwicklung zur Teilhabe an – verbesserten und demokratischen – Entscheidungs- und Gestaltungsprozessen. Beteiligte wollen ihr Wissen und ihre Erfahrungen sowie Interessen und Argumente berücksichtigt sehen. Auch Beteiligungsverfahren zur Weiterentwicklung von Anpassungsstrategien an den Klimawandel sollten im Rahmen dieser unterschiedlichen Zielsetzungen gestaltet werden. Ausschlaggebend für das Gelingen von Partizipationsverfahren ist das Vorhandensein von echten Entscheidungsspielräumen und von Teilhabeangeboten, die von den Beteiligten als „reell" wahrgenommen werden, sowie deren Bereitschaft, ihre Zeit und ihr Wissen einzubringen. Wichtig für partizipative oder auch aktionsorientierte Prozesse zur Weiterentwicklung von Anpassungsstrategien ist eine gemeinsame Wissensbasis (Hohberg 2014).

Bereits durchgeführte Beteiligungsverfahren zur Anpassung an den Klimawandel (Knierim et al. 2013) können Erfolgsfaktoren offenbaren und lassen sich im Hinblick auf den Moment der Partizipation (Situationsanalyse, Planung, Umsetzung, Auswertung) und entsprechend dem Beteiligungsgrad (Information, Beratung, gemeinsame Entscheidung über Ziele, über Arbeitsschritte, über Ressourcenverwendung usw.) differenzieren. Aussagekräftig für die Qualität eines partizipativen Verfahrens ist seine Offenheit, also die erreichte Kohärenz zwischen den Zielen und dem Ausmaß, mit dem die Prozessbeteiligten Einfluss auf dessen Verlauf und Ergebnis nehmen können (Ison 2010). Ausschnitthaft werden im Folgenden Partizipation im Rahmen einer Szenarioentwicklung sowie eines integrativen, informellen regionalen Planungsprozesses und die Ergebnisse einer Querschnittsanalyse zu Beteiligungsprozessen vorgestellt.

Zimmermann et al. (2013) zeigen beispielhaft für partizipative Szenarioentwicklungen, wie Fachleute aus Politik, Verwaltung, Bevölkerung und Wissenschaft die aufgrund des Klimawandels erwarteten künftigen Landnutzungsänderungen abschätzen und darauf aufbauend ein gemeinsames Verständnis einer erwünschten Zukunft entwickeln. Die Auswertung zeigt, dass Unterschiede u. a. dadurch bedingt sind, wie intensiv sich die Beteiligten mit den Szenarien auseinandersetzen und inwieweit sie selbst an der Entwicklung der Zukunftsbilder teilgenommen haben. Dabei war die Wahrnehmung konkreter Betroffenheit in einem kleinräumigen Kontext und für die gebiets-

nahen Teilnehmer leichter als auf regionaler Ebene. Weiter weisen die Autoren auf die Notwendigkeit hin, ein solches informelles, am Anfang eines Planungsprozesses stehendes Instrument an einen politischen Entscheidungsprozess zu koppeln, der Verbindlichkeit für die erzielten Ergebnisse schafft.

Im Großraum Dresden wurde ein „integriertes regionales Klimaanpassungsprogramm (IRKARP)" in einem informellen, unter breiter Beteiligung öffentlicher Partner organisierten Planungsprozess entwickelt (Hutter und Bohnefeld 2013). Aufgrund der großen thematischen Breite eines solchen Programms wurden mehr als hundert Organisationen aus Wissenschaft, Verwaltung und Wirtschaft einbezogen, um deren jeweilige Kompetenzen, Kenntnisse und Erfahrungen zu berücksichtigen. Letztendlich beteiligten sich an der Formulierung des IRKARP jedoch überwiegend Personen aus der Wissenschaft und aus Behörden und Verbänden, während politische und zivilgesellschaftliche Parteien sich hier nicht einbrachten. Vor diesem Hintergrund stellen die IRKARP-Autoren fest, dass „eine demokratietheoretische Einordnung [...] der IRKARP-Formulierung noch zu leisten" und der gemeinsame Arbeitsprozess „vermutlich nicht als verhandlungsdemokratisch" zu bezeichnen ist (Hutter und Bohnefeld 2013). Ergebnisse dieser beiden exemplarischen Fälle werden eindrücklich durch eine Querschnittsstudie zu 22 Projekten und Programmen zur Anpassung an den Klimawandel bestätigt, die Grothmann (2020) vorlegt: Als Grund und Anlass für partizipative Beteiligungsverfahren dominiert das Motiv der Wissensintegration, ähnlich wie in den in ▶ Kap. 38 skizzierten Feldern integrativer Forschung. An zweiter Stelle steht das Ziel, die Akzeptanz von Anpassungsmaßnahmen abzubilden, und nur drei der Verfahren zeigen einen emanzipatorischen Aspekt.

Partizipative Verfahren gehören inzwischen zum Standardrepertoire bei der Entwicklung von Anpassungsmaßnahmen an den Klimawandel. Dennoch stellt sich noch kein durchgängiger Erfolg ein, sondern im Gegenteil, das Monitoring zur Zufriedenheit von Bürgerinnen und Bürgern mit lokalem Verwaltungshandeln zur Anpassung an den Klimawandel sinkt (IMAA 2019). Es muss also mehr getan werden und diese Aktivitäten müssen sich besser als bisher an Interessen und Bedürfnissen der breiten Bevölkerung orientieren. Während es bei Partizipationsprozessen darum geht, das Zusammenspiel von situativen Einflussfaktoren im jeweiligen Kontext gezielt mit einem interaktiven methodischen Design zu adressieren (Knierim et al. 2013), unterstreicht die jüngere Forschung zusätzlich die Notwendigkeit, durch eine visionäre Zielorientierung und verbindliche politische Teilhabe viele unterschiedliche Personen zu integrieren und zu engagieren (Grothmann 2020). Hierbei gilt es, auch das Potenzial digitaler Technologien zur Förderung einer umfassenderen und die Vielfalt der Gruppen berücksichtigenden Partizipation und Teilhabe zu nutzen (WBGU 2019).

39.1.4 Kommunikation

Strategische Weiterentwicklungen sollten von einer Kommunikation der Anpassung an den Klimawandel begleitet werden, die Aspekte wie Komplexität, Umgang mit Unsicherheit und (Nicht-)Wissen zentral berücksichtigt (▶ Kap. 38). Komplexe Zusammenhänge sind mit dem klassischen Sender-Empfänger-Paradigma schwer kommunizierbar. Dialogorientierte und auf eine gewisse Dauer angelegte Interaktionen (Zwei-Wege-Kommunikation) sind in diesem Kontext zu bevorzugen (Grothmann 2014). Dies ermöglicht einen wechselseitigen Lern- und Entwicklungsprozess der Beteiligten, in dem neue Erkenntnisse entstehen und der Transformation begünstigen kann. Wichtig für den Anfang von partizipativen oder auch aktionsorientierten Prozessen zur Weiterentwicklung von Anpassungsstrategien ist eine gemeinsame Wissensbasis (Hohberg 2014). Das Konzept „Bildung für nachhaltige Entwicklung" fördert diesen gesellschaftlichen Bewusstseins- und Wertewandel im Sinne nachhaltiger Entwicklung, wie sich an einem konkreten Beispiel, den Klimabildungsgärten – nah dem *urban gardening* – zeigen lässt.

39.2 Anpassung als soziokultureller Wandel

In den Richtlinien zur Förderung von Forschungs- und Entwicklungsvorhaben im Rahmen der Sozial-ökologischen Forschung zum Themenschwerpunkt „Soziale Dimensionen von Klimaschutz und Klimawandel" wurde bereits 2009 darauf hingewiesen, dass „es absehbar ist, dass sich aus naturwissenschaftlichen Forschungsergebnissen allein keine Handlungsstrategien ableiten lassen, wie dem Klimawandel zu begegnen ist. Wie Menschen diesen wahrnehmen, welche Folgen er für sie hat und ob und in welcher Weise sie bereit sind, entsprechende Strategien tatsächlich umzusetzen, hängt stark vom jeweiligen sozialen und kulturellen Umfeld ab" (BMBF 2009).

Dennoch, der Einfluss, den historische Ereignisse, kulturelle Traditionen, Werte und lokale Wissensmuster auf die Wahrnehmung, Akzeptanz und Umsetzung von Anpassungsmaßnahmen haben, ist bei der Entwicklung von Anpassungsstrategien weiterhin ein relativ neues Forschungsfeld.

Forschungsprojekte wie „Regionale Anpassungsstrategien für die deutsche Ostseeküste" (RADOST,

Ecologic 2014), „Alpine Naturgefahren im Klimawandel – Deutungsmuster und Handlungspraktiken vom 18. bis zum 21. Jahrhundert" (ANiK, FU Berlin 2014) oder „Soziokulturelle Konstruktionen von Vulnerabilität und Resilienz, Deutsche und polnische Wahrnehmungen aquatischer Phänomene in Flussregionen der Oder" (CultCon, IRS 2019) unterstreichen jedoch die Bedeutung solcher geistes- und sozialwissenschaftlichen Ergebnisse für die Umsetzung von Anpassungsmaßnahmen und -strategien in Regionen, aber auch für die Weiterentwicklung der kulturwissenschaftlichen Anpassungsforschung selbst (Heimann 2019). Dies geschieht insbesondere vor dem Hintergrund, dass „Kommunen zu den zentralen Akteuren der Anpassung an den Klimawandel gehören. […] Viele Maßnahmen zur Anpassung müssen mit und in den Kommunen entwickelt und umgesetzt werden" (Bundesregierung 2011; ▶ Kap. 37). In Kommunen würden daher Anpassungsmaßnahmen eher mitgetragen, wenn die soziokulturellen Wissenskonstruktionen ihrer Einwohnenden, kommunalen Identitäten und lokale geschichtliche Entwicklungen im Anpassungsprozess berücksichtigt werden. Lokale historische Ereignisse und Entwicklungslinien können unterschiedliche Wahrnehmungen und damit sozioökologische und -ökonomische Bedürfnisse auslösen (Martinez et al. 2014a). Dies wird an den folgenden Beispielen sehr deutlich.

Beispiel 1 In einer Gemeinde in Schleswig-Holstein deckten sich die Interessen des Küstenschutzes und der Anpassung an den Klimawandel mit den Wünschen für die touristische Entwicklung. Erklären ließ sich dies durch die sozioökonomische Entwicklung nach einer Jahrtausendsturmflut 1872. Diese Sturmflut und die danach beginnende touristische Entwicklung können als Gründungsmythos der Gemeinde verstanden werden, die aus dem Nichts zu einem angesehenen Kur- und Badeort avancierte. Als Motor dieser Entwicklung war der Tourismus somit seit Anbeginn identitätsstiftend. Neben den akkumulierten materiellen Werten hat dies auch die immateriellen Werthaltungen in der Gemeinde geprägt. So konnte ein Anpassungskonzept umgesetzt werden, das neben dem Küstenschutz auch aktiv dem Tourismus dient. Ausschlaggebend waren dabei die gute finanzielle Stellung der Gemeinde – und die damit vorhandene hohe Anpassungskapazität – sowie der partizipative Planungsprozess (Martinez et al. 2014b).

Beispiel 2 In einer Gemeinde in Mecklenburg-Vorpommern hingegen wurde das Küstenschutz- und Anpassungskonzept des Landes als Eingriff in die hart erarbeitete Identität und immateriellen Werte verstanden. Denn viele küstennahe Flächen waren durch Entwässerung erst urbar gemacht worden, die nun durch das Anpassungskonzept, welches von den Behörden vorgeschlagen wurde, „geopfert" werden sollten. Die

Skepsis gegenüber behördlichen Planungen war zudem besonders groß und schien geprägt von den örtlichen Erfahrungen aus dem Übergang in ein neues politisch-ökonomisches System nach 1990. Obgleich die Gemeinde sich selbst um eine alternative Lösung bemühte, konnte die Region in Mecklenburg-Vorpommern eine Schutzanlage, die die gesamte Halbinsel umfasst, nicht finanzieren (Martinez et al. 2014b).

Beispiel 3 In Rostock und Lübeck führten differierende städtebauliche Entwicklungen und historische Erfahrungen im Umgang mit Sturmfluten zu jeweils unterschiedlichen Vulnerabilitätswahrnehmungen und Resilienzen (Heimann und Christmann 2013). Insbesondere sozioökonomische Pfadabhängigkeiten – wie im Falle Rostocks, einer vergleichsweise einkommensschwachen Region – prägen die unterschiedlichen Vorstellungen davon, was als Anpassung machbar und als Hochwasserschutz nötig ist. In den Diskursen Lübecks wird beispielsweise häufig an frühere Sturmfluten erinnert, denen die Stadt langjährig und erfolgreich trotzen konnte, während in Rostock mit dem Klimawandel die große Hoffnung verbunden wird, dass durch wärmere Sommer der Tourismus boomen wird und die Stadt dadurch wirtschaftliche Probleme überwinden kann (Heimann und Christmann 2013). Die Motivation zur Anpassung in Lübeck rührt insbesondere aus dem historischen Erbe der Hansestadt her, während in Rostock die Hoffnung auf einen Zugewinn in der Tourismusbranche den Diskurs über Anpassungsmaßnahmen antrieb.

Beispiel 4 Im deutschsprachigen Alpenraum hingegen drückt das Naturgefahrenverständnis und -management der lokal Handelnden ein historisch gewachsenes Vertrauen in ein staatlich-professionell organisiertes Naturgefahrenmanagement aus. Sie sehen daher eigenverantwortliches Agieren oft als weniger notwendig an (Kruse und Wesely 2013). Insofern müssten in diesen Regionen Anpassungsmaßnahmen besonders von staatlicher Seite koordiniert und kommuniziert werden, da dies besser mit dem Anpassungsverhalten der lokalen Parteien korrespondiert. Strategisch sollten hier in der *governance* kommunale Eigenverantwortung und eine Risikokultur vor dem Hintergrund der zunehmenden eigenen Betroffenheit gestaltet werden.

Beispiel 5 Bei Untersuchungen in den Oderregionen Deutschlands und Polens wurden Flutereignissen anhand von „Akteurswissen", „Medienwissen" und „literarischem Wissen" mittels Hintergrundrecherchen, qualitativen Interviews, Surveys und ethnografischen Beobachtungen analysiert. Es konnten kulturell-geteilte Wissensordnungen in flussbezogenen Vulnerabilitäts- und Resilienzkonstruktionen auf nationaler Ebene festgestellt werden. Es konnte des Weiteren nachgewiesen werden, dass diese unterschiedlichen Konstruktionen durch soziokulturell und historisch gewachsene kulturelle Wissensordnungen geformt wurden und Einfluss

auf gegenwärtiges Wissen und Handeln von Menschen nehmen können (Christmann et al. 2018).

Anpassungsstrategien und -maßnahmen sollten, wie vorstehende Beispiele zeigen, stets aus den jeweiligen Entwicklungstraditionen heraus mit Bezug auf geschichtliche Kontexte sowie lokale Interessen, Werte, Wahrnehmungen, Einstellungen und den daraus resultierenden Haltungen entwickelt werden. Diese lokalen Gegebenheiten prägen die Identität von Kommunen und damit auch deren Interesse und Fähigkeit, zu bestimmten Lösungen beizutragen. Darüber hinaus unterliegen Werte einem ständigen ko-evolutionären Prozess innerhalb der sozioökonomischen und naturräumlichen Entwicklung von Regionen, auf den wiederum das politische Umfeld rahmengebend wirkt (Martinez et al. 2014b). Von daher sind auch die lokalen Gegebenheiten einer ständigen Veränderung ausgesetzt und somit auch die Wissensformen, Wahrnehmungen und Einstellungen.

39.3 Kurz gesagt

Klimawandelanpassung kann zur nachhaltigen Entwicklung beitragen, insbesondere wenn sie mit sozialen Innovationen einhergeht. Tiefgreifende, transformative Anpassung vollzieht sich häufig als Kette vieler kleinerer Schritte inkrementeller Anpassung und wird meist erst in der historischen Rückschau erkennbar. Erste Beispiele – wie etwa Nutzungsbeschränkungen durch gesetzliche Festlegungen – werden bereits diskutiert und sollten verstärkt in strategische Weiterentwicklungen einfließen. Diese transformativen Ansätze brauchen Ziele und Visionen und schließen oftmals Verhaltensänderungen ein, die im Angesicht möglicher schwerwiegender klimawandelinduzierter Risiken erforderlich werden. Die Steuerung mithilfe von Rechts-, ökonomischen und zunehmend auch informellen Instrumenten wie Information und Partizipation tragen entscheidend zur Weiterentwicklung von Anpassung an den Klimawandel bei. Diese Instrumente helfen, Problembewusstsein zu schaffen, bringen kreative Lösungen hervor und können einen Wertewandel unterstützen. Dies setzt voraus, dass sich die Kommunikation auf konkrete Handlungskontexte bezieht, einen Lebensweltbezug hat, dialogorientiert und auf Dauer angelegt ist sowie in Beteiligungsverfahren echte Entscheidungsspielräume für die Beteiligten vorhanden sind und als „reell" wahrgenommen werden. Anpassungsmaßnahmen werden nur erfolgreich umgesetzt, wenn historische Ereignisse, kulturelle Traditionen, vorhandene Werte und lokales Wissen in die Transformationsprozesse einbezogen werden. Hilfreich ist, wenn die zuständigen Institutionen weitere Personen und deren Netzwerke langfristig als Mitgestalter in die strategische Weiterentwicklung und Umsetzung der Klimawandelanpassung einbinden.

Literatur

Ahlhorn F, Meyerdirks J (2019) Multifunktionale Küstenschutz-räume im Rahmen eines Küstenrisikomanagements. Wasser und Abfall 4/2019:14–19

Albert C, Zimmermann T, Knieling J, von Haaren C (2012) Social learning can benefit decision-making in landscape planning: Gartow case study on climate change adaptation, Elbe valley biosphere reserve. Landsc Urban Plan 105(4):347–360

Alcamo J, Henrichs T (2009) Towards guidelines for environmental scenario analysis. In: Alcamo J (Hrsg) Environmental futures. The practice of environmental scenario analysis. Elsevier, Amsterdam, S 13–35

Baasch S, Bauriedl S, Hafner S, Weidlich S (2012) Klimaanpassung auf regionaler Ebene: Herausforderungen einer regionalen Klimawandel. Governance 70(3):191–201

Beck S, Böschen S, Kropp C, Voss M (2013) Jenseits des Anpassungsmanagements. Zu den Potenzialen sozialwissenschaftlicher Klimawandelforschung. GAIA 22(1):8–13

Behörde Umwelt, Klima, Energie und Agrarwirtschaft (2021) Gründachstrategie Hamburg. ▶ https://www.hamburg.de/gruendach-hamburg/4364586/gruendachstrategie-hamburg/

Benz A, Lütz S, Schimank U, Simonis G (Hrsg) (2007) Handbuch Governance. Theoretische Grundlagen und empirische Anwendungsfelder. VS Verlag für Sozialwiss, Wiesbaden

Beuckert S, Brand U, Fichter K, von Gleich A (2011) Leitorientiertes Roadmapping Nordwest 2050 Werkstattbericht Nr. 10. Oldenburg, Bremen

Birkmann J, Blätgen T (2015) Raumplanung im Klimawandel Erkenntnisse des IPCC und Veränderungsbedarfe in Prüf- und Bewertungsverfahren räumlicher Planung. In: Knieling J, Müller B (Hrsg) Klimaanpassung in der Stadt- und Regionalplanung. Ansätze, Instrumente, Massnahmen und Beispiele. Oekom, München, S 27–56

Birkmann J, Fleischhauer M et al (2013) Vulnerabilität von Raumnutzungen, Raumfunktionen und Raumstrukturen. In: Birkmann (Hrsg) Raumentwicklung im Klimawandel, S 44–68

Bischoff A, Selle K, Sinning H (2007) Informieren, Beteiligen, Kooperieren. Kommunikation in Planungsprozessen; eine Übersicht zu Formen, Verfahren und Methoden. Rohn, Dortmund

BMBF – Bundesministerium für Bildung und Forschung (2009) Soziale Dimensionen von Klimaschutz und Klimawandel. ▶ https://www.bmbf.de/foerderungen/bekanntmachung-434.html. Zugegriffen: 8. Sept. 2020

BMVI – Bundesministerium für Verkehr und digitale Infrastruktur (2017) Raumentwicklungsstrategien zum Klimawandel. MORO Informationen Nr.13/4. ▶ https://www.bbsr.bund.de/BBSR/DE/veroeffentlichungen/ministerien/moro-info/13/moroinfo-13-4.pdf?__blob=publicationFile&v=1

Bosomworth K (2018) Discursive–institutional perspective on transformative governance: a case from a fire management policy sector. Environ Policy Gov 28(4):415–425

Brand K-W (Hrsg) (2017) Die sozial-ökologische Transformation der Welt. Campus, Frankfurt

Braun D, Giraud O (2009) Politikinstrumente im Kontext von Staat, Markt und Governance. In: Schubert K, Bandelow N (Hrsg) Lehrbuch der Politikfeldanalyse 2.0. Oldenbourg, München, S 159–187

Brunnengräber A, Dietz K (2013) Transformativ, politisch und normativ: für eine Re-Politisierung der Anpassungsforschung. Gaia 22(4):224–227

Bundesregierung (2011) Aktionsplan Anpassung der Deutschen Anpassungsstrategie an den Klimawandel. Deutsche Bundesregierung, Berlin. ▶ https://www.bmuv.de/download/aktionsplan-anpassung-zur-deutschen-anpassungsstrategie-an-den-klimawandel. Zugegriffen: 2. Febr. 2014

Christmann G, Ilbert O, Kilpert H (2018) Resilienz und resiliente Städte. In: Jäger T, Daun A, Freudenberg D (Hrsg) Politisches Krisenmanagement. Band 2: Reaktion – Partizipation – Resilienz. Springer VS, Wiesbaden, S 183–196

Corfee-Morlot J, Cochran I, Hallegatte S, Teasdale PJ (2011) Multilevel risk governance and urban adaptation policy. Clim Chang 104(1):169–197

Danielzyk R, Knieling J (2011) Informelle Planungsansätze. In: Akademie für Raumforschung und Landesplanung (Hrsg) Grundriss der Raumordnung und Raumentwicklung. Verlag der ARL, Hannover, S 473–498

Dörre K, Rosa H, Becker K, Bose S, Seyd B (Hrsg) (2019) Große Transformation? Zur Zukunft moderner Gesellschaften. Springer, Wiesbaden (Sonderband des Berliner Journals für Soziologie)

Ecologic (2014) BMBF-Projekt „Regionale Anpassungsstrategien für die deutsche Ostseeküste (RADOST)". ▶ https://www.ecologic.eu/de/2926

EEA (2013) Adaptation in Europe – addressing risks and opportunities from climate change in the context of socio-economic developments. European Environment Agency, Kopenhagen

EEA (European Environment Agency) (2020) Nature-based solutions and ecosystem-based approaches to climate change adaptation and disaster risk reduction in Europe: policies, evidence, practices and opportunities. Copenhagen (i. prep.)

Emschergenossenschaft (2021) Wasser in der Stadt von morgen. ▶ https://emscher-regen.de/index.php?id=48

Evans J, Karvonen A, Raven, R (2016) The experimental city. Routledge, London

Fröhlich J, Rösner H-U (2015) Klimaanpassung an weichen Küsten – Fallbeispiele aus Europa und den USA für das schleswig-holsteinische Wattenmeer. WWF Deutschland, Husum

Fröhlich J, Knieling J, Kraft T (2014) Informelle Klimawandel-Governance Instrumente der Information, Beteiligung und Kooperation zur Anpassung an den Klimawandel. neopolis working papers: urban and regional studies, Bd 15. HafenCity Universität Hamburg, Hamburg

Frommer B (2009) Handlungs- und Steuerungsfähigkeit von Städten und Regionen im Klimawandel. Der Beitrag strategischer Planung zur Erarbeitung und Umsetzung regionaler Anpassungsstrategien. Raumforschung und Raumordnung 67(2):128–141

Frommer B (2010) Regionale Anpassungsstrategien an den Klimawandel – Akteure und Prozess. Dissertation, TU Darmstadt, Darmstadt. WAR- Schriftenreihe

Frommer B, Schlipf S, Böhm HR, Janssen G, Sommerfeld P et al (2013) Die Rolle der räumlichen Planung bei der Anpassung an die Folgen des Klimawandels. In: Birkmann J (Hrsg) Raumentwicklung im Klimawandel, S 120–148

FU Berlin (2014) BMBF-Projekt „Alpine Naturgefahren im Klimawandel – Deutungsmuster und Handlungspraktiken vom 18. bis zum 21. Jahrhundert (ANIK)"

Fuchs S, Kuhlicke C, Meyer V (2011) Editorial for the special issue: vulnerability to natural hazards. The challenge of integration. Nat Hazards 58(2):609–619

Geels FW (2005) Processes and patterns in transitions and system innovations: refining the co-evolutionary multi-level perspective. Technol Forecast Soc Chang 72(6):681–696

Geels FW, Schot J (2007) Typology of sociotechnical transition pathways. Res Policy 36(3):399–417

Giddens A (2009) The politics of climate change. Polity, UK

Greiving S (2005) Der rechtliche Umgang mit Risiken aus Natur- und Technikgefahren – von der klassischen Gefahrenabwehr zum Risk Governance? Z Rechtsphilos 2:53–61

Greiving S (2008) Hochwasserrisikomanagement zwischen konditional und final programmierter Steuerung. In: Jarass HD (Hrsg) Wechselwirkungen zwischen Raumplanung und Wasserwirtschaft. Neue Vorschriften im Raumordnungsrecht und Wasserrecht Symposium des Zentralinstituts für Raumplanung an der Universität Münster und des Instituts für das Recht der Wasser-

und Entsorgungswirtschaft an der Universität Bonn, 30.5.2008. Lexxion. Der Jur. Verl., Berlin, S 124–145

Grothmann T (2014) Handlungsmotivierende Kommunikation von Klimawandelunsicherheiten?! Empfehlungen aus der psychologischen Forschung. In: Beese K, Fekkak M, Katz C, Körner C, Molitor H (Hrsg) Anpassung an regionale Klimafolgen kommunizieren. Konzepte, Herausforderungen und Perspektiven. Klimawandel in Regionen zukunftsfähig gestalten. KLIMZUG, Bd. 2. Oekom, München, S 49–64

Grothmann T (2020) Beteiligungsprozesse zur Klimaanpassung in Deutschland: Kritische Reflexion und Empfehlungen. Teilbericht. Climate Change 17. Umweltbundesamt, Dessau

Hagemeier-Klose M, Albers M, Richter M, Deppisch S (2013) Szenario-Planung als Instrument einer „klimawandelangepassten" Stadt- und Regionalplanung – Bausteine der zukünftigen Flächenentwicklung und Szenarienkonstruktion im Stadt-Umland-Raum Rostock. Raumforsch Raumordn 71(5):413–426

Hagemeier-Klose M, Beichler SA, Davidse BJ, Deppisch S (2014) Thedynamic knowledge loop: inter- and transdisciplinary cooperation and adaptation of climate change knowledge. Int J Disaster Risk Sci 5(1):21–32

Hartz A, Schaal-Lehr C, Langenbahn E, Fleischhauer M, Janssens G, Bartel S (2021) Rücknahme von Siedlungsbereichen als Anpassungsstrategie. Praxishilfe zur Anpassung von Siedlungsstrukturen an den Klima- und demografischen Wandel. (Hrsg). Umweltbundesamt, Dessau-Roßlau ###link###, in prep.

Heimann T (2019) (Klima-) Kulturen als relationale Räume begreifen. In: Nicole Burzan (Hrsg) Komplexe Dynamiken globaler und lokaler Entwicklungen. Verhandlungen des 39. Kongresses der Deutschen Gesellschaft für Soziologie in Göttingen 2018. Bd 39.10/2019

Heimann T, Christmann G (2013) Klimawandel in den deutschen Küstenstädten und -gemeinden. Befunde und Handlungsempfehlungen für Praktiker. ▶ https://digital.zlb.de/viewer/resolver?urn=urn:nbn:de:kobv:109-opus-243685. Zugegriffen: 27. Jan. 2014

Hermwille L (2016) Climate change a transformation challenge. a new climate policy paradigm? GAIA 25(1):19–22

Höferl K-M (2013) Macht Raumplanung vulnerabel und resilient?; Kommentare zur Anpassungsfähigkeit der Raumplanung Deutschlands an den Klimawandel. Innsbrucker Bericht 2011:135–151

Hohberg B (2014) Moderierte Onlinediskussion als Kommunikations- und Beteiligungsinstrument – Kontext Klimawandel und Klimaanpassung. In: Beese K, Fekkak M, Katz C, Körner C, Molitor H (Hrsg) Anpassung an regionale Klimafolgen kommunizieren. Konzepte, Herausforderungen und Perspektiven. Klimawandel in Regionen zukunftsfähig gestalten. KLIMZUG, Bd. 2. Oekom, München, S 321–334

Hutter G, Bohnefeld J (2013) Vielfalt und Methode – Über den Umgang mit spannungsreichen Anforderungen beim Formulieren eines Klimaanpassungsprogramms am Beispiel von REGKLAM. In: Knierim A, Baasch S, Gottschick M (Hrsg) Partizipation und Klimawandel – Ansprüche, Konzepte und Umsetzung. KLIMZUG, Bd 1. Oekom, München, S 151–172

IMAA (Interministerielle Arbeitsgruppe Anpassungsstrategie der Bundesregierung) (2019) Monitoringbericht 2019 zur Anpassungsstrategie an den Klimawandel. (Hrsg). Umweltbundesamt, Dessau, Bonn

IPCC (2014) Climate change 2014: impacts, adaptation, and vulnerability. In: Field CB, Barros VR, Dokken DJ, Mach KJ, Mastrandrea MD, Bilir TE, Chatterjee M, Ebi KL, Estrada YO, Genova RC, Girma B, Kissel ES, Levy AN, MacCracken S, Mastrandrea PR, White LL (Hrsg) Part A: global and sectoral aspects. Contribution of working group II to the fifth assessment report of the intergovernmental panel on climate change. Cambridge University Press, Cambridge

IPCC (2018) Global warming of 1.5 °C. An IPCC special report on the impacts of global warming of 1.5 °C above pre-industrial levels and related global greenhouse gas emission pathways, in the context of strengthening the global response to the threat of climate change, sustainable development, and efforts to eradicate poverty. In: Masson-Delmotte V, Zhai P, Pörtner H-O et al (Hrsg) Cambridge University Press, Cambridge

IPCC (2019a) Climate change and land: an IPCC special report on climate change, desertification, land degradation, sustainable land management, food security, and greenhouse gas fluxes in terrestrial ecosystems. In: Shukla PR, Skea J, Calvo Buendia E et al (Hrsg) Cambridge University Press, Cambridge

IPCC (2019b) IPCC special report on the ocean and cryosphere in a changing climate. In: Pörtner H-O, Roberts DC, Masson-Delmotte V et al (Hrsg) Cambridge University Press, Cambridge

IRS (2019) DFG-Projekt „Sozio-kulturelle Konstruktionen von Vulnerabilität und Resilienz, Deutsche und polnische Wahrnehmungen aquatischer Phänomene in Flussregionen der Oder" (CultCon). ▶ https://gepris.dfg.de/gepris/projekt/277230079/ergebnisse?context=projekt&task=showDetail&id=277230079&selectedSubTab=2&

Ison R (2010) System practice: how to act in a climate change world. Springer, Wiesbaden

Jordan A, Wurzel RKW, Zito AR (2007) New models of environmental governance. Are „new" environmental policy instruments (NEPIs) supplanting or supplementing traditional tools of government? In: Jacob K, Biermann F, Busch PO, Feindt PH (Hrsg) Politik und Umwelt. Verlag für Sozialwissenschaften, Wiesbaden, S 283–298

Kabisch S, Koch F, Gawel E, Haase A, Knapp S, Krellenberg K, Nivala J, Zensdorf A (2018) Urban transformations: sustainable urban development towards resource efficiency, quality of life and resilience. Springer, Wiesbaden

Kates RW, Travis WN, Wilbanks TJ (2012) Transformational adaptation when incremental adaptations to climate change are insufficient. PNAS 109(19):7156–7161

Knieling J (Hrsg) (2016) Climate adaptation governance in cities and regions. Theoretical fundamentals and empirical evidence, Wiley-Blackwell, London

Knieling J, Fröhlich J, Greiving S, Kannen A, Morgenstern N, Moss T, Ratter B, Wickel M (2011) Planerisch-organisatorische Anpassungspotenziale an den Klimawandel. In: Storch H von, Claussen M (Hrsg) Klimabericht für die Metropolregion Hamburg. Springer, Berlin, S 248–256

Knierim A, Gottschick M, Baasch S (2013) Partizipation und Klimawandel – Zur Einleitung. In: Knierim A, Baasch S, Gottschick M (Hrsg) Partizipation und Klimawandel – Ansprüche, Konzepte und Umsetzung. KLIMZUG, Bd. 1. Oekom, München, S 9–18

Kruse S, Wesely J (2013) Adaptives Naturgefahrenmanagement. Passende Maßnahmen für angepasste Organisationen in Zeiten des Klimawandels. Workshopbericht. ▶ https://www.wsl.ch/fileadmin/user_upload/WSL/Projekte/anik/ANiK_Workshopbericht_Adaptives_Naturgefahrenmanagement_2013_final.pdf. Zugegriffen: 27. Jan. 2014

Lessenich S (2020) Allein solidarisch? Über das Neosoziale an der Pandemie. In: Volkmer M, Werner K (Hrsg) Die Corona-Gesellschaft. Analysen zur Lage und Perspektiven für die Zukunft. Bielefeld: transcript, S 177–183

Lonsdale K, Pringle P, Turner B (2015) Transformative adaptation: what it is, why it matters & what is needed. UK Climate Impacts Programme, Oxford

Marshall NA, Park SE, Adger WN, Brown K, Howden SM (2012) Transformational capacity and the influence of place and identity. Environ Res Lett 7(3):034022

Martinez G, Orbach M, Frick F, Donargo A, Ducklow K, Morison N (2014a) The cultural context of climate change adaptation. Cases from the U.S. East Coast and the German Baltic Sea coast. In: Martinez G, Fröhle P, Meier H-J (Hrsg) Social dimensions of climate change adaptation in coastal regions. KLIM-ZUG, Bd 5. Oekom, München, S 85–100

Martinez G, Frick F, Gee K (2014b) Zwei Küstengemeinden im Klimawandel – Zum sozioökonomischen und kulturellen Hintergrund von Küstenschutz für Planung, Umsetzung und Transfer von Anpassungsmaßnahmen. In: Beese K, Fekkak M, Katz C, Körner C, Molitor H (Hrsg) Anpassung an regionale Klimafolgen kommunizieren. Konzepte, Herausforderungen und Perspektiven. Klimawandel in Regionen zukunftsfähig gestalten. KLIMZUG, Bd. 2. Oekom, München, S 293–306

Miyaguchi T, Uitto J I (2017) What do evaluations tell us about climate change adaptation? Meta-analysis with a realist approach. In: Uitto J, Puri J, van den Berg R (Hrsg) Evaluating climate change action for sustainable development. Springer, Cham. ► https://doi.org/10.1007/978-3-319-43702-6_13

Müller B (2004) Neue Planungsformen im Prozess einer nachhaltigen Raumentwicklung unter veränderten Rahmenbedingungen – Plädoyer für eine anreizorientierte Mehrebenensteuerung. In: Müller B, Löb S, Zimmermann K (Hrsg) Steuerung und Planung im Wandel. Festschrift für Dietrich Fürst. Verlag für Sozialwissenschaften, Wiesbaden, S 161–176

Nassehi A (2020) Das große Nein. Eigendynamik und Tragik des gesellschaftlichen Protests. Hamburg, kursbuch.edition

Oels A, Sämann S, Hoffmann E (2020) Deutsche Klimaanpassungspolitik nach Corona. Lessons learned. Polit Ökol 38:82–87

Papa R, Galderisi A, Vigo Mjello MC, Saretta E (2015) Smart and resilient cities. A systemic approach for developing cross-sectoral strategies in the face of climate change. TeMA J Land Use Mob Environ Doss Cities Energy Clim Chang 1:19–50

Park SE, Marshall NA, Jakku E, Dowd AM, Howden SM, Mendham E, Fleming A (2012) Informing adaptation responses to climate change through theories of transformation. Glob Environ Chang 22:115–126

Pelling M (2011) Adaptation to climate change. From resilience to transformation. Routledge, London

Raven R, Sengers F, Spaeth P, Xie L, Cheshmehzangi A, de Jong M (2019) Urban experimentation and institutional arrangements. Eur Plan Stud 27:258–281

Reckwitz A (2020) Risikopolitik. In: Volkmer M, Werner K (Hrsg) Die Corona-Gesellschaft. Analysen zur Lage und Perspektiven für die Zukunft. transcript, Bielefeld, S 240–251

Renn O (2008) Risk governance. Coping with uncertainty in a complex world. Earthscan, London

Reusswig F (2017) Das Transformationspotenzial des anthropogenen Klimawandels. In: Brand K-W (Hrsg) Die sozial-ökologische Transformation der Welt. Frankfurt a. M., New York, S 155–187

Rosa H (2016) Resonanz. Eine Soziologie der Weltbeziehung. Suhrkamp, Berlin

Rupp J, Pissarskoi E, Hirschl B, Vogelpohl T (2014) Deutschland im Klimawandel: Anpassungskapazität und Wege in eine klimarobuste Gesellschaft 2050. Endbericht, Institut für ökologische Wirtschaftsforschung (Hrsg), Berlin

Schimank U (2016) Ökologische Integration der Moderne – eine integrative gesellschaftstheoretische Perspektive. In: Besio C, Romano G (Hrsg) Zum gesellschaftlichen Umgang mit dem Klimawandel. Kooperationen und Kollisionen. Nomos, Baden-Baden, S 59–84

Schipper L (2007) Climate change adaptation and development: exploring the linkages. Working Paper 107. Tyndall Cent Clim Chang Res 107:1–17

Schirmer M (2018) Küstenschutz bis und nach 2100 in Deutschland und den Niederlanden. In: Lozan JL, Breckle S-W, Graßl H, Kasang D, Weisse R (Hrsg) Warnsignal Klima: Extremereignisse. Hamburg, S 362–369

Schlipf S (2021) Die Klimafolgenbetrachtung in der Umweltprüfung – Analyse der praktischen Anwendung, Hamburg

Schot J, Kanger L (2018) Deep transitions: emergence, acceleration, stabilization and directionality. Res Policy 47(6):1045–1059

Schuppert GF (2008) Governance – auf der Suche nach Konturen eines „anerkannt uneindeutigen Begriffs". In: Schuppert GF, Zürn M (Hrsg). Governance in einer sich wandelnden Welt. Politische Vierteljahresschrift Sonderheft, Bd 41, S 13–40

Soltwedel R (2005) Marktwirtschaftliche Instrumente. In: Akademie für Raumforschung und Landesplanung (Hrsg) Handwörterbuch der Raumordnung. ARL, Hannover, S 625–631

Stichweh R (2020) Simplifikation des Sozialen. In: Volkmer M, Werner K (Hrsg) Die Corona-Gesellschaft. Analysen zur Lage und Perspektiven für die Zukunft. transcript, Bielefeld, S 197–206

Swilling M (2020) The age of sustainability. Just transitions in a complex world. Routledge, London

Termeer CJAM, Dewulf A, Biesbroek GR (2017) Transformational change: governance interventions for climate change adaptation from a continuous change perspective. J Environ Plan Manag 60(4):558–576

TU Dortmund (2021) BMBF-Projekt "ZUKUR: Zukunft Stadtregion Ruhr". ► https://rop.raumplanung.tu-dortmund.de/forschung/projekte/abgeschlossene-projekte/zukur/

UBA (2013) Handbuch zur Guten Praxis der Anpassung an den Klimawandel. Umweltbundesamt, Dessau-Roßlau. ► http://www.umweltbundesamt.de/publikationen/handbuch-zur-guten-praxis-der-anpassung-an-den. Zugegriffen: 20. Apr. 2014

UBA (2018) Transformative Umweltpolitik. Nachhaltige Entwicklung konsequent fördern und gestalten. ► https://www.umweltbundesamt.de/sites/default/files/medien/376/publikationen/transformative_umweltpolitik_nachhaltige_entwicklung_konsequent_foerdern_und_gestalten_bf.pdf. Zugegriffen: 30. Sept. 2020

van Nieuwall K, Driessen P, Spit T, Termeer C (2009) A state of the art of governance literature on adaptation to climate change: towards a research agenda, knowledge for climate, KfC Report no. 003/2009

Vogel C, Moser SC, Kasperson RE, Dabelko GD (2007) Linking vulnerability, adaptation, and resilience science to practice: pathways, players, and partnerships. Glob Environ Chang 17:349–364

Vollmer M, Birkmann J (2012) Indikatoren und Monitoring zur Vulnerabilität und Anpassung an den Klimawandel. In: Birkmann J, Schanze J, Müller P, Stock (Hrsg) Anpassung an den Klimawandel durch räumliche Planung – Grundlagen, Strategien, Instrumente. Akademie für Raumforschung und Landesplanung (ARL), Hannover (► http://nbn-resolving.de/urn:nbn:de:0156-73192: 66–87. Zugegriffen: 25. Jan. 2014)

Walk H (2008) Partizipative Governance. Beteiligungsformen und Beteiligungsrechte im Mehrebenensystem der Klimapolitik. VS Verlag für Sozialwiss, Wiesbaden

Walk H (2013) Herausforderungen für eine integrative Perspektive in der sozialwissenschaftlichen Klimafolgenforschung. In: Knierim A, Baasch S, Gottschick M (Hrsg) Partizipation und Klimawandel – Ansprüche, Konzepte und Umsetzung. KLIMZUG, Bd 1. Oekom, München, S 21–35

WBGU (2011) Welt im Wandel – Gesellschaftsvertrag für eine große Transformation. Eigenverlag, Berlin

WBGU (Wissenschaftlicher Beirat der Bundesregierung Globale Umweltveränderungen) (2016) Der Umzug der Menschheit: Die transformative Kraft der Städte. Berlin

WBGU (2019) Unsere gemeinsame digitale Zukunft. Hauptgutachten, Berlin

Zimmermann T, Fröhlich J, Knieling J, Kunert L (2013) Szenario-Workshops als partizipatives Instrument zur Anpassung an den Klimawandel. In: Knierim A, Baasch S, Gottschick M (Hrsg) Partizipation und Klimawandel, Ansprüche, Konzepte und Umsetzung. KLIMZUG, Bd 1. Oekom, München, S 237–258

Zürn M (2008) Governance in einer sich wandelnden Welt – eine Zwischenbilanz. In: Schuppert GF, Zürn M (Hrsg) Governance in einer sich wandelnden Welt, 1. Aufl. Politische Vierteljahresschrift: PVS, Sonderheft, Bd 41. Verlag für Sozialwissenschaften, Wiesbaden, S 553–580

39

Serviceteil

Glossar – 520

Klimasimulationen – 527

Glossar

Dr. Jörg Cortekar, PD Dr. Steffen Bender, Dr. Laurens Bouwer, Dr. Paul Bowyer, Dr. Juliane El Zohbi, Dr. Markus Groth, Dr. Andreas Hänsler, Dr. Elke Keup-Thiel, Dr. Diana Rechid, Dr. Torsten Weber, alle Helmholtz-Zentrum Hereon, *Climate Service Center Germany,* Hamburg [Textzusammenstellung]
Susanne Schuck-Zöller [Koordinatorin]
Dr. Jörg Cortekar [Koordinator Erstauflage]
Prof. Dr. Daniela Jacob , Dr. Diana Rechid [*reviewers*]

Begriffe

Abflussregime	▶ Regime
Advektion, advektive Wetterlage	Horizontaler Herantransport einer Luftmasse, was zur lokalen zeitlichen Änderung einer meteorologischen Größe, wie z. B. der Temperatur und/oder der Feuchtigkeit, führen kann
Anpassung (an die Folgen des Klimawandels)	Initiativen und Maßnahmen, um die Empfindlichkeit natürlicher und menschlicher Systeme und Individuen gegenüber tatsächlichen oder erwarteten Auswirkungen der Klimaänderung zu verringern. Dies dient der Abmilderung zu erwartender Schäden, der Wahrnehmung von Chancen oder beidem
***Bias*-Anpassung/-korrektur**	Eine *Bias*-Korrektur ist eine empirisch-statistische Methode, die eine oder mehrere Variablen einer Klimasimulation systematisch so verändert, dass sie der Statistik eines Beobachtungsdatensatzes angepasst wird. Streng genommen handelt es sich also um eine Biasanpassung
C_3-Pflanzen	Pflanzen, bei denen das Kohlendioxid in einer Verbindung mit drei Kohlenstoffatomen fixiert wird (C_3). Bei heißem und trockenem Wetter schließen sich die Spaltöffnungen an der Unterseite der Blätter, was zu einer verringerten Aufnahme von Kohlendioxid und damit zu einer im Vergleich zu anderen Pflanzen geringeren Fotosyntheseleistung führt. Bei höheren CO_2-Konzentrationen können C_3-Pflanzen größere Mengen CO_2 pro Zeit durch ihre Spaltöffnungen schleusen, ihren Bedarf für die Fotosynthese schneller befriedigen und diese sogar weiter steigern
C_4-Pflanzen	Pflanzen, bei denen das Kohlendioxid in einer Verbindung mit vier Kohlenstoffatomen fixiert wird (= C_4). Aufnahme und Fixierung von Kohlenstoffdioxid erfolgen räumlich voneinander getrennt. Durch die effektive Kohlendioxidfixierung ist auch bei geschlossenen Spaltöffnungen der Blätter (z. B. bei großer Trockenheit) genug Kohlendioxid vorhanden, um Fotosynthese zu betreiben. Dadurch weisen C_4-Pflanzen bei hohen Temperaturen und Trockenheit höhere Fotosyntheseraten auf als C_3-Pflanzen. C_4-Pflanzen können kaum auf höhere CO_2-Gehalte der Atmosphäre mit einer Steigerung der Fotosynthese reagieren
Climate engineering	Technologische Eingriffe in die natürlichen Stoff-, Wasser- und Energiekreisläufe der Erde mit dem Ziel, Klimaänderungen zu vermindern
C-Sequestrierung	Nettotransfer von CO_2 aus der Atmosphäre in einen langfristigen Kohlenstoffspeicher mittels biotischer Prozesse, z. B. durch Aufforstung (sog. Kohlenstoffsenken), abiotischer oder technischer Prozesse (wie im Fall des *carbon capture and storage*) geschehen
***Downscaling*/Regionalisierung**	Methode zur Ableitung von lokalen oder regionalen Informationen aus großskaligen Modellen oder Daten. Zwei Hauptansätze werden unterschieden: a) Das dynamische *Downscaling* verwendet regionale Klimamodelle; b) das statistische (oder empirische) *Downscaling* verwendet statistische Beziehungen, die großskalige atmosphärische Variablen mit lokalen/regionalen Klimavariablen verknüpfen, c) die statistisch-dynamische Regionalisierung verknüpft beide Ansätze
Dynamische Modelle	Ein dynamisches Modell beschreibt zeitabhängige Prozesse. Es geht insbesondere um die Beschreibung der Veränderung von Systemkomponenten und ihren Beziehungen untereinander im Zeitablauf
Emissionsminderung	▶ Mitigation
Emissionsszenario/-pfad	Bei Emissionsszenarien handelt es sich um plausible Annahmen über die zukünftige Entwicklung der Treibhausgasemissionen unter Zugrundelegung sozioökonomischer Einflussfaktoren

Emissionsvermeidung	▶ Mitigation
Ensemble	In der Klimaforschung und verwandten Wissenschaften bezeichnet ein Ensemble eine Gruppe von ▶ Simulationen, die sich durch ein bestimmtes Merkmal unterscheiden und deren Ergebnisse eine Bandbreite möglicher Entwicklungen wiedergeben. Ensembles werden verwendet, um den Einfluss der Ausgangsbedingungen zu untersuchen. In der Klimamodellierung werden darüber hinaus Simulationen verschiedener Klimamodelle betrachtet, um Unsicherheiten der Modellierung durch unterschiedliche Parametrisierungen einzubinden
Erdsystemmodell	Mit Erdsystemmodellen werden die Wechselwirkungen wichtiger geophysikalischer und geochemischer Prozesse im Klimasystem unter Einbindung von Atmosphäre, Biosphäre, Hydrosphäre (alle Gewässer inklusive Ozeane und sonstige Wasserspeicher), Kryosphäre (Eis und Schnee), Reliefsphäre (alle Austauschprozesse an der Erdoberfläche) und Anthroposphäre (die durch den Menschen bestimmten Aktivitäten und Veränderungen) mit ihren Treibhausgasemissionen modelliert
Exposition	Gibt an, wie stark das Mensch-Umwelt-System oder einzelne Individuen bestimmten Klimaparametern wie Niederschlag und Temperatur ausgesetzt ist. Sie ist also ein Maß für die regionale Ausprägung globaler Klimaänderungen etwa hinsichtlich Stärke, Geschwindigkeit und Zeitpunkt
Extrem heißer Tag	Die Tageshöchsttemperatur überschreitet 40 °C
Extremwertstatistik/extremwertstatistisch	Darunter ist die statistische Analyse von Klimadaten möglichst langer klimatischer Zeitreihen mit Fokus auf Extremwerten zu verstehen. Mit geeigneten statistischen Methoden wird versucht, aus repräsentativen Stichproben von Extremwerten auf die Gesetzmäßigkeiten der Grundgesamtheit zu schließen. Dieses Verfahren wird oft für die Analyse von nichtstationären Klimaprozessen eingesetzt
Feuerregime	▶ Regime
Flurabstand	Höhenunterschied zwischen der Geländeoberkante (Erdoberfläche) und der Grundwasseroberfläche
Gefäßpflanzen	Pflanzen, die spezialisierte Leitbündel besitzen, in denen sie im Pflanzeninnern Wasser und Nährstoffe transportieren
Gezeitenregime	▶ Regime
Governance	häufig unscharf verwendeter Begriff, der allgemein das System der Steuerung, Regelung und Handlungskoordination einer politisch-gesellschaftlichen Einheit bezeichnet, wobei der Kommunikation eine besondere Bedeutung zukommt
Heißer Tag	Die Tageshöchsttemperatur überschreitet 30 °C
Impact Assessments	Dies sind Folgenabschätzungen, um z. B. die Auswirkungen des Klimawandels auf natürliche, soziale oder wirtschaftliche Systeme zu ermitteln
Impaktmodelle/Wirkmodelle	Sie werden benutzt, um die Auswirkungen (= Impakts) des Klimawandels auf natürliche, technische oder andere Systeme (z. B. das Wirtschaftssystem oder den Menschen) zu quantifizieren
Input-output-**Analysen**	Volkswirtschaften zeichnen sich durch vielfältige Vorleistungsverflechtungen aus, die in der volkswirtschaftlichen Gesamtrechnung mittels Input-Output-Tabellen erfasst werden. Hierauf basierende *Input-output*-**Analysen** versuchen, die Effekte von Änderungen oder Unterbrechungen dieser Verflechtungen zu untersuchen. Zu den möglichen Änderungen zählen auch Konsequenzen des Klimawandels, insbesondere in Form von Extremereignissen
Intergovernmental Panel on Climate Change	▶ Weltklimarat
Interne (Klima-)Variabilität	Variationen im Klima durch natürliche interne Prozesse innerhalb des Klimasystems. Das Klima der Erde ist nicht statisch, sondern variiert auf Zeitskalen von Jahrzehnten bis Jahrtausenden als Reaktion auf die Interaktionen zwischen den Komponenten des Klimasystems
IPCC	▶ Weltklimarat
Klimafolgenstudien	▶ *Impact Assessments*
Klimamodell/-modellierung	Numerische Modelle unterschiedlicher Komplexität zur Darstellung des Klimasystems, welche die physikalischen, chemischen und biologischen Eigenschaften der Bestandteile des Klimasystems (oder eine Kombination von Bestandteilen) sowie deren Wechselwirkungen und Rückkopplungsprozesse berücksichtigen. Neben globalen Klimamodellen (GCMs) werden regionale Klimamodelle (RCMs) für die Simulation von regionalen Ausschnitten des globalen Klimasystems verwendet. ▶ *Downscaling*

Klimaprognose	Resultat eines Versuchs, eine Schätzung der effektiven Entwicklung des Klimas in der Zukunft vorzunehmen, z. B. auf saisonaler, jahresübergreifender oder dekadischer Zeitskala. Weil die zukünftige Entwicklung des Klimasystems stark von den Ausgangsbedingungen abhängen kann, bestehen solche Prognosen in der Regel aus statistischen Angaben
Klimaprojektion	Klimaprojektionen sind Abbildungen möglicher Klimaentwicklungen für die nächsten Jahrzehnte und Jahrhunderte auf der Grundlage von Annahmen zur zukünftigen Entwicklung von Randbedingungen des Klimasystems, z. B. anthropogener Emissionen
Klimarahmenkonvention	Das internationale multilaterale Klimaschutzabkommen der Vereinten Nationen: Ziel ist es, eine vom Menschen verursachte Störung des Klimasystems zu verhindern. Das *United Nations Framework Convention on Climate Change* (UNFCCC) wurde 1992 im Rahmen der Konferenz der Vereinten Nationen für Umwelt und Entwicklung (UNCED) in Rio de Janeiro ins Leben gerufen und trat zwei Jahre später in Kraft
Klimasensitivität	Die Klimasensitivität bezieht sich auf die Änderung der jährlichen globalen mittleren Oberflächentemperatur als Reaktion auf eine Änderung der atmosphärischen Kohlendioxidkonzentration oder eines anderen strahlungswirksamen Faktors
Konfidenzintervall	Das Konfidenzintervall, auch Vertrauensintervall oder -bereich genannt, wird in der Statistik verwendet, um einen Wertebereich anzugeben, in dem
Konvektion/konvektive Wetterlage	Konvektion ist eine Form der Wärmeübertragung, bei der Wärme durch strömende Flüssigkeiten oder Gase übertragen wird. Die natürliche Konvektion wird als der Wärmetransport bezeichnet, der ausschließlich durch Auswirkungen eines Temperaturunterschieds bewirkt wird. Bei der erzwungenen Konvektion wird der Transport durch äußere Einwirkung wie das Aufsteigen der Luft an einem Gebirge hervorgerufen
Kosten-Nutzen-Analyse	Monetäre Bewertung aller negativen und positiven Auswirkungen, die mit einer bestimmten Maßnahme verbunden sind. Die Analyse ermöglicht den Vergleich von in Geldeinheiten bewerteten, zu erwartenden Nutzen, z. B. durch vermiedene Schäden, und Kosten eines Projektes, beispielsweise einer Anpassungsmaßnahme. Der Vergleich zwischen angenommenem Nutzen und anfallenden Kosten ergibt die Nutzen-Kosten-Rate. Demnach ist ein Projekt als ökonomisch sinnvoll einzustufen, wenn die Nutzen-Kosten-Rate Werte größer als Eins annimmt
***Low-regret*-Maßnahmen/-Strategien**	Dies sind relativ kostengünstige Strategien, die große Vorteile bringen, wenn die zukünftig projizierten Klimaverhältnisse eintreten. Sie werden auch *Limited-regret*-Maßnahmen genannt. Sollten sich die Klimaverhältnisse nicht im erwarteten Ausmaß verändern und die durch die Maßnahmen zu vermindernden Schäden damit geringer ausfallen als erwartet, entstünden trotzdem nur relativ geringe Netto-Kosten
Median	Der Median ist der Wert der Zahl, die in einer der Größe nach sortierten Zahlenreihe "in der Mitte" steht
Minderung (von Emissionen)	▶ Mitigation
Mitigation	Der Versuch, das globale Klima zu „schützen", oder einfach ausgedrückt, die vom Menschen verursachte Erwärmung einzudämmen. Dies umfasst alle Strategien und Maßnahmen, die zur **Minderung** oder **Vermeidung** von Treibhausgasemissionen beitragen. Dies kann durch den Einsatz neuer Technologien, den Wechsel zu regenerativer Energie (v. a. Windenergie, Photovoltaik, Wasserkraft, Biomassenutzung, Geothermie), die Steigerung der Energieeffizienz, z. B. durch eine verbesserte Wärmedämmung von Gebäuden, Veränderungen von Managementpraktiken oder durch ein geändertes Konsumverhalten erfolgen. Die Maßnahmen können so einfach wie die Verbesserung eines Haushaltsgeräts sein oder so komplex wie die Planung einer Stadt
Mittel(wert), gleitendes Mittel	Das arithmetische Mittel gibt den Durchschnitt aller vorliegenden Zahlenwerte eines Datensatzes an. Im Gegensatz dazu wird der gleitende Mittelwert nicht über die Gesamtheit der vorliegenden Daten gebildet, sondern über eine Teilmenge. Das gleitende Mittel wird mehrmals durch – in unseren Fällen – zeitliche „Vorwärtsverschiebung" berechnet, wobei das erste Jahr der Reihe ausgeschlossen und das nächste Jahr als neuer Wert in die Teilmenge aufgenommen wird
Mortalität	Die Mortalität bezeichnet die Anzahl der Sterbefälle bezogen auf die Gesamtanzahl der Lebewesen oder, bei der spezifischen Mortalität, bezogen auf die Anzahl der betreffenden Population, meist in einem bestimmten Zeitraum

Niederschlagsregime	▶ Regime
Nordatlantische Oszillation (NAO)	Schwankungen des Luftdruckgegensatzes zwischen dem Azorenhoch im Süden und dem Islandtief im Norden des Nordatlantiks. Die NAO beeinflusst entscheidend Wetter- und Klimaschwankungen über dem östlichen Nordamerika, dem Nordatlantik und Europa
***No-regret*-Maßnahmen/-optionen**	Anpassungsmaßnahmen, die unabhängig vom Klimawandel ökonomisch, ökologisch und sozial sinnvoll sind. Sie werden vorsorglich ergriffen, um negative Auswirkungen zu vermeiden oder zu mindern. Ihr gesellschaftlicher Nutzen ist auch dann noch gegeben, wenn der primäre Grund für die ergriffene Strategie nicht im erwarteten Ausmaß zum Tragen kommt
Numerisches allgemeines Gleichgewichtsmodell	Mikrofundierte Simulation einer Volkswirtschaft, bei der die verschiedenen Konsum-, Produktions- und Investitionsentscheidungen der Wirtschaftssubjekte in einem Gleichgewichtszustand untersucht werden
Nutzen-Kosten-Rate	▶ Kosten-Nutzen-Analyse
Parametrisierung	Beschreibt in Klimamodellen Techniken zur Wiedergabe von Prozessen, die nicht direkt zeitlich oder räumlich von dem Modell aufgelöst werden können (z. B. Turbulenzen, Wolkenbildung, Bodenbeschaffenheit). Dabei werden Beziehungen zwischen den von der Modellauflösung erfassten Variablen und von Prozessen unterhalb der Modellauflösung hergestellt
Perzentil	Perzentile dienen dazu, die Verteilung einer großen Anzahl von Datenpunkten zu untersuchen. Dabei wird die Verteilung in 100 umfangsgleiche Teile zerlegt. Perzentile teilen die Verteilung also in 1-Prozent-Segmente auf. Der Wert des i. Perzentils ist dabei so definiert, dass i % der Daten kleiner sind als der Wert dieses Perzentils
Phänologie/phänologisch	Die Lehre vom Einfluss des Wetters, der Witterung und des Klimas auf den jahreszeitlichen Entwicklungsgang und die Wachstumsphasen der Pflanzen und Tiere und dabei ein Grenzbereich zwischen Biologie und Klimatologie. Die Veränderungen phänologischer Zyklen auf klimatischer Zeitskala sind ein sichtbarer Indikator für Klimaänderungen
Prognose/Vorhersage	Die Begriffe werden in unterschiedlichen Fachbereichen unterschiedlich definiert. Allgemein handelt es sich um die wissenschaftlich begründete Voraussage der künftigen Entwicklung, künftiger Zustände oder des voraussichtlichen Verlaufs eines Systems, z. B. des Klimas, des Wetters oder des Abflussverhaltens eines Flusses. Die Anfangsbedingungen können auf probabilistischen Annahmen oder realen Werten beruhen. Prognosen und Vorhersagen werden mit Computermodellen erstellt und verknüpfen die künftigen Zustände mit den vergangenen
Projektion/projizieren	Projektionen sind Abbildungen möglicher Entwicklungen für die nächsten Jahrzehnte und Jahrhunderte auf der Grundlage von Annahmen zur zukünftigen Entwicklung von Randbedingungen des betrachteten Systems
Proxy	Ein *Proxy* ist ein indirekter Anzeiger. Mit Proxy-Klimaindikatoren können klimabezogene Veränderungen in der Vergangenheit z. B. anhand von Pollenanalysen oder Eisbohrkernen gezeigt werden. Klimabezogene Daten, die mit dieser Methode hergeleitet wurden, werden als Proxydaten bezeichnet
Quantil	Ein Quantil ist ein Lagemaß in der Statistik. Das 25-Prozent-Quantil ist beispielsweise der Wert, für den gilt, dass 25 % aller Werte kleiner sind als dieser Wert, der Rest ist größer
Reanalyse/reanalysieren	Rekonstruktion des Zustands eines Systems (z. B. der Atmosphäre) für einen Zeitraum in der Vergangenheit. Zur Erstellung einer Reanalyse werden sowohl Beobachtungsdaten als auch (numerische) Modelle verwendet. Reanalysen werden in der Praxis häufig zur Evaluierung der Simulationsgüte von Klimamodellen in Regionen bzw. für Parameter ohne direkte Beobachtungsdaten verwendet
***Rebound*-Effekt**	Mengenmäßiger Unterschied zwischen den möglichen Ressourceneinsparungen, die durch bestimmte Effizienzsteigerungen entstehen, und den tatsächlichen Einsparungen. Diese Einsparungen entsprechen häufig nicht der Verminderung, die durch die Effizienzsteigerung theoretisch zu erreichen wäre, da die potenzielle Ressourceneinsparung häufig mit einem Mehrverbrauch teilweise wieder aufgezehrt wird
Regime	Ein Regime beschreibt allgemein ein bestimmtes Muster oder eine bestimmte Struktur eines betrachteten Gegenstands oder Sachverhalts, so z. B. Abflussregime, Niederschlagsregime oder Verhandlungsregime

Regionalisierung	▶ *Downscaling*
Repräsentative Konzentrationspfade RCPs	*Representative concentration pathways* geben verschiedene Entwicklungspfade der Treibhausgaskonzentrationen und zugehöriger Emissionen wieder. Sie werden durch den Strahlungsantrieb zum Ende des 21. Jahrhunderts identifiziert. Diese physikalischen Schwellenwerte können durch verschiedene sozioökonomische Entwicklungen erreicht werden, die z. B. auch klimapolitische Maßnahmen berücksichtigen

So beinhaltet der Konzentrationspfad des **RCP2.6** sehr ambitionierte Maßnahmen zur Reduktion von Treibhausgasemissionen. Er führt zum Strahlungsantrieb von etwa 3 Wattpro m^2 um 2040 und geht dann zum Ende des 21. Jahrhunderts auf einen Wert von 2,6 W pro m^2 zurück. RCP2.6 repräsentiert damit den im Vergleich zu allen RCPs und SRES-Szenarien geringsten Strahlungsantrieb

Der Konzentrationspfad des **RCP4.5** führt zu einem Strahlungsantrieb von etwa 4,5 W pro m^2 zum Ende des 21. Jahrhunderts

RCP6.0 führt zu einem Strahlungsantrieb von 6 W pro m^2 zum Ende des 21. Jahrhunderts. Die Emissionen erreichen ihren Höhepunkt um 2080 und fallen dann bis zum Ende des Jahrhunderts

Mit **RCP8.5** dagegen wird ein kontinuierlicher Anstieg der Treibhausgasemissionen beschrieben und zum Ende des 21. Jahrhunderts ein Strahlungsantrieb von 8,5 W pro m^2 erreicht

Resilienz, resilient	Leistungsfähigkeit eines Systems, äußere Einflüsse zu absorbieren und sich in Phasen der Veränderung so neu zu organisieren, dass wesentliche Strukturen und Funktionen erhalten bleiben
Sehr heißer Tag	Die Tageshöchsttemperatur überschreitet 35 °C
Sensitivität	Sensitivität bezeichnet im Allgemeinen die Empfindlichkeit eines Systems, Organismus oder einer Methode, auf einen bestimmten Impuls (z. B. eine bestimmte Klimaänderung) zu reagieren
Signifikanz	Unterschiede zwischen zwei oder mehr Datenmengen in der Statistik, wenn die Wahrscheinlichkeit (p-Wert), dass die Unterschiede durch Zufall zustande kommen würden, eine zuvor festgelegte Schwelle (Signifikanzniveau) nicht überschreitet. Wenn der p-Wert kleiner ist als das gewählte Signifikanzniveau, handelt es sich um ein statistisch signifikantes Ereignis
Simulation/simulieren	Vorgehensweise zur Analyse von Systemen, die aufgrund ihrer Komplexität nicht theoretisch oder formelmäßig behandelt werden können. Deshalb werden durch Computermodelle Systemzustände nachgebildet (simuliert). Dies kann rückblickend für vergangene Zustände oder vorausschauend für künftige Systemzustände (siehe auch Projektion) geschehen
Shared Socioeconomic Pathways (SSPs)	SSPs beschreiben in verschiedenen Entwicklungspfaden mögliche zukünftige Veränderungen der globalen Gesellschaft. In Kombination mit verschiedenen Emissionsminderungszielen bilden sie ab, wie sich gesellschaftliche Entscheidungen auf die Treibhausgasemissionen auswirken
Sommertag	Die Tageshöchsttemperatur überschreitet 25 °C
SRES-Szenarien	Die im IPCC *Special Report on Emissions Scenarios* publizierten Emissionsszenarien wurden seit 2000 vielfach als Basis für Klimaprojektionen verwendet. Sie stellen verschiedene plausible Entwicklungen der Emissionen von Treibhausgasen und Aerosolen in die Atmosphäre dar. Sie basieren jeweils auf in sich konsistenten Annahmen zur globalen demografischen, sozioökonomischen und technologischen Entwicklung und deren Schlüsselbeziehungen

Das **A1B-Szenario** geht von starkem Wirtschaftswachstum, rascher Entwicklung neuer Technologien sowie einem ausgewogenen Energiemix aus

Weiteren Szenarien liegen andere Zukunftsentwicklungen zugrunde

Szenario	Beschreibung, wie die Zukunft sich gestalten könnte, basierend auf einer kohärenten und in sich konsistenten Reihe von Annahmen über die treibenden Kräfte und wichtigsten Zusammenhänge
Tropennacht	Die Minimumtemperatur des Tages bleibt bei über 20 °C
Vegetationsmodell	Mit Vegetationsmodellen werden Prozesse in der Landvegetation abgebildet. Boden-Vegetations-Atmosphären-Transfermodelle bilden die vertikalen Austauschprozesse zwischen Boden, Vegetation und Atmosphäre ab. Als dynamische Vegetationsmodelle werden oft die Modelle bezeichnet, die Prozesse auf Zeitskalen von Jahrzehnten bis zu Jahrtausenden abbilden. Vegetationsmodelle können für sich stehen und mit meteorologischen Daten angetrieben werden, sie können aber auch in Erdsystemmodell integriert werden

Vermeidung (von Emissionen)	▶ Mitigation
Verwundbarkeit Vulnerabilität/Verletzlichkeit	Verwundbarkeit wird je nach wissenschaftlichem Kontext unterschiedlich definiert. Der IPCC (2018) beschreibt mit Verwundbarkeit die Neigung oder Veranlagung, negativ beeinflusst zu werden. Verwundbarkeit umfasst eine Vielzahl von Konzepten und Elementen, darunter Empfindlichkeit oder Anfälligkeit für Schäden und mangelnde Fähigkeit zur Bewältigung und Anpassung
Vorhersage	▶ Prognose
Weltklimarat/IPCC	Die Abkürzung IPCC steht für *Intergovernmental Panel on Climate Change* (Zwischenstaatlicher Ausschuss für Klimaänderungen). In deutschsprachigen Medien wird der IPCC zumeist als Weltklimarat bezeichnet
Wiederkehr	Die Begriffe werden benutzt, um die Wiederkehrwahrscheinlichkeit von Extremereignissen (z. B. Hochwasser) anzugeben. Ihre Ermittlung erfolgt auf Basis statistischer Auswertungen (Bezugsgröße: Wiederkehrwert) von Beobachtungsreihen und historischen Ereignissen. Es wird immer Bezug auf einen Zeitraum genommen, etwa Jahre, Stunden, Tage oder Monate (Wiederkehrperiode oder -intervall)
Winderosion	Die Erosion ist ein grundlegender Prozess im exogenen Teil des Gesteinskreislaufs. Er beinhaltet die Abtragung von mehr oder weniger stark verwitterten Gesteinen oder Lockersedimenten einschließlich der Böden. Wind wirkt vor allem dann erosiv, wenn er viel Material (Staub, Sand) mit sich führt, das dann ähnlich einem Sandstrahlgebläse am anstehenden Gestein des Untergrunds nagt
Wirkmodelle	▶ Impaktmodelle
Zirkulationsmodell	Atmosphäre und Ozean sind die wichtigsten Komponenten des Klimasystems. Klimamodelle, welche die klimarelevanten Prozesse in Atmosphäre und Ozean abbilden, werden „globale" oder „allgemeine Zirkulationsmodelle", abgekürzt GCMs *(general circulation models),* genannt
Zwei-Grad-Welt	Die Vorstellung einer Welt, in der die Klimaerwärmung nicht mehr als 2 °C betragen hat ▶ Zwei-Grad-Ziel
Zwei-Grad-Ziel	Ziel der internationalen Klimapolitik, die globale Erwärmung auf weniger als 2 °C gegenüber dem Niveau vor Beginn der Industrialisierung zu begrenzen

Literatur

Die Texte wurden auf der Grundlage der folgenden Aufsätze, Reports oder bereits bestehenden Glossare angepasst bzw. neu geschrieben

Bender S, Schaller M (2014). Vergleichendes Lexikon. Wichtige Definitionen, Schwellenwerte und Indices aus den Bereichen Klima, Klimafolgenforschung und Naturgefahren. Climate Service Center, Hamburg. ▶ https://www.gerics.de/products_and_publications/publications/detail/062664/index.php.de. Zugegriffen: 12. Dez. 2022

Bildungsserver. Wiki Klimawandel (2013). ▶ http://klimawiki.org/klimawandel/index.php/Hauptseite. Zugegriffen: 12. Dez. 2022

Bundesanstalt für Wasserbau (o. J.) BAWiki. ▶ https://wiki.baw.de/de/index.php/Kategorie:Glossar. Zugegriffen: 12. Dez. 2022

Climate Change Centre Austria (2013) Glossar Klima- und Klimafolgenforschung

IPCC (2018) Global warming of 1,5 °C. Special report. ▶ https://www.ipcc.ch/report/sr15/glossary/. Zugegriffen: 12. Dez. 2022

Mosbrugger V, Brasseur G, Schaller, M, Stribrny B (Hrsg) (2012) Klimawandel und Biodiversität. Darmstadt

Schönwiese CD (2013) Praktische Statistik für Meteorologen und Geowissenschaftler, 4. Aufl

Umweltbundesamt (o. J.) Glossar. ▶ https://www.umweltbundesamt.de/service/glossar. Zugegriffen: 12. Dez. 2022

Umweltbundesamt (2022) Klimarahmenkonvention. ▶ https://www.umweltbundesamt.de/daten/klima/klimarahmenkonvention. Zugegriffen: 12. Dez. 2022

WCRP (2019) CCl/WCRP/JCOMM expert team on climate change detection and indices (ETCCDI). ▶ https://www.wcrp-climate.org/etccdi-publications-and-docs. Zugegriffen: 12. Dez. 2022

Klimasimulationen

Liste der in Abschn. 4.5 verwendeten Klimasimulationen

Liste der verwendeten Simulationen

Szenario mit hohen Emissionen (RCP8.5)		Szenario mit mittleren Emissionen (RCP4.5)		Szenario mit niedrigen Emissionen (RCP2.6)	
Antreibendes GCM und Realisierung	RCM	Antreibendes GCM und Realisierung	RCM	Antreibendes GCM und Realisierung	RCM
CanESM2, r1i1p1	CCLM4-8-17	CNRM-CM5, r1i1p1	CCLM4-8-17	CNRM-CM5, r1i1p1	RACMO22E
CanESM2, r1i1p1	REMO2015	CNRM-CM5, r1i1p1	RACMO22E	EC-EARTH, r12i1p1	CCLM4-8-17
CNRM-CM5, r1i1p1	CCLM4-8-17	CNRM-CM5, r1i1p1	RCA4	EC-EARTH, r12i1p1	REMO2015
CNRM-CM5, r1i1p1	HIRHAM5	EC-EARTH, r12i1p1	CCLM4-8-17	EC-EARTH, r12i1p1	RACMO22E
CNRM-CM5, r1i1p1	REMO2015	EC-EARTH, r12i1p1	RCA4	EC-EARTH, r12i1p1	RCA4
CNRM-CM5, r1i1p1	WRF381P	EC-EARTH, r1i1p1	RACMO22E	EC-EARTH, r3i1p1	HIRHAM5
CNRM-CM5, r1i1p1	RACMO22E	EC-EARTH, r12i1p1	RACMO22E	CM5A-LR, r1i1p1	REMO2015
CNRM-CM5, r1i1p1	RCA4	EC-EARTH, r3i1p1	HIRHAM5	MIROC5, r1i1p1	CCLM4-8-17
EC-EARTH, r12i1p1	CCLM4-8-17	CM5A-MR, r1i1p1	WRF381P	MIROC5, r1i1p1	REMO2015
EC-EARTH, r12i1p1	REMO2015	CM5A-MR, r1i1p1	RCA4	HadGEM2-ES, r1i1p1	REMO2015
EC-EARTH, r12i1p1	WRF361H	HadGEM2-ES, r1i1p1	CCLM4-8-17	HadGEM2-ES, r1i1p1	RACMO22E
EC-EARTH, r1i1p1	RACMO22E	HadGEM2-ES, r1i1p1	HIRHAM5	HadGEM2-ES, r1i1p1	RCA4
EC-EARTH, r3i1p1	RACMO22E	HadGEM2-ES, r1i1p1	RACMO22E	MPI-ESM-LR, r1i1p1	CCLM4-8-17
EC-EARTH, r12i1p1	RACMO22E	HadGEM2-ES, r1i1p1	RCA4	MPI-ESM-LR, r1i1p1	RCA4
EC-EARTH, r1i1p1	RCA4	MPI-ESM-LR, r1i1p1	CCLM4-8-17	MPI-ESM-LR, r1i1p1	WRF361H
EC-EARTH, r3i1p1	RCA4	MPI-ESM-LR, r1i1p1	RCA4	NorESM1-M, r1i1p1	REMO2015
EC-EARTH, r12i1p1	RCA4	NorESM1-M, r1i1p1	HIRHAM5	NorESM1-M, r1i1p1	RCA4
EC-EARTH, r3i1p1	HIRHAM5			GFDL-ESM2G, r1i1p1	REMO2015
EC-EARTH, r1i1p1	HIRHAM5				
EC-EARTH, r12i1p1	HIRHAM5				
MPI-ESM-LR, r1i1p1	COSMO-crCLIM				
MPI-ESM-LR, r2i1p1	COSMO-crCLIM				
CM5A-MR, r1i1p1	WRF381P				
CM5A-MR, r1i1p1	RACMO22E				
CM5A-MR, r1i1p1	RCA4				
MIROC5, r1i1p1	CCLM4-8-17				
MIROC5, r1i1p1	REMO2015				
MIROC5, r1i1p1	WRF361H				
HadGEM2-ES, r1i1p1	CCLM4-8-17				
HadGEM2-ES, r1i1p1	HIRHAM5				
HadGEM2-ES, r1i1p1	REMO2015				
HadGEM2-ES, r1i1p1	WRF381P				
HadGEM2-ES, r1i1p1	RACMO22E				
HadGEM2-ES, r1i1p1	RCA4				
HadGEM2-ES, r1i1p1	WRF361H				
HadGEM2-ES, r1i1p1	HadREM3-GA7				
MPI-ESM-LR, r1i1p1	CCLM4-8-17				
MPI-ESM-LR, r1i1p1	HIRHAM5				
MPI-ESM-LR, r1i1p1	RACMO22E				
MPI-ESM-LR, r1i1p1	WRF361H				
MPI-ESM-LR, r1i1p1	RCA4				
MPI-ESM-LR, r2i1p1	RCA4				
MPI-ESM-LR, r3i1p1	RCA4				
MPI-ESM-LR, r3i1p1	REMO2015				
NorESM1-M, r1i1p1	HIRHAM5				
NorESM1-M, r1i1p1	REMO2015				
NorESM1-M, r1i1p1	WRF381P				
NorESM1-M, r1i1p1	RACMO22E				
NorESM1-M, r1i1p1	RCA4				
NorESM1-M, r1i1p1	COSMO-crCLIM				

Printed in the United States
by Baker & Taylor Publisher Services